安徽省矿产资源潜力评价成果系列丛书之二

# 安徽省大地构造相与成矿地质背景研究

ANHUISHENG DADI GOUZAOXIANG YU CHENGKUANG DIZHI BEIJING YANJIU

周存亭　杜建国　等著

中国地质大学出版社
ZHONGGUO DIZHI DAXUE CHUBANSHE

## 内容提要

本书是以安徽省大地构造相、大地构造为切入点,通过沉积建造、岩浆建造、变质建造等岩石构造组合和变形构造、大地构造相环境所开展的系统综合研究成果,系统地总结了全省各类地质建造、构造(相)的成矿、控矿作用与形成演化规律。全书以大地构造相单元为基础,重新划分了安徽省3级成矿区(带),并详细探讨了各成矿区(带)大地构造(相)单元发育的岩石构造组合、构造环境及其特定成矿类型和大地构造相环境的成矿时空专属性。强调了不同的大地构造相控制着不同成矿作用和成矿类型,建立了大地构造(相)控矿构造体系和控矿、成矿时空模式。

本书内容丰富,资料翔实,成果新颖,是一部安徽成矿地质背景研究方面的专著,可供从事安徽省基础地质、矿产勘查的生产科研人员参考使用。

## 图书在版编目(CIP)数据

安徽省大地构造相与成矿地质背景研究/周存亭,杜建国等著. —武汉:中国地质大学出版社,2017.10
(安徽省矿产资源潜力评价成果系列丛书)
ISBN 978-7-5625-4091-5

Ⅰ.①安…
Ⅱ.①周…②杜…
Ⅲ.①大地构造-研究-安徽　②成矿带-成矿地质-研究-安徽
Ⅳ.①P617.2534

中国版本图书馆CIP数据核字(2017)第195399号

| 安徽省大地构造相与成矿地质背景研究 | | 周存亭　杜建国　等著 |
|---|---|---|
| 责任编辑:胡珞兰 | 选题策划:毕克成　刘桂涛 | 责任校对:周旭 |

| 出版发行:中国地质大学出版社(武汉市洪山区鲁磨路388号) | | 邮编:430074 |
|---|---|---|
| 电　　话:(027)67883511 | 传　　真:(027)67883580 | E-mail:cbb@cug.edu.cn |
| 经　　销:全国新华书店 | | Http://cugp.cug.edu.cn |
| 开本:880毫米×1230毫米　1/16 | 字数:830千字 | 印张:25.75　插页:5 |
| 版次:2017年10月第1版 | 印次:2017年10月第1次印刷 | |
| 印刷:武汉市籍缘印刷厂 | 印数:1—800册 | |
| ISBN 978-7-5625-4091-5 | | 定价:280.00元 |

如有印装质量问题请与印刷厂联系调换

# 《安徽省矿产资源潜力评价成果系列丛书》
# 编辑委员会

主　　任：孙爱民

副 主 任：潘海滨　施申轶　章云生　王　彪

委　　员：储国正　龚健勇　魏宏雨　李益湘　陈丽民
　　　　　李建设　姜　波　陈礼纪　程　霞　钟华明
　　　　　许传建　张文永　郑曙东

技术指导：常印佛　袁　亮　唐永成　盛中烈

主　　编：杜建国

副 主 编：许　卫　吴礼彬　胡海风　兰学毅　朱文伟


# 《安徽省大地构造相与成矿地质背景研究》

著　　者：周存亭　杜建国　许　卫　胡海风　吴礼彬
　　　　　杜森官　柳丙全　王利民　黄　蒙　赵先超
　　　　　兰学毅　朱文伟　赵华荣　鹿献章　杨义忠

# 序

"全国矿产资源潜力评价"是国土资源部进一步贯彻落实《国务院关于加强地质工作的决定》中提出的"积极开展矿产远景调查和综合研究,科学评估我国矿产资源潜力,为科学部署矿产资源调查提供依据"精神的重要举措,也是我国矿产资源方面的一次重要的国情调查,其目的是通过系统总结地质调查和矿产勘查工作成果,全面掌握矿产资源的现状,科学评价未查明的矿产资源潜力,建立真实、准确的矿产资源数据库,满足矿产资源规划、管理、保护和合理利用的需要。

"安徽省矿产资源潜力评价"是"全国矿产资源潜力评价"的重要组成部分之一,是安徽省内迄今为止对 60 多年来所取得的各类地质成果资料一次最为全面、系统的综合研究工作。工作中选择了省内煤、铁、铜、金、铅锌、钨钼等 18 个重要矿种开展矿产资源潜力预测研究。该项工作在我国的矿床成矿系列理论指导下,应用新创立的综合地质信息矿产预测理论和方法体系,通过区域成矿地质背景、典型矿床、综合找矿信息、成矿规律综合研究,重新划分了全省成矿单元,系统地建立了省内 18 个矿种的 116 个典型矿床成矿模式、97 个预测工作区区域成矿模式和找矿模型,预测了全省 18 个重要矿种的资源潜力。这也是 20 世纪 70 年代末至 80 年代初期第一轮成矿区划和资源总量预测工作所开拓的新领域在新的基础上更大规模的发展和创新。

"安徽省矿产资源潜力评价"工作,在按照全国的统一技术要求完成任务外,也具有自身的创新之处,取得了一系列特色成果。在国内率先开展了陆相火山岩型铁矿典型示范工作,开创了国内该类铁矿潜力评价和预测的先例,预测罗河铁矿深部存在"第二个罗河铁矿"得到了证实;首次系统地对安徽省煤炭聚煤规律、禀赋规律进行了深入研究,建立了典型煤田成煤模式,圈定了找矿预测区,成果直接应用产生了重大找矿成效;首次应用大地构造相理论开展了全省区域成矿构造背景、构造演化与成矿过程等综合研究,进一步提高了本省区域地质研究程度,为区域成矿地质作用研究和矿产预测提供了新的地质基础;将重、磁等综合物探方法应用于陆相火山岩型铁矿等金属矿预测在国内具有领先水平;建立了省内目前最为系统的地学数据库,为安徽省矿产资源管护和数字国土、国土资源"一张图"工程打下了良好基础;等等。

在"安徽省矿产资源潜力评价"工作完成后,为了使成果得到推广应用,项目主要完成人员杜建国、许卫、吴礼彬、胡海风、兰学毅、朱文伟、周存亭等,进一步就成果开展了深化研究,编纂了《安徽省矿产资源潜力评价成果系列丛书》(以下简称《丛书》),主要由《安徽省重要矿产资源潜力预测研究与应用》《安徽省大地构造相与成矿地质背景研究》《安徽省矿产资源潜力评价重磁资料应用研究》《安徽省重要成矿区带与邻区成矿地质条件对比研究》四部专著组成。《丛书》主要涉及区域成矿地质背景、典型矿床与区域成矿规律、综合物探在潜力评价中应用、成矿区带对比研究等,其内容广泛,具有一定的研究深度,《丛书》分别对中华人民共和国成立以来的基础地质,矿床地质与区域成矿规律,物探、化探与遥感等勘查技术方法等方面的资料进行了总结分析,是一项理论与实际紧密结合的成果,更重要的是指出了省内 18 个重要矿种的资源潜力和下一步勘查方向,具有较强的理论性和实用性。

此次完成的"安徽省矿产资源潜力评价"工作,我感到既是对新中国成立以来地质矿产成果资料的一次系统总结提升,也是安徽省矿产资源潜力评价理论方法研究的一次重要创新发展,其成果为安徽省矿产资源规划、管理、保护和合理开发利用,矿产资源勘查、开发布局,宏观经济结构调整,提供了科学依据,具有里程碑的意义。

值此《安徽省矿产资源潜力评价成果系列丛书》编纂完成之际,我虽未阅读原稿,但从"全国矿产资源潜力评价"总项目对安徽子项目的评价来看,我对《丛书》的出版表示祝贺,希望《丛书》能够在安徽省地质找矿中发挥重要作用,更希望安徽省矿产资源勘查工作,在寻找"新地区、新类型、新矿种、新深度"矿床中取得新突破,也祝《丛书》的著者在安徽省地质勘查研究中创造新的业绩。

常印佛

2017 年 6 月 30 日

# 前　言

全国矿产资源潜力评价，是我国矿产资源方面的一次重要的国情调查。其目的是通过系统总结地质调查和矿产勘查工作成果，全面掌握矿产资源现状，科学评价未查明的矿产资源潜力。"安徽省矿产资源潜力评价"工作项目隶属于"全国矿产资源潜力评价"计划项目，任务书编号：资〔2008〕增 08-16-16号，工作项目编码：1212010813011。本书是以编制全省大地构造相图、大地构造图为切入点，通过沉积岩、火山岩、侵入岩、变质岩、大型变形构造和大地构造相的系统综合研究，总结安徽省各类地质建造、构造的成矿、控矿作用与形成演化规律。大地构造相的研究具有恢复与揭示陆块区和造山系（带）组成、结构及演化与成矿地质背景的功能，不同的大地构造相控制着不同成矿作用和成矿类型。其理论基础是：以板块构造理论和大陆动力学思维为指导，以研究大陆块体离散、汇聚、碰撞、造山的大陆动力学过程为主线，以岩石构造组合和大地构造相控矿为宗旨，从而服务于成矿地质背景、成矿地质条件和资源预测勘查评价需求。

根据全国矿产资源潜力预测评价项目办的工作要求，工作项目自 2007 年 7 月起，在全面完成全省铁、铜、铅、锌、锰、钨、锡、金、钼、锑、稀土、银、磷、硫、萤石、菱镁矿、重晶石、煤炭共 18 种矿产的资源潜力预测评价和 1:25 万实际材料图及建造构造图，1:50 万大地构造相图（包括五要素工作底图）、大地构造图编图的基础上，进行全省成矿地质背景和大地构造相综合研究。工作项目历时 7 年整，经成果验收被评为优秀项目。为了全面地反映安徽省成矿地质背景研究成果，编写了《安徽省大地构造相与成矿地质背景研究》等系列专著。本书由周存亭、杜建国、许卫、胡海风、吴礼彬、杜森官、柳丙全、王利民、黄蒙、赵先超、兰学毅、朱文伟、赵华荣、鹿献章、杨义忠等编写，全书由周存亭统编定稿，杜建国审核。系列丛书凝聚了项目组全体工作人员的辛勤劳动和心血，也是全省广大地质工作者数十年来集体劳动的成果。

安徽省自中华人民共和国成立以来，开展的大规模矿产普查勘探、区域地质调查和科学研究工作取得了丰富的成果。1979 年完成了全省 1:20 万区调图幅（安徽省跨 31 幅 1:20 万区调图幅，完成 22 幅）。1983—1989 年，安徽省区域地质调查队在 1:20 万区域地质调查和矿产综合研究资料的基础上编著了《安徽省区域地质志》《安徽省岩石地层单位》《安徽省区域矿产总结》及全省 1:50 万系列地质图、安徽省矿产图、安徽省铁铜矿产分布图等（资料截止于 1983 年）。自 1976 年至今，全省完成了 1:5 万区调图幅 159 幅、矿调 42 幅，共 $6.6 \times 10^4 \mathrm{km}^2$，占全省应测图幅总数（217 幅）的 70%（其中"八五"以后按方法指南开展了 79 幅）。1999 年完成安徽省大别山地区 1:5 万片区总结（35 幅）。"九五"初期开始，已完成了太湖、安庆、宣城、六安、合肥、蚌埠 6 幅 1:25 万区调，它们涵盖了安徽省大部分基岩地区。2006 年在全省最新区调资料的基础上进行全省 1:50 万系列地质图更新及数据库建设。

近 20 年来，地质科学新理论、新方法、新技术不断涌现，尤其是板块构造的兴起，是一次前所未有的飞跃，地质部门、科研机构、高等院校在安徽省进行了很多新的工作。"七五"至"十五"期间在长江中下游地区和大别山地区等开展了数轮国家、部委的重大基础地质研究项目；"八五"后期以来，按照新的填图方法指南开展的 1:5 万图幅在地层、构造、岩浆作用等方面取得了很多新的野外第一手资料；国家"863""973"、科学攀登计划和国家自然科学基金在沿江地区、大别山地区投入了大量的研究工作，这些工作极大地提高了安徽省地质工作的研究水平。

安徽省区域成矿规律研究，在 20 世纪 80 年代之前，基本上为针对特定的矿种在局部地区的研究工作，研究程度相对较低；80 年代后，安徽省区域矿产总结（1989）初步研究总结了安徽省内生、外生矿产的成矿规律，并先后开展了全省第一轮、第二轮成矿区划工作，为最近 20 年来地质找矿工作指出了明确的方向。但没有形成全省性矿产资源潜力的综合性、全局性的成果，以致全省重要的紧缺矿产资源潜力仍然不够清楚，对本省重要的支柱性矿产资源潜力尚无权威性评价成果。近 20 年以来，安徽省地质找矿已取得较大突破，区域成矿规律研究也具有较高的水平，其找矿研究范围仅涉及到省内主要成矿区（带），如庐江泥河-罗河大型铁矿（火山岩型）、庐江龙桥铁矿（热液型）、宁芜铁矿（复合内生型）、霍邱铁矿（沉积变质型）、金寨县沙坪沟钼矿（侵入岩型）、皖南钨钼矿（层控矽卡岩型），及淮北铁、铜金多金属矿（矽卡岩型）等。安徽省是应用成矿系列理论开展区域成矿规律和预测研究取得成果较突出的省份之一，尤以长江中下游成矿带研究具有国内领先水平。在"六五"期间，由安徽省牵头完成的"长江中下游铜铁硫金（多金属）成矿区（带）成矿远景区划"工作中，系统地划分了扬子式第一成岩序列有关铜（硫、铁、金、钼）成矿系列和扬子式第二成岩序列有关的铁（硫、铜）成矿系列以及江南式有关钨钼铅锌成矿系列、与重熔型有关的铁锡多金属成矿系列，该项成果得到了国内外一致公认并影响至今。在"七五"至"八五"期间，原地质矿产部组织跨行业在长江中下游成矿带进行攻关研究以及"十五"国土资源部部署重点专项，更将本区成矿系列理论研究推向了新的高度，其成果主要体现在《长江中下游铜铁成矿带》（常印佛等，1991）、《安徽沿江地区铜金多金属成矿预测研究》（唐永成等，1995）等专著中。其中，常印佛等（1993）提出的"铜陵模式""大冶模式""九瑞模式""宁芜模式"等成矿模式，对区域找矿具有重要的指导意义。安徽省地质矿产局在"六五"至"十五"期间，相继在省内一些重要成矿区带部署了针对重点矿种开展成矿地质背景、成矿规律研究与成矿预测工作，研究地区基本覆盖了全省主要成矿区（带）。但是省内区域成矿规律研究工作总体处于不平衡状态，部分地区、单矿种成矿规律研究相对较薄弱，信息化程度不高，利用地质、勘查、物探、化探、遥感技术进行全省性综合研究工作相对较少。因此，运用大地构造相控矿理论开展安徽省重要矿产资源潜力评价成矿地质背景研究具有十分重要的找矿意义。

总之，数十年来安徽省在区域地质调查、矿产普查勘探和科学研究方面取得的进展巨大，成果众多，为本课题研究提供了丰富的基础和矿产资料。由于安徽省地质情况复杂，不同时期完成的大量1∶5万、1∶20万、1∶25万区调图幅之间存在明显的不统一性和不连续性，理论指导思想的不统一性（多数未采用板块构造分析方法），基础地质认识观点的局限性和差异性，样品测试和同位素定年方法的陈旧性，尤其是岩石建造组合和（深部）构造对区域成岩成矿作用的控制性研究十分薄弱。因此，本书从原始资料系统清理起步，进行全面的总结和研究。

全国重要矿产资源潜力预测评价及综合研究工作是一项重要的国情调查。按照项目总体部署和总体思路，安徽省矿产资源潜力预测评价研究思路是：以科学发展观为指导，以提高安徽省重要矿产资源对经济社会发展的保障能力为目标，使用规范而有效的资源评价方法、技术，以各类基础数据为支撑，全面、准确、客观地评价安徽省重要矿产资源潜力以及空间布局，为部署矿产资源勘查和潜力预测评价提供依据与基础资料。省级成矿地质背景研究课题总体技术路线为：以基础地质研究资料为基础，以GIS技术为平台，以成矿预测为目的，以系列图件为手段，以板块构造（大陆动力学理论）成矿理论为指导，研究岩石建造构造组合和大地构造相，最大限度地深入分析区域地质构造的成矿信息和成矿规律，全面运用地质、物探、化探、遥感、自然重砂的综合信息找矿预测技术，为全省矿产资源潜力预测评价提供成矿地质背景研究资料。

安徽省成矿地质背景主要研究内容是全省沉积岩区、火山岩区、侵入岩区、变质岩区成矿地质背景和大型变形构造及综合地质构造（相）控矿作用。

1. 沉积岩区成矿地质背景研究

在区域岩石地层划分对比的基础上，通过地层岩性岩相、生物地层、层序地层和年代地层划分对比，建立全省目的层位的等时地层格架，进行沉积建造和沉积相分析、沉积盆地分析、沉积构造古地理与大地构造环境分析研究。充分利用省内代表性典型剖面，通过逐层逐段岩性、沉积构造序列、古生物组合及其他相标志的沉积相综合分析，确定基本岩石组合和建造构造组合，划分构造古地理单元和对应的大地构造相单元归属，建立区域沉积岩建造组合与构造古地理时空演化格架。在综合分析研究的基础上，总结沉积岩建造组合、构造相与沉积或层控矿床的耦合相关性和成矿规律，并通过编制不同种类和不同比例尺的构造岩相古地理图、沉积建造构造图、地层剖面岩性岩相柱状图、区域沉积建造横剖面图、沉积岩建造组合与大地构造相划分综合对比柱状图等专题图件予以表达，提供不同成因类型的沉积矿产预测评价工作底图。

### 2. 火山岩区成矿地质背景研究

安徽省火山岩研究重点主要是中生代陆相火山岩（海相火山岩可纳入变质岩区研究）。陆相火山岩区研究方法主要为火山构造-火山岩相-火山地层（旋回、岩性）一体化研究。火山构造研究包括区域火山岩浆构造带、火山活动旋回（亚旋回、期、次）划分，确定火山构造类型、规模、形态、边界位置及其相互时空关系，火山构造与区域控岩、控矿构造关系，分析控制火山机构的基底断裂构造、控制火山岩带的构造单元及大地构造背景。火山岩相研究包括不同火山构造岩浆旋回（亚旋回、期、次）火山岩的时代、喷发类型、火山岩相、岩石组合类型及古构造环境等，通过岩石化学与地球化学研究进行相关投影判别岩石系列，分析岩浆演化趋势，并进行岩浆源区和构造环境探讨，提取有利于矿产资源预测的信息。火山地层研究包括在火山地层剖面上进行岩性岩相组合分析，确定火山地层建造组合，特别是含矿建造组合（成矿层、矿源层或含矿围岩）以及深部矿体或含矿地质体的产状、规模等，并充分利用已有各类物探、化探、遥感（以下简称物化遥）资料进行推断。火山地层建造组合与构造环境（相）判别是区域上如何寻找和到什么地方去寻找与弧盆系相关的矿产资源的关键。通过对区域火山岩岩性岩相构造综合研究，结合区域内与火山岩相关的已知矿床（点）时空分布特征，进行成矿地质背景条件分析，开展区域火山活动与成矿作用规律性研究。编制区域性火山岩岩性岩相构造图、火山岩岩性岩相综合柱状图和时空结构图是火山岩区成矿地质背景研究的基础。

### 3. 侵入岩区成矿地质背景研究

自20世纪80年代1：5万区调以来，侵入岩命名系统十分庞杂，岩石谱系单位、年代单位并存，因此本次侵入岩研究必须进行重新厘定，按照技术要求进行构造岩浆岩带、段、区、岩石组合、侵入体单元等的系统解体和归并。

在全面收集和整理全省地质、物、化、遥资料和同位素测年数据的基础上，进行侵入岩体特征研究（包括岩石学特征、围岩蚀变、围岩捕虏体及其三维空间形态与围岩构造和区域构造关系等）、侵位机制研究（被动侵位和主动侵位及其多期侵入构造对成矿潜力的约束）、岩石学、矿物学、地球化学研究（包括分类命名、岩石组合、演化趋势、岩浆源区及其成因类型和构造环境判别）。在充分考虑侵入岩浆作用由伸展到挤压的大陆动力学过程的前提下，划分侵入岩浆活动构造旋回、亚旋回、期、次，一般的旋回对应于大地构造演化阶段，亚旋回对应于地质时代的一个纪或几个纪，期对应于地质时代的纪或世，次对应于地质时代的期。侵入岩（包括火山岩）构造环境（大地构造相）是通过岩浆岩组合（岩石系列或岩石建造构造组合）来识别（火成岩形成构造环境分类判别图解）。在上述研究成果的基础上，提出岩浆成因与演化模型（时空结构图），进行成矿地质背景条件分析，开展区域岩浆活动与成矿作用规律性研究。

### 4. 变质岩区成矿地质背景研究

变质岩研究主要是依据岩石的矿物成分、含量和结构构造特征，确定变质岩石类型、岩石的蚀变特征和矿化特征、变质变形特征、原岩建造。以原岩建造为基础，结合变质作用类型，划分变质相、变质相系和变质建造组合。根据可靠、准确的同位素测年资料，判别原岩形成年龄和变质年龄及多期变质变形序次，划分构造旋回。判别原岩建造和变质建造形成的大地构造环境（构造相）。确定区域变质构造带、变质构造单元，分析不同大地构造演化阶段区域变质构造带的空间叠置关系。分析各类变质建造与成矿作用在时间、空间、含矿建造和成矿物质来源上的关系，指出控矿构造和成矿的有利部位。根据变质作用、变质构造的成矿特点，总结变质岩区域成矿地质背景与成矿作用的关系。

### 5. 大型变形构造研究

大型变形构造是具有区域规模的巨型变形构造，是在同一应力作用下形成的各种变形（变质）构造的集合，也是一个具有统一形成机制的构造系统，是地壳结构构造重要约束。大型变形构造包括挤压型、剪切型、拉张型、压剪型、张剪型和大型变形构造相关的沉积盆地六大类。

大型变形构造研究主要研究大型变形构造的几何特征、内部物质组成、活动期次和演化历史，研究与大地构造运动的关系、与成矿构造（矿田构造）体系的关系，研究大型变形构造的规模、空间组合形式和结构特征、力学性质及受其约束的地质体。充分利用物化遥推断成果从宏观上为大型变形构造研究提供区域构造格架信息。分析大型变形构造带与成矿作用在时间、空间、含矿建造和成矿物质来源上的关系以及对成矿构造体系(成矿区带)的控制。

6. 综合地质构造研究

该研究主要是在前述专项研究成果的基础上进行高层次综合研究,包括大地构造分区、构造单元划分、大地构造相和构造演化的综合研究。大地构造分区以地层划分对比、沉积建造、火山岩建造、侵入岩浆活动、变质变形等地质记录为基础,在板块构造-地球动力学理论的指导下,以成矿规律研究为基点,通过大地构造相环境恢复的研究,划分出相应的陆块区、造山系构造单元。大地构造相是一套在特定大地构造环境和特定构造部位形成的岩石-构造组合,具有揭示造山带组成、结构和演化的大地构造功能。大地构造相研究,不仅对造山带的结构组成和演化具有重要意义,而且是认识资源形成的地质背景、成矿作用,以及成矿远景预测、资源潜力评价的基础。研究大地构造相与成矿构造(矿田构造)体系及成矿类型的关系,总结其规律,建立大地构造相与成矿的构造体系。

本书是"安徽省矿产资源潜力评价"项目中"成矿地质背景"研究课题进一步深化凝练而成的,是项目组集体劳动的成果。课题研究是在中国地质调查局、华东汇总组和安徽省国土资源厅矿产资源潜力评价领导组统一部署下开展的,研究中自始至终得到了全国项目办及专家组的技术指导与支持,尤其是肖庆辉、潘桂棠、陆松年、邓晋福、冯益民、张克信、李锦轶、邢光福、张智勇、冯艳芳、郝国杰等教授(研究员)在不同阶段对安徽省工作项目提出了建设性的建议,省际项目同行专家的无私经验交流,为圆满完成项目起到了积极的作用。同时安徽省国土资源厅、安徽省地质调查院有关领导、项目办、项目组和相关科室也给予课题组大力支持与指导,在此一并致谢!

最后,特别感谢常印佛院士为本书作序,中国地质大学出版社为出版本书付出了辛勤的劳动,在此谨向他们致以诚挚的谢意!

由于安徽省地质情况复杂,前人研究程度较高,加上我们水平有限,在研究过程中,许多长期未能解决的重大地质问题困扰很大,难免采用一些倾向性的观点,可能会带来争议,文、图、表中问题和不当之处在所难免,敬请读者给予斧正。应当指出,人们对于客观规律的认识是不断发展和深化的,有很多地质问题和地质工作还有待于进一步探索与完善。

周存亭<br>
2016年12月25

# 目 录

**第一章 沉积岩建造与构造古地理** ································································· (1)

  第一节 地层分区和地层格架 ································································· (1)

    一、地层分区 ···················································································· (1)

    二、岩石地层格架 ·············································································· (1)

  第二节 沉积岩建造组合与构造古地理 ···················································· (58)

    一、沉积岩建造组合 ·········································································· (59)

    二、构造古地理单元 ·········································································· (83)

  第三节 沉积建造构造古地理演化 ·························································· (87)

    一、华北区构造古地理演化 ································································ (87)

    二、秦岭–大别区构造古地理演化 ························································ (89)

    三、扬子区构造古地理演化 ································································ (90)

  第四节 沉积岩建造组合与成矿 ····························································· (93)

    一、沉积作用与矿产关系 ···································································· (93)

    二、沉积建造与成矿关系 ···································································· (97)

**第二章 岩浆作用与古构造环境** ································································· (107)

  第一节 构造岩浆岩带划分 ·································································· (107)

  第二节 火山岩岩石组合及其构造环境 ···················································· (107)

    一、华北南缘火山岩浆岩亚带 ··························································· (107)

    二、北淮阳火山岩浆岩亚带 ······························································· (115)

    三、大别火山岩浆岩亚带 ·································································· (121)

    四、长江中下游火山岩浆岩带 ··························································· (122)

    五、皖南火山岩浆岩亚带 ·································································· (141)

    六、浙西火山岩浆岩亚带 ·································································· (146)

  第三节 侵入岩岩石组合及其构造环境 ···················································· (151)

    一、华北陆块南缘侵入岩浆岩带 ························································· (161)

    二、北淮阳侵入岩浆岩带 ·································································· (167)

    三、大别侵入岩浆岩带 ····································································· (171)

    四、下扬子侵入岩浆岩带 ·································································· (183)

    五、皖南侵入岩浆岩带 ····································································· (195)

    六、浙西侵入岩浆岩带 ····································································· (202)

第四节　岩浆岩形成演化及其构造环境 …………………………………………………………（205）
　　　　一、前南华纪构造岩浆巨旋回 ……………………………………………………………（210）
　　　　二、中生代构造岩浆巨旋回 ………………………………………………………………（211）
　　第五节　岩浆岩岩石组合与成矿关系 …………………………………………………………（212）
　　　　一、岩石组合与成矿关系 …………………………………………………………………（212）
　　　　二、岩浆作用与成矿关系 …………………………………………………………………（217）

第三章　变质岩建造与古构造环境 …………………………………………………………………（222）
　　第一节　变质岩时空分布及变质单元划分 ……………………………………………………（222）
　　　　一、变质岩构造单元划分 …………………………………………………………………（222）
　　　　二、区域变质作用 …………………………………………………………………………（226）
　　　　三、大别造山带高压、超高压变质作用与混合岩化作用 ………………………………（232）
　　第二节　变质岩建造组合与变质构造 …………………………………………………………（233）
　　　　一、变质岩建造组合 ………………………………………………………………………（233）
　　　　二、变质构造 ………………………………………………………………………………（235）
　　第三节　变质岩大地构造相与构造演化 ………………………………………………………（242）
　　　　一、变质岩大地构造相 ……………………………………………………………………（242）
　　　　二、变质岩构造演化 ………………………………………………………………………（242）
　　第四节　变质岩岩石构造组合与成矿关系 ……………………………………………………（251）

第四章　大型变形构造特征 …………………………………………………………………………（253）
　　第一节　大型变形构造类型与分布 ……………………………………………………………（253）
　　第二节　大型变形构造基本地质特征 …………………………………………………………（253）
　　　　一、构造单元边界、相单元边界断裂变形构造 …………………………………………（266）
　　　　二、逆掩、推覆、滑覆大型变形构造 ……………………………………………………（273）
　　第三节　大型变形构造与成矿关系 ……………………………………………………………（280）
　　　　一、大型断裂变形构造与成矿带、成矿亚带关系 ………………………………………（280）
　　　　二、大型变形构造控矿作用 ………………………………………………………………（280）

第五章　大地构造（相）与构造演化 ………………………………………………………………（282）
　　第一节　大地构造相与大地构造分区 …………………………………………………………（282）
　　　　一、大地构造相划分 ………………………………………………………………………（282）
　　　　二、大地构造分区 …………………………………………………………………………（285）
　　第二节　大地构造（相）单元基本特征 ………………………………………………………（289）
　　　　一、华北陆块区 ……………………………………………………………………………（289）
　　　　二、秦祁昆造山系 …………………………………………………………………………（291）
　　　　三、扬子陆块区 ……………………………………………………………………………（294）
　　　　四、中、新生代陆相盆地 …………………………………………………………………（297）
　　第三节　构造旋回和构造层 ……………………………………………………………………（302）
　　　　一、构造旋回（期）及其构造运动 ………………………………………………………（302）

二、构造层划分及其建造特征 …………………………………………………………………… (308)
　第四节　大地构造演化基本特征 …………………………………………………………………… (312)
　　一、陆块基底形成阶段 …………………………………………………………………………… (322)
　　二、陆缘盖层发展阶段 …………………………………………………………………………… (323)
　　三、滨太平洋陆内盆、山发展阶段 ……………………………………………………………… (326)

第六章　大地构造相与区域成矿规律 …………………………………………………………………… (329)
　第一节　鲁西断隆成矿带成矿构造环境 …………………………………………………………… (331)
　　一、淮北成矿亚带 ………………………………………………………………………………… (331)
　　二、蚌埠成矿亚带 ………………………………………………………………………………… (333)
　第二节　华北陆块南缘成矿带成矿构造环境 …………………………………………………… (334)
　第三节　北秦岭成矿带成矿构造环境 ……………………………………………………………… (335)
　第四节　桐柏-大别-苏鲁成矿带成矿构造环境 …………………………………………………… (337)
　　一、宿松成矿亚带 ………………………………………………………………………………… (338)
　　二、肥东-张八岭成矿亚带 ……………………………………………………………………… (340)
　第五节　长江中下游成矿带成矿构造环境 ………………………………………………………… (342)
　　一、庐江-滁州成矿亚带 ………………………………………………………………………… (343)
　　二、沿江成矿亚带 ………………………………………………………………………………… (346)
　　三、宣城成矿亚带 ………………………………………………………………………………… (357)
　第六节　江南隆起东段成矿带成矿构造环境 …………………………………………………… (359)
　　一、彭山-九华成矿亚带 ………………………………………………………………………… (361)
　　二、九岭-郯公山隆起成矿亚带 ………………………………………………………………… (367)
　第七节　钦杭东段北部成矿带成矿构造环境 …………………………………………………… (371)
　　一、休宁东南部成矿亚带 ………………………………………………………………………… (372)
　　二、绩溪-宁国成矿亚带 ………………………………………………………………………… (375)

第七章　关键地质问题的讨论 …………………………………………………………………………… (381)
　　一、关于江南隆起-江南造山带 ………………………………………………………………… (381)
　　二、关于大别造山带组成、归属、边界及高压超高压变质带 ………………………………… (382)
　　三、关于部分地岩层层序及时代归属的处理 ………………………………………………… (383)
　　四、关于古陆块基底大地构造相划分讨论 …………………………………………………… (383)

结　语 ……………………………………………………………………………………………………… (384)
　　一、主要创新点 …………………………………………………………………………………… (384)
　　二、主要成果和认识 ……………………………………………………………………………… (384)

主要参考文献 …………………………………………………………………………………………… (387)

# 第一章 沉积岩建造与构造古地理

## 第一节 地层分区和地层格架

### 一、地层分区

根据全国地层委员会主编新版《中国地层指南及中国地层指南说明书》(2001)，"地层区划主要依据地层发育的总体特征来划分。而决定和影响这些特征的，主要是地壳的活动性、古地理与古气候条件、古生物的变化等综合因素，其中构造环境起着控制作用"。大地构造格局是地层分区的基本控制因素，地层分区从根本上是受不同古板块控制的，不同古板块上发育的地层，可以作为不同的地层区；同一古板块中构造古地理的分异所形成的稳定区和活动区，可以作为二级地层分区的划分依据；二级地层分区主要根据岩相和生物相带的不同进行划分(王鸿祯，1978；陈旭，戎嘉余，1988)。

安徽地层分属华北地层区、秦岭-大别地层区和扬子地层区(图1-1)。华北地层区位于六安断裂以北及郯庐断裂带(池太断裂)以西地区。依据沉积特征及古生物演化，大致以定远断裂为界，分六安地层分区和徐淮地层分区，以太和—五河一线为界，徐淮地层分区细分淮南地层小区和淮北地层小区。秦岭-大别地层区位于郯庐断裂带北西及六安断裂以南地区，以磨子潭断裂为界，进而分北淮阳地层分区和大别山地层分区，依据沉积特征、变质作用及构造演化特征，大别山地层分区细分岳西地层小区和宿松-肥东-张八岭地层小区。扬子地层区内以江南深断裂为界，北西为下扬子地层分区，南东为江南地层分区；伏川蛇绿混杂岩带南西为浙西地层分区。依据沉积特征及古生物演化，下扬子地层分区细分为滁州地层小区、和县-安庆地层小区和芜湖-石台地层小区。

沉积作用包括3个阶段：华北地层区和扬子地层区分别在青白口纪、南华纪之前为活动型沉积，构成基底变质岩系；青白口纪(或南华纪)至三叠纪为稳定型和少量活动型(皖南)盖层沉积；侏罗纪以来，转为陆相盆地沉积。全省地(岩)层划分见表1-1。

### 二、岩石地层格架

建立岩石地层格架要通过层序地层、生物地层单位的进一步研究，以了解岩石地层序列的结构、形态、纵横向相互关系、侧向堆积规律。

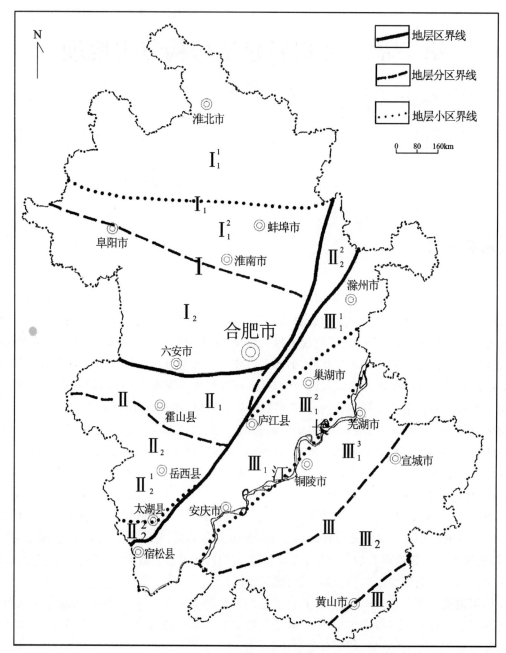

图 1-1 安徽省地层区划图

Ⅰ.华北地层区；Ⅰ₁.徐淮地层分区；Ⅰ₁¹.淮北地层小区；Ⅰ₁².淮南地层小区；Ⅰ₂.六安地层分区；Ⅱ.秦岭-大别地层区；Ⅱ₁.北淮阳地层分区；Ⅱ₂.大别山地层分区；Ⅱ₂¹.岳西地层小区；Ⅱ₂².宿松-肥东-张八岭地层小区；Ⅲ.扬子地层区；Ⅲ₁.下扬子地层分区；Ⅲ₁¹.滁州地层小区；Ⅲ₁².和县-安庆地层小区；Ⅲ₁³.芜湖-石台地层小区；Ⅲ₂.江南地层分区；Ⅲ₃.浙西地层分区

表 1-1 安徽省岩石地层序列表

| 地质年代 | | | 华北地层区 | | 秦岭-大别地层区 | | 扬子地层区 | |
|---|---|---|---|---|---|---|---|---|
| 代 | 纪 | 世 | 徐淮地层分区 | 六安地层分区 | 北淮阳地层分区 | 大别山地层分区 | 下扬子地层分区 | 江南地层分区 |
| 新生代 | 第四纪 | 全新世 | 怀远组 | 丰乐镇组 | | 芜湖组 | | |
| | | 晚更新世 | 茆塘组 | 戚咀组 | | 下蜀组 | 铜山镇组 | 下蜀组 |
| | | 中更新世 | 潘集组 | 泊岗组 | | 戚家矶组 | 陶店组 | 戚家矶组 |
| | | 早更新世 | 蒙城组 | 豆冲组 | | 马冲组 | 银山村组 | 马冲组 |
| | 新近纪 | 上新世 | 明化镇组 | | | | 方山组/安庆组 | |
| | | 中新世 | 馆陶组 | 石门山组 | 正阳关组 | | 洞玄观组 | |
| | 古近纪 | 渐新世 | | 明光组 | | | | |
| | | 始新世 | 界首组 | | 定远组 | | 张山集组 | 照明山组 |
| | | | | | | | 狗头山组 | 双塔寺组 |
| | | 古新世 | 双浮组 | | | | 舜山集组 | 痘姆组 |
| | | | | | | | | 望虎墩组 |
| 中生代 | 白垩纪 | 晚世 | | 张桥组 | 戚家桥组 | | 赤山组 | 小岩组 |
| | | | | 邱庄组 | 晓天组 | 下符桥组 | 七房村组 | 齐云山组 |
| | | 早世 | | 新庄组 | | 黑石渡组 | 杨湾组 | 徽州组 |
| | | | | | | 响洪甸组 | 浮山组 娘娘山组 广德组 | 岩塘组 |
| | | | | | | 毛坦厂组 | 汪公庙组 双庙组 姑山组 螓蚪山组 石岭组 | 黄尖组 |
| | | | | | | | 江镇组 砖桥组 大王山组 赤砂组 | |
| | | | | | | | 黄石坝组 澎家口组 龙门院组 龙王山组 中分村组 | 建德群 |
| | 侏罗纪 | 晚世 | | 周公山组 | 凤凰台组 | | 红花桥组 西横山组 红花桥组 炳丘组 | 芳村群 |
| | | | | | 三尖铺组 | | 象山群 罗岭组 | 洪琴组 |
| | | 中世 | | 圆筒山组 | | | 钟山组 | 月潭组 |
| | | 早世 | | 防虎山组 | | | 范家塘组 | 安源组 |
| | 三叠纪 | 晚世 | | | | | 黄马青组 | |
| | | 中世 | | | | | 周冲村组 | |
| | | 早世 | | 和尚沟组 | | | 青龙群 | 南陵湖组 |
| | | | | 刘家沟组 | | | | 和龙山组 |
| | | | | | | | | 殷坑组 |
| 晚古生代 | 二叠纪 | 晚世 | | 孙家沟组 | | | 大隆组 | 长兴组 |
| | | 中世 | | 石盒子组 上段 | | | 龙潭组 吴家坪组 | 龙潭组 |
| | | | | 石盒子组 下段 | | | 武穴组 | |
| | | | | | | | 孤峰组 | |
| | | | | 山西组 | | | 栖霞组 | |
| | | 早世 | | 太原组 | | | 船山组 | |
| | 石炭纪 | 晚世 | | 本溪组 | | 杨山群 | 黄龙组 | |
| | | 早世 | | | | | 老虎洞组 和州组 | |
| | | | | | | | 高骊山组 | |
| | | | | | | | 金陵组 王胡村组 | |
| | | | | | | | 擂鼓台组 | |
| | 泥盆纪 | 晚世 | | | | | 五通群 | 观山组 |
| 早古生代 | 志留纪 | 末世 | | | | | | |
| | | 晚世 | | | | | 茅山组 | 唐家坞组 |
| | | 中世 | | | | | 坟头组 | 康山组 |
| | | 早世 | | | | 潘家岭岩组 | 高家边组 | 河沥溪组 |
| | | | | | | | | 霞乡组 |

续表 1-1

| 地质年代 | | | 华北地层区 | | 秦岭-大别地层区 | | 扬子地层区 | |
|---|---|---|---|---|---|---|---|---|
| 代 | 纪 | 世 | 徐淮地层分区 | 六安地层分区 | 北淮阳地层分区 | 大别山地层分区 | 下扬子地层分区 | 江南地层分区 |
| 早古生代 | 奥陶纪 | 晚世 | | | 佛子岭岩群 潘家岭岩组 | | 五峰组 | 长坞组 |
| | | | | | | | 汤头组 | 黄泥岗组 |
| | | 中世 | 老虎山组 | | | | 宝塔组 | 砚瓦山组 |
| | | | 马家沟组 | | | | 庙坡组 大田坝组 | 胡乐组 |
| | | | 萧县组 | | | | 牯牛潭组 里山阶 | |
| | | 早世 | 贾汪组 | | | | 大湾组 东至 | 宁国组 |
| | | | 韩家段 | 三山子组 | 诸佛庵岩组 | | 红花园组 大坞阶 | |
| | | | | | | | 分乡组 仑山组 | 印渚埠组 |
| | | | 炒米店组 土坝段 | | | | 上欧冲组 | |
| | 寒武纪 | 晚世 | 崮山组 | | | | 琅琊山组 观音台组 青坑组 | 西阳山组 |
| | | | | | | | 团山组 | 华严寺组 |
| | | 中世 | 张夏组 | | | | 杨柳岗组 炮台山组 | 杨柳岗组 |
| | | | 馒头组 四段 | | | | | |
| | | | 三段 | | | | | |
| | | | 二段 | | 祥云寨岩组 | | 大陈岭组 幕府山组 | 大陈岭组 |
| | | | 一段 | | | | 黄柏岭组 | 黄柏岭组 |
| | | 早世 | 昌平组 | | | | | |
| | | | 猴家山组 | | | | 荷塘组 | 荷塘组 |
| | | | | 凤台组 | | | 皮园村组 | 皮园村组 |
| 新元古代 | 震旦纪 | 晚世 | 沟后组 | | 仙人冲岩组 | | 灯影组 | |
| | | 早世 | 金山寨组 | | | | 黄塘组 | 蓝田组 |
| | 南华纪 | 晚世 | 望山组 | 宿县群 | 庐镇关岩群 港河岩组 | | 苏家湾组 | 南沱组 |
| | | 早世 | 史家组 | | 小溪河岩组 | | 周岗组 | 休宁组 |
| | | | 魏集组 | | | | | 小安里组 井潭组 |
| | | | 张渠组 | 淮南群 | | | 历口群 | 铺岭组 |
| | | | 九顶山组 | | | | | 邓家组 周家村组 |
| | | | 倪园组 | 四顶山组 | 柳坪岩组 | 张八岭岩群 西冷岩组 | | 葛公镇组 馒头组 |
| | 青白口纪 | | 赵圩组 | 九里桥组 | | 北将军岩组 | 溪口岩群 | 牛屋岩组 昌前岩组 |
| | | | 贾园组 | | | | | 木坑岩组 环砂岩组 |
| | | | 八公山群 四十里长山组 | | 肥东岩群 | | 董岭岩群 | 板桥岩组 西村岩组 |
| | | | 刘老碑组 | | | | | 樟前岩组 |
| | | | 伍山组 | | | | | |
| | | | 曹店组 | | | | | |
| 中元古代 | 蓟县纪 | | | | 宿松岩群 虎踏石岩组 浦河岩组 | 桥头集岩组 | | |
| | 长城纪 | | 凤阳群 宋集组 | | | | | |
| | | | 青石山组 | | | | | |
| | | | 白云山组 | | | | | |
| 古元古代—新太古代 | | | 五河岩群 殷沟岩组 | | 大别岩群 程家河岩组 | 阚集岩群 | | |
| | | | 小张庄岩组 | 霍邱岩群 周集岩组 | 桥岭岩组 | 大横山岩组 | | |
| | | | 峰山李岩组 | 吴集岩组 | 水竹河岩组 | 浮槎山岩组 | | |
| | | | 庄子里岩组 | 花园组 | | | | |
| | | | 西堌堆岩组 | | 英山沟岩组 | | | |

## (一)生物地层单位划分

由于古生物化石在确定地层中相对时代位置方面具有特殊的价值,故前人在地层工作中十分注意动植物化石的采集,在完成的1:20万和1:5万区调工作及科研单位专题研究的基础上,较系统地建立了本省统一的生物地层单位和年代地层序列,1985—1989年安徽省地质矿产局完成的《安徽地层志》对生物地层单位进行了较系统的整理。年代地层单位方案以2002年全国地层委员会的《中国区域年代地层(地质年代)表说明书》为依据,以多重地层划分的理论为指导,结合本省的生物地层单位、岩石地层单位的实际情况进行划分对比。本省总体寒武纪—古近纪的生物化石较为丰富。由于不同地区、不同时代的生物化石发育程度不同,这里重点对华北地层区寒武纪—二叠纪、扬子地层区寒武纪—三叠纪确定年代地层有关的生物标志进行讨论,对扬子地层区侏罗纪—古近纪生物标志作一般叙述,为建立年代地层序列提供依据。秦岭-大别地层区受到印支运动的影响,省内仅在金寨县的全军、沙河店一带见到石炭纪—二叠纪轻微变质的梅山群残块,为复陆屑含煤碎屑岩建造组合,属残余海盆海陆交互相构造古地理环境,生物化石零星,生物地层单位暂不讨论。

### 1. 华北地层区

1)寒武纪生物地层

华北地层区寒武纪地层以三叶虫最为繁盛为特征,其次有腕足类、头足类、软舌螺、藻类、笔石、腹足类、牙形石等。对寒武纪地层划分有意义的是以三叶虫、笔石、头足类较为特征,牙形石工作较少。据三叶虫化石可以划分为21个带:1. *Hsuaspis* 带,2. *Megapalaeolenus* 带,3. *Redlichia*(*Pteroredlichia*) *murakamii* 带,4. *Tingyuania* 带,5. *Shantungaspis* 带,6. *Huschuangia* 带,7. *Sunaspis* 带,8. *Poriagraulos* 带,9. *Bailiella* 带,10. *Inouyella* 带,11. *Cerpicephalina* 带,12. *Amphoton-Taitzuia* 带,13. *Damesella* 带,14. *Blackwelderia* 带,15. *Drepanura* 带,16. *Chuangia* 带,17. *Changshannia*,18. *Kaolishania* 带,19. *Tsinania* 带,20. *Changia* 带,21. *Mictosaukia* 带。根据区内三叶虫化石的分布情况,结合《中国区域年代地层(地质年代)表说明书》中对确定地质年代有意义的作为本区地质年代划分的依据,华北地层区寒武纪年代地层单位、岩石地层单位与生物化石的对比见表1-2。

**表1-2 安徽北部寒武纪年代地层单位、岩石地层单位与生物化石对比表**

| 统 | 阶 | 淮北地层小区 | | 淮南地层小区 | | 霍邱地层小区 | |
|---|---|---|---|---|---|---|---|
| | | 岩石地层 | 古生物化石 | 岩石地层 | 古生物化石 | 岩石地层 | 古生物化石 |
| 上寒武统 | 凤山阶 | 三山子组 | 21. *Mictosaukia* 带<br>20. *Changia* 带<br>19. *Tsinania* 带 | 三山子组 | | 三山子组 | |
| | 长山阶 | 炒米店组 | 18. *Kaolishania* 带<br>17. *Changshannia* 带<br>16. *Chuangia* 带 | | | | |
| | 崮山阶 | 崮山组 | 15. *Drepanura* 带<br>14. *Blackwelderia* 带 | 崮山组 | 15. *Drepanura* 带<br>14. *Blackwelderia* 带 | 崮山组 | 14. *Blackwelderia* 带 |

续表1-2

| 统 | 阶 | 淮北地层小区 | | 淮南地层小区 | | 霍邱地层小区 | |
|---|---|---|---|---|---|---|---|
| | | 岩石地层 | 古生物化石 | 岩石地层 | 古生物化石 | 岩石地层 | 古生物化石 |
| 中寒武统 | 张夏阶 | 张夏组 | 13. *Damesella* 带<br>12. *Amphoton-Taitzuia* 带<br>11. *Cerpicephalina* 带 | 张夏组 | 13. *Damesella* 带<br>12. *Amphoton-Taitzuia* 带<br>11. *Cerpicephalina* 带<br>10. *Inouyella* 带 | 张夏组 | 12. *Amphoton-Taitzuia* 带<br>11. *Cerpicephalina* 带<br>10. *Inouyella* 带 |
| 中寒武统 | 徐庄阶 | 馒头组 四段 | 9. *Bailiella* 带<br>8. *Poriagraulos* 带<br>7. *Sunaspis* 带<br>6. *Huschuangia* 带 | 馒头组 四段 | 9. *Bailiella* 带<br>8. *Poriagraulos* 带<br>7. *Sunaspis* 带<br>6. *Huschuangia* 带 | 馒头组 四段 | 8. *Poriagraulos* 带<br>6. *Huschuangia* 带 |
| 中寒武统 | 毛庄阶 | 馒头组 三段 | 5. *Shantungaspis* 带 | 馒头组 三段 | 5. *Shantungaspis* 带 | 馒头组 三段 | |
| 下寒武统 | 龙王庙阶 | 馒头组 二段 | 4. *Tingyuania* 带 | 馒头组 二段 | | 馒头组 二段 | |
| 下寒武统 | 龙王庙阶 | 馒头组 一段 | 3. *Redlichia*(*Pteroredlichia*)*murakamii* 带 | 馒头组 一段 | 3. *Redlichia*(*Pteroredlichia*)*murakamii* 带 | 馒头组 一段 | |
| 下寒武统 | 龙王庙阶 | 昌平组 | | 昌平组 | | ? | |
| 下寒武统 | 沧浪铺阶 | 猴家山组 | 2. *Megapalaeolenus* 带<br>1. *Hsuaspis* 带 | 猴家山组 | 2. *Megapalaeolenus* 带<br>1. *Hsuaspis* 带 | 猴家山组 | 2. *Megapalaeolenus* 带 |
| 下寒武统 | 筇竹寺阶 | 缺失 | | 凤台组 | | 雨台山组<br>凤台组 | |
| 下寒武统 | 梅树村阶 | 缺失 | | 缺失 | | 缺失 | |

2)奥陶纪生物地层

华北地层区内奥陶纪地层经过许多单位的大量工作后,在生物地层上取得了一定的成果。本区奥陶纪主要为碳酸盐岩台地,出现生物化石以头足类为主。笔石、三叶虫、腕足类少量出现。据区内淮北地层小区的宿县夹沟、老虎山剖面资料,结合《中国区域年代地层(地质年代)表说明书》中对确定地质年代有意义的牙形石、笔石、头足类、三叶虫作为本区地质年代划分的依据,尤其笔石的出现最具特色,为与扬子地层区地层时代的对比提供了一定的依据。本区初步可以分为8个化石组合,奥陶纪年代地层单位、岩石地层单位与生物化石对比关系见表1-3。

3)石炭纪生物地层

华北地层区石炭纪生物地层以蜓最为特征,其次有有孔虫、牙形石、珊瑚、腕足类、头足类、三叶虫、双壳类及海百合等。对石炭纪地层划分有意义的以蜓、牙形石、腕足类较为特征。区内晚奥陶世至早石炭世未出现沉积,晚石炭世为碳酸盐岩与碎屑岩的混合沉积,本区的晚石炭世蜓化石较为丰富,经过许多单位的大量工作后,在生物地层上取得了一定的成果,据区内蜓化石资料,结合《中国区域年代地层(地质年代)表说明书》中确定的地层时代,作为本区地质年代划分的依据,本区初步可以分为5个化石带或组合带。石炭纪—早二叠世岩石地层划分、古生物化石之间的关系见表1-4。

表 1-3 安徽北部奥陶纪年代地层单位、岩石地层单位与生物化石对比表

| 统 | 阶 | 淮北地层小区 | | 淮南地层小区 | |
|---|---|---|---|---|---|
| | | 岩石地层 | 古生物化石<br>三叶虫、笔石、头足类、牙形石 | 岩石地层 | 古生物化石<br>三叶虫、头足类 |
| 上奥陶统 | 钱塘江阶 | 缺失 | | | |
| | 艾家山阶 | | | | |
| 中奥陶统 | 达瑞威尔阶 | 马家沟组 老虎山段 | 8. 三叶虫 *Lonchobasilicus caudatus*-牙形石 *Cyrtoniodus flexuosus* 组合 | 马家沟组 老虎山段 | |
| | | 青龙山段 上部 | 7. 头足类 *Tofangoceras-Discoactinoceras-Ormoceras* 组合、(笔石 *Didymograptus pandus* 带) | 青龙山段 上部 | 7. 头足类 *Tofangoceras-Discoactinoceras-Ormoceras* 组合 |
| | | 青龙山段 下部 | 6. 头足类 *Steroplasmoceras pseudoseptatum* 带 | 青龙山段 下部 | |
| | 大湾阶 | 萧县段 上部 | 5. 头足类 *Polydesmia-Cyptendoceras*-三叶虫 *Eoisotelus parabinodosus* 组合 | 萧县段 上部 | 4. 三叶虫 *Eoisotelus* |
| | | 萧县段 下部 | 4. 三叶虫 *Eoisotelus*-头足类 *Kotoceras-Mesowutinoceras dsicoides* 组合 | 萧县段 下部 | |
| | | 贾汪组 | 3. 牙形石 *Oneotodus gracilis-O. gallatini* 组合 | 贾汪组 | |
| 下奥陶统 | 道保湾阶 | 三山子组 韩家组 | 2. 头足类 *Cyrtovaginoceras-Oderoceras-Kaipingoceras* 组合 | 缺失 | |
| | 新厂阶 | | 1. 牙形石 *Oneotodus nakamurai* 组合 | 缺失 | |

表 1-4 安徽北部石炭纪—早二叠世年代地层单位、生物地层单位与岩石地层对比表

| 年代地层单位 | | 生物地层单位 | 化石带 | 黄淮地层分区岩石地层 | |
|---|---|---|---|---|---|
| | | | | 淮北地层小区 | 淮南地层小区 |
| 下二叠统<br>299.0Ma | | 隆林阶 | (T)*Pseudoschwagerina* 的消失<br>(T)*Misellina* 的出现 | | |
| | | 紫松阶 | 5. 蜓 *Pseudoschwagerina-Quasifusulinaiz* 组合带 | 太原组 | 太原组 |
| 石炭系 | 上统<br>318.1Ma | 逍遥阶 | 4. 蜓 *Triticites* 带 | 本溪组 | 缺失 |
| | | 达拉阶 | 3. 蜓 *Fusulina-Fusulinella* 带 | | |
| | | 滑石板阶 | 2. 蜓 *Profusulinella* 带 | | |
| | | 罗苏阶 | 1. 蜓 *Eostaffella subsolana* 带 | | |
| | 下统<br>359.2Ma | 德坞阶 | | 缺失 | |
| | | 大塘阶 | | | |
| | | 岩关阶 | | | |
| 上泥盆统 | | 邵东阶 | | | |

注：(T)代表头足类。

### 4）二叠纪生物地层

两淮地区石炭纪、二叠纪地层植物和孢粉化石丰富,但由于钻孔揭露的较少,分布零星,研究程度较差,因此,对于本溪组和孙家沟组的植物化石在此将不再叙述,主要对太原组、山西组、下石盒子组和上石盒子组的植物化石进行研究对比。

区内二叠纪为碎屑岩沉积,碎屑岩大部分为滨岸或三角洲相沉积。因受沉积环境的控制,山西组内富含植物:*Tingia hamaguchii*,*Taeniopteris multinervis*,*Emplectopteris triangularis*,*Emplectopteritium alatum* 等化石。时代为中二叠世。石盒子组下段富含植物:*Alethopteris ascendens*,*Callipteridium contracat*,*Cathaysiopteris whitei*,*Cardiocarpus cordai*,*Gigantonoclea lagrelii*,*Gigantoptaris nicotianaefolia*,*Taeniopteris shensiensis* 等化石。时代为中二叠世。石盒子组上段富含植物:*Annularia mucronata*,*Gigantonoclea yuizhouensis*,*Lobatannularia ensifolia*,*Neuropteridium coreanicum*,*Plagiozamites oblongifolius*,*Taenopteris angustifoliai* 等化石。时代为晚二叠世。本区二叠纪年代地层单位、岩石地层单位与生物化石对比关系见表1-5。安徽两淮地区与邻近地区本溪组、太原组䗴类动物群对比见表1-6。

**表1-5 安徽北部二叠纪年代地层单位、岩石地层单位与生物化石对比表**

| 年代地层单位 | | 生物地层单位 | 植物化石 | 孢粉 | 岩石地层 | |
|---|---|---|---|---|---|---|
| 上二叠统 | 长兴阶 | | | | 孙家沟组 | |
| | 吴家坪阶 | 老山亚阶 | (Z) *Gigantopteris nicotianaefolia*-*Taeniopteris* spp. 组合 | (B) | 石盒子组 | 上段 |
| | | 来宾亚阶 | (Z)*Gigantonoclea* spp.-*Lobatannularia multifolia*-*Psygmophyllum multipartitum* 组合 | (B) | | |
| 中二叠统 | 冷坞阶 | | (Z) *Gigantonoclea lagrelii*-*Lobatannularia ensifolia*-*Fascipteris* spp. 组合 | (B) | | |
| | 茅口阶 | | (Z) *Cardiocarpus cordai*-*Gigantonoclea lagrelii*-*Taeniopteris shensiensis* 组合 | (B) *Sinulatisporites*-*Laevigatosporites* | | 下段 |
| | 祥播阶 | | | | | |
| | 栖霞阶 | | (Z) *Emplectopteridium alatum*-*Taeniopteris multinervis*-*Lobatannularia sinensis* 组合 | (B) *Sinulatisporites*-*Laevigatosporites* 组合 | 山西组 | |
| 下二叠统 | 隆林阶 | | *Neuropteri ovata*-*Lapidodendron posthumii* 组合带 | | 太原组 | |
| | 紫松阶 299.0Ma | | | | | |

注:(Z)代表植物,(B)代表孢粉。

表 1-6  安徽两淮地区与邻近地区本溪组、太原组䗴类动物群对比表

| 系 | 统 | 组 | 安徽淮北涡阳（本书） | 淮南潘集（本书） | 淮北祁东（蔡如华） | 安徽砀山（肖立功） | 淮北综合剖面（金权） | 江苏大屯 | 山东淄博 | 河南西部 |
|---|---|---|---|---|---|---|---|---|---|---|
| 二叠系 | 下二叠统 | 太原组 | *Pseuloschwagerina* 带<br>*Boultonia dadunensis-Rugosochusenella* 亚带<br>*Sphaeroschwagerina subrotunda, Rugosofusulina complicata* 亚带 | *Oketaella borealis* 带<br>*Sphaeroschwagerina sphaerica* 带 | *Sphaeroschwagerina* 带<br>*Sphaeroschwagerina subrotunda* 亚带<br>*Quasifusulina gracilis-Boultonia willsi* 亚带 | *Spuaeroschwagerina* 带<br>*Boultonia guasiwills-Pseudofusulina japon-ica* 组合<br>*Schwagerina submathosti* 组合<br>*Schwagerina postnathorsi* 组合<br>*Rugosofusulina valida-pseudofusulina vulgaris* 组合 | *Pseudoschwagerina* 带<br>*Triticites-Rugosofusulina* 带 | *Pseuloschwagerina* 带<br>*Boultonia gracilis-Schwagerinacervicalis* 亚带<br>*Psoudofusulina valida*<br>*Pseudofusulina firma* 亚带 | *Triticites boshanensis* 带<br>*Pseudoschwagerina gerontica* 带<br>*Schwagerina boshanensis* 带<br>*Triticites shandongiensis* 亚带<br>*Pseudoschwagerina uddeni* 带<br>*Rugosofusulina* 带 | *Rugosofusulina-Quasifusulina* 带<br>*Schwagerina cervicalis* 亚带<br>*Quasifusulina longissima-Rugosofusulina valida* 亚带 |
| 石炭系 | 上石炭统 | 本溪组 | *Verella prolixa-Profusulinella* cf. *parva* 带 | | | | | *Fusulina-Beedeina* 带<br>*Profusulinella* 带 | *Fusulina-Fusulinella* 带<br>*Fusulina cylindria* F. *quasiaylindrica* 亚带<br>*Fusulina pseudookonni-Fusulinella provecta* 亚带 | *Fusulina-Fusulinella* 带 |

注：根据《华北晚古生代聚煤规律与找煤研究（安徽部分）》修编。

### 2. 扬子地层区

安徽省扬子地层区分为下扬子分区、江南分区（包括浙西分区）。下扬子地层分区寒武纪—古近纪的生物化石较为丰富，本书重点对寒武纪—三叠纪确定年代地层有关的生物标志进行讨论，对侏罗纪—古近纪生物标志作一般叙述，为建立年代地层序列提供依据。

1）寒武纪生物地层

扬子地层区在早寒武世区内以盆地相的黑色页岩为主，仅在荷塘组内见海绵骨针；早寒武世晚期至晚寒武世以碳酸盐岩沉积为主，从碳酸盐岩台地至陆棚沉积均有出现，生物化石以三叶虫为主，笔石、腕足类、牙形石仅少量出现；其中下扬子地层分区巢湖市一带为潮坪、泻湖沉积，生物化石较少，东至—马衙一带均为碳酸盐浅滩沉积，已白云岩化，故生物化石已难见踪迹；而过渡带则处在碳酸盐岩缓坡，以三叶虫、球接子类混生和较为繁盛为特征；江南地层分区以球接子类为主，出现少量三叶虫、腕足类化石。本区据三叶虫、球接子化石可以划分为不同的化石带，3个沉积区的岩石地层划分、古生物化石之间的关系见表1-7。过渡带的中晚寒武世三叶虫化石较为丰富，经过钱义元等（1964）、仇洪安等（1985）及1∶20万区调总结，为生物地层工作打下了基础。仇洪安等（1985）将泾县北贡—池州市华庙一带晚寒武世地层自下而上分为10个三叶虫化石带：1. *Paradistazeris* 带，2. *Metahyagnostus brachydolonus* 带，3. *Chatiaoia-Liosracina* 带，4. *Glyptagnostus reticulatus* 带，5. *Prochuangia granulosa* 带，6. *Pseudaphelaspis-Acrocephalaspina* 带，7. *Kaolishania-Wannania* 带，8. *ProsaukiaSaukiella* 带，9. *Pseudocalvinella* 带，10. *Wanwanaspis* 带。而北侧的东至—贵池斋岭一带早寒武世荷塘组中普遍夹1层灰岩，经安徽省324地质队、安徽区域地质调查队等单位的1∶5万马衙、东至县、包村等图幅的区调工作，其中含三叶虫化石 *Hupeidiscus* cf. *fengdongensis*，*Metaredlichoidos* sp.，*Protosponia* sp. 等。上述化石为我国寒武纪年代地层单位的代表性化石，为本区与国内其他地区寒武纪地层的对比提供了生物依据。根据区内三叶虫化石的分布情况，结合《中国区域年代地层（地质年代）表说明书》中对确定地质年代有意义的作为本区地质年代划分的依据，本区寒武纪年代地层单位、岩石地层单位与生物化石的对比见表1-7。

表 1-7　安徽南部寒武纪年代地层单位、岩石地层单位与生物化石对比表

| 统 | 阶 | 下扬子地层分区 | | 过渡带 | | 江南地层分区 | |
|---|---|---|---|---|---|---|---|
| | | 岩石地层 | 古生物化石 | 岩石地层 | 古生物化石 | 岩石地层 | 古生物化石 |
| 上寒武统 | 凤山阶 | 观音台组 | *Kunmingaspis*, *Chittidilla*, *Redlichia* | 青坑组 | *Mictosaukia* 带 *Changia* 带 *Chuangia* 带 | 西阳山组 | *Lotagnostus*, *Hedinaspis*, *Charchaqia*, *Proceratopyge* |
| 上寒武统 | 长山阶 | 观音台组 | | 青坑组 | | 西阳山组 | |
| 上寒武统 | 崮山阶 | 斋岭组 | | 团山组 | *Drepanura* 带 *Blacwelderia* 带（或 *Glyptagnostus reticulatus* 带） | 华严寺组 | *Pseudagnostus*, *Glyptagnostus reticulatus* |
| 中寒武统 | 张夏阶 | | | 杨柳岗组 | *Damesella* 带 *Ptychagnostus atavus* 带 *Arthricocephalus* 带 | 杨柳岗组 | *Ptychagnostus* |
| 中寒武统 | 徐庄阶 | 炮台山组 | | | | | |
| 中寒武统 | 毛庄阶 | | | | | | |
| 下寒武统 | 龙王庙阶 | 大陈岭组 | | 大陈岭组 | *Arthricocephalus* 带 *Redlichia*（*Pteroredlichia*） cf. *chinensis* | 大陈岭组 | |
| 下寒武统 | 沧浪铺阶 | 幕府山组 | 黄柏岭组 *Redlichia* | 黄柏岭组 | *Redlichia*（*Pteroredlichia*） *murakamii* 带 *Cheiruroides primigenius* 带 | 荷塘组 | *Protosponia* |
| 下寒武统 | 筇竹寺阶 | | 荷塘组 *Hupeidiscus fengdongensis* 带 | 荷塘组 | *Protosponia* | | |
| 下寒武统 | 梅树村阶 | 皮园村组上段 | | 皮园村组上段 | | 皮园村组上段 | |

2）奥陶纪生物地层

本区奥陶纪从碳酸盐岩台地至盆地沉积均有出现，因而出现生物化石的种类较多，以笔石、三叶虫、头足类、腕足类为主。江南地层分区以盆地沉积为主，生物化石以笔石为主，头足类、三叶虫仅少量出现；下扬子地层分区以碳酸盐岩台地沉积为主，生物化石以头足类、三叶虫、牙形石为主，笔石少量出现；而过渡带则处在碳酸盐岩缓坡，生物化石出现混生类型，笔石、头足类、三叶虫、腕足类均有出现。结合《中国区域年代地层（地质年代）表说明书》中对确定地质年代有意义的笔石、头足类、三叶虫作为本区地质年代划分的依据，尤其笔石最具特色。本区奥陶纪年代地层单位、岩石地层单位与生物化石对比关系见表1-8。

**表1-8 安徽南部奥陶纪年代地层单位、岩石地层单位与生物化石对比表**

| 统 | 阶 | 下扬子地层分区 | | | 过渡带 | | 江南地层分区 | |
|---|---|---|---|---|---|---|---|---|
| | | 岩石地层 | 古生物化石 | | 岩石地层 | 古生物化石 | 岩石地层 | 古生物化石 |
| | | | 三叶虫、笔石、头足类 | 牙形石 | | 三叶虫、笔石、头足类、腕足类 | | 三叶虫、笔石、头足类 |
| 上奥陶统 | 钱塘江阶 | 高家边组 | *Akidograptus ascensus* 带 | | 高家边组 | (B) *Glyptograptu persculptus* 带 | 霞乡组 | (B) *Glyptograptu persculptus* 带 |
| | | 五峰组 | (B) *Tanyagraptus*<br>(B) *D. szechuanensis*<br>(B) *Dicellograptus complanatus ornatus* 带<br>(B) *D. graciliramosus* | | 长坞组 | (B) *Paraorthograptus* 带<br>(B) *Dicellograptus complanatus ornatus* 带<br>(B) *D. graciliramosus* | 长坞组 | (B) *Dicellograptus complanatus ornatus* 带<br>(B) *D. szechuanensis* |
| | | 汤头组 | (S) *Hammatocnemis Basilicus, Geragnostus, Birmanites* | | 汤头组 | (S) *Hammatocnemis Basilicus, Geragnostus, Birmanites* | 黄泥岗组 | (S) *Nakinnolithus* 带 |
| | 艾家山阶 | 宝塔组 | (T) *Sinoceras, chinensis* 带<br>(S) *Hammatocnemis, Geragnostus*<br>(T) *Lituites* | *Hamarodus europaeus, Protopanderodus liripipus, Prioliodus alobadus, Polyplacognathus* | 宝塔组 | (T) *Sinoceras. chinensis* 带, *Orthoceras* | 砚山瓦组 | *Sinoceras chinensis* 带 |
| | | | | | | | 胡乐组 | (B) *Dicranograptus nicholsoni diapason* 带<br>(B) *Gllosograptus hincksii* 带<br>(B) *Didymograptus murchisoni-Pterograptus elegans* 带 |
| 中奥陶统 | 达瑞威尔阶 | 牯牛潭组 | (T) *Dideroceras wahlenbergi* | *Eoplacognothus suecicus, Amorphognathus variabilis* | | | | (B) *Nicholsonograptus fasciculatus* 带<br>(B) *Acrograptus ellesae* 带 |
| 下奥陶统 | 大湾阶 | 东至组 | (T) *Protocycloceras deprati*<br>(W) *Sinorthis-Yangtzella* | *Paroistodus originalis, Oistodus multicorrugatus-Peridun flabellum* | 里山千组 | (B) *Tetragraptus* cf. *bigsbyi*<br>(S) *Szechuanella, Taihungshania*<br>(W) *Sinorthis* | 宁国组 | (B) *Undulograptus austyodentatus* 带<br>(B) *Azygograptus suecicus* 带<br>(B) *Didymograptus deflexus* 带 |
| | 道保湾阶 | 红花园组 | (T) *Coreanoceras*<br>(T) *Hupehceras* cf. *sbutriformatum* | *Oepikodus evae-Bergstroemognathus exlensus, Serratognathus diversus* | 大坞千组 | (S) *Szechuanella szechuanensis* | 印渚埠组 | (S) *Symphysurus?*<br>(S) *Shumardops*<br>(B) *Clonograptus* 带 |
| | 新厂阶 | 仑山组 | (T) *Ellesmeroceras* cf. *subcircularis*<br>(S) *Szechuanella, Asaphopsis* | *Acodus″ one olensis, Acanthodus costatus, Fryxellodintus inornatus* | | | 西阳山组 | (B) *Staurograptus-Anisograptus* 带 |

注：(B)代表笔石，(S)代表三叶虫，(T)代表头足类，(W)代表腕足类，(Y)代表牙形石。

3）志留纪生物地层

区内志留纪以碎屑岩沉积为主，从滨岸至盆地沉积均有出现，但生物化石主要在下部较多，化石门类以笔石、腕足类、三叶虫、双壳类、腹足类、鱼类为主。早志留世早期区内以盆地相的砂页岩浊流沉积和陆棚潟湖相的黑色页岩为主，生物化石以笔石为主；早志留世中期以陆棚相的黄绿色页岩沉积为主，夹一些薄层砂岩的等深流沉积，生物化石以笔石、腕足类为主；早志留世晚期—中志留世区内以滨岸相的砂页岩沉积为主，区内生物化石以腕足类、腹足类、三叶虫、双壳类为主，有时出现一些头足类、鱼类、海百合茎等。据中上部地层在岩性、岩相、生物群、沉积厚度等方面的差异，本区以东至县—泾县一线为界，可分为两个地层分区，东南侧为江南地层分区，西北侧为下扬子地层分区。本区自上而下可分为4个笔石带：4. *Demirastrites triangulatus* 带；3. *Coronograptus cyphus-Pristiograptus leei* 带；2. *Orthograptus vesiculosus* 带；1. *Akidograptus ascensus* 带。

结合《中国区域年代地层（地质年代）表说明书》中确定的地层时代，可作为本区地质年代划分的依据。本区志留纪的岩石地层划分、古生物化石之间的关系见表1-9。

表1-9 安徽南部志留纪年代地层单位、岩石地层单位与生物化石对比表

| 统 | 阶 | 下扬子地层分区 | | 江南地层分区 | |
|---|---|---|---|---|---|
| | | 岩石地层 | 古生物化石 | 岩石地层 | 古生物化石 |
| 中志留统 | 安康阶 | 茅山组 | (W)*Lingula* sp. | 唐家坞组 | (BS)*Eisenackitina venusta*<br>(BS)*Calpichitina* cf. *densa*<br>(BS)*Conochitina* sp.<br>(BS)*Conochitina* cf. *acuminata* |
| 下志留统 | 紫阳阶 | 坟头组 | (S)*Senticucullus elegans*<br>(S)*Coronocephalus rex*<br>(S)*Kailia* | 康山组 | |
| | | 高家边组 | (B)*Hunanodendrum typicum* | 河沥溪组 | (S)*Encrinuroides* sp.<br>(S)*Latiproetus* sp.<br>(W)*Coelospira*<br>(W)*Brachyprion* sp.<br>(W)*Schellwienella* sp. |
| | 大坝中阶<br>龙溪马阶 | | (B)*Demirastrites triangulatus*<br>(B)*Coronograptus cyphus*<br>(B)*Orthograptus vesiculosus*<br>(B)*Akidograptus ascensus* | 霞乡组 | (B)*Coronograptus cyphus*<br>(B)*Orthograptus vesiculosus*<br>(B)*Akidograptus ascensus*<br>(B)*Glyptograptu persculptus* |
| 上奥陶统 | 钱塘江阶 | 五峰组 | | 长坞组 | |

注：(BS)代表胞石，(S)代表三叶虫，(B)代表笔石，(W)代表腕足类。

据剖面上胞石化石资料，安徽省扬子地层区志留纪地层的时代以早志留世为主，仅顶部残留一些中志留世早期地层，缺失中志留世中晚期—顶志留世地层。关于本区志留纪地层的时代一直有分歧，以往一直认为区内存在中、晚志留世沉积，甚至还认为存在早、中泥盆世沉积。在黄山市举坑剖面唐家坞组的上部第59层发现了含胞石化石 *Conochitina* cf. *acuminata* Eisenack，*C.* sp. indet.，*Conochitina acuminata* Eisenack为胞石带的特征分子，全球分布。在中国该分子曾见于云南大关的大路寨组顶部，时代为早志留世特列奇晚期，相当于我国的紫阳期。因此，第59~64层时限大致属于早志留世晚期至中志留世早期。根据茅山组与唐家坞组从层位上完全可以对比，可以看出，本区志留纪地层的时代绝大部分为早志留世，仅茅山组和唐家坞组的顶部为中志留世。

4）泥盆纪生物地层

区内泥盆纪地层仅出现晚泥盆世的碎屑岩沉积，生物化石以植物化石为主，在黄山市刘家，铜陵市马家、笠帽顶，巢湖市一带观山组、擂鼓台组剖面中发现大量的植物化石、双壳类碎片、舌形贝、腕足类、含疑源类、化石孢子等，以晚泥盆世的标准化石分子占主要地位，其中古羊齿 *Archaeopteris* 为下扬子地区首次发现，系世界性晚泥盆世的标准化石，它广泛分布于爱尔兰、苏格兰、比利时、德国、挪威、北美和斯皮茨根岛、加拿大的加斯佩及埃斯米群岛，在我国广东中山，黑龙江瑷珲，江西崇义、于都、龙南，湖北长阳等地晚泥盆世地层中也有发现。*Sublepidodendron mirabilile*，*Lepidodendropsis hirmeri* 始见于观山组，在擂鼓台组中大量出现。因此，可建立 *Lepidodendropsis hirmeri-Sublepidodendron mirabile* 组合，观山组、擂鼓台组的时代应为晚泥盆世较为合适。

5）石炭纪生物地层

区内早石炭世为碎屑岩与碳酸盐岩混合类型沉积，碎屑岩大部分为滨岸或陆相的冲积扇沉积，故生物化石稀少，而以碳酸盐岩沉积为主的金陵组中，含腕足类化石：*Leptogonia analoga*，*Schuchertella* sp.，*Composita* sp.，? *Fusella* sp.，*Producyus kinlingensis*，*Pustula* sp.，*Marginifera*? sp.，*Eochoristites rceipentaiensis*，*E. leei*，*E.* sp.，*Spirifer* sp.，*Pustula* sp.，*Fusella* sp.；双壳类 *Aviculopecten* cf. *plicatus*；珊瑚 *Michelinia* sp.；海百合茎 *Cyclocyclicus* sp. 及三叶虫等化石。晚石炭世均为碳酸盐岩沉积，蜓化石较为丰富，自下而上分为：*Eostaffella*，*Pseudostaffella*，*Profusulinella*，*Fusulina-Fusulinella*，*Triticites*，*Pseudoschwagerina* 六个蜓化石带。据区内蜓、珊瑚、腕足类、藻类化石资料，结合《中国区域年代地层（地质年代）表说明书》中确定的地层时代，作为本区地质年代划分的依据，本区的石炭纪—早二叠世岩石地层划分、古生物化石之间的关系见表 1-10。

表 1-10 安徽南部石炭纪—早二叠世年代地层单位、生物地层单位与岩石地层对比表

| 年代地层单位 | | 生物地层单位 小区 | 化石带 | 下扬子地层分区岩石地层 | |
|---|---|---|---|---|---|
| | | | | 铜陵、贵池地层小区 | 巢湖地层小区 |
| 下二叠统 299.0Ma | | 隆林阶 | （T）*Pseudoschwagerina* 的消失<br>（T）*Misellina* 的出现 | 船山组 | 船山组 |
| | | 紫松阶 | （T）*Sphaeroschwagerina moelleri* 带 | | |
| 石炭系 | 上统 318.1Ma | 逍遥阶 | （T）*Triticites* 带<br>（T）*Fusulina-Fusulinella* 带 | 黄龙组 | 黄龙组 |
| | | 达拉阶 | （T）*Profusulinella* 带 | | |
| | | 滑石板阶 | （T）*Pseudostaffella* 带 | 老虎洞组 | |
| | | 罗苏阶 | | | |
| | 下统 359.2Ma | 德坞阶 | （T）*Eostaffella* 带<br>（W）*Gigantoproductus edelburgensis* 带 | 浙溪岩楔 | 老虎洞组 |
| | | | | 榔桥岩楔 | 和州组 |
| | | 大塘阶 | （T）*Arachnolasma sinensis* 带<br>（T）*Heterocaninia tholusitabulata* 带 | 高骊山组 | 高骊山组 |
| | | 岩关阶 | （W）*Eochoristites neipentaiensis* 带 | 王胡村组 | 金陵组 |
| | | | | 陈家边组 | 陈家边组 |
| 上泥盆统 | | 邵东阶 | （Z）*Leptophloeum rhombicum-Sublepidodendron mirabile* 组合 | 擂鼓台组 | 擂鼓台组 |

注：（T）代表头足类，（W）代表腕足类，（Z）代表植物。

6) 二叠纪生物地层

区内二叠纪为碎屑岩与碳酸盐岩交替类型沉积，碎屑岩大部分为滨岸或三角洲相沉积，碳酸盐岩大部分为开阔台地相沉积。因受沉积环境的控制，早二叠世生物化石以䗴化石为主，中二叠世生物化石有珊瑚、䗴、菊石、植物等，另外有少量腕足类、苔藓虫；晚二叠世生物化石为菊石、腕足类、双壳类。据区内已有的一些地层剖面上出现的䗴、珊瑚、菊石、腕足类、植物等化石带和茅口期在横向上的变化情况，可分为池州-泾县和南陵两个地层小区。本区栖霞组自下而上可分为 *Nankinella*，*Misellina termieri*，*Parafusulina multiseptata* 三个䗴化石带，孤峰组为 *Altudoceras* 菊石化石带，武穴组为 *Neoschwagerna craticulifera* 䗴化石带，大隆组为 *Anderssonoceras* 菊石化石带。另外巢湖一带（巢县东北侧王山头剖面）的大隆组见 *Konglingites-Sangyangites*，*Tapashanites* 两个菊石化石带。长兴组为 *Palaeofusulina sinensis* 䗴化石带，在东侧的浙江省中阳湾一带出现，广德县独山沟窑剖面也见该属。以 2002 年全国地层委员会的《中国区域年代地层（地质年代）表说明书》为依据，本区二叠纪年代地层单位、岩石地层单位与生物化石对比关系见表 1-11。

表 1-11 安徽南部二叠纪年代地层单位、岩石地层单位与生物化石对比表

| 生物地层单位 / 年代地层单位 | | | 下扬子地层分区 | | 岩石地层 |
|---|---|---|---|---|---|
| | | 小区 | 巢湖、安庆、池州、泾县地层小区 | 南陵、广德地层小区 | |
| 上二叠统 | 吴家坪阶 | 长兴阶 | (J)*Tapashanites* 带 | (T)*Palaeofusulina sinensis* 带 | 长兴组 |
| | | 老山亚阶 | (J)*Sangyangites* 带<br>(J)*Konglingites* 带<br>(J)*Andersonoceras* 带 | (J)*Sangyangites* 带<br>(J)*Konglingites* 带<br>(J)*Andersonoceras* 带 | 大隆组 |
| | | 来宾亚阶 | (Z)*Gigantopteris nicotianaefolia* | (Z)*Gigantopteris nicotianaefolia* | 龙潭组 |
| 中二叠统 | 冷坞阶 | | (T)*Shouchangoceras*<br>(Z)*Cladophlebis ozakii*<br>(SQ)*Myalina* | (T)*Neoschwagerna craticulifera* 带 | 武穴组 |
| | 茅口阶 | | (J)*Altudoceras* 带 | | 孤峰组 |
| | 祥播阶 | | (T)*Parafusulina multiseptata* 带 | (T)*Parafusulina multiseptata* 带 | 栖霞组 |
| | 栖霞阶 | | (T)*Misellina termieri* 带 | (T)*Misellina termieri* 带 | |
| 下二叠统 | 隆林阶 | | (T)*Nankinella* 带 | (T)*Nankinella* 带 | 梁山组 |
| | 紫松阶<br>299.0Ma | | (T)*Sphaeroschwagerina moelleri* 带 | (T)*Sphaeroschwagerina moelleri* 带 | 船山组 |

注：(T)代表䗴，(J)代表菊石，(W)代表腕足类，(Z)代表植物，(SQ)代表双壳类。

7) 三叠纪生物地层

区内早三叠世的生物地层经过科研、生产单位的长期研究，积累了不少资料。安徽南部早三叠世为浅海碳酸盐岩沉积，总体自下而上海水逐渐变浅，至中三叠世以后为三角洲相的碎屑岩沉积，因受沉积环境的控制，早三叠世生物化石以菊石、牙形石、双壳类等为主，另外有少量有孔虫、腕足类、腹足类；中三叠世以后，下部生物化石以双壳类、植物为主，还有介形虫，上部生物化石以双壳类、植物为主；晚三叠世生物化石以植物为主，还有少量双壳类。三叠纪地层剖面上出现菊石、双壳类、牙形石等带化石，其中早三叠世以菊石最具代表性，以双壳类、牙形石作为补充。区内早三叠世殷坑阶、巢湖阶的菊石自下而上可分为 *Ophiceras-Lytophiceras*，*Gyronites-Prionolobus*，*Flemingites*，*Anasibirites-Owenites*，*Tirolites-Columbites*，*Subcolumbites* 六个菊石带，而殷坑阶的双壳类自下而上可分为 *Cl. wangi*，*Cl. stachei*，*Claraia* aurita, *Eumorphotis multiformis* 四个组合，殷坑阶、巢湖阶的牙形石自下而上可分为 *Neospathodus dieneri*, *N. waageni*, *N. triangularis* 三个组合。以 2002 年全国地层委员会的《中国区域年代地层（地质年代）表说明书》为依据，下扬子区三叠纪年代地层单位、岩石地层单位与生物化石对比关系见表1-12。

在铜陵市龙头山周冲村组中采得双壳类：*Eumorpholis*(*Asoella*) *illyrica*, *Chamys* sp.，在铜陵市叶村剖面含有孔虫：*Glomospira sinensis*，至江苏省无锡一带，下部产双壳类：*Eumorpholis*(*Asoella*) *illyrica*, *Entolium discites* 及腹足类；其中 *Eumorpholis*(*Asoella*) *illyrica* 在我国西南地区的雷口坡组、巴东组和关岭组较常见，可与之对比，时代应相当于中三叠世青岩期。

表 1-12 安徽南部三叠纪年代地层单位、岩石地层单位与生物化石对比表

| 年代地层单位 | | 化石带门类 | 菊石化石带(J) 植物(Z) | 双壳类组合(S) | 牙形石带(Y) | 岩石地层 |
|---|---|---|---|---|---|---|
| 下侏罗统 | | 八道湾阶 | | | | 钟山组 |
| 三叠系 | 上统 | 土隆阶 | (Z)*Neocalamites carrerei*, *Podozamites lanceolatus*, *Cycadocarpidium* | (S)*Mytilus Vuio* | | 范家塘组 |
| | | 亚智梁阶 | | | | |
| | 中统 | 待建阶 | | (S) *Unio huainingensis*, *U. yueshanensis*, *Sibiveconcha* cf. *shensiensis*, *Annolepis zeilleri*, *Eumorphotis* (*Asoella*) *subillyrica Myophoria*(*Costatoria*) *submultistriata* | | 黄马青组 |
| | | 青岩阶 | | (S) *Entolium discites*, *Myophoria*(*Costatoria*) sp., *Unionites* sp. | | 周冲村组 |
| | 下统 | 巢湖阶 | (J) *Subcolumbites* 带 (J) *Tirolites-Columbites* 带 (J) *Anasibirites-Owenites* 带 (J) *Flemingites* 带 | | (Y)*Neospathodus triangularis* 带 (Y)*N. waageni* 带 | 南陵湖组 |
| | | | | | | 和龙山组 |
| | | 殷坑阶 | (J)*Gyronites-Prionolobus* 带 (J)*Ophiceras-Lytophiceras* 带 | (S) *Eumorphotis multiformis* 组合 (S)*Claraia aurita* 组合 (S)*Cl. stachei* 组合 (S)*Cl. wangi* 组合 | (Y)*Neospathodus dieneri* 带 | 殷坑组 |
| 上二叠统 | | 长兴阶 | | | | 大隆组 |

本区黄马青组中下部出现的海相双壳类化石 *Eumorphotis*(*Asoella*) *illyrica-Myophoria*(*Costatoria*) *submultistriata* 组合特征与湖北的巴东组、四川的雷口坡组、西南的关岭组等所产的巴东动物群极其相似，大多数种属都相似，如 *Myophoria*(*Costatoria*) *submultistriata*, *Eumorpholis*(*Asoella*) *subillyrica*, *Mytilus* sp., *M.* cf. *tommasu obtusa*, *M.* cf. *eduliformis*, *Unionites* cf. *gregareus*, *U.* cf. *lettica*, *U.* sp.，尤其 *Myophoria*(*Costatoria*) *submultistriata* 为本组合的一个特征分子。因此，本组中下

部的时代应相当于中三叠世青岩期。本组上部出现的陆相双壳类化石 *Unio* cf. *huangbogouensis* 为我国陆相三叠纪铜川期的主要分子，故黄马青组的时代为中三叠世。

晚三叠世范家塘组所含植物化石 *Neocalamites carrerei* 为我国陆相晚三叠世永坪期地层中的重要分子，*Neocalamites carrerei*，*Podozamites lanceolatus* 为我国陆相晚三叠世瓦窑堡期地层中的主要分子，可与湘、赣的安源组，四川盆地的须家河组对比，故范家塘组时代归为晚三叠世。安徽南部晚三叠世安源组含植物、叶肢介等化石，*Podozamites lanceolatus* 为我国陆相晚三叠世瓦窑堡期地层中的主要分子，可与湘、赣的安源组，四川盆地的须家河组对比，故范家塘组时代归为晚三叠世。

8）侏罗纪生物地层

侏罗纪主要为河流、湖泊相的碎屑岩沉积。因受沉积环境的控制，早侏罗世生物化石以植物、双壳类化石为主，中侏罗世生物化石为双壳类、腹足类。

以怀宁县磨山剖面、鸡冠山剖面、枞阳县下含山剖面为代表，早侏罗世钟山组内生物化石以植物、双壳类化石为主，其中所含植物化石 *Coniopteris hymenophylloides*，*Podozamites lanceolatus* 等均为我国早侏罗世八道湾阶地层中常见分子，其中所含植物化石 *Neocalamites carrerei*，*Podozamites lanceolatus* 等为我国早侏罗世三工河阶地层中常见分子，故钟山组时代应属早侏罗世。

据怀宁县白林尖剖面，桐城市赌旗墩、乌龟山剖面，枞阳县王家岗、磨刀石剖面，中侏罗世罗岭组生物化石主要为双壳类、腹足类，爬行类、介形类、鱼类及轮藻、植物化石碎片。其中所含双壳类 *Psilunio ovalis* 化石，介形类 *Darwinulla impudica* 等均为我国中侏罗世头屯河阶地层中的分子，故罗岭组时代应属中侏罗世。

9）白垩纪生物地层

区内白垩纪地层主要为河流、湖泊相的碎屑岩沉积。早白垩世砖桥组、蝌蚪山组出现生物化石为腹足类、双壳类、介形类及植物化石，早白垩世杨湾组生物化石以植物、双壳类、轮藻化石为主，晚白垩世赤山组生物化石为恐龙蛋。以2002年全国地层委员会的《中国区域年代地层（地质年代）表说明书》为依据，对区内白垩纪生物地层予以简述。

（1）早白垩世。在庐枞陆相火山岩盆地内的早白垩世砖桥组中，所含植物、腹足类、双壳类、介形类等动植物化石组合群属 *Ferganoconcha quadrata-Solenaia mengyienesis*，相当于热河动物群。同位素年龄值多在 133～125Ma 之间，应归于早白垩世。

早白垩世蝌蚪山组含腹足类、双壳类、介形虫、叶肢介及植物等化石，在其下段中获得双壳类：*Sphaerium pujiangense*，*S. jeholense*，*Nakamuranaia chingshanensis*，*N. subrotunda* 等均为我国早白垩世沙海阶地层中分子，结合上段测得同位素年龄值为 91Ma 和 105Ma，故蝌蚪山组的时代应属早白垩世，并可与庐枞地区的双庙组对比。

枞阳县杨湾剖面早白垩世杨湾组含轮藻：*Atopochara trivolvis*，*Euaclistochara mundula*，*Sphaerochara* sp.，*Mesochara* sp.，*Obtusochara* cf. *madleri*，*O.* sp.；介形类：*Cypridea* (*Pseudocypridina*) sp.，*Ziziphocypris simakovi*，*Candona* sp. 等。上述轮藻 *Euaclistochara mundula* 在我国早白垩世泉头阶地层中含量最丰富，结合下面的蝌蚪山组时代，故杨湾组应属早白垩世。根据上述化石，杨湾组与江苏葛村组、浙江馆头组、福建均口组及江西赣州组大致相当。

据南陵县绿岭剖面，早白垩世广德组含植物化石：*Brachyphyllum ningshiaense*，*B. obtusum*? *B.* sp.，*Suturovagina intermedia*，*S.* sp.，*Manica papillosa*，*M. parceramosa*，*Feenelopsis* sp. 及叶肢介和脊椎动物骨骼碎片；在广德县南冲剖面含植物化石：*Plityocladus*? sp.，*Pagiophyllum* sp.，*Carpolithus* sp.，*Frenelopsis* sp. 等。其中 *Suturovagina* sp.，*S. intermedia* 属早白垩世，*Brachyphyllum* sp.，*B. ningshiaense*，*B. obtusum* 为中侏罗世—晚白垩世，*Manica* sp.，*M. papillosa* 属早白垩世—晚白垩世早期，广德组与江苏省葛村组、浙江省馆头组、福建省均口组及江西省赣州组大致相当，时代应为早白垩世。

（2）晚白垩世。晚白垩世赤山组中生物化石很少，仅在泾县琴溪桥剖面上发现恐龙蛋化石（1∶20万区域地质调查):Ölithes sp.,结合 ESR 测年为 98.9Ma,94.0Ma,65.6Ma,故赤山组时代应属晚白垩世。

10) 古近纪生物地层

本区潜山盆地古新世望虎墩组剖面出现大量哺乳动物化石。望虎墩组中部所含哺乳动物 Bemalambda,Anaptogale,Chianshania 属于上湖阶首次出现并特有的哺乳动物属类,为特征的分子,故时代应属古新世上湖期;望虎墩组上部所含哺乳动物 Heomys orientalis,Sinostylops promissus 属于池江阶首次出现并特有的哺乳动物属类,为特征的分子;痘姆组所含哺乳动物 Sinostylops promissus,Archaeolambda tabiensis 见于江西省池江组;痘姆组下部所含哺乳动物 Allictops,Hsiuannania,Mimotona 属于池江期首次出现并特有的哺乳动物属类,为特征的分子;痘姆组中部所含哺乳动物 Hyracolestes,Heomys,Mimotona,Hsiuannania,Sinostylops 属于池江阶首次出现并为特征的分子。上述表明望虎墩组上部和痘姆组时代应属古新世池江期。

本区南陵盆地仅仅出现少量古近纪古新世—始新世地层,以南陵县水电站(ZK1 孔)柱状剖面为代表,双塔寺组下部含叶肢介 Limnocythere sp.,Cyprideis sp.,Candona? sp.;双壳类 Sphaerium sp.;双塔寺组中部含叶肢介 Cyprinotus sp.,Bairdestheria sp.,Limnocythere sp.,Cyprideis sp.,Cyprois sp.,Candona posterodorsiconcava,C. bellula;腹足类 Amnicola gintanensis,Gastranden? sp.;双壳类 Sphaerium sp.。在本区东侧的宣城县螺丝岗剖面上含哺乳动物属类 Hsiuannania maguensis,Dissacus magushanensis 属于池江阶最下面的 Asiostylops-Hsiuannania 组合带,而共生的介形类:Cypris decaryi,"Cyprides"changgzhouensis 和轮藻:Obtusochara subcylindrica 为始新世的常见化石,故双塔寺组的时代归为古新世—始新世。

### (二) 层序地层划分

安徽省内地层的层序发育至少有 4 个等级以上,这些层序的等级与海平面升降变化所经历的时间长短有关。Vail 等(1977)所定义的一级层序(又称巨层序)指显生宙有两次最大的海进期和一次最大的海退期;二级层序(又称超层序)与地质时代中的"纪"同等重要,时间上大约延续 10～100Ma;三级层序(又称层序),时间从少于 1Ma 至约 10Ma。层序界面是构造运动、海平面升降变化的双关效应。在盆地性质转变和盆、山转换过程中,随着盆地的演化阶段不同,层序界面上沉积物特征、界面性质往往各具特色。据各层序界面特征的差异,参考许效松等(1997)的分类方案,结合沉积盆地的具体情况,安徽省内主要出现升隆侵蚀、海侵上超、冲刷侵蚀、暴露不整合面 4 种类型层序界面和岩性、岩相、生物转换面。

**1. 华北地层区**

安徽省北部的华北地层区青白口纪至三叠纪地层,各时期陆源碎屑沉积环境和碳酸盐沉积环境交替,据盆地内或滨、浅海交接地带的海平面变化特征(即由浅→深→浅的变化),一定程度上反映了一级层序。青白口纪至奥陶纪、石炭纪至三叠纪分别相当于 2 个一级层序,均以陆相沉积开始,然后转入滨海相陆源碎屑沉积,继而出现海相碳酸盐沉积,最后以滨海、海陆交互相的陆源碎屑沉积结束,从而构成碎屑岩→碳酸盐岩→碎屑岩大旋回。其中石炭纪—三叠纪反映了陆表海盆地发育至衰亡的全部过程,可以作为一个完整的一级盆地充填层序。根据盆地的构造演化及沉积物充填特征,盆地内或滨、浅海交接地带的沉积相序变化以及相的叠置关系,结合关键部位的层序界面和凝缩层特征,又可将其划分为 7 个构造层序(二级层序),即陆表海型构造层序和近海内陆型构造层序。各层序之间的界面性质存在一定的差别(图 1-2～图 1-5)。

1) 二级层序特征

据区域地质资料和最新生物地层研究成果,在沉积学及露头层序地层学原理的基础上,将区内南华纪—三叠纪地层划分为 7 个二级层序,再根据前文所述各种层序界面,并结合海平面升降等特征,其中每个二级层序又可细分为若干个准二级、三级层序,其划分依据及特征分述如下:

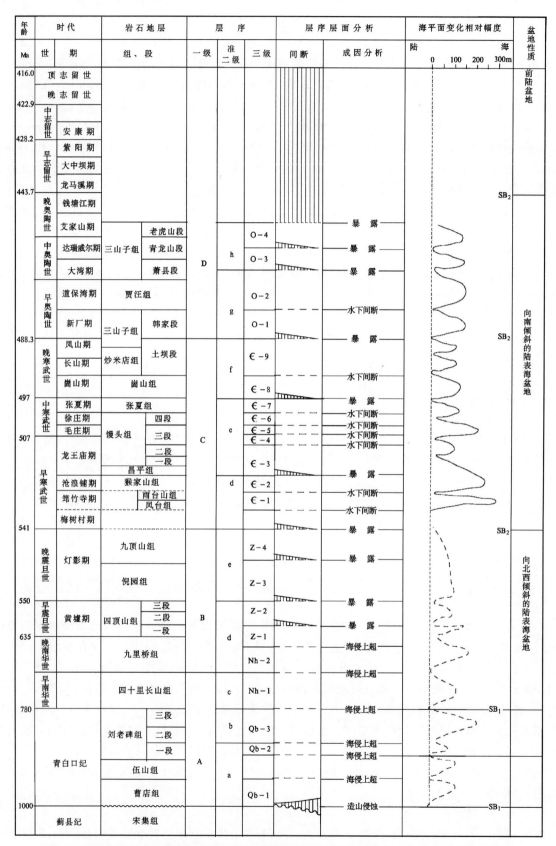

图 1-2 安徽省北部华北地层区青白口纪—奥陶纪层序地层划分及海平面变化与界面成因分析

| 年龄 Ma | 地质年代 世 | 地质年代 期 | 岩石地层 | 层序地层 二级 | 层序地层 准二级 | 层序地层 三级 | 层序界面分析 间断 | 层序界面分析 成因分析 | 海平面变化相对幅度 (陆 0 100 200 300m 海) | 盆地性质 |
|---|---|---|---|---|---|---|---|---|---|---|
| 199.6 | 早侏罗世 | | 缺失 | | | | | | | |
| 227 | 晚三叠世 | 瓦窑堡期 永坪期 胡家村期 | 缺失 | | | | | | | |
| 247.2 | 中三叠世 | 铜川期 二马营期 | 缺失 | | | | | 升降侵蚀 | | 陆相坳陷盆地 |
| | 早三叠世 | 和尚沟期 | 和尚沟组 | G | m | T-1 | | | | |
| 252.3 | | 大龙口期 | 刘家沟组 | | | | | 暴露 | | |
| | 晚二叠世 | 孙家沟期 | 孙家沟组 | | | P-6 | | 暴露 | | 陆表海、海陆沼泽盆地 |
| 260.4 | | 待建 | 石盒子组 上段 | F | l | P-5 | | 暴露 | | |
| | 中二叠世 | 下石盒子期 | 石盒子组 下段 | | | P-4 | | | | |
| 270.6 | | 待建 | 山西组 | | k | P-3 | | 暴露 | | |
| | 早二叠世 | 太原期 | 太原组 | | | P-2 | | 暴露 | | |
| 299.0 | | | | | j | P-1 | | 暴露 | | |
| | | 晋祠期 | | E | | C-2 | | | | |
| | 晚石炭世 | 本溪期 | 本溪组 | | i | C-1 | | 升降侵蚀 | | |
| | | 羊虎沟期 | | | | | | 升降侵蚀 | | |
| | | 红土垴期 | 缺失 | | | | | | | |
| 318.1 | 早石炭世 | 榆树梁期 臭牛沟期 前黑山沟期 | 缺失 | | | | | | | |
| 359.2 | 晚泥盆世 | | 缺失 | | | | | | | |
| 385.3 | 中泥盆世 | | 缺失 | | | | | | | |
| | 早泥盆世 | | 缺失 | | | | | | | |
| 416.0 | | | | | | | | | | |

图 1-3  安徽省北部华北地层区石炭纪—三叠纪层序地层划分及海平面变化与界面成因分析

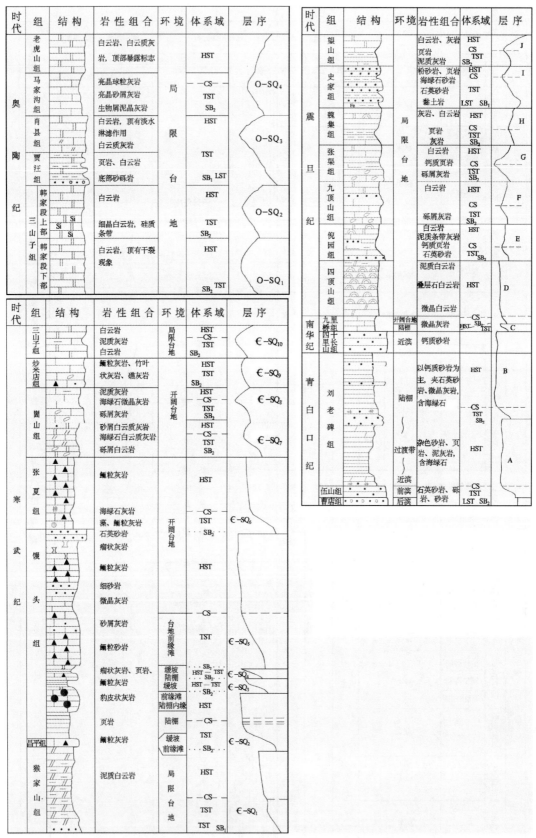

图 1-4 安徽省黄淮海青白口纪—新近纪沉积环境与层序分析综合柱状图（一）

HST.高水位体系域；LST.低水位体系域；TST.海侵体系域；AST.冲积体系域；EST.湖扩展期体系域；RST.湖萎缩期体系域

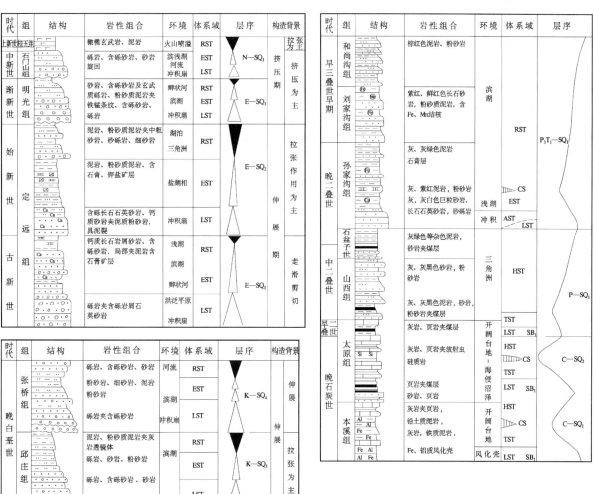
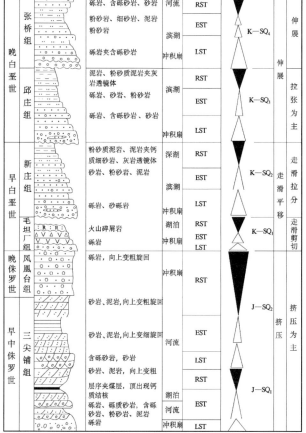

图 1-5 安徽省黄淮海青白口纪—新近纪沉积环境与层序分析综合柱状图(二)

HST.高水位体系域；LST.低水位体系域；TST.海侵体系域；AST.冲积体系域；EST.湖扩展期体系域；RST.湖萎缩期体系域

**层序 A** 由青白口纪—早南华世地层组成,相当于青白口纪曹店组、伍山组、刘老碑组及早南华世四十里长山组,属于以陆源沉积类型为主,出现少量海源沉积类型。层序底界即为晋宁运动一幕(凤阳运动)的构造运动界面。该界面属于Ⅰ型的升降侵蚀层序不整合面。层序底部由曹店组的紫红色铁质砾岩组成,砾石成分复杂,有石英岩、大理岩、千枚岩,无磨圆,杂基支撑,构成低水位体系域,并对下伏地层产生侵蚀,伴有河流相沉积;随着海侵范围的扩大,不同地段先后出现伍山组的前滨、近滨带石英岩状砂岩,向上为刘老碑组海绿石砂岩、杂色页岩等组成的过渡带-陆棚相沉积,砂岩具大型交错层理、槽状交错层理、冲刷现象,下部呈退积结构,中部发育黄绿色页岩夹海绿石砂岩,出现丰富的生物化石,有疑源类、大型藻类、微古植物,可视作该层序海平面上升最高部位的凝缩层,向上为四十里长山组,由近滨带之涡卷状砂岩、钙质石英砂岩组成,反映向上变浅的进积结构,构成一个完整的Ⅱ级层序。

**层序 B** 由晚青白口世九里桥组、四顶山组、倪园组、九顶山组组成,属于海源沉积类型。层序下部由九里桥组的微晶灰岩、涡卷状钙质砂岩、薄层泥晶灰岩、叠层石微晶白云质灰岩构成,并发育风暴岩,反映加积层序,属陆棚内缘-陆棚-开阔台地相。向上为九里桥组底冲刷发育的砂屑灰岩,出现水平层理的微晶灰岩,代表海平面上升最高部位的凝缩段。再上面由九里桥组上部砂屑灰岩、微晶灰岩及四顶山组的砂屑白云岩、微晶白云岩、叠层石白云岩、泥晶白云岩组成,有透镜状层理、脉状层理、水平层理、鸟眼构造,具冲刷现象,在叠层石礁后发育滑塌构造。层序上部总体为一向上变浅的退积层序构成,单层向上变厚,叠层石逐渐发育,并伴有白云石化现象。当时为潮坪、潟湖、叠层石生物礁,与下伏层间为海侵Ⅱ型层序界面。

**层序 C** 由寒武纪梅树村期—凤山期到奥陶纪新厂期地层组成,以海源沉积类型为主,出现少量陆源沉积类型。本区寒武系表现为海平面缓慢上升→缓慢下降的过程。淮北寒武系的沉积古地理经历了剥蚀古陆→碳酸盐蒸发潮坪→开阔台地→鲕滩-缓坡→深缓坡→盆地边缘→碳酸盐潮坪的发展过程,构成一个大的沉积旋回,崮山组上部为这一级海平面旋回的最大海泛期沉积。由于本区处在华北台地的东南缘,从淮北向南西方向的淮南、凤阳、霍邱一带,当时处在华北台地南部的盆地边缘,在岩性、岩相、生物等方面均有所变化。在以往1:20万区域地质调查工作中,淮北寒武系划分的岩石地层单位为凤台组、猴家山组、馒头组、毛庄组、徐庄组、张夏组、崮山组、土坝组。而《安徽岩石地层》通过清理后,划分的岩石地层单位为凤台组、雨台山组、猴家山组、馒头组、张夏组、崮山组、三山子组土坝段。对寒武系的底界目前尚有分歧意见,本书将凤台组下面的界面作为该层序底界,该界面即为构造运动界面。以往1:20万调查据同位素资料,将淮北金山寨组放到震旦系,在淮南与淮北一带应当作为一个统一的整体,而且从其岩性、层位、上下关系等方面来看,与临近的山东省西部的李官组完全可以对比,因此将淮北的寒武系底界放在金山寨组的下面,作为构造运动界面。界面之下四顶山组的顶部往往出现喀斯特溶蚀,界面之上视所处沉积盆地的部位而不同。霍邱一带的凤台组由杂基支撑的砾岩与泥质白云岩、灰质白云岩互层,而淮南、凤台一带处在盆地中部的凤台组出现滨岸扇的颗粒支撑白云质角砾岩,在凤阳、定远一带处在盆地的边缘,猴家山组底部的砾岩直接盖在四顶山组之上,猴家山组底部在部分地段的喀斯特溶蚀面上的凹陷处出现古喀斯特砾岩。上述在盆地的不同部位沉积了不同类型砾岩的现象,反映当时沉积盆地向南西方向加深,往北东方向变浅,应当属于不同沉积环境的产物。而在相当于雨台山组沉积时,主要局限在本省的霍邱县到河南省固始县一带,由于海水已逐渐加深,雨台山组开始为石英砂岩、灰绿色页岩,然后到出现含磷、铀的碳质页岩,往北东侧的淮南市一带仅出现少量(20cm左右)的灰绿色页岩,可能相当于雨台山组的同期沉积,往凤阳、定远一带猴家山组主要为微晶白云岩,底部一般为含磷白云质砾岩,如定远县小金山剖面的含磷白云质砾岩仅厚0.42m。在霍邱雨台山、凤阳百瓜山一带的猴家山组底部出现灰黄色厚层砂灰岩,含三叶虫 *Hsuaspis*,猴家山组总体为潮坪、潟湖相沉积,向上为昌平组生物屑灰岩、鲕粒灰岩、砂屑灰岩、瘤状灰岩的浅滩相沉积,上面的馒头组为开阔台地相的页岩、瘤状灰岩、砂屑灰岩、鲕粒灰岩、藻灰结核灰岩、薄层微晶灰岩、叠层石灰岩、似瘤状灰岩、石英砂岩间互,反映当时较为频繁的海侵—海退旋回,即由台地前缘滩→缓坡→陆棚→陆棚内缘→台地前缘滩的演变。向上的张夏组构成鲕粒滩,海平面上升最高时的凝缩段由崮山组中部的纹层状含海绿石白云岩、微晶白云岩组成。向上为崮山组砾屑白云岩、砂屑白云岩、生物屑白云岩、纹层状白云岩、鲕粒白云岩及三山子组砂屑白云岩、蜂窝状硅化白云岩组成潮坪、潟湖相沉积,反映海水渐渐变浅的特点。

**层序 D** 由奥陶纪新厂期至艾家山期地层组成,相当于两淮一带的贾汪组、马家沟组及区域上相应层位,属于海源沉积类型。界面之上的沉积体为具有较快向上变细、变深的沉积相组合体构成的海侵体系域,尤其界面之上淮南一带的贾汪组为灰绿色具水平层理的钙质页岩、钙质白云岩,从岩石颜色、岩性上与界线之下的三山子组土坝段有明显的差别,表明海平面上升速率块,表现为陆架泥上超或海侵碳酸盐上超,故该层序底界属于海侵上超Ⅱ型层序不整合,地层接触关系为平行不整合。向上的马家沟组为砾屑白云岩、砂屑白云岩、泥晶白云岩、豹皮状白云质灰岩、砂屑灰岩、微晶灰岩组成,由一系列的进、退积结构的次级旋回组成,淮北市发电厂剖面的马家沟组青龙山段下部出现笔石、腕足类、三叶虫化石,在淮北市发电厂、濉溪县大山头、萧县老虎山剖面的马家沟组老虎山段的下部均出现海绵骨针,代表海平面上升最高点,马家沟组老虎山段上部的砾屑白云岩、砂屑白云岩、泥晶白云岩,表明海水逐渐变浅。

**层序 E** 由石炭纪本溪期至早二叠世太原期地层组成,相当于两淮一带的本溪组、太原组及区域上相应层位,属于陆源、海源的混合沉积类型。该层序为华北陆块晚古生代第一期海侵的产物,底界为上古生界与奥陶系或寒武系之间的平行不整合面即古构造运动面。经过1.5亿年的隆升、剥蚀后,华北陆块开始沉降,接受沉积。该期呈现西高东低、南高北低的古地理格局,海侵来自北东方向。研究区东北部本溪组下部地层厚度大、灰岩层数多、分布广。在徐州、淮北及豫东等地,向南尖灭于奥陶系古风化壳之上,南部边界淮南、凤阳县地区很薄,10余米甚至几米,基本全部为铝质泥岩。L1灰岩海侵范围向南扩大,分布范围已经扩展到淮南、豫西地区,开始了华北晚古生代最大海侵。海水影响到华北南部整个地区,庙沟灰岩—毛儿沟灰岩代表的最大海泛沉积可全区对比。海侵来自南部,故此南华北以台地相为主,北华北以潮坪-潟湖沉积体系为主,北华北东部地区坳陷较深,接受沉积时间也较长,形成了较厚的沉积地层,尤其灰岩层数多、厚度大。层序末期,海平面进一步下降,全区发生泥炭沼泽化,形成了可全区对比的大面积泥炭沼泽。东部地区因处于坳陷中心,古构造位置适宜;临近海域,古气候条件温暖、湿润;古植物繁盛,诸多有利条件使得其泥炭沼泽比西部地区更为发育。

**层序 F** 由中晚二叠世地层组成,相当于两淮一带的山西组至石盒子组及区域上相应层位,属于陆源沉积类型。由于海平面不断下降,海侵对研究区的影响逐渐减小,以三角洲沉积为主,出现潮坪-潟湖沉积及河流沉积。该层序属于盆地转换层序,即由陆表海盆地向近海内陆盆地转换层序,随着海水逐渐向东南方向退出,浅水三角洲沉积范围渐渐扩大,海洋沉积范围不断萎缩,陆表海突发性海侵对沉积物的影响已减弱,取代的是构造活动和物源的影响。底界面为北华北之北岔沟砂岩底界、豫西为二1煤顶板大占砂岩底界、淮北条带状砂岩底界和淮南的叶片状砂岩底界;顶界为K8砂岩底界。在禹州七1煤和七2煤的上部曾发现少量半咸水化石,七3、七1煤夹层和顶板中共有10余层薄层硅质泥岩及海绵骨针岩,在研究区内均可对比,可作为最大海泛面;向上主要为三角洲平原沉积,主要发育三角洲型向上变粗再变细的准层序的上半部分,以分流间湾—分流河道—泛滥平原为垂向序列。

**层序 G** 由晚二叠世至早三叠世地层组成,相当于两淮一带的孙家沟组、刘家沟组、和尚沟组及区域上相应层位,属于陆源沉积类型。底界面为K8砂岩之底、平顶山砂岩之底。由于全球海平面下降,海水全部退出研究区,从而演化为大型内陆湖泊盆地,发育河流-湖泊沉积体系。由于气候干旱,沉积了一套不含煤的红色碎屑岩,动植物化石稀少。南华北形成多个湖泊型向上变细准层序旋回,孙家沟组浅湖相泥灰岩为水泛最高期,向上为滨湖相、河流相沉积。

2)准二级层序特征

根据安徽北部青白口纪—三叠纪海平面由深变浅的次级变化特征,可进一步分为15个准二级层序,青白口纪—奥陶纪分10个准二级层序,石炭纪至三叠纪分5个准二级层序。

(1)青白口纪曹店组、伍山组、刘老碑组准二级层序。由青白口纪地层组成,相当于青白口纪曹店组、伍山组、刘老碑组下部,主要由前滨带-近滨带伍山组石英岩状砂岩、过渡带、陆棚相之刘老碑组海绿石砂岩、杂色页岩等组成,砂岩具大型交错层理、槽状交错层理、冲刷现象,下部呈退积结构,上部进积结构,构成一个完整的Ⅱ级层序,中部发育海绿石砂岩,构成凝缩层,层序底部由曹店组的紫红色铁质砾岩组成,砾石成分复杂,有石英岩、大理岩、千枚岩,无磨圆,杂基支撑,构成低水位体系域,并对下伏地层产生侵蚀,伴有河流回春现象发生,随着海侵范围的扩大,不同地段先后出现滨岸、前滨、近滨带。曹店组、伍山组、刘老碑组属于陆源沉积类型,层序底界即为晋宁运动一幕的构造运动界面。区内凤阳县一带见曹店组、伍山组角度不整合在下伏凤阳群之上,后者顶部侵蚀面凹凸不平。该界面属于升隆侵蚀Ⅰ型层序不整合面。

（2）刘老碑组—四十里长山组准二级层序。由陆棚-过渡带刘老碑组的灰绿色页岩、石英砂岩、微晶灰岩、白云质灰岩及近滨带的四十里长山组涡卷状砂岩、钙质石英砂岩组成,下部以砂岩为主,显退积结构,上部为向上变浅,出现刘老碑组上段上部及四十里长山组。在刘老碑组中部的黄绿色页岩中出现丰富的生物化石,有疑源类、大型藻类、微古植物,可视作该层序海平面上升最高部位,应相当于凝缩层。再向上为陆棚-过渡带的刘老碑组灰绿色页岩、石英砂岩、微晶灰岩、白云质灰岩,及近滨带的四十里长山组涡卷状砂岩、钙质石英砂岩组成。该层序为海侵层序Ⅱ型界面。

（3）九里桥组—四顶山组准二级层序。由九里桥组的微晶灰岩、涡卷状钙质砂岩、薄层微晶灰岩、叠层石微晶白云质灰岩构成。属陆棚内缘相-陆棚相-开阔台地相-生物礁相-局限台地相。下部陆架边缘体系域由陆棚内缘相的涡卷状砂岩与微晶灰岩互层组成,反映为加积层序,并反映风暴岩;中部由海侵期呈退积结构的匀斜型碳酸盐岩体系的砂屑灰岩、微晶灰岩组成,冲刷现象常见;上部为九里桥组叠层石微晶白云质灰岩、砂屑灰岩、微晶灰岩,四顶山组的砂屑白云岩、微晶白云岩、叠层石白云岩、泥晶白云岩组成,具冲刷现象、透镜状层理、脉状层理、水平层理、鸟眼构造,在叠层石礁后发育滑塌构造。组成一系列加积、进积结构的碳酸盐岩高水位体系域,单层向上变厚,叠层石渐渐发育,并伴有白云石化现象,底部为海侵层序Ⅱ型界面。

（4）倪园组—九顶山组准二级层序。由倪园组的粉红、灰紫色薄层状泥质白云岩,砂质白云岩夹紫红色石英粉砂岩,钙质页岩和九顶山组灰色具水平层理泥晶白云岩构成,属于局限台地相,在凤阳、定远一带出现。下部为倪园组的呈海侵期退积结构的匀斜型碳酸盐岩体系,底部冲刷发育,薄层微晶灰岩构成地层结构转换面。上部为九顶山组组成一系列加积、进积结构的碳酸盐岩高水位体系域,层序底界面为海侵层序Ⅱ型界面。

（5）凤台组、雨台山组准二级层序。包括凤台组、雨台山组,根据猴家山组底部出现的化石带为 $Hsuaspis$ 延限带,所以该层序 $Hsuaspis$ 的时代应该可能相当于筇竹寺期,该界面属于升隆侵蚀Ⅰ型层序不整合面。区内震旦纪沉积后,海平面一度下降,其顶部的白云岩、灰岩沉积经暴露地表后,顶面起伏不平,形成了切谷地形,在切谷内霍邱县一带的凤台组由杂基支撑的砾岩与泥质白云岩、灰质白云岩互层,而在切谷的淮南、凤台一带出现滨岸扇的颗粒支撑白云质角砾岩,上述砾岩组成低水位体系域。海侵体系域由霍邱县到河南省固始县一带雨台山组的石英砂岩、灰绿色页岩、碳质页岩组成,上面的磷块岩代表海平面上升最高点的凝缩沉积,表明海水已逐渐加深,而往上的碳质页岩显示渐渐变浅。另外,北东侧的淮南市一带相当于凝缩段20cm左右的灰绿色页岩,可能相当于雨台山组的同期沉积。

（6）早寒武世猴家山组、昌平组,早中寒武世馒头组准二级层序。包括猴家山组、昌平组、馒头组,猴家山组底部出现的化石带为 $Hsuaspis$ 延限带,昌平组下部出现的化石带为 $Megapalaeolenus$ 延限带,该界面属于风化暴露Ⅱ型层序界面。凤阳、定远一带处在盆地的边缘,猴家山组底部的砾岩直接盖在四顶山组之上,猴家山组底部在部分地段的喀斯特溶蚀面上的凹陷处出现古喀斯特砾岩,砾石成分以燧石、微晶白云岩为主,大小悬殊、杂乱堆积,最大可见 30cm×50cm,棱角状,无分选、磨圆,砂、砾为填隙物,杂基支撑,厚0~30m。这部分岩性在区域上分布很不稳定,凤阳县韭山洞以东不发育,向西至雷家户—曹店林场一带地层发育最全,猴家山组超覆于四顶山组的不同岩性段之上,两者之间存在有重大的构造事件。

该层序反映海侵—海退旋回,即由台地前缘滩—缓坡陆棚—陆棚内缘—台地前缘滩的演变。海侵体系域由昌平组的鲕粒灰岩、藻类灰岩和馒头组一段的紫色页岩组成,地层结构为退积型,鲕粒灰岩发育冲刷现象,凝缩层由馒头组一段的灰绿色、黄绿色页岩组成,或者由馒头组页岩有时夹薄层、透镜状分布的海绿石灰岩组成;馒头组二段构成高水位体系域,显进积结构,早期的高水位体系域由薄层微晶灰岩组成,发育风暴岩层序,晚期的高水位体系域由豹皮状灰岩组成。豹皮状灰岩为后期形成的淡水白云石,表明海平面一度下降,出现暴露特征。

(7)中寒武世张夏组、晚寒武世崮山组到三山子组准二级层序。包括中寒武世馒头组三段、四段和张夏组,晚寒武世崮山组到三山子组,该界面为海侵上超Ⅱ型层序界面。在层序界面之上,在宿县夹沟剖面上的第7层为亮晶砾屑生物屑灰岩,砾屑成分以微晶灰岩为主,砾屑大小不等,为0.51～45cm,大多呈棱角状,分选性差,应当属于海侵沟蚀面上的沉积物,上面为退积型的薄层瘤状灰岩与含灰绿色生物屑微晶灰岩相间。在淮南、凤阳一带为瘤状灰岩,杂色、灰黄色页岩,砂屑灰岩,鲕粒灰岩,藻灰结核灰岩构成,反映退积层序;组成海侵体系域,瘤状灰岩向上瘤体变小,瘤状页岩渐渐增厚;凝缩层厚为80cm,具水平纹层的灰绿色页岩,页岩段构成凝缩段;高水位体系域为亮晶含砾屑砂屑灰岩与泥晶灰岩或鲕粒灰岩与微晶灰岩相间组成的进积层序,鲕粒灰岩表明具白云石化的斑纹、干裂,表明出现暴露特征。而砂屑灰岩、鲕粒灰岩、藻灰结核灰岩组成进积结构。上面的三山子组一段为浅红色、粉红色中—厚层微晶白云岩,偶夹叠层石微晶白云岩,底部常有一层乳白色石英岩状砂岩,为潟湖相沉积;二段为灰白色厚层叠层石微晶白云岩、砂屑白云岩、泥晶白云岩,几乎全由叠层石微晶白云岩组成,为叠层石礁沉积;三段主要岩性为灰白色厚层微晶白云岩、砂屑白云岩夹石英岩透镜体,含燧石结核、条带,具平行层理、透镜状层理、水平层理、鸟眼构造,为潮坪相沉积。上述三山子组的特征显示向上变浅的特征。

(8)早奥陶世三山子组韩家段准二级层序。包括三山子组韩家段,界面属于Ⅱ型风化暴露层序界面。如在宿县夹沟剖面层序界面之上,早奥陶世三山子组韩家段底部为砾岩,砾屑成分以微晶白云岩为主,砾屑大小不等,一般为1～5cm,大多呈棱角状,分选性差,属于风化暴露面上的沉积物,上面为退积型粉红色、灰紫色薄层泥质白云岩,砂质白云岩夹紫红色石英粉砂岩,钙质页岩,向上为进积的灰色泥晶白云岩,具水平层理,为潮坪-潟湖相沉积。

(9)中奥陶世贾汪组、萧县组下部准二级层序。包括中奥陶世贾汪组、萧县组下部,该界面属于海侵上超Ⅱ型层序界面。层序界面之上,在淮南市洞山剖面上中奥陶世贾汪组底部为砾岩,砾屑成分以微晶灰岩为主,砾屑大小不等,为0.5～2cm,大多呈棱角状,分选性差,应当属于海侵沟蚀面上的沉积物,上面为退积型的薄层瘤状灰岩与含灰绿色生物屑微晶灰岩相间。在淮南、凤阳一带为瘤状灰岩,杂色、灰黄色页岩,砂屑灰岩,鲕粒灰岩,藻灰结核灰岩构成,反映退积层序;组成海侵体系域,瘤状灰岩向上瘤体变小,瘤状页岩渐渐增厚;凝缩层厚为80cm,具水平纹层的灰绿色页岩;高水位体系域为亮晶含砾屑砂屑灰岩与泥晶灰岩或鲕粒灰岩与微晶灰岩相间组成的进积层序,顶部鲕粒灰岩表明具白云石化的斑纹、干裂,表明出现暴露特征。页岩段构成凝缩段;而砂屑灰岩、鲕粒灰岩、藻灰结核灰岩组成进积结构。

(10)早奥陶世萧县组上部、马家沟组至老虎山组准二级层序。包括早奥陶世萧县组上部、马家沟组至老虎山组,该界面属于Ⅱ型暴露层序界面。开始萧县组上部由砾屑白云岩、砂屑白云岩、泥晶白云岩、豹皮状白云质灰岩、砂屑灰岩、微晶灰岩组成,从淮北市发电厂剖面的马家沟组青龙山段下部出现笔石、腕足类、三叶虫化石,表明海平面渐渐上升,到淮北市发电厂、濉溪县大山头、萧县老虎山剖面的老虎山组的下部均出现海绵骨针,代表海平面上升到最高点,向上老虎山组的砾屑白云岩、砂屑白云岩、泥晶白云岩,表明反映海水逐渐变浅。

(11)晚石炭世本溪组准二级层序。包括本溪组,该层序为华北板块晚古生代第一期海侵产物,底界为上古生界与奥陶系或寒武系之间的平行不整合面即古构造运动面;顶界为大面积泥炭沼泽化界面,即太原西山的8煤、河北地区大青煤、鲁西17煤,南华北古地势较高,海侵对其影响较小,煤层不发育,以L1灰岩之底为界。该界面属于Ⅱ型风化暴露层序界面。经过1.5亿年的隆升、剥蚀后,华北板块开始沉降,接受沉积。该期呈现西高东低、南高北低的古地理格局,海侵来自北东方向。研究区东北部地层厚度大,灰岩层数多、厚度大、分布广。在南华北地区主要分布于徐州、淮北及豫东等地,向南淮南一带尖灭于奥陶系古风化壳之上,以古风化面为层序边界,厚度呈东厚西薄,北厚南薄的趋势。其中,北部徐州地区最厚可达60余米,南部边界郑州-周口-蚌埠地区很薄,10余米甚至几米,基本全部为铝质泥岩。海水从东向西侵入,下部东部地区以台地相为主,西部地区以障壁-潟湖沉积体系为主;上部海平面降低,台地相沉积退出研究区,以潮坪-潟湖沉积体系为主;末期,海平面进一步下降,发生泥炭沼泽化,形成了大面积的泥炭沼泽。

(12)晚石炭世太原组准二级层序。由太原组组成,以开始出现灰岩(L1或从上向下数为L13)之底为界。顶为从上向下开始出现灰岩L1(相当于山西省太原西山东大窑灰岩)的顶部,时限大约为早二叠世早期(紫松期),海侵范围向南扩大,分布范围已经扩展到淮南、豫西地区。为西高东低、西薄东厚的古地理格局。本层序的海侵体系域为华北晚古生代的最大海侵。海水影响到两淮地区,相当于庙沟灰岩-毛儿沟灰岩代表的最大海泛沉积。上部在东部主要为障壁-潟湖沉积体系,西部主要为潮坪-潟湖沉积体系。显示海侵来自南部,由于当时华北板块北部发生了抬升,使得古地理格局变为向南东倾斜。故此南华北以台地相沉积为主,北华北以潮坪-潟湖沉积体系为主。

(13)中二叠世山西组准二级层序。包括中二叠世山西组,底界面属于Ⅱ型海侵层序界面。底界面为东大窑灰岩底界,顶界为北岔沟砂岩底界。时限相当于早二叠世隆林期。该层序属于盆地转换层序,即由陆表海盆地向近海内陆盆地转换的层序,随着海水逐渐向东南方向退出,浅水三角洲沉积体系范围扩张,海洋沉积体系不断萎缩。

(14)中、晚二叠世石盒子组准二级层序。包括中、晚二叠世石盒子组,属于陆源沉积类型,底部为骆驼脖子砂岩,底界面属于Ⅱ型暴露层序界面。该层序由中、晚二叠世地层组成,相当于两淮一带的石盒子组及区域上相应层位,由于海平面不断下降,海侵对研究区的影响逐渐减小,研究区以三角洲沉积为主,出现潮坪-潟湖沉积及河流沉积。该层序属于盆地转换层序,即由陆表海盆地向近海内陆盆地转换的层序,随着海水逐渐向东南方向退出,浅水三角洲沉积范围渐渐扩大,海洋沉积范围不断萎缩,陆表海突发性海侵对沉积物的影响已减弱,取代的是构造活动和物源的影响。在禹州七1煤和七2煤的上部曾发现少量半咸水化石,七3、七1煤夹层和顶板中共有10余层薄层硅质泥岩及海绵骨针岩,与研究区内均可对比,可作为最大海泛面;向上主要为三角洲平原沉积,主要发育三角洲型向上变粗再变细的准层序的上半部分,以分流间湾—分流河道—泛滥平原为垂向序列。

(15)晚二叠世至早三叠世孙家沟组、刘家沟组、和尚沟组准二级层序。该层序由晚二叠世至早三叠世地层组成,相当于两淮一带的孙家沟组、刘家沟组、和尚沟组及区域上相应层位,属于陆源沉积类型,底部为K8砂岩之底、平顶山砂岩,底界面属于Ⅱ型暴露层序界面。由于全球海平面下降,海水全部退出研究区,从而演化为大型内陆湖泊盆地,发育河流-湖泊沉积体系。由于气候干旱,沉积了一套不含煤的红色碎屑岩,动植物化石稀少。南华北形成多个湖泊型向上变细准层序旋回,孙家沟组浅湖相泥灰岩为水泛最高期,向上为滨湖相沉积、河流相沉积。

本区三级层序的研究受剖面的露头情况、剖面所处沉积盆地的部位以及研究者所持的三级层序确定原则等因素影响,往往存在一定的分歧,因此这里不再叙述。

## 2. 扬子地层区

安徽省南部的扬子地层区南华纪至三叠纪地层至少可以分成4级层序,这些层序等级除与全球、区域或地区性海平面变化所经历的时间长短有关外,均受古构造、古气候、火山活动等因素制约。区内南华纪至三叠纪各阶段海、陆环境大的变迁,一定程度上反映了一级层序(又称巨层序),即南华纪至志留纪、泥盆纪至三叠纪分别相当于2个一级层序,均以陆相沉积开始,然后转入滨海相陆源碎屑沉积,继而出现海相碳酸盐沉积,最后以滨海、海陆交互相的陆源碎屑沉积结束,从而构成碎屑岩→碳酸盐岩→碎屑岩沉积大旋回。

各时期陆源碎屑沉积环境和碳酸盐沉积环境的交替,盆地内或滨、浅海交接地带的沉积相相序变化,即由浅→深→浅的变化,以及相的叠置关系,结合关键部位的层序界面和凝缩层特征,一定程度上反映了二级层序(又称超层序)。其中可以进一步划分准二级层序、三级层序(又称层序)。各层序之间的界面性质存在一定的差别(图1-6～图1-9)。

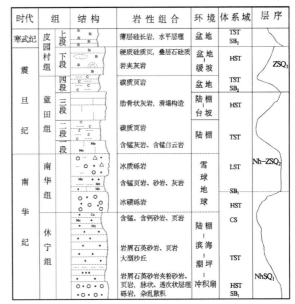

图1-6 安徽省下扬子海南华纪—白垩纪沉积环境与层序分析综合柱状图(一)

HST.高水位体系域；LST.低水位体系域；TST.海侵体系域；AST.冲积体系域；EST.湖扩展期体系域；RST.湖萎缩期体系域

1)二级层序特征

据区域地质资料和最新生物地层研究成果，在沉积学及露头层序地层学原理的基础上，将扬子地层区内南华纪至三叠纪地层划分为8个二级层序，其中每个二级层序又可细分为若干个准二级、三级层序，其划分依据及特征分述如下：

**层序A** 由早南华世地层组成，相当于休宁组，属于陆源沉积类型，层序底界即为皖南运动二幕(?)的构造运动界面。区内东至一带见休宁组角度不整合超覆在下伏不同层位之上，后者顶部侵蚀面凹凸

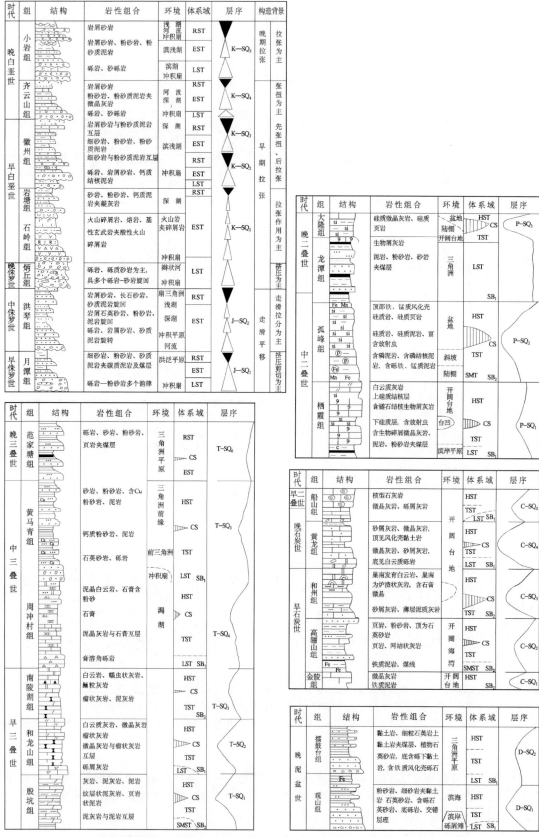

图 1-7 安徽省下扬子海南华纪—白垩纪沉积环境与层序分析综合柱状图(二)

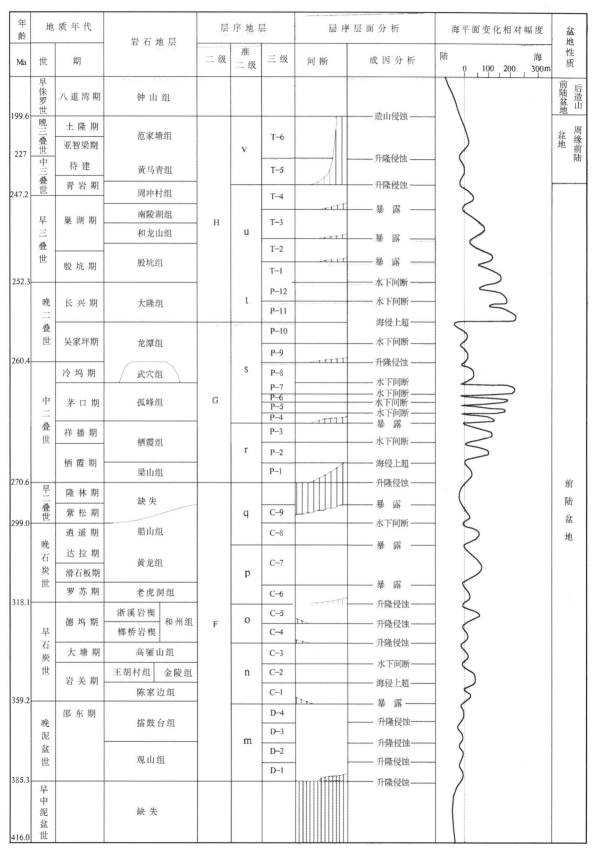

图 1-8 安徽省南部扬子地层区层序地层划分及海平面变化与界面成因分析(一)

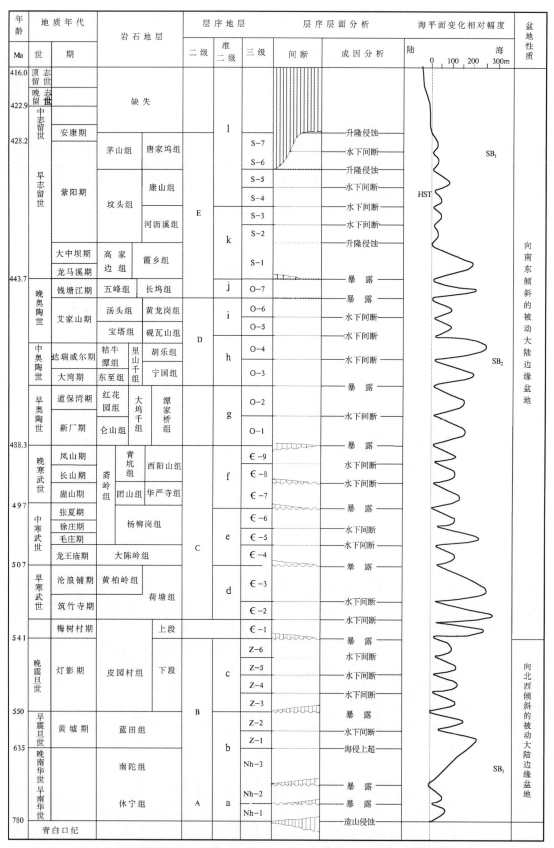

图1-9 安徽省南部扬子地层区层序地层划分及海平面变化与界面成因分析(二)

不平,而向海域内见休宁组呈平行不整合在下伏小安里组之上。界面之上局部地段见河流相沉积(如浙江江山吴家岭)。该界面属于升降侵蚀层序不整合面。随着海侵范围的扩大,不同地段先后出现滨岸、潮坪、潟湖、前滨、近滨、过渡带、陆棚等相带。在休宁组顶部于黟县美溪一带出现含锰灰岩,可视作该层序海平面上升最高部位,应相当于凝缩层,再向上出现浅滩沉积。

**层序 B**  由晚南华世至震旦纪地层组成,相当于南沱组、蓝田组、皮园村组下段,属于陆源-海源沉积类型,该层序下部南沱组的副砾岩,应属冰川、火山、重力作用的混合产物。该副砾岩与下伏层间往往可见削截界面,该界面属于升降侵蚀层序不整合面。其上蓝田组出现富含宏观藻化石的黑色页岩,代表海平面上升最高点的凝缩沉积;向上的皮园村组厚层硅质岩中,在休宁蓝田发现了叠层石、石膏假晶,在青阳平园的厚层硅质岩中发现了砂屑灰岩、微晶灰岩相间的沉积特征,而向碳酸盐岩台地地区的巢湖、浙江江山一带与其层位相当的灯影组的顶面均呈喀斯特状。

**层序 C**  由寒武纪梅树村期至奥陶纪新厂期初期地层组成,相当于盆地内东至、青阳一带的皮园村组上段、荷塘组、黄柏岭组、大陈岭组、杨柳岗组、青坑组及区域上相应层位,向盆地内以含沥青质较高为特征,属于海源沉积类型。据石台县岭脚下剖面大坞圩组底部发现了砾屑灰岩,故该层序底界属于冲刷侵蚀不整合面。皮园村组上段界面具水平纹层薄层硅质岩,反映海水已逐渐加深,荷塘组含磷结核的碳质页岩代表海平面上升最高点的凝缩沉积,往西北侧的池州斋岭一带为碳酸盐浅滩,东至—泾县一带东南侧盆地相对较深,在沉积相序上由盆地→陆棚→台地边缘斜坡→浅滩,反映海水逐渐变浅;处在台地内部的巢湖一带观音台组中、下段(原山凹丁组)顶面出现喀斯特溶蚀、帐篷构造、硅质团块中的正延性玉髓等暴露标志,而台地边缘的浅滩部位,由于淡水透镜体向海位移,混合和超盐度的白云岩化使孔隙度明显增大,出现了粒间孔、粒内孔和晶体的溶蚀。

**层序 D**  由奥陶纪新厂期至艾家山期地层组成,相当于盆地内黟县一带的印渚埠组至黄泥岗组及区域上相应层位,属于海源沉积类型。界面之上的沉积体为具有向上变细、变深的沉积相组合体构成的海侵体系域,表明海平面上升速率快,表现为陆架泥上超或海侵碳酸盐上超,故该层序底界属于海侵上超层序不整合。界面之上的印渚埠组为陆棚相黄绿色具水平层理的钙质页岩、页岩,岩石颜色、岩性与界线之下的西阳山组有明显的差别,而且在生物群上也有一定的差异,向上的宁国组以含笔石页岩为特色,反映海水已加深,胡乐组的含笔石黑色薄层硅质岩夹硅质页岩,代表海平面上升最高点,向上的砚瓦山组、黄泥岗组均含三叶虫生物群,反映海水逐渐变浅。

**层序 E**  由奥陶纪钱塘江期至志留纪安康期地层组成,相当于盆地内黟县、黄山市一带的长坞组至唐家坞组及区域上相应层位,属于陆源沉积类型。界面之上的沉积体为具有浊流沉积向上变细的沉积相组合体构成,不仅盖在黄泥岗组之上,而且在台地边缘的石台六都一带盖在汤头组之上,表明海平面上升速率快,表现为浊流的碎屑岩沉积上超,再向西北侧的石台丁香至泾县北贡为五峰组黑色薄层具水平纹层的硅质岩盖在汤头组泥质瘤状灰岩之上。界面之下分别为陆源碎屑和碳酸盐沉积环境,该环境的转变与此时扬子地块和华夏地块的再度拼合有关,皖南、浙西当时为前陆盆地,长坞组顶部 10m 左右富含笔石 *Glyptograptus persculptus* 的黑色薄层页岩,代表海平面上升最高点,向上为盆地→陆棚→过渡带→海滩→潮坪→三角洲相的陆源碎屑沉积,构成向上变浅的沉积相序,代表水体变浅的趋势。

**层序 F**  由晚泥盆世晚期至早二叠世地层组成,对应于区内五通群至船山组,属于陆源-海源沉积类型。层序底界即为晚加里东运动(江南运动)的界面,使五通群分别盖在茅山组、唐家坞组之上。界面之上则为河流相、三角洲相沉积的石英质砾岩、砂岩、泥质粉砂岩。该界面属于升降侵蚀层序不整合面。观山组、擂鼓台组内除含植物化石外,还见腕足类、双壳类化石,反映海水曾一度贯入区内;其后早石炭世海平面升降频繁,加上同沉积断裂的出现,陆源碎屑和碳酸盐沉积环境交杂,晚石炭世以后均为碳酸盐沉积环境,黄龙组的沉积范围明显扩大,为开阔台地的生物屑泥晶灰岩和生物泥晶颗粒灰岩,富含 *Fusulina*、*Fusulinella* 等蜓化石,船山组下部出现的黄绿色页岩或深灰色、灰黑色泥晶灰岩代表海平面上升最高点,向上为具球状构造的泥晶灰岩,反映海水变浅,船山组顶部具喀斯特溶蚀。

**层序 G**  由二叠纪栖霞期至吴家坪期地层组成,相当于梁山组、栖霞组、孤峰组、龙潭组,属于陆源-海源沉积类型，层序界面之下的船山组顶部具喀斯特溶蚀，层序底部为梁山组的滨岸平原相含煤沉积，为灰黑色碳质页岩夹透镜状煤层和灰岩透镜体，故该层序底界属于暴露不整合面。向上为灰黑色含生物碎屑微晶灰岩，含蜓、珊瑚等化石，反映海平面逐渐上升，至孤峰组出现薄层硅质岩、黑色页岩，代表海平面上升最高点，往上的龙潭组页岩、砂岩的三角洲相沉积，含植物化石，反映海水逐渐变浅。

**层序 H** 由晚二叠世长兴期至三叠纪地层组成，对应于大隆组、殷坑组、和龙山组、南陵湖组、周冲村组、黄马青组、范家塘组等层位，属于海源-陆源沉积类型。界面之上为原来作为龙潭组顶部压煤灰岩的深灰色、灰黑色中厚层含球粒泥晶灰岩，含腕足类 *Costispinifera striata*, *Compressoproductus compressus*, *Araxathyris araxensis*, *Transennatia gratiosus*, *Waagenife soochowensis*, *Streptorhynchus longyanensis*, *Cathaysis chonetoides*；双壳类及珊瑚等化石，与下伏层有一冲刷面。界面之上的沉积体为具有向上变细、变深的沉积相组合体构成的海侵体系域，表明海平面上升速率快，表现为陆架泥上超或海侵碳酸盐上超，故该层序底界属于海侵上超层序不整合。上面大隆组的薄层硅质岩，或向东浙江长兴一带的长兴组中部5~10m的黑色碳质页岩，代表海平面上升最高点。向上由殷坑组、和龙山组、南陵湖组的钙质页岩和灰岩，周冲村组的膏溶角砾岩、白云岩，黄马青组和范家塘组的砂岩、粉砂岩、页岩组成陆棚→台地边缘斜坡→局限台地→蒸发台地→三角洲沉积，构成向上变浅的沉积相序，代表水体逐渐变浅。在怀宁磨山剖面上见范家塘组顶部有一黏土层，上面磨山组底部见下伏层的砾石，表现为遭受过风化剥蚀的特征。

2）准二级层序特征

根据安徽南部南华纪—三叠纪海平面由深变浅的次级变化特征，可进一步分为22个准二级层序。

（1）早南华世休宁组准二级层序。早南华世休宁组底部界面与南沱组及其相当层位界面之间为第一个准二级层序，早南华世休宁组、周岗组底部界面在下扬子地区是个重要的等时界面，相当于Ⅰ型层序界面。如前文所述，早南华世休宁组、周岗组底部界面为造山侵蚀不整合，下南华统超覆在不同层位的岩石地层单位之上，区内东至一带见休宁组角度不整合在下伏不同层位之上，后者顶部侵蚀面凹凸不平，界面之上局部地段见洪积相沉积（如安徽省休宁县蓝田、黟县美溪）。而向海域内如东至县城西见休宁组呈平行不整合在下伏小安里组之上。在滁河北西侧的周岗组平行不整合在滁州一带为张八岭岩群浅变质岩之上，界面之上为陆棚相的陆源碎屑沉积，有轻微的变质，顶面一度为暴露剥蚀。随着海侵范围的扩大，不同地段先后出现滨岸、潮坪、潟湖、前滨、近滨、过渡带、陆棚等相带。在休宁组顶部于黟县美溪一带出现含锰灰岩，可视作该层序海平面上升最高部位，应相当于凝缩层，再向上出现浅滩沉积。

该准二级层序内部可分为2个沉积体系，即海侵期呈退积结构的匀斜型陆源碎屑体系，凝缩段在盆地内为陆棚相的黄绿色页岩，向上为高水位期加积、进积结构的匀斜型陆源碎屑体系。界面之下在滁州一带为中新元古代张八岭岩群西冷岩组的变熔凝灰岩、变细碧岩、变石英角斑岩盆地相沉积，顶部往往受到剥蚀而保存不全。界面之上在本区为南沱组含砾泥岩、含砾砂泥岩夹泥岩、粉砂质泥岩，属冰川相沉积。

（2）晚南华世南沱组—早震旦世蓝田组准二级层序。晚南华世南沱组底部界面与早震旦世蓝田组及其相当层位顶界面之间为第二个准二级层序。晚南华世南沱组底部界面在下扬子地区是个重要的等时界面，相当于Ⅰ型层序界面。在东至查栅桥—贵池高坦—青阳青坑一线以南见到的晚南华世南沱组底部界面为属于从温暖炎热气候转为寒冷气候的海平面下降的侵蚀层序不整合面，晚南华世南沱组覆盖在沉积盆地不同部位的休宁组不同岩性之上，在滁州一带为晚南华世苏家湾组含砾千枚岩、含砾绢云石英片岩，属冰水相的沉积，已经浅变质，向上为早震旦世黄墟组，下段为千枚状泥岩、粉砂质泥岩夹薄层砂岩、砂灰岩，底部为含铁锰质泥质白云岩，为过渡带沉积；上段为微晶灰岩、粉屑灰岩、鲕粒灰岩、含砂灰岩，夹少量长石石英砂岩及千枚岩，属潮坪相的碳酸盐岩台地沉积。在东至查栅桥—贵池高坦—青阳青坑一线以南的南沱组上面为蓝田组含锰灰岩、黄绿色页岩、碳质页岩的陆棚和盆地相沉积，向上渐渐过渡为以碳酸盐为主的沉积。该准二级层序内部可分为3个沉积体系，即低水位期呈进积结构的碎屑岩冰川体系，海侵期呈退积结构的匀斜型陆源碎屑岩-碳酸盐岩混合体系，凝缩段在盆地内为含宏观藻的碳质页岩,向上为高水位期加积、进积结构的碳酸盐岩斜坡体系。

(3)晚震旦世—早寒武世皮园村组下段准二级层序。晚震旦世—早寒武世皮园村组下段或灯影组底部界面与皮园村组上段及其相当层位的幕府山组底界面之间为第三个准二级层序。晚震旦世—早寒武世皮园村组下段底部界面在下扬子地区相当于Ⅱ型层序界面,晚震旦世—早寒武世皮园村组下段底部界面为暴露不整合,在青阳县平园剖面上可以见到蓝田组碳酸盐岩经过风化暴露,出现淡水方解石。晚震旦世—早寒武世皮园村组下段在东至查栅桥—贵池高坦—青阳青坑一线以南覆盖在蓝田组的碳酸盐沉积之上。在休宁一带的皮园村组厚层硅质岩中发现了叠层石、石膏假晶、风暴岩,反映这一带海水不是很深,风暴浪还能波及,环境有些闭塞,界面之上在本区均为荷塘组灰黑色薄层具水平纹层硅质岩、碳质页岩夹含磷结核、石煤层,属盆地相沉积。在滁州、巢湖市一带为晚震旦世灯影组,岩性以细晶、微晶白云岩为主,属潮坪相的碳酸盐岩台地沉积,顶面往往呈喀斯特状,其上在滁州一带为皮园村组、荷塘组的硅质岩、碳质页岩覆盖,在巢湖市一带为幕阜山组的白云岩覆盖。该准二级层序内部可分为2个沉积体系,即海侵期呈退积结构的匀斜型碳酸盐岩体系,凝缩段在巢湖市汤山见到含磷页岩,向上为高水位期加积、进积结构的匀斜型碳酸盐岩体系。

(4)晚震旦世—早寒武世皮园村组上段至黄柏岭组准二级层序。晚震旦世—早寒武世皮园村组上段底部界面与大陈岭组及其相当层位底界面之间为寒武纪第一个准二级层序,晚震旦世—早寒武世皮园村组上段底部界面在下扬子地区是一个重要的等时界面,相当于Ⅱ型层序界面。晚震旦世—早寒武世皮园村组上段底部界面虽然为海侵上超不整合,早寒武世超覆在不同岩性的岩石地层单位之上,界面之下在巢湖—南京—滁州一带为晚震旦世灯影组浅灰色白云岩,属潮坪、潟湖相的碳酸盐岩台地沉积,顶面往往呈喀斯特状,在东至查栅桥—贵池高坦—青阳青坑一线以南为晚震旦世—早寒武世皮园村组厚层硅质岩,在休宁一带的皮园村组厚层硅质岩中发现了叠层石、石膏假晶、风暴岩,反映这一带海水不是很深,风暴浪还能波及,环境有些闭塞,界面之上在本区均为荷塘组灰黑色薄层具水平纹层硅质岩、碳质页岩夹含磷结核、石煤层,属盆地相沉积。这套深水沉积在不少地方,如南京、全椒、滁州等地已直接超覆在灯影组之上,而往北西方向中部灰岩夹层增多,在东至—石台—泾县一线西北侧上部水体渐渐变浅,变为黄柏岭组黄绿色页岩、钙质页岩的陆棚沉积。该准二级层序内部可分为2个沉积体系,即海侵期呈退积结构的匀斜型陆源碎屑岩-碳酸盐岩混合体系,凝缩段在盆地内为含磷结核、石煤透镜体的碳质页岩,向上为高水位期加积、进积结构的匀斜型陆源碎屑岩-碳酸盐岩混合体系。

(5)早寒武世大陈岭组至杨柳岗组准二级层序。大陈岭组及其相当层位底界面与团山及其相当层位底界面之间为第二个准二级层序,江南地层分区大陈岭组及其相当层位底界面相当于Ⅰ型层序界面。界面之上在盆地和陆棚内大陈岭组、杨柳岗组为深灰色具水平纹层微晶灰岩、含泥炭质灰岩夹薄层或透镜状微晶灰岩,在盆地内夹碳质页岩沉积,在东至洪方一带还夹1~2层10~30cm厚的透镜状砾屑灰岩,具滑塌构造,应属陆棚内缘相沉积。在东至—石台—泾县一线西北侧界面之上为大陈岭组灰色条带状灰岩,在泾县北贡富含三叶虫 Arthricocephaius,东至潘冲含 Redlichia cf. chinensis,在东至建新杨柳岗组条纹状微晶灰岩中含三叶虫 Redlichia murakamii,应属台地斜坡相沉积。而该界面之上往东至—青阳一线以北的台地方向,在巢湖一带为炮台山组潮坪相泥晶白云岩、粉屑白云岩、砂屑白云岩等,且见三叶虫 Kunmingaspis,Redlichia,Chitidilla,界底在横向上变为白云质岩屑石英砂岩,其层位应相当于西南地区的陡坡寺组。须指出,宿松西还发现炮台山组砂屑白云岩直接与南侧的黄柏岭组黄绿色页岩相接触,这就进一步肯定了两者间的衔接关系。该准二级层序内部可分为3个沉积体系,即低水位期呈进积结构的碳酸盐岩斜坡体系和陆源碎屑岩-碳酸盐岩混合体系,海侵期呈退积结构的匀斜型碳酸盐岩混合体系,向上为高水位期加积、进积结构的匀斜型陆源碎屑岩-碳酸盐岩混合体系。

(6)中晚寒武世团山组至晚寒武世青坑组准二级层序。中晚寒武世团山组底部界面与早奥陶世大坞圩组及其相当层位底界面之间为第三个准二级层序,过渡带中晚寒武世团山组底部界面与江南地层分区华严寺组及其相当层位底界面相当于Ⅰ型层序界面。界面之上盆地内为华严寺组条带状灰岩,西阳山组含灰岩透镜体泥质灰岩、泥质灰岩夹钙质页岩;而在东至—石台—泾县一线西北侧界面之上为团山组灰色薄层条带状灰岩夹砾屑灰岩,尤其底部砾屑灰岩的厚度较大,分布较普遍,砾屑灰岩中砾屑大小不等,其中以东至半边街一带较为特征,砾屑最大可见 90cm×110cm,无分选性和粒序性,砾屑成分主要为砂屑灰岩、鲕粒灰岩。在贵池华庙一带砾屑灰岩之上条带状灰岩下部产三叶虫 *Fuchouia*,*Ptychagnostus*,上部产 *Glyptagnostus reticulatus*,*Blackwelderia*,故团山组在该处为一跨中晚寒武世的岩石地层单位,稍向北的青阳青坑一带团山组内所夹砾屑灰岩中砾石大多为板条状泥晶灰岩,有些砾屑还相连,还有揉皱现象,从指向上反映北西往南东方向滑塌,上面的青坑组渐渐出现具疙瘩状和网纹状厚层灰岩、厚层条带状灰岩。稍向北西的东至建新—贵池斋岭一带斋岭组为浅滩相的灰白色砂屑白云岩,底界之下为深灰色疙瘩状微晶白云质灰岩,而宿松—巢湖一带该底界相当于观音台组(原山凹丁群)潮坪相泥晶、微晶白云岩的底界,底部见 0.23m 的砂、砾岩,其中还见不少石英砂,砾屑为微晶白云岩,原山凹丁群上段顶面出现喀斯特溶蚀、帐篷构造、硅质风化壳,在硅质团块中见正延性玉髓等暴露标志。该准二级层序内部可分为 3 个沉积体系,即低水位期呈进积结构的碳酸盐岩斜坡体系,海侵期呈退积结构的匀斜型碳酸盐岩体系,向上为高水位期加积、进积结构的具前缘礁滩的镶边型碳酸盐岩台地体系。

(7)早奥陶世印渚埠组准二级层序。印渚埠组底部界面与宁国组及其相当层位底界面之间为第一个准二级层序,位于江南地层分区印渚埠组及其相当层位,底界面相当于 I 型层序界面。界面之上为印渚埠组陆棚相灰绿色具水平纹层页岩、钙质页岩,其中有时具灰岩瘤体;界面之下为西阳山组陆棚内缘相的深灰色含碳质页岩、钙质页岩,宁国胡乐、虹龙一带在界面下 5~30cm 处见笔石 *Dictyonema*,*Stourogyaptus*,*Anisograptus*,表明在新厂期内,下扬子地层分区南缘的石台六都一带,界面之上为大坞圩组陆棚内缘相的瘤状泥质灰岩夹钙质浊积岩,底部见两层厚分别为 80~150cm 的砾屑灰岩,含三叶虫 *Szechuanlla*,而台地东南缘地带的斋岭组浅滩相砂屑白云岩内普遍见早期水下胶结物,富含灰泥,由于淡水向海移位,混合和超盐度的白云岩化使岩石的孔隙度明显增大,出现了粒间孔和晶体的溶蚀。而界面之上均为潮坪、潟湖、浅滩相的仑山组白云岩和开阔台地、叠层石礁、浅滩、藻丘、潮坪、潟湖相的红花园组。界面之上该准二级层序内可分为 3 个沉积体系,即低水位期呈进积结构的碳酸盐岩斜坡体系,海侵期呈退积结构的匀斜型碳酸盐岩-陆源碎屑岩体系,向上为高水位期加积、进积结构的具前缘礁滩的镶边型碳酸盐岩台地-陆源碎屑岩体系。

(8)中奥陶世东至组、牯牛潭组准二级层序。中奥陶世东至组底部界面与晚奥陶世宝塔组及其相当层位底界面之间为第二个准二级层序,位于江南地层分区宁国组及其相当层位,底界面相当于 I 型层序界面。界面之上为宁国组灰绿色含笔石页岩,含笔石 *Tetragraptus bigsbyi*,*Azygograptus suecicus* 等,界面之下的印渚埠组顶部往往见 1~3m 厚的泥质瘤状灰岩,表明海水一度变浅。在下扬子地层分区边缘的石台六都一带,界面之上石台县里山圩、大坞圩剖面上里山圩组为台地斜坡相的瘤状泥质灰岩、条带状灰岩,含笔石 *Tetragraptus* cf. *bigsbyi*,腕足类 *Sinorthis*,三叶虫 *Taihungshania*,向南西石台县横船渡南在里山圩组底部见砾屑灰岩,在石台县岭脚下剖面中下部以青灰色含白云质岩屑粉砂岩为主,上部为灰白色中厚—厚层含海百合茎、海胆、双壳类等生物屑瘤状微晶灰岩;向北 10km 的贵池曹村一带为东至组台凹相的紫红色瘤状灰岩,含头足类 *Proticycloceras deprati*,腕足类 *Yangtzeella* 等。泾县、石台县、宿松县、巢湖市一带为开阔台地相的深灰色粗晶灰岩、灰绿色页岩,含笔石 *Azygograptus suecicus*,腕足类 *Sinorthis*,头足类 *Proticycloceras deprati*。从生物化石来看,上述层位均能对比,而界面之下均为红花园组浅滩相生物屑灰岩、鲕粒灰岩,含头足类 *Hopeioceras*,*Coreanoceras*,腕足类 *Tritoechia*,上面为牯牛潭组灰红色中厚层微晶灰岩。该界面上下虽然总体上台地和盆地界线还在东至—石台—泾县一线,然而西北侧台地上的岩性在横向上变化较大。界面之上该准二级层序内可分为 3 个沉积体系,即低水位期呈进积结构的碳酸盐岩斜坡体系,海侵期呈退积结构的匀斜型缓坡碳酸盐岩-陆源碎屑岩体系,向上为高水位期加积、进积结构的匀斜型缓坡碳酸盐岩台地-陆源碎屑岩体系。

(9)晚奥陶世宝塔组、汤头组准二级层序。晚奥陶世宝塔组底部界面与晚奥陶世五峰组及其相当层位底界面之间为第三个准二级层序,该底界面位于下扬子地层分区庙坡组及其相当层位,底界面相当于

Ⅱ型层序界面。界面之上为庙坡组页岩、钙质页岩,在和县一带为黑色页岩,含笔石 *Orthograptus whitfieldi*,*Glyptograptus* cf. *teretiusculus* var. *kansuensis*,在庐江、宿松、太湖等地为灰绿色页岩,均含介形虫 *Euprimitia sinensis*,其上为宝塔组瘤状泥质灰岩,含头足类 *Lituites*,牙形刺 *Prioniodus variabilis*;上面为汤头组瘤状泥质灰岩,而在宿松龙山一带仅顶部见 15cm 厚的瘤状灰岩,之下均为灰绿色页岩,含三叶虫 *Nankinolithus*,*Hammatocnemis*;在江南地层分区为胡乐组黑色硅质页岩,含笔石 *Glyptograptus teretiusculus*,上面为黄泥岗组陆棚相黄绿色页岩,页岩内有时见灰岩透镜体,含三叶虫 *Nankinolithus*。界面之上该准二级层序内可分为3个沉积体系,即低水位期呈进积结构的碳酸盐岩斜坡体系,海侵期呈退积结构的匀斜型缓坡碳酸盐岩-陆源碎屑岩体系,向上为高水位期加积、进积结构的匀斜型缓坡碳酸盐岩-陆源碎屑岩体系。

(10)晚奥陶世长坞组准二级层序。晚奥陶世五峰组底部界面与早志留世高家边组及其相当层位底界面之间为第四个准二级层序,位于江南地层分区长坞组及其相当层位,底界面相当于Ⅱ型层序界面。界面之上为长坞组陆棚、盆地相的砂页岩浊流沉积,含笔石 *Dicellograptus szechuanensis*,下扬子地层分区边缘的石台六都一带,界面之上为长坞组,向北 10km,界面之上均为厚 0.8~21m 的五峰组局限盆地黑色含碳硅质页岩、页岩、硅质岩,贵池姚街一带底部夹一薄层晶屑沉凝灰岩,含笔石 *Dicellograptus szechuanensis*,在无为横山的硅质岩中还见放射虫。界面之上的相变线已向北推移 10km 以上,故在石台六都一带出现南侧与北侧的汤头组相接触。界面之上该准二级层序内可分为2个沉积体系,即海侵期呈退积结构的匀斜型缓坡陆源碎屑岩体系,向上为高水位期加积、进积结构的匀斜型缓坡陆源碎屑岩体系。

(11)早志留世霞乡组、河沥溪组准二级层序。霞乡组底部界面与康山组及其相当层位底界面之间为第一个准二级层序,底界面相当于Ⅰ型层序界面。界面之上为霞乡组下部灰绿色砂岩与黑色页岩互层的浊流沉积,厚594~970m,至下扬子地层分区南缘的石台—泾县一带,厚274~351m;至长江西北侧的宿松—巢湖—和县一带才为滞流陆棚相的高家边组下部灰黑色页岩,厚 19~43m。而高家边组和霞乡组下部均产笔石。本区自南东往北西方向,下部笔石带缺失渐渐增多,江南地层分区均出现含笔石 *Akidograptus ascensus-Pristiograptus leei* 带的化石,在下扬子地层分区南缘则缺失该带,而至宿松龙山、无为方家坝子、沿山等地均见 *Pristiograptus leei* 带。*Pristiograptus leei* 带的层位可代表最大海侵面,高家边组和霞乡组上部的陆棚相页岩、河沥溪组及相当层位的砂页岩,反映海平面渐渐下降。准二级层序内部可分为3个沉积体系,即低水位期呈进积-加积结构的低水位扇陆源碎屑岩体系,海侵期呈退积结构的匀斜型缓坡陆源碎屑岩体系,向上为高水位期加积、进积结构的匀斜型缓坡陆源碎屑岩体系。

(12)早志留世康山组、早中志留世唐家坞组准二级层序。康山组底部界面与唐家坞组及其相当层位顶部界面之间为第二个准二级层序,底界面相当于Ⅱ型层序界面。界面之上为坟头组中部、康山组灰绿色砂岩、页岩互层的过渡带沉积。本区自南东往北西方向地层厚度渐渐变薄,在铜陵市、池州市等地坟头组上部页岩、泥质粉砂岩中含三叶虫 *Coronocephalus rex*,腕足类 *Eospirifer tingi*,双壳类 *Orthonota perlata* 等,并出现胶磷矿层,可代表最大海侵面,向上为茅山组或唐家坞组的砂页岩,总体反映海平面渐渐下降。准二级层序内部可分为2个沉积体系,即海侵期呈退积结构的匀斜型缓坡陆源碎屑岩体系,向上为高水位期加积、进积结构的匀斜型缓坡陆源碎屑岩体系。

(13)晚泥盆世观山组、擂鼓台组准二级层序。观山组底部界面与擂鼓台组顶部界面之间为第一个准二级层序,底界面相当于Ⅰ型层序界面。界面之上为观山组、擂鼓台组的灰白色石英砂岩、砾岩夹泥质粉砂岩、页岩,具有向上变细的沉积,主要由河流沉积相组合体构成,见少量海相的越岸沉积。界面之下南东侧沉降幅度大,陆源碎屑堆积速度快,而西北侧当时抬升较明显。界面之上的五通群沉积体不仅在东南部盖在唐家坞组之上,在西北部盖在茅山组之上,而且在巢湖以北盖在坟头组之上,界面上、下均为陆源碎屑沉积环境,但界面上下的陆源碎屑物质分选性、颜色、成分等方面有明显的差别。观山组是总体以石英砂岩为主的沉积,擂鼓台组为石英砂岩与泥质粉砂岩相间互的沉积。石英砂岩的 $SiO_2$ 含量普遍在90%以上,其中具单向斜层理;本区南东侧往北西方向地层厚度渐渐变薄,在铜陵市、黄山市等地擂鼓台组内夹的页岩、泥质粉砂岩中含植物:*Sublepidodendron wusihense*,*S. mirabile*,*S.* sp.,*Sphenopteris taihuensis*,*S*? sp.,*Lepidostrobus grabaui*;腕足类:*Lingula* sp.等,可代表最大海侵面。准二级层序内部可分为2个沉积体系,即海侵期海滩相沉积经河流作用改造后,呈退积结构的匀斜型缓坡陆源碎屑岩体系;向上为高水位期以河流作用为主,时而有海水漫入的加积、进积结构的匀斜型缓坡陆源碎屑岩体系。

(14)早石炭世陈家边组至高骊山组准二级层序。陈家边组底部界面与和州组及其相当层位底界面之间为第一个准二级层序,底界面相当于Ⅰ型层序界面。早石炭世与前石炭纪之间的年代界面,在下扬子地区以往认为系连续沉积,通过本次工作,在黄山市刘家剖面上发现了风化暴露剥蚀面,在铜陵大倪村剖面上见到微角度不整合界面,因此该界面为一时间间断界面,说明在泥盆纪末,本区一度隆起。由于本区处在陆地边缘,故在一些剖面上可以表现为风化暴露面或微角度不整合,在岩关早期陆地边缘出现河口湾相或滨海沼泽相沉积,应为低水位的陆源碎屑岩体系;向上为早石炭世岩关早期与岩关晚期之间的年代界面,在下扬子地区以往认为系连续沉积,通过本次工作,在黄山市刘家剖面上发现了海侵上超层序不整合,上面为金陵组的碳酸盐岩-陆源碎屑岩混合体系;向上的大塘期本区为高骊山组的陆源碎屑的河口湾、海岸沼泽平原、海沼沙岭相的三角洲沉积,为高水位期呈进积结构的陆源碎屑岩体系;在大塘末期,本区一度隆起,从一些剖面上可以看到风化暴露面。

(15)早石炭世和州组准二级层序。和州组底部界面与老虎洞组及其相当层位底界面之间为第二个准二级层序,为早石炭世大塘期与早石炭世德坞早期之间的年代界面,在下扬子地区普遍被认为是平行不整合接触。通过本次工作,泾县浙溪剖面、泾县朱家崂剖面上在高骊山组的风化暴露剥蚀面之上,沉积了德坞期不同岩性、岩相的沉积物,尤其在泾县浙溪剖面上见到铁质石英质砾岩,以及在铜陵地区许多地方找到了铁质石英质砾岩,而铁质石英质砾岩之上在不同的地方出现了不同的沉积物,如铜陵马家该铁质石英质砾岩可以认为是低水位楔,因此该界面为Ⅰ型层序界面。可以认为,德坞早期之初,部分地方出现风化剥蚀的陆源碎屑的河流相沉积,以后在海侵的初始阶段形成了一套椰桥岩楔的铁质胶结石英质砾岩或铁锰质胶结的石英质砾岩,上面在有的地方还见到豆状赤铁矿层(如铜陵马家),盆地边缘砾岩上面为砂岩、粉砂岩沉积,而盆地内巢湖一带为钙质泥岩、碳酸盐沉积,因此该界面为一时间间断界面。在铁质石英质砾岩之上出现了岩屑砾岩,同时在铜陵地区许多地方发现了浙溪岩楔的岩屑砾岩,而且在岩屑砾岩之下出现了铁质石英质砾岩,不少岩屑砾岩中见铁质石英质砾岩的砾石,铁质岩的砾石,表明在岩屑砾岩沉积过程中,曾经过剧烈的风化剥蚀作用,故该岩屑砾岩可以认为是低水位楔,表明在德坞晚期初,本区一度隆起,出现了以北西向为主的同沉积断裂,呈现隆、坳相间的地形,由于各地剥蚀程度不一,有的地方早石炭世沉积已全部剥蚀完;有的地方大塘期顶部的沉积已不存在;有的地方早石炭世沉积已快剥蚀完,仅残留岩关早期的沉积;还有的地方早石炭世德坞期沉积已剥蚀完,如在黄山市刘家剖面上见老虎洞组石英质砾岩直接盖在高骊山组之上。在陡峭的地形旁侧出现了浙溪岩楔的冲积扇沉积,在海盆内为碳酸盐沉积,而在海湾内为微晶灰岩的潟湖相沉积,盆地中为泥质灰岩、灰岩的缓坡相沉积。

(16)晚石炭世老虎洞组、黄龙组准二级层序。老虎洞组底部界面与船山组及其相当层位底界面之间为第三个准二级层序,底界面相当于Ⅰ型层序界面,为早石炭世德坞晚期与晚石炭世罗苏期之间的年代界面。以往在下扬子地区普遍被认为属于一个重要的界面。早石炭世末,本区东至—安庆—宣州一带隆起成陆,因受北西向、北东东向同沉积断裂的影响,经过进一步的风化剥蚀后,早石炭世地层在各地残留状态不一,起初在陆地内出现河流相沉积,之后在海侵的初始阶段形成一套硅质胶结的石英质砾岩,该石英质砾岩分布在德坞晚期风化剥蚀之后,地形相对较高部位的两侧。在地形相对较高部位,在原先陆地内的铜陵半山李家、口山村一带底部直接为含少量石英砂粒的白云岩,海盆内的巢湖一带则为白云岩或灰岩沉积。随着海侵的进一步扩大,安徽南部地区全部转为下扬子海,上面为碳酸盐沉积。该期沉积为填平补齐的作用,在铜陵一带表现较为明显。因此,该石英质砾岩可以认为是低水位陆源碎屑岩沉积体系;向上为海侵期呈退积结构碳酸盐岩台地体系;向上为晚石炭世罗苏期与晚石炭世滑石板—达拉期之间的年代界面,以往在下扬子地区普遍被认为属于平行不整合面。在铜陵叶家剖面的老虎洞组白云岩之上见到喀斯特暴露面,暴露面之上均为碳酸盐沉积,分别在巢湖、宿松—东至、池州—青阳一带出现浅滩相沉积,总体以开阔海为特征。在暴露面之上,原先在相对较高部位(如铜陵叶家、野鸡冲)均未出现粗晶灰岩、巨晶灰岩,而在两侧均发现粗晶灰岩、巨晶灰岩。粗晶灰岩、巨晶灰岩为后生成岩阶段的产物,表明该界面为碳酸盐沉积环境的转换面。向上为海侵—海退期呈退积、进积结构碳酸盐岩台地体系。

(17)晚石炭世船山组准二级层序。船山组底部界面与梁山组及其相当层位底界面之间为第四个准二级层序,底界面相当于Ⅱ型层序界面。为晚石炭世滑石板—达拉期与晚石炭世逍遥期之间的年代界面,以往在下扬子地区普遍被认为属于平行不整合面。在铜陵叶家剖面的黄龙组灰岩之上见到喀斯特暴露面,喀斯特暴露面在巢湖一带的王家村剖面、凤凰山剖面均有出现,面上还有泥质充填,在巢湖一带的维尼伦厂剖面以往也有发现,表现为环境转换面。该界面在下扬子地区均为碳酸盐岩台地沉积,之后海平面逐渐下降,在黄山市—广德一带以开阔台地相的碳酸盐沉积为主;在巢湖西北侧和宿松—泾县一带以碳酸盐的开阔台地相-藻滩相沉积为主,仅滩的边缘出现砂屑灰岩(如泾县大坑剖面);而在两个滩之间的怀宁—和县一带,由于滩的阻隔,以低能的碳酸盐沉积为主,表现为局限台地相沉积。因此,该界面为一时间间断界面之间的年代界面。界面之上为海侵期呈退积结构碳酸盐岩台地体系;向上为晚石炭世逍遥期与早二叠世紫松期之间的环境转换面,由于海平面逐渐下降,在下扬子地区均为碳酸盐岩台地沉积,在泾县、池州市、黄山市一带为以碳酸盐的藻滩相沉积为主的海退期呈进积结构、具藻滩的碳酸盐岩台地体系。

(18)中二叠世梁山组至栖霞组准二级层序。中二叠世梁山组底部界面与孤峰组底界面之间为第一个准二级层序,底界面相当于Ⅰ型层序界面。为中二叠世紫松期与早二叠世隆林期之间的年代界面,在下扬子地区普遍被认为是一个重要的地层界面。早二叠世紫松期末,本区普遍隆起成陆,经过风化剥蚀后,早二叠世紫松期地层在各地残留状态不一,总体西北侧缺失层位较多,东南侧保留地层较多,呈现向东南倾向的楔状体,梁山组的底界为一穿时的界面,巢湖、铜陵一带为两个界面的叠加,成因为华力西构造运动造陆升隆的结果,故为升隆侵蚀层序不整合界面。上面沉积的为陆相或海陆过渡相梁山组碳质页岩、泥灰岩、泥岩,局部夹煤层,底部有时见灰岩砾石,如在铜陵市杨桃山剖面栖霞组的底部见砾岩,故应相当于低水位体系域。上面为栖霞组的碳酸盐岩-硅质岩-碳酸盐岩组成的海侵体系域—高水位体系域的沉积;在祥播末期,本区一度隆起,在一些剖面上可以看到风化暴露面。

(19)中二叠世孤峰组和中晚二叠世龙潭组准二级层序。中二叠世孤峰组底部界面与晚二叠世大隆组及其相当层位底界面之间为第二个准二级层序,为中二叠世祥播期与茅口期之间的年代界面,在下扬子地区普遍被认为是平行不整合接触。据1∶5万安庆市幅区域地质调查资料,在安庆市角山见到孤峰组与栖霞组之间的接触面凹凸不平,应为灰岩之上的喀斯特暴露面。在栖霞组的风化暴露剥蚀面之上,沉积了茅口期不同岩性、岩相的沉积物。如在南部的泾县昌桥孤峰组底部为黄色含锰页岩;在泾县宴公堂孤峰组底部为页岩夹硅质页岩及含锰页岩;在池州市潘桥孤峰组底部为含锰质砂质页岩及硅质页岩间夹1层薄层锰土页岩。在东北部的南陵县丫山剖面的孤峰组底部见杂色含砾泥质页岩;在繁昌县桃冲剖面的孤峰组底部为含硅质泥岩;在铜陵市杨桃山孤峰组底部为灰黑色含磷结核硅质页岩与硅质岩互层;在西北部的安庆市大青山剖面的孤峰组底部为硅质岩夹碳质页岩和磷结核。反映出南部含锰较高,北部含磷较高。向上为海进期呈退积结构的硅质岩夹碳酸盐沉积体系,在南部出现含锰灰岩、页岩,而北部以含锰、含磷的硅质页岩为主,向上之后渐渐变为以硅质岩为主,从而达到最大海侵面。之后为海退期呈加积、进积结构的碎屑岩沉积,局部为碳酸盐沉积体系,向上渐渐变浅,除南陵、铜陵一带出现武穴组的碳酸盐岩台地外,向上为龙潭组的砂页岩夹煤层的滨岸沼泽相沉积;其余地区均以龙潭组黑色碳质页岩为主的沉积,然后为以砂页岩夹煤层的滨岸沼泽相沉积为主的海退期呈进积结构的碎屑岩沉积体系。

(20) 晚二叠世大隆组准二级层序。晚二叠世大隆组(或龙潭组上部)底部界面与早三叠世殷坑组及其相当层位底界面之间为第三个准二级层序,底界面相当于Ⅰ型层序界面,为晚二叠世吴家坪期早、晚期之间的年代界面。以往在下扬子地区对此界面未予以重视,通过我们的工作之后,认为以往作为龙潭组顶部的压煤灰岩的底部界面,即为此界面。中二叠世末,本区隆起成陆,主要为滨岸沼泽相沉积,经过风化剥蚀后,地形高低不平,表现为东部较浅,西部较深。之后在海侵阶段形成的沉积物在不同地区有明显的差异,界面上以海侵期呈退积结构碎屑岩夹碳酸盐岩沉积体系;东南部地形相对较高,以粉砂岩、泥岩为主,夹少量砂质灰岩(如广德县一带),西北部地形相对较低,界面上以灰岩、锰质页岩、页岩、硅质页岩为主(如池州市、铜陵市、安庆市一带)。在生物化石上,西北部主体为海相的腕足类、珊瑚、三叶虫、腹足类、苔藓虫、介形虫、菊石、双壳类等,而东南部除出现海相的腕足类、菊石、珊瑚、双壳类外,还见植物化石。从上述可以看出,此界面为层序界面与海侵界面重合。随着海侵的进一步扩大,东南部出现硅质岩与碳酸盐岩相间的凝缩层,西北部为硅质岩沉积的凝缩层。随着海平面渐渐下降,向上为海退期呈加积、进积结构碳酸盐岩台地或硅质岩沉积体系,即东南部为碳酸盐岩台地的沉积,西北部为硅质页岩、页岩为主盆地沉积。

(21) 早三叠世殷坑组至早中三叠世周冲村组准二级层序。早三叠世殷坑组底部界面与中三叠世黄马青组底界面之间为第一个准二级层序,底界面相当于Ⅰ型层序界面,为晚二叠世长兴期与早三叠世殷坑期之间的年代界面。在泾县昌桥剖面见到两者之间有3~15cm厚的灰白色黏土岩,暂作为风化暴露剥蚀面之上的古风化壳的古土壤层,应相当于低水位的沉积体系。在下扬子地区的巢湖、宿松、浙江长兴等地的早三叠世底部地层中均发现早三叠世早期动物群菊石 *Ophiceras-Lytophiceras*,双壳类 *Claraia wangi* 与出现在晚二叠世的腕足类 *Chonetinella substrophomenoides*,*Waagenites barusiensis*,*Paryphella triquatra*,*P. sulcatifera* 共生。有不少人认为属于过渡层,因而对过渡层的归属有不同的认识。我们认为以新生的生物作为三叠纪开始比较适宜,将过渡层归为早三叠世,其中的腕足类可认为是晚二叠世上延的一些孑遗分子。广德县牛头山剖面、江苏省宜兴张渚老虎山剖面的殷坑组与龙潭组接触,表明之间存在沉积间断,故为升隆侵蚀层序不整合界面。上面沉积的为海相殷坑组钙质页岩、页岩夹灰岩,向上总体渐渐变浅,由和龙山组、南陵湖组、周冲村组的薄层灰岩与钙质页岩互层→条带状灰岩→瘤状灰岩→中厚层灰岩→白云岩→膏溶角砾岩的岩性变化过程,组成海侵体系域—高水位体系域的沉积;由于中三叠世周冲村组沉积后,本区沉积盆地海水渐渐减少,转化为咸化潟湖,最后经过风化剥蚀,因此早中三叠世—中三叠世周冲村组顶部存在一个风化暴露面。

(22) 中三叠世黄马青组至范家塘组准二级层序。中三叠世黄马青组底部界面与晚三叠世范家塘组顶界面之间为第二个准二级层序,底界面相当于Ⅰ型层序界面,在下扬子地区相当于印支运动一幕的重要底界面,成因为印支构造运动造陆升隆的结果,故为升隆侵蚀层序不整合界面。中三叠世青岩期,本区普遍隆起成陆,经过风化剥蚀后,下伏地层在各地残留状态不一,总体东南侧缺失层位较多,西北侧保留地层较多呈现向北西倾向的楔状体。在东南侧的铜陵市龙潭肖、丁山俞等地不整合覆于早三叠世南陵湖组、早中三叠世周冲村组的不同层位之上,底部在前山出现的喀斯特岩溶堆积砾岩,应相当于低水位沉积体系,上面的层位在繁昌县赤沙镇西冲见滨岸相海侵砾岩也不整合覆于早三叠世南陵湖组、早中三叠世周冲村组之上,分布范围较大,延伸与构造线一致。自下而上见砾岩的砾石成分从简单到复杂,显示东南侧陆源区的剥蚀范围渐渐扩大,相当于海侵沉积体系的开始,上面沉积的为海相-海陆过渡相的黄马青组,怀宁县一带向上为泥灰岩、粉砂岩、砂岩,局部地方出现含铜粉砂岩,铜陵市一带向上为浅褐色泥质粉砂岩、长石石英砂岩夹灰岩、泥质灰岩透镜体,灰岩应相当于最大海侵面的产物;之后为海退期呈加积、进积结构的碎屑岩沉积,向上渐渐变浅,最后为以范家塘组的砂页岩夹煤层的滨岸沼泽相为主的海退期呈进积结构的碎屑岩沉积体系。

本区对三级层序的研究由于受剖面的露头情况、剖面所处沉积盆地的部位,以及研究者所持的对三级层序的确定原则等因素影响,往往存在一定的分歧,因此这里不再叙述。

### (三) 地层格架

地层格架包括岩石地层格架和年代地层格架。由于在地质历史的发展过程中，沉积盆地随着海平面的升降变化，沉积相带往往迁移、变化，导致岩石地层表现出有穿时性。在许多时代地层的沉积中，地层的原始侧向范围变化很大，有些岩石地层单位在短距离内就变成另一个岩石地层单位。区域地层格架主要研究沉积地层序列内地层单位的发育特征，包括其划分、时空分布情况、垂向叠覆及其内部岩石地层的结构、形态、相互关系、侧向堆积规律等。通过全省区域地质调查和一些科研项目的剖面测制与地质填图工作，系统地收集层序地层、岩石地层、生物地层及沉积学等方面的资料，为研究地层格架奠定了基础。

目前对全省青白口纪—第三纪地层通过三级层序地层对比，建立区域地层格架还存在一定的困难。尤其侏罗纪—第三纪在本省主要为陆相盆地沉积，岩性、岩相在纵向、横向上变化较大，地质资料明显不够。而南华纪—三叠纪地层格架的建立已有了一定的基础。通过区域上已确认的具重要意义的不整合或与之相对应的不整合，作为上、下界面的地质体，而且该地质体由成因上相互联系的相对整合的地层，在侧向上又有一定的古生物资料可以对比。利用和参考层序地层不整合界面的资料，如海侵上超、风化暴露不整合、升隆剥蚀、冲刷侵蚀、水下间断 5 种界面类型，层序不整合界面往往有不整合、平行不整合、小间断等不同类型，在确定属于前两种的不整合类型，而且在区域上具一定延伸范围的基础上，这些区域不整合界面应大致相当于准二级层序界面。本省的准二级层序界面可分为两类：一类为海平面处在相对上升期，另一类为海平面处在相对下降期。据此，下面对安徽省寒武纪、奥陶纪、志留纪、泥盆纪、石炭纪、二叠纪、三叠纪几个时代的地层格架进行初步讨论，其中寒武纪、奥陶纪、石炭纪、二叠纪 4 个时代的岩性和岩相变化较大。

**1. 华北地层区**

1) 寒武纪地层格架

(1) 层序界面的等时性。层序地层格架是指盆地内各地层单元的几何形态和相互关系。从部分寒武纪代表性地层剖面的层序地层划分、对比中可以看出，华北地层区寒武纪地层可划分为 1 个二级层序、3 个准二级层序。从一系列剖面上沉积相的变化情况来看，在纵向上总体表现为开始由局部地方的海平面上升，渐渐扩大到两淮地区，又渐渐下降的过程，表现为一个完整的二级海平面升降周期，表明准二级层序的界面可以作为建立地层格架的依据。晚震旦世晚期为暴露不整合，早寒武世开始盆地内地形不平整，盆地的凹陷部位出现了重力流沉积，昌平组表现为海侵上超层序不整合，由于有陆源碎屑沉积物的出现，一度出现陆源碎屑与碳酸盐混杂的沉积，到中寒武世张夏组由于水较浅，加上海水的振荡、波浪作用，以鲕粒灰岩为主，碳酸盐岩台地出现冲刷侵蚀不整合，晚寒武世崮山组以后又一度海水加深，往上又以暴露不整合为主。

(2) 等时层序地层格架。寒武纪各层序的次级组成单元的几何形态和相互关系见图 1-10，早、晚寒武世的差别较大。其中地层特征、沉积相标志在前文已述，下面仅对地层格架特征分别叙述。

① 早寒武世凤台组、雨台山组（或金山寨组）地层格架。该地层格架底部界面为早寒武世与震旦纪之间的年代界面，超覆在震旦系不同岩性的岩石地层单位之上，界面之下在霍邱县马店一带为晚震旦世浅灰色白云岩，属潮坪、潟湖相的碳酸盐岩台地沉积，顶面往往呈喀斯特状；在定远县方花园剖面为晚青白口世九顶山组中厚层白云岩；宿县金山寨一带的金山寨组下面为晚南华世望山组厚层灰岩，为潟湖相沉积；在宿县夹沟一带的猴家山组下面为晚青白口世张渠组薄层灰岩潟湖相沉积，界面之上均为猴家山组。凤台组在横向上岩性变化较大，霍邱县马店为盆地内台地下斜坡相的重力流沉积，为灰黑色、灰紫色中厚—厚层白云质砾岩与紫色薄层含灰质白云岩，黄绿色、灰紫色页岩互层；淮南一带为盆地边缘的滨岸砾屑滩沉积，岩性为灰红色、灰黄色薄—中厚层—厚层白云质砾岩，胶结物为白云质，砾石主要为下

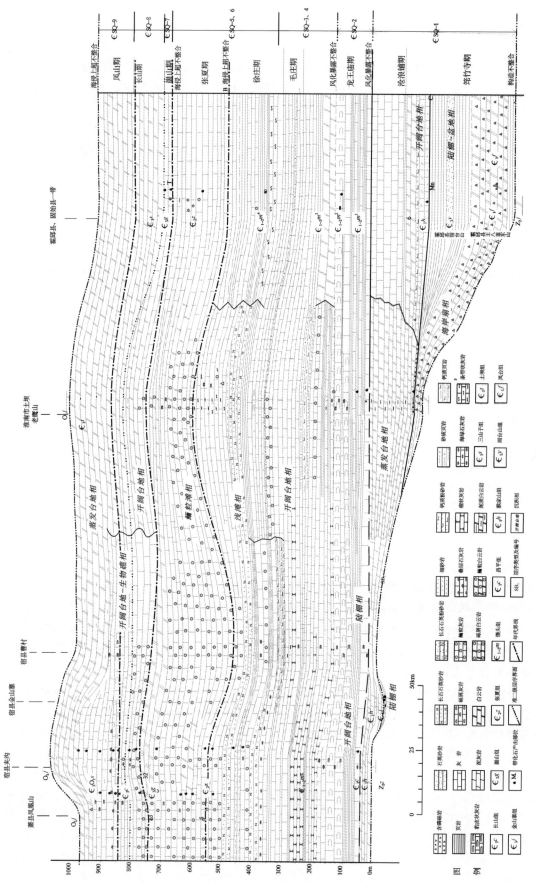

图 1-10 安徽省华北地层区寒武纪地层格架图

伏地层的白云岩,大小不等,大的达1m以上,小的为2mm左右,分选性差,棱角状。砾岩之间有时夹有具水平纹层含砾白云岩,为台地上斜坡相沉积。凤台组总体自南向北、自西向东沉积厚度变薄,以至尖灭。表明当时盆地往南西方向渐渐加深。上面的雨台山组主要分布在霍邱县马店一带,岩性为灰绿色、黄绿色页岩夹灰白色中厚层石英砂岩,顶部为紫褐色含锰页岩,黑色含铀、磷碳质页岩,为陆棚相→盆地相沉积。金山寨组仅分布在宿县金山寨一带。岩性为黄绿色、灰黑色、紫红色页岩,粉砂质页岩,夹灰色薄层细—中粗粒石英砂岩,底有0.2~0.7m厚的燧石杂砾岩,为陆棚相沉积。

②早寒武世猴家山组、昌平组、馒头组地层格架。该地层格架底部界面为早寒武世猴家山组底界面,平行不整合在雨台山组、金山寨组之上,也呈平行不整合—局部角度不整合在下伏四顶山组之上。界面之晚早寒武世猴家山组、昌平组、馒头组沉积时期,沉积环境由浅渐变深又渐变浅,顶部为长石石英砂岩,界面之上均为张夏组的鲕粒灰岩。

猴家山组总体为潮坪-潟湖相沉积,底部为灰色砾岩,厚0~2m,为海侵初始砾岩。砾石成分以微晶白云岩、砂屑白云岩、泥质白云岩为主,大小均匀,以1~3cm居多,磨圆度较好,颗粒支撑,钙质胶结;下部为灰色、灰黄色、粉红色中—薄层微晶白云岩,砂屑白云岩,泥质白云岩,具平行层理、透镜状层理、脉状层理、水平层理、鸟眼构造,滑塌现象,含石盐假晶;上部为灰色、灰肉红色厚层半球状大圆藻微晶白云岩,砂屑白云岩,含硅质白云岩,顶部具蜂窝状硅质风化壳,属于风化暴露面。上面的昌平组广泛分布在两淮一带,岩性为鲕粒灰岩、砂屑灰岩,具平行层理、冲刷充填现象,为台地前缘浅滩相沉积,向上海水加深,为瘤状灰岩与钙质页岩互层。向上为馒头组一段的肝紫色页岩,有时夹鲕粒灰岩或生物屑灰岩透镜体,具水平层理。二段下部为灰色微晶灰岩、砂屑灰岩夹叠层石灰岩,具风暴岩层序,发育平行层理、丘状交错层理、水平层理,冲刷现象常见,为开阔台地相沉积;上部以豹皮灰岩为主,生物屑极其发育,有时与少量微晶灰岩、核形石灰岩(或砾屑灰岩)间互,为开阔台地相沉积。三段下部为灰黄色、灰白色厚层叠层石微晶白云岩,砂屑白云岩,泥晶白云岩,几乎全由叠层石微晶白云岩组成,为叠层石礁沉积;三段主要岩性为灰白色厚层微晶白云岩、砂屑白云岩夹石英岩透镜体,含燧石结核、条带,具平行层理、透镜状层理、水平层理,鸟眼构造,为潮坪相沉积。四段岩性为粉红色、灰紫色薄层泥质白云岩,砂质白云岩夹紫红色石英粉砂岩,钙质页岩,向上为灰色泥晶白云岩,具水平层理,为潮坪-潟湖相沉积。本组顶部具风化暴露面,上面堆积有0~30m的砾岩。末期海平面下降,区内广泛遭受剥蚀暴露,表现为张夏组与馒头组之间的风化暴露平行不整合接触。

③中晚寒武世张夏组、崮山组、炒米店组、三山子组地层格架。该地层格架底部界面为中寒武世张夏组底界面,整合在馒头组长石石英砂岩之上。界面之上中晚寒武世张夏组、崮山组、炒米店组、三山子组下部的沉积时期,沉积环境由浅渐变深又渐渐变浅,顶部白云岩发育风化暴露面。

张夏组为开阔台地相的滩相沉积,岩性主要为灰色中厚层亮晶鲕粒灰岩、核形石灰岩、藻结核灰岩、砂屑灰岩,具平行层理、粒序层理及冲刷充填现象。崮山组为开阔台地相沉积,岩性为灰黄色薄—中层竹叶状砾屑白云岩、砂屑白云岩、鲕粒白云岩及灰黄色钙质页岩、纹层状微晶白云岩,具羽状层理、平行层理、水平层理,冲刷充填现象。在淮北市、萧县一带为炒米店组、三山子组下部。炒米店组下部由灰黄色中层微晶灰岩与紫红色中厚—厚层砂岩组成,具大涡卷状构造,灰岩具平行层理、水平层理、丘状交错层理、底冲刷,由细砾屑充填,见风暴沉积;上部以浅灰色薄—厚层微晶灰岩为主,向上夹叠层石白云质灰岩,具丘状交错层理、水平层理,发育风暴层;顶部为深灰色厚层微晶白云岩,为开阔台地、生物礁相沉积。三山子组一段主要岩性为浅红色、粉红色中—厚层微晶白云岩,偶夹叠层石微晶白云岩,底部常有一层乳白色石英岩状砂岩,石英岩状砂岩为浅滩沉积,上面的白云岩为潟湖相沉积;二段为灰白色厚层叠层石微晶白云岩,砂屑白云岩,泥晶白云岩,几乎全由叠层石微晶白云岩组成,为叠层石礁沉积;三段主要岩性为灰白色厚层微晶白云岩、砂屑白云岩夹石英岩透镜体,含燧石结核、条带,具平行层理、透镜状层理、水平层理,鸟眼构造,为潮坪相沉积。在凤阳山区、霍邱县一带与炒米店组、三山子组下部相当的层位为土坝组,下部岩性为深灰色中厚层砂屑白云岩、微晶白云岩,具平行层理、水平层理,为局限台地相沉积;上部岩性为深灰色砂屑白云岩与蜂窝状硅化白云岩互层,具平行层理,为局限台地相沉积。

土坝组顶面出现喀斯特溶蚀、硅质风化壳等暴露标志。上述格架特征显示南部总体白云质较高，反映两淮沉积盆地南浅、北深。

2）奥陶纪地层格架

（1）层序界面的等时性。层序地层格架是指盆地内各地层单元的几何形态和相互关系。从部分奥陶纪代表性地层剖面的层序地层划分、对比中可以看出，华北区奥陶纪地层可划分为1个二级层序、3个准二级层序。从一系列剖面上沉积相的变化情况来看，在横向上总体表现为由开始局部地方（淮北宿县一带）的海平面上升，渐渐扩大到两淮地区，在纵向上总体表现为海平面由渐渐上升到渐渐下降的过程，表现为缓慢的海平面上升到缓慢的海平面下降，为完整的二级海平面升降周期。表明准二级层序的界面可以作为建立地层格架的依据。晚寒武世晚期为暴露不整合，早奥陶世开始，盆地内地形不平整，盆地的凹陷部位沉积了少量潮坪-潟湖相韩家组白云岩，中奥陶世贾汪组开始表现为海侵上超层序不整合，底部有陆源碎屑沉积物的出现，向上海水加深，到马家沟组萧县段为开阔台地相沉积，往上马家沟组青龙山段为潮坪-潟湖相沉积，老虎山段为潟湖相沉积，表明海水渐渐下降的过程，显示为一个完整的二级海平面升降周期。上述表明除底部贾汪组出现少量碎屑岩外，其余均由碳酸盐岩组成。总体反映了属于稳定克拉通盆地的缓坡碳酸盐建造，反映出碳酸盐岩台地从发生→发育→成长→消亡的过程。在奥陶纪，华北地层区总体为一套海退序列，从南往北海水逐渐加深，沉积物厚度也明显增大。

（2）等时层序地层格架。奥陶纪各层序的次级组成单元的几何形态和相互关系见图1-11，早奥陶世与中奥陶世的差别较大，其中地层特征、沉积相标志前面已述，下面仅分别叙述地层格架特征。

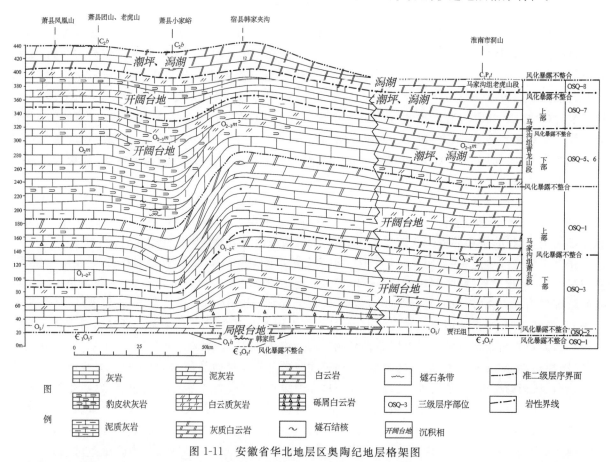

图1-11 安徽省华北地层区奥陶纪地层格架图

①早奥陶世韩家组地层格架。该地层格架底部界面为早奥陶世韩家组底界面，界面之上为早奥陶世韩家组及其相当层位沉积时期，由于晚寒武世晚期为暴露不整合，故早奥陶世开始盆地内地形不平整，仅在宿县一带的凹陷内沉积了韩家组，下段为灰黄色中厚层白云岩及紫灰色含泥质白云岩，厚12m，

含腕足类：*Lingulella* sp.，牙形刺：*Oneotodus nakamura*，含牙形石仅见于宿县夹沟一带韩家组，其中含头足类较少，以珠角石类和假直角石类为主，上段为灰黄色中薄层硅质条带白云岩夹竹叶状白云岩，厚8m。含头足类 *Cyrtovaginoceras* sp.，*Oderoceras* sp.，*Kaipingoceras* sp.，其层位与山东纸坊庄组中段及河北、东北南部的亮甲山组相当。

②中奥陶世贾汪组、萧县组及其相当层位地层格架。该地层格架底部界面为中奥陶世贾汪组底界面，界面之上中奥陶世及其相当层位沉积时期，根据贾汪组底部出现砾岩，表明该界面在华北与大区域情况是一致的。此界面在研究区的野外剖面上均有显示，主要表现为亮甲山组沉积结束之后，中国华北在地史上普遍发生了一次构造运动——"怀远运动"。此次运动使大部分地区上升成陆，遭受风化剥蚀，在华北大部分地区形成不整合，从而造成了贾汪组在不同地区超覆在不同时代地层之上。根据贾汪组的岩性变化，淮南市洞山、蚂蚁山剖面的岩性显示为页岩，而其他地方以白云岩为主，反映当时沉积盆地在淮南一带相对较深，其他地方较浅。马家沟组萧县段为开阔台地相沉积，下部为蓝灰色砾屑灰岩、微晶灰岩、砂屑灰岩、青灰色生物屑灰岩，表明海水一度加深；上部为灰黄色中厚层具平行层理、水平纹层微晶白云岩，从灰岩转为白云岩，表明海平面的下降，可以作为该层序的顶部界面。

③中奥陶世马家沟组、老虎山组及其相当层位地层格架。该地层格架底部界面为中奥陶世马家沟组底界面，界面之上中奥陶世马家沟组、老虎山组及其相当层位沉积时期，从淮南、淮北地区对比情况可以看出，南部的白云质相对较高，北部淮北一带马家沟组的钙质成分较低，反映出沉积盆地北部相对较深，南部相对较浅，因此格架内的地层展布方向为东西向。马家沟组为潮坪-潟湖相沉积，岩性为灰色、深灰色灰岩，豹皮状白云质灰岩、白云岩，表明海水渐渐变浅。向上为老虎山组，为潟湖相沉积，岩性为灰色中—厚层微晶白云岩、灰质白云岩夹微晶灰岩，表明海水深度经历了渐渐下降的过程。

3）石炭纪地层格架

(1)层序界面的等时性。从部分石炭纪代表性地层剖面的层序地层划分、对比中可以看出，华北地层区石炭纪地层可划分为1个二级层序、2个准二级层序，从一系列剖面上沉积相的变化情况来看，在纵向上总体表现为开始由淮北的海平面上升，渐渐扩大到淮南地区，又渐渐下降的过程，表现为一个完整的二级海平面升降周期，表明准二级层序的界面可以作为建立地层格架的依据。该层序底界为上古生界底界与奥陶系或寒武系之间的平行不整合面，为华北板块晚古生代第一期海侵的产物，即加里东古构造运动面。该期呈现西高东低、南高北低的古地理格局，海侵来自北东方向。以古风化面为层序边界，向南尖灭于奥陶系古风化壳之上，西部豫东一带超覆于寒武系之上，厚度呈东厚西薄、北厚南薄的趋势。由于海平面变化频繁，根据区域资料，徐州、淮北一带地层厚度大，灰岩层数多，厚度大、分布广，徐州地区最厚可达60余米，南部边界郑州—周口—蚌埠地区很薄，10余米甚至几米，基本全部为铝质泥岩，往上又以暴露不整合为主。在纵向上总体表现为海平面由上升转为下降的过程，为完整的二级海平面升降周期。

(2)等时层序地层格架。晚石炭世—早二叠世各层序的次级组成单元的几何形态和相互关系差别较大(图1-12)，其中地层特征、沉积相标志在前面已叙述过，故下面仅对晚石炭世本溪组、晚石炭世—早二叠世太原组及其相当层位的层序地层格架特征予以介绍。

该地层格架底部界面为晚石炭世本溪组底界面，底界面相当于Ⅰ型层序界面。晚石炭世与中奥陶世之间的界面，由于加里东运动使大部分地方隆起成陆，到晚石炭世开始沉积，在一些剖面上可以表现为风化暴露面，故该界面为升降侵蚀和暴露两个不整合面的重合面。本溪组由一套页岩、砂岩夹泥岩组成，或夹有煤线。其底部有一段含铁紫色页岩，为鸡窝状不规则的铁矿层(山西式铁矿)和铝土质页岩或铝土矿层(G层铝土矿层)，以含动物化石为主，并富含植物化石。以障壁-潟湖沉积为主，应为低水位的陆源碎屑岩体系；向上晚石炭世—早二叠世太原组为碳酸盐岩-陆源碎屑岩混合体系，为一套海陆交互相含煤沉积，主要由砂岩、页岩、砂质页岩、粉砂岩、灰岩、煤层所组成，太原组以灰岩的出现和灰岩的结束为主要特征。该组以含重要的可采煤层(一般位于下部)及多层灰岩和中—细粒石英砂岩为主要特征而区别于上、下组。本组灰岩发育，最多的地区多达13层，向北逐渐减少。煤层多达10余层，可采者

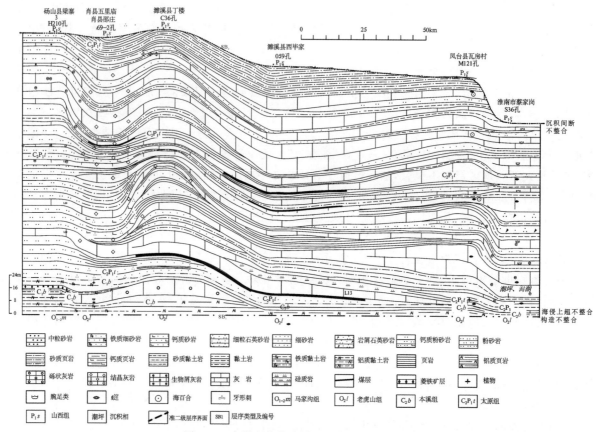

图 1-12 安徽省华北地层区石炭纪地层格架图

3~10 层,多以中厚层为主,厚煤层多发育于南部或北西部。本组厚度变化的总趋势是南厚北薄。该地层格架的顶界相当于太原西山北岔沟砂岩、豫西大占砂岩的底界。

4) 二叠纪地层格架

(1) 层序界面的等时性。层序地层格架是指盆地内各地层单元的几何形态和相互关系。由于二叠纪地层中早二叠世地层已归入石炭纪地层内叙述,这里从部分中晚二叠世代表性地层剖面的层序地层划分、对比中可以看出,华北地层区中、晚二叠世地层可划分为 1 个二级层序、3 个准二级层序。从一系列剖面上沉积相的变化情况来看,在纵向上总体表现为沉积盆地内水位渐渐变浅。晚石炭世至早二叠世太原组沉积之后,经过了风化暴露,中二叠世山西组以淮北的条带状砂岩和淮南的叶片状砂岩为底,砂岩底部表现为冲刷侵蚀不整合;中二叠世石盒子组以相当于骆驼脖子砂岩为底,砂岩底部表现为冲刷侵蚀不整合,中、晚二叠世石盒子组沉积之后,气候变为炎热、干旱,出现了红色碎屑岩;晚二叠世孙家沟组以 K8 或平顶山砂岩为底,砂岩底部表现为冲刷侵蚀不整合。上述叶片状砂岩、骆驼脖子砂岩、平顶山砂岩在区域上分布广泛、稳定,可作为准二级层序的界面建立地层格架的依据。

(2) 等时层序地层格架。二叠纪各层序的次级组成单元的几何形态和相互关系见图 1-13。中二叠世山西组—石盒子组—孙家沟组沉积时期在含煤情况、岩石颜色、岩石类型等方面存在一定的差别,下面对各单元地层格架特征分别叙述。

① 山西组、石盒子组地层格架。该地层格架底部界面为中二叠世山西组,底界面属于Ⅱ型冲刷侵蚀不整合界面。界面之上为中二叠世山西组沉积时期,安徽北部沉积环境渐渐变浅,格架内的地层展布方向为南东东向。据山西组岩性特征可以分为两部分:下部以灰色、深灰色泥岩,粉砂质泥岩,粉砂岩为主,夹灰色、灰白色薄层细至中粒砂岩,有时呈互层,形成条带状构造,泥岩、粉砂岩中一般含有菱铁质结核(或鲕粒),夹有 C、D 两个煤组(即淮南 1 号、3 号煤组,淮北 10 号、11 号煤组),含煤 2~3 层,石炭系、二叠系最高层位可采煤层之上的中—粗粒石英砂岩之底为山西组的底界,一般为一层厚 10m 左右的灰

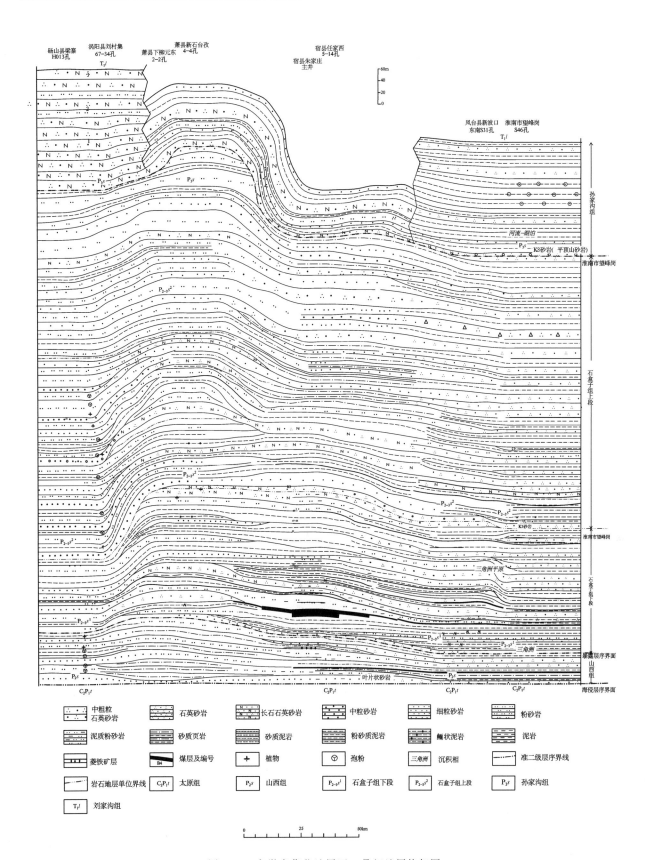

图 1-13 安徽省华北地层区二叠纪地层格架图

色、灰白色薄层细至中粒长石石英砂岩或石英砂岩（相当于山西太原西山北岔沟砂岩、豫西大占砂岩），底部含细砾。上部一般为灰色、浅灰色、灰白色中粒砂岩，石英砂岩，夹灰绿色、深灰色薄层粉砂岩，泥岩，有时呈互层，以砂岩为主，均不含煤。淮南一带厚 52~87m，一般厚 60~70m。淮北一带厚 31~140m，一般厚 60~70m，本组含植物化石。底界面淮北为条带状砂岩底界，淮南的为叶片状砂岩底界（相当于山西太原西山北岔沟砂岩），顶界为相当于山西太原西山骆驼脖子砂岩，河南称田家沟砂岩或其相当层位的底界。时限相当于早二叠世隆林期。该层序属于盆地转换层序，即由陆表海盆地向近海内陆盆地转换的层序，随着海水逐渐向东南方向退出，浅水三角洲沉积体系范围扩张，海洋沉积体系不断萎缩。由图 1-13 南北向剖面图可见，从山西组横向上的岩性展布特征来看，在南部的淮南一带下部以泥岩为主夹少量砂岩，而淮北一带下部为砂岩、泥岩互层；从纵向上来看，自下而上沉积物粒度由细变粗，泥质成分减少，砂质成分增高，由含煤到不含煤，岩石颜色由深变浅，下部以水平层理、微波状层理为主，向上变为斜层理、波状层理，表明沉积盆地的水渐渐变浅，三角洲相则成为最主要的沉积相。

②中—晚二叠世石盒子组地层格架。该地层格架底部界面为中—晚二叠世石盒子组底界面，底界面属于Ⅱ型冲刷侵蚀不整合界面。界面之上为中—晚二叠世石盒子组沉积时期，相当于两淮一带的石盒子组及区域上相应层位。据岩性特征石盒子组可以分为两段：下段底部为含砾长石石英砂岩（相当于骆驼脖子砂岩），下部泥岩、页岩夹砂岩，上部细砂岩、泥岩、砂岩互层。淮南一带厚 139~305m，淮北一带厚 191~265m；上段底部为长石石英砂岩（相当于 K3 砂岩），下部泥岩夹砂岩，中部砂岩夹泥岩，上部砂岩、泥岩、花斑状泥岩。淮南一带厚 150~637m，淮北一带厚 376~506m。本组自北向南泥质成分渐渐减少，砂质成分渐渐增高，煤层增多、增厚，可采煤层层位渐渐抬高，淮北煤的可采厚度为 7~19m，淮南煤的可采厚度达 24m；淮北含 1~3 个煤组 2~14 层煤；淮南含 8 个煤组 18~21 层煤。本组含植物化石。该组上部在淮南 O1、O2 煤层上下普遍夹 1~3 层燧石层，表明本区一度有海侵，可作为最大海泛面。沉积环境表现为渐渐变深，然后又渐渐变浅，格架内的地层展布方向为南东东向。由于陆地渐渐上升，海侵对研究区的影响逐渐减小，研究区以三角洲沉积为主，出现河流沉积。该层序属于近海内陆盆地层序，上部在淮北未见燧石层，表明随着海水逐渐向东南方向退出，浅水三角洲沉积范围渐渐扩大，海洋沉积范围不断萎缩，陆表海突发性海侵对沉积物的影响已减弱，取而代之的是构造活动和物源的影响。

③晚二叠世孙家沟组地层格架。该地层格架底部界面在本区为晚二叠世孙家沟组底界面，底界面属于Ⅱ型冲刷侵蚀不整合界面。界面之上为晚二叠世至早三叠世孙家沟组、刘家沟组、和尚沟组的沉积时期，相当于两淮一带的孙家沟组、刘家沟组、和尚沟组及区域上相应层位。据岩性特征，孙家沟组底部为中粗粒含砾长石石英砂岩（相当于 K8 或平顶山砂岩），孙家沟组可以分为两部分：下部以紫红色、灰色中粗粒长石石英砂岩或砂岩、粉砂岩为主，夹紫红色泥岩，底部发育一层厚约 10m 的灰色中至粗粒、局部巨粒砂岩或长石石英砂岩，有时含砾或砂砾岩（相当于河南平顶山砂岩）。上部以紫红色泥岩为主，夹粉砂岩、砂岩、泥岩，有时呈互层，富含钙质结核，局部夹薄层石膏层。淮北一带厚 13~215m，淮南一带厚 114~400m。自北向南有增厚的趋势，砂质成分减少，泥质成分增加，淮南一带以粉砂岩、泥岩互层为特征。本组含孢粉化石。格架内的地层展布方向为南东东向。由于陆地渐渐上升，海侵对研究区已经没有影响，研究区以河流沉积为主。该层序属于内陆盆地层序。上述特征表明，当时沉积盆地在淮北一带相对较浅，淮南一带相对较深。属于陆源沉积类型，底部为 K8 砂岩之底、平顶山砂岩，底界面属于Ⅱ型冲刷侵蚀不整合层序界面。由于全球海平面下降，海水全部退出研究区，从而演化为大型内陆湖泊盆地，发育河流-湖泊沉积体系。由于气候干旱，沉积了一套不含煤的红色碎屑岩，动植物化石稀少。南华北形成多个湖泊型向上变细准层序旋回。

**2. 扬子地层区**

1）寒武纪地层格架

(1) 层序界面的等时性。层序地层格架是指盆地内各地层单元的几何形态和相互关系。从部分寒武纪代表性地层剖面的层序地层划分、对比中可以看出，扬子区寒武纪地层可划分为 1 个二级层序、3

个准二级层序。从一系列剖面上沉积相的变化情况来看,在纵向上总体表现为由海平面上升转为下降的过程,为完整的二级海平面升降周期,表明准二级层序的界面可以作为建立地层格架的依据。早寒武世开始为暴露不整合、海侵上超层序不整合,大陈岭组沉积时由于同沉积断裂的出现,导致盆地内出现了重力流沉积,碳酸盐岩台地转为升隆侵蚀、冲刷侵蚀不整合;团山组沉积时期由于同沉积断裂的进一步活动,导致盆地边缘发育了重力流沉积,碳酸盐岩台地转为升隆侵蚀、冲刷侵蚀不整合;晚寒武世以后又以暴露不整合为主,在碳酸盐岩台地上表现较为明显,而盆地内呈现连续沉积。

(2)等时层序地层格架。寒武纪各层序的次级组成单元的几何形态和相互关系早、晚寒武世的差别较大(图1-14),其中地层特征、沉积相标志在前文已有介绍,下面仅对地层格架特征分别叙述。

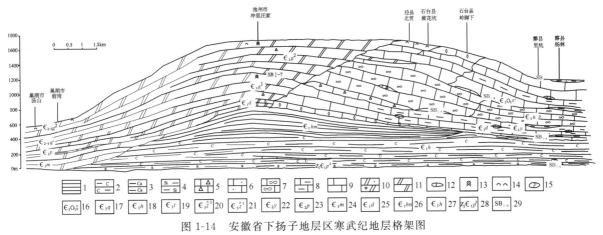

图 1-14 安徽省下扬子地层区寒武纪地层格架图

1.页岩;2.含碳质、碳质页岩;3.钙质页岩;4.硅质页岩、硅质岩;5.砾屑灰岩;6.砂屑灰岩;7.条带状灰岩;8.泥质灰岩;9.灰岩;10.砂屑白云岩、砾屑白云岩;11.白云岩;12.灰岩透镜体;13.叠层石;14.古溶蚀面;15.磷结核;16.晚寒武世—早奥陶世西阳山组;17.晚寒武世青坑组;18.晚寒武世华严寺组;19.中晚寒武世团山组;20.中晚寒武世观音台组上段;21.中晚寒武世观音台组下段;22.中寒武世杨柳岗组;23.中寒武世炮台山组;24.早寒武世幕府山组;25.早寒武世大陈岭组

①早寒武世荷塘组、黄柏岭组地层格架。该地层格架底部界面为早寒武世与震旦系之间的年代界面,超覆在震旦系不同岩性的岩石地层单位之上,界面之下在南京—滁州一带为晚震旦世灯影组浅灰色白云岩,属潮坪、潟湖相的碳酸盐岩台地沉积,顶面往往呈喀斯特状;在东至查栅桥—贵池高坦—青阳青坑一线以南为晚震旦世—早寒武世皮园村组厚层硅质岩;在休宁一带的皮园村组厚层硅质岩中发现了叠层石、石膏假晶、风暴岩,反映这一带海水不是很深,风暴浪还能波及,环境有些闭塞;在沿望江—铜陵—上海昆山很可能为台地边缘相沉积。界面之上早寒武世荷塘组、黄柏岭组的沉积时期,安徽南部沉积环境较深,均为盆地、陆棚沉积,早期表现为较为均一的盆地沉积,盆地内荷塘组灰黑色薄层具水平纹层硅质岩、碳质页岩夹含磷结核、石煤层沉积;中期依然为黑色碳质页岩,往北西方向中部灰岩夹层增多;晚期表现为北西侧高、南东侧低的平缓沉积盆地,西北侧渐渐变浅,东至—石台—泾县一线西北侧上部变为黄柏岭组黄绿色页岩、钙质页岩。

②早寒武世大陈岭组、中寒武世杨柳岗组地层格架。该地层格架底部界面为早寒武世大陈岭组底界面,界面之上为早寒武世大陈岭组、中寒武世杨柳岗组沉积时期,本区沉积环境渐渐变浅,为大陈岭组、杨柳岗组的深灰色具水平纹层微晶灰岩、含泥炭质灰岩夹薄层或透镜状微晶灰岩,自南东向北西方向依次为陆棚相、陆棚内缘相、台地边缘斜坡相、浅滩相沉积,表现为北西侧高、南东侧低的平缓沉积盆地。在南东侧黟县、黄山市一带的陆棚内夹碳质页岩沉积,在东至洪方一带的陆棚内缘相沉积还夹1~2层10~30cm厚的透镜状砾屑灰岩,具滑塌构造,应属陆棚内缘相沉积。在东至—石台—泾县一线西北侧的青阳县青坑、东至县花山、潘冲等地的大陈岭组为灰色条带状灰岩,应属台地边缘下斜坡相沉积。向上的杨柳岗组在东南侧黟县里坑含较多的碳质、泥质,在东至—石台—泾县一线的泾县北贡、青阳县青坑等剖面均夹条带状灰岩,一方面反映了向上渐渐变浅,另一方面反映了沉积盆地依然南东深、北西

浅;稍向北西的东至建新—贵池斋岭一带为早寒武世大陈岭组条带白云岩、斋岭组下部浅滩相的灰白色砂屑白云岩。须指出,宿松西还发现炮台山组砂屑白云岩直接与南侧的黄柏岭组黄绿色页岩相接触,这就进一步肯定了向北西方向变浅。

③中、晚寒武世团山组、晚寒武世青坑组及其相当层位地层格架。该地层格架底部界面为中、晚寒武世团山组底界面,界面之上为中、晚寒武世团山组、晚寒武世青坑组及其相当层位沉积时期,本区沉积环境渐渐变浅,南东向北西方向依次为陆棚内缘相、台地边缘斜坡相、开阔台地相、浅滩相沉积,表现为北西侧高、南东侧低的平缓沉积盆地。该格架底界面在江南地层分区为华严寺组底界面,界面之上盆地内为华严寺组条带状灰岩,西阳山组含灰岩透镜体泥质灰岩、泥质灰岩夹钙质页岩;而在东至—石台—泾县一线西北侧界面之上为团山组灰色薄层条带状灰岩夹砾屑灰岩,尤其底部砾屑灰岩的厚度较大,分布较普遍,砾屑灰岩中砾屑大小不等,其中以东至半边街一带较为特征,砾屑最大可见 90cm×110cm,无分选性和粒序性,砾屑成分主要为砂屑灰岩、鲕粒灰岩。向北西的青阳县青坑一带团山组内所夹砾屑灰岩中砾石大多为板条状泥晶灰岩,有些砾屑还彼此相连;上面的青坑组渐渐出现具疙瘩状、网纹状厚层灰岩,厚层条带状灰岩。稍向北西的东至建新—贵池斋岭一带为斋岭组上部浅滩相的灰白色砂屑白云岩,而宿松—巢湖一带该底界相当于观音台组(原山凹丁群)潮坪相泥晶、微晶白云岩的底界,底部见 0.23m 厚的砂、砾岩,其中还见不少石英砂,砾屑为微晶白云岩,原山凹丁群上段顶面出现喀斯特溶蚀、帐篷构造、硅质风化壳,在硅质团块中见正延性玉髓等暴露标志。

2)奥陶纪地层格架

(1)层序界面的等时性。从部分奥陶纪代表性地层剖面的层序地层划分、对比中可以看出,下扬子地层分区奥陶纪地层可划分为 1 个二级层序、4 个准二级层序,从一系列剖面上沉积相的变化情况来看,在纵向上总体表现为海平面渐渐上升的过程,后期表现为快速海平面下降,为完整的二级海平面升降周期。表明准二级层序的界面可以作为建立地层格架的依据。早奥陶世开始为暴露不整合、海侵上超层序不整合,中奥陶世东至组沉积时由于海平面上升,导致盆地内出现了大量台盆相的瘤状灰岩沉积,牯牛潭组之后海平面再度上升,碳酸盐岩台地又下沉,大部分地区沉积了台盆相的瘤状灰岩,在台地内部分地段内沉积了庙坡组黑色页岩;汤头组沉积之后,海平面再次上升,沉积了五峰组硅质页岩。

(2)等时层序地层格架。奥陶纪各层序的次级组成单元的几何形态和相互关系,早、中奥陶世与晚奥陶世的差别较大(图 1-15),其中地层特征、沉积相标志在前面已述,下面仅介绍地层格架特征。

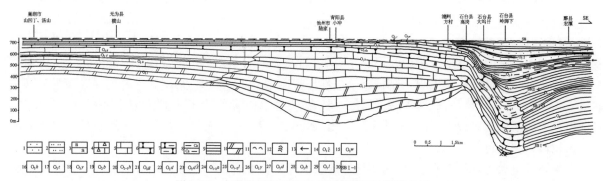

图 1-15 安徽省下扬子地层分区奥陶纪地层格架图

1.砂岩;2.粉砂岩;3.硅质页岩;4.砂屑灰岩;5.灰岩;6.瘤状灰岩;7.瘤状泥质灰岩;8.钙质页岩;9.页岩;10.白云岩;11.古溶蚀面;12.藻叠层石;13.晚奥陶世钱塘江期的升隆;14.晚奥陶世长坞组;15.晚奥陶世五峰组;16.晚奥陶世芜泥岗组;17.晚奥陶世汤头组;18.晚奥陶世砚瓦山组;19.晚奥陶世宝塔组;20.中奥陶世胡乐组;21.中奥陶世牯牛潭组;22.大湾组;23.东至组;24.早中奥陶世宁国组;25.早中奥陶世里山阡组;26.早奥陶世印诸埠组;27.早奥陶世大坞阡组;28.早奥陶世红花园组;29.早奥陶世仑山组;30.层序类型及编号

①印诸埠组及其相当层位地层格架。该地层格架底部界面为早奥陶世印诸埠组底界面,界面之上早奥陶世印诸埠组及其相当层位沉积时期,本区沉积环境渐渐变浅,自南东向北西方向依次为陆棚、台

地边缘斜坡相、浅滩相沉积,表现为北西侧高、南东侧低的较平缓的沉积盆地。格架内的地层展布方向为北东东向,东南部为江南地层分区印诸埠组,底界界面之下为西阳山组陆棚内缘相的深灰色含碳质页岩、钙质页岩,宁国市胡乐、虹龙一带在界面下 5~30cm 处见笔石 *Dictyonema*,*Stourogyaptus*,*Anisograptus*,表明在新厂期内,界面之上印诸埠组陆棚相灰绿色具水平纹层页岩、钙质页岩,其中有时具灰岩瘤体;下扬子地层分区南缘过渡带的石台六都一带,界面之上为大坞圩组陆棚内缘相的瘤状泥质灰岩夹钙质浊积岩,底部见两层厚分别为80、150cm 的砾屑灰岩,而稍向北西的东至建新—贵池斋岭一带界面之上为仑山组潮坪、潟湖、浅滩相的白云岩和红花园组的开阔台地、浅滩、潮坪、潟湖相灰岩,靠近过渡带的东至县—泾县一带往往出现叠层石礁、藻丘。

②中奥陶世东至组、牯牛潭组及其相当层位地层格架。该地层格架底部界面为中奥陶世东至组底界面,界面之上中奥陶世东至组、牯牛潭组及其相当层位沉积时期,本区沉积环境渐渐变深,开始由南东向北西方向依次为陆棚相、台地边缘斜坡相、浅滩相沉积,表现为北西侧高、南东侧低的较平缓的沉积盆地;后来由南东向北西方向依次为盆地、陆棚、台地边缘斜坡相、浅滩相沉积,表现为北西侧高、南东侧低的较平缓的沉积盆地。格架内的地层展布方向为北东东向,本区东南侧开始为江南地层分区宁国组灰绿色含笔石页岩,含笔石 *Tetragraptus bigsbyi*,*Azygograptus suecicus* 等,界面之下的印诸埠组顶部往往见 1~3m 厚的泥质瘤状灰岩,表明海水一度变浅。在下扬子地层分区边缘过渡带,在靠近江南地层分区的石台县岭脚下剖面中下部以青灰色含白云质岩屑粉砂岩夹薄层瘤状微晶灰岩为主,上部为灰白色中厚—厚层含海百合茎、海胆、双壳类等生物屑瘤状微晶灰岩,在靠近下扬子地层分区的石台六都一带,界面之上石台县里山圩、大坞圩剖面上里山圩组为台地斜坡相的瘤状泥质灰岩、条带状灰岩,含笔石 *Tetragraptus* cf. *bigsbyi*,腕足类 *Sinorthis*,三叶虫 *Taihungshania*,向南西石台县横船渡南在里山圩组底部见砾屑灰岩;而向北 10km 的贵池曹村—石台县丁香树一带界面之下均为红花园组浅滩相生物屑灰岩、鲕粒灰岩,含头足类 *Hopeioceras*,*Coreanoceras*,腕足类 *Tritoechia*。界面之上为东至组台凹相的紫红色瘤状灰岩,向上为牯牛潭组的台地边缘斜坡相的条带状灰岩。而唯泾县北贡下部出现近似大湾组岩性的开阔台地相的灰黄色灰岩,黄绿色页岩,含腕足类 *Sinorthis*,*Orthis*,*Mimella*,*Tritoechia*,*Yangtzeella*,*Pauorthis*。从生物化石来看,上述层位均能对比。泾县北贡一带出现了岩性变化,表明当时海底地形不平整,在沉积盆地的不同沉积部位,生物群门类上也存在明显的变化。

③晚奥陶世宝塔组、汤头组及其相当层位地层格架。该地层格架底部界面为晚奥陶世宝塔组底界面,界面之上晚奥陶世宝塔组、汤头组及其相当层位沉积时期,本区沉积环境从开始较深,渐渐转为变浅,开始由南东向北西方向依次为盆地相、台凹相沉积,表现为北西侧高、南东侧低的较平缓的沉积盆地。格架内的地层展布方向为北东东向。本区北西侧为下扬子地层分区的晚奥陶世宝塔组、汤头组台凹相沉积,仅本区北侧的和县一带出现庙坡组黑色页岩,含笔石 *Orthograptus whitfieldi*,*Glyptograptus* cf. *teretiusculus* var. *kansuensis*,表明在台凹相中出现海底凹坑;东南侧江南地层分区变化较大,开始为中晚奥陶世胡乐组上部黑色硅质页岩,含笔石 *Glosograptus hincksii*,与胡乐组下部所含笔石 *Didymograptus murchisoni*,*Pterograptus elegans* 的面貌完全不同,生物群上表现为突变,故之间为隐蔽不整合。上面为砚瓦山组台凹相瘤状灰岩,最后为黄泥岗组陆棚相黄绿色页岩,页岩内有时见灰岩透镜体,含三叶虫 *Nankinolithus*。在庐江、宿松、太湖等地为灰绿色页岩,均含介形虫 *Euprimitia sinensis*,其上为宝塔组瘤状泥质灰岩,含头足类 *Lituites*,牙形刺 *Prioniodus variabilis*;上面为汤头组瘤状泥质灰岩,而在宿松龙山一带仅顶部见 15cm 厚的瘤状灰岩,之下均为灰绿色页岩,含三叶虫 *Nankinolithus*,*Hammatocnemis*。

④晚奥陶世长坞组及其相当层位地层格架。该地层格架底部界面为晚奥陶世长坞组底界面,界面之上早志留世高家边组及其相当层位沉积时期,格架内的地层展布方向为北东东向,本区西北部由下面格架的碳酸盐沉积环境转变为该格架的陆源碎屑沉积环境,东南部由黄泥岗组的黏土岩变为长坞组下部出现较多的粉砂质,粉砂绝大部分由中酸性火山岩岩屑组成,而且粒度渐渐变粗,由远源浊流沉积变为近源浊流沉积,本区由南东向北西方向依次为盆地、陆棚潟湖相沉积,表现为北西侧高、南东侧低的厚

度变化较大的沉积盆地。界面之上江南地层分区为长坞组陆棚相、盆地相的砂页岩浊流沉积,含笔石 *Dicellograptus szechuanensis*,下扬子地层分区边缘的石台六都一带,界面之上为长坞组,向北 10km,界面之上均为厚 0.8～21m 的黑色含碳硅质页岩、页岩、硅质岩,为下扬子地层分区晚奥陶世五峰组陆棚潟湖相沉积,贵池姚街一带底部夹一薄层晶屑沉凝灰岩,含笔石 *Dicellograptus szechuanensis*,界面之上的相变线已向北推移 10km 以上,故在石台六都一带出现江南地层分区的长坞组与之下的扬子地层分区的汤头组相接触。

3)志留纪地层格架

(1)层序界面的等时性。从下扬子区志留纪层序地层格架(图 1-16)及部分志留纪代表性地层剖面的层序地层划分、对比中可以看出,扬子地层区志留纪地层可划分为 1 个二级层序、2 个准二级层序,从一系列剖面上沉积相的变化情况来看,在纵向上总体表现为由海平面快速上升到渐渐下降的过程,与晚奥陶世钱塘江期地层组成 1 个二级海平面升降周期。表明准二级层序的界面及笔石 *Pristiograptus*

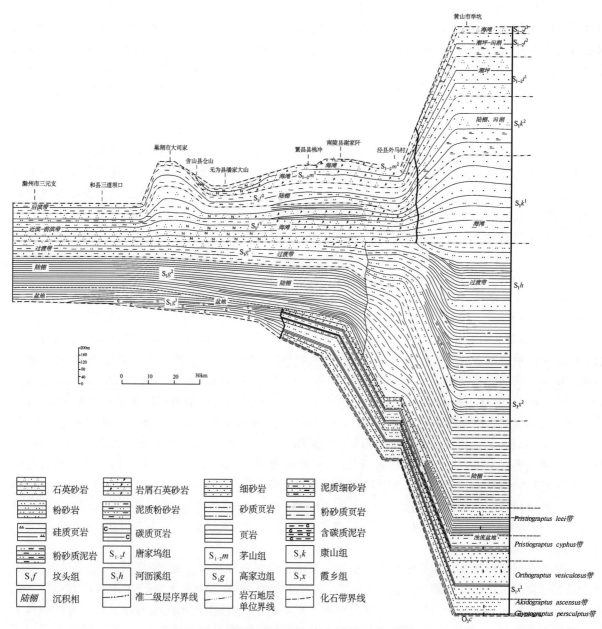

图 1-16 安徽省下扬子地层分区志留纪地层格架图

leei、双壳类 *Modiolopsis* 化石的广泛分布，可以作为建立地层格架的依据。早志留世开始为水下隐蔽不整合，高家边组沉积时由于海平面上升，导致盆地内出现了以含笔石 *Pristiograptus leei* 带页岩为代表的凝缩层沉积，之后海平面渐渐下降，至坟头组上部再度上升，不少地方出现了含胶磷矿的页岩、泥质粉砂岩沉积。之后，海平面又渐渐下降，沉积了茅山组或唐家坞组的砂页岩。

(2) 等时层序地层格架。志留纪各层序的次级组成单元的几何形态和相互关系，下志留统下部与下志留统上部的差别较大，其中地层特征、沉积相标志在前面已叙述过，下面分别介绍地层格架特征。

①霞乡组、河沥溪组及其相当层位地层格架。该地层格架底部界面为早志留世霞乡组底界面，界面之上早志留世霞乡组、河沥溪组及其相当层位沉积时期，本区沉积环境经历了由浅变深又渐渐变浅的过程。格架内的地层展布方向为北东东向，东南部为江南地层分区，自下而上依次为：开始仅仅在南部出现霞乡组下部的低水位陆源碎屑岩浊流沉积，包括笔石 *Akidograptus ascensus-Coronograptus cyphus* 带，时限为龙马溪期早中时段。霞乡组上部为陆棚相页岩，河沥溪组为滨岸相砂页岩沉积；西北部为下扬子地层分区，自下而上依次为高家边组上部的陆棚相页岩、坟头组下部的滨岸相砂页岩沉积；沉积厚度上表现为南东侧厚、北西侧薄的不对称沉积盆地，反映了陆源碎屑来自东南部供给。

②早志留世康山组、早中志留世唐家坞组及其相当层位地层格架。该地层格架底部界面为早志留世康山组底界面，界面之上早志留世康山组、早中志留世唐家坞组及其相当层位沉积时期，本区沉积环境由浅变深又渐渐变浅。格架内的地层展布方向为北东东向，东南部为江南地层分区，自下而上依次为：康山组下部的过渡带→陆棚→近滨带→陆棚→过渡带沉积。海水由浅变深又变浅，出现2个反复。唐家坞组由前滨带→近滨带→陆棚→近滨带→前滨带→浅滩→潮坪→潟湖→浅滩演变，海水由浅变深又变浅，为1个较完整海平面变化过程。西北部为下扬子地层分区，自下而上依次为坟头组中上部的过渡带→陆棚沉积。茅山组沉积环境经历了近滨带→陆棚→近滨带→陆棚→近滨带→前滨带的变化过程。沉积厚度上表现为南东侧厚、北西侧薄的不对称沉积盆地，反映了陆源碎屑来自东南部供给。

4) 泥盆纪地层格架

(1) 层序界面的等时性。安徽省泥盆纪地层仅在扬子区出现晚泥盆世沉积，为近岸的陆源碎屑沉积环境，生物化石有植物、叶肢介、双壳类、腹足类、鱼类5个门类，其中植物化石较为丰富，分布较为广泛，局部地区早期含双壳类，晚含叶肢介、鱼类及腹足类化石。由于上述化石门类难以作为区域意义的生物地层单位，所以这里的地层格架主体是岩石地层格架。从本区泥盆纪代表性地层剖面的地层划分、对比中可以看出，扬子地层区泥盆纪地层可划分为1个准二级层序。从剖面上沉积相的变化情况来看，在纵向上总体表现为河流、滨岸沼泽沉积1个准二级层序。准二级层序的底界在区域上分布广泛，普遍与下伏的早中志留世茅山组或唐家坞组呈平行不整合接触，局部地区与早志留世坟头组呈平行不整合接触。顶界陆续在黄山市刘家剖面、巢湖市狮子口剖面见到风化暴露面，这两个界面可以作为建立地层格架的依据。

晚泥盆世开始为升隆剥蚀不整合，观山组沉积前由于海平面下降，区域上经过较为长期的升隆剥蚀作用，由于受到波浪、河流的双重影响，导致观山组为一套以石英砂岩为主的沉积物，以含山县鼓山剖面为代表的含植物 *Sublepidodendron wusihense* 和双壳类 *Sanguinolites* sp. 沉积地层为代表性凝缩层沉积，之后海平面渐渐下降，至擂鼓台组沉积晚期再度上升，在巢湖市不少地方出现了黏土矿，在含山县方山剖面见到植物 *Lepidostrobus grabaui*，*Hamatophyton verticillatum*，表明其时代为晚泥盆世。

(2) 等时层序地层格架。晚泥盆世层序的次级组成单元的几何形态和相互关系见图1-17，岩性上总体变化不大，下部以石英砂岩为主，夹粉砂岩、粉砂质泥岩；上部为石英砂岩与粉砂岩、泥岩互层，局部地区夹黏土岩、煤层、赤铁矿层，具平行层理、微波状层理、水平纹层、根土岩、雨痕。主体为近岸河流、三角洲、滨岸沼泽沉积，石英砂岩与粉砂岩相间总体组成由粗到细的半韵律，石英砂岩中单向斜层理发育，反映为河流相沉积，而据江苏省孔山、观山剖面研究，中间有时出现的黏土岩部分层中 Sr/Ba 比值大于 0.8，B含量的变化范围在 $(80\sim120)\times10^{-6}$ 之间，反映有时出现半咸水沉积，表明区内时常有海侵影响。由此这些黏土岩层可以作为相当凝缩段对比。

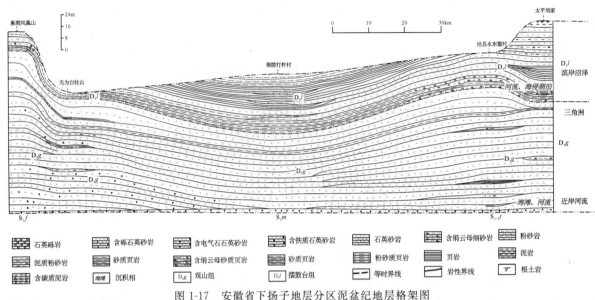

图 1-17 安徽省下扬子地层分区泥盆纪地层格架图

观山组、擂鼓台组岩石地层格架底部界面为晚泥盆世观山组底界面,界面之上为晚泥盆世观山组、擂鼓台组沉积时期,区内沉积环境总体较浅,大致有 4 次由浅变深又渐渐变浅的过程。格架内的地层展布方向为北东东向,原来在早古生代时东南部的江南地层分区,由于受到加里东运动的影响,与下扬子地层分区融为一个整体,而统称为下扬子地层分区。底部的石英质砾岩的砾石磨圆度好,在区内广泛分布,底部砾石含量自下而上逐渐减少,在区域上的变化总体东部砾岩厚,砾石含量多,西部砾岩薄,砾石含量少。砾岩层数也有变化,在巢湖市北部有的达 4 层。自下而上依次为:开始为观山组底部的低水位陆源碎屑岩沉积。上面的观山组与擂鼓台组分界,一般根据石英砂岩的单层厚度变薄,粉砂岩明显增多而定。

5)石炭纪地层格架

(1)层序界面的等时性。从部分早石炭世—早二叠世代表性地层剖面的层序地层划分、对比中可以看出,其界面性质在纵向上的演化为:早石炭世开始为暴露不整合、海侵上超层序不整合,向上由于同沉积断裂的出现,导致出现了转为升隆侵蚀、冲刷侵蚀不整合,晚石炭世以后又以暴露不整合、海侵上超层序不整合为主。早石炭世以海平面上升为主;晚石炭世表现为海平面由上升快速转为下降,海平面下降的标志明显,而海平面上升标志不明显。在纵向上总体表现为由海平面上升转为下降的过程,为完整的二级海平面升降周期。

(2)等时层序地层格架。石炭纪各层序的次级组成单元的几何形态和相互关系(图 1-18)早、晚石炭世的差别较大,其中地层特征、沉积相标志在前面部分已叙述过,下面仅对早石炭世陈家边组、金陵组、高骊山组及其相当层位地层,早石炭世和州组及其相当层位地层,晚石炭世黄龙组,晚石炭世—早二叠世船山组的层序格架特征予以分别介绍。

①陈家边组、金陵组、高骊山组及其相当层位地层格架。该地层格架底部界面为早石炭世陈家边组底界面,底界面相当于Ⅰ型层序界面。早石炭世与前石炭纪之间的年代界面,在下扬子地区以往被认为系连续沉积,在黄山市刘家剖面上发现了风化暴露剥蚀面,在铜陵大倪村剖面上见到微角度不整合界面,因此该界面应为一时间间断界面。说明在泥盆纪末,加里东期克拉通化,加里东晚期大部分地方隆起成陆,本区晚古生代初转为拉张。经过泥盆纪沉积之后,本区一度隆起,由于本区处在陆地边缘,故在一些剖面上可以表现为风化暴露面或微角度不整合,在岩关早期陆地边缘出现河口湾相或滨海沼泽相沉积,应为低水位的陆源碎屑岩体系;向上为早石炭世岩关早期与岩关晚期之间的年代界面,在下扬子地区以往被认为是连续沉积,通过本次工作,在黄山市刘家剖面上发现了海侵上超层序不整合,上面为

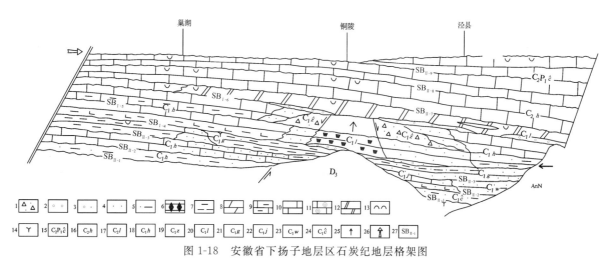

图 1-18 安徽省下扬子地层区石炭纪地层格架图

1.岩屑角砾岩;2.石英质砾岩;3.铁质石英质砾岩;4.砂石;5.砂岩、页岩;6.赤铁矿层;7.泥岩;8.泥灰岩;9.泥质灰岩;10.灰岩;11.藻球灰岩;12.白云岩;13.古溶蚀面;14.古暴露面;15.晚石炭世—早二叠世船山组;16.晚石炭世黄龙组;17.晚石炭世老虎洞组;18.早石炭世和州组;19.早石炭世浙西组;20.早石炭世榔桥组;21.早石炭世高骊山组;22.早石炭世金陵组;23.早石炭世王胡村组;24.早石炭世陈家边组;25.早石炭世德坞早期末的升隆;26.晚石炭世逍遥期末的升隆;27.层序类型及编号

碳酸盐岩-陆源碎屑岩混合体系,岩关晚期海进时出现碳酸盐岩沉积,由于陆源碎屑供给量的差别,在各地沉积物的面貌不同,有的地方以碎屑岩为主,为海滩相沉积;有的地方以碳酸盐岩为主,为开阔台地相沉积;有的地方碎屑岩与碳酸盐岩相间,出现混合类型的沉积。所出现的生物群貌反映出本区为广海型沉积;向上的大塘期为陆源碎屑的河口湾、海岸沼泽平原、海沼沙岭相的三角洲沉积,为高水位期呈进积结构的陆源碎屑岩体系;在大塘末期,本区一度隆起,从一些剖面上可以看到风化暴露面。

②和州组及其相当层位地层格架。该地层格架底部界面为早石炭世和州组底界面,底界面相当于Ⅰ型层序界面,为早石炭世大塘期与早石炭世德坞早期之间的年代界面,在下扬子地区普遍认为是平行不整合接触。在泾县浙溪剖面、泾县朱家崂剖面上及在高骊山组的风化暴露剥蚀面之上,沉积了德坞期不同岩性、岩相的沉积物,在黄山市刘家剖面上见老虎洞组石英质砾岩直接盖在高骊山组之上。尤其在泾县浙溪剖面上见到榔桥岩楔的铁质石英质砾岩,以及在铜陵地区许多地方找到了铁质石英质砾岩。而铁质石英质砾岩之上在不同的地方出现了不同的沉积物,如铜陵马家该铁质石英质砾岩可以认为是低水位楔,因此该界面为Ⅰ型层序界面。可以认为,德坞早期在开始部分地方出现风化剥蚀的陆源碎屑河流相沉积,以后在海侵的初始阶段形成一套铁质胶结的石英质砾岩或铁锰质胶结的石英质砾岩,上面在有的地方还见到豆状赤铁矿层(如铜陵马家),盆地边缘砾岩上面为砂岩、粉砂岩沉积,而盆地内巢湖一带为钙质泥岩、碳酸盐岩沉积,因此该界面为一时间间断界面。在铁质石英质砾岩之上出现了浙溪岩楔的岩屑砾岩,同时在铜陵地区许多地方发现了岩屑砾岩,而且在岩屑砾岩之下出现了铁质石英质砾岩,不少岩屑砾岩中见铁质石英质砾岩的砾石、铁质岩的砾石,表明在岩屑砾岩沉积过程中,曾经过剧烈的风化剥蚀作用,故该岩屑砾岩可以认为是低水位楔,表明在德坞晚期初,本区一度隆起,在铜陵市、繁昌县、南陵县一带出现了以北西向为主的同沉积断裂,呈现隆、坳相间的地形。由于各地剥蚀程度不一,有的地方早石炭世沉积已全部剥蚀完;有的地方早石炭世德坞期沉积已剥蚀完,大塘期顶部的沉积已不存在;有的地方早石炭世沉积已快剥蚀完,仅残留岩关早期的沉积。在陡峭的地形旁侧出现了冲积扇沉积,在海盆内为碳酸盐沉积,而在海湾内为微晶灰岩的潟湖相沉积,盆地中为泥质灰岩、灰岩的缓坡相沉积。

③老虎洞组、黄龙组地层格架。该地层格架底部界面为晚石炭世老虎洞组底界面,底界面相当于Ⅰ型层序界面,为早石炭世德坞晚期与晚石炭世罗苏期之间的年代界面,以往在下扬子地区普遍认为属于一个重要的界面。早石炭世末,东至—安庆—宣州一带隆起成陆,因受北西向、北东东向同沉积断裂的

影响,经过进一步的风化剥蚀后,早石炭世地层在各地残留状态不一,起初在陆地内出现河流相沉积,之后在海侵的初始阶段形成一套硅质胶结的石英质砾岩。该石英质砾岩分布在德坞晚期风化剥蚀之后,地形相对较高部位的两侧,在地形相对较高部位,随着海侵的进一步扩大,在原先陆地内的铜陵半山李家、口山村一带底部直接为含少量石英砂粒的白云岩,有的地方为浅滩相的砂屑白云岩(如泾县浙溪、泾县大坑);有的地方为潮坪、潟湖相的微晶、粉晶、微晶白云岩,局部出现砾屑白云岩(如铜陵叶家、池州大山、池州许家坦);有的地方为以潟湖相为主的微晶白云岩(如巢湖王家村一带为白云岩或灰岩沉积)。随着海侵的进一步扩大,安徽南部地区全部转为下扬子海,上面为碳酸盐岩沉积。该期沉积为填平补齐作用,在铜陵一带表现较为明显。因此,该石英质砾岩可以认为是低水位陆源碎屑岩沉积体系,向上为海侵期呈退积结构碳酸盐岩台地体系;向上为晚石炭世罗苏期与晚石炭世滑石板—达拉期之间的年代界面,以往在下扬子地区普遍认为属于平行不整合面。在铜陵叶家剖面的老虎洞组白云岩之上见到喀斯特暴露面,暴露面之上均为碳酸盐岩沉积,分别在巢湖、宿松—东至、池州—青阳一带出现浅滩相沉积,总体以开阔海域为特征。在暴露面之上,原先在相对较高部位(如铜陵叶家、野鸡冲)均未出现粗晶灰岩、巨晶灰岩,而在两侧均发现粗晶灰岩、巨晶灰岩。粗晶灰岩、巨晶灰岩为后生成岩阶段的产物,表明该界面为碳酸盐岩沉积环境的转换面。该界面在下扬子地区较为普遍,因此该界面为一时间间断界面,又相当于海侵界面。在滑石板—达拉期,海侵范围进一步扩大,安徽南部地区全部转为下扬子海,当时北西侧高,南东侧较低,总体以碳酸盐岩的潮坪、潟湖、浅滩相沉积为主。在达拉期海侵达到最高峰,均为碳酸盐岩台地沉积,之后海平面逐渐下降。在达拉末期,本区一度隆起,从一些剖面上可以看到喀斯特风化暴露面。

④船山组地层格架。该地层格架底部界面为晚石炭世—下二叠世船山组底界面。该底界面相当于Ⅱ型层序界面,为晚石炭世滑石板—达拉期与晚石炭世逍遥期之间的年代界面,以往在下扬子地区普遍被认为属于平行不整合面。但在铜陵叶家剖面的黄龙组灰岩之上见到为喀斯特暴露面,喀斯特暴露面在巢湖一带的王家村剖面、凤凰山剖面均有出现,面上还有泥质充填,以往在巢湖一带的维尼伦厂剖面也有发现,表现为环境转换面。该界面在下扬子地区均为碳酸盐岩台地沉积,之后海平面逐渐下降,在黄山市—广德一带以开阔台地相的碳酸盐岩沉积为主;在巢湖西北侧和宿松—泾县一带以碳酸盐岩的藻滩相沉积为主,仅藻滩的边缘出现砂屑灰岩(如泾县大坑剖面);而在两个滩之间的怀宁—和县一带,由于滩的阻隔,以低能的碳酸盐岩沉积为主,表现为局限台地相沉积。因此,该界面为一时间间断界面之间的年代界面。界面之上为海侵期呈退积结构碳酸盐岩台地体系;向上为晚石炭世逍遥期与早二叠世紫松期之间的环境转换面,由于海平面逐渐下降,在下扬子地区均为碳酸盐岩台地沉积,在黄山市、广德一带以碳酸盐岩藻滩相沉积为主,海退期呈进积结构、具藻滩的碳酸盐岩台地体系。

6) 二叠纪地层格架

(1) 层序界面的等时性。层序地层格架是指盆地内各地层单元的几何形态和相互关系。由于二叠纪地层内早二叠世地层已归入石炭纪地层内叙述,这里从部分中晚二叠世代表性地层剖面的层序地层划分、对比中可以看出,扬子地区区中晚二叠世地层可划分为1个二级层序、3个准二级层序。从一系列剖面上沉积相的变化情况来看,在纵向上总体表现为由海平面渐渐上升到渐渐下降的变化过程,之后又表现为海平面快速上升,为1个多二级海平面升降周期,表明准二级层序的界面可以作为建立地层格架的依据。晚石炭世—早二叠世船山组沉积之后,经过了风化暴露,中二叠世梁山组底部表现为暴露不整合、中二叠世栖霞组底部表现为海侵上超层序不整合,中二叠世孤峰组底部表现为海侵上超层序不整合,中晚二叠世龙潭组沉积之后,海平面再次上升,沉积了大隆组硅质岩,晚二叠世大隆组底部表现为海侵上超层序不整合。

(2) 等时层序地层格架。二叠纪各层序的次级组成单元的几何形态和相互关系,中二叠世栖霞期—祥潘期与茅口期—冷坞期、吴家坪期—长兴期的差别较大(图1-19),其中地层特征、沉积相标志在前面部分已叙述过,下面仅对地层格架特征予以分别介绍。

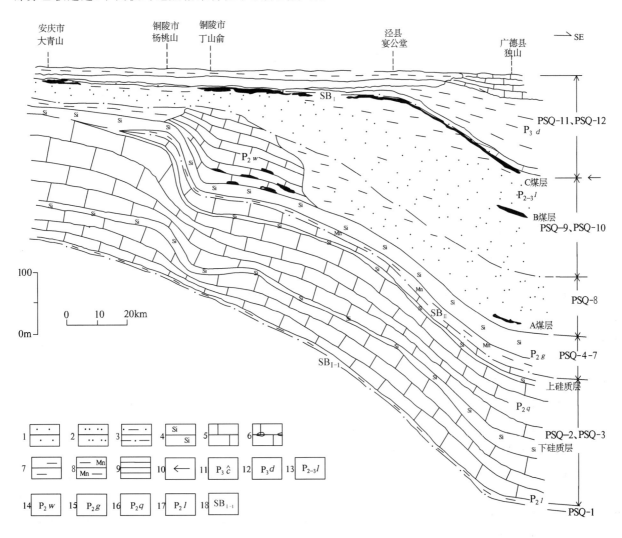

图 1-19　安徽省下扬子地层分区二叠纪地层格架图

1.砂岩;2.粉砂岩;3.泥质粉砂岩;4.硅质岩、硅质页岩;5.灰岩;6.含燧石结核灰岩;7.泥岩;8.含锰泥岩;9.页岩;10.晚二叠世吴家坪末期的升隆;11.晚二叠世长兴组;12.晚二叠世大隆组;13.中晚二叠世龙潭组;14.中二叠世武穴组;15.中二叠世孤峰组;16.中二叠世栖霞组;17.中二叠世梁山组;18.层序类型及编号

① 梁山组、栖霞组地层格架。该地层格架底部界面为中二叠世梁山组底界面,界面之上为中二叠世梁山组、栖霞组沉积时期,安徽南部沉积环境渐渐变深,然后又渐渐变浅,格架内的地层展布方向为北东东向。从梁山组横向上的岩性展布特征来看,在南部的池州市大岭排黑色碳质页岩夹硅质岩、煤层;往东至池州市潘家桥上部为灰黑色薄层致密坚硬含泥质灰岩,下部为灰色薄层碳质页岩,含腕足类:*Linoproductus* sp.;苔藓虫:*Fenestella* sp.;介形虫:*Bairdia calida*, *B. menerdensis*, *B. ponderosa*, *B.* cf. *longtanensis*;植物化石:*Stigmaria ficoides*, *S.* sp.。在北部的铜陵市叶山剖面为黑色碳质页岩夹灰岩透镜体,铜陵市施家冲剖面见灰黄色粉砂质页岩夹灰黑色含碳质页岩,含腕足类:*Schuchertella* sp.,*Orthotichia* sp.,*Dielasma* sp.;往西至怀宁县笆斗山为黄色、浅黄色、紫红色页岩夹灰岩透镜体,含腕足类:*Orthotichia* cf. *indica*,*Martiniopsis* sp., *Schuchertella* sp., cf. *Plicatifera* sp., *Meekella*? sp., *Lingula* sp.,*Dictyoclostus* sp.;双壳类:*Aviculopecten* sp.,*Lima* sp.;苔藓虫:*Stenopora* sp.,*Fenestella* sp.。总体为潟湖相沉积,由于在池州市天牢洞一带含煤层较厚,可能为滨岸沼泽相,故表现为南东侧高、北西侧低的较平缓的沉积盆地。向上的栖霞组厚度总体在池州市仰天堂—南陵

县丫山一带较小（池州市仰天堂剖面厚 186.71m、南陵丫山剖面厚 148.11m），向北西、南东方向分别渐渐增厚，东南侧的泾县宴公堂剖面厚 229.70m，西北侧的安庆市白鹿塘剖面厚 207.55m，北部的铜陵市半山李家剖面厚 321.21m，铜陵市杨桃山剖面厚 229.4m。栖霞组的岩性有一定的变化，如底部的臭灰岩仅在铜陵市半山李家剖面见岩性为深灰色中薄—中厚层微晶灰岩、球粒生物屑泥晶灰岩、球粒泥晶灰岩与薄层碳质页岩不等厚互层，反映了这一带泥质成分增多；下部的硅质层铜陵市一带较为稳定，而向池州市一带硅质成分减少，变为硅质条带灰岩（如潘桥剖面）或燧石结核灰岩夹燧石层（如仰天堂剖面）；表明这一带变浅；上部硅质岩总体岩性较为稳定，仅池州市灌口仰天堂剖面上见夹 3 层含燧石结核及燧石条带灰岩，表明这一带又变浅；顶部微晶灰岩的岩性一般较为稳定，仅在铜陵市杨桃山剖面顶部灰岩保存较多，厚 57.46m，不少地方仅见 10～20 余米，在池州市潘桥剖面顶部微晶灰岩已剥蚀完，在安庆市大青山上部硅质层及顶部微晶灰岩均已剥蚀完，反映出栖霞组沉积之后的风化暴露面很不平整。

②中二叠世孤峰组、龙潭组地层格架。该地层格架底部界面为中二叠世孤峰组底界面，界面之上为中二叠世孤峰组、龙潭组沉积时期，本区沉积环境开始表现为急速变深，然后又渐渐变浅，格架内的地层展布方向为北东东向。从孤峰组横向上的岩性展布特征来看，在泾县宴公堂剖面下部为灰色、深灰色、浅紫色薄层硅质页岩、页岩，含锰页岩夹锰土，含腕足类、双壳类、腹足类、菊石等化石；在西南侧的池州市徽坑祁门剖面为灰黑色薄层硅质岩、细砂屑球粒灰岩、含锰质砂屑粉晶灰岩、含锰质球粒粉晶灰岩夹硅质页岩、含锰页岩，含腕足类、菊石、双壳类等化石；在北西侧的安庆市白鹿塘剖面上的岩性主要为深灰色、灰黑色薄层硅质岩，含锰硅质页岩，碎屑硅质岩，多孔硅质岩，底部含少量磷结核，含腕足类、菊石、头足类、双壳类、苔藓虫、珊瑚、腹足类、植物化石碎片。总体反映为由南东往北西方向硅质成分增高，以池州市徽坑祁门—南陵县丫山一带地层厚度较大，向北西、南东方向厚度减小，如在西南侧的池州市徽坑祁门剖面厚 73.32m，泾县宴公堂剖面厚 25.80m，北西侧的安庆市白鹿塘剖面厚 11.58m。岩性、生物群、沉积构造等方面特征，反映孤峰组主要为盆地相沉积。向上的龙潭组在下部变化较大，从铜陵市、南陵县的部分地区出现以碳酸盐岩为主的沉积——武穴组，表明这一带一度变浅，而出现碳酸盐岩台地，周围以黏土质沉积为主，如在安庆市郊杨桥煤矿剖面相当武穴组层位的龙潭组下部为黑色碳质页岩、页岩夹硅质岩、煤线，含磷黄铁矿结核、含锰，含双壳类、头足类、植物、腕足类等化石；向上为砂页岩沉积，沉积厚度变化较大，除武穴组分布区之外，总体表现为自东向西方向由厚变薄，在东南侧的泾县宴公堂剖面厚 261.00m，泾县昌桥一带厚 143.46～280.81m，向西的池州市潘家桥高口吴—蓬山—火龙山剖面厚 34.20m，向西北铜陵市杨桃山剖面厚 62.38m，向北西西方向的安庆市集贤关大青山剖面厚 38.60m。

③晚二叠世大隆组地层格架。该地层格架底部界面在本区大部分为晚二叠世大隆组底界面，小部分为中晚二叠世龙潭组上部界面之上及其相当层位沉积时期，格架内的地层展布方向为北东东向。安徽南部沉积环境从海侵开始，之后海水很快加深，然后渐渐转为变浅。东侧浙江省长兴、江苏省苏州、无锡和广德县一带出现碳酸盐岩沉积，称为长兴组。该碳酸盐岩有两种沉积类型：一种为浅水的碳酸盐岩台地的灰白色块状灰岩组成，厚度较大，一般超过百米，见于苏州西山、吴县渡村、无锡嵩山等地；另一种是斜坡相的主要由中薄层条带状灰岩与薄层硅质岩互层组成，厚度不大，一般为 20～40m，个别可达 60～70m；本区主要为深灰色、灰黑色硅质岩，灰黑色硅质页岩夹灰岩。地层厚度变化不大，大致表现为自南东向北西方向由厚变薄，在东南侧的泾县昌桥厚 90.49m，向西南的池州市马家岭厚 80.79m，向西北铜陵市杨桃山剖面厚 26.77m，向北西西方向的安庆市集贤关大青山剖面厚 27.22m。沉积相自南东向北西方向依次为浅滩、斜坡、盆地相沉积，表现为南东侧高、北西侧低的沉积盆地。在中国南方许多地方的二叠系与三叠系之间往往出现一层灰白色黏土岩，据殷鸿福等（1989）的研究，该黏土岩为蒙脱石化的凝灰岩，故可以作为该格架的顶界。

7）三叠纪地层格架

（1）层序界面的等时性。从三叠系层序地层格架（图 1-20）及部分三叠纪代表性地层剖面的层序地层划分、对比中可以看出,界面性质在纵向上的演化为:早三叠世开始为升隆侵蚀不整合,向上出现3个暴露层序不整合,之后转为海侵上超层序不整合,向上青岩期中时,由于印支运动的影响,导致出现了转为升隆侵蚀、冲刷侵蚀不整合,晚三叠世以后以暴露层序不整合为主。三叠纪在纵向上总体表现为由海平面上升快速转为下降,海平面下降的标志明显而海平面上升标志不明显,为完整的二级海平面升降周期。

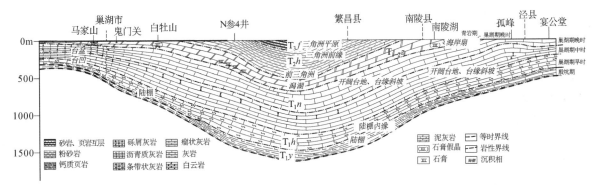

图1-20 安徽省下扬子地层分区三叠纪地层格架图

(2) 等时层序地层格架。三叠纪各层序的次级组成单元的几何形态和相互关系,由于沉积环境的渐渐转变,自下而上的差别较大,其中地层特征、沉积相标志在前面部分已叙述过,下面仅对早三叠世殷坑组、和龙山组、南陵湖组,早中三叠世周冲村组与中三叠世黄马青组、晚三叠世范家塘组的层序格架特征分别介绍如下。

① 早三叠世殷坑组、和龙山组、南陵湖组和早中三叠世周冲村组地层格架。该地层格架底部界面为早三叠世殷坑组底界面,界面之上为早三叠世殷坑组、和龙山组、南陵湖组和早中三叠世周冲村组沉积时期,安徽南部沉积环境渐渐变浅,自下而上依次为陆棚相、陆棚内缘相、台地边缘斜坡相、开阔台地相、潮坪、潟湖相沉积,总体表现为南东侧高、北西侧低的平缓沉积盆地。该地层格架底界面为下三叠统与前三叠系之间的年代界面,在下扬子地区以往认为系连续沉积,在泾县昌桥剖面上可以见到5~15cm厚的灰白色黏土层,暂作为风化暴露剥蚀面之上的古风化壳的古土壤层,应相当于低水位的沉积体系;向上通过将本区早三叠世早期的年代地层单位、岩石地层单位与生物化石进行初步对比,从泾县晏公堂剖面、铜陵市叶村剖面、池州市和龙山剖面、吴田剖面、怀宁县扁担山剖面、安庆市胡圩与枞阳县函山剖面上,根据 *Ophiceras-Lytophiceras*,*Gyronites-Prionolobus* 两个菊石带的出现部位与岩性变化的关系,在东南侧的池州市和龙山、吴田—泾县晏公堂一带以页岩与灰岩互层的一套沉积为主,而在怀宁县扁担山—铜陵市叶村一带则以页岩沉积为主。到 *Flemingites* 菊石带沉积时期在怀宁县扁担山以页岩为主,而在铜陵市叶村、池州市一带灰岩增多,为页岩与灰岩互层;到泾县晏公堂出现以灰岩为主的一套沉积,反映了本区自南东往北西方向钙质成分减少,泥质成分增加,厚度渐渐变小,尤其在怀宁县扁担山剖面—铜陵叶村剖面方向泥质成分最高,在怀宁县胡家屋剖面上的生物、岩性、厚度与怀宁县扁担山的剖面完全相似,反映了这一带当时为盆地较低部位,而东南侧相对较浅,因而指示当时沉积盆地的边缘在本区的东南侧。在 *Anasibirites-Owenites* 菊石带沉积时期,在东南侧的泾县晏公堂一带为以灰岩为主的一套沉积,在池州市和龙山、吴田一带为以页岩与灰岩互层的一套沉积,而在怀宁县扁担山—铜陵市叶村一带以条带状灰岩为主,在安庆市胡圩与枞阳县函山一带为灰岩夹瘤状灰岩,因而总体反映为自南东向北西方向盆地渐渐变深。*Tirolites-Columbites* 菊石带沉积时期在东南侧的泾县晏公堂一带为灰岩夹瘤状灰岩,上部出现砾屑灰岩;在池州市和龙山、吴田一带下部为条带状灰岩,上部为灰岩夹瘤状灰岩,其中夹不少砾屑灰岩;在怀宁县扁担山—铜陵市叶村一带及安庆市胡圩与枞阳县函山一带为灰岩夹瘤状灰岩。靠盆地边缘的泾县晏公堂、池州市和龙山、吴田一带出现砾屑灰岩,总体反映为自南东向北

西方向盆地渐渐变深。上面的周冲村组受印支运动一幕的影响,大部分地方出露不完整,沉积盆地的环境转为较闭塞,以咸化潟湖相沉积为主,沉积范围渐渐缩小。

②中三叠世黄马青组、晚三叠世范家塘组地层格架。该地层格架底部界面为中三叠世黄马青组底界面,该底界面相当于以往"月山组"的底界。本区沉积环境渐渐变浅,自下而上依次为前三角洲、三角洲前缘、三角洲平原沉积,表现为南东侧高、北西侧低的平缓沉积盆地。在盆地边缘的铜陵市、南陵县、繁昌县一带中三叠世黄马青组底部界面为升隆侵蚀层序不整合面,超覆在早中三叠世周冲村组及以下不同层位的岩石地层单位之上,在盆地中心的怀宁县东马鞍山、铜头尖一带为平行不整合在早中三叠世周冲村组之上。下扬子地区以往认为中三叠世黄马青组与下伏早中三叠世周冲村组为连续沉积,通过安徽省321地质队在1∶5万繁昌幅的区域地质调查工作后,确定了原月山组下部存在一套砾岩,并与下伏的南陵湖组呈不整合,在铜陵市前山等部分出现喀斯特岩溶砾岩,应相当于低水位的沉积体系;而TST各地情况不同,在盆地边缘的铜陵市、南陵县、繁昌县一带,底部于铜陵市龙潭肖见一套厚度很大的砾岩,厚度大于261.96m。在繁昌县赤沙镇西冲见到该砾岩向上为黄马青组含铁质、泥质粉砂岩。该砾岩的砾石成分自下而上有一定的变化,下部以三叠纪灰岩、白云岩为主,上部出现含前三叠纪的硅质岩类砾石。砾石成分的变化显示了陆源区的剥蚀范围渐渐扩大,砾石分选性及磨圆度差,胶结良好,反映其搬运距离较近,表明该砾岩为滨岸相沉积,局部夹有岩岸崩塌堆积物。盆地内的怀宁县铜头尖剖面直接由浅褐灰色、黄灰色含钙粉砂岩,粉砂岩组成,上面出现的青灰色含粉砂质白云质泥灰岩夹粉砂质页岩、粉砂岩,应相当于最大海泛面,向上由紫红色、紫灰色、灰黄色含钙质粉砂岩,泥质粉砂岩夹少量灰绿色含铜白云质粉砂岩,薄层细砂岩,页岩,细砾岩组成,指示盆地渐渐萎缩;上面的范家塘组仅在怀宁县拉犁尖、枞阳县下含山一带出现,怀宁县拉犁尖一带沉积物相对较细,为黄绿色、灰黑色钙质粉砂岩,泥质粉砂岩夹砂质页岩,页岩,含铁质结核页岩,碳质页岩;枞阳县下含山一带相对较粗,为浅灰色、灰黄色、黄褐色岩屑石英砂岩,石英砂岩与泥质粉砂岩,粉砂岩互层,夹粉砂质泥岩、泥岩、碳质页岩,局部夹煤线。上述表明沉积物的岩性变化较大。

# 第二节 沉积岩建造组合与构造古地理

安徽省横跨华北地层区、秦岭-大别地层区、扬子地层区,由于各区在地质历史演化过程中所处的构造古地理和大地构造环境不同,因而随着沉积盆地类型的变化出现不同的沉积建造和岩石组合。

华北地层区从青白口纪—第四纪总体为陆壳板内构造环境,青白口纪开始为一套滨海-浅海相陆源碎屑岩沉积夹少量碳酸盐岩沉积建造,逐渐转为碳酸盐岩沉积建造,晚石炭世以后为碳酸盐岩与碎屑岩混合沉积建造,中二叠世以后为陆源碎屑岩沉积建造,三叠纪以后海水退出本区,转为陆相碎屑岩沉积建造。总体处在陆内的陆表海的构造古地理三级单元。

秦岭-大别地层区东部受到印支运动的影响,沉积地层已变质或轻微变质,仅在金寨县的全军、沙河店一带见到石炭纪—二叠纪梅山群为复陆屑含煤碎屑岩建造。属残余海盆海陆交互相构造古地理环境。

扬子地层区在青白口纪末基本固结,但稳定性较差,古构造环境有一定的变化。青白口纪—南华纪主体为滨海-浅海相陆源碎屑岩沉积建造,震旦纪以后以碳酸盐岩沉积建造为主,盆地内时而有硅质岩及泥质岩沉积建造,晚奥陶世以后以陆源碎屑岩沉积建造为主,早石炭世为碳酸盐岩与碎屑岩混合沉积建造,晚石炭世—早三叠世主体为碳酸盐岩沉积建造,中、晚二叠世部分时期出现硅质岩沉积建造,个别时期由于海平面下降,出现陆源碎屑岩沉积建造,中三叠世以后为碳酸盐岩与碎屑岩混合沉积,中三叠世晚期—晚三叠世以后为陆源碎屑岩沉积,侏罗纪以后海水退出本区,转为陆相碎屑岩沉积建造。青白口纪—志留纪经历了离散构造环境的裂谷、大陆边缘裂谷、被动大陆边缘,转为碰撞构造环境的弧后前陆盆地较为漫长的阶段。其中青白口纪为裂谷阶段,南华纪为大陆边缘裂谷阶段,震旦纪—晚奥陶世早中期为被动大陆边缘阶段,晚奥陶世晚期—志留纪为周缘前陆盆地阶段。泥盆纪—三叠纪经历了陆块被动大陆边缘前陆盆地,转为汇聚构造环境的残余海盆阶段。其中泥盆纪—中二叠世为陆表海,属于海平面主体上升期;中晚二叠世—早三叠世为被动大陆边缘前陆盆地,属于海平面主体上升转为主体下降期;中晚三叠世为汇聚构造环境的残余海盆(造山晚期盆地),属于海平面主体下降期。

安徽省经过印支造山运动之后,华北区、秦岭-大别区、扬子区组成统一的陆块,早、中侏罗世在秦岭-大别造山带的南东侧出现两个前陆盆地;晚侏罗世—早白垩世早期为陆内隆升的造陆、造盆阶段,出现挤压坳陷盆地;早白垩世晚期—古近纪为造山、造盆阶段,出现走滑拉分、断陷盆地;新近纪—第四纪继续为造山、造盆阶段,出现坳陷盆地。

## 一、沉积岩建造组合

安徽省各地层区沉积建造组合及构造古地理环境见表 1-13～表 1-15。从表中可以看出,安徽省沉积建造序列经历了长期的地质发展阶段,不同的构造古地理环境沉积了不同岩石建造组合类型。现简要分述各区沉积建造岩石组合和古地理沉积环境(沉积相)特征。

### (一)沉积岩岩石组合特征

**1. 华北地层区**

安徽省华北地层区自青白口纪开始转为稳定陆块,青白口纪—三叠纪总体处于陆内陆表海三级构造古地理环境。前侏罗纪岩石地层单位岩石组合、沉积建造与沉积相特征见表 1-16。

**2. 扬子地层区**

扬子陆块在青白口纪晚期(820～780Ma)—南华纪为裂谷(夭折裂谷)沉积阶段,而震旦纪—志留纪转为大陆边缘沉积,泥盆纪—二叠纪为前陆盆地,晚二叠世晚期—三叠纪转为大陆边缘沉积。前侏罗纪岩石地层单位岩石组合、沉积建造与沉积相特征见表 1-17。

**3. 秦岭-大别地层区**

安徽省秦岭-大别地层区位于大别造山带的东部,由于受到印支运动的影响,残存的古元古代—早古生代和石炭纪沉积零星肢解于变质侵入体内或伏于推覆体之下。露头零星,均变质或轻微变质,研究程度相对较低,仅在金寨县的全军、沙河店一带见到石炭纪—二叠纪的梅山群含煤碎屑岩建造。

梅山群指金寨、全军、沙河店一带的砂质页岩、含碳质粉砂岩及其上的结晶灰岩,产植物、腕足类、海百合茎化石。厚达 888m。由于这一带构造复杂,露头零星,故研究程度较低。西侧河南固始胡油坊—商城晏家冲一带的石炭系自下而上分为早石炭世花园墙组、杨山组、道人冲组,晚石炭世胡油坊组、杨小庄组、双石头组,为石英砂岩、石英砾岩、泥质粉砂岩、页岩夹煤层,产植物、双壳类、腹足类、海百合茎、介形类、腕足类等化石,梅山群与其相当,分别为钙质长石石英砂岩-粉砂岩建造、铁泥质含煤砂砾岩-粉砂岩建造、复陆屑含碳质碎屑岩建造。

表 1-13 安徽省沉积岩建造组合与大地构造相划分简表（华北地层区）

| 地层分区 | 年代地层单位 | | | 岩石地层单位 | | 沉积岩建造类型 | | 构造岩组合类型 | | 含矿性 | 沉积相 | 沉积体系 | 构造古地理单元 | | | | 大地构造相 | | |
|---|---|---|---|---|---|---|---|---|---|---|---|---|---|---|---|---|---|---|---|
| | 界 | 系 | 统 | 徐淮分区 | 六安分区 | 六安分区 | 徐淮分区 | 徐淮分区 | 六安分区 | | | | 一级 | 二级 | 三级 | 四级 | 大相 | 陆相 | 亚相 |
| 六安地层分区 | 新生界 | 第四系 | | | | | | | | | | | | | | | | | |
| | | 新近系 | 上新统 | 明化镇组 | | 砾、粉砂、泥砂、亚黏土建造 | | 钙四纪疏质粉砂岩、泥岩、粉砂、亚黏土组合(Q) | | | 曲流河相(Rb)－湖泊三角洲相(Ld) | 河流－湖泊(FL-L) | 陆块 A | 陆内盆地 AA | 无火山岩断陷盆地 AAd | AAd-3 | 陆块大相 D-15 | 陆内盆地相 D-15-2 苏北断陷盆地 | 断陷盆地亚相（局限盆地）D-15-2- |
| | | | 中新统 | 馆陶组 | | 含铁锰质疏质砂岩、泥岩、粉砂、岩浆质砂岩组合(N) | | | | 铁锰 | | | | | | | | | |
| | | 古近系 | 渐新统 | 界首组 | | 泥岩、粉砂岩、砂岩、泥质岩组合建造 | | 夹玄武岩层、含青砂岩组合(E) | | | 火山河湖相(Cl) | 火山盆地 (VB) | | | 无火山岩断陷盆地 AAd | AAd-2-3 | | 火山断陷盆地亚相 D-15-2- | |
| | | | 古新统 | 双浮组 | | 局限盆地沉积建造武法砂岩含青建造 | | 含青砂岩、泥岩组合(E) | | 石膏 | | | | | 火山湖积断陷盆地 AAd | AAc | | | 均陷盆地亚相（弧后磨拉石盆地）D-15-2- | |
| 徐淮地层分区 | 中生界 | 白垩系 | 上统 | 张桥组 | | 砂岩、泥岩建造 | | 细砂岩、石英砂岩、粉砂岩组合(K₂) | | | 曲流河相(Rb)－湖泊三角洲相(Ld) | 河流－湖泊(FL-L) | 陆块 A | 陆内盆地 AA | 无火山岩断陷盆地 AAd | AAd-2-3 | 陆块大相 D-15 | 断陷盆地相 D-15-2 | 断陷盆地亚相 D-15-2- |
| | | | | 邱庄组 | | 砾岩、粉砂岩建造 | | 钙质含青砂岩粉砂质泥岩组合(K₁) | | | | | | | | | | | |
| | | | 下统 | 新庄组 | | 砾、泥质粉砂岩建造 | | 中酸性火山碎屑岩组合(J-K) | | | 安武碎屑、角砾碎屑岩岩组合 | 火山盆地 (VB) | | | | | | | |
| | | 侏罗系 | 上统 | 毛坦厂组 | | 安山碎屑、粗面岩、蓝绿岩建造 | | | | | | | | | | | | | |
| | | | 中统 | 周公山组 | | 山间盆地碎屑岩及火山碎屑建造 | | 铁、钒铝土岩组长石石英砂岩、粉砂岩组合(J) | | 铁 | 湖泊三角洲相(Ld) | 潮泊(L) | 陆块 A | 陆内盆地 AA | 无火山岩断陷盆地 AAd | AAc-2-3 | 陆块大相 D-15 | 陆内盆地相 D-15-2 | 均陷盆地亚相 D-15-2- |
| | | | 下统 | 防虎山组 | | 山前湖泽碎屑放台 | | 复成分含煤山前沉淀碎屑构造组合(J₁₋₂) | | 煤 | | | | | | | | | |
| | | 三叠系 | 上统 | 和尚组 | | 含煤碎屑建造 | | 复成分含煤碎屑沉积组合(T₃) | | | 潮泊三角洲相(Ld) | 潮泊(L) | 陆块 A | 陆内盆地 AA | 均陷盆地 AAc | AAc-2-3 | 陆块大相 II-6 华北南缘陆缘盆地 | 陆内盆地相 II-6-3 华北南缘陆缘盆地 | 均陷盆地亚相 II-6-3- |
| | | | 中统 | 刘家沟组 | | 含煤碎屑建造 | | 复成分碎屑岩、泥岩组合(T₁) | | | | | | | | | | | |
| | | | 下统 | 孙家沟组上段 | | 含煤碎屑建造 | | 含煤陆源碎屑岩组合(P₂₋₃) | | 煤 | 三角洲前缘相(De) | 三角洲(DL) | 陆块 A | 陆内盆地 AA | 均陷盆地 AAc | AAc-2-3 | 陆块大相 II-6 豫皖陆块 | 陆表海相 II-6-3 | 海陆交互陆表海亚相 II-6-3- |
| | | 二叠系 | 上统 | 石盒子组上段 | | 复成分碎屑岩建造 | | 复成分碎屑岩含煤沉积组合(C₂-P₁) | | 石膏 | 三角洲平原相(DP) | 三角洲(DL) | 陆块 A | 陆内盆地 AA | 海陆交互无障壁陆表海 AAa-2 | | 陆块大相 II-6 | 陆表海相 II-6-3 | |
| | | | 中统 | 石盒子组下段 | | 含煤碎屑建造 | | | | 煤铝土铁 | 三角洲平原相(DP) | 三角洲(DL) | | | | | | | |
| | | | 下统 | 山西组 | | 含煤碎屑建造 | | | | | | | | | | | | | |
| | 上古生界 | 石炭系 | 下统 | 太原组 | | 泥钾碳酸盐岩、碎屑岩含煤建造 | | 铁、锰铝土岩－碎屑岩含煤建造组合(C₂-P₁) | | | | | | | | | | | |
| | | | 上统 | 本溪组 | | 白云岩、白云质灰岩建造 | | 白云岩－白云质灰岩－白云岩组合 | | | 局限台地相(Rp) | 碳酸盐岩台地 (CP) | 陆块 A | 陆内 AA | 碳酸盐陆表海 AAa | AAa-5 | 陆块大相 II-6 | 陆表海相 II-6-3 华皖陆缘陆缘盆地 | 碳酸盐岩陆表海亚相 II-6-3- |
| 下古生界 | | 奥陶系 | 中统 | 马家沟组 | | 灰岩－白云质灰岩－白云质灰岩建造 | | 灰岩－白云质灰岩－白云岩组合(O₂₋₃) | | | | | | | | | | | |
| | | | 下统 | 萧县组 | | 白云岩建造 | | | | | | | | | | | | | |
| | | | | 贾汪组 | | 浅海碎屑岩建造 | | 碎屑岩、碳酸盐岩组合(O₁) | | | | | | | | | | | |

续表 1-13

| 地层分区 | 年代地层单位 | | | | 岩石地层单位 | | 沉积岩建造类型 | | 构造岩石组合类型 | | 含矿性 | 沉积相 | 沉积体系 | 构造古地理单元 | | | | 大地构造相 | | 亚相 |
|---|---|---|---|---|---|---|---|---|---|---|---|---|---|---|---|---|---|---|---|---|
| | 界 | 系 | 统 | | 徐淮分区 | 六安分区 | 徐淮分区 | 六安分区 | 徐淮分区 | 六安分区 | | | | 一级 | 二级 | 三级 | 四级 | 大相 | 相 | |
| 徐淮地层分区 | 下古生界 | 寒武系 | 上统 | | 三山子组 | 土明组 | 生物屑灰岩-硅质岩建造、结核晶白云岩建造 | | 生物屑灰岩-硅质砾屑白云岩组合(∈₃O₁) | | | 局限台地相(Rp) | 碳酸盐岩台地(CP) | 陆块A | 陆内AA | 陆表海AAa | 陆源碎屑-碳酸盐陆表海AAa-5 | 陆块大相 II-6 豫皖陆块 | 陆表海相 II-6-3 华北南缘陆缘盆地 | 碳酸盐岩陆表海亚相 II-6-3- |
| | | | | | 炒米店组 | | 硅质团块、结核晶白云岩建造 | | | | | | | | | | | | | |
| | | | 中统 | | 崮山组 | 夏店组 | 生物屑灰岩、鲕粒砾屑灰岩建造 | | 生物屑灰岩-鲕粒砾屑碳酸盐岩组合 | | | 开阔台地相(Op) | 碳酸盐岩台地(CP) | 陆块A | 陆内AA | 陆表海AAa | 陆源碎屑-碳酸盐陆表海AAa-6 | 陆块大相 II-6 豫皖陆块 | 陆表海相 II-6-3 华北南缘陆缘盆地 | 碳酸盐岩陆表海亚相 II-6-3- |
| | | | | | 张夏组 | | 白云质灰岩、蠕粒亮晶碳酸盐岩建造 | | | | | | | | | | | | | |
| | | | 下统 | | 馒头组 | | 碎屑岩-生物碎屑碳酸盐岩建造组合 | | 碎屑岩-生物屑、砂屑碳酸盐岩组合(∈₁₋₂) | | | 局限台地相(Rp) | 碳酸盐岩台地(CP) | 陆块A | 陆内AA | 陆表海AAa | 陆源碎屑-碳酸盐陆表海AAa-6 | 陆块大相 II-6 豫皖陆块 | 陆表海相 II-6-3 华北南缘陆缘盆地 | 碳酸盐岩陆表海亚相 II-6-3- |
| | | | | | 昌平组 | | 生物碎屑微晶白云质灰岩建造 | | | | 锰 | | | | | | | | | |
| | | 震旦系 | | | 猴家山组 | 南冲山组 | 磷锰碳质微晶碎屑岩建造 | | 磷锰碳碎屑岩-碳酸盐岩建造组合(∈₁) | | 磷 | 局限台地相(Rp) | 碳酸盐岩台地(CP) | 陆块A | 陆内AA | 陆表海AAa | 陆源碎屑-碳酸盐陆表海AAa-6 | 陆块大相 II-6 豫皖陆块 | 陆表海相 II-6-3 华北南缘陆缘盆地 | 碎屑岩陆表海亚相 II-6-3- |
| | | 南华系 | 上统 | | 沟后组 | 凤台组 | 白云质砂岩、钙质砂岩、含铁砂质岩、石英砂岩建造 | | 复成分碎屑岩-碳酸盐岩建造组合(Z) | | | 局限台地相(Rp) | 碳酸盐岩台地(CP) | 陆块A | 陆内AA | 陆表海AAa | 陆源碎屑-碳酸盐陆表海AAa-6 | 陆块大相 II-6 豫皖陆块 | 陆表海相 II-6-3 华北南缘陆缘盆地 | 碳酸盐岩陆表海亚相 II-6-3- |
| | 新元古界 | | | | 金山寨组 | | 石英砂岩、泥灰岩、具石盐假晶灰岩建造 | | | | | | | | | | | | | |
| | | | 下统 | | 望山组 | | 白云质泥晶灰岩、微晶灰岩、钙质页岩建造 | | 碳酸盐岩-复成分碎屑岩建造组合(Nh) | | | 局限台地相(Rp) | 碳酸盐岩台地(CP) | 陆块A | 陆内AA | 陆表海AAa | 陆源碎屑-碳酸盐陆表海AAa-6 | 陆块大相 II-6 豫皖陆块 | 陆表海相 II-6-3 华北南缘陆缘盆地 | 碳酸盐岩陆表海亚相 II-6-3- |
| | | | | | 史家组 | | 微晶灰岩、夹石英岩状砂岩、粉砂岩、石英岩建造 | | | | | | | | | | | | | |
| | | | | | 魏集组 | | 微晶灰岩、微晶白云岩建造 | | | | | | | | | | | | | |
| | | 青白口系 | | | 张渠组 | | 砾屑灰岩、微晶灰岩、白云岩建造 | | | | | | | | | | | | | |
| | | | 上统 | 宿县群 | 九顶山组 倪园组 | | 叠层石微晶灰岩、钙质页岩建造 | | 碎屑岩-碳酸盐岩建造组合(Qb) | | | 局限台地相(Rp) | 碳酸盐岩台地(CP) | 陆块A | 陆内AA | 陆表海AAa | 陆源碎屑-碳酸盐陆表海AAa-6 | 陆块大相 II-6 豫皖陆块 | 陆表海相 II-6-3 华北南缘陆缘盆地 | 碳酸盐岩陆表海亚相 II-6-3- |
| | | | | | 九里桥组 | | 复成分碎屑岩、灰岩建造 | | | | | | | | | | | | | |
| | | | | 淮南群 | 四十里长山组 | | 白云质灰岩-电气石白质灰岩建造 | | 砂岩、白云质碳酸盐岩建造(Qb) | | | 局限台地相(Rp) | 碳酸盐岩台地(CP) | 陆块A | 陆内AA | 陆表海AAa | 陆源碎屑-碳酸盐陆表海AAa-6 | 陆块大相 II-6 豫皖陆块 | 陆表海相 II-6-3 华北南缘陆缘盆地 | 碳酸盐岩陆表海亚相 II-6-3- |
| | | | | | 刘老碑组 | | 泥灰岩、钙质页岩、白云质灰岩、白云岩建造 | | | | | | | | | | | | | |
| | | | 下统 | 八公山群 | 伍山组 | | 含铁质长石英砂岩建造 | | 铁质砂岩-复成分碎屑岩建造(Qb) | | 铁 | 台缘浅滩相(Pms) | 碳酸盐岩台地(CP) | 陆块A | 陆内AA | 陆表海AAa | 陆源碎屑无碳酸盐表滩AAa-4 | 陆块大相 II-6 豫皖陆块 | 陆表海相 II-6-3 华北南缘陆缘盆地 | 碎屑岩、碳酸盐岩陆表海亚相 II-6-3- |
| | | | | | 曹店组 | | 含铁质石英砂岩、砂砾岩、粉砂岩建造 | | | | | | | | | | | | | |

表1-14 安徽省沉积岩建造组合与大地构造相划分简表（扬子地层区）

续表 1-14

| 地层分区 | 年代地层单位 | | | 岩石地层单位 | | 沉积岩建造类型 | | 构造岩石组合类型 | | 含矿性 | 沉积相 | 沉积体系 | 构造古地理单元 | | | | 大地构造相 | | |
|---|---|---|---|---|---|---|---|---|---|---|---|---|---|---|---|---|---|---|---|
| | 界 | 系 | 统 | 下扬子分区 | 江南分区（浙西） | 下扬子分区 | 江南水－生物分区 | 下扬子分区 | 江南分区 | | | | 一级 | 二级 | 三级 | 四级 | 大相 | | 亚相 |
| 下扬子地层分区 | 上古生界 | 三叠系 | 上统 | 大隆组 | 长兴组 | 硅质页岩－碳质页岩－泥灰岩建造 | 微晶灰岩－生物碎屑灰岩建造 | 硅质、硅质页岩夹灰岩组合($P_3$) | 微晶、鲕粒灰岩夹灰质页岩组合($P_3$) | | 盆地边缘－开阔台地 Bm-Op | 碳酸盐岩台地 (CP) | 陆块 A | 前陆盆地 AD | | 弧后前陆盆地前陆隆起 ADb-3 | 陆块大相 Ⅵ-1 | 弧后前陆盆地相 Ⅵ-1-1 | 前渊盆地隆起亚相 Ⅵ-1-1-1 |
| | | | | 龙潭组 | 吴家坪组（浙西） | 砂岩－粉砂岩－页岩－煤层灰岩建造 | 灰岩、钙质页岩建造 | 含煤砂岩－页岩、灰岩、碳酸盐岩组合($P_{2-3}$) | | 煤 | 三角洲平原－前滨 Dp-De | 三角洲(DL) | | | | | | | |
| | | | 中统 | 栖霞组 | 武夷组 | 硅质岩－硅质页岩－灰岩建造 | 灰岩建造 | 硅质岩－硅质页岩夹灰岩组合($P_2$) | | 锰、磷 | 开阔台地(Op) | 碳酸盐岩台地 (CP) | | | | | | | |
| | | | | | | | | | | 锰矿 | | | | | | | | | |
| | | | 下统 | 梁山组 | | 页岩－粉砂质页岩－煤层建造 | | 沥青质灰岩夹灰质硅质岩层组合($P_1$) | | 煤 | 三角洲平原(Dp) | 三角洲(DL) | | | | | | | |
| | | | | 船山组 | | 蠕虫状微晶灰岩－微晶灰岩建造 | | 含煤粉砂质页岩组合($P_1$) | | | 开阔台地(Op) | 碳酸盐岩台地 (CP) | | | | | | | |
| | | 石炭系 | 上统 | 黄龙组 | | | | 蠕虫状微晶灰岩－微晶灰岩组合($C_2$) | | | 局限台地(Rp) 台缘浅滩(Pms) | | | | 弧后前陆盆地 ADb | 弧后前陆盆地前渊 ADb-2 弧后前陆盆地前陆隆起 ADb-3 | 陆块大相 Ⅵ-1 | 弧后前陆盆地相 Ⅵ-1-1 | 前渊盆地隆起亚相 Ⅵ-1-1-1 |
| | | | | 老虎洞组 | | 白细晶白云岩、生物屑微晶灰岩建造 | | 生物屑灰岩－微晶灰岩组合($C_2$) | | | | | | | | | | | |
| | | | 下统 | 和州组 | | 灰岩、泥灰岩建造 | | 白云岩夹微晶灰岩组合($C_2$) | | | 局限台地(Rp) | | | | | | | | |
| | | | | 高骊山组 | | 杂色泥质粉砂岩－泥岩建造 | | 泥灰岩、泥灰岩组合($C_1$) | | | | | | | | | | | |
| | | | | 金陵组 | 王胡村组 | 含生物碎屑结核砂岩－页岩建造 | | 夹煤线杂色泥质粉砂岩、泥岩组合($C_1$) | | 铁 | 河口湾(Es) | 河口湾(ES) | | | | | | | |
| 下扬子地层分区 | 下古生界 | 泥盆系 | 上统 | 擂鼓台组 | | 底部含砾结核岩、石英砂岩建造 | | 含生物碎屑结核砂岩、生物屑灰岩组合($C_1$) | | | 台缘浅滩(Pms) | 碳酸盐岩台地 (CP) | 陆块 A | 周缘前陆盆地 ADa | 周缘前陆盆地前陆隆起 ADa-3 | | 陆块大相 Ⅵ-1 | 弧后前陆盆地相 Ⅵ-1-1 | 前渊盆地隆起亚相 Ⅵ-1-1-1 |
| | | | | 五通组 | | 石英砂岩、粉砂岩、砂岩建造 | | 岩屑石英砂岩、粉砂岩组合($D_3$) | | 黏土矿 | 三角洲平原(Dp) | 三角洲(D) | | | | 弧后前陆盆地前渊 ADb-2 | | | |
| | | | 中统 | 茅山组 | | 石英砂岩－粉砂岩、砂岩建造 | | 石英砂岩、粉砂岩组合($D_2$) | | 磷 | | | | | | | | | |
| | | 志留系 | 上统 | 茅山组 | | 石英砂岩－粉砂岩、砂岩建造 | | 含砾石英砂岩、石英砂岩组合($S_{2-3}$) | | | 海岸沙丘($C_2$) 后滨($B_s$) | 无磷塔海岸 (OC) | | | | | | | |
| | | | | 坟头组 | | 石英砂岩－粉砂岩、砂岩建造 | | 石英砂岩、粉砂岩组合($S_2$) | | 磷 | 前滨$F_s$ 临滨$Tr_b$ 过渡带$Tr_b$ 后滨$B_s$ | 障壁海岸 (BC) | | | | | | | |
| | | | 下统 | 河沥溪组 | | 细砂岩－粉砂岩、粉砂质泥岩建造 | | 粉砂质泥岩、页岩、粉砂岩、细砂岩组合($S_1$) | | | 风暴沉积 Sc 陆棚泥 Shm | 无障壁海岸 (cI-SS) | | | | | | | |
| | | | | 霞乡组 | | 细砂岩－粉砂岩、粉砂质粉砂岩建造 | | 粉砂质泥岩、页岩、长石石英砂岩建造 | | | 等深流沉积 Co 滞底沉积 Lsf | 半深海盆地 BA 深海盆地 MB | | | | | | | |

续表 1-14

| 地层分区 | | 年代地层单位 | | | 岩石地层单位 | | 沉积岩建造类型 | | | 构造岩石组合类型 | | 含矿性 | 沉积相 | 沉积体系 | 构造古地理单元 | | | | 大地构造相 | | |
|---|---|---|---|---|---|---|---|---|---|---|---|---|---|---|---|---|---|---|---|---|---|
| | | 界 | 系 | 统 | 下扬子分区 | 江南分区 | 下扬子分区 | 江南分区 | | 下扬子分区 | 江南分区 | | | | 一级 | 二级 | 三级 | 四级 | 大相 | 大地构造相 | 亚相 |
| 下扬子地层分区 | 江南地层分区 | 下古生界 | 奥陶系 | 上统 | 五峰组 | 长坞组 | 细砂岩-粉砂岩-含钙质泥质页岩建造 | | | 瘤状泥质灰岩-粉砂岩-含钙质核放泥岩组合 (O₃) | | | 滞底洞 Lsf | 深海盆地 MB | 陆块 A | 被动陆缘 AB | 陆棚碎屑岩盆地 ABa | 陆源碎屑-碳酸盐岩台地 ABb-2 | 陆块大相 VI-1 | 被动陆缘相 VI-1-1 VI-1-2 | 陆棚碎屑岩亚相 |
| | | | | | 汤头组 | 黄泥岗组 | 泥岩-含钙质结核泥质岩建造 | | | | | | 陆棚泥 Shm | 陆源碎屑浅海 (Cl-SS) | | | | | | | 陆棚碳酸盐岩亚相 |
| | | | | 中统 | 宝塔组 | 砚瓦山组 | 瘤状灰岩-硅质核放泥岩夹灰岩建造 | | | 粉砂质泥岩-硅质岩建造 | | | 缓斜坡 SI | 陆棚浅海 CP | | | | | | | 陆缘斜坡亚相 VI-1-1-2 |
| | | | | | 大田组 | 胡乐组 | 瘤状灰岩-瘤状硅质页岩建造 | | | 硅质岩-硅质页岩-钙质页岩-瘤状灰岩组合 (O₁-₂) | | | 陆架缓斜坡 SI | 陆源碎屑浅海 (Cl-SS) 碳酸盐岩台地 CP | | | | | | 被动陆缘相 VI-1-1 VI-1-2 | |
| | | | | | 牯牛潭组 | | 微晶灰岩-瘤状灰岩建造 | | | | | | 陆架缓坡 Shm 开阔台地 OP | 陆源碎屑浅海 Shm 碳酸盐岩台地 CP | | | | | | | |
| | | | | 下统 | 大湾组 | | 瘤状灰岩含生物屑微晶灰岩夹泥灰岩、页岩建造 | | | 微晶灰岩-瘤状泥质灰岩-粉砂质泥岩组合 (O₁-₂) | | | 缓斜坡 SI 开阔台地 OP | 碳酸盐岩台地 CP | | | | | | | |
| | | | | | 红花园组 | | 生物屑灰岩建造 | | | | | | 陆架浅滩 Shm | 半深滩 BA 碳酸盐岩台地 CP | | | 陆棚碳酸盐岩台地 ABb | 斜坡相 ABc-2 | | | |
| | | | | | 仑山组 仑上段 | | 白云质灰岩建造 | | | 白云岩、白云质灰岩夹灰岩、页岩建造组合 (€₃) | | | 斜坡相 Shm 开阔台地 OP | | | | | 碳酸盐岩台地 ABb-1 | | | |
| | | | 寒武系 | 上统 | 观音堂组 | 华严寺组 | 灰岩-白云岩建造 | | | | | | 广海陆盆 Bs | 碳酸盐岩台地 CP | | | | | | | |
| | | | | | | 杨柳岗组 | 微晶灰岩建造 | | | 白云岩组合 (€₂) | | | 盆地边缘 Bm | | | | | | | | |
| | | | | 中统 | 大陈岭组 | | 钙质页岩、微晶灰岩建造 | | | | | | 广海陆盆 Bs | 碳酸盐岩台地 CP | | | 陆棚碳酸盐岩台地 ABb | 碳酸盐岩台地 ABb-1 | | | |
| | | | | | 黄柏岭组 | 大陡岭组 | 碳质页岩夹硅质岩、页岩-条带状灰岩、石煤建造 | | | 灰岩组合 (€₁) | | 石煤磷 | 广海台地陆架 Pms | | | | | | | | |
| | | | | 下统 | 荷塘组 | | | | | 含磷硅质岩组合 (Z₂€₁) | | | 盆地边缘 Bm | 陆源碎屑浅海 CP 陆源碎屑台地 (Cl-SS) | | | | | 陆块大相 VI-1 | 被动陆缘相 VI-1-1 VI-1-2 | 陆棚碎屑岩亚相 |
| | | | | | 皮园村组 | | 硅质岩建造 | | | 硅质岩组合 (Z₂) | | | 陆架浅滩 Shm | 碳酸盐岩台地 CP | | | 陆棚碳酸盐岩盆地-碳酸盐台地 ABa-b | 陆源碎屑-碳酸盐岩台地 ABb-2 | | | 陆棚碳酸盐岩亚相 |
| | | 新元古界 | 震旦系 | 上统 | 灯影组 | | 微晶白云岩-燧石岩建造 | | | 白云岩组合 (Z₁) | | 锰 | 盆地 Bs | | | | | | | | |
| | | | | 下统 | 蓝田组 | | 含锰白云岩建造 | | | 含锰灰岩组合 (Z₁) | | 锰 | 开阔台地陆架浅 | | | | | | | | |
| | | | 南华系 | 上统 | 南沱组 | | 灰岩-硅质岩建造 | | | 含锰页岩组合 (Nh₂) | | 铜 | 深水冰海 Dis | 冰海 IS | | 裂谷 AC | 天折裂谷 ACc | 天折裂谷边缘 ACc-1 | 裂谷相 VI-1-5 | 天折裂谷亚相 |
| | | | | 下统 | 苏家湾组 | | 含锰砂岩千枚岩建造 | | | 含锰砂岩-含锰粉砂质千枚岩组合 (Nh₁) | | 黄铁矿 | 前滨Fs后滨Bs 过渡带Trb 潮坪Tf | 无障壁海岸 OC 障壁海岸 BC | | | | | | | |
| | | | | | 周岗组 | | 砂岩-砂岩-粉砂岩砂质千枚岩建造 | | | 砾岩、砂岩、粉砂质千枚岩组合 (Nh₁) | | | | | | | | | | | |
| | | | | | 休宁组 | | | | | | | | | | | | | | | | |

## 表1-15 安徽省沉积岩建造组合与大地构造相划分简表（秦岭-大别地层区）

| 地层分区 | 年代地层单位 界 | 系 | 统 | 岩石地层单位 | 沉积岩建造类型 | 构造岩石组合类型 | 含矿性 | 沉积相 | 沉积体系 | 构造古地理单元 一级 | 二级 | 三级 | 四级 | 大地构造相 大相 | 相 | 亚相 |
|---|---|---|---|---|---|---|---|---|---|---|---|---|---|---|---|---|
| 北淮阳地层分区 | 新生界 | 第四系 | | | 砾、粉砂、亚黏土建造 | 鄂四纪砾、粉砂、亚黏土组合(Q) | | 曲流河相(Rb)-湖泊三角洲相(Ld) | 河流-湖泊(FL-L) | | | | | | | |
| | | 新近系 | | | | | | | | | | | | | | |
| | | 古近系 | | | | | | | | | | | | | | |
| | 中生界 | 白垩系 | 上统 | 戚家桥组 | 砂砾岩、砂岩、粉砂岩沉积建造 | 湖泊三角洲砾岩-砂岩-粉砂岩组合(K) | | 湖泊三角洲相(Ld) | 湖泊(L) | 陆块A | 陆内AA | 无火山岩断陷盆地AAd | AAd-3 | 陆块大相 D-12 | 陆内盆地相 D-12-1 | 断陷盆地亚相 D-12-1- |
| | | | 下统 | 下符桥组 | 沉凝灰质砂砾岩、砂岩、页岩沉积建造 | 河湖砂砾岩-砂岩夹火山岩粉砂岩组合(K) | | 火山河湖相(cl) | 火山盆地(VB) | | | 火山-沉积断陷盆地 AAc | AAc-2-3 | | | |
| | | | | 黑石渡组 | | | | | | | | | | | | |
| | | 侏罗系 | 上统 | 响洪甸组 | 碱性玄武岩、碱玄质响岩岩、页岩沉积火山建造 | 碱性玄武岩-响岩岩夹火山岩组合(K₃) | | 碱火山口相(cl) | 火山盆地(VB) | | | 火山-沉积断陷盆地 AAc | AAc-2 | | | 北淮阳火山侵入岩浆带 |
| | | | | 毛坦厂组 | 陆相安山质、粗面质火山、火山碎屑岩建造 | 安山质-火山碎屑岩组合(J₃K₁) | | 湖泊三角洲相(Ld) | 湖泊(L) | | | 坳陷盆地 AAc | AAc-2-3 | | 坳陷盆地亚相（弧前磨拉石盆地 山前磨拉石盆地）D-12-1- | |
| | | | 下统 | 凤凰台组 | 山前碎屑复成分粗碎屑沉积建造 | | | | | | | | | | | |
| | | | 中统 | 三尖铺组 | 山前类磨拉石复成分粗碎屑岩沉积建造 | | | | | | | | | | | |
| | 上古生界 | 石炭系 | 上统 | 杨小庄组 | 复陆屑含碳质碎屑岩沉积建造 | 陆表海含煤碎屑岩组合(C) | 煤 | 河口湾-三角洲平原相(ES-Dp) | 河口湾-三角洲(ES-DP) | | | 陆表海 AAa | 陆源碎屑无障壁陆表海 AAa-4 | 陆块大相 IV-10 | 陆表海相 IV-10-2 | 潮陆交互陆表潮相（内陆局限盆地）IV-10-2- |
| | | | | 杨山群（梅山群） 胡油坊组 | 铁泥质含石英砂岩、粉砂岩建造 | | | | | | | | | | | |
| | | | 下统 | 杨山组 | | | | | | | | | | | | |
| | | | | 花园墙组 | 钙质长石石英砂岩、粉砂岩沉积建造 | | | | | | | | | | | |

表 1-16 安徽省华北地层区前侏罗纪岩石地层单位沉积建造组合与沉积相特征

| 构造古地理 II级 | 构造古地理 III级 | 时代 纪 | 时代 世 | 岩石地层单位 | 沉积建造 | 岩石组合 | 沉积相 | 分布地区 |
|---|---|---|---|---|---|---|---|---|
| 陆内 | 坳陷盆地 | 三叠纪 | 早世 | 刘家沟组 | 复成分砂砾岩、粉砂岩、泥岩建造 | 粉砂质泥岩、粉砂岩、细砂岩 | 湖泊、河流相 | 淮北 |
| 陆内 | 坳陷盆地 | 二叠纪 | 晚世 | 和尚沟组 | 复成分砂砾岩、粉砂岩、泥岩建造 | 含砾石英砂岩、长石石英砂岩、含砾细砂岩、泥岩 | 湖泊、河流相 | 淮北 |
| 陆内 | 坳陷盆地 | 二叠纪 | 晚世 | 孙家沟组 | 复成分粉砂岩、泥岩夹膏盐沉积建造 | 底部砂砾岩，下部长石石英砂岩、砂岩、粉砂岩、石英砂岩，粉砂岩夹泥岩，上部富含钙质结核泥岩夹粉砂岩、砂岩、薄层石膏层 | 湖泊、河流相 | 淮北 |
| 陆内 | 坳陷盆地 | 二叠纪 | 中世 | 石盒子组上段 | 含煤碎屑岩建造 | 富含钙质结核泥岩、长石石英砂岩、粉砂岩夹煤层 | 三角洲平原 | 两淮 |
| 陆内 | 坳陷盆地 | 二叠纪 | 中世 | 石盒子组下段 | 含煤碎屑岩建造 | 泥岩、粉砂岩、砂岩、砂质页岩夹煤层、底部长石石英砂岩 | 三角洲平原 | 两淮 |
| 陆内 | 坳陷盆地 | 二叠纪 | 早世 | 山西组 | 含煤碎屑岩建造 | 泥岩、粉砂岩、砂岩夹煤层，底部细砂岩、石英砂岩 | 三角洲平原 | 两淮 |
| 陆内 | 陆表海 | 石炭纪 | 晚世 | 太原组 | 滨岸碳酸盐、碎屑岩含煤建造 | 生物屑灰岩、白云质灰岩、砂质页岩、石英砂岩、岩屑石英砂岩、粉砂质泥岩、薄层碳质泥岩及煤，底部细粒石英砂岩 | 三角洲平原 | 两淮 |
| 陆内 | 陆表海 | 石炭纪 | 中世 | 本溪组 | 铝土岩-碳酸盐岩建造 | 下部含砾铁质、铝质黏土岩、瘤状灰岩、白云质灰岩夹微晶灰岩透镜体、中部微晶灰岩、铁质粉砂质泥岩，上部铁（锰）质砂岩、黏土岩 | 三角洲平原 | 淮北 |
| 陆内 | 陆表海 | 奥陶纪 | 早世 | 老虎山组 | 白云质灰岩-白云岩建造 | 灰质白云岩、微晶白云岩、白云质灰岩夹微晶灰岩 | 局限台地相 | 淮北 |
| 陆内 | 陆表海 | 奥陶纪 | 早世 | 马家沟组 | 灰岩-白云岩-泥质灰岩建造 | 厚层微晶灰岩、微晶白云岩、泥质灰岩 | 开阔台地相 | 两淮 |
| 陆内 | 陆表海 | 寒武纪 | 晚世 | 萧县组 | 微晶灰岩-白云岩建造 | 角砾状灰岩、微晶白云岩夹白云质灰岩 | 开阔台地相 | 两淮 |
| 陆内 | 陆表海 | 寒武纪 | 晚世 | 贾汪组 | 浅海台地碎屑岩、碳酸盐岩组合 | 上部页岩、砂质页岩与白云质灰岩互层、下部泥质白云岩、砾屑白云岩、下部灰质泥质白云岩、底部含砾砾屑白云岩 | 局限台地相 | 淮北 |
| 陆内 | 陆表海 | 寒武纪 | 晚世 | 三山子组 | 硅质条带白云岩建造 | 上部硅质条带微晶白云岩、硅质结核微晶白云岩、瘤状微晶白云岩、条带微晶白云岩 | 局限台地相 | 淮南 |
| 陆内 | 陆表海 | 寒武纪 | 晚世 | 土坝组 | 硅质团块、结核白云岩建造 | 硅质团块白云岩、硅质结核微晶白云岩、瘤状微晶白云岩、竹叶状灰岩 | 局限台地相 | 淮北 |
| 陆内 | 陆表海 | 寒武纪 | 晚世 | 炒米店组 | 生物屑泥晶碳酸盐岩建造 | 叠层石灰岩、鲕粒白云质微晶灰岩、生物屑微晶灰岩、含海绿石微晶灰岩、豹皮状白云质微晶灰岩 | 开阔台地相 | 淮北 |

续表 1-16

| 构造古地理 | | | 时代 | | | 岩石地层单位 | 沉积建造 | 岩石组合 | 沉积相 | 分布地区 |
|---|---|---|---|---|---|---|---|---|---|---|
| Ⅱ级 | Ⅲ级 | | 纪 | 世 | | | | | | |
| 陆内 | 陆表海 | | 寒武纪 | 晚世 | | 崮山组 | 生物屑亮晶碳酸盐岩建造 | 亮晶白云质鲕粒灰岩、微晶鲕粒灰岩、砂屑灰岩、豹皮状白云质微晶灰岩 | 开阔台地相 | 两淮 |
| | | | | 中世 | | 张夏组 | 生物屑、砂晶屑亮晶碳酸盐岩建造 | 泥微晶砂屑(质)灰岩、亮晶鲕粒灰岩、葛万藻亮晶粒灰岩 | 开阔台地相 | |
| | | | | | | 馒头组 | 碎屑岩-生物屑碳酸盐岩建造组合 | 四段：海绿石亮晶长石石英砂岩、亮晶鲕粒灰岩、亮晶核形石灰岩、亮晶鲕粒灰岩、细砂岩夹海绿石亮晶砂屑生物屑灰岩；三段：含砂屑生物屑灰岩、生物屑灰岩、亮晶核形石灰岩、钙质泥岩夹藻泥晶灰岩、二段：豹皮状微晶灰岩；一段：钙质页岩、粉砂质泥(页)岩 | 开阔台地相 | |
| | | | | 早世 | | 昌平组 | 生物屑微晶灰岩 | 含白云质微晶灰岩、泥质微晶灰岩、条带砂屑微晶灰岩及海绿石生物屑微晶灰岩 | 台地前缘浅滩相 | 淮南 |
| | | | | | | 猴家山组 | 磷锰含碳酸盐岩建造组合 | 底部为灰色、灰黑色磷砾岩或磷矿层和灰黄微带灰红色厚层砂岩；主体为浅灰色、浅灰红色厚层含燧石团块中薄-中厚层含燧石白云质灰岩夹灰质页岩 | 潮坪相 | |
| | | | 震旦纪—青白口纪 | | | 雨台山组 | 磷锰碳质碎屑岩建造 | 下部为黄绿色页岩、棕黄色中厚层石英砂岩、上部为灰绿色页岩夹碳质页岩、顶部为紫褐色锰页岩、黑色铺、碳质页岩 | 陆棚-盆地相 | |
| | | | | | | 凤台组 | 白云质砾岩-泥灰岩-灰岩建造 | 灰红色中厚层夹中薄层灰岩和厚层泥灰岩、泥质微晶灰岩、灰黑色、灰紫色中厚一块状砾岩夹灰紫色薄层泥灰岩、含灰质砂岩、黄绿色页岩 | 滨岸砾屑滩相 | 淮北 |
| | | | | | | 金山寨组 | 复成分碎屑岩-白云岩-灰岩建造组合 | 燧石质砾岩、砂质页岩、石英砂岩、含铁砂质灰岩 | 陆棚相 | 两淮 |
| | | | | | | 四顶山组 | 白云岩建造 | 上段：灰色中厚层含燧石结核泥晶白云岩、砂屑白云岩、叠层石白云岩；中段：灰白色中厚层叠层石细晶白云岩含燧石核细晶白云岩夹白云质灰岩透镜体；下段：灰、粉红色厚层泥晶白云岩、砂屑白云岩、叠层石微晶白云岩 | 潮坪相、生物礁相 | |
| | | | | | | 九里桥组 | 粉砂泥质生物碳酸盐岩建造 | 微晶灰岩夹粉砂质页岩、叠层石微晶灰岩 | 陆棚内缘相 | |
| | | | | | | 望山组* | 白云岩建造、条带微晶灰岩建造 | 上段：上部浅灰色—中厚层灰岩、白云岩、白云质灰岩，下部灰白色方解石细脉、下部灰白色厚层白云岩含燧石核灰岩夹白云岩透镜体；中段：上部浅灰色中厚层薄层白云岩夹薄至中厚层灰质白云岩，下部灰色薄至中厚层灰质白云岩与钙质页岩互层；下段：灰白色薄层白云岩夹钙质页岩互层，呈肋骨状 | 潮坪相、陆棚内缘相 | 淮北 |
| | | | | | | 史家组* | 钙质页岩-微晶灰岩建造 | 以黄绿色页岩为主，下部夹黄灰色页状薄层灰质页岩、叠层石灰岩和砾屑灰岩、上部夹紫色含灰结核页岩和页岩、黄绿色薄层含海绿石粉(细)砂岩；中部夹中厚层细粒状(细)砂岩、顶部含赤铁矿结核 | 陆棚相 | |

续表 1-16

| 构造古地理 II级 | 构造古地理 III级 | 时代 纪 | 时代 世 | 岩石地层单位 | 沉积建造 | 岩石组合 | 沉积相 | 分布地区 |
|---|---|---|---|---|---|---|---|---|
| 陆内 | 陆表海 | 震旦纪—青白口纪 | | 魏集组* | 礁礫碳酸盐岩建造 | 上部为灰白、灰黄、紫灰等中厚层含叠层石泥晶灰岩、白云岩；下部为灰色、深灰色薄—中厚层层泥晶、细晶灰岩、白云岩（局部夹砾屑灰岩、白云岩） | 生物礁相 | 淮北 |
| | | | | 张渠组* | 白云质灰岩-白云岩建造 | 灰色、浅灰色薄至厚层细晶白云岩、微晶灰岩夹薄层石层石 | 湖相、开阔台地相 | |
| | | | | 九顶山组* | 白云质灰岩-白云岩建造 | 上部为浅灰色中厚—厚层含燧石条带细晶白云岩、灰岩，顶部含叠层石；下部灰色微（细）晶白云岩叠层石藻灰岩，底部为砾屑灰岩夹紫红色钙质页岩 | 生物礁相、湖相、潮坪相 | |
| | | | | 倪园组* | 白云质灰岩-白云岩建造 | 上部灰色中厚层—中厚层含燧石条带泥晶白云岩、白云岩；下部灰色薄层泥晶灰岩，夹黄灰色紫红色质泥晶灰岩（白云岩），夹泥晶白云质灰岩、砾屑灰岩，具灰色畸形方解石细脉 | 湖、潮坪相 | |
| | | | | 赵圩组* | 条带微晶灰岩建造 | 上部灰色、灰黄色、灰紫色条带薄—中厚层泥晶灰岩，夹叠层石厚层泥晶灰岩透镜体 | 潮坪相 | |
| | | | | 贾园组* | 粉砂质生物碎屑岩建造 | 灰色、青灰色、薄层页岩夹薄层粉砂质泥晶灰岩、中厚层粉砂质粉砂岩、石英砂岩、粉砂岩、灰绿色、黄绿色薄层泥质灰岩及叠层石灰岩透镜体 | 陆棚内缘相 | 两淮 |
| | | | | 四十里长山组 | 复成分碎屑岩建造 | 石英砂岩、钙质石英砂岩、灰白色海绿石细粒石英砂岩，具水平层理、小型斜层理、沙纹层理的结构，砂岩的成分成熟度较高 | 海滩相 | |
| | | | | 刘老碑组 | 泥晶灰岩-泥灰岩-微晶灰岩建造 | 上部的上部以灰黄色中—中厚层微晶灰岩，白云质灰岩为主；下部以黄绿色页岩为主，夹薄层泥质灰岩、钙质页岩层理。下段为紫红色、黄绿色、灰绿色薄层石英粉砂岩、粉砂岩、钙质页岩 | 陆棚内缘相陆棚相 | 淮南 |
| | | | | 伍山组 | 石英砂岩建造 | 顶部为紫红色厚层灰白色海绿石英砂岩为主，局部含砾，砂岩含铁质含砾砂岩及铁质石英砂岩，具平行层理 | 过渡带、海滩相 | |
| | | | | 曹店组 | 铁质岩-复成分砂砾岩建造 | 厚层铁质岩、砂砾岩及铁质含砾砂岩及铁质粉砂岩 | 前滨带滨带砾屑滩 | |

注：*表示由于淮北一带的寒武纪以下地层序存在一定问题，表中的以往划分的地层作为参考，因为许多地层剖面是不同地段拼接起来的，大致相当于淮南四十里长山组以上层位及山东省的浮来山群的，其中贾园组相当于九里桥组，表中的以往划分的地层作为参考，因为许多地层剖面是不同地段拼接起来的，大致相当于淮南四十里长山组以上层位及山东省的浮来山群的石旺庄组。

表1-17 安徽省下扬子地层区前侏罗纪岩石地层单位沉积建造组合与沉积相特征

| 构造古地理 II级 | III级 | 时代 | | 岩石地层单位 | 沉积建造 | 岩石组合 | 沉积相 | 分布地区 | 含矿性 |
|---|---|---|---|---|---|---|---|---|---|
| 被动陆缘 | 周缘前陆盆地 | 三叠纪 | 晚世 | 范家塘组 | 含煤碎屑岩建造 | 青灰色、灰绿色粉砂岩，粉砂质页岩夹少量砂岩，局部含铁质结核，具水平层理，碳质页岩夹煤层，平行层理，沙纹层理，含植物 | 三角洲平原相 | 沿江一带 | 煤 |
| | | | | 安源组 | 含煤碎屑岩建造 | 砾岩、砂岩、粉砂岩、粉砂质页岩夹碳质页岩及煤层，具水平层理，虫管、平行层理，沙纹层理，含植物 | 三角洲相 | 祁门—休宁—歙县一带 | 煤 |
| | | | 中世 | 黄马青组 | 粉砂岩-泥岩建造，粉砂岩-泥岩-灰岩建造 | 紫红色、灰绿色钙质、泥质粉砂岩夹粉质页岩、泥质灰岩、沥青质灰岩，局部夹三角齿砾岩、石膏，具条带状构造，微细水平层理 | 三角洲前缘相、前三角洲相 | 沿江一带 | |
| | | | | 周冲村组 | 蒸发岩建造 | 含石膏溶角砾岩、微晶白云岩、灰绿色钙质、泥质灰岩、微晶灰岩、蠕虫状灰岩及少量黄绿色泥岩，具水平层理，含菊石、牙形石、鱼龙 | 蒸发台地相 | 沿江一带 | 石膏 |
| | | | 早世 | 南陵湖组 | 微晶灰岩夹瘤状微晶灰岩建造 | 微晶灰岩夹瘤状灰岩，薄层状灰岩及微晶灰岩与微红色泥质微晶灰岩互层，含菊石、双壳类 | 开阔台地相 | 全区 | 石灰岩 |
| | | | | 和龙山组 | 条带泥岩灰岩建造 | 灰色微晶灰岩夹绿色泥岩、夹少量黄绿色泥质条带状灰色互层 | 台地斜坡相 | | |
| | | | | 殷坑组 | 钙质泥岩夹微晶灰岩建造 | 岩性为黄绿色钙质泥岩夹灰黑色薄层微晶灰岩，具水平层理，双壳类 | 陆棚相 | 广德一带 | |
| | | 二叠纪 | 晚世 | 长兴组 | 生物屑泥晶灰岩建造 | 沥青质微晶灰岩夹硅质页岩、广德独山夹硅质岩透镜体，各地有时含变化，泾县一宣城一带含量较高，向北、南东两侧降低。具水平层理 | 开阔台地相 | 沿江一带 | |
| | | | | 大隆组 | 硅质岩-硅质泥岩建造 | 灰黑色页岩间互层，灰黑色硅质页岩、硅质岩组成，有时夹灰岩 | 盆地相 | 沿江一带 | |
| | | | | 龙潭组 | 含煤碎屑岩建造 | 灰色、灰黑色含少量长石石英细砂岩、粉砂岩、黑色页岩相互层，其中夹煤、局部夹薄层碳质灰岩、团块或条带灰岩，顶部为灰黑色厚层灰岩，具波状层理，含鲢 | 台地缓坡相 | 宿松、南陵、东至 | 煤 |
| | | | 中世 | 武穴组 | 生物屑灰岩-硅质岩建造 | 微晶灰岩、生物屑灰岩、局部夹薄层碳质灰岩，硅质岩、钙质页岩，具水平层理、钙质页岩、波状层理、含鲢、珊瑚 | 三角洲 | 全区 | |
| | | | | 孤峰组 | 硅质团块-条带灰岩沥青质灰岩建造 | 硅质岩、硅质页岩、沥青质灰岩、硅质岩、局部地段夹硅质岩、硅质页岩、钙质页岩、含鲢 | 盆地相 | 宿松、南陵、东至 | 磷、锰 |
| | | | | 栖霞组 | | 生物屑灰岩、微晶灰岩、具水平层理、波状碳质灰岩、页岩、粉砂岩夹黏土层、贵池一带夹菱铁矿 | 台地缓坡相 | 全区 | 菱铁矿 |
| | | | | 梁山组 | 含煤碎屑岩建造 | 灰、灰黑色薄层碳质页岩、页岩、粉砂岩夹黏土层、煤、含植物 | 三角洲平原相 | 沿江一带 | 煤 |

续表 1-17

| 构造古地理 | | | 时代 | | | 岩石地层单位 | 沉积建造 | 岩石组合 | 沉积相 | 分布地区 | 含矿性 |
|---|---|---|---|---|---|---|---|---|---|---|---|
| Ⅱ级 | Ⅲ级 | | 纪 | 世 | | | | | | | |
| 被动陆缘 | 周缘前陆盆地 | | 石炭纪 | 早世 | | 船山组 | 藻纹层-藻团粒灰岩建造 | 灰色中厚—厚层微晶灰岩、球状灰岩，底部时见砾屑灰岩，具水平层理、微波状层理，含䗴 | 开阔台地相 | | |
| | | | | 晚世 | | 黄龙组 | 生物屑砂屑灰岩建造 | 浅灰色中厚—厚层灰岩、砂屑灰岩，在东至—奎湖附近，底部出现一套粗晶灰岩。其中含白云岩或灰岩角砾，具水平层理、微波状层理，含䗴 | 开阔台地相 | 全区 | 石灰岩 |
| | | | | | | 老虎洞组 | 白云质灰岩-白云岩建造 | 灰色中厚—厚层粉—细白云岩，含砂屑白云岩，夹生物屑灰岩、泥灰岩，具水平层理、微波状层理，含䗴 | 局限台地相 | | |
| | | | | | 早世 | 和州组 | 微晶灰岩-泥灰岩建造 | 上部为黄色、土黄色中薄层含白云质灰岩，含生物屑含砂屑泥灰岩，下部青灰色微晶灰岩、泥灰岩，土黄、黄褐色砂质黏土岩、含䗴 | 台地缓坡相 | 巢湖 | |
| | | | | | | 渐溪岩楔 | 复成分砾岩建造 | 岩屑砾岩为主，局部夹含砾碳质页岩，砂岩，含疑源类 | 冲积扇 | 池州—南陵 | 金 |
| | | | | | | 棚桥岩楔 | 石英砂砾岩建造 | 青灰色、褐色中厚层含锰铁质石英砂岩，上部见含疑源类 | 滨岸砾屑滩相 | 池州—南陵 | 铁 |
| | | | | | | 高骊山组 | 杂色砂岩-粉砂岩-页岩建造 | 杂色页岩、粉砂岩夹石英砂岩，有时夹泥灰岩、灰岩透镜体等，具水平层理、交错层理，含植物、珊瑚 | 三角洲相 | 全区 | 铁、煤、黏土矿 |
| | | | | | | 王胡村组 | 钙质砂岩-粉砂岩-页岩建造 | 灰色、黄绿色灰白色细砂岩、粉砂岩，页岩互层，含腕足类 | 浅滩相 | 怀宁—宣城 | |
| | | | | | | 金陵组 | 生物屑泥晶灰岩建造 | 微晶灰岩夹泥质灰岩、生物屑灰岩，具波状层理，含腕足类 | 开阔台地相 | 巢湖一带 | |
| | | 泥盆纪 | | 晚世 | | 擂鼓台组 | 砂岩-粉砂岩-泥质粉砂岩建造 | 黑色薄层碳质页岩、泥质粉砂岩、泥质粉砂岩与石英砂岩以灰黑色薄—中厚层灰白色薄—中厚层灰白色石英砂岩互层，夹少许粉砂岩 | 三角洲相 | 沿江一带 | 黏土矿、铁、煤 |
| | | | | | | 观山组 | 石英砂砾岩建造 | 下部为灰白色、紫红色，少量灰黑色薄层泥质粉砂岩，上部为灰白色中厚层石英砂岩，后者多夹为层式出现，所占比例为1/10，石英砂岩以具单向斜层理为特征，泥质粉砂岩中以含植物、舌形贝化石为主，局部见舌形贝 | 河流相、湖泊相 | 全区 | |
| | | | | | | | | 底部为厚1.14m的灰白色巨厚层石英质砾岩，向上为灰白色中厚层石英砂岩、泥质粉砂岩、灰黑色薄层泥质粉砂岩，夹灰黄色、灰白色石英砂岩以具单向斜层理，泥质粉砂岩中含植物，舌形贝化石，其中以含植物化石为主，局部见舌形贝 | 河流相、海滩相 | | |

续表 1-17

| 构造古地理 II级 | 构造古地理 III级 | 时代 纪 | 时代 世 | 岩石地层单位 | 沉积建造 | 岩石组合 | 沉积相 | 分布地区 | 含矿性 |
|---|---|---|---|---|---|---|---|---|---|
| 被动陆缘 | 陆棚碎屑岩盆地-陆棚碳酸盐岩台地 | 志留纪 | 中世 | 茅山组 | 砂岩夹粉砂岩建造 | 浅灰色、灰白色夹紫红色中薄层石英砂岩,夹多层浅灰色黏土岩为特征;上部为浅灰白色中厚层石英细砂岩、夹细砂岩及黏土岩为特征,具平行层理、斜层理,含双壳类 | 陆棚相→海滩 | 沿江一带 | |
| | | | | 唐家坞组 | 砂岩-粉砂岩建造 | 紫红色中薄层到中厚层岩屑砂岩、粉砂岩、泥质粉砂岩,组成不等厚韵律;中下部岩屑砂岩中白云母含量高,石英颗粒呈次圆状;中上部出现粉砂质泥岩,层面见波痕、冲刷构造,含双壳类、鱼类 | 潮坪相 | 石台—宁国 | |
| | | | | 坟头组 | 粉砂岩夹石英砂岩建造、砂岩-粉砂岩建造 | 下部岩性为灰色、深灰色、灰黄色中厚层石英砂岩与泥质粉砂岩不等厚互层,上部为黄绿色粉砂岩夹细粒、泥质粉砂岩夹生物碎屑粗粒砂岩,生物碎屑呈次圆状,局部夹5~10cm褐生物碎屑岩,含胶磷矿,含双壳类、腹足类 | 陆棚相→海滩相 | 沿江一带 | 磷 |
| | | | | 康山组 | 砂岩-粉砂岩建造 | 下部为深灰色、浅灰黄色夹灰色中厚层岩屑石英砂岩,岩石以平行层理为主,局部出现斜波状层理、微波状层理,含双壳类、腹足类 | 浅滩相→潮坪相 | 石台—宁国 | |
| | | | 早世 | 河沥溪组 | 砂岩-粉砂岩夹页岩建造 | 不等厚互层,中部为泥质粉砂岩、泥岩夹石英砂岩,石英岩中石英颗粒细而圆,偶含白云母片及粒状黑云母;上部夹多层黑色页岩 | 过渡带 | 石台—宁国 | |
| | | | | 高家边组 | 砂岩-粉砂岩夹页岩、粉砂质页岩夹砂岩建造、黑色页岩建造 | 下部:黑色页岩;中部:灰绿色、黄绿色、黄绿粉砂岩、黄绿色薄层细粒长石英砂岩、细砂岩、含笔石;上部:灰白色、粉砂岩与粉砂质页岩互层,石英砂岩夹黄铁矿及页岩,夹薄层凝灰岩,含笔石,三叶虫 | 盆地相→陆棚相 | 沿江一带 | |
| | | 奥陶纪 | 晚世 | 霞乡组 | 粉砂质页岩夹陆源碎屑浊积岩建造 | 上段为细砂岩,下段为细砂岩与薄层粉砂质泥岩、细砂岩组成,夹灰色薄层粉砂质泥岩,毫米级粉砂层发育。以细砂岩、粉砂岩后呈风化后呈棒条状,厚组成,含笔石 | 盆地相→陆棚相 | 石台—宁国 | |
| | | | | 五峰组 | 硅质泥岩-硅质岩建造 | 灰黑色、灰白色薄层含硅质泥岩、硅质岩、硅质页岩,其中含三叶虫、腕足类、笔石 | 盆地相 | 沿江一带 | |
| | | | | 长坞组 | 陆源碎屑浊积岩建造 | 下部为黑色碳质黏土页岩夹一薄层含粉砂晶屑沉凝灰岩具水平层理,含笔石;上部为黄绿色中厚层细砂岩夹灰黄绿色泥质粉砂岩、含笔石 | 盆地相 | 石台—宁国 | |

续表 1-17

| 构造古地理 | | | 时代 | | | 岩石地层单位 | 沉积建造 | 岩石组合 | 沉积相 | 分布地区 | 含矿性 |
|---|---|---|---|---|---|---|---|---|---|---|---|
| II 级 | III 级 | | 纪 | 世 | | | | | | | |
| 被动陆缘 | 陆棚碎屑岩盆地-陆棚碳酸盐岩台地 | | 奥陶纪 | 晚世 | | 汤头组 | 泥质瘤状灰岩建造 | 灰白色、浅青色、黄绿色、深灰色薄层瘤状泥质灰岩、含三叶虫 | 台凹相 | 沿江一带 | |
| | | | | | | 黄泥岗组 | 页岩-粉砂质页岩建造 | 灰色、灰绿色页岩、粉砂质页岩、含三叶虫 | 陆棚相 | 石台-宁国 | |
| | | | | | | 砚瓦山组 | 泥质瘤状灰岩建造 | 灰色、灰绿色、黄绿色具瘤状构造之含粉砂质页岩、及灰色、青灰色、灰黑色中厚层瘤状构造泥质灰岩、含介形虫、头足类、三叶虫 | 台凹相 | 石台-宁国 | |
| | | | | 中世 | | 宝塔组 | 瘤状灰岩建造 | 下部为肉红色、偶为淡青灰色、牙形石；上部为青灰色、肉红色、灰白色薄至中厚层含铁质结核干裂纹灰岩、含头足类、三叶虫、腕足类、牙形石 | 台凹相 | 沿江一带 | |
| | | | | | | 庙坡组 | 页岩建造 | 黑色钙质泥岩、黄绿色页岩夹灰黑色薄层硅质岩、灰岩透镜体、具水平层理、含笔石、三叶虫、头足类 | 盆地相 | 石台-宁国 | |
| | | | | | | 胡乐组 | 硅质-硅质岩建造 | 灰白色、灰黄色、棕黄色薄层硅质岩、硅质页岩、碳质硅质岩，具水平层理，下部含笔石 | 盆地相 | 石台-宁国 | |
| | | | | | | 牯牛潭组 | 生物屑泥晶灰岩建造 | 下部为浅灰微绿带绿色泥质条带灰岩夹少量泥质瘤状灰岩、偶为肉红色、牙形石；上部为淡青灰色薄至中厚层泥质瘤状生物屑灰岩、腹足类、牙形石 | 台地缓坡相 | 沿江一带 | |
| | | | | 早世 | | 大湾组 | 泥质瘤状灰岩建造 | 下部为灰色页岩-中厚层泥质瘤状生物屑灰岩，暗红色、中部为紫红色、灰紫色页岩、灰绿色薄-中厚层瘤状泥质灰岩夹页岩、含头足类、牙形石 | 台地缓坡相 | 巢湖市 | |
| | | | | | | 东至组 | 泥质瘤状灰岩建造 | 紫红黄色、灰灰色、深灰色瘤层泥质灰岩、水平纹层灰岩与结晶灰岩互层，含笔石 | 台凹相 | 东至-青阳 | |
| | | | | | | 里山千组 | 泥质瘤状灰岩-钙质泥岩建造 | 青灰色、黄灰色具碎屑胃灰岩夹微晶灰岩、水平微细层理页岩、粉砂质岩、含笔石 | 台地斜坡相 | 石台 | |
| | | | | | | 宁国组 | 页岩-粉砂质页岩建造 | 灰色、深灰色厚层-中厚层微晶灰岩，偶夹微晶灰岩，顶部夹紫红色泥质条带灰岩、灰岩夹页岩、本组含生物化石丰富，含笔石 | 陆棚相 | 石台-宁国 | |
| | | | | | | 红花园组 | 生物胃亮晶灰岩建造 | 下部夹砾粒灰岩，偶夹海绵骨针。本组含亮晶灰岩与泥晶灰岩互层 | 开阔台地相 | 沿江一带 | |
| | | | | | | 仑山组 | 白云质灰岩-白云岩建造 | 灰色中厚层至厚层白云岩、灰色、浅灰色薄-中厚层含泥质微晶灰岩、钙质微晶夹微晶灰岩，具水平层理 | 局限台地相 | 石台 | |
| | | | | | | 大崮千组 | | 灰黄色、深灰色薄-中厚层泥质灰岩、浅灰色含粉砂质页岩 | 台地斜坡相 | | |
| | | | | | | 印渚埠组 | 钙质页岩-页岩建造 | 黄绿色灰色扁豆状灰岩篓含粉砂钙质微晶夹钙质微晶灰岩夹薄层粉砂质灰岩、具水平层理、含笔石 | 陆棚相 | 石台-宁国 | |

第一章 沉积岩建造与构造古地理

续表 1-17

| 构造古地理 II级 | 构造古地理 III级 | 时代 纪 | 时代 世 | 岩石地层单位 | 沉积建造 | 岩石组合 | 沉积相 | 分布地区 | 含矿性 |
|---|---|---|---|---|---|---|---|---|---|
| 被动陆缘 | 陆棚碎屑岩盆地-陆棚碳酸盐岩台地 | 奥陶纪 | 早世 | 分乡组 | 硅质团块—条带灰岩建造 | 灰色含燧石结核、条带微晶灰岩夹页岩,具水平层理,含笔石、头足类、牙形石 | 开阔台地相 | 滁州一带 | |
| | | | | 南津关组 | 生物屑泥晶灰岩建造、砾屑灰岩建造 | 灰色中厚层一块状含砂屑灰岩、条带状微晶灰岩,泥晶灰岩,具波状层理,水平层理,含头足类、牙形石、腕足类 | 开阔台地相 | | |
| | | 寒武纪 | 晚世 | 琅琊山组 | 条带微晶灰岩建造、砾屑灰岩建造 | 灰色、深灰色薄层泥质条带含白云质灰岩、灰岩、含砂质灰岩,夹砾屑灰岩,中下部含三叶虫,具水平层理 | 台地边缘斜坡相 | 巢湖市 | |
| | | | | 观音台组 | 硅质条带—硅质团块白云岩建造 | 上段为硅质条带或硅质团块白云岩,具交错层理,底部见 0.23m 砂砾层,沙纹层理,水平层理;下部为块层微晶白云岩,具水平层理,沙纹层理 | 局限台地相 | | |
| | | | | 斋岭组 | 白云岩建造 | 上段下部为粉晶残余含核形石—砾、砂屑白云岩,细晶残余核形石白云岩互层,局部浅灰中厚一厚层白云岩,见层状白云岩、微—细晶白云岩频繁韵律互层,上部为灰色、灰红色、粉红色层纹状微晶白云岩,顶部为浅灰色微—细晶白云岩;下段下部为深灰色薄层一厚层粉—细晶白云岩,中晶白云岩或凝块白云岩韵律层,上部为灰白色厚层残余含砾含砂屑、砂屑微晶、细晶白云岩夹深灰色微—粉晶白云岩 | 台地边缘浅滩相 | 青阳 | |
| | | | | 青坑组 | 生物屑粉晶微晶灰岩建造 | 灰色中一厚层粉屑微晶灰岩、网纹及条带状砂屑灰岩夹深灰色中薄层具不规则条带粉屑灰岩,含三叶虫 | 开阔台地相 | 东至—泾县 | |
| | | | | 西阳山组 | 生物屑泥晶灰岩建造 | 灰黑色、青灰色薄层泥质条带含白云质微晶灰岩与钙质页岩,含碳质页岩,薄板状含碳泥质灰岩间互,时而夹砾屑灰岩,含三叶虫 | 开阔台地相 | 皖南 | |
| | | | | 团山组 | 条带微晶灰岩建造 | 深灰色中薄层粉屑灰岩与泥岩条带状微晶灰岩与厚层微晶灰岩厚互层,岩石厚度 5~30cm,含三叶虫 | 台地边缘斜坡相 | 东至—泾县 | |
| | | | | 华严寺组 | 条带微晶灰岩建造 | 灰黑色中薄层砂屑灰岩呈钙质韵律互层,水平层理发育,灰岩厚 5~5cm,与钙质泥岩常组成假厚层,灰白云岩团块成碎屑状,灰黑色、夹灰黑色含碳泥质灰岩 | 台地边缘斜坡相 | 石台—宁国 | |
| | | | 中世 | 杨柳岗组 | 泥晶灰岩建造 | 下部为深灰黑色薄层—中厚层具水平层理微细层泥晶灰岩、碳质灰黑色碳质页岩之微晶灰岩;上部为具水平层理微细层层状灰岩或团块灰岩或白云岩团块状灰岩,具白云岩极薄层粉屑灰岩,灰色薄层砂屑灰岩,泥晶灰岩,砂质粉砂岩 | 陆棚相 | 皖南 | |

续表 1-17

| 构造古地理 | | 时代 | | 岩石地层单位 | 沉积建造 | 岩石组合 | 沉积相 | 分布地区 | 含矿性 |
|---|---|---|---|---|---|---|---|---|---|
| Ⅱ级 | Ⅲ级 | 纪 | 世 | | | | | | |
| 被动陆缘 | 陆棚碎屑岩盆地-陆棚碳酸盐台地 | 寒武纪 | 中世 | 炮台山组 | 白云岩夹泥质白云岩建造 | 上部为浅灰色中薄—厚层含燧石结核、团块微晶白云岩，泥质白云岩夹砖红色、黄褐色微晶白云岩，下部为深灰色、浅灰色中厚—厚层微晶白云岩、蠕状泥质白云岩夹灰白色砂屑白云岩及紫红色泥质白云岩，含三叶虫 | 局限台地相 | 巢湖市 | |
| | | | | 大陈岭组 | 条带微晶灰岩建造 | 深灰色中厚层条带状微晶灰岩，含三叶虫 | 缓坡相 | 皖南 | |
| | | | | 黄柏岭组 | 钙质页岩-页岩建造 | 黄绿色、灰绿色钙质页岩、页岩，含三叶虫 | 陆棚相 | 东至—泾县 | |
| | | | 早世 | 荷塘组 | 碳质泥岩建造 | 上部为灰黑色碳质页岩、薄层碳质页岩，夹石煤层，含串珠状磷结核及灰黑色泥岩夹铁矿，含石煤、磷、钒、钼、铀等矿产。池州市乌家冲一带中部夹灰黑色薄层水平层理波状层理微晶白云岩、泥晶白云岩夹硅质团块、硅质结核微晶白云岩、泥晶白云岩夹藻类白云岩，含三叶虫 | 盆地相 | 皖南 | 石煤、磷、锰 |
| | | | | 幕府山组 | 白云岩建造 | 深灰色中厚层微晶白云岩，具水平层理，为厚层碳质页岩夹硅质岩夹白云岩夹微晶白云岩，局部变凝灰岩、具水平层理，含微古植物 | 潮坪相、浅滩相 | 巢湖市 | |
| | | 震旦纪 | | 皮园村组上段 | 硅质岩-硅质岩建造 | 灰黑色薄层硅质岩、泥质硅质岩与灰黑色厚层含碳质硅质岩，灰白色厚层硅质岩相间互层。顶部为1~15cm的凝灰岩，具厚1~2mm的水平纹层，含微古植物 | 盆地相 | 皖南 | |
| | | | | 皮园村组下段 | | 上段为黑色薄—厚层含沥青质微晶灰岩、含沥青硅质灰岩，具水平纹层和条带状构造；下部为灰色中—中厚层微晶灰岩、灰白色中厚层硅质碳质页岩与浅灰色、灰白色薄—中厚层白云岩，具水平层理，鸟眼构造 | 陆棚相 | | |
| | | | | 灯影组 | 白云岩建造，含沥青碳酸盐岩建造 | 顶部为黑色薄—灰黑色薄层"肋骨"状白云岩含沥青质灰岩，其底部为中厚层碳质泥岩，灰黄白云岩互层；中部为黑色深灰色中层含硅质碳质页岩与浅灰色、白色中厚—中层薄层白云岩，具水平层理；下部为薄—中厚层灰质白云岩，有时含锰，含宏观藻、微古植物 | 局限台地相 | 巢湖市 | |
| | | | | 蓝田组 | 条带微晶灰岩建造，有机质泥岩建造 | 上段为灰黑色碳质页岩及含灰质泥岩夹白云质灰岩，局部呈韵律互层，具水平层理；下段为黑色灰黑色灰黄色条纹状细砂岩、粉砂岩、灰色含砂岩屑岩屑砂岩，下部灰白色、灰色薄层含粉砂粉砂质泥岩夹砂质页岩，具正粒序层理、平行层理、水平层理及含锰铁岩屑砂岩及泥灰岩透镜体 | 台地斜坡相 | 皖南 | 铁、锰 |
| | | | | 黄墩组 | 泥晶灰岩-泥灰岩建造，钙质页岩-微晶灰岩建造 | 上段为灰黑色干枚岩夹灰岩，白云岩，具水平层理；下段灰黑色为主，夹少量变质中粗粒岩屑砂岩，粉砂质千枚岩、底部为灰色碳质干枚岩及灰质灰岩与锰质干枚岩岩屑岩及锰质灰岩灰质灰岩透镜体 | 潮坪相，碳酸盐缓坡相，过渡带，陆棚相 | 滁州市 | |

第一章 沉积岩建造与构造古地理

续表 1-17

| 构造古地理 | | 时代 | | | 岩石地层单位 | 沉积建造 | 岩石组合 | 沉积相 | 分布地区 | 含矿性 |
|---|---|---|---|---|---|---|---|---|---|---|
| II级 | III级 | 纪 | 世 | | | | | | | |
| 被动陆缘 | 天折裂合 | 南华纪 | 晚世 | | 南沱组 | 含砾泥岩建造 | 上部为青灰色厚层含砾泥岩,含丰富的微古植物;中部为灰黄色中厚层含硅质泥岩,具水平层理;下部为浅灰黄色、灰绿色厚一巨厚层凝灰质含砾泥质砾岩,含微古植物 | 冰川相 | 皖南 | 锰 |
| | | | | | 苏家湾组 | 含砾砂质千枚岩建造 | 下部为乳白色变质石英砂岩及黄绿色砂质千枚岩;上部为黄绿色砂质含砾粉砂质千枚岩等 | 冰川陆棚相 | 滁州市 | |
| | | | 早世 | | 休宁组 | 杂砂岩建造、粉砂岩建造 | 上段底部为浅灰色巨厚层砾岩,夹含凝灰质中厚层砂岩、下部为浅灰白色中厚层凝灰质中粗粒长石岩屑砂岩,夹含凝灰质中厚层砂岩夹紫红色中层岩屑杂砂岩、沉凝灰岩,具丘状交错层理,含丰富的微古植物;上部为浅灰白色中细粒一厚层中细粒长石石英砂岩、岩屑长石杂砂岩,石英粉砂岩,含微古植物,具平层层理,水平层理,波状层理;下段下部为浅灰色中细粒长石石英砂岩,石英杂砂岩夹粉砂岩、沉凝灰岩,具水平层理,斜层理,平行层层理;中厚层杂砂岩夹粉砂岩呈韵律状产出,含微古植物,具板状交错层理,丘状交错层理,具正粒序,底部为一套紫色为主的中厚层砂砾岩、含微古植物 | 滨岸砾屑滩相、坪相,潟湖相,前滨带,过渡带 | 皖南 | |
| | | 青白口纪 | | | 周岗组 | 岩屑石英砂岩一粉砂岩千枚岩建造 | 下部为灰绿色、黄绿色中厚层含灰黄色砂质千枚岩、千枚岩;上部为灰绿色、灰灰色、浅灰色细粒长石石英砂岩、粉砂岩、粉砂质千枚岩及千枚岩 | 陆棚相 | 滁州市 | 铜、黄铁矿 |
| | | | | | 小安里组 | 岩屑石英砂岩建造 | 上部为灰黄色、浅灰绿色、灰白色中厚层岩屑石英粗粒石英砂岩、粉砂岩互层;中部厚互层;下部为浅灰色中厚一厚层中粒岩屑石英砂岩、粉砂质粉砂岩,粉砂岩不等厚互层,具平行层理,冲刷层理 | 前滨带、后滨带、近滨带 | 东至 | 铜、黄铁矿 |
| | | | | | 铺岭组 | 双峰式火山岩建造 | 灰绿色凝灰岩与安山岩(或安山玢岩)互层,中间夹一层灰质凝灰砂岩 | 喷发相 | 东至一祁门 | 铜 |

续表 1-17

| 构造古地理 | | 时代 | | 岩石地层单位 | 沉积建造 | 岩石组合 | 沉积相 | 分布地区 | 含矿性 |
|---|---|---|---|---|---|---|---|---|---|
| II级 | III级 | 纪 | 世 | | | | | | |
| 被动陆缘 | 天折裂谷 | 青白口纪 | | 井潭组 | 双峰式火山岩建造 | 上部为灰色、灰黄色、黄绿色变质沉凝灰岩、含角砾凝灰岩、玻屑凝灰岩；中部夹灰流纹岩（玻）屑凝灰岩、黄绿色变质英安质火山角砾岩、灰褐色变质流纹质英安质晶屑凝灰岩、灰绿色变质英安质晶屑凝灰岩为主，夹少量的灰绿色变质英安质晶屑凝灰岩 | 喷发、溢流相 | 歙县 | |
| | | | | 邓家组 | 石英砂砾岩建造 | 上部为浅灰色、灰黄色块层状中粒石英砂岩，中部为浅灰色、灰绿色中厚层粗粒砂岩，夹浅褐色中薄层千枚状板岩；下部为浅灰色中厚层中—细粒硅质砾岩与含砾砂岩、浅灰绿色中厚层变质中粒石英砂岩 | 近滨带、前滨带、滨岸砾屑滩 | 东至—绩溪 | |
| | | | | 葛公镇组 | 复成分碎屑岩建造、粉砂岩—泥岩建造 | 上部岩性为青灰色变质中厚层长石岩屑砂岩夹灰黑色粉砂岩、中厚层灰黑色薄层粉砂岩、含粉砂质板岩，具水平层理；下部为灰黑色薄层变质粉砂岩、含粉砂质板岩，底部为中—厚层岩屑砂岩、浅灰绿色变质时而夹灰绿色中—厚层岩屑细砂岩、变细粒砂岩、变泥岩复成分细砾岩，变泥岩组成不等厚韵律 | 陆棚相、过渡带、近滨带、前滨带、滨岸砾屑滩 | 东至—绩溪 | |

**4. 侏罗纪以后沉积岩建造类型特征**

印支运动以后,安徽省已形成统一大陆块体,侏罗纪开始转为内陆盆地沉积,侏罗纪以后各区岩石地层单位岩石组合、沉积建造与沉积相特征见表1-18～表1-20。侏罗纪沉积均分布在大别造山带南、北侧的前、后陆盆地,随着大别造山带的不断隆升,为南、北两侧盆地提供了大量的陆源碎屑物。早白垩世起,受以断块差异升降为主的伸展作用影响,盆地周缘(尤其南缘)伴随中酸性火山活动,以后由于构造应力转换,导致北北东向的郯庐、阜阳等断裂的活动,产生一系列北北东向西高东低的断陷盆地,从而本区呈现了沉积盆地转换的特点。晚白垩世早期盆地范围有所缩小,晚白垩世至古近纪由于大别造山带和郯庐等断裂的再次活动,形成别具特色的分叉型坳陷盆地,且出现巨厚的古近纪的沉积。

早侏罗世起,大别造山带隆升剥蚀区成为大别山盆地(内陆坳陷盆地)的物源区。北侧为华北南缘合肥盆地,盆地内自早侏罗世—晚侏罗世沉积了一套洪冲积相-河流湖泊相的碎屑岩。大致以肥西-韩摆渡断裂为界,北侧自下而上为:早侏罗世防虎山组、中侏罗世圆筒山组、晚侏罗世周公山组。南侧自下而上为:早—中侏罗世三尖铺组、晚侏罗世凤凰台组;大别山以南为沿江盆地,沿长江一带自下而上为早侏罗世钟山组、中侏罗世罗岭组至晚侏罗世,分化为庐-枞火山岩盆地,沉积了龙门院组,繁昌火山岩盆地沉积了中分村组,滁县盆地内沉积了晚侏罗世红花桥组,在宁芜盆地内沉积了晚侏罗世西横山组、龙王山组;屯溪一带自下而上为早侏罗世月潭组、中侏罗世洪琴组、晚侏罗世炳丘组。

白垩纪地层主要为陆相碎屑岩盆地沉积和火山岩盆地沉积。侏罗纪末(中燕山运动)的强烈拉张,构成了一系列特征的断陷火山岩盆地,包括霍毛、庐枞、怀宁、宁芜、繁昌盆地,另外在南部的黄山市—绩溪一带的盆地内为早白垩世地层,称徽州组;与浙江省交界附近的为天目山火山岩盆地,自下而上称劳村组、黄尖组;而宣城、广德一带因受周王断裂的影响,同生了宣广盆地,自下而上为广德组、杨湾组、七房村组和赤山组。稍后,阜阳-商城、郯庐、绩溪等断裂的活动,使各盆地呈现西北高、东南低的格局,早白垩世的沉积盆地向东南扩展,呈现早白垩世沉积超覆不整合在侏罗系及前侏罗系不同层位之上。晚白垩世晚期随着构造活动性增强,一系列断裂的活动形成了区内许多冲积扇、河流、湖泊相的红色碎屑沉积盆地,包括望江、无为、潜山等盆地,另外,宣广盆地的范围也明显扩大,往东北与苏南的句容、常州盆地连成一片。

古近纪地层基本上继承了晚白垩世地层分布的格局,主要为陆相红色沉积岩系,往往以断陷盆地的形式出现,分布在潜山、沿江(分为望江、无为)、宣广、天长、合肥、界首盆地内。潜山盆地古近纪地层自下而上划分为古新世望虎墩组、痘姆组;望江盆地古近纪地层自下而上划分为古新世望虎墩组、痘姆组,始新世双塔寺组,渐新世吴雪岭组;在无为盆地的北侧边缘出现了始新世照明山组;宣广盆地为始新世双塔寺组;天长盆地分为舜山集组、狗头山组、张山集组;合肥盆地为古新世—始新世定远组、渐新世明光组。

新近纪地层主要为陆相沉积岩系,中新世在界首盆地湖泊相内部的沉积称为馆陶组,边缘的沉积称为下草湾组、正阳关组,边缘的河流相沉积称为石门山组,在沿长江一带的河流相沉积称为洞玄观组,天长盆地称为花果山组;上新统在界首盆地湖泊相内部的沉积称明化镇组,天长盆地称为桂五组,在沿长江一带的河流相沉积称为安庆组。

(二)沉积建造形成序列

安徽省从青白口纪—三叠纪华北、秦岭-大别、扬子3个地层区属于不同的构造环境,出现了不同的沉积建造形成序列,而侏罗纪以后本省已经为统一的陆块。沉积建造形成序列的研究是岩石建造构造组合的基础,现分别叙述。

表 1-18 安徽省华北地层区中、新生代沉积岩建造组合与大地构造特征

| 地层分区 | 年代地层单位 | | | | 岩石地层单位 | | 沉积岩建造类型 | | | 构造岩石组合类型 | | 含矿性 | 沉积相 | 构造古地理单元 | 大地构造相 | 亚相 |
|---|---|---|---|---|---|---|---|---|---|---|---|---|---|---|---|---|
| | 界 | 系 | 统 | | 徐淮分区 | 六安分区 | 徐淮分区 | 六安分区 | | 徐淮分区 | 六安分区 | | | | 相 | |
| 六安地层分区 / 徐淮地层分区 | 新生界 | 第四系 | | | | | | 砾、粉砂、亚黏土、砂岩建造 | | | 第四纪砾、粉砂、泥质组合(Q) | 砾岩、砂岩、泥质组合 亚黏土组合(Q) | | 曲流河相-湖泊三角洲相 | 陆内无火山岩断陷盆地 | 陆内盆地相 | 断陷盆地亚相 |
| | | 新近系 | 上新统 | | 明化镇组 | | 含铁锰质泥质粉砂岩、泥岩、砂岩建造 | | | 含铁锰质泥质砂岩、泥质组合(N) | 含铁锰质砂、泥质组合(N) | 铁 锰 | | | 陆内盆地相 苏北断陷盆地 | (局限盆地) |
| | | | 中新统 | | 馆陶组 | | 砾岩、砂岩、泥质岩建造 | | | | | | | | | |
| | | 古近系 | 渐新统 | | | 石门山组 | 砾岩、粉砂岩、细砂岩建造 | | | 夹玄武岩流层含青砂泥岩组合(E) | 含青砾岩、砂岩、泥质岩组合(E) | | | 陆 | 块 | 大 |
| | | | 始新统 | | 界首组 | 正阳关组 明光组 | 砾、砂、泥质岩含青建造 | 局限盆地火山砂砾岩沉积层间建造 武岩流层含青建造 | | | | 石膏 | | 陆内无火山岩断陷盆地 | | 相 |
| | | | 古新统 | | 双浮组 | 定远组 | | | | | | | | 陆内火山沉积断陷盆地 | | |
| | 中生界 | 白垩系 | 上统 | | 张桥组 | | 钙质石英砂岩、泥质沉积建造 | | | 细砂岩、石英砂岩($K_2$) | | | 曲流河相-湖泊三角洲相 | 陆内火山沉积断陷盆地 | 陆内盆地相 | 断陷盆地亚相 |
| | | | 下统 | | 邱庄组 新庄组 | | 砾、砂、泥质沉积建造 | | | 钙质含砾岩屑长石砂岩、泥岩组合($K_1$) | | | 破火山口-火山口湖相 | 陆内无火山岩断陷盆地 | | 火山断陷盆地亚相 |
| | | 侏罗系 | 上统 | | 毛坦厂组 | | 安山岩、粗面岩、凝灰岩、熔岩、角砾凝灰岩沉积建造 | | | 中酸性火山碎屑岩组合($J_3K_1$) | | | 湖泊三角洲相 | 陆内坳陷盆地 | 陆内盆地相 | 坳陷盆地亚相 |
| | | | 中统 | | 圆筒山组 | | 山前盆地碎屑岩沉积建造 | | | 铁质、钙质含砾岩屑长石砂岩、粉砂岩组合($J_2$) | | 铁煤 | | | | (孤后盆地) 山前磨拉石盆地 |
| | | | 下统 | | 防虎山组 | | 复成分相碎屑含煤建造 山麓类磨拉石建造 | | | 复成分含煤山前长石砂、粉砂岩组合 构造组合($J_{1-2}$) | | | | | | |

## 表 1-19　安徽省秦岭-大别地层区中、新生代沉积岩建造组合与大地构造特征

| 地层分区 | 年代地层单位 界 | 系 | 统 | 岩石地层单位 | 沉积岩建造类型 | 构造岩石组合类型 | 含矿性 | 沉积相 | 构造古地理单元 | 大地构造相 相 | 亚相 |
|---|---|---|---|---|---|---|---|---|---|---|---|
| 北淮阳地层分区 | 新生界 | 第四系 | | | 砾、粉砂、亚黏土建造 | 第四纪砾、粉砂、亚黏土组合(Q) | | 曲流河相-湖泊三角洲相 | | | |
| | | 新近系 | | | | | | | | | |
| | | 古近系 | | | | | | | | | |
| | 中生界 | 白垩系 | 上统 | 戚家桥组 下符桥组 黑石渡组 | 砂砾岩、砂岩、粉砂岩沉积建造 | 湖泊三角洲砂砾岩-砂岩-粉砂岩组合(K) | | 湖泊三角洲相 | 陆内无火山岩断陷盆地 | 陆块大相 陆内盆地相 | 断陷盆地亚相 |
| | | | 下统 | 晓天组 | 沉凝灰质砂砾岩、砂岩、页岩沉积建造 | 河砂岩-砂岩夹火山岩组合(K) | 萤石 | 火山河湖相 | 陆内火山-沉积断陷盆地 | | 北淮阳火山侵入岩浆带 |
| | | | | 响洪甸组 | 碱性玄武岩、碱玄质响岩、粗面岩建造 | 碱性玄武岩-响岩-粗面岩组合($K_1$) | 铅锌 金 | 破火山口相 | 陆内火山-沉积断陷盆地 | | |
| | | 侏罗系 | 上统 | 毛坦厂组 | 陆相安山质、粗面质火山、火山碎屑岩建造 | 安山质-火山碎屑岩组合($J_3K_1$) | | | | | |
| | | | 中统 下统 | 凤凰台组 三尖铺组 | 山前盆地类磨拉石式复成分粗碎屑岩沉积建造 山前类磨拉石式复成分粗碎屑岩沉积建造 | 湖泊三角洲复成分粗碎屑岩组合(J) | 煤 | 湖泊三角洲相 | 陆缘坳陷盆地 | | 坳陷盆地亚相（弧后盆地）山前磨拉石盆地 |

表 1-20 安徽省扬子地层区中、新生代沉积岩建造组合与大地构造特征

| 地层分区 | 年代地层单位 | | | 岩石地层单位 | | 沉积岩建造类型 | | 构造岩石组合类型 | | 含矿性 | 沉积相 | 构造古地理单元 | 大地构造相 | | |
|---|---|---|---|---|---|---|---|---|---|---|---|---|---|---|---|
| | 界 | 系 | 统 | 下扬子分区 | 江南分区 | 下扬子分区 | 江南分区 | 下扬子分区 | 江南分区 | | | | 相 | 亚相 | |
| 江南地层分区 / 下扬子地层分区 | 新生界 | 第四系 | | | | 砂、粉砂-砂砾、亚黏土建造 | | 第四纪砾、粉砂、亚黏土组合(Q) | | 凹凸棒石黏土矿 | 火山盆地相 | 陆内火山-沉积陷盆地 | 陆内盆地相 | 断陷盆地亚相（局限盆地） | 陆块大相 |
| | | 新近系 | 上新统 | 桂五组 | 安庆组 | 橄榄玄武岩、砂砾岩建造 砾岩-砂岩建造 | 砾-砂岩建造 | 橄榄玄武岩、砂砾岩、泥岩组合(N) 砾岩、砂岩、泥岩组合(N) | 砾岩、砂岩、泥岩组合(N) | | 曲流河相-湖泊三角洲相 | 陆内无火山岩断陷盆地 | 陆内盆地相 | 断陷盆地亚相 | |
| | | | 中新统 | 下草湾组 | | | | | | | | | | | |
| | | 古近系 | 渐新统 | 吴家坪组 | 照明山组 | 砾岩-砂岩建造 | 砾岩-砂岩-泥岩建造 | 砾岩-砂岩-泥岩玄武岩组合(E) | 砾岩、砂岩、泥岩组合(E) | 石膏 | 火山河湖相 曲流河相-湖泊三角洲相 | 陆内火山岩断陷盆地 | 陆内盆地相 | 断陷盆地亚相 | |
| | | | 始新统 | 张山集组 狗头山组 舜山集组 | 双塔寺组 | | | | | | | | | | |
| | | | 古新统 | | 痘姆组 望虎墩组 | | | | | | | | | | |
| | 中生界 | 白垩系 | 上统 | 赤山组 | 小岩组 | 砾岩-砂岩-粉砂岩 含砾岩屑含砂岩建造 | 砾岩-砂岩-细岩建造 | 砾岩-砂岩-粉砂岩组合(K₂) 凝灰质砂岩-粉砂岩组合(K₂) | 砾岩-砂岩-钙质粉砂岩-钙质泥岩组合(K₂) | 石膏 | 曲流河相-湖泊三角洲相 | | 陆内盆地相 | 断陷盆地亚相 | |
| | | | 下统 | 七房村组 杨湾组 | 齐云山组 徽州组 | 砾岩-砂岩-石英砂岩-粉砂岩-泥岩建造 火山-火山碎屑岩建造 | 砾岩-钙质-钙质粉砂泥岩-细砂岩建造 砂岩、粉砂岩与火山-含凝灰岩建造 | 砾岩-砂岩-石英砂岩-粉砂岩-泥岩组合(K₁) 火山-火山碎屑岩组合 | 砾岩-砂岩-泥岩组合(K₁) | 萤石 铁 | 火山泥石流相 破火山口-火山口河湖相 | 陆内火山-沉积陷盆地 | 陆内盆地相 长江中下游火山岩浆带(J-K) | 断陷盆地亚相 | |
| | | 侏罗系 | 上统 | | 石岭组 枞林组 毛坦厂组 | 火山-火山碎屑岩建造 含砾砂岩、粉砂质泥岩、页岩建造 | 含凝灰火山碎屑与泥岩建造 砾岩、含砾砂岩、砂岩-泥岩建造 | 中酸性、碱性火山岩-火山碎屑岩组合(J₃K₁) 含砾岩砂岩、砂岩-泥岩组合(J₂) | | | 湖泊三角洲相 | 陆内坳陷盆地 | 陆内盆地相 | 坳陷盆地亚相 | |
| | | | 中统 | | 洪琴组 | | | | | | | | | | |
| | | | 下统 | 罗岭组 | 月潭组 | 石英砾岩-长石石英砂岩-粉砂岩-泥岩-煤建造 | 石英砂岩-长石石英砂岩-细砂岩(页)岩含煤建造组合 | 石英砂岩-长石石英砂岩-粉砂岩-泥岩组合(J₁) | | 煤 | | | | | |

**1. 华北地层区沉积建造形成序列**

安徽省位于华北地层区的南部边缘。从青白口纪—震旦纪，本区主要处在次稳定的陆壳板内构造环境，如在华北地层区南缘的淮南—凤阳一带出现的沉积建造序列先后为铁质岩、复成分碎屑岩建造→石英砂砾岩建造→复成分碎屑岩、灰岩建造→复成分碎屑岩建造→粉砂质生物碳酸盐岩建造→白云质灰岩—白云岩建造；在霍邱—淮南一带寒武纪从初期的初始裂谷阶段转为陆表海沉积，出现自滑混岩建造、复成分砾岩建造→磷锰碳质碎屑岩建造→生物屑泥晶碳酸盐岩建造→碎屑岩、生物屑泥晶碳酸盐岩建造→生物屑亮晶砂屑碳酸盐岩建造→生物屑泥晶碳酸盐岩建造→硅质团块—条带碳酸盐岩建造而结束；奥陶纪从泥岩建造→生物屑泥晶碳酸盐岩建造→白云质灰岩-白云岩建造结束；石炭纪—二叠纪转为铁锰铝土岩建造→生物屑泥晶碳酸盐岩建造→碎屑岩、生物屑泥晶碳酸盐岩建造→含煤碎屑岩建造→复成分粉砂岩-泥岩建造夹膏盐建造；早三叠世仅出现复成分砂砾岩-粉砂岩-泥岩建造。

**2. 秦岭-大别地层区沉积建造形成序列**

安徽省位于秦岭-大别地层区的东部，由于受到印支运动的影响，区内青白口纪—三叠纪的沉积地层已经支离破碎、变质或轻微变质，露头出露差，研究程度相对较低，仅在金寨县的全军、沙河店、鲜花岭一带见到石炭纪—二叠纪的梅山群含煤碎屑岩建造。

**3. 扬子地层区沉积建造形成序列**

下扬子地层分区的东部，从青白口纪—三叠纪，由于一直受到东南侧的华夏陆块的影响，本区虽然从青白口纪已经成为陆块，但是活动性相对较华北地层区大。青白口纪在东至县—祁门县—绩溪县一带出现的沉积建造序列先后为葛公镇组的复成分碎屑岩建造、粉砂岩-泥岩建造→邓家组的石英砂砾岩建造→铺岭组、井潭组双峰式火山岩建造→小安里组的长石石英砂岩建造；南华纪大致以安庆市—铜陵市—芜湖市一线为界，向北东方向延伸到江苏省镇江市以南，分为不同的沉积建造。在东南侧的东至县—石台县—宁国市一带出现的沉积建造序列为休宁组的石英砂砾岩建造、岩屑砂岩建造、粉砂岩-泥岩建造→南沱组的含砾泥岩建造；在西北侧的巢湖市—滁州市一带（包括江苏省镇江市），南华纪地层已经浅变质，出现的沉积建造序列为周岗组的岩屑石英砂岩-粉砂岩-千枚岩建造→苏家湾组的含砾砂质千枚岩建造。震旦纪仍然大致以安庆市—铜陵市—芜湖市一线为界，向北东方向延伸到江苏省镇江市以南，分为不同的沉积建造。在东南侧的东至县—石台县—宁国市一带出现的沉积建造序列为蓝田组的锰质岩建造、硅质泥岩-硅质岩建造、条带状碳酸盐岩建造→皮园村组的硅质岩建造；在西北侧的巢湖市—滁州市一带（包括江苏省镇江市）南华纪地层已经浅变质，出现的沉积建造序列为黄墟组的砂岩-粉砂岩-千枚岩建造→泥晶灰岩-泥灰岩建造→灯影组的白云岩建造→含沥青碳酸盐岩建造。

寒武纪在中国南方处于张裂阶段，海底扩张，海平面迅速升高，在沉积盆地较深的部位出现了缺氧事件，下扬子地层分区寒武纪地层横跨碳酸盐岩台地、台地斜坡、盆地等不同相区，中晚寒武世，长期缓慢的热沉降，使得沉积盆地渐渐变浅，碳酸盐向盆地内进积，大致以滁河断裂和东至县—石台县—泾县—宣城市一线为界，分为不同的沉积建造，在中间为碳酸盐岩台地，两侧为盆地。在东南侧的东至县—石台县—宁国市一带出现的沉积建造序列先后为荷塘组的硅质泥岩-硅质岩建造→杨柳岗组的泥晶碳酸盐岩建造→华严寺组的条带状碳酸盐岩建造→西阳山组的生物屑泥晶碳酸盐岩建造；东至县—石台县—泾县一线附近在晚寒武世出现碳酸盐岩台地斜坡沉积，沉积建造序列先后为荷塘组的硅质泥岩-硅质岩建造→黄柏岭组的钙质页岩-页岩建造→大陈岭组的条带微晶灰岩建造→杨柳岗组的泥晶灰岩建造→团山组的条带微晶灰岩建造、砾屑灰岩建造→青坑组的生物屑泥晶灰岩建造；东至县—石台县—泾县一线西北侧的东至县香隅坂—池州市马衙一带在中晚寒武世出现碳酸盐浅滩沉积，沉积建造序列先后为荷塘组的硅质泥岩-硅质岩建造→黄柏岭组的钙质页岩-页岩建造→大陈岭组的条带微晶灰岩建造→斋岭组的含核形石-砾、砂屑白云岩建造（微晶、泥晶灰岩相变）；长江以北的宿松县—巢湖市一带在寒武纪为一套以潮坪、潟湖相为主的白云岩沉积，沉积建造序列先后为幕阜山组的白云岩建造→炮台山组的白云岩夹泥质白云岩建造→观音台组的硅质条带-硅质团块白云岩建造；而往滁河断裂西北侧的巢湖市苏家湾、滁州市一带为盆地-陆棚-陆棚内缘相-台地边缘斜坡相沉积,沉积建造序列先后为荷塘组的硅质泥岩-硅质岩建造→黄柏岭组的钙质页岩-页岩建造→大陈岭组的条带微晶灰岩建造→杨柳岗组的泥晶灰岩建造→琅琊山组的条带微晶灰岩建造、砾屑灰岩建造。

奥陶纪沉积在早奥陶世的滁河断裂两侧有一些差别,以后渐渐与滁河断裂的南侧连成一个统一体;南部的东至县—石台县—泾县一线仍然为碳酸盐岩台地与盆地的分界线,在东南侧的东至县—石台县—宁国市一带出现的沉积建造序列为印渚埠组的钙质页岩、瘤状钙质页岩建造→宁国组的泥岩、粉砂质泥岩建造→胡乐组的硅质泥岩-硅质岩建造→砚瓦山组的含钙质结核泥岩建造→黄泥岗组的泥岩-含钙质结核泥岩建造→长坞组的陆源碎屑浊积岩建造;在分界附近的石台县横船渡—六都一带出现碳酸盐缓坡的沉积物,而且在晚奥陶世晚期见到盆地内的陆源碎屑浊流沉积盖到碳酸盐沉积的汤头组的上面,出现的沉积建造序列为大坞圩组的泥质瘤状灰岩建造→里山圩组的泥质瘤状灰岩-钙质泥岩建造→胡乐组的硅质泥岩-硅质岩建造→宝塔组的瘤状灰岩建造→汤头组的泥质瘤状灰岩建造→长坞组的陆源碎屑浊积岩建造;在东至县—石台县—泾县一线,长江以南的东至县—石台县—青阳县一带早奥陶世与巢湖市一带存在一定的差别,仑山组的白云岩出现明显的重结晶,以粗粒的白云石为特征,相当于大湾组的层位变为紫红色泥质瘤状灰岩,较为特殊,出现的沉积建造序列为仑山组的白云质灰岩-白云岩建造→红花园组的生物屑亮晶灰岩建造→东至组的紫红色泥质瘤状灰岩建造→牯牛潭组的生物屑泥晶灰岩建造→宝塔组的瘤状灰岩建造→汤头组的泥质瘤状灰岩建造→五峰组的硅质泥岩-硅质岩建造;在长江以北的宿松县—巢湖市—和县一带的部分地段出现庙坡组的页岩沉积,出现的沉积建造序列为仑山组的白云质灰岩-白云岩建造→红花园组的生物屑亮晶灰岩建造→大湾组的泥质瘤状灰岩-页岩建造→牯牛潭组的生物屑泥晶灰岩建造→庙坡组的页岩建造→宝塔组的瘤状灰岩建造→汤头组的泥质瘤状灰岩建造→五峰组的硅质泥岩-硅质岩建造;而往滁河断裂西北侧的巢湖市苏家湾、滁州市一带早奥陶世开始出现开阔台地相沉积,以后与滁河断裂东南侧的巢湖市一带一致,出现的沉积建造序列为南津关组的生物屑泥晶灰岩建造→分乡组的硅质团块-条带灰岩建造→红花园组的生物屑亮晶灰岩建造→大湾组的泥质瘤状灰岩-页岩建造→牯牛潭组的生物屑泥晶灰岩建造→庙坡组的页岩建造→宝塔组的瘤状灰岩建造→汤头组的泥质瘤状灰岩建造→五峰组的硅质泥岩-硅质岩建造。

志留纪在早期以高坦断裂为界出现明显不同的沉积物,北西侧称为高家边组,南东侧称为霞乡组、河沥溪组,中期回到了东至县—石台县—泾县—宣城市一线为界,两侧的沉积物的岩性、厚度、生物等存在一定的差别。东南侧的东至县—石台县—宁国市一带出现的沉积建造序列为霞乡组的陆源碎屑浊积岩建造、粉砂质泥岩建造→河沥溪组的细砂岩-粉砂岩建造→康山组的细砂岩-粉砂岩建造→唐家坞组的细砂岩-粉砂岩建造;西北侧的宿松县—巢湖市—和县一带出现的沉积建造序列为高家边组的黑色页岩建造→粉砂质页岩夹粉砂岩建造→砂岩-粉砂岩-页岩建造→坟头组的砂岩-粉砂岩建造→粉砂岩夹石英砂岩建造→茅山组的砂岩夹粉砂岩建造。

加里东运动以后,本区经过较长时间的风化剥蚀,晚泥盆世开始从观山组的石英砂砾岩建造→擂鼓台组的石英砂岩-泥质粉砂岩建造,擂鼓台组在部分地段出现薄层铁矿、煤层、黏土矿。

石炭纪从早石炭世由于受到古地形、物源、古构造等因素控制,区内沉积在横向上变化较大,开始沉积了陆源碎屑,以后转为陆源碎屑与碳酸盐的混合沉积,晚石炭世—早二叠世转为较为稳定的碳酸盐沉积。早石炭世在巢湖市一带出现的沉积建造序列为陈家边组的砂岩-粉砂岩-页岩建造→金陵组的生物屑泥晶灰岩建造→高骊山组的杂色砂岩-粉砂岩-页岩建造→和州组的微晶灰岩-泥灰岩建造;而在宣城市一带和州组缺失,金陵组相变为以碎屑岩为主的沉积,出现的沉积建造序列为陈家边组的砂岩-粉砂岩-页岩建造→王胡村组的钙质砂岩-粉砂岩-页岩建造→高骊山组的杂色砂岩-粉砂岩-页岩建造;在泾县一带相当于和州组的层位为碎屑岩沉积,见到高骊山组与老虎洞组之间出现两套砾岩,分别为榔桥岩楔的石英砂砾岩建造、浙溪岩楔的复成分砾岩建造,层位相当于和州组,在池州市—铜陵市—南陵县一带缺失高骊山组以下层位,上面有时出现榔桥岩楔、浙溪岩楔,有时仅出现浙溪岩楔,有时早石炭世大部分缺失,仅残留少许层位,如铜陵市半山李家仅出现陈家边组的砂岩-粉砂岩-页岩建造,上面被晚石炭世老虎洞组覆盖。上述表明本区当时构造运动的不均一,导致区域上出现沉积物变化较大。晚石炭世—早二叠世在区域上总体较为稳定,出现的沉积建造序列为老虎洞组的白云质灰岩-白云岩建造→黄龙组的生物屑砂屑灰岩建造→船山组的藻纹层-藻团粒灰岩建造。

中晚二叠世在区域上总体变化不大,出现的沉积建造序列为梁山组的含煤碎屑岩建造→栖霞组的沥青质灰岩建造、硅质团块-条带生物屑灰岩建造→孤峰组的硅质泥岩-硅质岩建造→龙潭组的含煤碎屑岩建造→大隆组的硅质泥岩-硅质岩建造。其中梁山组在泾县以南未出现。相当于龙潭组下部的层位,在宿松县、东至县香口一带变为生物屑泥晶灰岩建造的武穴组;相当于龙潭组上部的层位,在宿松县一带变为硅质团块-条带灰岩建造的吴家坪组;相当于大隆组上部的层位,在广德县一带变为生物屑泥晶灰岩建造的长兴组。

早三叠世—中三叠世早期在区域上总体变化不大,沉积盆地表现为北西侧相对深,南东侧相对浅,沉积盆地渐渐向北西方向萎缩,出现的沉积建造序列为殷坑组的钙质泥岩夹微晶灰岩建造→和龙山组的条带泥晶灰岩建造→南陵湖组的微晶灰岩夹瘤状灰岩建造→周冲村组的白云岩-白云质灰岩(蒸发岩)建造。到中三叠世中晚期,沉积盆地主要在怀宁县—望江县一带,为以三角洲相的以碎屑岩为主的沉积,出现的沉积建造为中三叠世黄马青组的粉砂岩-泥灰岩建造、粉砂岩-泥岩建造→晚三叠世范家塘组的含煤碎屑岩建造。

侏罗纪以后,本区均为陆相的陆源碎屑沉积,早、中侏罗世先后出现含煤碎屑岩建造→复成分砂岩-粉砂岩-泥岩建造;晚侏罗世以后渐渐出现火山喷发,因而不少沉积盆地出现火山碎屑沉积建造;白垩纪以后主要为复成分砂砾岩-粉砂岩-泥岩建造,仅古近纪在定远县一带出现蒸发岩建造,在上新世局部地方出现玄武岩等火山岩建造。

## 二、构造古地理单元

安徽省内华北、秦岭-大别、下扬子地层区在地质历史发展过程中,由于处在不同的大地构造部位,因而有不同的构造演化阶段。据孟祥化(1982)、Robertson(1994)、Ingersoll and Busby(1995)和李思田(2004)等的研究成果,按照全国矿产资源潜力评价总项目一级、二级构造古地理单元统一划分原则。本省主要构造古地理单元、沉积构造相单元划分参见表1-21、表1-22。

**表1-21 安徽省主要构造古地理单元**

| 构造环境 | 地壳类型 | 大地构造位置 | 地球动力模式 | 构造古地理单元 | | 实例(时代) |
|---|---|---|---|---|---|---|
| | | | | 一级 | 二级 | |
| 陆壳板内 | 陆壳 | 克拉通内 | 裂缝、拉伸 | 陆壳板内 | 陆表海 | 华北区($Z-O_2$) |
| | | | | | | 下扬子区(Z—O) |
| | | | | | 坳陷盆地 | 下扬子区($K_2c$) |
| | | | | | 无火山岩断陷盆地 | 潜山盆地(E) |
| | | | | | 火山-沉积断陷盆地 | 庐枞、宁芜盆地($J_3-K_1$) |
| 离散环境 | 过渡陆壳 | 克拉通内边缘(被动陆缘) | 张裂、拉伸、沉陷、热沉降 | 被动边缘 | 陆棚碎屑岩盆地 | 下扬子区($S_{1-2}$) |
| | | | | | 陆棚碳酸盐岩台地 | 下扬子区($Z-O_3$) |
| | | | | | 陆坡 | |
| | | | | | 陆隆 | |
| | | | | 裂谷 | 初始裂谷 | 华北区($\epsilon_1^1$) |
| | | | | | 大陆边缘裂谷 | 下扬子区($\epsilon_1^1$) |
| | | | | | 夭折裂谷 | 下扬子区($Qb_2$) |
| | | | | | | 秦岭-大别区(Nh—S) |
| 聚合环境 | 过渡陆壳 | 克拉通边缘 | 俯冲、碰撞 | 前陆磨拉石盆地 | 周缘前陆盆地 | 下扬子区($T_{2-3}$) |
| | | | | | 弧后前陆盆地 | 秦岭-大别区($J_{1-2}$) |
| | | | | | | 下扬子区($O_3-S$、$D_3-J_1$) |
| 走滑环境 | 陆壳 | 克拉通内 | 张裂与扭动 | 陆壳板内 | 走滑盆地(走滑拉分盆地) | 庐枞盆地、合肥盆地、怀宁盆地($K_1$) |

表 1-22 安徽省主要沉积构造相单元划分简表

| 相系 | 大相 | 相 | 亚相 | 岩石构造组合 |
|---|---|---|---|---|
| 华北陆块区相系（Ⅱ） | 豫皖陆块大相（Ⅱ-6） | 华北南缘陆内盆地相（J—N） | 皖北断陷盆地亚相（CzJ$_{1-2}$Fsb）<br>皖北坳陷（凹陷）盆地亚相（Jsb）<br>六安弧后（拉分）盆地亚相（J$_{1-2}$sb） | 皖北杂色河湖相凝灰质复陆屑建造构造相合（CzJ$_{1-2}$）<br>六安复陆屑磨拉石构造建造组合（J$_{1-2}$） |
| | | 华北南缘陆表海盆地相（C—T）（Qb—Z） | 两淮碳酸盐岩陆表海亚相（T$_1$ca、QbNhca）<br>两淮海陆交互陆表海亚相（CPT$_{2-3}$mca） | 海陆交互相-陆相陆屑式含煤建造构造组合（CPT）<br>陆表海碳酸盐岩建造构造组合（QbNh）<br>陆表海碎屑岩建造构造组合（Qb、Z） |
| | | 华北南缘碳酸盐岩台地相（∈—O$_2$） | 两淮台盆亚相（∈pb、O$_1$O$_2$pb） | 台地相碳酸盐岩建造构造组合（∈O$_2$） |
| | | 华北南缘弧后前陆盆地相（Pt$_2$） | 凤阳古弧后盆地亚相（Pt$_2$abb） | 含砾石英岩+石英片岩+硅质白云石大理岩+含铁石英岩+千枚岩建造构造组合（Pt$_2$） |
| 秦祁昆造山系（Ⅳ） | 大别-苏鲁弧盆系大相（Ⅳ-11） | 北淮阳陆缘盆地相（Z—K） | 北淮阳断陷盆地亚相（JKFsb）<br>北淮阳海陆交互陆表海亚相（Cmca）<br>佛子岭弧间裂谷盆地亚相（ZDiarb） | 杂色河湖相凝灰质复陆屑建造构造组合（JK）<br>海陆交互相碳酸盐岩碎屑岩含煤建造构造组合（C）<br>佛子岭类复理石浊积岩建造组合（ZD） |
| | | 张八岭裂谷相（Qb） | 张八岭陆缘裂谷亚相（Qbmr） | 张八岭变质海相碎屑岩、火山-细碧岩-碳酸盐岩建造组合（Qb） |
| | | 宿松-肥东弧前盆地相（Pt$_{2-3}$） | 宿松-肥东弧前增生楔亚相（Pt$_{2-3}$faw） | 柳坪-双山大理岩、碎屑岩含磷建造组合<br>虎踏石-桥头集变质火山-沉积含磷建造组合 |
| 扬子陆块区相系（Ⅵ） | 下扬子陆块大相（Ⅵ-1） | 下扬子陆内盆地相（J—N） | 下扬子坳陷、断陷、拉分盆地亚相（CzKFsb） | 下扬子河湖相杂色复陆屑建造构造组合（CzJ） |
| | | 下扬子前陆盆地相（D$_3$—T） | 下扬子碳酸盐岩陆表海亚相（C$_2$、P$_2$、T$_1$ca）<br>下扬子海陆交互陆表海亚相（C$_1$、P$_{2-3}$、T$_{2-3}$mca）<br>下扬子周缘前陆盆地亚相[D$_3$pfb(fbb)] | 陆表海生物屑灰岩、白云质灰岩建造构造组合<br>陆表海碎屑岩、碳酸盐岩建造构造组合<br>河湖相含砾石英砂岩、石英砂岩、泥质粉砂岩构造组合 |
| | | 下扬子碳酸盐岩台地相（Z—O） | 下扬子碳酸盐岩台地亚相（Z$_2$、∈Oca）<br>下扬子台盆亚相（Z$_1$pb、Opb） | 白云岩、白云质灰岩、灰岩建造构造组合<br>台地相碎屑岩、碳酸盐岩建造构造组合 |
| | | 皖南被动陆缘相（Z—S$_2$） | 皖南陆棚碎屑岩亚相（Z$_2$∈$_1$、O$_{2-3}$cscl）<br>皖南陆棚-斜坡亚相（O$_1$cs）<br>皖南碳酸盐盆地亚相（Z$_1$、∈$_{2-3}$）<br>皖南前渊盆地亚相（S$_{1,2}$fdb）<br>浙西陆棚-盆地亚相（Z∈） | 硅质岩、硅质碳质页岩、泥岩建造组合<br>钙质页岩、泥岩、粉砂质泥岩建造组合<br>泥灰岩、灰岩建造构造组合<br>砂岩、细砂岩、粉砂岩、粉砂质泥岩建造组合<br>硅化碎屑岩、碳酸盐岩建造构造组合 |
| | | 江南古弧盆相（Qb—Nh） | 休宁夭折裂谷（拗拉谷）亚相（Nhfr）<br>历口陆缘裂谷相（Qb$_2$mr）<br>江南浅变质基底（深海盆地）亚相（Qb$_1$ba） | 含砾砂质千枚岩、砂岩、凝灰质砂岩、粉砂岩、冰碛含砾粉砂岩、含砾泥岩、含锰灰岩建造构造组合<br>历口碎屑岩+中、基性火山岩构造组合<br>溪口杂陆屑凝灰质粉砂岩、泥岩复理石建造构造组合 |

注：Ⅰ级、Ⅱ级构造相单元编号按照全国总项目编号。

本省华北地层区自青白口纪开始转为陆块,青白口纪为一套滨海-浅海相陆源碎屑沉积夹少量碳酸盐沉积建造,至晚二叠世晚期由于本省华北地层区内的气候变为炎热、干旱,海水渐渐从本省撤退,所以华北地层区青白口纪—二叠纪主体为陆表海,三叠纪以后逐渐以陆相沉积为主,故华北地层区三叠纪为坳陷盆地沉积。本省的大别地层区位于秦岭-大别地层区的东部,由于受到印支运动的影响,除金寨县见到石炭纪的梅山群含煤碎屑岩建造外,大部分为侏罗纪以后的地层,下扬子地层区由于扬子陆块的稳定性较差,构造环境有一定的变化。青白口纪—志留纪经历了离散构造环境的大陆边缘裂谷、被动大陆边缘,转为碰撞构造环境的弧后前陆盆地较为漫长的阶段。其中青白口纪—南华纪为大陆边缘裂谷阶段,震旦纪—晚奥陶世早中期为被动大陆边缘阶段,晚奥陶世晚期—志留纪为周缘前陆盆地阶段。泥盆纪—三叠纪经历了由陆壳板内被动大陆边缘前陆盆地转为汇聚构造环境的残余海盆阶段。印支运动以后,华北地层区、扬子地层区、秦岭-大别地层区均并入欧亚大陆形成统一的安徽大陆,进入大陆边缘活动带地史发展阶段。由于应力场的变化,本省侏罗纪以后出现了坳陷盆地、断陷盆地、拉分盆地、火山-沉积断陷盆地等不同的构造古地理三级单元。现将安徽省内一级、二级构造古地理单元简要分述如下。

**1. 陆壳板内**

陆壳板内包括陆表海、陆内坳陷盆地、断陷盆地、走滑盆地等三级构造古地理单元。

陆内坳陷盆地在陆块内部,往往是由边缘的断裂引起的大型挠曲或坳陷。沉积盆地的充填物主要为非火山的陆源物质,内陆的河流、湖泊相交替发育,在横向上岩性变化不大,如沿江一带的赤山组的沉积盆地。

陆内断陷盆地由于陆块内出现拉伸、断裂作用而形成,盆地规模往往较小,充填的多为陆源碎屑物质,组分、结构成熟度均较低,沉积物的厚度较大,而且在横向上的岩性变化大,如古近纪的潜山盆地。陆内火山沉积断陷盆地由于拉伸、断裂作用控制,盆地的规模往往较小,充填的多为火山物质及陆源碎屑物质,组分、结构成熟度均较低,沉积物的厚度较大,而且在横向上的岩性变化大,如晚侏罗世—早白垩世的庐枞、宁芜盆地。

走滑盆地往往受到走滑断层的控制,是由于转换或走滑断层作用形成的盆地,位于造山带或陆块的边缘。沉积盆地的形态和规模往往由断层的型式和规模大小控制,充填的多为火山物质及陆源碎屑物质,组分、结构成熟度均较低,沉积物的厚度较大,而且在横向上的岩性变化大,如晚侏罗世—早白垩世的怀宁盆地,以及合肥盆地早白垩世沉积。

陆表海系稳定的克拉通盆地内的海相沉积环境,是在陆块内部以均匀缓慢的沉降作用为主,地势平坦、稳定时间长、地形坡度很小的陆表海和内陆棚海,内部不发育断裂活动。盆地内的陆源碎屑和内源沉积以分布宽广的席状体为特征,沉积中心与盆地的沉降中心基本一致。往往由于海平面的变化,或者与周缘临近的大洋或者大陆板块碰撞,而引起盆地整体沉降方位的变化或者迁移,以华北地层区的寒武纪、奥陶纪的沉积过程表现较为特征。

**2. 被动陆缘**

被动陆缘盆地位于陆壳或陆壳过渡壳上,盆地形态往往不具对称性,靠陆地一侧为浅水沉积,另外一侧为相对较深的沉积。根据沉积物类型,可以分为陆棚碎屑岩盆地、陆棚碳酸盐岩台地。下扬子地层分区的早南华世、寒武纪、奥陶纪沉积分别为此类盆地沉积。

陆棚碎屑岩盆地属于被动陆缘盆地的一类,盆地形态往往不具对称性,一边深、一边浅,分别为浅水的潮坪、潟湖、前滨带、近滨带砂、粉砂、泥质沉积与较深水的陆棚相泥质沉积,为向上变深的沉积。充填的多为火山物质及陆源碎屑物质,组分、结构成熟度均较低,沉积物的厚度较大,而且在横向上的岩性变化大。下扬子区的早南华世沉积主要为此类盆地沉积。

陆棚碳酸盐岩台地位于陆壳或陆壳过渡壳上,盆地形态往往不具对称性,一边深、一边浅,分别为浅水的碳酸盐岩台地沉积与深水的硅泥质沉积,之间往往出现台地斜坡沉积,有钙屑重力流沉积,碳酸盐岩台地的边缘有时出现浅滩,碳酸盐岩台地的沉积物厚度较大,大部分为向上变浅的沉积,靠深水一侧以细屑沉积为主。有时受到周缘临近的大洋或者大陆板块碰撞,出现向上变深的沉积。下扬子地层分区的寒武纪、奥陶纪沉积主要为此类盆地沉积。

陆隆、陆坡沉积目前安徽省内尚未发现。

### 3. 裂谷

裂谷是板块构造运动过程中,大陆崩裂至大洋开启的初始阶段的构造类型,也是岩石圈板块生长边界的构造类型,在陆壳区、大洋中脊上均有发育。裂谷的二级构造古地理单元有初始裂谷、大陆边缘裂谷、夭折裂谷。

**初始裂谷**　发育在陆壳上,常常位于陆块的边部,是由于地壳张裂、拉伸导致沉陷作用形成的沉积盆地。开始充填物多为陆壳上的陆源碎屑或碳酸盐岩碎屑的物质,沉积物的组分、结构成熟度均较低,沉积物的厚度、岩性在横向上变化较大。向上为稳定性相对较好的海相沉积。海相沉积分布相对较为稳定,岩性、生物总体变化不大,岩相变化慢,沉积厚度小而稳定,主要由波浪或潮汐作用形成。沉积盆地特点不具对称性,一边深、一边浅。华北南缘区霍邱—凤台一带的早寒武世沉积主要为此类盆地沉积。

**大陆边缘裂谷**　位于陆壳或者过渡壳上,沉积物分布特点不具对称性,横向上变化较大。盆地充填序列一般是向上变深比较快,再向上渐渐变浅的序列。充填物多为陆壳上的陆源碎屑或碳酸盐岩碎屑的物质,沉积物的厚度、岩性在横向上变化不大。下扬子区皖南一带的早寒武世沉积主要为此类盆地沉积。

**夭折裂谷**　发育在陆壳或者过渡壳上,位于两个或两个以上的陆块之间。盆地充填序列一般是向上变深再向上变浅的序列。下部为陆相或滨海相,中部为相对深水相暗色细屑沉积,并伴有基性火山岩和火山碎屑岩,上部为浅水的陆源碎屑沉积。陆源碎屑的物质组分、结构成熟度均低,沉积物的厚度较大,在横向上的岩性变化不大。下扬子地层分区的青白口纪沉积主要为此类盆地沉积。

### 4. 前陆(磨拉石)盆地

前陆盆地常位于造山带与临近的陆块之间,是由于岩石圈在造山带负荷下发生弯曲所形成的大型盆地。安徽省仅出现周缘前陆盆地和弧后前陆盆地。

**周缘前陆盆地**　系华北陆块与扬子陆块之间的陆-陆碰撞过程中,陆块周边的部分俯冲导致大陆岩石圈向下弯曲形成的。安徽省以下扬子地层分区的中晚三叠世沉积盆地为代表,沉积盆地接受西北侧造山带剥蚀物质的堆积,盆地的充填序列一般是早期深水到晚期的浅水沉积的向上变浅序列。底部为滨海相,向上为三角洲前缘的杂色粉砂岩夹细砂岩沉积,顶部为浅水三角洲平原的含煤碎屑岩沉积。除早期出现一些碳酸盐岩沉积外,向上以陆源碎屑物质为主,主体物质组分、结构成熟度均低,沉积物的厚度较大,在横向上变化大,而岩性总体在横向上变化不大。下扬子区怀宁—芜湖一带的中晚三叠世沉积为此类盆地沉积。

**弧后前陆盆地**　安徽省下扬子地层分区皖南在晚奥陶世新岭组—早志留世霞乡组下段的浊流沉积,属于这种盆地的产物。皖南弧后前陆盆地的充填序列是表现为浊积扇的外扇向中扇,向上变浅、变粗的演化过程。中晚奥陶世胡乐组的硅质岩、砚瓦山组的泥质瘤状灰岩为前复理石硅碳质沉积和远洋灰岩沉积,代表盆地凹陷期沉积,晚奥陶世新岭组—早志留世霞乡组下段为斜坡扇的陆源碎屑浊流沉积,霞乡组上段为陆棚相的泥岩、粉砂质泥岩,向上过渡到滨海相的河沥溪组、康山组、唐家坞组的高能碎屑岩系,之后海平面下降,出现隆升作用,经受了长期的剥蚀作用。

# 第三节 沉积建造构造古地理演化

从青白口纪—三叠纪,各地层区属于不同的构造古地理环境,从而沉积建造组合形成序列不同,秦岭-大别地层区序列难以恢复,华北、扬子地层区青白口纪—三叠纪的沉积建造组合序列清楚,侏罗纪以后全省已经为统一的陆块,具大致相同的演化过程。沉积岩建造组合与构造古地理时空演化见图 1-21,现简要分述如下。

## 一、华北区构造古地理演化

本省华北地层区自太古宙以来,大体经历了新太古代—中元古代的结晶基底形成时期;新元古代的陆缘海→陆表海沉积及早古生代的陆表海沉积→晚古生代的海陆交互相沉积→陆相沉积期;早中生代为华北板块南缘卷入与扬子板块的碰撞及盖层变形过程,中生代中、晚期为造山期后拆离、拉伸红盆形成→古近纪的断(坳)陷盆地沉积期;新近纪以来差异性升降对地表地貌改造等几个地质构造演化阶段。

(一)新太古代—中元古代沉积阶段

安徽新太古代—古元古代时期为大洋环境。新太古代早期沉积了以五河岩群、霍邱岩群为特征的火山-复理石建造。晚期拉张明显,火山活动强烈,裂陷槽逐渐形成,沉积了以小张庄组为特征的酸性拉斑玄武岩系列及殷家涧组的双峰式火山岩建造。古元古代末本省出现抬升,造成殷家涧组与白云山组之间的平行不整合接触。至中元古代渐渐趋于稳定,沉积了以凤阳群为特征的单陆屑建造、异地碳酸盐岩建造。中元古代末的凤阳运动使华北陆块南缘有强烈的褶皱造山作用和区域低温动力变质,蚌埠隆起初步形成。

(二)新元古代沉积阶段

新元古代开始,本省华北陆块区南缘主要处在次稳定的陆壳板内构造环境。从青白口纪—震旦纪,新一轮的海侵开始,沉积了一套以曹店组、伍山组为特征的前滨带-近滨带的单陆屑建造及以刘老碑组为特色的深水陆棚相的含海绿石异地碳酸盐岩建造。当时的沉积环境为陆缘海,此时已经出现了微古植物和蠕形动物。以后海水逐渐变浅,沉积了以四十里长山组为代表的正单陆屑建造;晚期沉积了九里桥组的泥晶碳酸盐岩建造、四顶山组的叠层石礁碳酸盐岩建造。皖北地区准平原化导致黄淮海入侵,形成滨岸砾屑滩相类磨拉式建造和海滩-陆棚相单陆屑建造,其间叠层石灰岩较发育。总体海水由浅变深,又逐渐变浅,末期在台地区域遭受短暂暴露侵蚀。

(三)加里东期沉积阶段

早寒武世早期海平面渐渐上升,开始在霍邱县马店、凤台县、淮南市一带沉积了凤台组的白云质砾岩、泥质白云岩建造,随着海平面上升,在霍邱县马店出现了雨台山组碳质页岩-页岩-砂岩建造,而在淮北市一带沉积了金山寨组的砾岩、页岩建造。其上的猴家山组在淮北、淮南一带广泛分布,主要为局限台地相的白云岩、泥质白云岩建造、蒸发岩(岩盐型)建造,顶部一度出现风化暴露;早寒武世中期海平面又渐渐上升,开始沉积了昌平组的生物屑亮晶碳酸盐岩建造,馒头组的碎屑岩-生物屑泥晶碳酸盐岩建造,张夏组的生物屑、鲕粒亮晶碳酸盐岩建造,崮山组的白云质灰岩-鲕粒灰岩-砾屑灰岩建造。向上在淮南市一带的土坝组为硅质团块、结核微晶白云岩建造;在淮北市一带变为炒米店组的生物屑灰岩-白云质灰岩建造,三山子组的白云质灰岩-硅质砾屑白云岩建造,炒米店组的生物屑灰岩-白云质灰岩建造。末期海平面下降,区内广泛遭受剥蚀暴露,表现为贾汪组与土坝组或三山子组之间的平行不整合接触。奥陶纪开始又一次海侵开始,使暴露的土坝组或三山子组再次没入海平面以下,沉积了贾汪组页岩、砂质页岩建造,上面为萧县组的微晶灰岩-泥质灰岩-白云质灰岩建造,马家沟组的灰岩-白云质灰岩-白云岩建造,以后海平面下降,出现了老虎山组白云质灰岩-白云岩建造,最后由于加里东运动使华北区抬升为陆地,经过了较长时间的剥蚀、夷平。奥陶纪华北区总体为一套海退序列,从南往北海水逐渐加深,沉积物厚度也明显增大。

### (四)华力西期(也称海西期)—印支期沉积阶段

经过加里东运动后,华北区整体隆升为陆,经过较长时间的风化剥蚀作用,到晚石炭世又一次海侵,由于海水时进时退,沉积了一套本溪组的铁锰铝土岩建造,晚石炭世—早二叠世太原组的含煤碎屑岩-碳酸盐岩建造,中二叠世山西组、中晚二叠世石盒子组的含煤碎屑岩建造。二叠纪晚期,海水基本退出本省,气候渐渐燥热,这种环境一直延续到早三叠世,故石盒子组上部已经无可采煤。晚二叠世孙家沟组为红色复成分粉砂岩-泥岩夹膏盐沉积建造,早三叠世的刘家沟组、和尚沟组为红色复成分砂砾岩-粉砂岩-泥岩建造。早三叠世末,南、北陆块持续汇聚,形成秦岭-大别造山带。最后由于印支运动的板块俯冲,使本省华北区早三叠世以下地层褶皱、变形,抬升为陆地,经过了较长时间的剥蚀、夷平。

### (五)燕山期—喜马拉雅期沉积阶段

早侏罗世开始,在华北区南缘的坳陷盆地内堆积了复成分砂砾岩建造、含煤碎屑岩建造,早侏罗世防虎山组为河流相含煤碎屑岩建造;中侏罗世圆筒山组的湖泊相长石石英砂岩-粉砂岩建造;晚侏罗世周公山组的湖泊相长石石英砂岩-粉砂岩建造。燕山中期,伴随强烈的断裂活动,出现陆相火山喷发的毛坦厂组的火山岩、黑石渡组的火山碎屑岩建造和中酸性-酸性侵入岩建造。

在早白垩世伸展走滑过程中,形成的具有拉分性质的盆地,盆地多为北断南超、东断西超。如郯庐断裂带的左行平移形成的合肥盆地的东部边缘。盆地内沉积了新庄组的红色复成分砂砾岩建造、粉砂岩-泥岩建造,邱庄组的红色复成分砂砾岩建造。晚白垩世起,裂陷程度逐步加大,盆地沉积范围加大,沉积了张桥组湖泊、风成相红色砂砾岩建造。

大别造山带因重力均衡作用而进一步上升,其周缘早期不同性质的断层都转变为正断层,控制着合肥盆地晚白垩世—古近纪盆地的沉积和发展。喜马拉雅期,基本继承了燕山期以来的构造格局。地壳处于相对宁静的间歇期,沉积盆地逐渐萎缩,构造应力作用方式逐渐转为张剪作用,由于近东西向、北西向、北北东向断裂再次活动,以不均衡差异升降运动为主,对古近纪的沉积起控制作用,形成一系列断陷盆地和垒、堑构造,沉积了双浮组、界首组或定远组的湖泊、河流相砾岩-砂岩-泥岩含膏盐建造。与此同时橄榄玄武岩或碱性玄武岩岩浆活动频繁。到新近纪,差异性的升降运动使前古近纪地层形成更为舒缓的褶皱坳陷,沉积盆地进一步缩小,沉积了湖泊、河流相砾-砂-泥建造。第四纪以来,在总体差异升降背景下,风化剥蚀作用在隆起区主要形成河流侵蚀地貌,在断陷区形成河湖相冲积平原,塑造了现代地形地貌。

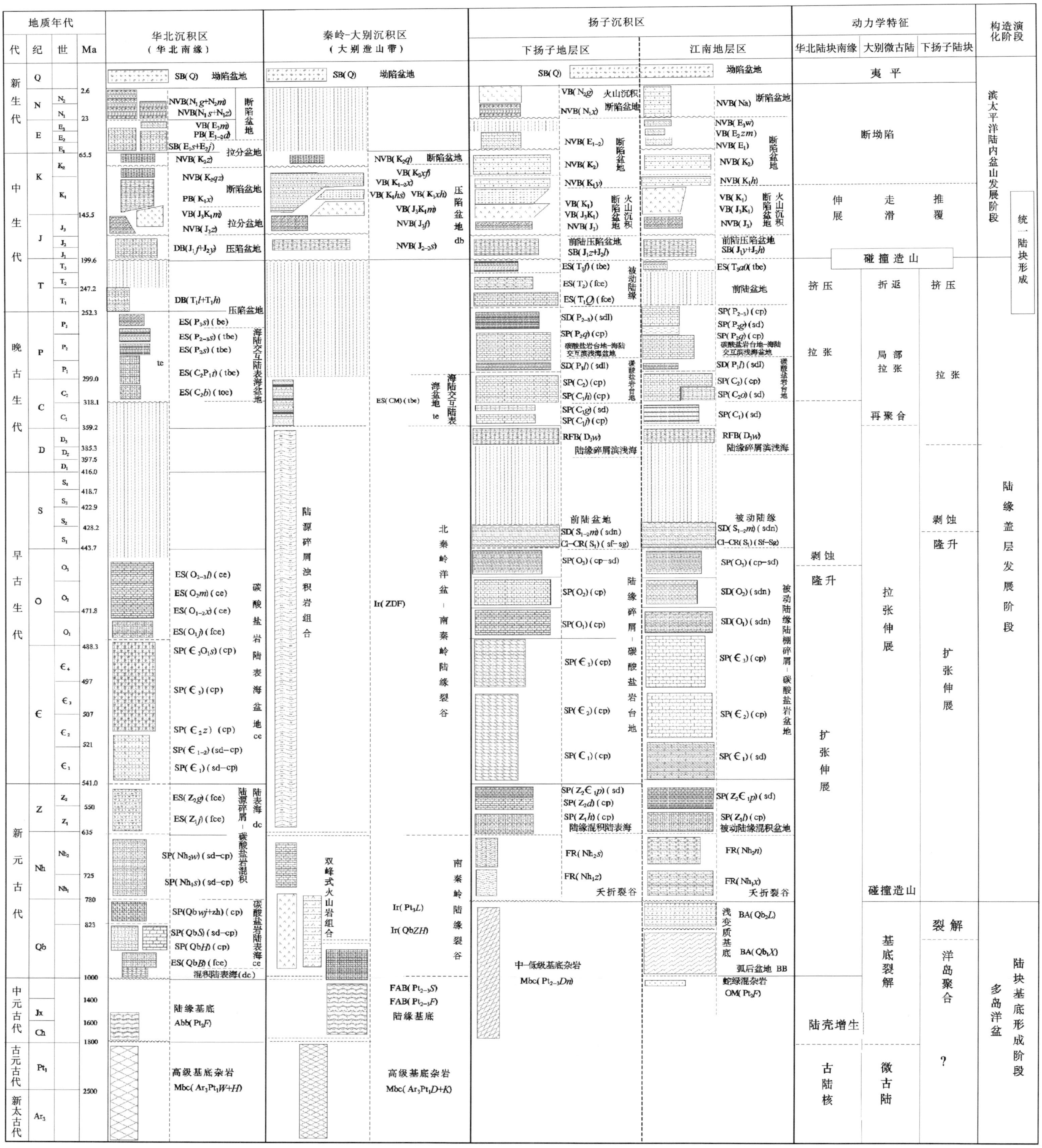

图 1-21 安徽省沉积岩建造组合与构造古地理时空演化图

## 二、秦岭-大别区构造古地理演化

秦岭-大别区夹持于华北陆块、扬子陆块之间，是经历了多期离合形成的复杂的复合型大陆造山带。晋宁期以来，经历了多次造山作用，具长期多阶段发展复杂的演化过程。印支期扬子陆块向北深俯冲，是造山带形成的主幕。造山带主体由前新元古代大别岩群(变质表壳岩组合)，中、新元古代宿松-肥东岩群(增生楔)，新元古代张八岭岩群(边缘裂陷槽)，新元古代—古生代北淮阳庐镇关岩群(陆缘裂谷)和佛子岭岩群(秦岭海槽)等构造地体组成，总体表现为"纵向成块、横向成带"和"片加隆"的基本构造格局，清楚地反映了晋宁—加里东—印支—燕山期多期构造演化特点。

(一)前燕山期沉积阶段

**1. 前新元古代大别岩群变质表壳岩建造组合**

前新元古代，大别微古陆为多岛洋盆中一员，发育了大别岩群中基性、中酸性火山-沉积岩建造和阚集岩群基性火山岩-磷块岩-镁质碳酸盐岩建造。古元古代末的大别运动使洋盆沉积普遍发生褶皱隆起，构成造山带剥露最深的古老陆核基底。

**2. 中、新元古代宿松-肥东岩群陆缘增生楔火山-沉积建造组合**

中元古代开始，大别微陆块东南缘边缘海盆沉积了宿松岩群中基性火山岩建造(虎踏石岩组、蒲河岩组)和中酸性火山岩-磷块岩-镁质碳酸盐岩建造(大新屋岩组、柳坪岩组)，在肥东岩群沉积了中酸性火山岩-磷块岩-镁质碳酸盐岩建造(桥头集岩组、双山岩组)。其后强烈的晋宁-印支运动和郯庐断裂左行平移，使其呈构造岩片、构造岩块拼贴增生于大别微陆块之上或夹于断裂带之中，且由于伸展滑覆，使含磷岩系构造倒置而伏于变质中基性火山岩建造之下，区域上可与红安岩群对比。

**3. 新元古代张八岭岩群边缘裂陷槽火山-沉积建造**

新元古代时，扬子陆块与大别微陆块之间是由随县-张八岭裂陷槽分隔的，沉积了张八岭岩群泥质-碳酸盐岩建造和细碧-石英角斑岩建造组合，印支运动后呈构造岩片作为大别造山带成员，晚期向南滑脱或被花岗片麻岩掩覆和包卷。

**4. 新元古代—古生代北淮阳陆缘裂谷火山-沉积建造**

北淮阳构造带是北秦岭加里东对接带向东延伸，新元古代秦岭海槽东段北淮阳地区早期沉积了庐镇关岩群裂谷槽盆相双峰式火山-沉积建造。早古生代沉积了佛子岭岩群单陆屑石英砂岩建造、复理石建造组合。加里东期海槽封闭，区域上形成大型复式叠加向斜构造。

石炭纪沉积了梅山群海陆交互相含煤碎屑岩建造、山前坳陷类磨拉石建造，向西与河南省杨山群相邻，地层已经支离破碎、变质或轻微变质，且露头较差，研究程度相对较低。杨山群自下而上见到花园墙组的钙质长石砂岩-粉砂岩建造，杨山组的铁泥质含煤砂砾岩-粉砂岩建造，胡油坊、杨小庄组的复陆屑含碳质碎屑岩建造。中生代以后，多被陆相火山-沉积盆地覆盖。

(二)燕山期—喜马拉雅期沉积阶段

早侏罗世开始在秦岭-大别区北缘的坳陷盆地内堆积了复成分砂砾岩建造、含煤碎屑岩建造，早、中侏罗世为三尖铺组的河流相红色复陆屑碎屑岩建造；晚侏罗世形成凤凰台组冲积扇相砾岩夹含砾砂岩建造。燕山中期，伴随强烈的断裂活动，出现陆相火山喷发的毛坦厂组、响洪甸组火山岩建造。早白垩世继承性盆地内沉积了黑石渡组火山碎屑岩建造、晓天组湖泊相凝灰质砂岩-砾岩建造、黑色页岩夹粉砂岩、泥灰岩建造。晚白垩世之后，出现古近纪戚家桥组砂砾岩-砂岩-粉砂岩建造沉积。第四纪以来，在断陷区形成山间盆地和河、湖相冲积平原。

## 三、扬子区构造古地理演化

安徽省属扬子区下扬子分区，基底分江北型中、新元古代董岭岩群基性、中基性火山-沉积岩建造和江南型新元古代青白口纪溪口岩群杂陆屑复理石建造、历口群碎屑岩-中基性-中酸性火山岩建造，浙西地块基底为中、新元古代西村岩组杂陆屑复理石建造、细碧-石英角斑岩建造和周家村组、井潭组碎屑岩-中酸性火山岩建造。晋宁运动后全区由微陆块聚合转入大陆裂解阶段，开始了盖层沉积构造古地理演化。

### （一）前南华纪沉积阶段

下扬子分区前南华纪基底已发育较完整的沟-弧-盆体系，由白际火山岛弧、鄣公山弧后复理石盆地和九岭被动大陆边缘组成（程光华等，2000）。新元古代早期，扬子陆块南缘为被动大陆边缘大洋化盆地，接受了巨厚的溪口岩群的大陆斜坡相浊积岩及深水泥质岩组成的复理石建造和伏川蛇绿混杂岩组合、西村岩组细碧-石英角斑岩建造。中期（约820Ma），鄣公山弧后盆地、白际岭岛弧聚合碰撞（晋宁运动），歙县、休宁、许村等同碰撞深成岩浆岩侵位，结束弧后盆地及被动大陆边缘沉积历史。820～780Ma间，再次裂解（Rodinia超大陆的裂解），形成铺岭组、井潭组火山岩及莲花山、灵山等后碰撞花岗岩（其中双峰式火山岩代表拉张环境），转为拉张的裂谷环境。南华纪及以后接受了陆缘盖层沉积。

### （二）扬子-加里东期沉积阶段

新元古代末，进入扬子板块被动边缘演化的新阶段。从南华纪开始大规模海侵，沉积了一套以滨海-陆表海碎屑沉积的陆棚碎屑岩盆地的杂砂岩建造、粉砂岩建造为主的休宁组及其相当地层，并逐渐向整个晋宁期造山带超覆沉积，底部普遍发育砾岩。随着气候变冷，海平面下降，表现为南沱组与休宁组之间的假整合，其上形成南沱组的冰川相沉积含砾泥岩建造。

震旦纪早期，气候转暖，出现初始碳酸盐岩台地，总体形成以浅海陆棚相碳酸盐岩沉积为主的条带状碳酸盐岩建造、有机质泥岩建造的蓝田组及其相当地层，晚期海平面逐渐下降，高坦断裂可能为同沉积断裂，其以西北侧在宿松—巢湖一带表现为逐渐变浅的潮坪-潟湖相的白云岩建造的灯影组及其相当地层，往东南侧的东至—宁国一带为陆棚相硅质岩建造的皮园村组及其相当地层。沉积的分异性开始明显，形成一台一盆的沉积格局。晚期滁河断裂同沉积断裂开始活动，滁河断裂西北侧下降，出现含沥青碳酸盐岩建造。末期在台地区域遭受短暂暴露侵蚀。

寒武纪基本继承了震旦纪构造格局，滁河断裂、高坦断裂同沉积断裂继续活动，两断裂之间的宿松—巢湖一带表现为潮坪-潟湖相白云岩建造的幕阜山组、炮台山组、观音台组沉积。滁河断裂西北侧的滁州市一带和高坦断裂东南侧东至—宁国一带明显下降，海平面上升，水体加深，形成浅海盆地，发生缺氧事件，沉积了一套陆棚-盆地相的硅质泥岩-硅质岩建造（皮园村组上段）、碳质页岩建造（荷塘组）。由于当时为硅泥质浅海盆地相沉积，水流不畅，气候温湿，低等菌藻植物和海绵动物大量繁殖，有机质大量堆积，从而形成了富含钒、铀、钼等金属，及硫、磷等有机质的黑色泥岩或石煤层（荷塘组）；早寒武世晚期东南侧渐渐变浅,进入泥晶碳酸盐岩建造的发育阶段,转为碳酸盐陆棚相沉积(大陈岭组、杨柳岗组),巢湖市一带的碳酸盐岩台地渐渐向南东方向扩展,台地斜坡向南东方向移动;晚寒武世早期海水变浅,泥质沉积物增加,在东至—石台—泾县一带出现了台地斜坡沉积的条带状碳酸盐岩建造、砾屑灰岩建造(团山组),晚寒武世晚期为开阔台地相的生物屑泥晶碳酸盐岩建造的青坑组。其余地区沉积了以薄层泥质条带碳酸盐岩建造为主的琅琊山组、华严寺组、团山组和以泥质灰岩为主的西阳山组。沉积的分异性明显,形成一台一盆的沉积格局,浅水区为发育底栖的三叶虫,而深水区为浮游生物球接子。末期海平面下降,在巢湖一带的台地区域遭受剥蚀暴露,观音台组顶部一度剥蚀暴露,表现了仑山组与观音台组之间为平行不整合接触。

奥陶纪以来,滁河断裂活动减弱,断裂两侧沉积环境相似,海平面渐渐上升,由局限台地—开阔台地—台凹相组成,总体为渐渐淹没变深的泥晶碳酸盐岩建造。至晚奥陶世晚期,受海平面上升的影响,出现以五峰组为特色的缺氧事件层——深水盆地的硅质建造及碳质、硅质、泥质建造。在东至—石台—泾县一线两侧奥陶纪的沉积相差异极为明显,斜坡相沉积更为特征(大坞圲组、里山圲组),且沉积相变界线较寒武纪有南东方向移动的特征,其北西侧为碳酸盐岩台地,南东侧为深水相盆地建造沉积。自下而上早奥陶世为泥钙质陆棚相沉积;中奥陶世早期为富含笔石硅质页岩-硅质岩建造沉积,晚期海水变浅,为钙质泥岩、瘤状泥灰岩碳酸盐岩建造沉积;晚奥陶世为泥砂质陆棚相沉积,在晚奥陶世早期末闽浙沿海地区的盆地封闭,晚奥陶世晚期本省南部与浙西转为华夏古陆的前陆-磨拉石盆地的周缘前陆盆地,出现陆源碎屑环境浊积岩建造。奥陶纪生物面貌发生了较大变化,以漂游生物笔石代替了浮游生物三叶虫而进入鼎盛时期。

志留纪,下扬子分区总体为一套海退序列,从北往南海水逐渐加深,沉积物厚度也明显增大。早志留世早期高坦断裂南东侧为陆源碎屑环境浊积岩建造,以后渐渐转为相对坳陷较深的泥砂型半深海陆棚环境。进入早志留世末期,由于海平面下降,海水变浅,为滨浅海环境的杂砂岩建造、砂岩-粉砂岩建造,堆积了康山组、唐家坞组厚达3000m以上的砂泥质陆源碎屑沉积,从南往北碎屑沉积逐渐变薄。

## (三)华力西期—印支期沉积阶段

经过加里东运动后,扬子板块与华南板块已完全拼接成统一大陆,本区整体隆升为陆。经过较长时间的风化剥蚀作用,到晚泥盆世,开始相对下沉,接受了一套三角洲平原-河流相沉积,以石英砂岩为主夹少量粉砂岩,底部为石英质砾岩的石英砂砾岩建造(观山组);晚泥盆世晚期,沉积粒度变细,主要为石英砂岩、粉砂岩和泥岩,并夹有碳质页岩、煤线(擂鼓台组)。之后上升并短暂暴露地表。

石炭纪开始表现出振荡的差异升降运动,巢湖—和县一带为沉积盆地的中心,早石炭世处于海陆交替沉积环境,出现粉砂岩-泥岩建造(陈家边组)、生物屑亮晶碳酸盐岩建造(金陵组)、粉砂岩-泥岩-长石石英砂岩建造(高骊山组)、灰岩-泥灰岩-页岩建造(和州组);而在铜陵—南陵一带早石炭世地层往往保存不全或缺失,有时仅出现石英砂砾岩建造、铁质岩建造(椰桥岩楔)、砾岩建造(浙溪岩楔);在黄山—宣城一带仅出现早石炭世早中期的粉砂岩-泥岩建造(陈家边组)、生物屑亮晶碳酸盐岩建造(金陵组)或砂岩-页岩建造(王胡村组)、粉砂岩-泥岩-长石石英砂岩建造(高骊山组)。相当于和州组的层位缺失。晚石炭世以浅海相碳酸盐岩沉积为主,海侵渐渐向南东方向扩大,与下伏地层普遍呈超覆关系。先后为白云岩建造(老虎洞组)、生物屑亮晶碳酸盐岩建造(黄龙组)、藻团粒碳酸盐岩建造(晚石炭世—早二叠世船山组),在海侵超覆地区,老虎洞组底部往往有一层石英砾岩。

中二叠世,地壳振荡频繁,微有上升,并开始海退,沉积环境有滨岸沼泽相的含煤碎屑岩建造(梁山组)、开阔台地相的生物屑泥晶碳酸盐岩建造(栖霞组)、盆地相的硅质泥岩-硅质建造(孤峰组)。晚二叠世早期,由于本区受到华夏古陆抬升的影响,海平面渐渐下降,出现三角洲沉积的含煤碎屑岩建造

(中—晚二叠世龙潭组);晚二叠世晚期,海侵扩大,当时盆地形态为西北侧深,出现硅质页岩-灰岩建造(大隆组);往南东方向变浅,变为生物屑泥晶碳酸盐岩建造(长兴组)。

早三叠世的沉积范围与晚二叠世长兴期基本一致,海平面在南东侧广德一带有所上升,而盆地内表现为连续沉积,出现晚二叠世与早三叠世的过渡层。早三叠世总体表现为向上逐渐变浅的碳酸盐岩台地,出现钙质页岩建造、条带状碳酸盐岩建造、生物屑泥晶碳酸盐岩建造、瘤状灰岩建造,自南向北、自下而上先后出现砾屑灰岩建造的夹层,表明盆地的台地斜坡自南向北迁移,台地范围向北扩展,逐渐海退开始,亦即印支运动主幕即将发生的前奏。

中三叠世早期发育以周冲村组膏溶角砾岩为特征的蒸发岩建造、白云岩-白云质灰岩建造,晚期形成黄马青组的下部为三角洲相沉积的粉砂岩-泥灰岩建造,上部为粉砂岩-砂岩建造,晚三叠世为含煤碎屑岩建造。晚三叠世末,南北陆块持续汇聚,形成统一的安徽大陆。

### (四)燕山期—喜马拉雅期沉积阶段

早侏罗世开始在秦岭-大别造山带南东侧与北东侧的前陆盆地内堆积了复成分砂砾岩建造、含煤碎屑岩建造,早侏罗世河流相盆地(钟山组)主要为前陆挤压盆地,靠近大别山的潜山县小池附近发现了早侏罗世钟山组的冲积扇沉积。中侏罗世湖泊相盆地(罗岭组)在造山带两侧仍然为前陆挤压盆地,在皖南山区的中侏罗世河流-湖泊相盆地(洪琴组、马涧组、渔尖山组)主要为拉分盆地,均受北东向断裂控制,主要发育在山间断陷盆地之中。

早、中侏罗世象山群沉积之后,即燕山运动一幕,造成了上覆晚侏罗世地层与象山群之间的明显角度不整合。

燕山中期,伴随强烈的断裂活动,产生了大规模的岩浆活动,以强烈的陆相火山喷发和中酸性-酸性岩浆侵入为特色,晚侏罗世—早白垩世沉积了火山碎屑沉积建造。早白垩世出现的碱性系列的火山岩建造及具有 A 型花岗岩性质岩浆活动则预示加厚岩石圈大规模的伸展塌陷,自此进入环太平洋构造活动体制。

在早白垩世伸展走滑过程中,形成具有拉分性质的盆地,西北部为庐枞火山-沉积盆地、中部为宣-南沉积盆地,仍然继承了早期沉积的特点,多数盆地具有箕状特征,一侧为断裂控制,其他边界则可能为超覆性质,盆地多为北断南超、东断西超。如郯庐、江南断裂带的左行平移形成的潜山、广阳盆地。但宣-南盆地是走滑剪切和伸展裂陷联合体制下形成的箕状盆地。早白垩世晚期的沉积物,比上、下岩层的颗粒细,含较多的泥质,灰色夹层较多,一般为湖相沉积,说明当时地形高差不大,隆起区剥蚀不太强烈,气候比较温暖,盆地内沉积了粉砂岩-泥岩建造、杂砂岩建造。

晚白垩世起,裂陷程度逐步加大,盆地沉积范围加大。如宣-广盆地,晚白垩世时沉积了赤山组河湖相红色碎屑岩建造,并沿江南断裂延伸至太平复向斜的核部——广阳一带,但盆地内缺失古近纪的沉积。自古近纪以后,在江南地区不再有广泛的沉积作用发生,表明断陷作用终止于 65Ma,后期的挤压隆升使盆地反转消亡,如在江南断裂、墩上-张溪断裂沿盆地北西侧均可见到盆地基底地层逆冲于晚白垩世红层之上。大别造山带因重力均衡作用而进一步上升。其周缘早期不同性质的断层都转变为正断层,控制着晚白垩世—古近纪的望江盆地、潜山盆地的形成和合肥盆地的发展。

喜马拉雅期,基本继承了燕山期以来的构造格局。地壳处于相对宁静的间歇期,沉积盆地逐渐萎缩,构造应力作用方式逐渐转为张剪作用,以不均衡差异升降运动为主,形成一系列断陷盆地和垒、堑构造,沉积了湖泊、河流相的砾岩-砂岩-泥岩建造。第四纪以来,在总体差异升降背景下,风化剥蚀作用在隆起区主要形成河流侵蚀地貌,在断陷区形成河湖相冲积平原,塑造了现代地形地貌。

## 第四节 沉积岩建造组合与成矿

安徽地跨华北地层区、秦岭-大别地层区和扬子地层区,地层发育齐全,沉积作用和沉积建造类型多样,沉积矿产十分丰富。在地质历史发展的过程中,地质构造环境(相)变化起着决定性的控制作用,从而造成不同沉积盆地的沉积岩建造组合类型的差异。沉积作用和沉积建造组合是控制安徽省成矿条件的主要地质因素之一。

### 一、沉积作用与矿产关系

#### (一)沉积成矿作用类型

安徽省沉积作用类型主要有纵向堆积作用、横向堆积作用、生物筑积作用、旋回沉积作用、风暴沉积作用、浊流沉积作用、化学沉积作用、蒸发沉淀作用、冰川沉积作用、低温热液沉积作用、表生富集作用、淋滤作用、风化作用、氧化作用、还原作用、沉积混杂作用等,而且在同一沉积盆地的沉积过程中,有许多沉积作用是交织在一起的,只能相对确定某种沉积作用为主。不同的沉积作用和沉积建造类型出现的沉积矿产明显不同。根据各时代沉积建造的岩石组合特征、岩石结构、沉积构造和生物组合等特征综合分析,其主要沉积作用类型与矿产的关系见表 1-23。

表 1-23 沉积作用与岩石建造及矿产关系一览表

| 沉积作用类型 | 岩石地层单位 | 含矿建造 | 矿产 |
| --- | --- | --- | --- |
| 纵向堆积作用 | 雨台山组 | 磷锰碳质碎屑岩建造 | 雨台山磷矿 |
| 横向堆积作用 | 凤台组 | 含磷白云质砾岩、泥灰岩建造 | 凤台磷矿 |
| 生物筑积作用 | 魏集组 | 叠层石白云岩-碎屑岩建造组合 | 大理石、煤 |
| 旋回沉积作用 | 华严寺组 | 砾屑灰岩、条带状微晶灰岩建造组合 | |
| 风暴沉积作用 | 休宁组 | 砾岩-砂岩-凝灰质砂岩-粉砂质泥岩建造 | |
| 浊流沉积作用 | 新岭组、霞乡组下段 | 细砂岩、粉砂质泥岩建造 | |
| 化学沉积作用 | 孤峰组 | 硅质岩-硅质页岩-含锰灰岩建造 | 锰矿 |
| 蒸发沉淀作用 | 周冲村组 | 膏盐白云岩建造 | 石膏 |
| | 定远组 | 砾砂泥质岩、泥灰岩含膏夹岩盐建造 | 岩盐 |
| 冰川沉积作用 | 南沱组 苏家湾组 | 冰碛含砾粉砂岩、含砾粉砂质泥岩、含锰灰岩建造 | 锰矿 |
| 低温热液沉积作用 | | 低温热液型沉积建造 | 周山口铅锌矿、香泉铊矿化点 |
| 表生富集作用 | | 次生富集 | 六峰山铜矿 |
| 淋滤作用 | 椰桥岩楔 | 铁帽 | 鸡冠山、黄狮涝金矿 |
| 风化作用 | 本溪组 | 铁、锰铝土岩-碳酸盐岩建造 | 铝土矿、锰矿 |
| 氧化作用 | 孤峰组 | 硅质岩-硅质页岩-含锰灰岩建造 | 锰矿 |
| 还原作用 | | 碳质硅质页岩夹石煤层建造 | 石煤、黄铁矿 |

## (二) 不同类型的沉积作用与矿产的关系

### 1. 与风化作用、淋滤作用有关的矿产

与风化、淋滤作用有关的矿产有铝土矿、铁矿、锰矿、砂金矿、金红石砂矿、膨润土及次生淋滤富集型铜矿等。

**铝土矿** 与风化、淋滤作用有关的铝土矿系由原生沉积铝土矿在适宜的构造条件下经风化、淋滤,就地残积或在岩溶洼地、坡地中重新堆积而成。如皖北萧县五里庙一带晚石炭世本溪组含砾铁锰铝质黏土岩、粉砂质泥岩、页岩、泥灰岩建造组合,多形成于碳酸盐岩、砂岩、页岩及玄武岩的侵蚀面上。

**铁锰矿** 分布在皖南宁国—绩溪一带,如宁国高坑铁锰矿、宁国杨家西山铁锰矿分别产于蓝田组底部与南沱组接触面上或蓝田组下部含锰白云质灰岩中,呈似层状及透镜状,主要为含锰白云质灰岩风化的锰帽,矿床除受地层控制外,尚有燕山期热液作用的叠加,形成矿床规模可达小型矿床。

**锰矿** 沉积-淋积型锰矿分布范围甚广,主要产于沿江铜陵、贵池一带,矿床主要受二叠纪孤峰组控制。典型矿床如贵池马衙、牌楼、唐田和青阳插花山等锰矿。

**金红石砂矿** 如潜山县古井谢山嘴、地灵桥、桃铺、铁冶冲、张家冲等金红石砂矿,矿层大都赋存于全新世芜湖组中下部的砂层、砂砾层,少数赋存于中更新世戚家矶组残坡积层中,大部分分布在大别山区中低山侵蚀区与山前剥蚀堆积丘陵河谷区结合部位,属机械沉积型。

**砂金矿** 分布在皖南、沿江一带及五河等地,产于第四纪全新世松散冲积层及残坡积层中。休宁月潭一带产于冲积层下部砂砾层中。全椒马厂主要产于冲积层底部砾石层中。五河大巩山砂金矿主要产于残坡积层中。矿床规模多为小型,矿体形态为似层状、透镜状,品位较低且变化大。

**膨润土** 主要在皖南的黄山市一带,膨润土赋存在岩塘组内。

**次生淋滤富集型铜矿** 主要分布在沿江江南一带,主要在擂鼓台组与黄龙组之间,系含铜硫化矿体经风化淋滤作用而形成的次生富集带中。矿床规模不大,形态比较复杂,含铜品位中等,局部较高。有价值的矿床为贵池六锋山铜矿床。

### 2. 与生物筑积作用有关的矿产

与生物筑积作用有关的矿产有大理石、煤矿等。

**大理石矿** 如灵璧县殷家寨大理石矿系产于华北地层区魏集组内的肉红色叠层石灰岩,呈似层状及透镜状,由于其颜色十分鲜艳,块度大,可以作为观赏大理石(灵璧玉)开采。

**煤** 安徽省内的含煤地层发育,华北地层区主要为山西组、太原组、石盒子组,成矿层位较多;下扬子地层分区主要为龙潭组和钟山组,多为矿点,成为矿床的较少。

龙潭组下部砂质页岩、页岩夹细砂岩及煤层为含煤段,厚4~28m,由西向东逐渐变厚,煤层增多。煤层一般位于含煤段的上部或顶部。主要可采煤层为含煤段的顶部煤层,煤层形态有透镜状、似层状、层状等,变化较大,有收缩、膨胀、分叉现象。煤层顶板为含燧石结核灰岩或碳质页岩,底板为碳质页岩或砂质页岩。一般龙潭组煤的变质程度较高,挥发分少,灰分、硫分较高,燃烧不结焦,发热量大,可作动力用煤或民用煤。

钟山组含煤地层主要分布在下扬子地层分区沿江一带,形成的煤层多者达16层,各煤层的厚度一般为0.2~1m,沿走向及倾向变化较大,短距离内即可能尖灭或相变为碳质页岩。煤层的形态也较复杂,有鸡窝状、透镜状、藕节状、豆荚状、条带状等,分叉尖灭现象显著。煤的变质程度较高,为贫煤—无烟煤。

扬子地层区内荷塘组底部、五通群上段、栖霞组底部和范家塘组、安源组也是含煤层位,但煤质较差,开采价值较低。

**3. 与表生富集作用有关的矿产**

**氧化改造铁帽型铁矿** 该类型铁矿在长江沿岸的铜陵、贵池、繁昌等地分布最为集中。多产于晚泥盆世五通群顶部,也有产于侵入体外接触带上,在地表呈铁帽产出,矿体呈似层状、透镜状、漏斗状。矿石矿物以赤铁矿、假象赤铁矿、褐铁矿为主,大多为硫化矿床的氧化带,规模多为小矿和零星资源。如铜陵岭头、贵池锈水壕、繁昌团山、怀宁独秀山、泾县太元等铁帽。既是地方开采铁矿的主要对象,也是寻找铁帽金的重要标志。

**铁帽型金矿** 主要分布在铜陵、青阳、贵池一带,金矿体为含金硫化矿体在地表及浅部经风化淋滤,金富集于铁帽中而成。如铜陵黄狮涝山金矿,原生含金硫铁矿体赋存于泥盆纪碎屑岩与石炭纪碳酸盐岩之间,经氧化和次生富集而成为铁帽型金矿。矿床规模为中小型,矿体形态为似层状及透镜状,品位中等,共伴生矿产有银、铁,如铜陵新桥铜硫矿地表金矿、贵池锈水壕金矿。

**4. 与低温热液沉积作用有关的矿产**

**石棉矿** 以宁国市城南14.5km虹龙石棉矿为例,含矿围岩为荷塘组下部含透镜状白云质灰岩及含磷结核的碳质板岩。其中含透镜状白云质灰岩与成矿关系密切,矿脉产于由透镜状白云质灰岩变成的透闪石岩及其顶、底板中,常沿片理、裂隙分布,与围岩界线清楚。顶底板岩石中尚含有红柱石、空晶石等矿物。

**5. 与化学沉积作用有关的矿产**

与化学沉积作用有关的矿产主要有磷矿、(硫)铁矿、重晶石矿及石灰岩矿等。

**磷矿** 磷矿产出层位较多,有寒武系、志留系、二叠系等。华北地层区主要分布于霍邱、凤台、寿县、凤阳一带,在早寒武世凤台组的顶部矿石为胶磷矿,矿体呈层状、似层状,含$P_2O_5$ 12%~20%,最高达30%。如凤台西矿区、霍邱雨台山等磷矿床;下扬子地层分区主要在早寒武世荷塘组、早志留世坟头组、中二叠世孤峰组等层位内成矿,磷矿分布在皖南绩溪、歙县、休宁一带,早寒武世荷塘组碳质页岩、硅质泥岩建造中磷矿层含有磷结核,磷结核由胶磷矿组成,磷结核含$P_2O_5$ 10%~30%,伴生钒、铀、镓等矿产,如休宁蓝田、绩溪石榴村等磷矿床。皖南及沿江地区早志留世坟头组中的磷矿层赋存于粉砂岩中,呈透镜状、似层状,厚0.1~1.40m。如宣城金竹坑、青阳寨山磷矿床。中二叠世孤峰组中的磷矿分布于巢湖、含山、和县、无为及沿江江南等地,矿层呈似层状、透镜状,以磷结核状态出现,厚0.5~1.5m,矿石为胶磷矿,如和县老山岱、含山褒山、巢湖董家岗、广德牛头山等磷矿床。

**沉积型(硫)铁矿** 沉积型硫铁矿主要分布于歙县东部与浙江交界处,主要为早寒武世底部黑色岩系中同生沉积硫铁矿,其品位较低,规模也较小,典型矿床有鸟鹊坪、茶园坪等硫铁矿床。沉积型铁矿在铜陵马家剖面可见,赋矿层位为早石炭世椰桥岩楔上部同生沉积豆状赤铁矿。

**沉积型重晶石矿** 主要赋矿层位为早寒武世底部黑色岩系中同生沉积重晶石矿,典型矿床有东至石桥、绩溪石榴村重晶石矿床。

**石灰岩** 安徽省内碳酸盐岩地层沉积较多,广泛分布于长江两岸,许多层位的石灰岩符合冶金熔剂、水泥原料、电工原料的工业要求,也可作玻璃、磷酸肥之配料。其中可用作水泥石灰岩原料的有仑山组上段、黄龙组、船山组、栖霞组、武穴组、茅口组、青坑组、南陵湖组等灰岩,灰岩中一般含CaO 52.42%~55.23%、MgO 0.33%~5.11%、$SiO_2$ 0.36%~4.71%,以黄龙组、船山组灰岩最纯,黄龙组灰岩还用作白水泥原料。

**6. 与蒸发沉淀作用有关的矿产**

**石膏** 石膏主要产在下扬子地层分区古近系的层位内。如无为县杨桥—建国一带,矿石矿物成分比较简单,主要为石膏,次为硬石膏、萤石、白云石、方解石、长石及黄铁矿等。石膏呈半自形板状及细小纤维状晶体,粒径 0.05~1.5mm。纤维状石膏大部为白色,俗称"白膏",其他石膏多为棕红色、砖红色,俗称"泥膏",系陆相盐湖蒸发沉积的石膏矿床。

**岩盐与钙芒硝** 岩盐与钙芒硝主要产在华北区古近纪定远组内,为一套深灰色、灰黑色泥岩,含膏泥岩、粉砂岩建造,夹岩盐、钙芒硝和石膏。钙芒硝与岩盐共生,矿体呈透镜状,厚度变化大,一般为 8~70m,夹石少,品位较高,系陆相盐湖蒸发沉积矿床。

### (三)沉积岩石地层对成矿作用的控制

不同时代的岩石地层单位对一些矿产具有明显的控制作用,它们既有同生成矿作用形成的矿产,也有为后期热液成矿作用成矿提供物源或成为主要的赋矿围岩地层。以铜陵地区为代表,主要控制金属矿产形成的地层见表 1-24。

表 1-24 铜陵地区各容矿层位中矿床(点)及储量百分比

| 容矿层位 | 矿床(点) | | 占总储量(%) | | | | |
|---|---|---|---|---|---|---|---|
| | 个数 | 占总数(%) | Cu | Au | Ag | S | Mo |
| $T_{1-2}d$ | 12 | 9.02 | 1.4 | 2.81 | 4.15 | 1.07 | |
| $T_1n$ | 23 | 17.29 | 13.17 | 8.36 | 15.12 | 3.44 | 12.12 |
| $T_1h$ | 22 | 8.27 | 9.23 | 8.83 | 3.09 | 5.54 | 6.48 |
| $T_1y$ | 3 | 1.50 | 6.71 | 4.12 | 5.37 | 10.58 | 0.21 |
| $P_3d$ | 2 | 0.75 | 3.17 | 1.23 | 2.18 | 3.67 | 79.28 |
| $P_{2-3}l$ | 1 | 1.01 | 0.06 | 0.02 | | | |
| $P_2g$ | 6 | 4.51 | 0.91 | 0.22 | 0.23 | 0.59 | |
| $P_2q$ | 14 | 10.53 | 4.43 | 6.81 | 2.19 | 0.93 | |
| $C_2$ | 46 | 34.58 | 54.47 | 66.93 | 64.75 | 43.21 | |

安徽省内不同层位的地层对成矿有一定的专属性,如层控矽卡岩型铜矿主要产于石炭纪老虎洞组、黄龙组内,钨钼矿受震旦纪蓝田组控制;类卡林型金矿主要产于早奥陶世东至组、红花园组;黑色页岩型低温热液矿床主要产于早寒武世荷塘组中。下面对不同岩石地层层位的含矿性进行分述。

华北地层区青白口纪曹店组沉积型铁矿主要分布于凤阳一带。如凤阳大红山铁矿床的矿层位为曹店组含铁砂岩及铁质粉砂岩中,矿体呈似层状,沿走向变化大,主矿层 0.7~4.7m,矿石类型为赤铁矿,平均品位 42.09%,矿床规模为小型。

扬子地层区南华纪休宁组中含铜沉积层及黄铁矿层;南沱组中、上部含锰白云岩含锰贫,但经风化淋滤后可成矿;震旦纪蓝田组、皮园村组中常夹有黄铁矿层,少数矿层可达工业品位;蓝田组中含锰层或含锰白云岩含锰贫,但经风化淋滤后可成矿。蓝田组内碳酸盐岩夹层有利于形成矽卡岩型钨钼矿、沉积锰(铁、铅锌银)矿等,如绩溪逍遥、宁国市大坞尖的钨、铜多金属矿。与成矿关系最为密切的是蓝田组一段含锰白云质灰岩,三段为薄层泥质灰岩与灰岩互层呈条带状,为主要的含 Cu、Pb、Zn、Ag 的赋矿层位。

寒武纪荷塘组、黄柏岭组黑色岩系中易形成低温热液型银、铅锌、钒(铂、钯)矿等矿产,荷塘组碳硅质板岩夹多层石煤及磷、硅质结核,底部黑色碳质页岩的石煤层中含较高的 U、Ag、Ni、V、Pb、Zn、Cu 等成矿元素;大陈岭组、杨柳岗组不纯的泥灰岩、泥质灰岩也是重要的矽卡岩型钨(铜)矿的赋矿层位。

奥陶纪东至组、红花园组、汤头组为层控低温热液型金银矿(类卡林型)、矽卡岩型铅锌矿成矿层位;志留纪坟头组砂岩中常夹有透镜状磷块岩、生物碎屑磷块岩和胶磷矿细砂岩,茅山组中产有含磷砂岩,在其破碎带内见裂隙充填型、斑岩型金矿。

晚泥盆世擂鼓台组顶部有适合地方开采的小铁矿和黏土矿，分布也较广泛；在巢湖市北部早石炭世高骊山组下部杂色页岩、粉砂质页岩建造中，含两层赤铁矿层，厚2.93m。而巢湖市南部则为钙质泥岩、粉砂质泥岩夹粉砂质泥灰岩建造，其中亦含两层赤铁矿，厚9.24m，如无为县凤凰山铁矿、胡家山铁矿；在铜陵市、南陵县早石炭世浙溪岩楔的砾岩、砂岩、砂页岩建造中产有小而富的（喷流）沉积黄铁矿矿床，并含铅、锌、铜，分布亦较广泛。晚石炭世老虎洞组、黄龙组、船山组往往出现矽卡岩型铜金、铅锌矿。

二叠纪含煤岩系中的煤层和黄铁矿结核或透镜体、栖霞组燧石结核灰岩下部的菱铁矿层、孤峰组硅质岩中的磷结核、含锰灰岩和锰土层，均有一定成矿意义，有的已构成小型矿床，在栖霞组、大隆组中有利于形成矽卡岩型铜矿；三叠纪南陵湖组在有利部位往往形成矽卡岩型铜铁矿，在周冲村组内普遍含石膏，如在当涂钟九、无为汤沟、繁昌白马山等地钻孔均含石膏，视厚80~200m，最厚可达600m；在黄马青组紫红色粉砂岩夹青灰色含铜砂岩建造中可形成沉积型铜矿，如怀宁朱冲铜矿（化）点。

晚侏罗世龙门院组中出现火山岩-热液型铜矿；在白垩纪火山岩盆地中出现火山岩-玢岩型铁硫矿、火山沉积铁矿（如砖桥组、双庙组）。另外，在华北地层区合肥盆地早中白垩世新庄组（朱巷组）砂页岩中见到含铜砂页岩，矿体、矿化体呈小串珠状、小透镜体状，零星分布，品位低，如定远雨林集铜矿（化）点；古近纪在定远盆地内出现岩盐与石膏；新近纪桂五组中出现块状凹凸棒石黏土矿；下草湾组中出现致密块状蒙脱石黏土矿；第四纪沉积中出现机械沉积砂矿（如全椒县马厂金矿、潜山县金红石矿）等，均受专属性地层层位控制。

## 二、沉积建造与成矿关系

### （一）沉积建造序列

安徽省华北区、下扬子分区在南华纪——三叠纪地质历史发展的过程中，总体表现为碳酸盐沉积环境与陆源碎屑沉积环境分阶段交替出现或出现两种混合的沉积环境，因此各阶段出现的沉积建造类型和沉积建造序列较多。根据沉积建造组合特征，可以归并为碳酸盐岩建造序列、碎屑岩建造序列和碳酸盐岩-碎屑岩混合序列3种，现在分述如下。

**1. 碳酸盐岩建造序列**

由于各区在不同的地质历史时期有不同的构造背景，出现的以碳酸盐岩为主的沉积，开始往往有一些泥质，少量砂质沉积的夹杂，碳酸盐岩台地的形成、发展、消亡的过程往往是变化的，而且碳酸盐岩台地内的沉积相分布、演化特点也不同。根据碳酸盐岩台地的演化特征，可以分为3类：如下扬子分区的寒武纪碳酸盐岩台地是由深到浅的变化过程，而且台地的范围渐渐向北西和南东的盆地方向扩大，开始盆地内以硅泥质沉积为主，有利于磷矿、石煤的沉积。而在盆地的边缘往碳酸盐岩台地方向碳酸盐岩夹层渐渐增多，向上盆地内以碳酸盐岩沉积为主，顶部往往存在风化暴露面。而下扬子分区的奥陶纪碳酸盐岩台地基本上继承了寒武纪碳酸盐岩台地的格局，向盆地方向出现了较多的泥质→硅质，又变成以泥质为主，仅出现少量的泥质瘤状灰岩，而且总体表现为由浅到深；华北区的寒武纪碳酸盐岩台地从早期到晚期岩性、岩相上出现了一定的变化，在台地的边缘，往往有利于锰矿、石煤、磷矿的形成。而中期岩性、岩相上变化不大，表现为碳酸盐岩台地内部较为平缓，在纵向上表现为由浅到深再到浅的变化过程，在碳酸盐岩台地的边缘出现风化暴露面；华北区的奥陶纪碳酸盐岩台地表现为碳酸盐岩台地内部较为平缓，岩相上变化不大，在纵向上表现为由深到浅的变化过程；下扬子分区的晚石炭世——早二叠世碳酸盐岩台地总体上岩性、岩相变化不大，表现为碳酸盐岩台地内部较为平缓，沉积盆地比较浅，为开阔台地相沉积，在纵向上表现为由浅到较浅再到浅的变化过程；下扬子分区的中二叠世栖霞组的碳酸盐岩台地的沥青质成分明显较高,沉积盆地加深,水动力条件相对较强,碳酸盐岩台地内部较为平缓,岩相上变化不大,在纵向上表现为由浅到深再到浅的几次变化过程。中二叠世碳酸盐岩台地开始经历浅的时间比较短,盆地内很快出现了深水的硅质岩建造,向上渐渐变浅,盆地内在东至县香口—南陵县一带出现北东向的孤立碳酸盐岩台地,纵向上沉积相总体表现为由盆地相往陆棚相的转变过程。下扬子分区的晚二叠世—早三叠世碳酸盐岩台地开始经历浅的时间比较短,盆地内很快出现了深水的硅质岩建造,向上渐渐变浅,盆地总体为南东方向较浅,北侧巢湖市北部相对较深。纵向上沉积相总体表现为由盆地相往台地蒸发岩的转变过程。

**2. 碎屑岩建造序列**

由于在不同的地质历史时期有不同的构造背景,出现的碎屑岩沉积有不同的发展过程。前陆盆地的碎屑岩表现为由深到浅的变化过程,下扬子分区的晚奥陶世—早中志留世长坞组—唐家坞组及相当层位从沉积相的变化反映出由深到浅的变化过程,即由盆地→陆棚→过渡带→近滨带→前滨带→后滨带→潮坪、潟湖相,而且以陆源碎屑沉积为主,仅在局部地段见到一些碳酸盐岩夹层,如在含山县陈夏村剖面,在早志留世高家边组的上段出现以页岩、粉砂质泥岩、细粒钙质岩屑石英砂岩夹灰黑色中层亮晶颗粒灰岩,灰岩内含三叶虫、笔石、腹足类、双壳(瓣腮)类、海星、珊瑚、腕足类、层孔虫、大甲类等化石。下扬子分区中晚三叠世黄马青组、范家塘组的沉积盆地以碎屑岩为主,中三叠世黄马青组开始为粉砂岩与泥灰岩相间出现,以后为粉砂岩-泥岩建造。晚三叠世范家塘组为含煤碎屑岩建造,沉积相自下而上为前三角洲、三角洲前缘、三角洲平原由深到浅的变化过程。下扬子分区早南华世沉积盆地早期为大陆边缘裂谷盆地,其碎屑岩表现为由深到浅的变化过程。早南华世休宁组及相当层位从沉积相的变化反映出由浅到深的变化过程,即潮坪、潟湖相→后滨带→前滨带→近滨带→过渡带,而且以陆源碎屑沉积为主,仅在顶部局部地段见到一些碳酸盐岩夹层,如黟县美溪剖面。后来由于气候的突然变冷,区内出现以冰川为主的沉积物。

**3. 碳酸盐岩-碎屑岩混合序列**

由于各区在不同的地质历史时期有不同的构造背景和不同的发展过程,沉积盆地内出现的碳酸盐岩与碎屑岩混合沉积。所处沉积盆地的部位不同,亦出现的碎屑岩的成分、粒度、颜色有不同程度的变化。以浅水沉积为主组成的,由浅到深再到浅的碳酸盐岩与碎屑岩混合沉积以下扬子分区早石炭世金陵组或王胡村组沉积,和州组或椰桥组岩楔和浙溪岩楔为代表。华北区由浅水沉积为主组成的,由浅到深再到浅的碳酸盐岩与碎屑岩混合沉积以晚石炭世—早二叠世本溪组、太原组沉积为代表;由深到浅的碳酸盐岩与碎屑岩混合沉积以下扬子分区中晚二叠世龙潭组或武穴组、吴家坪组沉积,早震旦世蓝田组或黄墟组为代表。

(二)沉积建造对成矿作用的影响

沉积建造对成矿的控制作用主要表现在以下3个方面:一是存在有原始沉积的含矿层,主要是胶状黄铁矿层、赤铁矿;二是有易被交代利于成矿的岩性,如白云岩,白云质灰岩;三是发育有利于成矿的岩性组合,如碎屑岩+白云岩(灰岩)+页岩,或是碳酸盐岩+硅质岩组合,造成易交代岩层和不易交代透水性差岩层共存的成矿环境。

**1. 原始沉积矿层对成矿的控制**

铜陵地区铜官山、天马山、冬瓜山、新桥矿床主要赋存于晚石炭世老虎洞组、黄龙组,老虎洞组岩性控矿作用极其重要。老虎洞组以微晶白云岩为主,底部为含石英细砾的白云岩或石英质砾岩。白云岩为中厚层状,局部见层纹状,泥质结构,含藻化石,并夹多层胶状黄铁矿、菱铁矿层。值得注意的是在冬瓜山见有层纹状硬石膏层,而铜官山亦可见石膏化现象。铜官山层状矿体,天马山Ⅲ号矿体就赋存于此层下部。原始沉积的黄铁矿层,无疑是硫铁矿体的矿胚层,对铜金矿体而言,则起到重要的沉淀剂作用,促使岩浆期后的含Cu、Au热液交代沉淀,形成重要的铜、金矿体。原始沉积矿层在横向上可能转变为菱铁矿,若受侵入变质改造可以形成磁铁矿(或赤铁矿)矿床。在铜陵的马家剖面见到榔桥岩楔内有1m厚的深褐色块状褐铁矿层,见到豆状赤铁矿,底部为40cm厚的褐色中厚层铁质石英砾岩,该层位在区域上应当予以重视。

**2. 易于交代岩性的控矿作用**

安徽省内沉积矿床以层控矿床占据主导地位,且这些矿床如前所述具有明显的层位控制特点,这与其中的岩性组合有着密切的关系,如 $Z_1l$、$C_{1+2}$、$P$、$T_1$ 层位中主要为白云质灰岩、白云岩和泥质灰岩等。显然这些层位岩石化学性质较活泼,易被交代,特别是镁质灰岩层更有利于成矿;相反较厚灰岩不易成矿,因为纯度高,成分较单一,化学稳定性较强,不易交代成矿。尤其在接触变质中,如为泥质灰岩,可形成角岩,加之构造因素的配合,易形成受岩性控制的矿化,单一纯灰岩则形成大理岩。

**3. 有利的沉积建造组合对成矿的控制**

在沉积作用发展过程中,部分时代地层的沉积建造组合具明显的相似性:①$Nh_2n$—$Z_1l$—$Z_2p$ 的含砾泥岩-页岩-灰岩-硅质岩建造组合;②$O_3b$—$O_3t$—$O_3w$ 的瘤状灰岩-硅质页岩-硅质岩建造组合;③$D_3W$—$C_2$ 的砂页岩-白云岩-灰岩建造组合;④$P_2l$—$P_2q$—$P_2g$ 的砂页岩-沥青质灰岩-硅质岩-灰岩-硅质岩建造组合;⑤$P_{2-3}l$—$P_3d$ 的砂页岩-硅质灰岩(白云质灰岩)-硅质页岩建造组合;⑥$T_1y$—$T_1h$ 的钙质页岩-灰岩-条带状灰岩-钙质页岩建造组合等。这些岩石建造组合中既有化学性质活泼易交代的碳酸盐岩层,又有砂页岩、页岩等作为屏蔽层分布于碳酸盐岩之上下,从而构成了有利的成矿沉积建造组合。一些有利的沉积建造组合不仅有的出现了同生沉积矿层,如 $C_2l$ 的黄铁矿、石膏,$P_2g$ 的碳酸锰,$P_{2-3}l$ 的煤,$T_{1-2}z$ 的石膏等,也为后期不同程度的内生矿化创造了有利的条件。下扬子分区主要赋矿层有 $Z_1l$、$O_3t$、$C_2$、$P_2q$、$P_3d$、$T_1y$、$T_1h$、$T_1n$ 八个,从而构成了多层成矿的特点。从铜陵地区赋矿层中的矿床数及Cu、Au、Fe、S等储量所占有的比例(见表1-24)可见,本区最主要的赋矿层位是 $C_2$ 及 $T_1$,尤其是 $C_2$ 中所赋存的矿体规模最大,在区域分布上具有一定的稳定性和延伸性。

地层控矿的另一特点是有利的沉积建造组合对成矿具有明显的控制作用,安徽省内与沉积有关的典型矿床见表1-25。所谓有利的沉积建造组合是指既有易于交代成矿的岩石,又有不易交代和不透水性岩石,两者组合则构成有利成矿层位。如 $Nh_2n$—$Z_1l$—$Z_2\in_1p$ 含砾泥岩、含钨灰岩、页岩、灰岩、硅质岩组合,成矿的有青阳县百丈崖等钨(钼)矿床;$O_3b$—$O_3t$—$O_3w$ 瘤状灰岩、泥质瘤状灰岩、硅质页岩-硅质岩组合,成矿的有黄土岭等铅锌矿矿床;$D_3$—$C_2$ 砂岩、粉砂岩、黏土质粉砂岩、黄铁矿、菱铁矿、胶黄铁矿层(白云岩)、硬石膏-大理岩组合,成矿的有冬瓜山等铜(金)矿床;$P_2g$ 硅质岩-含锰页岩-菱锰矿-黄铁矿、铅锌矿-含碳质页岩组合,成矿的有焦冲金矿、大通锰矿;$T_1y$ 泥岩、钙质页岩-厚层灰岩建造组合的下面为大隆组的硅质泥岩-硅质岩建造可以作为隔挡屏蔽层,成矿的有大团山铜金矿床等。以上有利成矿的岩石组合均具Ca、Mg/Si、Fe、Al组合,在岩浆热液作用下而产生物质的交换,而不易交代的岩层则形成隔挡屏蔽层,而使热液在其构成的夹层中运动,成矿物质发生沉淀,从而形成了矽卡岩型铜金等矿床。

根据皖南地区铜、铁、钨、铅锌矿层赋存的岩性组合特征,可将地层中控制同生沉积成矿作用的岩性组合划分为5类。

(1)泥质粉砂岩、页岩-黄铁矿层(赤铁矿层)-碳质页岩建造组合。该组合为早石炭世浙溪岩楔的含矿特征,如铜陵的桃园硫铁矿、叶山铁矿,以及繁昌的顺风山、长龙山铁矿的下部含矿层。而下面的晚泥盆世擂鼓台组的石英砂岩-泥质粉砂岩建造可以作为隔挡屏蔽层。该组合主要分布于铜陵矿集区的北部。

(2)铁质胶结的石英砾岩-(含铁质)岩屑副砾岩组合。该组合主要受德坞期同沉积断裂带控制。它相当于早石炭世榔桥岩楔、浙溪岩楔。如铜陵桃圆硫铁矿上部的含金铁帽、戴汇四冲含铁角砾岩(赤铁矿层)、大城山含铁(金)角砾岩(赤铁矿层)、龙虎山硫铁矿胶结的石英细砾岩等。该组合主要沿铜陵矿集区周缘分布,向南东方向可延伸到泾县管岭、浙溪等地,向南西延伸至贵池地区。

(3)白云岩-硫铁矿-白云岩(-菱铁矿)-(硬石膏)-灰岩组合。该组合是扬子区内最为重要的含矿组合,它相当于晚石炭世老虎洞组、黄龙组。其分布范围较广,如铜陵地区的冬瓜山、新桥、笔山等,以及繁昌的顺风山、长龙山铁矿的上部等都属该类岩石组合。

(4)灰岩-黄铁矿层-灰岩组合。该组合仅出现在局部矿区,主要与晚石炭世黄龙组、船山组相当。

(5)含砾泥岩、含钨灰岩、页岩、灰岩、硅质岩建造组合。该组合为早震旦世蓝田组底部灰岩的含矿特征,如宁国市的大坞尖钨矿,青阳县百丈崖钨、钼矿。而上面的晚震旦世皮园村组的硅质岩建造可以作为隔挡屏蔽层。该组合主要分布于皖南的青阳县—宁国市一带。

**表 1-25　安徽省与沉积有关的典型矿床一览表**

| 序号 | 矿种(组合) | 成因类型 | 矿床式 | 分布范围 | 矿产地 |
|---|---|---|---|---|---|
| 1 | Fe-(Cu) | 沉积-叠改型 | 龙桥式 | 宁芜、庐枞 | 庐江县龙桥铁矿 |
| 2 | Fe-(Au) | 铁帽型(次生富集型) | 鸡冠山式 | 铜陵、池州 | 铜陵市鸡冠山铁矿 |
| 3 | Mn | 风化残积型 | 大通式 | 贵池-铜陵 | 铜陵市大通锰矿 |
| 4 | Mn-(Fe) | 沉积-热液叠改型 | 西坞口式 | 宁国 | 宁国市西坞口锰矿 |
| 5 | Cu-S-(Fe、Au) | 层控热液叠改型 | 冬瓜山式 | 铜陵、贵池、安庆 | 铜陵市冬瓜山铜矿 |
| 6 | Cu-(Au) | 氧化型 | 六峰山式 | 池州 | 池州市六峰山铜矿 |
| 7 | Pb-Zn-Ag | 砂卡岩型 | 黄山岭式 | 铜陵、贵池 | 池州市黄山岭铅锌矿 |
| 8 | Au-(Ag)-(Pb、Zn) | 铁帽型(次生富集型) | 天马式 | 铜陵、贵池 | 铜陵市黄狮涝金矿 |
| 9 | 重晶石 | 沉积型 | 石榴村式 | 皖南 | 绩溪县石榴村重晶石矿 |
| 10 | 磷矿 | 沉积型 | 凤台山式 | 凤台、霍邱 | 霍邱县雨台山磷矿 |

另外,二叠纪孤峰组硅质岩-含锰页岩(菱锰矿)-黄铁矿、铅锌矿-含碳质页岩建造组合,以及三叠纪殷坑组泥岩、钙质页岩-厚层灰岩建造组合,也是区内较为重要的含矿建造组合。其中二叠纪孤峰组、大隆组硅质岩从岩石地球化学特征上来看,具有热水沉积岩的特征。

**4. 古构造对层控矿床的控制**

铜陵地区石炭纪沉积矿床的形成受沉积构造控制的认识早已被人们所揭示,最引人关注的是"古铜陵岛"和同生断裂两个问题。

1)关于"古铜陵岛"对成矿的控制

自"古铜陵岛"提出以来(安徽省区域地质调查队,1989),"古铜陵岛"与成矿的密切关系受到重视。原"古铜陵岛"是因为铜陵地区早石炭世地层两侧沉积物较中间厚,尤以铜陵地区内部缺失早石炭世地层保留古陆状态,故称为"古铜陵岛"。常印佛等(1991)研究认为,铜陵矿集区的70%矿床产于"古铜陵岛"内,另有30%的矿床分布于其两侧的海盆中。

根据1:25万安庆市幅区域地质调查成果,在铜陵地区的大倪村、半山李一带岩关早期的陈家边组的发现,肯定了铜陵地区早石炭世早期地层的存在,同时根据铜陵地区北部的巢湖—宿松和南部的宣城—泾县一带的岩关期、大塘期、德坞期地层沉积相、古生物化石的对比研究,认为"古铜陵岛"随不同时代经历了多次暴露、沉降的变化过程,它的出现记录了早石炭世铜陵矿集区处于剧烈升降变化的活动环境,区域早石炭世地层中出现多层赤铁矿层、黄铁矿层和含珊瑚化石的碳酸盐岩沉积,表明当时为炎热干燥或炎热潮湿的气候条件。其主要依据如下:

(1)在德坞早期(和州组),"古铜陵岛"出露地表,其地势总体较平缓,并接受风化剥蚀,在海侵的初始阶段沿滨岸带形成铁、锰质胶结的石英砾岩（榔桥岩楔），局部地区尚见豆状赤铁矿（铜陵马家）。在德坞晚期，区内隆升较强烈，受北东向、北西向同生断裂控制，"古铜陵岛"展布方向由原北东向变为北西向，在古岛周围也出现隆、坳相间的构造格局。在隆起区，早期沉积均被剥蚀，仅保留岩关早期的沉积。在坳陷区形成同沉积角砾岩（浙溪岩楔），其出露位置、范围大致代表了古岛周围的同生断裂带出现部位。在坳陷向外则出现碳酸盐岩相沉积。

（2）晚石炭世，区域上总体为开阔台地相的碳酸盐岩沉积，在罗苏初期（老虎洞组），"古铜陵岛"被夷平，在海侵初始阶段形成区内分布广泛的硅质胶结的石英细砾岩（老虎洞组底砾岩），随海侵扩大，安徽沿江和江南地区成为下扬子海，在地形上仍然具有中间高、两侧低的特点。"古铜陵岛"具有继承德坞晚期的沉积特点，从老虎洞组白云岩沉积在铜陵地区出现北西向的铜官山、半山李两个隆起中心，其两侧的狮子山—叶山和大通—寺门口两个北西向沉积中心，在沉积厚度最大位置或沉积厚度梯变带处，多对应已知的同生成矿作用较强烈的位置。从沉积相特征来看，"古铜陵岛"内部及周围应属潮坪相或潟湖相特征。德坞期形成的同生断裂和沉积相对同生成矿作用均有一定的控制作用。

2) 同沉积断裂对成矿的控制

在地质历史发展过程中，在不少时期出现了同沉积断裂，同沉积断裂对成矿的控制应当予以重视，而石炭纪同沉积断裂对成矿的控制较为重要。铜陵地区的石炭纪同沉积断裂一直被一些学者所提及，但未提供其确切位置。据1:25万安庆市幅区域地质调查成果，在擂鼓台组与老虎洞组之间，前人认为是断裂构造成因的一套角砾岩，经区域的调查和详细的观察以及室内研究认为，其实质上是一套沉积作用形成的岩屑副砾岩（浙溪岩楔），据此确定区内同生断裂：北东向有怀宁-芜湖断裂、江南断裂；北西向有潘桥断裂、铜陵-丁桥断裂、桃圆-桂家村断裂，在铜陵矿集区池州断裂与后两条北西向断裂对成矿作用最为重要。确定区内同生断裂的主要依据如下：

（1）榔桥岩楔以一套铁质胶结的石英细砾岩为代表，其底部普遍出现"古风化壳"，其代表了德坞早期的滨岸滩相沉积，也大致代表了当时的海-陆界线，为同生断裂的形成奠定了基础。榔桥岩楔胶结物含铁质较高，部分已成为铁矿层，如铜陵董家山、章木山等地被民采，明显有别于老虎洞组底砾岩，反映华力西期区内地壳存在差异性隆升运动。

（2）浙溪岩楔以一套铁质胶结的岩屑副砾岩为特征，在基质中除铁锰质外，见大量的磨圆度较好的石英细砾、石英砂屑、岩屑，砾岩中尚夹有砂体、碳质泥岩/粉砂岩薄层，在碳质层中采获有少量的早石炭世孢粉化石。通过铜陵矿集区及区域研究，发现它是一套低水位体系域，代表了区域海侵初期滨岸带冲积扇的产物。表明铜陵地区陆-海相对高差较大，沿山前出现滨岸垮塌或河流快速搬运的产物，它代表了同沉积断裂的大致位置。反映华力西期区内地壳存在差异性隆升运动。其分布范围与榔桥岩楔有一定的差异，浙溪岩楔和榔桥岩楔反映的古构造面貌，并发现"古铜陵岛"从原北东向变为北西向分布，浙溪岩楔主要分布在其东、西、北3个方向，控制了老虎洞组白云岩的沉积相环境和沉积厚度。

**5. 沉积相对成矿的控制**

以铜陵地区为例，本区控制石炭纪同生沉积矿床的地层主要是浙溪岩楔和老虎洞组，其形成的沉积相对成矿的控制如下。

1) 冲积扇对成矿的控制

在安徽沿江和皖南地区，由一套铁锰质胶结的岩屑副砾岩为标志的冲积扇相，称为浙溪岩楔。主要沿罗苏初期出现的池州陆两侧分布，一是沿池州—铜陵一带为滨岸带，海水向北逐渐加深，在铜陵—池州一带呈明显的港湾状分布；二是沿宁国—休宁一线，向南东与浙赣的萍（乡）乐（平）坳陷相连。该沉积相的分布范围大致限定了晚期层控矿床的位置。

2) 潟湖相对成矿的控制

晚石炭世早期的老虎洞组在皖南地区为一局限的浅海盆地，整个地区以潮坪相为主，次为潟湖相，包括底部的石英质砾岩及向上的白云岩。潟湖相与老虎洞组沉积的地区对应，老虎洞组白云岩在铜陵地区出现南、北两个沉积中心，一个位于狮子山—新桥一带，另一个位于郎家涝—寺门口一带，二者属潟湖相沉积区。区内较典型以同生沉积作用为主的矿床主要产于潟湖相沉积中,冬瓜山矿床出现白云岩-石膏组合也证明了这一点。而潟湖相沉积中心部位与早期同生断裂出现的位置基本吻合。

3)浅滩相对成矿的控制

早石炭世晚期的擂桥岩楔在铜陵市马家剖面见到1m的铁矿层,见到豆状赤铁矿,表明当时为一个沉积铁矿成矿有利的部位,由于经过后期的风化剥蚀作用,不少地方已经剥蚀掉了,在有的地方(如宵其涝铁矿)堆积成为铁质砾岩,有的经过后期的风化淋滤作用变成了褐铁矿。

4)盆地相对成矿的控制

早震旦世蓝田组锰矿,早寒武世荷塘组石煤、磷矿,中二叠世孤峰组磷矿、锰矿的形成部位都是属于盆地相沉积,盆地相的黑色页岩也往往是生成油气的重要部位,应当予以注意。

**6. 沉积建造之间界面对成矿的控制**

沉积建造界面与层序地层界面在一定程度上重合,往往是构造运动、海平面升降变化的效应。界面性质与沉积盆地的转换、性质、类型等有关,安徽省各时代的层序界面主要出现升隆侵蚀、海侵上超、造山侵蚀、暴露、水下间断5种类型。下面对不同类型层序界面控矿特征进行分述。

在地质历史的发展过程中,上述界面中以升隆侵蚀、海侵上超、造山侵蚀、暴露4种类型较为重要,在升隆侵蚀和造山侵蚀界面上往往有陆源地区剥蚀下来的物质堆积下来,一些重矿物往往在底部的砂砾岩中较为富集,在有利地段可以形成矿床,如全椒县马厂金矿即在第四系的冲积层底部砾石层中。而且上述界面上下往往由不同的岩性组成,其物理化学性质、特征往往有明显的差别,经过后期的构造活动,该界面上往往孔隙度较大,有利于后期的含矿溶液运移、储存。如晚泥盆世擂鼓台组与晚石炭世老虎洞组(或黄龙组)之间为陆源碎屑沉积与碳酸盐沉积的交替转折部位,在下扬子分区的许多地段形成了许多有工业价值的矿床。

由于暴露不整合界面的存在,岩层之间存在一定的空隙,为后期的热液活动、地下水活动、油气运移、成矿溶液提供了通道和储存空间。如在江西省德安县彭山一带硐门组(与本省的休宁组相当)上部含碳酸盐岩和硅质岩透镜体,在与南沱组的层界面的砾岩中,其胶结物为含 Zn、Sn、Pb、Au 的硫化物,形成了大型多金属矿床。

当海侵上超界面之下的地层岩性较为致密,而海侵上超界面之上为碳酸盐岩时,在有利的条件下,也可以形成一定规模的矿床,如宁国市大鹄尖钨矿主要在蓝田组底部的灰岩中,下面为含砾泥岩,可以成为封闭层;上面为页岩,岩石均较为致密,可以成为盖层。

从本省矿产资源潜力评价对主要矿种成矿地质背景研究成果中(表1-26)不难看出,各成矿区带中典型矿床的赋矿地层均与沉积建造组合密切相关。沉积作用主要对矽卡岩型、热液交代-充填型等层控沉积-热液叠加改造型内生矿床控制作用十分明显,省内三大构造单元和五大成矿区带内生金属矿床都与不同时代的含矿沉积建造密切相关。如淮北、沿江地区矽卡岩型、热液交代-充填型铜、铁、铅、锌、硫、金矿床层控围岩为古生代—三叠纪碳酸盐岩建造、泥质砂岩、粉砂岩建造和铁、钙质泥质粉砂岩建造。中低温热液型锰矿控矿围岩为石炭纪砂页岩、灰岩含矿建造。五河岩群含金绿岩建造中的金,以角闪斜长片麻岩、斜长角闪岩、绢云片岩的含金量最高,因此,古老结晶基底金矿化不仅与一定的层位有关,而且受岩性控制。由沉积作用控制的内生矿床,矿体呈透镜状、似层状体赋存在有利部位,特别是层间破碎带和层间滑脱带。某些特定层位即是高含量金属元素同生沉积矿胚层或矿源层,受后期热流作用、变质作用和构造活动改造而富集成矿。安徽省内生矿产主要赋存于5个成矿沉积建造:①新太古代—古元古代含金绿岩建造;②青白口纪含铜细碧角斑岩建造(张八岭岩群、井潭组);③陆源碎屑、冰碛火山杂陆屑、硅质页岩、远陆源硅泥质碳酸盐岩多金属钨钼(或铁)成矿建造(南华系—寒武系);④远陆源(硅)泥质碳酸盐、蒸发式铅锌(或铁铜硫)成矿建造(如华北震旦纪—寒武纪蒸发-碳酸盐岩铁铜建造,滁州寒武纪蒸发式白云岩含铜建造,皖南奥陶纪远陆源硅泥质碳酸盐铜铅锌建造,沿江中三叠世膏盐白云岩铜铅锌建造);⑤杂色单陆屑-远源陆屑(硅质、沥青质)碳酸盐(蒸发式)铁铜硫金(铅锌)成矿建造(北淮阳梅山群、沿江上泥盆统—石炭系—二叠系建造组合)。

表 1-26 安徽省沉积型矿产构造岩石组合特征表

| 地层区 | 地层分区 | 成矿区带 | 位置 | 矿种 | 成因类型 | 典型矿床 | 成矿地层 | 构造岩石组合 | 沉积相（亚相） | 构造环境 |
|---|---|---|---|---|---|---|---|---|---|---|
| 华北地层区 | 徐淮地层分区 | 淮北-宿县煤炭、铁、铜、金成成矿带 | 淮北地区 | 铁 | 砂卡岩型 | 邯邢式（雁杆楼式、前常式） | 炒米店组和三山子组、萧县组 | 微晶白云岩、灰质泥质微晶白云岩建造组合 | 陆表海亚相 | 碳酸盐岩台地 |
| 华北地层区 | 徐淮地层分区 | 淮北-宿县煤炭、铁、铜、金成成矿带 | 淮北地区 | 铜 | 砂卡岩型 | 莱芜式、邯邢式 | 上寒武统（$\epsilon_3 O_1 s^1$）萧县组及$O_1 s$上段（$O_1 x^2$） | 泥质白云岩及泥质灰岩、白云质灰岩 | 陆表海亚相 | 碳酸盐岩台地 |
| 华北地层区 | 徐淮地层分区 | 淮南-蚌埠煤炭、金、铅、锌、铁成矿带 | 固镇地区 | 铁 | 沉积变质型 | 霍邱式 | 五河岩群 | 变质硅铁建造、磁铁石英岩建造 | 高级基底杂岩相 | 豫皖陆块变质基底 |
| 华北地层区 | 徐淮地层分区 | 淮南-蚌埠煤炭、金、铅、锌、铁成矿带 | 蚌埠地区 | 铁 | 沉积变质型 | 霍邱式 | 五河岩群、霍邱岩群 | 变质硅铁建造、磁铁石英岩建造 | 高级基底杂岩相 | 豫皖陆块变质基底 |
| 华北地层区 | 徐淮地层分区 | 淮南-蚌埠煤炭、金、铅、锌、铁成矿带 | 蚌埠地区 | 重晶石 | 沉积型 | 小红山式 | 五河岩群西固堆岩组、早白垩世新庄组 | 黑云母角闪变粒岩、斜长角闪岩、浅粒岩建造组合和砾岩，砂砾岩粗碎屑岩建造夹薄层泥岩、粉砂岩 | 高级基底杂岩相 | 豫皖陆块变质基底 |
| 华北地层区 | 徐淮地层分区 | 阜阳-霍邱铁、金成矿区 | 霍邱、正阳关地区 | 铁 | 沉积变质型 | 霍邱式、张庄式、李老庄铁矿、吴集铁矿、周集铁矿、重新集铁矿 | 霍邱岩群 | 黑云角闪斜长片麻岩、斜长角闪岩、黑云斜长变粒岩、富铝片麻岩、大理岩建造组合 | 高级基底杂岩相 | 豫皖陆块变质基底 |
| 华北地层区 | 徐淮地层分区 | 阜阳-霍邱铁、金成矿区 | 阜南、太和、亳州地区 | 铁 | 沉积变质型 | 吴集铁矿、周集铁矿、重新集铁矿 | 霍邱岩群吴集岩组上、下段和毛坦厂集岩组 | 硅铁建造夹薄层泥岩、粉砂岩、角闪岩建造 | 高级基底杂岩相 | 豫皖陆块变质基底 |
| 秦岭大别地层区 | 北淮阳金银铅锌钼铌铀成矿带 | 桐柏-大别金铜铅锌银及非金属成矿带 | 金寨地区 | 铅锌 | 火山-热液型砂卡岩型 | 银水寺式、永洞冲式 | 庐镇关岩群、梅山岩群大横山岩组 | 火山-次火山岩、碎屑结晶灰岩、泥岩、砂质泥岩、粉砂岩、角砾岩建造 | 古裂谷亚相 | 陆缘型陷槽 |
| 秦岭大别地层区 | 北淮阳金银铅锌钼铌铀成矿带 | 桐柏-大别金铜铅锌银及非金属成矿带 | 肥东地区 | 铁 | 砂卡岩型 | 霍邱式、铜山铁矿、青阳山、尖山、上尖山、分叶铁矿 | 阚集岩群大横山岩组 | 角闪斜长片麻岩中磁铁石英岩夹层-硅铁建造 | 高级基底杂岩相 | 大别变质基底残块 |
| 秦岭大别地层区 | 桐柏-大别金铜铅锌银及非金属成矿带 | | 肥东地区 | 磷 | 沉积变质型 | 大横山式 | 肥东岩群双山岩组柳坪岩组头集岩组 | 泥砂质岩-磷块岩-硅质岩-碳酸盐岩沉积建造 | 古孤盆相 | 活动陆缘增生杂岩 |
| 秦岭大别地层区 | 桐柏-大别金铜铅锌银及非金属成矿带 | | 宿松地区 | 磷 | 沉积变质型 | 柳坪式、高夫式 | 宿松岩群柳坪岩组虎踏石岩组 | 碎屑岩-磷块岩-大理岩沉积建造组合 | 古孤盆相 | 活动陆缘增生杂岩 |
| 下扬子地层区 | 下长江中下游江北过渡带金、铜、铅锌成矿带及天长地区 | | 滁州地区 | 铜 | 砂卡岩型、热液型 | 琅琊山式 | 寒武纪琅琊山组 | 硅质岩、微晶灰岩、泥岩建造 | 陆表面碳酸盐岩相 | 碳酸盐岩台地 |
| 下扬子地层区 | 下长江中下游江北过渡带金、铜、铅锌成矿带及天长地区 | | 天长地区 | 铁 | 砂卡岩型 | 冶山式 | 震旦纪灯影组、灯影组 | 白云岩建造 | 陆表面碳酸盐岩相 | 碳酸盐岩台地 |
| 下扬子地层区 | | | 庐枞盆地 | 铁 | 火山岩型、沉积叠改型 | 罗河式、龙桥式、大鲍庄铁矿 | 早白垩世砖桥组下段 | 火山碎屑岩和熔岩组合 | 后造山岩浆弧 | 火山压陷盆地 |

续表 1-26

| 地层区 | 地层分区 | 成矿区带 | 位置 | 矿种 | 成因类型 | 典型矿床 | 成矿地层 | 构造岩石组合 | 沉积相（亚相） | 构造环境 |
|---|---|---|---|---|---|---|---|---|---|---|
| 下扬子地层区 | 下扬子地层分区 | 长江中下游沿江铜、铁、硫、金、铅锌、锰多金属成矿带 | 庐枞盆地 | 铜 | 火山热液型 | 井边式 | 周冲村组、钟山组、罗岭组 | 碎屑岩-白云岩建造 | 陆表海-陆缘坳陷盆地相 | 陆缘坳陷盆地 |
| | | | 宁芜盆地 | 铁 | 接触交代热液型 | 陶村式、金龙式 | 中三叠世周冲村组、黄马青组 | 膏溶角砾岩、白云质灰岩建造，及钙质页岩、泥灰岩、钙质粉砂岩建造 | 陆表海海陆交互相 | 下扬子（苏皖）前陆盆地 |
| | | | | 铜 | 火山热液型 | 铜井式 | 早白垩世大王山组娘娘山组 | 辉石安山岩、粗安岩、凝灰岩夹凝灰质粉砂岩、粉砂质泥岩组合 | 后造山火山岩浆弧 | 火山压陷盆地 |
| | | | 繁昌盆地 | 铁 | 矽卡岩型、接触交代热液型 | 桃冲式、金龙式 | 晚石炭世黄龙组船山组 | 灰岩和白云质灰岩碳酸盐岩建造 | 陆表海碳酸盐岩台地相 | 下扬子（苏皖）前陆盆地 |
| | | | | 铜 | 矽卡岩型、接触交代热液型 | 凤凰山式 | 早二叠世和龙山组南陵湖组 | 碳酸盐岩建造 | 陆表海碳酸盐岩台地相 | 下扬子（苏皖）前陆盆地 |
| | | | | 铜 | 矽卡岩型 | 天马、包村、朝山式、焦冲式 | 南陵湖组、黄龙组和船山组 | 白云岩、灰岩碳酸盐岩建造 | 陆表海碳酸盐岩台地相 | 下扬子（苏皖）前陆盆地 |
| | | | | 铜 | 层控热液型、叠改型 | 冬瓜山式、新桥式、狮子山式 | 南陵湖组、龙山组、黄龙组、船山组和龙山组 | 白云岩、灰岩碳酸盐岩建造 | 陆表海碳酸盐岩台地相 | 下扬子（苏皖）前陆盆地 |
| | | | 铜陵地区 | 铁硫铁矿 | 矽卡岩型、层控热改型 | 狮子山式 | 黄龙组、船山组和龙山组 | 白云岩、灰岩碳酸盐岩建造 | 陆表海碎屑岩、碳酸盐岩台地相 | 前陆盆地 |
| | | | | 铅锌 | 复控热液型、接触交代矽卡岩型 | 岭门口寺 | 五通群、栖霞组、石炭系、二叠系及中下三叠统 | 砂页岩-白云岩、灰岩碳酸盐岩-灰岩建造组合 | 陆表海碎屑岩、碳酸盐岩台地相 | 前陆盆地 |
| | | | | 锰 | 沉积改造型 | 大通式 | 晚泥盆世五通群、上石炭统一下、中三叠统 | 硅质岩、硅质-泥质岩、含锰灰岩建造 | 陆表海碎屑岩、碳酸盐岩台地相 | 下扬子（苏皖）前陆盆地 |
| | | | | 铁 | 矽卡岩型、层控热改型 | 大冶式、铜山、岩山吴铜矿 | 上石炭统二叠系 | 白云岩、灰岩碳酸盐岩建造 | 陆表海碎屑岩、碳酸盐岩台地相 | 前陆盆地 |
| | | | 贵池地区 | 铜 | 复控矽卡岩型 | 铜官山式、马石铜矿 | 晚泥盆世五通群、上石炭统一下、中三叠统 | 黏土岩、泥质粉砂岩、白云岩、含锰灰岩、含锰页岩建造 | 陆表海碎屑岩、碳酸盐岩台地相 | 前陆盆地 |
| | | | | 锰 | 沉积风化型 | 洪村式 | 中二叠世孤峰组 | 硅质岩、硅质-泥质岩、锰页岩建造 | 陆表海碎屑岩、碳酸盐岩台地相 | 前陆盆地 |

# 第一章 沉积岩建造与构造古地理

续表 1-26

| 地层区 | 地层分区 | 成矿区带 | 位置 | 矿种 | 成因类型 | 典型矿床 | 成矿地层 | 构造岩石组合 | 沉积相（亚相） | 构造环境 |
|---|---|---|---|---|---|---|---|---|---|---|
| 下扬子地层区 | | 长江中下游沿江铜、铁、硫、金、铅锌、锰多金属成矿带 | 安庆地区 | 铁 | 矽卡岩型 | 大冶式、西马鞍山 | 中三叠世周冲村组 | 白云岩建造 | 白云岩建造 | 前陆盆地 |
| | | | | 硫铁矿 | 热液型 | 银珠山式 | 中晚二叠世孤峰组、龙潭组,大隆组和早三叠世殷坑组 | 碳质、硅质、泥质页岩夹灰岩透镜体组合 | 陆表海碎屑岩、碳酸盐岩台地相 | |
| | | | | 铜 | 矽卡岩型、热液型 | 大冶式、西马鞍山铜（铁）矿 | 晚二叠纪世南陵湖组和中三叠世周冲村组 | 白云岩建造 | | |
| | | | 泾县地区 | 铜 | 接触交代矽卡岩型 | 铜山式 | 黄龙组、船山组、栖霞组 | 碎屑岩-碳酸盐岩建造 | 陆表海碎屑岩、碳酸盐岩台地相 | 前陆盆地 |
| | | | 宣城地区 | 铜 | 接触交代矽卡岩型、沉积肉化型 | 麻姑山式 | 黄龙组、船山组、栖霞组 | 碎屑岩-碳酸盐岩建造 | | |
| | | | | 锰 | | 塔山式 | 高骊山组、黄龙组 | 锰砂页岩、粉砂岩、白云岩等碳酸盐岩建造；灰岩,含锰白云质灰岩、白云岩碳酸盐岩建造 | | |
| 扬子地层区 | 江南地层分区 | 江南过渡带金、银、铅锌、钨、钼（铜）成矿带 | 池州地区 | 钼 | 矽卡岩型 | 铜矿里式 | 杨柳岗组、团山组、青坑组、五峰组、汤头组、康山组、高家边组 | 白云质碳酸盐岩沉积建造 | | |
| | | | 九华山—黄山 | 钼 | 矽卡岩型 | 黄山岭 | 西阳山组、杨柳岗组、青坑组、蓝田组 | 碳酸盐岩、碎屑岩沉积建造 | 台地斜坡相陆棚碎屑岩、碳酸盐岩台地亚相 | 下扬子被动陆缘 |
| | | | 青阳地区 | 钨 | 矽卡岩型 | 高家塝式、百丈岩式 | 黄柏岭组、杨柳岗组、仓山组、蓝田组 | 碎屑岩-碳酸盐岩建造、碳质硅质、钙泥质岩建合 | | |
| | | | | 铅、锌 | 接触交代、层控矽卡岩型、热液型 | 黄山岭式、滴水崖式 | 蓝田组、黄柏岭组、仓山组、五峰组、黄龙组 | 碳酸盐岩-碳酸盐岩、硅质碎屑岩建造 | | |
| | | | 东至-石台 | 钨 | 矽卡岩型 | 百丈岩式 | 震旦纪蓝田组、寒武纪杨柳岗组、奥陶系 | 灰质白岩、白云岩、大理岩建造（矽卡岩、角岩化）泥灰岩 | | |
| | | | | 重晶石 | 沉积型 | 石桥式 | 荷塘组 | 黏土页岩-粉砂黏土页岩建造 | | |

续表 1-26

| 地层区 | 地层分区 | 成矿区带 | 位置 | 矿种 | 成因类型 | 典型矿床 | 成矿地层 | 构造岩石组合 | 沉积相(亚相) | 构造环境 |
|---|---|---|---|---|---|---|---|---|---|---|
| 扬子地层区 | 江南地层分区 | 江南隆起东段金、银、铅锌、钨(锡)、钼、锑、锰、萤石成矿带 | 绩溪伏岭 | 钨 | 矽卡岩型、热液型 | 巧川式、西坞口式 | 南华纪南沱组,震旦纪蓝田组,寒武华严寺组,印渚埠组—奥陶 | 凝灰质千枚岩,砂岩,泥灰岩,灰岩,白云岩,灰质白云岩,页岩组合 | 陆缘盆地相陆棚碎屑岩、碳酸盐盆地亚相 | 江南古岛弧-被动陆缘盆地 |
| | | | 宁国东部 | 钨 | 矽卡岩型 | 巧川式 | 南华纪南沱组和震旦纪蓝田组 | 碳酸盐岩建造 | | |
| | | | 旌德地区 | 钨 | 矽卡岩型、热液型 | 巧川式、兰花岭式 | 蓝田组,杨柳岗组,西阳山组,印渚埠组 | 泥灰岩,灰岩,白云岩,灰质白云岩,页岩组合 | | |
| | | | 宁国-绩溪地区 | 锰 | 沉积热液叠改型 | 西坞口式 | 南沱组—蓝田组 | 碳酸盐岩碎屑岩建造 | | |
| | | | | 重晶石 | 沉积型 | 石榴村式 | 荷塘组 | 黏土页岩-粉砂质黏土页岩建造 | | |
| | | | 休宁东南部 | 铅锌 | 矽卡岩型、热液型 | 小贺式、大汊口式 | 井潭组、休宁组、南沱组、蓝田组 | 中酸性喷出岩,火山碎屑岩建造 | 陆缘裂谷相 | |

# 第二章 岩浆作用与古构造环境

## 第一节 构造岩浆岩带划分

安徽省岩浆活动频繁,主要发生于蚌埠期、晋宁期、燕山期和喜马拉雅期,出露面积达 13 000km$^2$,其中侵入岩占一半以上。各期火山岩、侵入岩不同程度发育,侵入岩稍晚于同期火山岩,不同成因、不同岩类均有发育。频繁的岩浆活动与成矿作用紧密相关,特别是长江中下游地区的铁、铜、硫和多金属矿产更为突出。按照全国矿产资源潜力评价总项目划分方案及省内岩浆岩的空间展布状况,自北而南划分为华北南缘岩浆岩(亚)带、北淮阳岩浆岩(亚)带、大别岩浆岩(亚)带、下扬子岩浆岩带、皖南岩浆岩(亚)带、浙西岩浆岩(亚)带(图 2-1)。

## 第二节 火山岩岩石组合及其构造环境

安徽省火山活动以中生代燕山中期最为强烈,各岩浆岩带均有不同程度发育,其中中生代陆相火山盆地与成矿作用关系密切。火山岩主要分布在华北陆块南缘、大别造山带北淮阳构造带和扬子陆块下扬子岩浆岩带及皖南-浙西岩浆岩带(表 2-1)。受构造作用控制,火山喷发作用有明显的旋回性和阶段性,各岩浆岩带火山作用、岩石组合、岩石系列不尽相同,火山岩岩石组合及其构造环境是火山岩型成矿作用的主要控制因素。燕山期火山喷发旋回与火山岩型铁、铜、金等多金属矿产密切相关。省内按Ⅲ级岩浆亚带分述,火山岩岩石组合及其构造环境见表 2-2、表 2-3。

### 一、华北南缘火山岩浆岩亚带

华北陆块南缘岩浆岩亚带位于六安断裂以北、郯庐断裂(嘉-庐断裂)以西。带内岩浆活动主要发生在元古宙(蚌埠期)、晚侏罗世—早白垩世(燕山期)及晚白垩世—新近纪(喜马拉雅期),以侵入岩为主,喷出岩零星出露。蚌埠期火山岩主要出露于五河岩群中上部,为殷家涧旋回和小张庄旋回。变质酸性-基性火山岩组合,岩石遭受低角闪岩相变质,原岩相当于细碧岩-石英角斑岩组合,具双峰式特点,形成于陆缘裂陷(谷)槽海相环境。火山岩属拉斑玄武岩系列,物源来自下地壳或上地幔。燕山期火山岩仅出露于凤阳一带。岩石为安粗岩-英安岩-流纹岩组合及相关的火山碎屑岩。地表露头零星,喷发旋回、岩石组合相当于毛坦厂旋回。喜马拉雅期火山岩分布于明光、定远及合肥一带,处于断陷盆地边缘或深大断裂带附近。岩性为基性-中基性火山岩组合,主要有橄榄玄武岩、玄武岩、粗玄岩、安山玄武岩、安山岩及少量的次火山岩。喜马拉雅期火山机构保存较为完好,以中心式溢流作用为主,属夏威夷式火山类型。

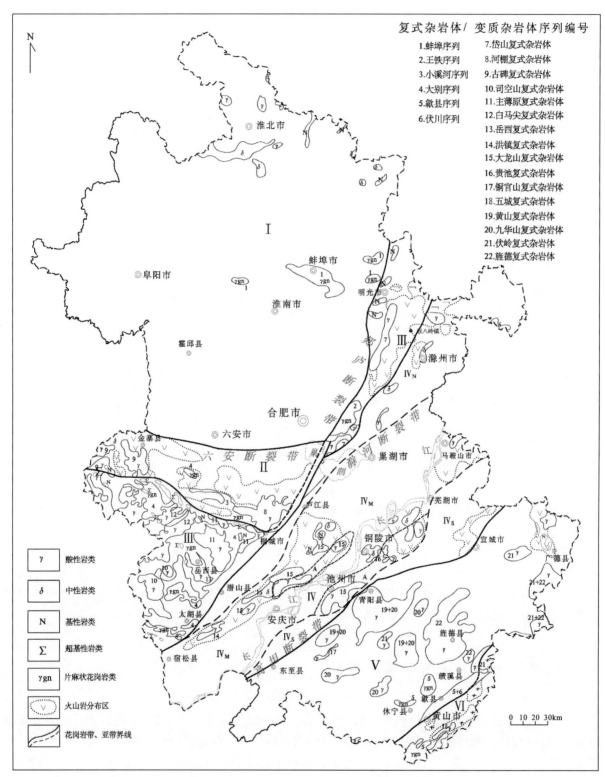

图 2-1 安徽省岩浆岩分布略图

Ⅰ.华北南缘岩浆岩带;Ⅱ.北淮阳岩浆岩带;Ⅲ.大别岩浆岩带;Ⅳ.下扬子岩浆岩带(扬子型);Ⅳ$_N$.滁州构造岩浆亚带(北亚带);
Ⅳ$_M$.沿江构造岩浆亚带(中亚带)(包括 A 型花岗岩带);Ⅳ$_S$.贵池构造岩浆亚带(南亚带);Ⅴ.皖南岩浆岩带(江南型);
Ⅵ.浙西岩浆岩带

表 2-1 安徽省火山岩时空分布主要特征简表

| 岩浆岩带 | 构造岩浆旋回 | 火山喷发旋回 | 岩石组合 | 分布地区 |
|---|---|---|---|---|
| 华北南缘岩浆岩亚带 | 喜马拉雅旋回 | 定远旋回 | 玄武岩-安山岩组合 | 定远、明光 |
| | | | 橄榄辉绿岩-橄榄玄武岩组合 | 合肥大、小蜀山 |
| | 燕山旋回 | 毛坦厂旋回 | 安山岩-英安岩-流纹岩组合 | 凤阳 |
| | 蚌埠旋回 | 殷家涧旋回 | 变细碧岩-石英角斑岩组合 | 凤阳、五河 |
| | | 小张庄旋回 | 变酸性-变基性火山碎屑岩组合 | |
| 北淮阳岩浆岩亚带 | 燕山旋回 | 晓天旋回 | 安山岩-粗面岩组合 | 金寨、霍山、舒城 |
| | | 响洪甸旋回 | 碱性玄武岩-响岩组合 | |
| | | 毛坦厂旋回 | 安山岩-粗安岩-英安岩-流纹岩组合 | |
| | 晋宁旋回 | 小溪河旋回 | 变酸性-变基性火山碎屑岩组合 | |
| 大别岩浆岩亚带 | 燕山旋回 | 桃园寨旋回 | 安山岩-英安岩组合 | 岳西桃园寨 |
| | 晋宁旋回 | 西冷旋回 | 变细碧岩-变石英角斑岩组合 | 滁州、庐江、宿松 |
| | 阜平-吕梁旋回 | 大别旋回 | 变酸性-变基性混合片麻岩组合 | 大别杂岩分布区 |
| 长江中下游构造岩浆岩亚带 | 喜马拉雅旋回 | 桂五旋回 | 橄榄玄武岩-碱性玄武岩组合 | 明光 |
| | | 定远旋回 | 玄武岩-橄榄玄武岩组合 | |
| | 燕山旋回 | 黄石坝旋回 | 粗安岩-安山岩组合 | 滁州 |
| | | 娘娘山旋回 | 碱性粗面岩-响岩组合 | 宁芜盆地 |
| | | 姑山旋回 | 安山岩组合 | |
| | | 大王山旋回 | 安山岩-安粗岩-粗面岩组合 | |
| | | 龙王山旋回 | 玄武质粗安岩-安粗岩组合 | |
| | | 蝌蚪山旋回 | 沉凝灰岩-凝灰质粉砂岩组合 | 繁昌盆地 |
| | | 赤沙旋回 | 流纹岩-碱性粗面岩组合 | |
| | | 中分村旋回 | 流纹岩-粗面岩组合 | |
| | | 江镇旋回 | 玄武岩-粗安岩-流纹岩组合 | 怀宁盆地 |
| | | 彭家口旋回 | 粗面岩组合 | |
| | | 浮山旋回 | 粗面岩-响岩组合 | 庐枞盆地 |
| | | 双庙旋回 | 玄武岩-粗安岩组合 | |
| | | 砖桥旋回 | 粗安岩组合 | |
| | | 龙门院旋回 | 玄武岩-粗安岩组合 | |
| 皖南岩浆岩亚带 | 喜马拉雅旋回 | 郎溪旋回 | 辉石橄榄岩、苦橄玢岩组合 | 广德、郎溪 |
| | | | 橄榄玄武岩-安山玄武岩组合 | |
| | 燕山旋回 | 广德旋回 | 英安岩-流纹岩组合 | |
| | | 中分村旋回 | 流纹岩-粗面岩组合 | 宣城 |
| | | 石岭旋回 | 英安岩-玄武岩-流纹岩组合 | 屯溪 |
| | 晋宁旋回 | 铺岭旋回 | 变玄武安山岩、安山岩组合 | 东至-祁门 |
| 天目山岩浆岩亚带 | 燕山旋回 | 黄尖旋回 | 粗安岩、英安岩、流纹岩、粗面岩组合 | 歙县、西村、井潭 |
| | 晋宁旋回 | 井潭旋回 | 变英安岩-流纹岩组合 | |
| | | 西村旋回 | 变细碧岩-角斑岩-石英角斑岩组合 | |

表 2-2 安徽省火山岩浆岩带岩石组合划分简表

| 构造岩浆岩省 | 构造岩浆岩带 | 构造岩浆岩亚带 | 构造岩浆旋回 | 构造岩浆岩段 | 火山岩岩石组合 |
|---|---|---|---|---|---|
| 华北构造岩浆岩省（Ⅱ） | 豫皖构造岩浆岩带（Ⅱ-6） | 华北南缘构造岩浆岩亚带（Ⅱ-6-3） | E—N | 徐淮火山岩浆岩段（Ⅱ-6-3-1） | 稳定陆块定远玄武岩、安玄岩组合 |
| | | | $J_3$—K | | 后造山毛坦厂安粗岩-英安岩-流纹岩组合 |
| | | | AnZ | | 大陆伸展殷家涧变石英角斑质火山岩组合 |
| 秦祁昆构造岩浆岩省（Ⅳ） | 大别-苏鲁构造岩浆岩带（Ⅳ-11） | 北淮阳构造岩浆岩亚带（Ⅳ-11-1） | $J_3$—K | 金寨火山岩浆岩段（Ⅳ-11-1-1） | 板内裂谷响洪甸碱性粗面质、碱玄质、白榴石响岩质火山岩组合 |
| | | | | | 后造山毛坦厂安山质、粗安质、英安质、流纹质火山岩组合 |
| | | | | 舒城火山岩浆岩段（Ⅳ-11-1-2） | 后造山霍山辉石安山岩、安山岩、粗安岩、粗面岩组合 |
| | | 大别构造岩浆岩亚带（Ⅳ-11-2） | $J_3$—K | 岳西火山岩浆岩段（Ⅳ-11-2-1） | 后造山桃园石英安山岩、英安岩组合 |
| | | | AnZ | 肥东火山岩浆岩段（Ⅳ-11-2-2） | 大陆伸展张八岭细碧岩-石英角斑岩组合 |
| 扬子构造岩浆岩省（Ⅵ） | 下扬子构造岩浆岩带（Ⅵ-1）（D-17） | 长江中下游构造岩浆岩亚带（D-17-1） | E—N | 滁州火山岩浆岩段（D-17-1-1） | 稳定陆块桂五橄榄玄武岩-碱性玄武岩组合 |
| | | | $J_3$—K | | 后造山滁州二长花岗岩、花岗闪长岩、石英闪长岩组合 |
| | | | | | 后造山黄石坝玄武安山岩-安山岩-英安岩-粗安岩组合 |
| | | | $J_3$—K | 沿江火山岩浆岩段（D-17-1-2） | 后造山怀宁玄武岩、粗安岩、粗面岩、流纹岩组合 |
| | | | | | 后造山庐枞玄武岩、粗安岩、粗面岩、响岩组合 |
| | | | | | 后造山繁昌流纹岩、粗面岩、碱性粗面岩组合 |
| | | | | | 后造山宁芜玄武质粗安岩、安山岩、安粗岩、粗面岩、碱性粗面岩-响岩组合 |
| | 江南古陆构造岩浆岩带（Ⅵ-2）（D-17） | 皖南构造岩浆岩亚带（D-17-3） | E—N | 广德火山岩浆岩段（D-17-3-1） | 稳定陆块广德橄榄玄武岩-安山玄武岩组合 |
| | | | $J_3$—K | | 后造山广德英安岩-流纹岩组合 |
| | | | | 石台-屯溪火山岩浆岩段（D-17-3-2） | 后造山石岭玄武岩-英安岩-流纹岩组合 |
| | | | AnZ | | 大陆伸展铺岭玄武岩、玄武安山岩组合 |
| | 浙西构造岩浆岩带（Ⅵ-3）（D-17） | 天目山构造岩浆岩亚带（Ⅵ-3-1）（D-17-2） | $J_3$—K | 歙县-五城火山岩浆岩段（D-17-2-1）（Ⅵ-3-1-1） | 后造山黄尖安山质、粗安质、英安质、流纹质、粗面质火山岩组合 |
| | | | | | 同碰撞-后碰撞井潭安山岩、英安岩、流纹斑岩、流纹岩组合 |
| | | | AnZ | | 大陆伸展西村细碧角斑岩、硅质岩、千枚岩蛇绿混杂岩组合 |

表 2-3  安徽省火山岩建造组合及其构造环境

| 构造岩浆岩带 | | | 地质时代 | | | 岩石地层单位 | | | 火山岩建造 | 构造岩石组合 | 含矿性 | 喷发旋回 | 岩石系列 | 成因类型 | 构造环境 |
|---|---|---|---|---|---|---|---|---|---|---|---|---|---|---|---|
| 一级 | 二级 | 三级 | 代 | 纪 | 世 | 群 | 组 | | | | | | | | |
| 华北南缘岩浆岩带 | 蚌埠火山岩浆亚带 | 凤阳段 | 新生代-中生代 | 古近纪 | | | 定远组 | | 橄榄玄武岩、玄武岩、粗玄岩、安山岩及少量的次火山岩建造 | 基性-中基性火山岩组合（E） | | 定远旋回 | 钙碱性-碱性岩系列 | 壳幔混合源 | 陆缘火山岩浆弧 |
| | | | | 早白垩世-晚侏罗世 | | | 毛坦厂组 | | 安粗岩-英安岩-流纹岩及其火山碎屑岩建造 | 安粗岩-英安岩-流纹岩组合（J₃K₁） | | 毛坦厂旋回 | 钙碱性岩系列 | | |
| | | 五河段 | 古元古代-新太古代 | | | 五河岩群 | 殷家涧组 | | 变石英角斑岩、变石英角斑质凝灰熔岩建造 | 酸性-基性火山岩组合（Ar₃Pt₁） | | 小张庄旋回殷家涧旋回 | 拉斑玄武岩-钙碱性岩系列 | | 板内火山岩浆弧 |
| 北淮阳构造岩浆岩带 | 火山岩浆亚带 | 金寨-舒城段 | 中生代 | 白垩纪 | 早白垩世 | | 响洪甸组 | | 集块碧玄岩、假白榴石玄武岩、响岩、碱性粗面岩及其火山碎屑岩建造 | 碱性玄武岩-粗面岩组合（K₁） | | 响洪甸旋回 | 碱性岩系列 | 壳幔混合源 | 双峰式火山岩浆弧 |
| | | | | 侏罗纪 | 晚侏罗世 | | 毛坦厂组 | | 粗面玄武岩、粗面岩、粗面斑岩建造 英安岩、流纹岩建造 辉石安山岩、安山岩、粗安岩 | 安山岩-英安岩-流纹岩-粗面岩建造组合（J₃K₁） | 金银铅锌 | 毛坦厂旋回 | 高钾钙碱-橄榄安粗岩系列 | | 后造山伸展环境火山岩浆弧 |
| 大别岩浆岩带 | 大别火山岩浆亚带 | 桃园寨段 | 中生代 | 白垩纪 | 早白垩世 | | 桃园组 | | 石英安山岩-英安岩建造 | 石英安山岩-英安岩组合（K₁） | | 桃园旋回 | 钙碱性岩系列 | 壳幔混合源 | 后造山伸展环境火山岩浆弧 |
| | | 张八岭段 | | 晋宁期 | | 张八岭岩群 | 西冷岩组 | | 细碧岩-石英角斑岩建造 | 细碧岩-石英角斑岩组合（Qb） | | 西冷旋回 | 拉斑玄武岩-钙碱性岩系列 | | 陆缘裂谷火山岩浆弧 |
| 下扬子岩浆岩带 | 滁州岩浆亚带 | 滁州火山岩浆段 | 新生代 | 新近纪 | 上新世 | | 桂五组 | | 橄榄玄武岩-碱性玄武岩建造 | 橄榄玄武岩-碱性玄武岩组合（N） | | 桂五旋回 | 钙性-碱性岩系列 | 壳幔混合源 | 陆缘裂谷火山岩浆弧 |
| | | | 中生代 | 白垩纪-侏罗纪 | 早白垩世-晚侏罗世 | | 黄石坝组 | | 粗安岩、英安岩、粗面岩、流纹岩建造 玄武粗安岩、粗面岩、粗面斑岩 | 玄武安山岩-安山岩-英安岩-粗安岩组合（J₃K₁） | | 黄石坝旋回 | 高钾钙碱性-橄榄安粗岩系列 | | 后造山伸展环境火山岩浆弧 |
| | 沿江岩浆亚带 | 怀宁-庐枞-宁芜-繁昌火山岩浆段 | 中生代 | 白垩纪 | 早白垩世 | | 浮山组 汪公庙组 双庙组 江镇组 砖桥组 彭家口组 | 娘娘山组 姑山组 大王山组 龙门院组 | 蚌蚁山组 赤砂组 龙王山组 中分村组 | 怀宁盆地：安山质火山角砾岩、凝灰岩-长石石英砂岩、粉砂岩建造 庐枞盆地：粗安岩、粗面岩火山碎屑岩、响岩建造 粗安岩、粗面岩、英安岩及其火山碎屑岩建造 云闪安山岩、辉石安山岩、粗安岩夹铁碧玉质火山沉积岩建造 粗面岩建造 宁芜盆地：安山质、粗面质、响岩建造 粗安岩、粗面岩、英安岩建造 辉石安山岩、粗安岩夹火山碎屑岩建造 夹铁质粉砂岩、角闪粗安岩夹沉积铁矿凝灰岩建造 繁昌盆地：安山岩、粗安岩、流纹岩、粗面岩、响岩建造 粗面岩、粗安岩、英安岩建造 含铁安山质火山沉积岩建造 | 玄武安山岩+砂岩组合（K₁） 粗面岩、响岩组合（K₁） 辉石安山岩、英安岩组合（K₁） 粗安质火山岩、粗面岩、流纹岩、粗面岩及其碎屑岩建造组合（K₁） 夹铁质粉砂岩含铁粗安岩及其碎屑岩建造组合（J₃K₁） 粗安岩-粗面岩建造组合（J₃K₁） 含铁安山质火山沉积岩建造组合（J₃K₁） | 铁 铁 铁 铁 | 浮山旋回 娘娘山旋回 汪公庙旋回 双庙旋回 蚌蚁山旋回 江镇旋回 砖桥旋回 大王山旋回 赤砂旋回 彭家口旋回 龙门院旋回 龙王山旋回 中分村旋回 | 碱性岩系列 碱性岩系列 钙碱性岩系列 钙碱性岩系列 橄榄安粗岩系列 | 壳幔混合源 | 陆内伸展环境 后造山火山岩浆弧 |
| 皖南岩浆岩带 | 火山岩浆亚带 | 广德段 | 新近纪 | 中新世 | | | σβ | | 次苦橄玢岩、安山玄武岩、橄榄玄武岩、安山玄武岩 | 橄榄玄武岩-安山玄武岩组合（N） | | | 钙碱性-碱性岩系列 | 壳幔混合源 | 后造山火山岩浆弧 |
| | | | 中生代 | 白垩纪 | 早白垩世 | | 广德组 | | 英安岩-流纹岩组合建造 | 英安岩-流纹岩组合（K₁） | | 广德旋回 | | | 后造山火山岩浆弧 |
| | | 屯溪段 | 中生代 | 白垩纪-侏罗纪 | 早白垩世-晚侏罗世 | | 石岭组 | | 玄武岩-安山岩-英安岩-流纹岩建造 | 玄武岩-安山岩-英安岩-流纹岩组合（J₃K₁） | | 石岭旋回 | 钙碱性岩系列 | 壳幔混合源 | 后造山火山岩浆弧 |
| | | | 新元古代 | 青白口纪 | | 历口群 | 铺岭组 | | 玄武岩、玄武安山岩建造 | 玄武岩、玄武安山岩建造（Qb） | | 铺岭旋回 | 钙碱性岩-拉斑玄武岩系列 | | 后碰撞火山岩浆弧 |
| 浙西岩浆岩带 | 浙西火山岩浆亚带 | 天目山火山岩浆段 | 中生代 | 白垩纪 | 早白垩世 | | 黄尖组 | | 安山质-粗安质-英安质-流纹质-粗面质火山岩建造 | 安山岩-粗安岩-英安岩-流纹岩-粗面岩组合（K₁） | | 黄尖旋回 | 钙碱性岩-亚碱性岩系列 | 壳幔混合源 | 后造山火山岩浆弧 |
| | | | 新元古代 | 青白口纪 | | | 井潭组 | | 安山岩、英安岩、流纹斑岩、流纹质凝灰岩建造 | 安山岩、英安岩、流纹斑岩组合（Qb） | | 井潭旋回 | 高钾钙碱性岩系列 | | 后碰撞火山岩浆弧 |

**1. 蚌埠期火山岩**

华北南缘蚌埠期火山岩主要为殷家涧旋回和小张庄旋回。变酸性-基性火山岩组合,变酸性岩包括变酸性火山凝灰熔岩、火山碎屑岩、沉火山碎屑岩及石英角斑岩(变流纹岩),变基性岩主要有变细碧岩(绿帘角闪片岩、斜长角闪岩)、绿帘石岩等。岩石遭受低角闪岩相变质,原岩相当于细碧岩-石英角斑岩组合,具双峰式特点,形成于陆缘拉张裂陷(谷)槽海相环境。

殷家涧岩组变酸性岩 $SiO_2$ 为 67.82%～81.34%,变基性岩 $SiO_2$ 为 46.90%～49.25%,明显缺失中性组分($SiO_2$ 52%～65%),为典型的双峰式火山岩组合。变酸性岩中 $K_2O/Na_2O$ 比值大于 0.7,属钾质类型,变基性岩中 $K_2O/Na_2O$ 比值小于 0.7,且 $Na_2O$ 数倍于 $K_2O$,具钠质火山岩特征;变酸性岩的里特曼组合指数在 0.16～2.06 之间,属钙碱性岩系,变基性岩的里特曼指数在 0.01～1.63 之间,属钙性岩系。小张庄岩组的 $SiO_2$ 为 68.30%～81.28%,为变酸性岩。$K_2O$ 均大于 $Na_2O$,属钾质类型;里特曼组合指数变化较大,介于 0.16～2.07 之间,但均小于 4,为钙碱性岩系。$Na_2O/K_2O$ 介于 0.01～36 之间,属钙性-钙碱性岩系,总体由钠质→钾质演化。殷家涧岩组的变酸性岩稀土元素 $\Sigma REE$ 变化范围在 (115～195)$\times 10^{-6}$ 之间,平均 $155\times 10^{-6}$,$\Sigma Ce/\Sigma Y$ 比值为 1.36～3.20,平均 2.28。变基性岩 $\Sigma REE$ 变化范围在 (53～101)$\times 10^{-6}$ 之间,平均 $77\times 10^{-6}$,$\Sigma Ce/\Sigma Y$ 比值为 1.73～2.29,平均 2.01。稀土元素配分曲线均表现为轻稀土富集型,略具铕负异常,应为同源岩浆分异的产物;小张庄岩组的 $\Sigma REE$ 变化范围在 (73.12～229.73)$\times 10^{-6}$ 之间,平均 $151.43\times 10^{-6}$,$\Sigma Ce/\Sigma Y$ 比值为 3.44～13.28,可能含有陆源物质。$\delta Eu$ 大部分大于 0.7,可能是由基性岩浆分异或下地壳沉积岩的部分熔融形成的。其稀土总量及重稀土部分均低于殷家涧岩组,稀土元素配分曲线均平缓向右倾斜,表明两者之间的岩浆成分及构造背景可能存在一定的差异。物源来自下地壳或上地幔,属拉斑玄武岩系列,构造环境为板内火山岩浆弧。

根据岩石化学成分及有关参数判别(图 2-2),在 $SiO_2$-ALK 图上所有样品均落在亚碱性区。在 AFM 图解上,殷家涧岩组和小张庄岩组均表现出拉斑玄武岩趋势。在三轴直角坐标图解中,部分变基性岩落入细碧岩区域中,而变酸性岩则有部分投点落在石英角斑岩区域中,显示变火山岩既有海相喷发,又有陆相喷发的火山活动特征。$lg\tau$-$lg\sigma$ 图解显示其为造山带或岛弧及活动大陆边缘岩浆活动的产物。

**2. 燕山期火山岩**

华北南缘燕山期火山岩分布零星,仅出露于凤阳一带或隐伏,现有资料匮乏,暂用毛坦厂旋回代之。据灵壁-固镇(宿州)-凤阳地区火山地层研究(图 2-3),岩石类型主要有安粗岩、英安岩、英安质含集块凝灰角砾岩、流纹岩、流纹质(集块)角砾凝灰熔岩及流纹质角砾岩屑凝灰岩,岩石组合为安粗岩-英安岩-流纹岩-粗玄岩及其火山碎屑岩组合。

区内安粗岩 $SiO_2$ 为 64.63%～66.35%,属中偏酸性;流纹岩 $SiO_2$ 为 75.73%～80.60%,属酸性岩。里特曼指数为 0.43～5.05,平均为 1.95,属钙碱性岩系。$K_2O/Na_2O$ 值均大于 0.7,小于 2,属钾质类型。里特曼组合指数平均为 1.95,钙碱性岩系。固结指数 SI 为 2.8～7.2,分异指数 DI 为 78～82,显示其分离结晶程度较高,岩浆分异较好。岩石富轻稀土而变化较大,安粗岩的 $\Sigma REE$ 平均为 $432.70\times 10^{-6}$,流纹质火山碎屑岩平均为 $194.25\times 10^{-6}$,流纹岩为 $187.94\times 10^{-6}$,轻、重稀土元素比值 ($\Sigma Ce/\Sigma Y$)粗安岩为 8.29～8.99,流纹岩、流纹质火山碎屑岩为 4.06～7.52,说明前者轻稀土富集,随着岩浆演化 $\Sigma Ce/\Sigma Y$ 值减小,后者分异较好,两者的 $(La/Sm)_N$ 值也反映了这一点。$\delta Eu$ 粗安岩变化范围在 0.80～0.81 之间,均大于 0.7,显示由基性岩浆分异形成的花岗岩类,是下地壳或太古宙沉积岩部分熔融而成的,流纹岩、流纹质火山碎屑岩则为 0.31～0.54,主要是由上地壳经不同程度的部分熔融而形成的,随岩浆演化,$SiO_2$ 增加而 $\delta Eu$ 减少。从稀土配分曲线(图 2-4)可以看出,粗安岩为右倾型,而流纹岩、流纹质火山碎屑岩则为右倾海鸥型,曲线形态出现较强的负 Eu 异常,两者差异较大,这可能与

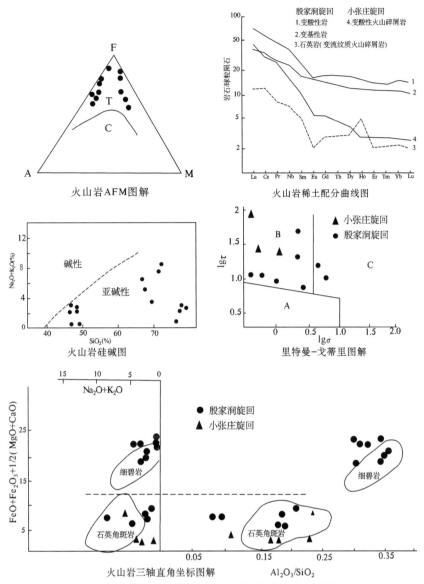

图 2-2 华北南缘蚌埠期火山岩岩石化学综合判别图解

安粗岩中 Eu 局部富集及来源于下地壳有关。

根据岩石化学成分及有关参数判别(图 2-4),$SiO_2$-ALK 图上投点全部落入亚碱性系列中,AFM 图解显示全部为钙碱性系列,在 An-Ab-Or 图解上显示为钾质类型,在 $lg\tau$-$lg\sigma$ 图解中均落在活动区。总之,华北南缘燕山期火山岩为钙碱性系列的安山岩-英安岩-流纹岩组合,属典型的岛弧型和活动大陆边缘型火山岩组合。

### 3. 喜马拉雅期火山岩

喜马拉雅期火山岩岩石组合主要为次橄榄辉绿岩、次安山玄武岩、橄榄玄武岩、玄武岩、粗玄岩、安山玄武岩、安山岩等组合,为一套基性-中基性岩组合,属定远火山旋回,构造环境为大陆边缘火山岩浆弧。

喜马拉雅期火山岩岩石化学成分上,次橄榄辉绿岩的 $SiO_2$ 平均为 46.34%,ALK 为 5.56%,$Na_2O$/$K_2O$ 为 1.77,小于 2,属钾质类型,里特曼指数 $\sigma$ 为 9.26,为碱性岩系列;橄榄玄武岩的 $SiO_2$ 为 45.83%~46.35%,平均 46.09%,ALK 为 5.60%~5.73%,平均 5.67%,$Na_2O$/$K_2O$ 为 1.74~2.11,平均 1.93,

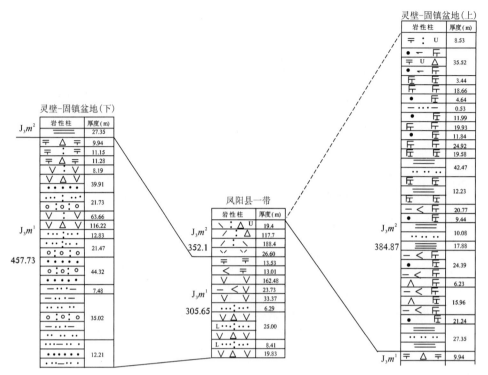

图 2-3 华北南缘燕山期火山岩岩性岩相构造岩石组合解析图

小于 2,属钾质类型,里特曼指数 $\sigma$ 为 9.00~11.08,平均 9.54,为碱性岩系列;次安山玄武岩的 $SiO_2$ 为 53.05%,ALK 为 3.80%,$Na_2O/K_2O$ 为 5.91,大于 2,属钠质类型,里特曼指数 $\sigma$ 为 1.44,为钙性岩系列;玄武岩的 $SiO_2$ 为 49.55%~49.87%,平均 49.71%,ALK 为 3.39%~3.71%,平均 3.55%,$Na_2O/K_2O$ 为 4.98~6.06,平均 5.52,大于 2,属钠质类型,里特曼指数 $\sigma$ 为 1.67~2.10,平均 1.89,为钙碱性岩系列偏钙性。综上所述,定远火山旋回里特曼组合指数介于 1.67~11.08 之间,属钙碱性-碱性岩系。$Na_2O/K_2O$ 介于 1.93~5.52 之间,多属钠质类型。

喜马拉雅期火山机构保存完好,主要有大蜀山火山机构、小蜀山火山机构等,其中大蜀山火山机构(图 2-5)以次橄榄辉绿岩为火山通道相,橄榄玄武岩为其相对应的火山喷溢相,次火山相为橄榄辉绿玢岩,次火山相呈脉状产出,是火山后期残余熔浆沿放射状、环状断裂等张裂隙上侵于前期熔岩和围岩中而形成,皆分布于火山机构内及其附近。次安山玄武岩与玄武岩则同属钙碱性岩系列中的钠质类型,两者应属同源岩浆无疑。火山机构以中心式溢流作用为主,属夏威夷式火山类型。

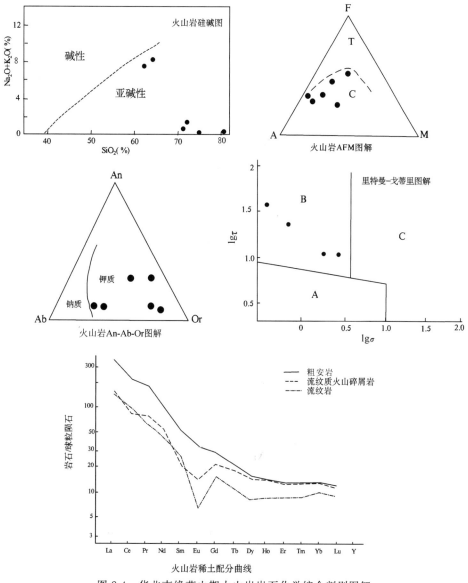

图 2-4　华北南缘燕山期火山岩岩石化学综合判别图解

## 二、北淮阳火山岩浆岩亚带

北淮阳火山岩浆岩亚带位于郯庐断裂带(池-太断裂)以西、六安断裂以南、晓天-磨子潭断裂以北,带内火山活动主要发生在晚侏罗世—早白垩世(燕山中期),为一套中—偏碱性的岩石组合。构成金寨-舒城火山喷发带,可分金寨、霍山和晓天3个火山盆地,分属毛坦厂旋回、响洪甸旋回和晓天旋回。据各火山盆地剖面分析(图2-6,图2-7),可划分后造山毛坦厂安山质、粗安质、英安质、流纹质火山岩组合,后造山霍山辉石安山岩、安山岩、粗安岩、粗面岩组合和板内裂谷响洪甸碱性粗面质、碱玄质、白榴石响岩质火山岩组合。其中金寨盆地为安山岩-英安岩-流纹岩组合,部分为碱性玄武岩-响岩组合,霍山-晓天盆地为粗安岩-粗面岩组合。

毛坦厂旋回岩石化学特征上,$SiO_2$ 为 60.04%～72.20%,平均值为 64.76%;$K_2O+Na_2O$ 为 5.95%～10.39%,平均值为 7.86%;$Na_2O/K_2O$ 为 0.34～1.12,平均值为 0.74,小于 2;$\sigma$ 为 1.75～

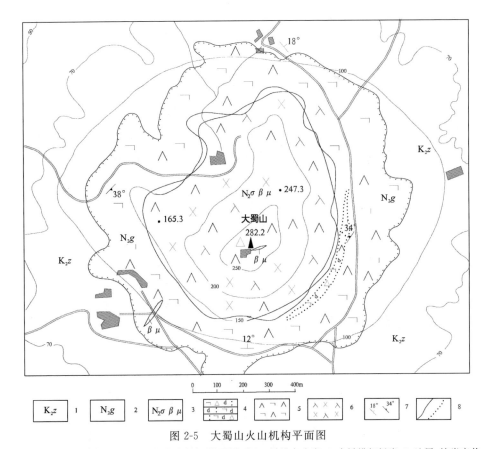

图 2-5 大蜀山火山机构平面图

1.张桥组;2.桂五组;3.次橄榄辉绿岩;4.玄武质含角砾沉凝灰岩;5.橄榄玄武岩;6.次橄榄辉绿岩;7.地层、熔岩产状;
8.地质、岩相界线;9.辉绿玢岩脉

4.54,平均值为2.40。按密德莫斯特的划分,毛坦厂旋回的火山岩皆属钾质类型;按里特曼的划分,属钙碱性-碱钙性系列。响洪甸旋回 $SiO_2$ 为 44.97%～61.57%,平均值为 54.56%;$K_2O+Na_2O$ 为 4.95%～12.90%,平均值为 9.84%;$Na_2O/K_2O$ 为 0.18～2.96,平均值为 1.40,小于 2;$\sigma$ 为 7.96～12.44,平均值为 10.28,大于 4。按密德莫斯特的划分,属钾质类型;按里特曼的划分,属碱性系列。晓天旋回 $SiO_2$ 为 50.86%～67.79%,平均值为 58.30%;$K_2O+Na_2O$ 为 6.39%～10.11%,平均值为 8.34%;$Na_2O/K_2O$ 为 0.91～1.20,平均值为 1.06,小于 2;$\sigma$ 为 4.14～5.50,平均值为 4.89,大于 4;其火山岩属钾质类型,碱钙性系列。

在岩石化学判别图解(图 2-8)ALK-$SiO_2$ 图解上,毛坦厂旋回的样品落在碱性和亚碱性分界线的两侧,响洪甸旋回、晓天旋回全部落在碱性区。根据 Irvine 及 Middlemost 等的划分方案,毛坦厂旋回属高钾钙碱性-钾玄岩系列,响洪甸旋回属碱性玄武岩系列,毛坦厂旋回表现出明显的钙碱性岩系演化特点。因此,北淮阳地区火山岩从早到晚,岩石系列从钙碱性向碱性演化。另外在 $K_2O$-$SiO_2$ 图解中,毛坦厂旋回处在高钾钙碱性-钾玄岩系列,物质来源于壳幔混合源。

微量元素地球化学特征的分析,选用 Tailer 的上地壳丰度讨论部分元素的富集系数(元素含量/Tailer 值)反映元素的相对丰度。大离子亲石元素(LIL)Rb、Sr、Ba、Cs、K 富集,其中 Sr、K 分别达到 1.72 和 1.96,Ba 最高,平均 3.61。Ba 的主要矿物载体为钾长石和黑云母,这与本期火山岩富碱特征相吻合;高场强元素(HFS)的富集,Zr、Hf 的富集系数分别为 1.73 和 1.47。Nb、Ta 则明显亏损,分别为 0.79 和 0.77,Y 的富集系数为 1.0。微量元素图谱见图 2-9,Ti 和 Nb 的亏损在图中表现得非常明显,Nd、Zr 含量及比值与地壳组分较接近,强不相容元素由于在部分熔融和分离结晶过程中始终富集在液相之中,故而其比值可以反映岩浆来源。本区火山岩 Nd、Zr 含量及比值与地壳组分较接近,表明岩浆起源于地壳。何永

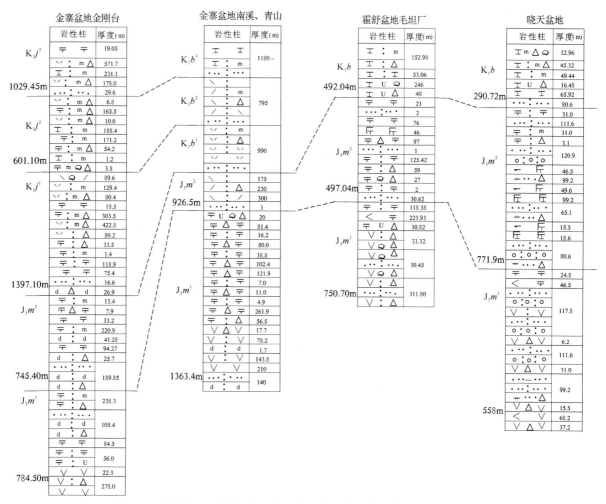

图 2-7 北淮阳金寨-霍山-晓天火山盆地综合剖面对比图

年等(1990)利用深源包体得出了中国东部古地温梯度($T$)与深度($D$)的相关关系 $T=830.90+3.67D$，由本区火山岩中斑晶相矿物形成的温度推断，岩浆起源在 30km 左右，地壳厚度略大于 30km。

稀土元素分析及稀土配分曲线见图 2-10。稀土元素丰度变化范围在 $(175.29\sim838.15)\times10^{-6}$ 之间，主要分布范围在 $(245\sim520)\times10^{-6}$ 之间，平均 $361.7\times10^{-6}$；LREE/HREE 比值为 $4.61\sim20.0$，平均 8.59，轻、重稀土分馏明显，岩石富轻稀土；$\delta$Eu 变化范围在 $0.46\sim0.91$ 之间，主要分布范围在 $0.68\sim0.90$ 之间，平均为 0.73，具不明显的负铕异常。响洪甸旋回的 $\Sigma$REE 值和 LREE/HREE 比值均比毛坦厂旋回高，反映了火山旋回晚期轻稀土的富集程度越来越大。稀土元素的标准化曲线均为向右倾斜的轻稀土富集型，轻稀土部分的斜率略大于重稀土部分。毛坦厂旋回的曲线较为平滑，负铕异常不太明显，响洪甸旋回则有比较明显的负铕异常。Sanders(1984)指出，较高程度部分熔融产生的岩浆及其产物火山岩的稀土分异型式在很大程度上反映了岩浆源区的特征。

北淮阳火山岩带沿晓天-磨子潭深断裂呈北西西向展布，主要分布在该断裂带以北，形成一系列深成侵入体或断续分布的火山喷发盆地，即金寨、霍山-舒城、晓天 3 个喷发盆地，显现出火山活动与区域构造之间的联系(图 2-11)。火山机构均为中心式，主要为破火山、层状火山、锥状火山和穹状火山构造等(表 2-4)。毛坦厂火山旋回构造环境为后造山伸展环境火山岩浆弧，响洪甸火山旋回具板内裂谷伸展环境非造山双峰式火山岩浆弧特征。

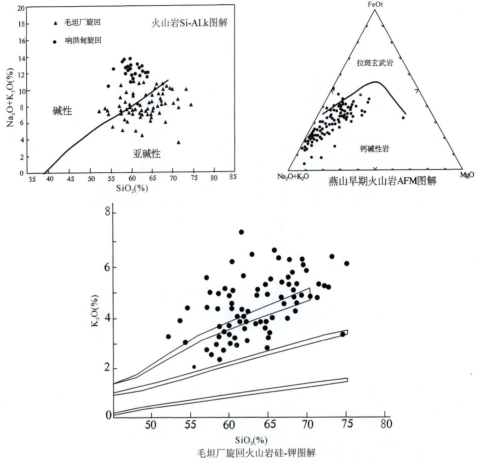

图 2-8 北淮阳燕山期火山岩岩石化学综合判别图解

表 2-4 北淮阳火山岩浆岩亚带中生代火山机构特征简表

| 类型 | 主要特征 | 代表火山 |
| --- | --- | --- |
| 层状火山 | 爆发与喷溢交替进行,熔岩与碎屑岩呈互层状产出,多出现于中性-中酸性火山岩区 | 扫帚河层状火山、虎洞层状火山、小河湾层状火山、高炉窄层状火山 |
| 锥状火山 | 主要由火山碎屑岩组成的锥状山体 | 金子窄锥状火山、赵家洼锥状火山、莲花池锥状火山、响洪甸电站锥状火山、擂鼓寨锥状火山 |
| 破火山 | 以在顶部或中心具有规模较大的圆形、近圆形的破火山口为特征,火山角砾(集块)岩分布广泛,环状、放射状断裂或裂隙较发育 | 龙河口破火山、青山破火山、凤凰山破火山、晓天破火山、果园破火山 |
| 穹状火山 | 由黏度较高的中酸性或碱性岩浆侵出喷溢而形成,边部陡峭,中心平缓,顶部有岩钟、岩丘等 | 黄泥坎穹状火山、花鼓山穹状火山、斑竹园穹状火山 |

北淮阳火山岩带火山岩以中、酸性岩石类型为主,从其具有较大的分异指数来看,证明岩浆演化以分异作用为主。由图 2-8 可以明显地看出,毛坦厂旋回火山岩为正常的分离结晶。而响洪甸旋回、晓天旋回火山岩在图上较分散,有偏离极密脊线的趋势,表明有一定程度的混杂作用。此外,微量元素、稀土元素特征,也反映出岩浆演化的特点。本带火山岩稀土元素分布型式为轻稀土富集型,略有铕的负异常,其配分曲线与高钾安山岩或变质 K 交代型花岗岩极为相似。理论计算表明,K、Rb 对混染作用有较

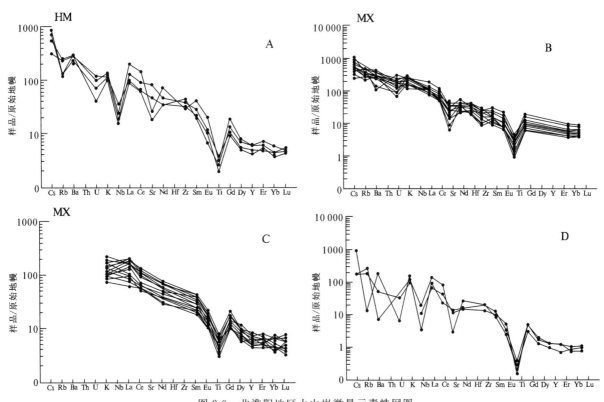

图 2-9 北淮阳地区火山岩微量元素蛛网图

毛坦厂旋回:A.霍山;B.金刚台;C.晓天。响洪甸旋回:D.响洪甸

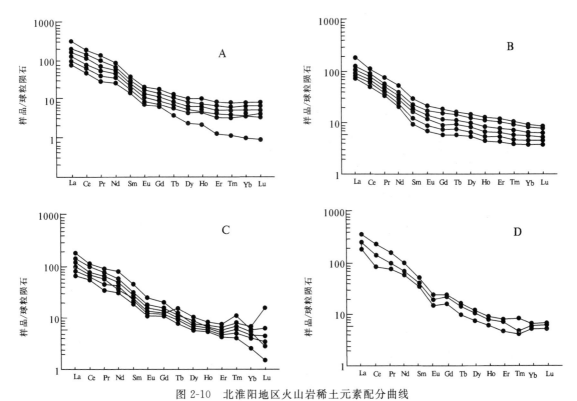

图 2-10 北淮阳地区火山岩稀土元素配分曲线

毛坦厂旋回:A.霍山;B.金刚台;C.晓天。响洪甸旋回:D.响洪甸

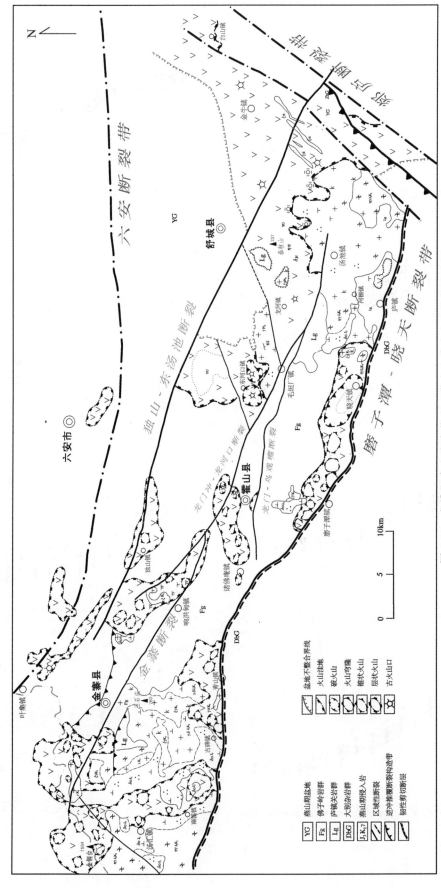

图 2-11 北淮阳火山岩岩浆岩亚带中生代火山盆地构造略图

| 盆地名称 | 组 | 代号 | 岩性柱 | 厚度(m) | 岩石组合 | 岩相 | 火山类型 | 岩石类型 | 岩石系列 | 岩石构造组合 |
|---|---|---|---|---|---|---|---|---|---|---|
| 霞砂火山岩盆地 | 毛坦厂组 | $K_1 m^1$ | | 750.70m | | | | | | |
| | | $J_3 m^2$ | | 497.04~<br>415.04 | | | | | | |
| | 白大畈组 | $K_1 b$<br>492.04m | | 229.42~<br>311.42 | 粗面质集块角砾岩<br>粗面质熔结凝灰岩 | 喷发相<br>喷溢-沉积相 | 穹状火山 | 粗面岩类 | 橄榄安粗岩系列<br>高钾钙碱性系列 | 安山岩-粗安岩-玄武粗安<br>岩-粗面岩构造组合 |
| | | | | 30.62 | 凝灰角砾岩 | | | | | |
| | | | | 372.13 | 粗面质角砾岩夹粗面质凝灰<br>粗面质熔结角砾岩 | 喷发-沉积相 | | | | |
| | | | | 377.57 | (安山质)凝灰质(粉)砂岩、砾岩 | 火山灰流相 | | | | |
| 晓天火山岩盆地 | 毛坦厂组 | $K_1 b$<br>290.72m | | 290.72 | 粗面质熔结凝灰岩 | 喷溢相 | 穹状火山 | | | |
| | | | | 31.0 | 粗面质(粉)砂岩 | 喷溢-沉积相 | | | | |
| | | | | 266.6 | 凝灰质砂岩夹粗面质角砾岩、粗<br>安质熔结角砾岩 | 喷溢-沉积相 | | | | |
| | | | | 46.5 | 玄武质角砾岩-复闪粗安岩 | 喷溢-沉积相 | | | | |
| | | | | 164.3 | 粗面质角砾岩、复闪粗安岩 | 喷溢-沉积相 | | | | |
| | | | | 65.1 | 凝灰质砂岩、粗面质角砾岩互层 | 喷溢-沉积相 | | | | |
| | | | | 117.8 | 复闪凝灰岩、凝灰质角砾岩 | 喷溢-沉积相 | | | | |
| | $J_3 m^1$<br>711.9m | | | 80.6 | 复闪凝灰岩、凝灰质角砾岩 | 喷发-沉积相 | 层状火山<br>破火山 | 橄榄安粗岩系列<br>高钾钙碱性系列 | 粗安岩-玄武粗安岩-<br>安山岩 | |
| | | | | 71.3 | 粗面岩 | | | | | |
| | | | | 235.6 | 凝灰质角砾岩夹6.2m安山岩,约10m<br>假白榴石响岩、含假白榴岩组成的 | | | | | |
| | | | | 99.2 | 安山质火山角砾岩 | 喷发-沉积相 | | | | |
| | | | | 31.0 | 粗面岩 | 喷溢相 | | | | |
| | | | | 176.04 | (含)假白榴石碱长粗面岩及玄武粗<br>安岩与假白榴石响岩凝灰岩组成的<br>层,含假白榴石碱长响岩组面岩 | 喷发-喷溢相 | | | | |
| | 毛坦厂组 | $J_3 m^1$<br>558m | | 120.9 | 安山质火山集块岩 | 喷发-沉积相 | | | | |
| 响洪甸火山岩盆地 | | $K_2 xh^1$<br>165.70m | | 146.69 | 响岩质熔结凝灰岩-白榴岩,主杂岩<br>岩,含假白榴石响岩角闪岩集块熔结<br>凝灰岩组面岩 | 喷发相 | | 碱长响岩 | 白榴石碱长响岩 | |
| | | $K_2 xh^2$<br>588.95m | | 19.01 | 英安岩-玄武粗安岩-复闪粗安岩 | 喷溢-喷发相 | 锥状火山 | 碱性橄榄玄武岩 | | |
| | | | | 281.31 | 碱性橄榄玄武岩、粗面质安粗岩 | | | | | |
| | 响洪甸组 | $K_1 J^3$<br>1029.45 | | 133.60 | 英安岩-粗面质熔结凝灰岩(角砾<br>岩)、凝灰质集块熔结凝灰岩 | 喷发-沉积相 | 锥状火山(主)<br>破火山(次) | 流纹岩<br>英安岩<br>粗安岩 | | 安山岩-粗安岩-玄武岩-响岩-<br>构造组合 |
| | | | | 601.10 | 英安岩-粗面质熔结凝灰岩(角砾<br>岩),底部为凝灰质粗面砂岩 | 喷发相 | | | | |
| | 金刚台组 | $K_1 J^1$<br>924.50m | | 1397.10 | 粗面质熔结凝灰岩-流纹质(熔结角<br>砾)凝灰岩互层,底部为凝灰质响岩 | 火山灰流相<br>喷发-喷溢相 | | | | |
| | | | | 140.5 | 沉凝灰岩与凝灰质粉砂岩 | 火山灰流相<br>喷发-沉积相 | | | | |
| 金刚台火山岩盆地 | 毛坦厂组 | $K_1 b^1$<br>278 | | 278 | 英安质角砾凝灰岩、粗面质角砾岩 | 火山灰流相<br>喷发-沉积相 | 锥状火山 | 流纹岩<br>英安岩 | 碱性橄榄岩系列<br>高钾钙碱性系列(次) | 英安岩-流纹岩-构造组合 |
| | | $K_1 b^2$<br>40~990 | | 40~990 | 流纹质-英安质(角砾)凝灰岩-流纹<br>质熔结凝灰质(角砾)凝灰岩 | 火山灰流相<br>喷发-沉积相 | | | | |
| | | $K_1 b^3$<br>150~795 | | 150~795 | 英安质-安山质(角砾)凝灰岩-<br>(粉)砂岩 | 火山灰流相<br>喷发-沉积相 | | | | |
| | $J_3 m^2$ | | | 140 | 沉凝灰岩与凝灰质粉砂岩,钙质泥质粉砂岩互层 | 火山沉积相 | | | | |
| | | $J_3 m^1$<br>690~1180 | | 690~1180 | 粗面质熔结凝灰岩,粗面质(角砾)凝灰岩,流纹质熔结凝灰岩(角砾)凝灰岩 | 火山沉积相 | | | | |
| 金寨榜山火山岩盆地 | 毛坦厂组 | $J_3 m^1$<br>772.0 | | 772.0 | 安山岩-安山质(角砾)凝灰岩(熔结) | | | | | |
| | 白大畈组 | $K_1 b^1$<br>492.04 | | 492.04 | 粗面质熔结凝灰(角砾)凝灰岩 | | 穹状火山 | 粗面岩类 | 橄榄安粗岩系列<br>高钾钙碱性系列 | 粗面岩构造组合 |
| | | $J_3 m^1$<br>1363.4m | | 461.4 | 粗面质安山岩(熔)粗面质角砾岩,角砾岩夹1.7m | | 锥状火山<br>层状火山 | 粗面岩<br>英安岩<br>安山岩 | | |

图 2-6 北淮阳火山岩浆亚带构造岩石组合解析图

高的灵敏度,随着混染作用的加强,残余熔体中K、Rb含量比未混染的熔体可以增加几百倍,因此本区火山岩具有较高K、Rb含量,部分原因可能与轻度的混染有关。

北淮阳火山岩带构造动力学背景处于大别造山带向外扩展的前缘,发育一系列由南向北的逆冲推覆构造,在燕山期火山岩形成之前这种构造体制始终占据主导地位。晚侏罗世开始,太平洋板块向中国东部大陆俯冲作用加剧,区域构造应力场发生根本的变化,整个中国东部受北北东向构造应力场的控制,直接产物就是著名的郯庐巨型走滑断裂系,其巨大的左旋剪切位移必然派生出沿本区北西向先存构造带的拉张,早期由于碰撞造山、逆冲推覆和地壳加厚所引起的下部地壳的熔融形成的岩浆得以快速上升,从而发生强烈的火山喷发作用。

### 三、大别火山岩浆岩亚带

大别火山岩浆岩亚带位于造山带腹部,沿郯庐断裂带向北北东方向延伸。带内岩浆活动主要发生在元古宙(吕梁期—晋宁期)和侏罗纪—白垩纪(燕山中、晚期),以侵入岩为主,从超基性、基性—中性—酸性岩均有出露。大别造山带内相应的火山岩主体为张八岭岩群西冷岩组和岳西县桃园寨火山岩,大别杂岩中变酸性—变基性混合片麻岩组合呈构造布丁、岩片组成变质表壳岩组合。晋宁期火山岩为张八岭岩群西冷岩组主要成分,岩石为细碧岩-石英角斑岩组合。燕山期火山岩仅分布于大别山腹地岳西县桃园寨一带,面积约10 km$^2$,岩石组合为石英安山岩-英安岩组合及相对应的火山碎屑岩。

晋宁期西冷旋回火山岩岩石组合为细碧岩-石英角斑岩组合,岩石成分富钠、贫钙,具双峰式特点,形成于陆缘裂陷(谷)带海相环境。西冷岩组主要岩石类型为变石英角斑岩、变细碧岩及其火山角砾岩、凝灰岩、凝灰粉砂岩等。变石英角斑岩的$SiO_2$含量一般大于70%,最高达81%,普遍偏高,可能与后期硅化有关;$Na_2O+K_2O$含量一般大于6%～7%,少数可达10%,$Na_2O/K_2O$平均值大于2.5,属钠质类型;碱度率AR平均为3.52,为弱碱性岩石(碱钙性岩石);CaO含量小于1%,贫钙。因此它有别于陆相钙碱性流纹岩,而与石英角斑岩相当。变细碧岩的$SiO_2$平均为49.04%,相当细碧岩$SiO_2$含量;CaO平均为4.17%,贫钙;MgO平均为5.86,稍高;$Na_2O/K_2O$比值高达8.9%,平均为4.04%,属钠质类型;里特曼指数$\sigma$平均为5.07,AR为2.21,为弱碱性岩系(碱钙性岩系)。上述特征表明它不同于陆相玄武岩,而与海相细碧岩相当。变细碧岩的分异指数DI为40～55,而变石英角斑岩的为80～85,其中明显缺失DI=56～80的范围,反映它们具双峰式火山岩特征。

岩石富轻稀土,$\delta Eu$值大于0.7,异常不明显,反映岩浆分异不完全、岩浆源较深,配分模式为右倾型(图2-12)。微量元素Pb、Zn含量较高,Cu、Cr、Ni、Co含量较低,Ba、Sr含量偏低,显示出同源岩浆演化具有部分熔融和分离结晶作用的双重特征。根据科勒曼(Coleman,1977)、都城秋穗(Miyashiro,1975) $SiO_2$-$FeO^*$/MgO图解和$FeO^*$-$FeO^*$/MgO图解判别,石英角斑岩位于钙碱性火山岩系列区,少数位于大陆拉斑玄武岩区,细碧岩主要分布于大陆拉斑玄武岩和深海沟、岛弧拉斑玄武岩区,构造环境为陆缘裂谷火山岩浆弧。

燕山期桃园寨旋回火山岩残留于大别山腹地岳西县桃园寨一带,面积约10 km$^2$,岩石组合为石英安山岩-英安岩及火山碎屑岩组合。英安岩锆石U-Pb同位素年龄为136～129Ma(刘敦一等,1999)。岩石类型主要有石英安山质、英安质晶屑集块角砾凝灰熔岩、晶屑凝灰熔岩等。其火山活动表现为裂隙式多中心强力喷溢、爆发,具较完整的火山喷发韵律。从早到晚,自下而上由石英安山质集块角砾凝灰熔岩(喷溢)-石英安山质晶屑凝灰熔岩(喷溢)→英安质晶屑凝灰熔岩(喷溢)-英安质含晶屑角砾凝灰熔岩(爆发、喷溢)构成两个火山喷发韵律。每个喷发韵律由爆发、喷溢或喷溢开始,到喷溢或爆发、喷溢结束。

由桃园寨火山岩岩石化学分析结果可见,$SiO_2$为63.44%～65.15%,平均为64.51%;$K_2O+Na_2O$为6.26%～7.42%,平均值为7.02%。$Na_2O/K_2O$的平均值为1.20,小于2,属钾质类型;里特曼

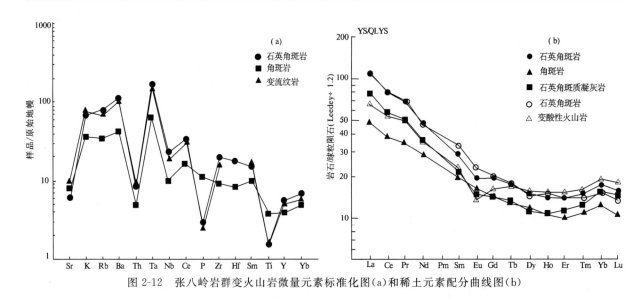

图 2-12 张八岭岩群变火山岩微量元素标准化图(a)和稀土元素配分曲线图(b)

组合指数 σ 为 1.80～2.69，平均值为 2.29，小于 4，属钙碱性系列。岩石化学图解（图 2-13）An-Ab'-Or 图中，桃园寨火山岩以高钾为特征，属钾质岩石系列。在 $SiO_2$-ALK 图解中属钙碱性系列。稀土配分曲线为右倾平缓型，轻稀土相对富集，重稀土相对亏损，铕异常不明显。在构造环境判别图解中，桃园寨火山岩投点均落在 B 区，说明桃园寨旋回火山活动从早到晚都是在活动区环境下发生的。从火山岩 $K_2O$-$SiO_2$ 含量与喷发深度关系图中可以看出，桃园寨旋回钙碱性岩浆源深度为 140～200km。桃园寨火山机构强烈抬升剥蚀，仅保留了火山机体根部及火口中心部分，具多中心向西迁移的特点，为一复式火山机构（图 2-14），采自英安岩锆石 U-Pb 同位素年龄为 136Ma（刘敦一等，1999），时代为晚侏罗世—早白垩世。构造环境为后造山伸展环境火山岩浆弧。

## 四、长江中下游火山岩浆岩带

该带位于黄破断裂以东、高坦断裂以北地区，岩浆活动主要发生在燕山中、晚期和喜马拉雅期。燕山期下扬子岩浆岩带受北东—北北东向深大断裂控制，形成以长江深断裂为轴线对称分布的同向带状构造岩浆岩带，长江沿线为中带或内带（沿江岩段），两侧为大致对称的南、北带（滁州岩段、贵池岩段），在中带两侧或其边缘还叠加两条 A 型花岗岩亚带（见图 2-1）。各岩浆岩段依次受黄破断裂、长江深断裂、高坦-周王-南漪湖追踪断裂控制，并分别对应于北东向地幔隆起带的北幔坡、幔脊和南幔坡。燕山期火山活动强烈，形成安徽省著名的长江中下游火山喷发岩带。以滁河断裂带为界分滁州火山岩浆岩亚带和沿江火山岩浆岩亚带，火山活动主要发生在燕山中、晚期和喜马拉雅期。燕山期继承性上叠火山盆地岩性复杂，火山岩、潜火山岩集中分布于沿江岩浆岩段，滁州岩浆岩段（黄石坝盆地）次之，贵池岩浆岩段出露零星，均分布于褶断隆起区。

### （一）滁州火山岩浆岩亚带

滁州火山岩浆岩亚带分布在滁州市黄石坝一带，形成于晚侏罗世—早白垩世。火山活动明显受北北东向构造控制，岩石为玄武安山岩-安山岩-英安岩和少量粗安岩组合。岩浆来源较深，属壳幔混合型。据滁县红花桥水库火山地层剖面分析（图 2-15），燕山期黄石坝火山旋回岩石类型主要有玄武粗安岩、角闪安粗岩、粗面岩及其粗面玄武质角砾集块岩、凝灰角砾岩、沉火山角砾（集块）岩和潜火山粗安玢岩等，岩石组合为粗面玄武岩-玄武粗安岩-粗安岩-粗面岩-英安岩-流纹岩组合。

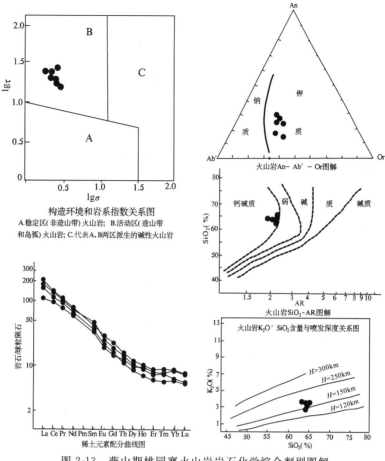

图 2-13 燕山期桃园寨火山岩岩石化学综合判别图解

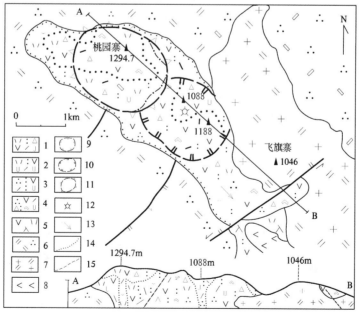

图 2-14 岳西县桃园寨中生代复式火山机构略图

(据周存亭等,1997)

1.含角砾集块英安质晶屑凝灰熔岩;2.英安质晶屑凝灰熔岩;3.石英安山质晶屑凝灰熔岩;4.石英安山质晶屑角砾集块凝灰熔岩;5.英安玢岩;6.斑状石英二长岩;7.二长花岗岩;8.角闪石岩;9.推测喷发中心;10.穹状火山;11.推测锥状火山;12.火山口;13.熔岩流方向;14.火山岩性界线;15.火山喷发韵律界线

| 组 | 代号 | 岩性柱 | 厚度(m) | 岩石组合 | 岩相 | 岩石类型 | 火山类型 | 岩石系列 | 构造岩石组合 |
|---|---|---|---|---|---|---|---|---|---|
| 黄石坝组 | $J_3K_1h$ | | 9.34 | 灰紫色、灰绿色英安岩,顶部为灰绿色安山质角砾熔岩 | 爆溢相 | 英安岩 | 锥状火山 | 橄榄安粗岩系列 | (辉石)安山岩、英安岩构造组合 (1:5万明光、石坝幅区调报告认为粗面玄武-玄武粗安岩-粗安岩-粗面岩-英安岩-流纹岩组合) |
| | | | 242.60 | 深灰色、青灰色、暗紫灰绿色安山岩,安山质(角砾)凝灰熔岩夹暗紫色、青灰色(气孔状)辉石安山岩 | 喷溢相 | 安山岩(主)辉石安山岩 | | | |
| | | | 139.83 | | | | | | |
| | | | 165.06 | | | | | | |
| | | | 51.21 | 灰黄色、灰绿色安山质沉凝灰岩,凝灰质粉砂岩与安山质含砾凝灰岩互层 | 爆发-沉积相 | | 破火山 | 高钾钙碱性岩系列 | |
| | | | 364.15 | 暗紫色、紫灰色、灰绿色安山质集块角砾(凝灰)熔岩,夹2层约25m安山岩及1层沉凝灰岩 | 喷发-沉积相 | 安山岩 | | | |
| | | | 4.66 | 浅紫灰色粗面安山岩 | 喷溢相 | | | | |
| | | | 14.58 | 灰绿色安山岩 | | | | | |
| | | | 486.13 | 暗紫色、紫灰色、灰绿色安山质集块角砾(凝灰)岩夹约8m沉凝灰岩 | 爆发-沉积相 | | | | |
| | | | 54.68 | 紫灰色英安质集块岩 | 爆发相 | | | | |
| | | | 64.99 | 暗紫色厚层安山质(角砾)凝灰岩 | | | | | |
| 红花桥组 | $J_3h$ | | 43.15 | 灰黄色、灰绿色薄层凝灰质粉砂岩夹灰安山质凝灰岩,沉凝灰岩 | 爆发-沉积相 | 安山岩 | 破火山 | | |
| | | | 6.28 | 淡黄色粗面安山岩 | 喷溢相 | | | | |
| | | | 42.80 | 浅灰绿色、灰黄色薄层凝灰质粉砂岩与沉凝灰岩互层 | 火山沉积相 | 沉火山碎屑岩 | | | |
| | | | 169.67 | 暗紫色厚层-块状钙质粉砂岩 灰色中厚层石灰岩质砾岩夹钙质粉砂岩、粉砂岩 | 沉积相 | 碎屑岩 | | | |

图2-15 滁州火山盆地构造岩石组合解析图

黄石坝火山岩 $SiO_2$ 为 50.73%～71.56%,为中偏基性-酸性岩;$Na_2O+K_2O$ 含量多为 7%～8%,富碱,绝大多数 $K_2O>Na_2O$,属钾质类型。在 $SiO_2$-$K_2O$ 图上,其投影点多落在高钾钙碱性系列—橄榄安粗岩系列范围内(图 2-16),其 $K_2O$ 含量高达 7.67%,明显富钾;里特曼组合指数平均为 3.86,属高钾钙碱性-橄榄安粗岩系列。$Na_2O+K_2O<Al_2O_3<CaO+Na_2O+K_2O$(分子数),属铝正常系列;分异指数 DI 值从早到晚为 54.22→61.96→70.50→74.55,最大值小于 75,说明岩浆分异较好且较连续;固结指数 SI 值随着岩浆分异逐渐减小,由 8.0→24.52→18.46→5.43,最大值小于 30,表明岩浆经过分异或同化混染而成;氧化系数 OX 为 0.24→0.19→0.16,表明火山喷发基本上是连续的或间歇时间很短。随着岩浆向酸性演化,$Fe_2O_3/FeO$ 为 0.85～1.05,与 $K_2O/CaO$ 及 $Na_2O/CaO$ 比值均变大,表明它们具有正相关性。$K_2O+Na_2O<Al_2O_3<CaO+K_2O+Na_2O$,属 Al 正常系列。M 值由 49.36→45.78→30.77→13.78,逐渐递减且均较小,表明有镁铁质矿物结晶分离。岩石轻稀土富集(图 2-17),轻、重稀土比值($\Sigma Ce/\Sigma Y$)为 5.53～10.03,δEu 1.06～0.92,Eu/Sm 为 0.20～0.27,说明岩浆演化过程中遭受同化混染、部分熔融和斜长石结晶分离作用。岩浆来源于壳幔混合源,属壳幔混合型。黄石坝旋回的粗安岩 SHRIMP 锆石 U-Pb 年龄为 128±1Ma(马芳,薛怀民,2011),火山活动时代为早白垩世,与大马厂岩体是来自同一岩浆房的同源异相的产物,构造环境为后造山伸展环境火山岩浆弧。黄石坝火山旋回以陆相中心式火山机构为主,裂隙-中心式喷发次之,由火山通道相-爆发相-喷溢相-潜火山岩相-沉积相组成。

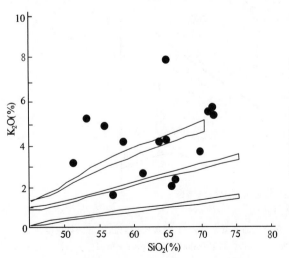

图 2-16 黄石坝旋回火山岩 $SiO_2$-$K_2O$ 图解

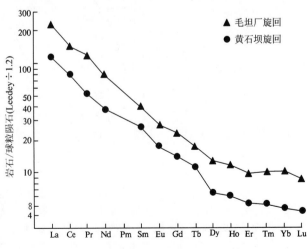

图 2-17 黄石坝旋回火山岩稀土元素配分曲线

喜马拉雅期(新近纪)桂五旋回火山岩主要分布于明光市小嘉山、小横山、鲁山、凤阳县梅市及无为县照明山一带,可划分为定远、桂五两个喷发旋回。定远旋回岩石组合为玄武岩-橄榄玄武岩组合,属钙性岩系。桂五旋回岩石组合为橄榄玄武岩-碱性玄武岩组合,属碱钙性岩系。桂五旋回的 ALK 平均为 4.53%,里特曼组合指数平均为 3.71,属碱钙性岩系。岩石富轻稀土,铕负异常不明显,配分模式为右倾型。与定远旋回相比,桂五旋回 Ba、Sr、Zr、V、Ni、Rb 平均值高于定远旋回,Li、Cu、Zn、Pb 平均值低于定远旋回,Co、Sn 平均值相近。火山岩 ESR 年龄值为 41～29Ma 及 57～54.6Ma,时代为新近纪及古近纪。喜马拉雅期火山喷发属裂隙-中心式,主要由喷溢相组成,爆发相、潜火山相、喷溢-沉积相次之,火山机构多属夏威夷型。构造环境为陆缘裂谷火山岩浆弧。

### (二)沿江火山岩浆岩亚带

沿江火山岩浆岩亚带主体形成于早白垩世,但并不排除晚侏罗世晚期的可能性。该亚带火山岩受北东—东西向断裂构造控制,集中分布于沿江继承性盆地内,自西向东有怀宁、庐枞、繁昌、宁芜 4 个主要火山岩盆地,铜陵、池州等地也有零星分布。各火山盆地内构造岩石组合、岩石化学、喷发旋回、构造特征及时空演化不尽相同,各具特色。主要火山岩系包括橄榄安粗岩系和高钾碱性火山岩系两类岩石组合。总的趋势是由中基性向中酸性和偏碱性演化。橄榄安粗岩系的岩石具低硅、富碱高钾特征,主体属碱钙性岩系。与之相关的潜火山岩或超浅成侵入岩主要有辉长闪长(玢)岩、钠长闪长岩和钠长岩等。碱性火山岩主要发育于宁芜盆地娘娘山旋回,出现大量副长石类和碱性暗色矿物(霓辉石),庐枞盆地的双庙组上部、浮山组接近碱性火山岩组合的特点,构造环境总体为后造山伸展环境火山岩浆弧。

#### 1. 怀宁火山盆地

怀宁火山盆地分布在安庆市宿松—怀宁沿江江北一带,受北东向断裂构造控制,具拉分盆地性质,形成于晚侏罗世—早白垩世。可分为彭家口、江镇两个火山喷发旋回。据怀宁江镇地区火山地层剖面分析(图 2-18),彭家口旋回为安山岩、粗安岩、粗面岩及其火山碎屑岩构造组合,早期以爆发作用为主,形成角砾凝灰岩,中期以爆发-喷溢混合作用为主,形成粗面质凝灰熔岩,晚期出现沉积作用,形成厚度较大的钙质砂泥质岩石,表明火山喷发后进入了较长的间歇期。江镇旋回为粗面玄武岩-玄武粗安岩-粗面岩-流纹岩构造组合,各喷发韵律均由爆发相-喷溢相组成。整个旋回以喷溢相熔岩为主,岩石成分出现跳跃式变化,缺少中间成员,具双峰式特点。两个旋回间连续性较差,有较长的间断。

岩石化学指数彭家口旋回的 $SiO_2$ 为 60.35%～67.56%,平均为 64.45%;江镇旋回的 $SiO_2$ 为 49.07%～76.45%,平均为 63.40%。彭家口、江镇旋回的 $K_2O+Na_2O$ 分别为 8.97%～14.07%、6.21%～10.18%,平均值分别为 11.34%、7.57%。$Na_2O/K_2O$ 的平均值分别为 0.14、0.59。按密德莫斯特的划分,彭家口旋回火山岩属钾质类型,江镇旋回火山岩大部分属钾质类型,仅桐城市挂车一带的江镇旋回中安山质-粗安质-流纹质火山岩属钠质类型。彭家口旋回的里特曼组合指数 $\sigma$ 为 4.09～9.98,平均值为 6.05,大于 4;江镇旋回的 $\sigma$ 为 1.76～7.53,平均值为 2.81,小于 4,其中挂车一带的 $\sigma$ 为 1.76～3.64,江镇一带的 $\sigma$ 为 2.05～7.53。按照里特曼的划分,彭家口旋回属碱钙性-碱性系列,橄榄安粗岩系列;江镇旋回属钙碱性-碱钙性系列,高钾钙碱性系列。其中挂车一带火山岩属钙碱性系列,怀宁江镇一带为钙碱性-碱钙性系列。岩石地球化学图解(图 2-19)中,由 $An-Ab'-Or$ 图解可知区内彭家口旋回以高钾为特征,江镇旋回火山岩大部分显示高钾特征,仅桐城市挂车一带的江镇旋回中的安山-粗安-流纹质火山岩显示富钠特征。按照欧文(1971)划分,彭家口旋回火山岩属钾质岩石系列,江镇旋回火山岩以钾质岩石系列为主,钠质岩石系列次之。$SiO_2-ALK$ 图解同样得出彭家口旋回为碱钙性-碱性系列,江镇旋回为钙碱性-碱钙性系列,并向高碱方向演化。$SiO_2-AR$ 图中,彭家口旋回火山岩主要落入弱碱质区,部分落入碱质区,说明该旋回岩浆是以弱碱性为主,并有向碱性演化的趋势。江镇旋回火山岩大部分落入弱碱质区,部分落入钙碱质区,表明该旋回岩浆是由钙碱性向弱碱性演化。

| 组 | 代号 | 厚度（m） | 岩性柱 | 岩石组合 | 岩相 | 火山类型 | 岩石类型 | 岩石系列 | 构造岩石组合 |
|---|---|---|---|---|---|---|---|---|---|
| 汪公庙组 | $K_1w^2$ | 1350.90～1398.18 | | 杂色砂岩，粉砂岩，泥岩或杂色砂岩，（凝灰质）粉砂岩与（凝灰质）砾岩组成11～14个旋回性韵律 | 沉积相或火山沉积组 | 破火山 | 安山岩类 | 高钾钙碱性系列 | 安山质火山碎屑岩构造组合 |
| | $K_1w^1$ 1154.31m | 159.89 | | 灰白色、灰紫色安山质火山角砾岩夹紫红色钙质粉砂岩 | 爆发-沉积相 | | | | |
| | | 140.84 | | 灰紫色、灰黄色含砾凝灰质砂岩，粉砂岩 | 火山沉积相 | | | | |
| | | 563.39 | | 灰黄色、紫红色含砾砂岩，沉火山角砾岩夹凝灰质粉砂岩 | 火山沉积相 | | | | |
| | | 96.76 | | 灰色、浅灰色安山质火山角砾岩 | 火山沉积相 | | | | |
| | | 253.43 | | 紫-浅灰紫色（凝灰质）砾岩、砂岩、粉砂岩组成5个韵律 | 火山沉积相 | | | | |
| 江镇组 | $K_1j^2$ 759.09m | 130.70 | | 浅灰绿色流纹质火山角砾岩、灰白略带肉红色流纹岩夹流纹质熔结角砾岩 | 喷溢-爆溢相 | 穹状火山破火山 | 流纹岩粗面岩玄武粗安岩粗面玄武岩 | 高钾钙碱性系列 | 玄武粗安岩、粗面岩、流纹岩构造组合 |
| | | 26.44 | | | | | | | |
| | | 111.12 | | 灰紫色杏仁状辉石玄武粗安岩 | 喷溢相 | | | | |
| | | 268.16 | | 深灰色、灰紫色、灰黄色含橄榄辉石粗面玄武岩及其集块角砾岩组成3个喷溢韵律 | 喷溢-爆溢相 | | | | |
| | | 58.64 | | | | | | | |
| | | 134.00 | | 浅灰色粗面岩、灰紫红色粗面质含砾熔结凝灰岩 | 火山灰流相 | | | | |
| | | 30.03 | | 浅灰色、灰紫色橄榄粗面玄武岩 | 喷溢相 | | | | |
| | $K_1j^1$ 1134.49m | 6.53 | | 紫色强碳酸盐化沉凝灰岩（安山质？） | 火山沉积相 | 锥状火山破火山 | 粗面岩安山岩 | 橄榄安粗岩系列 | 安山岩、粗面岩构造组合 |
| | | 9.57 | | 紫红色火山角砾岩（安山质） | 爆发相 | | | | |
| | | 192.89 | | 浅灰色、灰紫色黑云母粗安岩 | 喷溢相 | | | | |
| | | 445.66 | | 灰紫色、灰绿色、灰白色安山岩，安山质凝灰岩互层 | 喷溢-爆溢相 | | | | |
| | | 248.73 | | | | | | | |
| | | 53.24 | | 灰色凝灰质辉石安山岩、蚀变凝灰岩（24.84m） | 喷溢-爆溢相 | | | | |
| | | 4.23 | | 灰黄色硅化细砂岩 | 沉积相 | | | | |
| | | 82.14 | | 灰紫色、灰黄色、红色（蚀变）安山岩夹蚀变凝灰岩 | 喷溢-爆溢相 | | | | |
| | | 7.48 | | 浅黄色薄层粉砂岩 | 沉积相 | | | | |
| | | 33.32 | | 灰黑色、灰色、灰紫色（蚀变）仁状安山岩，黄褐色、紫红色火山凝灰角砾岩 | 喷溢-爆溢相 | | | | |
| | | 50.72 | | | | | | | |
| 彭家口组 | $J_3p$ 254.59～534.06m | 8.85～118.08 | | 灰紫色、黄褐色、黄绿色、灰绿色（硅化）砂岩，页岩 | 沉积相 | 链状火山破火山 | 粗面岩粗安岩 | 碱性岩系列-橄榄安粗岩系列 | 安山岩、粗安岩、粗面岩构造组合 |
| | | 46.14 | | 灰紫色粗安质凝灰岩 | 爆发相 | | | | |
| | | 18.13～188.37 | | 灰紫色粗面质（含砾）凝灰熔岩 | 爆发相 | | | | |
| | | 9.32 | | 灰紫色粗面质凝灰岩 | 爆发相 | | | | |
| | | 5.74 | | 紫红色硅化粉砂岩（下层1.00m）沉凝灰岩 | 火山沉积相 | | | | |
| | | 5.66 | | 紫色岩屑晶屑凝灰岩 | 爆发相 | | | | |
| | | 38.81 | | 灰紫色凝灰质含砾粗砂岩 | 火山沉积相 | | | | |
| | | 9.87 | | 灰色安山质凝灰熔岩 | 喷溢相 | | | | |
| | | 14.01 | | 猪肝色薄—中厚层凝灰质粉砂岩 | 火山沉积相 | | | | |
| | | 22.09 | | 浅灰色、灰紫色（碳酸盐化）安山质凝灰岩 | 爆发相 | | | | |
| | | 12.75 | | 紫色凝灰质粉砂岩 | 火山沉积相 | | | | |
| | | 22.77 | | 灰色、灰褐色凝灰质砾岩夹紫色凝灰岩透镜体 | 爆发-沉积相 | | | | |
| | | 1.82 | | 紫红色凝灰质粉砂岩 | 火山沉积相 | | | | |
| | | 7.28 | | 灰黄色、褐色厚层长石粗砂岩 | 沉积相 | | | | |
| | | 11.23 | | 灰色、灰褐色凝灰砾岩 | 火山沉积相 | | | | |
| 罗岭组 | | | | 灰紫色粉砂岩夹灰黄色粉砂岩、灰白色粗粒长石砂岩 | 沉积相 | | | | |

图 2-18　怀宁火山盆地构造岩石组合解析图

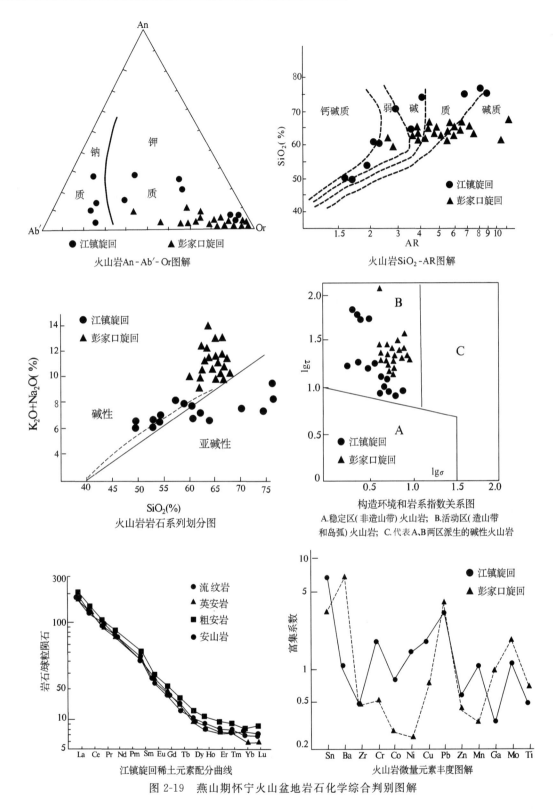

图 2-19 燕山期怀宁火山盆地岩石化学综合判别图解

彭家口旋回中微量元素含量以 Ti、Ba 平均值最高,Mn、V、Zr 平均值较高为特征;江镇旋回则以 Ti、Mn 平均值最高,Ba、Cr、V、Ni 平均值较高为特征。其中彭家口旋回中的 Ti、Ba 平均值明显高于江镇旋回,Mn、Cr、Ni、Cu 平均值明显低于江镇旋回,江镇旋回的有关比值(Rb/Ba、Rb/Zr、Rb/Sr)均较低。值得一提的是:桐城市挂车一带的江镇旋回火山岩中的 Zr、Ba、Cr 含量明显高于怀宁县江镇一带的江镇旋回火山岩,而 Cu、Ti、Ni 则明显较低。从火山岩微量元素丰度曲线图解中可以看出,两旋回的微量元素曲线形态有所差异,江镇旋回的 Cr、Pb、Zn、Cu、Co、Mo、Ti 与彭家口旋回呈正相关变化,且 Pb、Mo 含量明显高于黎彤克拉克值,达 1.14～4.14 倍,而 Sn、Ba、Ni、Mn、Ga 则与彭家口旋回呈负相关变化,其中 Sn、Ba 含量明显高于黎彤克拉克值 1.06～7.04 倍。

江镇旋回稀土元素丰度变化范围在 $(196.24～221.23)×10^{-6}$ 之间,平均 $211.91×10^{-6}$;LREE/HREE 比值为 7.33～9.05,平均 8.11,轻重稀土分馏明显,岩石富轻稀土;$\delta Eu$ 变化范围在 0.83～0.85 之间,平均 0.84,铕负异常不明显。稀土元素的标准化曲线均为向右倾斜的轻稀土富集型,重稀土相对亏损,且轻稀土部分的斜率大于重稀土部分。

从构造环境判别图中可以看出,彭家口旋回、江镇旋回均落在 B 区,说明区内火山活动从早到晚都是在活动区环境下发生的,岩浆是由碱性系列(彭家口旋回)→钙碱性系列(江镇旋回)演化的。由 $K_2O$-$SiO_2$ 与深度关系图,彭家口旋回碱性岩浆源深度大于 300km,江镇旋回岩浆源深度变化较大,多集中在 125～300km 之间,部分大于 300km。怀宁火山盆地火山活动以陆相中心式火山机构为主,裂隙-中心式喷发,由火山爆发相-喷溢相-潜火山岩相-沉积相组成。火山岩岩相为喷溢相、爆发相、喷发-沉积相及潜火山相等,火山活动表现为裂隙-中心式喷发,火山构造主要为中心式火山机构(破火山、锥状火山、穹状火山等),次为线形火山口群及次火山岩墙等。构造环境为后造山伸展环境火山岩浆弧。

**2. 庐枞火山盆地**

庐枞火山沉积盆地分布在沿江江北庐枞一带,地处扬子陆块北缘的长江中下游断陷带内,郯庐断裂带的东侧。形成演化受中生代板块碰撞、陆内造山、挤压-剪切-拉张作用长期控制,是在中三叠世—早、中侏罗世沉积盆地基础上形成的叠加在印支期向斜构造基础上的一个北宽南窄、西断东超的上叠继承式耳状火山盆地,具拉分盆地性质,主体形成于早白垩世(表 2-5,图 2-20)。据盆地火山地层剖面分析(图 2-21),火山活动可分为龙门院、砖桥、双庙、浮山 4 个火山喷发旋回,岩石类型主要为角闪粗安岩-辉石粗安岩-钾玄岩-碱性粗面岩-响岩组合,主要属橄榄安粗岩系列。除浮山旋回外,火山活动从早到晚由裂隙式向中心式演变,火山喷发活动具有先由东向西然后向心收缩的趋势。

表 2-5 庐枞火山构造洼地火山岩主要同位素年龄简表

| 岩体(单元)名称 | 岩石类型 | 年龄(Ma) | 测定方法 | 资料来源 |
| --- | --- | --- | --- | --- |
| 砖桥组 | 黑云母粗安岩 | 130.9 | $^{40}Ar$-$^{39}Ar$ | 1:5 万将军庙幅区调报告,1981 |
| 双庙组 | 粗面玄武岩 | 134.8 | K-Ar | |
| 砖桥组 | 黑云母粗安岩 | 126.6 | $^{40}Ar$-$^{39}Ar$ | 胡华光,1982 |
| 砖桥组 | 黑云母粗安岩 | 124.1 | K-Ar | 南京地质矿产所,1979 |
| 砖桥组 | 云辉粗安岩 | 131.6 | K-Ar | 中国地质科学院地质力学所,1979 |
| 砖桥组 | 辉石粗安岩 | 124.1 | K-Ar | 南京地质矿产所,1979 |
| 砖桥组 | 黑云母粗安岩 | 134.7 | K-Ar | 中国科学院,1977 |
| 砖桥组 | 火山岩 | 126～132 | K-Ar | 胡华光,1982 |
| 双庙组 | 火山岩 | 115～121 | | |
| 浮山组 | 火山岩 | 108～114 | | |
| 龙门院组 | 火山岩 | 135 | 锆石 LA-ICP-MS | 周涛发等,2008 |
| 砖桥组 | 火山岩 | 134 | | |
| 双庙组 | 火山岩 | 130 | | |
| 浮山组 | 火山岩 | 126 | | |

龙门院旋回主要分布于火山盆地东南缘,岩石主要为玄武粗安岩-粗安岩-粗安岩构造组合,并以角闪石矿物为特征,主体属橄榄安粗岩系列。火山作用由初期的爆发相逐渐变为后期的喷溢相,由爆发—喷溢—沉积组成一个不完整的喷发旋回,火山活动具由强到弱的特征。火山构造类型以中心式层状火山-裂隙式链状火山为主,火山活动中心在火山盆地的北东缘。

砖桥旋回广布于火山盆地的边部,岩石主要为玄武粗安岩-粗安岩-粗面岩构造组合,主体属橄榄安

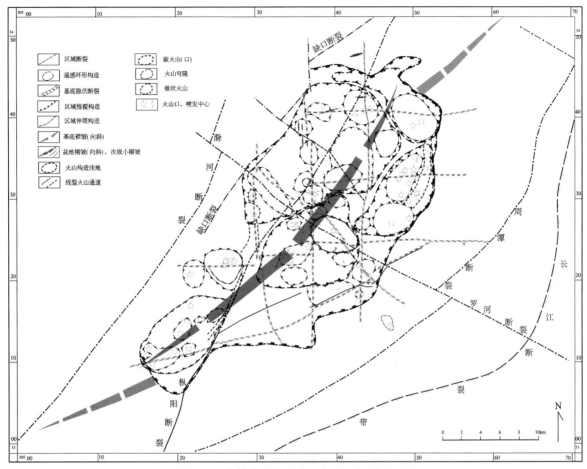

图 2-20 庐枞火山构造洼地火山机构-构造略图

粗岩系列。火山作用为爆发相和喷溢相交替,火山沉积相比例较少(约占 5.4%～8.6%不等),且缺失晚期喷发产物,反映火山活动有明显的向北收缩,火山活动中心在盆地北部。火山构造类型主要为中心式层状、穹状火山和破火山。该旋回是区内铁矿、铜矿形成的主要时期。

双庙旋回主要分布于火山盆地中心,岩石为粗面玄武岩-玄武粗安岩-粗安岩-粗面岩构造组合,主体属橄榄安粗岩系列,次为碱性岩系列,并以"疙瘩状"岩石外貌和橄榄石矿物为标志。由初期爆发相为主转为晚期喷溢相为主,由喷发—沉积—喷溢相构成主旋回,火山活动具有由东向南西迁移趋势,火山构造类型以中心式破火山为主。

浮山旋回主要收缩于火山盆地中部的浮山、七家山和柳峰山地区,岩石为粗面玄武岩-玄武粗安岩-粗安岩-粗面岩-响岩构造组合,并以含黑云母为特征,具橄榄安粗岩系列—碱性岩系列演化特征。火山作用多由爆发相和喷溢相组成,火山喷发频率较高,并有大量灰流相粗面质熔结凝灰岩出现,反映火山活动较强烈。火山构造类型主要为中心式破火山和裂隙式链状火山构造,且保存较为完好。

庐枞火山盆地火山岩岩石化学指数 $SiO_2$ 主要集中在 50%～65%,ALK 为 8%～15%,$Na_2O+K_2O$ 为 8%～15%,$Na_2O/K_2O<2$,$K_2O$ 含量最高达 13%,属钾质类型,CA=48.3,小于 51,属碱性系列。总体呈由橄榄安粗岩组合向碱性岩组合演变,成分明显富碱。从各旋回火山岩的岩石化学平均成分来看,从早到晚,岩浆成分向富钾方向演化,由龙门院旋回 $Na_2O>K_2O$ 转向砖桥旋回后则变为 $K_2O<Na_2O$。同时,各旋回内火山岩成分也有一定的变化范围和趋势。其中双庙旋回的变化范围最大,早期为 $SiO_2$ 较低的碱性玄武岩,代表了该盆地的最基性岩石,晚期演化为 $SiO_2$ 较高的粗安岩和粗面岩、响岩,且各旋回内火山岩成分的变化均表现了与该区火山岩成分总体变化规律一致的趋势。这些特点反映了庐枞地区火山作用的多旋回性,又说明了各旋回岩浆可能具有相同来源和演化条件。

庐枞盆地岩石地球化学综合判别图解(图 2-22)硅-碱图中,庐枞火山盆地火山岩均落入碱性岩区,

| 组 | 代号 | 岩性柱 | 厚度（m） | 岩石组合 | 岩相 | 火山类型 | 岩石类型 | 岩石系列 | 构造岩石组合 |
|---|---|---|---|---|---|---|---|---|---|
| 浮山组 | $K_1f^2$ 468.28m | | 60.87 | 灰紫色粗安岩夹4.38m粗安质角砾熔岩 | 喷溢-爆溢相 | 中心式破火山 | 粗面岩 粗安岩 粗面玄武岩 玄武粗安岩 | 橄榄安粗岩系列 | 粗面（玄武）岩 粗安岩构造组合 |
| | | | 27.38 | 深灰色粗面玄武岩 | 喷溢相 | | | | |
| | | | 53.91 | 紫灰色粗面质熔结凝灰岩 | 火山灰流相 | | | | |
| | | | 29.19 | 灰色中粗斑粗安岩 | 喷溢相 | | | | |
| | | | 2.14 | 由粗面玄武岩、玄武粗安岩、粗安岩或粗安质凝灰岩与紫红色薄层铁钙质粉砂岩组成4个韵律 | 喷溢-沉积相 | | | | |
| | | | 32.85 | | | | | | |
| | | | 8.14 | | | | | | |
| | | | 5.87 | | | | | | |
| | | | 7.04 | | | | | | |
| | | | 26.71 | | | | | | |
| | | | 29.05 | | | | | | |
| | | | 23.72 | | | | | | |
| | $K_1f^1$ 473.67~ 718.69m | | 11.52 | 暗紫红色薄层铁钙质粉砂岩 | 沉积组 | 裂隙式链状火山 | 响岩 粗面岩 | 碱性岩系列 | 粗面岩、响岩构造组合 |
| | | | 46.51 | 暗紫红色粗面岩 | 喷溢相 | | | | |
| | | | 103.38 | 暗—浅紫红色粗面质熔结集块角砾岩、熔结凝灰岩夹2层响岩质角砾凝灰岩 | 火山灰流相 | | | | |
| | | | 67.52~117.82 | | 爆发组 | | | | |
| | | | 244.62~366.05 | | 爆溢相 | | | | |
| 双庙组 | $K_1sh^3$ 135.86m | | 1.33 | 灰紫色粗安岩与紫红色凝灰质粉砂岩组成2个韵律 | 火山沉积相 | | 粗安岩 | | |
| | | | 134.53 | | 喷溢相 | | | | |
| | $K_1sh^2$ 449.99m | | 7.31 | 紫红色、砖红色凝灰质粉砂岩 | 火山沉积相 | 中心式破火山 | 粗面玄武岩 玄武粗安岩 粗面玄武岩 粗面岩 | 橄榄安粗岩系列 | 粗面（玄武）岩 粗安岩构造组合 |
| | | | 83.01 | 深灰色"疙瘩状"粗面玄武质角砂岩 | 爆发相 | | | | |
| | | | 92.25 | 灰紫色粗面玄武岩夹24.42m粗面玄武质角砾熔岩 | 喷溢-爆溢相 | | | | |
| | | | 33.38 | 灰色玄武粗安质凝灰岩 | 爆发相 | | | | |
| | | | 38.01 | 灰紫色粗面玄武杏仁状玄武粗安岩紫红色凝灰质粉砂岩 | 喷溢-沉积相 | | | | |
| | | | 3.47 | 紫红色凝灰质粉砂岩 | 火山沉积相 | | | | |
| | | | 65.24 | 灰紫色粗面玄武岩夹0.85m紫红色凝灰质粉砂岩 | 喷溢-沉积相 | | | | |
| | | | 21.09 | 灰紫色"疙瘩状"粗面玄武质角砾岩 | 爆溢相 | | | | |
| | | | 49.07 | 夹粗面玄武质角砾凝灰岩和紫红色凝灰质粉砂岩（7.25m） | 爆发相 | | | | |
| | | | 22.22 | | 爆溢相 | | | | |
| | | | 14.94 | 紫红色粗面质熔结凝灰岩 | 火山灰流相 | | | | |
| | $K_1sh^1$ 102.84m | | 81.92 | 紫红色沉凝灰（角砾）岩与杂色复屑凝灰角砾岩组成3个韵律夹3.91m凝灰质粉砂岩 | 爆发相 | | | | |
| | | | 20.92 | | 喷发-沉积相 | | | | |
| 砖桥组 | $J_3zh^3$ 660m | | 100 | 灰色、灰紫色粗安岩与凝灰质粉砂岩组成6个韵律 | 喷溢相 | 中心式层状火山 | 粗安岩 | 橄榄安粗岩系列(主) 碱性岩系列(少) | 玄武粗安岩、粗安岩、粗面岩构造组合 |
| | | | 21 | | 喷发-沉积相 | | | | |
| | | | 539 | | 喷溢相 | | | | |
| | $J_3zh^2$ 679m | | 124 | 灰紫色粗安质含砾沉凝灰岩、沉角砾凝灰岩 | 喷发-沉积相 | 穹状火山 | 粗面岩 粗安岩 | | |
| | | | 220 | 灰黄色、淡紫色粗安质（角砾）凝灰岩、集块岩 | 爆发组 | | | | |
| | | | 20 | 淡紫红色明矾石化粗面岩含砾凝灰岩 | 爆发组 | | | | |
| | | | 165 | 粉红色水云母化、高岭土化粗面岩 | 喷溢组 | | | | |
| | | | 150 | 灰白色浅色蚀变粗安质凝灰岩 | 爆发组 | | | | |
| | $J_3zh^1$ 709m | | 276 | 灰白色、灰紫色玄武粗安岩与粗安质（角砾）凝灰岩组成6个喷发韵律夹灰紫色凝灰质粉砂岩 | 喷溢相 | 破火山 | 粗安岩 玄武粗安岩 | | |
| | | | 250 | | 爆发相 | | | | |
| | | | 13 | | 喷发-沉积相 | | | | |
| | | | 170 | | | | | | |
| 龙门院组 | $J_3l^2$ 280.00m | | 8.99 | 紫红色中层玄武粗安质沉凝灰角砾岩与薄层凝灰质粉砂岩组成2个韵律 | 喷发-沉积相 | 中心式层状火山 | 玄武粗安岩 | 橄榄安粗岩系列(主) 碱性岩系列(少) | 玄武粗安岩、粗安岩、粗面岩构造组合 |
| | | | 77.85 | 青灰色、黄绿色、灰绿色角闪玄武安岩与玄武粗安质（含砾）凝灰岩组成3个喷发韵律 | 爆发组 喷溢组 | | | | |
| | | | 193.16 | | | | | | |
| | | | 8.91 | 灰绿色玄武粗安质凝灰岩 | 爆发组 | | | | |
| | $J_3l^1$ 86.96m | | 7.58 | 紫红色薄层铁质粉砂岩逐渐过渡为凝灰质粉砂岩-青灰色玄武粗安质沉角砾凝灰岩 | 喷发-沉积相 | 裂隙式链状火山 | 粗面岩 粗安岩 玄武粗安岩 | | |
| | | | 18.54 | 青灰色玄武粗安质角砾熔岩 | 爆溢相 | | | | |
| | | | 7.00 | 灰白色薄层玄武粗安质沉凝灰岩 | 喷发-沉积相 | | | | |
| | | | 45.93 | 玄武粗安质（角砾）凝灰岩夹凝灰熔岩 | 爆发-爆溢相 | | | | |

图 2-21　庐枞火山盆地构造岩石组合解析图

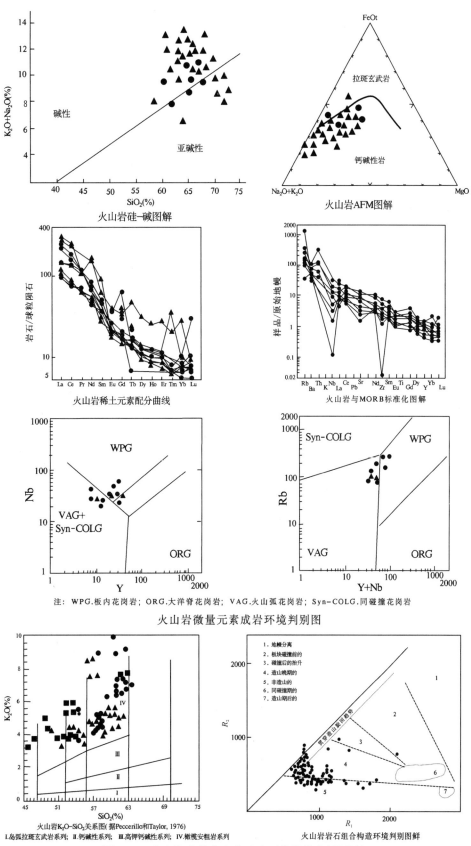

图 2-22 燕山期庐枞火山盆地岩石化学综合判别图解

区内火山岩 $SiO_2$-$K_2O$ 图解均属橄榄安粗岩系列,但浮山旋回火山岩的投影位置显著高于其他旋回,其 $K_2O$ 平均含量高于其他旋回 2 倍以上,主要岩石类型为橄榄玄粗岩、橄榄安粗岩和橄云安粗岩,具有明显的富钾趋势。浮山组响岩中出现的铝硅酸盐矿物霞石最高可达 5%,表明浮山组属过碱性岩石,火山岩形成晚期岩浆房出现 $SiO_2$ 不饱和,因此区内除浮山旋回属碱性系列外,其他旋回火山岩均为橄榄安粗岩系列。

庐枞盆地火山岩稀土组成均属于 LREE 富集型,LREE/HREE 为 3.64~31.83,HREE 变化于 8.66~89.55,其含量高于球粒陨石一个数量级,标准化模式曲线均属右倾型(图 2-22)。自龙门院—砖桥—双庙至浮山旋回稀土总量趋于增加,但变化范围不大,$\sum$REE 值在 173.16~567.15 之间。各旋回火山岩 Eu 亏损较小,$\delta$Eu 值一般为 0.7~0.8,铕负异常不明显,表明低压斜长石分离作用不明显,或者是氧逸度较高条件下的分离结晶作用。火山岩较高的 LREE/HREE 比值,主要是低的分熔比及原岩分熔时残留相组成中有较多的橄榄石、石榴石等矿物,导致残余相 LREE/HREE 减小,熔体相中 LREE/HREE 增大,这是岩浆来源深且分熔比值低的标志。微量元素丰度及标准化后(图 2-22),显示火山岩中富集 Pb、Th,亏损 Nb,这表明岩浆作用过程中具有强烈壳源物质混染,不相容元素富集,过渡族和相容元素逐渐亏损,也反映岩浆活动过程中经历了一定的分离作用。微量亲铁元素 Co、Cr(湿岩浆元素)强烈亏损,高场强元素 Sc、Y 和过渡族元素 Cu、Zn 富集,这与稀土元素反映结果一致。说明庐枞盆地火山岩的母岩浆主要是来自亏损地幔,并经历了较强的壳、幔同化混染和结晶分离作用。

庐枞火山构造洼地火山构造类型较齐全,其保存程度也相对较好,按照火山旋回及火山构造组合可以划分为朱家洼和浮山两个喷发中心,由罗河、钱铺、井边、朱家洼和龙门院等复式破火山构造组成(表 2-6)。朱家洼火山喷发中心位于洼地的南部,主要为龙门院和砖桥旋回的火山爆发-喷溢中心,形成一套以中心式为主的火山机体构造,伴有裂隙式喷发。浮山火山喷发中心,位于洼地的西部,主要是双庙和浮山旋回的火山喷发-喷溢中心,其形成的火山构造类型以中心式为主,并多为火山口构造。

表 2-6 庐枞火山盆地火山构造分级简表

| 矿田级火山构造 | 矿床级火山构造 | 主要活动期 |
| --- | --- | --- |
| 罗河复式破火山 | 姚家大山破火山 | 早白垩世浮山期 |
| | 羊山火山穹隆 | |
| | 龙城山火山穹隆 | |
| | 龙城山火山通道 | |
| | 巴家滩火山穹隆 | 早白垩世双庙期 |
| | 李家仓头火山穹隆 | |
| | 钟子山火山穹隆 | 早白垩世砖桥期 |
| | 牛头山火山穹隆 | |
| | 砖桥破火山 | |
| | 大包庄破火山 | |
| | 小矾山破火山口 | |
| | 刘家小凹火山穹窿 | |
| | 寨基山火山穹隆 | |
| 钱铺复式破火山 | 项家园火山穹隆 | 早白垩世浮山期 |
| | 七家山火山穹隆 | |
| | 黄山寨火山穹隆 | |
| | 黄家大山火山穹隆 | |
| | 南山头火山穹隆 | |
| | 牡丹山火山穹隆 | 早白垩世双庙期 |
| | 西牛山破火山 | |
| | 黄栗山火山穹隆 | 早白垩世砖桥期 |
| | 黄土勘破火山 | |

续表 2-6

| 矿田级火山构造 | 矿床级火山构造 | 主要活动期 |
| --- | --- | --- |
| 井边复式破火山 | 代岭湾火山穹隆 | 早白垩世砖桥期 |
| | 笔架山火山穹隆 | |
| | 塘猫尖火山穹隆 | |
| 朱家洼复式破火山 | 鸡头山火山穹隆 | 早白垩世砖桥期 |
| | 大观山火山穹隆 | |
| | 西瓜岭火山穹隆 | |
| | 金家坪火山穹隆 | |
| | 会宫火山通道 | |
| | 姚塘庄火山穹隆 | 晚侏罗世龙门院期 |
| | 浮山火山穹隆 | 早白垩世浮山期 |
| | 太公山破火山 | |
| 龙门院复式破火山 | 大梨尖火山穹隆 | 晚侏罗世龙门院期 |
| | 三官山火山通道 | |
| | 石马岭破火山 | |
| | 竹园破火山 | |

庐枞火山盆地中生代火山活动构造演化特征如下：

庐枞火山沉积盆地处扬子陆块北缘的长江中下游断陷带内，郯庐断裂带的东侧。自晚侏罗世开始，在早、中侏罗世沉积盆地的基础上形成上叠继承式火山盆地，形成演化受中生代板块碰撞、陆内造山、挤压-剪切-拉张作用长期控制，具拉分盆地性质。后造山期岩浆聚集上隆，发生多次火山喷发活动（表 2-7）。从晚侏罗世至早白垩世，延续了近 30Ma，经历了龙门院、砖桥、双庙、浮山 4 个火山喷发旋回。

晚侏罗世末龙门院期，由于地幔上隆，早期北东向盆地进一步拉张，深部岩浆迅速积聚，致使岩浆压力不断升高，沿基底断裂喷出地表。火山喷发活动开始以爆发崩落相为主，剧烈的爆发喷出，使大量的粗面玄武质、粗安质火山碎屑岩喷落入水盆地中形成最初的沉火山碎屑岩堆积。继而岩浆转入喷溢活动，块状和角砾状熔岩流均以含角闪石为特征，总体成分相当于玄武粗安岩。局部火山通道附近还形成一些爆发角砾岩体和少量的潜火山岩体。早白垩世砖桥期，开始为火山间歇期，形成火山湖盆相沉积，其间有一些做弱的喷发活动，水盆地内水温不断升高，使炽热的火山碎屑物中硅、铁质分解，pH 值下降，硅、铁质结合。当喷发活动减弱或停止，沉积正常碎屑岩时，水温不断下降，过饱和的硅质被析出，发生硅化或次生石英岩化，硅铁质沉积形成铁矿层。经过一段时间的喷发间歇，火山活动再次进入高潮，以巨厚大面积的粗安质熔岩喷溢和火山碎屑岩的喷发作用频繁交替为特征。由于大量岩浆物质的抛出，使岩浆房压力亏损，产生塌陷破火山口。在塌陷破火口湖内，发育喷发沉积相和沉积相，并广泛地发生火山热液蚀变——次生石英岩化、明矾石化、黄铁矿化等。之后，在有些破火山口内还形成熔浆湖（如八卦岭—楼房院一带熔浆湖面积达 $120km^2$，堆积了数百米厚的多层辉石粗安岩）。与此同时，还发生同成分的潜火山岩体上侵及石英正长岩-二长岩体的浅成侵入活动。由于辉石粗安玢岩潜火山岩体的上侵，产生了大包庄、牛头山-凸龙山、洪家踏、井边等火山隆起构造，它们对后期的火山活动有相当大的控制作用。从火山岩性岩相构造图上可以看出，两期火山活动规模总体是逐渐向心缩小的，在平面上并未发生大规模的迁移，为上叠式火山盆地。

双庙期开始，在北东—北北东向构造域控制下，基底断裂复活，产生不均衡抬升和塌陷，岩浆压力下降，在火山盆地中部形成大型洼陷，产生河湖相、火山泥流相沉积，洼陷呈北北西向延长。此时，除在大包庄、洪家踏火山隆起周围及刘大享堂—白岭林场一带有少量火山喷发活动外，其他地区则表现为沉积

表 2-7 庐枞火山盆地（构造洼陷）综合地质事件表

| 时代 | 喷发期 | 阶段 | 构造岩浆事件 | 喷出事件 | 侵入事件 | 沉积事件 | 矿化事件 | 火山机构 | 岩浆演化动态示意曲线 |
|---|---|---|---|---|---|---|---|---|---|
| 早白垩世 | 浮山期 | IV | 岩浆压力再次升高，沿早期断裂构造形成一系列中心式或裂隙式喷发 | 以粗面质火山碎屑岩与熔结凝灰岩喷发为主，同有少量碱性、基性喷溢。强爆发指数 | 潜火山岩相粗面斑岩，正长斑岩及大量专属性脉岩侵入 | 在部分中心式火山喷发同隙，有少量沉积夹层，以粗面质沉凝灰岩为主 | 小规模火山热液型铁、铜、铀、钍矿化 | 火山口、破火山、裂隙式火山通道 | |
| | 双庙期 | III₂ | 岩浆活动以喷溢相为主，火山盆地向南西方向迁移 | 以间歇性粗面玄武安武岩和玄武岩喷溢为主，一般是在火山隆起的情况下堆积 | 潜火山岩相玄武岩、二长斑岩及脉岩侵入 | 频繁的喷溢间歇期有较广泛的沉积活动 | 火山热液型铜、金矿化 | 火山洼地、火山口、破火山、爆发角砾岩体 | |
| | | III₁ | 区域性岩浆压力收缩，盆地中部形成大型洼相，向北北西方向延展 | 在火山隆起周围及局部边缘有少量爆发活动，有喷溢活动 | | 在洼陷中形成河湖相沉积堆积，局部地区存在火山泥流相 | | 破火山 | |
| | 砖桥期 | II₃ | 岩浆压力回升，在火山洼地内形成熔岩湖，未期在局部地区形成岩侵起山隆构造 | 以间歇性辉石粗安玢岩堆积为主，同有少量粗安质火山碎屑岩 | 潜火山岩相辉石粗安玢岩、浅成相正长斑岩、二长岩及粗面长正长斑岩脉等侵入 | 喷溢同歇期有凝灰质粉砂岩沉积 | 火山热液型铁、铜矿化气成热液型硫、石膏矿化 | 岩侵型火山隆起构造、爆发角砾岩体 | |
| | | II₂ | 岩浆压力急剧下降。沿环状与区域性断裂构造发生塌陷，形成叠加破火山洼地 | 有少量的粗安质火山碎屑岩喷发堆积，局部有粗面岩喷溢 | 潜火山岩相粗安岩、粗面斑岩 | 在塌陷火山湖内形成大量沉凝灰岩、凝灰角砾岩 | 火山热液型明矾石矿化、气成热液型黄铁矿化等 | 破火山 | |
| | | II₁ | 初期岩浆压力减下降。在局部地段形成洼陷。峰期岩浆压力急剧上升，形成喷发高潮 | 粗安质火山碎屑岩与粗安岩交替喷发堆积 | 浅成相闪长玢岩、石英闪长玢岩亦侵入 | 早期在局部水盆地中有沉凝灰岩堆积。在喷发间歇期亦有沉积夹层 | 火山沉积铁矿 | 火山口、破火山 | |
| 晚侏罗世 | 龙门院期 | I | 在前陆盆地后造山构造冲断下，拉张竭陷盆地中发生区域性基集上隆作用，沿区域性底断裂发生喷发活动 | 由初期的爆发，逐渐转为后期的喷溢，成分从粗面玄武质向粗安质演化 | 潜火山岩相闪长玢岩侵入 | 火山喷发物在水盆地中形成沉火山碎屑岩 | 火山热液型铜、铝矿化 | 火山口、爆发角砾岩体 | 收缩—膨胀—沉积—溢—爆发 |

作用。在火山构造洼地中堆积了数百米厚的粗面玄武质至玄武粗安质熔岩流，喷溢较为宁静，无长距离流动，形成致密块状的熔岩流。从熔岩流展布范围来看，火山洼陷呈箕状向南西方向倾斜，向南西方向迁移，盆地范围不断扩大。至浮山喷发期，火山活动又出现了一个爆发高潮。在北东东向、北北西向、北北东向和南北方向上出现了一系列火山喷发中心，既有呈中心式喷发的，也有呈裂隙式喷发的，火山活动中心又重新向北东方向迁移。成分以粗面质为主，间有少量碱性与基性岩的喷溢。在破火山口中，爆发间隙有潜火山岩体与浅成侵入岩体的侵入活动。此后火山活动渐止，北北东向罗河-缺口断裂发生断陷，火山盆地稍有抬升，北西侧开始杨湾组沉积。

庐枞火山盆地发展演化是区域构造和岩浆活动共同作用的产物。从综合地质事件表（表2-7）的岩浆动态示意曲线可以看出：庐枞火山盆地岩浆压力变化可概括为"四升三降"，或岩浆体积的"四胀三缩"。胀膨表现为岩浆的强烈喷发喷溢或岩侵，多形成正向火山构造——火山隆起。收缩表现为岩浆活动减弱或平息，多形成负向火山构造——破火山塌陷。

庐枞火山活动有如下几个特点：

(1)火山活动具明显的阶段性和间断性。明显的间断发生在砖桥喷发期与双庙喷发期之间，将岩浆演化分为两个同向或反向的演变趋势。在双庙喷发期的早期形成的洼陷中，河湖相或火山泥流相的沉积物中，下伏火山产物及矿石几乎都成了它们碎屑物的组成部分，显然这是一个较大规模的沉积间断，同时砖桥旋回是主要铁、铜成矿旋回，而双庙以后旋回的成矿作用在规模上是无法与其类比的。由龙门院旋回至砖桥旋回，岩石化学成分由玄武粗安质向粗安质过渡，表现为酸、碱度的升高，而至双庙旋回，其 $SiO_2$ 降为最低值，由双庙至浮山旋回则又表现为酸、碱度的升高。以双庙旋回为界，斜长石牌号出现两个不连续的演化方向，其他一系列岩石化学指数也反映出这种间断。

(2)不同喷发时期的火山活动有不同的活动方式与类型。龙门院喷发期表现为爆发与喷溢，多出现正向火山构造；早白垩世砖桥喷发期基本上经历了破火山口发育的3个阶段，即破火山口前爆发喷溢阶段、破火山口沉陷沉积阶段和破火山口后再次喷溢阶段，因此火山构造以负向的破火山口为主；双庙期至浮山期，岩浆压力是由小到大，火山活动由以沉积→喷溢→爆发为主，火山构造前期以负向为主，后期以正向为主。庐枞火山盆地的火山活动方式可以概括为，向心收缩→向南西迁移→向北东回返。

(3)岩浆活动表现出同源性、异相性和整体性，火山活动构成喷出-侵入系列。随着岩浆压力的升降，岩相发生变化，一个完整的喷发旋回，一般开始是喷出相，潜火山岩相发生在大规模喷发活动末期，而浅成侵入相又较潜火山岩活动更晚一些。在空间上，侵入相一般都紧密伴生在同喷发期的喷发产物的背景上，少数浅成侵入体出露在更早喷发期，甚至基底岩层上。在成分上，它们具有相似的岩石化学指数，酸、碱度，钙碱指数，岩系指数，查氏特征指数和相同的自然共生组合区间，并且由火山岩—潜火山岩—侵入岩呈规律性的演变。

庐枞火山构造洼地的形成演化可以概括为以下几个阶段：中侏罗世末期火山构造洼地的基底形成阶段；晚侏罗世晚期，龙门院旋回出现的强烈喷发-喷溢活动，标志着火山洼地岩浆房已经形成。早白垩世，砖桥旋回火山活动具有较大的变化。早期火山爆发-喷溢；中期出现火山口塌陷-沉积，火山构造洼地轮廓基本形成，且火山活动出现间断和较大范围的沉积作用；晚期洼地出现隆起，潜火山作用较强。双庙旋回是洼地内第二次猛烈爆发-喷溢阶段，并有新的岩浆上侵，岩浆成分也略有改变。浮山旋回属庐枞火山构造洼地火山活动收缩及破火山口形成阶段，在初期出现喷发-喷溢之后，岩浆房陷落，形成区内现今保留较完整的火山口构造，如七家山、浮山等；火山活动晚期为潜火山岩、浅成侵入岩侵位形成，庐枞火山盆地整体隆起，火山作用也逐渐熄灭。

庐枞火山构造洼地火山岩的形成和演化与燕山期陆内造山环境完全对应，为后造山伸展环境火山岩浆弧。在 $R_1$-$R_2$ 构造环境判别图（图2-22）中，它们主要对应为造山晚期和非造山环境之中。从微量元素成岩环境鉴别图解（图2-22）也可得出相同的结论，龙门院旋回为挤压的同造山环境，其他均在板内环境。这与橄榄安粗岩系列形成于靠近克拉通一侧具有加厚陆壳的环境一致（邓晋福等，1996）。而浮山旋回碱性系列火山岩的出现，表明加厚的岩石圈根崩塌进入陆内伸展环境，这与区域大地构造演化特征完全一致。

### 3. 繁昌火山盆地

繁昌上叠式火山盆地分布在沿江江南繁昌—铜陵一带，受长江断裂带控制，形成于晚侏罗世—早白垩世。火山活动可划分为中分村、赤沙、蝌蚪山3个喷发旋回。岩石类型为玄武岩-安山岩-英安岩-流纹岩-粗面岩组合，火山岩具有介于高钾钙碱性系列和橄榄安粗岩系列的特点。据盆地火山地层剖面如下(图2-23)。

| 组 | 代号 | 岩性柱 | 厚度(m) | 岩石组合 | 岩相 | 火山类型 | 岩石类型 | 岩石系列 | 构造岩石组合 |
|---|---|---|---|---|---|---|---|---|---|
| 蝌蚪山组 | $K_1k^3$ 431.12m | ⊤ △ | 49.20 | 黑云母粗面岩与其角砾熔岩组成3个喷发韵律 | 喷溢-爆溢相 | 锥状火山破火山 | 粗面岩流纹岩 | 碱性岩系列←橄榄安粗岩系列 | 玄武岩、安山岩、流纹岩、粗面岩构造组合 |
| | | — ⊤ | 192.44 | | | | | | |
| | | ⊤ ⋮ △ | 16.75 | 粗面质凝灰角砾岩 | 爆发相 | | | | |
| | | ···⋮··· | 0.50 | 凝灰质粉砂岩 | 火山沉积相 | | | | |
| | | / U | 44.01 | 流纹质集块、角砾熔岩 | 爆溢相 | | | | |
| | | \ / \ | 92.29 | 肉红色流纹岩 | 喷溢相 | | | | |
| | | / ⋮ △ | 25.33 | 青灰色、灰白色、浅紫红色流纹质凝灰(角砾)岩 | 爆发相 | | | | |
| | | ···—··· | 3.60 | 暗红色(含砾)泥质粉砂岩 | 沉积相 | | | | |
| | $K_1k^2$ 210.91m | / △ \ | 46.52 | 流纹质角砾岩 | 爆发相 | 层状火山 | 流纹岩安山岩玄武岩 | | |
| | | V U △ | 47.63 | 安山质角砾熔岩与安山岩 | 喷溢-爆溢相 | | | | |
| | | V V | 28.27 | | | | | | |
| | | ┌ ┌ | 9.05 | 暗紫色蚀变玄武岩 | 喷溢相 | | | | |
| | | / ⋮ △ | 34.63 | 灰紫色流纹质沉角砾凝灰岩夹10.02m浅黄绿色流纹质凝灰角砾岩 | 爆发-沉积相 | | | | |
| | | ···—·· | 3.76 | 暗紫红色泥质粉砂岩 | 沉积相 | | | | |
| | | ┌ ┌ | 41.05 | 灰紫色蚀变玄武岩夹灰黄色流纹质含集块角砾凝灰岩 | 喷溢-爆发相 | | | | |
| | $K_1k^1$ 69.23m | / ⋮ △ | 6.40 | 黄白色流纹质凝灰角砾岩夹泥质质粉砂岩 | 喷溢-沉积相 | 破火山 | 流纹岩 | | |
| | | ···⋮··· | 59.81 | 暗紫色、灰绿色凝灰质粉砂岩(主)与泥质粉砂岩组成3个韵律 | 火山沉积相 | | | | |
| | | —···— | | | 沉积相 | | | | |
| | | \ ⋮ △ | 0.09 | 灰白色、浅灰绿色流纹质凝灰角砾岩 | 爆发相 | | | | |
| | | / d ⋮ △ | 2.93 | 浅灰白色流纹质沉凝灰角砾岩 | 爆发-沉积相 | | | | |
| | | ···—··· | | 暗紫色、紫褐色泥质粉砂岩 | 沉积相 | | | | |
| 赤沙组 | $K_1c$ 355.59m | ⊤ ⋮ ○ △ | 78.24 | 粗面质凝灰集块、角砾岩 | 爆发相 | 破火山锥状火山 | 粗面岩流纹岩 | 碱性岩系列 | 流纹岩、粗面岩构造组合 |
| | | ⊤ U ○ △ | 41.25 | 粗面质集块角砾熔岩 | 爆溢相 | | | | |
| | | — N ⊤ | 6.98 | 黑云母斜长粗面岩 | 喷溢相 | | | | |
| | | / U △ ○ | 78.95 | 流纹质角砾、集块熔岩夹粗面质角砾熔岩(15.88m) | 爆溢相 | | | | |
| | | — N ⊤ | 9.76 | 黑云母斜长粗面岩 | 喷溢相 | | | | |
| | | ⊤ U △ | 23.34 | 粗面质角砾熔岩 | 爆溢相 | | | | |
| | | ⊤ ⋮ △ | 50.79 | 黑云母斜长粗面岩与粗面质凝灰角砾岩组成2个喷发韵律 | 喷溢-爆溢相 | | | | |
| | | — N ⊤ | 66.28 | | | | | | |
| 中分村组 | $J_3K_1z^2$ 374.89m | / \ | 59.27 | 流纹岩 | 喷溢相 | 穹状火山破火山 | 流纹岩英安岩安山岩 | 橄榄安粗岩系列 | 安山岩、英安岩、流纹岩构造组合 |
| | | \ ⋮ △ | 15.54 | 流纹质凝灰角砾岩 | 爆发相 | | | | |
| | | / \ | 38.13 | 流纹岩 | 喷溢相 | | | | |
| | | \ △ / | 34.35 | 流纹质火山角砾岩 | 爆发相 | | | | |
| | | / \ | 172.60 | 流纹岩 | 喷溢相 | | | | |
| | | \/ V | 20 | 英安岩、英安质凝灰岩 | 喷发-喷溢相 | | | | |
| | | V V | 35 | 安山岩、安山质凝灰岩 | | | | | |
| | $J_3K_1z^1$ 23.58m | ···⋮··· | 23.58 | (含砾)沉凝灰岩与凝灰质粉砂岩组成韵律层夹流纹质角砾凝灰岩 | 爆发-沉积相 | 破火山 | 流纹岩 | | |
| | | d ⋮ d | | | | | | | |
| | | / ⋮ △ | | | | | | | |
| | | ···⋮··· | | | | | | | |
| | | d ⋮ d | | | | | | | |

图2-23　繁昌火山盆地构造岩石组合解析图

中分村旋回主要分布在火山构造洼地的边缘，火山活动为爆发与喷溢交替进行，以喷溢相熔岩为主，岩石为安山岩-英安岩-流纹岩-粗面岩构造组合，组成一个较完整的演化序列，属高钾钙碱性岩系，代表了加厚岩石圈和强烈的壳、幔相互作用。火山作用为喷溢与爆发交替组成喷发韵律，喷发频率较高,强度较大,火山活动方式由裂隙式向中心式演变。早期为间歇周期性喷发,以爆发相为主;中期火山活动较为稳定,以喷溢相为主;晚期火山活动时间短,爆发强度大,以爆发相为主。

赤沙旋回主要分布在繁昌县至山一带,由爆发相-喷溢相组成。岩石为流纹岩-粗面岩构造组合,主要为钙碱性系列流纹质火山熔岩及碎屑岩组合,上部出现少量碱性系列粗面岩,反映其间出现较长的火山活动间断。整个旋回以喷溢相占绝对优势,火山喷发强度从早到晚呈现强—弱—强变化,火山活动方式为中心式。

蝌蚪山旋回主要分布于繁昌县黄浒—至山一带,岩石为玄武岩-安山岩-流纹岩-粗面岩构造组合,略显具双峰式特点,为橄榄安粗岩系列—碱性岩系列。早期为火山碎屑沉积岩,厚度大于70.92m,表明赤沙旋回之后,火山活动经历了相当长一段间断期。中期为间歇性喷溢-爆发,形成玄武岩、安山岩及安山质凝灰角砾岩等,夹沉凝灰质粉砂岩等,以喷溢相为主;晚期以爆发相为主,形成一套流纹质-粗面质火山碎屑岩及熔岩组合,夹少量凝灰质粉砂岩。从早到晚,火山喷发频率由低渐高,喷发强度呈现弱—强—弱—强的变化规律,火山活动方式以中心式为主,有由凹陷盆地内向边缘迁移的趋势。

繁昌火山盆地火山岩岩石化学成分按照国际地科联推荐的 $SiO_2-Na_2O+K_2O$ 含量(TAS图解)分类方案(1986)(图2-24),蝌蚪山组岩性变化较大,主体为玄武岩、粗面玄武岩、玄武粗安岩、粗安岩、粗面岩和流纹岩组合。赤沙组主要为粗面岩组合,中分村组主要为流纹岩组合。据繁昌盆地岩石地球化学综合判别图解(图2-24),火山岩总体富钾,$Na_2O+K_2O$ 含量普遍较高,5.65%~12.15%,大多在8%~10%之间,在硅-碱图中分属钙碱性系列和碱性系列,但较庐枞地区碱性偏低。多数 $K_2O>Na_2O$,钙碱性指数 $CA=52.8$,$51<CA<56$,属碱钙性系列;里特曼指数 $\sigma=1.8\sim5.1$,绝大多数在2.50~4.50之间,属钙碱性系列—碱钙性系列;在 $K_2O-SiO_2$ 图上,少数样品为中钾钙碱性系列,绝大多数为高钾钙碱性系列,部分为橄榄安粗岩系列。

由此可见,繁昌盆地火山岩主要为高钾钙碱性系列和部分橄榄安粗岩系列。火山岩总体有由钙碱质向碱质演化的趋势,岩浆压力由强—弱—强—弱,具有收缩—膨胀、沉积—喷溢—爆发的动态岩浆演化规律。

繁昌火山盆地各旋回火山岩稀土元素总量变化于 $(154.09\sim359.97)\times10^{-6}$ 之间,随着岩浆演化,轻稀土元素富集程度逐渐变小,重稀土元素富集程度逐渐增高。$\delta Eu$ 值由 $1.02\to0.95\to0.92\to0.83\to0.73\to0.67\to0.40$ 递减,表明有斜长石的分异作用。在球粒陨石标准化曲线图上,平均稀土配分曲线(图2-24)呈右倾海鸥型。HREE较为平坦,反映源区残留相矿物主要为角闪石。微量元素具有富集不相容元素低Cr、Ni、Mg含量的特征,与高钾钙碱性-钾玄岩系列岩石一致。从中分村→赤沙→蝌蚪山旋回不相容元素逐渐增高的趋势,反映岩浆来源逐渐加深或部分熔融程度逐渐增高。从区内碱性玄武岩的固结指数SI值19.29(<40)、分异指数 $M$ 值为41.55(<68)来看,原始岩浆经过明显的镁铁质矿物早期分离,或同化混染过程。区内碱性玄武岩原始岩浆高钾富碱特征,是地幔部分熔融的产物。在原始地幔标准化蛛网图上,各旋回火山岩的高场强元素Ta、Nb、P、Ti都有不同程度的亏损(图2-24),表现出陆壳物质大量参与的特征。

繁昌火山盆地火山构造以中心式为主,包括中心式火山口、破火山、火山隆起,次为裂隙式火山通道构造。主要岩相包括喷溢相和爆发相。早期火山构造保留较少,其中以赤沙旋回、蝌蚪山旋回火山构造保存较完整。代表性火山机体有中分村旋回张家冲、鸟窝陈、黄连山火山口,赤沙旋回红草湖、陈家垄、丫山火山口、九榔破火山和蝌蚪山旋回狮子山、猴子洞、湖洋冲、磨山火山口及蝌蚪山破火山、马人山裂隙式火山通道等。

在燕山中、晚期陆内造山作用下,下扬子地区成为陆内挤压收缩带,繁昌盆地与铜陵隆起结合部位的东西向基底断裂及同造山作用的北东向断裂成为岩石圈再活化过程中的岩浆活动中心。繁昌火山构造洼地构造演化3个火山旋回的火山岩系列、构造组合、成岩物源和构造背景不同:中分村旋回代表了区域岩浆活动的初期,火山活动主要受断裂构造控制,火山岩呈面形分布在繁昌火山盆地之中,并以爆发相酸性岩石居多,火山活动规模逐渐缩小,并有向心收缩的特点。高钾钙碱性岩石组合代表了加厚岩

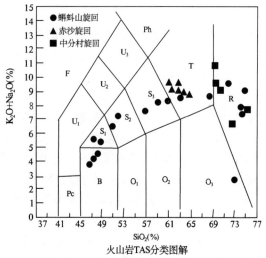

火山岩TAS分类图解

Pc.苦橄质玄武岩；B.玄武岩；O₁.玄武质安山岩；O₂.安山岩；O₃.英安岩；S₁.粗面玄武岩；S₂.玄武质粗面安山岩；S₃.粗面安山岩；T.粗面岩(粗面英安岩)；R.流纹岩；U₁.碱玄岩、碧玄岩；U₂.响岩质碱玄岩；U₃.碱玄响岩；Ph.响岩

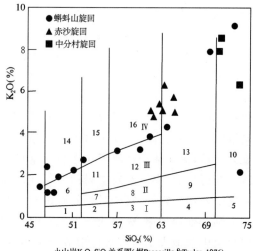

火山岩K₂O-SiO₂关系图(据Peccerillo&Taylor,1976)

I.岛弧拉斑玄武岩系列；II.钙碱性系列；III.高钾钙碱性系列；IV.橄榄安粗岩系列

1.低钾玄武岩；2.低钾玄武安山岩；3.低钾安山岩；4.低钾英安岩；5.低钾流纹岩；6.玄武岩；7.玄武安山岩；8.安山岩；9.英安岩；10.流纹岩；11.高钾玄武安山岩；12.高钾安山岩；13.高钾英安岩；14.橄榄玄粗岩；15.橄榄安粗岩；16.橄云安粗岩

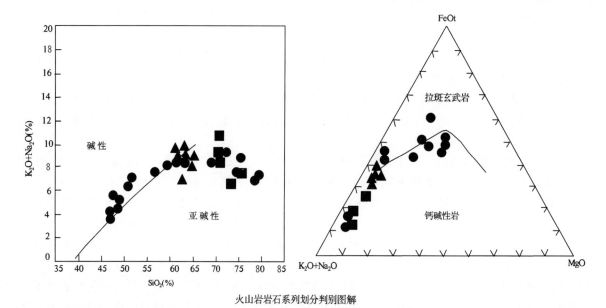

火山岩岩石系列划分判别图解

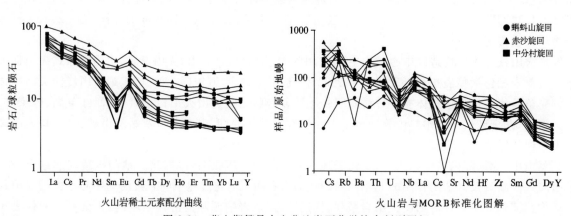

火山岩稀土元素配分曲线　　　　　　火山岩与MORB标准化图解

图 2-24　燕山期繁昌火山盆地岩石化学综合判别图解

石圈和强烈壳幔相互作用的存在。赤沙旋回初期，火山活动出现间歇性，局部地区出现规模较小的爆发活动和火山湖盆沉积。随后以碱性系列(橄榄安粗岩系列)粗面质岩石组合为特点，岩浆活动进入高潮，并以喷溢相伴有少量爆发相火山岩为主，在火山洼陷内堆积的熔岩厚度达数百米。旋回末期，潜火山岩相的侵入岩侵位，形成九榔火山隆起构造，对后来的火山作用有较大的控制作用。此后再次进入火山活动宁静期，在其南部和东南部因岩浆房垮塌形成一些破火山口构造，接受河湖相沉积。至蝌蚪山旋回再次进入火山活动的高潮，在北东向、北西向和近南北向出现一系列独立的火山喷发中心，出现玄武岩和流纹岩组合，其中安山质成分较少，具有双峰式的特点。

繁昌火山岩浆活动与相邻的铜陵地区侵入岩及宁芜火山构造洼地既存在联系又有差异：一是火山活动具有"反序"特点；二是中分村旋回与高钾钙碱性系列岩石特点相同，岩石中碱质偏高；赤沙旋回具有橄榄安粗岩系列岩石特点，岩石富碱；三是蝌蚪山旋回为一套玄武岩-流纹岩组合，其早期为碱性玄武岩，晚期出现的流纹岩在 $SiO_2$ 含量增加时，$K_2O+Na_2O$ 含量降低，其中中性岩相对较少($SiO_2$ 缺少 63%～72%之间部分)，独具双峰式火山岩的特征。总之，中分村旋回为高钾钙碱性系列岩石组合，与铜陵地区浅成侵入岩对应，形成于岩石圈挤压加厚的构造环境；赤沙旋回为橄榄安粗岩系列岩石，与庐枞盆地火山岩对应，是挤压岩石圈加厚、玄武质岩浆底侵的产物；蝌蚪山旋回具双峰式特点，形成于典型的造山后陆内伸展拉张环境，与区域构造演化阶段相吻合。

**4. 宁芜火山盆地**

宁芜火山盆地分布在沿江江南芜湖—马鞍山一带，受北东向长江断裂带控制，形成于晚侏罗世—早白垩世。基底为中—晚三叠世海陆交互相和早、中侏罗世陆相碎屑岩系，火山岩系厚可达 3600～4100m，属继承式陆相火山盆地。火山活动可划分为龙王山、大王山、姑山、娘娘山 4 个旋回。由盆地火山地层剖面和钻孔分析(图 2-25)可知，龙王山旋回为玄武质粗安岩-安山岩-粗面岩构造组合，大王山旋回为安山岩-安粗岩-粗面岩构造组合，姑山旋回为安山岩-英安岩构造组合，娘娘山旋回为碱性粗面岩、响岩构造组合。龙王山旋回早期以爆发作用为主，晚期为爆发与喷溢交替；大王山旋回以发育喷溢相熔岩为特征，初期较为宁静，以沉积作用为主，表明火山活动在龙王山旋回之后曾经历过一个间歇期，其后则以喷溢作用为主，多数韵律由喷溢相-火山沉积相组成；姑山旋回早期以沉积作用为主，晚期发生火山活动，多为爆发、喷溢作用；娘娘山旋回初期从爆发作用开始，之后爆发与喷溢交替，整个旋回以发育爆发相火山碎屑岩，并出现碱性粗面岩、响岩为特征。

宁芜盆地下部龙王山-大王山旋回火山岩 $SiO_2$ 含量在 49.68%～60.54%之间，平均 56.53%；碱量($Na_2O+K_2O$)较高，为 5.18%～11.66%，平均 8.75%；$K_2O/Na_2O$ 比值在 0.13～1.65 之间，平均 0.92，$Na_2O$ 含量相对较高。在 TAS 图解(图 2-26)中，龙王山旋回、大王山旋回主要落在 $S_3$ 区，为安粗岩。里特曼指数 2.2～10.4，平均 5.85；A/CNK 平均值 0.91，为偏铝质；在 $SiO_2$-ALK 图解和 $SiO_2$-$K_2O$ 图解(图 2-26)上，绝大部分落在碱性岩区，大多数属钾玄岩系列，少数为高钾钙碱性岩系列。上部姑山-娘娘山旋回火山岩 $SiO_2$ 含量在 45.46%～64.85%之间，平均 57.86.53%；碱量($Na_2O+K_2O$)较高，为 3.06%～14.25%，平均 10.9%；$K_2O/Na_2O$ 比值在 0.15～14.57 之间，平均 2.33，表现出明显的富钾特点。在 TAS 图解(图 2-26)中，娘娘山旋回落在 T 区和 Ph 区的结合部位，为粗面岩和响岩，姑山旋回主要分布于 $S_2$、$S_3$ 和 $O_2$ 结合部位，主要为粗安岩、安粗岩、安山岩。里特曼指数 0.47～22.8，平均 8.79；A/CNK 平均值 1.01，为偏铝质-过铝质；在 $SiO_2$-ALK 图解上多数落在碱性岩区；在 $SiO_2$-$K_2O$ 图解上，绝大多数落在钾玄岩区，并且比盆地内燕山早期火山岩的位置更高。由于宁芜盆地中 $Na_2O$ 普遍小于 $K_2O$，且 $SiO_2$ 含量多在 53%～63%之间，按照 IUGS 火成岩分类委员会命名规定，火山岩大部分为橄榄安粗岩系列(钾玄岩系列)，少数为高钾钙碱性系列。岩石化学特点表现为富钾富碱的橄榄安粗岩(钾玄岩)系列特点。

宁芜盆地火山岩稀土元素丰度变化范围在(75.87～313.99)×$10^{-6}$ 之间，平均 157.89×$10^{-6}$；上部娘娘山组丰度在(131.17～538.94)×$10^{-6}$ 之间，平均 315.46×$10^{-6}$，和下部火山岩系相比总量有所提高；LREE/HREE 比值为 2.37～36.61，平均 10.45，轻重稀土分馏明显；δEu 变化范围较大，在 0.59～

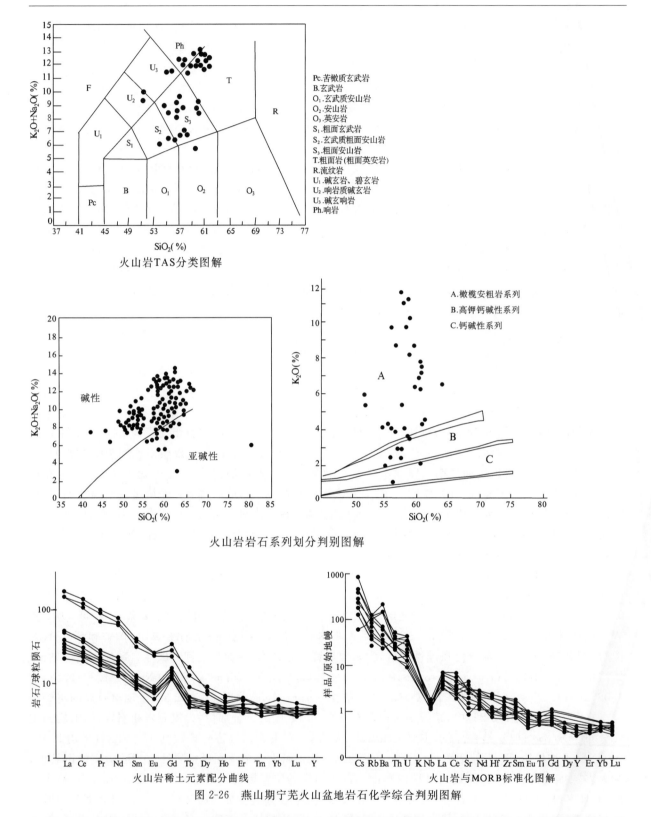

图 2-26 燕山期宁芜火山盆地岩石化学综合判别图解

1.72 之间,平均 0.82。稀土元素的标准化曲线均为向右倾斜的轻稀土富集型(图 2-26),轻稀土部分的斜率大于重稀土部分,轻微负铕异常。微量元素图谱(图 2-26)显示大离子亲石元素(LIL)Rb、Sr、Ba、Cs 一般富集,或者和上地壳相差不大,Rb、Cs 略有亏损,Sr、Ba 稍有富集,仍然以 Ba 相对最为富集。龙王山旋回和大王山旋回不同的是前者显著富 Rb、Ba、K,贫 La、Ce、Nd、Eu、Sr,后者则有明显的 Sr 正异常。高场强元素(HFS)均强烈亏损,而以 Ta(0.23)和 Nb(0.27)尤其显著。与其他 3 个火山岩旋回比较,娘

| 组 | 代号 | 岩性柱 | 厚度(m) | 岩石组合 | 岩相 | 火山类型 | 岩石类型 | 岩石系列 | 构造岩石组合 |
|---|---|---|---|---|---|---|---|---|---|
| 娘娘山组 | K₁l² >185.58m | | 170.00 | 深灰色黝方石响岩，底部为粉红色、棕红色响岩质凝灰熔岩 | 爆溢-喷溢相 | 链状火山 | 响岩粗面岩 | 碱性岩系列←橄榄安粗岩系列 | 响岩、粗面岩构造组合 |
| | | | 97.67 | 深灰带肉红色熔结凝灰岩 | 喷溢-灰流相 | | | | |
| | | | 238.82 | 深灰色粗面质熔结角砾凝灰岩 | | | | | |
| | | | 124.55 | 浅灰带肉红色碱性粗面岩 | 喷溢相 | | | | |
| | | | 33.45 | 灰黄色熔结角砾岩（粗安岩、粗面岩） | 爆溢相 | | | | |
| | | | 100.05 | 灰黄色熔结角砾岩（并见） | | | | | |
| | K₁l¹ 69.34m | | 32.14 | 灰黄色、灰白色集块岩 | 爆发相 | 破火山 | 响岩粗面岩粗安岩 | | |
| | | | 6.83 | 紫灰色角砾凝灰岩 | | | | | |
| | | | 2.56 | 灰紫色沉凝灰岩 | 爆发-沉积相 | | | | |
| | | | 4.27 | 紫灰色角砾凝灰岩 | | | | | |
| | | | 17.95 | 灰色、灰紫色集块角砾岩 | 爆发相 | | | | |
| | | | 5.59 | 灰白色、灰赭色角砾凝灰岩 | | | | | |
| 姑山组 | K₁g² >145.33m | | 54.97 | 暗灰色、灰色、浅灰绿泥石化、绢云母化、硅化块状英安岩 | 喷溢相 | 破火山 | 英安岩石英安山岩 | | 安山岩、英安岩构造组合 |
| | | | 23.48 | 灰色块状云辉石英安山岩 | | | | | |
| | | | >66.88 | 黄绿色、浅褐色、浅灰色绿泥石化、硅化、褐铁矿化、磁铁矿化云闪石英安山岩 | | | | | |
| | K₁g¹ >150.49m（钻孔） | | >2.31 | 砖红色凝灰质粉砂岩 | 火山沉积相 | | | 橄榄安粗岩系列 | |
| | | | 7.09 | 紫褐色、紫红色安山质凝灰角砾岩 | 爆发相 | | | | |
| | | | 15.14 | 紫褐色、紫红色安山质凝灰角砾岩 | | | 安山岩 | | |
| | | | 50.73 | 紫褐色、灰绿色安山质凝灰岩 | | | | | |
| | | | 11.80 | 灰褐色凝灰质粉砂岩，微层理发育 | 爆发-沉积相 | | | | |
| | | | 12.70 | 暗褐色、紫红色沉角砾凝灰岩 | | | | | |
| | | | 33.35 | 紫色、灰紫色砂岩与凝灰质粉砂岩互层 | 火山沉积相 | | | | |
| | | | 17.37 | 紫红色泥质粉砂岩 | 沉积相 | | | | |
| 大王山组 | K₁d 2040.90m | | 99.85 | 灰黄色、紫灰色玻基粗面岩夹18.07m紫灰色粗面质角砾凝灰熔岩 | 喷溢-爆溢相 | 穹状火山 | 粗面岩 | 碱性岩系列←橄榄安粗岩系列 | 安山岩、粗安岩、粗面岩构造组合 |
| | | | 18.07 | | | | | | |
| | | | 24.65 | | | | | | |
| | | | 17.57 | 灰褐色斜长粗面岩，斑晶粗大而密集 | 喷发-沉积相 | 破火山 | | | |
| | | | 24.87 | 灰色、灰紫色蚀变粗安岩 | | | | | |
| | | | 57.51 | 灰紫色（含砾）沉凝灰岩（具沉积韵律） | | | | | |
| | | | 19.31 | 灰紫色、灰黑色沉凝灰角砾岩，凝灰粉砂岩 | | | | | |
| | | | 123.87 | 紫红色、灰紫色斜长粗面岩 | | | | | |
| | | | 140.69 | 灰紫色、深灰色粗安岩 | 喷溢相 | 穹状火山 | 粗安岩 | | |
| | | | 2.84 | 灰紫色、深灰色沉凝灰岩，凝灰质粉砂岩 | | | | | |
| | | | 167.91 | 灰紫色、青灰色、灰黄色蚀变粗安岩 | | | | | |
| | | | 15.97 | 灰紫色沉凝灰岩夹一层灰紫色凝灰岩 | | | | | |
| | | | 105.65 | 灰紫色粗安岩 | | | | | |
| | | | 329.02 | 灰黑色、青灰色、灰黄色石英粗安岩 | | | | | |
| | | | 11.55 | 灰褐色沉凝灰岩夹灰黄色凝灰质粉砂岩 | 爆发-沉积相 | 破火山 | | | |
| | | | 71.28 | 深灰色、灰紫色石英粗安岩 | | | | | |
| | | | 36.01 | 灰紫色、浅黄色沉凝灰（角砾）岩，底部1.8m凝灰质粉砂岩 | | | | | |
| | | | 1.85 | 灰黄色蚀变粗安岩 | | | | | |
| | | | 21.43 | 深灰色凝灰质砾岩与深灰色凝灰质粉砂岩 | | | 安山岩 | 橄榄安粗岩系列 | |
| | | | 16.40 | 灰色粗安质凝灰角砾熔岩 | 喷溢相 | 穹状火山 | | | |
| | | | 3.15 | 深绿色凝灰质粉砂岩（中厚层） | | | | | |
| | | | 2.01 | 黄绿色粗安质角砾凝灰熔岩 | | | | | |
| | | | 23.38 | 灰色凝灰质粉砂岩夹灰绿色沉凝灰岩 | | | | | |
| | | | 253.96 | 灰紫色、灰黄色、浅灰色蚀变粗安岩 | | | | | |
| | | | 129.37 | 浅灰色蚀变安山岩与钠质安山岩互层 | 喷溢相 | 破火山 | | | |
| | | | 27.94 | 浅灰色电气石化安山岩 | | | | | |
| | | | 235.99 | 灰紫色、灰黄色、浅灰色安山岩 | | | | | |
| 龙王山组 | J₃K₁l >593.05m | | 84.30 | 灰黄色、灰紫色、灰色含砾粗面岩 | 爆发-喷溢相 | 穹状火山 | 粗面岩安山岩 | 碱性岩系列←橄榄安粗岩系列 | 安山岩、粗安岩、粗面岩构造组合 |
| | | | 15.40 | 杂色含砾凝灰岩、凝灰质粉砂岩 | | | | | |
| | | | 0.85 | 紫灰色含砾安山岩 | 喷溢相 | | | | |
| | | | 2.41 | 暗紫色凝灰质粉砂岩 | | | | | |
| | | | 5.31 | 灰紫色角闪粗面岩 | | | | | |
| | | | 8.09 | 杂色沉凝灰砾岩，粒径0.7～3cm | | | | | |
| | | | 83.27 | 紫灰色、灰黄色角闪安山岩，安山岩 | | 破火山 | | | |
| | | | 29.29 | 紫灰色、暗紫色凝灰角砾岩 | 喷发-沉积相 | | | | |
| | | | 0.80 | 紫红色凝灰质粉砂岩 | | | | | |
| | | | 30.21 | 紫灰色角闪粗面岩 | | | | | |
| | | | 7.54 | 紫红色沉凝灰岩、凝灰质粉砂岩 | | | | | |
| | | | 14.31 | 灰紫色含集块凝灰质砂岩 | | | | | |
| | | | 41.30 | 灰紫色含角闪粗面岩 | | | | | |
| | | | 41.42 | 紫色安山岩、含角集块凝灰熔岩 | 爆发-喷溢相 | 穹状火山 | 粗安岩 | | |
| | | | 23.94 | 紫灰色含集块安山质凝灰角砾岩 | | | | | |
| | | | 30.46 | 浅紫灰色角闪粗安岩 | 喷溢相 | | | | |
| | | | 144.80 | 沉凝灰集块角砾岩、凝灰质砂岩互层 | 爆发-沉积相 | 破火山 | | | |
| | | | 23.25 | 灰紫色凝灰岩与沉凝灰岩互层 | | | | | |
| | | | 1.48 | 暗紫色粉砂质泥岩夹中细粒砂岩 | 沉积相 | | | | |

图 2-25 宁芜火山盆地构造岩石组合解析图

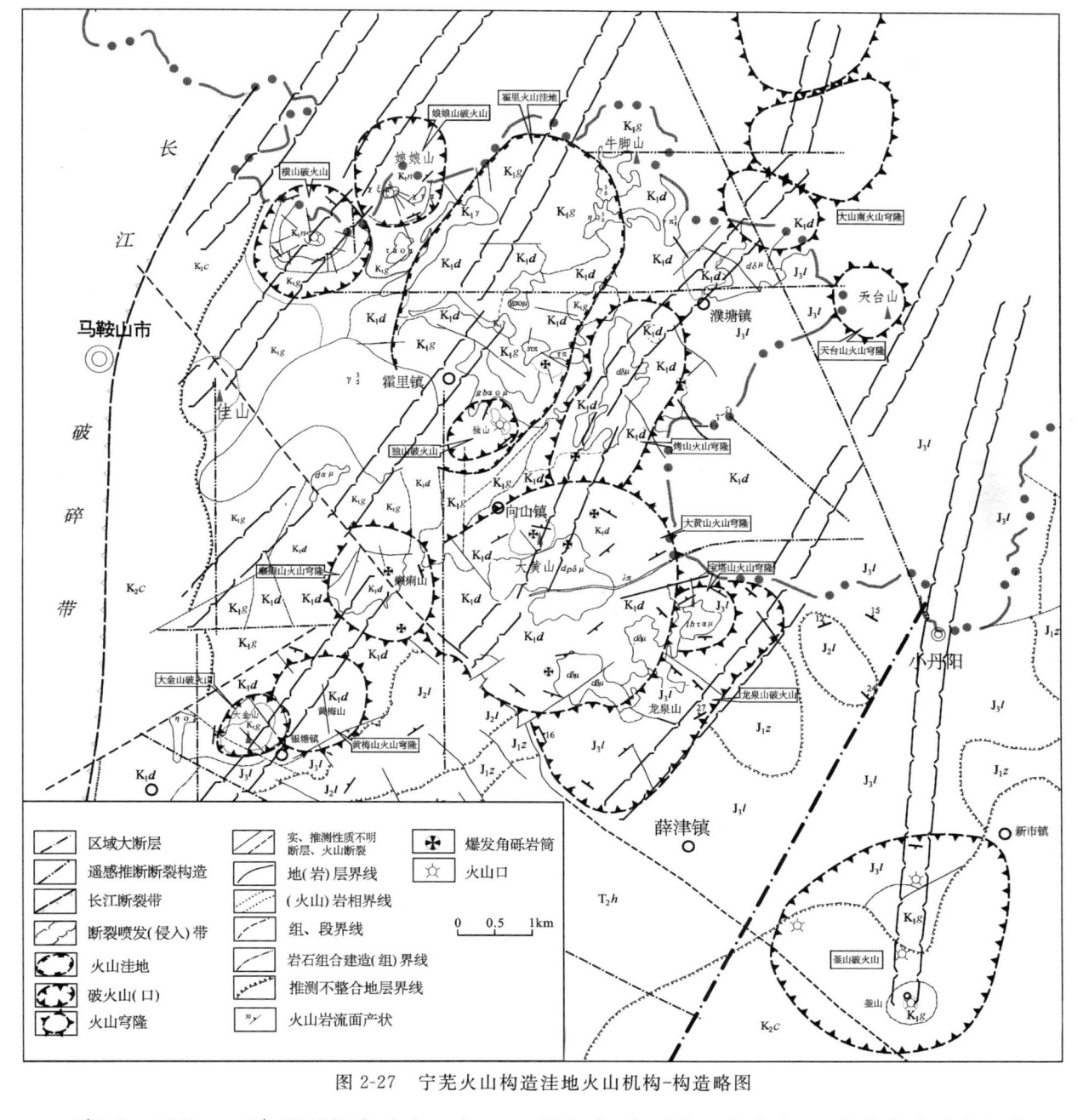

图 2-27　宁芜火山构造洼地火山机构-构造略图

1.61%之间，平均 0.5%，属低钾玄武岩。在 TAS 图解中，主要落入玄武岩区，次为玄武质安山岩区。在硅-碱图解（图 2-28）中，样品主要在亚碱性岩区，对亚碱性岩进一步利用 AFM 图解（Irvine 及 Middlemost 等划分方案），样品分布在拉斑玄武岩区和钙碱性岩区（多处于二者界线附近），其主体应相当于拉斑玄武岩系列。

铺岭旋回火山岩岩石稀土总量较低，$\sum$REE 变化于（29.06～55.57）×$10^{-6}$ 之间，LREE/HREE = 2.22～4，属轻稀土富集型，稀土元素配分模式图（图 2-28）中也显示为右倾型，$\delta$Eu 变化较大，并有具正、负异常两种类型，这与主量元素地球化学显示出火山岩可能属两种系列的认识一致，反映铺岭组火山岩的岩石类型并不单一，玄武岩并非均一的地幔源区，或岩浆演化过程中有陆壳物质的混染。微量元素分析表明，不相容元素 Ba、Th 富集，Rb、Nb 亏损，在过渡族及相容元素中变化较稳定。利用岩石微量元素进行标准化图解（图 2-28），在岩石/MORB 图解中，反映明显地富集不相容元素，过渡族元素和相容元素与 MORB 的标准化值基本一致。而岩石/OIB 的标准化图解中，显示不相容元素和相容元素均出现娘山旋回火山岩微量元素分布特征除具有富集大离子亲石元素、亏损高场强元素的总趋势外，最为显著特征是强烈的 La 正异常和明显的 P、Sr 负异常，其高场强元素的分布特征与庐枞火山盆地的极为相似。除龙王山旋回 Rb/Ba 值低于原始地幔值外，其他旋回均高于原始地幔的 Rb/Ba 值，显示了由早到晚 4 个旋回火山岩的岩浆结晶分异作用有增强的趋势。但总体上与庐枞盆地相比，结晶分异作用略弱。

在燕山中、晚期陆内造山作用下，下扬子地区火山活动受长江断裂带和区域性断裂构造控制，宁芜火山盆地主要受北北东向、北东向、北西向等主干断裂构造控制，形成一定规模的火山活动喷发（侵入）带或喷发中心，或受环形断裂控制，形成火山沉陷、火山洼地，是在三叠纪—早、中侏罗世坳陷基础上断陷而形成的继承式火山盆地，呈长椭圆状沿北北东向展布。主干断裂不仅控制火山岩盆地的构造型式和构造格局，也是岩浆喷发的主要通道和决定火山活动空间分布的基本因素。断裂喷发带主要有 4 条，即方山-小丹阳北北东向断裂喷发带、吉山-朱门北北东向断裂喷发带、板桥-凤凰山北西向断裂喷发带、铜井-芜湖北北东向断裂喷发带。火山喷发活动总体由东向西，由盆地四周向中心迁移活动，早期以裂隙式喷发为主，晚期以中心式喷发为主。火山构造以中心式为主，包括火山洼地破火山、古火山口、火山穹隆及裂隙式火山通道、爆发角砾岩筒等火山构造（图 2-27）。代表性火山机体有霍里火山洼地、娘娘山、横山、独山、大金山、釜山、龙泉山破火山和大黄山、癫痫山、天台山、大山南、烤山、宝塔山、大金山、黄梅山火山穹隆等。

最近周涛发等（2011）通过锆石 LA-ICP-MS 同位素定年，得到各组火山岩形成的时间分别为：龙王山组 134.8±1.3Ma、大王山组 132.2±1.6Ma、姑山组 129.5±0.8Ma 和娘娘山组 126.6±1.1Ma，闫峻等（2009）用同样方法测得娘娘山组 130.6±1.1Ma。张旗等（2003）用锆石 SHRIMP 方法测得大王山组火山岩为 127±3Ma，龙王山组火山岩年龄为 131±4Ma。因此宁芜盆地内火山岩活动主要发生于早白垩世，构造环境为典型的造山后陆内伸展拉张环境。

## 五、皖南火山岩浆岩亚带

皖南岩浆岩亚带北边以高坦-周王-南漪湖追踪断裂与下扬子岩浆岩亚带相接，南边大致沿五城—屯溪—三阳坑—昱岭关一线为界，为郎公山隆起组成部分。带内岩浆活动强烈，火山活动主要发生在晋宁中、晚期铺岭旋回和燕山中期石岭喷发旋回、广德喷发旋回及喜马拉雅期零星分布于广德盆地内的超基性-中基性火山岩组合。具典型构造区划意义的伏川蛇绿混杂岩带在其南缘发育。

### 1. 晋宁期铺岭旋回

该亚带晋宁（晚）期火山-侵入活动是超大陆裂解期重要的表现。晋宁中、晚期铺岭旋回火山岩主要分布在郎公山隆起北缘，岩石组合为玄武岩、玄武安山岩、玄武质凝灰岩、玄武安山质凝灰岩组合，玄武岩、玄武安山岩主体应相当于拉斑玄武岩系列。岩石具致密块状和杏仁状构造，斑状结构发育，普遍遭碳酸盐化、绿帘石化、绿泥石化和青磐岩化蚀变。该套火山岩组合经历了低绿片岩相变质作用，但原生构造保留较清晰。全岩 Sm-Nd 等时线年龄为 1032Ma（谢窦克，1996），最近铺岭组已陆续获得的一些高精度同位素年龄资料集中于 830～820Ma（王剑，2000），可见火山活动大致在青白口纪末期。扬子陆块的基底固结后进入新元古代青白口纪末期，Radinia 超大陆开始裂解，铺岭组大陆溢流玄武岩和歙县基性岩墙群的出现，是扬子陆块晋宁期大陆碰撞敛合之后，大陆裂解阶段的标志。因此，铺岭旋回火山岩总体形成于大陆裂谷环境，构造环境相当于后碰撞陆缘火山岩浆弧。

铺岭旋回火山岩至少可划分 3 个亚旋回，在黄山汤口一带每个亚旋回自下而上反映为由爆发相—溢流相—宁静相组成，底部多为角砾熔岩，中部为熔岩，上部为玄武质或玄武安山质凝灰岩。各亚旋回韵律结构发育，下部多为粗晶玄武岩，上部为杏仁状玄武岩或凝灰岩，在第二、第三亚旋回中见紫色层，反映该套火山岩形成于陆相的氧化环境。

铺岭旋回玄武岩、玄武安山岩 $SiO_2$ 含量在 48.51%～55.23% 之间，平均 51.0%；$K_2O$ 在 0.02%～

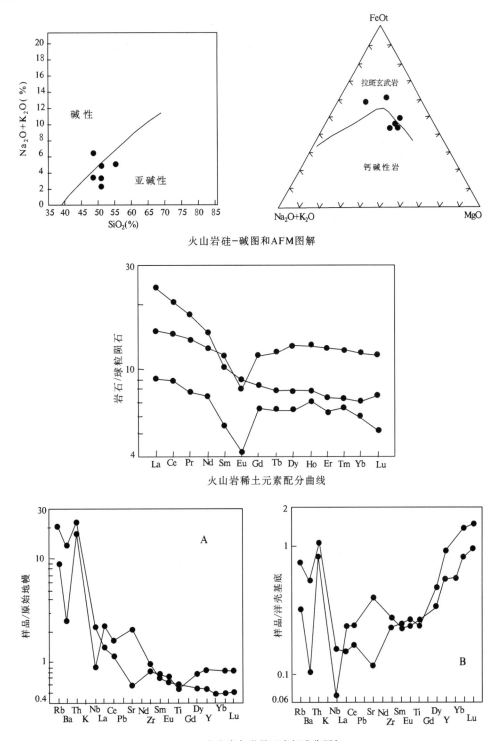

火山岩硅-碱图和AFM图解

火山岩稀土元素配分曲线

火山岩与微量元素标准化图解

图 2-28　青白口纪铺岭旋回火山岩岩石化学综合判别图解

富集的特点。这两种结果反映玄武岩源自亏损地幔(MORB)，成岩过程中经历了分异作用或有陆壳物质的混染作用，这与稀土元素反映的结果相同。

**2. 燕山期石岭旋回、广德旋回**

燕山期火山岩分布于宣城、芜湖、广德、郎溪及屯溪一带，可划分为石岭、中分村、广德3个喷发旋回。屯溪盆地石岭喷发旋回岩石为玄武岩-英安岩-流纹岩组合，具双峰式特点，属钙碱性岩系。同位素年龄(K-Ar法)为139~115Ma,时代为晚侏罗世—早白垩世。中分村旋回呈串珠状沿北东向断裂带分布,时代为晚侏罗世—早白垩世。主要岩性有流纹岩、流纹质角砾凝灰岩、流纹质角砾集块岩和珍珠岩等组合(参见繁昌火山盆地),火山活动表现为裂隙式多中心喷溢、爆发;广德旋回为英安岩-流纹岩组合,属钾质类型。同位素年龄为124~117Ma,为早白垩世。

燕山中期石岭喷发旋回火山岩主要分布在屯溪盆地,包括石岭组和岩塘组,由盆地火山地层剖面分析(图2-29)可知,岩石为玄武安山岩-英安岩-流纹岩构造组合,属高钾钙碱性系列,具双峰式特点。火山构造以层状火山、破火山为主。根据时间先后及空间分布关系,石岭旋回可进一步划分为3个亚旋回:第一亚旋回为喷发-爆发-沉积旋回,岩石为英安岩-角砾状英安岩、英安质角砾岩-晶屑凝灰岩-凝灰质粉砂岩、含砾粗砂岩、钙质粉砂岩组合;第二亚旋回为气液喷发旋回,以蒸气喷发引发的碎屑流、涌流和火山灰流为主要特征,岩石为凝灰质角砾岩、凝灰岩、凝灰质粉砂岩等组合;第三亚旋回为双峰式喷溢火山旋回,岩石为气孔状及杏仁状玄武岩、块状玄武岩、角砾状玄武岩(熔岩被)-流纹质火山角砾岩、流纹岩、流纹质凝灰岩夹流纹斑岩组合,玄武岩与流纹岩构成了双峰式火山岩构造组合。

| 组 | 代号 | 岩性柱 | 厚度(m) | 岩石组合 | 岩相 | 火山类型 | 岩石类型 | 岩石系列 | 构造岩石组合 |
|---|---|---|---|---|---|---|---|---|---|
| 岩塘组 | $K_1y$ 86.45m | —···— | 9.77 | 紫红色粉砂质泥岩 | 火山沉积相 | 破火山 | 流纹岩英安岩 | 高钾钙碱性系列 | 英安岩、流纹岩构造组合 |
| | | M—M | 0.27 | 紫灰褐色膨润土 | | | | | |
| | | | 3.31 | 紫红色粉砂质泥岩 | | | | | |
| | | /:△ | 2.20 | 灰白浅紫红色流纹质凝灰角砾岩 | 爆发相 | | | | |
| | | \:/ | 3.33 | 灰褐色玻屑晶屑凝灰岩 | | | | | |
| | | ——— | 1.41 | 灰黑色泥岩 | 沉积相 | | | | |
| | | —···— | 9.53 | 深灰色含粉砂质泥岩 | | | | | |
| | | ⊐·⊐ | 9.22 | 深灰色、青灰色、灰黑色粉砂质泥岩,泥岩 | | | | | |
| | | \:△ | 4.52 | 灰褐色英安质凝灰角砾岩 | 爆发-沉积组 | | | | |
| | | | 2.77 | 灰黑色泥岩 | | | | | |
| | | \:\ | 10.50 | 深灰色、灰黑色英安质凝灰岩 | | | | | |
| | | ——— | 5.86 | 灰黑色泥岩 | | | | | |
| | | \:\ | 3.98 | 灰白色晶屑玻屑凝灰岩 | | | | | |
| | | \:△ | 7.03 | 灰白色英安质凝灰角砾岩 | 爆发相 | | | | |
| | | \:\ | 7.33 | 灰白色英安质晶屑玻屑凝灰岩 | | | | | |
| | | ——— | 5.42 | 灰黑色泥岩 | | | | | |
| 石岭组 | $J_3K_1s$ 483.20m | /≋m | 92.20 | 紫灰色巨厚层流纹质熔结凝灰岩 | 火山灰流相 | 层状火山 | 流纹岩安山岩 | 高钾钙碱性系列 | 安山岩、流纹岩构造组合 |
| | | V ◯ | 8.30 | 紫灰色安山集块岩 | 爆发相 | | | | |
| | | ◯ ∨ | 17.30 | 灰色厚层气孔状安山岩 | 喷溢相 | | | | |
| | | V V | 205.90 | 灰紫色、暗紫色巨厚层气孔状安山岩,安山岩 | | | | | |
| | | V△◯ | 81.00 | 紫色、暗紫色巨厚层至块状安山质角砾岩,集块岩 | 爆发相 | | | | |
| | | V V | 78.50 | 暗紫色安山岩 | 喷溢相 | | | | |

图2-29 屯溪火山盆地燕山期构造岩石组合解析图

石岭旋回岩石化学成分$SiO_2$为51.43%~79.44%;平均值为66.27%;$K_2O+Na_2O$为4.70%~7.33%,平均值为5.53%;$Na_2O/K_2O$为0.12~1.57,平均值为0.80,小于2,属钾质类型(密德莫斯特划分);$\sigma$为0.71~4.63,平均值为2.06,小于4。ALK为4.70%~7.33%,平均值为5.53%;里特曼组合指数平均值为2.06,属钙碱性岩系。石岭旋回玄武岩稀土元素平均总量$\Sigma REE$为$169\times10^{-6}$,接近于上陆壳平均值($163\times10^{-6}$),$\Sigma Ce/\Sigma Y$为4.00,$\delta Eu$为0.81,$(La/Yb)_N$为15.78;安山岩岩石稀土元素平均总量$\Sigma REE$为$157.205\times10^{-6}$,低于上陆壳平均值,$\Sigma Ce/\Sigma Y$为6.12,$\delta Eu$为0.77,$(La/Yb)_N$为20.2;流纹岩(含侵出相)$\Sigma REE$平均为$116.7\times10^{-6}$,低于上陆壳平均值,$\delta Eu$为0.70,$(La/Yb)_N$为32.48。可以看出,从第一亚旋回到第三亚旋回,$\delta Eu$呈减小趋势,$\Sigma Ce/\Sigma Y$减小,分异程度增高;$(La/Yb)_N$均大于1,为右倾平滑曲线(图2-30),轻稀土富集型。石岭旋回各岩石类型与相同岩性的侵入岩相比,微量元素总量偏低;与维氏值相比,安山岩和流纹岩均有过渡族元素,V、Co、Ni、Cu偏低,大

离子亲石元素 Rb、Cs、Ba 偏高，非活动性元素 Nb、Ta、Zr 偏低。玄武岩的微量元素与维氏值相比具亲岩浆元素 Ta、La、Ce 高、大离子亲石元素 K、Rb、Ba 高、而过渡元素 Nb、Cu、V、Co 偏低的特征。微量元素蛛网图曲线均平缓右倾(图 2-30)，具较好的同源性，火山物质来源于壳幔混合源，构造环境为陆缘后造山火山岩浆弧。

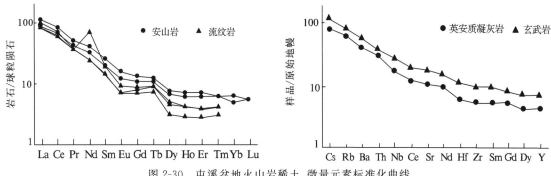

图 2-30 屯溪盆地火山岩稀土、微量元素标准化曲线

屯溪火山-沉积盆地演化从晚侏罗世月潭组开始经历挤压-走滑拉分环境，炳丘组又开始挤压，此时盆地规模较小，出现冲积扇相粗碎屑沉积；石岭组处于挤压冲断过程的拉张作用阶段，岩石类型和地球化学特点指示深部有大量基性岩浆活动，火山活动期间盆地不断扩张，火山岩系顶部出现双峰式火山岩，标志拉张活动的高峰。火山活动结束后，岩塘组出现较深湖相沉积的细碎屑岩及碳酸盐岩，火山活动较弱，反映盆地基本扩展到极限。小岩组的玄武岩表明在晚白垩世又出现拉张作用，但规模很小，只有数个韵律的溢流相。

广德喷发旋回主要分布在广德盆地宣城、芜湖、广德及郎溪一带，岩石为英安岩-流纹岩构造组合，由熔岩及其碎屑岩与正常沉积碎屑岩组成。其层位与浙江寿昌组相当。大致可划分为两个火山喷发韵律。每个喷发韵律由英安质→流纹质岩石组成。依据 1∶25 万金华幅资料，同位素年龄为 124～117Ma，为早白垩世的产物。

广德旋回岩石化学 $SiO_2$ 为 67.17%～72.45%，平均值为 68.67%；$K_2O+Na_2O$ 为 7.55%～8.41%，平均值为 8.07%；ALK 为 7.14%～8.07%；$Na_2O/K_2O$ 为 0.34～0.61，平均值为 0.42，小于 2，属钾质类型(密德莫斯特划分)。里特曼组合指数 $\sigma$ 为 1.54～2.89，平均值为 2.54，小于 4，属钙性-钙碱性岩系。据麦克唐那(1966)和 Irvine 与 Baragar(1974) $SiO_2$-ALK 岩石系列划分方案，同样可知它们属亚碱性系列。由该旋回英安质晶屑熔结凝灰岩、英安质晶屑凝灰岩、流纹质凝灰岩的分析结果作稀土元素配分曲线(图 2-31)，可看出 3 条配分曲线均为右倾型斜线，岩石 ΣREE 高，轻稀土元素相对富集，重稀土元素相对亏损，铕负异常较明显。微量元素相对富集大离子亲石元素 Ba、Rb、Th、Nb，不富集大离子亲石元素 Ce 以及难溶于水的 Hf、Ta、Zr，贫 Sr、P，Ba 含量有一定的变化(图 2-31)。广德火山旋回在

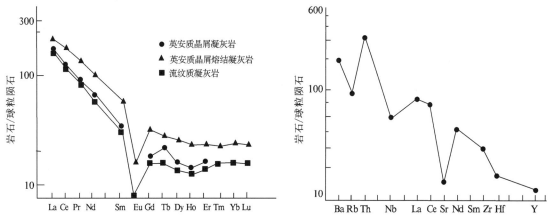

图 2-31 广德盆地火山岩稀土、微量元素标准化曲线

lgτ-lgσ 构造环境判别图中落在 B 区,说明区内中生代的火山活动从早到晚都是在活动区(造山带和岛弧)环境下发生的,岩浆成分是由钙碱性-碱钙性岩系列→钙碱性系列演化的,火山物质来源于壳幔混合源,构造环境为陆缘后造山火山岩浆弧。

### 3. 喜马拉雅期火山(潜火山)旋回

喜马拉雅期超基性-中基性火山岩、潜火山岩零星分布于广德县南冲、西坞、团山包、郎溪县白茅岭等地,多沿近东西向周王断裂带产出,岩石组合为次苦橄玢岩、安山玄武玢岩、橄榄玄武岩、安山玄武岩等组合。凤桥西坞次苦橄玢岩呈小岩筒侵入于志留系唐家坞组粉砂岩中,接触面产状近于直立。团山包橄榄玄武岩、安山玄武岩侵入于广德组砂砾岩中。橄榄玄武岩同位素年龄 42.6Ma(全岩 K-Ar 法),时代为古近纪。橄榄玄武岩的 $SiO_2$ 为 48.73%,ALK($K_2O+Na_2O$)为 4.79%,$Na_2O/K_2O$ 为 2.26,大于 2,属钠质类型;安山玄武玢岩的 $SiO_2$ 为 47.95%,ALK 为 3.86%,$Na_2O/K_2O$ 为 0.81,小于 2,属钾质类型。橄榄玄武岩、安山玄武玢岩的里特曼组合指数分别为 4.00、3.01,属碱钙性-钙碱性岩系。

从稀土元素配分曲线图(图 2-32)上可以看出,岩石轻稀土($\Sigma Ce$)相对富集,重稀土($\Sigma Y$)相对亏损,铕异常不明显,配分模式为右倾型。橄榄玄武岩、安山玄武玢岩的稀土元素总量($\Sigma REE$)高,轻稀土元素($\Sigma Ce$)富集,其中安山玄武玢岩的 $\Sigma REE$、$\Sigma Ce$ 略高于橄榄玄武岩。$\delta Eu=1.06$,大于 1,$\Sigma Ce/\Sigma Y=2.94$,为铕正异常;安山玄武玢岩的 $\delta Eu=0.87$,小于 1,$\Sigma Ce/\Sigma Y=2.77$,为铕负异常。稀土元素含量以安山玄武玢岩为较高,其稀土元素配分曲线整体上高于橄榄玄武岩,且形态基本相似。从稀土元素比值可以看出,随着岩浆的演化,火山岩中的稀土元素总量逐渐增高,轻、重稀土的比值逐渐变小,而 $\delta Eu$ 总体呈逐渐降低的趋势,表明岩浆作用晚期,稀土元素分馏作用及岩浆的分异程度逐渐增强,使得安山玄武玢岩的 $\Sigma Ce$ 较橄榄玄武岩富集。微量元素以橄榄玄武岩中大离子亲石元素含量是以 Ti、Ba、Sr 值为最高,Zn、Zr、Ni 值较高为特征;安山玄武玢岩则是以 Ti、Sr、Ba 值为最高,Zr、V、Cu、Cr 值较高为特征,其 Ba、Sr、Sc、Be、Th 含量略高于橄榄玄武岩,而 Cu、Pb、Zr、Li、Rb 含量明显高于橄榄玄武岩。有关比值 Ni/Co、Rb/Zr 略低于橄榄玄武岩,Rb/Sr、Rb/Ba 则高于它。从微量元素蛛网图(图 2-32)中也可以看出,它们均富集易溶于水的大离子亲石元素 Ba、Th、Sr,但二者的微量元素蛛网曲线形态有所不同,其中安山玄武玢岩曲线整体上高于橄榄玄武岩。广德盆地喜马拉雅期超基性-中基性火山岩、潜火山岩物质来源以幔源为主,混有壳源物质,构造环境为陆缘后造山岩浆弧。

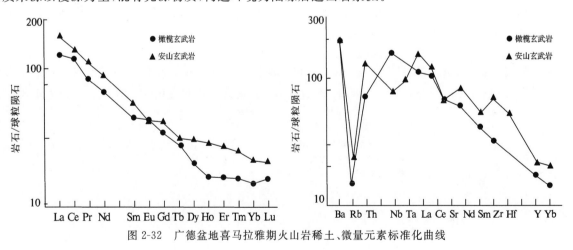

图 2-32 广德盆地喜马拉雅期火山岩稀土、微量元素标准化曲线

## 六、浙西火山岩浆岩亚带

浙西天目山岩浆岩亚带大致沿五城—屯溪—三阳坑—昱岭关一线以南的省内部分,与江南岩浆岩

亚带紧邻，且有部分叠合。带内岩浆活动强烈，晋宁期、燕山期均有不同程度的侵入岩和喷出岩发育，火山活动主要有晋宁期西村旋回、井潭火山旋回和燕山期黄尖喷发旋回，为天目山火山岩浆岩带组成部分。晋宁早期火山岩为小洋盆初始拉张时水下喷发的产物，主要为变细碧岩、辉绿-细碧枕状熔岩、细碧角斑岩和石英角斑岩组合，形成典型的蛇绿岩套岩石组合，其中辉长岩 Sm-Nd 等时线年龄 $1024\pm30$Ma（周新民，1989）、$935\pm10$Ma（邢凤鸣，1991），细碧岩 Sm-Nd 等时线年龄 $1286\pm66$Ma（张光弟，1990），为新元古代初期的产物。晋宁早期西村旋回火山岩分布于歙县大备坑、水竹坑一带。细碧岩属于贫铝型钙碱性岩系，接近原生玄武岩浆，与蛇绿岩中的基性熔岩非常相似。晋宁晚期火山岩以井潭组为代表，主要岩性为轻微变质安山岩、英安岩、流纹斑岩、流纹质凝灰岩等组合，为高钾钙碱性系列。燕山期岩浆岩岩石化学总体特征表现出大陆边缘活动带陆内造山拉张断陷环境的钙碱性岩浆岩带特征。省内黄尖喷发旋回火山岩主要分布于天目山火山盆地清凉峰一带，属浙西北火山岩带黄尖喷发旋回的一部分，多以喷发不整合与下伏岩层接触。岩石组合为安山质-粗安质-英安质-流纹质-粗面质（石英粗面质）岩石组合，属钾质钙碱性岩系，与其内部浅成呈岩滴状小岩株有同源亲缘关系。全岩 Rb-Sr 同位素年龄为 $145\sim139.6$Ma（浙江省地矿局，1997），时代为晚侏罗世—早白垩世。

### 1. 晋宁期西村旋回、井潭旋回

晋宁早期西村旋回岩石为变细碧岩、辉绿-细碧枕状熔岩、细碧角斑岩和石英角斑岩构造组合，为伏川蛇绿混杂岩带重要组成部分。西村组细碧岩 $SiO_2$ 变化范围为 $47.14\%\sim55.31\%$，平均 $50.2\%$，为基性岩类；碱铝指数 NKA 值 $0.29\sim0.59$，平均 0.42，偏低，岩石为钙碱性岩系，但偏向钙性；含铝指数 $0.45\sim0.94$，平均 0.70，属于贫铝型岩浆岩；碱量低，平均仅 3.63；里特曼指数在 $0.56\sim3.35$ 之间，平均 2.02，仍然属于标准的钙碱性岩系。$K_2O/Na_2O$ 值很低，平均 1.38，属钠质岩系。固结指数 $18.9\sim40.25$，平均 32.92，分异程度低，接近原生玄武岩浆。晋宁中、晚期井潭火山旋回岩石为安山岩、英安岩、流纹斑岩、流纹质凝灰岩构造组合，岩石轻微变质。岩石 $SiO_2$ 变化范围 $67.01\%\sim77.17\%$，平均 $71.2\%$，为酸性岩类；碱铝指数 NKA 值 $0.33\sim0.73$，平均 0.52，岩石为钙碱性岩系；含铝指数 $1.06\sim2.49$，平均 1.51，属于铝过饱和型岩浆岩；碱量 $4.10\sim7.51$，平均 5.58；里特曼指数在 $0.54\sim1.53$ 之间，平均 1.19，属于钙碱性岩系。固结指数 $0.81\sim16.05$，平均 7.53，分异程度较高。

根据岩石测试分析结果，在 TAS 图解上（图 2-33），样品主要分布在玄武岩区（西村组）和英安岩区（井潭组）。在 $SiO_2$-ALK 图上所有样品均落在亚碱性区。在 AFM 图解上（图 2-33），井潭组表现出不明显的钙碱性演化趋势，西村组则表现出拉斑玄武岩趋势。在 $SiO_2$-$K_2O$ 图上，井潭组为高钾钙碱性系列，西村组为低钾钙碱性系列。岩石化学特征显示出晋宁期火山岩浆岩亚带，自南向北、自早向晚碱（钾）和硅含量渐增，由拉斑质向高钾系列，由玄武质向流纹质演化，总体上具有由基性向酸性，由低钾拉斑系列向钙碱系列—高钾钙碱系列，由水下到陆上，由不成熟到成熟的连续演化。

西村旋回稀土元素 $\Sigma REE$ 变化范围在 $(42.91\sim77.58)\times10^{-6}$ 之间，平均 $61.5\times10^{-6}$；LREE/HREE 比值为 $0.42\sim0.87$，平均 0.56，重稀土富集；$\delta Eu$ 变化范围在 $0.68\sim1.04$ 之间，平均 0.93，铕异常不显著。稀土元素的标准化曲线均为向左倾斜的重稀土富集型，曲线平滑（图 2-33），与蛇绿岩中的基性熔岩非常相似。井潭旋回稀土元素 $\Sigma REE$ 变化范围在 $(128.39\sim350.27)\times10^{-6}$ 之间，平均 $251.01\times10^{-6}$；LREE/HREE 比值为 $2.09\sim3.16$，平均 2.55，轻重稀土有一定分馏；$\delta Eu$ 变化范围在 $0.44\sim0.63$ 之间，平均 0.51，具有明显的负铕异常。稀土元素的标准化曲线均为向右倾斜的轻稀土富集型，具有轻微的明显铕谷（图 2-33）；浙西火山岩浆岩亚带晋宁期稀土元素特征从玄武岩、安山岩、英安岩到流纹岩，稀土总量由低到高，稀土元素配分曲线由左倾到右倾，反映了岩浆由原始岩浆逐步演化的过程。基性火山岩稀土元素配分模型近于平坦，结合同位素资料（程海，1993），$I_{Sr}$ 范围 $0.7023\sim0.7031$，$\delta^{18}O$ 范围 $5.7\sim6.7$，$\varepsilon_{Nd}(t)$ 范围 $3.68\sim6.18$，反映其成岩物质来源为亏损地幔，而火山岩中含少量的沉积岩岩屑及 $\varepsilon_{Nd}(t)$ 随 $T_{DM}$ 增加而减小，反映成岩物质中有少量中、上地壳物质的混染。

由 $R_1$-$R_2$ 构造环境判别图解（图 2-33）可见，西村旋回基本上均属于板块碰撞前火山岩，结合区域资

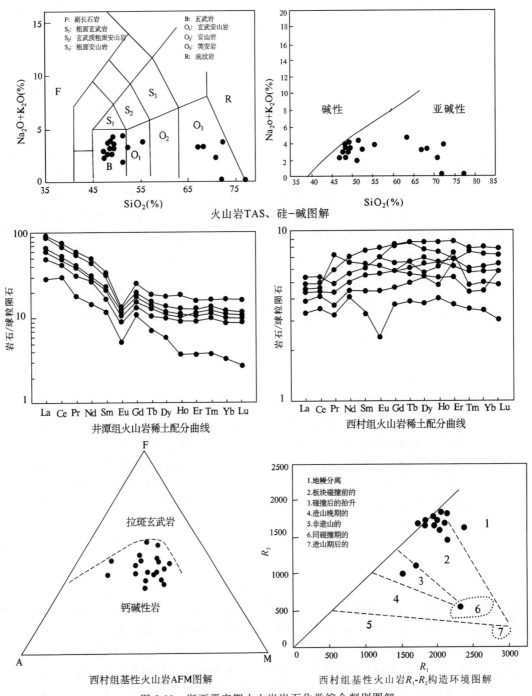

图 2-33 浙西晋宁期火山岩岩石化学综合判别图解

料综合分析,火山岩的微量元素地球化学特征指其可能形成于古岛弧环境。该期火山岩是扬子陆块东南缘元古宙主期活动大陆边缘造山带古岛弧火山岩组合,构造意义代表了晋宁早期 Rodinian 超大陆聚合碰撞产物。井潭旋回为陆缘后碰撞火山岩浆弧,代表了晋宁晚期超大陆裂解构造环境,其物质来源于壳幔混合源,属华南多岛洋陆-弧-陆俯冲碰撞造山体系的组成部分。

**2. 燕山期黄尖旋回**

燕山期黄尖喷发旋回属天目山-莫干山-苏州火山喷发带,岩石组合为安山质-粗安质-英安质-流纹质-粗面质(石英粗面质)岩石组合,与其内部浅成呈岩滴状小岩株有同源亲缘关系。据盆地火山地层剖面分析(图 2-34)可知,岩石为英安岩-流纹岩构造组合,为高钾钙碱性系列。

| 组 | 代号 | 岩性柱 | 厚度(m) | 岩石组合 | 岩相 | 火山类型 | 岩石类型 | 岩石系列 | 构造岩石组合 |
|---|---|---|---|---|---|---|---|---|---|
| 黄尖组 | $K_1h^2$ 1433.2m | | >115.50 | 流纹质集块角砾熔岩组合 | 爆溢相 | 链状火山 | 流纹岩 | 高钾钙碱性系列 | 英安岩、流纹岩构造组合 |
| | | | 364.80 | 流纹质熔结凝灰岩、流纹质熔结角砾凝灰岩、流纹质熔结集块凝灰岩组合 | 爆发-灰流相 | | | | |
| | | | 952.90 | 流纹质凝灰角砾集块岩、流纹质凝灰熔岩、流纹岩组合 | 爆发-喷溢相 | | | | |
| | $K_1h^1$ 2153.3m | | 550 | 英安岩、英安质凝灰熔岩、英安质熔结凝灰岩组合 | 喷溢-灰流相 | 穹状火山 破火山 | 英安岩 | | |
| | | | 220 | 流纹岩组合 | 喷溢相 | | | | |
| | | | 475 | 英安岩、粉砂质泥岩组合 | 喷溢-沉积相 | | | | |
| | | | 380.80 | 英安质熔结凝灰岩、流纹岩组合 | 喷溢-灰流相 | | | | |
| | | | 527.50 | 英安质熔结凝灰岩、流纹岩组合 | | | | | |

图 2-34 燕山期黄尖喷发旋回构造岩石组合解析图

黄尖旋回可划分为两个亚旋回:第一亚旋回为英安岩→流纹岩→英安岩组合,以英安岩为主,至少可分为两个不完整的火山喷发韵律,每个喷发韵律由英安质→流纹质或英安质岩石组成;第二亚旋回为流纹岩→英安岩→流纹岩→粗面岩组合,以流纹岩为主,至少可分为 3 个较完整的火山喷发韵律,每个喷发韵律由流纹质或英安质→流纹质或流纹岩→粗面质岩石组成。火山构造多为破火山、穹状火山和链状火山,多以喷发不整合与下伏岩层接触,且火山活动有由西向东迁移的趋势。

黄尖旋回岩石化学的 $SiO_2$ 为 58.27%～77.44%,平均值为 69.24%;$K_2O+Na_2O$ 为 6.35%～9.82%,ALK 平均值为 8.48%;$Na_2O/K_2O$ 为 0.33～0.92,平均值为 0.60,小于 2,属钾质类型;里特曼组合指数 $\sigma$ 为 1.17～4.26,平均值为 2.74,小于 4,属钙碱性-碱钙性系列,并向高碱方向演化。在 ALK-$SiO_2$ 图解中位于碱性和亚碱性界线的两侧(图 2-35),具有碱性和亚碱性过渡的特征;在 $SiO_2$-$K_2O$ 图解上分布在高钾钙碱性-橄榄安粗岩(钾玄岩)系列范围且都表现出钾与硅的同步增长。在 AFM 图解上的富铁趋势不明显(图 2-35),主要表现为富碱趋势,亦为高钾钙碱性-钾玄岩系列。在 TAS 图解中主要位于 $O_1$、$O_2$、$S_3$、T 和 R 区,岩石类型为安山岩、粗安岩、英安岩、流纹岩、粗面岩(石英粗面岩)组合,其中 R 区的落点较多,反映以流纹岩为主的特点。

黄尖旋回的稀土元素总量($\Sigma REE$)为 $262.89\times10^{-6}$,轻稀土元素($\Sigma Ce$)为 $206.53\times10^{-6}$,重稀土元素($\Sigma Y$)为 $56.36\times10^{-6}$,超过地壳中的 REE 值,$\Sigma Ce/\Sigma Y$ 为 3.16,异常系数 $\delta Eu$ 为 0.45,小于 1,为铕负异常。其中第二亚旋回的 $\Sigma REE$、$\Sigma Ce$、$\Sigma Ce/\Sigma Y$、$\delta Eu$ 略高于第一亚旋回,说明从早到晚,黄尖旋回的稀土总量逐渐增高、稀土分异程度有所降低。利用粗安斑岩、英安岩、流纹岩、英安质晶屑熔结凝灰岩、流纹质熔结凝灰岩 5 种岩性的分析结果作稀土元素配分曲线图(图 2-35)皆为右倾型斜线,轻稀土元素相对富集,重稀土元素相对亏损,铕负异常较明显。重稀土元素含量以英安岩为最高,铕负异常以流纹岩为最明显,英安岩为最弱;整体上,早期岩石稀土配分曲线高于晚期,且二者形态相似,表明岩浆为同一来源,晚期结晶分离作用在岩浆演化过程中起了主导作用。

黄尖旋回微量元素大离子 Rb、Be、Sr、Ba 亲石元素富集,高场强元素 Zr、Hf 富集,Nb、Ta 亏损,Th/U、Zr/Hf 低;亲铁元素如 Co、Ni、Cr,亲铜元素中 Cu、Zn、Ga 亏损,而 Sn、Pb 含量富集,微量元素含量特征显示岩浆来源具有地壳重熔特点。从微量元素蛛网图(图 2-35)中可以看出,燕山期黄尖喷发旋

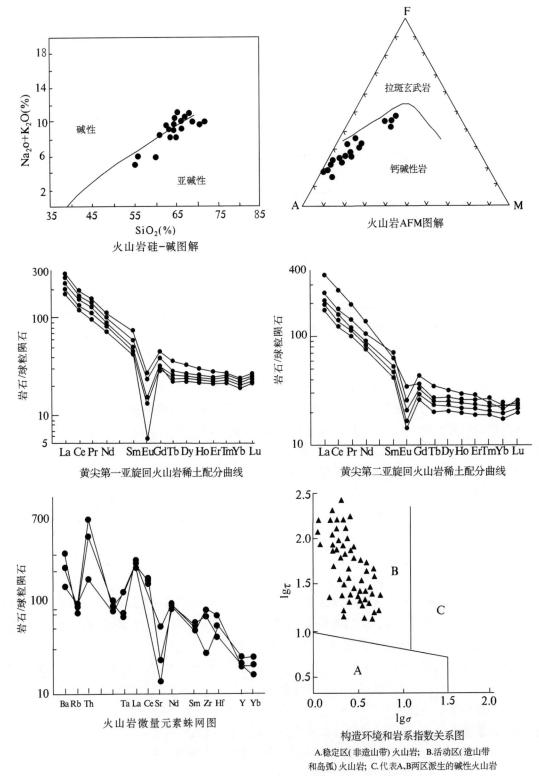

图 2-35 燕山期黄尖喷发旋回岩石化学综合判别图解

回天目山、昌化、莫干山3个喷发小区图谱曲线形态基本相似,总体特征呈尖峰形,表现出大陆边缘活动带陆内造山拉张断陷环境的钙碱性-碱钙性火山岩的地球化学组合特征,物质来源于壳幔混合源。地球化学特征清楚地显示了富集大离子亲石元素,富集不相容元素,特别是富集强不相容元素 Ba、Sr,但亏损 Nb、Ta。同时稀土元素富集 LREE,相对亏损 HREE。这些特征表明黄尖喷发旋回岩浆的源区是富集地幔。负 Nb 异常是与俯冲有关的岩浆的共同特征,并与岩石圈地幔的交代作用有关。而 Ba 的富集是岛弧火山岩的典型地球化学特征,高的 Ba 和 K 说明地壳物质的贡献相当大。但仅用地壳物质的混染并不能说明 Sr 的高度富集,而是可能反映为源区的特点。推测岩浆热源来自富集地幔和加厚陆壳的增温。δEu 异常明显,表明岩浆演化过程有斜长石的分离结晶,到晚期尤其强烈。

## 第三节　侵入岩岩石组合及其构造环境

安徽省侵入岩浆活动频繁,主要发生于蚌埠期、晋宁期、燕山期和喜马拉雅期,以新元古代(晋宁期)、中生代(燕山中、晚期)最为强烈。侵入岩主要分布在华北陆块南缘、大别造山带、北淮阳构造带和扬子陆块下扬子岩浆岩带及皖南-浙西岩浆岩带(表2-8、表2-9)。多期侵入岩浆活动中,不同成因,不同岩类均有发育,岩浆活动以晋宁期变质片麻状花岗岩序列和中生代燕山中、晚期花岗岩岩石组合最为发育。其中以中、酸性岩为主,且多半与同期火山活动相伴或稍后发生,属同一构造岩浆岩带(见图2-1)。频繁的侵入岩浆活动与成矿作用紧密相关,特别是长江中下游地区、皖南-浙西的铁、铜、硫、银、钨、钼和多金属矿产更为突出。侵入岩岩石组合及其构造环境是侵入岩型成矿作用的主要控制因素,其中中生代燕山期侵入岩建造与成矿作用关系最为密切。各构造岩浆岩带侵入岩时空分布、岩石建造组合、岩石系列、构造环境不尽相同。各岩浆岩带侵入岩建造组合及其构造环境见表2-10,岩石化学特征见表2-11,现简要分述。

**表2-8　安徽省侵入岩时空分布主要特征简表**

| 构造岩浆岩带 | 构造岩浆旋回 | 构造岩浆岩段 | 岩石组合 | 同位素年龄(Ma) | 分布及典型岩体 |
|---|---|---|---|---|---|
| 华北南缘岩浆岩带 | 燕山期 | 宿州岩浆岩段 | 正长花岗岩、二长花岗岩、花岗闪长岩、石英闪长岩组合<br>(石英)闪长(玢)岩-花岗闪长斑岩组合<br>辉绿岩-辉长辉绿岩-辉长岩组合 | 锆石 SHRIMP<br>115.8±3.1<br>129.3±4.8<br>130.2±0<br>160.2±0.3 | 怀远、蚌埠、凤阳至五河一带;丁里、孟庄、磨山、紫阳山、三铺、刁山集、徐楼、岳集、邹楼、王场、百善、高皇庙、后马厂、周货郎庄、演礼寺、老寨山、马鞍山;荆山、涂山、淮光、锥子山、西芦山、东芦山、女山、磨盘山等岩体 |
|  | 蚌埠期 | 蚌埠岩浆岩段 | 正长花岗岩、二长花岗岩、花岗闪长岩、奥长花岗岩、英云闪长组合<br>(花岗片麻岩序列) | $^{40}Ar-^{39}Ar$ 坪年龄 1734<br>全岩 Rb-Sr 1796<br>锆石 U-Pb<br>(2408±13)~(458±10) |  |
| 北淮阳岩浆岩带 | 燕山期 | 金寨岩浆岩段 | 霓辉正长岩、霞石正长岩、白榴石正长岩组合<br>石英闪长岩-石英二长闪长岩-石英二长岩-花岗闪长岩-二长花岗岩-二长花岗斑岩-正长花岗岩-石英正长岩组合 | 锆石 SHRIMP<br>116<br>134±6<br>锆石 U-Pb<br>145~121<br>186~161 | 金寨—舒城一带;响洪甸岩体;古碑、达权店、汤汇、南溪、银沙畈、九王寨、三合、马鞍山等岩体<br>华盖山岩体;河棚、山七、中岭、汤池、凤凰山等岩体 |
|  |  | 舒城岩浆岩段 | 石英正长斑岩-正长花岗岩-二长岩组合<br>石英闪长岩-花岗闪长岩-二长花岗岩-正长花岗岩-石英正长斑岩组合 | Ar-Ar 126~118<br>锆石 SHRIMP<br>124.1<br>127 |  |
|  | 晋宁期 |  | 闪长质-花岗闪长质-二长花岗质-正长花岗质片麻岩组合 | 800~600 | 小溪河、古塘岗、陶家冲、郑冲 |

续表 2-8

| 构造岩浆岩带 | 构造岩浆旋回 | 构造岩浆岩段 | 岩石组合 | 同位素年龄(Ma) | 分布及典型岩体 |
|---|---|---|---|---|---|
| 大别岩浆岩带 | 燕山期 | 岳西岩浆岩段 | 含斑二长花岗岩-二长花岗岩-正长岩组合；<br>辉闪岩、辉长岩、闪长岩组合；<br>石英二长岩-二长岩-花岗闪长岩-二长花岗岩-花岗岩-正长花岗岩组合 | 174～93 | 天堂寨—岳西—太湖一带；<br>沙村、小河口、骄子岩；<br>天堂寨、白马尖、主簿原、司空山、团岭、响肠、万山、双塘埂、黄柏等岩体；<br>前畈、道士冲、姜河、羊河、岳西、汤池、枫香驿、刘畈、新浦沟 |
| | 晋宁期 | | 石英二长闪长质-石英二长质片麻岩组合；<br>花岗闪长质→奥长花岗质→二长花岗质→花岗质片麻岩组合；<br>二长花岗质→花岗闪长质→英云闪长质-闪长-辉长质片麻岩组合 | 866～595<br>锆石 SHRIMP 618 | |
| | 燕山期 | 肥东岩浆岩段 | 石英闪长岩-花岗闪长岩-二长花岗岩-正长花岗岩组合 | 165～136.5 | 肥东—张八岭一带；<br>岱山、铜井山、管店、前山分、山里陈、大庄徐、瓦屋刘、长冲等岩体；<br>大康集、山王、庙山、卸甲山、西山驿 |
| | 晋宁期 | | 正长花岗岩-二长花岗岩组合；<br>二长花岗质-花岗闪长质-石英闪长质-闪长质片麻岩组合 | 锆石 U-Pb<br>765～688 | |
| | 四堡期 | 超镁铁质岩段 | 橄榄岩-辉橄岩-橄辉岩-辉岩-蛇纹岩-角闪石岩组合 | >1000 | 斑竹园、来榜、饶钹寨、龚家岭等 |
| 下扬子岩浆岩带 | 燕山期 | 滁州岩浆岩段 | 二长花岗岩-花岗闪长岩-石英闪长岩组合 | 155～116 | 屯仓、冶山、黄道山、滁县、大马厂、沙溪、冶父山等岩体 |
| | | 安庆岩浆岩段 | 闪长岩-石英二长岩-二长花岗岩-正长花岗岩组合 | 133～105 | 洪镇、蜈蚣山、江镇、女儿岭、宗铺峡石、金山、海螺山、梁家冲、钱桥、月山、香茗山、东来山等岩体 |
| | | 庐枞-繁昌岩浆岩段 | 辉长闪长(玢)岩和闪长(玢)岩组合；<br>闪长玢岩-二长斑岩组合；<br>正长花岗岩-二长花岗岩-花岗闪长岩组合；<br>碱长花岗岩-石英正长岩-二长岩组合；<br>花岗闪长岩-花岗岩-闪长岩组合 | 137～92 | 大龙山、大缸窑、黄梅尖、茅坦、姥山、罗家岭、狮子山、铜官山、新桥头、凤凰山、瑶山、低岭、小河王、铜山等岩体 |
| | | 贵池岩浆岩段 | 正长岩-正长花岗岩-二长花岗岩-二长岩组合；<br>石英正长岩-闪长岩-花岗闪长斑岩组合；<br>二长岩-花岗闪长岩-石英闪长岩-辉石闪长岩组合 | 147～137 | |
| | 晋宁期 | 董岭岩浆岩段 | 花岗质片麻岩组合 | 锆石 U-Pb 771.1±13 | 相公庙 |

续表 2-8

| 构造岩浆岩带 | 构造岩浆旋回 | 构造岩浆岩段 | 岩石组合 | 同位素年龄(Ma) | 分布及典型岩体 |
|---|---|---|---|---|---|
| 皖南岩浆岩带 | 燕山期 | 青阳-屯溪岩浆岩段 | 碱长花岗岩-正长花岗岩组合；石英二长岩-石英正长岩组合；花岗石-二长花岗岩-花岗闪长岩-斜长花岗岩组合；花岗闪长岩-二长花岗岩组合 | 141~102 | 伏岭、饭蒸尖、小昌溪、鱼龙川、荆勘岭、黄山、贡阳山、云谷寺、九华山、上荠荻、庙前、旌德、刘村、尚田、汀溪、乔亭等岩体 |
| | 晋宁期 | 歙县岩浆岩段 | 英云闪长岩-花岗闪长岩组合 | 991~887 | 歙县、休宁、许村等岩体 |
| 浙西岩浆岩带 | 燕山期 | 伏川-五城岩浆岩段 | 斜长花岗斑岩-花岗闪长岩-二长花岗岩组合；辉长辉绿玢岩组合 | 120 | 古祝、邓家坞、石门、岭角、姚家坞、杨柏坪等岩体 |
| | 晋宁期 | | 花斑岩-花岗斑岩-正长花岗岩组合 | 814~768 | 莲花山、灵山、白际、石耳山等岩体 |
| | 四堡期 | | 辉橄岩-辉长辉绿岩-闪长岩组合 | 1286~935 | 伏川、南山、五常坑、伏唐坑等岩体 |

**表 2-9 安徽省构造岩浆岩带(区)划分及主要岩体名称**

| Ⅰ | Ⅱ | Ⅲ | 主要岩体名称及编号 |
|---|---|---|---|
| 华北南缘构造岩浆岩带 | 徐淮构造岩浆岩亚带 | 宿州岩浆岩段 | 1.刘奎楼；2.孟庄；3.丁里；4.班井；5.老寨山；6.谢庙；7.邹楼；8.七洼；9.陈老家；11.李楼；12.石楼；13.后马场；14.前马场；15.蟠龙山；18.高黄庙；21.小尖山；22.磨山；23.青山寨；26.王海子 |
| | | 蚌埠岩浆岩段 | 10.赵庙-骑骆周家；16.前常家；17.周围子；19.大陈家；20.三里庙；24.娄庄；25.薄林子；27.贾庄；28.大徐庄；29.马鞍山；30.涂山；31.秦集；32.陶山；33.张公山；34.曹山；35.西芦山；36.锥子山；37.东芦山；38.淮光；39.老山；40.黄山；41.癞石山；42.张家洼；43.上徐庄；44.霸王城；45.潘庄；46.文山；47.东来山；48.磨盘山；385.岗集；386.嘉山；387.郭集 |
| | | 合肥岩浆岩段 | 85.程登村；86.董岗；87.大康集；97.羊山郑；98.小蜀山；388.大蜀山 |
| 北淮阳构造岩浆岩带 | 金寨舒城构造岩浆岩亚带 | 金寨岩浆岩段 | 59.商城；60.银沙畈；61、62.佛子岭头；63.八斗田；64.上砀头；65、66.游寨；67.孙家湾；68.桃花岭；69.寒水畈；70.槐树湾；71.梅山；72.汤店；73.青山咀；74.汆湾鲍冲；75.响洪甸；76.陈家湾；77.大林 |
| | | 舒城岩浆岩段 | 78.木瓜岭；79.黄蜀山；156.七里河；157.王家冲；158.河棚；160.牛王寨；161.西汤池；165.柯坦 |
| 大别构造岩浆岩带 | 岳西太湖构造岩浆岩亚带 | 岳西岩浆岩段 | 58.天堂寨；131.狮子摇岭；132.黄栗树岭；133.摸云尖；134.蜈蚣尖；135.石鼓尖；136.英山尖；137.唐河；138.双光；139.司空山；140.孙家沟；141.周家湾；142.白马尖；143.团岭；144.光岩寨；145.王家大屋；146.刘屋；147.岭下屋；148.飞旗寨；149.主簿；150.双峰寨；151.后畈；152.万山；153.圆头湾；154.对牛石；155.双河店 |
| | | 太湖岩浆岩段 | |
| | | 肥东岩浆岩段 | 159.老关岭；162.下浒山；251.枫树；254.孟岩；255.白洋岭 |

续表 2-9

| Ⅰ | Ⅱ | Ⅲ | 主要岩体名称及编号 |
|---|---|---|---|
| 下扬子构造岩浆岩带 | 滁州构造岩浆岩亚带 | 滁州岩浆岩段 | 56.冶山;57.横山;49.瓦屋刘;50.瓦屋薛;51.大马场;52.滁县;53.黄道山;54.郭昌;55.屯仓;383.张八岭;80.前山份;81.洼地吴;82.占山口;83.山口凌;84.菖傅家;389.冶山;88.东傅家;89.包公庙;90.尖山周;91.靠山张;92.八角碾;93.展农岗;94.小方村;95.小中村;96.西湾;99.南伊庄;100.龚刘家;101 山里陈;166 治父山;167 沙溪 |
| | 沿江岩浆岩亚带 | 安庆庐枞铜马岩浆岩段 | 390.土山;391.大卜;171.杨山;172.矾山镇;173.巴家滩;176.黄屯;177.焦冲;178.陈家大院;179.谢瓦泥;106.人类矶;107.雨山;108.苏家村;109.后门塘;110.和睦山-钟山;111.姑山;112.青山;113.万佳山;114.腊里山;115.邵家;116.大泉塘;117.张家坳;118.中汶庙;119.牛落山;120.南塘;121.大德山;122.陶村;123.南山;124.和尚桥;125.凹山;126.董荁山;127.十里长山;128.业家山;129.大迟村;130.朱村;392.釜山村;163.罗山;164.枞阳、巴坛、毛庙、龙王尖、城山;168.陈家大院;169.大脚岭;170.周家山;174.钱铺;180.黄梅尖;253.李家冲;256.香茗山;257.韩下屋;258.陈家大屋;259.明上屋;261 温桥;262.梁家冲;264.洪铺;265.郑家冲;266.谢家-东来山;268.月山;269.总铺;393.金拱 |
| | 贵池岩浆岩亚带 | 贵池芜湖岩浆岩段 | 131.狮子摆铃;132.黄栗树岭;230.山头吴家;235.马山埠;236.罗家村;237.昆山;240.庙西;241.砖桥;242.安基山;243.阳边村;284.丁家冲;102.官山;103.大官山;104.香山;105.齐洛山;183.铜官山;185.天鹅抱蛋;186.茅坦;187.龙山;188.大隆山;189.集冲北傍山;190.狮子山;191.乌栗山;192.后冲;194.小金山;196.矶头;197.新桥头;198.瑶村;199.江梅村;200.滨江;201.毕家;202.毛连头;205.鸡头山;206.河东村;207.张冲脑;208.小磕山;209.正山;210.军田山;211.乌山;212.老山;213.西磨山;214.大铜山;215.上强;216.白马山;217.佛子岭;218.圣公;219.浮山;220.严树凹;221.诸猴岭;222.象形地;223.板石岭;225.桥头扬;226.小工山;227.戴家汇;228.顾家村;229.云岭;271.花山;272.铜山;274.牌楼;275.李村;276.花园巩;277.大叶树;278.潘家;279.谭山;281.莲子坑;282.枫树岭;283.官山冲;285.许家坦;286.桐子山 |
| 皖南岩浆岩带 | 石台广德岩浆岩亚带 | 黟县旌德广德岩浆岩段 | 290.青阳;291.凡华山;297.汤村;298.包村;231.王冲;232.鸽子笼;233.下水湾;234.溪口;239.姚村;245.丁冲;246.茅田山;247.金鸡山;248.施姑堂;249.东沟;250.郭村;280.大历山;287.储家埠;288.城安;289.剪刀尖;292.邵家坞;353.冯村;293.水磨里;294.乌石垄;295.南斗坑;296.黟县;354.程郑村;299.河西;300.太平;301.黄山;302.狮子林;303.后山;304.茂林;305.奎坑;306.椰桥;307.上脚岭;308.大石门;309.许村;310.旌德;311.宗村;312.订溪;313.旺宝庵;314.上村;315.石屋;316.龙丛;317.天宝安;319.潘村;320.解带山;321.龙各头;322.兰花岭;323.杨溪;325.伏岭镇;326.桐坑;327.中坞;328.逍遥;329.后上庵;330.银龙坞;331.半坞;332.水竹坑;333.三阳坑;334.慈坑;335.金石;336.小岫;337.石耳尖;338.古门坑;339.梅村;340.黄山岭;341.唐舍;342.竹汶岭;343.唐舍;344.大石坞;345.路旁;346.仙霞;347.中古岭;349.西园;350.东园;351.大屋里;356.郭坑;357.漳前;361.山口;365.莲花山;367.五里亭;370.大脚岭;372.早山;248.张家湾 |
| 浙西构造岩浆岩带 | 屯溪岩浆岩亚带 | 白际天目岩浆岩段 | 352.洞里;355.青岭山;358.章川;359.艾川村;360.休宁;362.灵山;363.尾坳;366.富竹坪;368.金谷山;369.东岭坑;371.歙县;376.川岭脚;377.利石;378.岩山;324.金川;373.白际;374.杨柏坪;375.长陇;379.方坞;380.地岭;381.石塔坑;382.牛石坞 |

注:省一级构造岩浆岩带相当于全国Ⅲ级构造岩浆岩带。

表 2-10 侵入岩构造岩石组合简表

| 构造岩浆岩带 | | | 时代 | | | 构造岩石组合 | 同位素年龄(Ma) | 含矿性 | 岩石系列 | 岩石成因类型 | 大地构造属性 |
|---|---|---|---|---|---|---|---|---|---|---|---|
| 一级 | 二级 | 三级 | 宙/代 | 纪 | 世 | | | | | | |
| 华北南缘构造岩浆岩带 | 徐淮构造岩浆岩亚带 | 宿州岩浆岩段 | 中生代 | K | K₁ | 陆壳改造型正长花岗岩、二长花岗岩、花岗闪长岩、石英闪长岩组合 | 115.8±3.1<br>129.3±4.8<br>130.2±0<br>锆石 SHIMP | | 富钾钙碱性系列 | 壳幔混合源 | 造山后陆内伸展环境岩浆弧 |
| | | | | J | J₃ | 片麻状含榴二长花岗岩组合；(石英)闪长(玢)岩-石英二长闪长(玢)岩-花岗闪长斑岩组合；辉绿岩-辉长辉绿岩-辉长岩组合 | 160.2±0.3<br>锆石 SHIMP | | | | |
| | | 蚌埠岩浆岩段 | 元古宙 | Pt | | 岩浆型正长花岗岩、二长花岗岩、花岗闪长岩、奥长花岗岩、英云闪长组合(片麻岩序列) | 1796<br>全岩 Rb-Sr<br>(2408±13)～<br>(458±10)<br>锆石 U-Pb | 铁 | 钙碱性系列，TTG岩系 | 壳幔混合源 | 板内隆起火山岩浆弧 |
| 北淮阳构造岩浆岩带 | 金寨-舒城岩浆岩亚带 | 金寨岩浆岩段 | 中生代 | K | K₁ | 响洪甸霓辉正长岩、霞石正长岩、白榴石正长岩组合 | 116<br>锆石 SHIMP | | 碱性岩系列 | 壳幔混合源 | 大陆裂谷环境 |
| | | | | | | 古碑石英闪长岩-石英二长闪长岩-花岗闪长岩-石英二长花岗岩-正长岩组合 | 122～121,<br>锆石 Ub-Pb<br>134±6<br>锆石 SHIMP | | 钙碱性系列 | 壳幔混合源陆壳改造型 | 造山后伸展环境岩浆弧 |
| | | 舒城岩浆岩段 | | | | 南溪二长花岗岩-石英二长闪长岩组合 | 130<br>Ar-Ar 黑云母 | | 钙碱性系列 | 壳幔混合源 | 造山后伸展环境岩浆弧 |
| | | | | | | 达权店石英二长闪长岩-二长花岗岩-正长岩-石英正长岩组合 | 122<br>Ub-Th-Pb<br>130<br>锆石 Ub-Pb | | 碱性-钙碱性系列 | 壳幔混合源陆壳改造型 | 造山后隆升伸展环境火山岩浆弧 |
| | | | | | | 天堂寨二长花岗岩粒度演化-二长花岗斑岩组合 | 124～122<br>Ar-Ar 黑云母<br>129  131<br>锆石 U-Pb | | 钙碱性系列 | 地壳增厚、部分熔融 S型花岗岩 | 造山后隆升伸展环境岩浆弧 |
| | | | | J | J₃ | 银沙畈含角闪二长花岗岩-石英二长闪长岩组合 | 140<br>Ar-Ar 年龄<br>145<br>K-Ar 年龄 | | 碱性-钙碱性系列 | 陆壳加厚部分熔融陆壳改造型 | 造山后隆升伸展环境火山岩浆弧 |
| | | | 古生代 | Pz | | 北楼二长花岗岩组合 | 399.0±1.1<br>锆石 U-Pb | | 钠质钙碱性系列 | 岩浆分异 I 型花岗岩 | 活动陆缘同碰撞岩浆弧 |

续表 2-10

| 构造岩浆岩带 | | | 时代 | | | 构造岩石组合 | 同位素年龄(Ma) | 含矿性 | 岩石系列 | 岩石成因类型 | 大地构造属性 |
|---|---|---|---|---|---|---|---|---|---|---|---|
| 一级 | 二级 | 三级 | 宙/代 | 纪 | 世 | | | | | | |
| 北淮阳构造岩浆岩带 | 金寨-舒城岩浆岩亚带 | 舒城岩浆岩段 | 中生代 | K | $K_1$ | 板桥闪长岩-石英闪长岩-花岗闪长岩-二长花岗岩组合 | 123.3±4.4 K-Ar 年龄 | | 钙碱性系列 | 岩浆分异 I 型花岗岩 | 造山后隆升伸展环境火山岩浆弧 |
| | | | | | | 华盖山石英正长斑岩-正长花岗岩-二长岩组合 | 121.7, 118.0 Ar-Ar 118~126 | | 碱性系列 | 壳幔混合岩浆源 | 造山后伸展环境火山岩浆弧 |
| | | | | | | 河棚石英闪长岩-花岗闪长岩-二长花岗岩-正长花岗岩-石英正长斑岩组合 | 124.1 127 锆石 SHRIMP | | 钙碱性碱性系列 | 岩浆分异 I 型花岗岩 | 造山后伸展环境火山岩浆弧 |
| | | | 元古宙 | Pt | $Pt_3$ | 舒城闪长质-花岗闪长质-二长花岗质-正长花岗质片麻岩相合 | 800~600 | | 碱性、钙碱性系列 | 岩浆分异 I 型花岗岩 | 造山晚期伸展环境火山弧同碰撞花岗岩 |
| 大别构造岩浆岩带 | 岳西-太湖-肥东岩浆岩亚带 | 岳西-太湖岩浆岩段 | 中生代 | K | $K_2$ | 丛山含斑二长花岗岩-二长花岗岩组合 | 118~111 Rb-Sr 等时线 | | 钙碱性系列 | 岩浆分异 I 型花岗岩 | 后造山伸展环境 |
| | | | | | $K_1$ | 主簿源石英二长岩→二长花岗岩→花岗岩组合 | 125.6 锆石 U-Pb 125±2 Rb-Sr 等时线 | | 钙碱性岩系列 | 岩浆分异 I 型花岗岩 | 后造山伸展环境岩浆弧 |
| | | | | | | 天柱山石英二长岩→花岗闪长岩→二长花岗岩组合 | 128 K-Ar 134±8 锆石 U-Pb | | 钙碱性系列 | 壳幔混合源 I 型花岗岩兼具 S 型岩浆分异部分熔融 | 碰撞造山后火山弧岩浆弧同碰撞花岗岩 |
| | | | | J | $J_{1-3}$ | 汤池片麻状石英二长岩-花岗闪长岩组合 | 155 锆石 U-Pb 174 Rb-Sr 等时线 | | | | |
| | | | 元古宙 | Pt | $Pt_3$ | 岳西花岗闪长质→奥长花岗质→二长花岗质→花岗质片麻岩组合 | 629, 866±48 锆石 U-Pb 878~693 锆石 U-Pb | | 钙碱性系列 | 部分熔融分离结晶 I 型花岗岩部分 A 型、S 型花岗岩 | 岩浆弧板内非造山构造环境火山岩浆弧 |
| | | | | | | 汤池石英二长闪长质-石英二长质片麻岩组合 | 595±27 769.1 锆石 U-Pb 858±137 Rb-Sr 等时线 | | 钙碱性系列 | 同源岩浆岩浆分异 I 型花岗岩 | 板块俯冲火山弧同碰撞花岗岩 |

续表 2-10

| 构造岩浆岩带 | | | 时代 | | | 构造岩石组合 | 同位素年龄(Ma) | 含矿性 | 岩石系列 | 岩石成因类型 | 大地构造属性 |
|---|---|---|---|---|---|---|---|---|---|---|---|
| 一级 | 二级 | 三级 | 宙/代 | 纪 | 世 | | | | | | |
| 大别构造岩浆岩带 | 岳西-太湖-肥东岩浆岩亚带 | 天堂寨-岳西岩浆岩段 | 中生代 | K | $K_2$ | 官庄青龙尖正长岩组合 | 130 锆石 SHRIMP | | 钙碱性碱性系列 | 同源岩浆分异 I 型花岗岩 | 后造山伸展环境岩浆弧 |
| | | | | | | 白果树二长花岗岩-正长岩组合 | 126～120.28 Rb-Sr 等时线 125.6 锆石 U-Pb | | | | |
| | | | | $K_1$ | 天堂寨中粒斑状-似斑状二长花岗岩组合 | 124～122 Ar-Ar 黑云母 131～129 锆石 U-Pb | | 钙碱性系列 | 部分熔融 S 型花岗岩 | 伸展环境陆壳减薄后造山岩浆弧 |
| | | | | | | 大圆二长岩-石英二长岩组合 | 101.7±5.6 K-Ar 稀释法 | | 碱性系列 | 壳源岩浆 A 型花岗岩 | |
| | | | | | | 白马尖花岗闪长岩-二长花岗岩-正长岩组合 | 112.13 Rb-Sr 等时线 133～115 黑云母 K-Ar | | 钙碱性-弱碱性 | 同熔型 I 型花岗岩 | |
| | | | | | | 斑竹园二长花岗岩组合 | 124～122 Ar-Ar 黑云母 131～129 锆石 U-Pb | | 钙碱性系列 | S 型花岗岩 | |
| | | | | J | $J_3$ | 官庄二长花岗岩-石英二长岩-石英二长闪长岩-石英闪长岩组合 | 135 锆石 SHRIMP 138.1 Ar-Ar 黑云母 134.3 锆石 U-Pb | | 钙碱性碱性系列 | 壳、幔混合源 I 型花岗岩 | 岛弧环境岩浆弧 |
| | | | | | $J_{2-3}$ | 石鼓尖二长花岗岩-石英二长岩组合 | 166 锆石 U-Pb 154.5 Ar-Ar 角闪石 | | 钙碱性系列 | S 型花岗岩 | 陆壳增厚后碰撞花岗岩 |
| | | | 元古宙 | Pt | $Pt_3$ | 燕子河二长花岗质-花岗闪长质-英云闪长质-闪长-辉长质片麻岩组合 | 800～600 618 锆石 SHRIMP 锆石 U-Pb 707±42 718±95 全岩 Rb-Sr 858±137 | | 钙碱性系列片麻岩套 | 壳、幔部分熔融残留与岩浆分异产物 I 型花岗岩 同源岩浆结晶分异 | 同碰撞岩浆弧 |

续表 2-10

| 构造岩浆岩带 | | | 时代 | | | 构造岩石组合 | 同位素年龄(Ma) | 含矿性 | 岩石系列 | 岩石成因类型 | 大地构造属性 |
|---|---|---|---|---|---|---|---|---|---|---|---|
| 一级 | 二级 | 三级 | 宙/代 | 纪 | 世 | | | | | | |
| 大别构造岩浆岩带 | 岳西-太湖-肥东岩浆岩亚带 | 肥东岩浆段 | 中生代 | J | $J_3$ | 山里陈钾质钙碱性花岗岩-闪长岩组合 | | | 高钾钙碱性系列 | S型花岗岩 | 后造山岩浆弧 |
| | | | 元古宙 | Pt | $Pt_3$ | 西山驿正长花岗岩-二长花岗岩组合 | 785 锆石 U-Pb | | 高钾钙碱性系列 | I型花岗岩 | 活动陆缘同碰撞岩浆弧 |
| | | | | | | 王铁二长花岗质-花岗闪长质-石英闪长质-闪长质片麻岩组合 | 688±30 765±39 锆石 U-Pb | | 钙碱性系列 | | |
| 下扬子构造岩浆岩带 | 滁州构造岩浆岩亚带 | 滁州岩浆段 | 中生代 | K | $K_1$ | 滁州二长花岗岩-花岗闪长岩-石英闪长岩组合 | 128.4±4.7 120.3±2.6 全岩 Rb-Sr 125.51±0.55 $Hb^{40}Ar$-$^{39}Ar$ 127.87±0.46 128.27±1.32 $Bi^{40}Ar$-$^{39}Ar$ 全岩 Rb-Sr 134 | | 钙碱性系列 | 壳幔混合源（I型） | 造山后陆内伸展离散环境火山岩浆弧 |
| | 沿江构造岩浆岩亚带 | 安庆岩浆段 | 中生代 | K | $K_1$ | 洪镇闪长岩-石英二长岩-二长花岗岩-正长花岗岩组合 | 124 Rb-Sr 122 Ar-Ar 117~105 K-Ar 年龄 132 K-Ar 年龄 | | 钙碱性系列 | 同源岩浆壳幔混合岩浆源同熔型 | 造山后隆升伸展环境火山岩浆弧 |
| | | | 元古宙 | Pt | $Pt_3$ | 相公庙花岗质片麻岩相合 | 771.1±13 锆石 U-Pb | | 钙碱性系列 | I型花岗岩 | 板内花岗岩 |
| | | 庐枞-繁昌岩浆段 | 中生代 | K | $K_1$ | 繁昌正长花岗岩-二长花岗岩-花岗闪长岩；石英闪长岩-石英二长岩组合；宁芜辉长闪长(玢)岩和闪长(玢)岩组合 | 119.5 130.8~125.2 119.9 127.2~92 123± | | 高钾钙碱性岩高钠碱钙性岩 | 壳幔混合岩浆源 | 陆内伸展环境非造山A型火山岩浆弧 |
| | | | | K | $K_1$ | 庐江二十铺闪长玢岩-二长斑岩组合 | | | 碱性系列 | 造山后I型壳幔混合岩浆源 | 陆内伸展环境造山后火山岩浆弧 |
| | | | | | | 耐山正长花岗岩-二长岩-花岗闪长岩组合 | | | 高钾钙碱性系列 | | |
| | | | | | | 黄梅尖碱长花岗岩-石英正长岩-二长岩组合 | 134.0~129.0 129~118.6 | | 碱性花岗岩钾玄岩系列 | 造山后A型壳幔混合源 | |

续表 2-10

| 构造岩浆岩带 | | | 时代 | | | 构造岩石组合 | 同位素年龄(Ma) | 含矿性 | 岩石系列 | 岩石成因类型 | 大地构造属性 |
|---|---|---|---|---|---|---|---|---|---|---|---|
| 一级 | 二级 | 三级 | 宙/代 | 纪 | 世 | | | | | | |
| 下扬子构造岩浆岩带 | 沿江构造岩浆岩亚带 | 庐枞-繁昌岩浆岩段 | 中生代 | J | $J_3$ | 焦冲花岗闪长岩-石英闪长岩-闪长岩组合 | Rb-Sr 150 127.9±1.6 | | 高钾钙碱性系钾玄岩系 | 造山后I型壳幔混合源 | 陆内伸展环境造山后火山岩浆弧 |
| | 贵池构造岩浆岩亚带 | 贵池岩浆岩段 | 中生代 | K | $K_1$ | 大龙山正长岩-正长花岗岩-二长花岗岩-二长岩组合 | K-Ar 98.3~85.46 Rb-Sr等时线 132 | | A型碱性岩系列 | | |
| | | | | J | $J_3$ | 贵池石英正长岩-闪长岩-花岗闪长斑岩组合 | 137~147 K-Ar 135 K-Ar 139 | | 钙碱性系列 | 壳幔混合岩浆源 | 陆内收缩环境俯冲挤压后造山火山岩浆弧 |
| | | | | | | 铜官山二长岩-花岗闪长岩-石英闪长岩-辉石闪长岩组合 | K-Ar 131.0 | | 高钾钙碱性系列 | | |
| 皖南构造岩浆岩带 | 石台-广德构造岩浆岩亚带 | 青阳-黄山岩浆岩段 | 中生代 | K | $K_1$ | 黄山碱长花岗岩-正长花岗岩组合 | 125~120 | | 高钾钙碱性系列 | 壳幔混合源 | 陆内伸展环境造山后岩浆弧 |
| | | | | J | $J_3$ | 青阳二长花岗岩-花岗闪长岩-斜长花岗岩组合 | | | | | 陆内收缩环境造山后岩浆弧 |
| | | 黟县岩浆岩段 | | K | $K_1$ | 黟县花岗岩-二长岩-花岗闪长岩组合 | 128.1±2.7 U-Pb 141±1 U-Pb | | 钙碱性系列 | 同熔型I型花岗岩 | |
| | | | | J | $J_3$ | 石屋斜长花岗斑岩组合 | | | 钙性岩 | 改造型S型花岗岩 | |
| | | 旌德岩浆岩段 | 中生代 | K | $K_1$ | | 黑云母K-Ar 122 Rb-Sr等时线 137 | 钨 | 偏铝质-过铝质钾质钙碱性岩 | 壳源 | 陆内伸展环境造山后岩浆弧 |
| | | | | J | $J_3$ | 旌德花岗闪长岩-二长花岗岩组合 | Sm-Nd等时线 137 黑云母K-Ar 127.49 黑云母$Ar^{40}$-$Ar^{39}$ 139 | 锌、钨、钼、铜、多金属 | | | |

续表 2-10

| 构造岩浆岩带 | | | 时代 | | | 构造岩石组合 | 同位素年龄(Ma) | 含矿性 | 岩石系列 | 岩石成因类型 | 大地构造属性 |
|---|---|---|---|---|---|---|---|---|---|---|---|
| 一级 | 二级 | 三级 | 宙/代 | 纪 | 世 | | | | | | |
| 皖南构造岩浆岩带 | 石台-广德构造岩浆岩亚带 | 屯溪岩浆岩段 | 中生代 | K | $K_1$ | 屯溪正长花岗组合 | 全岩 $Ar^{40}$-$Ar^{39}$ 116.3~113.9 黑云母 K-Ar 126.9 Sm-Nd 等时线 125 Rb-Sr 等时线 105.9、121 全岩 $Ar^{40}$-$Ar^{39}$ 119.3 Rb-Sr 等时线 102.6、127 黑云母 K-Ar 122、127.89 | 钼、钨、铍、多金属 | 偏铝质-过铝质钾质钙碱性岩 | 壳源 | 陆内伸展环境造山后岩浆弧 |
| | | | | | | 屯溪石英二长岩-石英正长岩组合 | | 铜、金 | 偏铝质、钾质钙碱性-碱性岩 | 壳幔混合源 | |
| 浙西构造岩浆岩亚带 | 五城构造岩浆岩亚带 | 白际天目岩浆岩段 | 中生代 | K | $K_1$ | 五城古祝花岗闪长岩-二长花岗岩组合 | | | 钙碱性系列 | 同源岩浆改造型 S 型花岗岩 | 伸展环境造山后岩浆弧 |
| | | | | J | $J_3$ | 五城外宿斜长花岗斑岩-花岗闪长岩-花岗岩组合 | | | 钙碱性系列 | 同熔型 S 型花岗岩 | 挤压环境造山后岩浆弧 |
| | | | | | | 五城杨柏坪辉长辉绿玢岩组合 | | | 钙碱性 | 地幔部分熔融 | |
| | | | 元古宙 | | $Qb_2$ | 五城白际花岗斑岩-花岗斑岩正长花岗岩组合 | 768±28 814±29 U-Pb | | 碱性钙碱性系列 | 同源岩浆改造型 S 型花岗岩 | 陆缘岛弧后碰撞岩浆弧伸展环境 |
| | | | | | $Qb_1$ | 歙县休宁许村英云闪长岩-花岗闪长岩组合 | 887~963 Rb-Sr Ar-Ar 991~743 黑云母 K-Ar 584 | 银、多金属 | 钙性钙碱性系列 | 壳幔混合型 S 型花岗岩 | 陆缘岛弧同碰撞岩浆弧挤压环境 |
| | | | | | $Pt_2$ | 歙县伏川辉橄岩-辉长辉绿岩-闪长岩组合 | | | 钙碱性系列 | 幔源型岩浆结晶分异 | 蛇绿混杂岩带 |

TTG 质岩石形成于同碰撞期和造山期后的古构造环境，反映了由大陆边缘挤压向拉张过渡的演化趋势。

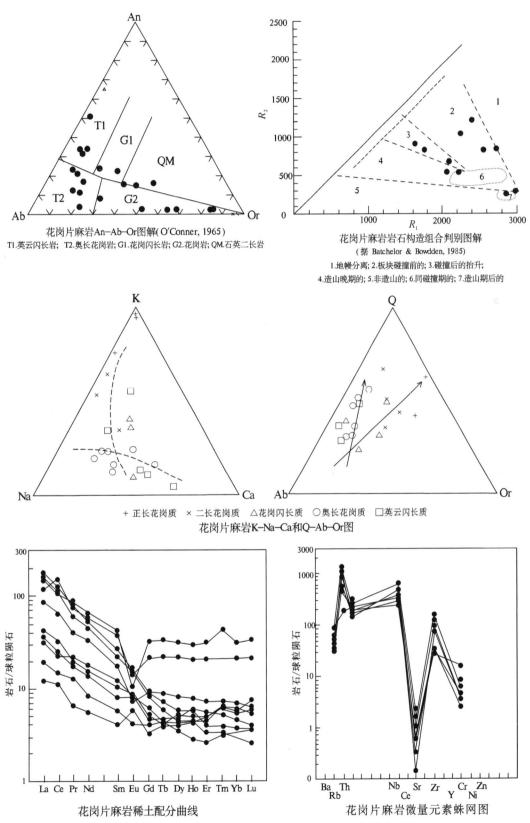

图 2-36　华北南缘花岗片麻岩序列岩石化学综合判别图解

## 一、华北陆块南缘侵入岩浆岩带

该带侵入岩主要分布于怀远、蚌埠、凤阳至五河一带,呈东西向带状侵入于五河岩群中,包括荆山、涂山、淮光、锥子山、西芦山、东芦山、女山、磨盘山等十几个岩体。对本带花岗岩成因及时代归属存在不同的认识。邱瑞龙等(1999年)认为,除磨盘山正长花岗岩同位素年龄1734Ma(白云母 $^{40}$Ar-$^{39}$Ar 坪年龄)外,其余均为燕山期花岗岩($^{40}$Ar-$^{39}$Ar 坪年龄 132~128Ma),并非全部混合花岗岩。笔者经野外查证,认为上述岩体主体为蚌埠期花岗岩,组成强风化的低缓山丘,具强、弱不均片麻理,为岩浆型混合岩化片麻状花岗岩。燕山期花岗岩呈枝、脉状贯入其中。通过对曹山、蚂蚁山、西庐山、女山岩体的岩浆锆石 LA-ICP-MS U-Pb 定年研究(杨德彬,2005),锆石均具有核边生长环带结构,普遍存在继承锆石,从核部的 759Ma 到中部的 220Ma 至边部为 122Ma,清晰地显示了岩浆锆石的生长过程。笔者认为华北陆块南缘岩浆岩带存在蚌埠期和燕山期两期侵入活动。

### 1. 蚌埠期侵入岩组合

蚌埠期侵入岩为蚌埠隆起主要组成部分,岩石组合为正长花岗岩($G_2$)、二长花岗岩-花岗闪长岩($G_1$)、奥长花岗岩($T_2$)、英云闪长岩($T_1$)组合,总体构成了 $T_1T_2G_1G_2$ 组合,为岩浆型混合岩化片麻状花岗岩序列,具板块俯冲碰撞机制,但极性不明(图2-36)。在 K-Na-Ca 图解上,各片麻岩总体构成英云闪长岩-奥长花岗岩系列的钠质演化趋势和奥长花岗岩-花岗闪长岩-花岗岩(二长花岗岩、正长花岗岩)钙碱性演化趋势。在 Q-Ab-Or 线上同样表现出奥长花岗岩和钙碱性岩的两种演化趋势。根据 $Al_2O_3$ 含量,早期片麻岩侵入体可分为高 Al($Al_2O_3>15\%$)的英云闪长岩-奥长花岗岩系列和低铝($Al_2O_3<15\%$)的奥长花岗岩-花岗闪长岩-二长花岗岩系列,前者总体与钠质演化系列一致,表现出高 $Na_2O$、$TiO_2$,低 $K_2O$ 特征,而后者则与钙碱性演化系列相近,具有低 $Na_2O$、$TiO_2$ 和高 $K_2O$ 特点。晚期的钾质花岗岩同样表现为低铝花岗岩特征。岩石以富硅、碱为特征,里特曼组合指数介于 2.14~2.16 之间,属钙碱性岩系;$Na_2O/K_2O$ 为 0.86~1.42,属钾质类型;A/CNK 为 0.92~0.99,偏铝质;DI 为 84.71~93.30,岩浆分异强烈。各类岩石稀土元素分配模式图(图2-36)均为右倾型,有不同程度的 Eu 负异常。高铝系列的英云闪长岩-奥长花岗岩稀土含量较低[$\Sigma REE:(60~90)\times 10^{-6}$],$\delta Eu$ 为 0.8~0.9,略具负异常;低铝系列岩石稀土含量普遍比高铝型岩石高[$\Sigma REE:(110~160)\times 10^{-6}$],$\delta Eu$ 在 0.6 左右,呈明显负异常,LREE/HREE 大于高铝型。从总体趋势来看,由英云闪长岩—花岗闪长岩—奥长花岗岩,稀土分馏程度增加,LREE/HREE 从 3.02→5.53→11.47,$(La/Yb)_N$ 从 3.41→4.41→12.19。这些特点与 Condie(1981)总结的太古宙高铝型及低铝型英云闪长岩—奥长花岗岩稀土元素特征相似,但本区的高铝型 TTG 质岩石多不具 Eu 正异常,而与 Cullers(1984)所划分的 TTG 质片麻岩稀土元素类型中第一类型的第一亚类(Eu 负异常,产于大陆或大陆边缘的 TTG 质岩石)特征更为接近。在该 TTGG 组合中,既包含了早期以高铝、富钠为特征的奥长花岗岩演化趋势,又叠加了后期的相对低铝、富钾的钙碱性趋势,总体反映了从过渡性陆壳向成熟陆壳转化的趋势。微量元素中 Ni、Cr 较 V、Mn 有相当大的亏损,岩浆来源主要为壳源,混有幔源物质。片麻岩序列富含亲铜元素和亲石元素,几乎各类花岗质片麻岩均高于维氏平均值,英云闪长质和花岗闪长质片麻岩则是平均值的 2 倍以上,并伴有亲铜元素的富集(如 Cu、Pb、Zn 和 As),此外 Ag 含量较高。对钻孔中新鲜、未蚀变的 TTG 质岩石进行同位素年代学研究,获得了单颗粒锆石的(2458±10)~(2408±13)Ma 的年龄值(涂荫玖等,1994),表明本区 TTG 质岩石形成于新太古代末—古元古代早期。在花岗片麻岩序列构造岩石组合判别图解上(图2-36),带内

## 2. 燕山期侵入岩组合

华北南缘岩浆岩带燕山期侵入岩较为发育，地表主要出露于蚌埠隆起带和徐淮断褶带，侵入岩分布明显受构造控制，在徐淮地区构成向西凸出的近南北向弧状岩带，在蚌埠隆起带早期岩体总体呈近东西向、晚期岩体受北东向构造控制。岩体在地表呈规模不大的岩株、岩瘤和岩枝状状产出。同位素年龄（表2-12）显示中生代岩浆侵入活动具有明显的阶段性，主要有燕山早期（中侏罗世，167～162Ma）、燕山中期（早白垩世中期，131～127Ma）和燕山晚期（早白垩世晚期，117～110Ma）等。

**表 2-12　华北南缘中生代花岗岩同位素年龄表**

| 岩浆期次 | | 岩体名称 | 岩性 | 测试方法 | 年龄(Ma) | 资料来源 |
| --- | --- | --- | --- | --- | --- | --- |
| 早白垩世 | 晚期 | 丁里 | 花岗斑岩 | K-Ar | 115.6 | 1:20万宿县幅 |
| | | 曹山 | 二长花岗岩 | 锆石 LA-ICP-MS | 110±2.9 | 杨德彬,2005 |
| | | 蚂蚁山 | 二长花岗岩 | 锆石 LA-ICP-MS | 115±3.1 | 杨德彬,2005 |
| | | 锥子山 | 二长花岗岩 | 黑云母 $^{40}$Ar-$^{39}$Ar | 117±0.26 | 徐祥,2005 |
| | 中期 | 班井 | 石英闪长玢岩 | 锆石 LA-ICP-MS | 131±1 | 杨德彬,2008 |
| | | 夹沟 | 石英闪长玢岩 | 锆石 SHRIMP | 132±4 | Xu et al,2004 |
| | | 丰山 | 石英闪长玢岩 | 锆石 LA-ICP-MS | 129±2 | 杨德彬,2008 |
| | | 蔡山 | 石英闪长玢岩 | 锆石 LA-ICP-MS | 131±1 | 杨德彬,2008 |
| | | 女山 | 花岗岩 | 黑云母 $^{40}$Ar-$^{39}$Ar | 127±0.12 | 徐祥,2005 |
| | | 女山 | 花岗岩 | 锆石 LA-ICP-MS | 130±3.2 | 杨德彬,2005 |
| | | 西庐山 | 二长花岗岩 | $^{40}$Ar-$^{39}$Ar 黑云母 | 128±0.15 | 徐祥,2005 |
| | | 西庐山 | 二长花岗岩 | 锆石 LA-ICP-MS | 129±4.8 | 杨德彬,2005 |
| | | 淮光 | 花岗闪长岩 | 锆石 SHRIMP | 130±2.0 | 靳克 2003 |
| | | 李楼 | 石英闪长岩 | $^{40}$Ar-$^{39}$Ar 黑云母 | 131±0.13 | 徐祥,2005 |
| 中侏罗世 | | 荆山 | 含榴二长花岗岩 | 锆石 SHRIMP | 167±5.8 | 郭素淑,2005 |
| | | 荆山 | 含榴二长花岗岩 | Rb-Sr 等时线 | 163±2.3 | 徐祥,2005 |
| | | 荆山 | 含榴二长花岗岩 | 锆石 SHRIMP | 162±1.3 | 许文良,2004 |
| | | 荆山 | 含榴二长花岗岩 | 黑云母 $^{40}$Ar-$^{39}$Ar | 162±0.3 | 徐祥,2005 |

燕山早期侵入岩分布于怀远—蚌埠一带，主要有涂山、荆山、陶山及九华山等侵入体，多呈岩瘤状、岩株状产出，具有弱片麻状构造，靠近接触带多见角闪斜长片麻岩捕虏体，沿蚌埠复背斜呈近东西向延伸。同位素 $^{39}$Ar-$^{40}$Ar 年龄为 162.8Ma（徐祥，2005），锆石 U-Pb SHRIMP 年龄为 162Ma（许文良，2004），167.3Ma（郭素淑，2005），属燕山早期的产物。

燕山早期侵入岩以涂山岩体为代表，岩石组合为弱片麻状黑云母二长花岗岩和中细粒二长花岗岩（属边缘相）、似斑状二长花岗岩及中粗粒二长花岗岩（属内部相）组合。岩石化学成分 $SiO_2$ 含量变化于 71.37%～76.43%之间，全碱含量变动于 8.34%～8.75%之间，表明岩浆碱硅质分异演化较为彻底，里特曼指数 $\sigma$ 值为1.57～2.53，总体属Ⅰ型高钾钙碱系列。固结指数 SI 值变动于 1.89～6.30 之间，分异指数 DI 值变化于 83.40～92.91 之间，M 值 17.70～51.22，表明岩浆具有强烈的镁铁质矿物分离或是岩浆部分熔融、强烈分异的结果，在硅-碱图上属亚碱性岩系列（图2-37）。岩石稀土总量显著偏低，$\Sigma REE$ 变化于 $(26.11～48.13)\times 10^{-6}$ 之间，LREE/HREE 为 2.98～11.57，$(La/Yb)_N$ 为 1.59～

10.39，轻、重稀土分异程度不高。$\sum Ce/\sum Y$ 为 1.76～3.35，$\delta Eu$ 为 1.20～3.05，平均 1.66，表现为明显的正异常。Eu 的正异常说明富 Ca 的斜长石等进入熔体相，且在岩浆演化中未发生明显的以斜长石为分离相的结晶分异作用。相对轻、中稀土重稀土 Yb 等呈富集状态，这与岩石中普遍含有石榴石等矿物一致，表明石榴石同样进入熔体相。稀土配分曲线呈低平缓右倾型（图 2-38），轻稀土相对富集，同样表明深熔岩浆来源主要为壳源型基底易熔组分熔融的产物。岩石富集大离子亲石元素（LILE）Rb、Ba、Sr等，亏损高场强元素 Nb、Ta、Zr、Hf 等，其中 Nb 的亏损显示出典型的陆壳成因特点。岩石具有中等的 Sr/Y 比值（Sr/Y=24.4～88.7，平均 50.5）。与一般板内陆壳成因花岗岩相比，Th 含量明显偏低，仅 $(0.76～2.28)\times 10^{-6}$，暗示其源区曾发生 U、Th 矿物的丢失。在微量元素原始地幔标准化比值图上（图 2-39），表现为 Rb、Ba、Sr 的正异常和 Th、Nb、Ti 等负异常，Y 和 Yb 也表现出一定的富集特征。Sr、Ba 富集与岩石中斜长石含量较高有关，与 Eu 普遍正异常一致。据许文良等（2004）蚌埠荆山岩体锆石 U-Pb SHRIMP 研究，其继承锆石上交年龄为 850±85Ma，大部分继承锆石核部年龄平均值为 217.1±6.6Ma。继承锆石的示踪研究揭示，岩浆源区既有扬子板块基底物质，又有华北板块基底物质，暗示俯冲的扬子陆块物质可能直接参与了地壳熔融事件。在 $R_1$-$R_2$ 图解中（图 2-37），其投影点位于同碰撞花岗岩区，岩浆在挤压的构造环境下形成。

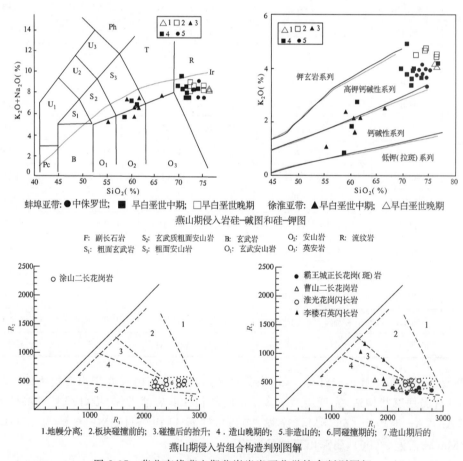

图 2-37　华北南缘燕山期花岗岩岩石化学综合判别图解

燕山中期(?)基性侵入岩主要有老寨山、马鞍山、牛汪、管庄、庙弯、娄庄等岩体，分布于宿州、灵璧、泗县及凤阳县殷家涧小顶山一带，呈岩床状产出，围岩为青白口纪地层，显示了超浅成相的特点。其中老寨山、马鞍山等岩体有 447.6～452.7Ma 同位数年龄数据，《安徽省区域地质志》将其划归霍邱期，据其产出构造背景分析，华北陆块南缘霍邱期无强烈构造运动，而与燕山期徐淮推覆构造关系密切，基性岩浆沿其不同级次构造界面贯入。本书将其暂划归燕山中期。

燕山中期基性侵入岩岩石组合为辉绿岩-辉长辉绿岩-辉长岩组合，以辉绿岩为主。岩石里特曼组

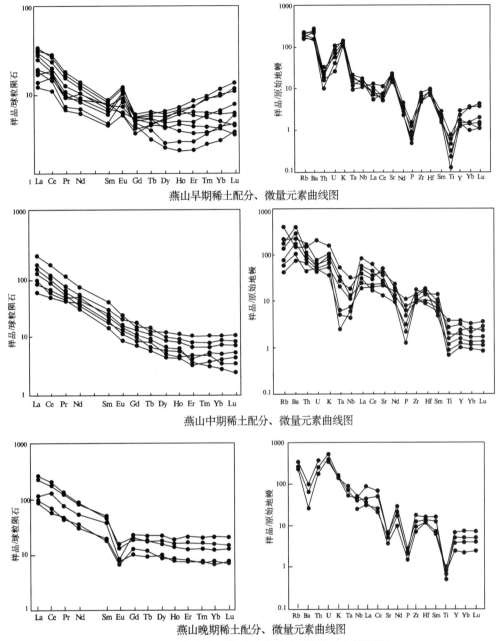

图 2-38 华北南缘燕山期花岗岩稀土、微量元素判别图解

合指数平均 3.41,属碱钙性岩系。A/CNK 在 0.99～1.04 之间,为偏铝质。$Na_2O/K_2O$ 平均 2.57,属钠质类型。最近,柳永清等(2005)对徐淮地区的层状辉绿岩(床)群进行了同位素年代学的研究,测得其锆石 U-Pb (SHRIMP)年龄为(1038±26)～(976±24)Ma,代表了中元古代—新元古代辉绿岩浆结晶时代,表明在华北南缘普遍发生有一期相当规模的基性岩浆活动,这期岩浆热事件可能与 Rodinia 超大陆聚合有关。

燕山中期中酸性侵入岩主要包括三铺复式岩体、邹楼复式岩体、刁山集复式岩体、岳集复式岩体和王场岩体等,大部分为隐伏岩体。岩体的最新围岩为二叠纪地层。铁、铜、金等矿产与这次岩浆活动关系密切。岩石组合为(石英)闪长(玢)岩-石英二长闪长(玢)岩-花岗闪长斑岩组合,为陆壳改造型后造山浅成钙碱性花岗岩组合。$SiO_2$ 变化于 69.95%～73.17%之间,属酸性岩类。全碱含量为 7.43%～9.46%,在硅-碱图上属亚碱性岩系列(图 2-38)。里特曼组合指数 σ 介于 1.97～2 之间,在硅-钾图上属

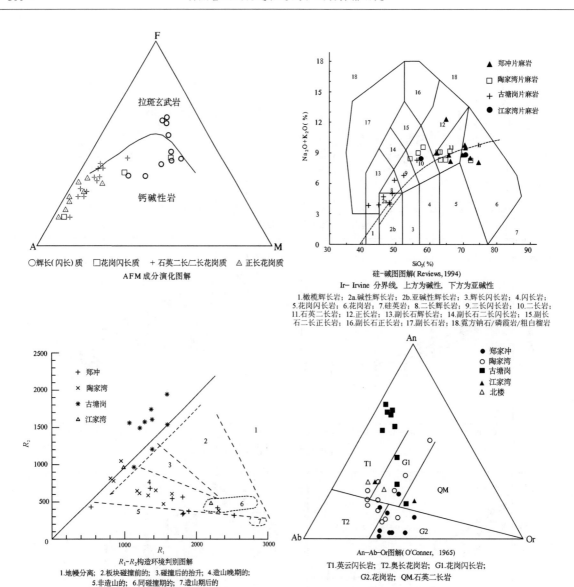

图 2-39 北淮阳小溪河片麻岩套岩石化学综合判别图解

高钾钙碱性岩系列(图 2-37)。A/CNK 平均 0.85～1.21,属正常-过铝型。$Na_2O/K_2O$ 介于 1.05～1.64 之间,属钾质类型。岩石稀土总量 $\Sigma REE$ 在 $(85～230.67)\times10^{-6}$ 之间,平均 $145.45\times10^{-6}$。LREE/HREE 为 11.67～31.33,平均 22.49,$(La/Yb)_N$ 为 17.89～57.99,平均 38.62,轻重稀土分异明显,属 LREE 富集型。$\delta Eu$ 为 0.86～1.08,平均 1.00,基本不显异常。重稀土 Yb 含量在 $(0.49～1.52)\times10^{-6}$ 之间,平均 $0.80\times10^{-6}$,强烈亏损。在球粒陨石标准化蛛网图上均呈向右倾斜的平滑曲线(图 2-38),Eu 异常不明显,说明岩浆源区没有斜长石的残留和基本上未发生以斜长石为分离相的分异作用;重稀土 Yb 等强烈亏损,则暗示岩浆源区的石榴石(角闪石)矿物与熔体处于平衡状态,并作为残留相存在。微量元素以高 Sr、Ba,低 Y 含量为特征,岩石均表现为高 Sr/Y 比值,在微量元素原始地幔标准化比值图上(图 2-38),不同类型岩石的配分曲线基本一致,即富集 LILE,亏损 HFSE,其中 Nb、Ta 的亏损暗示源区有较多陆壳物质的参与。在 $R_1$-$R_2$ 图解中(图 2-37),大多数侵入体的投影点落入同碰撞花岗岩区。

燕山晚期超基性—中基性侵入岩主要有后马厂岩体、演礼寺岩体和周货郎庄岩体等,呈岩墙状侵入于奥陶纪地层及中期石英闪长岩中,与奥陶纪白云质灰岩接触处产生大理岩化和矽卡岩化。其中后马厂岩体垂直分带明显,自上而下为黑云母闪长岩相、辉长闪长岩相、辉长岩-辉绿岩相和橄长岩相,岩石具气孔、杏仁构造。橄长岩是铜镍矿体的主要母岩,辉长岩次之。各相带岩石随着岩石基性度增高,岩石中橄榄石和辉石增多,斜长石牌号也由更-中长石变为拉长石。$SiO_2$ 平均含量为 46.14%,为基性岩类;碱铝指数 NKA 值平均 0.48,较低,岩石为钙碱性岩系;里特曼指数平均 6.65,属于碱性岩系;含铝指数平均 0.73,为正常类型。$K_2O/Na_2O$ 平均 0.48,属钠质类型,固结指数平均 38.39。后马厂岩体具有与其他岩体迥然不同的特性,可能是一次与前述岩体无关的独立的侵入活动。其同位素地质年龄在金云母橄长岩中测值为 217Ma,在粗粒黑云母闪长岩中的测值为 107.4Ma,其原因有待进一步研究。

燕山晚期(早白垩世晚期)酸性侵入岩受北北东向断裂控制,包括丁里、孟庄、淮光、女山、西庐山、蚂蚁山、锥子山、磨山和紫阳山等岩体,岩石组合主要为正长花岗岩、花岗斑岩、二长花岗岩、花岗闪长岩、石英闪长岩组合(图 2-37),属陆壳改造型浅成钙碱性花岗岩组合。其中淮光花岗闪长岩锆石 U-Pb SHRIMP 年龄为 130Ma(靳克,2003),女山、西庐山二长花岗岩黑云母 $^{40}Ar$-$^{39}Ar$ 年龄为 127.8Ma、128.7Ma(徐祥,2005),锆石 LA-ICP-MS U-Pb 年龄为 129.3Ma(杨德彬,2005),蚂蚁山、锥子山二长花岗岩同位素年龄为 110.3~117.6Ma(徐祥,2005;杨德彬,2005),均属早白垩世晚期的产物。岩石化学特征从早到晚 $SiO_2$ 含量依次为 60.76%→72.00%→74.73%,$K_2O+Na_2O$ 为 7.56%→8.37% 逐渐递增,属正常成分演化序列。全碱含量 7.95%~8.65%,里特曼组合指数 σ 值为 2.12~2.70,属于典型的高钾钙碱性系列,A/CNK 平均 1.03,为偏铝质。$Na_2O/K_2O$ 平均为 0.96,钾质,晚期岩浆由相对富钠向富钾方向演化。固结指数 SI 依次为 13.53→5.13,分异指数 DI 为 84.24→93.06,M 值依次为 55.63→26.92,小于 68,表明岩浆分异较好且较为彻底。稀土总量 ΣREE 为 $214.69×10^{-6}$→$181.80×10^{-6}$,配分曲线呈陡倾斜右倾型,δEu 值为 1.26→0.42,晚期铕异常趋于明显(图 2-38)。微量元素总体表现为富集 K、Rb 和亏损 Sr、Ba 的特征(图 2-38),Y 含量增高,Nb、Ti 的亏损也显示岩浆以陆壳源区为主的特点,Sr/Y 比值较低,属低 Sr 型花岗岩。在 ACF 图上,它们的投影点主要集中在 I 型及其与 S 型界线附近,显示了壳源物质同化混染的影响。在 $Na_2O$-$K_2O$ 图中投影点多落在 A 区,少数落入 I 区,应属 I 型或同熔型。燕山晚期花岗岩结晶深度 10.96~13.2km,属陆壳改造型浅成花岗岩类,岩浆上侵就位由深向浅部推进,侵入体呈北东向展布及北东向岩墙、岩脉状产出,表明其与拉张构造环境有关和被动就位的特征。在 $R_1$-$R_2$ 图上,早期属碰撞后抬升-造山晚期花岗岩组合,晚期显示造山后岩石组合特征。

综上所述,各期侵入岩的主要地质特征、岩石化学特征等方面的对比,反映本带燕山期侵入岩在时、空演化上的同源性,岩浆演化基本上以分异作用为主,$SiO_2$ 由低到高,符合岩浆由基性—酸性的演化规律。体现了岩浆同期不同次侵入而且控制岩浆演化因素比较单一的特点,它们之间可能存在成因上的联系。

## 二、北淮阳侵入岩浆岩带

北淮阳侵入岩浆岩带位于大别造山带北侧,郯庐断裂带以西、六安断裂以南一带,带内侵入岩浆活动主要发生在新元古代(晋宁期)和侏罗纪—白垩纪(燕山期),侵入岩从基性—中性—酸性—碱性均有出露。

### 1. 晋宁期侵入岩组合

晋宁期侵入岩主要分布于舒城、桐城一带,总体呈近东西向展布,岩石具有明显的强、弱变形分带特征,为一套变形变质侵入岩序列(小溪河片麻岩套)。岩石组合为辉长闪长质-石英闪长质-花岗闪长质-二长花岗质-正长花岗质片麻岩,属同源演化碱钙性岩系,具 TTG 岩系组合特征(图 2-39)。物质成分源自上地幔演化范围较宽的 A 型花岗岩,同位素年龄在 704Ma 左右。岩石里特曼组合指数介于 3.47~4.26 之间,$Na_2O/K_2O$:2.74→1.50→1.05,显示从钠质→钾质演化。A/CNK:0.74→0.97→1.04,为正常→偏铝型,在 AFM 图上(图 2-39),岩石从早到晚由富 Mg 向富铁、富碱质方向演化,构成明显的钙碱性演化趋势,由富 Ca 向富 Na、K 方向演变。岩石富轻稀土,由辉长闪长质→花岗闪长质→二长花岗质到正长花岗质,平均 ΣREE 分别为 $177.58×10^{-6}$、$189.48×10^{-6}$、$254.78×10^{-6}$ 和 $296.29×10^{-6}$,总量逐渐增加。δEu:0.90→0.66→0.42,从早到晚 Eu 的负异常增高。在球粒陨石标准化图解中呈右倾平滑型—

右倾海鸥型（图2-40）。辉长（闪长质）片麻岩体Sr、Co、V等含量较高，Cu、Pb、Rb、Ba等偏低，Rb/Sr为0.07；Ni/Co为2.42；Ba/Sr为1.56。花岗闪长质片麻岩K/Rb＝405.4，Rb/Sr＝0.34，Ba/Sr＝5.65，Ni/Co＝1。前两者相比，二长花岗质片麻岩Cu、Pb、Ba等元素含量略高，Sr、Ni、Co、V等元素偏低；正长花岗质片麻岩的W、Mo、Bi、Pb、Rb偏高；Cu、Zn、Ni、Co、Sr、Ba含量低。在微量元素标准化比值图（图2-40）上，各片麻岩体均表现为LILE（Rb、Ba、Th、K、La等）相对富集，而HFSE（Nb、Zr、Ti等）亏损的特征，物质成分源自上地幔演化范围较宽的A型花岗岩。侵位时代为新元古代，不同方法测得的同位素年龄在665～820Ma之间，峰期为750～740Ma（表2-13），变质年龄在400Ma左右。根据相关图解构造环境判别（图2-39），小溪河变形变质侵入岩序列贯穿整个造山旋回，微量元素环境判别均落入火山弧和同碰撞花岗岩区域内，可能形成于类似俯冲带环境。晚期侵入岩大多为造山晚期或非造山环境下岩浆侵入的产物，构造环境为后碰撞拉张环境火山岩浆弧。

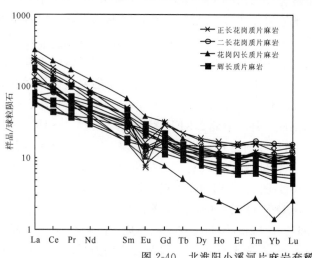 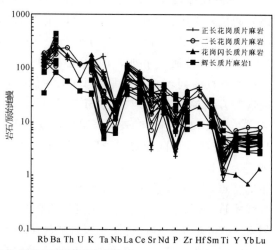

图2-40 北淮阳小溪河片麻岩套稀土和微量元素标准化曲线图

表2-13 北淮阳侵入岩浆岩带变质花岗岩同位素年龄表

| 岩体名称/位置 | 岩石类型 | 测试方法 | 年龄值（Ma） | 资料来源 |
| --- | --- | --- | --- | --- |
| 舒城县新开岭 | 变质花岗岩 | SHRIMP | 756±26 | 郑永飞，2005 |
| 舒城县卢镇关 | 变质花岗岩 | LA-ICP-MS | 754±10 | 郑永飞，2004 |
| 舒城县新开岭 | 变质花岗岩 | SHRIMP | 820±4 | 吴元保等，2005 |
| 霍山县上河村 | 片麻状花岗岩 | LA-ICP-MS | 745±7 | 吴元保，2004 |
| 霍山县牛角冲 | 片麻状花岗岩 | LA-ICP-MS | 745±5 | 吴元保，2004 |
| 舒城县卢镇关 | 片麻状花岗岩 | LA-ICP-MS | 746±6 | 吴元保，2004 |
| 霍山县复览山 | 闪长岩 | LA-ICP-MS | 740±14 | 吴元保，2004 |
| 舒城县王家河 | 辉长闪长岩 | LA-ICP-MS | 739±8 | 吴元保，2004 |
| 舒城县胡家河 | 辉长闪长岩 | LA-ICP-MS | 741±6 | 吴元保，2004 |
| 舒城县王家河/胡家河 | 辉长岩/闪长岩 | 锆石U-Pb | 784±18 | 谢智，2002 |
| 舒城县胡家河 | 片麻状辉长岩 | 锆石U-Pb | 823±15 | 1:5万磨子潭等幅 |
| 舒城县卢镇关 | 正长花岗质片麻岩 | 锆石U-Pb | 741±3 | 周存亭，1995 |
| 金寨县猴子尖 | 片麻状花岗岩 | 锆石U-Pb | 744±9 | 马文璞 2000 |
| 霍山县复览山 | 片麻状花岗岩 | 锆石U-Pb | 665±39 | 马文璞 2000 |
| 霍山东石门 | 正长花岗质片麻岩 | 锆石U-Pb | 688±3.5 | 汤家富，1995 |
| 舒城县卢镇关 | 花岗片麻岩 | SHRIMP | 739 | Harke，1998 |
| 舒城县卢镇关 | 花岗片麻岩 | SHRIMP | 779 | Harke，2000 |
| 舒城县卢镇关 | 花岗片麻岩 | TIMS | 770～720 | Chen D G，2003 |
| 霍山牛角冲 | 二长片麻岩 | 锆石U-Pb | 746±11 | 江来利，2005 |
| 霍山单龙寺 | 花岗闪长质片麻岩 | 锆石U-Pb | 743±18 | 江来利，2005 |

在金寨北楼地区一套浅粒岩建造原岩恢复为花岗闪长岩-二长花岗岩组合,属岩浆分异钠质钙碱性系列,同位素锆石 U-Pb 年龄为 399.0±1.1Ma,为加里东期同碰撞岛弧型花岗岩。指示北淮阳构造带内尚存在古生代的花岗岩,这对确定大别山东段加里东期构造缝合线的位置和东大别造山带构造格架具有重要意义。

**2. 燕山期侵入岩组合**

燕山期侵入岩可分为金寨、舒城东西两个岩浆岩亚带或岩浆侵入中心,岩浆成分由中酸性系列向偏碱性和碱性方向演化,侵入最新围岩为晚侏罗世—早白垩世毛坦厂组火山岩,两者为同源岩浆演化序列。根据岩体的相互穿插关系、岩浆分异特征以及与区域构造的关系,结合同位素年龄,岩浆活动可分为燕山中、晚两期。燕山中期侵入岩包括上码头、汞湾-鲍冲、佛兴庵、山七岩体及河棚等岩体,岩石组合为石英闪长岩、石英二长岩、花岗闪长岩组合,呈岩基、岩株、岩瘤状产出。燕山晚期酸性侵入岩包括商城、三合、河棚、华盖山和西汤池等岩体,呈岩基、岩株状产出,岩石组合为二长花岗岩、正长花岗岩组合,属钙碱性岩系列,为造山后隆升伸展环境火山岩浆弧。燕山晚期碱长正长岩主要为响洪甸岩体,分布于金寨响洪甸一带,呈岩株、岩枝状产出,岩石组合为霓辉正长岩、霞石正长岩、白榴石正长岩组合,岩石类型属碱性玄武岩系列。与响洪甸组火山岩呈侵入接触,两者为同熔型同源岩浆演化序列,类似于大陆裂谷环境。

燕山中期侵入岩组合岩石 $SiO_2$ 含量变化于 57.45%~70.15% 之间,属中—酸性岩范畴;总碱含量 $K_2O+Na_2O$ 为 6.88%~12.15%,在硅-碱图中属亚碱性岩(图 2-41),$K_2O/Na_2O$ 绝大多数小于 1(平均 0.96),总体属钠质系列;里特曼组合指数为 2.84~3.36,属钙碱性-碱钙性岩系。A/CNK 平均为 0.91,属正常类型。岩石稀土元素 $\Sigma REE$ 为 $(134.1\sim694.03)\times10^{-6}$,平均 $252\times10^{-6}$,LREE/HREE=10.85~31.66,平均 117.5,属轻稀土富集型。$(La/Yb)_N$ 为 16.5~72.87,平均 34.63,分馏作用较强。$\delta Eu$ 介于 0.73~0.93 之间,Eu 基本不显异常—弱负异常。Yb 含量在 $(0.41\sim1.85)\times10^{-6}$ 之间,平均 $1.35\times10^{-6}$,属重稀土亏损型。球粒陨石标准化配分模式为中等程度右倾型(图 2-42)。岩石微量元素以高 Sr、Ba 为特征,在原始地幔标准化蛛网图上(图 2-42),不同岩体及岩石类型总体具较为一致的配分型式,表现为大离子亲石元素 Rb、Ba、Th 及 LREE 富集和高场强元素 Nb、Ti、Y、P 的亏损,具有高 Sr/Y 比、亏损重稀土等特征,与稀土元素表现出的特征相符合。

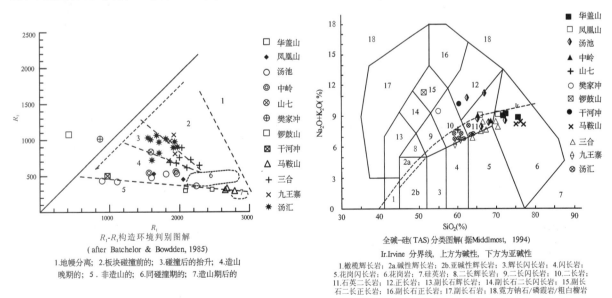

图 2-41 北淮阳燕山期花岗岩构造岩石组合图解

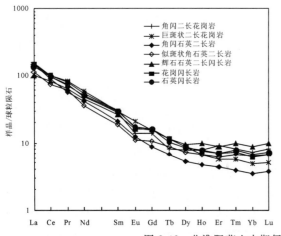
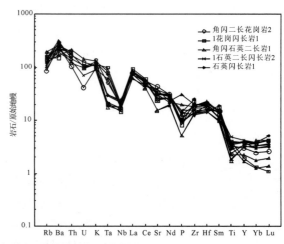

图 2-42 北淮阳燕山中期侵入岩稀土、微量元素标准化图式

燕山晚期酸性侵入岩组合岩石 $SiO_2$ 在 66.07%～77.65% 之间,均属酸性岩类;总碱 $Na_2O+K_2O$ 含量为 7.77%～9.23%,多属亚碱性系列,$K_2O/Na_2O$ 在 1.1～1.88 之间,平均 1.2,属钾质系列;里特曼指数 $\sigma$ 多数为 2.3～3.1,在 $K_2O$-$SiO_2$ 图中多位于高钾钙碱性岩区,A/CNK 为 0.94～1.04,属正常-铝弱过饱和类型、钙碱性岩系列。岩石稀土元素 $\Sigma REE$ 为 (86.4～348.051)×$10^{-6}$,LREE/HREE= 8.43～38.04,平均 18.14,$(La/Yb)_N$ 为 19.90～28.56,平均 25.72,属轻稀土富集型。重稀土 Yb 多数强烈亏损。$\delta Eu$ 为 0.27～0.77,平均 0.51,Eu 负异常较明显,配分模式为右倾"V"形(图 2-43)。

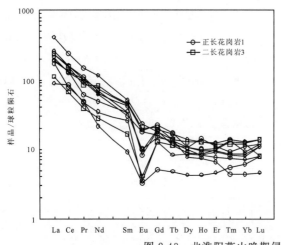
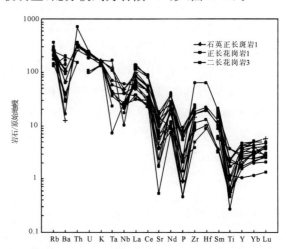

图 2-43 北淮阳燕山晚期侵入岩稀土、微量元素标准化图式

微量元素以低 Sr、Ba 为特征,在微量元素蛛网图上(图 2-43),分布形式相似,表现为 LILE 如 Rb、Ba、Th、LREE 明显富集,而 HFSE 如 Nb、Ta、Sr、Zr、Ti、Y 等构成负异常,其中 Sr 亏损与 Eu 的负异常一致。该期侵入岩多为 I 型花岗岩,K/Rb、K/Cs、Rb/Cs 和 Rb/Sr 比值表现为同熔型花岗岩。在 $R_1$-$R_2$ 图上(图 2-41)显示出碰撞后抬升-造山晚期花岗岩组合,晚期 A 型花岗岩显示造山期后岩石组合特征,总体属造山后构造隆升伸展拉张环境火山岩浆弧。

燕山晚期响洪甸霓辉正长岩、霞石正长岩、白榴石正长岩等碱长正长岩组合为造山晚期或非造山环境的产物。碱性正长岩组合 $SiO_2$ 含量为 51.28%～59.34%,属基性—中性岩范畴,为 $SiO_2$ 不饱和型。岩石里特曼组合指数介于 5.86～15.37 之间,属碱钙性—碱性岩系。总碱 $K_2O+Na_2O$ 含量 9.5%～12.97%,$Na_2O/K_2O$ 为 0.27～0.67,属高钾系列,岩石类型属碱性玄武岩系列。碱长岩组合稀土元素总量较高,平均 794.68×$10^{-6}$,轻、重稀土分馏程度较高,富轻稀土。$\delta Eu$ 介于 0.48～0.70 之间,平均 0.56,Eu 负异常较明显,配分模式为右倾海鸥型(图 2-44)。微量元素以富集大离子亲石元素(LILE,

Rb、Ba、K、La、Ce等)和亏损高场强元素(HFSE,Nb、Sr、P、Ti等)为特征,较高的K、Rb含量显然与岩石富碱性长石有关,蛛网图上具较为一致的配分曲线(图2-44)。碱长正长岩组合与响洪甸组火山岩呈侵入接触,两者为同熔型同源岩浆演化序列,其侵入定位标志着本期岩浆活动的结束。根据邓晋福(2004)研究,这类碱性正长岩组合属于低压型正长岩,是由玄武质母岩浆经分离结晶作用后形成。自然界可以分别存在玄武岩-粗面岩-流纹岩和玄武岩-粗面岩-响岩的两类双峰式岩浆组合,它们都代表了低压的岛弧或大陆裂谷环境。区域动力学背景处于燕山期郯庐断裂带大规模左行剪切和北淮阳构造带向北伸展滑动联合作用下,幔源岩浆沿断裂通道迅速上涌就位。

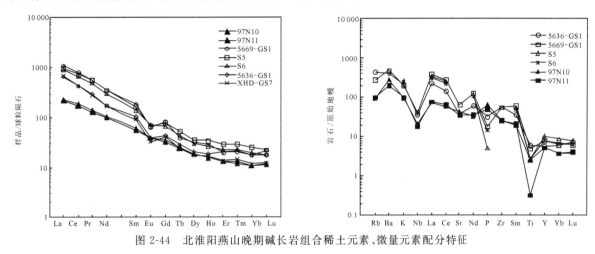

图2-44　北淮阳燕山晚期碱长岩组合稀土元素、微量元素配分特征

## 三、大别侵入岩浆岩带

大别侵入岩浆岩带位于造山带腹部和肥东浮槎山一带,沿郯庐断裂带向北北东方向延伸,北西向构造为其控岩构造,北北东向构造为其侵位构造。主要分为3期、3套侵入岩组合。

第一套为前青白口纪变质超镁铁-镁铁质岩组合和印支期—燕山期超镁铁-镁铁质侵入岩组合,区域上总体呈北西向成群成带分布,规模大小不等,单个岩块呈透镜状、串珠状、星点状出露。变质超镁铁-镁铁质岩组合自北向南可划分出青山-祝家铺-饶钹寨-桐城岩带、燕子河-来榜-五河岩带、斑竹园-白帽-太湖岩带和柳坪-二郎河岩带。变质超镁铁-镁铁质岩组合分布明显受构造作用控制,呈无根构造岩块与围岩接触,具微定向组构和片理化构造,且被晋宁期变质花岗岩包卷。主要岩石组合为纯橄岩、辉橄岩、蛇纹岩、辉石岩、角闪石岩、辉长岩组合,为幔源岩浆分异产物。印支期—燕山期超镁铁-镁铁质侵入岩组合为辉闪岩、角闪辉石岩、角闪石岩、辉长岩、闪长岩组合,岩石具层状堆晶结构,为幔源型拉斑玄武岩系列。

第二套为晋宁期花岗片麻岩组合,大别变质侵入岩组合为造山带主要组分,包括燕子河二长花岗质-斜长(奥长)花岗质-花岗闪长质-英云闪长质-闪长辉长质片麻岩组合、汤池石英二长闪长质-石英二长质片麻岩组合、王铁二长花岗质-花岗闪长质-石英闪长质-闪长质片麻岩组合和西山驿正长花岗岩-二长花岗岩组合,具钙碱性同源演化趋势,燕子河、王铁片麻岩组合具TTG岩系特征。从整个大别花岗片麻岩套的分布可以看出,英云闪长质片麻岩、花岗闪长质片麻岩及二长花岗质片麻岩是变质侵入岩主体,主要出露于大别隆起核部,辉长质片麻岩、闪长质片麻岩呈透镜状、残块状、包体状产出,斜长(奥长)花岗质片麻岩主要见于宿松构造带及东部强变形带内,石英二长质片麻岩、花岗质片麻岩主要发育于主体片麻岩体边部呈枝脉状、岩株状产出。各类片麻岩体均经受了深层剪切流变和角闪岩相变质,含大量变质表壳岩包体,总体平行造山带呈北西向展布。成岩同位素年龄在600~800Ma之间,王铁片麻岩同位素年龄在727Ma左右(天津地质研究所,1998),属晋宁期侵入岩组合,具钙碱性同源岩浆演化特征。为板块碰撞后隆起、造山晚期深熔、塑性剪切流变产物,以同碰撞花岗岩为主。

第三套燕山期侵入岩组合分布在金寨县天堂寨、岳西县白马尖、主簿源、司空山、万山、肥东、管店等地,总体呈北西-南东向展布,岩浆侵位受北东—北北东向构造控制,构造环境处于造山带抬升拉张环境,花岗岩大规模侵位,为造山晚期火山弧产物。燕山中期侵入岩包括白马尖、响肠、万山、瓦屋刘、瓦屋薛、管店及前山份等岩体,岩石组合主要为花岗闪长岩-二长花岗岩组合,呈岩株、岩瘤、岩墙状产出,岩体同位素年龄多集中在140~150Ma之间,时代为晚侏罗世。燕山晚期侵入岩包括主簿源、司空山、白马尖、天堂寨、万山及前山份等岩体,呈岩基、岩株、岩墙状产出。岩石组合为石英二长岩-花岗闪长岩-二长花岗岩-正长花岗岩组合。岩体同位素年龄多集中在133~93Ma之间,主期时代为早白垩世(部分正长岩类为晚白垩世)。

**1. 超镁铁-镁铁质岩组合**

大别岩浆岩带超镁铁-镁铁质岩组合包括前南华纪变质超镁铁-镁铁质岩组合和燕山期超镁铁-镁铁质侵入岩组合,区域上总体呈北西向成群成带分布,规模大小不等,单个岩块呈透镜状、串珠状、星点状出露。

前青白口纪变质超镁铁-镁铁质岩组合多为无根构造岩块广布于片麻岩之中,如饶钹寨、碧溪岭、毛屋等岩体,主要岩石组合为纯橄岩、辉橄岩、蛇纹岩、辉石岩、角闪石岩、辉长岩组合,以饶钹寨岩体为代表,岩体主要由纯橄岩、斜辉辉橄岩、似斑状斜辉橄榄岩、辉石岩、角闪石岩、辉长岩、石榴辉长岩和榴辉岩等团块组成,由铬尖晶石定向排列组成的流线构造及糜棱构造比较发育。饶钹寨岩体橄榄岩类$SiO_2$含量在39.59%~44.29%之间,MgO含量为34.75%~43.09%,m/f值在11.6~8.3之间,属镁质超基性岩。角闪辉石岩和角闪石岩$SiO_2$含量在49.85%~50.77%之间,MgO含量为17.41%~19%,m/f值为2.6~2.9,属于铁质基性岩。且随MgO含量的下降,$Al_2O_3$、$SiO_2$、CaO、FeO等组分明显增高,而Ni、Cr等则相应下降。稀土元素含量较低,变化于$(0.24~6.60)\times10^{-6}$之间,多数样品$(La/Yb)_N$均大于1(为1.78~17.93),反映LREE具有富集的特征。δEu值在0.81~1.07之间,基本不显异常。稀土配分曲线形态多数(斜辉橄榄岩与橄榄岩)为右倾平坦型,分异程度低,显示原始地幔的低度分异特征。另一种为中稀土和重稀土明显亏损型,反映岩体经过了明显的部分熔融作用。微量元素标准化图谱显示大部分样品都有高场强元素(HFSE)Ti、Zr、Hf、Nb、Ta的亏损和大离子亲石元素(LILE)Sr、Rb和Ba正异常,反映了交代型地幔的特点。因此,该类岩石组合为地幔不同程度部分熔融的残余体或幔源岩浆分异产物。近年来Re-Os同位素研究(靳永斌 2003)结果表明,饶钹寨岩体具有亏损的$^{187}Os/^{188}Os$比值,具有典型的大陆岩石圈地幔的特征,可能是古老的大陆岩石圈地幔残片。

关于饶钹寨岩体的形成时代已有诸多报道,斜方辉石斑晶K-Ar法年龄为1251Ma(杨锡庚,1983),岩体内的C型榴辉岩Sm-Nd同位素等时线年龄为243.9±5.6Ma(李曙光,1989)、187±5Ma、194±5Ma、269±13Ma(Xu et al,2001)和Re-Os同位素定年年龄为1.8±0.1Ga(靳永斌,2003)等。综合野外产状可以认同该类岩体为古老的(古元古代)大陆岩石圈地幔残片,是在扬子板块向华北板块俯冲过程中,大陆岩石圈地幔楔以固态形式侵入俯冲带,并在印支期伴随超高压变质带折返地表的Alpis型橄榄岩。

在大别岩浆岩带北部沙村、小河口、轿子岩、舞旗河、任家湾、高坝岩、祝家铺、饶钹寨等地,超镁铁-镁铁质岩体同位素年龄在238~126Ma之间,其多数可能属印支期、燕山期产物。燕山期超镁铁-镁铁质侵入岩岩石组合为辉闪岩、角闪辉石岩、角闪石岩、辉长岩、闪长岩组合,岩石层状堆晶结构明显,有向钙碱性系列方向演化及向贫Ti、富K方向演化的趋势,为玄武岩浆结晶分异的产物,属幔源型拉斑玄武岩系列。燕山晚期基性岩浆活动强烈,辉石-辉长质侵入岩峰值年龄在139~125Ma之间(表2-14)。现以祝家铺、小河口、轿子岩岩体为例简述其主要构造岩石特征。

表2-14 大别侵入岩浆岩带燕山期辉石-辉长质侵入岩同位素年龄表

| 岩体名称 | 岩石类型 | 年龄(Ma) | 方法 | 资料来源 |
| --- | --- | --- | --- | --- |
| 祝家铺 | 辉长岩 | 139±3 | 锆石 U-Pb | 葛宁洁等,1999 |
| | 辉长岩 | 118±2.0,130.9±3.4,118±3.2 | 角闪石$^{40}$Ar-$^{39}$Ar | Jahn et al,1999 |
| | 辉石岩 | 127±70 | Rb-Sr 等时线 | |
| | 伟晶状辉长岩脉 | 130.2±1.4 | 锆石 U-Pb | 李曙光等,1999 |
| | 辉长岩 | 124.1±0.6,125±0.5 | 角闪石$^{40}$Ar-$^{39}$Ar | Li S et al,1995 |
| | | | 角闪石$^{40}$Ar-$^{39}$Ar | |
| | 辉长岩 | 129.7±0.6 | 角闪石$^{40}$Ar-$^{39}$Ar | Harke,1995 |
| 沙村 | 辉长岩 | 123±6.0 | Rb-Sr 等时线 | Jahn et al,1999 |
| | | 128±2.0 | 锆石 U-Pb | 葛宁洁等,1999 |
| | | 125±2 | 锆石 U-Pb(SHRIMP) | 赵子福,2003 |
| 椒子岩 | 辉长岩 | 120 | Rb-Sr 等时线 | Jahn et al,1999 |
| | | 124±16 | 锆石 U-Pb | 李曙光等,1999 |
| | | 130.10 | 角闪石$^{40}$Ar-$^{39}$Ar | Harke,1995 |
| | | 126.3±2.3 | 锆石 U-Pb | 赵子福,2003 |
| 小河口 | 闪长岩 | 127±5.5 | 锆石 U-Pb | 李曙光等,1999 |
| | 辉石岩 | 125.3±0.8 | 锆石 U-Pb | |
| 道士冲 | 辉石岩 | 148.4±0.5~138.1±1.1 | 锆石 U-Pb | 陈道公等,2001 |
| 磨子潭 | 辉长岩 | 129±2 | 锆石 U-Pb(SHRIMP) | Harke et al,1995 |
| | | 125±2 | 锆石 U-Pb(TIMS) | |

祝家铺岩体岩石组合主要由堆晶成因的角闪辉石岩和辉石角闪石岩组成,侵入于大别岩群和新元古代变质侵入岩之中并可见到片麻岩捕虏体。$SiO_2$ 含量在 44.26%~51.24%之间,一类 $Al_2O_3$ 含量在 12.15%~20.36%之间,MgO 含量为 2.96%~11.19%。另一类低 Al、高 MgO 堆晶辉石岩,$Al_2O_3$ 含量在 2.97%~6.11%之间,MgO 含量为 15.14%~28.96%,m/f 值为 0.6~6.3,多数属铁质基性岩,少数为铁质超基性岩。样品多数属拉斑玄武岩系列,少数为碱性系列。δEu 为 0.93~1.01,表现为右倾的光滑曲线型,属 LREE 富集型。微量元素富集 Rb、Ba 等 LILE 元素,高场强元素 Nb、Ti、Zr 等明显亏损,表现出俯冲交代或陆壳的某些成因特征。

轿子岩杂岩体岩石组合为辉石岩、辉长岩、闪长岩组合,侵入最新围岩为晚侏罗世的片麻状二长闪长岩-石英二长岩。辉石岩-辉长岩 $SiO_2$ 含量为 45.05%~52.4%,$Al_2O_3$ 在 8.26%~18.17%之间,MgO 含量在 3.6%~7.55%之间,少数达 13.25%~16.04%,m/f 值为 0.7~2.6,均属铁质基性岩。包括闪长岩总体呈现钙碱性演化趋势。岩石具有较为明显的轻、重稀土分异,属 LREE 富集型,δEu 为 0.89~1.16,表现为右倾的光滑曲线型,其中闪长岩的分馏程度最高。微量元素表现出 LILE 如 Rb、Ba、La、Ce 等富集,高场强元素如 Nb、Zr、Ti 等亏损的特征。

小河口岩体岩石组合为辉闪岩→辉长岩→闪长岩组合,岩石中含有麻粒岩、浅粒岩、黑云绿帘石岩等包体,闪长岩呈枝脉状穿入辉长岩中。从辉闪岩→辉长岩→闪长岩,$Al_2O_3$、$Na_2O+K_2O$、$P_2O_5$ 等逐渐增高,MgO、CaO 等逐渐降低。在 AFM 图解中,均落入拉斑玄武岩系列区,并向富 Fe 方向发展,具大陆拉斑玄武岩分异特征。δEu 值为 0.89~1.39,轻稀土相对富集,重稀土相对亏损。与大陆拉斑玄武岩相似,三者曲线形式基本一致,皆为右倾型,反映它们是同源岩浆分异演化的产物。

自 20 世纪 90 年代以来,对带内(超)镁铁质岩的时代、成因、深部过程和地球动力学背景等均有全新的认识。国内外诸多知名学者通过同位素年代学研究,分别给出祝家铺辉石岩 Sm-Nd 年龄为 230±30.7Ma,任家湾辉石岩 Sm-Nd 年龄为 228±42Ma 和轿子岩辉长岩 Sm-Nd 年龄为 238±28Ma,据此认为这些岩体属三叠纪同碰撞侵入岩,并保存了壳幔作用的信息。同样也给出了沙村岩体的 Sm-Nd 内部等时线年龄为 123±6Ma、锆石 U-Pb 年龄为 128.1±2.0Ma,祝家铺辉长岩中的角闪石 $^{40}Ar$-$^{39}Ar$ 年龄为 131±3Ma,轿子岩岩体 Rb-Sr 等时线年龄为 111±4Ma,祝家铺岩体为 139±3Ma,道士冲辉石岩锆石微区年龄平均为 144.5±6.2Ma 等,其结论是形成于 130Ma 左右。从公开发表的这些年龄来看,因测试方法不同而略显差异,其中的锆石 U-Pb SHRIMP 法和 TIMS 法测年结果较为一致,年龄直方图峰值范围 130～125Ma 可靠性更高。显然大别山北部若干镁铁-超镁铁质侵入岩形成于燕山期。与燕山期花岗质岩石形成时代一致,构造环境是碰撞后而不是同碰撞。辉石-辉长质侵入体的 Sr、Nd 同位素研究表明,它们通常具有较低的 $\varepsilon_{Nd}(t)$ 值(峰值范围为 -20～-13)和较高的 $(^{87}Sr$-$^{86}Sr)_i$ 值(峰值为 0.707～0.709),表明它们主要来源于富集的岩石圈地幔端元,是幔源岩浆与下地壳相互作用的结果。

燕山晚期大别地区巨量的花岗质岩石和镁铁-超镁铁质岩的侵位是造山带崩塌的反映,是造山带由挤压向拉张构造环境转换的岩浆作用体现,而引发造山带崩塌的深部过程应是碰撞后的岩石圈拆离和稍前时间产生的幔源岩浆底侵垫托作用。晚侏罗世开始,侵入岩浆已经具有明显的壳幔混合作用特征,而早白垩世早期大面积高 Sr、低 Y 型花岗岩的侵位则表明幔源岩浆的底侵已达到高峰,在这一过程中,上涌的软流圈地幔及富集岩石圈地幔部分熔融产生的玄武质熔体垫托在壳幔边界层,并与残留的古老富集岩石圈地幔和下地壳相互作用,形成了大别山碰撞后的镁铁-超镁铁质岩所特有的地球化学特征,并在白垩世早、中期受造山带下地壳-岩石圈地幔大规模拆沉作用的影响而侵入地表。

### 2. 晋宁期花岗片麻岩组合

晋宁期侵入岩在整个岩浆岩带内广泛出露,变形变质花岗片麻岩组合为大别造山带主要组分。花岗片麻岩大多为古老侵入体,后经变形变质作用形成假层状地质体。侵位于中深变质岩层之中,岩石经历了强烈的变质变形作用,并具有较为明显的强弱构造分带特征。岩石成分包括辉长质片麻岩—石英闪长质片麻岩—英云闪长质片麻岩—花岗闪长质片麻岩—斜长(奥长)花岗质片麻岩—二长花岗质片麻岩—花岗质片麻岩等构造-岩石单位。这几类岩石在空间上紧密伴生,时间上密切相关,经历了一致的变质作用和变形作用(韧性剪切、糜棱岩化变形及碎裂岩化作用),其成分显示了从基性—中性—中酸性—酸性钙碱性同源演化趋势,各构造-岩石单位组成了完整的花岗片麻岩序列——大别花岗片麻岩套。

大别花岗片麻岩套包括燕子河二长花岗质片麻岩-斜长(奥长)花岗岩-花岗闪长质片麻岩-英云闪长质片麻岩-闪长片麻岩-辉长质片麻岩组合、汤池石英二长闪长质-石英二长质片麻岩组合、王铁二长花岗质-花岗闪长质-石英闪长质-闪长质片麻岩组合和西山驿正长花岗岩-二长花岗岩组合(图 2-45),燕子河、王铁花岗片麻岩组合具 TTG 岩系特征(图 2-46),且显示由南东向北西俯冲极性。各类片麻岩体均经受了深层剪切流变和角闪岩相变质,具明显的强、弱变形分带特征。强变形带中,岩石多为条带状、透镜状平行区域构造线展布,具强片麻状、条纹、条带状构造,细粒鳞片粒状变晶结构、糜棱结构,含大量变形变质表壳岩包体,矿物拉伸线理、剪切褶皱十分发育。基性片麻岩体常呈链状、"布丁"状展布;弱变形域中片麻岩体基本保留了岩浆岩结构构造及其他地质特征。总体呈北西向强变形带,弱变形域平行带状或网结状剪切构造,区域上平行造山带呈北西向展布。强变形带中各岩类"同岩异化"和"异岩趋同"作用强烈,野外难以识别,特别是与成分相近的长英质变质表壳岩(中酸性火山岩、杂砂岩)之间,更难用地球化学标准进行区分。花岗片麻岩体之间及其与围岩之间,野外接触关系主要有 4 种:①平行化构造接触,界面平直,矿物定向排列明显,两侧岩石均不同程度地糜棱岩化、片理化,已不显侵入关系;②熔合过渡接触,界面模糊,岩性交替过渡,局部有交代现象;③侵入接触和脉状穿插,接触处有时见有冷凝边及矿物定向排列斜切接触面;④包裹接触关系,包裹和被包裹岩石中变形组构不一致。

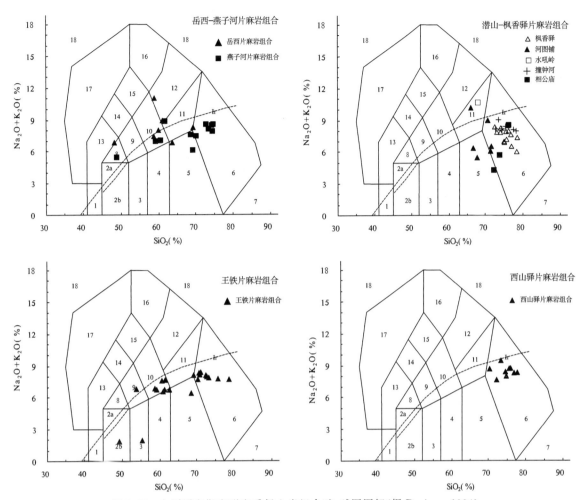

图 2-45　大别晋宁期变形变质侵入岩组合硅-碱图图解（据 Reviews，1994）

Ir-Irvine 分界线，上方为碱性，下方为亚碱性。

1. 橄榄辉长岩；2a. 碱性辉长岩；2b. 亚碱性辉长岩；3. 辉长闪长岩；4. 闪长岩；5. 花岗闪长岩；6. 花岗岩；7. 硅英岩；8. 二长辉长岩；
9. 二长闪长岩；10. 二长岩；11. 石英二长岩；12. 正长岩；13. 副长石辉长岩；14. 副长石二长闪长岩；
15. 副长石二长正长岩；16. 副长石正长岩；17. 副长石岩；18. 霓方钠石/磷霞岩/粗白榴岩

大别花岗片麻岩组合中，辉长（闪长）质片麻岩 $SiO_2$ 含量在 47.86%～53.43%之间，平均 48.78%，属基性岩。A/CNK 值为 0.74～0.89，属贫铝类。总碱含量 6.11，里特曼指数 $\sigma$ 为 5.55，属于碱性岩系列；英云闪长质-石英二长质片麻岩 $SiO_2$ 在 56.02%～63.73%之间，属中性岩。A/CNK 值为 0.78～0.91，为准铝质。平均里特曼指数 $\sigma$ 为分别为 2.98 和 4.45，分属钙碱性和碱性系列；花岗闪长质-花岗质片麻岩 $SiO_2$ 为 66.87%～76.35%，为酸性岩。平均 A/CNK 值为 0.93～1.03，属准铝-弱过铝类。里特曼指数 $\sigma$ 为 1.6～2.8，属钙碱性岩。可能受后期钾化影响，$K_2O/Na_2O$ 变化较大，但总体表现为早期富钠、晚期富钾的趋势，尤其是晚期南部的花岗质片麻岩总碱含量高，达到 8.56%～9.22%。岩石 A/CNK 递增，由贫铝型向饱铝型过渡。由钙碱指数、里特曼组合指数均可看出，岩石由弱碱性向钙碱性演化。由实际矿物组成特征可以看出，变质侵入体从基性—中性—中酸性—酸性方向演化，钾长石含量增高，斜长石牌号降低，具成分演化趋势，且有某种连续过渡亲缘关系，反映了它们大致形成于相同的构造背景。在 An-Ab-Or 图上（图 2-46），中酸性岩石组合在英云闪长岩—花岗闪长岩—二长花岗岩—花岗岩范围内，且随着 $SiO_2$ 增加，$TiO_2$、$Al_2O_3$、MgO、CaO 和 FeO 的含量相应下降，表明从英云闪长质到花岗质片麻岩是岩浆分异的结果，在 AFM 图上构成典型的钙碱性演化趋势（图 2-47），并靠近分异曲线，很可能是拉斑玄武质岩浆结晶分异产物。分异指数（DI）呈递减趋势，显示岩浆分异结晶程度渐高。含铝指数（A/CNK）递增，反映由贫铝型向饱铝型过渡。

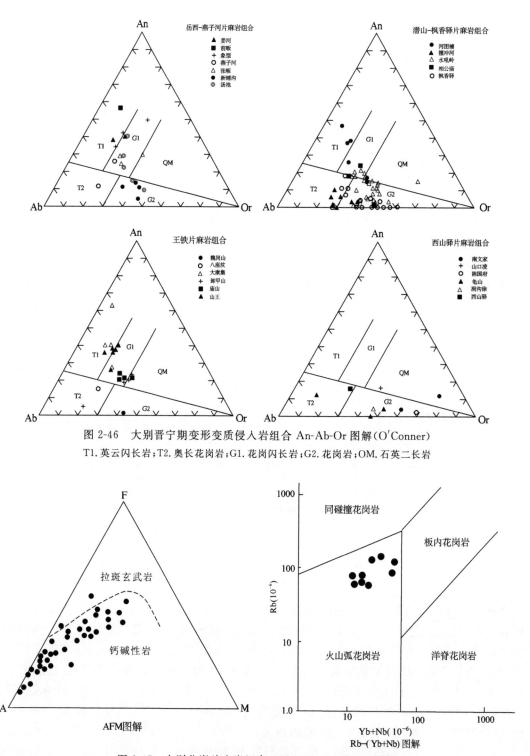

图 2-46 大别晋宁期变形变质侵入岩组合 An-Ab-Or 图解（O'Conner）
T1.英云闪长岩；T2.奥长花岗岩；G1.花岗闪长岩；G2.花岗岩；OM.石英二长岩

图 2-47 大别花岗片麻岩组合 AFM、Rb-(Yb+Nb) 图解

闪长质片麻岩-二长花岗质片麻岩组合的稀土 $\Sigma$REE 变化于 $(86.55\sim388.01)\times10^{-6}$ 之间，平均 $258.54\times10^{-6}$，LREE/HREE 为 $7.16\sim20.06$，$(La/Yb)_N$ 为 $6.98\sim40.38$，属轻稀土富集型。$\delta$Eu 平均为 $0.94\sim0.67$，从早到晚 Eu 异常由基本不显示到具中等负异常，在球粒陨石标准化曲线图上呈右倾平缓型。晚期的花岗质片麻岩总量增高，平均 $\Sigma$REE 为 $280.12\times10^{-6}$，平均 LREE/HREE 和 $(La/Yb)_N$ 分别为 4.66、4.48，稀土分馏程度较先期变质侵入岩明显降低，$\delta$Eu 为 $0.07\sim0.48$，平均 0.19，在标准化曲线图上呈特征的海鸥型（图 2-48）。

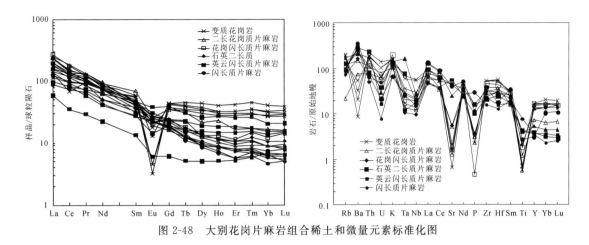

图 2-48 大别花岗片麻岩组合稀土和微量元素标准化图

微量元素富集程度具相同趋势,和原始地幔相比,大离子亲石元素相对富集(LILE,Rb、Ba、Th、K、La、Ce),亏损高场强相容元素(HFSE,Nb、Ta、Zr、Ti)(图2-48),其中偏基性岩石 Rb、Ba、Sr 更为富集,P、Ti 亏损较弱,中—酸性岩石 Sr、Ti 和 P 则明显负异常,反映岩浆结晶分异作用彻底,具钙碱性同源演化趋势。主要造岩矿物原生结晶温度 800℃左右、压力 0.4GPa,估算成岩深度大于 25km,相当于壳幔过渡带内深成岩,主体属 I 型花岗岩。南部宿松一带 A/CNK>1.10,岩石交代结构发育,副矿物中含钛铁矿、石榴石,显示 S 型花岗岩特征。成岩同位素年龄在 800~600Ma 之间,为晋宁期岩浆活动的产物。在 Rb-(Yb+Nb)图解中(图 2-47)均落在火山弧花岗岩区,在 $R_1$-$R_2$ 图解上判别为板块碰撞后隆起、造山晚期深熔产物,以同碰撞-后碰撞花岗岩组合为主(图 2-49)。

肥东王铁-西山驿花岗片麻岩组合沿郯庐断裂带方向延伸,呈北北东向构造夹块展布。与大别花岗片麻岩组合相似,从早到晚可划分为闪长质—石英闪长质—花岗闪长质—二长花岗质片麻岩 4 个构造岩石单元,岩石遭受了不同强度的变形改造,具有明显的强弱构造分带特征。强变形剪切带内岩石具强片麻状-条纹条带状构造,有大量的浅色长英质脉体贯入变形、交代,旋转碎斑、矿物拉伸线理、片间无根剪切褶曲十分发育,弱变形域内岩石则基本保持了岩浆岩的原始组构特征。

花岗片麻岩组合中,闪长质-石英闪长质片麻岩 $SiO_2$ 平均含量 57.65%~60.55%,均属中性岩类,花岗闪长质-二长花岗质片麻岩 $SiO_2$ 平均含量 70.84%~72.9%,属酸性岩。各片麻岩的组合指数 σ 为 2.09~3.2,属钙碱性岩系列。$K_2O/Na_2O$ 从早到晚分别为 0.67,0.68,1.05,1.24,在 $SiO_2$-$K_2O$ 图上均位于高钾岩石系列。闪长质片麻岩与石英闪长质片麻岩的 A/CNK 值在 0.78~0.9 之间,为准铝质类型,花岗闪长质-二长花岗质片麻岩的 A/CNK=1~1.05,属铝弱饱和类型。由闪长质片麻岩→二长花岗质片麻岩,平均分异指数 DI 分别为 55.6,58.2,82.5,88.0,平均固结指数 SI 分别为 31.9,6.9,4.2,3.5,表明岩浆结晶分异程度逐渐增高,具钙碱性同源岩浆演化特征。

由闪长质片麻岩到二长花岗质片麻岩,岩石平均稀土总量分别为 $213.35×10^{-6}$,$163.59×10^{-6}$,$129.20×10^{-6}$,$49.72×10^{-6}$,总体略具下降趋势,平均$(Ce/Yb)_N$ 分别为 12.6,11.64,14.6 和 10.78,属轻稀土富集型;δEu 值为 1.09~0.84,基本不显异常。稀土配分曲线相似(图 2-50),均为右倾平滑型,轻、重稀土间分馏程度较高,其中轻稀土分馏程度高于重稀土。在微量元素标准化图上(图 2-50),岩石均表现为大离子不相容元素(Rb、Th、U 等)富集、相容元素(Nb、P、Ti 等)亏损的特征,其中 Ba 明显富集,Sr 异常不明显与 Eu 基本不具异常一致,Sr 亏损不明显,暗示了源区斜长石进入熔体相或岩浆演化过程中未明显发生以斜长石为分离相的结晶分异作用。根据查佩尔和怀特、徐克勤等的分类,王铁晋宁期花岗片麻岩组合属同熔系列花岗岩或火成源岩衍生的 I 型花岗岩,岩浆源于上地幔-下地壳,经历了同化混染作用,属同碰撞-后碰撞花岗岩构造组合(图 2-49)。

由大别侵入岩浆岩带晋宁期构造岩石组合特征可以推断,在类似于板块俯冲地球动力条件下,"多岛洋盆"中早期火山弧物质俯冲到下地壳之下,壳、幔物质部分熔融(始熔温度大于 600℃),分离结晶,

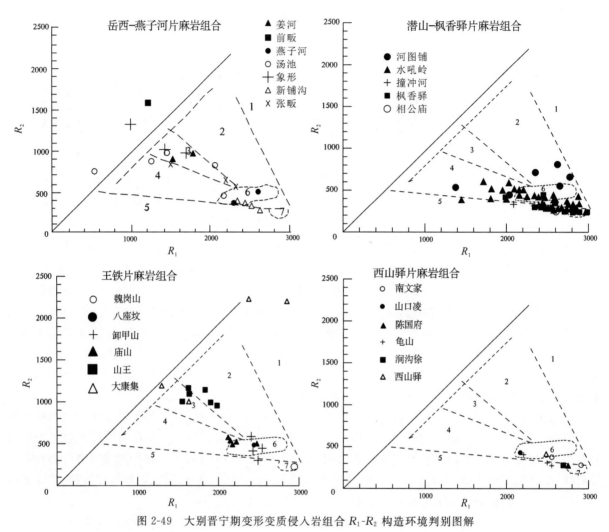

图 2-49　大别晋宁期变形变质侵入岩组合 $R_1$-$R_2$ 构造环境判别图解

1.地幔分离；2.板块碰撞前的；3.碰撞后的抬升；4.造山晚期的；5.非造山的；6.同碰撞期的；7.造山期后的

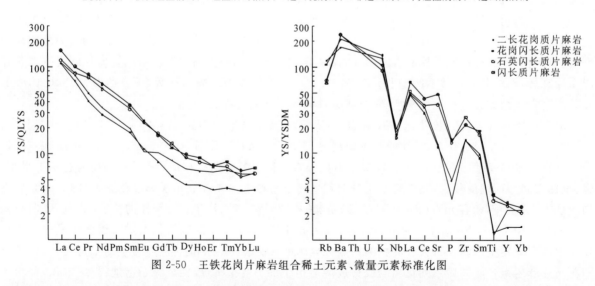

图 2-50　王铁花岗片麻岩组合稀土元素、微量元素标准化图

形成重熔岩浆，主体属 I 型花岗岩，由密度倒置引起回流（去根作用），塑性状态下强烈剪切侵位，因此成岩过程中就同步经受变形、变质作用改造。各阶段岩石具有较稳定的矿物共生组构，对变质改造反应不敏感，基本保留了变形变质岩浆结构。片麻岩体由形成到定位经历了一个相当长的演化过程，在深部相

互间多期残余岩浆活动和熔融混合交代过程中,受强烈韧性剪切作用改造,大量同构造分泌脉出现及对围岩携带作用,形成条带状"混合片麻岩"。深熔混合作用是片麻岩体矿物组成、结构构造、地球化学特征的决定因素。交代作用强、弱(早期钠质交代、晚期钾质交代)造成各类片麻岩体总体成分差异。根据变形变质侵入体的岩石类型及空间分布特征,该区变质岩浆活动是大别山早期隆升主导因素。自北西向南东,片麻岩岩体时序由老→新,变质表壳岩由少→多→大片出露,流变强度由强→弱,变质程度由深→浅,高压、超高压岩石组合由少→多,基性矿物组分由多→少的渐变趋势,反映了北西部抬升最高,剥蚀最深,出露了造山带核部中、下地壳岩层。已有的同位素年龄资料表明,变质侵入体的原岩形成时代在800～600Ma之间,如谢智等(2001)在石竹河片麻岩中获得锆石U-Pb年龄为707±42Ma,郑永飞等(2003)测得洪庙片麻岩年龄为718±95Ma,Harke(1998)、Xue(1997)、刘贻灿(2000)、陈道公(2000)等均测出新元古代同位素年龄。同时还获得了不少三叠纪和晚侏罗世—早白垩世年龄数据。这表明大别变质侵入体可能经历过多阶段的演化,形成于新元古代,在晚三叠世大陆板块深俯冲过程中经受了高压-超高压变质作用,并受到早白垩世大规模的岩浆热事件的影响,导致部分岩石的同位素体系经受了不同程度的再平衡作用。

### 3. 燕山期侵入岩组合

大别侵入岩浆岩带燕山期岩浆作用非常强烈,可分为大别和肥东-张八岭两个岩浆亚带。大量的同位素年代学研究(表2-15),花岗质岩浆侵入活动可分为中、晚两期:燕山中期侵入岩以中-酸性岩浆岩为主,包括了二长闪长岩-石英二长岩组合和花岗闪长岩-二长花岗岩组合,同位素年龄大多集中在135～128Ma,相当于晚侏罗世—早白垩世中期。晚期侵入岩为二长花岗岩-正长花岗岩组合,年龄集中在127～115Ma之间,相当于早白垩世晚期产物。

**大别岩浆岩亚带** 燕山期侵入岩组合总体呈北西-南东向展布,岩浆侵位受北东—北北东向构造控制,构造环境处于造山带抬升拉张环境,花岗岩大规模侵位,多数属复式岩体,为造山晚期火山弧产物。按照构造-岩浆事件次序分析,燕山期侵入体从早到晚依次为晚侏罗世姚河岩体、早白垩世早期天堂寨岩体、早白垩世早中期白马尖、主簿源、万山、黄柏、天柱山、司空山、团岭等复式岩体以及早白垩世晚期—晚白垩世早期大红岩岩体等。

燕山中期侵入岩岩石组合主要为二长闪长岩-花岗闪长岩-二长花岗岩组合(图2-51)。二长闪长岩-石英二长岩组合 $SiO_2$ 多数介于58.91%～66.22%之间,属中性岩,总碱 $K_2O+Na_2O$ 为6.59%～11.1%,变化范围较大。在硅-碱图上,属于碱性-亚碱性系列。花岗闪长岩-二长花岗岩组合的 $SiO_2$ 变化于60.54%～75.38%之间,主体属酸性岩;$K_2O/Na_2O$ 平均1.1,属钾质型,里特曼组合指数介于2.86～2.96之间,属钙碱性岩系列,在钾-硅图上皆位于高钾钙碱性岩区内,A/CNK多数在0.91～1.04之间,主体属准铝质系列。二长闪长岩-石英二长岩组合的稀土总量为$(187.65～582.29)×10^{-6}$,平均$279.64×10^{-6}$,属轻稀土富集型。在球粒陨石标准化曲线图上(图2-52),不同岩体曲线的基本型式相近,均为右倾平滑型。花岗闪长岩-二长花岗岩组合的$\Sigma REE$在$(146～303)×10^{-6}$之间,平均$211.1×10^{-6}$,$(La/Yb)_N=26～36$,为LREE富集型,Yb为$(0.88～1.56)×10^{-6}$,属亏损重稀土型花岗岩,$\delta Eu$为0.70～0.89,呈弱的负异常,其特征与二长闪长岩-石英二长岩组合近似(图2-53)。本期侵入岩组合微量元素均以高Sr、Ba为特征,在微量元素原始地幔标准化比值图上,配分曲线近似一致(图2-52、图2-53),富集大离子亲石元素(LILE,Ba、Rb、Th、K和LREE)而亏损高场强元素(HFSE,U、Nb、Ta、Y和Yb),Zr、Hf、Ti也呈不同程度的负异常。总之,早白垩世中期侵入岩组合绝大多数表现为高$Al_2O_3$、富Sr、Ba、亏损重稀土Yb和Y的特征。

燕山晚期侵入岩岩石组合为石英二长岩-花岗闪长岩-二长花岗岩-正长花岗岩组合(图2-51),以高硅、高钾、高碱为特征。$SiO_2$含量变化于66.31%～76.31%之间,平均含量71.9%,均属酸性岩;总碱含量$Na_2O+K_2O$绝大多数为7.13%～10.05%,属亚碱性系列。岩石里特曼组合指数为2.29～4.94,

表 2-15　大别-张八岭岩浆岩带中生代中酸性侵入岩同位素年龄表

| 亚带 | 期次 | 岩体 | 岩石类型 | 年龄(Ma) | 测试方法 | 资料来源 |
|---|---|---|---|---|---|---|
| 大别岩浆岩亚带 | 早白垩世 晚期 | 白马尖 | 二长花岗岩 | 112±14 | Rb-Sr 等时线 | 徐树桐,1994 |
| | | | 二长花岗岩 | 115 | 黑云母 K-Ar | 管运才,1997 |
| | | 天堂寨 | 细粒二长花岗岩 | 122 | 黑云母 Ar-Ar | 陈江峰等,1995 |
| | | | 似斑状二长花岗岩 | 129 | 锆石 U-Pb | 简平等,1996 |
| | | | 似斑状二长花岗岩 | 129 | 锆石 U-Pb | 陈延遇等,1991 |
| | | | 细粒二长花岗岩 | 124.2 | 黑云母 Ar-Ar | 陈延遇等,1991 |
| | | | 细粒二长花岗岩 | 124±0.2 | 黑云母 Ar-Ar | Ma,1998 |
| | | | 细粒二长花岗岩 | 131±4.0 | 锆石 U-Pb | Ma,1998 |
| | | | 似斑状二长花岗岩 | 130.9 | 锆石 U-Pb | 王人镜等,1998 |
| | | 主簿源 | 花岗岩 | 111±2;118±3 | Rb-Sr 等时线 | 魏春景等,2000 |
| | | | 二长花岗岩 | 120±0.85 | Rb-Sr 等时线 | 魏春景等,2000 |
| | | | 二长花岗岩 | 125±0.3 | 锆石 U-Pb | Xue et al,1997 |
| | | | 似斑状二长花岗岩 | 126±2 | Rb-Sr 等时线 | 魏春景等,2000 |
| | | | 似斑状二长花岗岩 | 128±8;127±8 | 锆石 SHRIMP | 赵子福等,2004 |
| | | 英山尖 | 似斑状二长花岗岩 | 123.3 | K-Ar | 1:5万英山县等幅 |
| | | 大同 | 黑云母二长花岗岩 | 122 | Rb-Sr 等时线 | 李石等,1991 |
| | | 团岭 | 二长花岗岩 | 134±8 | 锆石 U-Pb | 路玉林等, |
| | | 司空山 | 二长花岗岩 | 124.6±0.3 | 黑云母 Ar-Ar | Chen et al,1995 |
| | | 天柱山 | 二长花岗岩 | 127±1.2 | LA-ICP-MS | 刘磊等,2011 |
| | 中期 | 司空山 | 二长花岗岩 | 129.1±0.5 | 角闪石 Ar-Ar | Chen et al,1995 |
| | | | 二长花岗岩 | 127±8 | TIMS | Ge,1998 |
| | | 佛岭寨 | 片麻状二长花岗岩 | 131.7±3.6 | LA-ICP-MS | 续海金,2007 |
| | | | 片麻状二长花岗岩 | 133 | 锆石 U-Pb | 管运才,1997 |
| | | 天柱山(响肠) | 似斑状石英二长岩 | 131.4±1.4;131.5±1.2 | LA-ICP-MS | 刘磊等,2011 |
| | | | 似斑状石英二长岩 | 131±1.4;129±20 | 锆石 SHRIMP | 赵子福等,2004 |
| | | 姚河 | 似斑状石英二长岩 | 138±0.5 | 黑云母 Ar-Ar | Ma,1998 |
| | | | 似斑状石英二长岩 | 134±2;134±3 | 锆石 U-Pb | Xue et al,1997 |
| | | | 似斑状石英二长岩 | 135±4 | 锆石 SHRIMP | 童劲松,2008 |
| | | 中义 | 角闪石英二长岩 | 136±10.2 | 黑云母 K-Ar | 安徽省地质矿产局313队 1995 |
| | | 石鼓尖 | 石英二长闪长岩 | 132.8±4.3 | 锆石 SHRIMP | Xu et al,2007 |
| | | | 石英二长闪长岩 | 146.5 | 角闪石 Ar-Ar | Ma,1998 |
| 肥东-张八岭岩浆岩亚带 | 早白垩世 晚期 | 耐山 | 二长花岗岩,花岗岩 | 126.9±1~103±0.9 | LA-ICP-MS | 牛漫兰等,2008 |
| | | 瓦屋薛 | 花岗岩 | 119.97±0.64 | 黑云母 Ar-Ar | 牛漫兰等,2006 |
| | 中期 | 管店 | 石英二长闪长岩 | 127.84±0.77 | 黑云母 Ar-Ar | 牛漫兰等,2006 |
| | | | 花岗闪长岩 | 128±1 | 锆石 U-Pb | 李学明等,1985 |
| | | | 花岗闪长岩 | 126.9±0.2 | 黑云母 Ar-Ar | 许文良等,2004 |
| | | | 石英二长岩 | 131.5±1.6 | 锆石 SHRIMP | 资锋等,2008 |

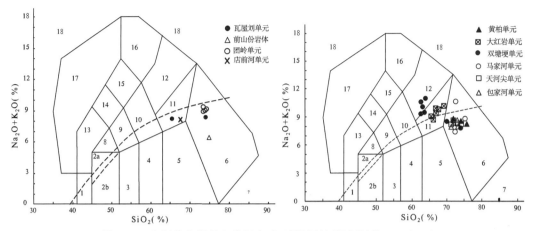

图 2-51 大别燕山期侵入岩组合硅-碱图图解(据 Middlmost,1994)

Ir-Irvine 分界线,上方为碱性,下方为亚碱性。

1.橄榄辉长岩;2a.碱性辉长岩;2b.亚碱性辉长岩;3.辉长闪长岩;4.闪长岩;5.花岗闪长岩;6.花岗岩;7.硅英岩;
8.二长辉长岩;9.二长闪长岩;10.二长岩;11.石英二长岩;12.正长岩;13.副长石辉长岩;14.副长石二长闪长岩;
15.副长石二长正长岩;16.副长石正长岩;17.副长石岩;18.霓方钠石/磷霞岩/粗白榴岩

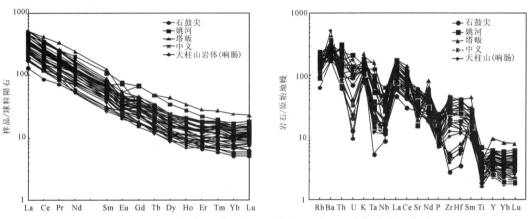

图 2-52 二长闪长岩-石英二长岩组合稀土、微量元素标准化比值图

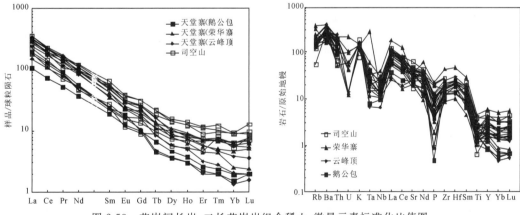

图 2-53 花岗闪长岩-二长花岗岩组合稀土、微量元素标准化比值图

属钙碱性-碱钙性岩系;含铝性指数 A/CNK 为 0.99~1.12,属正常-过铝型,岩石 DI 为 80.22~92.84;绝大多数 $K_2O/Na_2O>1$(平均 1.36),在 $K_2O$-$SiO_2$ 图上属高钾钙碱性岩-钾玄岩系列;$Al_2O_3$ 含量为 12.39%~13.29%,平均含量 13.98%,较早期高 Sr、Ba 型花岗岩明显降低,但 A/CNK 值(0.94~1.11)

较早期岩体偏高。晚期侵入岩组合稀土总量变化较大,一般在 $(161.79\sim539.21)\times10^{-6}$ 之间,平均 $327\times10^{-6}$;$(La/Yb)_N$ 2.3~6.2,属 LREE 富集型,$\delta Eu$ 在 0.35~0.65 之间,Eu 明显负异常,在球粒陨石标准化比值图上呈右倾的"V"形,且多数 HREE 呈平坦型分布。与早期侵位的高 Sr/Y 型岩石相比,晚期花岗岩体 Sr、Ba 含量明显减少,与 Yb 含量低同步,多数岩石 Y 较低。在微量元素原始地幔标准化曲线图上(图2-54),呈现较一致的分布形式,表现为 LILE(如 Rb、Ba、Th、LREE)明显富集、HFSE(Nb、Ta、Sr、Zr、Ti、Y)等亏损的特征。岩浆来源属于壳幔混合岩浆,在 $R_1$-$R_2$ 构造环境判别图解上(图2-55),多数为造山晚期花岗岩组合,在6区范围内岩体多为强力主动侵位,处于挤压环境。张八岭构造岩浆岩亚带中岩体多为碰撞后的抬升-造山晚期花岗岩组合。燕山期侵入岩组合总体为板块碰撞后隆起拉张环境、造山晚期深熔、结晶分异产物。

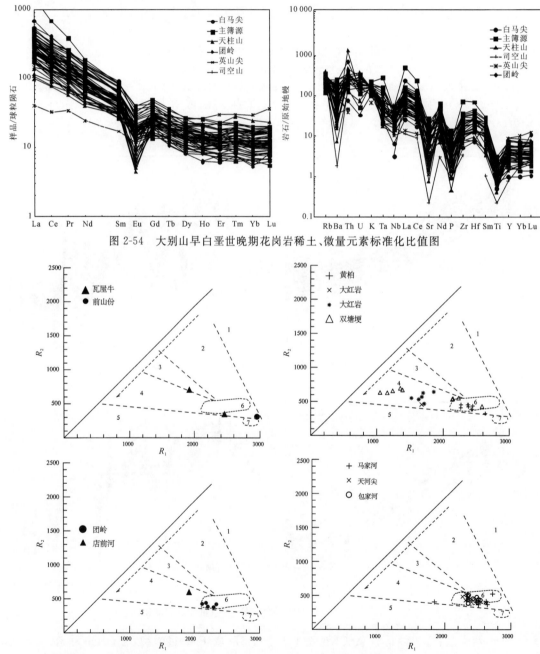

图 2-54 大别山早白垩世晚期花岗岩稀土、微量元素标准化比值图

图 2-55 大别燕山期侵入岩组合 $R_1$-$R_2$ 构造环境判别图解(据 Batchelor & Bowdden,1985)

1.地幔分离;2.板块碰撞前的;3.碰撞后的抬升;4.造山晚期的;5.非造山的;6.同碰撞期的;7.造山期后的

**张八岭岩浆岩亚带** 与大别亚带类似,侵入岩浆活动也表现为早、晚两期,早期为石英二长闪长岩-花岗闪长岩-二长花岗岩组合,晚期为二长花岗岩-正长花岗岩组合,分别相当于早白垩世中期、晚期。

早期侵入岩以管店岩体为代表,石英(二长)闪长岩-花岗闪长岩-二长花岗岩组合的 $SiO_2$ 平均含量分别为 60.38%,65.12% 和 67.00%,较同类岩石普遍偏低。总碱含量 $Na_2O+K_2O$ 在 6.64%~8.75% 之间,与 $SiO_2$ 呈正相关关系,反映岩浆向富钾、硅质方向演化趋势。$K_2O/Na_2O$ 仅在 $SiO_2$ 小于 64% 时小于 1(0.8~0.9),其余均大于 1(1.03~1.78)。$Al_2O_3$ 较高,在 14.14%~15.42% 之间,铝指数 A/CNK 平均值 0.9,属准铝质系列。在硅-碱图上都位于亚碱性岩区,在 $SiO_2$-$K_2O$ 图上,岩石位于高钾钙碱性岩区内。管店岩体以高镁为特征,与其他岩带的花岗岩明显不同。岩体具中等稀土总量,$\Sigma REE$ 在 $(104.75~191.98)\times 10^{-6}$ 之间,$\delta Eu$ 为 0.77~1.51,多数岩石呈 Eu 的弱负异常,少数略具正异常,Eu 异常不明显说明成岩过程中没有明显的斜长石的分离;轻重稀土分异明显,$\Sigma LREE/\Sigma HREE=7.02$~13.48,$(La/Yb)_N=19.03~31.01$;Yb 含量为 $(0.88~1.25)\times 10^{-6}$,属重稀土亏损型。在球粒陨石标准化配分图中(图 2-56),均呈右倾的 LREE 富集模式,重稀土低于 10 倍球粒陨石丰度,重稀土明显亏损暗示源区有较多富含重稀土矿物(如石榴石等)的残留。微量元素高 Sr、Ba,低 Y,Sr/Y 平均 62.4。在原始地幔标准化比值图上(图 2-56),岩石以高场强元素(HFSE,Nb、Ta、Zr、Y、Yb)的明显亏损为特征,而大离子亲石元素(LILE,Rb、Th、Ba、Sr)相对富集。

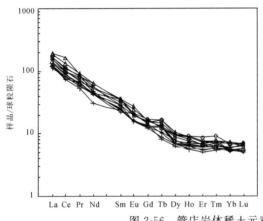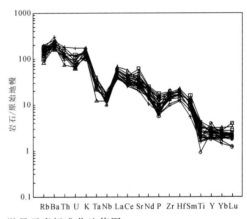

图 2-56 管店岩体稀土元素、微量元素标准化比值图

晚期侵入岩以耐山岩体为代表,为二长花岗岩-正长花岗岩组合,锆石 SHRIMP U-Pb 年龄在 126~103Ma 之间。二长花岗岩的 $SiO_2$ 为 72.37%~75.62%,碱长花岗岩的为 76.24%~77.04%,较前期明显变高,总碱含量 $Na_2O+K_2O$ 为 7.63%~8.51%,在硅-碱图上属亚碱性系列;$Al_2O_3$ 含量较早期岩体明显偏低,但铝指数增高,A/CNK 在 1.02~1.10 之间,属过铝质花岗岩;在 $SiO_2$-$K_2O$ 分类图中均属高钾钙碱性岩。MgO 含量低,$Mg^{\#}$ 为 6~38,与早期富镁的高 Sr、低 Y 型花岗岩形成鲜明对比。低 $Mg^{\#}$ 和较高的铝指数,表明岩体主要为陆壳重熔的产物,幔源物质影响甚微。稀土总量变化较大,$\Sigma REE$ 在 $(35.22~190.24)\times 10^{-6}$ 之间,Eu 异常明显,$\delta Eu=0.64~0.32$,显示岩石经历了较为明显的斜长石分离作用;$\Sigma LREE/\Sigma HREE=13.3~3.34$,$(La/Yb)_N$ 大多在 3.75~17.25 之间,轻、重稀土的分馏作用较前期偏低。在球粒陨石标准化蛛状比值图上呈略为平缓的右倾沟谷型(图 2-57)。微量元素 Sr、Ba 含量低于早期侵入体,Y 含量变化较大,在 Sr/Y-Y 图解中位于正常的岛弧型花岗岩区内。在原始地幔标准化比值图上(图 2-57),大离子亲石元素 Rb、K 等富集,而 Sr、Ba 等呈负异常,也与 Eu 的负异常一致;Nb、Ti、P 等高场强元素也呈亏损状态。过渡族元素 Ni、Co、V 较早期富镁侵入岩明显偏低。在 $R_1$-$R_2$ 构造环境判别图解上(图 2-55),多数为造山晚期花岗岩组合。

## 四、下扬子侵入岩浆岩带

下扬子侵入岩浆岩带为长江中下游铜-铁-金-硫成矿带,成矿作用与岩浆活动关系密切。岩浆岩带

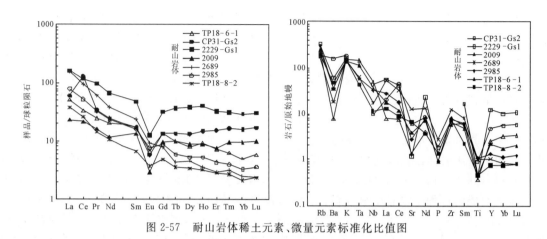

图 2-57 耐山岩体稀土元素、微量元素标准化比值图

位于黄破断裂带南东、高坦断裂以北地区,侵入岩浆活动主要发生在燕山中、晚期。燕山期岩浆岩带受北东向深大断裂控制,形成以长江深断裂为轴线对称分布的同向带状构造岩浆岩带,长江沿线为沿江亚带(或内带),两侧为大致对称的贵池亚带(或南带)、滁州亚带(或北带),在沿江亚带两侧或其边缘还叠加两条 A 型花岗岩亚带(见图 2-1),各亚带依次受黄破断裂、长江深断裂、高坦-周王-南漪湖追踪断裂控制,并分别对应于北东向地幔隆起带的北幔坡、幔脊和南幔坡。近年来获得的一系列新成果和一批高质量的同位素年代数据(表 2-16)表明,侵入岩浆活动主要发生在燕山中、晚期(145~120Ma 之间)。成岩成矿作用在时间上具阶段性,可大致分为 145~137Ma,135~127Ma,126~123Ma 等早、中、晚 3 个阶段(图 2-58)。在空间上具明显的分带性,各亚带的构造岩石组合不尽相同。

表 2-16 下扬子侵入岩浆岩带中生代中酸性侵入岩同位素年龄表

| 亚带 | 期次 | | 岩体名称 | 岩石类型 | 年龄(Ma) | 测试方法 | 资料来源 |
|---|---|---|---|---|---|---|---|
| 滁州亚带 | 早白垩世 | 晚期 | 洪镇 | 二长花岗岩 | 121.7±1.2 | 黑云母$^{40}$Ar-$^{39}$Ar | 周泰儒等,1988 |
| | | | 洪镇 | 二长花岗岩 | 124.17 | Rb-Sr 等时线 | 董树文等,1989 |
| | | 中期 | 屯仓 | 二长花岗岩 | 128±4.7 | Rb-Sr 等时线 | 陈江峰等,2003 |
| | | | 横山 | 石英闪长岩 | 125.7±1.8 | 角闪石$^{40}$Ar-$^{39}$Ar | 陈江峰等,2003 |
| | | | 冶山 | 花岗闪长岩 | 131.22±0.77 | 角闪石$^{40}$Ar-$^{39}$Ar | 资锋等,2007 |
| | | | 滁州 | 石英闪长玢岩 | 134 | K-Ar | 邢凤鸣,1999 |
| | | | 滁州 | 石英二长斑岩 | 127.17±0.4 | 黑云母$^{40}$Ar-$^{40}$Ar | 资锋等,2007 |
| | | | 黄道山 | 花岗闪长斑岩 | 129.90±0.2 | 黑云母$^{40}$Ar-$^{40}$Ar | 资锋等,2007 |
| | | | 沙溪 | 石英闪长玢岩 | 136±3 | SHRIMP | Wang Q et al,2006 |
| | | | 沙溪 | 石英闪长玢岩 | 132.62±0.28 | 角闪石$^{40}$Ar-$^{39}$Arr | 杨晓勇,2006 |
| | | | 沙溪 | 石英闪长玢岩 | 130 | Sm-Nd | 赵振华等,2003 |
| | | | 冶父山 | 闪长玢岩 | 140.1±1.3 | LA-ICP-MS | 周涛发,2007 |
| A 型花岗岩组合 | | | | | | | |
| 沿江亚带 | 早白垩世 | 晚期 | 大龙山 | 石英正长岩 | 132.9±2.2 | 锆石 U-Pb | Zhao et al,2004 |
| | | | 大龙山 | 碱长花岗岩 | 112±6 | 锆石 U-Pb | 郑永飞等,1997 |
| | | | 城山 | 石英正长岩 | 126.5±2.1 | LA-ICP-MS | 范裕等,2008 |
| | | | 黄梅尖 | 石英正长岩 | 125.4±1.7 | LA-ICP-MS | |
| | | | 枞阳 | 钾长花岗岩 | 124.1±2.0 | LA-ICP-MS | |
| | | | 花山 | 石英正长岩 | 126.2±0.8 | LA-ICP-MS | |
| | | | 花山 | 石英正长岩 | 125±2 | SHRIMP | 王强等,2005 |
| | | | 黄梅尖 | 石英正长岩 | 125±4 | 锆石 U-Pb | 郑永飞,1995 |
| | | | 繁昌板石岭 | 石英二长岩 | 125.3±2.9 | SHRIMP | 楼亚儿等,2006 |
| | | | 繁昌滨江 | 花岗岩 | 124.3±2.5 | SHRIMP | |

续表 2-16

| 亚带 | 期次 | | 岩体名称 | 岩石类型 | 年龄(Ma) | 测试方法 | 资料来源 |
|---|---|---|---|---|---|---|---|
| 沿江亚带 | 早白垩世 | | | 高钠碱钙性组合 | | | |
| | | 中期 | 小石山 | 石英正长岩 | 130.1±1.5 | LA-ICP-MS | 袁峰等,2011 |
| | | | 霍里 | 文象花岗岩 | 126.4±1.3 | LA-ICP-MS | |
| | | | 娘娘山 | 碱长花岗岩 | 128.3±1.8 | LA-ICP-MS | |
| | | | 牛迹山 | 花岗斑岩 | 128.0±1.7 | LA-ICP-MS | |
| | | | 姑山 | 黑云母花岗岩 | 129.8±1.6 | LA-ICP-MS | |
| | | | 石山 | 花岗斑岩 | 127.1±1.2 | SHRIMP | 侯可军等,2010 |
| | | | 吉山 | 辉长闪长岩 | 128.2±1.0 | SHRIMP | |
| | | | 朱门 | 斜长花岗岩 | 128.3±0.6 | SHRIMP | |
| | | | 凹山 | 闪长玢岩 | 130.2±2.0 | LA-ICP-MS | 范裕等,2010 |
| | | | 陶村 | 闪长玢岩 | 130.7±1.8 | LA-ICP-MS | |
| | | | 和尚桥 | 闪长玢岩 | 131.1±1.5 | LA-ICP-MS | |
| | | | 东山 | 闪长玢岩 | 130.0±1.4 | LA-ICP-MS | |
| | | | 白象山 | 闪长玢岩 | 131.1±1.9 | LA-ICP-MS | |
| | | | 姑山 | 闪长玢岩 | 129.2±1.7 | LA-ICP-MS | |
| | | | 凹山 | 辉长闪长玢岩 | 131.7±0.7 | LA-ICP-MS | 段超等,2011 |
| | | | 凹山 | 花岗闪长斑岩 | 126.1±0.5 | LA-ICP-MS | |
| | | | 阴山 | 辉石闪长玢岩 | 127.8±1.8 | SHRIMP | 薛怀民等,2010 |
| | | | | 高钾钙碱性岩组合 | | | |
| | | 早期 | 月山 | 石英闪长岩 | 138.7±0.5 | SHRIMP | 张乐骏等,2008 |
| | | | 月山 | 石英闪长岩 | 136.8±1.3 | 黑云母$^{40}$Ar-$^{39}$Ar | 陈江锋等,1991 |
| | | | 月山 | 石英闪长岩 | 133.2±3.7 | SHRIMP | 陈江锋等,2005 |
| | | | 月山 | 石英闪长岩 | 147.24 | Rb-Sr 等时线 | 邱瑞龙等,1988 |
| | | | 总铺 | 石英闪长岩 | 143.6 | Rb-Sr 等时线 | 邱瑞龙等,1989 |
| | | | 焦冲 | 正长斑岩 | 131.5±1.6 | SHRIMP U-Pb | 薛怀民等,2010 |
| | | | 巴家滩岩体 | 辉石二长岩 | 131.0±1.1 | SHRIMP U-Pb | 薛怀民等,2010 |
| | | | 巴家滩岩体 | 辉石二长岩 | 133.5±0.6 | SHRIMP U-Pb | 周涛发,2007 |
| | | | 黄屯岩体 | 闪长玢岩 | 134.9±2.1 | LA-ICP-MS | 周涛发,2007 |
| | | | 白芒山 | 辉石二长闪长岩 | 136.6±1.1 | 黑云母 Ar-Ar 法 | 吴才来,1996 |
| | | | 白芒山 | 辉石二长岩 | 138.21±0.82 | SHRIMP | 吴才来,2008 |
| | | | 白芒山 | 辉石二长岩 | 136.6±1.0 | 黑云母 Ar-Ar | 常印佛等,1991 |
| | | | 白芒山 | 辉石二长岩 | 142.9±11 | SHRIMP | 王彦斌等,2004 |
| | | | 白芒山 | 辉石二长岩 | 139.1±2.3 | SHRIMP | 徐晓春等,2008 |
| | | | 舒家店 | 辉石二长岩 | 138.2±4.6 | 黑云母 Ar-Ar 法 | 吴才来,1996 |
| | | | 鸡冠石 | 石英二长闪长岩 | 132.7±4.8 | SHRIMP | 徐晓春等,2008 |
| | | | 鸡冠石 | 石英二长闪长岩 | 139.9±11 | SHRIMP | 吴才来,2008 |
| | | | 鸡冠石 | 石英二长闪长岩 | 135.5±4.4 | SHRIMP | 杜杨松等,2007 |
| | | | 鸡冠石 | 石英二长闪长岩 | 136.1±3.0 | LA-ICP-MS | 谢建成等,2008 |
| | | | 冬瓜山 | 石英二长闪长岩 | 135.5±2.2 | SHRIMP | 徐晓春等,2008 |
| | | | 冬瓜山 | 石英二长闪长岩 | 135.8 | 黑云母 Ar-Ar 法 | 吴才来,1996 |

续表 2-16

| 亚带 | 期次 | 岩体名称 | 岩石类型 | 年龄(Ma) | 测试方法 | 资料来源 |
|---|---|---|---|---|---|---|
| 沿江亚带 | 早白垩世早期 | 新桥 | 石英二长闪长岩 | 137.1±1.1 | 角闪石 Ar-Ar 法 | 周涛发,1996 |
| | | 矶头 | 石英二长闪长岩 | 140.0±2.2 | SHRIMP | 王彦斌等,2004 |
| | | 大团山 | 石英二长闪长岩 | 139.1±2.7 | 黑云母 Ar-Ar 法 | 吴才来等,2003 |
| | | 大团山 | 石英二长闪长岩 | 139.3±1.2 | SHRIMP | 吴才来等,2008 |
| | | 新桥 | 石英闪长岩 | 140.2±2.2 | SHRIMP | 王彦斌等,2004 |
| | | 西狮子山 | 石英闪长岩 | 135.1±3.3 | LA-ICP-MS | 谢建成等,2008 |
| | | 铜官山 | 石英闪长岩 | 136.9 | 角闪石 Ar-Ar 法 | Cheng JF,1985 |
| | | 铜官山 | 石英闪长岩 | 144.7±1.3 | U-Pb | 陈江峰等,2005 |
| | | 铜官山 | 石英闪长岩 | 141.3±2.9 | SHRIMP | 王彦斌等,2004 |
| | | 铜官山 | 石英闪长岩 | 137.5±1.1 | SHRIMP | 徐夕生等,2004 |
| | | 铜官山 | 石英闪长岩 | 139.5±2.9 | SHRIMP | 杜杨松等,2007 |
| | | 小铜官山 | 石英闪长岩 | 139±3 | SHRIMP | 王彦斌等,2004? |
| | | 小铜官山 | 石英闪长岩 | 139.5±2.9 | SHRIMP | 楼亚儿等,2006 |
| | | 缪家 | 闪长玢岩 | 137.3±2.9 | LA-ICP-MS | 谢建成等,2008 |
| | | 朝山 | 辉石闪长岩 | 142.9±2.2 | SHRIMP | 王彦斌等,2004 |
| | | 朝山 | 花岗闪长岩 | (141±4.5)～(141.9±4.5) | LA-ICP-MS | 谢建成等,2008 |
| | | 鸡冠山 | 花岗闪长岩 | 140.2±1.6 | LA-ICP-MS | 杨小男等,2008 |
| | | 金口岭 | 花岗闪长岩 | 137.3 | 黑云母 Ar-Ar 法 | 周泰禧等,1988 |
| | | 胡村 | 花岗闪长岩 | 140.0±2.6 | SHRIMP | 徐晓春等,2008 |
| | | 胡村 | 花岗闪长岩 | 139.8±0.8 | Ar-Ar 法 | 吴才来,1996 |
| | | 胡村 | 花岗闪长岩 | 140.9±1.2 | SHRIMP | 吴才来,2008 |
| | | 凤凰山 | 花岗闪长岩 | 144.2±2.3 | SHRIMP | 张达等,2006 |
| | | 凤凰山 | 花岗闪长岩 | 144.2±2.3 | SHRIMP | 吴淦国等,2008 |
| | | 小铜官山 | 石英闪长岩 | 142.8±1.8 | SHRIMP | |
| | | 新桥 | 二长岩 | 146.4±4.3 | SHRIMP | |
| | | 冬瓜山 | 辉石二长岩 | 148.2±3.1 | SHRIMP | |
| | | 沙滩角 | 石英二长斑岩 | 151.8±2.6 | SHRIMP | |
| 贵池亚带 | 早白垩世早期 | 铜山 | 花岗闪长斑岩 | 139 | K-Ar | 1:5 万殷家汇幅 |
| | | 安子山 | 花岗闪长斑岩 | 137 | $^{40}$Ar-$^{39}$Ar | |
| | | 马石 | 花岗闪长斑岩 | 137 | $^{40}$Ar-$^{39}$Ar | |
| | | 奎坑 | 花岗闪长斑岩 | 147.4 | $^{40}$Ar-$^{39}$Ar | |
| | | 大李村 | 花岗闪长斑岩 | 139 | $^{40}$Ar-$^{39}$Ar | |
| | | 铜炉山 | 辉石闪长玢岩 | 137 | $^{40}$Ar-$^{39}$Ar | |

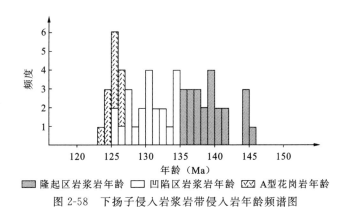

图 2-58 下扬子侵入岩浆岩带侵入岩年龄频谱图

## (一) 滁州亚带

侵入岩带由滁州—庐江沙溪一带的中—中酸性小岩体组成,呈北北东向带状展布。主要有两类岩石组合:一类属高钾钙碱性岩系,以滁州岩体、黄道山岩体为代表,主要岩性为闪长(玢)岩和石英闪长岩组合,岩石化学成分具富碱高钾特点,与矽卡岩型铜、铁、金等成矿关系密切;另一类侵位稍晚,以沙溪岩体为代表,岩石低硅富碱,$Na_2O>K_2O$,具钙碱性向碱钙性过渡特点,与斑岩型铜(金)矿关系密切。同位素年龄值在 165~116Ma 之间,本亚带侵入岩可划分为燕山中、晚两期。

燕山中期侵入岩包括马厂、滁州、黄道山、冶山、沙溪及冶父山等岩体,受断裂构造控制,呈北东向椭圆状分布。岩体呈岩株、岩瘤状产出,见有大量的残留顶盖和围岩捕房体。围岩蚀变、矿化强烈,侵入最新围岩为中侏罗世罗岭组,同位素年龄集中于 165~140Ma。岩石为石英闪长岩、闪长(玢)岩及其斑状变种组合,岩浆来源较深,属壳幔混合同熔型钙碱性花岗岩系列(图 2-59)。岩石里特曼组合指数平均为 3.05,岩石轻稀土富集,重稀土强烈亏损,$\delta Eu$ 为 0.91,铕略具负异常,配分图式均呈右倾平滑型。岩体均为高 Sr、Ba,低 Y 花岗岩,Sr/Y 平均为 40~145。在原始地幔标准化蛛网图上(图 2-60),高场强元素(HFSE,Nb、Ta、Zr、Y、Yb)亏损,大离子亲石元素(LILE,Rb、Th、Ba、Sr)相对富集。在岩体与围岩接触蚀变带上 Cu 元素含量则较高,一般高于维氏值 5~6 倍,局部为 $10\,016 \times 10^{-6}$,达数百倍,说明该带的矽卡岩型铜矿(化)体与石英闪长岩中 Cu 元素活化迁移关系密切。

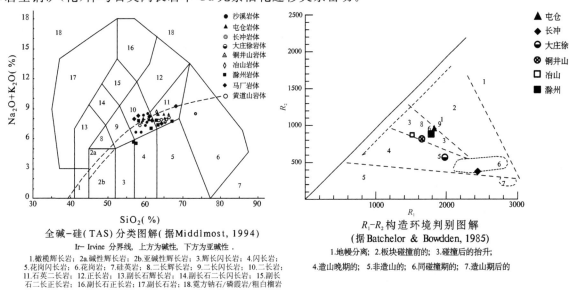

图 2-59 滁州岩浆岩亚带燕山期花岗岩构造岩石组合图解

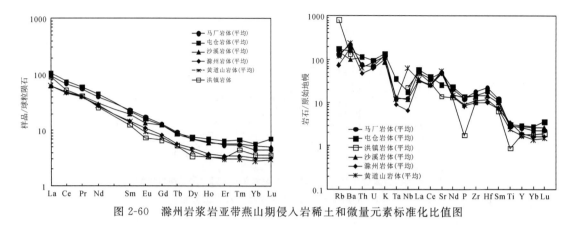

图 2-60 滁州岩浆岩亚带燕山期侵入岩稀土和微量元素标准化比值图

燕山晚期主要为中—酸性岩,包括屯仓、冶山等岩体,出露面积大于 $100km^2$。其中屯仓岩体为一浅成岩基,侵入青白口纪张八岭岩群及震旦纪灯影组灰岩中,被新近纪桂五组玄武岩、下草湾组及舜山集组等不整合覆盖。围岩普遍硅化、绿帘石化、角岩化、大理岩化、矽卡岩化。岩石组合为闪长岩、二长花岗岩组合,属钙碱性-碱钙性岩系,同位素年龄集中于 133～122Ma。燕山晚期闪长岩、二长花岗岩组合岩石里特曼组合指数介于 2.08～4.76 之间,为钙碱性-碱钙性岩系。A/CNK 为 0.82～1.08,属正常-铝饱和型。$Na_2O/K_2O$ 平均为 1.04,属钾质类型。岩石富轻稀土,铕负异常不明显,配分模式均为右倾型。构造环境为造山后陆内伸展型火山岩浆弧。在 $R_1$-$R_2$ 构造环境判别图解上(图 2-59),多数为碰撞后的抬升-造山晚期花岗岩组合,受断裂构造控制,总体处于前陆盆地边缘挤压-伸展构造环境。

### (二)沿江亚带

沿江亚带是铁、铜、硫、金等矿产集中分布区,即一般所说的长江中下游岩浆成矿带。大致介于马鞍山—怀宁与芜湖—东至之间,基本上沿长江深断裂带分布,与地幔隆起带(幔脊)相对应。本亚带侵入岩组合较为复杂,根据岩石类型、地球化学特征和组合关系,可分为高钾钙碱性中酸性侵入岩组合、高钠碱钙性侵入岩组合及碱性侵入岩组合(图 2-61)。侵入岩侵位时间较火山岩滞后,与该带火山岩具有同源演化特点。

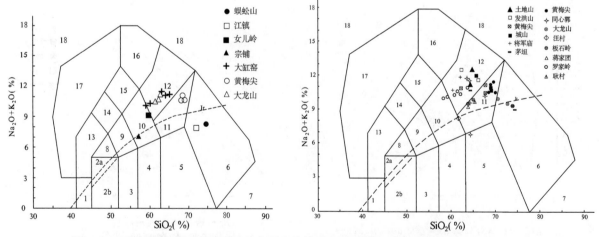

图 2-61 下扬子沿江岩浆岩亚带燕山期花岗岩构造岩石组合硅-碱图解(据 Middlmost,1994)

Ir-Irvine 分界线,上方为碱性,下方为亚碱性。

1.橄榄辉长岩;2a.碱性辉长岩;2b.亚碱性辉长岩;3.辉长闪长岩;4.闪长岩;5.花岗闪长岩;6.花岗岩;7.硅英岩;8.二长辉长岩;
9.二长闪长岩;10.二长岩;11.石英二长岩;12.正长岩;13.副长石辉长岩;14.副长石二长闪长岩;15.副长石二长正长岩;
16.副长石正长岩;17.副长石岩;18.霓方钠石/磷霞岩/粗白榴岩

## 1. 高钾钙碱性中酸性侵入岩组合

高钾钙碱性中酸性侵入岩组合主要发育在铜陵、安庆及沿江其他断隆区。主要侵位时代为晚侏罗世末—早白垩世早期(145～137Ma)，主要岩石类型为辉石闪长岩、碱长辉长(闪长)岩、闪长岩、石英闪长(二长)岩、二长岩和花岗闪长岩等，岩石富碱、高钾，基性组分中富钙，高 Sr，低 Mg、Cr、Ni，与铜、硫、金等矿产密切相关。根据同位素年龄、岩浆演化特征和穿切关系，从早到晚分别为石英二长(斑)岩-二长岩组合，花岗闪长岩-花岗闪长斑岩组合，石英闪长岩-石英二长闪长岩组合和辉石闪长岩-辉石二长闪长岩组合，具有"反序"演化特征，反映了从早到晚壳幔作用增强、幔源物质贡献增大的趋势。其中石英闪长岩与铜、铁成矿关系密切，花岗闪长岩与铜矿、多金属矿成矿关系密切，石英二长岩与金矿成矿关系密切。

以铜陵地区中酸性侵入岩组合为代表，侵入岩的 $SiO_2$ 变化于 47.09%～77.18% 之间，但大多数岩体 $SiO_2$<66%，主要为中性岩石。全碱 $Na_2O+K_2O$ 含量为 3.86%～8.30%，大多数样品 $Na_2O>K_2O$。石英二长岩、花岗闪长岩和石英闪长岩等的里特曼指数 $\sigma$ 一般小于3，而辉长岩、辉长二长闪长岩一般都大于3.3，最高可达6.48。在硅-碱图上(图 2-62)，侵入岩也表现为碱性和亚碱性两大系列，$SiO_2$ 与 $Na_2O+K_2O$ 之间总体上表现为相反的趋势，反映了本区中、酸性岩石可能是非传统的岩浆结晶分异作用演化产物。在硅-钾图上(图 2-62)，除极少数样品外，岩石主要落在高钾钙碱性系列和橄榄安粗岩系列区。在 AFM 图上(图 2-62)，侵入岩样品点集中位于 AF 一侧，并都落入钙碱性岩石系列，其中辉石闪长岩组合具富铁富镁演化趋势，但侵入岩总体向富碱方向演变。大多数岩石 $Al_2O_3$ 含量大于15%，

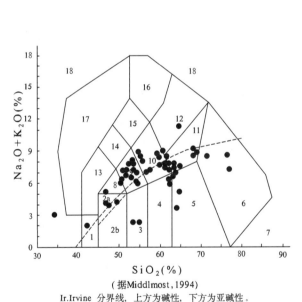
(据Middlmost,1994)
Ir.Irvine 分界线，上方为碱性，下方为亚碱性。

1.橄榄辉长岩；2a.碱性辉长岩；2b.亚碱性辉长岩；3.辉石闪长岩；
4.闪长岩；5.花岗闪长岩；6.花岗岩；7.硅英岩；8.二长辉长岩；
9.二长闪长岩；10.二长岩；11.石英二长岩；12.正长岩；
13.副长石辉长岩；14.副长石二长闪长岩；15.副长石二长正长岩；
16.副长石正长岩；17.副长石岩；18.霓方钠石/磷霞岩/粗白榴岩

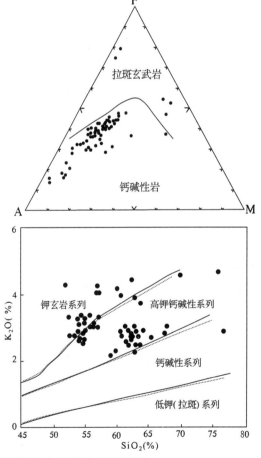

图 2-62 铜陵地区中生代侵入岩全碱-硅分类图、硅-钾图和 AFM 图解

(据 Middlmost,1994)

表现出高铝的特征,A/CNK 变化于 0.46~0.99 之间,属准铝质的高钾钙碱性花岗岩类。镁铁指数 MF 变化于 45.71~87.12 之间,分异指数 DI 变化于 28.09~92.83 之间,且绝大多数岩体 DI<70。岩石的稀土总量变化于 $(15.04\sim342.2)\times10^{-6}$ 之间,平均值为 $163.18\times10^{-6}$,从偏基性到偏酸性总体上表现为稀土总量逐渐减小的趋势,且皆低于世界上花岗质岩石的平均含量。LREE/HREE 比值变化于 4.00~27.53 之间,平均为 13.40;$(La/Yb)_N$ 在 2.63~49.22 之间,平均值为 16.97;δEu 变化于 0.73~1.54 之间,平均值为 0.95,呈弱的 Eu 负异常—无异常,说明发生了少量的以斜长石为分离相的分异作用。在球粒陨石标准化比值图上(图 2-63),各侵入岩体的配分模式基本一致,表现为轻稀土富集型右倾平滑型曲线。不相容大离子亲石元素 Ba、Rb、Sr、Th 富集和高场强元素 Zr、Nb、Hf、Y 等亏损(图 2-63),由偏基性岩石—酸性岩石,Sr/Y 逐渐增高。岩石具弱 Pb、Zr 正异常和负 Nb 异常,反映源区有陆壳物质的参与。高 Sr、Ba 和低 Rb 反映岩浆具幔源或壳幔混熔的特征,高钾钙碱性侵入岩组合岩石都表现为明显的 Nb、Ta、Ti 和 P 负异常,反映了侵入岩形成于强烈的壳幔相互作用环境,并有较多陆壳物质参与。早期高钾钙碱性侵入岩组合具有变化范围较大的 Sr、Nd 同位素组成,$\varepsilon_{Nd}(t)$ 值变化于 $-17.4\sim-6.3$ 之间,反映了岩浆不可能为均一源区部分熔融后的产物。侵入岩显示出由幔源玄武质和壳源硅铝质岩浆混合的某些特征,侵入岩浆形成于陆内伸展环境造山晚期火山岩浆弧。

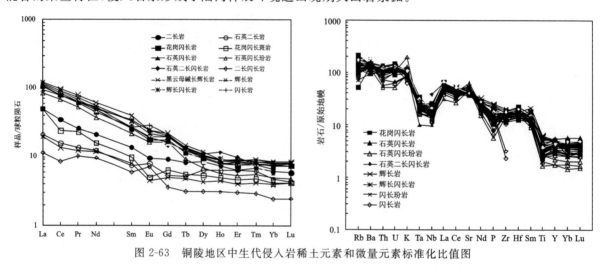

图 2-63 铜陵地区中生代侵入岩稀土元素和微量元素标准化比值图

### 2. 高钠碱钙性侵入岩组合

该组合主要发育在宁芜、庐枞等盆地断凹区。高钠碱钙性中基性岩组合侵位时代为早白垩世中期(135~127Ma),多为浅成或潜火山岩体,主要为低硅富钠的碱钙性中基性岩组合和酸性花岗岩组合,岩石组合为辉长闪长(玢)岩-闪长(玢)岩组合、辉石二长岩-二长岩-石英正长岩组合,岩石全晶质细粒—似斑状结构,块状构造。副矿物以磁铁矿和磷灰石为主,锆石和榍石少量。该组合与铁矿成矿关系密切,为典型的宁芜"玢岩式铁矿成矿模式",其中辉长闪长(玢)岩是铁矿主要的成矿母岩。

宁芜盆地内的浅成侵入体或次火山岩主要由辉长闪长(玢)岩和闪长(玢)岩组成,是宁芜盆地内铁矿床的含矿岩体,同位素年龄在 132~128Ma 之间。花岗质岩类侵入体岩性以石英二长(斑)岩、石英正长(斑)岩和黑云母花岗岩等为主。辉长闪长岩-闪长岩组合显著特点是低硅高碱,$SiO_2$ 含量在 52.75%~58.98% 之间,平均含量 54.69%,属中性偏基性岩范畴。侵入岩的总碱含量高,$Na_2O+K_2O$ 含量在 5.03%~9.08% 之间,平均 7.41%,里特曼指数 σ 大多数在 3.3~6 之间,平均 4.5 左右,钙碱指数小于 56,$Na_2O/K_2O$ 通常大于 2,最高为 5,$Na_2O$ 含量最高可达 6%~7%,在硅-碱图上大多落入碱性岩区内(图 2-64)。$K_2O$ 含量不均,在硅-钾图上多数落入高钾岩系或橄榄安粗岩系区域内(图 2-64)。$Al_2O_3$ 含量高,平均 17.1%,A/CNK 值在 0.70~0.95 之间,属准铝质岩石系列。闪长岩类侵入岩稀土总量中等,平均含量 $94.5\times10^{-6}$,$(La/Yb)_N$ 为 4.3~6.9,轻稀土略显富集;δEu 为 0.94~1.14,呈微弱的正或负异常；重稀土 Yb 含量较高，平均大于 $2\times10^{-6}$。在球粒陨石标准化比值图上所有样品曲线较为一致，均表现为右倾平滑型式(图 2-65)。微量元素大离子亲石元素如 Ba、Th、K、Sr 等富集，U 亏损，高场强元素中，除 P、Hf 弱富集外，Zr、Nb、Ta、Y 均不同程度地亏损。宁芜地区中酸性侵入岩的 $(^{87}Sr-^{86}Sr)_i$ 介于 0.7063～0.7077 之间，闪长岩类 $\varepsilon_{Nd}(t)$ 为 $-7.4$～$-2.8$，与铜陵地区侵入岩相比，总体表现为 $I_{Sr}$ 偏低，$\varepsilon_{Nd}(t)$ 偏高，但花岗岩类 $\varepsilon_{Nd}(t)$ 低，为 $-10.2$。同位素 $^{206}Pb-^{204}Pb$ 和 $^{207}Pb-^{204}Pb$ 比值分别在 18.30 和 15.60 左右，在铅构造演化图上，主要集中在地幔和造山带之间，显示出以地幔铅为主并受到壳源铅的污染。

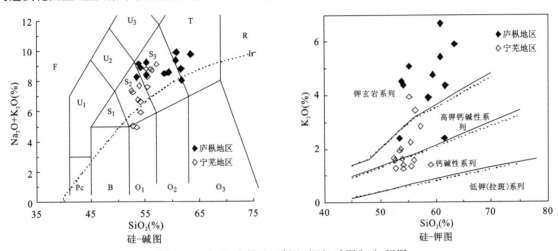

图 2-64  宁芜、庐枞地区侵入岩硅-碱图和硅-钾图

F：副长石岩　$S_1$：粗面玄武岩　$S_2$：玄武质粗面安山岩　$S_3$：粗面安山岩

B：玄武岩　$Q_1$：玄武安山岩　$Q_2$：安山岩　$Q_3$：英安岩　R：流纹岩

庐枞断陷盆地巴家滩岩体中心相为辉石二长岩，边缘相为含石英辉石二长岩。焦冲岩体主要岩性为中细粒闪长岩-石英闪长(玢)岩。辉石二长岩-石英闪长(玢)岩 $SiO_2$ 含量在 53.44%～63.41% 之间，平均 54%，总碱含量高，为 8.45%～9.88%，里特曼指数 $\sigma$ 为 3.46～7.71，平均 5.48，在硅-碱图上落入碱性区内；$Al_2O_3$ 平均含量 16.43%，A/CNK 值主要在 0.79～0.93 之间，为准铝系列。与宁芜地区侵入岩最大区别在于 $Na_2O$ 含量较低，平均 4.32%，$K_2O/Na_2O$ 通常大于 1，平均 1.15，属富 K 质岩石，在硅-钾图上(图 2-64)，除少数属高钾钙碱性岩外，多数位于橄榄安粗岩系列区域。稀土总量较宁芜盆地同期侵入岩为高，平均 $231.89\times10^{-6}$，$(La/Yb)_N$ 平均 15.93，属轻稀土富集型，$\delta Eu$ 为 0.61～0.91，平均 0.71，呈微弱-弱负异常。在球粒陨石标准化比值图上曲线形式基本一致，均呈右倾型(图 2-65)。微量元素特征与宁芜地区该类侵入岩的特征近似，即明显以富集 Rb、Th、U、K 等强不相容元素，亏损高场强元素 Nb 和 Ta 为特性。同位素组成与宁芜地区该类侵入岩的相近，$(^{87}Sr-^{86}Sr)_i$ 在 0.706 01～0.7082 之间，$\varepsilon_{Nd}(t)$ 变化于 $-8.6$～$-6.4$ 之间；$^{206}Pb-^{204}Pb$ 为 17.98～19.59，$^{207}Pb-^{204}Pb$ 为 15.47～15.82，显示二者间具有相近的源区组成，形成于陆内伸展环境非造山 A 型火山岩浆弧。

### 3. 碱性侵入岩组合

碱性侵入岩组合主要沿长江南、北两侧分布，构成两条碱性(A 型)花岗岩带，侵入岩集中形成于早白垩世晚期(126～123Ma)。该期侵入岩组合构成长江两岸两条对称的 A 型花岗岩带，呈北东向对称带状分布，长约 100km。江北岩带自西向东有怀宁香茗山岩体、安庆大龙山岩体、枞阳城山岩体和黄梅尖岩体；江南岩带有池州花园巩岩体、同兴郭岩体、青阳茅坦岩体、南陵板石岭岩体和繁昌浮山岩体等，带内碱性侵入岩组合多以大中型复式岩体出露于地表，岩浆作用与铀、金矿化有关。岩石组合主要为石英正长岩-正长岩组合，次为石英二长岩和正长花岗岩组合。

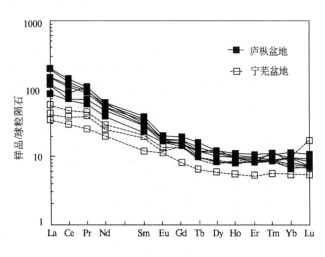

图 2-65 宁芜、庐枞地区侵入岩稀土元素标准化图

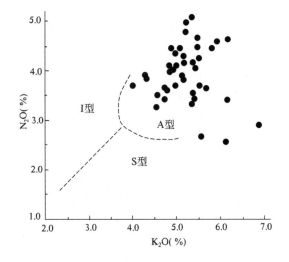

图 2-66 沿江 A 型花岗岩带 $K_2O\text{-}Na_2O$ 图

岩石具富碱、高钾、贫水特征,并可见晶洞构造,属碱性岩系列。$SiO_2$ 含量平均为 65.75%,$K_2O+Na_2O$ 含量平均为 10.78%,大部分岩石的 $K_2O/Na_2O$ 大于 1,富钾。A/CNK 普遍小于 1,少量大于 1,为正常铝饱和-过饱和类型,在硅-碱图解中落入碱性岩区,少量在亚碱性岩区。里特曼组合指数 $\sigma$ 在 3.15~5.85 之间,绝大多数大于 3.3,$K_2O/Na_2O$ 比值在 0.97~1.47 之间,属高钾花岗岩。在 $K_2O\text{-}Na_2O$ 图上,所有样品点均落入 A 型花岗岩区域(图 2-66)。岩石稀土总量 $\Sigma REE$ 在 $(227\sim442)\times10^{-6}$ 之间,富轻稀土,Ce 含量均高于典型 A 型花岗岩的下限值 $85\times10^{-6}$;$(La/Yb)_N$ 为 7.74~11.86,$\delta Eu$ 为 0.27~0.68,表现出强烈—中等的 Eu 负异常。重稀土 Yb 和 Y 含量很高,在稀土元素的球粒陨石标准化比值图上,均表现为右倾海鸥型(图 2-67)。微量元素 Rb、La、Ce、Zr、Pb 富集,Ba、Sr、Nb、Eu、Y 亏损,Ga 含量及 Ga/Al 比值普遍较高,平均 $21.8\times10^{-6}$,Ga/Al 多数在 2.1~3.1 之间,与典型的 A 型花岗岩相似。Sr、Nd 同位素组成上,江北岩带的大龙山、黄梅尖、花山、枞阳等岩体 $I_{Sr}$ 为 0.7062~0.7068,$\varepsilon_{Nd}(t)$ 为 $-5.8\sim-2.5$,江南岩带花园巩等岩体 $I_{Sr}$ 为 $-0.7093\sim0.7086$,$\varepsilon_{Nd}(t)$ 为 $-8.0\sim-7.1$,前者与庐枞盆地内的橄榄安粗岩系火山岩近乎一致,反映它们具有相同的成岩物源,较高的 $I_{Sr}$、较低的 $\varepsilon_{Nd}(t)$ 和低的 $T_{DM}$ 值(1.1~1.57Ga)则可能显示岩浆来源于交代地幔或与幔源岩浆受壳源物质混染有关,表明岩石在成岩的壳幔相互作用过程中有较多的陆壳物质参与,岩浆形成于具有相对亏损的地幔环境之中。碱性侵入岩与火山岩具同源演化关系,侵入岩多对应属于火山喷发晚期的产物,即橄榄安粗岩系列

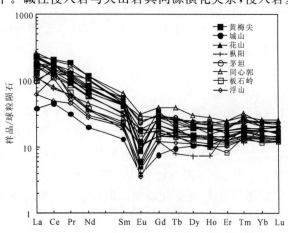

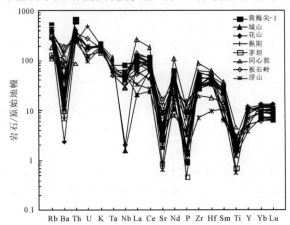

图 2-67 沿江 A 型花岗岩带碱性侵入岩稀土元素、微量元素标准化比值图

形成后的碱性岩系列。燕山期 A 型花岗岩组合形成于拉张环境,物源多来自上地幔,是非造山花岗岩。稀土元素特征表明区内碱性侵入岩形成于具有正常、减薄的陆壳环境或是双倍陆壳的中、上部(邓晋福等,1996),即挤压造山向伸展拉张环境的转变的过程中。在 $R_1$-$R_2$ 构造环境判别图解上(图 2-68),总体呈由造山晚期—非造山期花岗岩组合演化特征,碱性 A 型侵入岩组合的出现预示着岩浆活动趋于平静。

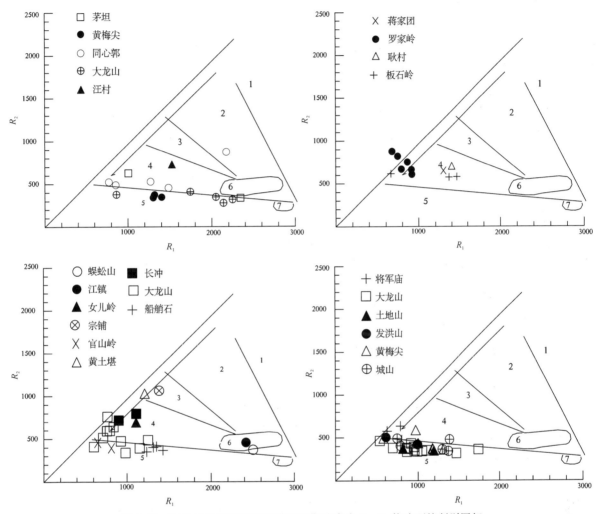

图 2-68　下扬子沿江岩浆岩亚带燕山期花岗岩 $R_1$-$R_2$ 构造环境判别图解

1.地幔分离;2.板块碰撞前的;3.碰撞后的抬升;4.造山晚期的;5.非造山的;6.同碰撞期的;7.造山期后的

### (三)贵池亚带

该亚带分布于贵池马石、马头、安子山,经青阳的五昌庙、铜山墩,直到宣城的麻姑山等地。构造处于高坦断裂以北、戴汇-张溪断裂以南的江南前陆反向冲断带内及其与下扬子坳陷接壤的部位。主要为中酸性侵入岩,大多是一些出露面积很小的斑岩体,为江南斑岩带的主要组成部分,形成时代集中于晚侏罗世—早白垩世(同位素年龄介于 147～137Ma 之间),与沿江亚带铜陵地区中酸性侵入岩时代一致。岩石组合为花岗闪长斑岩、石英闪长玢岩、辉石闪长(玢)岩组合,属钙碱性系列。与本带岩石组合有关的矿产主要为矽卡岩-热液型和斑岩型铜、钼(钨)、铅、锌、银、金等多金属矿,成矿元素组合也具有从沿江亚带向皖南岩浆岩带过渡的特征。

岩石组合 SiO$_2$ 含量介于 57.23%～66.24%之间，平均 63.44%，属中—酸性岩范畴；全碱 Na$_2$O+K$_2$O 含量为 5.76%～6.32%。里特曼组合指数多小于 3.3，属钙碱性岩石，在硅-碱图及 AFM 图上，属钙碱性-亚碱性岩石系列(图 2-69)。在 AFM 图上呈钙碱性演化趋势；石英闪长玢岩 K$_2$O/Na$_2$O 基本小于 1，平均 0.81，花岗闪长斑岩则多数大于 1，平均 1.04，属钾质岩石系列。在硅-钾图上，除少数属钙碱性岩系外，绝大多数属高钾钙碱性岩；石英闪长玢岩铝指数 A/CNK 值为 0.83～1.04，平均 0.95，碱铝比 ANK 平均为 0.53，属准铝质岩石系列。而花岗闪长斑岩 A/CNK 变化于 0.86～1.24 之间，平均 1.13，属过铝质岩石。岩石稀土总量 ΣREE 在(110.31～139.90)×10$^{-6}$之间，中等，平均 129.63×10$^{-6}$，LREE/HREE 为 8.98～13.34，(La/Yb)$_N$ 为 9.58～16.78，属轻稀土富集型。δEu 为 0.7～0.89，弱铕负异常，配分模式为明显右倾型(图 2-70)。不相容元素 Ba、Rb、Th、La、Ce、Sr、Zr 等富集，Sr/Rb 比值普遍大于 3，相容元素与原始地幔值相近，岩石出现 Nb 负异常和 Pb 正异常，Sr 含量介于扬子型和江南型侵入岩组合岩石之间，普遍具有弱正 Sr 异常，反映这套以斑岩为特征的岩石形成深度较大，岩浆分异程度较低。与沿江亚带相比，岩石富硅、富铝，总碱量略低，但 K$_2$O 含量相当，也具低 Mg、Cr、Ni 特点。

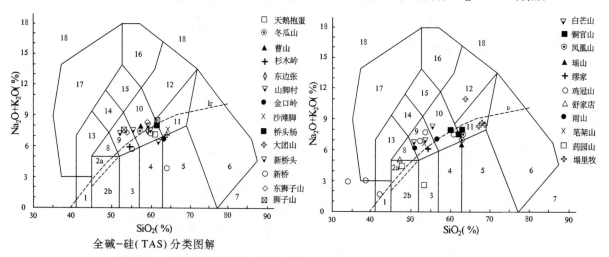

全碱-硅(TAS)分类图解

图 2-69  下扬子贵池岩浆亚带燕山期花岗岩硅-碱图(据 Middlemost，1994)

Ir，Irvine 分界线，上方为碱性，下方为亚碱性。

1. 橄榄辉长岩；2. 碱性辉长岩；2b. 亚碱性辉长岩；3. 辉长闪长岩；4. 闪长岩；5. 花岗闪长岩；6. 花岗岩；7. 硅英岩；8. 二长辉长岩；9. 二长闪长岩；10. 二长岩；11. 石英二长岩；12. 正长岩；13. 副长石辉长岩；14. 副长石二长闪长岩；15. 副长石二长正长岩；16. 副长正长岩；17. 副长深成岩；18. 霓方钠石/磷霞岩/粗白榴岩

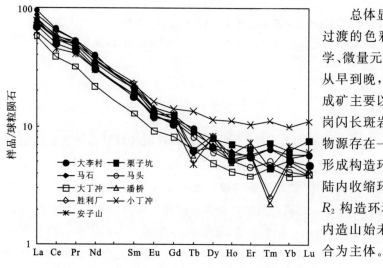

图 2-70  贵池亚带侵入岩稀土元素标准化比值图

总体显示具有从沿江亚带向皖南岩浆岩带过渡的色彩，但更接近于沿江亚带。从岩石化学、微量元素特征上来看，符合 AFC 成因模式，从早到晚，壳源物质逐渐增多。石英闪长(玢)岩成矿主要以金矿化为主，幔源物质贡献较大，花岗闪长斑岩主要为铜多金属矿化，二者成岩成矿物源存在一定的差别。利用微量元素对岩浆岩形成构造环境进行判别，证明这套斑岩为燕山期陆内收缩环境后造山火山岩浆弧产物。在 $R_1$-$R_2$ 构造环境判别图解上(图 2-71)，总体贯穿陆内造山始末，以碰撞后抬升-造山晚期花岗岩组合为主体。

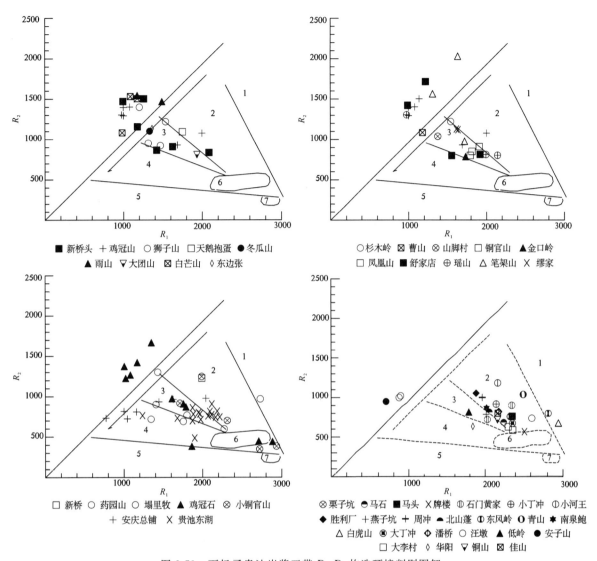

图 2-71 下扬子贵池岩浆亚带 $R_1$-$R_2$ 构造环境判别图解

1. 地幔分离；2. 板块碰撞前的；3. 碰撞后的抬升；4. 造山晚期的；5. 非造山的；6. 同碰撞期的；7. 造山期后的

## 五、皖南侵入岩浆岩带

皖南岩浆岩带北边以高坦-周王-南漪湖追踪断裂与下扬子岩浆岩带相接，南边大致沿五城—屯溪—三阳坑—清凉峰一线为界与浙西侵入岩浆岩带（皖浙赣岩浆岩带）相邻，为鄣公山隆起组成部分。皖南岩浆岩带侵入岩浆活动强烈，从晋宁期到燕山期均有表现，具典型构造区划意义的伏川蛇绿岩套在其南缘发育。

中元古代末至新元古代早期，下扬子处于洋盆拉张至聚合阶段，该期岩浆活动为洋盆初始拉张时侵入和水下喷发事件，形成典型的蛇绿岩套岩石组合，即辉橄岩、辉长（辉绿）岩、闪长岩、细碧角斑岩组合。其中辉长岩 Sm-Nd 等时线年龄 1024±30Ma（周新民，1989）、935±10Ma（邢凤鸣，1991）；细碧岩 Sm-Nd 等时线年龄为 1286±66Ma（张光弟，1990）；变基性火山岩全岩 Sm-Nd 等时线年龄为 1038.3±27.5Ma（徐备，1992）；上部辉长岩 3 组 LA-ICP-MS 锆石 U-Pb 年龄分别为 891±13Ma、826±4Ma 和 764±10Ma（吴荣新，2005）；伟晶辉长岩及其上覆岩系英安质凝灰岩 SHRIMP 锆石 U-Pb 年龄为 844±11Ma

和837±10Ma(林寿发,2007);方辉橄榄岩堆晶岩的SHRIMP锆石U-Pb年龄为827±9Ma,侵入到其中的辉长岩脉的锆石U-Pb年龄为848±12Ma(丁炳华等,2008)等。因此可以认为皖南岩浆活动最早发生在中元古代末,伏川蛇绿岩构造侵位时间为890~840Ma,构成区域性碰撞蛇绿混杂岩带。

新元古代早期侵入岩岩石类型表现出由超基性岩→基性岩→中性岩的变化规律,岩体多呈岩瘤状、岩墙状、条带状、脉状产出,出露面积约10.5km²。安徽省内代表性岩体主要有伏塘坑、南山、五常坑3个岩体,岩浆活动从早到晚,$SiO_2$、$Na_2O+K_2O$、$Fe_2O_3+FeO$含量及$FeO/(MgO+FeO)$值逐渐增高,岩石组合为辉橄岩→辉长岩→闪长岩组合,在AFM图上从伏塘坑辉橄岩→南山粗(堆)晶辉长岩、细粒辉长岩→五常坑闪长岩,其演化曲线具拉斑玄武岩分异趋势,可能来源于同一原始岩浆。伏塘坑辉橄岩系地幔分熔后的残余部分,南山辉长(辉绿)岩为地幔岩部分熔融的产物,五常坑闪长岩则是熔融岩浆分离结晶作用之后形成,且在空间上密切伴生。具拉斑玄武岩分异趋势,可能来源于同一原始岩浆。洋岛型伏川蛇绿岩套→洋盆闭合→岛弧岩浆作用是超大陆聚合、裂解的重要表现。

### 1. 晋宁早期侵入岩组合

晋宁早期歙县英云闪长岩-花岗闪长岩侵入岩组合大致沿三阳坑断裂带以北呈带状展布,包括休宁、许村、歙县、里方、水竹坑等岩体。侵入于伏川蛇绿混杂岩带、溪口岩群和西村岩组中。晋宁早期花岗岩$SiO_2$含量小于70%(65.21%~69.83%),A/CNK值均大于1.1(1.27~1.9),岩石中普遍含有黑云母、白云母、石榴石、堇青石和矽线石等富铝特征矿物,以低钙、钠而相对富钾为特点,属于强过铝质花岗岩(SP花岗岩)。在硅-碱图上(图2-72),集中于花岗闪长岩、石英二长岩和花岗岩范围内,属亚碱性系列,总体上具高$K_2O$(2.8%~5.2%)、高$K_2O/Na_2O$(1.2~1.7)等特征。在ANK-A/CNK图上属过铝质岩石系列(图2-72)。岩石的稀土总量中等偏低,ΣREE在(166.3~204.3)×$10^{-6}$之间,轻、重稀土分馏程度中等,多数$(La/Yb)_N$在5.24~9.87之间,$\delta Eu=0.47~0.72$,呈中等程度的铕负异常,在球粒陨石标准化比值图上,呈右倾的沟谷型(图2-73)。在微量元素原始地幔标准化比值图上,表现出K、Rb、Ba、Th、Ce、U等富集而Nb、Ta、Zr、Hf相对亏损的特征(图2-73),Rb/Sr比值平均为0.78(0.48~0.96),接近岩浆型同熔花岗岩。根据堇青石、铁铝榴石、黑云母、斜长石等矿物的平衡温度计算,花岗闪长岩是结晶温度为780~820℃、侵位深度为8~24km的中深成侵入体。近年来同位素测龄研究进展表明(表2-17),早期主要集中在910~743Ma之间。近期更为精确的测试显示年龄可分为两组:年轻的一

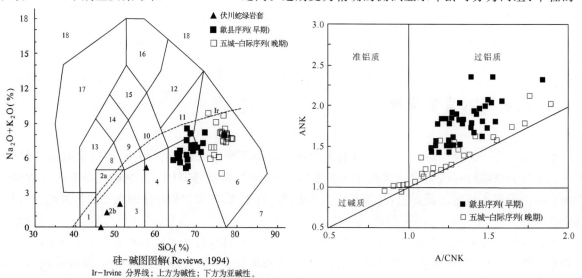

1.橄榄辉长岩;2a.碱性辉长岩;2b.亚碱性辉长岩;3.辉长岩;4.闪长岩;
5.花岗闪长岩;6.花岗岩;7.硅英岩;8.二长辉长岩;9.二长闪长岩;10.二长岩;
11.石英二长岩;12.正长岩;13.副长石辉长岩;14.副长石二长闪长岩;15.副长石二长正长岩;16.副长石正长岩;17.副长石岩;18.霓方钠石/磷霞岩/粗白榴岩

图2-72 皖南晋宁期构造岩石组合硅-碱图、ANK-A/CNK图解

组826～815Ma,代表了岩浆结晶年龄,较老的一组892～877Ma属继承性锆石年龄,代表了岩浆源区的主要物质年龄(郑永飞,2006)。根据Naniar(1989)判别图解和$R_1$-$R_2$构造环境判别图解,晋宁早期花岗岩组合落入大陆碰撞区,属岛弧型同碰撞花岗岩(图2-74)。

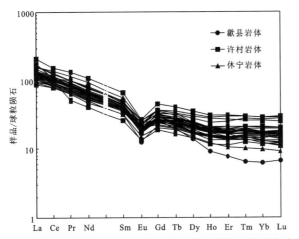
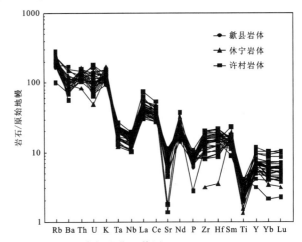

图 2-73 皖南晋宁早期花岗岩稀土元素、微量元素标准化比值图

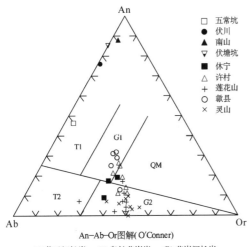
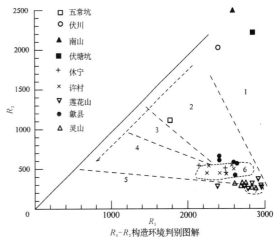

An-Ab-Or图解(O'Conner)
T1.英云闪长岩; T2.奥长花岗岩; G1.花岗闪长岩;
G2.花岗岩; QM.石英二长岩

$R_1$-$R_2$构造环境判别图解
1.地幔分离; 2.板块碰撞前的; 3.碰撞后的抬升;
4.造山晚期的; 5.非造山的; 6.同碰撞期的; 7.造山期后的

图 2-74 皖南晋宁期变质侵入岩构造岩石组合图解

表 2-17 皖南岩浆岩带新元古代花岗岩同位素年龄表

| 岩体名称 | 岩石类型 | 同位素测试方法 | 年龄数据(Ma) | 资料来源 |
|---|---|---|---|---|
| 休宁岩体 | 花岗闪长岩 | LA-ICP-MS | 826±6 | 薛怀明等,2010 |
| | | LA-ICP-MS | 817±8;892±14 | 吴荣新等,2005 |
| | | LA-ICP-MS | 824±6 | 吴荣新等,2005 |
| | | Rb-Sr 全岩等时线 | 963 | 李应运等,1989 |
| | | 黑云母 K-Ar | 991 | 李应运等,1989 |
| 许村岩体 | 花岗闪长岩 | LA-ICP-MS | 850±10 | 薛怀明等,2010 |
| | | LA-ICP-MS | 820±10;884±9 | 吴荣新等,2005 |
| | | LA-ICP-MS | 823±12;877±9 | 吴荣新等,2005 |
| | | SHRIMP | 823±8 | 李献华等,2002 |
| | 黑云母花岗闪长岩 | 黑云母 K-Ar | 913 | 李应运等,1988 |
| | | 黑云母 K-Ar | 743.6 | 李应运等,1988 |

续表 2-17

| 岩体名称 | 岩石类型 | 同位素测试方法 | 年龄数据(Ma) | 资料来源 |
| --- | --- | --- | --- | --- |
| 歙县岩体 | 花岗闪长岩 | LA-ICP-MS | 838±11 | 薛怀明等,2010 |
| | | LA-ICP-MS | 823±10;878±14 | 吴荣新等,2005 |
| | 片麻状花岗闪长岩 | 全岩 Rb-Sr | 768.5 | 李应运等,1989 |
| | | U-Th-Pb | 928.1 | 李应运等,1989 |
| | 花岗闪长岩 | 白云母$^{40}$Ar-$^{39}$Ar | 768±29.7 | 胡世玲,1992 |
| | | 全岩 Rb-Sr | 768.5±76.7 | 邢凤鸣等,1988 |

**2. 燕山期侵入岩组合**

皖南岩浆岩带燕山期侵入岩发育，出露的大小侵入体数百个，总面积近 3000km$^2$。包括青阳、九华山、太平、黄山、榔桥、旌德、伏岭、城安等大型复式侵入体，在成因上具有同源演化关系。主要岩石组合为花岗闪长岩-二长花岗岩组合和花岗岩-正长(碱长)花岗岩组合两类，具江南型中酸性侵入岩组合特点。两类花岗岩在空间上经常表现出成对相伴出现的特点，并形成大型复式岩基或岩体，如太平-黄山、青阳-九华山、大历山-城安等复合岩体成对出现，与相邻岩浆岩带的侵入岩形成明显的区别。岩浆活动时代主要为晚侏罗世—早白垩世，大量的同位素年代学研究显示，皖南燕山期侵入岩年龄集中在早白垩世 145～120Ma 之间(表 2-18)，可分为燕山中、晚两期，其中早白垩世早期岩石主要是花岗闪长岩-二长花岗岩组合，形成时代为 145～135Ma；早白垩世中期主要为二长花岗岩-正长花岗岩组合，同位素年龄为 134～127Ma；晚期岩石组合为具 A 型花岗岩性质的碱(正)长花岗岩-石英正长岩组合，形成时代为 126～123Ma。

燕山中期侵入岩包括青阳、旌德、榔桥、杨溪、乔亭、汀溪、仙霞、太平、云岭、茂林、包村、云岭、乌石垄、城安、黟县等岩体，出露面积为数十至数百平方千米，呈规模较大的复式岩基或岩株、岩枝状产出，与围岩多呈超动侵入关系。岩石组合主要为花岗闪长(斑)岩、二长花岗岩组合，局部为石英闪长岩、石英二长闪长岩组合，一般都有较明显的岩相分带特征。另有小型斑岩岩株沿断裂带呈串珠状岩带分布，如沿周王断裂分布的溪口-安子山岩带、沿宏潭-郭村断裂带分布的西园-南斗坑岩带，郜公山隆起带内的漳前-冯村岩带、里东坑-章川岩带和三阳坑断裂带内的里方-水竹坑-逍遥岩带等，这些小型斑岩体多与钨、钼多金属矿化密切相关。从同位素测龄数据分析，较高精度的 LA-ICP-MS 和 SIMS 方法获得的花岗闪长岩年龄在 145～137Ma 之间，峰值为 141Ma，而二长花岗岩则在 139～136Ma 之间，峰值为 137Ma，略晚于花岗闪长岩，与野外地质特征一致。

花岗闪长岩-二长花岗岩组合岩石具细粒—中粗粒半自形粒状结构，局部斑状结构、似斑状结构，块状构造。SiO$_2$ 含量为 63.56%～75.47%，为中酸性岩和酸性岩类；全碱 Na$_2$O+K$_2$O 含量为 5.71%～9.22%，K$_2$O/Na$_2$O 平均 1.19～1.41，在硅-钾图上，绝大多数落入高钾钙碱性岩区；碱铝指数 ANK 值 0.33～0.84，平均 0.59，为钙碱性岩系—钙性岩系；Al$_2$O$_3$ 含量平均 14.54%，含铝指数 A/CNK 值平均 1.03，为准铝质—过铝质，总体属弱过铝质岩石系列(图 2-75)；里特曼组合指数 σ 平均 2.21，属钙碱性岩系；在硅-碱图上均属亚碱性岩石系列(图 2-76)。在 AFM 图上呈钙碱性演化趋势。岩石稀土总量中等，平均 156.18×10$^{-6}$；LREE/HREE 平均 11.91，(La/Yb)$_N$ 平均为 16.02，属轻稀土富集型；δEu 平均为 0.70，总体表现为中等—弱的铕负异常，重稀土 Yb 含量低，属重稀土强烈亏损型。在球粒陨石标准化比值图中呈右倾型(图 2-77)。不相容微量元素 Rb、Th、U、K、La、Ce 等富集，Rb/Sr 比值普遍小于 2，总体属低 Sr、Ba 型花岗岩，与 Eu 呈一定程度的负异常一致，显示岩浆源区可能有富钙斜长石的残余或发生了以斜长石为分离相的结晶分异作用。与重稀土 Yb 亏损对应，Y 含量总体较低，小于 18×10$^{-6}$。Sr/Y 比平均为 18.55，总体表现出低 Sr、Y(Yb)的特色。相容元素 Nb、Ta、Ti、P 等与原始地幔值相近，在岩石/原始地幔标准化的比值上(图 2-77)，各岩体曲线基本一致，Nb、Ti 等元素的负异常和 Pb 的正异常是岩浆源区主要为壳源物质的重要标志。

表 2-18　皖南岩浆岩带中生代中酸性侵入岩同位素年龄表

| 期次 | | 岩体名称 | 岩石类型 | 年龄（Ma） | 测试方法 | 资料来源 |
|---|---|---|---|---|---|---|
| 早白垩世 | 中晚期 | 庙西 | 石英正长岩 | 126.1±2.2 | LA-ICP-MS | Wu F Y,2011 |
| | | 九华山 | 碱长花岗岩 | 123.9±0.5 | LA-ICP-MS | 薛怀民（未发表） |
| | | 黄山 | 花岗岩 | 127.7±1.3 | SHRIMP | 薛怀民等,2009 |
| | | 黄山 | 花岗岩 | 125.1±1.5 | SHRIMP | 薛怀民等,2009 |
| | | 黄山 | 花岗岩 | 125.2±5.5 | SHRIMP | 薛怀民等,2009 |
| | | 黄山 | 花岗岩 | 125.4±1.2 | 黑云母 Ar-Ar | 周泰禧等,1988 |
| | | 黄山 | A 型花岗岩 | 128.2±0.9 | SIMS | Wu F Y,2011 |
| | | 黄山 | A 型花岗岩 | 125.8±1.3 | LA-ICP-MS | Wu F Y,2011 |
| | | 伏岭 | 正长花岗岩 | 120±2 | K-Ar | 张虹等,2005 |
| | | 伏岭 | 正长花岗岩 | 121 | 全岩 Rb-Sr | 沈渭洲等,1999 |
| | | 伏岭 | 花岗岩 | 121 | 黑云母 Ar-Ar | 岳书仓等,2003 |
| | | 九华山 | 正长花岗岩 | 130.6±1.3 | LA-ICP-MS | Wu F Y,2011 |
| | | 九华山 | 正长花岗岩 | 131.0±2.6 | LA-ICP-MS | Wu F Y,2011 |
| | | 九华山 | 二长花岗岩 | 131.0±2.1 | LA-ICP-MS | Wu F Y,2011 |
| | | 云岭 | 二长花岗岩 | 128.7±1.5 | LA-ICP-MS | Wu F Y,2011 |
| | | 姚村 | 正长花岗斑岩 | 127.2±1.9 | LA-ICP-MS | Wu F Y,2011 |
| | | 刘村 | 二长岩 | 127.1±1.6 | LA-ICP-MS | Wu F Y,2011 |
| | | 刘村 | 二长花岗岩 | 129.0±1.0 | SIMS | Wu F Y,2011 |
| | | 刘村 | 花岗岩 | 126.9 | 全岩 Rb-Sr | 岳书仓等,2003 |
| | | 谭山 | 正长花岗岩 | 131.4±2.2 | LA-ICP-MS | Wu F Y,2011 |
| | | 谭山 | 正长花岗岩 | 129.8±1.8 | LA-ICP-MS | Wu F Y,2011 |
| | | 谭山 | 花岗岩 | 123.3±1.4 | 黑云母 Ar-Ar | 陈江峰等,2005 |
| | | 唐舍 | 二长花岗岩 | 131.4±2.4 | LA-ICP-MS | Wu F Y,2011 |
| | | 牯牛降 | 二长花岗岩 | 131.3±2.4 | LA-ICP-MS | Wu F Y,2011 |
| | | 牯牛降 | 二长花岗岩 | 134.3±2.2 | LA-ICP-MS | Wu F Y,2011 |
| | 早期 | 青阳 | 花岗闪长岩 | 139.4±1.8 | LA-ICP-MS | Wu F Y,2011 |
| | | 青阳 | 花岗闪长岩 | 142.0±1.1 | SIMS | Wu F Y,2011 |
| | | 青阳 | 花岗闪长岩 | 141.6±1.1 | LA-ICP-MS | Wu F Y,2011 |
| | | 青阳 | 花岗闪长岩 | 135.4±1.4 | 角闪石 Ar-Ar | Chen J F,1985b |
| | | 青阳 | 花岗闪长岩 | 138.3±1.4 | 黑云母 Ar-Ar | Chen J F,1985b |
| | | 青阳 | 花岗闪长岩 | 140.0±1.1 | LA-ICP-MS | Xu et al,2009 |
| | | 青阳 | 花岗闪长岩 | 139.7±0.9 | LA-ICP-MS | Xu et al,2009 |
| | | 青阳 | 花岗闪长岩 | 144.8±0.7 | 锆石 U-Pb | 陈江峰等,2005 |
| | | 茂林 | 花岗闪长斑岩 | 139.8±1.1 | SIMS | Wu F Y,2011 |
| | | 汀溪 | 二长花岗岩 | 139.7±2.2 | LA-ICP-MS | Wu F Y,2011 |
| | | 榔桥 | 二长花岗岩 | 137.7±1.9 | LA-ICP-MS | Wu F Y,2011 |
| | | 榔桥 | 花岗岩 | 137.1±0.5 | LA-ICP-MS | 薛怀民（未发表） |
| | | 榔桥 | 花岗岩 | 136.6±0.5 | LA-ICP-MS | 薛怀民（未发表） |
| | | 马头 | 花岗闪长斑岩 | 145.1±1.2 | SIMS | Wu F Y,2011 |
| | | 乌石龚 | 二长花岗岩 | 138.6±1.8 | LA-ICP-MS | Wu F Y,2011 |
| | | 太平 | 花岗闪长岩 | 142.4±1.1 | LA-ICP-MS | Wu F Y,2011 |
| | | 太平 | 花岗闪长岩 | 137.1±0.9 | 黑云母 Ar-Ar | 周泰禧等,1988 |
| | | 太平 | 花岗闪长岩 | 137.9 | 黑云母 Ar-Ar | 周泰禧等,1988 |
| | | 太平 | 花岗闪长岩 | 136.2 | 黑云母 Ar-Ar | 周泰禧等,1988 |
| | | 太平 | 花岗闪长岩 | 140.6±1.2 | SHRIMP | 薛怀民等,2009 |
| | | 旌德 | 花岗闪长岩 | 141.0±1.0 | SIMS | Wu F Y,2011 |
| | | 旌德 | 花岗闪长岩 | 139.1±0.5 | 黑云母 Ar-Ar | 周泰禧等,1988 |
| | | 杨溪 | 二长花岗岩 | 136.0±2.0 | LA-ICP-MS | Wu F Y,2011 |
| | | 逍遥 | 花岗闪长斑岩 | 141.8±2.4 | 黑云母 Ar-Ar | 侯明金,2007 |
| | | 靠背尖 | 花岗闪长斑岩 | 134.3±1.4 | 黑云母 Ar-Ar | 侯明金,2007 |
| | | 仙霞 | 花岗闪长岩 | 132.0±1.7 | LA-ICP-MS | Wu F Y,2011 |
| | | 黟县 | 二长花岗岩 | 138.5±1.9 | LA-ICP-MS | Wu F Y,2011 |
| | | 黟县 | 花岗闪长岩 | 140.6±0.9 | 黑云母 Ar-Ar | 周泰禧等,1988 |

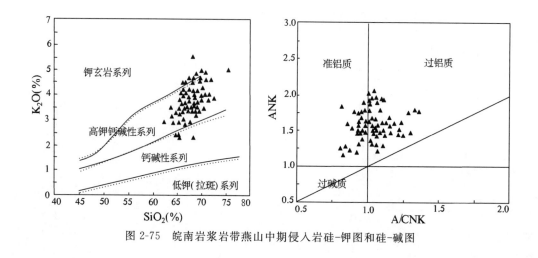

图 2-75 皖南岩浆岩带燕山中期侵入岩硅-钾图和硅-碱图

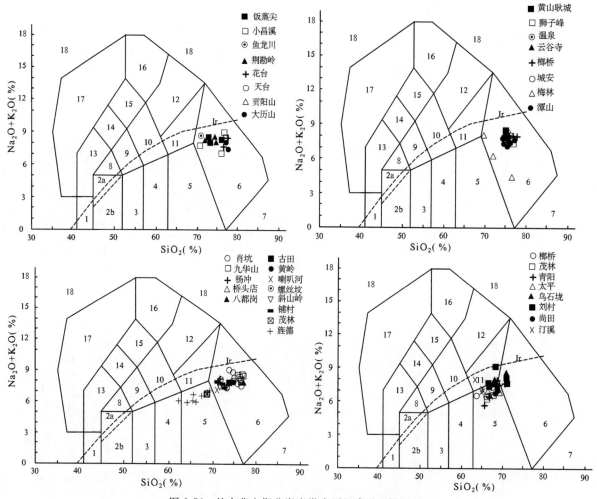

图 2-76 皖南燕山期花岗岩类岩石组合硅-碱图图解

Ir-Irvine 分界线。上方为碱性,下方为亚碱性。

1. 橄榄辉长岩;2a. 碱性辉长岩;2b. 亚碱性辉长岩;3. 辉长闪长岩;4. 闪长岩;5. 花岗闪长岩;6. 花岗岩;7. 硅英岩;8. 二长辉长岩;
9. 二长闪长岩;10. 二长岩;11. 石英二长岩;12. 正长岩;13. 副长石辉长岩;14. 副长石二长闪长岩;15. 副长石二长正长岩;
16. 副长石正长岩;17. 副长石岩;18. 霓方钠石/磷霞岩/粗白榴岩

燕山晚期侵入岩分布广泛,岩相与成因复杂,主要出露早期大型复式岩体之中,包括云谷寺、狮子峰、耿城、辅村、谭山、肖坑、宝塔山、八都岗、石门、杨冲、黄花尖、大历山(牯牛降)、荆勘岭、鱼龙川、姚村、

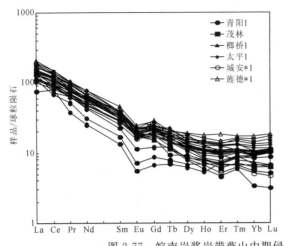

图 2-77 皖南岩浆岩带燕山中期侵入岩稀土元素、微量元素标准化比值图

唐舍、刘村、仙霞、庙西、九华山、黄山、伏岭等侵入体,形成时代集中于 131～105.9Ma 之间,为早白垩世中、晚期产物,岩石组合主要为正长花岗岩、斑状二长花岗岩组合。早白垩世中期侵入岩组合为二长花岗岩-正长花岗岩组合,高精度同位素年龄集中在 131～127Ma 之间。早白垩世晚期岩石组合为正长花岗岩-碱长花岗岩组合,较可靠的年龄集中在 126～124Ma 之间。在 QAP 图解中,主要落在碱长花岗岩、正长花岗岩区,属钙碱性系列。一般认为该期侵入岩具有 A 型花岗岩的特征。

二长花岗岩-正长花岗岩组合的 $SiO_2$ 含量平均为 73.73%;全碱含量平均为 7.90%;里特曼组合指数 $\sigma$ 平均为 2.06,在硅-碱图上均属亚碱性岩石系列,在 AFM 图上呈钙碱性演化趋势;$K_2O/Na_2O$ 平均 1.25～1.71,在硅-钾图上,全部落入高钾钙碱性岩区(图 2-75);$Al_2O_3$ 平均 13.98%～12.82%,A/CNK 值平均 1.03～1.19,属铝弱饱和—过饱和岩石。岩石总体表现为高硅、富碱、富钾和饱铝特征。正长花岗岩-碱长花岗岩组合同样具有高硅、富碱、富钾和贫 Ca 特征,$SiO_2$ 平均为 75.88%,总碱 $Na_2O+K_2O$ 平均为 8.18%,$K_2O/Na_2O$ 平均 1.41,为高钾钙碱性岩石系列。里特曼指数 $\sigma$ 平均为 2.04,在硅-碱图上落入属亚碱性岩石系列区内;在 $K_2O$-$Na_2O$ 图中均落入 A 型花岗岩区内(图 2-78);$Al_2O_3$ 含量平均 12.31%,A/CNK 平均 1.03,为准铝—弱铝饱和岩石。

早白垩世中、晚期侵入岩的稀土元素特征差异明显。中期二长-正长花岗岩和晚期正长-碱长花岗岩 $\Sigma REE$ 平均分别为 $149.94\times10^{-6}$ 和 $224.71\times10^{-6}$,均为中等含量;中期侵入岩 LREE/HREE 平均为 12.04,$(La/Yb)_N$ 平均为 14.07,属轻稀土富集型,而晚期相应的平均值则分别为 4.89 和 4.02,分馏程度明显低于中期侵入岩;中期侵入岩的 $\delta Eu$ 为 0.57～0.70,平均为 0.61,呈中等强度的 Eu 负异常,而晚期侵入岩 $\delta Eu$ 主要变化于 0.01～0.15 之间,少数在 0.3 左右,平均为 0.12,表现出极为强烈的 Eu 负异常,反映成岩作用存在部分熔融和分异作用两种机制,与燕山中期岩浆活动特征一致。在球粒陨石标准化比值图上,中期侵入岩呈右倾沟谷型,而晚期侵入岩则呈较平坦海鸥型(图 2-79),部分稀土元素构成表现出较明显的"四分组"效应,显示部分晚期侵入岩受到较

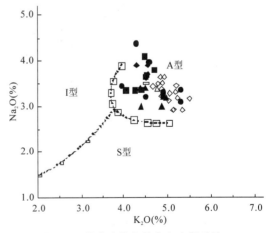

图 2-78 皖南岩浆岩带燕山晚期碱性侵入岩 $Na_2O$-$K_2O$ 图

为强烈的流体/熔体相互作用,属于一种高度分异演化的花岗质岩石。中期侵入岩总体属重稀土富集型,Yb 含量多数在 $(2.0\sim5.26)\times10^{-6}$ 之间,平均含量为 $2.01\times10^{-6}$;晚期侵入岩属强烈富集重稀土型,Yb

含量平均高达 $10.36×10^{-6}$。与之相应,中、晚期侵入岩 Y 同样含量不均,高且不均的 Y 和 Yb 含量一方面可能与源区残留相矿物有关,也更可能体现了后期的流体—熔体相互作用的影响。在微量元素标准化比值图(图 2-80)上,中、晚期侵入岩富集不相容元素 Rb、Th、U、K、La、Ce 等,但 Sr、Ba 明显亏损,中、晚期侵入岩平均 Rb/Sr 比分别为 24.6,3.3,Rb/Ba 比分别为 9.7,0.9,均属低 Sr、Ba 型花岗岩,晚期 Sr、Ba 亏损程度更高。此外 Nb、P、Ti 等也不同程度地亏损。

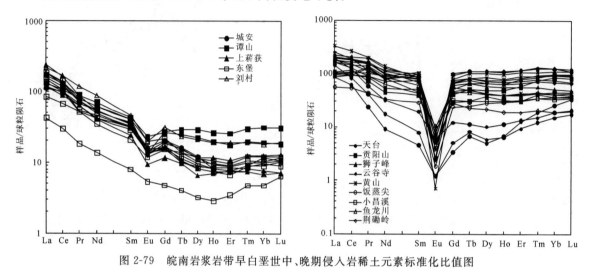

图 2-79　皖南岩浆岩带早白垩世中、晚期侵入岩稀土元素标准化比值图

根据铅同位素及其变化范围和 $\varepsilon_{Nd}(t)$-$\varepsilon_{Sr}(t)$ 示踪,江南型燕山期侵入岩组合主要位于地壳与地幔趋势之间,反映成岩物质源区存在一定比例的幔源物质,但年轻的地壳组分占较大比例,在岩浆上升过程中与地壳物质发生了强烈的混染作用。根据 $R_1$-$R_2$、(Y+Nb)-Rb、Y-Nb 图解,江南型侵入岩组合是形成于陆内挤压造山向陆内伸展转换阶段的产物,造山晚期与造山后岩石组合占很大比例(图 2-81),与中国东部燕山期构造大转折的地球动力学背景完全吻合。

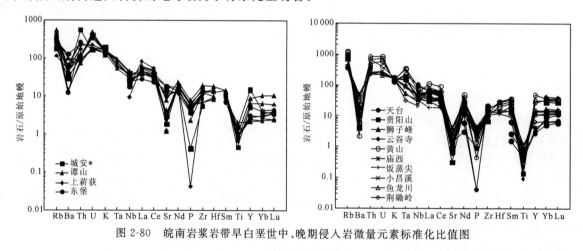

图 2-80　皖南岩浆岩带早白垩世中、晚期侵入岩微量元素标准化比值图

## 六、浙西侵入岩浆岩带

以伏川蛇绿混杂岩带为界,浙西侵入岩浆岩带大致沿五城—屯溪—三阳坑—清凉峰一线以南分布,与皖南侵入岩浆岩带紧邻,且有部分叠合。带内侵入岩浆活动强烈,主要有晋宁晚期和燕山期两期活动。

晋宁晚期五城-白际花斑岩-花岗斑岩-正长花岗岩组合主要分布在五城以东皖、浙、赣三省交界地

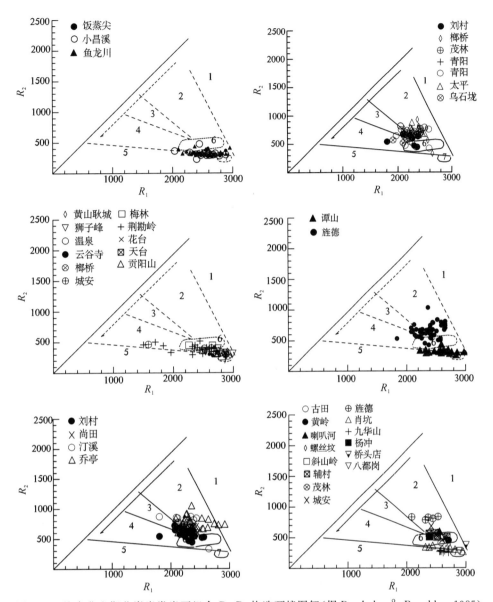

图 2-81 皖南燕山期花岗岩类岩石组合 $R_1$-$R_2$ 构造环境图解(据 Batchelor & Bowdden,1985)

1.地幔分离;2.板块碰撞前的;3.碰撞后的抬升;4.造山晚期的;5.非造山的;6.同碰撞期的;7.造山期后的。相当的岩石是:组 1.拉斑玄武岩;组 2.钙碱性岩石和奥长花岗岩;组 3.高钾钙碱性岩石;组 4.次碱性二长岩;组 5.碱性和过碱性岩石;组 6.深熔二云母淡色花岗岩

区。安徽省内部分包括灵山岩体、莲花山岩体、白际岩体及石耳山岩体等。岩体同位素年龄为 766~753Ma,侵入于新元古界井潭组(829~817Ma)火山-沉积岩系,为晋宁晚期产物。总体代表了大陆裂谷岩浆弧环境。岩石 $SiO_2$ 平均 76.96%,ALK 平均 7.94%,$K_2O>Na_2O$,在硅-碱图上均属亚碱性岩石系列(图 2-72),DI 值均很高,平均为 93.8,A/CNK 平均 1.12,在 ANK-A/CNK 图上属过铝质(出现刚玉分子)花岗岩(图 2-72)。δEu 平均为 0.52,负铕异常明显。岩石中普遍出现 W、Sn、Be、Li、Rb、Cs 等元素却并未富集而呈贫化趋势,其含量更接近于同熔型花岗岩。但在 ACF 图解中大多数落入 S 型区,在 Na-K-Ca 图解中集中在岩浆型与交代型界线处,K/Rb 比值高出华南改造型花岗岩 1 倍以上,而 Rb/Sr 比值为 9.5~22.45,又远高于华南同熔型花岗岩(0.4)等,说明其成因很复杂。根据 $R_1$-$R_2$ 构造环境判别图解,主要落入岛弧火山区,属碰撞后花岗岩,即造山期后花岗岩组合。显示出由晋宁早期花岗岩(同碰撞花岗岩)向晋宁晚期花岗岩(后碰撞花岗岩)演化的过渡特征(图 2-74)。晋宁期侵入岩浆活动总

体代表了大陆聚合-裂解岩浆弧构造环境。

燕山期侵入岩分布于五城、邓家坞、姚家坞、古祝、石门、青山、旱山、长陉、岭脚等地，呈岩株、岩枝、岩瘤、岩滴状侵入于井潭组变质火山地层中，围岩角岩化、硅化。侵入时代主要为早白垩世（120Ma左右），为燕山晚期产物。岩体的岩相分带较为明显，较大岩体的中心以似斑状黑云母二长花岗岩为主，边部则为似斑状花岗闪长岩。在南华纪地层中尚有零星出露的辉长辉绿岩呈枝脉状产出，时代为侏罗纪。燕山期侵入岩岩石组合主要有五城杨柏坪辉长辉绿玢岩组合、五城外宿斜长花岗斑岩-花岗闪长岩-花岗岩组合、五城古祝花岗闪长岩-二长花岗岩组合和辉长辉绿玢岩组合、斜长花岗斑岩组合，构成北东向展布的花岗岩岩带。形成于挤压→伸展造山后环境，表现出大陆边缘活动带陆内造山拉张断陷环境的钙碱性岩浆岩带特征。

浙西侵入岩浆岩带燕山期侵入岩的 $SiO_2$ 含量平均为 70.61%，在 TAS 图上属花岗闪长质-花岗岩；岩石的全碱含量高，$Na_2O+K_2O$ 平均为 7.37%；里特曼组合指数 $\sigma$ 平均为 1.97，在硅-碱图上均属亚碱性岩石系列，在 AFM 图上呈钙碱性演化趋势；$K_2O/Na_2O$ 比值为 0.99～1.85，平均 1.33，富钾质岩石，在硅-钾图上，均为高钾钙碱性岩石；$Al_2O_3$ 平均含量为 13.34%，A/CNK 值变化于 0.97～1.33 之间，平均 1.10，总体属过铝质岩石系列，表现为 CIPW 标准矿物中多数出现了大于 1% 的标准刚玉分子（C）。在 ACF 图上，所有岩石都落入 S 型花岗岩区。稀土总量平均 $179.18\times10^{-6}$；LREE/HREE 为 7.69～11.14，$(La/Yb)_N$ 为 8.66～16.07，属轻稀土富集型；$\delta Eu$ 花岗闪长岩为 0.62～0.71，二长花岗岩为 0.43～0.54，分别表现出较为明显的 Eu 负异常。稀土配分型式为右倾"V"形曲线，具改造型花岗岩特征（图 2-82）。重稀土 Yb 含量变化范围大，平均 $2.39\times10^{-6}$，略有富集；部分样品 MREE 在比值图上略有下凹，显示多数角闪石类矿物仍作为残留矿物相存在。大离子亲石元素 Rb、Ba、Th、U、K 等富集，但 Sr 为 $(117～192)\times10^{-6}$，含量较低，属低 Sr 型花岗岩，这与皖南岩浆岩带的中晚期岩石相似，暗示富钙斜长石这种 Sr、Eu 的主要载体矿物可能在源区作为残留相存在，或者岩浆在上升过程中发生了以斜长石为分离相的分异作用。本期侵入岩组合形成于挤压→伸展环境造山后岩浆弧。

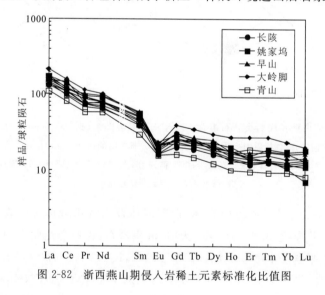

图 2-82 浙西燕山期侵入岩稀土元素标准化比值图

## 第四节 岩浆岩形成演化及其构造环境

安徽省位于华北陆块和扬子陆块交接部位，岩浆活动频繁，主要发生于蚌埠期、晋宁期、燕山和喜马拉雅期。不同时期、不同构造动力学环境下形成的构造岩石组合，如蛇绿岩组合、岛弧岩浆岩组合、碰撞带岩浆岩组合、碰撞后岩浆岩组合、大陆裂谷岩浆岩组合和稳定克拉通环境的岩浆岩组合等，清晰地揭示了不同时期构造环境（岩石圈聚合、离散）与岩浆形成演化的关系。在全省各构造岩浆岩带火山岩、侵入岩岩石构造组合、构造环境研究的基础上，岩浆岩形成演化可归纳为两大岩浆巨旋回，早期前南华纪构造岩浆巨旋回主要包括蚌埠期、晋宁期两期岩浆活动，火山活动以陆块聚散陆缘岛弧火山岩建造组合为主，侵入岩浆活动以古陆块聚散同碰撞-后碰撞花岗岩组合为主体，包括英云闪长岩、奥长花岗岩、花岗闪长岩 TTG 岩系，代表了古板块动力学构造体制。晚期中生代构造岩浆巨旋回以燕山期岩浆活动最为强烈，以滨太平洋大陆边缘活动带陆内后造山伸展环境火山-侵入岩建造组合为特色，多期岩浆活动和构造岩石组合反映了安徽省特有的大地构造环境（图 2-83）。省内华北陆块区、秦岭-大别造山带、扬子陆块区三大构造单元构造岩石组合特征不尽相同，经历了不同的演化过程，各构造旋回火山建造存在明显的差异（图 2-84）。安徽省岩浆岩主要构造相单元划分见表 2-19，各构造岩浆带侵入岩演化序列见表 2-20 至表 2-23。岩浆活动与内生金属成矿作用关系十分密切，特别是下扬子陆块长江中下游地区、皖南地区十分突出。

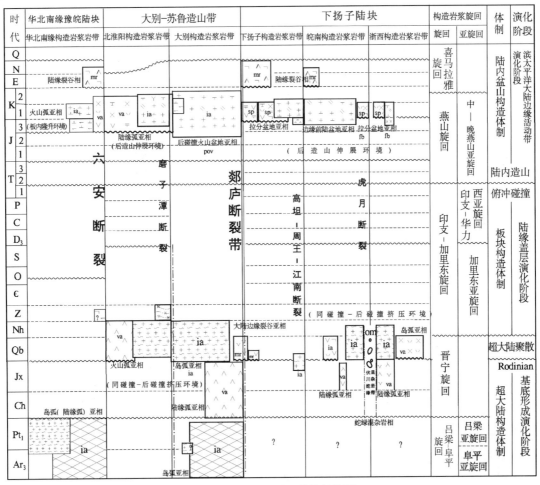

图 2-83 岩浆岩时空结构栅状图

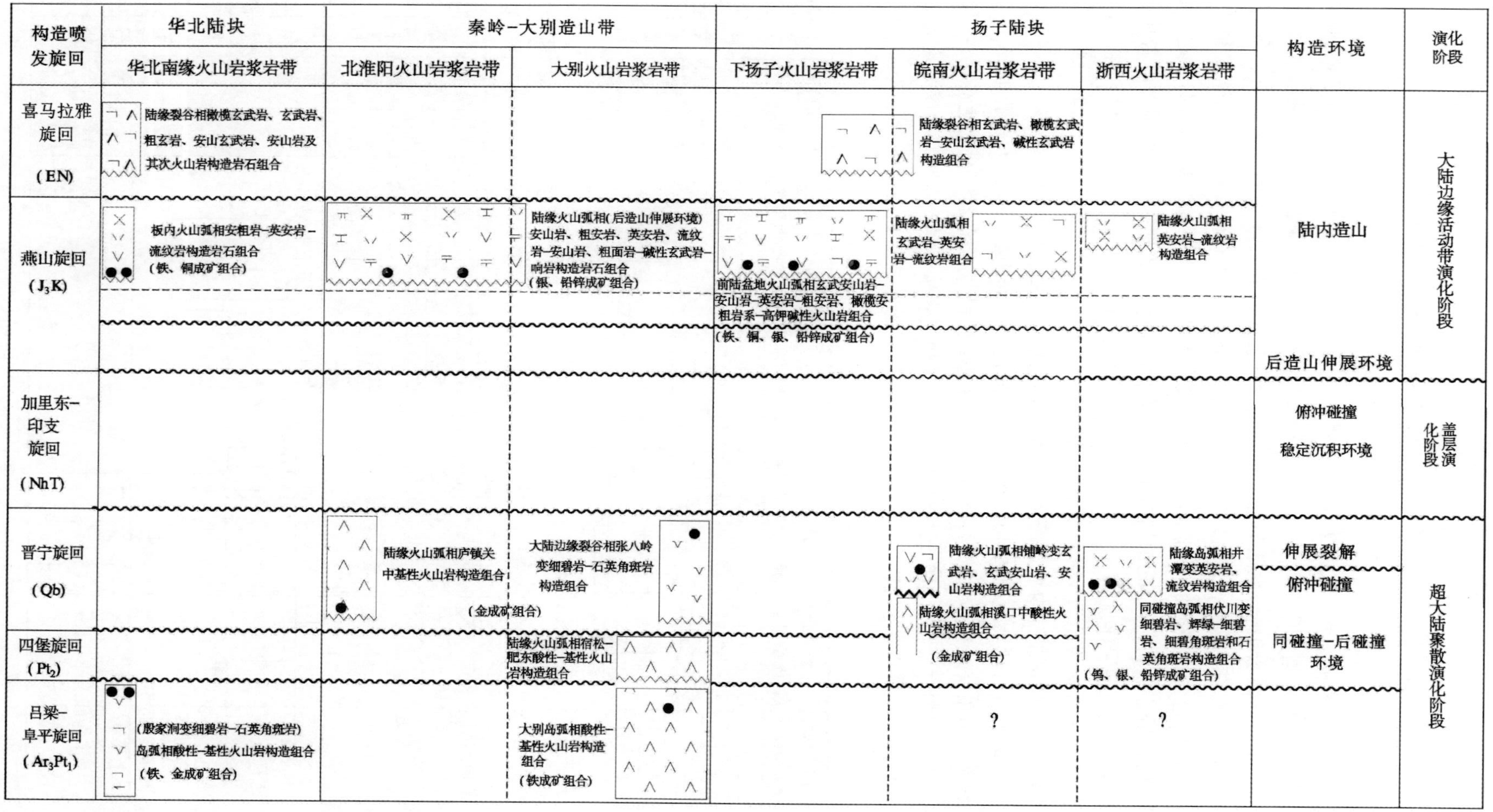


图 2-84 安徽省火山喷发旋回构造岩石组合特征对比图

表 2-19 安徽省岩浆岩主要构造相单元划分简表

| 相系 | 大相 | 相 | 亚相 | 岩石构造组合 |
|---|---|---|---|---|
| 华北陆块区相系（Ⅱ） | 豫皖陆块大相（Ⅱ-6） | 华北南缘裂谷相（EN） | 皖北陆缘裂谷亚相 ENmr | 定远玄武岩、安玄构造组合（EN） |
| | | 华北南缘岩浆弧相（$J_3K$） | 徐淮后造山陆缘弧亚相（$J_3K_1$va，$J_3K_1$ia） | 毛坦厂安粗岩-英安岩-流纹岩构造组合 |
| | | | | 宿州正长花岗岩，二长花岗岩、花岗闪长岩、石英闪长岩构造组合（$J_3K_1$） |
| | | 华北南缘古岛弧相（AnPt$_3$） | 徐淮大陆伸展陆缘岛弧亚相（AnPt$_3$va，AnPt$_3$ja） | 殷家涧变石英角斑质火山岩构造组合 |
| | | | | 蚌埠隆起正长花岗岩、二长花岗岩、花岗闪长岩、奥长花岗岩、英云闪长岩构造组合 |
| 秦祁昆造山系（Ⅳ） | 大别苏鲁弧盆系大相（Ⅳ-11） | 大别岩浆弧相（Pt$_3$、JK） | 北淮阳陆缘弧亚相（Pt$_3$ia，JKia） | 同兴寺碱性正长岩构造组合（$K_1$ia） |
| | | | | 后造山金寨-舒城钙碱性-碱性岩构造组合（$J_3K_1$ia） |
| | | | | 同造山小溪河花岗质片麻岩构造组合（Pt$_3$） |
| | | | 北淮阳火山弧亚相（P$_3$va，$J_3K_1$va） | 响洪甸碱性火山岩构造组合（$K_1$va） |
| | | | | 后造山毛坦厂中酸性火山岩构造组合（$J_3K_1$） |
| | | | | 同造山小溪河中基性火山岩构造组合（Pt$_3$） |
| | | | 岳西岛弧亚相（Pt$_3$，JKia，Kva） | 后造山岳西桃园中酸性火山岩构造组合（$K_1$va） |
| | | | | 后造山岳西钙碱性-碳性岩构造组（$J_3K_1$ia） |
| | | | | 同造山大别花岗质片麻岩构造组合（Pt$_3$ia） |
| | | | 肥东岛弧亚相（Pt$_3$，JKia） | 后造山山里陈碱性花岗岩构造组合（$J_3K_1$） |
| | | | | 同造山王铁花岗质片麻岩构造组合（Pt$_3$ia） |
| | | 张八岭陆缘裂谷亚相（Qbmr） | | 张八岭变质海相细碧角斑岩建造组合（Qb） |
| | | 宿松-肥东弧前增生楔亚相（Pt$_{2-3}$faW） | | 虎踏石-桥头集变质火山建造组合（Pt$_2$） |
| 扬子陆块区相系（Ⅵ） | 下扬子陆块大相（Ⅵ-1） | 下扬子北缘裂谷相（EN） | 下扬子陆缘裂谷亚相（ENmr） | 桂五橄榄玄武岩-碱性玄武岩构造组合（EN） |
| | | 下扬子陆内岩浆弧相（$J_3K_1$） | 沿江拉分火山盆地亚相（$J_3K_1$va） | 沿江高钾钙碱性-碱性火山岩构造组合 |
| | | | 沿江江南陆内火山弧亚相（$J_3K_1$va，$K_1$va） | 后造山黄石坝玄武安山岩-安山岩-英安岩-粗安岩构造组合 |
| | | | | 后造山沿江橄榄安粗岩系、高钾碱性岩构造组合 |
| | | | | 后造山皖南石岭玄武岩、英安岩、流纹岩构造组合 |
| | | | 沿江江南陆缘弧亚相（$J_3$ia，Kia） | 后造山滁州二长花岗岩、花岗闪长岩、石英闪长岩组合 |
| | | | | 后造山沿江钙碱性-碱性岩（A 型）构造组合 |
| | | | | 后造山江南高钾钙碱性-碱性岩构造组合 |
| | | 江南古弧盆相（QbNh） | 江南岛弧亚相（Qbva，Qbia） | 铺岭玄武岩、玄武安山岩构造组合（Qb$_2$） |
| | | | | 井潭安山岩、英安岩、流纹斑岩构造组合 |
| | | | | 五城后碰撞花斑岩、花岗斑岩、正长花岗岩构造组合（Qb$_2$） |
| | | | | 歙县同碰撞英云闪长岩、花岗闪长岩构造组合（Qb$_1$） |
| | | | 伏川蛇绿岩亚相（Qb$_1$Om） | 伏川辉橄岩、辉长辉绿岩、闪长岩构造组合 |
| | | 板内岩浆弧相 | 董岭岛弧亚相（Pt$_3$ia） | 后碰撞董岭二长花岗质片麻岩构造组合 |

注：一、二级构造单元编号按全国总项目划分编号。

**表 2-20　华北南缘构造岩浆岩带侵入岩浆岩序列表**

| 岩浆期次 | | 岩石系列 | 岩石(组合)类型 | 年龄(Ma) | 代表性岩体 | 代表性地球化学特征 | 构造背景/深部作用 |
|---|---|---|---|---|---|---|---|
| 早白垩世 | 晚期 | 徐淮地区：钙碱性岩系 | 花岗斑岩 | 115.6 | 丁里、孟山 | 准铝质,钾质,Eu 负异常明显,亏损 Sr Ba | 伸展背景 |
| | | 蚌埠隆起带：高钾钙碱性岩系 | 二长花岗岩、正长花岗岩 | 117～110 | 曹山、蚂蚁山、锥子山、霸王城 | | |
| | 中期 | 徐淮地区：钙碱性岩系 | 石英闪长(玢)岩、石英二长闪长岩、石英二长岩 | 131～127 | 班井、夹沟、丰山、蔡山等 | 钠质岩系,高 Sr,低 Yb(Y),亏损 HREE,Eu 异常不明显 | 挤压背景 |
| | | 蚌埠隆起带：高钾钙碱性岩系 | 石英闪长岩、花岗闪长岩、二长花岗岩 | | 李楼、淮光、东西庐山、女山 | 偏铝质,高 Sr,低 Yb(Y),亏损 HREE,Eu 异常不明显 | 伸展背景 |
| 中侏罗世 | | 高钾钙碱性岩系 | 含榴二长花岗岩 | 167～162 | 荆山、涂山 | 弱过铝,高 Sr、Ba,Eu 正异常,Th 显著亏损 | 伸展背景 |
| 新元古代 | | 大陆拉斑玄武岩系 | 辉绿岩(岩床) | 976～890 | 老寨山、马鞍山、褚栏 | 具大陆裂谷岩石圈地幔的 Sr,Nd 同位素和高 $\delta^{18}$O 特征 | 裂谷作用 |
| 古元古代 | | 钾质花岗岩($G_2$) | 二长花岗质-正长花岗质 | 2058 | 磨盘山 | 早期高铝富钠的奥长花岗岩演化趋势；晚期低铝、富钾的钙碱性演化趋势 | 早期大陆生长 |
| | | $T_1T_2G_1$ 岩系 | 英云闪长质-奥长花岗质-花岗闪长质 | 2458～2408 | | | |

**表 2-21　大别、北淮阳构造岩浆岩带侵入岩浆岩序列表**

| 岩浆期次 | 亚带 | 岩石系列 | 岩石(组合)类型 | 年龄 | 代表性岩体 | 代表性地球化学特征 | 构造背景/深部作用 |
|---|---|---|---|---|---|---|---|
| 早白垩世晚期/晚中生代 | 北淮阳 | 碱性-过碱性岩 | 含白榴石正长岩、霞石正长岩 | 122～116Ma | 响洪甸岩体 | $SiO_2$ 不饱和,碱-过碱性,Eu 负异常,富 Yb 和 Y | 伸展拉张,软流圈上隆 |
| | 张八岭 | 钙碱-高钾钙碱性岩 | 二长花岗岩、正长花岗岩 | 120～106Ma | 耐山岩体、管店岩体晚期侵入体 | 高硅,富碱,低 Sr,Eu 负异常明显 | 伸展背景,幔源物质上涌,部分熔融面明显上升 |
| | 大别山/北淮阳 | | 二长花岗岩、正长花岗岩、石英正长(斑)岩 | 128～120Ma | 白马尖、主簿源、团岭、白帽；商城、玉石尖、河棚、华盖山、龙眠寨 | | |
| | 大别山 | (超)基性岩 | 辉石岩-辉长岩 | 130～120Ma | 祝家铺、道士冲、椒子岩、沙村 | 富集 LILE 亏损 HFSE,具富集型地幔源区特征 | |
| 早白垩世中期 | 张八岭 | 富镁岩石系列 | 石英二长闪长岩、花岗闪长岩、二长花岗岩 | 128～126Ma | 管店、瓦屋刘、瓦屋薛 | 富 Mg、Fe、Cr、Co、Ni,高 Sr,低 Y(Yb),Eu 异常不明显 | 挤压背景下拆沉下地壳幔源环境部分熔融 |
| | 大别山/北淮阳 | 高钾钙碱性岩 | 石英闪长岩、花岗闪长岩、二长花岗岩 | 133～128Ma | 响肠、司空山；古碑岩体、汞湾-鲍冲、山七、凌家冲 | 高 Sr,低 Y(Yb)型花岗岩为主 | 挤压背景下增厚下地壳底部部分熔融作用,底侵作用 |
| | | | 片麻状二长闪长岩-石英二长闪长岩-石英二长岩 | 138～134Ma | 石鼓尖、姚河、中义、响肠 | 高 Sr,低 Y(Yb)型花岗岩为主,少数高 Sr,高 Y(Yb) | |

续表 2-21

| 岩浆期次 | 亚带 | 岩石系列 | 岩石(组合)类型 | 年龄 | 代表性岩体 | 代表性地球化学特征 | 构造背景/深部作用 |
|---|---|---|---|---|---|---|---|
| 新元古代 | 北淮阳 | 以碱性岩为主 | 辉长岩、石英二长岩、花岗闪长岩、二长花岗岩、正长花岗岩 | 780~685Ma | | 碱性岩系列,具双峰式建造特征 | 张裂环境 |
| 新元古代 | 大别山 | 早期钙碱性岩、晚期碱性岩 | 辉长闪长岩、英云闪长岩、花岗闪长岩、斜长花岗岩、二长花岗岩及花岗岩 | 860~700Ma | | 早期具钙碱性同源演化趋势;晚期富碱,具 $A_2$ 型花岗岩特征 | 早期:岛弧环境下钙碱性岩系;晚期:裂谷背景下的偏碱性岩系 |
| 古-中元古代 | 大别山 | 镁铁-超镁铁质岩 | 纯橄岩、方辉橄榄岩、橄辉岩、辉石岩 | 1.8Ga | 饶钹寨,高坝岸,斑竹园,龚家岭 | 大陆岩石圈地幔残片和结晶分异产物 | |
| 古-中元古代 | 大别山 | 镁铁-超镁铁质岩 | 橄榄岩-榴辉岩 | 2.2~0.9Ga | 碧溪岭、毛屋 | 岛弧或大陆边缘环境下的层状堆晶岩 | |

表 2-22 下扬子构造岩浆岩带侵入岩浆岩序列表

| 岩浆期次 | 亚带 | 岩石系列 | 岩石(组合)类型 | 同位素年龄(Ma) | 代表性岩体 | 代表性岩石化学特征 | 构造背景/深部作用 |
|---|---|---|---|---|---|---|---|
| 早白垩世 晚期 | 滁州亚带 | 高钾钙碱性岩系 | 石英二长岩、二长花岗岩、正长花岗岩 | 127~122 | 洪镇、香茗山、韩下屋、陈家大屋 | 高硅、富碱和 LILE,亏损 HFSE 和 Eu 负异常明显,Sr、Ba 低 | 伸展背景 |
| 早白垩世 晚期 | 沿江亚带 | 基性岩 | 辉长岩 | 124~118 | 蒋庙,阳湖塘,姑山 | 碱性岩系列,$\varepsilon_{Nd}(t)$ 高,$I_{Sr}$ 低 | 伸展,软流圈上涌 |
| 早白垩世 晚期 | 沿江亚带 | 碱性岩系 | 江北:石英正长岩-正长岩组合;江南:石英二长岩-碱长花岗岩组合 | 127~124 | 江北:大龙山、城山、花山、黄梅尖;江南:花园巩、同兴郭、茅坦、板石陵、滨江、浮山 | 富碱,高钾,贫水,具 A 型花岗岩特征,Eu 负异常明显 | 拉张、伸展背景 |
| 早白垩世 中期 | 滁州亚带 | 富镁高钾钙碱性岩系 | 石英闪长(玢)岩、花岗闪长岩、角闪二长花岗(斑)岩 | 129~127 | 屯仓、黄道山、滁州、马厂 | 富镁,Cr,Ni 等含量高,高 Sr/Y(Yb)值,弱 Eu 负异常 | 挤压背景下的拆沉作用与部分熔融 |
| 早白垩世 中期 | 滁州亚带 | 钙碱性岩-高钾钙碱性岩系 | (石英)闪长玢岩 | 136~130 | 沙溪、毕家口、梁家冲、金山 | 富钠,高铝,高 Sr/Y(Yb),弱 Eu 负异常 | 挤压背景下增厚地壳底部部分熔融 |
| 早白垩世 中期 | 沿江亚带 | 高钠碱钙性岩系 | 辉长闪长(玢)岩、闪长(玢)岩、二长岩 | 135~127 | 宁芜:凹山、陶村、和尚桥、白象山、姑山;庐枞:巴家滩、焦冲、谢瓦泥、尖山 | 低硅,富碱,宁芜地区高钠,钠钾比大于2 | 挤压向拉张、伸展转换 |
| 早白垩世 早期 | 沿江亚带 | 高钾钙碱/橄榄安粗系 | 辉石闪长岩、碱长辉长(闪长)岩、闪长岩、石英闪长岩、二长岩和花岗闪长岩 | 145~137 | 铜官山、凤凰山、天鹅报蛋、冬瓜山、月山、白芒山等 | 贫硅岩石多属橄榄安粗岩系,富硅岩石多为高钾钙碱性岩系 | 挤压背景,岩浆底侵作用 |
| 早白垩世 早期 | 贵池亚带 | 高钾钙碱性岩系 | 花岗闪长斑岩、石英闪长(玢)岩、石英二长岩 | 147~137 | 低岭、小河王、周冲村、麻岭、铜山、牌楼、白虎山等 | 富硅、铝,总碱量略低,但 $K_2O$ 含量相当,低 Mg、Cr、Ni | 挤压背景,岩浆底侵作用 |

**表 2-23 皖南-浙西构造岩浆岩带侵入岩浆岩序列表**

| 岩浆期次 | | 岩浆区带 | 岩石系列 | 岩石(组合)类型 | 同位素年龄(Ma) | 代表性岩体 | 代表性岩石化学特征 | 构造背景/深部作用 |
|---|---|---|---|---|---|---|---|---|
| 晚中生代早白垩世 | 晚期 | 皖南-浙西岩浆岩带 | 高钾钙碱性岩 | 二长花岗岩、花岗(斑)岩、钾长花岗(斑)岩 | 131～120 | 黄山、谭山、九华山、城安、庙西、伏岭、仙霞 | 高硅、富碱，富集LILE，亏损HFSE和Sr、Ba，Eu负异常明显，部分具A型花岗岩特征 | 伸展环境 |
| | 早期 | | 高钾钙碱性/钾玄岩系列 | 花岗闪长(斑)岩、二长花岗岩 | 140～137 | 旌德、乔亭、榔桥、汀溪、乌石垄、黟县、五城、邓家坞、岭脚 | 富硅、铝和高钾，中等—弱的铕负异常，强烈亏损Yb和Y，Sr、Ba含量不均 | 挤压环境 |
| 新元古代 | | 浙西岩浆岩带 | 过铝花岗岩 | 黑云母二长花岗岩、似斑状花岗岩 | 779～753 | 灵山、莲花山、白际及石耳山 | 高硅，富碱，Eu异常明显，部分具A型花岗岩特征 | 碰撞后伸展环境 |
| | | 皖南岩浆岩带 | 强过铝质花岗岩 | 堇青石花岗闪长岩 | 826～815 | 休宁、许村、歙县、里方、水竹坑 | A/CNK>1.1，标准刚玉分子C=3%～5.1%，$\delta^{18}$O较高，$I_{Sr}$偏低，$\varepsilon_{Nd}(t)$接近0，与牛屋组相近 | 同碰撞挤压环境 |
| | | | 伏川蛇绿岩套 | 辉橄岩、辉长岩组合(枕状玄武岩、硅质岩) | 1286～844 | 伏川、南山 | SSZ型蛇绿岩，DPG型堆晶岩组合 | 俯冲带弧后盆地环境 |

## 一、前南华纪构造岩浆巨旋回

安徽省新太古代—古元古代时期为大洋环境，皖西北地区五河岩群、霍邱岩群和大别岩群、阚集岩群代表了安徽境内最早形成的古陆壳，皖南地区（相当于江南古陆范围）可能没有或很少有古陆壳存在，多岛洋盆陆块格局初步形成。根据区域大地构造相及相关陆块地质活动演化特点，安徽陆块基底形成阶段就有侵入岩浆活动发生，在多岛洋盆微陆块构造环境下可能就存在古板块机制，此时陆块聚散陆缘岛弧型岩浆活动已时有发生，华北陆块南缘吕梁（蚌埠）期侵入岩浆建造英云闪长岩、奥长花岗岩、花岗闪长岩TTG岩系构造组合成为华北陆块南缘结晶基底的重要组成部分，使古陆壳普遍发生同造山期钠质混合岩化作用。火山活动以小张庄-殷家涧旋回变质酸性-基性火山建造组合（细碧-石英角斑岩建造）为代表，属拉斑玄武岩-钙碱性岩系列。大别山地区早期伴有超基性-基性岩，晚期伴有中酸性火山活动，火山岩成分上以富镁质拉斑玄武岩、大陆拉斑玄武岩为主，后经大别运动强烈的变形变质作用而呈无"根"状被卷入到造山带中。中元古代起，华北陆块南缘以浅海相砂泥质和碳酸盐岩沉积环境为主，地壳相对稳定，火山活动不明显。大别微古陆边缘裂解，形成以宿松岩群、肥东岩群为代表的构造岩石组合，其中包含了大量的中基-中酸性火山岩建造组合，构成陆缘岛弧型陆壳增生楔。中元古代末至新元古代早期，全球进入了格林威尔造山期Rodinia超大陆裂解与聚合的总体构造演化环境。全省域大地构造环境已进入多岛洋盆板块构造演化体制。

晋宁期板块构造体制以江南造山带和大别造山带为代表，均分别经历了早期岩石圈汇聚与晚期离散阶段。晋宁早期大别微陆块南、北两侧开始裂解，北淮阳地区处于秦岭海的东部尾端，南缘磨子潭深断裂开始形成，早期可能在洋壳的基础上，形成裂谷槽盆相火山-沉积建造（庐镇关岩群），张八岭-宿松地区发育一套以细碧角斑岩为特征的海相火山-沉积岩系（张八岭岩群），显然具活动大陆边缘特征。岩浆活动以同碰撞-后碰撞花岗岩组合为特色，在大别山地区形成超基性-基性岩组合，同碰撞燕子河辉长闪长质、英云闪长质、花岗闪长质、二长花岗质片麻岩组合，同碰撞-后碰撞水吼岭花岗闪长质、奥长花岗质、二长花岗质、花岗质片麻岩组合，汤池石英二长闪长质、石英二长质片麻岩组合，王铁闪长质、石英闪长质、花岗闪长质、二长花岗质、正长花岗质片麻岩组合，及北淮阳小溪河闪长质、花岗闪长质、二长花岗质、正长花岗质片麻岩组合，具有岛弧环境下钙碱性岩石组合特征，代表了820Ma左右的晋宁运动使扬子古陆块、大别微陆块向华北古陆块俯冲碰撞-后碰撞构造产物，晋宁期高压、超高压榴辉岩相变质作用反映了大别造山带晋宁期聚合事件。

晋宁运动使扬子古陆块、大别微陆块向华北古陆块俯冲碰撞（晋宁期高压、超高压榴辉岩相变质作用或残留局部海盆），洋盆闭合使大别微陆块增生扩大。扬子陆块南缘被动大陆边缘由大洋化盆地、洋岛聚合为江南古陆，以溪口岩群、西村岩组为代表的弧后盆地火山-沉积建造-火山碎屑岩、细碧角斑岩建造、伏川蛇绿岩套均为该期岩浆旋回产物。晋宁期大陆边缘俯冲碰撞造山运动使鄣公山隆起、白际岭隆起等拼合，同时许村、休宁、歙县等同造山期花岗岩体同构造侵入，形成同碰撞伏川辉橄岩、辉长辉绿岩、闪长岩蛇绿混杂岩组合和同碰撞歙县英云闪长岩、花岗闪长岩组合，使江南古陆壳加厚，伏川蛇绿岩混杂岩带为江南地块和浙西地块的汇聚边界。青白口纪晚期（820~780Ma），下扬子古陆块由原来的强烈挤压逐渐转换为拉张裂解环境，进入大陆裂解阶段，江南地块早期裂陷（弧后）盆地形成历口群葛公镇组、镇头组滨浅海火山-沉积岩建造组合。晚期形成具有大陆溢流玄武岩性质的火山喷发铺岭组钙碱性-拉斑玄武岩系列基性火山岩建造组合，青白口纪末的小安里组（含火山）细碎屑沉积岩的形成，表明火山活动结束。其东南面浙西地块井潭组安山岩、英安岩、流纹斑岩、流纹岩火山岩组合，为岛弧型陆源双峰式火山岩组合，亦代表大陆伸展拉张环境，和同期深成后碰撞五城花斑岩、花岗斑岩、正长花岗岩等过碱性花岗岩-钙碱性花岗岩组合构成白际岭岛弧型岩浆弧。因此，江南造山带经历了古板块裂解—陆缘小洋盆有限俯冲—弧陆碰撞造山—造山期后陆壳裂解的完整的造山作用过程，形成以伏川蛇绿岩为代表的蛇绿岩套、同碰撞S型花岗闪长岩组合和岛弧型双峰式火山岩组合。

南华纪开始，拉张裂解进一步扩大，具初始裂谷构造环境，江南古陆相对快速上升并强烈剥蚀，其边缘地带发育巨厚的裂谷相粗碎屑休宁组、周岗组沉积，并逐渐转入广海沉积环境，自此全区进入岩浆活动宁静期。总之，前南华阶段是安徽境内古陆块基底形成和古构造岩浆旋回发育的重要时期，古陆块裂解与聚合过程中岩浆活动和岩浆构造岩石组合的研究对于前寒武纪大地构造演化具有十分重要的意义，是安徽乃至华东地区前寒武纪基底建造和大地构造演化的重要内容。

## 二、中生代构造岩浆巨旋回

印支运动结束了安徽省海相盖层发育历史，安徽整体大陆形成，从而揭开了滨太平洋大陆边缘活动带地史阶段的新序幕。中生代以来，受以大别造山带为代表的印支期俯冲-碰撞造山作用影响，燕山期的陆内挤压造山作用强烈，造成陆壳的缩短和大规模堆叠、增厚，使加厚的大陆岩石圈下部部分熔融并产生相应的岩浆作用。早、中侏罗世，为大别山带造山期后陆内调整阶段，总体以从挤压向伸展构造转换占主导地位，陆相盆地主要有前、后陆挤压盆地和拉分盆地，受下伏褶皱带控制，断块运动不强烈，印支期同碰撞-后碰撞侵入岩浆活动无明显表现。晚侏罗世—早白垩世早期岩浆岩主要形成于挤压背景或由挤压向拉张转化的过渡期间，突出表现为板内、陆内后造山伸展环境岩浆活动和火山岩建造组合。燕山中期，伴随强烈的断裂活动，发生了大规模的火山-侵入岩浆活动，以强烈的陆相火山喷发和中酸性-酸性岩浆侵入为特色，过碱性花岗岩-钙碱性花岗岩组合十分发育，出现了安徽岩浆活动的高峰期。大陆边缘活动带型构造岩浆活动除北北东向、北东向、近东西向断裂构造起着主导作用外,基底幔隆构造控制作用也十分显著,如区域郯庐断裂带、长江断裂带、磨子潭断裂带等。岩浆构造侵位皆为北北东向、北东向,显示了由特提斯构造域向滨太平洋构造域转换的特点。

岩浆活动以橄榄安粗岩系火山岩-碱性火山岩构造组合和高钾钙碱性中酸性侵入岩组合、高钠碱钙性侵入岩组合及碱性侵入岩构造组合为特色,大规模高钾钙碱性、橄榄安粗岩系列岩浆-成矿活动,是陆壳加厚的火成岩记录,表明特提斯构造域仍然存在持续的影响,形成一系列近东西向、北东东向的构造岩浆带。在北北东向与北东向构造交会处形成大规模岩浆-成矿活动中心,沿江江南许多重要的钨、铜、铅、锌、金、银等多金属矿床(点)和非金属矿产大多受此构造-岩浆活动控制。早白垩世晚期出现的碱性系列火山岩及具有 A 型花岗岩性质的岩浆活动则预示加厚岩石圈大规模的伸展塌陷,自此进入环太平洋断块构造活动体制。如郯庐断裂带早白垩世伸展走滑过程中,形成怀宁盆地、庐枞盆地、滁州盆地等"拉分"火山盆地。早白垩世晚期至晚白垩世早期,随着太平洋板块向欧亚地块不断俯冲,地壳水平挤压活动强烈,以断裂构造和推覆构造占主导地位,在新生的断陷、隆起带中,又一次发生了偏中酸性的岩浆侵入活动,火山活动无明显表现。喜马拉雅期,地壳运动处于相对宁静的间歇期,构造应力逐渐转为张剪作用,伴随深断裂活动,有基性火山喷发和少量基性岩脉侵入。如新近纪时郯庐断裂带切割深度加大,地壳拉张,故而在嘉山—来安一带发育一套钠质碱性橄榄玄武岩组合。

总之,中生代火山构造岩浆巨旋回经历了伸展(岩浆底劈穹隆)→挤压(逆冲推覆)→伸展(断陷)演化过程。岩浆活动表现出同源性、异相性和整体性,与火山活动构成喷出-侵入系列,是陆内后造山伸展环境下岩浆活动产物。其间伴有两期岩浆活动,一期为碱钙性或钙碱性-碱性岩浆活动(晚侏罗世—晚白垩世早期),另一期为碱钙性-钙碱性的火山岩浆活动(古新世—上新世),其中以燕山中期最为强烈,各岩浆岩带均有不同程度的发育,成矿构造岩石组合不尽相同(见后文)。

## 第五节 岩浆岩岩石组合与成矿关系

安徽省内频繁的岩浆活动和岩浆岩建造组合与成矿作用紧密相关,特别是长江中下游和皖南地区的铁、铜、硫、钨、钼、铅、锌、金、银等多金属矿产,与特定的含矿岩浆建造组合关系十分突出。从本省矿产资源潜力评价对主要矿种成矿地质背景研究成果中不难看出,各成矿区带中典型矿床大多与火山岩、侵入岩岩石构造组合密切相关,受构造岩浆作用控制十分明显(参见第六章)。

### 一、岩石组合与成矿关系

火山岩岩石组合与内生金属矿产成矿作用关系十分密切,矿床成因类型较多,总体来说,以玢岩型铁矿、斑岩型铁矿、火山(气)热液型铁矿和沉积-热液叠改型铁矿为主要矿化类型(表2-24)。以庐枞火山盆地为例,层控热液叠改型铁矿主要与砖桥组(沉火山碎屑岩)和周冲村组(白云质膏溶角砾岩)有关,气液型、热液型(罗河式)铁(硫铁)矿主要与潜火山岩相、浅成侵入相闪长玢岩、石英闪长玢岩相关(表2-25)。侵入岩岩石组合与内生金属矿产成矿作用有关的成因类型主要有热液型、矽卡岩型、斑岩型和蚀变岩型4类(表2-26),如华北南缘热液型和矽卡岩型铁、铜、铅锌控矿、成矿岩石组合为高钾钙碱性岩系(石英)闪长(玢)岩、石英二长闪长(玢)岩、花岗闪长斑岩组合,正长花岗岩、二长花岗岩、花岗闪长岩、石英闪长岩组合;北淮阳斑岩型钼矿成矿岩石组合为钙碱性岩系花岗斑岩、石英正长岩组合;大别构造带宿松-张八岭石英脉-蚀变岩型金矿控矿控矿岩石组合为钙碱性岩系石英闪长岩、花岗闪长岩组合;长江中下游热液型、矽卡岩型、斑岩型铜、铁、硫、金多金属矿控矿控矿岩石组合为高钾钙碱性岩系辉长闪长岩-石英闪长岩-二长岩-石英二长斑岩组合,闪长玢岩-石英闪长岩组合和闪长岩-花岗闪长（斑）岩组合等；皖南热液型、矽卡岩型、斑岩型金、银、铅锌、钨钼矿成矿岩石组合为钙碱性岩系花岗闪长岩-二长花岗岩组合,石英闪长玢岩、花岗闪长斑岩组合和花岗闪长斑岩、二长花岗岩组合等；浙西天目山矽卡岩型、热液型、石英脉-蚀变岩型钨、锡、锑、金矿控岩、控矿岩石组合为壳源钙碱性岩系花岗闪长斑岩、花岗斑岩、正长花岗斑岩组合和二长花岗岩、花岗（斑）岩组合等,均以（高钾）钙碱性岩系-碱性岩系岩石组合为主要控岩、控矿岩浆建造,尤其侏罗纪以来造山后岩浆旋回为安徽省重要成矿时期,不同构造岩浆岩带岩石组合成矿专属性十分明显。

**表 2-24　安徽省火山岩型矿产构造岩石组合特征表**

| 构造岩浆岩带 | 成矿区带 | 火山盆地 | 矿种 | 成因类型 | 成矿时代 | 典型矿床类型 | 构造岩石组合 | 岩石类型 | 构造环境 |
|---|---|---|---|---|---|---|---|---|---|
| 北淮阳构造岩浆岩带 | 北淮阳金银铅锌成矿区 | 金寨盆地 | 铅锌矿 | 火山-热液型 | $J_3$—$K_1$ | 银水寺式 | 石英安山岩-英安岩-流纹岩组合 | 高钾钙碱性岩系列 | 后造山伸展环境 |
| | | 晓天盆地 | 金矿 | 火山-热液型 | $J_3$—$K_1$ | 东溪寺 | 安山岩-粗安岩-英安岩组合 | | 陆缘火山弧 |
| 下扬子构造岩浆岩带 | 长江中下游铜铁铅锌硫成矿带 | 庐枞盆地 | 铁矿 | 火山岩型 | $K_1$ | 罗河寺 | 玄武粗安岩、粗安岩、粗面岩及其碎屑岩组合 | 橄榄安粗岩系列 | 后造山伸展环境 |
| | | | 硫铁矿 | 火山岩型 | $K_1$ | 大鲍庄寺 | | | 陆缘火山弧 |
| | | | 铜矿 | 火山热液型 | $J_3$—$K_1$ | 井边寺 | | | |
| | | 宁芜盆地 | 铁矿 | 火山热液型 | $J_3$—$K_1$ | 凹山寺,陶村寺,姑山式,金龙式 | 辉闪安山岩、安山岩、粗面岩、响岩及其碎屑岩组合 | 橄榄安粗岩系-碱性岩系 | 后造山伸展环境 |
| | | | 硫铁矿 | 火山热液型 | $J_3$—$K_1$ | 向山式 | | | 陆缘火山弧 |
| | | | 铜矿 | 火山热液型 | $J_3$—$K_1$ | 铜井式 | | | |
| | | 繁昌盆地 | 铁矿 | 火山热液型 | $J_3$—$K_1$ | 桃冲寺金龙寺 | 玄武岩、安山岩、流纹岩、粗面岩及其碎屑组合 | 高钾钙碱性岩系列 | 陆缘火山弧 |

**表 2-25　庐枞火山盆地成矿地质特征简表**

| 控矿岩层 | 扩矿侵入岩 | 控矿构造 | 矿体形态 | 主要矿种 | 成因类型 | 典型矿床 |
|---|---|---|---|---|---|---|
| 砖桥组火山熔岩 | 闪长玢岩 | 火山穹隆 | 环状、透镜状 | 磁铁矿、赤铁矿、黄铁矿 | 火山热液型 | 罗河铁矿床（大型）、泥河铁矿床（大型）、大包庄铁（中型）-硫矿床（大型） |
| 周冲村组白云质灰岩及含铁钙质粉砂岩 | 二长岩正长岩 | 隆起带 | 似层状 | 磁铁矿、赤铁矿、黄铁矿、黄铜矿 | 沉积-热液叠加改造型 | 龙桥铁矿床（大型）、马鞍山铁矿床（中型）、黄屯硫（中型）、铁矿床（小型） |
| 罗岭组顶部灰岩或钙质粉砂岩 | 正长岩 | 东西向断裂 | 层状 | 磁铁矿、赤铁矿 | | 吴桥式 吴桥铁矿（小型） |
| 砖桥组火山熔岩、碎屑岩 | 正长岩 | 火山穹隆 | 似层状透镜状 | 黄铁矿、赤铁矿、黄铜矿 | 火山气液型 | 何家小岭硫（大型）铁（中型）矿床、铜矿床（小型） |
| 砖桥组火山碎屑岩 | 正长岩 | 火山管道 | 筒状 | 赤铁矿、磁铁矿 | 火山热液充填交代型 | 大岭式 何家大岭铁矿（中型） |
| 砖桥组、龙门院组火山岩 | 粗安斑岩 | 放射状火山构造裂隙 | 脉状 | 黄铜矿、斑铜矿 | | 井边式 井边铜矿床（小型）、石门庵铜矿床（小型） |

续表 2-25

| 控矿岩层 | 扩矿侵入岩 | 控矿构造 | 矿体形态 | 主要矿种 | 成因类型 | | 典型矿床 |
|---|---|---|---|---|---|---|---|
| 龙门院组 | 粗安斑岩 | 北东向、北西向断裂 | 脉状透镜状 | 方铅矿、闪锌矿、黄铁矿、自然银 | 斑岩型 | 岳山式 | 岳山铅锌（中型）银（小型）矿床 |
| 砖桥组火山碎屑岩 | | 火山喷发间隙盆地 | 层状 | 赤铁矿 | 火山胶体沉积型 | | 盘石岭铁矿床（小型） |
| | 粗安玢岩 | 东西向断裂、岩体裂隙 | 透镜状脉状 | 磁铁状 | 次火山热液型 | | 杨山铁矿（小型）、杨山窿铁矿（小型） |
| 砖桥组火山岩 | 正长岩 | 南北向构造破碎带 | 脉状 | 黄铜矿、黄铁矿 | 热液充填交代型 | | 毛狗笼铜矿（小型） |

**表 2-26 安徽省与侵入岩有关的矿产构造岩石组合特征表**

| 构造岩浆岩带 | 成矿区带 | 位置 | 矿种 | 成因类型 | 成矿时代 | 典型矿床类型 | 构造岩石组合 | 岩石类型 | 构造环境 |
|---|---|---|---|---|---|---|---|---|---|
| 华北南缘构造岩浆岩带 | 华北南缘铁铜铅锌金硫成矿带 | 淮北地区 | 铁矿 | 矽卡岩型 | $J_3$—$K_1$ | 邯邢式 | （石英）闪长（玢）岩-石英二长闪长（玢）岩-花岗闪长斑岩组合 | 高钾钙碱性岩系列 | 造山后伸展环境板内岩浆弧 |
| | | | 铜、金矿 | 岩浆热液型 | $J_3$—$K_1$ | 后马厂式 | | | |
| | | 蚌埠地区 | 铅锌 | 热液型 | $K_1$ | 中家山式 | 正长花岗岩、二长花岗岩、花岗闪长岩、石英闪长岩组合 | | |
| | | | 金矿 | 石英脉-蚀变岩型 | $Pt_2$ | 大巩山式 | 混合花岗岩组合 | 钾质钙碱性岩系 | 后碰撞板内岩浆弧 |
| | | | 重晶石 | 热液型 | $K_1$ | 小公山式 | 石英二长斑岩（脉）、石英闪长岩、石英闪长斑岩组合 | 钙碱性岩系 | 造山后板内岩浆弧 |
| 北淮阳构造岩浆岩带 | 北淮阳金银铅锌钼成矿带 | 金寨地区 | 钼矿 | 斑岩型 | $K_1$ | 沙坪沟式 | 花岗斑岩、石英正长岩组合 | 低钠低钙富钾偏酸性钙碱性岩系 | 后造山伸展环境陆缘岩浆弧 |
| 大别构造岩浆岩带 | 张八岭金铜、重晶石成矿带 | 张八岭地区 | 金矿 | 石英脉-蚀变岩型 | $Pt_3$ | 大巩山式 | 石英闪长岩、花岗闪长岩相合 | 钙碱性岩系 | 后造山伸展环境陆缘岩浆弧 |
| | | | 重晶石 | 热液型 | $K_2$ | 隆兴集式 | 石英二长斑岩（脉）组合 | | |
| | 宿松金磷成矿带 | 宿松地区 | 金矿 | 石英脉-蚀变岩型 | $K_1$ | 界岭式 | 花岗斑岩、闪长玢岩、煌斑岩组合 | | |
| 下扬子构造岩浆岩带 | 长江中下游成矿带 庐江-滁州铜金铅锌多金属成矿亚带 | 庐江地区 | 铜矿 | 斑岩型 | $J_3$ | 沙溪式 | 石英闪长斑岩、黑云母石英闪长斑岩组合 | 高钾钙碱性岩 | 后造山伸展环境陆缘岩浆弧 |
| | | 滁州地区 | 铜金矿 | 矽卡岩型 | $J_3$—$K_1$ | 琅琊山式 | 石英闪长玢岩组合 | | |
| | | | 金矿 | 热液型 | $J_3$—$K_1$ | 大庙山式 | 辉长闪长岩-石英闪长岩-二长岩-石英二长斑岩组合 | | |
| | | | 铁矿 | 矽卡岩型 | $J_3$—$K_1$ | 冶山式 | 闪长玢岩-石英闪长岩组合 | | |

续表 2-26

| 构造岩浆带 | 成矿区带 | 位置 | 矿种 | 成因类型 | 成矿时代 | 典型矿床类型 | 构造岩石组合 | 岩石类型 | 构造环境 |
|---|---|---|---|---|---|---|---|---|---|
| 下扬子构造岩浆带 | 长江中下游成矿带 | 铜陵地区 | 铁铜矿 | 矽卡岩型斑岩型热液型 | J₃—K₁ | 狮子山式 | 闪长(玢)岩-石英闪长岩组合 | 钙碱性岩系 | 后造山伸展环境 陆缘岩浆弧 |
| | | 贵池地区 | | | | 铜官山式 | 花岗闪长斑岩-石英闪长玢岩组合 | | |
| | | 安庆地区 | | | | 大冶式 | 闪长玢岩-闪长岩组合 | | |
| | | 铜陵地区 | 金矿 | 矽卡岩型 | J₃—K₁ | 焦冲式 | 辉石二长闪长岩、石英二长闪长岩组合 | 钙碱性岩系 | 后造山伸展环境 陆缘岩浆弧 |
| | | 贵池地区 | | 斑岩型 | | 抛刀岭式 | 闪长岩-花岗闪长(斑)岩组合 | | |
| | | 青阳地区 | | 热液型 | | 吕山式 | 花岗闪长岩-二长花岗岩-花岗岩组合 | | |
| | | 庐枞地区 | 铅锌矿 | 斑岩型 | J₃—K₁ | 岳山式 | 辉石二长闪长岩、石英二长闪长岩、花岗闪长斑岩等组合 | 高钾钙碱性岩 | 后造山伸展环境 陆缘岩浆弧 |
| | | 铜陵地区 | | 热液型 矽卡岩型 | | 姚家岭式 金银山式 | 石英二长闪长岩、花岗闪长岩组合 | | |
| | | 贵池地区 | 银矿 | 热液型、斑岩型 | J₃—K₁ | 许桥-牛背脊式 | 石英闪长玢岩、花岗闪长岩组合 | 钙碱性岩系 | 后造山伸展环境 陆缘岩浆弧 |
| | | | 钼矿 | 矽卡岩型 | J₃—K₁ | 铜矿里式 | 石英闪长玢岩、花岗斑岩、正长斑岩组合 | | |
| | | 安庆地区 | 重晶石 | 热液型 | J₃—K₁ | 韩下屋式 | 石英闪长岩玢岩、花岗闪长岩组合 | | |
| | 宣州铜多金属成矿亚带 | 宣城地区 | 铜矿 | 热液矽卡岩型 | K₁ | 麻姑山式 | 花岗闪长玢岩组合 | 钙碱性岩系 | 后造山伸展环境 陆缘岩浆弧 |
| | | | 萤石矿 | 热液型 | K₁ | 姚家塔-白茅岭式 | 花岗闪长斑岩-花岗斑岩-二长花岗(斑)岩-正长花岗(斑)岩组合 | | |
| 皖南构造岩浆带 | 皖南金银铅锌钨钼成矿亚带 | 东至-石台-太平地区 | 金矿 | 热液型 | J₃—K₁ | 马头式 | 石英闪长岩玢岩、花岗闪长斑岩组合 | 钙碱性岩系 | 后造山伸展环境 陆缘岩浆弧 |
| | | | 锑金矿 | 热液型 | | 花山-金家冲式 | 花岗斑岩、花岗闪长斑岩相合 | | |
| | | | 铅锌矿 | 矽卡岩型 | | 黄山岭式 | 石英闪长斑岩、花岗闪长斑岩组合 | | |
| | | | 钨矿 | 矽卡岩型 | K₁ | 百丈岩式 | 闪长玢岩、石英正长斑岩组合 | | |
| | | | | | | 高家塝式 | 花岗闪长岩-二长花岗岩组合 | | |
| | | | 钼矿 | 热液型 | K₁ | 萌坑式 | 花岗闪长岩-二长花岗岩组合 | | |
| | | | | 矽卡岩型 | | 黄山岭式 | 石英闪长岩玢岩、花岗闪长斑岩组合 | | |
| | | | | 斑岩型 | | 檀树岭式 | 花岗闪长斑岩组合 | | |

续表 2-26

| 构造岩浆岩带 | 成矿区带 | 位置 | 矿种 | 成因类型 | 成矿时代 | 典型矿床类型 | 构造岩石组合 | 岩石类型 | 构造环境 |
|---|---|---|---|---|---|---|---|---|---|
| 皖南构造岩浆岩带 | 皖南金银铅锌钨钼成矿亚带 | 九华-黄山金银钨钼多金属成矿亚带 | 泾县地区 | 铜矿 | 矽卡岩型 | $J_3—K_1$ | 铜山式 | 花岗闪长岩、二长花岗岩组合 | 钙碱性岩系 | 后造山伸展环境 陆缘岩浆弧 |
| | | | 旌德地区 | 铅锌矿 | 斑岩型 | | 三溪式 | 花岗闪长（斑）岩-二长花岗岩组合 | | |
| | | | | 萤石矿 | 热液型 | | 庄村-凤形山式 | | | |
| | | | | 钨矿 | 矽卡岩型 | $J_3—K_1$ | 巧川式 | 花岗闪长岩-二长花岗岩组合 | | |
| | | | | | 热液型 | | 兰花岭式 | 花岗闪长岩-二长花岗岩组合 | | |
| | | 郳公隆起钨钼锑锡铜铅锌成矿亚带 | 祁门-休宁地区 | 铅锌矿 | 热液型 | $J_3—K_1$ | 三宝式 | 黑云母花岗闪长（斑）岩组合 | 钙碱性岩系 | 后造山伸展环境 陆缘岩浆弧 |
| | | | | 锑矿 | 热液型 | | 里广山式 | 花岗斑岩脉、石英斑岩脉组合 | | |
| | | | | 钨矿 | 斑岩型 | | 东源式 | 花岗闪长斑岩、二长花岗岩组合 | | |
| | | | | 钼矿 | 斑岩型 | $K_1$ | 里东坑式 | 斜长花岗斑岩、花岗闪长斑岩组合 | | |
| 浙西构造岩浆岩带 | 钦杭东段北部成矿带 | 天目山钨钼铅锌萤石成矿亚带 | 绩溪宁国地区 | 金矿 | 石英脉-蚀变岩型 | $K_1$ | 椎树坑式 | 花岗闪长斑岩、花岗岩组合 | 壳源重熔型钙碱性岩系 | 后造山伸展环境 陆缘岩浆弧 |
| | | | | 锑矿 | 热液型 | $J_3—K_1$ | 刘村式 | 花岗闪长斑岩-正长花岗斑岩组合 | | |
| | | | | 钨矿 | 矽卡岩、热液型 | $K_1$ | 巧川-西坞口式 | 二长花岗岩、花岗（斑）岩组合 | | |
| | | | | 锡矿 | 热液型 | $K_1$ | 西坞口式 | 二长花岗岩、花岗（斑）岩组合 | | |
| | | 莲花山-天井山金银铅锌锑成矿亚带 | 休宁东南部五城地区 | 钨矿 | 热液型 | $K_1$ | 长岭尖式 | 似斑状花岗闪长岩-似斑状黑云母二长花岗岩组合 | 壳源重熔型钙碱性岩系 | 后造山伸展环境 陆缘岩浆弧 |
| | | | | 钼矿 | 热液型 | | 古祝式 | | | |
| | | | | 铅锌矿 | 热液型、矽卡岩型 | | 小贺、大汊口式 | | | |
| | | | | 金矿 | 石英脉-蚀变岩型 | $K_1$ | 天井山式 | 花岗闪长岩、花岗斑岩组合 | | 后造山伸展环境 陆缘岩浆弧 |
| | | | | 萤石矿 | 热液型 | $Qb_2$ | 五里亭式 | 花岗斑岩、正长花岗岩组合 | | 后造山伸展环境 火山岩浆弧 |

## 二、岩浆作用与成矿关系

岩浆侵入作用、火山作用是成矿地质作用研究的重要内容,从岩浆岩三维空间形态、物质成分、岩石组合类型、物质来源、控岩控矿构造、岩浆演化及构造背景等方面说明岩浆作用和成矿作用的关系,也就是从岩浆岩自身特征和其所处的地球化学场方面说明岩浆作用对成矿作用的控制。岩浆作用尤其是对内生金属矿产的控制作用十分显著。

### (一)岩浆作用对沉积型矿产的控制作用

岩浆作用对沉积型矿产的控制作用主要表现在层控叠改型矿床,如矽卡岩型或热液改造型、接触带型、蚀变浸染型及火山沉积型等复合型矿床。在沉积后生、表生成岩阶段成为岩浆热液中成矿元素聚集场所或矿汁沉淀空间,并对赋矿围岩进行重组改造、浸染、交代,成为内生金属矿床的母岩或矿胚层。安徽省燕山期岩浆活动对此类矿床控制作用十分明显,因此,岩浆作用是某些层控矿床必备的成矿条件。

### (二)岩浆作用对内生金属矿产的控制作用

岩浆活动的控制作用指其时、空演化、成(含)矿岩浆建造对内生成矿作用的制约。如前文所述,几乎所有的内生金属矿产都直接或间接地与岩浆活动相关,如层控叠改型、矽卡岩型或热液改造型、接触带型、蚀变浸染型及火山岩型等复合型矿床。岩浆或岩浆热液在成矿过程中对赋矿围岩进行重组改造、浸染、交代,成为内生矿床的母岩或催化剂。因此,岩浆作用是内生矿产必备的成矿条件。

#### 1. 岩浆活动时代与内生矿产的关系

以板块聚合、离散为标志,与大地构造演化阶段相对应,安徽省岩浆作用可分为前南华纪岩浆(巨)旋回、南华纪—三叠纪岩浆旋回和侏罗纪以来造山后岩浆旋回。前南华纪岩浆旋回岩浆活动以结晶基底 TTG 岩系、幔源岩浆基性、超基性岩组合及双峰式火山岩为特色,与此相关的内生矿产主要有岩浆型铬矿、钒钛磁铁矿、铜镍矿床及石棉矿等矿化,混合花岗岩型稀土矿化及铁、铜、钼矿化,变基性火山岩型弱铜矿化,青白口纪闪长岩类弱铜矿化,区域混合岩化型石英脉型多金属、金矿化(蚌埠地区),伟晶岩型白云母、蛭石、铍及水晶矿化(大别山区),西冷岩组细碧-石英角斑岩(张八岭)和变安山岩(铺岭)铁、铜矿化等。

安徽省南华纪—三叠纪岩浆旋回岩浆活动相对微弱,可能与巨厚的褶皱盖层有关,仅见青白口纪辉绿岩类(老寨山岩体)和加里东期片麻状花岗岩(金寨白楼),主要为热液型铁矿化。印支期花岗岩仅见零星报道,省内未出现金属矿化,但为燕山期成矿地质作用奠定了基础。

安徽省侏罗纪以来造山后岩浆旋回岩浆活动十分剧烈,为大陆边缘活动带典型特征,同时也是安徽最重要的成矿期。该旋回又可分为陆内挤压造山阶段(晚侏罗世—早白垩世)和陆内伸展阶段(早白垩世晚期—晚白垩世)。在陆内挤压造山阶段,以出现高钾钙碱性系列和橄榄安粗岩系列火山-侵入岩为特征,对应本省铜、铁、金、硫、铅锌、钨、钼矿的重要成矿时期,其分布范围涉及全省不同构造单元;在伸展阶段,为碱性系列岩浆岩形成时期,为省内铀矿、萤石、重晶石等矿产形成阶段。因此,在燕山期陆内造山阶段可确定陆内挤压造山和陆内伸展裂陷两个构造岩浆成矿时段。

晚侏罗世—白垩纪各种内生矿产盛出,如庐枞、繁昌和宁芜盆地火山气液型铁、铜矿床,潜火山岩型斑(玢)岩型铁、铜矿床,淮北和沿江地区闪长岩类矽卡岩型、热液型多金属、铁、铜、硫、钼、铅锌、金、银矿床,江南古陆、皖南褶断带中酸性岩浆铁、铜、铅锌、钨、钼,及非金属硫、萤石矿化等。由于各地物质来源不同，多期次岩浆活动所形成的矿种也不尽相同，白垩纪第一次中酸性岩浆活动以铁、铜、多金属等矿化为主。第二次花岗岩类（商城、河棚、谭山、伏岭等岩体）外接触带有多金属矿化；皖南黄山、伏岭、杨溪、慈坑，金山，古门坑等岩体附近，为矽卡岩型或热液型铜钼、铜钨和钨铜矿（床）及铍矿化；与杨溪、伏岭等岩体有关的为伟晶岩型或热液型铌钽矿化；大别山区白马尖等岩体的外接触带有褐帘石、独居石和钇易解石等稀土元素矿化；皖南九华山、姚村、黄山等岩体有铌钽矿化；第二次正长岩类外接触带中矿化以铜系元素为主，次为铁、铜、硫等矿化；第三次浅成花岗岩类矿化与第二次相似但次之；第四次辉长岩类均为隐伏小岩体，形成岩浆熔离-热液铜镍矿床（如淮北后马厂岩体本身为一含矿岩体）。喜马拉雅期（晚白垩世晚期—第四纪）属陆内盆-山构造发展阶段，基性火山岩喷溢及相应潜火山岩侵入，没有发现明显的矿化，对省内的内生矿产无直接控制作用。

### 2. 岩浆岩空间分布、剥蚀深度、多期次活动与内生矿产的关系

岩浆岩的空间分布特征，如岩体的规模、产状，形态等，对控制许多内生金属矿产的形成、分布和规模有重要意义。如淮北宿州-萧县地区与铁（铜）矿有关的闪长岩岩体为复杂的似层状侵入体或复杂岩体，沿江地区与铜、铁铜矿有关的闪长岩-花岗闪长岩岩体，地表均不足 $15km^2$，一般呈岩株、岩钟、岩枝、岩床、岩脉等产出，宁芜一带与铁矿有关的辉长闪长岩-辉长闪长玢岩岩体，地表为 $0.01km^2$ 到 $10km^2$ 大小，是深部大岩体顶面的突起部分或分支。与侵入花岗岩岩体有关的矿（床）化，多数与岩浆的挥发分有关，因而大多富集于顶部的内外接触带，部分热液则受成矿前的断裂控制，皖南地区不同成因类型的钨、钼、铍矿化属于这种情况。一般小型岩体与矿化的关系更为密切。实际上岩体产出的形态是复杂的，矿化富集部位也常常是多样的，如宁芜一带玢岩铁矿在侵入体的不同部位，不同岩性地段，出现不同类型的矿产，并有相应的成矿模式。

岩体的剥蚀深度与矿体赋存关系也十分密切，对于矿体产于岩体底部的基性、超基性岩岩体，剥蚀愈深，则矿体暴露愈明显，如与铬矿化有关的饶钹寨、龚家岭、横路、白帽、佛岭脚等辉橄岩岩体。安徽省与矽卡岩型铁、铜矿床有关的中性、中酸性岩体，多为浅成、中浅成侵入体，甚至为未暴露出地表的隐伏岩体。这类岩体一般剥蚀较浅，残留矿体就多。皖南地区与钨、钼、铍及铌钽矿化有关的侵入花岗岩岩体，成矿作用远不及出露于同一构造环境中的江西省同类岩体明显。除岩体规模大小因素外，很大程度上取决于岩体的剥蚀深度。九华山、姚村、黄山、伏岭等岩体，具强剥蚀特征，显然对矿体的保存不利。但应注意逍遥、古门坑等这类剥蚀较浅的小岩体的成矿作用。

多期次侵入和多次矿化成矿作用明显，岩浆往往沿着同一空间反复活动和侵入，形成不同序次的复式岩体。岩浆的每一次侵入活动，往往都有强弱不一的成矿作用相伴。熔浆频繁活动以及相应的深部地球化学演化，可以为成矿元素的分异汇聚创造良好条件，它们一般富集在晚期阶段或晚期形成的岩体内。同时也显示出成矿作用的继承性和阶段性。火山岩也有类似现象，往往是主要成矿期与其主喷发期大致重合。砖桥和大王山旋回分别为庐枞、宁芜两个盆地的主要喷发期，铁、铜、硫、明矾石矿化也大多集中在这一时期内。

岩浆作用与"矿源层"的控矿作用研究表明，某些地层往往含矿元素的丰度值较高，岩浆热液（气）改造使之沉积矿质富集成为"矿源层"，在一定程度上具有"层控"性质。如对省内矽卡岩型铁、铜矿床的围岩研究，发现矿体赋存与一定层位有关，在淮北和滁州一带，主要为震旦纪—早中奥陶世地层，在沿江和宣城一带，主要为石炭纪—二叠纪和早、中三叠世地层。同样，皖南钨、钼、铍成矿围岩主要为震旦纪—寒武纪地层。

### 3. 岩浆岩成分与内生矿产的关系

岩浆岩的成分与成矿元素之间有着内在的地球化学特性联系，对成矿作用起着主导作用。岩浆岩岩石学特征与特定矿产的关系密切，如铬矿多产于斜辉辉橄岩中，而铜镍矿主要赋存于辉长岩或橄长岩内。与矽卡岩型铁、铜矿床有关的岩性主要为闪长岩和花岗闪长岩。对淮北铁（铜）矿床，角闪闪长（玢）

岩-石英闪长(玢)岩及相应的钠化岩石是主要的控矿岩性。沿江铜、铁矿床,闪长(玢)岩-石英闪长(玢)岩-花岗闪长(斑)岩是主要的控矿岩性,而该区辉石闪长岩和花岗岩与矿产形成的关系不甚密切。庐枞、宁芜两个火山岩盆地中,火山气液型铁矿床与辉石粗安玢岩和辉长闪长岩-辉长闪长玢岩的关系最为密切。同样,含矿岩体的主要矿物成分具一定的专属性。据统计,铬铁矿岩体中的斜辉辉橄岩主要矿物成分橄榄石绝大多数属镁橄榄石,斜方辉石为顽火辉石。沿江地区与矽卡岩型(铁)铜矿有关岩体中,斜长石具有多时代特征,最主要的为中长石(An 45—50),稍后为更—中长石(An 32—38,27—28),最后为钠长石(An 5—12),斜长石环带构造发育。钾长石主要为显微条纹正长石与显微条纹无格微斜长石,黑云母属镁质黑云母。宁芜地区与铁矿有关的玢岩体,全岩的 70% 以上是环带斜长石,斑晶主要为拉长石(An 55—69),基质为微晶状更—中长石(An 29—32)。

岩体的化学成分不同,控制着不同类型的矿床。铬铁矿与超基性岩体 (m/f 为 10.2～12.0)有关,唯任家湾岩体例外(m/f 为 2,9),属铁镁质岩石。而与铜镍矿化有关的基性岩体,m/f 为 0.6～2.0,属镁铁质-铁镁质岩石。含矿岩体的岩石与戴里和黎彤同类岩石比较,与铁、铜单矿种有关的闪长岩,岩石具偏酸富碱特点;含铁铜的闪长岩岩体,酸度变化不大,只是碱度明显增高。含矿岩体的皮科克钙碱指数为 56.0,里特曼组合指数变化于 1.65～4.82 之间,大多为 2.80～3.50。岩石均属钙碱性-碱钙性岩系。与宁芜地区玢岩铁矿有关的岩体,岩石以低硅富碱为特点。钙碱指数为 52.5,里特曼组合指数为 2.50～6.33,主要属碱钙性岩系。钠钾比值为 1.5～5.0,反映岩浆本身富钠,这在成矿时起到了十分重要的作用。与钨、钼、铍矿化有关的岩体,岩具偏酸、碱的特点,与华南含矿花岗岩的岩石化学特征相类似。与稀土、铌钽矿化有关的岩体化学成分均需要有较高的碱度,与江西已知一些同类的含矿岩体对比,安徽稀土矿化岩体具低硅富碱的特点;而与铌钽矿化有关的岩体无一例外的 $K_2O>Na_2O$,故对成矿不利。

岩体中有些副矿物本身就是一种有用矿物,含量达到一定数量之后便形成了矿床,如锆石、独居石、磷钇矿等。同时,在不同矿化岩体中副矿物特征是不相同的。含铬铁矿岩体的副矿物不但种类少,而且含量上除铬尖晶石(尖晶石)外均低。含铁、铜岩体的副矿物特征各地略有差异:淮北与铁(铜)矿有关的岩体,副矿物主要为磁铁矿、锆石和磷灰石;沿江地区与铜、铁铜矿有关的岩体,副矿物主要为磁铁矿、磷灰石和榍石,且以黄铜矿经常出现为特点。此外,含矿岩体中均普遍有黄铁矿相伴生。宁芜一带与铁矿有关的辉长闪长岩-辉长闪长玢岩岩体,副矿物种类以磁铁矿和磷灰石为主,次之是锆石,有时出现数量不等的榍石。含钨、钼、铍岩体的副矿物的种类和含量变化较大,白垩纪岩体副矿物相对丰富,都出现了与矿化种类相一致的白钨矿、辉钼矿等矿物。此外,大多数岩体或多或少地含有萤石、黄玉之类挥发分矿物,对成矿有利。

微量元素在含矿岩体中,成矿元素含量通常高于正常岩石丰度值,一般认为成矿元素含量变化愈大,则富集成矿的可能性愈大,反之,含量均匀者成矿可能性小。含铁岩体的微量元素以铁族元素为主,其他含量较低。而含铁铜岩体,除铁族元素外,Cu 含量也偏高。含铜岩体的 Ti、V 及 Cu、Zn、Pb 含量偏高,反映出原始岩浆的含矿性是以铜为特征的铜、铅、锌组合。此外,在与铜、钼矿床有关的岩体中,Mo 含量也较高。含铌钽矿岩体的微量元素特征也较明显,如姚村岩体 Nb 平均含量为 $12\times10^{-6}$,低于酸性岩维氏值($20\times10^{-6}$)和华南燕山晚期花岗岩平均值($>30\times10^{-6}$),且各相带岩石中含量变化不大,不利于成矿。九华山、黄山两个岩体的 Nb 含量分别为 $23\times10^{-6}$、$49\times10^{-6}$,但不同部位岩石中含量变化小,也不见明显的矿化现象。

### 4. 岩浆结晶分异、同化混染和交代蚀变作用与内生矿产的关系

岩浆侵入后经过就地分异作用,有用组分得以聚集,常常形成工业矿床,如后马厂岩体。岩浆深部(岩浆房)分异作用进行得越彻底,对成矿越有利。如高镁斜辉辉橄岩中铬铁矿,就是因为经深部分异作用,镁质集中,同时伴随着铬的富集。与矽卡岩型铁、铜矿床有关的岩体,大多是经深部分异多次侵入的复式岩体,岩体分异指数变化在 62～68 之间,高于戴里和黎彤的同类岩石。

岩浆的同化混染作用对成矿作用往往有利,当岩浆吸收了围岩的物质成分,如果增加了成矿元素或是促进了岩浆的分异,就有利于成矿元素富集。矽卡岩型铁、铜及铁铜矿床大多数是产于岩体与碳酸盐岩的接触带上,岩浆中钙(镁、铁)的加入和 $CO_2$ 组分大量增加,促使 Fe、Cu 元素富集成矿床。庐枞、宁芜两个盆地中铁矿的形成是与岩浆吸收了大量氯等卤族元素和促进了铁的聚集有关,如凹山矿区在矿体与邻近的交代岩石中可见大量方柱石、氟磷灰石等含氯矿物。

岩体和围岩的交代蚀变作用包括自变质、碱质交代、矽卡岩化及热液蚀变等。超基性岩有铬矿化者,一般蛇纹石化作用较强烈;林河岩体中的透闪石化、金云母化等蚀变岩石含铂、钯较高。与矽卡岩型铁、铜及铁铜矿床有关的中性和中酸性岩岩体,矽卡岩化和碱质交代作用是最特征的,其中矽卡岩化是这类矿床直接的找矿标志。与单一铁矿床有关的,主要为钙镁质矽卡岩,通常厚度不大,分带现象也不清楚,矿物组合比较简单,以透辉石为主。叠加其上的主要有阳起石化、金(绿)云母化和蛇纹石化。岩体普遍发生钠化,其强度由近含矿接触带往岩体方向逐渐减弱。与单一铜矿床有关的矽卡岩,以钙铝-钙铁榴石和透辉石-钙铁辉石组合为特征,矽卡岩的发育程度与矿化富集程度一般有正相关关系。岩体碱质交代作用,主要为钾长石化-黑云母(绿云母)化-绢云母化,且后者往往与硅化、绿泥石化等相伴出现。与铁铜矿床有关的矽卡岩,主要为钙质矽卡岩,其次是镁质矽卡岩。岩体碱质交代作用以钾化为主。与玢岩铁矿有关的岩体,是以钠化为主,这种碱质很可能始于岩浆晚期自变质阶段,围岩蚀变可分早、中,晚3期,即早期"类矽卡岩"组合或叫变辉石-长石岩相组合(深色蚀变带),中期"类青磐岩"组合或叫角闪石-绿泥石岩相组合(叠加蚀变带),晚期"泥英岩"组合(浅色蚀变带)。与斑岩型铜矿床有关的岩体,以沙溪岩体为代表,岩石遭受不同程度的蚀变,其中以含石英闪长玢岩最为强烈,并具分带现象,即自下而上大致可分为石英钾长石化、石英绢云母化、绢云母碳酸盐黄铁矿化和青磐岩化 4 个蚀变带。石英钾长石化带是本矿床的主要矿化地段。皖南地区与钨、钼、锑有关的花岗岩类中矿体(化)大多产于震旦纪及早古生代的碳质、硅质页岩夹白云质灰岩、灰岩接触带中,蚀变类型有矽卡岩化、硅化、角岩化等。如矽卡岩型铜钨矿床主要与透辉石矽卡岩有关,其次与石榴石矽卡岩有关。热液型钨矿床,围岩蚀变主要为云英岩化及硅化,以前者与矿化关系密切;矽卡岩型钼矿床,除矽卡岩化外,尚有硅化、大理岩化;热液型锑矿床,主要为硅化、绿帘石化、绿泥石化和角岩化。

### 5. 含矿岩浆建造与内生矿产的关系

岩浆岩成因类型是决定成矿专属性的第一位因素,不同成因系列岩浆岩有关的矿床中,成矿元素的种类和含量各不相同。根据成矿岩浆体系及其岩浆岩共生组合与特定的成矿作用的关系,可划分出以下成矿岩浆建造组合。

(1)幔源型超基性-中基性岩成矿岩浆建造组合。是直接由上地幔岩浆经分熔作用形成的含铬超基性岩建造、含铜镍基性岩建造、含铜(铁)细碧-石英角斑岩建造等。成矿元素有 Co、Ni、Ti、V、Pt、Fe、Cu等。主要形成于新太古代—中元古代,晚侏罗世和白垩纪次之。这些与岩浆矿床有关的岩体剥蚀深,深度分异作用明显,对成矿有利。

(2)混熔过渡型中性-中酸性岩成矿岩浆建造组合。是由上地幔与地壳物质混熔形成的含矿建造。成矿元素有 Fe、Cu、Mo、Pb、Zn、Au、Ag 等。主要形成于晚侏罗世,其次为白垩纪。主要有 5 种成矿岩浆建造类型:①铁(硫、磷、钒、钛)玢岩建造,是安徽一种重要的铁矿类型。这种与火山岩同源的浅成-超浅成侵入体,集中分布在庐枞、宁芜两个火山岩盆地内。主要与辉石粗安玢岩、辉长闪长岩或辉长闪长玢岩等有关,这些偏基性的中性岩,形成于主旋回(砖桥期和大王山期)喷发末期。矿体一般产在岩体内部或与围岩的外接触带中。岩体规模不大,交代蚀变明显,岩石偏碱富钠,对成矿有利。矿床类型从岩体向外依次出现玢岩型、爆破角砾岩筒型、脉岩型等。②铜(铁)斑岩建造。目前主要见于沙溪铜矿床。沙溪岩体是由不同阶段、不同深度相的若干种岩石构成的复式岩体,含铜石英闪长玢岩是最重要的成矿母岩。矿体绝大多数产于岩体内部,交代蚀变作用发育,其中石英钾长石带是本矿床主要矿化地段。③铁铜(硫钼)闪长岩-花岗闪长岩建造。与中浅成-浅成闪长岩类岩体有关的铁、铜矿床,大多伴生硫、金、银、钴、钼、铅、锌等元素,矿床主要为矽卡岩型。它们集中分布于宿州-萧县和沿江地区。含矿岩体大多是经深部分异多次侵入的复式岩体,规模不大,形态较为复杂,一般剥蚀较浅。岩石富碱,大多 $Na_2O>K_2O$。副矿物以磁铁矿、磷灰石,或分别与锆石、榍石组合为特征,普遍含 Ti、V;这些含矿岩体广泛发生岩浆期后碱质交代作用,使成矿元素活化转移集中成矿,其中铁矿与钠化有关,铁铜、铜矿与钾化有关。围岩蚀变均较明显,矽卡岩种类由钙矽卡岩(沿江)→镁(钙)矽卡岩(淮北)变化。④铜族正长岩建造。集中分布在霍山-舒城和怀宁-庐江两个地带。岩体剥蚀浅、相带发育完整者对成矿有利。若是多阶段侵入的复式岩体,晚期矿化较好。围岩蚀变主要为碳酸盐化、钾长石化及白云母化等。⑤钼(多金属)花岗斑岩-二长花岗岩-花岗闪长岩建造。这类中深成弱酸性岩体主要发育于江南地块和北淮阳构造岩浆岩带,成矿性较好者往往与重熔花岗岩构成复式岩体,在其内、外接触带都有小侵入体或脉岩。矿体大部分产于岩体中,而且硅化、云英岩化、绢云母化等围岩蚀变明显。岩石偏酸、碱,富钾贫铝,均属钙碱性岩系,副矿物组合为榍石型。

(3)陆壳改造型花岗岩成矿岩浆建造组合。这类成矿岩浆体系是地壳长期发展演化的产物。成矿元素不断活化转移,它的聚集主要是通过岩浆早期的交代作用和晚期的重熔作用,形成了含钨(钼、铍)、铌钽等的花岗岩建造。成矿元素有 W、Mo、Be、Th、Nb、Ta、Cu、Pb、Zn,及非金属水晶、萤石等。其形成时代主要为白垩纪。一般来说,花岗岩体规模不大,剥蚀较浅者对成矿有利。一个多期次的复式岩体则富集在晚期形成的岩体内,在花岗岩浆分异演化过程中又富集在晚期岩相内。赋存成矿元素的花岗岩类,稀土矿化为二长花岗岩,铌钽矿化为花岗岩,钨(钼铍)矿化主要为花岗岩。这些花岗岩类均属于查氏铝过饱和类型,一般 $SiO_2$ 大于 70%,多数达到 73%~76%,是花岗岩岩浆充分演化的结果。碱度 $Na_2O+K_2O$ 总量变化均接近或大于 8%,$K_2O>Na_2O$,且按钨(钼铍)矿化—铌钽矿化—稀土元素矿化的顺序其总量递增。与成矿作用最为密切的是交代蚀变作用,其中稀土矿化与钾长石化有关,铌钽矿化与钠长石化(伟晶岩型)和浅色云母化(热液型)有关,钨(钼铍)矿化与云英岩化有关。

综上所述,岩浆岩成矿专属性主要受其成因类型、岩石构造组合和它所侵入时的地质构造背景的控制。安徽地壳发展经历了陆块基底形成阶段、陆缘盖层发展阶段和滨太平洋陆内盆山发展 3 个大地构造演化阶段,相对应的岩浆岩分别具有不同的成因类型及矿产组合。不同构造活动期的岩浆可分为两个成岩系列,在造山带(褶皱区)以钙碱性系列常见,稳定区以拉斑玄武岩系列及碱性玄武岩系列为主。钙碱性系列岩浆以陆壳重熔产物为主,主要分布在安徽省皖南地区;碱性岩系以富钾的火山岩组合为主,是一种壳幔混熔岩浆,主要分布在本省沿江地区,具有由碱钙性—碱性的演化特征,它可能是地壳进入大陆边缘活动带构造阶段的原始裂谷型岩浆活动产物,使其具有活动大陆边缘的钙碱性岩石系列向大陆裂谷型的碱性玄武岩系列过渡的特征。

# 第三章 变质岩建造与古构造环境

## 第一节 变质岩时空分布及变质单元划分

### 一、变质岩构造单元划分

安徽省区域变质岩系发育,分属华北、大别造山带和扬子三大变质域。以大地构造单元为基础,以大型变形断裂构造为边界,进一步划分为华北南缘变质区、北淮阳变质区、大别变质区和下扬子变质区4个二级变质单元和13个三级单元(变质带),见表3-1和图3-1,现进一步分述。

表3-1 安徽省变质单元划分简表

| 一级 | 二级 | 三级 | 变质岩层 |
|---|---|---|---|
| 华北变质域（Ⅰ） | 华北南缘变质区（Ⅰ$_1$） | 凤阳变质带（Ⅰ$_{1-2}$） | 凤阳群 |
| | | 霍邱-五河变质带（Ⅰ$_{1-1}$） | 霍邱岩群、五河岩群 |
| 大别造山带变质域（Ⅱ） | 北淮阳变质区（Ⅱ$_1$） | 杨山-梅山变质带（Ⅱ$_{1-1}$） | 杨山群 |
| | | 佛子岭变质带（Ⅱ$_{1-2}$） | 佛子岭岩群 |
| | | 庐镇关变质带（Ⅱ$_{1-3}$） | 庐镇关岩群 |
| | 大别变质区（Ⅱ$_2$） | 张八岭中高压变质带（Ⅱ$_{2-1}$） | 张八岭岩群 |
| | | 宿松高压变质带（Ⅱ$_{2-2}$） | 宿松岩群、肥东岩群（？） |
| | | 太湖超高压变质带（Ⅱ$_{2-3}$） | 南大别岩石组合 |
| | | 岳西中压区域动力热流变质带（Ⅱ$_{2-4}$） | 北大别岩石组合、阚集岩群 |
| 扬子变质域（Ⅲ） | 下扬子变质区（Ⅲ$_1$） | 历口变质带（Ⅲ$_{1-1}$） | 历口群 |
| | | 溪口变质带（Ⅲ$_{1-2}$） | 溪口岩群 |
| | | 董岭变质带（Ⅲ$_{1-3}$） | 董岭岩群 |
| | | 苏湾变质带（Ⅲ$_{1-4}$） | 周岗组、苏家湾组 |

（一）华北变质域

隶属此变质域的华北南缘变质区分布在六安断裂以北、嘉庐深断裂北西侧,先后经历了蚌埠期、凤阳期两期变质作用,可细分为霍邱-五河变质带和凤阳变质带,总的趋势是:随着时间的推移,岩石的变

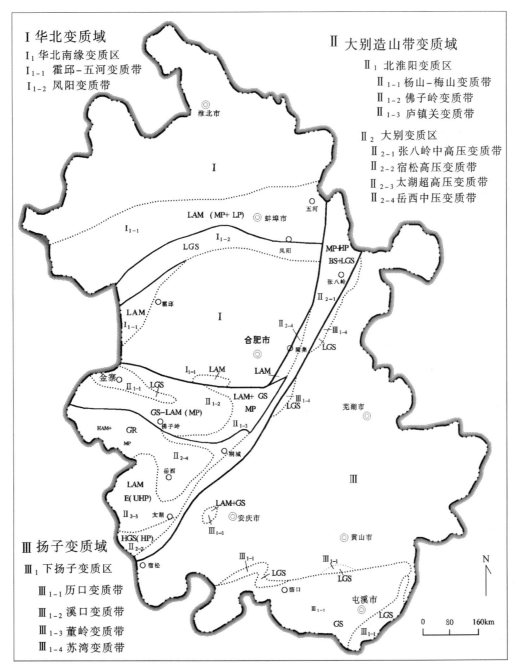

图 3-1 安徽省变质单元及变质相(相系)分布略图

GS. 绿片岩相；LGS. 低绿片岩相；HGS. 高绿片岩相；LAM. 低角闪岩相；
HAM. 高角闪岩相；GR. 麻粒岩相；BS. 蓝片岩相；E. 榴辉岩相；LP. 低压；MP. 中压；HP. 高压；UHP. 超高压

质程度(包括混合岩化强度)逐渐减弱，各变质期均以出现区域动力热流变质作用类型为主要特点。霍邱-五河变质带是华北变质域的南部边缘古陆结晶基底型(稳定克拉通型)变质区，以蚌埠期为主兼有凤阳期变质，前者以低角闪岩相变质为主要特色，后者为低绿片岩相变质叠加。

(二)大别造山带变质域

变质岩系大面积出露，组成大别造山带主体，内部构造极其复杂，其内可划分为彼此呈断裂接触的 2 个变质区和 7 个构造变质带。

**1. 北淮阳变质区**

**杨山-梅山变质带** 为绿泥石-绢云母级低绿片岩相变质,形成于印支期(或华力西期—印支期)区域动力变质作用。

**佛子岭变质带** 为中压绿片岩相(未分)变质,矿物组合中有时出现十字石、蓝晶石,但变质作用不均匀,为绿片岩相+低角闪岩相,是加里东期—华力西期区域动力变质作用的产物。

**庐镇关中压变质带** 低角闪岩相矿物组合中有时含蓝晶石,在经晋宁期中压低角闪岩相变质之后,有绿片岩相矿物组合叠加,存在多期变质。

**2. 大别变质区**

该变质区包括4个不同时期形成、不同类型建造组合的构造变质带。

**张八岭中高压变质带** 变质作用为绿帘蓝片岩相+低绿片岩相,显示继绿帘蓝片岩相变质之后又有低绿片岩相叠加,二者呈相转变关系。许多200~230Ma的多硅白云母$^{40}$Ar-$^{39}$Ar年龄的出现,肯定了印支期变质作用的存在。鉴于绿帘蓝片岩相(或蓝闪绿片岩相)是中压、高压变质作用的过渡类型,故把本变质带称为中高压变质带,港河岩组呈外来岩片与大别岩群构造接触,可能相当于该带的产物。

**宿松高压变质带** 含少量高压榴辉岩和"白片岩",变质作用为高压榴辉岩相叠加高绿片岩相(绿帘角闪岩相),肥东岩群目前尚未见高压矿物组合,目前所获得的变质年龄主要属加里东期和印支期。

**太湖超高压变质带** 带内大量的超高压榴辉岩广布于低角闪岩相变质为主的南大别变质岩中,出现超高压榴辉岩相+低角闪岩相的变质作用特征,低角闪岩相是超高压榴辉岩相的退变质产物。关于变质带时代有晋宁期、加里东期、印支期等不同认识,但多期变质作用叠加无疑。

**岳西中压变质带** 以中压区域动力热流变质作用为主,阚集岩群为中压低角闪岩相变质,北大别大别岩群则为中压高角闪岩相和高角闪岩相+麻粒岩相变质,同样具有多期变质作用特征。

### (三)扬子变质域(下扬子变质区)

下扬子变质区先后经历了晋宁早、晚两期变质作用之后,由活动转向稳定,形成扬子陆块变质基底。但变质作用不甚强烈,其主体变质作用均为区域低温动力绿片岩相变质,董岭岩群为低角闪岩相变质,可四分为历口变质带、溪口变质带、董岭变质带和苏湾变质带。伏川蛇绿岩套变质作用特征、变质相系尚需进一步研究。

安徽省主要变质单元均由构造-地(岩)层单位岩群、岩组组成,岩石类型齐全,成分复杂,成因、成岩时代各不相同,各岩群、岩组变质岩基本特征见表3-2。

表3-2 安徽省变质岩基本特征简表

| 地(岩)层单位 | 岩石类型 | 原岩恢复 | 原岩建造 | 副矿物特征 | 变质期 |
| --- | --- | --- | --- | --- | --- |
| 霍邱岩群 | 片岩类、片麻岩类、浅粒岩、变粒岩、斜长角闪岩、大理岩类 | 副变质沉积-火山岩类:英安质凝灰岩杂质、砂质泥岩、杂砂岩、白云质泥灰岩、安山质玄武岩或细碧岩、基性玄武岩、半黏土质岩、铁硅质岩 | 中酸性火山岩-半黏土质岩-含铁硅质碳酸盐岩建造 | 榍石-磷灰石型 | 蚌埠期 |

续表 3-2

| 地(岩)层单位 | 岩石类型 | 原岩恢复 | 原岩建造 | 副矿物特征 | 变质期 |
|---|---|---|---|---|---|
| 五河岩群 | 片岩类、长石石英岩、石英岩、片麻岩类、变粒岩、浅粒岩、斜长角闪岩、角闪岩、麻粒岩类、钙铝硅酸盐岩类 | 副变质沉积-火山岩类：泥质岩、长石砂岩、杂砂岩、铁质碧玉岩、白云质泥灰岩、中基性火山碎屑岩 | 中基性火山岩-杂砂岩-含铁硅质碳酸盐岩建造 | 锆石-磷灰石型 | 蚌埠期 |
| 凤阳群 | 千枚岩类、片岩类、石英岩、大理岩类 | 粗砂岩、细砂岩、粉砂质泥岩、白云质灰岩、玄武质凝灰岩、沉玄武质凝灰岩 | 粗砂岩-石英砂岩-(含基性火山岩)碳酸盐岩建造 | | 凤阳期 |
| 杨山群 | 变砂质泥岩、粉砂岩、千枚岩类、千枚状板岩类 | 泥岩、砂质泥岩、粉砂岩 | 泥、砂质沉积建造 | | 华力西—印支期 |
| 佛子岭岩群 | 千枚状板岩类、千枚岩类、片岩类、石英岩 | 石英砂岩、砂泥质-砂泥质岩和部分钙泥质岩石 | 单陆屑石英砂岩建造、复理石建造 | 锆石型 | 加里东期、华力西—印支期 |
| 庐镇关岩群 | 千枚岩类、片岩类、片麻岩类、浅粒岩、斜长角闪岩、角闪岩、大理岩类 | 杂质泥岩和中基性凝灰岩、酸性凝灰岩、白云质灰岩 | 中基性-酸性火山岩-镁质碳酸盐岩建造 | 锆石型 | 晋宁期、加里东期、华力西—印支期 |
| 张八岭岩群 | 千枚岩类、蓝闪石片岩、大理岩类、变细碧岩、角斑岩 | 泥质-泥钙质岩、酸性-基性凝灰岩和白云质灰岩、细碧岩 | 泥质-碳酸盐岩建造、细碧-石英角斑岩建造 | | 华力西印支期 |
| 宿松岩群 | 片岩类、片麻岩类、变粒岩、浅粒岩、石英岩、斜长角闪岩、角闪岩、大理岩类、榴闪岩、磷灰岩 | 中基性凝灰岩、硬砂岩夹玄武岩、玄武质凝灰岩、细碧岩、泥质岩及灰岩 | 中基性火山岩建造、中酸性火山岩-磷块岩-镁质碳酸盐岩建造 | 锆石-磷灰石-金红石型 | 加里东期、华力西—印支期 |
| 肥东岩群 | 片岩类、浅粒岩、斜长角闪岩、大理岩类、磷灰岩 | 副变质沉积-火山岩类：泥质岩、灰岩、磷块岩、安山岩和英安质凝灰岩 | 中酸性火山岩-磷块岩-镁质碳酸盐岩建造 | | 加里东期、华力西—印支期 |
| 南大别岩石组合 | 石英岩、片麻岩类、变粒岩、浅粒岩、斜长角闪岩、角闪岩、榴闪岩、榴辉岩、大理岩类 | 中酸性凝灰岩、二长安山质凝灰岩、角斑岩、玄武质凝灰岩、钙质泥灰岩、富镁的玄武质凝灰岩 | 基性、中酸性火山-沉积岩建造 | 锆石-榍石型、锆石-磷灰石型 | 大别期、晋宁期、加里东期、印支期 |
| 北大别岩石组合 | 片麻岩类、变粒岩、浅粒岩、斜长角闪岩、角闪岩、石英岩、麻粒岩类 | 中酸性凝灰岩、二长安山质凝灰岩、玄武质凝灰岩、钙质泥灰岩、硬砂岩 | 中基性火山岩建造 | 锆石-榍石型、锆石-磷灰石型 | 大别期、晋宁期、加里东期、印支期 |
| 阚集岩群 | 变粒岩、浅粒岩、斜长角闪岩、角闪岩 | 白云质灰岩、基性熔岩(?)、基性凝灰岩，夹泥质岩、磷块岩 | 基性火山岩-磷块岩-镁质碳酸盐岩建造 | 锆石-磷灰石型 | 大别期、晋宁期、印支期 |

续表 3-2

| 地(岩)层单位 | 岩石类型 | 原岩恢复 | 原岩建造 | 副矿物特征 | 变质期 |
|---|---|---|---|---|---|
| 历口群 | 石英岩、变中酸性火山岩 | 砾岩、粗粒岩屑长石石英砂岩、安山岩、安山质凝灰岩，及英安质、流纹质凝灰岩、熔岩和泥质岩 | 碎屑岩-中性、中酸性火山岩建造 | | 晋宁期、华力西—印支期、印支期 |
| 溪口岩群 | 千枚状板岩类、千枚岩类 | 泥岩、砂质泥岩、粉砂岩、中酸性凝灰岩 | 杂陆屑复理石建造 | | 四堡期、晋宁期、印支期 |
| 西村岩组 | 千枚岩类、千枚状板岩类、变细碧岩、角斑岩 | 泥岩、砂质泥岩、粉砂岩、中酸性凝灰岩、角斑岩、细碧岩 | 杂陆屑复理石建造 细碧-石英角斑岩建造 | | 四堡期、晋宁期、印支期 |
| 董岭岩群 | 千枚岩类、片麻岩类、变粒岩、浅粒岩、斜长角闪岩、角闪岩 | 中、基性火山-沉积岩 | 基性、中基性火山-沉积岩建造 | | 四堡期、晋宁期、印支期 |
| 周岗组—苏家湾组 | 千枚岩类和变质细砂岩类 | 砂质千枚岩及千枚状变质长石石英砂岩、浅变质冰水陆棚相冰碛岩系 | 粉砂质泥岩、长石石英砂岩、冰碛岩建造 | | 印支期 |

## 二、区域变质作用

依据大地构造环境和变质作用的物理、化学条件及其与地质作用的联系，将安徽区域变质作用划分为区域动力变质作用和区域动力热流变质作用两种类型。一般认为，区域动力变质作用发生于深度不超过 7～8km、压力约在 2kbar(1bar=$10^5$Pa)以内的地壳较浅部位，以强烈应力作用为主。安徽溪口岩群、历口群和张八岭岩群及周岗组、苏家湾组的线形褶皱和板状劈理发育，无疑属于这一类型。区域动力热流变质作用是热流升高和造山运动相结合的一种变质作用，这类变质作用在安徽省内最为发育，它常发生在地壳的一定深度(15～25km)，压力在 2～10kbar，温度可从 350℃至 800℃。大别超高压变质带压力最高可达 28kbar，温度为 700～900℃。

安徽变质作用可划分为前中元古代吕梁(蚌埠或大别)期，中元古代四堡(凤阳)期，新元古代晋宁期，加里东期和华力西期—印支期。根据变质岩层的接触关系、地壳运动和变质作用特点，结合同位素地质年龄等资料，吕梁期均为动力热流变质作用类型。见于华北和大别造山带变质域。华北南缘变质区霍邱岩群、五河岩群属中低压相系低角闪岩相，变质作用是伴随蚌埠运动发生的。大别变质区的中压相系麻粒岩相、高角闪岩相、低角闪岩相、高绿片岩相和阚集岩群未定相系的低角闪岩相，是与大别运动相伴随的变质作用所形成的。未定相系的凤阳群低绿片岩相和宿松岩群、肥东岩群高绿片岩相，以及庐镇关岩群的中压相系低角闪岩相，主要是四堡(凤阳)运动和晋宁运动的产物。高压、超高压蓝片岩带，榴辉岩带主要是晋宁期—印支期多期变质作用的产物，印支期是其顶峰变质期。

为反映各变质单元不同时代变质岩同一压力条件下的温度变化以及不同的压力类型，变质相和相系的概念可以表达每一地区的温度-压力梯度。但是，由于变质地(岩)层大多经历了多期叠加变质作用改造，给确定主变质期的矿物共生组合带来了困难。因此，在确定变质相时，首先是以尽可能筛分其干扰因素后的平衡矿物共生组合为依据,并用泥质岩和基性岩的变质反应作为判别基础。确定变质相系时,主要是根据变质作用过程中出现的具有指示压力类型的特征变质矿物为标志。现按变质单元简述其变质相和相系的基本特征(表3-3,图3-1)。

表3-3 安徽省主要变质单元变质相和相系特征简表

| 变质单元 | 变质相 | 相系 | 特征矿物及共生矿物组合 | 温度(℃) | 压力(kb) |
| --- | --- | --- | --- | --- | --- |
| 霍邱岩群 | 低角闪岩相 | 中、低压相系 | 十字石、蓝晶石、堇青石、铁铝榴石、$2M_1$型白云母 | 550~600 | 2~6 |
| 五河岩群 | 低角闪岩相 | 中、低压相系 | 十字石+铁铝榴石+黑云母,紫苏辉石+普通角闪石,$2M_1$型白云母,矽线石 | 550~600 | 2~6 |
| 凤阳群 | 低绿片岩相 | | 钠长石、绿泥石,绿帘石、黑云母、白云母 | 350~500 | |
| 梅山群 | 低绿片岩相 | | 绿泥石、绿帘石、绢云母、阳起石、钠长石 | 350~500 | |
| 佛子岭岩群 | 绿片岩相+低角闪岩相 | 中压相系 | 铁铝榴石、硬绿泥石、绿帘石、绿泥石、黑云母、蓝晶石 | 350~600 | 6± |
| 庐镇关岩群 | 低角闪岩相叠加低绿片岩相 | 中压相系 | 蓝晶石、普通角闪石、斜长石、单斜辉石、黑云母、白云母、黑云母、绿泥石、钠长石、绢云母 | 550~600 | 6± |
| 张八岭岩群 | 绿帘蓝片岩相+低绿片岩相 | 中高压相系 | 蓝闪石、硬玉、石英、阳起石、绿帘石、青铝闪石、绿帘石、绿泥石、钠长石、白云母,红帘石、3T型多硅白云母 | 350~450 | >10 |
| 宿松岩群 | 高压榴辉岩相+高绿片岩相 | 高压相系 | 铁铝榴石、黑云母、白云母、斜长石、绿帘石、钠长石、普通角闪石、蓝晶石 | 460~560 | >10 |
| 肥东岩群 | 高绿片岩相 | | 普通角闪石、绿泥石、黑云母、斜长石、绿帘石、白云母、透闪石 | 440 | |
| 南大别组合 | 超高压榴辉岩相+低角闪岩相+高绿片岩相 | 超高压相系 | 金刚石、柯石英、绿辉石、镁铝-铁铝榴石、普通角闪石、黑云母、钠云母、绿帘石、斜长石、金红石、蓝晶石、多硅白云母、菱镁矿 | 600~800 | 22~35 |
| 北大别组合 | 高角闪岩相+麻粒岩相 | 中压相系 | 紫苏辉石、铁铝榴石、透辉石、普通角闪石、黑云母、中性斜长石、白云母、矽线石、钾长石、磁铁矿、石英、蓝晶石 | ≥700 | 6± |
| 阚集岩群 | 低角闪岩相 | | 普通角闪石、黑云母、斜长石(中更长石)、绿帘石、石英 | 580 | |
| 历口群 | 低绿片岩相 | | 绢云母、绿泥石、绿帘石 | 350~500 | |
| 溪口岩群 | 低绿片岩相 | | 黑云母、绢云母、绿泥石 | 350~500 | |
| 董岭岩群 | 低角闪岩相 | | 蓝晶石、普通角闪石、斜长石、单斜辉石、黑云母、白云母,黑云母、绿泥石、钠长石、绢云母 | 550~600 | |

## (一)华北南缘变质区

### 1. 霍邱-五河变质带的变质相和相系

霍邱岩群主体为一套泥质变质岩系和钙质变质岩系,出现了较多的蓝晶石、铁铝榴石、十字石和矽线石、堇青石等矿物。总体经历了中、低压相系低角闪岩相变质和绿片岩相退变质作用,变质温度在550~600℃之间,压力为2~6kbar。所见的矿物共生组合主要有:堇青石-十字石-铁铝榴石-黑云母-斜长石-石英,十字石-铁铝榴石-黑云母-斜长石-石英,十字石-蓝晶石-铁铝榴石-黑云母-斜长石-石英,蓝晶石-黑云母-斜长石-石英,普通角闪石-铁铝榴石-堇青石-黑云母-石英,铁铝榴石-黑云母-斜长石-石英,普通角闪石-斜长石-石英,铁铝榴石-普通角闪石-斜长石-石英,方解石-白云母-白云母-透闪石-金云母。上述组合中出现了低角闪岩相的特征矿物十字石、蓝晶石、堇青石。蓝晶石是中压相系的特征矿物,铁铝榴石和十字石作为常见矿物共生,一般出现在中压相系中。$2M_1$型白云母的出现有可能代表着大致相当于低压相系以红柱石、堇青石为标志的后期叠加变质作用。

五河岩群总体属于中、低压相系,低角闪岩相,且经历了绿片岩相的退变质作用。该群中的泥质变质岩中出现了特征矿物十字石,并常见铁铝榴石和黑云母共生。变质基性岩中,普通角闪石的Ng轴多色性为蓝绿色、淡黄绿色,并有褪色现象,斜长石的牌号大致处于中长石范围(An 30—35);此外,还可见到少量的单斜辉石。典型矿物共生组合为十字石-铁铝榴石-白云母-黑云母-斜长石-石英,铁铝榴石-黑云母-斜长石-石英,普通角闪石-黑云母-斜长石-石英,普通角闪石-斜长石,普通角闪石-单斜辉石-斜长石-石英,方解石-普通角闪石。通过黑云母-角闪石温度、压力计(别尔邱克,1973)获得 $T=630\sim650℃$,$p=0.4\sim0.55$GPa。十字石和铁铝榴石是中压相系的常见矿物,而矽线白云石英片岩中又见到低压2M型白云母,属中、低压角闪岩相变质。五河岩群上亚群表现为绿帘角闪岩相,温压条件为$p=0.27\sim0.50$GPa,$T=477\sim587℃$。另外,在凤阳县板桥南寇、蚌埠市姜桥施湖李一带钻孔中出现了紫苏辉石和普通角闪石的组合,岩石呈粒状变晶结构,矿物成分为斜长石(An=46±)50%~55%、透辉石25%~30%、角闪石5%~10%,及少量黑云母、磁铁矿和磷灰石等,属含紫苏辉石浅色麻粒岩,变质温度$T>700℃$,相当于中酸性麻粒岩,代表了高温变质作用类型。

### 2. 凤阳变质带的变质相和相系

凤阳群云母片岩和石英片岩中,以出现钠长石、绿泥石,绿帘石和黑云母、白云母等矿物为标志。典型矿物共生组合为绿泥石-绿帘石-钠长石-石英,绿泥石-绿帘石-黑云母-钠长石,绿帘石-黑云母-钠长石,可分为黑云母-绿泥石组合和绢云母-绿泥石组合两类组合。所出现的矿物都是低绿片岩相的常见矿物,故将其归属低绿片岩相。因缺乏指示压力类型的标志,故其相系难以确定。

## (二)大别造山带变质域

### 1. 北淮阳变质区

1)杨山-梅山变质带

梅山群泥质岩在变质反应中普遍出现绢云母、绿泥石等,其典型矿物共生组合为绿泥石-绿帘石-绢云母-石英,绿泥石-绿帘石-阳起石-钠长石,绿泥石-绿帘石-绢云母-钠长石。属区域动力变质作用的低温绿片岩相。另外,金寨县皂河一带,绢云千枚岩中出现红柱石,晶体呈面状沿片理面无定向排列,与主变质期矿物定向排列明显不协调。对于它的成因,有待进一步研究。

2) 佛子岭变质带

佛子岭岩群为中压绿片岩相+低角闪岩相。所见的典型矿物共生组合是硬绿泥石-绿泥石-绢云母,黑云母-绿帘石-绿泥石-斜长石-石英,铁铝榴石-黑云母-绿帘石-斜长石-石英。这些组合中,出现了特征矿物铁铝榴石、硬绿泥石,常见矿物为绿帘石、绿泥石、黑云母等,说明热流已高达低角闪岩相环境。硬绿泥石和铁铝榴石的存在,以及霍山县白沙岭南佛子岭岩群分布区内自然重砂中出现蓝晶石,均说明该相应属中压相系。本变质带可能是加里东-华力西期中压(或区域动力)变质作用的产物。

3) 庐镇关中压变质带

庐镇关岩群属中压相系低角闪岩相,变质岩石中普遍出现角闪石、黑云母、白云母、绿帘石、石榴石等变质矿物。所见的典型矿物共生组合是蓝晶石-黑云母-白云母-长石-石英,普通角闪石-斜长石-单斜辉石,普通角闪石-斜长石(An 33—56),方解石-白云石-金云母。泥质岩在变质反应中出现蓝晶石;而相当于基性岩变质反应的矿物组合中,斜长石牌号为33—56,反映了原岩富钙的特点,普通角闪石 Ng 轴多色性为淡绿色和黄绿色。庐镇关岩群中的石榴石以铁铝榴石为主,锰铝榴石次之。对晓天地区石榴石-黑云母矿物对分析获得变质温度在500℃左右,压力0.4~0.6GPa,金寨南部地区对斜长角闪岩利用角闪石-斜长石温压计(Perchuk,1981)和斜长石-石榴石-角闪石压力计(Mattbew,1990)计算,结果为 $T=550\sim650℃$,$p=0.5\sim0.69$ GPa。平衡矿物对温压计以及蓝晶石、铁铝榴石等特征中压变质矿物组合的出现,说明庐镇关岩群主要属中压绿帘角闪岩相变质,但部分地区的峰期变质可能达到角闪岩相。必须指出,庐镇关岩群内的普通角闪石 Ng 轴多色性表现出由黄绿色向蓝绿色、淡绿色的褪色化,而且,出现有黑云母-绿泥石-绿帘石-钠长石,黑云母-绢云母-绿泥石-钠长石,方解石-绿泥石-绿帘石-钠长石等叠加矿物组合,这些特征均相当于低绿片岩相,显然与磨子潭深断裂的退化变质作用有关,新生斜长石双晶的弯曲和折断现象进一步证实了这一点。因此,在经晋宁期中压低角闪岩相变质之后,有绿片岩相矿物组合叠加,存在多期变质的可能性。

**2. 大别变质区**

1) 张八岭中高压变质带

该变质带又称张八岭蓝片岩带,变质作用为绿帘蓝片岩相+低绿片岩相(蓝闪石-绿帘石组合),显示继绿帘蓝片岩相变质之后又有低绿片岩相叠加,二者呈相转变关系。绿帘蓝片岩相(或蓝闪绿片岩相)是中压、高压变质作用的过渡类型,故本变质带为中高压变质带。变基性岩类典型矿物共生组合是阳起石-绿帘石-绢云母-钠长石-石英,阳起石-绿帘石-青铝闪石-钠长石-石英,绿帘石-绿泥石-钠长石-白云母-石英;变酸性岩类主要矿物共生组合是绢云母-钠长石-石英,绿帘石-多硅白云母-钠长石-石英,青铝闪石-绿帘石-多硅白云母-钠长石-石英,红帘石-绿帘石-多硅白云母-钠长石-石英;变沉积岩类主要矿物共生组合是绿泥石-绢云母-钠长石,多硅白云母-绿泥石-石英,多硅白云母-绿泥石-黑硬绿泥石-钠长石-石英。据此可将该变质带划归区域动力变质类型的低绿片岩相和蓝闪绿片岩相。推算大致温、压范围为:温度320~450℃,压力5~7kbar。西冷岩组白云母石英片岩中单颗粒多硅白云母,经英国剑桥大学 K-Ar 同位素年龄测定为229~(233±6)Ma(1:5万张八岭幅,1995)。具有特殊意义的是,在张八岭岩群分布区的滁州市三界—施家一带存在一条北北东向的高压相系蓝闪片岩带。该蓝闪片岩带延长近100km。在西冷岩组变细碧岩中以蓝闪石、硬玉和石英的组合为特征,变石英角斑质凝灰岩中则以蓝闪石和硬玉的组合为特征,另外还见有红帘石和多硅白云母等。此外,在庐江县三里同一带的云英糜棱岩中见多硅白云母(王小凤等,1983),宿松县东北河塌附近的变细碧岩中发现蓝闪石和3T 型多硅白云母等。

2) 宿松高压变质带

本带变质作用是先有高压榴辉岩相变质发生,后为高绿片岩相(绿帘角闪岩相)叠加,致使区域上出现高压榴辉岩相+高绿片岩相的变质格局。宿松杂岩群至少存在3期变质作用:主期变质条件为 $T=520\sim580℃$,$p=1.2\sim1.4$ GPa,为高压过渡型(魏春景,1997);中期为典型的绿帘角闪岩相,其变质条件

大致为 $T=460\sim480℃$，$p=0.6\sim0.7\mathrm{GPa}$；晚期表现为蓝晶石的叶蜡石化，石榴石局部绿泥石化，为低压绿片岩相，其变质条件为 $T=275℃$，$p=0.2\mathrm{GPa}$。宿松杂岩的变质条件及矿物组合特点相当于蓝晶石-黝帘石组合，介于蓝片岩带和榴辉岩带之间。岩石组合为蓝片岩-白片岩-榴辉岩组合（张树业等，1989），蓝晶石-黄玉-刚玉类白片岩组合（刘雅琴，1991）。宿松岩群内所见的典型矿物共生组合为铁铝榴石-黑云母-绿泥石-白云母-斜长石-石英，铁铝榴石-黑云母-绿帘石-白云母-斜长石，绿帘石-白云母-钠长石-石英，普通角闪石-绿帘石-钠长石，普通角闪石-铁铝榴石-绿帘石-钠长石，普通角闪石-铁铝榴石-绿帘石-钠长石-石英。铁铝榴石与白云母、黑云母、石英和钠长石等共生，大体相当于巴洛式变质带的铁铝榴石带。绿帘钠长角闪片岩等基性岩的变质反应中，普遍具普通角闪石、绿帘石和钠长石的组合，也出现铁铝榴石。普通角闪石 Ng 轴多色性为蓝绿色，与巴洛式变质带的钠长石-普通角闪石带相当。两个岩类所代表的变质程度大体相当，划归高绿片岩相无疑。

肥东岩群主要矿物有角闪石、黑云母、绿帘石、白云母、方解石、透闪石、镁橄榄石和白云石等，典型矿物共生组合为普通角闪石-绿泥石-黑云母-斜长石，普通角闪石-绿帘石-斜长石-石英，方解石-白云母-透闪石-石英。普通角闪石 Ng 轴多色性为淡蓝绿色，绿泥石和绿帘石普遍出现，碳酸盐岩变质矿物组合中出现方解石、透闪石和镁橄榄石组合。另外，斜长角闪岩中据钠长石-角闪石共生矿物对钙的分配系数，求得其生成温度为 440℃，也接近于绿片岩相的最高温度（500℃）。故本岩群归于高绿片岩相，其变质相系未定。

3）太湖超高压变质带

大别山超高压变质岩中金刚石、柯石英、菱镁矿及钛-斜硅镁石等矿物的出现，表明超高压变质带的原岩曾俯冲到大于 100km 深度，经历了榴辉岩相的超高压变质作用，不同世代的矿物共生组合则说明其后又经历了多期的前进和退化变质作用阶段。该带出现超高压榴辉岩相＋低角闪岩相＋高绿片岩相的变质作用特征，后者可视为是超高压榴辉岩相的退变质产物。高压/超高压榴辉岩可以分为柯石英榴辉岩和石英榴辉岩，柯石英榴辉岩阶段温度为 $800\pm50℃$（江来利等，1998），在温度为 800℃ 时，柯石英和金刚石稳定的最小压力分别为 $2.8\mathrm{GPa}$ 和 $4.1\mathrm{GPa}$，因此榴辉岩形成的峰期压力 $p\geqslant2.8\mathrm{GPa}$。石英榴辉岩中不含柯石英，以变质温度为 635℃ 计算，其最大压力为 $2.6\mathrm{GPa}$。石英榴辉岩形成的 $T$-$p$ 条件为 $635\pm40℃$，$2.2\pm0.4\mathrm{GPa}$。该带典型矿物共生组合为铁铝榴石-黑云母-绿泥石-白云母-斜长石-石英，铁铝榴石-普通角闪石-黑云母-斜长石-石英，普通角闪石-黑云母-绿泥石-斜长石，铁铝榴石-普通角闪石-绿帘石-斜长石-石英，普通角闪石-黑云母-绿帘石-斜长石-石英。在泥质岩的变质反应中，出现了特征矿物铁铝榴石，斜长石牌号为 An 7—14，在基性岩变质反应中无透辉石而出现铁铝榴石和黑云母，斜长石一般为钠更长石，普通角闪石 Ng 轴多色性为蓝绿色及淡绿色。这两种岩石的变质反应中，均有相当数量粒状和柱粒状绿帘石与白云母、角闪石平行排列或相间分布，绿帘石在该相中的存在，是区别低角闪岩相的一个重要标志。

4）岳西中压变质带

该带为中压高角闪岩相和高角闪岩相＋麻粒岩相。麻粒岩相变质在基性和长英质片麻岩中以出现紫苏辉石为标志，在碳酸盐岩中则出现方解石、镁橄榄石、金云母和透辉石共生组合。据研究，罗田-岳西变质杂岩带的基性麻粒岩形成的 $T$-$p$ 条件：$T=800\sim830℃$，$p=1\sim1.4\mathrm{GPa}$（张儒瑗，1996）；石榴辉石岩形成条件：$T=787℃$，$p=2.25\mathrm{GPa}$（张泽明，2000）。在中、基性变质岩中广泛发育角闪岩相斜长石、角闪石、黑云母和单斜辉石（主要是透辉石）等矿物组合，角闪岩相的矿物组合估算的 $T$-$p$ 条件为：$T=680\sim750℃$，$p=0.6\mathrm{GPa}$，角闪岩相后的矿物组合估算的 $T\leqslant490℃$（张儒瑗，1996）。

岳西中压变质带广泛出现的是基性变质岩的矿物组合，大体相当于基性变质岩递增变质带的斜长石-普通角闪石带，但不出现绿帘石。普通角闪石 Ng 轴多色性均为黄绿色；斜长石成分属更长石和更中长石范围（An 27—48）。此外，条带状分布的粒状透辉石较多。其典型矿物共生组合是普通角闪石-黑云母-中性斜长石-石英，铁铝榴石-普通角闪石-黑云母-斜长石-石英，普通角闪石-透辉石-中性斜长石，普通角闪石-黑云母-透辉石-斜长石，方解石-透闪石-白云母。高角闪岩相仅分布于麻粒岩相的外围，其矿物共生组合为矽线石-正长石-斜长石-石英，矽线石-(董青石-)黑云母-正长石-石英，普通角闪石-透辉石-斜长石-石英。矽线石与钾长石共生,可作为本相的基本依据。堇青石的出现,是否表明这一带曾有低压相系变质作用叠加,尚需研究。麻粒岩相岩石仅分布于金寨县燕子河、姜河、霍山饶钹寨、漫水河及岳西小河口等地。该相有紫苏辉石、单斜辉石等特征变质矿物,典型矿物共生组合为紫苏辉石-黑云母-斜长石-石英,紫苏辉石-透辉石-磁铁矿-石英,紫苏辉石-铁铝榴石-磁铁矿-石英,方解石-透辉石-方柱石-铁橄榄石-斜长石。方柱石的出现,是否也标志着这一带曾有低压高温变质作用叠加,同样是值得研究的问题。综上所述,大别岩群变质相的展布是以麻粒岩相、高角闪岩相为中心,角闪岩相和高绿片岩相依次在外侧排列的基本布局。在北大别的自然重砂中,多处含有蓝晶石,故将其归属于中压相系。

阚集岩群及侵入其中的新元古代变质变形侵入岩经历了角闪岩相变质和绿片岩相的退变质作用。根据矿物共生组合及计算获得其变质条件为 $T=600\sim650℃$,$p=0.3\sim0.4\mathrm{GPa}$。根据斜长角闪岩的斜长石-角闪石共生矿物对其中钙的分配系数,求得它们的变质温度为 $580℃$,与低角闪岩相的温度大体相当,属低角闪岩相,主体为中-低压型角闪岩相变质。绿片岩相退变质作用计算的变质温度为 $437℃$ 左右,相当于黑云母级绿片岩相变质。阚集岩群中所见的典型矿物共生组合为普通角闪石-黑云母-斜长石-石英,黑云母-斜长石-石英,普通角闪石-绿帘石-斜长石-石英。上述组合中,斜长石大多为中更长石(An 22—34);普通角闪石 Ng 轴的多色性以蓝绿色较为多见,少数显黄绿色,总的来看,角闪石颜色偏浅,这种变化,可能与混合岩化过程中水的参与和 $Fe^{3+}$ 的增高有关。

### (三)扬子变质域下扬子变质区

**1. 历口变质带**

历口群由变质中基性、中酸性火山岩组成。岩石普遍具板状—千枚状构造和变余火山结构,变质反应中出现了绢云母、绿泥石、绿帘石等绿片岩相矿物,应将其归于区域低温动力变质类型的低绿片岩相(绢云母-绿泥石组合)。

**2. 溪口变质带**

溪口岩群(包括西村岩组)主要由千枚岩、板岩及变质砂岩等组成,泥质物大部分已变为绢云母、绿泥石,岩石表面丝绢光泽明显,具变余层状构造,千枚状构造发育。根据千枚状粉砂岩等岩性中黑云母的出现,可划归低绿片岩相(黑云母级),属区域低温动力变质绿片岩相。

**3. 董岭变质带**

董岭岩群被认为是长江中下游地区出露最老的地层,是扬子结晶基底的组成部分。岩性主要为白云石英片岩、堇青石石英岩、斜长角闪片岩、角闪变粒岩和斜长片麻岩等。主要变质矿物有普通角闪石、斜长石、黑云母、白云母,黑云母、绿泥石、绿帘石和钠长石等。其中基性斜长角闪岩类主要共生矿物矿物组合为:普通角闪石+透辉石+堇青石+斜长石+石英,普通角闪石+基性斜长石+石英;白云石英片岩类的主要组合为白云母+基性斜长石+石英+石榴石;白云母+堇青石+斜长石+石英。董岭岩群中矽线石、堇青石矿物可能和与其伴生的燕山期底辟花岗岩有关,与花岗岩古生界围岩中发育矽线石-堇青石、红柱石-绢云母及空晶石-碳质板岩等接触变质带现象十分相似,因此董岭岩群的区域变质相可能为绿帘角闪岩相。

**4. 苏湾变质带**

下扬子前陆褶冲带内南华纪周岗组、苏家湾组是一套以千枚岩和千枚状砂岩为标志的浅变质岩系,表现为出现绢云母、绿泥石和黑硬绿泥石等低级绿片岩相变质矿物,代表性矿物共生组合有:绢云母+绿泥石+方解石,绿泥石+绢云母+钠长石+绿帘石+石英,硬绿泥石+绢云母+石英+钠长石等,属绿泥石级绿片岩相变质。

## 三、大别造山带高压、超高压变质作用与混合岩化作用

大别造山带高压、超高压变质带由张八岭蓝闪石片岩带、宿松高压榴辉岩带、太湖超高压榴辉岩带组成，榴辉岩岩石组合构成大别山高压-超高压变质带主体，总体具有成群成带、分布不均的特点，其群体展布方向与区域构造线一致，呈团块状、透镜状、布丁状、条带状、似层状产出于不同的岩石组合之中。常见与基性-超基性岩、变质表壳岩、变质侵入岩共生。高压榴辉岩矿物组合除铁铝榴石、绿辉石、金红石外，还经常出现有不等量的蓝闪石、多硅白云母、钠云母、绿帘石/黝帘石。超高压榴辉岩矿物组合除镁铝-铁铝榴石、绿辉石、金红石外，有时还有蓝晶石、多硅白云母、蓝闪石、菱镁矿和柯石英、柯石英假象、金刚石包体。钠云母→蓝晶石＋绿辉石变质反应是高压榴辉岩与超高压榴辉岩的相转变标志。另外，超高压变质带中还广泛存在其他非超高压榴辉岩型超高压变质岩呈夹层状产出，岩石类型除含硬玉或蓝晶石的各种片岩、片麻岩外，还有含榴大理岩、含榴片麻岩、榴辉岩质片麻岩以及含超高压榴辉岩包体的石榴橄榄岩等，它们不仅在空间上与超高压榴辉岩密切伴生，而且分别在上述岩石的石榴石、蓝晶石中发现了柯石英假象包体。蓝闪石片岩类呈夹层或互层状产于张八岭岩群变火山沉积岩系之中，并在低绿片岩相条件下发生退化变质，由于缺乏硬柱石、硬玉、文石等典型的蓝片岩相矿物，故又称绿帘蓝片岩类，区域上与湖北木兰山蓝闪石片岩类同带构成蓝片岩带。

大别造山带内存在3类不同的变质作用，分别是高压、超高压变质作用，中压区域动力热流变质作用和热叠加变质作用。由于高压、超高压变质作用之后，相继有退化变质作用发生，因此我们用绿帘蓝片岩相＋低绿片岩相(EP－BS＋LGS)、高压榴辉岩相＋高绿片岩相(HPE＋HGS)、超高压榴辉岩相＋低角闪岩相(UEP＋LAM)来表示本地区的变质作用特征和二者不可分割的内在联系；其中绿帘蓝片岩相、高压榴辉岩相、超高压榴辉岩相形成于俯冲埋深阶段，是高压、超高压变质作用的产物。而低绿片岩相、高绿片岩相和低角闪岩相则形成于隆升折返阶段，是退化变质作用的产物，其变质 $T-p$ 轨迹见图3-2。根据典型地区柯石英榴辉岩研究，其变质作用可分为5个阶段(Cong et al,1995)：前榴辉岩相阶段($T=400\sim500℃$，$p$ 为 $0.6\sim0.8GPa$)、柯石英榴辉岩阶段($T=800\pm50℃$，$p>2.8GPa$)、石英榴辉岩阶段($T=700\sim950℃$，$p>1.8\sim2.0GPa$ 及 $T=630\sim730℃$，$p=1.3\sim1.6GPa$ 两个亚阶段)、后成合晶阶段($T=500\sim600℃$，$p=0.6\sim0.8GPa$)、绿帘角闪岩相阶段。从榴辉岩的 $T-p$ 轨迹可以看出，大别造山带超高压变质岩具有顺时针的 $T-p$ 轨迹，榴辉岩相变质前曾经过绿帘角闪岩相/角闪岩相进变质作用，在榴辉岩相变质后，又经历了角闪岩相及绿片岩相的叠加退化变质。

发育在北大别地区区域动力热流变质带，低角闪岩相、高角闪岩相、高角闪岩相-麻粒岩相由南向北展布，混合岩化、花岗岩化广泛发育，并有麻粒岩、石榴辉石岩/榴辉岩零星出露。由大规模中生代岩浆活动引起的热叠加变质作用，虽然主要见于一些大的侵入体附近，但地球物理资料反映除大量出露的花岗岩侵入体之外，还存在有不少的隐伏岩体，大别变质区内普遍出现与侵入体时代相吻合的 $130\sim100Ma$ 的同位素年龄，红柱石、堇青石、方柱石等变质矿物在花岗侵入体附近和远离花岗侵入体的部位时有出现，证明了这种变质作用具有一定的广泛性和重要的地质意义。

对大别造山带高压、超高压变质作用的形成时代存在着印支期、加里东期、晋宁期多期变质等不同的认识，主要原因是来自不同研究者所获得的同位素年龄数据和对这些数据的应用与解释，单一从年代学数据来锁定大别造山带高压、超高压变质带的形成时代。地质资料证明每个变质带都起码有两种或两种以上的变质期，锆石环带构造发育，蓝闪石、多硅白云母等矿物都具有不同的世代，构造变形、矿物组合也具有多期性。无疑大别造山带高压、超高压变质带是多期变质作用产物，但以印支期更强烈、更广泛和具有更多的年代学与地质学依据，同时印支期的强烈改造也掩盖了先期变质的事实。

安徽省区域混合岩化作用广泛发育于新太古代—古元古代大别岩群、阚集岩群、霍邱岩群、五河岩群及部分中元古代宿松岩群和肥东岩群等中深变质岩系，它们是区域变质作用的继续和深化，二者有密

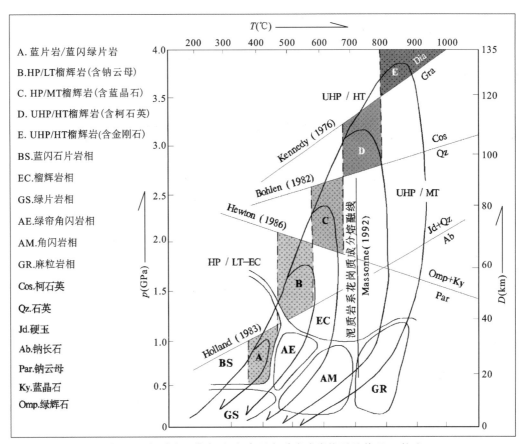

图 3-2　大别造山带高压、超高压变质岩成岩格子及其 $T$-$p$ 轨迹

切的成因联系,是造山带深部地壳发展到一定阶段热流变化的具体体现。混合岩化岩石具多种复杂的形态类型,常见的类型有条带状混合岩、角砾状混合岩、眼球状混合岩。目前,对混合岩的成因认识归纳起来主要有深熔(即部分熔融)、岩浆注入、交代作用和变质分异 4 种。按现代板块理论,所谓混合岩应是陆块俯冲后的必然产物,即"变形、变质、混合岩化三位一体",是一次俯冲折返的全部结果。混合熔浆物质来源于壳、幔物质深熔或部分重熔(混熔岩浆),具岩浆型花岗岩特征,是陆块俯冲碰撞后最终的产物。难熔残留的镁铁质岩、变质表壳岩残块随之卷入,经过构造平行化、构造分异、变质分异而成条带状、透镜状、角砾状展布,其中也含有大量变质侵入岩构造条带,残余钾质熔浆沿片麻理渗透重结晶形成眼球状构造。局部地段交代作用、注入作用和露头尺度的残余原生条带构造(成分条带与变质分异条带)也很发育。它们是中、深构造层次岩石高度混杂融合、剪切流变韧性再造而成的构造岩。混合岩化作用的时代大致可分出 3 期:大别期区域混合岩化、晋宁晚期交代型边缘混合岩化和燕山晚期贯入型边缘混合岩化。强烈的混合岩化作用主要发生在燕山期(大别山核部隆起伸展作用引起围岩压力降低导致长英质岩石的部分熔融),早期混合岩化岩石被后期混合岩化作用叠加改造,并生成新的岩石类型。

## 第二节　变质岩建造组合与变质构造

### 一、变质岩建造组合

变质岩岩石构造组合是在同一时代、同一大地构造背景及同一变质相(系)条件下形成的变质岩石构造组合,可以包括一个或一个以上变质岩建造,它是特定大地构造环境下形成的更高级别的变质岩岩石组合,它反映了大地构造"相""亚相"的地质背景。

安徽省主要变质单元由不同的区域变质岩岩石构造组合组成,五级变质单元划分(表 3-4)反映了各自的成岩构造环境,在其原岩建造的基础上,参照全国统一划分方案,共划分出 21 个原岩建造组合和 46 个变质岩石构造组合(表 3-5)。

表 3-4 安徽省五级变质单元及变质岩石构造组合划分简表

| 一级 | 二级 | 三级 | 四级 | 变质岩石构造组合(Ⅴ级) | 变质时代 | 变质相相系 |
|---|---|---|---|---|---|---|
| 华北变质域(Ⅱ) | 豫皖变质区(Ⅱ-6) | 华北南缘变质带(Ⅱ-6-3) | 中元古代凤阳中、低级基底杂岩(Ⅱ-6-3-1) | 稳定陆块凤阳变粗砂岩+含铁石英砂岩+碳酸盐岩建造构造组合(Ⅱ-6-3-1-1) | 长城期(凤阳期) | 低绿片岩相 |
| | | | 新太古代—古元古代蚌埠高级基底杂岩(Ⅱ-6-3-2) | 板内隆起蚌埠正长花岗岩、二长花岗岩、花岗闪长岩奥长花岗岩、英云闪长岩组合(Ⅱ-6-3-2-1) | 阜平-吕梁期(蚌埠期) | 低角闪岩相中、低压相系 |
| | | | | 稳定陆块五河、霍邱中基性-中酸性火山岩+杂砂岩+半黏土质岩+含铁硅质碳酸盐岩建造构造组合(Ⅱ-6-3-2-2) | | |
| 秦祁昆变质域(Ⅳ) | 大别-苏鲁变质区(Ⅳ-11) | 北秦岭-北淮阳变质带(Ⅳ-11-1) | 晚古生代梅山陆表海盆地(Ⅳ-11-1-1) | 稳定陆块梅山砂岩+泥岩+碳酸盐岩含煤建造构造组合(Ⅳ-11-1-1-1) | 华力西-印支期 | 低绿片岩相 |
| | | | 早古生代佛子岭弧间裂谷盆地(Ⅳ-11-1-2) | 陆间海佛子岭复陆屑复理石石英砂岩建造构造组合(Ⅳ-11-1-2-1) | 加里东期 | 绿片岩相+低角闪岩相中压相系 |
| | | | 新元古代庐镇关裂谷盆地(Ⅳ-11-1-3) | 古裂谷庐镇关中基性-酸性火山岩+镁质碳酸盐岩建造构造组合(Ⅳ-11-1-3-1) | | |
| | | | 新元古代小溪河陆缘岩浆弧(Ⅳ-11-1-4) | 同碰撞-后碰撞小溪河闪长质、花岗闪长质、二长花岗质、正长花岗质片麻岩组合(Ⅳ-11-1-4-1) | | |
| | | 大别高压-超高压变质(折返)带(Ⅳ-11-2) | 新元古代张八岭陆缘裂谷盆地(Ⅳ-11-2-1) | 古裂谷张八岭泥质-碳酸盐岩+细碧-石英角斑岩建造构造组合(Ⅳ-11-2-1-1) | 印支期 | 绿帘蓝片岩相+低绿片岩相中高压相系 |
| | | | 中新元古代宿松、肥东弧前增生楔(Ⅳ-11-2-2) | 弧前盆地宿松、肥东中基性-中酸性火山岩、碎屑岩+镁质碳酸盐岩+磷块岩建造构造组合(Ⅳ-11-2-2-1) | 印支期、加里东期、晋宁期 | 绿帘角闪岩相+高绿片岩相+高中压相系 |
| | | | 新太古代—古元古代太湖高级基底杂岩(Ⅳ-11-2-3) | 超高压变质太湖火山-沉积岩+镁质碳酸盐岩建造构造组合(Ⅳ-11-2-3-1) | | 高绿片岩相+低角闪岩相+榴辉岩相超高压相系 |
| | | | 新元古代大别变质基底岩浆杂岩(Ⅳ-11-2-4) | 大别同碰撞-后碰撞大别英云闪长质、奥长花岗质、花岗闪长质、二长花岗质、花岗质片麻岩组合(Ⅳ-11-2-4-1) | | |
| | | | 新太古代—古元古代岳西、阚集高级基底杂岩(Ⅳ-11-2-5) | 高温流变陆壳残片岳西、阚集火山-沉积表壳岩建造构造组合(Ⅳ-11-2-4-1) | | 高绿片岩相+高角闪岩相+麻粒岩相中压相系 |

续表 3-4

| 一级 | 二级 | 三级 | 四级 | 变质岩石构造组合（Ⅴ级） | 变质时代 | 变质相相系 |
|---|---|---|---|---|---|---|
| 扬子变质域（Ⅵ） | 下扬子江南古陆变质区（Ⅵ-1） | 皖南变质带（Ⅵ-1-1） | 新元古代历口浅变质基底（Ⅵ-1-1-1） | 板内裂谷历口碎屑岩＋中、基性火山岩建造构造组合（Ⅵ-1-1-1-1） | 晋宁期 | 低绿片岩相低压相系 |
| | | | 新元古代溪口浅变质基底（Ⅵ-1-1-2） | 被动陆缘溪口杂陆屑凝灰质粉砂岩、泥岩复理式建造构造组合（Ⅵ-1-1-2-1） | | |
| | | | 中、新元古代董岭中低级基底杂岩（Ⅵ-1-1-3） | 稳定陆块董岭泥质石英砂岩、长石石英砂岩、凝灰岩建造构造组合（Ⅵ-1-1-3-1） | | 绿片岩相-低角闪岩相中低压相系 |
| | | 浙西变质带（Ⅵ-1-2） | 新元古代井潭浅变质基底（Ⅵ-1-2-1） | 岛弧井潭碎屑岩＋中、酸性火山岩建造构造组合（Ⅵ-1-2-1-1） | 晋宁期 | 低绿片岩相 |
| | | | 新元古代西村浅变质基底（Ⅵ-1-2-2） | 弧盆西村碎屑岩、细碧-石英角斑岩建造构造组合（Ⅵ-1-2-2-1） | | |
| | | | 新元古代歙县岩浆杂岩（Ⅵ-1-2-3） | 歙县、五城同碰撞-后碰撞英云闪长岩、花岗闪长岩、花斑岩、花岗斑岩、正长花岗岩构造组合（Ⅵ-1-2-3-1） | | |
| | | | 新元古代伏川蛇绿混杂岩带（Ⅵ-1-2-4） | 同碰撞伏川辉橄岩、辉长辉绿岩、闪长岩构造组合（Ⅵ-1-2-4-1） | | 绿片岩相中高压相系 |

## 二、变质构造

变质作用、变质岩建造的产生与变质构造作用密切相关，往往是一次大的造山运动伴生的产物，在地壳演化过程中，相互间既有差异又有联系。安徽省主要变质构造表现在古造山带隆起所形成的变质核杂岩构造，蚌埠隆起、江南古陆及大别造山带均为区域动力热流变质作用形成古陆结晶基底（陆核、微古陆）而成为陆块母体，经历了长期变形变质发展过程。

（一）华北陆块南缘变质构造

蚌埠隆起由基底变质岩系构成，岩石构造组合为中基性—中酸性火山岩-杂砂岩-含铁硅质碳酸盐岩建造组合。由于经受了多期强烈变形改造，构造形态极其复杂。蚌埠运动后主体变质构造为由五河岩群构成的复背斜（怀远-凤阳复背斜），轴向近东西向，轴迹微向南凸，并有向东倾没之趋势。蚌埠期花岗片麻岩呈小岩株群沿复背斜轴部分布，北翼部分被新生界覆盖，南翼保存较好，岩层倾角变化于30°～60°之间，岩石强烈韧性变形和广泛混合岩化改造。隐伏的霍邱岩群变质构造不甚清楚，据钻孔、物探资料，局部呈由霍邱岩群构成的近南北—北北东向基底褶皱（周集复向斜），总体仍然具东西向展布特点（合肥盆地基底）。基底固结后，自青白口纪以来，它一直处于古陆隆起，成为陆源碎屑补给区。燕山期以来，由于东西向断裂的强烈活动，中、浅层次逆掩推覆韧脆性变形及造山期后拉分断陷是华北陆块南缘主要变形特征（图3-3）。总之，华北陆块南缘变质基底变质构造经历了多期变质变形改造，普遍具有角闪岩相-麻粒岩相区域变质、混合岩化强烈、多期岩浆侵入等显著的特点，最终经吕梁运动（1800Ma）构造作用固结形成了华北陆块南缘统一的区域变质结晶基底，变质变形构造控制了沉积变质型霍邱式铁矿、菱镁矿空间分布。

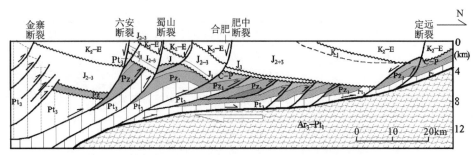

图 3-3　华北陆块南缘中、浅层次变形构造

## (二)大别造山带变质构造

秦岭-大别造山带是夹持于华北陆块、扬子陆块之间,经历了多期离合形成的复杂的复合型大陆造山带。内部结构复杂,主要由北淮阳活动陆缘、大别微陆块、宿松-肥东-张八岭陆缘增生楔3个变质构造单元组成。晋宁期以来,经历了多次造山作用,不同动力体系热构造事件相互叠加、复合、改造,使其长期处于强应变状态,表现为复杂的变质剪切流变构造、推覆构造、伸展拆离构造、核杂岩构造及复杂的褶皱变形和韧脆性断裂构造,具长期多阶段发展演化史。多期构造变形强烈,印支期扬子陆块向北深俯冲-碰撞,奠定了造山带基本构造格局(图3-4),总体表现为"纵向成块、横向成带"和"片加隆"的结构特征,清楚地反映了晋宁—加里东—印支—燕山期多期构造演化特点。

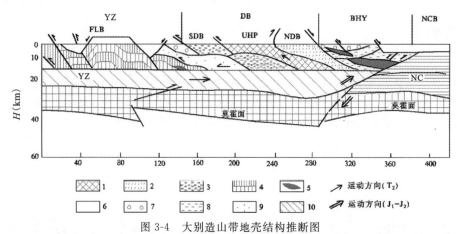

图 3-4　大别造山带地壳结构推断图

1.超高压变质带;2.北大别地块;3.南大别地块;4.下扬子盖层;5.超镁铁质岩带;6.中、新生代地层;
7.晚侏罗世—早白垩世地层;8.北淮阳泥盆纪复理石;9.元古宙—古生代岩石;10.新元古代岩石。
NC.华北地块;YZ.扬子地块;FLB.前陆带;BHY.北淮阳构造带;UHP.超高压变质带;
SDB.南大别地块;NDB.北大别地块;DB.大别;NCB.华北盆地

### 1. 北淮阳活动陆缘变质构造

由新元古代庐镇关岩群和震旦纪—泥盆纪佛子岭岩群、石炭纪梅山群等几套变质构造岩片和晋宁期变形变质侵入岩建造组成。主期变质构造于加里东期形成,区域上构成主构造线310°左右方向的大型复式叠加向斜构造——佛子岭复式叠加向斜。梅山群为对接后石炭纪海陆交互相山前坳陷类磨拉石建造。北淮阳变质构造带主要经历了3期构造变形:早期变形为中、深层次固态塑性流变褶叠层构造,表现为顺层掩卧褶皱带、顺层连续劈理带;中期(华力西-印支期)变形为$S_1$变形面再褶,形成不同级别的区域褶皱(如佛子岭复向斜)和露头褶皱、韧性滑断带等,指向构造显示为向北西剪切拆离的构造岩片;晚期(燕山期)变形是中浅层次不同级别构造岩片向北滑覆逆冲超覆于中生代砾岩、火山碎屑岩之

表 3-5 安徽省区域变质岩石构造组合简表

| 变质单元 I | 变质单元 II | 变质单元 III | 地质时代 代 | 地质时代 纪 | 岩石单位 岩群 | 岩石单位 岩组 | 原岩建造组合 | 变质岩石构造组合 | 含矿性 | 变质相系 | 变质期 | 大地构造相 亚相 | 大地构造相 相 |
|---|---|---|---|---|---|---|---|---|---|---|---|---|---|
| 华北陆块变质区 | 豫皖陆块变质亚区 | 凤阳变质带 | 中元古代 | 长城纪 | 凤阳群 | 宋集组<br>青石山组<br>白云山组 | 粗砂岩–含铁石英砂岩–碳酸盐岩建造组合 | 石英砾岩+石英岩+千枚岩+大理岩+含铁石英岩构造组合（$Pt_2$）<br>含硅质白云石大理岩+含铁石英岩构造组合（$Pt_2$）<br>含细砾石英岩+石英片岩+绢云石英片岩构造组合（$Pt_2$） | 铁<br>铁 | 低绿片岩相<br>黑云母带<br>相系未定 | 长城期<br>（凤阳期） | 中元古代基底亚相<br>古弧后盆地亚相 | 中–低级基底杂岩相<br>古弧盆系相 |
| 华北陆块变质区 | 豫皖陆块变质亚区 | 五河变质带<br>霍邱变质带 | 古元古代—新太古代 | | 五河岩群<br>霍邱岩群 | 殷家涧岩组、小张庄岩组、峰山里岩组、庄子里岩组、西固堆岩组<br>周集岩组、吴集岩组、花园岩组 | 中基性火山岩–杂砂岩–含铁硅质碳酸盐岩建造组合<br>中酸性火山岩–半黏土质岩–含铁硅质碳酸盐岩建造组合 | 变石英角斑岩–白云石英片岩构造组合（$Ar_3Pt_1$）<br>白云片岩+石英岩–白云石大理岩构造组合（$Ar_3Pt_1$）<br>角闪斜长片麻岩+斜长角闪岩–磁铁石英岩构造组合（$Ar_3Pt_1$）<br>大理岩+浅粒岩构造组合（$Ar_3Pt_1$）<br>黑云角闪斜长片麻岩+混合岩化斜长角闪岩构造组合（$Ar_3Pt_1$）<br>大理岩+二云石英片岩+石英岩+磁铁石英岩构造组合（$Ar_3Pt_1$）<br>黑云角闪斜长片麻岩+黑云变粒岩+斜长角闪岩+角闪片岩+二云石英片岩+磁铁石英岩构造组合（$Ar_3Pt_1$）<br>混合岩化角闪黑云斜长片麻岩+斜长角闪岩+角闪岩+角闪片岩构造组合（$Ar_3Pt_1$） | 铁<br>铁 | 低角闪岩相<br>中、低压相系<br>550～600℃<br>2～6 kbar | 阜平–吕梁期（蚌埠期）<br>小张庄岩组 K-Ar年龄 1767.1Ma、1810.3Ma<br>庄子里岩组 K-Ar年龄 1952.4Ma<br>西固堆岩组 锆石U-Pb 2650Ma | 新太古代—古元古代陆核亚相 | 高级基底杂岩相 |
| 大别–苏鲁造山带变质区 | 北淮阳变质亚区 | 佛子岭变质带 | 古生代—新元古代 | 泥盆纪—震旦纪 | 佛子岭岩群 | 潘家岭岩组<br>八道尖岩组<br>诸佛庵岩组<br>黄龙岗岩组<br>祥云寨岩组 | 复陆屑复理石建造+单陆屑石英砂岩建造组合 | 变砂质泥岩+粉砂岩+片岩+石英岩构造组合<br>石英岩+石英片岩构造组合<br>含榴黑云（二云）石英片岩+（长石）石英岩+绿帘黑云变粒岩构造组合<br>绿帘绿泥白云石英片岩–含云斜长石英岩–含云斜长石英岩构造组合<br>（含砾）石英岩+白云石英片岩–白云片岩构造组合 | | 绿片岩相+低角闪岩相<br>中压相系 | 加里东—华力西期 | 新元古代—古生代裂谷亚相 | 古裂谷相 |
| 大别–苏鲁造山带变质区 | 北淮阳变质亚区<br>大别山变质亚区 | 庐镇关变质带<br>张八岭变质带 | 新元古代 | 青白口纪 | 庐镇关岩群<br>张八岭岩群 | 仙人冲岩组、小溪河岩组<br>西冷岩组、北将军岩组 | 镁质碳酸盐岩、泥灰岩建造组合<br>中基性、酸性凝灰岩和杂质泥岩建造组合<br>凝灰岩、细碧、石英角斑岩建造组合<br>泥钙质岩、酸性–基性凝灰岩、泥质、白云质灰岩 | 白云质大理岩+云母石英片岩+钙质千枚岩+浅粒岩构造组合<br>斜长角闪岩+变粒岩、浅粒岩+云母石英片岩–大理岩构造组合<br>变细碧岩、石英角斑岩+绢云、白云石英片岩构造组合<br>大理岩化灰岩+绢云绿泥石英片岩+千枚岩构造组合 | 磷<br>铁 | 中压相系低角闪岩相叠加绿片岩相<br>中高相系绿帘蓝片岩相+低绿片岩相 5～7kbar, 320～400℃ | 加里东—华力西期<br>华力西—印支期 多硅白云母K-Ar年龄 233±6Ma | 新元古代—古生代裂谷亚相 | 古裂谷相 |
| 大别–苏鲁造山带变质区 | 宿松变质亚区<br>肥东变质亚区 | 宿松高压变质带<br>肥东变质带 | 新元古代<br>中元古代 | 青白口纪 | 宿松岩群<br>肥东岩群 | 柳坪岩组、大新屋岩组<br>双山岩组<br>蒲河岩组、虎踏石岩组<br>桥头集岩组 | 灰岩–泥质岩–磷灰岩–砂岩–砂砾岩建造组合<br>变镁质碳酸盐岩–磷块岩建造组合<br>中基性–中酸性火山岩–碎屑岩–镁质碳酸盐岩建造组合<br>变中酸性火山–沉积岩建造组合 | 变质含磷白云石大理岩+云母石英片岩构造组合<br>变质白云石大理岩+石英岩、砾岩构造组合<br>（白云质）大理岩–磷灰岩、斜长角闪岩构造组合<br>片麻岩+斜长角闪岩+含石墨石英片岩构造组合<br>片麻岩+浅粒岩+大理岩+云英片岩构造组合<br>黑云斜长片麻岩+角闪斜长片麻岩–黑云片岩、角闪岩构造组合 | 磷 | 绿帘角闪岩相（高绿片岩相）高中压相系 T=275℃, P=0.2GPa<br>绿帘角闪岩相叠加低压绿片岩相 铁铝榴石带 钠长石–普通角闪石带 高压相系，蓝晶石+黄玉+刚玉组合 T=850～550～275℃ P=0.2～3.77GPa<br>高绿片岩相 T=440～500℃ 相系未定 | 晋宁—加里东—印支期 | 中元古代—新元古代<br>海沟–斜坡盆地亚相 | 活动陆缘相 |
| 大别–苏鲁造山带变质区 | 大别山变质亚区<br>肥东变质亚区 | 太湖超高压变质带<br>岳西变质杂岩带<br>阚集变质带 | 古元古代—新太古代 | | 大别岩群<br>阚集岩群 | 程家河岩组、桥岭岩组<br>大横山岩组<br>水竹河岩组、英山沟岩组<br>浮槎山岩组 | 火山–沉积岩–镁质碳酸盐岩建造组合<br>火山–沉积表壳岩建造组合<br>中基性火山岩–磷块岩–镁质碳酸盐岩建造组合 | 大理岩+片麻岩+云英片岩+榴辉岩构造组合<br>片麻岩+浅粒岩+榴云片岩+榴辉岩构造组合<br>混合岩化黑云角闪斜长片麻岩+大理岩构造组合<br>混合岩化黑云斜长片麻岩+斜长角闪岩构造组合<br>角闪岩+斜长角闪岩+变粒岩+片麻岩–磁铁石英岩+磁铁角闪岩构造组合<br>混合岩化斜长角闪岩+角闪黑云斜长片麻岩+二长片麻岩构造组合 | 磷<br>铁 | 超高压榴辉岩相→低角闪岩相→高绿片岩相 高压–超高压相系 Dm-Cos-Jd T=800→275℃, P=4.0→0.8→0.2GPa<br>麻粒岩相→高角闪岩相→高绿片岩相 中压岩相 T=680→830℃ P=2.25→0.6GPa<br>低角闪岩相 相系未定 T=580℃ Hb-Bi-Pl-Q Bi-Pl-Q Hb-Ep-Pl-Q | 晋宁—加里东—印支期 | 岛弧亚相<br>新太古代—古元古代<br>大别高压—超高压变质折返带 | 古弧盆相<br>新太古代—古元古代 |
| 扬子变质区 | 下扬子变质亚区 | 历口变质带 | 新元古代 | 青白口纪 | 历口群 | 小安里组、铺岭组<br>井潭组<br>邓家组、葛公镇组、镇头组<br>周家村组 | 原岩为砾岩、岩屑长石石英砂岩、安山岩、安山质凝灰岩及英安质、流纹质疑灰岩、熔岩和泥质岩等碎屑岩–中性、中酸性火山岩建造组合<br>安山质–英安质–流纹质火山、火山碎屑岩建造组合<br>含砾长石岩屑砂岩、石英砂岩、粉砂岩建造组合 | 变含砾长石石英砂岩+沉凝灰质粉砂岩构造组合<br>中基性气孔杏仁状安山岩+凝灰岩构造组合<br>变长石石英砂岩+含砾粗粒石英砂岩–含砾砂质板岩构造组合<br>变质复成分砾岩+细砂岩+粉砂岩+泥质粉砂岩+泥岩/变含砾砂岩+凝灰质粉砂岩+粉砂质板岩构造组合<br>变英安岩+流纹岩+熔结凝灰岩构造组合<br>粉砂质板岩+绢云板岩+千枚岩–变质含砾长石石英砂岩构造组合 | 金<br>铅锌银<br>钨 | 低绿片岩相<br>绢云母–绿泥石带<br>低压相系<br>350～500℃<br>0.2～1.0GPa | 晋宁期 | 陆缘弧亚相 | 岩浆弧相<br>弧盆相 |
| 扬子变质区 | 下扬子变质亚区 | 溪口变质带 | 新元古代 | 青白口纪 | 溪口岩群 | 牛屋岩组、木坑岩组、环沙岩组<br>昌前岩组<br>板桥岩组、樟前岩组<br>西村岩组 | 杂陆屑砂岩、粉砂岩、砂质泥岩、泥岩复理石建造组合<br>杂陆屑凝灰质粉砂岩、泥岩复理石建造与细碧–石英角斑岩建造组合 | 千枚岩+含粉砂千枚岩+板岩构造组合<br>千枚状含砂粉砂岩+粉砂质板岩–粉砂质千枚岩，千枚岩构造组合<br>变质粉砂岩+变质泥岩+粉砂质板岩构造组合<br>粉砂质板岩+板岩–千枚状粉砂岩构造组合<br>千枚状粉砂岩+粉砂质千枚岩–绢云绿泥石英千枚岩构造组合<br>千枚状含碳质板岩+千枚状板岩+变质岩屑细砂岩、粉砂岩构造组合<br>砂质千枚岩+千枚状粉砂质板岩+中酸性火山岩–细碧岩、硅质岩构造组合 | 金<br>铜<br>钨<br>钼<br>锑 | 低绿片岩相<br>黑云母带<br>低压相系<br>伏川蛇绿构造混杂岩带<br>出现高压矿物<br>蓝闪石–硬柱石<br>蓝闪石$^{40}Ar-^{39}Ar$年龄 799Ma | 晋宁期 | 新元古代基底亚相<br>蛇绿岩亚相 | 中–低级基底杂岩相<br>洋壳残片相 |
| 扬子变质区 | 下扬子变质亚区 | 董岭变质带 | 新元古代<br>中元古代 | 青白口纪<br>长城纪 | 董岭岩群 | 上岩段<br>下岩段 | 泥质石英砂岩、长石石英砂岩、凝灰岩建造组合 | 云母石英片岩+钠长石英片岩构造组合<br>黑云斜长片麻岩+浅粒岩+斜长角闪岩构造组合 | | 绿片岩相–低角闪岩相<br>低压–中压相系<br>350～640℃<br>0.2～1.0GPa | 晋宁期 | 中新元古代基底亚相 | 中低级基底杂岩相 |

### 3. 宿松-肥东-张八岭陆缘增生楔变质构造

宿松-肥东-张八岭陆缘增生楔位于大别造山带的南缘及南东侧,主要由宿松-肥东高压构造岩片和张八岭高压构造岩片组成。区域上沿桐柏-大别山的西南缘和南东缘成弧形展布,南以襄樊-广济断裂、东以黄(栗树)破(凉亭)断裂与扬子陆块北缘前陆褶冲带、前陆盆地为邻,为印支期扬子板块向北俯冲、碰撞增生杂岩带。

宿松(高压)-肥东构造岩片主要由中—新元古代宿松岩群和肥东岩群组成,向西与湖北红安高压构造岩片相连,肥东岩群呈构造岩块夹持于郯庐断裂带之中。该岩片主体由一套稳定环境下被动大陆边缘浅海台地相沉积岩组合(大新屋岩组、柳坪岩组和双山岩组)与以酸性火山岩为主的双峰式火山岩组合组成(虎踏石岩组、蒲河岩组和桥头集岩组),宿松变质岩片普遍遭受高压榴辉岩相-中压低角闪岩相、高绿片岩相退变质作用。主要经受 2 期韧性剪切变形和 1 期韧脆性构造变形。第一期变形以塑性固态流变为特征,构造置换强烈,形成塑性流变褶皱、连续劈理带、无根钩状褶皱及由薄层大理岩构成的紧闭褶皱等。第二期变形以早期变形形成的面理($S_1$)为变形面,产生强烈的韧性剪切变形,在石英云母片岩、薄层大理岩、石墨片岩、含磷岩系中形成极其紧密的斜歪褶皱、同斜褶皱($f_2$)以及强烈的褶劈理带($S_2$)。两期构造变形的叠加,形成包络面总体呈北西西向到近东西向,倾向南的"单斜"构造面貌。第三期变形与燕山期大别造山带强烈隆升有关,主要表现为韧脆性伸展拆离作用。一系列次级岩片,在先期韧性剪切带(构造强化带)的基础上,向南滑覆,含磷沉积变质建造组合已构造倒置(周存亭等,2005)而置岩片堆叠体构造底部,并表现为绿片岩相变形和近东西向的开阔褶皱。夹持于郯庐断裂带中的肥东岩群与宿松岩群变质构造属性相同,变形构造长期受断裂活动制约,早期总体以发育紧闭同斜褶皱、钩状无根褶皱、连续劈理化带为特征,形成以原始层理为变形面、由不同尺度构成的多级不对称褶皱组合为特征的紧密褶皱,受后期构造叠加,呈现出褶皱总体向南东倒覆的特点。

张八岭高压构造岩片为夹持于襄樊-广济断裂、黄(栗树)破(凉亭)断裂之间的构造增生变质杂岩体,其中蓝闪石片岩、石英云母片岩均为经过强韧性剪切变形的构造片岩。为大陆边缘裂陷槽双峰式火山岩建造,岩石普遍经受了区域绿片岩相变质作用。局部为高压低温绿帘蓝片岩相变质,为印支期陆-陆碰撞造山作用产物。张八岭高压构造岩片变质构造可识别出 3 期构造变形:第一期(印支期)构造变形以强烈挤压,韧、脆性走滑和高压蓝片岩相变质作用叠加为特征,由强变形糜棱岩带、片理化带组成,层间褶皱、小褶曲发育,褶皱轴与片理走向一致,表现为岩片堆叠式"单斜"构造特征,区域上连续劈理 $S_1$ 呈北北东向展布,倾向 SE130°左右变化,倾角 20°~40°,构成盖层与基底之间的滑脱带。第二期(燕山早期)变形形成折劈理 $S_2$ 和间隔状轴面劈理以及皱纹线理,以 $S_2$ 为轴面,由 $S_1$ 形成剪切相似褶皱、斜歪至较开阔褶皱,并伴有一系列冲断作用。印支期—燕山早期两期变形为张八岭构造变质带的主体变形,褶皱形态由 $S_1$ 构成复背、向形构造,轴向北北东。受郯庐断裂带活动影响,形成一系列同向韧、脆性剪切带或糜棱岩带,后期向南滑覆、逆掩于前陆褶冲带之上。第三期(燕山晚期)脆性变形,表现为碰撞造山期后的伸展变形,以发育与线性构造方向近一致的正断层为主。

总之,秦岭-大别造山带的形成是南、北两大陆块及其间的微陆块聚合、碰撞、挤压、陆内俯冲、逆冲、滑脱、走滑、拆离伸展等多种构造作用的结果,其组成极其复杂,既有古岛弧杂岩、不同时代的构造岩片,也有众多大小不一幔源超镁铁质构造岩块及晋宁期花岗片麻岩。在多期构造运动交替作用下,置其于不同构造层次交织的韧性剪切流变带中,由于受印支期造山作用及燕山期强烈的陆内造山作用的改造,形成了一条横亘中国东部的巨型构造混杂岩带,是华北陆块和扬子陆块的碰撞对接带。现今基本构造格架是由印支期板块碰撞所奠定的,而由中、新生代陆内造山作用所完成,是在印支期板块碰撞造山构造基础上复合叠加中、新生代陆内造山作用,呈现为向南凸出的弧形展布的不对称扇状反向多层次逆冲推覆构造叠置的复合型造山带的总体几何学模型。从造山带地质事件组合研究着手,可清楚地看出大别造山带变质构造主要经历了晋宁期、印支期两次大的聚合—裂解过程及其所发生的两次热-构造事件旋回,地质事件组合(表 3-6)显示了造山带复杂的洋-陆转换及陆陆碰撞过程。

上,晓天-磨子潭断裂带为主滑面,呈勺式产出,具典型的前缘推覆、后缘拉张型伸展滑覆构造。

**2. 大别微陆块变质构造**

大别微陆块变质构造夹持于晓天-磨子潭断裂带与缺月岭-太湖韧脆性剪切带之间,包括肥东阚集杂岩群,构成造山带剥露最深的古老陆核基底。中心地区有麻粒岩相及硅铁质建造岩石出露,奥长花岗质-英云闪长质-石英闪长质片麻岩(TTG岩套)占主体,包含有较多的镁铁质、超镁铁质岩石和少量变质表壳岩系构造岩片或构造透镜体。微陆块主要由变质杂岩和超高压变质岩两部分组成,变质构造及时空展布有各自特点,大别造山带是印支期南、北两大陆块及其间微陆块(岛弧)聚合碰撞长期发展演化的巨型构造混杂岩带,变质杂岩具有从麻拉岩相—高角闪岩相变化趋势,岩石普遍经历了混合岩化作用,晋宁期花岗片麻岩具有岛弧型钙碱性深熔花岗岩组合特点。变质构造表现为早期以各类构造岩片以韧性变形方式相互构造叠置和晚期伸展剥离构造为特征的多期变形。晋宁期以来主要经受4期韧性-韧脆性变形:第一期变形为横向挤压机制下深层次花岗质片麻岩高温塑性流变,变质表壳岩主要呈包体或构造透镜体出现在变形变质侵入体中,构造置换较彻底,发育透入性片理、片麻理、多级片内流变褶皱、钩状无根褶皱等,主构造线方向与造山带平行。第二期为中、深层次塑性固态流变,形成区域性带状展布的强变形带、弱变形域相间的网结状构造样式。褶皱构造主要以 $S_0+S_1$ 为变形面的不对称紧闭同斜剪切褶皱,第一、第二两期变形叠加形成区域性带状展布强韧性变形带,它们是在统一构造变形体制下保持大体相同运动方向连续递进变形的产物。构造线平行于造山带,反映早期韧性流变方向。第三期变形为垂向挤压共轴变形和近水平方向的伸展滑覆型韧性剪切变形,发育不同级别低缓角度韧性拆离剪切带及非透入性构造,花岗质片麻岩剪切上涌,形成变质核杂岩穹隆构造,以地壳变薄、减压抬升、伸展拆离,实现深部高压、超高压岩石折返作用。环绕岳西穹隆外侧,上覆构造岩片向外倾斜,自内向外逐层剥离滑脱,岩石高度片理化、糜棱岩化、布丁透镜化以及由构造减压引起的部分熔融花岗质流体的广泛混合岩化改造(钠质交代);区域上造山带南、北两条边界断裂配套的运动动向(北部磨子潭-晓天断裂左行剪切流变,南部大悟-广济断裂右行剪切流变)显示了本区深层高温流变带向南东挤出,这种稳定的平行造山带拉伸线理与刚性陆块对接碰撞有关。第四期变形为中浅层次的韧、脆性变形,发育一系列叠瓦状滑断构造、冲断构造、牵引弧形构造、开阔褶皱及脆性断裂构造。在造山期后多期岩浆活动的底辟、顶托作用下,多期次伸展、拆离,造山带核部古老基底大幅度隆升暴露地表,各构造单元的边界断裂在伸展体制下进一步转变为正向滑脱型,表现为向山前强烈逆冲推覆,不同程度地掩覆和包卷了上覆岩系。燕山期最显著的构造特点是强烈隆升作用形成的一系列片麻岩穹隆和岩浆底辟穹隆构造,构成了大别造山带的中央隆起带。

作为大别变质基底的阚集岩群被郯庐断裂带左行错移至肥东桴搓山—桥头集一带,呈夹持于清水涧韧性剪切带与西山驿韧性剪切带之间的一个狭长的楔状变质杂岩体,至少经历了3期构造变形:早期为中深层次的塑性流变构造,形成紧闭的片间流变褶皱和连续劈理带,构造置换较为强烈;中期为片麻理条带的褶皱变形,其枢纽产状近东西向,北部向北东向偏转,总体向南东倒覆,构造运动方向由北西指向南东;晚期(印支期)褶皱形态较紧闭—开阔,为枢纽向北东倾伏的斜歪-倒转褶皱,受郯庐断裂带影响,晚期韧性剪切变形带和向南东逆冲推覆构造发育。

南大别超高压变质带同样经历了大致与北大别变质杂岩带相同的晋宁—加里东—印支—燕山多期构造变形。结合已有的变质、热事件及同位素年代学资料分析,揭示出超高压变质带曾遭受过从深俯冲到折返的一个复杂的构造演化历程,早期主要为块状榴辉岩中发育的微弱面理、线理和面状榴辉岩中发育的透入性主面理、中小型鞘状褶皱及网络状韧性剪切带等。中期变形事件主体发生于麻粒/角闪岩相后成合晶形成之后,区域性陡倾斜面理及不均一置换的成分层、榴辉岩透镜体及布丁群、面理内褶皱、网状韧性剪切带系统以及减压部分熔融作用形成的混合岩和含榴花岗质岩石组构。晚期变形事件为区域性碰撞期后地壳韧性薄化及剪张作用形成缓倾斜角闪岩相主面理及线理和多层次韧性拆离带。燕山期大规模花岗岩体就位,代表造山晚期的构造揭顶及塌陷作用。

## 表 3-6  大别造山带（安徽段）构造事件柱及年代格架

| 地质时代(Ma)及代号 | | 构造旋回 | 主要地壳运动 | 构造事件柱 | | | | 年代格架(Ma) | 大地构造属性 | 构造演化 |
|---|---|---|---|---|---|---|---|---|---|---|
| | | | | 沉积事件 | 岩浆事件 | 变质事件 | 变形事件 | | | |
| 新生代 | 第四纪 Q —2.6— 新近纪 N —23.04— 古近纪 E —65— | 喜马拉雅 | 喜马拉雅运动 | 山前湖盆相沉积 Fsb | 无 | 无 | 北西向、北北东向断裂走滑拉张断陷 | 郯庐断裂带 右行 99±2 左行 130~110 中生代花岗岩 147~122~93 辉长岩 126 岳西桃园寨火山岩136~129 构造热事件155~100 绿片岩相退变质137以后 角闪岩相退变质180~160 | 造山后隆升、剥蚀、构造调整 裂解 伸展拉张 陆内俯冲 聚合 | 大陆边缘活动带改造阶段 |
| 中生代 | 白垩纪 K₂ K₁ —137(145.5)— 侏罗纪 J₃ J₁₋₂ —199.6— | 燕山 | 晚燕山运动 中燕山运动 早燕山运动 印支运动主幕 | 湖盆相火山磨拉石沉积 sb | pova ia | 无 | 南北陆块对冲加积穹隆、岩片向前陆滑覆逆冲、韧脆性断裂、叠加褶皱 造山带隆升、超高压岩片折返 | | | |
| | 三叠纪 T₃ T₂ —247.2— T₁ —252.3— | 印支—华力西 | 印支运动序幕 | | ? | 高压、超高压榴辉岩相、蓝片岩相变质及绿片岩相退变质 | 韧脆性断裂、褶皱变形及伸展构造 | 多硅白云母245~221 蓝闪石片岩245~211 宿松变火山岩249 超高压榴辉岩245~210 | 陆陆碰撞 俯冲 | 造山带多期变形变质韧性再造阶段 |
| 古生代 | 二叠纪 P —299— 石炭纪 C —359.2— 泥盆纪 D —416— | 华力西运动 加里东运动 | | 梅山群前陆海陆交互相含煤沉积 mca 佛子岭岩群弧间裂谷盆地相类复理石沉积 iarb | ? | 梅山群低绿片岩相变质 高压榴辉岩相、中压绿片岩相变质 | 陆弧对接碰撞、北淮阳海槽闭合 | 高压榴辉岩544~399 佛子岭岩群401~373 宿松虎踏石401 苏家河榴辉岩422±68 超高压榴辉岩471~455 | 伸展拉张 挤压 | |
| | 志留纪 S —443.7— 奥陶纪 O —488.3— 寒武纪 ∈ —541— | 加里东 | 兴凯运动 | | 北淮阳细碧角斑岩火山喷发 张八岭岩群陆缘裂谷相沉积 庐镇关岩群弧间裂谷相沉积 | 张八岭岩群碧角斑岩同碰撞-后碰撞 钙碱性花岗岩片岩侵位 | | 北西向、北东向剪切流变、韧性断裂构造、逆冲推覆构造、伸展滑覆构造 | 庐镇关杂岩原岩1726~749 变质484~363 西冷岩组 730 北淮阳花岗片麻岩875~627 碧溪岭榴辉岩 SHRIMP 775±7 | 浊积岩 活动边缘弧前盆地 | |
| 新元古代 | 震旦纪 Z —635— Nh —780— 青白口纪 Qb —1000— | 扬子 晋宁 | 晋宁运动 | mr ca m va va ia | | 高压、超高压榴辉岩相变质 | 微陆块聚合、裂解、构造混杂堆叠体构成造山带变质基底 | 宿松变火山岩866~740.6 钙碱性玄武岩822~629 英云闪长质片麻岩798~756 | 底辟裂解 微陆块增生 边缘海闭合 | |
| 中元古代 | 蓟县纪 Jx —1600— 长城纪 Ch —1800— | 晋宁 | 大别运动 (吕梁运动) | 宿松—肥东岩群前增生楔火山-沉积岩 faw | 基性超基性岩侵位 基-中酸性火山岩 va | 高绿片岩相 角闪岩相 | 近东西向、北东向剪切流变、韧性剪切带 | 超镁铁质岩1320~1006 宿松岩群1850~1168 | 碰撞聚合 陆壳增生 | 造山带变质基底形成阶段 |
| 古元古代 | Pt₁ —2500— 新太古代 Ar₃ | 吕梁—阜平 | (吕梁运动) | 凝灰岩、钙质泥灰岩、硬砂岩、铁英岩及富铝孔兹岩系变质表壳岩建造 Mbc | 中基-中酸性火山岩 va ? | 混合岩化 低角闪岩相 高角闪岩相 中压麻粒岩相 | 北西向、北东向剪切流变、平行化、布丁化、韧性剪切带 | 南黄片麻岩 U-Pb 2493±9 黄土岭麻粒岩 麻粒岩相2052 原岩2821 | 造山带根部微古陆块 多岛洋盆 | |

注：Mbc. 深变质基底杂岩；faw. 弧前增生楔；mr. 陆缘裂谷；ia. 岛弧；va. 火山弧；iarb. 弧间裂谷盆地；ca. 碳酸盐岩台地；mca. 海陆交互相陆表海；sb. 坳陷(凹陷)盆地；Fsb. 断陷盆地；pova. 后造山火山弧。

### (三)江南古陆变质构造

江南古陆隆起广泛出露变质基底,随着大量区域地质调查和科研成果的发表,逐渐对其构造属性、基底结构、构造演化、变形特征及造山时代等重大基础地质问题有了新的认识。笔者认为江南古陆隆起是新元古代 Rodinia 超大陆聚合、裂解的产物,是经历了加里东、印支、燕山等多期构造叠加的复合造山带。江南古陆由鄣公山隆起、白际岭隆起经过晋宁期基底造山阶段拼合形成伏川蛇绿混杂岩带,共同组成江南造山带变质基底,并经受后期构造深刻改造。构造演化长期受北西-南东向主压应力控制,动力来源于华南陆块向扬子陆块的持续俯冲。

鄣公山隆起位于伏川蛇绿混杂岩带西侧,主要由新元古代青白口纪早期溪口岩群和青白口纪晚期历口群组成,属典型的皖南式双层结构基底。溪口岩群为扬子多岛洋盆中的复理石浊积岩盆地建造,新元古代早期的晋宁运动发生强烈的洋、陆聚合-俯冲碰撞造山,构造-热事件表现为早期同碰撞歙县、许村等同熔改造型花岗闪长岩构成深成岩浆弧,溪口岩群强烈褶皱变形和与历口群之间的不整合面及葛公镇组(镇头组)、邓家组等山前磨拉石建造等。晚期由原来的挤压型逐渐转换为裂解拉张环境,铺岭组为裂陷环境下形成的(弧后)滨浅海火山岩。鄣公山隆起塑性变形强烈,构造极为复杂,以褶皱断片与剪切带相间分布为其宏观变形特征。早期区域性褶皱构造线以近东西向为主,构成鄣公山扇状复背斜,其褶皱形态多变,枢纽起伏。北翼次级褶皱发育,以同斜褶皱为主,晚期北东向褶皱变形斜跨在复背斜之上。断裂构造发育数条近东西向、北东向韧脆性逆冲断层,形成一系列冲断岩片和褶皱带,次级紧密同斜褶皱、滑劈理带、韧性剪切带发育。

伏川蛇绿混杂岩带东侧白际岭隆起主要由新元古代青白口纪早期西村岩组、昌前岩组和青白口纪晚期周家村组、井潭组等浅变质岩系组成,构成浙西地块双层结构变质基底。区域上组成深渡复背斜构造,呈北东—北北东向展布。下基底西村岩组、昌前岩组具小洋盆沉积特征,上基底青白口纪周家村组为造山期后近岛弧-侧弧前盆地非稳定条件下沉积的火山碎屑岩系,井潭组为一套浅变质中酸性岛弧型火山岩及火山碎屑岩建造,具拉张环境双峰式火山岩建造特点。上下基底构造岩片中长英质分异脉体、构造片岩、千糜岩、糜棱岩化流纹斑岩等变形变质构造构成间隔片理化带,片理构造及揉皱构造发育,糜棱面理、拉伸线理指示片理化带具向北西逆冲性质。由井潭组构成的冲断岩片变形强烈,发育多种塑性变形显微组构,后晋宁期(青白口纪晚期)侵入岩十分发育,如灵山、石耳山、莲花山等裂解花岗岩构成基底型深成岩浆弧。

汇聚边界伏川蛇绿混杂岩带总体呈北东向展布,向南西进入江西境内与德兴蛇绿混杂岩带相连,为晋宁期形成的区域性基底汇聚边界断裂带。混杂岩带由数条逆冲断片组成,成分复杂,由千枚岩、千枚状砂岩、石英角斑岩、糜棱岩化基性岩、凝灰岩和流纹质糜棱岩、变晶糜棱岩组成。褶皱劈理化岩片和剪切片理化岩带相间分布,带内夹有大量被构造肢解的蛇绿岩套碎块(蛇纹岩、变辉长岩、辉绿岩-细碧岩、硅质岩、枕状熔岩等)和同构造花岗片麻岩侵入体,是该带重要特征和识别标志。是一条以长期活动的中深层次为主、中浅层次构造掺杂的逆冲断裂带,发育多期次、多层次构造形迹,早期为韧性变形,发育透入性连续片理、千枚理、板劈理,晚期(印支—燕山期)多为韧脆性变形和脆性破裂,空间上大致与区域性虎-月断裂、赣东北断裂带套合。

江南古陆晋宁期造山带热-构造事件定龄对深入研究格林威尔期 Rodinia 超大陆聚合-裂解及扬子陆块构造演化具有十分重要意义。从目前同位素年龄资料来看,已基本可以粗略地建立江南隆起早期(晋宁运动前后)年龄格架。近年来陆续报道的有关江南造山带同位素年龄主要有:

(1)变质基底建造事件(中、新元古代):木坑组 Sm-Nd 等时线年龄 2183Ma(谢窦克,1996);溪口岩群变砂岩碎屑锆石协和年龄集中在 2500~1800~800Ma,酸性凝灰岩协和年龄 832.0±9.5Ma,火山岩夹层中 15 组 SHRIMP 及 ICP-MS 锆石 U-Pb 年龄 850~820Ma(张彦杰,2006);双溪坞群中英安岩的颗粒锆石 $^{207}$Pb-$^{206}$Pb 年龄 904~875Ma(程海,1993)。

(2)蛇绿混杂岩聚合事件(1040~930Ma):伏川蛇绿岩中辉长岩Sm-Nd等时线年龄为1024±30Ma(周新民,1989)、935±10Ma(邢凤鸣,1992),变基性火山岩全岩Sm-Nd等时线年龄为1038.3±27.5Ma(徐备,1992);伏川蛇绿岩伟晶辉长岩及其上覆岩系英安质凝灰岩SHRIMP锆石U-Pb年龄844±11Ma和837±10Ma(林寿发,2007),鄣源蚀变枕状玄武岩LA-ICP-MS锆石U-Pb年龄为804±6.6Ma(张彦杰,2006)。赣东北蛇绿岩全岩Sm-Nd等时线年龄为930±34Ma(徐备,1989)、1034±24Ma(陈江峰,1991)、929±26Ma(赵建新等,1995)、1160±39Ma(周国庆等,1991)、1040±260Ma(Chen et al,1991)。赣东北蛇绿岩的17个Sm-Nd数据进行等时线回归年龄为956±48Ma(赵建新等,1995),在误差范围内与离子探针锆石U-Pb年龄一致。锆石U-Pb年龄为968±23Ma(李曙光,1993),锆石U-Pb SHRIMP年龄为968±23Ma(李献华等,1994)等。

(3)聚合侵入岩浆热事件(991~913Ma):许村岩体黑云母K-Ar年龄为913Ma(徐备,1992)、SHRIMP锆石U-Pb年龄823±8Ma(Li et al,2003),休宁岩体Rb-Sr全岩等时线年龄963Ma(周新民等,1983)、歙县岩体锆石U-Pb年龄928Ma(徐备,1992)、991~930Ma(邢凤鸣,1989)、824±6Ma(Wu et al,2006),白际岩体(早期)锆石$^{207}$Pb-$^{206}$Pb年龄977Ma(邢凤鸣,1992),九岭岩体黑云母$^{40}$Ar-$^{39}$Ar年龄937Ma(胡世玲等,1985)。

(4)离散侵入岩浆热事件(779~753Ma):灵山、莲花山、白际及石耳山等岩体同位素年龄为766~753Ma,石耳山花岗岩777±9Ma(吴荣新等,2005)和779±11Ma(Li et al,2003)等。

(5)火山岩浆热事件:铺岭组玄武岩Sm-Nd全岩年龄为1084Ma(谢窦克,1996),井潭组浅变质酸性-中酸性火山岩Sm-Nd全岩等时线年龄为1023Ma(谢窦克,1996),井潭组火山岩Sm-Nd等时线年龄828.7±35.9Ma(徐备等,1992),井潭组顶部变流纹岩Rb-Sr等时线年龄817±83Ma(舒良树,1994)、下部变玄武岩Rb-Sr等时线年龄916Ma(邢凤鸣,1992),井潭组火山岩早期SHRIMP锆石U-Pb年龄820±16Ma,晚期776±10Ma(吴荣新等,2007)等。

(6)动力变质热事件:被南华系覆盖的歙县等岩体的糜棱岩(面理形成时代)Rb-Sr全岩等时线年龄768.5Ma(李应运,1989)、白云母$^{40}$Ar-$^{39}$Ar年龄767.9±9Ma(周新民,1990)、黑云母K-Ar年龄768.9Ma(徐备,1990),高压变质矿物蓝闪石$^{40}$Ar-$^{39}$Ar年龄为799.3±9.3Ma(周新民,1990),糜棱岩化堇青石花岗闪长岩白云母$^{40}$Ar-$^{39}$Ar平均年龄768±29.8Ma(胡世玲等,1993)等。

从以上构造热事件年龄数据可以看出,利用多元同位素定年,尽管存在部分矛盾,但总体可以看出江南造山带晋宁期从聚合到离散两期热构造过程(大致以830Ma为限),尤其是利用锆石CL分析和微区定年高精度测试方法,更加精细地反映了在浙西北—皖南—赣东北一带,广泛存在两期岛弧型岩浆岩,991~913Ma岩浆活动显示扬子板块与华夏板块之间的洋壳消减和板块汇聚,对应于Grenville期洋壳俯冲,蛇绿混杂岩带代表了各微地块汇聚边界。晚期820~776Ma岩浆活动则对应于Rodinia超大陆裂解,晋宁期陆-弧-陆碰撞造山作用以前陆磨拉石盆地和陆相双峰式火山岩的形成而告终。

另外,董岭变质核杂岩为下扬子陆块江北型变质基底,由中元古代—青白口纪岛弧型中、低级变质泥质石英砂岩、长石石英砂岩、凝灰岩构造组合和后碰撞董岭二长花岗质片麻岩组合组成。区域上变质构造构成北东向长垣状复背斜,在伸展作用下地幔上隆,构造剥蚀作用导致地壳变薄,地壳岩层不同程度被剥蚀,使深埋的基底岩系上升即形成核杂岩。核杂岩顶部为基底滑脱剥离带,自下而上由条带状片麻岩、眼球状糜棱片麻岩、变晶糜棱岩和碎裂糜棱岩组成,与上覆滑覆岩系底部岩层一致,造成上覆岩层下部寒武纪—奥陶纪地层不同程度地缺失,使较新地层直接与董岭杂岩直接接触。

# 第三节 变质岩大地构造相与构造演化

## 一、变质岩大地构造相

根据安徽省内五级变质单元构造岩石组合及变质构造的大地构造环境,安徽省华北南缘变质区、下扬子变质区属陆块区相系陆块大相,分别归为高级基底杂岩相,中、低级基底杂岩相和新太古代—古元古代陆核亚相、中元古代基底亚相、中新元古代基底亚相和新元古代基底亚相。大别变质区、北淮阳变质区隶属造山系相系结合带大相、弧盆系大相,可分别归入古弧盆相、活动陆缘相和古裂谷相,细分为新太古代—古元古代岛弧亚相、高压-超高压变质亚相(折返带)、中元古代—新元古代海沟-斜坡盆地亚相和新元古代、古生代裂谷亚相(表3-7),变质岩大地构造相时空结构图见图3-5。

## 二、变质岩构造演化

安徽省陆块、造山带基底均由不同类型的变质岩石构造组合组成,其构造演化不仅控制了全省板块构造格局,还制约了盖层沉积古构造环境及沉积建造类型和发育程度。根据各大变质构造单元建造、构造地质属性,变质岩构造演化主要经历了基底形成阶段,且受陆缘盖层发展阶段和大陆边缘活动带发展阶段的强烈改造。

### (一)华北陆块南缘变质岩构造演化

新太古代—古元古代时期,华北陆块南缘为大洋环境,皖西北地区可能已有砀山、隐贤集两个古陆核存在,围绕砀山古陆核沉积了五河岩群为一套中基性火山岩-杂砂岩-含铁硅质碳酸盐岩建造组合。围绕隐贤集古陆核沉积了霍邱岩群为一套中酸性火山岩-半黏土质岩-含铁硅质碳酸盐岩建造组合。古元古代末的吕梁(蚌埠)运动使洋盆沉积普遍发生褶皱隆起,岩石普遍经受了中、低压低角闪岩相变质,形成了高级基底杂岩相五河岩群长石石英岩、石英岩、片岩、片麻岩、变粒岩、浅粒岩、斜长角闪岩、角闪岩、麻粒岩、钙铝硅酸盐岩等变质建造组合,霍邱岩群片岩类、片麻岩、浅粒岩、变粒岩、斜长角闪岩、大理岩等变质建造组合,同造山正长花岗岩＋二长花岗岩＋花岗闪长岩＋奥长花岗岩＋英云闪长岩等混合花岗岩组合。此后陆壳迅速增长成为陆壳增生的母源体,在陆壳基础上沉积了凤阳群——浅海相砂泥质和碳酸盐岩沉积,地壳活动性已不太强烈。凤阳运动后,华北陆块变质基底基本形成,华北陆块南缘皖西北地区已经隆起成陆(图3-6)。扬子早期青白口纪华北陆块南缘已逐渐准平原化,导致黄淮海的入侵,形成滨岸砾屑滩相类磨拉石建造和海滩-陆棚相单陆屑建造,构成华北陆块盖层八公山群、宿县群、淮南群,晋宁运动对其影响不明显。

自南华纪开始扬子期进入盖层发展时期,华北陆块南缘为华北型黄淮海沉积区,形成以碳酸盐岩台地相为主的稳定型沉积建造,此时蚌埠地区已隆起(鲁西隆起)成陆,为陆源碎屑补给区。中加里东运动($O_2$)造成本区地壳大面积大幅度地上升为陆地,直至石炭纪晚期,华力西运动使皖西北地区大面积沉降,为陆表海海陆交互相含煤碎屑岩沉积环境。印支运动结束了海相盖层发育历史,再度成为大陆而进入大陆边缘活动带阶段,该阶段近东西向构造、北北东向构造起着主导作用,控制着陆相断(坳)陷盆地演化和变质基底的断块构造改造。

表 3-7 安徽省变质单元与大地构造相划分简表

| 一级 | 二级 | 三级 | 变质岩层及代号 | 原岩建造构造组合 | 含矿性 | 变质时代 | 变质作用类型 | 变质矿物组合 | 变质相相系 | 大地构造相 亚相 | 大地构造相 相 |
|---|---|---|---|---|---|---|---|---|---|---|---|
| 华北变质域（Ⅰ） | 华北南缘变质区（Ⅰ₁） | 凤阳变质带（Ⅰ₁₋₂） | 凤阳群 Pt₂F | 粗砂岩＋含铁石英砂岩＋碳酸盐岩建造构造组合 | 铁 | 长城期（凤阳期） | 区域动力变质作用 | Ch-Ep-Ab-Qz<br>Ch-Ep-Bi-Ab-Qz<br>Ep-Bi-Ab-Qz | 低绿片岩相黑云母带相系未定 | 中元古代基底亚相（Pt₂abb） | 中—低级基底杂岩组 |
| | | 霍邱－五河变质带（Ⅰ₁₋₁） | 混合花岗岩 Pt₁Mγ<br>五河岩群 Ar₃Pt₁W<br>霍邱岩群 Ar₃Pt₃H | 正长花岗岩＋花岗岩＋奥长花岗岩＋英云闪长岩组合<br>中基性－中酸性火山岩＋杂砂岩＋半黏土质岩＋含铁硅质建造碳酸盐＋建造构造组合 | 铁 | 阜平－吕梁期（蚌埠期） | 区域动力变质作用 | St-Alm-Ms-Bi-Ab-Qz<br>Amp-Cpx-Ab-Qz<br>Hy-Amp（含紫苏辉石浅色麻粒岩）<br>Ky-St-Alm-Bi-Pl-Qz<br>Hb-Alm-Pl-Qz<br>Cord-St-Alm-Pl-Qz | 低角闪岩相中、低压相系 | 板内隆起火山岩浆弧（Ptia）<br>新太古代－古元古代陆核亚相（Ar₃Pt₁Mbc） | 高级基底杂岩相 |
| 大别造山带变质域（Ⅱ） | 北淮阳变质区（Ⅱ₁） | 杨山－梅山变质带（Ⅱ₁₋₁） | 杨山－梅山岩群 CYM | 砂岩＋泥岩＋碳酸盐岩含煤建造构造组合 | 煤 | 华力西－印支期 | | Ch-Ep-Ser-Qz<br>Ch-Ep-Act-Ab<br>Ch-Ep-Ser-Ab | 低绿片岩相 | 海陆交互陆表海亚相（Cmca） | 陆表海相 |
| | | 佛子岭变质带（Ⅱ₁₋₂） | 佛子岭岩群 ZDF | 复陆屑复理石建造＋单陆屑石英砂岩建造构造组合 | | 加里东－华力西期 | 区域动力变质作用 | Ctd-Ch-Ser<br>Ep-Bi-Ch-Ab-Qz<br>Alm-Bi-Ep-Ab-Qz | 绿片岩相＋低角闪岩相中压相系 | 弧间裂谷盆地亚相（ZDiarb） | 陆缘盆地相 |
| | | 庐镇关变质带（Ⅱ₁₋₃） | 庐镇关岩群 Pt₃L | 正长花岗岩＋花岗闪长岩岩组合中基性－酸性火山岩＋镁质碳酸盐岩建造构造组合 | 磷 | | | Ky-Bi-Ms-Pl-Q<br>Amp-Pl-Cpx<br>Cc-Dol-Phl　Amp-Pl | 低角闪岩相＋绿片岩相中压相系 | 陆缘弧亚相（Pt₃va＋ia） | 新元古代裂谷相 |

续表 3-7

| 一级 | 二级 | 三级 | 变质岩层及代号 | 原岩建造构造组合 | 含矿性 | 变质时代 | 变质作用类型 | 变质矿物组合 | 变质相相系 | 大地构造相 | | |
|---|---|---|---|---|---|---|---|---|---|---|---|---|
| | | | | | | | | | | 亚相 | 相 |
| 大别造山带变质域（Ⅱ） | 大别变质区（Ⅱ₁） | 张八岭变质带（Ⅱ₂-₁） | 张八岭岩群 QbZ | 泥质碳酸盐岩+细碧-石英角斑岩建造构造组合 | 铁 | 海西-印支期 | 区域动力热流变质作用 | Act-Ep-Gl-Ab-Qz Ep-Phe-Ab-Qz Pi-Ep-Phe-Ab-Qz Phe-Ch-Sti-Ab-Qz | 绿帘蓝片岩相+低绿片岩相中高压相 | 陆缘裂谷亚相（Qbmr）（高压变质亚相 hpm） | 新元古代裂谷相（高压-超高压变质相） |
| | | 宿松变质带（Ⅱ₂-₂） | 宿松岩群肥东岩群 Pt₂-₃S, Pt₂-₃F | 中基性—中酸性火山岩+碎屑岩+镁质碳酸盐+磷块岩建造构造组合 | 磷 | | | Top-Ky-Ms Crd-Ky-Ms-Qz Gt-Ms-Qz Grt-Amp-Pl-Qz | 绿角闪岩岩相高绿片岩相高中压相系 | 弧前陆坡盆地亚相（Pt₃ fab）弧前增生楔亚相（Pt₂ faw）高压变质亚相 hpm | 弧前盆地相（高压-超高压变质相） |
| | | 太湖变质带（Ⅱ₂-₃） | 南大别岩群 Ar₃ Pt₁ D^S | 火山-沉积岩+镁质碳酸盐岩建造构造组合 | 铁 | 晋宁期+加里东期+印支期 | | Om+Grt+Coe±Dia+Ru±Arg+Czo Grt+Ky+Czo+Ru+Phe Ol+Dol+Amp+Tc+En Grt+Ky±Coe+Ru+Phe+Czo | 榴辉岩相→低角闪岩岩相高绿片岩相超高压相系 | 同碰撞岩浆杂岩亚相（Pt₃ ia, scmc）（超高压变质亚相 Uhpm） | 新元古代岛弧相（高压-超高压变质相） |
| | | 岳西变质带（Ⅱ₂-₄） | 北大别岩群阚集岩群 Ar₃ Pt₁ D^N, Ar₃ Pt₁ K | 火山-沉积岩表壳岩建造组合 | 铁 | | | Pl+Qz+Sil+And Sil+Alm+Pl+Qz Di+Amp+Pl+Qz Cpx+Opy+Pl+Amp+Qz | 麻粒岩相→高角闪岩岩相高绿片岩相中压相系 | 新太古代-古元古代陆核亚相（Ar₃ Pt₁ Mbc） | 高级基底杂岩相（陆壳残片相） |
| 扬子变质域（Ⅲ） | 下扬子皖南变质区（Ⅲ₁） | 历口变质带（Ⅲ₁-₁） | 历口群 Qb₂ L | 碎屑岩+酸性火山岩建造组合 | 金钨铅锌银 | 晋宁期 | 区域低温动力变质作用 | Ser-Ch 带 Ser, Ch, Cc, Ep | 低绿片岩相低压相系 | 浅变质亚相（Qb₂ ba）火山弧亚相（Qbva） | 新元古代基底岛弧相 |
| | | 溪口变质带（Ⅲ₁-₂） | 溪口岩群西村岩组 Qb₁ X Qb₁ x | 杂陆屑质凝灰质粉砂岩，泥石建造与细碧-石英角斑岩建造构造组合 | 金钨铜钼锑 | | | Bi 带 Bi, Ser, Ch, Ep | 绿片岩相低压相系 | 浅变质亚相（Qb₁ ba, Pt₃ ia）蛇绿岩亚相（Pt₂ Om） | 新元古代基底相（Pt₃ abb）蛇绿混杂岩相 |
| | | 董岭变质带（Ⅲ₁-₃） | 董岭岩群 Pt₂-₃ D | 泥质石英砂岩、长石石英砂岩、凝灰岩建造组合 | 铅锌银 | | | Ms+Ab+Qz Bi+Amp+Pl+Qz | 绿片岩相-低角闪岩相低压、中压相系 | 中-新元古代基底亚相（Pt₂-₃ abb） | 中-低级基底杂岩相 |

注：Ab. 钠长石；Alm. 铁铝榴石；Act. 阳起石；Amp. 角闪石；And. 红柱石；Arg. 文石；Bi. 黑云母；Coe. 柯石英；Cord. 堇青石；Cpx. 单斜辉石；Cc. 方解石；Ctd. 硬绿泥石；Czo. 斜黝帘石；Ch. 绿泥石；Dol. 白云石；Dia. 金刚石；Di. 透辉石；Ep. 绿帘石；En. 顽火辉石；Gl. 蓝闪石；Grt. 石榴石；Hy. 紫苏辉石；Ky. 蓝晶石；Ms. 白云母；Om. 绿辉石；Ol. 橄榄石；Opy. 斜方辉石；Pl. 斜长石；Phl. 金云母；Phe. 多硅白云母；Pi. 红帘石；Ru. 金红石；Qz. 石英；St. 十字石；Ser. 绢云母；Sil. 矽线石；Sti. 黑硬绿泥石；Tc. 滑石；Top. 黄玉。

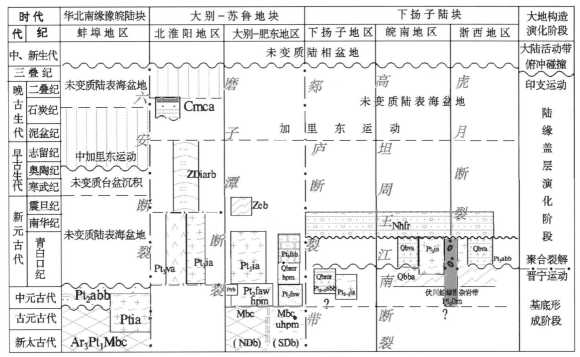

图 3-5 安徽省变质岩大地构造相时空结构图

ia. 岩浆杂岩亚相；abb. 古弧后盆地亚相；ba. 浅变质基底亚相；Mbc. 深变质基底杂岩亚相；hpm. 高压变质亚相；
uhpm. 超高压变质亚相；iarb. 弧间裂谷盆地亚相；va. 火山弧亚相；fsb. 弧前陆坡盆地亚相；fr. 夭折裂谷相；mr. 陆缘裂谷相；
faw. 弧前增生楔亚相；mca. 海陆交互陆表海亚相；eb. 外来岩块亚相；rb. 基底残块亚相；om. 蛇绿岩亚相

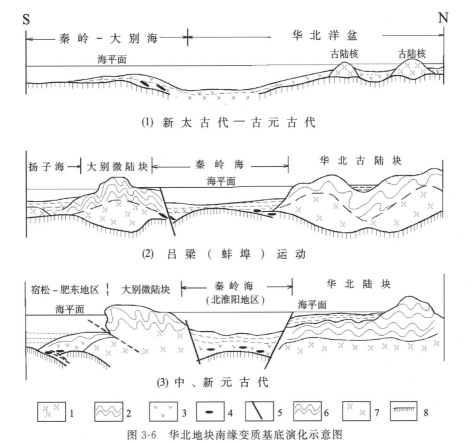

图 3-6 华北地块南缘变质基底演化示意图

1. 新太古代—古元古代沉积；2. 中、新元古代沉积；3. 火山岩；4. 超基性岩；5. 深断裂；6. 褶皱；7. 硅铝层；8. 硅镁层

### (二)大别造山带变质构造演化

根据构造事件演化序列,大别造山带变质基底由中、深变质火山-沉积岩组合组成,经历了变质基底形成阶段、多期变形变质韧性再造阶段和大陆边缘活动带改造3个构造阶段,具多期开、合演化史(图3-7)。

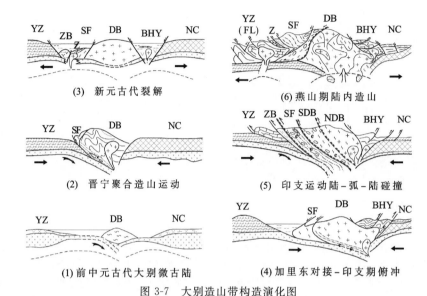

图 3-7  大别造山带构造演化图

YZ. 扬子地块;NC. 华北地块(S、N);DB. 大别微古陆;FL. 前陆褶断带;BHY. 北淮阳构造带;
SF. 宿松-肥东构造带;ZB. 张八岭构造带;Z. 震旦纪含磷岩系;e. 榴辉岩块

#### 1. 变质基底形成阶段

新太古代—古元古代,造山带处于不成熟的"多岛洋盆"构造环境,此时夹持于南、北古陆之间的大别微古陆发育了一套以斜长角闪岩、变粒岩、浅粒岩、大理岩、铁英岩及富铝孔兹岩系为代表的变质火山-沉积岩建造组合,之后吕梁(大别)运动使洋盆沉积普遍发生褶皱隆起,成为洋壳俯冲消减带,陆壳迅速增长,古陆壳普遍发生同造山期角闪岩相-麻粒岩相的区域变质作用及其伴生的花岗质岩浆侵入和钠质混合岩化作用,成为造山带中最古老的岛弧型变质构造岩石单位。在大别微陆块内,前中元古代火山活动成分上以富镁质拉斑玄武岩、大陆拉斑玄武岩为主,由于上地幔分熔作用而产生的幔源型变质镁铁质橄榄岩-辉闪岩-辉长岩组合,经大别运动的挤压作用发生构造侵位,并被卷入到造山带中呈无根状产出。中元古代起,造山带处于拉张环境,微古陆边缘的海盆中,广泛沉积了一套浅海台地相火山-沉积建造(宿松岩群、肥东岩群)。新元古代(1000~800Ma)晋宁运动使扬子古陆块、大别微陆块向华北古陆块俯冲碰撞(或残留局部海盆),大别微陆块增生扩大,古陆块、微陆块基底(大别岩群)有可能被挤入巨大地幔深度而发生高压、超高压变质(晋宁期高压、超高压榴辉岩和各种非基性高压、超高压变质岩),随后折返与宿松岩群并置,实现多块体复杂拼贴,造山带变质基底雏型基本形成,成为古中国大陆的一部分。

关于大别造山带中、新元古代构造体制研究历来存有争议,概括起来有:①大洋板块观点,即华北与扬子两板块以大洋相隔,后封闭碰撞造山(杨巍然,1995);②大陆裂谷说,即华北与扬子只是裂谷分割而后闭合(耿树方,1991);③裂谷和小洋盆或有限洋盆并存的地壳垂向增生为主的构造体制与侧向增生为主的板块构造体制转换的观点(张国伟等,1995a)等。新的研究成果支持张国伟等的观点。中、新元古代大别是在伸展构造机制下形成一系列裂谷与小洋盆构造组合,在中元古代还没有一个统一扬子陆块可与华北陆块配对,仅呈相关的离散状态的地块群,大别地块正是处于两者之间的一个微陆块,具亲扬子陆块特征,晋宁运动(1000Ma)不是真正统一的扬子陆块与华北陆块的碰撞拼合,而只是扬子洋中的一些大小不一的块体(包括大别微陆块)与华北地块的拼合。大别山南缘宿松岛弧火山岩系及残留蛇绿混杂岩块代表了不成熟的小洋盆构造环境,反映了当时裂谷与小洋盆兼杂并存的扩张构造体制。在全球Rodinia超大陆形成的动力学背景下,扬子由离散状态到拼合形成统一陆块,与华北陆块汇聚形成超级华夏大陆(王鸿祯等,1996;潘桂棠等,1997)。并很快又在新元古代晚期扩张分裂,打开古大别洋,分离华北与扬子陆块,从而进入大别微板块构造演化阶段,具有非开阔单一大洋型多块体中、小洋陆板块构造体制。晋宁期构造运动不只反映了大别造山带的复杂性与区域的独特性,而更重要地反映了大陆地壳除板块侧向加积增生外,垂向加积增生也是陆壳生长的主要方式之一,垂向与侧向增生可以并存,并可以转换,表明陆壳板块具有自己独特的增生与消减过程,因而具有重要的大陆板块构造及大陆动力学意义。

**2. 多期变形变质韧性再造阶段**

新元古代早期,800Ma左右进入造山期后拆沉阶段,下地壳和上地幔开始部分熔融、分异结晶出各类钙碱性片麻岩体,在密度倒置引起的浮力作用下,同构造剪切回流至中、下地壳,与各类中、低压岩石共存,并经受角闪岩相变质作用改造。构造深熔岩浆(混熔岩浆)在回流过程中对区域变质岩进行强烈地混合岩化改造,形成各种流变混杂岩带(剪切流变带),完成早期韧性再造和折返过程。之后大别微陆块南、北两侧开始裂解,北淮阳地区处于秦岭海的东部尾端,南缘磨子潭深断裂开始形成。早期可能在洋壳的基础上形成裂谷槽盆相火山-沉积建造(庐镇关岩群),同时发生了低角闪岩相-高绿片岩相区域中、浅变质作用。张八岭-宿松地区发育一套以细碧角斑岩为特征的海相火山-沉积岩系(张八岭岩群),显然具活动大陆边缘特征。总之,800Ma左右是安徽省境内大别造山带从汇聚转变为裂解的高峰期,属全球性新元古代格林威尔造山期Rodinia超大陆聚合与裂解过程的组成部分(比北美格林威尔造山运动的时限年轻),对研究新元古代和古生代的大地构造演化具有十分重要的意义。

加里东期,中国晚前寒武纪超大陆再度裂解,大别山北缘扩张成秦岭-北淮阳海,北淮阳地区为类似造山期后弧后盆地环境,六安深断裂和磨子潭深断裂的再次活动形成山前坳陷,出现远源深海相浊积岩沉积,前陆带广泛沉积了稳定浅海台地相盖层。志留纪末(410Ma左右),在以二郎坪岩群蛇绿岩为代表的古生代洋壳消减之后,加里东运动使华北、大别两大陆块重新汇聚对接。局部残存的小海盆沉积了石炭纪及以后的地层,结束了北淮阳构造带由裂谷演化成弧后盆-陆间海的历史。早古生代地层经受了角闪岩相-绿片岩相区域动力变质作用,造山带核部从西到东(蜜蜂尖—碧溪岭—石马一带)该期榴辉岩的发现,证实前新元古代岩石再次经受了高压-超高压变质作用,推断对接带具有俯冲碰撞的特点,对造山带韧性改造较为深刻。加里东运动平息之后,华北陆块、大别微陆块、扬子陆块及华南陆块已完全拼接成统一大陆。

华力西-印支期,造山带仅北淮阳地区有石炭纪沉积记录,秦岭海的前缘伸展到北淮阳局部凹槽或山间断陷之中,形成一些半封闭的海湾,堆积产生了滨岸沼泽相含煤砂岩-页岩沉积建造,构造面貌不甚清楚。此间随着扬子陆块基底持续向北俯冲,高压、超高压变质作用开始发生,同时张八岭岩群、宿松岩群、大别岩群继续受高压、超高压变质作用改造,并在不同深度分别形成高压蓝片岩带、高压榴辉岩带和超高压榴辉岩带。俯冲作用一直未停止,而且俯冲深度越来越大,直到中三叠世才由B型俯冲发展成A型俯冲而实现真正的陆-陆碰撞,陆表海全部退出,沿大别古陆南、北缘南、北大陆再次聚合。晚三叠世以后,造山带进入隆升折返阶段,已形成的高压、超高压变质带分别在不同的抬升高度发生退化变质(中压)。其中、超高压变质带要经过一段很长的退变路径和初始花岗岩岩浆熔融区,并可能导致混合岩化与花岗岩化作用。印支运动结束了全区洋盆发育历史,是造山带演化中又一次重大构造热事件。除盖层全面褶皱外,所有变质岩层均一致具有该期变形变质记录,尤其是榴辉岩中发现金刚石微粒包体和Sm-Nd同位素年龄244~221Ma的含柯石英榴辉岩,表明此次扬子基底向北俯冲已达极限,变质条件提

高到 $T=700\sim900℃$，$p=2.8\sim3.8GPa$，相当于岩石圈地幔或软流圈深度（构造超压及流体作用可大大减小这一深度）。印支运动之后，安徽总体再度成为大陆，从而也揭开了大陆边缘活动带发展阶段的新序幕。

**3. 大陆边缘活动带改造阶段**

从侏罗纪开始，大陆边缘活动带阶段是造山带后造山强烈改造阶段，以断裂构造、逆冲推覆构造、伸展滑覆构造、变质核杂岩穹隆构造和强烈的岩浆活动为特色，尤其是燕山运动对其改造极为深刻，不断地改造着造山带构造面貌。

早燕山期（早、中侏罗世），为大别造山带造山期后陆内调整阶段，总体以伸展构造占主导地位，不同构造岩石单位间都以韧性剪切带为界，发生近水平方向上伸展拆离，以地壳减薄再次实现高压、超高压岩石折返。以大别岩群为核的岳西穹隆是本期主体构造，周边各类岩片向外倾斜，自内向外"逐层"剥离滑脱，总体呈向造山带边缘超覆的特点。秦岭断裂系边界断裂的配套关系（磨子潭断裂带左行剪切与襄-广断裂带右行平移）显示造山带隆起有向东挤出的特点，边缘盖层与基底滑脱，向南逆冲形成前陆褶断带及前陆磨拉石沉积。俯冲至地幔深度的陆壳岩石由于密度差引起浮力而与下伏岩石圈拆离（山根拆沉），快速回返至与之密度相当的地壳深度构造并置，并经受绿帘角闪岩相退变质作用。本期调整阶段很少形成印支期花岗岩出露，但大多数老片麻岩岩体及榴辉岩都有该期变质年龄记录。分隔华北、大别和扬子3个板块的南、北主碰撞缝合带已被大别构造混杂岩带掩覆，仅在宿松二郎河一带残留有洋壳残块（蛇纹蛇绿岩带），但均已几经改造而难以辨认。受环太平洋构造影响，郯庐断裂系开始启动，造山带被左行错移，平移效应使华北陆块在北淮阳构造带北缘（六安断裂带）向南俯冲，造成地壳加厚和表层岩石向北反向逆冲，后缘处于拉张环境。

中燕山期（晚侏罗世—早白垩世早期），在大别造山带内，伴随郯庐断裂带强烈的左行平移，西侧北西向流变带受牵引呈向南凸出的弧形构造，东侧构造混杂岩带错移至苏鲁地区，带内夹有大量构造杂岩块。因造山带山根垮塌，下地壳和上地幔发生部分熔融，引起广泛的岩浆作用，以花岗岩岩基侵入和碱钙性、碱性火山喷发为代表。从而导致造山带横向伸展及变质岩石进一步抬升，导致深层超高压岩石大面积剥露（时代130Ma左右），并经受了韧、脆性断裂和强烈的混合岩化改造及热叠加变质作用。

燕山晚期，随着太平洋板块向欧亚地块不断俯冲，地壳水平挤压活动强烈，进一步形成了一系列北北东向、北西向、近东西向断裂和推覆构造，同时对早期断裂构造、褶皱构造、盆地构造和花岗岩体进行了强烈改造，断裂活动控制了造山带构造格局，岩浆活动趋于平静，仅有晚期残余岩浆沿断裂脉状贯入。至喜马拉雅期，构造应力作用方式逐渐转为张剪作用，形成一系列断陷盆地和垒、堑构造，以不均衡差异升降运动为主，伴随深断裂活动，有少量基性岩脉侵入。中更新世大别山急剧上升，随着全球性气候变冷，在大别山金寨—岳西一带发生山岳型冰川活动。

综上所述，大陆边缘活动带改造阶段一直持续到中更新世，经历了伸展（岩浆底劈穹隆）→挤压（逆冲推覆）→左行平移→伸展（隆升、断陷）演化过程。三大构造演化阶段形成了一条横亘中国东部的巨型构造混杂岩带，大别造山带既保存了前主造山期复杂的多期变形变质古构造，又强烈叠加了中、新生代陆内造山构造，其发生、发展控制了安徽省乃至中国东部构造作用、沉积作用、岩浆作用、变质作用及成矿作用。

**（三）江南古陆（造山带）变质构造演化**

江南古陆隆起从中元古代末开始，到新元古代碰撞造山及其后裂解-陆壳重熔火山岛弧增生，奠定了造山带基本构造格架。加里东期板内俯冲、地壳加厚，隆起进一步抬升，在伸展机制下，发生大规模断褶，表现为不同规模级别（断块、断片、片内）的滑覆断褶构造。印支期陆-陆碰撞造山，继之褶皱构造叠加、断裂构造复活和改造。燕山期转入滨太平洋构造域，开始了陆内造山的过程。根据各期主要构造事件及多期变形特征，江南古陆隆起-造山带构造演化可分为前南华纪基底形成阶段、加里东-印支期变形改造阶段和中生代陆内造山阶段，构造演化如图3-8所示。

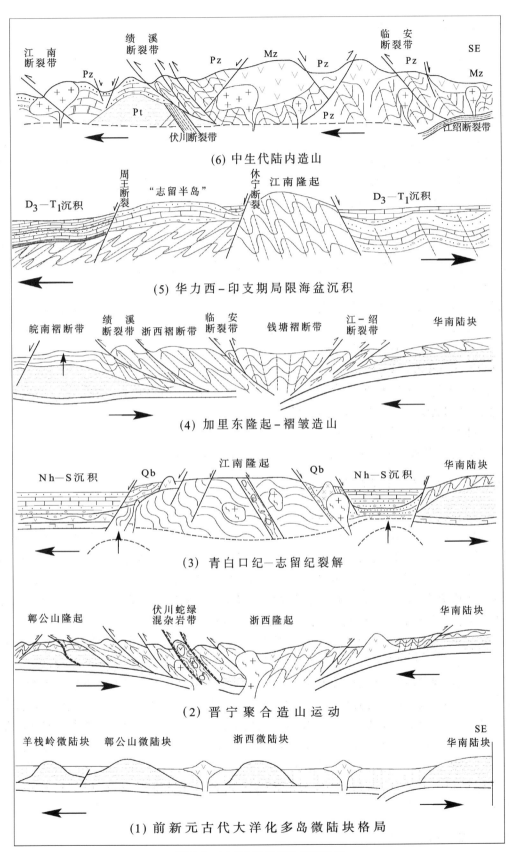

图 3-8 江南古陆隆起构造演化图

**1. 前南华纪基底形成阶段**

中—新元古代,扬子地域处于不成熟的"多岛洋盆"构造环境,江南、浙西等被动陆缘地块接受大洋化盆地沉积,形成了复杂的复理石沉积,同时伴有大洋岛弧基性火山岩-拉斑玄武岩喷发及蛇绿岩套组合。晋宁运动(820Ma 左右)发生强烈的陆-弧-陆碰撞,扬子陆块聚合,伏川、郭源村、赣东北等蛇绿岩套碎片构造侵位,同时歙县、休宁、许村等同造山期同熔改造型花岗闪长岩侵位(侵入于蛇绿混杂岩带并含有千枚岩包体和蛇绿岩套残块),溪口岩群、西村-昌前岩组构成变质基底下构造层,隆起呈近东西向展布。该套强变形浅变质基底岩系,经过复杂的塑性改造,原生沉积组构全被置换而消失,构造面理置换原始层理,碎屑结构被新生的石英、绢云母、绿泥石等形成的显微鳞片变晶结构取代,仅在局部弱变形岩块中残存沉积构造和结构特征。随后(约 730Ma),江南隆起发生拉张裂解、垮塌熔融,导致铺岭组、井潭组双峰式火山岩喷发,井潭组底砾岩中含有下伏含铬铁矿蛇纹岩砾石(陈思本,1987),是蛇绿岩早于井潭组火山弧形成的地质依据。且 766~753Ma 的灵山、莲花山、白际及石耳山等岩体侵入于井潭组火山-沉积岩系,构成了江南隆起变质基底上构造层,代表了新元古代早期离散环境的产物。传统地质将其作为一个独立的造山旋回,或作为晋宁运动Ⅱ幕产物(王鸿桢,1986)。然而,区域上大量的研究资料显示它们是大陆拉张-裂谷或裂陷槽火山沉积。葛公镇组或镇头组底部砾岩不是同晋宁造山期的磨拉石沉积,而是在晋宁期增生杂岩基底上发育的夭折大陆裂谷沉积,代表着另一构造旋回开始。在区域上南华纪休宁组及相当层位平行不整合或小角度不整合在新元古代早期大陆裂谷沉积历口群和井潭组等之上,反映的是夭折大陆裂谷沉积与区域性海侵沉积之间的构造事件,以其不整合面上覆地层底界确定晋宁不整合面位置的做法欠妥的(郝杰等,2004)。此外,地层学和沉积岩相学研究显示,在扬子陆块南缘的丹洲裂陷槽和北缘的随县大陆边缘,从新元古代早期至莲沱期为一套连续沉积,其间没有沉积间断和不整合,大陆边缘的裂陷作用一直持续到南华冰期,将晋宁运动定义在其间缺少区域构造证据。因此,本书晋宁运动代表的是发生在新元古代早期的一次区域性造山事件。

**2. 加里东-印支期变形改造阶段**

在新元古代青白口纪中、晚期,扬子陆块处于拉张的大地构造背景,沿扬子古陆块(晋宁期造山带)周缘形成一系列裂谷。大多数裂谷很快就夭折了,只有少量一些裂谷一直延续发展,并形成新元古代晚期至早古生代早期的古洋-陆格局。从南华纪开始,为扬子泛海侵沉积阶段,在扬子陆块东段周缘的皖南、赣北和浙西地区广海盆地沉积逐渐向整个晋宁期造山带超覆沉积,与历口群、溪口岩群之间呈角度不整合接触,江南隆起为古陆物源区。自早古生代以来,区域上华南陆块不断向北俯冲,志留纪末(410Ma 左右)与扬子陆块陆-陆碰撞,主碰撞带位于江绍断裂带。受此影响,江南隆起表现为强烈的断、褶造山运动,其强度自北而南逐渐增强,反映了构造过渡区造陆、造山双重性。加里东运动之后全区隆起为陆,基底变质岩系从位于中深层次塑性流变环境抬升近地表环境而强烈剥蚀,断裂构造以韧脆性伸展变形为主,包括两侧褶断带在内形成大量的滑覆构造。此阶段构造面理可能逐渐调整为近东西—北东东向,岩层沿早期软弱面向周边滑覆,滑覆体的前缘强烈揉皱及局部加厚。晚古生代江南隆起仅局部地区见有石炭纪—二叠纪地层直接不整合覆盖在变质基底之上。中三叠世末,江南隆起北缘华北与扬子板块发生陆-陆碰撞,在南部华南板块向北俯冲推挤的区域动力学背景下,印支运动以持续由南东向北西挤压为主应力场,区域上形成一系列逆冲-推覆构造。郭公山复背斜翼部北东向次级褶皱可能就是本期叠加改造产物。这表明印支期造山运动使下扬子地块两侧向隆起中部收缩,与前陆盆地形成区域性的对冲格局。

**3. 中生代陆内造山阶段**

印支期—早燕山期,江南隆起成为陆内造山带(朱光等,2000)。晚三叠世—中侏罗世,在挤压构造背景下,发育以含煤碎屑岩为特征的山间盆地——休宁盆地和一系列近东西—北东向向北逆冲的逆冲-

推覆构造,使基底岩系相互叠置、地壳和岩石圈显著加厚而强烈隆升,属板内叠置山系。夹持于江南断裂带与江绍断裂带之间的江南陆内造山带中,变质基底、震旦纪—中三叠世海相盖层及晚三叠世—中侏罗世山间盆地沉积皆卷入了强烈的线形褶皱,褶皱轴总体走向近东西—北东东向,轴面多倾向南或南东,主要为侏罗山式褶皱,底部以海相盖层与基底之间界面为滑脱面,即表现为薄皮构造。由此可见,江南隆起由腹部厚皮构造向两侧转变为薄皮构造。江南造山带南、北两侧海相盖层的剥蚀程度呈有规律的递减,紧邻造山带的皖南褶断带和浙西褶断带中仅保留有早古生代盖层,而更北部的沿江褶断带和更南部的钱塘褶断带南侧保留有晚古生代—中三叠世盖层,反映江南陆内造山带的隆升发生于中三叠世末海盆消失之后。

进入晚侏罗世—早白垩世,江南陆内造山带乃至中国东部由前期受控制于南、北板块聚合的特提斯构造域转入受控于太平洋板块的滨太平洋构造域。伴随着一系列北北东向左行平移断裂系的产生,出现了大规模以中酸性为主的岩浆侵入与喷发,是陆壳加厚的火成岩记录,预示加厚岩石圈大规模的伸展塌陷,同时也是本区重要的钨、铜、铅、锌、金、银等多金属矿构造岩浆成矿期。燕山晚期(晚白垩世—古近纪),随着太平洋板块向欧亚地块不断俯冲,地壳水平挤压活动强烈,进一步形成了一系列北北东向、北西向、近东西向断裂和推覆构造,下扬子前陆对冲构造进一步强化,江南隆起总体上处于相对隆起,局部地区由于区域性伸展而出现了上叠式陆相盆地。喜马拉雅期(新近纪)以来,受区域性挤压总体处于隆升剥蚀环境。

总之,江南隆起中生代以来陆内造山过程主导构造以逆冲推覆、左行平移、新生断陷盆地和断块运动为特色,经历了挤压(逆冲推覆)→伸展(岩浆底劈穹隆)→挤压、伸展(断陷)演化过程。

## 第四节 变质岩岩石构造组合与成矿关系

内生成矿变质作用主要有区域变质作用及混合岩化作用。温、压条件的改变使成矿物质活化、迁移、交代、分异、结晶或析离富集成矿。安徽省受区域动力变质作用、区域动力热流变质作用和热接触变质作用控制的矿产主要有沉积变质型铁矿、沉积变质型磷矿、沉积变质型菱镁矿和石英脉-蚀变岩型金矿等,其中大地构造环境和变质岩石构造组合与成矿作用关系十分密切,现举几例典型变质矿产概述。

**1. 沉积变质型铁矿**

安徽沉积变质型铁矿主要产于古老变质结晶基底和造山带内变质岩系中,基底岩石经受了高、中温,中、低压,相当于角闪岩相区域变质作用和混合岩化作用(钠质交代)改造,主要含矿岩石构造组合为新太古代—古元古代霍邱岩群、五河岩群、阚集岩群和大别岩群高铝片岩、片麻岩、变粒岩、大理岩等含铁沉积建造。霍邱式沉积变质型铁矿岩石构造组合为黑云斜长变粒岩(片麻岩)-片岩、变硅铁质岩组合。其吴集岩组角闪斜长变粒岩、斜长角闪岩、石榴黑云斜长片麻岩夹石英角闪磁铁矿建造和周集岩组富铝片麻岩、黑云斜长变粒岩-片岩、变硅铁质岩-大理岩建造为霍邱岩群主要含铁层位。五河岩群峰山李岩组角闪钾长变粒岩、浅粒岩、斜长角闪岩夹大理岩、磁铁角闪岩及含磷灰石变粒岩建造组合为主要含铁层位。阚集岩群大横山岩组斜长角闪岩、斜长角闪片麻岩、角闪斜长片麻岩及角闪岩建造普遍夹磁铁石英岩、磁铁角闪石英岩,原岩建造为一套基性火山岩-磷块岩-镁质碳酸盐岩含铁建造组合。大别岩群中含铁建造较分散,少见磁铁石英岩、磁铁斜长角闪石英岩建造组合。沉积变质型铁矿均为蚌埠(大别)变质期区域动力热流变质作用产物,组成古老的变质结晶基底,且经受了后期叠加变质作用。变质作用为低角闪岩相,中、低压相系,大别岩群变质作用相当于麻粒岩-高角闪岩相,高压-超高压榴辉岩相。

**2. 沉积变质型磷矿**

安徽沉积变质型磷矿主要分布在大别造山带东南缘宿松、肥东地区。宿松岩群、肥东岩群主体由一套被动陆缘海槽-浅海台地相沉积岩(大新屋岩组、柳坪岩组和双山岩组)与以酸性火山岩为主的双峰式火山岩(虎踏石、蒲河岩组和桥头集岩组)组成,其中区域变质含磷复理石建造主要赋存在碎屑岩向碳酸盐岩过渡的部位,组成"碎屑岩-磷块岩-大理岩"沉积建造组合,普遍遭受高压榴辉岩相-中压低角闪岩相变质及高绿片岩相退变质作用。主要含矿岩石构造组合为大新屋岩组白云质大理岩、白云石英片岩、含磷白云石大理岩建造组合,柳坪岩组含磷白云石英片岩、石英岩、浅粒岩、磷块岩,含磷白云石大理岩建造组合,及双山岩组大理岩、锰白云质大理岩、含磷斜长角闪岩、含磷变粒岩、磷灰岩建造组合。另外在虎踏石岩组白云石英片岩、云英片岩、钠长浅粒岩和蓝晶石白云石英片岩建造,桥头集岩组黑云斜长片麻岩、角闪斜长片麻岩、黑云片岩、角闪片岩建造,阚集岩群大横山岩组含铁片麻岩、角闪片岩建造中亦见有呈透镜状、条带状含磷矿层位。沉积变质型磷矿经受了晋宁变质期区域低温动力变质作用,以高压角闪岩相叠加高绿片岩相-低绿片岩相退变质为主。在区域动力-热流变质作用影响下,含矿建造经过早期以变质改造"再活化"为主,晚期则具有混合岩化交代结晶或重结晶作用,除了原岩结构发生变化外,磷质基本上无转移富化或消失等现象。磷块岩中的隐晶质胶磷矿(部分可能为细晶磷灰石)在变质作用中发生了重结晶,在原生层理的基础上形成条带状或片状结构。沉积变质型磷矿在变质成矿阶段主要表现为原始沉积特征的结构构造部分或大部分被变质作用形成的结构构造所替代,磷矿质发生脱水和二氧化碳逸出,矿石进一步富化。同时伴随变质热液活动,使元素活化转移,磷质明显富集。

**3. 石英脉-蚀变岩型金矿**

石英脉-蚀变岩型金矿主要发育在蚌埠、张八岭地区和皖南南部地区,赋矿地层为新太古代—古元古代变质结晶基底(变质杂岩)五河岩群西堆岩组、峰山李岩组、小张庄岩组中基性火山岩-杂砂岩-含铁硅质碳酸盐岩建造组合和青白口纪高压变质岩系张八岭岩群西冷岩组变质海相碳酸盐岩-细碧角斑岩建造。皖南南部石英脉-蚀变岩型金矿主要赋矿地层为新元古代溪口岩群漳前岩组、板桥岩组、木坑岩组中低级变质基底变质杂陆屑复理石浊积岩相建造组合和青白口纪井潭组岛弧型双峰式火山岩建造组合。变质基底建造具有较高的含金丰度,为金的成矿作用提供较充足的矿质来源。基底岩石普遍经受了区域动力热流变质作用,中、低压相系、低角闪岩相变质,强烈变形变质、拉长变薄、韧性剪切带、石英脉、条带状构造发育,是金矿赋存的主要层位,围岩以变质镁铁质岩(金的亲铁性)或泥炭质板岩(吸附性)居多。区域变质作用和混合岩化作用(钠质交代)改造,使金元素活化、聚集形成含金绿岩建造和含金石英脉。韧-脆性剪切破碎带是金矿迁移、富集、蚀变矿化的主导因素,成矿模式为金元素活化分异—导矿—储矿三位一体的控制作用,矿床类型有含金石英脉型和剪切破碎蚀变岩型。

与变质作用和变质岩石构造组合相关的尚有沉积变质型菱镁矿,沉积型、热液型重晶石矿,主要赋矿地层为五河岩群黑云母变粒岩、角闪变粒岩、斜长角闪岩、浅粒岩建造组合和张八岭群西冷岩组石英角斑岩为主的细碧-石英角斑岩建造。沉积变质型菱镁矿为蚌埠变质期区域动力热流变质作用产物,且经受了后期叠加变质作用。岩石强烈变形变质、拉长变薄,韧性剪切带、条带状构造发育,成为储矿有利部位。

另外,张八岭岩群含铜(铁)细碧角斑岩建造与其经受了高压绿帘蓝片岩相+低绿片岩相变质作用相关。变质作用及变质气-液活动是变质内生矿产成矿的主要因素,如矽线石、蓝晶石、刚玉等变质矿物(产)。矽线石主要产于大别岩群的矽线石英片岩中,为热液蚀变的产物。霍邱岩群中的蓝晶石呈透镜状、似层状赋存在含蓝晶石十字石片岩和片麻岩中。宿松岩群中的蓝晶石主要赋存在白云石英片岩透镜体中,与其共生的有刚玉、锆石等。刚玉主要赋存在大别岩群超基性岩体外接触带的黑云钾长片麻岩中,可能是富铝黏土质岩石变质作用的产物。水晶和白云母矿主要赋存于伟晶岩脉中,多分布在岳西团岭—店前一带晋宁期混合岩化变质侵入岩岩体外围。矿脉中以白云母和水晶分别构成内、外带,这种含矿伟晶岩岩脉是混合岩化作用过程中的产物。含铍矿物绿柱石产于混合岩化含铍伟晶岩中,绿柱石形成于强烈钠长石化,富集在矿化伟晶岩块体带的上部和中部,向下部逐渐减少,可能是大别变质期区域混合岩化作用钠质交代作用的产物。

# 第四章 大型变形构造特征

## 第一节 大型变形构造类型与分布

大型变形构造是具有区域规模的变形构造，发育在相单元边界处或相单元内部，切割不同相单元或叠加在不同相单元上，不等同于相单元或构造单元边界，也不是一条简单的断裂带或一般意义的区域性断裂或褶皱带。大型变形构造是指组成地壳的地质体在地质应力作用下形成的具有区域规模的（长度一般大于100km，宽度数千米至数十千米，切割深度从壳内到切穿整个岩石圈）的巨型变形构造，是地壳中的主要地质现象。即是组成地壳的地质体在应力作用下发生空间位置和形态（结构构造）明显改变所形成的、具有区域规模的构造变形的集合，它反映了地质体或不同构造单元的相互构造关系，是地壳结构构造的重要约束。

根据大型变形构造的力学性质和运动学特征把内动力地质作用形成的大型变形构造划分为挤压型、剪切型、拉张型、压剪型、张剪型、撞击构造、穹隆构造七大类和不同的变形构造亚类。通过大型变形构造的构造类型、规模、构造级别、形成时代、构造演化、影响范围及其构造意义的研究，确定全省大型变形构造分布和基本构造框架及其控矿构造意义。安徽省大型变形构造在豫皖陆块、扬子陆块及大别造山带均有不同程度的发育（表4-1）。一般地，大地构造单元边界、主要大地构造相界或大型盆山（岭）构造及特殊意义的构造变形单元（如碰撞带、对冲构造、推覆构造及变质核杂岩穹隆构造等）均由大型变形构造构成。其时空展布、构造演化不仅反映了区域（省级或地块、构造带）构造格架，同时对区域成矿作用有明显的控制，往往与成矿带、成矿亚带构造变形吻合或构成其中一部分。

## 第二节 大型变形构造基本地质特征

据大型变形构造基本概念对安徽省内大型变形构造进行系统梳理、识别和研究，建立全省大型变形构造系统，并系统地阐述大型变形构造属性，从而为划分主要构造单元、构造大相、相、成矿区带的时空展布奠定基础。省内大型变形构造指具有区域规模的构造变形的集合体，并有一定的区域范围，反映了地质体或不同构造单元的相互构造关系，是陆块区、造山带变形结构构造的体现和重要约束。省内区域性深大断裂带、韧性剪切带（表4-2，图4-1）往往构成构造单元边界、相单元边界，是大型变形构造重要组成部分，对区域成矿带具有明显的控制作用。现对具有构造单元边界、相单元边界断裂带及特殊意义的大型变形构造进行概述。

表 4-1 安徽省大型变形构造特征简表

| 编号 | 大型变形构造名称 | 代号 | 类型 | 规模 | 产状 | 组合形式 | 物质组成 | 构造层次 | 运动方式 | 力学性质 | 形成时代 | 变形期次 | 大地构造环境 | 含矿特征 |
|---|---|---|---|---|---|---|---|---|---|---|---|---|---|---|
| 01 | 郯庐断裂带 | TLDL | 剪切型左行走滑构造 | 长约400km，宽约20km | 走向近南北至北北东向，断面向东倾，局部西倾，倾角60°～80° | 由五河断裂、石门山断裂、池（河）－大（湖）断裂（21），嘉山-庐江断裂和清水涧韧性剪切带斜列组成地垒地堑 | 外侧分别由华北陆块变质基底和张八岭高压变质带组成，带内为白垩系。地垒由元古宙至寒武纪地层组成 | 深部岩石圈断裂－中深壳断裂剪切壳断裂构造 | 早期左行韧性剪切带，印支期前陆地向前陆带逆冲，白垩纪后发展一系列正平移断层，白垩纪西升东降，古一第三纪剪切右旋平移，白垩纪张陷形成 | 压扭性-张（扭）性 | 起始于晋宁期主期早白垩世 | 晋宁期强烈挤压，印支期、燕山早期大规模左行平移，累计平移距离达到（130～110Ma）100km以上，燕山晚期雅晚期拉张、幔源型岩浆侵入 | 东支嘉山-庐江深断裂带为大别造山带与扬子陆块北缘前陆冲褶带边界，大陆边缘活动带组成部分 | 蚀变岩型、石英脉型金矿 |
| 02 | 徐淮推覆构造 | XHTF | 挤压型逆掩推覆构造 | 百余平方千米 | 向北西西凸出的弧形构造 | 叠瓦状冲断层，紧闭、倒转、平卧褶皱组成 | 震旦系、寒武系、奥陶系、晚石炭世至二叠系及早三叠世 | 浅部表壳岩覆体 | 总体运动方向指向北西西 | 早期压性晚期张性 | 印支期 | 早期冲断层，晚来峰"构造，晚期推覆体后缘伸展断层发育 | 陆内造山 | 铁、铜 |
| 03 | 黑峰岭"飞来峰" | HFFL | 挤压型逆掩推覆构造 | 面积约90km² | 断面倾向北东一东，倾角30° | 黑峰岭"叠覆原地系统背斜核部 | 震旦系 | 浅部表壳岩覆体 | 自东向西推覆 | 压性 | 燕山晚期 | | 陆内造山 | |
| 04 | 皖北对冲推掩构造 | WBDC | 挤压型对冲逆掩构造 | 影响范围数千余平方千米 | 总体呈近东西向展布，对冲构造面北侧向南倾，南侧向北倾，形成对冲构造格局 | 以刘府断裂为主，泥盆断裂及双向冲断构造组成，主体由蚌埠隆起、淮南复向斜组成 | 由华北陆块变质基底和青白口系－古生界三叠世地层组成，断裂破碎带、挤压劈理和糜棱岩带发育 | 中浅层次推覆构造 | 南、北对冲推覆，后期北侧伴发育同向正断层及北北东向断裂 | 压性 | 印支期、燕山期 | 印支期挤压形成复向、冲断斜构造和逆断层，燕山早期对冲加剧，燕山晚期伸展形成断陷盆地和岩浆活动 | 陆地造山 | 煤、铁、金 |

第四章 大型变形构造特征

续表 4-1

| 编号 | 大型变形构造名称 | 代号 | 类型 | 规模 | 产状 | 组合形式 | 物质组成 | 构造层次 | 运动方式 | 力学性质 | 形成时代 | 变形期次 | 大地构造环境 | 含矿特征 |
|---|---|---|---|---|---|---|---|---|---|---|---|---|---|---|
| 05 | 北淮阳滑覆带 | BHHF | 拉张型大型正滑构造 | 长约160km，宽约30km | 总体呈北西西向展布，构造面总体倾向北 | 以磨子潭断裂带、金寨断裂、独山－东汤池断裂、六安－佛子岭断裂等斜列复合。南侧发育宽约2km糜棱岩化带 | 由庐镇关岩群、佛子岭岩群及中生代火山盆地、侵入岩组成 | 中深层次中浅层次 | 加里东期南、北陆块碰撞对接，印支期整体向北伸展滑覆 | 早期压性、晚期张性 | 加里东期、印支期、燕山期 | 加里东期秦岭海槽封闭，形成复向斜，印支期大别撞造山带隆起，北淮阳对接带整体向北伸展拉张滑覆，燕山期火山断陷盆地 | 陆陆(弧)碰撞造山，隆升伸展 | 金、多金属 |
| 06 | 北大别高温流变带 | BDLB | 压剪型 | 省内长约150km，糜棱岩构造成带北部主体 | 总体呈北西西向展布，片理倾向外侧构造成隆起构造，倾角中等偏陡 | 由数条韧性剪切带、糜棱岩化带、构造岩块组成强变形域，弱变形域网结块状构造 | 由中深变质表壳岩、超镁铁质岩组成 | 中深层次 | 深层固态流变，拉伸线理130°左右。其中水吼－磐水河韧性剪切带左行南倾，大化坪－麻岩岭韧性剪切带右行北倾 | 压扭－伸展 | 晋宁期 | 早期深层流变，晚期隆升滑脱 | 陆间造山带 | 板材、铁矿等 |
| 07 | 南大别超高压折返带 | NDZF | 压剪型 | 省内面积近2000km² | 总体呈北西西向呈弧形，出露面倾向南西、倾角中等 | 由数条韧性剪切带、糜棱岩化带、构造岩块组成 | 由超高压榴辉岩、硬玉岩、大理岩、片麻岩组成超高压变质带 | 中深层次 | 山根拆沉、折返，超高压挤出变质岩南东向挤出，拉伸线理130°左右 | 压扭－伸展 | 印支期 | 早期剪切流变，晚期隆升滑脱，燕山期左行拖曳 | 多期碰撞造山带 | 大理石、金、红石等 |
| 08 | 宿松增生楔 | SSZS | 挤压型逆冲叠瓦构造 | 省内面积近800km² | 总体呈北西西－近东西向展布，构造面西里倾向南，倾角中等 | 由高压榴辉岩、片麻岩、浅粒岩、片麻状花岗岩、含磷大理石组成 | 由高压榴辉岩、片麻岩、浅粒岩、片麻状花岗岩、含磷大理石组成 | 中深层次 | 扬子陆块向北俯冲，折返排贴子造山带南缘 | 挤压－伸展 | 晋宁期 | 晋宁期折返，印支期折返向前陆带滑覆逆冲 | 造山带增生楔 | 金、磷 |

续表 4-1

| 编号 | 大型变形构造名称 | 代号 | 类型 | 规模 | 产状 | 组合形式 | 物质组成 | 构造层次 | 运动方式 | 力学性质 | 形成时代 | 变形期次 | 大地构造环境 | 含矿特征 |
|---|---|---|---|---|---|---|---|---|---|---|---|---|---|---|
| 09 | 岳西片麻岩穹隆 | YXQL | 穹隆构造 | 面积大于1000km² | 以岳西片麻岩杂岩为中心，构造岩片由内向外依次剥离滑覆，外倾 | 由3个韧性剥离岩片和其同剪切带组成 | 岳西变质核杂岩、大别超高压、张八岭高压岩片 | 大型中深层次不对称穹隆构造 | 由中心向外依次逐层伸展滑覆，组成构造岩片堆叠体 | 张剪性 | 印支期 | 大别造山带俯冲碰撞折返期后韧性伸展，燕山期隆升构造控制下进一步强化 | 造山带内部伸展穹隆构造 | |
| 10 | 河西山推覆构造 | HXTF | 挤压型逆冲推覆构造 | 长约35km，宽约10km | 倾向北西，倾角西缓东陡 | 一系列向南凸出的弧形逆掩断层，形成"构造窗""飞来峰"构造 | 张八岭岩群及震旦系—奥陶系叠覆其上，寒武—志留系地层，构成造山带前缘反向冲断带 | 浅部表壳逆冲推覆体 | 由北西向南东推覆 | 压性 | 印支期 | 印支期盖层向前陆冲断带反向逆掩冲断 | 造山带前陆反向逆冲带 | 金、磷 |
| 11 | 张八岭伸展拆离构造 | ZBGL | 张剪型拆离构造 | 长约150km，宽约5～35km | 北东→北东东向延伸，片理化带倾向南南东，倾角20°左右 | 由嘉庐断裂、黄破断裂限，由张八岭韧性剪切、片理化带组成 | 由青白口纪张八岭岩群西冷岩组及高压蓝片岩片组成 | 中浅层次伸展拆离构造 | 韧脆性左行压扭性剪切，向南东拆离滑覆 | 伸展-压扭 | 印支期 | 印支期早期伸展型顺层滑动韧性变形，晚期压剪性脆性变形 | 大别造山带前缘、伸展滑覆体 | 金、多金属 |
| 12 | 和含巢推覆构造带 | HHCIF | 挤压型逆冲推覆构造 | 长约130km | 倾向280°～320°，倾角30°～80° | 由香泉—半汤—散兵一半汤推覆体组成。一系列平行叠瓦状逆掩断层，"飞来峰"、弧形断裂构造发育 | 推覆体由震旦系—奥陶系边界，叠覆于高家边组，上古生界及页岩、早三叠世之上 | 浅部表壳完整推覆体薄皮构造根部为滁河断裂 | 由北北西向南东推覆，多具左行平移性质，推覆距离约5～12km | 压性-压扭性 | 燕山中晚期 | 燕山期逆冲推覆构造 | 前陆盆地、陆内造山 | 多金属 |
| 13 | 洪镇核杂岩穹隆 | HZQL | 穹隆构造 | 面积大于100km² | 以童岭变质核杂岩、燕山期花岗岩体为中心，由内向外伸展滑脱剥离 | 沿不同的岩性界面发育—系列剥离断层和相关的剪切带及滑脱层 | 变质核杂岩、古生代和中生代浅变质的碎屑岩和碳酸盐岩系、燕山期酸性岩体 | 深中浅层次 | 基底核杂岩断离层，滑脱剥离褶皱加叠，破碎糜棱岩组成弓隆构造 | 张性 | 燕山中晚期 | 以洪镇变质核杂岩为主体的多期次滑脱剥离断层系中生代上隆岩位有关，具多期性 | 前陆盆地、陆内造山 | 铁、铜多金属 |

续表 4-1

| 编号 | 大型变形构造名称 | 代号 | 类型 | 规模 | 产状 | 组合形式 | 物质组成 | 构造层次 | 运动方式 | 力学性质 | 形成时代 | 变形期次 | 大地构造环境 | 含矿特征 |
|---|---|---|---|---|---|---|---|---|---|---|---|---|---|---|
| 14 | 长江断裂带 | CJDL | 拉张型断裂破碎带 | 省内长约400km | 总体走向北东 | 物探解译的隐伏断裂追踪张组合型断裂破碎带 | 古生界—中生界 | 中深层次 | 断裂破碎带岩石圈不连续面 | 早期压性晚期张性 | 晋宁期 | 晋宁期基底对接，华力西期局部拉张，印支期扭性坳陷，燕山期岩石圈减薄活化张裂式红盆，地幔式 | 前陆盆地下扬子坳陷 | 铁、铜多金属 |
| 15 | 江南前陆对冲带 | JNDC | 挤压型对冲推掩构造 | 影响范围约2000km² | 总体呈北东向展布，北西侧构造面倾向北西，南东侧构造面倾向南东，形成对冲构造格局 | 以江南断裂带为主坦，北东向叠瓦状冲断构造，主体由江南过渡带，下扬子至下古生界及早白垩世花岗岩组成 | 由下扬子陆块和南华基底及下古生界—白垩统及早白垩世花岗岩组成 | 中浅层次推覆构造 | 对冲推覆，边界断裂以右行逆冲平移断层为主，后期发育同向正断层及北北东向断裂 | 早期压扭性，晚期张性 | 印支期、燕山期 | 印支期向北西逆冲，印支早期压扭性逆冲推覆，对冲加剧，早白垩世晚期发育断裂正向断层，燕山晚期伸展滑覆变形 | 为下扬子地层分区—江南过渡带与江南地层分区结合带前陆冲断带 | 铜、铁多金属 |
| 16 | 九连山推覆构造 | JLTF | 挤压型逆冲推覆构造 | 省内面积约250km² | 倾向南东，浅部倾角50°~78°深部5°~35° | 弧形叠瓦状冲断层 | 推覆体志留系—二叠系叠覆于晚侏罗世中分村组地层之上 | 浅部表壳推覆体 | 由南东向北西推覆 | 压性 | 燕山中晚期 | | 前陆盆地，陆内造山 | 煤、铜 |
| 17 | 绩溪逆冲断裂滑脱构造带 | JXND | 压剪型逆冲走滑构造 | 长约120km，宽大于10km | 总体呈北东向分布，构造面倾向东南，倾角立至20°~30° | 被绩溪断裂带夹持，由数条平行逆断裂构成平移韧脆性断层和褶皱断片斜列组成 | 南华系至下古生界及燕山期花岗岩 | 中浅层次 | 以左行韧脆性平移断层效应为主 | 早期压扭性，晚期张性 | 印支期、燕山期 | 至印支期为韧性变形，向断裂活动，燕山期强烈北北东向逆冲—左行平移活动，正断层，晚期拉张，断层活动 | 被动陆缘，大陆边缘活动部分 | 金、钨、铜、钼、铅、锌多金属 |
| 18 | 伏川蛇绿混杂岩带 | FCSH | 挤压型逆冲断裂构造带 | 省内长约80km，宽6.5km | 北东40°~60° | 以歙县—千丈岭断裂、三阳坑—竹铺断裂带为边界，由西村岩组、蛇绿岩套碎屑岩、同碰撞-后碰撞期花岗片麻岩岩侵入体组成 | 西村岩组、蛇绿岩套碎屑块、同碰撞-后碰撞期花岗片麻岩岩侵入体组成 | 中深层次 | 汇聚，逆冲，推覆，断裂带 | 早期复杂的逆冲推覆，晚期右行正平移，滑覆 | 晋宁期 | 早期为韧性变形，晚期韧脆性变形，印支-燕山期北东向脆性断裂发育 | 前陆盆地，晋宁期洋盆闭合，晋宁期汇聚边界 | 钨、钼、铍、萤石、水晶等多金属 |

表 4-2 安徽省大型断裂构造特征数据表

| 编号 | 断裂构造名称 | 代号 | 类型 | 规模 | 产状 | 组合形式 | 物质组成 | 构造层次 | 运动方式 | 运动方向 | 力学性质 | 形成时代 | 变形期次 | 大地构造环境 | 含矿特征 |
|---|---|---|---|---|---|---|---|---|---|---|---|---|---|---|---|
| 01 | 六安深断裂 | LADL | 挤压 | 省内长约140km | 近东西向 | 重、磁交变带 | 霍邱岩群—侏罗系 | 隐伏岩石圈深断裂 | 早期向南逆冲,晚期南北正滑 | | 早期压性,晚期张性 | 侏罗纪早期 | 持续活动至新近纪合肥盆地控盆构造 | 华北陆块与秦岭-大别造山带分界断裂,陆-弧碰撞带 | |
| 02 | 刘府断裂 | LFDL | 挤压 | 省内长约265km | 近东西向倾向北,倾角约70° | 平行断裂破碎带,挤压劈理和糜棱岩带,被北北东向断裂错断 | 五河岩群—白垩纪火山岩 | 半隐伏中深壳断裂 | 早期五河岩群向南推覆二叠系之上,晚期南北正滑 | | 早期压性,晚期张扭性 | 起始于中元古代,燕山中期活动最强烈 | 早期向南逆冲、晚期向北滑覆 | 陆内逆冲推覆、蚌埠隆起 | 蚀变岩型、石英脉型金矿 |
| 03 | 肥中深断裂 | FZDL | 拉张 | 省内长约170km | 断层面北北西倾,断距1~3km | 重、磁交变带推断隐伏断裂 | 侏罗系—新近系 | 中深壳断裂 | 正滑断块运动 | | 张性 | 侏罗纪 | 持续活动至新近纪合肥盆地控、断盆构造 | 陆地断陷盆地 | 控制古近纪膏盐盆地 |
| 04 | 宿北断裂 | SBDL | 挤压 | 约200km | 断层面南北倾,倾角35~75° | 钻探证实隐伏断裂数条平行断层组成 | 震旦系—古生界—新近系 | 浅部壳断裂 | 早期向南推覆,晚期断面南倾80°正断层 | | 早期压扭性,晚期张扭性 | 中晚三叠世 | 持续活动至新近纪控、断盆构造 | 陆内断陷盆地 | 深部找煤有利地段 |
| 05 | 利辛断裂 | LXDL | 拉张 | 约245km | 断面北西倾,倾角较陡 | 物探解译隐伏断裂数条平行断层组成 | 变质基底岩系—新近系 | 浅部壳断裂 | 正滑断块运动 | | 张性 | 侏罗纪 | 持续活动至新近纪山中晚期活动强烈,断盆构造 | 陆内断陷盆地 | 煤、铁、金 |
| 06 | 颍上-定远断裂 | YDDL | 拉张 | 约250km | 断面南倾,倾角陡 | 物探解译隐伏断裂 | 变质基底岩系—白垩系、始新世橄榄玄武岩发育 | 浅部壳断裂 | 正滑断块运动 | | 张性 | 白垩纪 | 喜马拉雅早期活动强烈 | 陆内断陷盆地 | 控制古近纪膏盐盆地 |
| 07 | 蜀山断裂 | SSDL | 拉张 | 约155km | 断面北倾,倾角较陡 | 物探解译隐伏断裂 | 侏罗系—古近系、始新世橄榄玄武岩发育 | 浅部壳断裂 | 正滑断块运动 | | 张性 | 侏罗纪 | 燕山期、喜马拉雅早期活动强烈 | 陆内断陷盆地 | |

续表 4-2

| 编号 | 断裂构造名称 | 代号 | 类型 | 规模 | 产状 | 组合形式 | 物质组成 | 构造层次 | 运动方式 | 力学性质 | 形成时代 | 变形期次 | 大地构造环境 | 含矿特征 |
|---|---|---|---|---|---|---|---|---|---|---|---|---|---|---|
| 08 | 磨子潭深断裂 | MZDL | 张剪 | 约 160km | 走向 290°左右，北倾，倾角中等，局部陡立 | 斜列复合，宽约 2km 糜棱岩化带 | 变质基底岩系—白垩纪火山岩 | 中深壳断裂 | 韧脆性左行平移正断层 | 张扭性 | 加里东期 | 早期韧性剪切带，中期自南向北伸展、滑覆，燕山晚期向北陡立张性下滑 | 早期韧性构造带与大别淮阳构造带对接带 | 金、多金属 |
| 09 | 独山—东汤池断裂 | DDDL | 拉张 | >40km | 走向 290°，倾向 20°，倾角大于 70° | 斜列复合 | 侏罗系—白垩系 | 浅部壳断裂 | 张性正断层 | 张性 | 侏罗纪 | 燕山期活动强烈 | 陆内断陷盆地 | |
| 10 | 金寨断裂 | JZDL | 拉张 | 135km | 左右倾角 55°～80° | 斜列复合，宽约 4km 断层破碎带 | 变质基底—白垩纪火山岩 | 浅部壳断裂 | 左行平移正断层 | 张扭性 | 侏罗纪 | 切割中生代火山岩及燕山晚期正长岩 | 陆内断陷盆地 | 金、多金属 |
| 11 | 水吼—悠水河麻岩韧性剪切带 | SMDL | 剪切 | 断续出露约 >100km | 总体倾向南西，倾角中等偏陡 | 向北东凸出弧形与 SMDL 组成等隆构造 | 南、北大别变质杂岩 | 深部岩石圈断裂 | 左行韧性剪切带 | 压扭性 | 晋宁期 | 印支期强烈折返，晚期左行走滑拆离 | 大别造山带内岳西片麻岩等隆与大湖高压-超高压带韧性界面 | |
| 12 | 大化坪—麻岭韧性剪切带 | DMDL | 剪切 | 断续出露约 60km | 西段北东，东段南倾，倾角中等，东段南倾 40° | 向南凸出弧形 | 南-北大别变质杂岩 | 深部岩石圈断裂 | 右行韧性剪切带 | 压扭性 | 晋宁期 | 印支期强烈折返，晚期右行走滑拆离 | 大别造山带内岳西片麻岩等隆与大湖高压-超高压带韧性界面 | |
| 13 | 缺月岭—山龙韧性剪切带 | QSDL | 剪切 | >70km | 宽约 2km 断面 200°∠68° | 数条平行断层组成 | 南大别变质杂岩宿松岩群 | 中深壳断裂 | 早期右行韧性剪切带，晚期向南韧脆性滑覆 | 压扭性 | 晋宁期 | 印支期强烈折返，晚期向南韧脆性滑覆 | 宿松岩群与大湖高压-超高压带韧性界面 | 金、磷 |

续表 4-2

| 编号 | 断裂构造名称 | 代号 | 类型 | 规模 | 产状 | 组合形式 | 物质组成 | 构造层次 | 运动方式 | 力学性质 | 形成时代 | 变形期次 | 大地构造环境 | 含矿特征 |
|---|---|---|---|---|---|---|---|---|---|---|---|---|---|---|
| 14 | 周王断裂 | ZWDL | 拉张 | 省内约200km | 断面高角度，向南倾斜 | 物探解译隐伏断裂，数条平行断层组成 | 古生界—白垩系 | 中深壳断裂 | 早期南盘隆升向北逆冲，燕山期南北伸展滑覆，控制了白垩纪盆地沉积 | 张性 | 加里东期 | 持续活动至白垩纪，始新世超基性岩贯入，控、断盆构造 | 白垩纪宣广盆地南界 | 多金属 |
| 15 | 休宁断裂 | XLDL | 拉张 | 长约80km | 近东西向，断层面南倾，局部倾，局部直立 | 半隐伏断裂，数条平行断层组成 | 中元古界—白垩系 | 中深壳断裂 | 早期左行剪切，张性破碎带宽达20m | 张扭性 | 青白口纪 | 燕山中期活动强烈，喜马拉雅早期复活 | 江南造山带变质基底内部 | 钨、铝多金属 |
| 16 | 郯庐断裂带 | TLDL | 剪切 | 约长400km | 走向近南北至北北东向，断面向东倾，局部西倾，倾角60°～80° | 由五河断裂、石门山断裂、池河—大(湖)断(河)断裂、嘉山—庐江断裂和清水涧韧性剪切带斜列组成地垒、地堑构造 | 外侧分别由华北陆块基底变质岩系和张八岭压变质带组成，带内为白垩系、古元古界地垒由寒武纪地层组成 | 深部切割变质基底及隐伏岩体、地表掩盖 | 早期剪切韧性剪切带，印支强烈地向前陆带逆冲、白垩纪后发展一系列正平移断层，白垩纪—第三纪升东降，剪右旋平移、裂谷形成 | 压扭性-张(组)性 | 新元古代 | 晋宁期强烈挤压，印支期地向前陆带逆冲，燕山早期大规模左行平移(130~110Ma)累计平移距离达100km以上，燕山晚期右行张扭，喜马拉雅晚期的拉张、嗷源型岩浆侵入 | 东支嘉山-庐江深断裂为大别造山带与扬子陆块北缘前陆褶冲带前边界，大陆边缘活动带组成部分 | 金、多金属 |
| 17 | 阜阳断裂 | FYDL | 剪切 | 省内长约180km | 北北东向，断面产状不明 | 物探解译隐伏断裂 | 深部切割变质基底及隐伏岩体、地表掩盖 | 中深壳断裂 | 左行正平移断层 | 张扭性 | 喜马拉雅早期 | 沿断裂近代有明显的地震活动 | 陆内断陷盆地 | 煤、铁 |
| 18 | 绩溪断裂带 | JXDL | 剪切 | 长约150km | 走向北东25°～30°，倾向南东，倾角30°～60° | 由际口断层、石门里断层和绩溪断层斜列组成 | 南华系至下古生界 | 中深壳断裂 | 左行韧脆性平移断层 | 压扭性 | 古生代 | 加里东—印支期压性走向断层活动，燕山期强北东向逆冲—左行平移断层，晚期拉张、正断层活动 | 被动陆缘，大陆边缘活动带组成部分 | 金、多金属钨、铝 |

续表 4-2

| 编号 | 断裂构造名称 | 代号 | 类型 | 规模 | 产状 | 组合形式 | 物质组成 | 构造层次 | 运动方式 | 力学性质 | 形成时代 | 变形期次 | 大地构造环境 | 含矿特征 |
|---|---|---|---|---|---|---|---|---|---|---|---|---|---|---|
| 19 | 淮北-蒙城断裂 | HMDL | 剪切 | 约175km | 西倾，倾角70° | 钻孔揭示，物探解译隐伏断裂 | 深部切割变质基底及古生界、中、新生界 | 浅部壳断裂 | 左行正平移断层 | 张扭性 | 燕山晚期 | 持续活动至喜马拉雅晚期 | 陆内断陷盆地 | 煤、铁 |
| 20 | 固镇断裂 | GZDL | 剪切 | 约145km | 北北东向，断面产状不明 | 物探解译隐伏断裂 | 深部切割变质基底及古生界、中、新生界 | 浅部壳断裂 | 右行正平移断层 | 张扭性 | 喜马拉雅中期 | | 陆内断陷盆地 | 煤、铁 |
| 21 | 东至断裂 | DZDL | 剪切 | 约80km | 倾向南东，倾角60°～70° | 由数条断层斜列组成 | 新元古代至早古生代岩石硅化、角砾岩化、糜棱岩化 | 浅部壳断裂 | 左行逆平移断层 | 压扭性 | 燕山期 | 持续活动至喜马拉雅晚期 | 被动陆缘，前陆盆地 | 金、多金属 |
| 22 | 葛公镇断裂 | GGDL | 剪切 | 约80km | 倾向南东，倾角60°～80° | 由数条断层斜列组成 | 新元古代至早古生代岩石硅化、角砾岩、糜棱岩 | 浅部壳断裂 | 左行逆平移断层 | 压扭性 | 燕山中期 | 持续活动至喜马拉雅晚期，西盘下降，东盘抬升，水平断距大于10km | 被动陆缘，前陆盆地 | 金、多金属 |
| 23 | 旌德断裂 | JDDL | 剪切 | 约150km | 倾向305°，倾角83° | 由数条断层斜列组成 | 溪口岩群至赤山组及早白垩世花岗岩 | 浅部壳断裂 | 左行逆平移断层 | 早期压扭性，晚期张性 | 印支期 | 燕山期活动强烈 | 被动陆缘 | 多金属钨、铝 |
| 24 | 港口湖-黄山岭断裂 | GHDL | 剪切 | 约66km | 走向25°～30°，南段倾向南东，倾角45°～70° | 由数条平行断层 | 古生界及早白垩世花岗岩，构造角砾岩、碎裂岩、糜棱岩、劈理化带 | 浅部壳断裂 | 左行逆冲平移断层最大错距达3km | 早期压扭性，晚期张性 | 印支期 | 燕山晚期活动强烈 | 被动陆缘，前陆盆地 | 多金属 |
| 25 | 天柱-龙井关剪切带 | TLDL | 剪切 | 约80km | 倾向310°，倾角80° | 由数条韧脆性断层斜列组成 | 南北大别变质杂岩及早白垩世花岗岩 | 中深部壳断裂 | 韧脆性左平移剪切带 | 早期韧性变形，晚期脆性变形 | 印支期 | 燕山期活动强烈 | 大别造山带内岳西片麻岩穹隆与大湖高压-超高压带韧脆性界面 | |

续表 4-2

| 编号 | 断裂构造名称 | 代号 | 类型 | 规模 | 产状 | 组合形式 | 物质组成 | 构造层次 | 运动方式 | 力学性质 | 形成时代 | 变形期次 | 大地构造环境 | 含矿特征 |
|---|---|---|---|---|---|---|---|---|---|---|---|---|---|---|
| 26 | 江南断裂带 | JNDL | 挤压 | 省内长约256km | 南、北两段向南东倾斜,中段倾向北西,倾角60°~70° | 由数条平行韧脆性断层斜列组成 | 古生界至上白垩统及早白垩世花岗 | 中浅壳断裂 | 右行逆冲平移断层带 | 早期压扭性,晚期张性 | 印支期 | 多期活动:印支期、燕山早期同向逆冲推覆,晚期拉盆控脆性变形,喜马拉雅期脆性正向断裂 | 前陆对冲带,为下扬子地层分区-江南过渡带与江南地层分区分界 | 多金属 |
| 27 | 高坦断裂带 | DTDL | 挤压 | 长约200km | 走向45°~70°;倾角50°~85°,南西段倾向北西 | 由数条平行脆性断层斜列组成 | 古生界至上白垩统及早白垩世黄岗 | 中浅壳断裂 | 右行逆冲平移断层带 | 早期面理倾向北西的挤压推覆,晚期向北西滑覆 | 印支期Rb-Sr年龄166~161Ma | 燕山早期面理变形,燕山晚期伸展滑覆变形 | 沿江褶断带的南部界边,前陆反向褶断组成之一,与江南断裂构造成双向对冲推覆构造 | 铜、铁多金属 |
| 28 | 宁国墩断裂(虎-月断裂) | NGDL | 挤压 | 省内长约165km,宽达20km | 走向40°~50°倾向东南,陡立至20°~30° | 由数条平行脆性断层斜列组成 | 青白口系至生代-燕山期花岗岩 | 中浅壳断裂 | 左行逆平移断层带 | 早期压扭性,晚期张性 | 晋宁期 | 加里东-印支期基底断裂,燕山期中-左行平移,晚期、晚期张性正覆断层发育 | 被动陆缘断裂、皖断赣深断裂组成部分 | 钨、钼、铜、铍、铝、锌、萤石、水晶等 |
| 29 | 伏川蛇绿混杂岩带 | FCDL | 挤压 | 省内长约80km,宽6.5km | 北东40°~60° | 以歙县-千丈岭断裂、三阳坑-竹铺断裂带为边界,由数条平行韧脆性断层斜列组成 | 西村岩组、蛇绿岩套碎块、同构造花岗片麻岩侵入体 | 深部岩石圈断裂-中深壳断裂 | 汇聚、逆冲、推覆、断裂带 | 早期复杂的逆冲推覆,晚期右行正平移、滑覆 | 晋宁期 | 早期为韧性变形,晚期韧脆性变形,印支-燕山期北东向脆性断裂发育 | 四堡运动的汇聚边界,为前南华纪变质基底北西-南东分区重要构造界面 | 金、多金属 |

续表 4-2

| 编号 | 断裂构造名称 | 代号 | 类型 | 规模 | 产状 | 组合形式 | 物质组成 | 构造层次 | 运动方式 | 力学性质 | 形成时代 | 变形期次 | 大地构造环境 | 含矿特征 |
|---|---|---|---|---|---|---|---|---|---|---|---|---|---|---|
| 30 | 张八岭韧性剪切带（黄破断裂） | ZBDL | 挤压 | 长约275km | 北东→北东东向延伸，片理化带倾向南东，倾角20°左右 | 沿西冷岩组与周岗组界线平行强片理化带 | 青白口系、南华系及古生界 | 中深壳断裂 | 左行压剪性韧脆性、剪切断裂带 | 早期顺层滑动韧性剪切带，晚期浅层次高角度左行压性断裂 | 晋宁期 | 印支早期伸展型韧性剪切变形，晚期脆性变形，燕山中晚期花岗岩体贯入 | 为大别造山带东界断裂，大别造山带、扬子陆块重要构造界面 | 金、多金属 |
| 31 | 滁河断裂 | CHDL | 挤压 | 省内长约310km | 总体倾向北西倾角中等 | 物探解译的隐伏断裂 | 震旦系、古生界及上白垩统 | 中浅壳岩断裂 | 右行逆平移断层 | 早期控制前陆盆地沉积相，晚期逆冲推覆及张性断裂 | 早寒武世 | 燕山期逆冲推覆，喜马拉雅期张性断裂活动 | 前陆盆地、香泉、散兵等陆块推覆构造根部 | 金、多金属 |
| 32 | 长江断裂带 | CJDL | 拉张 | 省内长约400km | 总体倾向北东 | 物探解译的隐伏断裂，追踪张性组合型断裂破碎带 | 古生界—中生界 | 中深壳断裂岩石圈不连续面 | 断裂破碎带 | 早期压性，晚期张性 | 晋宁期 | 晋宁期基底对接，华力西期局部拉张，印支期压扭性坳陷，燕山期岩石圈减薄活化张、地堑式红盆 | 前陆盆地下扬子坳陷 | 铁、铜、多金属 |
| 33 | 巢湖断裂 | CHDL | 剪切 | 长约95km，宽200m以上 | 倾向20°，倾角30°～50° | 卫片线清晰，数条平行断层组成 | 肥东岩群—晚白垩世张桥组 | 浅部壳断裂 | 左行平移断层带 | 扭性 | 喜马拉雅早期 | 共轭断裂形成巢湖 | 前陆盆地巢湖坳陷 | |

续表 4-2

| 编号 | 断裂构造名称 | 代号 | 类型 | 规模 | 产状 | 组合形式 | 物质组成 | 构造层次 | 运动方式 | 力学性质 | 形成时代 | 变形期次 | 大地构造环境 | 含矿特征 |
|---|---|---|---|---|---|---|---|---|---|---|---|---|---|---|
| 34 | 南照集断裂 | NZDL | 拉张 | 长约50km，破碎带400m | 南北向断裂倾向东 | 物探解译的隐伏断裂 | 西侧霍邱岩群—寒武系，东侧上侏罗统及下白垩统 | 浅部壳断裂 | 正断层破碎带 | 张性 | 晚侏罗世 | 持续至燕山晚期仍有活动 | 陆内断陷盆地 | 铁、铜 |
| 35 | 九华山断裂 | JHDL | 剪切 | 长约34km | 走向南北，断面陡立 | 数条平行断层组成 | 燕山期九华山岩体、青阳岩体 | 浅部壳断裂 | 左行平移断层带 | 压扭性 | 燕山晚期 | | 陆内岩浆弧 | 多金属 |
| 36 | 徐淮推覆体 | XJTF | 挤压 | 百余千米 | 向北西凸出的弧形构造 | 叠瓦状冲断层，紧闭、倒转、平卧褶皱组成 | 震旦系、寒武系、奥陶系、上石炭统、二叠统及下三叠统 | 浅部表壳推覆体 | 总体运动方向指向北西西 | 早期压性晚期张性 | 印支期 | 早期冲断层，"飞来峰"构造，晚期推覆体后缘伸展断层发育 | 陆内造山 | 铁、铜 |
| 37 | 黑峰岭"飞来峰" | HFTF | 挤压 | 面积约90km² | 断面倾向北东；倾角30° | 黑峰岭向斜"飞来峰"叠覆原地系统背斜核部 | 震旦系 | 浅部表壳推覆体 | 自东往西推覆 | 压性 | 燕山晚期 | | 陆内造山 | |
| 38 | 洞山逆掩断裂 | DSDL | 挤压 | 长约200km | 倾向南，地表倾角60°～70°，深部20°～30°；倾向300°～320°，倾角30°～60° | 钻孔证实叠瓦状冲断裂，平行叠瓦状冲断层 | 霍邱岩群—奥陶系—二叠系 | 浅部壳断裂 | 自南向北推覆 | 压性 | 印支期 | 持续至中燕山期活动强烈 | 陆内造山和刘府断裂组成对冲构造 | 煤、铁 |
| 39 | 半汤—香泉推覆构造 | BXTF | 挤压 | 长约70km | 倾向300°～320°；倾角30°～60° | 平行叠瓦状逆掩断层"飞来峰""构造窗" | 寒武系—下三叠统，侏罗系，下盘多为高家边组页岩 | 浅部表壳推覆体薄皮构造 | 由北西向南东推覆，多具左行平移性质 | 压扭性 | 燕山中晚期 | | 前陆盆地、陆内造山 | 煤、铁 |
| 40 | 散兵—银屏山推覆构造 | SYTF | 挤压 | 长约55km | 走向北东，倾向西，倾角40°～80° | 平行叠瓦状"飞来峰"、弧形断裂，叠覆干下三叠统之上 | 推覆体由震旦系组成，叠覆于下三叠统之上 | 浅部表壳推覆体薄皮构造 | 由西向东推覆距离约5～12km | 压性 | 燕山中晚期 | | 前陆盆地、陆内造山 | 煤 |

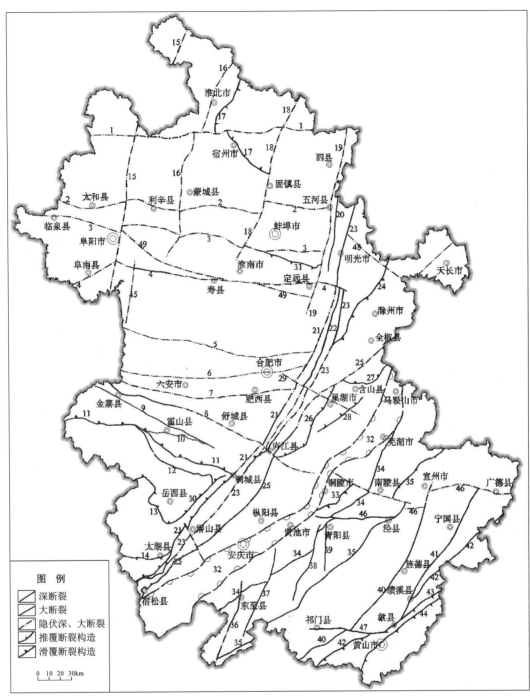

图 4-1 安徽省主要断裂略图

1.符离集(宿北)断裂;2.利辛断裂;3.刘府深断裂;4.颍上-定远断裂;5.肥中深断裂;6.蜀山断裂;7.六安深断裂;8.独山-东汤池断裂;9.金寨-西汤池断裂;10.霍山(龙门-乌观嘴)断裂;11.磨子潭深断裂;12.大化坪-麻岩岭韧性剪切带;13.水吼-漫水河韧性剪切带;14.缺月岭-山龙断裂带;15.阜阳深断裂;16.淮北-蒙城断裂带;17.鹰嘴山-三铺逆掩断裂;18.固镇(刘庙)断裂;19.五河深断裂;20.石门山深断裂;21.池太深断裂;22.清水洞韧性剪切带;23.嘉庐深断裂;24.黄破断裂带(张八岭韧性剪切带);25.滁河断裂;26.散兵推覆断裂;27.香泉-昭关推覆断裂;28.照明山-陶厂断裂;29.巢湖深断裂;30.天柱-龙井关剪切带;31.殷涧断裂;32.长江断裂带(隐伏);33.团山-董家宕断裂;34.高坦断裂;35.江南深断裂;36.东至断裂;37.葛公镇断裂;38.港口湖-黄山岭断裂;39.九华山断裂;40.旌德断裂;41.绩溪断裂;42.宁国墩(虎-月)断裂;43.歙县-千丈岭断裂;44.三阳坑-竹铺断裂;45.南照集断裂;46.周王断裂;47.休宁断裂;48.老嘉山断裂;49.洞山断裂

# 一、构造单元边界、相单元边界断裂变形构造

## (一)省内一级构造单元(陆块)边界断裂

郯庐断裂带、六安断裂带、黄破断裂带为华北陆块、大别造山带和下扬子陆块构成的陆块区相系、造山系相系边界。

**1. 郯庐断裂带**

郯庐断裂带是我国东部一条十分重要的巨型断裂带,呈北北东向延伸斜贯安徽中部,自西向东主要由五河深断裂、石门山断裂、池(河)-太(湖)深断裂、嘉山-庐江深断裂和清水涧韧性剪切带,及其构造夹块、旁侧次生变形构造组成,主期为省内大型压剪型左行斜冲构造带。构成华北陆块、大别造山带、扬子陆块分划性边界。在地质、地球物理场、卫星影像和地貌等方面都有十分明显的反映。郯庐断裂带具有长期、复杂的多期活动过程:新元古代青白口纪张八岭岩群主要分布在紧邻嘉-庐深断裂的东侧,说明这套海底喷发的细碧-石英角斑岩与其有一定的成因联系。也就是说,这时郯庐断裂带的东界主干断裂已在孕育中,并可能处于拉张状态。断裂北西侧大别岩群、阚集岩群、宿松岩群和张八岭岩群等变质火山-沉积岩系及片麻状花岗岩,变形层次较深,发育密集劈理化带及宽大糜棱岩带。在张八岭岩群中南北向劈理带密集分布,但它们都未明显影响邻近的震旦纪以后的地层,说明早期韧性变形构造作用主要发生于晋宁期,并以强烈的压剪性作用为特征。沿东界断裂呈长条状分布的燕山期花岗岩,明显受郯庐断裂带的控制。断裂带对白垩纪沉积有明显控制作用,表现在早白垩世新庄组、晚白垩世张桥组呈长条状组成地堑、地垒构造。强烈的左行扭动,使西侧(造山带)北西向韧性剪切带、面理、片麻理或糜棱面理在断裂带内或附近韧性拖曳转为北东向或完全置换,呈弧形展布。对肥东-张八岭成矿亚带内石英脉-蚀变岩型金矿,沉积变质型铁矿、磷矿,热液型矽卡岩型铜矿及热液型重晶石矿等成矿作用控制明显。白垩纪后,随着大别造山带进一步隆升,在伸展体制下,沿早期韧性剪切面发展一系列正平移断层,表现为西升东降,后期整体断陷。晚期脆性变形还表现在对糜棱岩、构造片岩的破坏和改造,形成一系列构造角砾岩、碎裂糜棱岩,且发生绿片岩相退变质。构造角砾岩与构造砾岩并存及牵引褶曲发育,反映了断裂活动力学性质的复杂性,运动方式的交替性。郯庐断裂带左行走滑可能起始于印支运动(朱光等,2004;陈宣华等,2000),并控制了侧向斜列分布的中、晚三叠世沉积盆地的发育。通过对郯庐韧性剪切带糜棱岩中白云母、黑云母、斜长石和钾长石的 $^{40}Ar$-$^{39}Ar$ 同位素年代学研究(朱光等,2005,2006),获得年龄为 196~187Ma 的同造山期左旋走滑热事件,推测早期左行平移为陆内俯冲速度差造成的转换断层。强烈左行走滑活动可能发生在 130~110Ma 之间。由走滑向伸展活动转换的时间大致为 110Ma 之后,在伸展活动中,郯庐走滑韧性剪切带发生了缓慢的抬升和冷却,从而导致封闭温度较低的矿物记录了较小的年龄。黑云母 110Ma 左右以及斜长石 97~92Ma 的 $^{40}Ar$-$^{39}Ar$ 年龄值指示郯庐断裂带的伸展活动一直持续到距今 99±2Ma(朱光,1995)。根据侏罗纪、白垩纪地层卷入扭动的事实,推断左行平移在白垩纪之后仍在发生。晚白垩世之后的强烈伸展活动,普遍控制了断陷盆地的发育,具脉动式渐进发展规律。粗面质、碱性玄武质火山喷发,A 型花岗岩侵位,地堑式地质、地貌等说明白垩纪—新近纪是裂谷形成期;新生代以来,受东西向挤压,盆地边界断层又转变成逆冲性质,切割古近系、新近系,并使其发生掀斜,最大倾角 40°左右。第四纪晚更新世开始,发育形成Ⅳ级阶地,桐城以南隐伏一组向西凸出的弧形构造(卫星图像),反映断裂带在引张沉陷的同时,兼有右行扭动。新构造运动反映了断裂带至今仍是一个活动构造带。

从本质上来说,郯庐断裂带是一条中生代以来的巨型汇聚-剪切型大型变形构造带,大规模左行平

移活动伴生了强烈的岩浆活动,标志着中国东部构造的重大转折,是滨太平洋构造对前期古特提斯构造的叠加,其动力学机制是太平洋板块向西俯冲的响应。中国东部中生代以来多期地质事件造成区域构造应力多次改变,使郯庐断裂带经历了多期的构造体制转换,造成了连续的分阶段活动过程和各段活动特征的巨大差异性。印支期华南与华北板块的碰撞造山过程主要影响郯庐断裂带中、南段,年代学研究成果及同走滑期岩浆活动,表明郯庐断裂带于早白垩世发生了大规模的左行平移。早白垩世晚期并于晚白垩世至古近纪达到全盛的张裂活动是造山带坍塌的反映,西太平洋俯冲的弧后扩张作用及由此产生的地幔底辟是伸展构造的主控因素,形成了一系列断陷盆地,并显示了伸展活动南早北晚的迁移和脉动式发展规律。这一伸展活动叠加在前期走滑构造之上,呈现为幕式的正断层运动,现可鉴别出断裂带的伸展活动经历过 5 次显著的断陷事件。郯庐断裂带的伸展构造多不同于典型的裂谷。它与中国东部同期一系列伸展盆地形成的动力学背景一致,是在太平洋板块向西高角度俯冲下,中国东部岩石圈上拱中出现的巨型伸展构造(朱光,2001)。新生代新近纪初期挤压活动,使郯庐断裂带上的断陷盆地同步抬升和闭合而进入消亡期,更新世时已明显解体为活动方式各不相同的若干段。断裂带的逆冲活动则断续至今,成为中国东部最大的近代地震活动带。

由上述可见,安徽境内的郯庐断裂带是一条长期发展的岩石圈深断裂,是中国东部一条岩石圈尺度的构造不连续带。总体孕育于新元古代,晋宁运动整体为强烈挤压;印支期强烈地向前陆带逆冲作用且存在高压变质作用。破凉亭-宿松地区大地电磁测深剖面显示该断裂带在深部也向北西倾,倾角30°左右,证实大别山变质岩系逆冲于前陆带之上(地质矿产部第一物探大队,1992),强烈冲断作用使南侧古生代地层严重缺失或重复。郯庐断裂带内的造山期构造及旁侧的前陆沉积与变形构造特征,指示断裂带同造山运动为转换断层型式。燕山早期大规模左行平移将大别-苏鲁造山带左行错移了约 350km,同时苏鲁造山带发生逆时针旋转。在早白垩世滨太平洋构造活动中,该断裂进一步向北延伸,发生了约 200km 的左行平移。燕山早期火山岩、花岗岩沿断裂带喷发和侵位,燕山晚期以张或张剪作用为主,活动强烈,有右旋平移特征,控制了晚白垩世盆地沉积。喜马拉雅早期活动微弱,后期强烈的拉张活动,导致幔源型岩浆侵入和喷发。关于郯庐断裂带形成时限、断裂性质、切割深度、平移幅度甚至存在与否,目前仍持有不同意见,本书仅以主流认识概述一般。

**2. 六安断裂带**

六安断裂带主期属挤压型大型变形构造。该断裂西起霍邱县叶集南,经六安市南,肥西县防虎山南麓,至肥西县南东与郯庐深断裂相交,长约140km。近东西向展布,为隐伏岩石圈断裂,构成弧-陆碰撞带。是华北陆块与秦岭-大别造山带基底岩系重要分界断裂,并控制了合肥盆地的发生、发展。北盘为宽缓正磁场区,南盘为负异常带。沿断裂重力向上延拓20km,交变带仍较明显,卫星影像线性特征清楚。新构造运动沿该带屡有发生,断裂北侧六安一带,1425 年曾发生震级 5.5 级、烈度Ⅶ度的强震,1954 年于防虎山之北又发生一次震级 5.25 级、烈度Ⅵ度的强震。断裂带具有多期变形历史,早期以挤压为主,晚期具逆掩特征,后期为拉张型变形构造。

**3. 黄破断裂带(张八岭韧性剪切带)**

黄栗树-破凉亭断裂带(指深部张八岭韧性剪切带)为大别造山带东界断裂,与下扬子陆块相接,主期属左行压剪性韧脆性剪切变形断裂带。晋宁期末海槽闭合时就可能发生,印支期中深层次韧性伸展滑覆,燕山期又强烈活动,属区域性壳断裂。断裂带自北而南经全椒县黄栗树、巢湖市柘皋镇、庐江县城西、桐城县孔城向南至太湖县破凉亭,长约 275km。该断裂是大别造山带前陆褶冲带之根带,褶冲带通过它与基底张八岭韧性剪切带相连接(许志琴,1987)。印支早期张八岭韧性剪切带基本上沿西冷岩组与周岗组的界线呈北东→北东东向延伸,展布呈不规则形态,强片理化带片理产状基本是倾向南南东,倾角20°左右,是发生在中深构造层次大型顺层滑动韧性剪切带。这种顺层滑动一般均未破坏大的地层层序,由于后期褶皱叠加,滑动面曲折波状,与岩层界线也难以分开,代之以接触面两侧面理平行产出,原始层面及接触关系改造殆尽。晚期发育一系列(2～5条)逆冲断面——黄栗树断裂带,为浅层次高角度左行压剪性断裂。至晚白垩世以前,断裂带具右行走滑性质。透射电镜研究结果显示,在垂直前陆褶冲带方向上的缩短率平均为50%左右,沿断裂带方向应力变化不大,均在180～150MPa(涂荫玖等,1999)。断裂带内,岩石挤压破碎,糜棱岩、断层角砾岩发育,硅化较强,石英产生波状消光、变形纹、重结晶、残斑晶、晶粒旋转等,岩石发生面理置换、劈理、叶理、拉伸线理、矿物生长线理、拔丝构造、鞘褶皱、掩卧褶皱以及分异石英脉等成带出现,与两侧岩层呈过渡关系。如在滁州市沙河集、全椒县黄栗树等地南华系至古生界间,断层面倾向北西,倾角50°～60°,褶皱倒转。断裂邻侧岩石中矿物具定向排列,地层陡立、揉皱,同时见有石英脉贯入;燕山中期闪长玢岩、花岗闪长岩岩体,燕山晚期的大马厂石英二长岩岩体、屯仓二长花岗岩岩体,均沿此断裂分布,对金、多金属矿控制明显,为安徽省大型控岩控矿变形构造。

## (二)省内二级构造单元(地块)边界断裂

该类断裂主要有颍上-定远断裂带、磨子潭(深)断裂带、江南断裂带和伏川蛇绿混杂岩带。

**1. 颍上-定远断裂带**

该断裂带系物探解译隐伏大断裂,为豫皖陆块内皖北褶断带与六安后陆盆地分界大型变形构造,主期属拉张型大型变形构造。断裂经定远县青山、石塘汪、姚巷一线至颍上,向西延伸出图,向东被北北东向断裂截切错断,长约250km,走向280°,断面南倾,倾角陡。颍上一带,断裂北侧霍邱岩群与南侧白垩系为断层接触;定远一带,北侧张桥组与南侧定远组也为断层接触。始新世次火山岩(橄榄玄武岩)紧邻断裂两侧分布,重磁场为近东西向的正负异常交变带,重力上延5km,梯变带仍较清楚。航磁图上凤阳山区南有一条剖面反映为跳跃的曲线;钻孔资料显示断层两侧亦有较大差异,北侧的中、新生界(第四系除外)只有张桥组,于600m以下即见石炭系、二叠系,推测断距超过千米;卫星相片上线性特征明显。据此推测,颍上-定远断裂可能生成于印支-燕山早期,燕山期、喜马拉雅期为主要活动期,控制了中、新生代沉积,并又破坏其沉积盆地边界,为定远盆地北侧控盆断层,表现为北侧上升,南侧下降,其性质为高角度正断层。与相邻同期正断层在浅表构造层次形成断盆构造或地堑-地垒构造,控制着华北陆块南缘沉积变质型铁矿和古近纪膏盐盆地。

**2. 磨子潭(深)断裂带**

该断裂带主活动期为张剪型左行斜滑变形构造,横亘于大别山北麓,是造山带内部北淮阳构造带与大别构造带之间重要构造边界(构造对接带),区内延伸长达160km,区域上称桐柏-桐城断裂带。地球物理场显示为重、磁梯变带及莫霍面变异带,卫星相片上的线性特征明显。主断面自豫、皖交界的九峰尖北,向东经金寨县青山、霍山县磨子潭、晓天至桐城县被池-太深断裂所截,向东延伸可能与周王断裂相连。断裂总体走向290°左右,北倾,倾角中等,局部陡立,表现为多期活动的韧脆性左行平移正断层。断裂南侧发育宽约0.5～2km强构造片理化带,为区域性大型韧性剪切带,主要由糜棱岩、千糜岩、玻化岩、构造片岩、硅化碎裂岩、角砾岩组成。挤压透镜体、构造角砾岩、褶皱化岩片、拉伸线理、皱纹线理十分发育,沿断裂带时有基性、酸性岩枝、岩脉贯入。主断面波状起伏,呈上陡下缓犁式断层。早期为较深层次的韧性剪切带;中期随着大别山体强烈隆升,在伸展构造体制下,自南向北滑覆,在北部前缘以不同级别的构造岩片逆冲于石炭系及中生代红层之上。燕山晚期以脆性变形为主,兼具北西向左行剪切下滑性质,发育陡立张性断裂面,以向北正向下滑张性角砾岩发育为特征,北侧磁性界面落差大于10km,切割莫霍面(李秀新等,1979)。河南省境内与其相当界面中的长英质糜棱岩Rb-Sr等时线年龄408±13Ma,236±11Ma,225±8Ma和多硅白云母$^{39}Ar$-$^{40}Ar$坪年龄229.5±4Ma,218±2Ma,197±2Ma(叶伯丹,1993)可作为本断裂带早期韧性剪切活动时限的参考,即该断裂带可能于加里东期即已开始启动,印支晚期至燕山早期为断裂成熟期,是一条长期活动的壳断裂,控制着区域金、铅锌、银、钼等多金属成矿作用。传统的磨子潭-晓天断裂(主要指脆性断裂)一直作为两大构造带截然界面,通过1:5万区调,断裂南侧桐城县蓼叶湾、霍山黑风尖、沈桥等地陆续发现中浅变质岩系,因此,两大构造带应以早期韧性剪切带为界与现时地表面相交,呈非直线型展布。目前尚有不少学者将该断裂带作为华北与扬子陆块碰撞缝合线。

**3. 江南深断裂带**

江南深断裂带具多期活动,主期为挤压型逆冲变形构造,断裂斜贯于皖南山区,自北而南经宣城、泾县,石台县七都,东至县官港镇与江西古沛(修水)-德安深断裂相接,向北延至江苏溧阳一带,省内长约265km,为下扬子地块与江南地块边界断裂带。断裂带产状存在波状变化,断裂面在南、北两段向南东倾斜,中段七都一带倾向北西。倾角60°~70°。该断裂带对该区早古生代地层厚度、岩相、岩性、生物群等具有明显的控制作用。以此为界划分为两个地层分区,北西侧属下扬子地层分区,南东侧属江南地层分区,出现早古生代即成为江南过渡带与江南沉积区的界线,沿断裂北西侧晚寒武世为台地斜坡相沉积,南东侧为浅海陆棚-盆地相沉积。在奥陶纪断裂两侧沉积相差异表现最为明显,在断裂旁侧出现扬子型碳酸盐岩台地、过渡带直至深水相沉积的交替变化。至华力西期断裂两侧出现明显的差异升降运动,沉积相交替变化,早石炭世沿断裂南侧出现盲肠状海湾,宣城-泾县地区沉积金陵组、王胡村组,而北西侧出现铜陵古陆(岛),经历老虎洞期、黄龙期至早二叠世广泛海侵,直至早三叠世断裂活动不明显,其两侧沉积相基本相似。断裂带影响宽度近20km,对区域构造格架起着明显的控制作用。断裂带两侧的褶皱面貌有显著差异,断裂带以西,褶皱变形形态复杂,褶皱组合为紧闭相间背、向斜,同等发育,部分呈"S"形弯曲,褶皱的长宽比在(8:1)~(10:1)之间,劈理发育,轴向以北东向为主,多为扇状、倒转、斜歪等,多数轴面倒转倾向南东;而东部以北北东向为主,褶皱形态简单,以宽缓的向斜为主,有箱状、短轴、挠曲、鼻状等,褶皱的长宽比在(3:1)~(5:3)之间,褶皱轴面多为直立,轴面劈理不发育。断裂破碎带宽度数百米至数千米,构造岩发育,主要动力变质岩包括糜棱片岩、糜棱岩和糜棱岩化岩石、碎裂岩、磨砾岩、构造角砾岩及硅化、绢云母化等。断裂带具多期活动性,挤压逆冲→伸展拉张断裂活动交替变化,印支早期,断裂表现为韧性剪切活动,在竹田、高路亭一带发育构造片岩、糜棱岩,在青阳琉璃岭一带见剪切带中发育有剪切熔融新生的花岗质脉体,说明断裂的切割深度和形成温度均较大。印支晚期表现为大规模的逆冲-推覆活动,横船渡—七都一带岩石呈叠瓦状构造岩片产出,发育一系列逆冲断面,见有寒武纪地层逆冲至志留纪地层之上。不同地段断裂活动性质存在明显变化,泾县青弋江—桃花潭、青阳广阳—石台高路亭段、仙寓山段出现典型的自南南东向北北西的逆冲推覆构造系统;而七都段出现韧性、脆-韧性、脆性等多期构造变形样式;在断裂带北西侧蔡村施窑岭、麻园口一带发育由北西向南东逆冲叠瓦状断层和同向正断层、平移断层,可能与印支期扬子基底向北俯冲、盖层反向逆冲作用有关。燕山期断裂带主要表现为强烈的由南东向北西逆冲和同向正断层活动,燕山期成为九连山推覆构造的根带(由志留系—二叠系组成的背斜推覆在晚侏罗世—早白垩世火山岩之上,轴面倾向南东)。泾县之西,经钻探证实志留纪地层逆冲至晚白垩世地层之上,晚白垩世地层岩石破碎,志留纪地层千枚岩化。喜马拉雅期断裂表现为张性正断层性质,在泾县—章渡一带晚白垩世盆地沿断裂呈串珠状排列。在章渡—蔡村一线,断裂控制着早白垩世岩浆岩和花岗闪长岩、花岗斑岩、闪长玢岩等岩脉的产出。断裂对内生金属矿产的控制作用也比较明显,其北西侧成矿较好,南东侧较差。

江南断裂带是在早古生代斜坡带的基础上发展起来的多期活动断裂。变形至少可以分为5期:印支期为自南而北的逆冲带,尤以在它进入江南隆起内部,表现最为明显,使前南华纪—震旦纪地层逆掩于早古生代地层之上,并形成一套构造片岩(白云母片岩),以及一些揉流褶曲和顶厚尖棱褶曲,以仙寓山地区皮园村组最为典型,剪切指向标志指示为面向南东—南南东的逆冲推覆构造,它使太平褶断带和江南隆起向江南过渡带挤压推覆。在仙寓山一带断面产状较缓,而中段、北东段产状较陡,与印支期区域性褶皱作用同步。燕山早期沿断裂充填的花岗闪长斑岩脉和花岗闪长岩发生韧性变形;早志留世霞乡组形成构造片岩及剪切重熔长英质囊状体,且表现为一自南东向北西的逆冲运动;早白垩世晚期脆性断裂活动控制了晚白垩世沉积盆地形成；晚白垩世脆性变形，表现为控盆断裂性质的转换，沿盆地北西缘的断裂带形成一套厚层"磨砾岩"，具有逆冲性质。喜马拉雅期存在一期脆性正向断裂活动，其规模有限。因此，江南断裂带形成于加里东期，印支期、燕山期及其后又有多次强烈活动，属区域性大型变形壳断裂。

### 4. 伏川蛇绿混杂岩带

该杂岩带发育在下扬子陆块前南华纪变质基底间（江南地块与浙西地块）弧-陆碰撞带内，属挤压型大型变形构造组成部分。总体呈北东向展布，走向长大于115km，宽4～10km不等，向南西经五城-灵山断裂进入江西境内与德兴蛇绿混杂岩带相连，向北东延伸隐伏于清凉峰燕山期火山岩和南华系以上盖层之下。北西侧以千丈岭-歙县-五城-灵山断裂为界，南东侧至三阳坑-岭南断裂带，中段被屯溪中生代盆地掩盖。混杂岩带由数条逆冲断片组成，为前南华纪变质基底北西-南东分区重要构造界面。北西侧为鄣公山隆起构造带，南东侧为白际岭隆起（岛弧）构造带，是晋宁运动的区域性基底汇聚边界断裂带。原"赣东北断裂带""岭南-三阳断层""大阜韧性剪切带"等均主指本带，为突出其重要构造环境和边界构造意义，现统称"伏川蛇绿混杂岩带"。伏川蛇绿混杂岩带是江南造山带内重要构造界面，控制着区域断裂活动、岩浆活动和构造变形强度。混杂岩带由数条逆冲断片组成，成分复杂，由千枚岩、千枚状砂岩、石英角斑岩、糜棱岩化基性岩、凝灰岩和流纹质糜棱岩、变晶糜棱岩组成。糜棱面理产状为120°～160°∠30°～50°，褶皱劈理化岩片和剪切片理化岩带相间分布。带内夹有大量被构造肢解的蛇绿岩套碎块（蛇纹岩、变辉长岩、辉绿-细碧岩、硅质岩、枕状熔岩等）和同构造花岗片麻岩侵入体，是该带重要特征和识别标志。该带是一条长期活动的中深层次为主，中浅层次构造掺杂的逆冲断裂带，发育多期次、多层次构造形迹，早期为韧性变形，构造面理为透入性连续片理、千枚理、板劈理，晚期（印支-燕山期）多为韧-脆性变形和脆性破裂。晚期断裂活动常发生在早期变形软弱带中，利用、复合、强化早期断裂，因此印支-燕山期该带中北东向脆性断裂十分发育。空间上大致与区域性虎-月断裂、赣东北断裂带套合，其中韧性剪切带与金矿化关系密切（如天井山金矿），控制着钨、钼等多金属成矿构造环境。

### （三）省内三级构造单元（构造带、亚带）边界断裂

自北向南主要有利辛断裂带、刘府深断裂带、滁河断裂带，水吼-漫水河韧性剪切带、缺月岭-山龙断裂带、高坦断裂带和虎月断裂带等。

#### 1. 利辛断裂带

该断裂带为拉张型变形构造，由数条平行的高角度正断层组成。构成皖北褶断带内蚌埠隆起与淮北断褶亚带边界，系物探解译隐伏断裂带，长约245km，断面北倾，倾角较陡。南侧分布有新太古代—古元古代五河岩群及青白口纪至中生代地层，北侧古近系不整合于五河岩群之上。重力异常为次级叠加异常曲变带，磁场为近东西向的正、负异常交变带。属浅部壳断裂，燕山中、晚期活动强烈，持续活动至新近纪，控制了陆内断陷盆地发育，对区内煤、铁、金等矿产有明显的控制作用。

#### 2. 刘府深断裂带

该断裂带为挤压型逆冲推覆变形构造，构成蚌埠隆起与淮南断褶亚带边界，大致是五河岩群与霍邱岩群分界线。本断裂从河南省入境，往东经临泉县、阜阳市北、凤台县尚塘集、蒙城县大兴集，至凤阳县刘府后与五河深断裂相交，长约265km，被北北东向断裂截切错断，总体走向280°左右。早期压性向南逆冲，晚期张扭性向北滑覆。据钻探揭示，断裂北侧为新太古代—古元古代五河岩群，南侧以震旦系及古生界为主。凤阳山区北麓，晚侏罗世火山岩呈串珠状沿断裂分布；明龙山一带次级断裂发育，岩石破碎强烈，断层面向北倾斜，倾角约70°。钻孔揭示北盘五河岩群推覆于南盘二叠系之上。东段的凤阳潘

山头出露宽达10m的挤压劈理和糜棱岩带。重力向上延拓10~15km,交变带特征仍较明显。据岩相古地理资料,刘府深断裂可能是伴随蚌埠隆起形成的,即发生于凤阳期,燕山中期活动最为强烈,为半隐伏中深壳断裂,对石英脉-蚀变岩型金矿有明显的控制作用。

### 3. 滁河断裂带

该断裂带为挤压型逆掩推覆变形构造,构成下扬子前陆盆地内滁州褶断带与沿江隆凹褶断带分界。该断裂主要是根据物探资料解译的隐伏断裂,自北东经苏、皖交界的亭子山北西麓,和县石杨,含山县仙踪镇,巢湖市大尖山北西麓至庐江县冶父山南麓。往南西延至宿松县,与长岭铺断裂相连,省内长约310km。东侧为震旦系、古生界及上白垩统,西侧仅南西端及中段见震旦系和古生界零星出露,两侧震旦纪及古生代地层普遍倒转,褶皱紧密。断面总体倾向北西,燕山期南东盘发育一系列叠瓦状压性结构面,可能是沿线香泉、散兵等推覆构造根部。重力异常反映为正、负异常交变带,磁场为北东向正异常宽缓梯变带。

岩相古地理资料证实,早寒武世早、中期,断裂北西侧是以页岩-硅质岩为主的盆地相沉积,南东侧为以页岩-白云岩为主的局限台地相沉积;早寒武世晚期至晚寒武世早期,西侧转为以页岩-灰岩及灰岩-泥质灰岩为主的陆棚-陆棚内缘相沉积,东侧为以白云岩为主的局限台地-蒸发台地相沉积,至早奥陶世红花园组沉积时,两侧岩相已差异不大,说明断裂起始于早寒武世,早奥陶世已趋消亡,至燕山期及喜马拉雅期,断裂再次活动,属区域性大断裂,长期控制着前陆盆地岩相古地理环境和金等多金属成矿作用。

### 4. 水吼-漫水河韧性剪切带

水吼-漫水河北西向强韧性剪切带为造山带剪切型左行走滑变形带组成部分,构成造山带内北大别岳西片麻岩穹隆(高温流变带)与南大别太湖高压-超高压带(榴辉岩带)韧性界面。自燕子河、漫水河经青天、五河、菖蒲、五庙至水吼向东与北东向断裂复合,向西与英山、白莲河韧性剪切带相连,韧性剪切带宽一般3~5km,最宽处可达8km以上,总体呈舒缓波状,倾向南或南南东,倾角30°~60°,线理倾向南东,指示向南东下滑。带内不同成分、不同变形、变质强度的岩石呈不同尺度的透镜状、布丁状、条带状和碎斑状产出,宏观上具糜棱结构和条带状构造,剪切褶皱轴面走向、拉伸线理呈310°方向。剪切带具带状强应变带与弱应变域相间发育特征,剪切带主要由糜棱岩化岩石、构造片麻岩、变晶糜棱岩等不同类型的糜棱岩组成。剪切带中面状构造发育,面理置换强烈形成糜棱面理及拉伸线理,其中的变质表壳岩包体发育片内无根褶皱,砾石或捕房体因韧性变形而压扁拉长,糜棱面理产状大多为160°~190°∠30°~60°,由云母、石英及少量长石类矿物及其集合体定向排列构成的矿物拉伸线理均较发育,产状稳定,一般为130°~160°∠25°~50°。剪切带具两期变形特征,早期变形以长石及角闪石的韧性变形及石英的轴面滑动(Wang Q et al,1995)为特征,表明变形形成于角闪岩相条件下。由糜棱岩中的显微组构及石英C组构(Wang Q et al,1995;Simpon et al,1983)、矿物拉伸线理特征,可以确定该剪切带为逆冲推覆型剪切带,上覆岩层向北逆冲。晚期变形叠加在早期变形(角闪岩相变形)之上,具左行走滑拆离特征,表现以早期变形糜棱面理为变形面,形成S-C组构,其剪切面理倾向南或南东。倾角较陡,一般大于60°,显微特征表现为细粒石英的底面滑动(Wang Q et al,1995)及黑云母的韧性变形,指示变形形成于绿片岩相条件下。由长石(碎斑)和石英(基质)构成的旋转碎斑系及由早期糜棱面理为变形面的不对称褶皱,表明晚期变形为一向南滑脱型剪切带。由于受后期北东向断裂构造改造,韧性剪切带呈向南凸出的弧形构造,反映了板块俯冲、造山带隆升、岩层向南掩覆折返时中、下地壳的变形特征。该带重、磁异常呈一北西向梯度带,南侧重力低,推测变质岩系之下存在大型花岗岩基,北侧相对重力高,可能由深源壳、幔镁铁质岩块引起。另外位于北大别北缘的大化坪-麻岩岭韧性剪切带,也为北侧高压-超高压榴辉岩带与岳西片麻岩穹隆变形边界,韧性剪切带自鹿吐石经饶钹寨、黄尾、水竹河至大麻岩向东被北东向断裂所截,中间多处被燕山期花岗岩侵吞,地表断续出露,产状多变,不同岩段有不同表现:西段以倾向北东,倾角中等为主,表现伸展滑脱特征;东段为南倾40°左右,显示逆冲推覆特征。总体为先压后滑运动机制,反映出造山带折返的大型变形构造。

### 5. 缺月岭-山龙断裂带

该断裂带为分划英山-潜山超高压岩带与宿松高压构造岩片的剪切型左行走滑变形带,断裂带自西向东经三面尖、芙蓉寨、缺月岭至山龙向东被桐-太断裂所截,呈向南西凸出的弧形构造。断面产状 200°∠68°,为压扭性逆冲韧性剪切断层。北侧以宽约 2km 的强变形韧性剪切带(太湖-三面尖韧性剪切带)与南大别高压-超高压榴辉岩带接触,南侧为宿松岩群,两者岩性呈渐变过渡,面理产状一致,195°~200°∠65°~75°,岩石均已强烈片理化,由变形指向构造显示岩层曾经历了向南滑覆过程。

剪切带主要由花岗质片麻岩、含石榴石黑云或白云石英片岩及包裹其中的榴辉岩、榴闪岩和石榴斜长片麻岩组成,发育变形强度不一的不同类型的糜棱岩、构造片岩以及构造片麻岩等。该剪切带表现出两期不同性质的韧性变形特征。早期,以发育由斜长石、角闪石、石英、白云母等由角闪岩相矿物显示的糜棱面理和拉伸线理及紧密-同斜褶皱为特征,斜长角闪岩或花岗片麻岩、榴辉(闪)岩因剪切作用而布丁化,伴有长石+石英+黑云母组成的伟晶岩脉发育。强变形带发育于花岗片麻岩、黑云石英片岩及白云石英片岩中。剪切褶皱、旋转碎斑系及 S-C 组构均指示上覆岩层向北逆冲。与超高压变质岩早期的角闪岩相变形特征一致。晚期,该剪切带表现出滑脱型剪切带特征,绿片岩相变形条件下,形成一系列规模不等的剪切褶皱及一系列宽窄不等的强剪切变形条带,糜棱面理、矿物拉伸线理及发育的 S-C 组构、剪切褶皱和旋转布丁构造指示上盘岩层向南滑脱。为造山带内部构造单元分划性构造界面。

### 6. 高坦断裂带

该断裂带由数条平行韧脆性断层斜列组成,发育于下扬子前陆盆地内沿江隆凹褶断带与东至-石台褶断带边界,为长江南岸前陆反向褶断带组成部分,主期属挤压型逆冲叠瓦状变形构造。自北东向南西,起于芜湖市火龙岗,经铜陵丫山、贵池县太平曹、梅街、高坦、东至后,延伸出省,长约 200km。断裂走向 45°~70°,倾角 50°~85°,被北北东向断裂系左行错移,成为数条不连续的断裂带。北东段(周王断裂以北)断层面倾向南东,南西段倾向北西。

该断裂带为沿江褶断带的南部边界,被认为是扬子型侵入岩组合与江南型侵入岩组合的分划线,它是安徽省沿江一条长期活动的控岩控矿断裂。该断裂形成于加里东运动早期,早古生代即成为江南过渡带与沿江褶断带的界线,断裂北西侧晚寒武世为碳酸盐浅滩相沉积,南东侧为台地斜坡相沉积。印支期,该断裂带成为扬子陆块北缘的缩短带,断裂北侧形成一系列紧闭同斜倒转褶皱,断裂带内出现面理倾向北西的逆冲变形构造。燕山期出现两期性质完全不同的构造形迹,早期出现面理倾向北西的挤压构造,代表了燕山中期陆内造山作用的存在,并且沿断裂断续产出辉石闪长玢岩-石英闪长玢岩、花岗闪长斑岩岩体,且大部分斑(玢)岩岩体形成斑岩型和热液型铜、金多金属矿化。燕山晚期断裂带表现为滑覆构造带,其地表位置与早期的构造线基本一致,其面理继承了早期构造形迹,仍然倾向北西,整个滑脱带收缩于北东,向南西发散成多层、多条顺层拆离滑脱带,其中以谭山岩体北西侧的大障山和黄花尖背斜北侧石台丁香一带拆离滑脱带的特征最为明显,主要拆离滑脱面发育于皮园村组—蓝田组、荷塘组—皮园村组以及高家边组—五峰组之间。

西南大花山、洋湖段,该断裂带走向近东西,倾向北,倾角 50°~80°,多具走向断层的特点,南盘为杨柳岗组,北盘为仑山组,断裂带内大套地层缺失。沿断裂带出现宽数百米至近千米的硅化破碎带,据安徽省地矿局 324 队花山金锑矿普查资料,东至大花山一带,断层面倾向北,沿走向和倾向均呈波状起伏变化,在地表倾角较陡,向下-50m 标高以下倾角变缓,剖面上呈犁状。沿断裂带燕山中期花岗闪长斑岩或花岗斑岩脉呈脉状穿插,并有透镜状金、锑矿体充填。据 1:5 万东至幅区域地质调查成果,花山花岗闪长斑岩的全岩 Rb-Sr 等时线年龄 166~161Ma(安徽省区域地质调查所,1991),其形成时代应在印支期—燕山早期。断裂北东段断面产状总体倾向南东,表现为由南东向北西逆冲,继承了江南断裂带某些特点。地球物理资料反映为正、负磁异常交变带。据 HQ-13 地学断面资料(陈沪生等,1991),该断裂发育于垂直延深的低阻带中,切割地壳达到岩石圈地幔深度。

总之,高坦断裂带的发生发展与褶皱紧密相随,属同褶皱期断裂带,是印支期前陆反向褶断带组成之一,强烈陆内缩短应发生于印支期,燕山期为断裂强烈活动时期。区域上与江南断裂带构成双向对冲推覆构造(科伯构造)。

**7. 宁国墩(虎-月)断裂**

该断裂亦曾称"皖浙赣深断裂",断裂由数条平行韧脆性断层斜列组成,包括基底隐伏断裂(伏岭断裂)在内,斜贯皖东南地区,自北而南经广德县虎岭关、宁国县宁国墩、绩溪县大坑口(断裂隐伏段)、歙县、休宁县瑶溪、月潭,向南与江西丰城-婺源深断裂相接,省内长约165km。为压剪型逆冲-左行平移变形构造,构成皖南褶冲带内黟县-宣城褶断带与休宁-绩溪褶断带边界。断裂总体走向40°~50°,倾向以南东为主,倾角变化较大,陡者直立,缓者20°~30°,断裂带宽达20km,由数条北东向、北北东向逆平移断层组成(主期)。断裂北东段发育在南华系至寒武系内,南段发育于伏川蛇绿混杂岩带中。断裂控制青白口纪历口群和井潭组中酸性火山岩的分布,月潭一带有超基性岩岩脉侵入。

该断裂对本区岩浆活动及地质体的展布起明显的控制作用,晋宁晚期片麻状花岗岩、辉绿玢岩均出露于断裂南东侧,呈北东向长条状展布,岩壁倾向及其间片状构造与断裂挤压劈理一致;燕山期伏岭岩体、刘村岩体沿断裂多期次侵入,总体展布方向与断裂一致,且受断裂后期活动破坏。断裂两侧盖层构造线明显不同,南东侧(包括红层盆地、火山盆地)呈北东东60°~80°方向展布,而北西侧主断裂带内均呈北北东20°~40°方向延伸。断裂对南华纪—震旦纪沉积环境和沉积相的控制也较为明显。断裂北西休宁组底砾岩以灰绿色脉石英为主,南沱组为陆相、滨海相堆积的冰碛砾岩,而南东侧休宁组底砾岩为紫红色杂砾岩,南沱组为海洋环境的"冰筏沉积",蓝田组和皮园村组在沉积厚度上也存在南薄北厚的明显差异。断裂通过部位与地磁异常分区界面完全吻合,同时对矿产分布也控制明显,南东侧钨、钼、铜、铍、铅、锌、萤石、水晶等矿床(点)星罗棋布,北西侧仅零星分布。

该断裂带是在基底断裂基础上长期发展的,具明显的多期活动性。加里东期—印支期断裂活动与基底断裂复合,燕山期强烈活动,表现为逆冲-左行平移等多期活动。绩溪县墈头、和阳,昌化仁里、深坑、苦石岭等地断裂带中心部位表现为强烈地向北西逆冲推覆,发育宽百余米的挤压劈理化带,透镜化、糜棱岩化、牵引褶皱、褶皱断片等压性构造,晚期发育不同方向张性正断层,岩石破碎、硅化、脉岩贯入等现象普遍,表现了燕山期具先压后张的力学特征,为中、浅层壳断裂。

**8. 绩溪断裂带**

该断裂带为压剪型左行斜冲变形构造,发育近20km宽的挤压构造带。构造带两侧在构造、岩浆岩和矿产等方面都有明显的差异。北西侧相对稳定,构造简单,线性特征不明显;南东侧地壳活动性大,褶皱线性明显,北东向断裂发育。北西侧以大型岩基为主,类型简单(如燕山中期旌德岩体);南东侧岩浆活动频繁,时间多在燕山晚期,并具有多期次、多成因、多岩石类型等特点,小岩体分布广泛,金、钨、钼多金属矿丰富。构造带内各段构造片理稳定(倾向130°~160°)。带内发育数条同向伴生、次生断层,多阶式、叠瓦式断层和褶皱断片,具多期次活动特点和相同的发展演化史。断裂形成于晋宁期,印支期、燕山期活动强烈,大规模的逆冲推覆,是断裂带活动的主幕。属基底壳断裂。

## 二、逆掩、推覆、滑覆大型变形构造

安徽省逆掩、推覆、滑覆大型变形构造十分发育,构成区域性对冲构造格局和伸展构造,如华北陆块南缘对冲推、滑覆构造,下扬子陆块(前陆南缘)对冲推、滑覆构造及造山带晚造山阶段核杂岩热穹隆伸展构造等。

## (一) 华北陆块南缘皖北燕山期对冲推、滑覆构造

燕山期,由于郯庐断裂带强烈左行平移,华北陆块相对向南俯冲(加楔作用),导致大别造山带北缘北淮阳构造带向北深层滑覆,形成后缘拉张、前缘反向逆冲推覆的薄皮构造格局。以刘府深断裂和颍上-定远断裂为主对冲面,南、北两侧形成一系列逆掩断层、叠瓦状倒转褶皱断片和推覆构造。北侧徐淮(徐宿)地区存在大型推覆构造和凤阳山区伸展滑覆构造。这种斜向对冲推覆的结果,造成后缘地体被拉开,形成中生代盆地格局。强烈活动时期应从印支运动的早期开始。现举例分述如下。

### 1. 徐淮推覆体

徐淮推覆体,北起山东省台儿庄,经江苏省徐州到安徽省的淮河以北。推覆体内发育密集的叠瓦状冲断层和大型紧闭、倒转、平卧褶皱,一系列冲断层使老地层逆掩新地层,褶皱轴和断层线在平面上舒缓弯曲,形成向北西西凸出的弧形构造,至少有两期叠加褶皱卷入推覆体,鹰嘴山-三铺逆掩断裂为推覆体前锋断裂带;南侧(下伏层)宿县附近被掩盖的古生代地层已被证明为一系列大型开阔、短轴背、向斜或"穹-盆"式构造。卷入推覆体的地层有震旦系、寒武系、奥陶系、上石炭统、二叠系以及下三叠统。推覆体总体运动方向为指向北西西,一系列冲断层还造成地层层序的不连续和缺失,有时形成"飞来峰"构造,推覆体后缘及晚期同向伸展断层发育。

### 2. 黑峰岭"飞来峰"

黑峰岭"飞来峰"是徐淮推覆构造中规模最大的一个推覆体,位于宿县黑峰岭,向北延至刘楼,灵璧县山后余。"飞来峰"呈环状分布,面积约 90km²。由青白口纪贾园组、赵圩组、倪园组及九顶山组组成一个完整的向斜(黑峰岭向斜)叠覆于原地系统的时窑背斜核部之上。经剥蚀后,黑峰岭形成一个弧形山,构成典型的"飞来峰"构造。推覆断层面在黑峰岭的西、南、东均有出露,北部隐伏在第四系之下。西部解集附近断层面倾向北东 50°,倾角 30°。黑峰岭的西南坡断层面倾向 80°,倾角 28°,东坡倾向 300°,倾角 5°。断层附近岩石普遍破碎,并见糜棱岩和角砾岩。黑峰岭东坡断层下盘的史家组向南东方向倒转,因此可以判定它是自东往西推覆的,近推覆断层处有正长斑岩岩脉贯入,推测时代为燕山晚期。

### 3. 淮南对冲式断-褶构造带

印支期华北板块与扬子板块碰撞造山,大别造山带北侧形成一系列的薄皮推覆构造,推覆构造前锋带可抵达淮南、定远一线,形成一系列逆掩断层、叠瓦状倒转褶皱断片和推覆构造,推覆构造主要沿结晶基底与盖层间拆离界面滑动。淮南对冲式断-褶构造带主要呈近东西向展布,根据其变形特征,区域上可以划分为 3 个次级构造带:南部八公山-舜耕山构造带(洞山逆掩断裂)、北部明龙山-上窑构造带及两者之间的淮南扇形复向斜带。

### 4. 凤阳山区滑覆拆离构造

该滑覆拆离构造主要由一系列的滑覆拆离断层及滑覆岩片组成,白云山断层是其中规模最大的一条滑覆拆离断层。该断层沿凤阳山区北部老黎山、大邬山、宋集、白云山、石牛山一线展布,总体走向北西西(285°),主断面向南倾,倾角缓,一般 10°~25°,断面上阶步、反阶步、擦痕发育,擦痕线理产状在(110°~140°)∠10°左右,指示上盘向南东滑动。平行断层面发育剪切面理、构造透镜体及棱角状断层角砾岩、张性硅化破碎带等,并表现出先张后压的特征。拆离断层的下盘主要为可塑性极强的宋集组泥灰质大理岩、砂泥质千枚岩等软弱层,拆离断面之上为强能干性的曹店组或伍山组中厚层至块层状变石英砂岩、沉积石英岩及透镜状含铁质砾岩或铁矿层。界面上、下岩石力学性质的差异使得该界面成为重力滑动、构造滑脱的极有利层段。滑覆体后缘已查明多处(至少 8 处)外来滑块(露头,填图尺度),大小不

等,大者不足 2km²,小者不足 100m²。滑块岩石地层为曹店组、伍山组、刘老碑组、馒头组等。滑覆拆离构造还表现出先期近东西向逆断层转变为张性正断层,拆离构造中滑覆型褶皱发育,轴迹呈北西西向反"S"形。滑覆底界面与下伏岩层殷家涧组、白云山组接触。总之,本区滑覆拆离构造有3个特点:一是拆离断层后缘外来滑片为新地层(盖层)盖在老地层(基底)之上;二是盖层(青白口系以上层位)与结晶基底(凤阳群及其以下层位)间多为断层接触;三是断层呈蛇形展布,总体延伸方向与区域构造线一致。

### (二)下扬子陆块推、滑覆构造

印支运动以后,深部动力机制仍然源于扬子陆块持续向北俯冲,下扬子地块(前陆带)受大别造山带的推挤,自北西向南东运动,构成前陆反冲带;而江南地块受华南陆块的影响向北西运动,皖南褶断带由南东往北西逆冲或推覆,多数基底断裂也再次复活。在此构造背景下,加里东运动江南地块总体隆升表现为不同规模的伸展滑覆构造,燕山期陆内造山运动表现为强烈的薄皮对冲、推覆构造,以高坦断裂带和江南断裂带为主对冲面,形成一系列逆掩断层、叠瓦状倒转褶皱断片和推覆构造。现按区域分布分述如下。

**1. 下扬子陆块北缘前陆带**

印支期—早燕山期,大别、扬子陆块发生陆-陆碰撞造山,造山带南部向南逆冲推覆,成为前陆逆冲推覆构造系统的根带。前陆带遭受强烈挤压,形成一系列推覆构造,总体呈北东向延伸。推覆构造表现为一系列线性斜歪(倒转)褶皱、逆掩断层、叠瓦状倒转褶皱冲断岩片以及"飞来峰""构造窗"等构造。褶皱倒向、逆掩断层带结构及次级构造、显微构造等均指示前陆盖层自北西向南东逆冲。该带是前陆带内构造变形最为强烈的地带,受控于盖层与基底间主滑脱面及沉积盖层内部的次级滑脱面,在剖面上具多层次性,在平面上具明显分带性。北缘前陆褶皱冲断带主要由苏家湾-柘皋褶断带、和县-含山-巢湖褶断带(推覆构造带)、庐江褶断带及沿江褶断带等推覆席体组成,结构十分复杂。

1)苏家湾推覆构造

该推覆构造位于巢湖市苏家湾—西姚庙一带,上盘由南华纪周岗组—震旦纪灯影组组成,下盘由寒武纪地层构成。推覆体沿黄栗树-破凉亭断裂自北西向南东逆冲推覆于寒武纪地层之上,造成南华系、震旦系与寒武系不同层位接触,前缘发育一系列倾向北西的逆冲断层,形成叠瓦状构造组合。

2)半汤-香泉推覆构造

该推覆构造由半汤推覆体和香泉推覆体组成,具双重逆冲推覆构造特征。在TM片上特征清楚,后者叠置于前者之上。主推覆断面总体较平缓,略有起伏,总体向北西缓倾。下盘多为高家边组页岩,推覆体自北西向南东逆冲或推覆,形成于燕山中、晚期。

半汤推覆体的后缘以发育正常背、向斜为特征,前缘太湖山—关门镇一带发育向南东凸出之弧形叠瓦式逆冲断层带及一系列斜歪褶皱,局部倒转,褶皱轴面及断层倾向均为 300°~320°,倾角 30°~60°,与此同时,横向或横向斜切高角度断裂也很发育,且多具左行平移性质。半汤推覆体的性质为准原地型,其推覆方向为由北西向南东。

香泉推覆体前峰位于含山县昭关、祁门站,呈向南东凸出的弧形,长达 35km。推覆体由寒武纪—早三叠世复式倒转褶皱组成,总体超覆于早、中侏罗世地层(原象山群)之上,断层面向北西倾斜,倾角小于 30°。推覆体发育较完善,层次较清晰,从老到新依次由一系列推覆片体相互叠置组成,常见"构造窗"和"飞来峰"构造。如昭关-吃儿山片体、龙王尖-狮碾潘片体、缩山-青山片体及昭关煤矿"构造窗"、严家"构造窗"、牌坊村"飞来峰"等。推覆片体前锋发育线性紧闭倒转褶皱及叠瓦状逆冲断层带和"飞来峰"构造,与其相伴的横向或横向斜切断层也很发育,且多具左行平移性质。香泉推覆体推覆方向为由北西向南东,且后缘较前缘推覆距离大,对前缘形成挤压之势,致使前缘的昭关-吃儿山片体总体形态为向南东凸出的弧形。

3) 散兵逆掩断裂与银屏山区推覆构造

散兵逆掩推覆断裂自含山县仙踪向南经巢湖半汤、青苔山、散兵、坝镇，延伸至庐枞火山盆地，长约55km。断层走向北北东，向西倾斜，局部东倾，倾角40°～80°，破碎带宽10～500m。上盘震旦纪灯影组及中、早寒武世逆掩于志留纪高家边组至中、下三叠统之上，岩石破碎强烈，下盘三叠系构成陡立地层带，沿断层小褶曲、角砾岩带发育。进入庐枞盆地，逆掩性质不明显，断层两侧古火山口密集成带。断裂构造形成于燕山中、晚期，喜马拉雅期活动微弱。

银屏山推覆构造主要分布于散兵逆掩推覆断裂以东巢湖市银屏山—无为县响山一带，发育一系列规模不等的推覆构造或"飞来峰"弧形断裂构造，自西向东有邵家山、程湾、刘家村及黄牛背等推覆体。这些推覆体均由震旦纪灯影组组成，皆叠覆于尖山背斜两侧的向斜核部早三叠世地层之上，推覆断层面均内倾，倾角30°，个别50°，其中以黄牛背向斜为典型的"飞来峰"构造，出露面积达12km²。这些推覆体的"根"或准根部应是散兵逆掩断裂及其以西的较老地层。由西向东推覆距离5～12km。在无为周家大山推覆构造的前锋带，发育周家大山翻转褶皱。

4) 庐江推覆构造

该推覆构造主要分布在散兵逆掩断裂以西，可分为庐江东顾山推覆体和槐林嘴-青山推覆体。庐江县东顾山推覆体主要表现为一系列的褶皱冲断岩片，推覆构造后缘东顾山发育一系列近平行展布的北北东—北东向逆冲断层，剖面上呈叠瓦状排列，这些逆冲断层多发育在斜歪—倒转褶皱的倒转翼，并一起构成褶皱冲断带，沿高家边组页岩组成的推覆面，逆掩于早侏罗世钟山组之上。槐林嘴-青山推覆体由于掩盖较多，总体面貌不甚清晰，在巢湖市九龙山—无为井头山形成多个由志留系—下三叠统组成的向南东凸出呈弧形展布的线状背向斜，褶皱形态呈斜歪—倒转，轴面倾向北西，具向南东推覆的特点。

5) 火龙岗-小淮山推覆构造

该推覆构造位于沿江断坳陷的东缘芜湖市火龙岗—小淮窑—象形地一带，主要由前锋带竹山榜断裂、后缘小淮窑断裂及其所夹持的小淮山楔状褶皱冲断体组成。楔状褶皱冲断体呈北北东20°～25°方向展布，宽度1.5～3km不等，总长度大于21km。推覆构造表现为由二叠纪—三叠纪地层构成的一系列斜歪—倒转褶皱岩系呈楔状冲断体向北西西逆掩推覆于晚白垩世赤山组紫红色砂岩之上，剖面上组合成叠瓦状逆冲断层系，其东侧为同向倾斜的正断层。表明推覆构造形成时代至少在晚白垩世晚期赤山组沉积之后，即燕山晚期或喜马拉雅期，具反转推覆构造特征。

## 2. 下扬子陆块沿江江南前陆带

该带以高坦断裂带和江南断裂带为主推覆构造面，分沿江前陆反向褶冲带、江南过渡带褶冲带和江南褶冲带3个次级构造冲断单元，从而构成了沿江前陆反向褶冲带与江南褶冲带相向对冲的构造格局，江南过渡带褶冲带是印支期、燕山期强烈的陆内缩短带，并在挤压、伸展过程中形成沿江江南构造-岩浆岩带，成为安徽省主要内生金属矿产矿集区之一。

1) 沿江前陆反向褶冲带

沿江前陆反向褶冲带逆冲推覆构造主要发育于前陆盆地西南段，大致沿墩上—张溪—高坦一线发育一系列平行产出的断面倾向北—北西的逆冲断层，构成了对冲推覆构造的北西侧冲断体。冲断体内在葛仙欧家—坦埠—唐田—绢桥一线尚发育有自南东向北西的推覆构造(有人称其为江南、江北前陆对冲带)，常见泥盆纪—志留纪地层逆冲-推覆于二叠纪—三叠纪地层之上，主要逆冲-推覆断层有涓桥-铜山逆冲断层、墩上逆冲断层、五溪逆冲断层等，在涓桥及马衙一线为推覆构造的前锋带部分，常见"飞来峰""构造窗"构造，并在涓桥一带见有古生代地层逆冲至白垩纪红层之上。推覆冲断体北东段丁桥-丫山逆冲-推覆构造带，大致沿铜陵隆起与宣-广盆地界分布，早期为控制红层盆地边界的同沉积断裂，晚期发生自北西向南东的逆冲-推覆作用，由一系列近平行产出的逆冲断层组成，造成地层不同程度的缺失、呈断片叠置，岩石破碎、产状紊乱，并见古生代地层逆冲至白垩纪红层之上。

江北大别造山带南缘前陆冲断体主要由南华纪—三叠纪地层组成，由于受印支期陆-陆碰撞造山运动的影响，前陆带遭受强烈挤压，形成一系列北东向线性紧密褶皱和冲断层带，以发育大规模的逆冲推覆构造为特色。河塌-破凉亭断裂为冲断体根带，它是前陆带内变形最强烈的地段，主要由宿松褶皱冲断带组成，包括宿松-黄梅褶冲束、徐桥-香茗山褶冲束、洪镇-月山褶冲束3个次级单元，各褶冲束内部均发育一系列的褶皱冲断岩片。其中以宿松-黄梅褶冲束最为典型。与逆冲推覆有关的冲断层主要发育在各次级褶冲岩片的前缘和斜歪（倒转）褶皱的倒转翼，冲断层的发育在很大程度上受岩性界面控制。不同岩性界面因岩石力学性质的差异是冲断层发育的主要部位，主要冲断层的下伏地层以早志留世泥页岩为主，褶冲带前缘冲断层的下伏地层岩性为早侏罗世钟山组粉砂质页岩、碳质页岩或薄煤层。冲断层在区域上常组合成带呈北东向分布，剖面上呈叠瓦状排列，倾向北西，倾角在褶冲带根部较陡，多数大于50°，而向南东至褶冲岩片前缘产状变缓甚至水平产出。

2) 江南褶冲带

江南褶冲带逆冲-推覆构造在石台仙寓山—横船渡—七都一带表现最为明显，江南深断裂带构成了对冲推覆构造的南东侧冲断体前锋带。韧、脆性剪切带内岩石强烈置换，原岩已难以识别，发育透入性劈理，并有新生矿物绢云母和剪切熔融花岗质脉体。仙寓山一带蓝田组、皮园村组表现为一系列叠瓦式断片，自南东向北西逆冲至寒武纪地层之上，局部形成"飞来峰"和"构造窗"。向北东至横船渡—七都一带表现为叠瓦式逆冲断片沿断裂带大致平行分布，构成多层推覆的构造样式。寒武纪地层逆冲至志留纪地层之上，并造成过渡带地层的缺失和不协调接触。周王断裂带以北，江南断裂带燕山期同样表现为强烈地由南东向北西逆冲推覆构造和同向正断层活动，在宣城军天湖、敬亭山、麻姑山、九连山、牛头山一带表现较为典型。以九连山推覆构造为例简述其构造特征。九连山推覆构造位于江南断裂北东端之北西侧，是江苏茅山推覆体的南延部分。呈北东至北北东向带状分布，省内分布面积约250km²。推覆体主要由志留系—二叠系组成的背斜（新河庄背斜）叠覆于晚侏罗世中分村组之上。推覆断层面倾向南东，浅部倾角50°～78°，深部5°～35°。推覆体中倒转背斜轴面倾向南东，扁豆状锰矿体呈雁行排列，燕山晚期花岗岩破碎，推覆断层被晚白垩世赤山组覆盖。因此，推覆体是燕山晚期的产物。

### 3. 下扬子陆块皖南褶冲带

在华南陆块持续向扬子陆块俯冲的区域构造背景下，江南基底隆起，形成多层次不同规模的逆冲推覆-滑覆体系，多数基底断裂再次复活，加里东运动江南地块总体隆升表现为不同规模的伸展滑覆构造，印支运动以来皖南褶断带表现为强烈的由南东往北西逆冲或推覆。推-滑覆拆离面多发育于褶皱变质基底与沉积盖层之间及盖层软弱层内。如前文所述，褶断带内主要区域性大断裂燕山期均表现为向北西逆冲的推覆构造，使基底、盖层岩系相互叠置、断褶，展现了陆内造山基本构造样式。如伏川蛇绿混杂岩带千丈岭断裂、三阳坑断裂晚期断层复活并强烈活动发生浅层次逆掩和推覆作用，西村岩组逆冲推覆在侏罗纪洪琴组及燕山期岩体之上，断面产状140°∠46°，断裂倾角由地表向深部变缓，具明显的推覆特征。绩溪断裂带、大坑口-宁国墩断裂带总体倾向南东，倾角30°～60°不等，燕山期强烈地向北西逆冲推覆、发育宽百余米的挤压劈理化带，推覆逆掩幅度大，缺失层位多，有的形成"飞来峰"构造。推覆断层横剖面上表现出复杂的对冲现象和叠瓦状构造。

### 4. 下扬子陆块拆离-滑覆构造

早期的逆冲推覆和晚期的拆离滑覆叠加构造是前陆盆地及隆起陆缘盖层区陆内造山作用的主要表现形式，拆离-滑覆构造主要与燕山期陆内伸展体制下的差异隆升作用有关，造山带的隆升作用使前陆带出现重力滑覆系统，构成了前缘推覆、后缘滑覆的运动图案。大别造山带前陆、江南隆起北部发育有多层次的拆离-滑覆构造，深层次的拆离-滑覆带发育于结晶基底与褶皱基底之间，中层次的拆离-滑覆带发育在褶皱基底与沉积盖层之间，浅层次滑覆、滑脱构造发育在盖层界面或软弱层内，表现为层间滑脱或层间剥离带，平面上与地层走向一致，剖面上多以顺层逆冲、滑覆剪切形式出现，层间滑脱主要层位自下而上有休宁组底部、蓝田组—皮园村组、荷塘组—皮园村组、高家边组—五峰组、观山组—黄龙组、栖霞组—孤峰组、龙潭组—大隆组、大隆组—殷坑组等界面,主要岩性界面是砂岩-碳酸盐岩、泥质页岩-硅质岩、碳质页岩-硅质岩、砂质页岩-硅质岩等。层间滑脱构造带规模在数十米至数十千米不等,常与褶皱相伴,且糜棱面理、片理、劈理发育,岩石强烈破碎等。在拆离-滑覆带内,出现明显的岩层减薄和缺失现象,构成了区域性推覆与滑覆构造的主要界面。如张八岭韧性剪切带是发生在中深层次结晶基底与前陆褶冲带之间的大型顺层拆离-滑覆构造带,强片理化带片理产状基本是倾向南南东,倾角20°左右。江南造山带北缘盖层中燕山期拆离-滑覆构造更为明显,以江南深断裂和高坦断裂带为主拆离面出现一系列的滑覆构造,主拆离面多以顺层剪切为主,在滑覆体的前锋带表现为正向滑覆的同斜倒转褶皱。燕山期滑覆构造具有继承早期挤压推覆构造面的特点,主拆离面多以顺层剪切为主。主要滑覆剪切带发育于五通群和栖霞组的底部以及南陵湖组内部,震旦纪蓝田组内的正向滑覆,形成一系列宏、微观的"多米诺骨牌"效应。滑覆构造前锋带不仅三叠纪地层逆掩超覆于晚白垩世红层之上,在宣(城)广(德)盆地中尚见有晚泥盆世—早二叠世之间地层呈异地系统出现,二叠纪龙潭组为异地系统,其上为晚白垩世赤山组覆盖,反映了滑覆构造形成于燕山晚期之前,区域上表现为南滑北冲的格局。

燕山晚期滑覆构造变形强度较印支-燕山期小,主要发生在江南造山带的北缘,滑覆前锋带与周王断裂带对应,主拆离滑面主要发育于志留系下部、五通群底部及石炭纪—二叠纪地层中的层间破碎带,滑覆构造前锋带也表现为挤压逆冲-滑覆特征,使古生代地层呈"飞来峰"形式逆掩于赤山组之上。该期滑覆构造主要与江南造山带的隆升作用有关。

**5. 伸展构造**

最近20多年来,晚造山阶段的伸展构造研究已受到地学界越来越多的重视,通过对许多老的或年轻的造山带的研究,不断发现和证实新的伸展构造类型。现以大别造山带造山后伸展构造和安庆洪镇地区伸展构造为例,阐述安徽省伸展构造基本特征。

1)大别造山带碰撞后韧性伸展构造

大别造山带碰撞后韧性伸展构造表现为以片麻岩穹隆为变质核杂岩,周边环绕具不同变形变质强度的变质表壳岩与变质侵入岩组合,其内发育一系列韧性剪切带,共同构成造山带内多层次韧性伸展剥离系统。这种变质核杂岩热穹隆构造主体是在印支运动南、北板块碰撞后隆升韧性伸展作用中形成的。

安徽省内变质核杂岩构造属罗田-岳西片麻岩穹隆的东南段,韧性伸展构造主要包括3个韧性剥离系(即3个构造岩石单位),不同构造岩石单位之间以韧性剪切带为界。剪切带一般都向外倾斜,以发育透入性及不均一性糜棱岩为特征。剥离系由内向外依次为核杂岩带(罗田-岳西变质杂岩带)、英山-潜山超高压岩片、宿松高压岩片及由震旦纪—三叠纪盖层组成的前陆冲断滑片。上述构造岩石单位被大规模的韧性剪切带所拆离,共同组成席状岩片的构造堆叠体。变质核杂岩位于伸展滑覆构造的中心,由变形复杂的斜长角闪岩、斜长片麻岩、酸性及基性麻粒岩、大理岩等组成,经受了高角闪岩相到麻粒岩相变质作用。周边超高压、高压岩片(省内为太湖-潜山高-超高压岩片)环绕核杂岩展布,核杂岩内部发育的成分层、构造面理及同期变形的韧性剪切带几何配置构成一个大型不对称穹隆构造,太湖-潜山高-超高压岩片总体构造图像为一个向南东倾斜的假单斜。在核杂岩及超高压岩片内部发育一系列剪切褶皱及规模不等的韧性剪切带。其中发育的剪切面理、矿物线理、旋转"布丁"构造、变形的长英质脉体等面状和线状组构,反映了垂向上压扁的共轴变形,并伴生有北北西-南南东方向的近水平伸展运动学特征,即平面上造山带具向东挤出的伸展特征,显示北部左行、南部右行剪切,剖面上具向外侧下滑的特征,各剪切带近平行或小角度相交合聚。这种拆离带伸展剥离作用近垂向缩短值为70%~80%,近水平方向拉伸约100%~150%(索书田等,2000)。

位于太湖-潜山(高)超高压岩片南缘宿松岩片内部发育区域性透入性面状、线状组构,其方位与英山-潜山超高压岩片内部组构基本一致,以发育大量S-C组构的剪切带向南剪切滑动,该特征在花凉亭水库南侧太湖-三面尖滑脱型韧性剪切带中表现得更为清楚,且可鉴别出绿片岩相剪切带叠加在早期角闪岩相剪切条带之上。

大别山变质核杂岩韧性伸展构造主要由下、中、上3个大型韧性拆离带构成。下拆离带介于罗田-岳西变质核杂岩带与太湖-潜山超高压岩片之间的水吼-英山剪切带,表现为一个缓—中等倾角的韧性剪切带,向核杂岩带外侧倾斜,运动学标志表明超高压岩片沿倾角30°左右的拆离带向南东正向滑动。区域上在核杂岩穹隆西侧回龙寺和北侧的李集地区,剪切方向分别向西和正北。这种多方向的剪切现象反映出穹状伸展构造的特征。中拆离带为超高压岩片与宿松变质岩片间的太湖-三面尖韧性剪切带,在伸展变形中表现为宽几百米的韧性剪切带,据 Carswell et al(1977)估算,在太湖花凉亭地区,该拆离带两侧变质压力差约为8kbar,估算至少有20km厚的地壳岩石被拆离尖灭。该拆离带的几何学、运动学特征与下拆离带相似,其发育的不对称剪切褶皱、旋转"布丁"以及露头和显微尺度的S-C组构等均显示上盘向南正向滑动特征。上拆离带主要为介于宿松岩片与前陆冲断滑片间的张八岭岩群,岩性为强烈韧性剪切变形的构造片岩,糜棱岩化的千枚岩、白云石英片岩等。宏观及显微构造表明张八岭岩群内部发育大量的运动学标志,如拉伸线理、旋转碎斑系、S-C组构以及大量变形石英脉、黄铁矿压力影、剪切褶皱等。这些运动学标志证实,在绿片岩相条件下,沉积盖层沿着缓倾斜的上拆离带向南、南东发生过正向滑动,沿拆离带可能有部分中、下地壳岩石被滑断消失。在上拆离带顶部边界多发育大型脆性断层或断裂带,这可能表明,大别碰撞期后的韧性伸展构造发育于韧-脆过渡带之下。因此,大别造山带碰撞后韧性伸展构造反映了地壳抬升过程中的伸展拆离作用,造成超高压岩片以较快的速度折返至地壳浅部。

2)洪镇伸展构造

洪镇伸展构造是以洪镇变质核杂岩为主体的多层次滑脱剥离断层系。其形成与核部中生代花岗岩体上隆侵位有关。洪镇伸展构造由内向外包括中心部位的燕山期花岗岩体、变质核杂岩,外围是一套由古生代和中生代浅变质的碎屑岩和碳酸盐岩组合,其内部沿不同的岩性界面发育一系列剥离断层和相关的剪切带及滑脱层。从而构成了洪镇地区多层次滑脱剥离系统。洪镇岩体在主动侵位过程中,在其边部形成一系列定向组构,反映了岩体上升就位时的应力状态和岩体力学性质。这些定向组构主要表现为斜长石(微斜长石)、黑云母、角闪石等板状、针状矿物集合体优选方位定向排列而成的片理呈环状分布。环状叠加褶皱的发育是洪镇伸展滑覆构造的另一特点,环状叠加褶皱叠加在印支期褶皱之上,强烈地改造了原印支期形成的北东向董岭复背斜,形成的叠加褶皱轴迹围绕洪镇岩体呈环状或半环状分布。

变质核杂岩是由中元古代—青白口纪董岭杂岩组成的北东向长垣状复背斜,它是在伸展作用下地幔上隆,构造剥蚀作用导致地壳变薄,地壳岩层不同程度地被剥蚀,使深埋的基底岩系上升即形成核杂岩。核杂岩顶部为基底滑脱剥离带,它是分割基底与上覆盖层的主要界面,下盘是董岭杂岩糜棱岩化岩石组成的滑脱带,自下而上由条带状片麻岩、眼球状糜棱片麻岩、变晶糜棱岩和碎裂糜棱岩组成,具 S-C 组构。碎裂糜棱岩反映了基底剥离断层与下伏糜棱岩带的韧脆性转换,基底剥离断层产状与上覆滑覆岩系底部白云岩一致。该断层从西部温桥—旨田冲—刘家冲—严家冲—沙岭(东),连续出露长达6km,产状均向外倾,倾角大于60°。在区域上基底剥离断层切过不同的上覆岩层,造成上覆岩层下部寒武纪—奥陶纪地层不同程度地缺失,使较新地层与董岭杂岩直接接触。

在基底剥离断层之上的寒武纪—中三叠世的沉积岩系中,岩层普遍发生固态流变和横向构造置换,形成褶叠层构造。其中发育了一系列顺层剥离断层。其断层面产状总体外倾,倾角由内向外变缓,前锋翘起,局部甚至反转。剥离断层系是由一系列正向(韧性)剪切的犁式断层组成。它们均出现在岩石流变性差别较大的两套沉积(变质)岩层之间,其中前寒武系与寒武系、上泥盆统与石炭系、中三叠世周冲村组与黄马青组之间,是3个主剥离断层,代表了深、中、浅3个构造层次,它们均与上、下岩层小角度相交,造成岩层强烈减薄缺失。各断面的下盘岩层均不同程度地发育顺层韧性剪切带、顺层掩卧褶皱及S-C组构,岩石多糜棱岩化,包括石英质糜棱岩和碳酸盐岩糜棱岩,尤以前者最为发育。在含变斑晶董青石、红柱石的大理岩中,粗粒方解石为残斑,云母石英岩为基质的旋转碎斑系,变形方解石在黄铁矿立方晶体两侧溶解沉淀形成压力影,以及由能干层构成布丁化构造等。其中发育于上泥盆统与石炭系—

二叠系界面的是剥离断层系中规模最大、滑覆距离最远的断层,断层面产状平缓,其下盘五通群石英砂岩强烈变形达到超糜棱岩。上盘多顺层滑动,变形不显著。由于后期的风化剥蚀作用,在黄梅山、金钩树—金子山一带,形成草排山"飞来峰"、张家山"飞来峰"等滑覆体以及金钩树"构造窗"。

洪镇伸展构造最突出的特点是,洪镇花岗岩上升侵位对变形变质的影响。由于洪镇岩体上升侵位使岩石软化而易变形,同时上升侵位时的侧向伸展作用所产生的强烈压扁和剪切效应在热场软化岩石中表现得非常显著,应力矿物的生成和动态重结晶作用必然导致岩石的动力变质,岩浆侵位在碎屑岩围岩中形成的变质矿物董青石、矽线石(红柱石)、空晶石等在变形过程中呈残斑形式出现,并见董青石、矽线石被拉长成发丝状和束状。在旨田冲、杨屋一带,可见矽线石被拉长,与肋状石英一道围绕董青石残斑构成片理。在碳酸盐岩围岩中主要变质矿物有方柱石、透闪石、硅灰石、阳起石及粗大的方解石晶体等。其优选方位与构造面理一致,其中的重结晶方解石发育动力机械双晶,部分已变成糜棱岩,粗大的空晶石变斑晶长轴定向排列构成 A 线理,平行于应变椭球体的最大拉伸方向,早二叠世栖霞组重结晶的方解石组构亦指示拉伸方向的一致性。此类多层次伸展构造为铜、硫铁、金、铅锌、银等多金属提供了极有利的成矿条件。

## 第三节 大型变形构造与成矿关系

大型变形构造指具有区域规模的构造变形的集合体,并有一定的区域范围,反映了地质体或不同构造单元的相互构造关系,是地壳结构构造的重要约束。安徽省内大型变形构造及区域性深大断裂带、韧性剪切带十分发育(见表 4-1、表 4-2)。根据大型变形构造的构造类型、规模、构造级别、形成时代、构造演化、影响范围、控矿作用及其构造意义的研究,可以划分为省内主要构造单元、成矿带奠定基础。大型变形构造(包括断裂构造)对区域成矿带时空分布及成矿作用具明显的控制作用。

### 一、大型断裂变形构造与成矿带、成矿亚带关系

作为省内一级构造单元(陆块)边界断裂,郯庐断裂带、六安断裂带、黄破断裂带为华北陆块、大别造山带和下扬子陆块边界,同样为华北、秦岭-大别、下扬子成矿省分界,颖上-定远断裂带、磨子潭断裂带、江南断裂带-周王断裂带和绩溪-五城断裂带(深部为伏川蛇绿混杂岩带)分别作为省内七大成矿带结合部,符离集(宿北)断裂、缺月岭-山龙断裂、滁河断裂带、伏川蛇绿混杂岩带、横关-武阳断裂带又大致作为成矿亚带分界,从而构成全省三级成矿区带格架(参见第六章)。

### 二、大型变形构造控矿作用

从表 4-1 不难看出,安徽省典型的大型变形构造主要有皖北对冲构造、江南前陆对冲构造带、徐淮推覆构造、北淮阳滑覆带、张八岭伸展拆离构造、和含巢推覆构造带、九连山推覆构造、绩溪逆冲断裂构造带、郯庐断裂带、长江断裂带、沿江拉分火山盆地、伏川蛇绿混杂岩带、宿松增生楔(岩片)、洪镇核杂岩穹隆等,对成矿(亚)带、成矿作用控制十分显著。省内大多数大型变形构造均经历了多期变形演化过程,同样具多期控矿的特点,但燕山期处于构造大转折期,中国东部地区发生大规模强烈的构造-岩浆活动,出现成矿高峰期,因此燕山期变形构造是安徽省多金属成矿作用的主控构造。

**1. 对冲、逆冲推覆构造与成矿作用关系**

安徽省内生金属矿产大多受挤压型大型变形构造控制，如江南前陆对冲构造带铜、铁、多金属成矿带，徐淮推覆构造带铁、铜成矿带，皖北对冲构造带石英脉-蚀变岩型金矿带，和含巢推覆构造带，九连山推覆构造带、绩溪逆冲断裂构造带，铜、金、铅锌、钨、钼多金属成矿带等，均显示挤压富集、破矿构造特征，为矿集区主要控矿构造。

**2. 伸展、滑覆、穹隆构造与成矿作用关系**

此类拉张型大型变形构造环境对成矿作用十分有利，壳、幔物质交换利于成矿元素富集，且有充分的赋矿、储集空间。如北淮阳滑覆构造带金、银、铅锌、钼、萤石多金属成矿作用，张八岭伸展拆离构造铜、金、多金属成矿作用，受长江断裂带控制的隆坳基底构造的铁、铜、硫多金属成矿作用，沿江拉分盆地火山岩型成矿作用，及洪镇核杂岩穹隆控制的铁、铜多金属成矿作用等。

**3. 走滑剪切构造与成矿作用关系**

剪切型大型变形构造控矿作用如郯庐断裂带石英脉-蚀变岩型金矿、韧性剪切带型金矿及其所形成的拉分盆地、垒堑构造所控制的沉积型含矿建造等。

**4. 特殊大型变形构造与成矿作用关系**

如伏川蛇绿混杂岩带所控制的岛弧型钨、钼多金属成矿作用和宿松增生楔（构造岩片）所围限的沉积变质型磷矿及石英脉-蚀变岩型金矿等。

# 第五章　大地构造(相)与构造演化

安徽省地跨华北陆块、秦岭-大别造山带和扬子陆块3个大地构造单元，是古中国大陆重要结合地带，地质构造极其复杂。参照全国矿产资源潜力评价总项目关于中国大陆大地构造构造单元划分原则，结合安徽省具体构造分区和岩石建造特征，以陆块区、造山系，陆块、地块、构造带和构造亚带命名，以大地构造相研究为基础，进行安徽省大地构造单元划分和研究。

## 第一节　大地构造相与大地构造分区

### 一、大地构造相划分

通过全省沉积岩、火山岩、侵入岩、变质岩岩石构造组合和大型变形构造的区域大地构造相综合分析研究，结合构造边界条件及其各类建造构造组合的时、空特征和大地构造环境分析，深入研究全省大地构造相时空演化与大陆动力学板块构造的耦合关系。按陆块区、造山系(大相)，地块、构造带(相)和构造亚带(亚相)五级划分，采用优势大地构造相划分原则，通过大地构造相、亚相的鉴别、厘定和划分，以时、空演化为主线，综合分析安徽各主要构造单元的构造热事件，从而揭示全省陆壳结构组成及其演变发展规律，建立安徽省大地构造相时空结构和构造相演化模式(图5-1)。大地构造相研究是反映大地构造环境及其演化的综合性成果，在大地构造相分析的基础上编制全省大地构造图。安徽省大地构造相划分方案见表5-1。

表5-1　安徽省主要大地构造相划分简表

| 相系 | 大相 | 相 | 亚相 | 岩石构造组合 |
|---|---|---|---|---|
| 华北陆块区相系（Ⅱ） | 豫皖陆块大相（Ⅱ-6） | 华北南缘裂谷相(EN) | 皖北陆缘裂谷亚相(ENmr) | 定远玄武岩、安玄岩构造组合(EN) |
| | | 华北南缘陆内盆地相(JN) | 皖北断陷盆地亚相($CzJ_{1-2}Fsb$)<br>皖北坳陷(凹陷)盆地亚相(Jsb)<br>六安弧后(拉分)盆地亚相($J_{1-2}sb$) | 皖北杂色河湖相凝灰质复陆屑建造构造组合($CzJ_{1-2}$)<br>六安复陆屑磨拉石构造建造组合($J_{1-2}$) |
| | | 华北南缘陆表海盆地相(CT)(QbZ) | 两淮碳酸盐岩陆表海亚相($T_1ca$, QbNhca)<br>两淮海陆交互陆表海亚相($CPT_{2-3}mca$)<br>两淮碎屑岩陆表海亚相(Zcr,Qbcr) | 海陆交互相-陆相陆屑式含煤建造构造组合(CPT)<br>陆表海碳酸盐岩建造构造组合(QbNh)、陆表海碎屑岩建造构造组合(Qb、Z) |
| | | 华北南缘碳酸盐岩台地相($\in O_2$) | 两淮台盆亚相($\in pb, O_1O_2 pb$) | 台地相碳酸盐岩建造构造组合($\in O_2$) |

续表 5-1

| 相系 | 大相 | 相 | 亚相 | 岩石构造组合 |
|---|---|---|---|---|
| 华北陆块区相系（Ⅱ） | 豫皖陆块大相（Ⅱ-6） | 华北南缘弧后前陆盆地相（$Pt_2$） | 凤阳古弧后盆地亚相（$Pt_2abb$） | 含砾石英岩＋石英片岩＋硅质白云石大理岩＋含铁石英岩＋千枚岩建造构造组合（$Pt_2$） |
| | | 华北南缘变质基底杂岩相（$Ar_3Pt_1$） | 霍邱-五河深变质基底杂岩亚相（$Ar_3Pt_1Mbc$） | 五河-霍邱中基性-中酸性火山岩-杂砂岩-含铁硅质碳酸盐岩建造构造组合（$Ar_3Pt_1$） |
| | | 华北南缘岩浆弧相（$J_3K$）（$AnPt_3$） | 徐淮后造山陆缘弧亚相（$J_3K_1va$，$J_3K_1ia$） | 毛坦厂安粗岩-英安岩-流纹岩构造组合，宿州正长花岗岩、二长花岗岩、花岗闪长岩、石英闪长岩构造组合（$J_3K_1$） |
| | | | 徐淮大陆伸展陆缘弧亚相（$AnPt_3ia$，$AnPt_3va$） | 蚌埠隆起正长花岗岩、二长花岗岩、花岗闪长岩、奥长花岗岩、英云闪长岩构造组合，殷家涧变石英角斑质火山岩构造组合 |
| 秦祁昆造山系（Ⅳ） | 大别-苏鲁结合带大相（Ⅳ-11） | 大别陆壳残片相（Z）（$Ar_3Pt_1$） | 岳西港河外来岩块亚相（Zeb）、大别变质基底残块亚相（$Ar_3Pt_1Drb$） | 港河浅变质火山碎屑岩构造组合（Z）岳西-阚集变质火山-沉积杂岩＋变质镁铁质岩建造构造组合（$Ar_3Pt_1DMbc$） |
| | | 大别高压-超高压变质相（Qb、Pz、$T_2$） | 张八岭高压变质亚相（Qbhpm）、太湖超高压变质亚相（SDbuhpm） | 张八岭高压蓝片岩变质建造构造组合（Qbhpm），太湖超高压变质建造构造组合（SDbuhpm） |
| | 大别-苏鲁弧盆系大相（Ⅳ-11） | 北淮阳陆缘盆地相（ZK） | 北淮阳断陷盆地亚相（JKFsb） | 杂色河湖相凝灰质复陆屑建造构造组合（JK） |
| | | | 北淮阳海陆交互陆表海亚相（Cmca） | 海陆交互相碳酸盐岩碎屑岩含煤建造构造组合（C） |
| | | | 佛子岭弧间裂谷盆地亚相（ZDiarb） | 佛子岭类复理石浊积岩建造构造组合（ZD） |
| | | 大别岩浆弧相（$Pt_3$、JK） | 北淮阳陆缘弧亚相（$Pt_3$，JKia） | 同兴寺碱性正长岩构造组合（$K_1ia$）、后造山金寨-舒城钙碱性-碱性岩构造组合（$J_3K_1ia$）、同造山小溪河花岗质片麻岩构造组合（$Pt_3ia$） |
| | | | 北淮阳火山弧亚相（$J_3K_1va$） | 响洪甸碱性火山岩构造组合（$K_1va$）、后造山毛坦厂中酸性火山岩构造组合（$J_3K_1va$） |
| | | | 岳西岛弧亚相（$Pt_3$，JKia，Kva） | 后造山岳西桃园中酸性火山岩构造组合（$K_1va$）、后造山岳西钙碱性-碱性岩构造组合（$J_3K_1ia$）、同造山大别花岗质片麻岩构造组合（$Pt_3ia$） |
| | | | 肥东岛弧亚相（$Pt_3$，JKia） | 后造山山里陈钙碱性花岗岩构造组合（$J_3K_1ia$）、同造山王铁花岗质片麻岩构造组合（$Pt_3ja$） |
| | | 张八岭裂谷相（Qb） | 张八岭陆缘裂谷亚相（Qbmr） | 张八岭变质海相碎屑岩、火山-细碧岩建造组合（Qb） |
| | | 宿松-肥东弧前盆地相（$Pt_{2-3}$） | 宿松-肥东弧前增生楔亚相（$Pt_{2-3}faw$） | 柳坪-双山大理岩、碎屑岩含磷建造组合（$Pt_3$），虎踏石-桥头集变质火山-沉积含磷建造组合（$Pt_2$） |

续表 5-1

| 相系 | 大相 | 相 | 亚相 | 岩石构造组合 |
|---|---|---|---|---|
| 扬子陆块区相系（Ⅵ） | 下扬子陆块大相（Ⅵ-1） | 下扬子北缘裂谷相（EN） | 下扬子陆缘裂谷亚相（ENmr） | 桂五橄榄玄武岩-碱性玄武岩构造组合（EN） |
| | | 下扬子陆内盆地相（JN） | 下扬子坳、断陷盆地亚相（CzKFsb）、下扬子拉分火山盆地亚相（$J_3K_1$va） | 下扬子河湖相杂色复陆屑建造构造组合（Cz—J）沿江高钾钙碱性-碱性火山岩构造组合（$J_3K_1$） |
| | | 下扬子前陆盆地相（$D_3$T） | 下扬子碳酸盐岩陆表海亚相（$C_2$、$P_2$、$T_1$ca）、下扬子海陆交互陆表海亚相（$C_1$、$P_{2-3}$、$T_{2-3}$mca）、下扬子周缘前陆盆地亚相[$D_3$pfb(fbb)] | 陆表海生物屑灰岩、白云质灰岩建造构造组合，陆表海碎屑岩、碳酸盐岩建造构造组合，河湖相含砾石英砂岩、石英砂岩、泥质粉砂岩构造组合 |
| | | 下扬子碳酸盐岩台地相（ZO） | 下扬子碳酸盐岩台地亚相（$Z_2\in$ Oca）、下扬子台盆亚相（$Z_1$pb，Opb） | 白云岩、白云质灰岩、灰岩建造构造组合，台地相碎屑岩、碳酸盐岩建造构造组合 |
| | | 皖南被动陆缘相（$ZS_2$） | 皖南陆棚碎屑岩亚相（$Z_2\in_1$，$O_{2-3}$cscl）、皖南陆棚陆斜坡亚相（$O_1$cs）、皖南碳酸盐岩盆地亚相（$Z_1$、$\in_{2-3}$）、浙西陆棚陆-盆地亚相（$Z\in$）、皖南前渊盆地亚相（$S_{1,2}$fdb） | 硅质岩、硅质碳质页岩、泥岩建造构造组合，钙质页岩、泥岩、粉砂质泥岩建造构造组合，泥灰岩、灰岩建造构造组合，硅化碎屑岩、碳酸盐岩建造构造组合，砂岩、细砂岩、粉砂岩、粉砂质泥岩建造构造组合 |
| | | 江南古弧盆相（QbNh） | 江南浅变质基底（深海盆地）亚相（$Qb_1$ba）、伏川蛇绿岩亚相（$Qb_1$Om）、历口陆缘裂谷相（$Qb_2$va，Qbmr） | 溪口杂陆屑凝灰质粉砂岩、泥岩复理石建造构造组合，伏川辉橄岩、辉长辉绿岩、闪长岩组合，历口碎屑岩＋中、基性火山岩构造组合 |
| | | | 休宁夭折裂谷（拗拉谷）亚相（Nhfr） | 含砾砂质千枚岩、砂岩、凝灰质砂岩、粉砂岩、冰碛含砾粉砂岩、含砾泥岩、含锰灰岩建造构造组合 |
| | | | 江南岛弧亚相（Qbva，Qbia） | 铺岭玄武岩、玄武安山岩组合，井潭碎屑岩＋安山岩、英安岩、流纹斑岩构造组合，歙县同碰撞英云闪长岩、花岗闪长岩构造组合，五城后碰撞花斑岩、花岗斑岩、正长花岗岩构造组合 |
| | | 沿江江南岩浆弧相（$J_3K$） | 沿江江南陆缘弧亚相（$J_3$ia—Kia） | 后造山滁州二长花岗岩、花岗闪长岩、石英闪长岩组合，后造山沿江钙碱性-碱性岩（A型）组合，后造山江南高钾钙碱性-碱性岩构造组合 |
| | | | 沿江江南火山弧亚相（$J_3K_1$va—$K_1$va） | 后造山黄石坝玄武安山岩-安山岩-英安岩-粗安岩组合，后造山沿江橄榄安粗岩系、高钾碱性岩构造组合，后造山皖南石岭玄武岩、英安岩、流纹岩构造组合 |
| | | 下扬子变质基底杂岩相（$Pt_{2-3}$） | 董岭岛弧亚相（$Pt_3$ia），董岭中、低级基底杂岩变质亚带（$Pt_{2-3}$Mbc） | 后碰撞董岭二长花岗岩质片麻岩构造组合，董岭泥质石英砂岩、长石石英砂岩、凝灰岩构造组合 |

注：一、二级构造相单元编号按全国总项目划分编号。

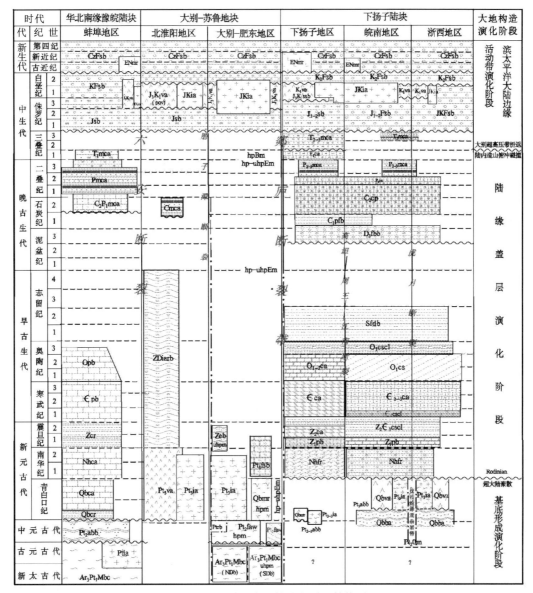

图 5-1　安徽省大地构造相时空结构图

## 二、大地构造分区

### (一)构造单元划分原则

**1. 造山系构造单元划分**

造山系是造山带的集成,是在大陆边缘受控于大洋岩石圈俯冲制约形成的前锋弧及其之后的一系列岛弧、火山弧、裂离地块和相应的弧后洋盆、弧间盆地或边缘海盆地,又经洋盆萎缩消减、弧-弧、弧-陆碰撞造山作用,多岛弧盆系转化形成的复杂构造域,整体表现为大陆岩石圈之间的时空域中特定的组成、结构、空间展布和时间演化特征的构造系统。可进一步划分出二级、三级及序次更低的构造单元,构成造山带构造单元划分的基本骨架。

**2. 陆块区构造单元的划分**

陆块区具有长期和复杂的演化历史,前新太古代为古老陆核形成阶段,由前新太古代形成的硅铝质原始大陆壳地质体称为陆核。陆核形成过程中,地壳的垂向增生占有重要地位,表现为一系列古老穹隆构造。依据陆块区不同演化阶段不同基底和盖层的岩石建造组合,可划分为陆块(含陆核)作为二级单元。根据陆块区保存的新太古代—新元古代地质记录,基底陆壳物质的组成、物质来源和形成环境,特别是由侵入岩构成的岩浆弧(TTG 和 DMG 组合)以及表壳岩的火山-沉积记录、岩石组合、地球化学、热事件等特征,可将基底划分出古岩浆弧、古裂谷等三级构造单元。大尺度范围盖层细结构的划分,依关键地质事件形成的大地构造相及沉积盆地的性质、类型、序列、时代和空间分布特征,如被动陆缘盆地、陆表海盆地、碳酸盐岩台地、陆缘裂谷、陆内裂谷、断陷盆地、压陷盆地等作为三级构造单元。在大地构造单元划分方案中,一级构造单元的陆块区(稳定大陆)对应于陆块区相系,对接带对应于对接消减带相系,造山系(洋-陆转换带或活动大陆边缘)对应为多岛弧盆相系;二级构造单元的结合带、弧盆系、地块,分别对应于结合带大相、弧盆系大相和地块大相;三级构造单元的俯冲增生杂岩带、蛇绿混杂岩带、洋内岛弧或洋岛、岛弧或陆缘弧、弧后盆地、弧间盆地、弧前盆地、弧后前陆盆地、走滑拉分盆地、陆缘裂陷盆地或裂谷盆地等,分别与各大地构造相(亚相)相一致。

(二)大地构造单元划分方案

参照《全国矿产资源潜力评价》总项目关于中国大陆大地构造分区划分推荐方案(图 5-2),安徽一级

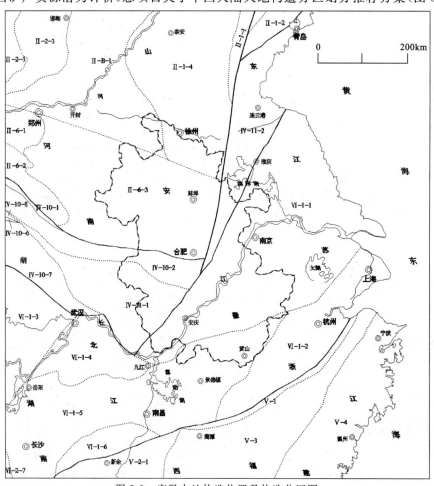

图 5-2 安徽大地构造位置及构造分区图

华北陆块区:Ⅱ-6-1.中条山陆缘古裂谷;Ⅱ-6-2.太华-登封古岩浆弧;Ⅱ-6-3.华北南缘陆缘盆地;Ⅱ-1-4.泰山古岩浆弧-鲁西碳酸盐岩台地。大别-苏鲁地块:Ⅳ-10-1.宽坪弧后盆地;Ⅳ-10-2.北秦岭岩浆弧;Ⅳ-11-1.大别高压-超高压变质岩系折返带;Ⅳ-11-2.苏鲁高压-超高压变质岩系折返带。扬子陆块区:Ⅵ-1-1.下扬子(苏皖)前陆盆地;Ⅵ-1-2.怀玉山-天目山被动边缘盆地;Ⅵ-1-4.幕阜山被动边缘盆地;Ⅵ-1-5.江南古岛弧-南华裂谷。华南陆块区:Ⅴ-1.郴州-萍乡-江绍结合带;Ⅴ-3 华夏地块;Ⅴ-4 东南沿海岩浆区

构造单元为华北陆块区、扬子陆块区和秦祁昆造山系3个大地构造单元,结合安徽省构造-建造特征,以陆块区、造山系,陆块、地块、构造带和构造亚带为命名原则,初步细分3个二级构造单元、5个三级构造单元和8个四级构造单元,五级构造单元以构造亚带和主体建造组合表示。安徽省主要构造单元划分方案见图5-3,表5-2。

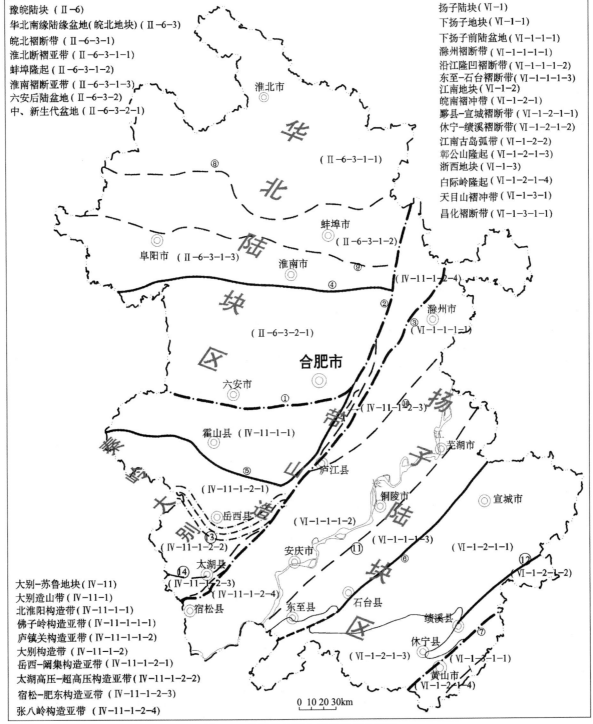

图5-3 安徽省主要构造单元划分略图

陆块区边界断裂:①六安断裂带;②郯庐断裂带;③黄破断裂带。
地块边界断裂:④颍上-定远断裂带;⑤磨子潭断裂带;⑥江南断裂带;⑦伏川蛇绿混杂岩带。
构造(褶断)带边界断裂:⑧利辛断裂带;⑨刘府断裂带;⑩滁河断裂带;⑪高坦断裂带;⑫虎月断裂带;
⑬水吼-漫水河韧性剪切带;⑭缺月岭-山龙断裂带

表 5-2  安徽省构造单元(构造相)划分简表

| 一级构造单元 | 二级构造单元(大相) | 三级构造单元(相) | 四级构造单元(亚相) | 五级构造单元(建造组合) |
|---|---|---|---|---|
| 华北陆块区（Ⅱ） | 豫皖陆块（Ⅱ-6）豫皖陆块大相 | 华北南缘陆缘盆地（皖北地块）（Ⅱ-6-3）华北南缘基底杂岩相＋陆内盆地相 | 皖北褶断带（Ⅱ-6-3-1）皖北变质基底杂岩亚相＋断、坳陷盆地亚相 | 淮北断褶亚带（Ⅱ-6-3-1-1）淮北台地相碳酸盐岩建造-海陆交互相-陆相陆屑式建造组合 |
| | | | | 蚌埠隆起（Ⅱ-6-3-1-2）蚌埠变质复理石建造-超基性-基性岩、中酸性火山岩和硅铁质建造组合 |
| | | | | 淮南褶断亚带（Ⅱ-6-3-1-3）台地相碳酸盐岩建造-海陆交互相-陆相陆屑式建造组合 |
| | | | 六安后陆盆地（Ⅱ-6-3-2）六安弧后前陆盆地亚相 | 华北南缘中、新生代盆地（Ⅱ-6-3-2-1）杂色河湖相复陆屑建造-大陆中性火山岩-湖相杂色凝灰质复陆屑建造和湖泊相杂色复陆屑建造组合 |
| 秦祁昆造山系（Ⅳ） | 大别-苏鲁地块（Ⅳ-11）大别-苏鲁结合带-弧盆系大相 | 大别造山带（Ⅳ-11-1）北淮阳陆缘裂陷槽盆相 大别俯冲增生杂岩相＋高压-超高压变质岩相 | 北淮阳构造带（Ⅳ-11-1-1）北淮阳弧间裂谷盆地亚相 | 佛子岭加里东构造亚带（Ⅳ-11-1-1-1）佛子岭类复理石浊积岩建造组合 |
| | | | | 庐镇关加里东构造亚带（Ⅳ-11-1-1-2）庐镇关变质火山-沉积岩建造组合 |
| | | | 大别构造带（Ⅳ-11-1-2）大别变质基底残块亚相 大别高压-超高压变质亚相 大别深成同碰撞岩浆岩相 | 岳西-阚集构造亚带（Ⅳ-11-1-2-1）变质火山-沉积杂岩建造，变质镁铁质岩、片麻状花岗岩建造组合 |
| | | | | 太湖高压-超高压构造亚带（Ⅳ-11-1-2-2）高压-超高压变质建造组合 |
| | | | | 宿松-肥东构造亚带（Ⅳ-11-1-2-3）宿松-肥东变质火山-沉积含磷建造＋高压变质建造组合 |
| | | | | 张八岭构造亚带（Ⅳ-11-1-2-4）张八岭变质海相碎屑岩、火山-细碧岩建造＋高压变质建造组合 |
| 扬子陆块区（Ⅵ） | 下扬子陆块（Ⅵ-1）陆块大相 | 下扬子地块（Ⅵ-1-1）下扬子前陆盆地相 | 下扬子前陆盆地（Ⅵ-1-1-1）陆表海盆地亚相 台地亚相 陆缘盆地亚相 | 滁州褶断带（Ⅵ-1-1-1-1）滁州台地相泥质碳酸盐岩建造、单陆屑建造组合 |
| | | | | 沿江隆凹褶断带（Ⅵ-1-1-1-2）沿江台地相浅海-滨海碳酸盐岩建造、单陆屑砂质沉积建造组合 |
| | | | | 东至-石台褶断带（Ⅵ-1-1-1-3）过渡带台地斜坡相碳酸盐岩建造、陆源砂质碎屑岩建造组合 |
| | | 江南地块（Ⅵ-1-2）江南被动陆缘、陆表海盆相 | 皖南褶冲带（Ⅵ-1-2-1）皖南陆缘裂谷亚相 陆棚碎屑岩、碳酸盐盆地亚相 | 黟县-宣城褶断带（Ⅵ-1-2-1-1）黟县-宣城陆源单陆屑碳酸盐岩建造组合 |
| | | | | 休宁-绩溪褶断带（Ⅵ-1-2-1-2）休宁-绩溪远源杂陆屑硅泥质碳酸盐岩建造组合 |
| | | | 江南古岛弧带（Ⅵ-1-2-2）中低级变质基底杂岩亚相＋后碰撞岩浆杂岩亚相 伏川蛇绿岩亚相 | 鄣公山隆起（Ⅵ-1-2-1-3）鄣公山变质复理石建造、火山碎屑岩、细碧角斑岩建造、片麻状花岗岩建造组合 |
| | | | | 白际岭隆起（Ⅵ-1-2-1-4）白际岭岛弧型火山-火山碎屑岩建造、片麻状花岗岩建造组合 伏川蛇绿混杂岩建造 |
| | | 浙西地块（Ⅵ-1-3）浙西被动陆缘、陆表海盆相 | 天目山褶冲带（Ⅵ-1-3-1）陆棚碎屑岩、碳酸盐盆地亚相 | 昌化褶断带（Ⅵ-1-3-1-1）昌化陆棚斜坡碎屑岩、碳酸盐岩建造组合 |

注：Ⅰ、Ⅱ、Ⅲ级构造单元按全国总项目划分编号。

## 第二节 大地构造(相)单元基本特征

### 一、华北陆块区

华北南缘陆缘盆地隶属陆块区相系豫皖陆块大相,安徽省皖北地块为三级构造单元。华北地块是东亚大陆最古老的地壳,最初的陆核形成于 3800Ma 以前,据航磁资料推断,皖西北地区可能存在两个古陆核,即砀山古陆核和隐贤集古陆核,它们是该区陆壳增长的母源。一般认为五河岩群(2650Ma)和霍邱岩群(2700Ma)的同位素年龄数据,代表了安徽境内陆壳的最初形成时代,岩石组合为变质复理石建造-超基性-基性岩、中酸性火山岩和硅铁质建造组合,大地构造环境为变质基底杂岩相。自新元古代青白口纪开始,才全面接受较稳定型的盖层沉积。青白口纪至震旦纪,地壳周期性振荡频繁,为次稳定型-稳定型构造环境;寒武纪至中奥陶世,地壳已处于稳定状态;总体为陆内碎屑岩、碳酸盐岩台地相。此后处于隆起剥蚀状态,直至晚石炭世—早三叠世,才沉积了一套海陆交互相-陆相陆屑式建造组合,它们是大陆准平原化过程中的产物,总体为台地相碳酸盐岩建造-海陆交互相-陆相陆屑式建造组合。侏罗纪以来主要为陆相沉积,发育杂色河湖相复陆屑建造、大陆中性火山岩-湖相杂色凝灰质复陆屑建造和湖泊相杂色复陆屑建造组合。喜马拉雅期为湖泊相-冲积扇相红色复陆屑-蒸发式建造、河湖相灰色复陆屑建造和第四纪河流相为主的砂泥质二元建造。中生代以来,陆块构造面貌发生了强烈的改造,印支运动使盖层褶皱,燕山期断块运动使褶皱进一步复杂化,产生推覆构造和规模不等、起始期各异的断(坳)陷盆地,并伴有中酸性为主的岩浆侵入和中性火山喷溢。喜马拉雅期强烈的断块差异升降运动,使西部地区大规模陷落、断陷盆地进一步发展,均属陆内盆地相产物。

皖北地块可分皖北徐淮褶冲带、六安后陆盆地两个四级构造单元,以大断裂为界。据构造、建造特点,徐淮褶冲带可进一步细分为淮北断褶带、蚌埠隆起和淮南褶断带。其中两淮为海陆交互相-陆相含煤陆屑式建造;蚌埠隆起基底变质岩系由变质表壳岩系、镁铁质岩系及变质花岗片麻岩组成,岩石强烈韧性变形和广泛混合岩化改造,为变质杂岩建造。变质杂岩建造分布区内含金石英脉颇为发育,是寻找砂金和原生金矿的远景地区,沉积变质型铁矿有一定远景。六安后陆盆地或称之为合肥断陷盆地,经钻探和航磁证实,存在着一个由霍邱岩群组成的基底隆起(习称"江淮台隆"),盖层为典型的"华北型"地层,构成合肥盆地基底。印支期处于俯冲造山带的后陆部位,华北南缘基底向南俯冲,造成上覆岩层向北反向逆冲,造山期后挤压、拉分断陷是本构造单元主要变形特征,为一套巨厚的陆相湖泊-河流相建造。

#### (一)皖北徐淮褶冲带

徐淮褶冲带包括蚌埠隆起、两淮地区,东临郯庐断裂带,南以颖上-定远断裂为界,北部及西部均延至省外。印支期处于俯冲造山带的后陆部位,其基底主要为五河岩群及凤阳群。本单元是青白口纪以来的沉陷地带,盖层发育良好,总厚可达 7000m 左右。断陷盆地主要受东西向和北东或北北东向两组断裂控制。根据岩石构造组合、构造变形和构造环境差异特征,可分为 3 个四级构造单元。

**1. 淮北断褶亚带**

淮北断褶亚带位于蚌埠隆起带北部,古黄淮海的中心部位,是安徽省华北陆块盖层发育最为齐全的地区之一,也是我国重要的煤炭基地之一,南界为利辛深断裂。包括徐淮推覆体和原地地块。推覆体内发育密集的叠瓦状冲断层、大型紧闭、倒转、平卧褶皱，至少有两期叠加褶皱卷入推覆体，形成向北西西凸出的弧形构造，推覆体总体运动方向为北西西向。原地地块中古生代地层为一系列大型开阔、短轴背、向斜或"穹-盆"式构造。原地岩块与推覆的外来岩块极不协调，主滑动面位于基底变质结晶岩系之上。

该构造单元经印支运动全面褶皱，褶皱和断裂均呈北东向展布，与华北陆块南部以东西向构造占主导地位的格局极不协调。燕山期受郯庐断裂带左行平移作用影响，总体向南逆冲滑移，形成一套新的断裂、褶皱系统；新生的断裂大多呈北北东向，断层面几乎毫无例外地倾向东。自喜马拉雅期以来，受东西向、北北东向断裂的影响，断块作用强烈，剧烈沉陷形成断陷盆地，堆积了巨厚的杂色河湖相凝灰质复陆屑建造构造组合。

### 2. 蚌埠隆起

蚌埠隆起位于五河至蚌埠一带。根据钻探、航磁资料分析，向西经利辛、太和延伸出省，呈东西向长条状展布。东抵郯庐断裂带，南以刘府深断裂为界与淮南褶断带相接。蚌埠隆起由基底变质岩系构成，五河岩群出露较为广泛，由变质表壳岩系、镁铁质岩系及变质花岗片麻岩组成，岩石构造组合为中基性-中酸性火山岩-杂砂岩-含铁硅质碳酸盐岩建造。岩石遭受强烈韧性变形和广泛混合岩化改造。凤阳群仅限于南缘。基底固结后，自青白口纪以来，它一直是徐淮地块中的一个次级隆起，震旦纪更趋明显，早寒武世中期开始，逐渐潜伏于水下，使淮南、淮北两地沟通，形成了同相沉积，而晚寒武世起，隆起又升出海面，造成海水南闭北畅。自此以后，随着海水的进退，使隆起范围时有变化，但一直处于古陆状态。燕山期，沿主断裂面形成一些串珠状火山盆地。第三纪以来，由于东西向断裂的强烈活动，使北部大规模陷落而成为断陷盆地。

基底变质岩系由于经受了多期强烈变形改造，构造形态极其复杂。该单元基底构造是由五河岩群构成的复背斜（怀远-凤阳复背斜），轴向近东西，轴迹微向南凸，并有向东倾没之趋势。北翼部分被新生界覆盖，南翼保存较好，岩层倾角变化于30°～60°之间。蚌埠期花岗片麻岩呈小岩株群沿复背斜轴部分布，另有少量燕山中期闪长岩和燕山晚期正长岩分布。五河岩群分布区是安徽省沉积变质型铁矿重要远景区，区内含金石英脉发育，是寻找砂金和原生金矿的远景地区。

### 3. 淮南褶断亚带

该亚带位于蚌埠隆起南部，除在凤阳山区及淮南地区出露青白口系、寒武系、奥陶系和极少的上石炭统以外，大多地区均被中、新生界覆盖。南、北被刘府深断裂和颍上-定远断裂所夹持，呈东西向窄带状展布，向西经阜阳、界首延入河南境内。

印支运动后，怀远-凤阳复背斜南翼发育紧闭、倒转、平卧褶皱和一系列叠瓦状冲断层，断面、轴面绝大多数倾向南，呈北西西向展布。燕山期总体向北反向逆冲推覆，前锋带出现数个小"飞来峰"构造，晚期常见新地层滑覆在较老地层之上。与淮北断褶带形成对冲格局，两者盖层总体特征虽然类似，但仍有差别，如淮南地区总厚度较小，层序不及淮北完整，碳酸盐类岩石中镁的含量较高等。

侏罗纪以后，由于东西向颍上-定远断裂的切割，断裂以北褶断带的大部和蚌埠穹隆连成一体转而隆起，其南部则陷落构成合肥盆地的北部基底，其上接受了巨厚的中、新生代沉积。

该构造单元印支期盖层褶皱整体为一大型复式向斜构造——淮南复式向斜，轴向北西西，平面上略有弯曲，褶轴在西部昂起。核部发育一系列次级的正常背、向斜，翼部由于断层的逆掩作用而使地层有所缺失并局部倒转。在东部凤阳山区仅出露北翼，产状较平缓，倾角均在30°以下，而南翼已被深埋。与褶皱伴生的断裂发育，尤以纵向和横向两组更甚，燕山期以来则以北北东向断裂发育较佳。岩浆活动极不发育，仅在定远永康见有个别喜马拉雅期的基性潜火山岩。本单元除产煤之外，尚有沉积赤铁矿、油页岩、石灰岩、白云岩及磷矿等。

### (二)六安后陆盆地

本单元内中、新生界广泛分布,前人常将其划入华北断陷范畴或称之为合肥断陷盆地,印支期为造山带后陆盆地。经钻探和航磁证实,在颖上-定远断裂与六安深断裂之间,揭去中新生代红层以后,存在着一个由霍邱岩群组成的基底隆起,并向西延伸至河南鲁山、灵宝一带。在前印支期漫长的地史发展进程中,其主体一直处于古陆状态,成为陆源物质的供给基地,盖层为典型的"华北型"地层。侏罗纪以来转为坳陷,构成合肥盆地基底,接受巨厚的中、新生代堆积。

据防虎山等地零星出露的霍邱岩群推测其边界隐伏于合肥盆地之下,地表以物探推测的明港-六安断裂为界。印支期之后,随着郯庐断裂大规模左行平移,华北南缘基底向南俯冲,造成上覆岩层向北反向逆冲,破坏了早期构造面貌,地球物理测深剖面清晰地显示俯冲断面南倾,倾角中等。中、浅层次逆掩推覆韧脆性变形及造山期后拉分断陷是华北南缘构造单元主要变形特征。

在皖、豫交界的四十里长山一带,钻孔、物探资料显示,局部呈由霍邱岩群构成的近南北—北北东向基底褶皱(周集复向斜),总体仍然具东西向展布特点。隐伏的区域性南照集断裂西侧由霍邱岩群—寒武系组成走向近南北、向西倾斜的单斜构造,岩石破碎、硅化强裂、裂隙发育,中酸性岩脉密集成带。霍邱式沉积变质型铁矿由霍邱岩群组成轴向近南北—北北东向复式向斜褶皱,叠加横跨在近东西向宽缓褶皱带上。侏罗纪以来受南北向南照集断裂影响而成断块隆起。本单元矿产以沉积变质型铁矿、菱镁矿及陆相盐湖蒸发沉积型石膏、石盐岩、钙芒硝矿等为主。

## 二、秦祁昆造山系

秦祁昆造山系秦岭-大别造山带是夹持于华北陆块、扬子陆块之间,经历了多期离合形成的复杂的复合型大陆造山带,总体属结合带-弧盆系大相。晋宁期以来,经历了多次造山作用,不同动力体系热构造事件相互叠加、复合、改造,使其长期处于强应变状态,表现为复杂的剪切流变构造、推覆构造、伸展拆离构造、断裂构造、穹隆构造、弧形构造及复杂的褶皱变形构造,具长期多阶段发展演化史。印支期扬子陆块向北深俯冲,是造山带形成的主幕。

造山带主体由前寒武纪变质地(岩)层组成,北淮阳古生代岩片构造拼贴在其上,应变流变构造带基本平行造山带延伸,是陆块、微陆块碰撞聚合、深熔再造、剪切挤压、推覆和滑脱等造山作用重要地带。在造山期后多期岩浆活动的底辟、顶托作用下,多期次伸展、拆离,核部古老基底大幅度隆升、折返暴露地表,总体表现为"纵向成块、横向成带"和"片加隆"的基本构造格局,清楚地反映了晋宁—加里东—印支—燕山多期构造演化特点。因此,造山带内构造相、构造亚相相互叠置、复合。省内Ⅲ级构造单元为大别造山带(应严格称大别微陆块或岩块),以俯冲增生杂岩相、火山岛弧和高压-超高压变质相为特色。以区域断裂带、韧性剪切带为边界,可划分为北淮阳加里东构造带、大别印支构造带及其内大别-阚集印支构造亚带、宿松-肥东印支构造亚带和张八岭印支构造亚带构造单元。

### (一)北淮阳构造带

北淮阳构造带南、北分别被磨子潭深断裂和六安深断裂所限制,呈东西向长条状展布,包括庐镇关构造亚带和佛子岭构造亚带。前者为变质火山-沉积岩建造,后者为类复理石建造,总体属浊积岩亚相。北淮阳构造带是北秦岭加里东对接带向东延伸,发育于早古生代的陆缘活动带,由新元古代庐镇关岩群和震旦纪至泥盆纪佛子岭岩群等几套变质构造岩片组成,主期构造于加里东期形成,经强烈压缩、剪切走滑之后,各类构造岩块、岩片均呈线形分布,区域上构成大型复式佛子岭复向斜。北淮阳加里东构造带主要经历了3期构造变形:第一期变形为中、深层次固态塑性流变褶叠层构造,表现为顺层掩卧褶皱带、顺层连续劈理带;第二期变形为 $S_1$ 变形面再褶,形成不同级别的区域褶皱(如佛子岭复向斜)和露头褶皱、韧性滑断带等,主构造线方向310°左右,指向构造显示为向北西剪切拆离的构造岩片;第三期变形是中浅层次不同级别构造岩片向北滑覆逆冲,北缘超覆于中生代砾岩、火山碎屑岩之上,岩片间向北倒伏褶皱、韧脆性剪切带、膝折构造发育。晓天-磨子潭断裂带为主滑面,地表表现为北倾正断层,向下变缓,呈勺式产出,具典型的前缘推覆、后缘拉张型伸展滑覆构造。显然,北淮阳构造带第一期变形是加里东对接主期构造;第二期是受印支期陆内碰撞影响,岩层强烈挤压缩短,大别核部杂岩向东挤出,导致浅层次韧性拆离;第三期与燕山期大规模岩浆活动、造山带强烈隆升密切相关。梅山群为对接后石炭纪海陆交互相类磨拉石建造,是发育完善的山前(间)坳陷磨拉石建造。中生代以后,多被陆相火山-沉积盆地覆盖。燕山运动使佛子岭岩群及石炭纪变质岩层呈叠瓦状岩片逆冲于侏罗系之上;北缘泥盆系向北逆冲于华北基底霍邱杂岩群之上。燕山晚期大规模岩浆活动与造山带强烈隆升密切相关。

## (二)大别构造带

大别构造带由中-高温变质亚相＋高压-超高压变质亚相＋深成同碰撞岩浆岩亚相等组成,其中大别-阚集印支构造亚带由北大别变质杂岩、阚集岩群、晋宁期深熔花岗片麻岩、中生代岩浆岩及一些构造就位的变质超镁铁质岩块等组成,构成造山带剥露最深的古老陆核基底,划归中-高温变质亚相;南大别高压-超高压变质杂岩、宿松岩群、张八岭岩群为折返的高压-超高压变质亚相;大量晋宁期变形变质侵入岩为深成同碰撞岩浆岩亚相。各构造单元或构造亚相与相邻单元(亚相)间被韧性剪切带分隔,由变质火山-沉积杂岩建造、变质海相火山-细碧岩建造等组成,共同构成造山带基底堆叠体。该单元是印支期南、北两大陆块及其间微陆块(岛弧)聚合碰撞长期发展演化的巨型构造混杂岩带。燕山期大量花岗岩就位并产生一系列浅层推覆、滑覆构造,最终完成大别造山带抬升再造过程。

### 1. 大别-阚集构造亚带

该亚带主体由大别岩群、阚集岩群、晋宁期深熔花岗片麻岩、中生代岩浆岩及一些构造就位的变质超镁铁质岩块等组成,构成造山带剥露最深的古老陆核基底,与相邻构造带间被韧性剪切带分隔,共同构成造山带基底堆叠体。阚集岩群和大别岩群被郯庐断裂带左行错移而分离,应属同一构造单元。该单元是印支期南、北两大陆块及其间微陆块(岛弧)聚合碰撞长期发展演化的巨型构造混杂岩带。多期强烈韧性变形改造,形成了极其复杂的构造面貌。除变质表壳岩包体及其他各类构造透镜体内复杂变形期次及方位难以恢复外,该带主要经受4期变形:第一期变形为横向挤压机制下深层次花岗质片麻岩高温塑性流变。第二期为中、深层次塑性固态流变。以上两期变形形成区域性带状展布强韧性变形带,带内发育紧闭的层(片)间流褶皱、连续劈理带、糜棱岩带和"布丁"透镜化,拉伸线理呈290°～310°方向展布。它们是在统一构造变形体制下保持大体相同运动方向连续递进变形的产物。构造线平行于造山带,反映早期韧性流变方向。第三期变形为垂向挤压共轴变形和近水平方向的伸展滑脱,发育不同级别低缓角度韧性拆离剪切带,花岗质片麻岩剪切上涌,形成岳西穹隆构造,以地壳变薄、减压抬升、伸展拆离实现深部高压、超高压岩石折返作用。环绕岳西穹隆外侧,上覆构造岩片向外倾斜,自内向外逐层剥离滑脱,岩石高度片理化、糜棱岩化、"布丁"透镜化以及由构造减压引起的部分熔融花岗质流体的广泛混合岩化改造;区域上造山带南、北两条边界断裂配套的运动动向(北部磨子潭-晓天断裂左行剪切流变,南部大悟-广济断裂右行剪切流变)显示了本区深层高温流变带向南东挤出,这种稳定的平行造山带拉伸线理与刚性陆块对接挤压有关。第四期变形为中、浅层次的韧-脆性变形,发育一系列叠瓦状滑断构造、冲断构造、牵引弧形构造、开阔褶皱及脆性断裂构造。上述4期构造变形是造山带经历了晋宁期—加里东期—印支期—燕山期构造运动的结果:第一、第二期构造变形始于晋宁期,完成大别杂岩韧性再造过程。第三期构造变形形成于印支期,此时前两期构造已整体"硬化",作为独立地体存在于两大陆块之间，印支运动波及整个大别山区，局部软化而强烈改造了前期构造。燕山期大量花岗岩就位并产生一系列浅层推覆、滑覆构造，最终完成大别造山带抬升再造过程。

### 2. 太湖高压-超高压构造亚带

该高压-超高压构造亚带经历了3期变质作用。晋宁期主要表现在以碧溪岭深色榴辉岩（SHRIMP年龄$775\pm7$Ma；程裕淇等，2000）为代表的超高压岩石组合形成和同造山期深熔花岗岩广泛侵位及混合岩化。榴辉岩赋存层位被限定在前新元古界以及被晋宁期花岗片麻岩包裹、侵入的地质耦合关系已由大量1:5万野外填图资料和同位素年龄所证实；加里东构造在本带虽无地岩层记录，但蜜蜂尖、碧溪岭、石马等地该期高压-超高压榴辉岩的发现，证实前新元古代岩石再次经受了高压-超高压变质作用，高温塑性流变使榴辉岩内的石榴石和绿辉石已定向排列，但温、压条件仍保留了榴辉岩相的变质环境，或许小部分已向麻粒岩相退变。印支期高压-超高压变质作用运动波及整个构造亚带，扬子陆块大规模向古造山带陆内俯冲，深部构造超压及流体作用是本期榴辉岩形成的主导因素，同时低角闪岩相-绿片岩相退变质作用及深部流体对岩石进行深刻改造，早期榴辉岩中锆石往往具有双层或多层结构。燕山期大规模中酸性岩浆喷发（腹地岳西桃园寨中生代火山岩为代表）和侵入活动，使造山带进一步快速抬升，各构造单元的边界断裂在伸展体制下进一步转变为正向滑脱型构造，表现为向山前强烈逆冲推覆，不同程度地掩覆和包卷了上覆岩系。

### 3. 宿松-肥东构造亚带

该亚带主要由中—新元古代宿松岩群和肥东岩群组成，前者以缺月岭-山龙断裂带为界与大别岩群断层接触，后者呈构造岩块夹持于郯庐断裂带之中。宿松岩群与下伏岩层及组间均为韧性断层接触，北缘岩性与大别岩群渐变过渡；南缘柳坪含磷片岩系及白云质大理岩等浅变质岩片与虎踏石岩组、蒲河岩组构造倒置而伏于其下，区域上可与红安岩群对比。肥东岩群与宿松岩群构造属性相同，原双山组含磷碳酸盐岩系相当于宿松柳坪岩组。该亚带主要经受两期韧性剪切变形和一期韧、脆性滑断构造变形，且遭受后期断裂构造破坏。第一期变形以塑性固态流变为特征，形成类似于褶叠层构造特征的紧密层内褶皱，面理产状主要倾向南，早期矿物线理、拉伸线理主要向南东倾伏，与大别构造带早期线理方位一致。第二期变形以早期不连续变形带（即构造岩片堆垛层）和连续劈理带（$S_1$）为变形面或变形体，产生强烈韧性剪切变形，在各类片麻岩、薄层大理岩、石英片岩、石墨片岩、磷矿层及构造片岩中形成极其发育的紧密斜歪多级组合褶皱（$F_2$）和强烈的褶劈理带（$S_2$），$F_2$褶皱枢纽方向向南东倾伏（$120°\sim140°$），倾伏角$30°\sim60°$，多级组合褶皱在剖面上构成向南下滑，在平面上构成左行斜列图案，与造山带主体第二期变形相一致。两期变形构造叠加，形成包络面总体走向呈北西西到近东西向、倾向向南的褶皱化单斜构造。第三期变形主要为在造山带强烈隆升阶段，组成宿松岩群各类岩片在早期构造软化带（面理化带）基础上向南南东滑覆，表现为一系列叠瓦状滑断、冲断构造。以北缘缺月岭-山龙韧脆性剪切带和南缘陈家屋-河塌断裂为滑覆体前、后缘构造，均具强变形富云母糜棱岩带特征。与之相伴的第三期褶皱构造为区域上开阔褶皱和露头尺度的微褶皱与膝褶皱。

### 4. 张八岭构造亚带

新元古代扬子陆块与大别微陆块之间是由随县-张八岭裂陷槽分隔的，印支运动后呈构造岩片作为大别造山带成员，以黄栗树-破凉亭断裂带为其南界与扬子陆块相接，北西缘以郯庐断裂带与造山带核部构造带及华北陆块断层接触。本带由张八岭岩群及一些被构造圈闭的新元古代浅变质岩片（港河岩组等）组成。呈长条状弧形构造岩片展布。印支期构造变形特征明显，高压蓝片岩带在皖中嘉山一带十分发育。张八岭构造亚带明显可识别出两期构造变形：第一期构造变形以强烈挤压、韧、脆性走滑和高压蓝片岩相变质作用叠加为特征，由强变形糜棱岩带、片理化带组成，层间褶皱、小褶曲发育，褶轴与片理走向一致，表现为岩片堆叠式"单斜"构造特征，区域上连续劈理$S_1$呈北北东向展布，倾向SE130°左右变化,倾角 20°～40°,拉伸线理从北北西到北北东向变化。该构造亚带构成盖层与基底之间的滑脱带,其中蓝闪石片岩、石英云母片岩(多硅白云母)、糜棱岩的形成与陆块俯冲引起的滑脱作用有关(许志琴,1987),蓝闪石片岩 K-Ar、$^{40}$Ar-$^{39}$Ar 和 Rb-Sr 年龄 245～211Ma(李曙光等,1993),表明形成于印支期。第二期变形形成折劈理和皱纹线理,以 $S_2$ 为轴面,由 $S_1$ 形成斜歪至较开阔褶皱,向北东倒覆(东段 $S_2$ 210°∠40°,$L_2$ 270°∠10°),并伴有一系列冲断作用,断面倾向北东、北西。两期片理构成复杂的褶皱形态:由 $S_1$ 构成复背、向形构造,轴向北北东,轴迹稍有弯曲,向南倾没;叠加了由 $S_2$ 构成的北西(或北北西)向、东西向、北东向的次级褶曲。包括大别山腹地新元古代港河岩组在内,南缘一系列浅变质含磷构造岩片顶、底均为糜棱岩或韧性剪切带,为与围岩构造接触的异地岩片,也大体经历了相同构造变形,早期向北逆掩于高压、超高压变质带及变质基底之上,晚期向南滑脱或被花岗片麻岩掩覆和包卷。

## 三、扬子陆块区

扬子陆块区二级构造单元为下扬子陆块大相,可分为下扬子地块、江南地块和浙西地块 3 个三级构造单元,构造相分前陆盆地相和被动陆缘、陆表海盆地相。它们大致以江南断裂带和伏川蛇绿混杂岩带相互分隔。下扬子古陆块的基底结构颇为复杂,北部为董岭式结晶片麻杂岩,南部皖南式基底主体由新元古代早青白口世溪口岩群、西村岩组和晚青白口世历口群、井潭组构成双层结构,属中、低级变质基底杂岩亚相+后碰撞岩浆杂岩亚相。扬子陆块的盖层发育良好,分布广泛,远远超过皖北地块的盖层厚度。盖层可分为两大套:扬子-加里东亚构造层的岩相-建造在纵横方向上变化较大,而且厚度也相差悬殊,显示了很大的活动性;华力西-印支亚构造层主要分布于长江两岸,全为典型的稳定型盖层沉积,以台地相碳酸盐岩建造为主,整体表现为一个完整的海进—海退序列,下扬子地块为前陆盆地相台地亚相+陆缘盆地亚相+陆表海盆地亚相,江南地块为被动陆缘、陆表海盆地相。三叠纪末的印支运动使安徽境内形成了统一的陆块。燕山构造层和喜马拉雅构造层均为陆相沉积,而且发育齐全,燕山构造层以河湖相的灰色含煤砂泥质-杂色砂质复陆屑建造、大陆中性、中偏碱性(碱性)火山岩及湖泊相火山复陆屑建造和红色复陆屑建造为特色。喜马拉雅构造层以河湖相红色砂砾质复陆屑建造、河湖相灰色砂泥质复陆屑建造为特征,来安至嘉山尚发育大陆基性火山岩建造,分别为陆内盆地相断陷盆地亚相+坳陷(凹陷)盆地亚相+走滑拉分盆地亚相。

### (一)下扬子地块

下扬子地块前陆盆地是南华纪以来的前陆坳陷区,南华纪至早古生代由于地壳活动性较大,隆坳起伏,出现较多的次稳定型或非稳定型沉积,它们主要分布于边缘的次级深坳陷中,而沿江隆起则几乎全为稳定型沉积,而且厚度也小得多。晚古生代以来,南、北两侧坳陷逐渐消失,沉降中心转移到沿江地区,接受稳定型沉积。印支运动使其褶皱,断裂构造十分强烈,总体有自北西向南东逐步减弱之势,呈北东向、北北东向展布。侏罗纪以来强烈的燕山运动使前陆带构造进一步复杂化,其最显著特点是受大别造山带推挤,形成一系列向南东冲断的褶皱鳞片构造、逆掩和推覆构造。燕山期岩浆活动强烈,岩浆多次侵入,并伴随有大规模火山活动,是安徽省内侵入岩最发育的地带,也是安徽省长江中下游重要的铁、铜、硫多金属成矿带。以滁河断裂带、高坦断裂为界,又可分北缘滁州褶断带、沿江隆凹褶断带和南缘东至-石台褶断带。

**1. 滁州褶断带**

滁州褶断带呈北东向长条状楔形展布,向北东延入江苏境内。本带是下扬子前陆盆地西北边缘的深坳陷槽,仅南华-加里东期的沉积厚度就超过 7121m,但不同时期是有变化的。南华纪至寒武纪坳陷明显,下部为杂陆屑-硅质页岩建造,向上以碳酸盐岩带建造为主,构造环境已逐渐稳定。和其南侧的沿江断褶带几乎连成一体,沉积也全为稳定的台地相泥质碳酸盐岩带建造和单陆屑建造。晚泥盆世至石炭纪又有所扩大并且沉降明显,至三叠纪已露出水面不再接受沉积。

滁州褶断带是下扬子地块中褶皱构造最为强烈的一个地带。南华系—震旦系、古生界至中三叠统均被卷入强烈的褶皱和冲断变形中,褶皱呈一系列轴面向北西倾,向南斜歪、倒转、平卧甚至翻卷的紧闭或叠加褶皱。断裂构造以低角度—中等角度逆冲断层为主,横断层次之,表现为一系列北西倾的叠瓦状推覆断层。形成典型的冲褶断带。和县、含山、巢湖地区的香泉推覆构造根部源于此带。侏罗纪以来,于滁州西部局部地区,形成小型晚侏罗世—早白垩世火山岩盆地,晚白垩世晚期,东南部急剧下降,接受河湖相红色粗碎屑堆积,从而为来安断陷盆地所代替。本区侵入岩发育不佳,仅于郯庐断裂带近侧和滁州附近有燕山中期闪长岩小岩株分布。与这些岩体有关的铜、铁矿是本带主要找矿方向。

**2. 沿江隆凹褶断带**

沿江隆凹褶断带分布于长江两岸,在下扬子前陆带中较长时间处于水下隆起状态。震旦纪至三叠纪地层累计厚度仅有2000~7000m,但三叠系发育齐全,且分布广泛。该带早震旦世隆起已很明显,沉积物厚度不足400m,而两侧坳陷中则可达千米以上。褶断带内晚震旦世沉积是以局限台地相为主的白云岩,这种隆起状态一直保持到寒武纪末,奥陶纪至志留纪与北侧构造单元连成一片,坳陷仅限于南侧,并接受了浅海-滨海相碳酸盐岩和单陆屑砂质岩沉积。晚泥盆世以来褶断带已被更次一级的隆、坳所复杂化。随着频繁的海水进退,褶断带时大时小,并有时露出水面,直至晚石炭世才转为凹陷地带而成为下扬子前陆带的沉积中心。三叠纪(尤其在中、晚三叠世)沿江断褶带的中心部位变成一条狭长的海槽,成为下扬子前陆带中唯一的沉降地带。印支运动后,沿江褶断带褶皱、断裂均十分发育,但就紧密程度而言还逊于北缘滁州褶断带。燕山期,次级隆起、坳陷更加复杂化,褶断带总体向南东逆冲,表现为一系列北西倾的叠瓦状推覆断层,构成大别造山带南缘前陆反冲构造带,尤以高坦断裂带沿线最为强烈。沿江地区处于拉张构造环境,陆相火山沉积盆地十分发育,岩浆活动强烈,无论是侵入岩还是火山岩都分布广泛,花岗岩、正长岩类呈岩基产出,岩体规模较大,而闪长岩则以小型岩株为主。强烈的火山喷发也是燕山期岩浆活动的主要特点,主要火山岩盆地有宁芜盆地、繁昌盆地、庐枞盆地、怀宁盆地等。喜马拉雅期断陷盆地发育,接受了巨厚的陆相堆积。本区矿产极其丰富,铜矿和铁矿在安徽占有重要地位。

**3. 东至-石台褶断带**

该褶断带习称"江南过渡带",夹持于高坦断裂与江南深断裂之间,组成印支期前陆反向褶断带。自晚寒武世起即为台地斜坡相沉积,出现扬子型碳酸盐岩台地相、过渡带相直至深水相沉积的交替变化。印支期成为扬子陆块缩短带,褶皱组合为紧闭相间背、向斜,且同等发育。断裂表现为面理倾向北西的逆冲变形构造,岩石呈叠瓦状构造岩片产出,发育一系列逆冲断面,构成自北北西向南南东的反向逆冲推覆构造系统,区域上与江南断裂带构成双向对冲推覆构造带。燕山期褶断带表现为强烈的由南东向北西逆冲和同向正断层活动,此时岩浆活动十分活跃,形成九华山等大型复式岩体,为江南型构造-岩浆-成矿带组成部分。

**(二)江南地块**

江南地块占据了皖南大部分地区,以伏川蛇绿混杂岩带为界,与浙西地块相邻。可划分为皖南褶冲带和江南古岛弧带鄣公山隆起两个四级构造单元。

**1. 皖南褶冲带**

该褶冲带大致沿东至、牯牛降、汤口、绩溪、伏岭一线以北分布(相当于目前出露的休宁组底界),是扬子陆块中坳陷最深的一个构造单元，自南华纪开始一直到早石炭世都表现明显，晚石炭世后才渐趋消失，沉降中心逐渐向北西转移。南华系至志留系中部都属次稳定型-非稳定型建造类型，磨拉石、杂陆屑、硅质页岩、远陆源硅泥质碳酸盐、复理石等建造较为典型，尤其是晚奥陶世至早志留世出现了非稳定型沉积，直至中志留世沉积物中才出现单陆屑建造，表明地壳从此逐渐趋向稳定。晚古生代仍然表现为坳陷性质，但是沉降中心已向北东方向迁移，并且可能缺失中、上三叠统。

该褶冲带褶皱构造相对较完整，多为大型复式背、向斜，除沿江南断裂带、绩溪断裂带等强烈向北西逆冲断褶外，极少出现倒转褶曲，几乎全为正常褶曲类型。新生断裂构造主要为印支期后北北东向、北西向断层。本区的岩浆岩不但发育，而且独具一格，产状以大型岩基为主，岩性则以燕山期钙碱性花岗岩类占绝对优势，岩体受构造控制相当明显。侏罗纪以来周王深断裂南部表现为断块隆起，深断裂以北则下陷成为宣-广断陷的基底。以周王深断裂为界，南、北地层有别。断裂以南几乎全为震旦系和下古生界，其中寒武系、奥陶系广泛分布。七都复背斜、太平复向斜褶皱形态清楚，轴向北东，轴迹微向南凸，枢纽起伏，分支次级褶皱发育，褶曲类型较简单，全为对称及斜歪褶曲。周王深断裂以北部分，由于白垩纪以来强烈断陷，多被巨厚的中、新生界所掩盖，盖层出露较少，仅于宣城市敬亭山、麻姑山、狸头桥、新河庄一带有志留系至二叠系出露，构成断块山。它们组成了级别较低的褶皱，并被纵、横断层切割得支离破碎，形态很不完整。经钻探证实，这些断块多为由东部逆掩而来的断片或"飞来峰"构造。另外，由于受加里东运动的影响，在郭公山隆起内部出现蓝田、休宁等古生代残余向斜盆地。燕山期北东—北北东走向断层构成一系列由南东向北西逆冲推覆的高角度仰冲、斜冲断裂组合带，与下扬子地块内逆冲断裂带构成对冲构造格局，如江南断裂带、绩溪断裂带表现十分明显。

**2. 郭公山隆起**

郭公山隆起为江南造山带（古岛弧带）组成部分，位于伏川蛇绿混杂岩带西侧，主要由青白口纪早期溪口岩群和青白口纪晚期历口群组成，属典型的皖南式基底，为中低级变质基底亚相。中元古代末，扬子地块南缘裂解为大洋化盆地，接受了巨厚的溪口岩群弧后盆地沉积——复理石建造，火山碎屑岩、细碧角斑岩建造，构成下基底构造层。晋宁运动为大陆边缘俯冲碰撞造山阶段，表现为溪口岩群强烈褶皱变形和青白口系内部（820Ma左右）的不整合面及镇头组、邓家组等上基底构造层——山前磨拉石建造。新元古代，由原来的强烈挤压逐渐转换为拉张环境，早期歙县、许村等同熔改造型花岗闪长岩构成同碰撞深成岩浆弧。晚期铺岭组为裂陷环境下形成的（弧后）滨浅海基性火山岩，构成后碰撞火山岩浆弧。

郭公山隆起由羊栈岭、郭公山两个微地块组成，其间被渚口-祁门-潜口韧脆性剪切断裂带分隔（马荣生等，1993），两侧基底结构、岩石组合及变形变质强度有所不同，北侧羊栈岭微地块下基底由环沙组、牛屋组及历口群组成，总体变形较弱，基本成层有序，局部下基底弱应变域尚保留了原始层序和粒序构造。断裂构造发育数条近东西向、北东向韧脆性逆冲断层，形成一系列冲断岩片和褶皱带，次级紧密同斜褶皱、滑劈理带、韧性剪切带发育，上基底由原来的近东西向转变叠加为北东—北北东向构造，所形成的北东向褶皱以低级别的背、向斜为主。南侧郭公山微地块仅出露下基底溪口岩群，塑性变形强烈，构造极为复杂，以褶皱断片与剪切带相间分布为其宏观变形特征。原始层理被透入性面理构造置换而消失，褶皱形态似呈简单倒转褶皱、单斜断片的假象。早期区域性褶皱以近东西向构造线为主，构成郭公山扇状复背斜，其褶皱形态多变，枢纽起伏。北翼次级褶皱发育，以同斜褶皱为主，晚期北东向褶皱变形斜跨在复背斜之上。断裂构造中，早期韧性剪切带、糜棱岩带发育，晚期以北东向脆性断层为主，但切割深度都不大。侏罗纪以来，受断裂构造控制，形成规模较大的休宁断陷盆地，沉积中心自南向北迁移。

**（三）浙西地块**

浙西地块位于伏川蛇绿混杂岩带东侧，自晋宁期以来，与江南地块在构造环境和基底建造等方面迥然不同，随着华南地块不断向北西俯冲，实现了陆-弧（陆）碰撞造山，导致了高压变质作用和蓝闪石-硬柱石等高压矿物的出现（蓝闪石$^{40}$Ar-$^{39}$Ar年龄799Ma），最终形成伏川蛇绿构造混杂岩带，碰撞造山时代为820Ma左右，成为江南地块和浙西地块的汇聚边界。浙西地块在安徽省尚可分为白际岭隆起和昌化褶断带两个次级构造单元。

**1. 白际岭隆起**

该隆起主要由早青白世早期西村岩组、昌前岩组和晚青白口世晚期周家村组、井潭组组成，构成浙西地块双层结构变质基底。下基底西村岩组、昌前岩组具小洋盆沉积特征，属中低级变质基底亚相，上基底青白口纪周家村组为造山期后近岛弧-侧弧前盆地非稳定条件下沉积的火山碎屑岩系，井潭组为一套浅变质中酸性岛弧型火山岩及火山碎屑岩建造。具拉张环境双峰式火山岩建造特点。上、下基底叠置呈"单斜"构造，片理构造及揉皱构造发育。晋宁期侵入岩十分发育，构成基底型深成后碰撞火山岩浆弧，燕山期岩浆活动也较为强烈。

皖南鄣公山隆起、白际岭隆起，从中、新元古代开始，经过晋宁期基底造山阶段拼合，共同组成江南古岛弧带（或江南古陆）变质基底，为中低级变质基底杂岩亚相和后碰撞岩浆杂岩亚相组合，构造演化长期受北西-南东向主压应力控制，动力来源于华南陆块向扬子陆块的持续俯冲。

**2. 昌化褶断带**

昌化褶断带为天目山褶冲带的组成部分，位于安徽东南角省界昱岭关附近，北西与白际岭隆起相接。除出露少量南华系、震旦系、寒武系外，其他全为基底岩系。总体与江南地块相比，除了基底有所不同，盖层南华系厚度大于皖南褶断带，沉积厚度可达2180m，而震旦系至志留系累计仅3000m左右，明显小于皖南褶断带的相同层位。区域上昌化褶断带褶皱构造更具线形特征，背、向斜紧密相随，断裂发育，更接近于华南褶皱系的特点，加里东运动褶皱变形在震旦纪—早古生代岩层中已有明显表现。侏罗纪以来昌化褶断带断块隆起，晚侏罗世—早白垩世还发生了强烈的火山活动，以流纹岩为特点而有别于安徽其他地区，为皖、浙两省交界处的天目山火山岩盆地的一部分。岩浆活动明显受北东向断裂控制。根据构造环境和沉积建造特点，皖南褶冲带和天目山褶冲带总体构造环境为被动陆缘、陆表海盆地相-陆棚碎屑岩、碳酸盐岩台地亚相。

## 四、中、新生代陆相盆地

安徽中、新生代陆相盆地主要发生在印支运动之后，是侏罗纪以来大陆边缘活动带阶段的特殊产物。根据受断块构造作用控制的强弱，可分为断陷盆地和坳陷盆地。坳（断）陷盆地共31个（图5-4）。它们发生的时间不一，发育过程往往具多旋回性，按"成盆"时期可分为燕山早期以来、燕山中期以来、燕山晚期以来和喜马拉雅早期以来4种盆地类型（表5-3）。

**1. 燕山早期以来的坳（断）陷盆地**

燕山早期开始发育的盆地自北而南有合肥断陷，含山、巢湖坳陷，马鞍山、庐枞、怀宁、休宁断陷。下面以合肥断陷盆地为例介绍，其他坳（断）陷盆地特征见表5-3。

合肥断陷（13）盆地位于颍上-定远断裂以南，磨子潭深断裂之北，南照集断裂之东，嘉-庐深断裂之西。断陷长约160km，宽约130km，面积达20 000km$^2$。断陷内堆积了侏罗纪、白垩纪、古近纪陆相碎屑物，总厚度可达万米。盆地基底大致以六安深断裂为界分南、北两部分。据颍上地区钻孔揭示，断陷北部基底主要为新太古代—古元古代变质岩系（霍邱岩群），且具西高东低之势；断陷南部，侏罗系不整合于新元古代庐镇关岩群、古生代佛子岭岩群及石炭纪梅山群之上。结合区域磁场特征分析，盆地的基底应由这些中、浅变质岩系构成。

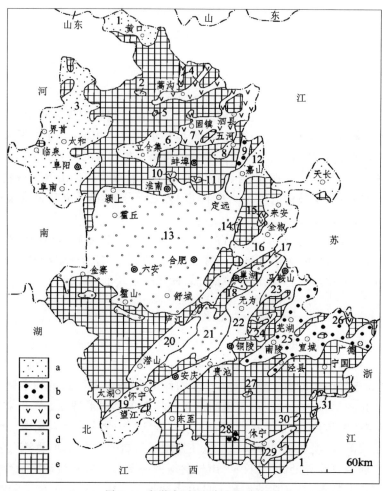

图 5-4 安徽中、新生代盆地分布图

a.喜马拉雅早期以来盆地;b.燕山晚期以来盆地;c.燕山中期以来盆地;d.燕山早期以来盆地;e.前侏罗系。

盆地编号:1.黄口坳陷;2.海孜坳陷;3.阜阳坳陷;4.蒿沟断陷;5.南坪坳陷;6.立仓坳陷;7.泗县断陷;8.五河断陷;9.古沛断陷;10.常家坟断陷;11.刘府断陷;12.洪泽断陷;13.合肥断陷;14.章广坳陷;15.黄石坝坳陷;16.来安断陷;17.含山坳陷;18.巢湖坳陷;19.怀宁断陷;20.潜山断陷;21.庐枞断陷;22.沿江断陷;23.马鞍山断陷;24.繁昌断陷;25.宣广断陷;26.岗南坳陷;27.广阳断陷;28.祁门断陷;29.休宁断陷;30.绩溪断陷;31.天目山坳陷

燕山期是合肥断陷的主要形成时期,其间经历了初始形成(早、中侏罗世)、整体扩大(晚侏罗世)、向北推移(早白垩世早期—晚白垩世早期)和向北东方向收缩(晚白垩世晚期—古近纪)四个发育阶段,到了喜马拉雅晚期则逐步分化、解体而进入新的发展过程。

早、中侏罗世期间,坳陷仅发育在蜀山断裂之南、六安深断裂之北约 1500km² 的狭长地带,坳陷中心在肥西县防虎山附近。早侏罗世,坳陷内堆积了一套厚约 400m 的河流相灰色砾质复陆屑建造;中侏罗世,坳陷范围向南扩大,大别山北缘地带也开始接受沉积,主要为一套湖泊相杂色砂质复陆屑建造,坳陷中心部位厚度超过 2000m,向南缘逐渐减少为 300m 左右。晚侏罗世期间断陷范围整体扩张,合肥断陷的基本轮廓已经形成,面积已达 18 000km²,早期大陆型中性火山岩建造厚度近 1000m,晚期为湖泊相杂色凝灰砂质复陆屑建造,厚约 600m,沉积中心略向北偏移,大别山北缘沉积物中,钙质组分较高,说明与其北的沉积区之间,可能有局部隆起阻挡。

早白垩世—晚白垩世早期,六安深断裂之南,沉积了湖泊相及河流相、冲积扇相的红色—杂色凝灰砂质复陆屑建造,堆积厚度约 1000m;六安深断裂之北,为湖泊相灰色砾质复陆屑建造和杂色复陆屑蒸发式建造,厚达 3400m。由此可知,由于该期断块运动的加剧,使侏罗纪坳陷中心部位抬升,此时断陷的沉降中心向北推移。此间由于郯庐断裂大规模左行平移,断陷具拉分盆地性质。

表 5-3 安徽中、新生代相盆地主要特征简表

| 编号 | 名称 | 构造位置 | 基底岩系 | 发育时代 | 总面积(km²) | 早中侏罗世 面积(km²) | 早中侏罗世 延伸方向 | 早中侏罗世 厚度(m) | 晚侏罗世 面积(km²) | 晚侏罗世 延伸方向 | 晚侏罗世 厚度(m) | 早白垩世至晚白垩世早期 面积 | 早白垩世至晚白垩世早期 延伸方向 | 早白垩世至晚白垩世早期 厚度(m) | 晚白垩世晚期至古近纪 面积 | 晚白垩世晚期至古近纪 延伸方向 | 晚白垩世晚期至古近纪 厚度(m) | 含矿性 |
|---|---|---|---|---|---|---|---|---|---|---|---|---|---|---|---|---|---|---|
| 1 | 黄口坳陷 | 淮北断褶带 | P—T | E | 1200 | | | | | | | | | | 1200 | 近EW | >251 | |
| 2 | 海孜坳陷 | 淮北断褶带 | P—T | E | 40 | | | | | | | | | | 40 | EW | >398 | |
| 3 | 阜阳坳陷 | 淮北断褶带 | Ar₃—T | K₂² | 11000 | | | | | | | | | | 11000 | SN | >3000 | |
| 4 | 嵩冯断陷 | 淮北断褶带 | Nh—O | J³—E | 约1000 | | | | 100 | NE | >400 | 120 | EN | >900 | 600 | NNE | >700 | |
| 5 | 南坪坳陷 | 淮北断褶带 | P | E | 20 | | | | | | | | | | 20 | NNE | 178 | |
| 6 | 立仓隆起 | 蚌埠隆起 | Ar₃—Pt₁ | E | 2000 | | | | | | | | | | 2000 | NE | | |
| 7 | 泗县断陷 | 淮北断褶带 | Qb—O | J³—E | 2200 | | | | 1500 | EW | >400 | 1300 | NE | | 280 | 近SN | | |
| 8 | 五河隆起 | 蚌埠隆起 | Ar₃—T | K₂² | 150 | | | | | | | | | | 150 | NE | | |
| 9 | 古沛断陷 | 郯庐断裂带 | Ar₃—T | K₁ | 400 | | | | | | >360 | | | | | | | |
| 10 | 常家坟断陷 | 淮南断褶带 | Nh—T | J₃ | 65 | | | | 65 | NW | >443 | | | | | | | |
| 11 | 刘府断陷 | 淮南断褶带 | Ar—Pt₁ | E | 55 | | | | 55 | EW | | | | | | | | |
| 12 | 洪泽断陷 | 郯庐断裂带西侧 | Ar—Pt₁ | E | 900 | | | | | | | 400 | NNE | >5000 | 900 | NE | >770 | |
| 13 | 合肥断裂 | | Ar—Pt₃ | J₁—E | 20000 | 1500 | EW | >2000 | 1800 | E—NW | >1600 | 1300 | EW | 达3400 | 8000 | EW | >4000 | |
| 14 | 六安地块 | 张八岭构造带 | Pt₃ | K₂² | 30 | | | | | | | | | | 30 | 近SN | >286 | |
| 15 | 黄石坝坳陷 | 滁州断褶带 | Nh—O | J₁—K₁² | 120 | | | | | | | | | | 5 | NW | >870 | |
| 16 | 来安断陷 | 滁州断褶带 | Pt₃—T | K₂² | 4500 | | | | | | | | | | 4500 | NE | >711 | |
| 17 | 合山坳陷 | 前陆盆地 | Pz | J₁ | 300 | 300 | NNE | >610 | | | | | | | | | | |
| 18 | 巢湖坳陷 | 前陆盆地 | S—T | J₃ | 170 | 170 | NE | >650 | 20 | NW | | | | | | | | |
| 19 | 怀宁断陷 | 前陆盆地 | S—T | K₁—K₂² | 约450 | 450 | NE | >1222 | 360 | NE | | 85 | NE,NW | >77 | 60 | NE | >887 | |
| 20 | 潜山断陷 | 沿江褶断带 | Ar₃—P₂ | K₂² | 4500 | | | | | | | | | | 4500 | NE | | |
| 21 | 庐枞断陷 | 沿江褶断带 | S—T | J₁—K₁¹ | 2100 | 2100 | NNE | >1037 | 700 | NNE | >1563 | 200 | NNE | >2373 | | | | |
| 22 | 沿江断陷 | 沿江褶断带 | P₂—J | K₂² | 8500 | 1500 | NNE | >2157 | 600 | NNE | >2745 | | | | 8500 | NE | | 数千米 |
| 23 | 马鞍山断陷 | 沿江褶断带 | T | J₁—J₃ | 1500 | | | | 300 | NNE | 2250 | | | | | | | |
| 24 | 繁昌断陷 | 沿江褶断带 | S—T | J₃ | 300 | | | | | | | | | | 5500 | NE | >7000 | |
| 25 | 宣广断陷 | 江南地块 | S—T | K₁—E | 6000 | | | | | | | 800 | 近EW | >89 | 5500 | NE | >7000 | |
| 26 | 岗南坳陷 | 江南地块 | S—T | J₃—K₁ | 160 | 150 | NE | >84 | 160 | NNE | | 10 | NW | | | | | |
| 27 | 广阳地块 | 浙西地块 | S | K₂² | 40 | | | | | | | | | | 40 | NE | | |
| 28 | 祁门断陷 | 郁公山隆起 | Qb | K₁ | 50 | | | | | | | 50 | 近EW | 1233 | | | | |
| 29 | 休宁断陷 | 郁公山隆起 | Qb | J₁—K₂² | 550 | 550 | NE | >897 | 50 | NW | >1583 | 380 | NE | >3379 | 80 | EW | >753 | |
| 30 | 绩溪断陷 | 江南地块 | Nh—S | K₂² | 20 | | | | | | | | | | 20 | NE | | |
| 31 | 天目山坳陷 | 浙西地块 | Nh—O | J₃ | 90 | | | | 90 | NE | >206 | | | | | | | |

晚白垩世晚期—古近纪期间，在晚白垩世晚期，横亘断陷中部的肥中深断裂对断陷的演化起着明显的控制作用。在肥中深断裂与六安深断裂之间，前期地层发生轻微褶皱隆起；肥中深断裂之北，晚白垩世断陷断续向北东方向收缩，沉积厚度变薄（厚仅600m），主要为湖泊相红色砂质复陆屑建造；六安深断裂之南，断陷幅度增大，于大别山山前断陷中堆积了一套湖泊相和冲积扇相的红色砾质陆屑建造，厚度大于1700m。古近纪，沿北部颍上断裂、南部金寨断裂、六安深断裂、东部嘉-庐深断裂产生断块下陷，分别形成了东西走向的舒城、定远和北东向的梁园3个次级盆地，断陷更加萎缩。尔后，由于早喜马拉雅运动的影响，3个次级小盆地相继抬升而遭受剥蚀，同时，断陷北西地区的南照集断裂和北部的颍上断裂局部引张而形成了新近纪颍上凹陷，直到晚喜马拉雅运动才最终结束该断陷的发育历史。

合肥断陷内的断裂系统较为复杂，但规模较大的断裂主要有近东西向的颍上-定远断裂、肥中深断裂、蜀山断裂、六安深断裂、磨子潭深断裂、金寨断裂，近南北向的南照集断裂和北北东向的郯庐深断裂带。它们对断陷的产生、发展、演变，及中、新生代地层的发育与分布，均起着重要的控制作用。

**2. 燕山中期以来的坳（断）陷盆地**

晚侏罗世以来断块运动加剧，在安徽造就了蒿沟断陷、泗县断陷、常家坟断陷、刘府断陷、黄石坝坳陷、繁昌断陷、岗南坳陷和天目山坳陷8个坳（断）陷盆地。现以蒿沟断陷盆地为例简要概述，其他燕山中期以来的坳（断）陷盆地特征见表5-3。

蒿沟断陷盆地（编号4）位于宿州北东蒿沟一带，主体呈东西走向，向北分为3个北东向分支，面积近1000km²。断陷内堆积了晚侏罗世毛坦厂组，早白垩世新庄组，古近纪双浮组、界首组沉积，总厚千余米。蒿沟断陷处于淮北断褶带中，基底为南华系—奥陶系。晚侏罗世以来，该地区东西向符离集（宿北）断裂和北北东向固镇（刘庙）断裂，控制着断陷的形成与演变。沿着这两组断裂，晚侏罗世时发生了强烈的火山活动，堆积了厚约400m的火山岩及火山碎屑岩。伴随火山活动，该地大部分隆起，早白垩世仅在宿县时村附近有灰色复陆屑沉积，厚约500m。直到古近纪开始，由于喜马拉雅运动的影响，使符离集断裂再次活动，因而，断裂南盘下降，故该期红色复陆屑建造主要堆积在蒿沟一带，厚达700m以上，具有"北断南超"之特点。而断陷北侧的"指状分支"中，仅在扬庄、高楼两处稍有沉积。

**3. 燕山晚期以来的断陷盆地**

燕山晚期，是安徽第三个成盆时期的开始。它们均以断陷为特色。虽然断陷的数目不多，但规模较大，多旋回继承性成盆作用较明显。其中，宣-广断陷可作为它们的典型代表，其他断陷盆地省内还有古沛和祁门两个，其特征见表5-3。

宣广断陷盆地（编号25）位于皖南地区的北部，清水镇断裂（高坦断裂北东段）之东，周王深断裂之北。断陷形态不甚规则，整体呈东西向延伸，面积达6000km²。断陷内沉积了早白垩世广德组、杨湾组，晚白垩世七房村组、赤山组，古近纪望虎墩组、痘姆组、双塔寺组，总厚度超过9000m。宣广断陷盆地是在印支运动时盖层下沉的基础上形成的，所以，基底岩系主要为上古生界至下三叠统，少量地段为下古生界。该断陷的形成与发展明显地受着东西向和北东向两组构造的控制，故在总体呈东西向延伸的背景上，断陷又被九连山、白茅岭两个北东向隆起分为南陵、宣城、广德3个北东向盆地。

需要指出，在断陷中的狸头桥—九连山一线及郎溪附近，虽有晚侏罗世—早白垩世火山岩出露，但它们并未构成断陷的基本轮廓，在这期间主要表现为伴随断裂-火山活动的隆起过程，故宣广断陷盆地仍应属燕山晚期以来所形成。宣广断陷于早白垩世开始下沉，下白垩统在青阳县木镇、宣城县九连山、广德附近零星出露，说明此时断陷已具雏形。其中以广德一带下沉幅度最大，达6000m左右，接受了一套韵律较发育的岩屑砂岩、砂岩、泥岩及凝灰质砾岩的沉积。

晚白垩世早期，白茅岭隆起西侧缓缓上升，其东侧的广德一带继续下沉，沉积范围扩大，已构成一个较完整的盆地形态,沉积物特征与早白垩世相近,但有中基性火山岩伴生,厚度仅 284m。晚白垩世晚期是断陷最主要的发展时期,此时,断陷整体大幅度下沉,形成了一套快速堆积的红色砾质复陆屑建造。沉降中心向北西偏移,故南陵盆地沉积幅度最大,达 7000m 左右。古近纪断陷萎缩,白茅岭隆起之东已上升遭受剥蚀,其西侧成为 3 个封闭良好的小型盆地,其中仍以南陵盆地发育最好,古近系厚达 3000m 以上。该盆地北西缘的清水镇断裂控制了古近纪的沉积,在盆地内部,自贵池至南陵为一条中央隆起带。于中央隆起带南端南陵附近,早三叠世灰岩顶面埋深为 2000~2500m,至芜湖县城一带埋深为 3500~4000m,说明中央隆起带是向北东倾斜的。所以该断陷总体为"西断东超""北深南浅"的箕状断陷盆地。古近纪之后,断陷整体抬升,其发展过程告终。

**4. 喜马拉雅早期以来的坳(断)陷盆地**

这类坳(断)陷盆地系指晚白垩世晚期—古近纪所形成的坳陷和断陷。它们明显地继承燕山晚期断陷的某些特征,断裂活动仍较剧烈,运动的形式则以不均衡的升降占主导地位。具体表现在安徽西北部地区大幅度沉降,中部和东南部地区相对抬升。在隆起地区,由此所产生的坳陷及断陷呈"孤岛状"格局。该期坳(断)陷内,主要被晚白垩世晚期及古近纪陆相红色碎屑岩系(局部伴有海相和火山喷发相)充填。自北而南依次有黄口坳陷、阜阳断陷等 13 个盆地,累计面积达 32 000km$^2$。下面以来安断陷盆地为例说明,其余坳(断)陷特征见表 5-3。

来安断陷盆地(编号 16)分布于天长、来安、滁州、全椒至古河一带,总体呈北东向展布,延入江苏后与金湖坳陷连接,安徽省内长约 230km,宽一般在 20km 左右,面积约 4500km$^2$。黄破断裂和滁河断裂大致控制着南、北边界。断陷内主要地层为晚白垩世赤山组,古近纪舜山集组、狗头山组和张山集组。

来安断陷位于印支期前陆冲褶断带滁河坳陷部位。基底岩系(寒武系、奥陶系)在全椒县城附近有零星出露,由此向北东,在乌衣、水口镇西、武集等地钻孔深 824~861m 处仍未见上白垩统,天长附近钻孔深 2464m 以下才见基底岩系,说明该断陷的基底是向北东倾斜的。因此,来安断陷盆地是一个北东宽而深、南西窄而浅且向北东开口的箕状盆地。断陷边缘地层倾角 17°~30°,向中心变缓为 2°~6°。该断陷于晚白垩世晚期开始沉降,沉积范围大致在滁州以南的广大地区,沉积厚度仅 10 余米。进入古近纪时,沉积中心逐渐向北东迁移,在来安-天长地区接受了古近纪陆相碎屑沉积,最大沉积厚度达 2000 余米,沉积中心在天长县汊涧—铜城一带。第四纪时,来安断陷盆地整体下沉,天长县铜城附近第四系厚度达 400m 左右,往南至古河一带,仅厚 10m 左右,说明此时的沉降中心仍在断陷的北东部。

**5. 中—新生代陆相坳(断)陷盆地的基本特征**

(1)安徽中—新生代坳(断)陷主要受北北东向构造(滨太平洋构造域)和近东西向构造的控制。在前述 31 个坳(断)陷中,走向为北北东向和东西向者,约占总数的 84%。阜阳深断裂、嘉-庐深断裂及绩溪断裂 3 条北北东向的断裂将安徽分为三大中新生代陆相坳(断)陷区,自东向西,坳(断)陷的形成时期变新,沉降幅度变小(15 000m→10 000m→3200m),并与莫霍面的起伏相对应。

(2)自南向北地貌呈阶梯状下降,并形成东西向隆、坳相间的构造格局。成盆时期自南向北逐渐变新。坳(断)陷中心由北而南、自东向西迁移,形成所谓"北断南超(西部)"和"西断东超(东部)"的构造特征,随着时间的推移,这种特征显得更为明显。

(3)大的断陷盆地主要发育在印支造山带前陆、后陆带上,断陷都严格地受深、大断裂控制,所以它们均发育在不同大地构造单元衔接地带。从坳(断)陷的基底结构来看,在华北陆块范围内,由于基底固化程度较高,断裂及岩浆活动微弱,因而坳(断)陷的形态完整,封闭也较良好(如黄口、立仓坳陷)。在基底固化程度相对较差的北淮阳构造带和扬子陆块上,强烈的构造变动和频繁的岩浆活动导致了这一地区坳(断)陷的形态多变,封闭不佳,有的甚至被纵横交错的断裂切割得支离破碎(如庐枞、怀宁断陷)。

多旋回发展是安徽陆相坳(断)陷盆地的最大特点,不同旋回形成的盆地,控制因素、组成、形态等均不相同,从而显示了坳(断)陷盆地演化的阶段性。早、中侏罗世,坳陷盆地主要受盆地基底的负向构造控制,断块活动不显著,所产生的盆地形态较完整,面积较小,而且相互隔绝,但各盆地接受沉积物的厚度大致相近,为1800～2000m。大多记录了印支造山期后隆升过程。晚侏罗世末,断块活动显著增强,火山强烈活动。它们基本上继承性地分布在早、中侏罗世的坳陷中,火山岩盆地的面积扩大。火山岩系的厚度以沿江一带最大,最厚达4000m左右。

早白垩世—晚白垩世早期是真正的所谓"断陷"开始形成时期。由于断块运动的影响,断陷位置和形态发生了较大的改变。西部地区断陷中心向北迁移,沉积厚度一般较大,为3000～4000m,东部地区,侏罗纪坳(断)陷都转为隆起,因而迫使该期坳(断)陷向旁侧迁移,形成了"上叠断陷",沉积厚度一般不超过500m。

晚白垩世晚期—古近纪是断块运动的高峰期。所以,晚白垩世晚期断陷幅度普遍加大,范围扩展,形态不完整。西部地区沉积厚度一般小于2000m,东部地区厚度增大,最厚达7000m左右。到了古近纪(古新世—始新世),盆地的"北断南超(西部)"和"西断中隆东超(东部)"的结构特点更加显著,但坳陷范围收缩,普遍发育膏盐蒸发式建造,标志着盆地的发展已经接近封闭阶段。

新近纪—第四纪,地块的差异性升降运动尤为显著。总的来看,安徽东部地区处于不断上升状态,剥蚀大于堆积,不能形成沉积盆地;西部地区总体处于相对下沉状态,广泛的堆积物掩盖了前期盆地面貌,地形已逐步平原化,因此,也未构成形态完整的盆地。两者之间的过渡地带局部产生了继承性坳陷(如汉涧坳陷)。总之,新近纪以后,安徽的陆相坳(断)陷已经进入衰退阶段。

综上所述,安徽中、新生代坳(断)陷盆地一般都经历了多旋回的发展及演化过程,其中尤以早侏罗世、早白垩世、晚白垩世晚期和新近纪为最重要的发展与转变时期。据此,安徽中、新生代以来的坳陷和断陷盆地,按其演化过程可分为4个发展时期,即早、中侏罗世为盆地形成时期,早白垩世—晚白垩世早期为盆地发展期,晚白垩世晚期—古近纪为盆地高峰期,新近纪—第四纪为盆地衰退期。其间,晚侏罗世至早白垩世、古新世至上新世为两次火山活动期。

## 第三节 构造旋回和构造层

以板块的裂解到聚合的全过程为一个构造旋回,构造旋回的划分是从地质构造发展的阶段性和突变性提出的,既要考虑地壳发展的渐进性,又承认地壳发展的突变性(构造运动)。其间伴以沉积作用、岩浆作用、变质作用、变形作用及成矿作用等各种地质作用的全过程。构造旋回是反映其构造环境和岩石组合即构造层的具体体现。

### 一、构造旋回(期)及其构造运动

安徽自新太古代以来,可划分为阜平-吕梁、晋宁、扬子、加里东(或扬子-加里东)及华力西-印支、燕山、喜马拉雅7期构造旋回(表5-4)。其中阜平-吕梁旋回、晋宁旋回为基底形成阶段,扬子旋回—印支旋回属陆缘盖层发展阶段,洋、陆板块边缘活动带阶段,燕山旋回—喜马拉雅旋回为滨太平洋陆内盆山发展阶段。其中,华北陆块扬子旋回由青白口系至震旦系组成,扬子陆块的南华系至下古生界为连续沉积,可统称为扬子-加里东构造旋回。每一构造旋回均以区域性构造运动结束而进入下一构造旋回开始。

表 5-4 安徽省构造旋回、构造层及大地构造演化简表

| 地质时代(Ma)及代号 | | 构造旋回及地壳运动 | | 构造层 | | | | | 构造演化 | |
|---|---|---|---|---|---|---|---|---|---|---|
| | | 构造旋回 | 地壳运动 | 华北陆块 | | 大别造山带 | | 扬子陆块 | | |
| 新生代 | 第四纪 Q —2.6— 第三纪 N —23.3— E —65— | 喜马拉雅 X | ～晚喜马拉雅运动<br>～早喜马拉雅运动<br>——喜马拉雅运动序幕 | 大陆边缘活动带构造层 | 喜马拉雅构造层 XG | 上亚构造层 $Xg_3$<br>中亚构造层 $Xg_2$<br>下亚构造层 $Xg_1$ | | | 陆内盆、山构造格局形成 | 滨太平洋陆内盆山发展阶段 |
| 中生代 | 白垩纪 $K_2$ $K_1$ —137—(145.5)— 侏罗纪 $J_3$ $J_{1-2}$ —199.6— | 燕山 Ys | ～晚燕山运动<br>～中燕山运动<br>～早燕山运动<br>～印支运动主幕<br>（南象运动） | | 燕山构造层 YsG | 上亚构造层 $Yg_3$<br>中亚构造层 $Yg_2$<br>下亚构造层 $Yg_1$ | | | 陆相沉积建造<br>板块拼合统一陆块形成 | |
| 古生代 | 三叠纪 $T_3$ $T_2$ $T_1$ —247.2—<br>—252.3—<br>二叠纪 P —299— 石炭纪 C —359.2— 泥盆纪 D —416— | 印支-华力西 HY | ---印支运动序幕（金子运动）<br>---东吴运动<br>---云南运动 } 华力西运动<br>---淮南运动<br>---柳江运动 | 陆缘盖层构造层 | 后晋宁构造层 JhG | 华力西印支构造层 HYg<br>加里东构造层 Gg | 北淮阳构造层<br>佛子岭亚构造层 Fg<br>BHG | 后晋宁构造层 JhG | 华力西印支构造层 HYg<br>加里东构造层 Gg | 海相沉积建造 | 陆缘盖层发展阶段 |
| | 志留纪 S —443.7— 奥陶纪 O —488.3— 寒武纪 Є —541— | 加里东 G | ～晚加里东(江南)运动<br>——中加里东(华北、宜昌)运动<br>——早加里东(冶里)运动<br>～兴凯(霍邱)运动 | | | | | | | 大别造山带形成发展阶段 | |
| 新元古代 | 震旦纪 Z —635— Nh —780— 青白口纪 Qb —1000— | 扬子 Y | ——栏杆运动<br>～晚澄江运动<br>——早澄江运动<br>～晋宁运动 | | | 扬子构造层 Yz | 庐镇关亚构造层 Lg<br>张八岭 ZhG | 扬子构造层 Yzg<br>晋宁上亚构造层 $Jg_2$ | 扬子陆块基底形成 | |
| 中元古代 | 蓟县纪 Jx —1600— 长城纪 Ch —1800— | 晋宁 J | 四堡(凤阳)运动<br>～吕梁(蚌埠)运动 | 变质基底构造层 | 长城构造层 CG | | 宿松-肥东构造层 SFG | 晋宁下亚构造层 $Jg_1$ | 华北陆块基底形成 | 陆块基底形成阶段 |
| 古元古代 | —2500— 新太古代 | 吕梁-阜平 V-F | $Pt_1$ – $Ar_3$ | | 蚌埠构造层 BG | | 大别-阚集构造层 DKG | ? | 大洋化火山沉积建造 | |

注: ～、――、==分别代表不整合、假整合接触关系(上为主, 下为次)和断层接触关系。

## (一)阜平-吕梁旋回

阜平-吕梁(蚌埠)期为新太古代至古元古代构造阶段,沉积建造包括五河(杂)岩群、霍邱(杂)岩群、阚集(杂)岩群和大别(杂)岩群,其主褶皱期时限在 1800Ma 左右,在安徽称其为蚌埠运动和大别运动。蚌埠运动创名地点在安徽蚌埠、五河、嘉山一带,指中元古代凤阳群与五河杂岩群之间的角度不整合关系。在嘉山县石门山一带,凤阳群下部粗粒绢云白云浅粒岩覆盖在五河杂岩群混合岩化正长花岗岩之上;在凤阳山区之大洪山、白云山等地,可见凤阳群底部的变砾岩或含砾绢云二云石英片岩假整合在五河杂岩群变质火山岩之上。从上、下岩层的变质程度来看,五河岩群为角闪岩相至绿片岩相,并普遍混合岩化,而凤阳群则为绿片岩相,变质程度下深上浅,反映了两者所经历的构造环境不同。总的来看,凤阳群与五河杂岩群间应为不整合至假整合接触关系。

大别运动系指大别山区南部中元古代宿松岩群或红安岩群(湖北)与大别杂岩群之间的角度不整合。在湖北省蕲春猪婆寨、黄麦岭和安徽宿松县柳坪郑家岭及梓树坞—小岗一带,宿松岩群底部普遍见一层变质砾岩,经构造变形后与大别杂岩群呈韧性断层接触。目前对砾岩的构造属性尚有争议,但两者之间的角度不整合关系是客观存在的。在肥东县桥头集一带,中元古代肥东岩群与阚集杂岩群之间也存在一个不整合或假整合界面。总之,蚌埠运动、大别运动是一场强烈的造山运动,形成了安徽最古老的结晶基底,奠定了板块、微板块古构造格局。

## (二)晋宁旋回

晋宁期为中元古代至青白口纪构造阶段,在华北陆块南缘为中元古代凤阳期。沉积建造包括皖北凤阳山区的凤阳群,大别山南部的宿松岩群、北坡庐镇关岩群,皖中地区肥东岩群、张八岭岩群及董岭岩群,皖南地区的溪口岩群、历口群,浙西地区的西村岩组、昌前岩组、周家村组和井潭组。

皖北凤阳山区的凤阳群,其主褶皱期时限在 1000Ma 左右(?),在安徽称其为凤阳运动(安徽区调队,1978)。指的是凤阳山区青白口纪八公山岩群下部曹店组与凤阳群之间的角度不整合或超覆不整合关系,曹店组石英砾岩、砂砾岩、千枚状页岩及含碎屑赤铁矿层等,属典型的褶皱回返后的山间盆地磨拉石建造,是青白口纪台地相盖层沉积建造开始的真正代表。凤阳运动是华北地块南缘基底最终固结的一次重要的地壳运动,华北陆块基本形成。

扬子陆块晋宁运动Ⅰ幕(亦称皖南运动Ⅰ幕)指青白口纪早期溪口岩群与历口群之间的角度不整合或西村-昌前岩组与周家村-井潭组之间的构造片理化不整合(820Ma 左右),伏川蛇绿混杂岩带的形成为该期运动的具体表现。伏川蛇绿混杂岩带以西,历口群葛公镇组或邓家组不整合在溪口岩群牛屋组之上,接触面上、下岩层产状不一,邓家组石英砂岩、长石石英砂岩中含有牛屋岩组的砾石。以东井潭组不整合在西村岩组之上,井潭组底部砾岩中含有千枚状泥岩砾石,并为流纹质凝灰岩胶结。邓家组为一套以浅杂色粗碎屑岩为主的山间或山前磨拉石建造,葛公镇组为一套酸性火山碎屑-沉积岩系,井潭组为岛弧型中酸性火山岩建造,同时还伴有大量同碰撞期伏川辉橄岩、辉长辉绿岩、闪长岩、蛇绿混杂岩组合,同碰撞歙县英云闪长岩、花岗闪长岩组合,后碰撞五城花斑岩、花岗斑岩、正长花岗岩等过碱性花岗岩-钙碱性花岗岩组合。井潭组底砾岩中含有下伏含铬铁矿蛇纹岩砾石(陈思本,1987),是蛇绿岩早于井潭组岛弧型火山岩形成的有力证据,均代表了晋宁造山运动热构造事件。晋宁运动Ⅱ幕(亦称皖南运动Ⅱ幕)表现在区域上南华系超覆不整合或假整合于青白口系之上,南华系底部发育砾状花岗质碎屑岩,在滁州的西冷村附近,南华纪周岗组底部千枚状含砾砂岩中,见有较多的张八岭岩群西冷岩组变质火山岩的砾石及岩屑,两者呈角度不整合。晋宁运动基本结束于 780Ma 左右。晋宁期构造-热事件基本完成了扬子陆块变质基底的演化过程。

大别山地区大别运动以后,大别微古陆已作为"多岛洋盆"格局中的一员,夹持于南、北古陆块之间,中元古代微古陆可能为水下隆起,晋宁期广泛沉积了一套浅海台地相火山-沉积建造(宿松岩群、红安岩群、肥东岩群),之后1000Ma左右可能发生了一次闭合,使大别微古陆不断增生(晋宁运动Ⅰ幕)。晋宁晚期青白口纪,古陆块(Rodinia超大陆)普遍开始裂解,表现为北淮阳地区早期裂谷槽盆相火山-沉积建造(庐镇关岩群)、木兰山-张八岭地区以细碧角斑岩为特征的海相火山-沉积岩系建造以及同期钙碱性花岗片麻岩体侵入。青白口纪末的晋宁运动铸就了大别造山带基底构造雏型,造山带内各主要构造单元之间断层或韧性剪切带接触是本期主要运动界面。

### (三)扬子-加里东旋回

扬子期在华北陆块南缘为青白口纪至震旦纪构造阶段,沉积建造包括皖北地区的八公山岩群、宿县群、淮南群和栏杆群。扬子期是安徽华北陆块南缘盖层发展阶段的第一构造幕,曾发生栏杆和霍邱两次地壳运动,以后者较重要。栏杆运动(安徽区调队,1976命名)指南华纪晚期的一次上升运动,标准地点在宿县栏杆,该地震旦纪金山寨组(原栏杆群)与宿县群望山组之间的假整合关系十分清楚。淮南、霍邱地区缺失震旦系是这次运动造成的结果。霍邱运动(徐嘉炜,1958)原指霍邱、固始及淮南早寒武世猴家山组于震旦纪地层中留下的遗迹,是早寒武世猴家山组或凤台组与震旦系的假整合,角度不整合是局部现象。因此,霍邱运动不是强烈的造山运动,也不是一般的大面积平缓上升,而是介于两者之间的一种波状运动。栏杆运动使淮南相对上升,淮北相对下降;霍邱运动使淮北相对上升,淮南相对下降;这种波状运动,表现为碎屑-碳酸盐沉积旋回呈规律性的交替,说明此时华北陆块南缘还不十分稳定,也正反映了盖层早期发展阶段的地壳运动的过渡性演变。

扬子期在扬子陆块北缘,皖中、南地区南华纪有两次较微弱的地壳运动,一次称早澄江运动,另一次称晚澄江运动,华北陆块南缘澄江运动无明显表现。早澄江运动指南华纪南沱组(苏家湾组)与休宁组(周岗组)间之假整合,性质为上升运动。皖南地区南沱组以底部砾岩、砂砾岩假整合在休宁组砂岩之上,接触面上见铁锰质风化壳;滁州地区苏家湾组含砾千枚岩假整合在周岗组之上,两者之间显示出有一地壳上升过程。晚澄江运动在皖南,早震旦世蓝田组与南沱组之间,明显地存在一个假整合面,假整合界面上还见有硅质、铁锰质风化壳,这说明在南沱组(苏家湾组)沉积之后,扬子陆块曾再度上升。从总体上来看,自澄江运动(约635Ma)之后,皖中、南地区才转为较稳定的海相盖层沉积。

加里东期是安徽盖层发展阶段的重要时期,时限为早寒武世至志留纪末。包括早、中、晚加里东运动,除北淮阳地区外,普遍具有升降运动的性质。在宣城、广德至临安马啸一带,有加里东造山运动的表现。

早加里东运动发生在华北陆块南缘晚寒武世至早奥陶世初期。在淮北地区,早奥陶世贾汪组自西向东分别假整合在早奥陶世韩家组和晚寒武世凤山组不同层位之上,贾汪组底部均有几厘米至数十厘米厚的含细角砾砂质白云质泥灰岩,角砾成分为下伏层的硅质岩或灰岩;淮南地区,贾汪组假整合在晚寒武世土坝组之上。淮南市钱家沟附近,贾汪组底部有厚20~30cm的角砾岩,角砾成分为下伏层的燧石和白云岩,由粉红色的泥质和白云质胶结成岩。早加里东运动使早奥陶世地层超覆程度甚小(不足百米),是一次短暂的升降运动。

中加里东运动发生在奥陶纪中晚期至志留纪初,在扬子及华北陆块上均有表现。扬子陆块南部(高坦断裂南东),早志留世霞乡组下部的笔石带和晚奥陶世长坞组的层序齐全,两者为连续沉积。扬子陆块的北部(高坦断裂北西),早志留世高家边组与晚奥陶世五峰组常为假整合接触,其间缺失某些笔石带。贵池—东至一带,缺失早志留世 *Glyptograptus persculptus* 带,和县、含山、巢湖、无为、宿松一带,缺失早志留世 *Glyptograptus persculptus* 带—*Pristiograptus cyphus* 带。其下伏五峰组上部均缺失部分笔石带。因此,北西部相对南东部隆起,隆起发生的时限在晚奥陶世五峰期 *Dicellograptus szechuanensis* 带与早志留世 *Pristiograptus leei* 带之间。

华北陆块从中奥陶世晚期起即已大面积隆起,致使该区缺失了中奥陶世晚期及志留纪的沉积。因此,中加里东运动使安徽陆壳由南东向北西逐渐抬升。

晚加里东运动(相当于江南运动;李四光,1931)发生于志留纪末与晚泥盆世初之间(410Ma左右)。晚加里东运动波及全省,表现都较前两次强烈,是加里东运动主幕。

加里东期扬子陆块处于陆缘盖层发展阶段,以强烈的区域性抬升和褶皱变形为特征。晚泥盆世五通群底部发育一套稳定的底砾岩,局部见铁质风化壳,且超覆在志留系不同层位上,缺失早、中泥盆世和部分中、晚志留世沉积,多数呈假整合接触。但在宁国市板桥、畈村、汪溪,广德县锅底山等地可见两者呈微角度—角度不整合接触。区域上,在浙西临安马哨峰火崖—白石崖—龙塘寺(标高1100m左右)一带,可见晚石炭世黄龙组、船山组高角度不整合,或构造超覆在晚寒武世华严寺组、南华纪休宁砂岩之上。在休宁地区构造隆升幅度更大,石炭系直接不整合覆盖在基底强变形千枚岩、糜棱岩之上;上、下两套岩层变形强度明显不同,上覆岩层褶皱简单宽缓,下伏岩层褶皱复杂(平卧-倾竖-斜歪紧闭褶皱),轴面劈理发育,变形期次明显多于上覆岩层,并发现了大量多期褶皱叠加现象。这是加里东期不整合运动面的宏观证据。

另外,在绩溪-宁国断裂带以东,志留系及其以下岩层普遍发育透入性轴面劈理,显示了良好的下部构造层次变形特征,说明在晚泥盆世沉积之前大部分暴露地表已被剥蚀。断裂带以西,志留系轴面劈理不发育,说明在加里东变形期处于上部构造层次或弱变形域,亦或受基底隐伏断裂控制,褶皱运动尚未波及。总之,中志留世末期到晚泥盆世已开始隆起,造成晚泥盆世与下伏早古生代地层及更老地层间普遍的区域性假整合或角度不整合。五通群底部高成熟度石英质砂、砾岩广布于下扬子地区的事实,证明在当时已经准平原化,因而形成广泛的成分单一的滨浅海砂砾沉积。

加里东期形成的赣东北韧性变形带中白云母$^{40}Ar$-$^{39}Ar$同位素年龄429～428Ma(徐备,1992),可以代表不整合运动面形成时代下限。

大别造山带加里东期,经晋宁期碰撞造山之后而形成的中国晚前寒武纪陆块再度裂解,北淮阳地区类似造山期后弧后盆地沉积环境,可能一直持续到泥盆纪,并扩张成秦岭-北淮阳海,沉积了一套巨厚的陆源碎屑类复理石建造。加里东运动(可能延续至华力西期)使陆块重新汇聚对接,在以二郎坪岩群蛇绿岩为代表的古生代洋壳消减之后,局部残存的小海盆沉积了石炭系及以后地层,结束了北淮阳构造带由裂谷演化成弧后盆-陆间海的历史。大别造山带核部从西到东(熊店—蜜蜂尖—碧溪岭—石马一带),该期榴辉岩的发现和该期岩浆活动,证实加里东运动对造山带改造十分深刻。

华北陆块晚加里东期,不但缺失了中奥陶世晚期和志留纪的沉积,同时泥盆纪至早石炭世的沉积也缺失,因此,很可能是中、晚加里东运动综合作用的结果。在奥陶系顶面有明显的剥蚀凹坑,晚石炭世底部普遍为铁铝质岩。

综上所述,晚加里东运动应是加里东期最强烈的一次地壳运动,表现为大面积的、长期的、缓慢的隆起和陆块增生所表现的水平运动。整个加里东期间,安徽大陆地壳活动的总趋势是,由南东往北西隆起幅度逐渐增大,隆起时限持续增长,造山带内部强烈构造叠置(变形、变质),尤以晚期更为显著。

### (四)华力西-印支旋回

安徽南、北陆块三叠系与二叠系均为连续沉积,华力西-印支期整体时限是泥盆纪—三叠纪末,是安徽晚古生代盖层发展阶段的重要时期。本期大地构造动力学背景是扬子陆块、大别微陆块不断持续向华北陆块俯冲,板块格局基本形成并向滨太平洋大陆边缘活动带转化的地史时期。其中曾发生华力西、印支两次构造运动。

**1. 华力西运动**

加里东运动之后,全省早古生代地层遭受不同程度的剥蚀,晚古生代主要处于滨浅海沉积环境,华力西期(泥盆纪初至二叠纪末)地壳运动主要发育在扬子陆块,以频繁振荡运动为主,造成上古生界各系、统和组间多数为假整合接触。华力西-印支早期振荡运动总体持续时间较长,而每次运动时间一般很短,其中以柳江、淮南、云南、东吴运动波及面较广,表现也较强烈。在扬子陆块上,这种频繁的振荡运动,促使海水进、退交替频繁,隆、坳变迁不定,故而成煤条件较差;华北陆块上,该时期较为稳定,故形成了工业价值较大的煤矿,北淮阳构造带此时为山前、山间坳陷,活动性仍然很大。

**2. 印支运动**

印支运动时限为早三叠世末至侏罗纪初,安徽绝大部分地区都表现为程度不等的角度不整合。在怀宁县泉水山—寨山一带,早侏罗世钟山组与中三叠世黄马青组、晚三叠世范家塘组呈高角度不整合接触;广德县独山、巢湖市小山凹等地,钟山组可盖在不同老地层之上;皖南休宁、屯溪一带的早侏罗世月潭组和大别山北坡的早侏罗世防虎山组,分别角度不整合在溪口岩群和霍邱岩群及石炭纪梅山群之上;皖北地区缺失中三叠世。

随着近年来地质调查研究工作的进展,发现了一些新的地质事实,长江中下游地区的印支运动分为两幕:金子运动和南象运动。但是,对金子运动发育的层位存在较大的争议,主要有两种观点:其一,认为金子运动表现为中晚三叠世黄马青组与中三叠世周冲村组及其以前层位之间的不整合接触关系;其二,认为金子运动表现为中三叠世周冲村组呈不整合覆于早三叠世南陵湖组及其以下地层之上。因此本书中金子运动指黄马青组与早三叠世青龙群之间的假整合—超覆不整合关系,随着扬子陆块持续向北俯冲,水平挤压构造变形是客观存在的。皖南地区在中、晚三叠世之间有可能存在一次运动幕(相当于安源运动)也值得注意。南象运动发生在晚三叠世末、早侏罗世初,构造运动表现为陆、陆碰撞,造山带快速抬升,形成山前磨拉石建造,因此,印支运动是安徽省最强烈、最重要的一次构造运动。

印支运动在大别造山带表现最为强烈,随着扬子陆块向北俯冲深度越来越大,直到中三叠世才由B型俯冲发展成A型俯冲而实现真正的陆、陆碰撞,陆表海全部退出,沿大别造山带南缘南、北陆块再次聚合。高压、超高压变质带的形成,标志着扬子基底向北俯冲已达极限,晚三叠世—中侏罗世开始折返,是造山带演化中又一次重大构造热事件。所有变质岩层均一致具有该期变形变质记录,Sm-Nd同位素年龄244~221Ma的含柯石英榴辉岩代表了运动高峰期时限。印支运动是华力西-印支构造旋回的主褶皱幕,结束了洋盆发育历史,盖层全面褶皱,从而导致安徽整体大陆的形成,开创了大陆边缘活动带的新阶段,具有"承前启后,继往开来"的划时代意义。

**(五)燕山旋回**

燕山期是安徽大陆边缘活动带盆山发展阶段第一个构造旋回,时限为晚三叠世—早侏罗世至晚白垩世早期。包括3次主要构造活动:早燕山运动指上、中侏罗统之间的不整合,以庐-枞、江镇和休宁及合肥、霍山等火山岩盆地边缘表现最为典型。晚侏罗世龙门院组、彭家口组、炳丘组及毛坦厂组等分别不整合在中侏罗世罗岭组和洪琴组及圆筒山组之上,但区内火山岩同位素年龄多数集中在早白垩世。中燕山运动发生在下白垩统内部,指早白垩世晚期陆相盆地沉积与下伏火山盆地建造的不整合。在庐—枞、休宁、合肥等盆地中均有反映,如浮山组、娘娘山组、徽州组、岩塘组、黑石渡组、晓天组等不整合覆盖在双庙组、姑山组、石岭组、毛坦厂组等之上。晚燕山运动指上白垩统内部的不整合。在休宁盆地小岩组与齐云山组之间和宣广盆地赤山组与七房村组之间,一般都呈现为较大角度的不整合。在广德县薛塘村,赤山组底部花岗质砂砾岩覆盖在燕山期花岗岩(121Ma)之上,在合肥盆地中,张桥组与邱庄组呈假整合接触。燕山期3次主要构造运动,以断裂运动为主,兼有褶皱、推覆构造和岩浆活动的多样性。以北北东向为主的新生断裂活动,与北东向、东西向断裂再活动相结合,形成断块运动,并由此控制着盆地的形成和发展。

燕山运动形式的多样性或差异性及其强烈程度,在很大程度上受基底构造稳定性控制。例如:在大别造山带和扬子陆块北缘,燕山运动特别强烈,断裂、褶皱、岩浆活动都很活跃,地层中的不整合也比较明显,陆相盆地的变迁较大,基底分割性较强;而在华北地块上,地层中的不整合不明显,褶皱、岩浆活动也相对较弱,陆相盆地也较完整,基底分割性较差。

燕山期发育3种新的沉积建造序列,即早期含煤灰色复陆屑建造组合,以山前磨拉石建造为特色;

中期火山或火山-复陆屑建造,伴有大量的中酸性-酸性岩浆岩侵入;晚期红色复陆屑建造。这些建造均属次稳定型建造类型。

燕山期陆内盆山演化过程一直持续到白垩纪末,经历了伸展(岩浆底劈穹隆)→挤压(逆冲推覆)→伸展(断陷)改造过程,肢解着安徽整体大陆。总之,燕山期是安徽省进入大陆边缘活动带滨太平洋构造域发展的新阶段,以陆相盆、山构造和强烈的岩浆活动为特色,是地史演化大的转折阶段。

### (六)喜马拉雅旋回

喜马拉雅旋回与燕山旋回不整合普遍发生在晚白垩世期间。晚白垩世晚期与古新世的沉积建造相似,以广布的河湖相"红色建造"和类磨拉石建造为特色,从晚白垩世晚期开始形成,且杂陆屑成分显著增多。古新世以来,岩浆活动的特点是以基性岩为主,与燕山期迥然不同。大型爬行动物是从晚白垩世晚期开始出现的,其生物群与以前有很大的差异,说明大地构造环境有一次重大改变。安徽喜马拉雅旋回包括3次地壳运动,以中间一次最为重要。

喜马拉雅运动序幕指古新世地层与晚白垩世晚期地层之间的假整合。在多数盆地中,该序幕表现都很微弱,只在皖南的南部,可能由此开始发生长期的隆起。此外,序幕还表现为古近纪盆地普遍收缩。喜马拉雅运动序幕继承了燕山运动的某些特征,但不均衡的升降和断裂运动相结合的新形式渐居主导地位,因而使古近纪盆地发生有规律的收缩,形成所谓"北断南超"或"西断东超"孤立分隔的盆地构造格局。它对安徽大陆的改造,主要表现为西部地区(阜阳)的大幅度沉降,坳陷呈东西向分布;中、东部地区相对上升,以北东向相间的隆坳构造为主。

早喜马拉雅运动指中新统与始新统或渐新统之间的不整合。不整合在嘉山、定远、来安盆地中表现最清楚,中新世下草湾组、桂五组分别不整合在始新世定远组或张山集组之上。早喜马拉雅运动在安徽东部表现为剧烈的大面积隆起,致使新近系零星分布在长江沿岸,西部地区大幅度沉降,新近纪盆地深达1000m左右,广泛的新近纪沉积,掩盖了以前的分割性盆地面貌;在上述两区的结合带,即中部地区的嘉山、来安一带,地壳升降幅度介于两者之间,产生了强烈的深断裂活动,从而导致了大量的玄武岩喷溢。因此,不均衡的升降运动遵循着一定方向有规律的变化。

晚喜马拉雅运动指下更新统与上新统之间的不整合。它所造成的地壳升降幅度的变化,仍近似前期的规律,但不均衡升降运动已居主要地位。该运动使江淮平原相对沉降,其他地区相对上升,尤以大别和皖南两大山区上升更为强烈。总之,喜马拉雅期为相对宁静的构造间歇期,构造应力作用方式逐渐转为张剪作用,形成一系列断陷盆地,以不均衡差异升降运动为主,伴随深断裂活动,有少量基性岩脉侵入。第四纪沉积作用主要分布在长江、淮河流域,山岳冰川活动以及河流侵蚀作用,塑造了现代地形地貌,开创了人类活动的新纪元。

## 二、构造层划分及其建造特征

安徽大陆是由华北陆块、扬子陆块及其间大别造山带组合而成的复合大陆,多期构造运动形成了不同的大陆地壳结构,构造层的研究是反演各陆块及造山带大地构造环境和地壳演化过程的奠基性工作。据此,以基底型、盖层型、大陆边缘活动带型及其间包括的若干个次级构造层进行分述(参见表5-4)。

### (一)基底型构造层

#### 1. 华北陆块

安徽华北陆块基底型构造层自下而上为蚌埠构造层(BG)和凤阳构造层(FG)。

**蚌埠构造层** 包括新太古代—古元古代五河岩群和霍邱岩群。五河岩群分布在两淮地区,霍邱岩群主要隐伏在六安断裂以北、颖上-定远断裂以南中新生代断陷盆地之下,两者构成华北陆块的下变质基底。

蚌埠构造层主要为一套低角闪岩相-绿片岩相的变质岩建造,它们是在中压或中低压环境下区域变质作用的产物,同时伴有混合岩化作用。岩石组合为黑云(角闪)斜长片麻岩、斜长角闪岩、变粒岩、浅粒岩、大理岩、变硅铁质岩、磁铁石英岩、片岩等。原岩是一套次深海-浅海槽盆相火山沉积岩系,由火山质、砂泥质、碳酸盐质等复理石建造体构成复理石建造。五河杂岩群的原岩建造序列是:底部为超基性岩(包括镁绿岩),下部为基性、中性火山岩及杂砂岩、镁硅质岩;中部为中酸性火山岩、杂砂岩夹富镁碳酸盐岩;上部为杂砂岩夹酸性火山岩,顶部尚出现少量中基性火山岩,为一套大洋壳建造类型(主要为次大洋地壳类型),代表了大洋化构造环境。这套岩石组合与典型的绿岩建造层序很类似。形态复杂的多期叠加褶皱变形(同斜层状构造)和东西向延伸的特点是本构造层的基本属性。

**凤阳(长城)构造层** 由中元古代凤阳群组成,厚1172m,与蚌埠构造层呈不整合接触,构成华北陆块的上变质基底(双层基底结构)。凤阳构造层岩石组合由绢云石英片岩、含铁石英岩、含硅白云石大理岩、千枚岩、含砂千枚岩、铁质泥质粉砂岩及透镜状铁质砂砾岩等组成。是一套低绿片岩相区域变质沉积岩系,未见混合岩化改造,原岩为滨海-浅海相陆源碎屑岩及富镁碳酸盐岩,沉积韵律较明显,具类复理石建造特征。其岩性单一,厚度较小,变质程度较低,地层产状平缓,基本未见倒转产状,分布稳定,颇具地台型盖层的特点。但凤阳群又明显地被上、下两个不整合面所夹持,而且与上覆典型的地台型构造层有一定的差异,说明当时华北陆块的基底尚未完全固结。

### 2. 扬子陆块

扬子陆块基底型构造层为晋宁构造层(JG),根据变形变质差异,自下而上可进一步划分为下晋宁构造亚层($JN_1$)和上晋宁构造亚层($JN_2$),具双层基底结构,分别代表了不同的大地构造环境。

**下晋宁构造亚层** 指出露在皖南山区南部青白口纪早期溪口岩群和西村岩组、昌前岩组,为一套区域动力变质的浅变质岩系,东西向鄣公山扇状复背斜即由此构造层构成。以伏川蛇绿混杂岩带为界,东区西村岩组、昌前岩组为一套浅变质火山-沉积岩建造,视厚度大于4600m,由细碧岩、蛇纹岩夹千枚岩、石英角斑岩、黑云长石石英片岩、变流纹英安岩、流纹质凝灰岩夹千枚岩、砂质板岩、千枚状砂岩组成。岩层强烈构造叠置呈"单斜"构造,片理、糜棱面理及剪切揉皱十分发育,具小洋盆沉积特征。西区溪口岩群为一套浅变质板岩、砂质板岩、千枚状砂岩、长石石英片岩、千枚岩组合。原岩为深海槽盆相砂-粉砂泥质复理石建造,局部为泥质碳酸盐岩建造。安庆洪镇地区出露的董岭岩群主体属该构造层。

**上晋宁构造亚层** 指出露在皖南山区南部新元古代青白口纪晚期历口群和周家村组、井潭组。历口群包括葛公镇组(镇头组)、邓家组、铺岭组、小安里组,总厚度大于1087m,与下伏溪口岩群呈角度不整合。葛公镇组(镇头组)为一套浅变质火山岩、火山碎屑岩、角砾岩夹板岩火山复理石建造。邓家组为一套杂陆屑或山间磨拉石建造,主要由轻微变质的粗碎屑岩及暗色泥岩组成,砾石成分复杂、分选性差。含砾率由下而上增高,具反旋回特点,未见浅海相泥灰岩夹层。上部铺岭组为陆相变质中基性火山岩建造,是造山晚期产物。小安里组为一套浅紫红色变含砾砂岩、砂岩、粉砂岩夹变沉凝灰岩,与上覆休宁组不整合接触。周家村组为一套非稳定条件下火山-沉积碎屑岩系,相当于近岛弧一侧的弧前盆地边缘沉积。井潭组为一套变质酸性-中性火山岩及火山碎屑岩建造,其厚度巨大,片理构造极为发育。岩性与铺岭组不同,具陆相火山岛弧建造特征。

### 3. 秦岭-大别造山带

以区域性深、大断裂构造为边界所围限的大别造山带,主体由前寒武纪变质地(岩)层组成,大别-阚集构造层(DKG)构成其下部基底,宿松-肥东构造层(SFG)、张八岭构造层(ZhG)和北淮阳构造层(BhG)构造拼贴在其上,晋宁期以来,经历了多次造山作用,不同动力体系热构造事件相互叠加、复合、改造,使其长期处于强应变状态,相互间被韧性剪切带分隔,构成造山带基底堆叠体,形成了安徽省最复杂的复合型大陆造山带。

1) 大别-阚集构造层

由前中元古代古老变质岩层大别岩群、阚集岩群组成，构成造山带剥露最深的古老结晶基底。由片麻岩、斜长角闪岩、变粒岩、浅粒岩、大理岩、片岩、铁英岩及富铝孔兹岩系等变质表壳岩组合组成，为一套古老的中深变质（角闪岩相-麻粒岩相区域变质作用）火山-沉积岩系，代表了次大洋地壳建造类型。大别变质表壳岩均呈构造岩块被晋宁期深熔花岗岩包卷，北大别经受高温塑性流变，南大别经历了多期高压-超高压变质，而阚集岩群中至今未发现高压榴辉岩。

2) 宿松-肥东构造层

由中元古代宿松岩群和肥东岩群组成，与上覆、下伏构造层均为韧性断层接触。岩石组合主要有白云、二云斜长-钠长片麻岩夹黑云、角闪斜长-钠长片麻岩、斜长角闪岩、钠长浅粒岩、白云石英片岩、含石墨石英片岩等，原岩为以酸性火山岩为主的变质火山-沉积岩建造，经受了高压低角闪岩-高绿片岩相变质变形改造。原柳坪组、双山组含磷片岩系及白云质大理岩等浅变质岩以构造岩片夹持于其中。

3) 张八岭构造层

张八岭岩群构造属性为大别造山带组成部分，本书将其单独划分为构造层。由新元古代张八岭岩群及造山带内被构造圈闭的新元古代浅变质岩片（港河岩组）组成，主体沿郯庐断裂带呈北北东向延伸，为一套区域低绿片岩相浅变质火山-沉积岩系，岩石类型上部（西冷岩组）由海底喷发相基性-酸性火山熔岩夹火山碎屑岩及沉积岩（硅质岩、含铁硅质岩、含锰黏土岩及石灰岩等）组成，属于以石英角斑岩为主的细碧-石英角斑岩建造。该建造中细碧岩很少，无超基性岩出现，张八岭地区发育蓝片岩；下部（北将军岩组）为白云质大理岩、钙质千枚岩、变质砂岩等复理石建造。晋宁运动使裂陷槽闭合，接受周岗组沉积。基于细碧岩全岩铅法年龄值1031Ma，锆石U-Th-Pb年龄1026Ma，U-Pb年龄1334～730Ma，864Ma，全岩Rb-Sr年龄723Ma，730Ma，石英角斑岩全岩Rb-Sr年龄848Ma等年龄资料，时代置于新元古代青白口纪。印支运动使该构造层作为高压构造岩片强烈卷入大别造山带，从扬子地块基底解体而成为大别造山带一员。

4) 北淮阳构造层

北淮阳构造层由庐镇关亚构造层（Lg）和佛子岭亚构造层（Fg）组成，共同构成北淮阳加里东对接构造带，相互间韧性剪切带接触，上覆浅变质岩层石炭纪梅山群与其不整合或断层接触。

**庐镇关亚构造层** 由新元古代庐镇关岩群斜长角闪岩、浅粒岩、石英岩、长英质片岩、含砾大理岩（局部含磷）、硅质岩等火山碎屑岩建造组成，区域变质程度相当于低角闪岩相-绿片岩相，原岩是一套次深海-浅海槽盆相火山-沉积岩系。下部为基性及酸性火山岩，上部主要由长石砂岩、杂砂岩及碳酸盐岩、泥质岩组成，总体为火山-砂泥质复理石建造，反映了拉张（裂陷槽）构造环境。

**佛子岭亚构造层** 为一套石英岩-石英片岩组合，属高绿片岩相变质岩系。自下而上为滨海相单陆屑石英砂岩建造（祥云寨岩组）、次深海相砂泥质复理石建造（诸佛庵岩组），夹火山碎屑远源浊积岩相泥砂质复理石建造（潘家岭岩组），反映了断陷型海槽类复理石建造序列。

另外，造山带内代表华力西-印支亚构造层的梅山群在省内零星出露，为一套以轻变质海陆交互相粗碎屑岩为主的含煤岩系，碎屑岩、煤层、滨海相碳酸盐交替成层。其特点是砾石成分复杂，砾径粗大，分选性差，煤系地层厚度大，煤层多而不稳定，地层的韵律发育，是一种发育完善的类磨拉石建造（或山麓型含煤建造），为加里东运动对接碰撞后造山带大幅度快速隆起形成的山前（边缘）深坳陷中的产物。

(二) 盖层型构造层

安徽盖层型构造层虽然属陆壳稳定型建造，但不同基底结构上的盖层发育情况不同，因此，可以划分为华北陆块后凤阳构造层（FhG）和扬子陆块的后晋宁构造层（JhG）两类。

**1. 后凤阳构造层**

后凤阳构造层包括青白口系至下三叠统，总厚4537m（淮南）至7333m以上（淮北），是一个浅海-滨海-海陆交互-陆相的巨型海退沉积旋回。分霍邱亚构造层（Hg）、加里东亚构造层（Gg）和华力西-印支亚构造层(HYg)。

霍邱亚构造层由八公山岩群、宿县群(淮南群)和震旦系海侵沉积旋回组成,属于单陆屑石英砂岩或砂质页岩建造-藻礁碳酸盐岩建造组合,沉积相和建造的交替,说明当时陆壳的周期性振荡运动比较显著,建造的组合说明其构造背景属稳定-次稳定的过渡环境。加里东亚构造层形成于碳酸盐岩台地,由寒武系和中、下奥陶统组成,属于蒸发式-异地碳酸盐建造组合,表明陆壳处于稳定状态。华力西—印支亚构造层由下三叠统、二叠系和上石炭统组成,属海陆交互相和陆相碎屑岩相建造,是地壳长期稳定隆起或大陆准平原化过程中的产物。

后凤阳构造层沉积相及建造序列特征表明,其基底固结程度较高,陆块较稳定,故地层产状十分平缓,褶皱微弱。

### 2. 后晋宁构造层

后晋宁构造层包括南华系—三叠系,总厚 13 693m(皖中)至 14 081m(皖南)以上,与下伏晋宁构造层呈角度不整合。其间,以上南华统与震旦系假整合面和上泥盆统与志留系间的显著假整合—不整合面为界,可分为澄江(Chg)、加里东(Gg)、华力西-印支 3 个亚构造层(HYg)。

澄江亚构造层由南华纪休宁组、南沱组(皖南)和周岗组、苏家湾组(滁州)组成,为一套浅海盆地-冰水陆棚相磨拉石(部分复理石)-冰水火山杂陆屑建造。加里东亚构造层由震旦系—志留系组成,主体属台地-陆棚-盆地相远陆源硅泥质碳酸盐建造组合。华力西-印支亚构造层由上泥盆统—三叠系组成,主体属陆表海相碎屑岩、碳酸盐岩建造组合。

后晋宁构造层的岩相-建造在纵、横方向上变化较大,厚度相差悬殊,组成结构远比后凤阳构造层复杂,说明扬子陆块盖层的稳定性不如华北陆块,而且内部也不均一,以加里东亚构造层的岩相-建造变化更为突出。总体来看,滁州地区早期地壳活动性较大,后期趋于稳定,沿江地区是相对稳定地区;皖南地区的稳定性最差,因此应属准稳定盖层建造。沿江地区是陆内坳陷的相对隆起地段,在其南东边缘的泾县—东至一带,有时呈现相对隆起,有时呈斜坡过渡带,因此沉积相和建造在此带交替变异,例如休宁组,在此带内厚仅 300m,而且碎屑成分比较简单,寒武系、奥陶系的相变更为明显。扬子陆块全面进入真正稳定盖层阶段是华力西-印支期,因此,该期形成了一套海陆交替相的稳定型建造序列。这时隆、坳位置变迁较大,但总趋势是下扬子坳陷的结构由复杂向单一演化,中三叠世以后,坳陷范围收缩在沿江一带。

### (三)大陆边缘活动带型构造层

大陆边缘活动带型构造层自下而上分为燕山(YG)、喜马拉雅(XG)两个构造层。

### 1. 燕山构造层

燕山构造层由侏罗系至上白垩统下部组成,总体上是河湖相复陆屑建造-大陆火山岩建造组合,厚约 6023~10 183m,与下伏层呈不整合接触,是盖层再改造断陷盆地中的产物。燕山构造层可分为 3 个亚构造层,相互有明显的差异,显示了 3 种不同的构造环境。

**燕山下亚构造层** 由早、中侏罗世灰色含煤砂泥质复陆屑建造-杂色砂质复陆屑建造组成,最大厚度为 3157m。底部砾质岩一般较薄,砾岩成熟度较高,整个亚构造层具有由细到粗的反序列特点,分布范围不大,大都发育于造山期后印支褶断带基础上的山前坳陷中。

**燕山中亚构造层** 由晚侏罗世—早白垩世早期贫钙富钾的中性及中偏碱性大陆火山岩和火山复陆屑建造构成。皖中一带最厚可达 4623m,一般厚约 1000m。火山岩建造主要属碱钙性,其次是钙碱性岩系。岩石化学分析数据在戈梯尼-里特曼图解上投影,均落在 B 区及 C 区,但投影点较接近 A 区,说明它并非是典型造山带的产物,它的形成应与基底断裂构造关系较为密切。

**燕山上亚构造层** 由早白垩世晚期至晚白垩世早期的一套杂色凝灰砂质复陆屑、红色复陆屑蒸发式、大陆中偏碱性火山岩建造组成。建造组合比较复杂,与燕山下、中亚构造层相比,它的特色是火山岩演化成碱性岩系,出现了复陆屑蒸发式建造,而且砾质复陆屑建造增多。北淮阳山前坳陷中主要形成凝灰质复陆屑建造,厚986m,这些凝灰质主要来源于坳陷内部,可谓之"陆盆内源碎屑",说明大别山区的隆起幅度与前期相比已不很大;皖南地区以红色砾质复陆屑建造为主,厚3394m,标志该区断块运动比较剧烈;皖西北地区沉积厚度颇大,约3292m,早期地貌反差甚大,形成砾质复陆屑建造,晚期补偿填平,地壳较为稳定,形成复陆屑蒸发式建造;沿江地区岩相和建造类型变化很大,反映地壳很不稳定,也不均衡。

**2. 喜马拉雅构造层**

本构造层由上白垩统上部至第四系构成,总厚度为3934～10 710m。与燕山构造层角度不整合(局部假整合)接触,可分为上、下两个亚构造层。

**喜马拉雅下亚构造层** 由上白垩统上部至古近系组成,包括两类建造组合。第一类建造组合发育在皖西北地区,下部为湖泊相和少量冲积扇相红色砂质(盆地边缘为砂质)复陆屑建造,中部为湖相砂质复陆屑建造,上部为红色复陆屑蒸发式建造,总厚约2500m。由于盆地发展高峰期的建造(蒸发式建造)比较发育,故形成石盐、钙芒硝矿产。这类建造组合是在地壳相对沉降、盆地与周围山地反差不太强烈的环境下形成的。第二类建造组合比较单一,由河流相及河湖相红色砾质和砂砾质建造组成,最厚可达万米。其特点是"类磨拉石建造"特别发育,缺少"含盐建造"。说明地貌反差大,并处于整体相对强烈上升的背景之下。

喜马拉雅下亚构造层以粗陆屑为主,同时含有较多的岩屑,晚白垩世小岩组,古近纪定远组、双塔寺组、张山集组、狗头山组等,均有岩屑砂岩出现,这是燕山构造层形成期间所少见的现象。其间,以具有含巨砾的巨厚砾岩为特点的砾质复陆屑建造,主要发育在晚白垩世晚期,以砂砾岩为主体或砂砾岩分别与砾岩、砂岩互层为特色的砂砾质复陆屑建造和复陆屑蒸发式建造,主要发育在古近纪,这种普遍发育的砂砾质复陆屑建造,也是其以前的构造层所罕见的。建造组合及其巨大的沉积厚度,说明断块运动十分剧烈,中、新生代陆相盆地也随之发展到顶峰时代。

**喜马拉雅上亚构造层** 由新近系和第四系组成。下部新近系厚132～1050m,主要为河流-湖泊相灰色砂泥质复陆屑建造,局部形成含油建造,嘉山一带发育碱性橄榄玄武岩建造。湖泊相的沉积厚度变化规律是,省域西部大于东部地区4～5倍,说明前者处于相对下沉状态,差异性升降运动更为显著,两者的交变地带(即郯庐断裂带)发生拉张,从而导致幔源型玄武岩的形成。上部第四系厚118～226m,是一套河流相和冰川系列未固结-半固结沉积物。因此,它具有下粗上细的二元结构,总体可称为二元陆屑建造,明显可分为两种类型:一为下部砾或泥砾,上部黏土,具红色,故谓之红色砾泥质二元建造,主要发育在中更新统;二为底部少量砂砾、下部砂、上部黏土,多为灰色或黄色,故谓之灰黄色砂泥质二元建造,主要发育在下更新统和上更新统及全新统。它们组成冲积平原和河谷阶地,有的还形成洞穴堆积。

# 第四节 大地构造演化基本特征

安徽地跨华北陆块、秦岭-大别造山带和扬子陆块3个大地构造单元,是古中国大陆重要结合地带,地质构造极其复杂,是解决中国东部大地构造问题的关键地区,尤其是大别造山带、江南造山带的研究,备受地学界广泛重视。根据大地构造、构造旋回、构造相、沉积岩相古地理及相关构造单元地质活动的演化特点,安徽地史发展过程可分为陆块基底形成阶段、陆缘盖层发展阶段和滨太平洋陆内盆山发展3个构造演化阶段(图5-5至图5-7)。前南华纪阶段主要为陆块基底形成阶段;南华纪至三叠纪为陆缘盖层发展阶段,印支期的南、北陆块碰撞造山运动,结束了安徽海相地层发育史,奠定了安徽省板块构造格局,开创了大陆边缘活动带的新纪元;侏罗纪以来为陆内盆山演化发展阶段,主要表现为大规模岩浆活动、逆冲推覆、伸展拆离和断块升降运动。区域性大型变形构造、深大断裂构造对全省的构造格架、沉积相、岩浆作用及成矿作用都有明显的控制作用。华北陆块皖北地块、下扬子地块和大别造山带构造演化阶段划分及其主要地质特征见表5-5～表5-7。

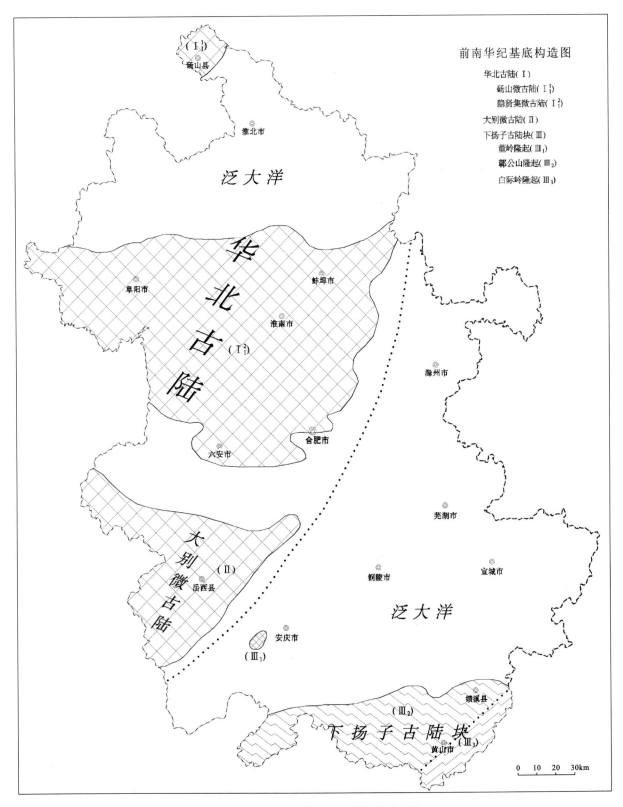

图 5-5 安徽省大地构造三阶段演化平面图一

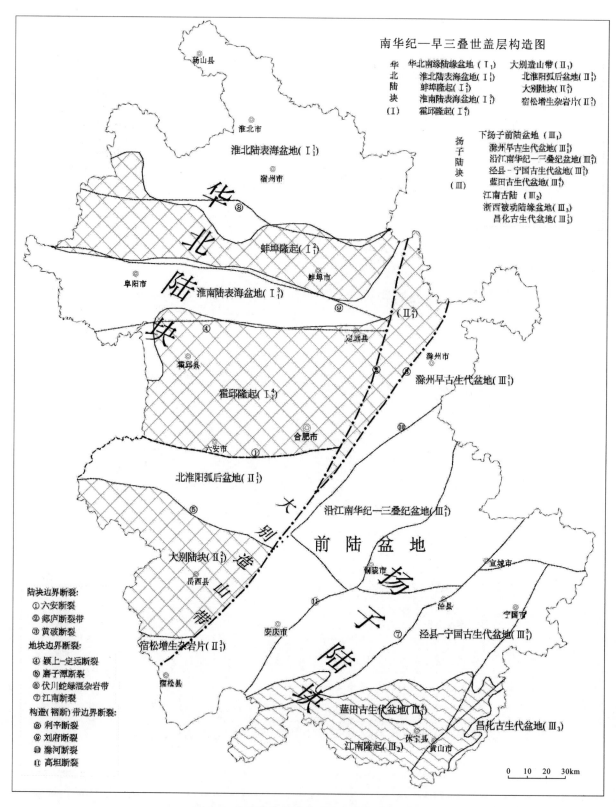

图 5-6 安徽省大地构造三阶段演化平面图二

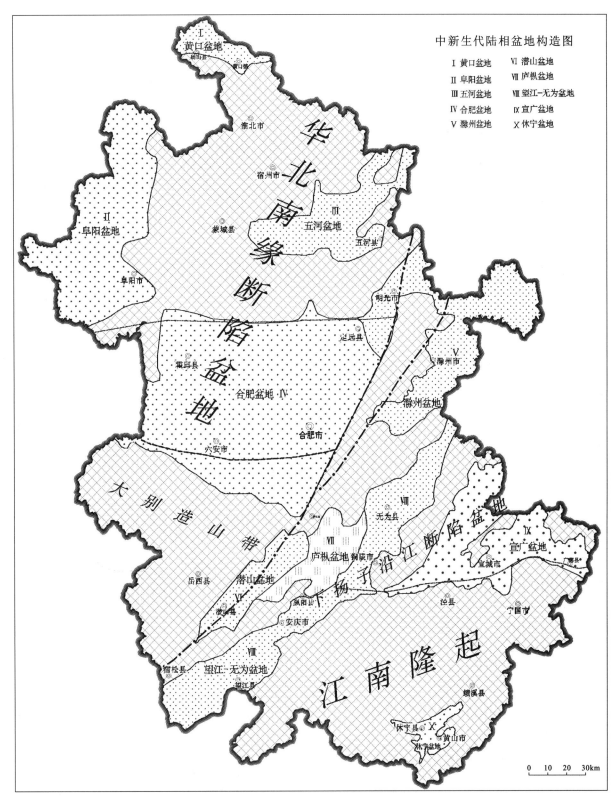

图 5-7 安徽省大地构造三阶段演化平面图三

表 5-5 华北陆块区（皖北地块）构造阶段划分及其主要特征

| 构造期 | 地质时代 | 构造阶段 | 沉积作用 | 火山作用 | 侵入作用 | 变质作用 | 变形构造 | 大地构造属性 | 成矿阶段 | 典型矿床 |
|---|---|---|---|---|---|---|---|---|---|---|
| 喜马拉雅期 | 新生代 E—Q | 地壳伸展减薄，形成皖北近东西向断陷盆地 | 湖泊相-冲积相红色复陆屑-蒸发式建造，河湖相灰色复陆屑建造和第四纪河流相为主的砂泥质二元建造 | 基性-中基性火山岩组合：橄榄玄武岩、粗玄岩、安山玄武岩、安山岩及少量的次火山岩 | 未见出露 | 无 | 断裂、断块差异升降运动 | 喜马拉雅运动，陆内盆地相，新生代上叠、超覆式断陷盆地和垒、堑构造 | | |
| 燕山期 | 中生代 $K_1^2$—$K_2$ | 滨太平洋陆内盆山发展阶段：近东西向断、坳陷盆地、断裂和推覆构造发展 | 湖泊相灰色复陆屑建造 | 未见出露 | 岩墙状超基性-中基性、酸性侵入岩、橄长岩、辉长岩、花岗斑岩 | 无 | 近东西向断、坳陷盆地、断裂和推覆构造 | 晚燕山运动，陆内盆地相，中生代陆相盆地 | | |
| | | $J_3$—$K_1$ 南东-北西向断块发展 | 湖泊相杂色砂质复陆屑建造 | 大陆中酸性火山岩建造 | 岩床状中基性侵入岩，中酸性侵入岩（隐状） | 无 | 近东西向断裂和推覆构造 | 中燕山运动，陆内盆地相，中生代陆内盆山构造 | $J_3$—$K_1$ | 淮北前常、徐楼铁矿，铜官山式铜金硫矿，顶式金银矿 |
| | | $J_{1-2}$ 伸展构造，后展盆地 | 磨拉石沉积，湖泊、河流沉积 | 未见出露 | 未见出露 | 无 | 华北陆块沿六安断裂带向南俯冲，地壳加厚和向北反向逆冲，后缘拉张，挤压、陆内拉分盆地 | 早燕山运动，陆内盆地相，中生代陆内盆山构造转换 | | |
| 印支期—华力西期 | | T $T_1$ 局部陆相沉积，$T_2$—$T_3$ 造山 | 湖泊相碎屑岩沉积建造 | 未见出露 | 未见出露 | 无 | 水平挤压构造 | 印支运动，陆陆碰撞，地壳缩短，海、陆交互并向陆相转换 | | |
| | | $C_2$—P 陆表海盆地沉积 | 海陆交互相含煤碎屑岩沉积建造 | 未见出露 | 未见出露 | 无 | 褶皱、断裂构造 | 陆缘陆表海沉积盖层 | | |

续表 5-5

| 构造期 | 地质时代 | 构造阶段 | 沉积作用 | 火山作用 | 侵入作用 | 变质作用 | 变形构造 | 大地构造属性 | 成矿阶段 | 典型矿床 |
|---|---|---|---|---|---|---|---|---|---|---|
| 加里东期 | 古生代 $D_3$—$C_1$ | 陆缘盖层发展阶段 | 隆升剥蚀 | 地层缺失 | 未见出露 | 未见出露 | 无 | 断裂构造 | 加里东运动，陆块抬升 | | |
| | $\in$—$O_2$ | | 陆表海盆地演化，碳酸盐岩台地 | 碳酸盐岩建造 | 未见出露 | 未见出露 | 无 | 褶皱、断裂构造 | 陆块：沉降，稳定盖层沉积 | $\in$ | 凤台山武陟磷矿 |
| 扬子期—晋宁期 | 新元古代 Qb—Z | | 克拉通内陆盆地 | 单陆屑石英砂岩，砂质页岩，藻礁碳酸盐岩建造 | 未见出露 | 未见出露 | 无 | 褶皱、断裂构造 | 陆块：沉降，稳定盖层沉积 | | |
| | 中元古代 $Pt_2$ | 基底形成阶段 | 陆壳增生 | 浅海相砂泥质和藻礁碳酸盐岩建造 | 未见出露 | 未见出露 | 低绿片岩相区域变质 | 褶皱、断裂构造 | 滨、浅海陆缘类复理石建造，上基底 | | |
| 吕梁期—五台期 | 古元古代—新太古代 $Ar_3$—$Pt_1$ | | （次）大洋壳形成、固结 | 次深海-浅海槽盆火山沉积建造，硅铁建造 | 变质酸性-基性火山岩，原岩细碧-石英角斑岩 | 岩浆型混合岩化片麻状花岗岩 | 中、低压低角闪岩相-绿片岩相区域变质，混合岩化 | 多期褶皱变形，构造置换，韧性剪切带，断裂构造 | 孤岛状陆核形成，下基底杂岩相 | $Ar_3$—$Pt_1$ | 霍邱铁矿李老庄菱镁矿小红山重晶石矿 |

表 5-6 大别造山带构造阶段划分及其主要特征

| 构造期 | 地质时代 | 构造阶段 | 沉积作用 | 火山作用 | 侵入作用 | 变质作用 | 变形构造 | 大地构造属性 | 成矿阶段 | 典型矿床 |
|---|---|---|---|---|---|---|---|---|---|---|
| 燕山期 | 中生代 J—K $T_2$—$T_3$ | 大别造山带形成发展阶段 造山后伸展、隆升、调整阶段 | 北淮阳地区山前、山间磨拉石沉积，湖泊相碎屑岩沉积和火山沉积建造 | 北淮阳地区 $J_3$—K 强烈陆相中酸性、酸性、碱性火山喷发，大别山腹地（岳西）中酸性火山喷发 | 花岗岩岩大规模侵位，北淮阳地区中酸性-碱性侵入岩，大别山中酸性岩-碱性中酸性岩，基性超基性岩侵位 | 无 | 北西向、北东向断裂构造，逆冲推覆、拉张断陷 | 造山后隆升、底辟拉张、伸展滑脱、构造调整 | $J_3$—$K_1$ | 银水寺式铅锌银矿，三堡式铅锌矿，沐洞冲铅锌银矿，东溪式银（铜）矿，天井山式金矿 |
| 印支期—华力西期 | 晚古生代 D—$T_1$ | 大别造山带变质基底形成发展阶段 | 扬子陆块向大别微古陆俯冲，微古陆隆升侵蚀，北淮阳陆对接伸展 印支陆陆碰撞 | 石炭纪山前坳陷，梅山群海陆交互相类磨拉石建造，含煤岩建造 未见出露 | 未见出露 未见出露 | 梅山群低绿片岩相区域动力变质 高压、超高压榴辉岩相、蓝片岩相及退变质 | 断裂、褶皱构造 缝合带构造 | 北淮阳加里东运动对接后，拉张断陷沉积 印支运动、陆陆碰撞 | | |
| 加里东期 | 早古生代 Z—S | 陆缘盆地沉积，北淮阳沉积与南、北古陆对接碰撞 | 佛子岭岩群单陆屑石英砂岩，复理石建造 | 未见出露 | 未见出露 | 中压绿片岩相变质 | 固态流变褶叠层构造，韧性剪切带，褶皱，断裂构造 | 晋宁朔构造山后伸展裂解，陆缘沉积盆地收缩再拼合增生 | | |

续表 5-6

| 构造期 | 地质时代 | 构造阶段 | 沉积作用 | 火山作用 | 侵入作用 | 变质作用 | 变形构造 | 大地构造属性 | 成矿阶段 | 典型矿床 |
|---|---|---|---|---|---|---|---|---|---|---|
| 晋宁期 | 新元古代 Qb—Nh | 微陆块聚合、裂解，构造混杂堆叠体构造山带变质基底形成 | 北淮阳地区庐镇关岩群裂谷槽合盆地区槽合沉积建造，张八岭-宿松地区海相火山-沉积岩系细碧角斑岩建造，含磷碎屑岩、碳酸盐岩建造 | 北淮阳地区中基-中酸性火山喷发，张八岭-宿松地区双峰式细碧岩、石英角斑岩 | 同碰撞钙碱性片麻状花岗岩岩序列大规模侵位 | 高压、超高压榴辉岩相、角闪岩相、绿片岩相变质 | 北西向、北东向剪切流变、韧、脆性断裂构造、逆冲推覆构造、伸展滑覆构造 | 陆块聚合造山、裂配底辟，活动大陆边缘沉积岩亚相 | $Pt_3$ | 海州式磷矿 |
| | 中元古代 $Pt_2$ | 微古陆边缘海盆火山-沉积 大别造山带变质基底形成发展阶段 | 浅海台地相火山-沉积建造（宿松岩群、肥东岩群） | 中基-中酸性火山岩 | 基性超基性岩块构造侵位 | 角闪岩相、绿片岩相变质 | 近东西向、北东向剪切流变、韧、脆性断裂构造、逆冲推覆构造、伸展滑覆构造 | 边缘海闭合（晋宁运动），陆壳增生 | | |
| 昌梁期—五台期 | 古元古代—新太古代 $Ar_3$—$Pt_1$ | 大别微古陆形成 | 斜长角闪岩、变粒岩、浅粒岩、大理岩、铁英岩及富铝孔兹岩系为代表的变质表壳岩建造（大别岩群、阚集岩群） | 中基-中酸性火山岩 | 强变形变质岩系中未见块状出露 | 中压麻粒岩相-高角闪岩相-低角闪岩相 | 北西向、北东向剪切流变、平行化、"布丁"化、韧、脆性断裂构造、逆冲推覆构造、伸展滑覆构造 | 造山带根部微古陆块，为"多岛洋盆"中一员 | | |

表 5-7 扬子陆块区(下扬子地块)构造阶段划分及其主要特征

| 构造期 | 地质时代 | | 构造阶段 | 沉积作用 | 火山作用 | 侵入作用 | 变质作用 | 变形构造 | 大地构造属性 | 成矿阶段 | 典型矿床 |
|---|---|---|---|---|---|---|---|---|---|---|---|
| 喜马拉雅期 | 新生代 | E—Q | 地壳伸展减薄,形成下扬子区北东向断、坳陷盆地 | 湖泊相-冲积扇相红色复陆屑建造,河湖相杂色复陆屑建造,砾岩-砂岩建造和第四纪河流相为主的砂泥质二元建造。 | 钙碱性-碱性火山岩组合:橄榄玄武岩,玄武岩,玄武安山岩,安山岩,英安山岩,粗安岩,粗面岩及其次火山岩 | 少量橄榄玄武岩,安山玄武岩,安山玢岩,苦橄玢岩 | 无 | 断陷拉分盆地,断裂、断块差异升降运动 | 喜马拉雅运动,陆内盆地相,新生代上叠、超覆式断陷盆地和垒堑构造 | | 凹山式,罗河式,龙桥式,金龙式,陶冲式铁矿,邯邢式,大冶式,凤凰山式,铜官山式(铁金铜)矿,麻姑山式铜(钼)矿,琅琊山式铜(钼)矿,沙溪式,六峰山式,井边式铜(金)矿,黄山岭式,许桥式,岳山式,三溪式,三堡式,姚家岭式,鸡冠石式,小贺式铅锌银铜矿,东溪式,天马式,包村式,吕山式金银铜硫矿,香炉山式,高家塝式,萌坑式,西坞口式(白,黑)钨钼锡矿,铜矿里式,檀树岭式钼(钨)矿,向山式锑矿,金家冲式,花山式,金矿,庄村式,鸭池山式萤石矿,荒山式,石榴村式重晶石矿,凹山式磷矿 |
| | | $K_1^2$—$K_2$ | 滨太平洋陆内盆地山发展阶段 | 近东西向,北东向断、坳陷盆地,断裂、断覆构造发展 | 湖相杂色复陆屑建造 | 未见出露 | 未见出露 | 无 | 断、坳陷盆地,断裂和推覆构造 | 晚燕山运动,陆内盆地相,中生代陆相断陷 | | |
| 燕山期 | 中生代 | $J_3$—$K_1^1$ | | 陆内造山,陆相火山作用及大规模岩浆侵入 | 湖泊相杂色砂砾岩、陆相复质复陆屑建造 | 大陆碱钙性-碱性中酸性火山岩建造 | 高钾钙碱性、高钠碱钙性酸性岩侵入 | 无 | 北东向、北北东向、近东西向断裂和推覆构造伸展构造 | 中燕山运动,陆内盆地相,中生代陆相造山构造 | $J_3$—$K_1$ | |
| | | $J_{1-2}$ | 伸展构造,前陆盆地 | 磨拉石沉积,湖泊-河流相沉积 | 未见出露 | 未见出露 | 无 | 北东向、北北东向、近东西向断裂和轻微褶皱构造 | 早燕山运动,前陆陆相盆地相,中生代陆内盆、山构造转换 | | |

续表 5-7

| 构造期 | 地质时代 | | 构造阶段 | 沉积作用 | 火山作用 | 侵入作用 | 变质作用 | 变形构造 | 大地构造属性 | 成矿阶段 | 典型矿床 |
|---|---|---|---|---|---|---|---|---|---|---|---|
| 印支期 | 中生代 | T | $T_1—T_2^1$浅海盆地沉积，$T_2^2—T_3$造山 | 台地相碳酸盐岩建造，海陆交互相含铜红色陆屑和灰色含煤陆屑建造 | 未见出露 | 未见出露 | 无 | 水平挤压盆地收缩构造；褶皱、同生断裂构造 | 印支运动，陆陆碰撞，地壳缩短，海陆交互并向陆相转换 | | |
| 华力西期 | | $D_3—P$ | 前陆盆地陆表海盆地沉积 | 河流相砂砾、砂泥质沉积，碳酸盐岩台地沉积建造 | 未见出露 | 未见出露 | 无 | 褶皱、断裂构造 | 陆缘陆表海次稳定型沉积盖层 | $C、P_2$ | 贵池、铜陵鸡冠山式铁（金）矿，贵池-铜陵大通式锰矿 |
| 加里东期—扬子期 | 古生代 陆缘盖层发展阶段 | $Nh—S$ | $S_2—D_2$隆升剥蚀，$Nh—S_2$被动陆缘盆地 | 陆棚相杂陆屑硅质建造，陆棚相-斜坡相浅海相碳酸盐岩建造，杂陆屑建造 | 未见出露 | 未见出露 | 无 | 褶皱、断裂构造 | 加里东运动，块体抬升造陆，地台型次稳定盖层沉积 | $Z_1+Mz$ | 西均口式（铁）矿 |
| 晋宁期 | 新元古代 扬子陆块基底形成阶段 | $Qb_2$ | 被动大陆边缘岛弧 | 滨浅海相陆源火山-沉积磨拉石建造 | 铺岭组大陆溢流玄武岩，火山喷发、井潭组岛弧型双峰式火山岩 | 江南型中酸性花岗岩，岛弧型花岗岩侵位 | 低绿片岩相区域变质 | 褶皱、断裂构造 | 陆-弧（陆）碰撞造山（晋宁运动） | | 歙县乌鹊坪、茶园坪硫矿 |
| | | $Qb_1$ | 被动大陆边缘裂解为大洋化盆地 | 弧后盆地沉积，浊流相、陆棚相，滨岸相陆源碎屑沉积复理石建造，火山碎屑岩建造 | 伏川地区：发育枕状构造，具碧玉角斑岩建造 | 蛇绿岩套组分：斜辉辉橄岩，变辉长岩，闪长岩及辉绿岩组合 | 低绿片岩相区域变质 | 强烈近东西向郁公山复式背斜褶皱，断裂构造，伏川蛇绿混杂岩带 | 大陆边缘俯冲陆-弧碰撞造山（四堡运动） | $Pt_3+K_1$ | 里广山式锑矿 |

## 一、陆块基底形成阶段

前南华纪,安徽发生了蚌埠(大别)、凤阳、晋宁3次重要的地壳运动,基本形成了华北陆块、扬子陆块、大别造山带(微陆块)基底构造。

新太古代—古元古代时期为大洋环境,皖西北地区可能已有砀山、隐贤集两个古陆核存在,围绕砀山古陆核沉积了五河岩群;围绕隐贤集古陆核沉积了霍邱岩群;大别山地区沉积了大别岩群和阚集岩群,皖南地区(相当于江南古陆范围)可能没有或很少有沉积物形成。古元古代末的蚌埠(大别)运动使洋盆沉积普遍发生褶皱隆起,地背、向斜山岭和海槽,多岛洋盆陆块格局初步形成,陆壳迅速增长,除秦岭-大别海、扬子海外,其他地区的洋盆已逐渐收缩转化成陆壳。五河、霍邱、大别、肥东、海州(江苏境内)变质地体构成弧岛状陆核链,成为陆壳增生的母源体,多岛洋盆是该期古构造特色。中元古代起,皖西北地区,在陆壳基础上沉积了凤阳群——浅海相砂泥质和碳酸盐岩沉积,地壳活动性已不太强烈。凤阳运动后,华北陆块基底基本形成,华北陆块南缘皖西北地区已经隆起成陆。扬子陆块南缘为被动大陆边缘,后裂解为大洋化盆地,接受了巨厚的溪口岩群弧后盆地沉积——浊流相、陆棚相、滨岸相陆源碎屑沉积复理石建造,火山碎屑岩、细碧角斑岩建造,同时形成被动大陆边缘。晋宁运动(皖南运动Ⅰ幕)大陆边缘俯冲碰撞造山阶段,皖南溪口岩群发生强烈褶皱,形成近东西向的郭公山隆起,浙西地块与其碰撞形成伏川蛇绿岩混杂岩带,成为江南地块和浙西地块的汇聚边界。随后(约900Ma)许村、歙县等同造山期花岗岩体同构造侵入,江南古陆壳加厚。扬子早期青白口纪华北陆块南缘已逐渐准平原化,导致黄淮海的入侵,形成滨岸砾屑滩相类磨拉石建造和海滩-陆棚相单陆屑建造,构成华北陆块盖层八公山岩群,晋宁运动对其影响不明显。晋宁期青白口纪下扬子古陆块皖南南部,由原来的强烈挤压逐渐转换为拉张环境,历口群葛公镇组、镇头组为裂陷环境下形成的(弧后)滨浅海火山-沉积岩建造,底部为低水位楔复成分砾岩,进入大陆裂解阶段,磨拉石盆地进一步拉张、裂解转换成裂陷(弧后)盆地,早期为浅海-滨岸相陆源碎屑磨拉石沉积,晚期具有大陆溢流玄武岩性质的火山喷发,形成铺岭组基性火山岩。青白口纪末小安里组(含火山)细碎屑沉积岩的形成,表明火山活动结束和裂陷盆地主体形成。浙西地块井潭组陆源火山岩(岛弧型,其中双峰式火山岩代表拉张环境)和同期深成花岗岩构成白际岭岛弧型岩浆弧,代表了新元古代早期离散环境,是大陆拉张-裂谷或裂陷槽火山沉积建造组合,构成扬子陆块双层结构褶皱变质基底。横亘于南、北大陆之间的大别微陆块,作为造山带特殊构造单元,其形成演化与稳定陆块迥然不同。前中元古代,大别微古陆已作为"多岛洋盆"格局中的一员,夹持于南、北古陆之间,以斜长角闪岩、变粒岩、浅粒岩、大理岩、铁英岩及富铝孔兹岩系为代表的变质表壳岩组合(大别岩群、阚集岩群)经受了角闪岩相-麻粒岩相区域变质作用,成为造山带中最古老的构造岩石单位。中元古代微古陆可能部分为水下隆起,在其东南边缘的海盆中,广泛沉积了一套浅海台地相火山-沉积建造(宿松岩群、肥东岩群),之后有可能发生了一次闭合使大别微陆块增生扩大(晋宁运动)。中元古代末,大别微陆块南、北两侧开始裂解,北淮阳地区处于秦岭海的东部尾端,南缘磨子潭深断裂开始形成。早期可能在洋壳的基础上,形成裂谷槽盆相火山-沉积建造(庐镇关岩群)。张八岭-宿松地区发育一套以细碧角斑岩为特征的海相火山-沉积岩系(张八岭岩群),显然具活动大陆边缘特征。820Ma左右晋宁运动使扬子古陆块、大别微陆块向华北古陆块俯冲碰撞(或残留局部海盆),大别微陆块基底(大别岩群)有可能被挤入巨大地幔深度而发生高压、超高压变质(晋宁期高压、超高压榴辉岩和各种非基性高压、超高压变质岩),随后折返与宿松岩群并置,造山带雏型基本形成。造山期后拆沉阶段,下地壳和上地幔开始部分熔融、分异结晶出各类钙碱性片麻岩体,在密度倒置引起的浮力作用下,同构造剪切回流至中、下地壳,与各类中、低压岩石共存,并经受角闪岩相变质作用改造。构造深熔岩浆(混熔岩浆)在回流过程中对区域变质岩进行强烈地混合岩化改造,形成各种流变混杂岩带(剪切流变带),完成一次韧性再造和折返过程。

总之,前南华阶段是安徽境内华北、扬子古陆块基底及大别造山带初步形成阶段,各陆块基底已连接成一体,成为古中国大陆一部分。格林威尔造山期Rodinia超大陆裂解与聚合过程对于研究前寒武纪末期和古生代的大地构造演化具有十分重要的意义。

## 二、陆缘盖层发展阶段

自南华纪至三叠纪，除造山带暴露区外，安徽境内已大部进入盖层发展时期。地壳运动以频繁振荡为主，直至印支运动才表现为强烈的造山运动，因此本阶段是安徽省海相盖层形成和造陆、造山的重要时期。在华北陆块南缘皖北地块形成以碳酸盐岩台地相为主的稳定型建造。在下扬子古陆块北缘，由于地壳升降运动的不均衡性，引起隆、坳变迁，呈北东向展布。

**1. 扬子期（霍邱期、澄江期）**

扬子期是安徽地史发展的一个重要转折时期。覆盖在古陆块沉降区的陆表海，被大别造山带分隔，其北西为华北型黄淮海沉积区，南东为扬子型下扬子海沉积区，海域地史的演化造就了两种不同类型的沉积建造。皖北地块区从扬子期开始，黄淮海淹没了淮河台地，淹没范围介于鲁西隆起和江淮隆起之间，向北通过沂沭海峡与辽南海沟通。黄淮海盆的沉积中心在宿州市北东褚兰一带，蚌埠地区可能是一个半岛或水下隆起。经历了4次较大的海水进退过程，最后逐渐在海盆中心（褚兰）收缩结束。该期地壳沉降幅度表现为北部大于南部。

下扬子海构造背景比黄淮海海底复杂，水域大致相当于下扬子坳陷的范围。大别山区和江南古陆已升出海面，分别以古陆和古岛的形式出现，成为陆源碎屑的补给区。早扬子早期，滁州一带形成了陆棚相细碎屑物沉积（周岗组），厚度近1300m，江南古陆相对快速上升并强烈剥蚀，其边缘地带产生了海滩相粗碎屑堆积（休宁组），厚约1000~2000m。最深沉积中心偏向江南古岛的东侧（皖浙交界地带），沿江地区沉积物厚度一般不超过400m，处于相对隆起状态。早扬子晚期（苏家湾组、南沱组沉积期），该区一度隆起，气候变冷，造成了冰水陆棚相沉积。总之，扬子期期间，安徽下扬子海海水较深，处在不太稳定的构造环境中，形成了一套以杂陆屑和硅质页岩为主的建造组合，下降幅度由北西往南东加大，总体结构与大地构造格局相对应。扬子期大别造山带已经隆起，仅在北淮阳裂陷槽中沉积仙人冲岩组（局部含磷）和在造山带东南边缘宿松-肥东地区形成原柳坪组、双山组含磷片岩系及白云质大理岩等浅变质岩。

**2. 加里东期**

皖西北地区在震旦纪末发生霍邱运动而一度隆起，使黄淮海退出安徽。加里东期开始，基本上继承了震旦纪的构造和地理格局。黄淮海域扩大，海侵漫延到华北陆块的南缘，形成极浅的陆间陆表海，它具有两个沉积中心：一是淮北地区的宿州一带，二是淮南一带，蚌埠地区仍是一个相对的隆起。皖中南地区，寒武系与震旦系整合接触，表现为连续沉降，下扬子海范围与震旦纪海域相近，海水比黄淮海深，属非补偿海盆，两者之间仍为古陆所隔。中寒武世海域宽广，古陆可能已十分低缓，甚至时而部分沉没在海平面之下或有海峡使黄淮海与下扬子海勾通。

早寒武世早期（凤台期），皖西北地区大面积隆起，与古陆隆起连成一片，仅在淮南、霍邱一带保留了一个向西开口的半闭塞海盆，崩塌堆积成凤台组砾岩。早寒武世中期，淮河地区总体下沉，黄淮海入侵，形成局限台地，在台地边缘淮南一带，产生了"华北型"磷矿。以后气候变得干燥，出现了含盐的泥质蒸发台地相沉积。此时，蚌埠隆起尚浸没在海水之下，所以两淮地区沉积物特征相似。早寒武世晚期至中寒武世末期，海水稍有加深，形成以碳酸盐岩为主的开阔台地相沉积。蚌埠隆起逐渐上升，对海水起着障壁作用，致使两淮地区海水咸化程度不同，淮北和淮南坳陷已成为当时的两个沉降地带。晚寒武世，蚌埠隆起上升为陆，使淮南一带成为碳酸盐岩开阔台地和白云岩蒸发台地，淮北仍为开阔台地。

早加里东运动，使整个淮河坳陷隆起，仅在宿州夹沟韩家村一带有一个小型半闭塞盆地存在，沉积了局限台地相的含燧石结核白云岩。早奥陶世晚期海侵扩大，海水从北东方向入侵，但蚌埠隆起已大部分升出海面，致使淮南形成了局限台地相白云岩-灰岩沉积，淮北产生了开阔台地-局限台地相灰岩-白云岩沉积。中奥陶世早期，海水又退缩到萧县一带，形成半闭塞的白云岩局限台地。此时黄淮海与下扬子海基本上呈隔绝状态。颇为强烈的中加里东运动造成本区地壳大面积大幅度地上升为陆地。

下扬子地区晚澄江运动之后才转为较稳定的地台型海相沉积。震旦纪以陆棚相碳酸盐沉积为主。滁州一带为泥质碳酸盐岩台地（灯影组），沿江地区震旦纪早期为白云岩蒸发台地，之后海水加深，形成了盆地相硅质岩和碳酸盐岩组合的沉积（皮园村组）。黄墟期广泛海侵，海平面升高。江南断裂带的南东地区为深水盆地，以蓝田组沉积为代表，为水体较深的低能陆棚-浅海盆地环境。进入晚震旦世，盆地以较深水的皮园村组硅质岩沉积为主。

早寒武世早期，沿江地区仍为一个潜伏在水下的北东向隆起，它的北西部显著抬升，成为北西高、南东低的斜坡，故含山至巢湖一带形成白云岩局限台地。其他地区均以含磷硅质岩-页岩-石煤组合沉积为主，显示为平静的浅海盆地。皖南地区海侵范围进一步扩大，形成区域上广泛分布的黑色岩系（荷塘组、黄柏岭组）。早寒武世中期至中寒武世，沿江地区的总体又变成平坦的白云岩局限台地，滁州和皖南地区从浅海盆地逐渐转化成碳酸盐陆棚，全区海水变浅，海底地形较平缓，基底沉降幅度各地差别不大。

晚寒武世，含山—巢湖一带逐渐成为含石盐、石膏型蒸发台地，滁州—泾县—石台一线南东，均为陆棚内缘，在它们之间的铜陵—贵池一带，接受了含砾碳酸盐岩的台地前缘斜坡相沉积。这时，滁河坳陷沉降幅度加大（约550m），沿江隆起的西部隆起更高，两者分界的滁河断裂已异常显著，高坦断裂可能已经开始活动，两断裂之间的沿江隆起范围明显收缩。皖南地区以江南断裂带为界，出现两个不同的沉积相带：扬子区为碳酸盐岩台地，沿高坦断裂北侧出现碳酸盐浅滩；江南区为广海盆地，沿江南断裂带出现沉积相变带（斜坡相沉积）。

奥陶纪期间，下扬子海海底地形十分复杂，沉积相变大，类型多。江南与扬子区沉积相差异极为明显，斜坡相沉积更为特征，沿着宣城—泾县—石台一带，形成了一条狭长的台地边缘浅滩，且沉积相变界线较寒武纪有南移的特征，表明江南深断裂已强烈活动。在其北西，基本上为碳酸盐局限台地-开阔台地，断裂之南东，基本上为硅泥质陆棚-浅海盆地。此时，沿江隆起迅速扩大，沉降幅度很大（1000m左右），但仍为水下隆起，皖中和皖南以海水相通。滁河坳陷已不明显，滁河断裂也逐渐消亡，而皖南坳陷地壳活动较强，故于晚奥陶世，出现陆源碎屑环境的浊流沉积，产生了砂质复理石建造。

中加里东运动使下扬子海也逐渐自北西往南东方向退缩。由于陆地增长，隆起幅度增加，古陆区剥蚀作用变强，为下扬子海盆提供了较为充足的陆源碎屑。志留纪以具有比较复杂成分的陆屑建造为主体而独具特色。也就是说，从晚震旦世至早志留世早期，下扬子海均属非补偿海盆。志留纪期间，总体为一套海退序列。大别、江南古陆的上升幅度增大，下扬子坳陷的总体沉降幅度减小，并由南东往北西方向递减。江南坳陷下沉最深（约5000m），陆屑成分也比较复杂，显示地壳活动性较大，沿江隆起逐渐向北西方面扩张。江南深断裂对古构造和古地理面貌仍起主导控制作用，同时还产生了东西向周王深断裂，两者共同控制着志留纪岩相古地理的变迁。进入早志留世末期，大规模海退使海水变浅，江南古陆上缺失沉积，两侧的坳陷带内为滨浅海环境，堆积了以唐家坞组为代表的、厚达千米以上的磨拉石建造。北部的下扬子坳陷内从南往北碎屑沉积逐渐变薄。志留纪末（410Ma左右），区域上华南陆块与扬子陆块陆-陆碰撞，主碰撞带位于江绍断裂带。受此影响，江南褶断带表现为强烈的北东向隆起和断、褶造山运动，其强度自北而南逐渐增强，反映了构造过渡区造陆、造山双重性。主要表现为早古生代地层整体抬升，长期剥蚀夷平，缺失中志留世晚期至中泥盆世沉积，晚泥盆世五通群底部发育一套稳定的底砾岩，局部见铁质风化壳，且超覆在志留系不同层位上，多数呈假整合接触和微角度不整合接触。皖南加里东褶皱具"厚皮构造"特征，该期岩浆活动不明显。全区加里东运动之后已全面隆起，使下扬子陆块北缘发生一次规模较大的盆-山构造反转过程，愈往南东（浙西地块）造山作用愈强，晚泥盆世成熟度石英质砂、砾岩广布于加里东亚构造层之上，这是安徽第一次形成整体大陆的时期。

大别-北淮阳地区经晋宁期碰撞造山之后而形成的中国晚前寒武纪超大陆再度裂解，北淮阳地区为类似造山期后弧后盆地沉积环境，六安深断裂和磨子潭深断裂的再次活动形成山前坳陷，水体不断加深，出现远源深海相浊积层，这种构造环境可能一直持续到泥盆纪，并扩张成秦岭-北淮阳海，沉积了一套巨厚的陆源碎屑类复理石建造。在以二郎坪岩群蛇绿岩为代表的古生代洋壳消减之后，于加里东期华北、大别两大陆块重新汇聚对接。局部残存的小海盆沉积了石炭系及以后地层,结束了北淮阳构造带由裂谷演化成弧后盆-陆间海的历史。造山带核部从西到东(蜜蜂尖—碧溪岭—石马一带)加里东期榴辉岩的发现,证实前新元古代岩石再次经受了高压-超高压变质作用,推断对接带具有俯冲碰撞的特点,对造山带改造也较为深刻。震旦纪起,大别微陆块与扬子古陆块就已全面拉开,前陆盆地广泛沉积了稳定浅海台地相盖层。

### 3. 华力西-印支期

加里东运动平息之后,华北陆块、大别微陆块、扬子陆块及华南陆块已完全拼接成统一大陆。中志留世晚期至中泥盆世大陆处于剥蚀夷平阶段,没有沉积。

直至石炭纪晚期,华力西运动使皖西北地区大面积沉降,又一次特大海侵致使陆地收缩。黄淮海的前缘首先抵达蚌埠隆起之北(指本溪组的沉积),随后(太原组)又绕过蚌埠半岛的西侧,浸漫到淮阳隆起的北缘。宿州和淮南是滨岸沼泽的两个沉积中心,并在古风化壳上堆积了铝土矿。早二叠世早期(山西组沉积期)至晚二叠世早期(上石盒子组沉积期)基本上都为湖沼盆地,其间仍被蚌埠隆起分隔,致使淮南与淮北两地的含煤碎屑岩系的厚度、煤层、粒度等均有所差异。淮北坳陷总体比淮南坳陷沉降幅度大,沉降中心在宿州一带,下降幅度约800m。晚二叠世晚期(孙家沟组沉积期),地壳由北向南逐渐翘起,气候也由温暖而变得干热。蚌埠隆起的阻隔作用更加明显,淮南形成了河床相砂砾岩堆积,淮北成为丘陵环绕的闭塞湖沼盆地,强烈的蒸发作用形成了石膏矿产。三叠纪全部转化为湖泊相红色碎屑岩沉积(厚度大于200m),构造面貌与晚二叠世相同。三叠纪末,印支运动波及全区,使盖层全面褶皱,构成了本区北北东向构造的基本格架。此时之后,全区隆起,未接受沉积,结束了陆块盖层发展史,进入大陆边缘活动带新阶段。

晚泥盆世,下扬子地块又开始相对下沉,接受了一套河湖相砂砾、砂泥质沉积。基底发育成走向北东的"两坳一隆"的基本构造格局,自北西向南东分别为天长-和县-安庆-望江坳陷(沉积物厚260m)、芜湖-贵池隆起(70m)、广德-黄山坳陷(180m)。中间隆起基本仍是在沿江隆起基础上发育起来的,其内部结构较复杂,小幅度的坳陷中心早期在池州市铜山(100m),晚期迁移到铜陵(160m),沉降幅度由南东往北西增加,末期坳陷中心似有微小的反转。晚泥盆世下扬子地区的地势总体比较平坦,早期河道分布在隆起两侧,河曲、河漫滩发育,和县一带位于入海口附近,海水高涨时可以浸漫本区。

石炭纪华力西运动的发生,结束了短暂的安徽整体大陆环境。早石炭世,下扬子海的再次侵入,江南古陆的范围稍有缩小,同时在铜陵一带,形成四周被下扬子海水环抱的走向北东的古岛,金陵组、高骊山组分布在铜陵古岛两侧,其北西侧沉降中心在巢湖一带,沉积厚度为35m,南东侧的沉陷带在周王—铜山一线,沉积厚度为50m。早石炭世晚期(和州组沉积期)华力西运动的再次活动,使下扬子坳陷的东南部翘起,铜陵古岛与江南古陆一度连在一起,构成皖东古陆。这样,就迫使下扬子海盆向北西方向迁移,在大别山东南缘形成了走向北东的狭长海域。其中,在巢湖(厚30m)和宿松(厚50m)串珠状地排列了两个沉积中心。石炭纪晚期发生大的海侵,使安徽基本上恢复到早古生代的地理面貌。下扬子海通过休宁海峡直接与南华海沟通,从而形成了一个辽阔的下扬子碳酸盐岩台地。沿江隆起的范围虽有缩小,但仍是一个相对的(水下)隆起,沉降带仍然分布在它的两侧。

二叠纪地壳运动活跃,海陆变迁较大,海水进退频繁。但大地构造轮廓仍无多大变化,仅构造线稍向北东方向偏转,沿江隆起已逐渐消失,甚至转化成相对的坳陷。早二叠世早期,最初下扬子海萎缩,在局部洼地中,形成滨岸沼泽含煤沉积。以后海侵扩大,造成碳酸盐岩开阔台地,其间曾有两次海水加深过程,其标志是栖霞组中出现硅质层。晚期海水加深,为孤峰组沉积期。银屏组、武穴组沉积期时,铜陵—东至一带变成碳酸盐岩台地,围绕台地分布有滨湖相含煤碎屑岩沉积,沉积中心在宣城及铜陵—宿松一带,沉积物厚60m。由此可见,下扬子坳陷的沉降中心有向中心迁移的趋势,沿江隆起已近消失,整个下扬子地块已是一个整体的凹陷。晚二叠世早期(龙潭组、吴家坪组沉积期),海水逐渐撤退,原来的滨湖地区已转变为三角洲。沉降中心在铜陵(180m)、泾县(180m)一带。总的构造格局与早二叠世早期相似。晚期(大隆组、长兴组沉积期)海水又复加深。这时绩溪断裂控制相变的作用明显,其西为浅海硅质盆地相沉积,其东接受碳酸盐边缘盆地相沉积。沉积中心仍在下扬子坳陷的中央位置。二叠纪的气候比较温暖潮湿,无论是陆盆或海域,沉积环境都比较闭塞,容易形成煤、磷的堆积。

三叠纪基本上继承晚二叠世的构造轮廓和古地理面貌特征。总的来看,淮阳隆起天然屏障作用更趋显著,两侧地形高差加大,气候也不相同。下扬子区早三叠世至中三叠世初期,形成了广阔的碳酸盐岩台地,下扬子坳陷中心仍在芜湖—安庆(850m)、宣城—泾县(1005m)一带,表明沿江隆起已经消失。中三叠世早期(周冲村组上部沉积期),由于地壳抬升作用,使海水大规模撤退,只在沿江一带保留了一个狭长的海槽。海槽两侧的较大幅度的隆起区,给海槽提供了丰富的陆源碎屑。由于海槽狭窄,水流不畅,故堆积了一套海陆交互相的含铜的红色陆屑和灰色含煤陆屑建造。中三叠世末,印支运动主幕强烈活动,区域上扬子陆块向大别微陆块俯冲碰撞,下扬子地区成为前陆盆地,发育一系列反向逆冲推覆构造,泾县、铜陵、池州一带早三叠世南陵湖组普遍发育一套具有沉积滑覆性质的揉皱灰岩,在大别山南部的江北枞阳、安庆一带的早三叠世南陵湖组也具有类似性质。这表明印支期造山运动使下扬子地块(前陆盆地)两侧掀斜隆升向中部收缩,这是盆-山耦合作用的直接反映。印支运动形成区域性的对冲格局,是本期陆内造山的具体表现。

大别山地区本期有沉积记录的仅北淮阳地区,秦岭海的前缘伸展到北淮阳局部凹槽或山间断陷之中,形成一些半封闭的海湾,堆积产生了滨岸沼泽相含煤砂岩-页岩沉积建造,构造面貌不甚清楚。

华力西期,随着扬子陆块基底持续向北俯冲,高压、超高压变质作用又开始发生,同时张八岭岩群、宿松岩群、大别岩群继续受高压、超高压变质作用改造,并在不同深度分别形成高压蓝片岩带、高压榴辉岩带和超高压榴辉岩带。俯冲作用一直未停止,而且俯冲深度越来越大,直到中三叠世才由B型俯冲发展成A型俯冲而实现真正的陆-陆碰撞,陆表海全部退出,沿大别古陆南、北缘南、北大陆再次聚合。晚三叠世以后,造山带进入隆升折返阶段,已形成的高压、超高压变质带分别在不同的抬升高度发生退化变质(中压)和混合岩化、花岗岩化作用。印支运动结束了本区洋盆发育历史,是造山带演化中又一次重大构造热事件。除盖层全面褶皱外,所有变质岩层均一致具有该期变形变质记录,尤其是榴辉岩中发现金刚石微粒包体和Sm-Nd同位素年龄为244～221Ma的含柯石英榴辉岩,表明此次扬子基底向北俯冲已达极限,变质条件提高到$T=700\sim900℃$,$p=2.8\sim3.8GPa$,相当于岩石圈地幔或软流圈深度(构造超压及流体作用可大大减小这一深度)。

从以上可以看出,震旦纪至三叠纪阶段,虽然各陆块演化史有所不同,但基本上进入了较稳定的盖层发展阶段,大地构造方面的突出变化,一是晋宁运动之后古中国大陆裂解;二是华北地块南缘自中奥陶世早期之后至早石炭世末,长期隆起为陆,泥盆纪扬子地区也总体上升,第一次形成安徽整体大陆;三是划时代的印支运动,结束了海相盖层发育历史,安徽总体再度成为大陆,从而也揭开了大陆边缘活动带地史阶段的新序幕。

## 三、滨太平洋陆内盆、山发展阶段

该阶段大陆边缘活动带型构造(滨太平洋构造)演化又可分为燕山(侏罗纪至晚白垩世早期)和喜马拉雅(晚白垩世晚期至第四纪)两个时期。在这个阶段中,除北北东向构造起着主导作用外,近东西向构造(尤其是皖北地块)也较显著,两者的共同作用,控制着陆相断(坳)陷演化,地壳运动以陆相盆、山构造、逆冲推覆构造、断块构造和强烈的岩浆活动为特色。

燕山期早、中侏罗世陆相盆地主要发育在褶断带和造山带两侧的山间断陷中,主要有前陆挤压盆地和拉分盆地,堆积了一套湖泊-河流相沉积建造。大别造山带造山期后为陆内调整阶段,总体以伸展构造占主导地位,不同构造岩石单位间都以韧性剪切带为界,发生近水平方向上伸展拆离,自内向外"逐层"剥离滑脱,以地壳减薄再次实现高压、超高压岩石折返。两侧北西西向边界断裂的配套关系显示造山带隆起总体向东挤出、向造山带边缘超覆的特点。边缘盖层与基底滑脱,向南逆冲形成前陆褶断带及前陆磨拉石沉积。俯冲至地幔深度的陆壳岩石与下伏岩石圈拆离(山根拆沉),快速回返至与之密度相当的地壳深度构造并置。本期调整阶段很少形成印支期花岗岩,但大多数老片麻岩岩体及榴辉岩都有该期变质年龄记录。主碰撞缝合带已被大别古陆块掩覆,仅在宿松二郎河一带残留有洋盆残块(蛇纹蛇绿岩带),但均已几经改造而难以辨认。受环太平洋构造影响,造山带被郯庐断裂系切断,左行错移至苏鲁地区,平移效应使华北陆块在北淮阳构造带北缘(六安断裂带)向南俯冲,造成地壳加厚和表层岩石向北反向逆冲,后缘处于拉张环境。下扬子前陆带内,燕山运动一幕板内挤压作用,造成了上覆晚侏罗世地层与象山群(钟山组、罗岭组)之间的明显角度不整合,且常见推覆于晚三叠世—中侏罗世之上的逆冲-推覆构造,陆壳加厚收缩变形是中国东部发生盆-山构造体制转换的重要表现。早、中侏罗世陆相坳陷盆地形成主要受下伏褶皱带控制,断块运动不强烈,岩浆活动也无明显表现,所以对大陆块的改造作用并不十分强烈。

晚侏罗世—早白垩世早期,是构造体制转折的重要时期,表现为强烈的岩石圈减薄,伴随强烈的断裂活动,产生了大规模的岩浆活动,以强烈的陆相火山喷发和中酸性-酸性岩浆侵入为特色,出现了安徽岩浆活动的高峰期。大规模高钾钙碱性、橄榄安粗岩系列岩浆-成矿活动,是陆壳加厚的火成岩记录,表明特提斯构造域仍然存在持续的影响,形成一系列近东西、北东东向的构造带,在北东东与北东向构造交会处形成大规模岩浆-成矿活动中心,沿江江南许多重要的钨、铜、铅、锌、金、银等多金属矿床(点)和非金属矿产大多受此构造-岩浆活动控制。早白垩世出现的碱性系列火山岩及具有 A 型花岗岩性质岩浆活动则预示加厚岩石圈大规模的伸展塌陷,自此进入环太平洋构造活动体制。由于古太平洋板块对欧亚大陆的俯冲碰撞,应力场发生了变化,由印支-燕山期的南北向转变为南东东-北西西向,进入断块发展阶段,以郯庐平移断裂系的发育为主要活动特征,原来的古剪切带、古俯冲带以及一些逆冲推覆的断裂带皆复活或局部被利用,以左行平移走滑断裂为特征。在早白垩世伸展走滑过程中,形成"拉分"盆地,如庐枞盆地、宣-南盆地、潜山盆地等。同样在大别造山带内,因造山带山根垮塌,下地壳和上地幔发生部分熔融,也引起广泛的岩浆作用,以花岗岩岩基侵入和碱钙性、碱性火山喷发为代表。从而导致造山带横向伸展及变质岩石进一步抬升,完成造山带第二次韧、脆性再造和强烈的混合岩化改造及热叠加变质作用。晚期断裂活动控制了造山带构造格局,岩浆活动趋于平静,仅有残余岩浆沿断裂脉状贯入。

早白垩世晚期至晚白垩世早期,由于中燕山运动形成新的断褶构造格局,致使本期断陷盆地位置发生了较大的迁移。早期,裂陷程度逐步加大,盆地沉积范围也相应扩大。晚期,随着太平洋板块向欧亚地块不断俯冲,地壳水平挤压活动强烈,进一步形成了一系列北北东向、北西向、近东西向断裂和推覆构造,同时对早期断裂构造、褶皱构造、盆地构造和花岗岩体进行了强烈改造,如下扬子前陆对冲构造进一步强化;郯庐断裂带再次复活,在它的内部有一些小型同走向的盆地分布,西侧近东西向隆、坳相间排列,东侧隆起与坳陷呈北东向相间排列,在新生的断陷、隆起带中,发生了又一次偏中酸性的岩浆侵入活动,规模较大,但含矿性较差。早白垩世晚期的沉积物细而多泥,一般为湖相沉积,局部地区(庐-枞、马鞍山)尚有碱性火山岩喷溢。沉降幅度的趋势是西部小,东部大。晚白垩世早期,沉降幅度可能发生了相反的变化,断陷范围也显著扩大。

燕山期陆内造山过程一直持续到白垩纪末,主导构造以逆冲推覆、左行平移、新生断陷盆地和断块运动为本期特色,经历了伸展(岩浆底劈穹隆)→挤压(逆冲推覆)→伸展(断陷)演化过程。

喜马拉雅期(晚白垩世晚期至第四纪),地壳处于相对宁静的间歇期,构造应力作用方式逐渐转为张剪作用,形成一系列断陷盆地和垒、堑构造,以不均衡差异升降运动为主,伴随深断裂活动,有少量基性岩脉侵入。第四纪沉积作用主要分布在长江、淮河水系流域,山岳冰川活动以及河流侵蚀作用,塑造了现代地形地貌。

由此可见,印支运动之后的大陆边缘活动带阶段,开创了陆相断(坳)陷的演化历史,形成了一套次稳定型复陆屑-火山-蒸发式建造组合,岩浆活动十分强烈。断块造盆、造山运动居主导地位,逆冲推覆构造、对冲断裂构造更具特色。北北东向及近东西向两组断裂构造控制着盆地的形成和发展,但强烈的断块活动发生在晚侏罗世以后,而不是该阶段的初期。

从安徽 3 个阶段地史演化可以看出,造山系结合带-弧盆系大相的构造演化是陆块区构造演化的纽带和动力学基础，通过对大别造山带、江南造山带地质事件和年代格架的研究，可建立其构造演化模式（见图 3-6～图 3-8）及全省构造演化模式（表 5-4，图 5-8）。

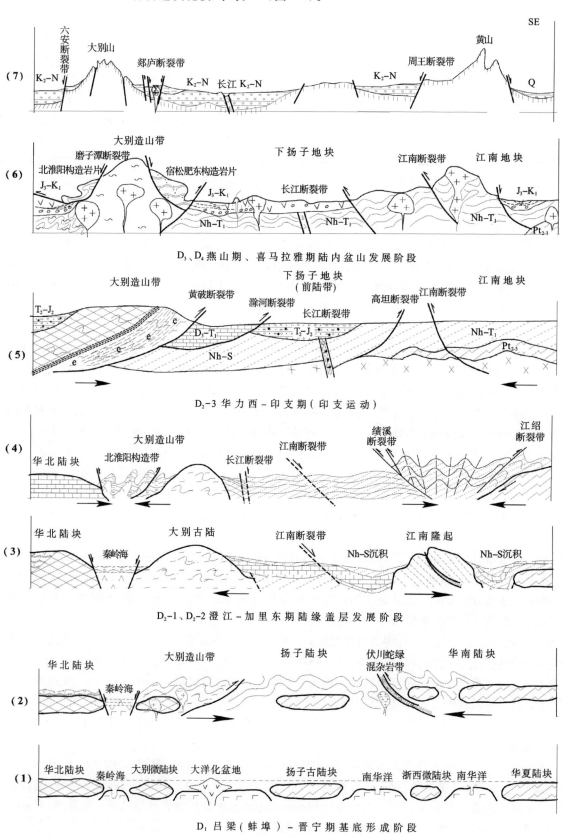

图 5-8　安徽大地构造演化模式图

# 第六章　大地构造相与区域成矿规律

成矿地质背景研究是运用大地构造相分析方法,重新认识大地构造基本格架,研究大地构造相环境与成矿构造体系及成矿类型的关系。研究成矿作用过程中特定成矿类型反映了大地构造相环境的时空专属性,研究各级大地构造相单元与成矿构造(矿田构造)体系及成矿类型的关系,可以建立区域大地构造相与成矿作用关系的时、空模型。总结安徽省主要矿种成矿地质条件和控矿、成矿规律,建立大地构造相控矿构造体系,以服务于安徽省后续矿产资源预测评价和勘查部署。

通过全省铁、铜、铅、锌、金、钨、锑、磷、稀土、银、钼、锡、锰、硫、重晶石、菱镁矿、萤石17种矿产的资源潜力预测评价和成矿地质背景综合研究,成矿作用均严格受沉积建造、火山建造、侵入岩建造、变形构造和大地构造相等地质背景控制,在大地构造单元划分的基础上,划分全省三级成矿区(带)。各成矿区(带)、成矿系列的区域成矿规律不尽相同,现按省内华北(陆块)成矿省、秦岭-大别成矿省(东段)和下扬子(陆块)成矿省(表6-1,图6-1),分别概述各成矿带大地构造相控矿岩石建造组合、变形构造的区域成矿专属性及区域成矿规律。其中长江中下游成矿带、钦杭成矿带、桐柏-大别成矿带为全国重点成矿带。

**表6-1　安徽省三级成矿区(带)划分简表**

| 一级 | 二级成矿带 | 三级成矿亚带 | 空间范围 |
|---|---|---|---|
| 华北(陆块)成矿省(Ⅱ-15) | 华北陆块南缘成矿带(Ⅲ-63) | 许昌-霍邱铁、菱镁矿、盐成矿亚带(Ⅲ-63-④) | 六安断裂带与颍上-定远断裂带之间 |
| | 鲁西断隆成矿带(Ⅲ-64) | 淮北铁、铜、金、铝土矿、煤、金刚石成矿亚带(Ⅲ-64-①) | 符离集(宿北)断裂北 |
| | | 阜阳-蚌埠铁、银、铅锌、金、金红石、煤、金刚石成矿亚带(Ⅲ-64-②) | 符离集断裂北与颍上-定远断裂带之间 |
| 秦岭-大别成矿省(东段)(Ⅱ-7) | 北淮阳成矿带(Ⅲ-66) | 北淮阳金、银、铅锌、钼、铌成矿亚带(Ⅲ-66-①) | 六安断裂带与磨子潭断裂带之间 |
| | 桐柏-大别-苏鲁(造山带)成矿带(Ⅲ-67) | 桐柏-大别银、铜、铅锌、钼、铁、金红石、萤石、珍珠岩成矿亚带(Ⅲ-67-①) | 磨子潭断裂带与缺月岭-山龙断裂带之间,东被桐太断截切 |
| | | 宿松金、磷成矿亚带(Ⅲ-67-②) | 缺月岭-山龙断裂带与桐太断裂带围限 |
| | | 苏鲁(肥东-张八岭)成矿亚带(Ⅲ-67-③) | 郯庐断裂带内 |
| 下扬子成矿省(Ⅱ-15A) | 长江中下游成矿带(Ⅲ-69) | 庐江-滁州铜、金、铁、钼、铅、锌、银、硫成矿亚带(Ⅲ-69-①) | 黄破断裂带与滁河断裂带之间 |
| | | 沿江铜、铁、硫、金、多金属成矿亚带(Ⅲ-69-②) | 滁河断裂带与高坦断裂带之间 |
| | | 宣州-苏州铜、钼、金、银、铅、锌成矿亚带(Ⅲ-69-③) | 江南断裂带北东段与周王断裂带之间 |
| | 江南隆起东段成矿带(Ⅲ-70) | 彭山-九华金、银、铅、锌、钨、钼、锰、矾、萤石成矿亚带(Ⅲ-70-①) | 高坦断裂带、周王断裂带、绩溪断裂带与前南华纪隆起边界之间 |
| | | 九岭-鄣公山隆起铜、铅、锌、钨、锡、金、锑成矿亚带(Ⅲ-70-②) | 前南华纪隆起边界与绩溪-五城断裂带围限 |
| | 钦杭东段北部成矿带(Ⅲ-71) | 休宁东南部白际岭隆起铜、铅、锌、金、银、钴、钨、锡、钼、锑成矿亚带(Ⅲ-71-①) | 伏川蛇绿混杂岩带南东侧 |
| | | 绩溪-宁国天目山钨、钼、铅锌、萤石成矿亚带(Ⅲ-71-⑤) | 周王断裂带、绩溪断裂与伏川蛇绿混杂岩带围限 |

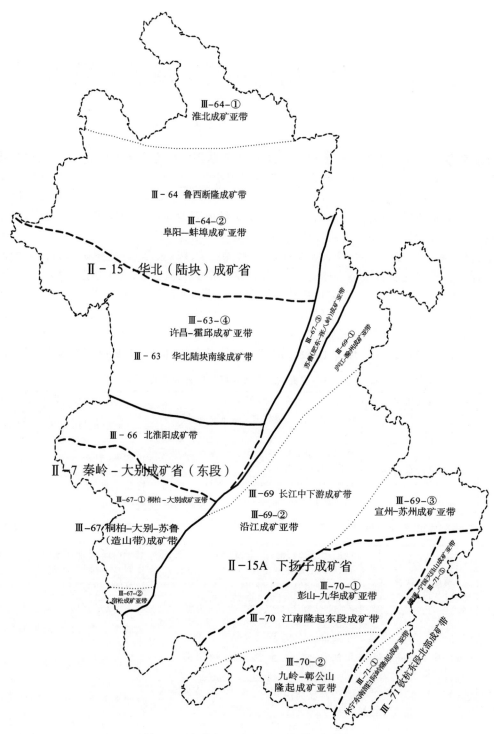

图 6-1 安徽省三级成矿区(带)划分略图

# 第一节 鲁西断隆成矿带成矿构造环境

华北(陆块)成矿省鲁西断隆成矿带大地构造位于豫皖陆块皖北徐淮褶断带,大致以颍上-定远断裂为界,包括淮北断褶带、蚌埠隆起和淮南断褶带3个构造单元。以宿北符离集断裂为界,细分为淮北铁、铜、金、铝土矿、煤、金刚石成矿亚带,蚌埠铁、金、银、铅锌、金红石、煤、金刚石成矿亚带。

鲁西断隆成矿带大地构造环境为华北陆块区豫皖陆块大相,华北南缘变质基底杂岩相、岩浆弧相、古弧后前陆盆地相、碳酸盐岩台地相和陆表海盆地相。含矿建造主要有变质中基性-中酸性火山岩-杂砂岩-含铁硅质碳酸盐岩建造构造组合,浅变质含砾石英岩+石英片岩+硅质白云石大理岩+含铁石英岩+千枚岩建造构造组合,台地相-陆表海相碎屑岩-碳酸盐岩建造构造组合,海陆交互相-陆相陆屑式含煤建造构造组合,花岗片麻岩组合,正长花岗岩、二长花岗岩、花岗闪长岩、石英闪长岩组合及杂色河湖相凝灰质复陆屑建造构造组合等。总体处于稳定大陆边缘构造带,控制了成矿带铜、金、铁、铅锌等多金属矿产,及煤、菱镁矿、重晶石矿等非金属矿产,成矿地质背景分别不同程度地受岩石构造组合、变形构造和大地构造相单元控制,以沉积变质型铁矿、矽卡岩型铜金铁矿、热液型铅锌矿、石英脉-蚀变岩型金矿及热液型、沉积型重晶石矿等为主(图 6-2)。

## 一、淮北成矿亚带

淮北成矿亚带主要分布在东西向符离集(宿北)断裂带以北徐宿弧形断裂褶皱带,大地构造位置属徐淮地块之淮北断褶带,大地构造环境为华北南缘徐淮地块碳酸盐岩台地。铜、金、铁矿成因类型主要有矽卡岩型和热液型。矽卡岩型主成矿期为燕山早期,热液型主成矿期为燕山晚期,岩浆活动是其主要热液来源。古生代主要为台地相碳酸盐岩建造和海陆交互相-陆相陆屑式建造。燕山期火山建造为板内中酸性火山岩建造组合(安粗岩-英安岩-流纹岩),侵入岩以壳源型钙碱性岩建造(浅成花岗岩-花岗斑岩组合)—幔源型碱钙性岩建造(超基性-中基性侵入岩岩墙)为特色。层控内生型矿产主要受此大地构造环境控制。

淮北成矿亚带主要赋矿沉积岩建造为台地相碳酸盐岩建造和海陆交互相-陆相陆屑式含煤建造。主要控矿侵入岩建造是燕山期石英二长闪长(玢)岩-石英闪长玢岩-花岗闪长斑岩-二长花岗岩组合,属钙碱性岩系。本带燕山中期中酸性侵入岩(包括三铺复式岩体、邹楼复式岩体、刁山集复式岩体、岳集复式岩体和王场岩体等)大部分为隐伏岩体。燕山晚期超基性-中基性侵入岩亦多为隐伏岩体,呈岩墙状侵入于奥陶纪地层及刁山集岩体中,与奥陶纪白云质灰岩接触处产生大理岩化和矽卡岩化。酸性侵入岩主要为花岗斑岩,均属陆壳改造型钙碱性浅成花岗岩类,受北北东向断裂控制,对矽卡岩型、热液型多金属成矿有利。

淮北成矿亚带基底构造属徐淮弧(推覆体)主要组成部分,受近东西向宿北(符离集)断裂控制,推覆体内发育密集的叠瓦状冲断层和大型紧闭、倒转、平卧褶皱,至少有两期叠加褶皱卷入推覆体,形成向北西西凸出的弧形构造,推覆体总体运动方向为指向北西西。线形背、向斜平行相间。背斜核部狭窄,向斜核部宽阔,横剖面具隔挡式特点。原地古生代地层为一系列大型开阔、短轴背、向斜或"穹-盆"式构造。原地岩块与推覆的外来岩块极不协调,主滑动面在基底变质结晶岩系之上。印支期处于俯冲造山带的后陆部位,其基底主要为五河岩群及凤阳群,是青白口纪以来的沉陷地带。印支运动造就的褶皱和断裂均为北东向展布,新生的断裂大多呈北北东向,与褶皱轴面同向倾斜的逆(冲)断层及晚期同向正断

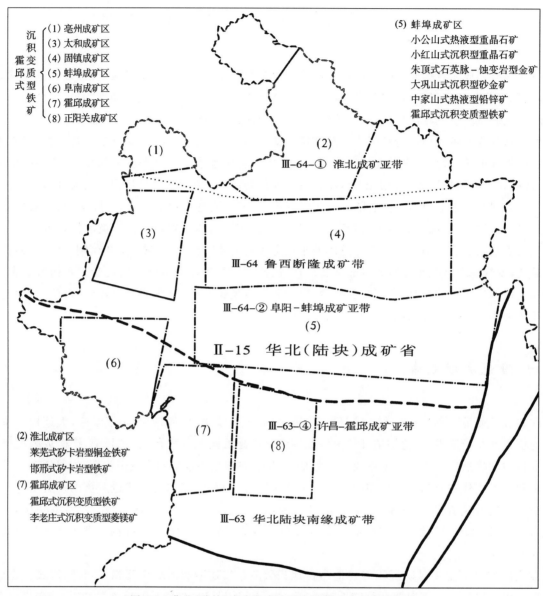

图 6-2 华北(陆块)成矿省成矿区块及典型矿床成因类型

层发育,断层面几乎毫无例外地倾向东,燕山期岩浆岩呈东西向及近南北向分布。北东—北北东向褶皱、断裂构造控制了含矿建造的空间展布。

淮北成矿亚带矽卡岩型、热液型铜、铁多金属矿床的主要的含矿、赋矿层位为中、晚寒武世台地相厚层鲕状灰岩、泥质灰岩、条带状灰岩、泥质白云质灰岩、灰质白云岩、页岩建造及早中奥陶世灰岩、灰质白云岩、燧石灰岩、泥质灰岩建造组合,主要控矿构造为近南北向弧形断裂构造和复式背斜转折端、次级向斜及北东向与东西向宿北断裂交会处断裂破碎带,控矿侵入岩建造及成矿物质的来源为燕山早期闪长玢岩、石英闪长玢岩组合。例如淮北热液型铜镍矿床主要控矿构造为皇藏峪复式背斜南部转折端、背斜侧翼的断裂构造,基性岩浆岩橄榄石既是成矿母岩又是容矿围岩,矿床的产状及形态完全受其岩相控制。因此本成矿亚带有利成矿条件一是寒武纪—奥陶纪碳酸盐岩建造,二是断裂交会处、接触带、破碎带,三是燕山早期浅成中性侵入体。成矿有利地区为三者复合区——徐淮弧形构造带。

## 二、蚌埠成矿亚带

蚌埠成矿亚带主要夹持于东西向符离集(宿北)断裂带与颍上-定远断裂带之间,主要包括蚌埠隆起和淮南断褶带两个构造单元。大地构造环境为华北陆块区相系豫皖陆块大相,华北南缘高级变质基底杂岩相、岩浆弧相、碳酸盐岩台地相、陆表海盆地相和陆内盆地相。成矿成因类型以沉积变质型铁矿,热液型铅锌矿,石英脉-蚀变岩型金矿及热液型、沉积型重晶石矿等为主。成矿作用包括了构造相单元内火山-沉积-变质等诸多成矿地质因素的综合作用。

蚌埠隆起太古宙—古元古代五河岩群原岩建造为一套中基性火山岩-杂砂岩-含铁硅质碳酸盐岩建造,经蚌埠变质期区域动力热流变质作用组成古老的变质结晶基底,且经受了后期叠加变质作用。变质作用属于中、低压相系,低角闪岩相,变质建造为麻粒岩、片麻岩、变粒岩、浅粒岩、斜长角闪岩、角闪岩、片岩、长石石英岩、石英岩、钙铝硅酸盐岩建造。淮南褶断带为台地相碳酸盐岩建造和陆表海-海陆交互相碳酸盐岩、碎屑岩建造及陆相陆屑式含煤建造构造组合。蚌埠期火山岩建造为殷家涧旋回和小张庄旋回,为一套酸性-基性火山岩组合,岩石遭受低角闪岩相变质,原岩相当于细碧岩-石英角斑岩建造,属拉斑玄武岩系列,具双峰式特点,形成于陆缘裂陷(谷)带海相环境,火山岩物源来自下地壳或上地幔。燕山期火山岩不发育,仅出露于凤阳山区及郯庐断裂带西侧,岩石为安粗岩-英安岩-流纹岩及其火山碎屑岩建造,属钙碱性岩系。蚌埠期侵入岩岩石构造组合为花岗闪长岩、二长花岗岩、正长花岗岩组合,局部发育近东西向强、弱不均的片麻理构造,为一套岩浆型混合岩化片麻状花岗岩建造,岩浆来源主要为壳源。燕山期侵入岩不甚发育,多为零散或隐伏的小岩株、岩枝或岩脉状产出,大部分岩体的最新围岩为二叠系,少数为早白垩世新庄组。岩石为辉绿岩-辉长辉绿岩-辉长岩组合和(石英)闪长(玢)岩-石英二长闪长(玢)岩-花岗闪长斑岩组合,属陆壳改造型碱钙性浅成花岗岩类。燕山晚期超基性-中基性侵入岩(后马厂岩体)呈岩墙状侵入于奥陶纪地层,与奥陶纪白云质灰岩接触处产生大理岩化和矽卡岩化。

成矿亚带受蚌埠隆起和近东西走向压性大断裂控制,基底变质岩系由于经受了多期强烈变形改造,构造形态极其复杂,岩石遭受强烈韧性变形和广泛混合岩化改造。物探资料佐证的基底构造是由五河岩群构成的蚌埠复背斜(怀远-凤阳复背斜),轴向近东西向,轴迹微向南凸,并有向东倾没之趋势,岩层呈单斜构造分布。区域性近东西向、北北东向大断裂将变质结晶基底切割成网结状菱块,断块构造控矿作用明显。岩石构造组合和褶皱、断裂、断块构造组合是本区成矿作用的主导控制因素。其中沉积变质型铁矿位于复背斜怀远-凤阳段核部,经区域热流变质作用富集成矿,受古老的变质含铁硅质碳酸盐岩建造组合和断褶构造控制。石英脉型和构造蚀变岩型(朱顶式)金矿有近80%的矿床、矿点分布于五河杂岩变质镁铁质岩中,说明变质结晶基底不仅是金矿的赋矿围岩,也可能为金的成矿提供矿源。金矿化与中生代花岗岩和中酸性脉岩关系密切。断裂构造是区域性控岩控矿构造,它们提供了导岩、导矿通道,次级脆性断裂是主要的容矿断裂,控制了矿体的产出形态和分布。网络状断裂系统、构造破碎带、低序次韧性剪切带是成矿亚带主要的控岩控矿构造,并控制了物化探异常、矿床(点)分布。热液型铅锌矿成矿作用成矿热液与岩浆期后脉岩或多阶段发育的岩浆活动有关,中家山式热液型铅锌多金属矿化主要赋存于大理岩及与其相关的变碎屑岩、浅粒岩中,与中生代岩浆活动有着千丝万缕的联系,主要表现有两种形式:一种与岩浆侵入作用同期,作为岩浆演化晚期的分异产物即岩浆期后热液成矿,另一种与各类脉岩密切相关的铅锌矿化,大多发育于脉岩之后,其铅锌矿化与脉岩形成同期,成矿晚于脉岩。沉积型和热液型重晶石矿有利成矿条件一是古老的结晶基底,二是断裂构造裂隙,三是可供给的热流源。热液型重晶石矿主要与燕山晚期岩浆热液有关,使矿源层含矿物质活化,在有利的构造裂隙、破碎带或孔隙度高的地层中聚集沉淀成矿。沉积(变质)型重晶石矿矿汁可能来源于初始火山气液、变质流体,成矿与矿源层空间展布和褶皱构造关系密切。

## 第二节　华北陆块南缘成矿带成矿构造环境

华北陆块南缘成矿带地表中、新生界广泛分布，是中、新生代六安后陆盆地内大型上叠陆相盆地——合肥断陷盆地主要分布范围。成矿带南北边界分别夹持于颍上-定远断裂与六安深断裂之间，东为郯庐断裂所限，并向西延伸至河南省境内鲁山、灵宝一带，主体由合肥盆地和霍邱断隆组成。安徽省内分属霍邱铁、菱镁矿、盐成矿亚带，以沉积变质型铁矿、菱镁矿及陆相盐湖蒸发沉积型石膏、石盐岩、钙芒硝矿等为主（见图6-2）。

华北陆块南缘成矿带大地构造环境为蚌埠隆起豫皖古陆块高级基底杂岩相、新太古代—古元古代陆核亚相、华北南缘变质基底杂岩相、弧后陆内盆地相、拉分盆地亚相，受特提斯构造域和滨太平洋大陆边缘活动带共同控制。含矿变质建造主要为霍邱岩群变质硅铁质岩沉积建造，弧后断陷盆地复陆屑磨拉石建造、杂色河湖相凝灰质复陆屑建造构造组合。总体处于稳定大陆边缘构造带，控制了成矿带沉积变质型铁矿、菱镁矿及陆相盐湖蒸发沉积型石膏、石盐岩、钙芒硝矿等矿产，成矿地质背景分别不同程度地受岩石构造组合、变形构造和大地构造相单元控制，主成矿期为古元古代—新太古代，沉积变质建造为其基本成矿地质背景。

**霍邱成矿亚带**　主要包括蚌埠隆起霍邱断隆和合肥后陆盆地两个构造单元。成矿成因类型以沉积变质型铁矿、菱镁矿等为主。成矿作用包括了构造相单元内变质岩石构造组合和断褶构造等地质因素的综合作用。

沉积变质型铁矿区域上处于豫皖古陆块高级基底杂岩相、古元古代—新太古代陆核亚相。铁硅质岩积建造受区域变质作用形成的铁矿床统称"霍邱式"铁矿，主要赋存在霍邱岩群变质硅铁质岩沉积建造中，原岩建造为一套中酸性火山岩-半黏土质岩-含铁硅质碳酸盐岩建造，含矿建造主要为古元古代—新太古代高铝片岩、片麻岩、变粒岩、大理岩等含铁沉积建造，含铁石英岩建造（吴集岩组变硅铁质岩）原岩相当于杂砂岩-泥岩、硅铁质岩，顶部夹闪石石英磁铁矿层，为主要含铁层位。霍邱式铁矿条带状硅铁质岩变质前为硅质、铁质相间的韵律沉积，是一套陆缘或岛弧型浅海至半深海细碎屑岩-泥质岩或碳酸盐-硅铁质建造，夹少量玄武岩及其凝灰岩。变质作用对铁矿的影响，主要表现为沉积矿物组合被改造为相应的变质矿物组合，经区域热流变质作用富集成矿，铁硅酸盐被氧化为磁（赤）铁矿。霍邱式层控沉积变质型铁矿直接与霍邱岩群吴集岩组含铁硅质碳酸盐岩建造组合相关。洞山断裂带以南合肥盆地基底隐伏的霍邱岩群构造不甚清楚，霍邱地区钻孔、物探资料显示，局部呈由霍邱岩群构成的近南北—北北东向基底褶皱（周集复向斜）构造，总体仍然具东西向展布特点。成矿亚带中铁矿的富集严格受基底构造控制，隐伏的区域性南照集断裂西侧由霍邱岩群—寒武系组成走向近南北、向西倾斜的单斜构造，岩石破碎、硅化强裂，裂隙发育，中酸性岩岩脉密集成带。霍邱式沉积变质型铁矿由霍邱岩群组成轴向近南北—北北东向复式向斜褶皱，叠加横跨在近东西向宽缓褶皱带上，沉积变质型铁矿赋存在轴向近南北，向西倾斜的倒转向斜及次一级背、向斜褶皱中，含矿建造沿走向多呈带状断续出现，明显受近南北向构造控制。后期北西向断裂又使矿层发生位移扭错，近东西向断褶构造控矿作用也十分明显，坳陷部位得到保存，隆起部位被剥蚀。两期褶皱叠加，使矿层产生叠瓦式褶皱，坳陷部位矿体厚度增大，隆起部位变薄或缺失。东侧合肥盆地燕山期以来强烈的东西向断块活动，使变质结晶基底进一步出露地表或浅覆盖，尤其是航磁 $\Delta T$ 高值异常区，是沉积变质型铁矿优选远景区块。

沉积变质型菱镁矿与沉积变质型铁矿形影相伴，同受古陆块高级基底杂岩相沉积变质建造控制，主要赋矿、含矿建造为霍邱岩群吴集岩组高铝片岩、片麻岩、变粒岩、大理岩等含铁建造，原岩建造为一套中酸性火山岩-半黏土质岩-含铁硅质碳酸盐岩建造，富铝孔兹岩系组合。沉积变质型菱镁矿为蚌埠变质期区域动力热流变质作用产物。菱镁矿体呈夹层状赋存于吴集岩组磁铁矿层内富镁碳酸盐岩层中，吴集岩组磁铁矿层为直接控矿层位。层控菱镁矿与吴集岩组空间展布和褶皱构造关系密切，霍邱地区钻孔、物探资料显示，局部受由霍邱岩群构成的近南北—北北东向基底褶皱（周集复向斜）控制。周集倒转复向斜是霍邱铁矿、菱镁矿重要的储矿构造，且叠加了由吴集岩组组成的近东西向次级短轴向斜——李老庄向斜，是李老庄菱镁矿的储矿构造，次级平缓短轴向斜构造控制了矿体的分布。与褶皱相关的走向断层、横断层控制了含矿岩层的空间展布。侵入岩建造与沉积变质型菱镁矿无明显的直接关系。

另外，在成矿亚带东北角、嘉-庐深断裂之西，定远—明光一带定远次级凹陷盆地内发现陆相盐湖蒸发沉积型石膏、石盐岩、钙芒硝矿床，赋矿层位为古近纪定远组。含矿建造定远组为一套河、湖相砂砾质复陆屑建造和复陆屑蒸发式膏盐建造，夹玄武岩流层含膏盐岩建造。定运盆地是叠合在合肥盆地之上的次级盆地，是倾向伸展作用和右行斜向伸展作用共同作用的结果。古近纪，盆地基底断陷活动加强，分别形成了东西走向和北东向次级盆地，为膏盐岩盆地沉积主要构造古地理环境。

## 第三节 北秦岭成矿带成矿构造环境

北秦岭成矿带隶属秦岭-大别成矿省，包括安徽省北淮阳金、银、铅锌、钼、铌、萤石成矿亚带，南北边界分别夹持于六安深断裂与磨子潭-晓天断裂之间，东被郯庐断裂所截，向西延伸至河南省境内，主体由北淮阳构造带佛子岭-庐镇关构造亚带和金寨-霍山-舒城中生代火山盆地组成。北秦岭成矿带大地构造环境为秦祁昆造山系大别-苏鲁弧盆系大相北秦岭陆缘盆地相北淮阳陆缘岩浆弧亚相、佛子岭弧间裂谷盆地亚相、海陆交互陆表海亚相、北淮阳断陷盆地亚相，控矿岩石建造主要有同造山小溪河花岗质片麻岩建造组合、造山后钙碱性-碱性岩建造组合、类复理石浊积岩建造组合、海陆交互相碳酸盐岩碎屑岩含煤建造构造组合和杂色河湖相凝灰质复陆屑建造构造组合等。总体处于造山带陆缘裂陷海盆构造环境，控制了成矿带金、银、铅锌、钼等多金属矿产，及煤、萤石等非金属矿产，成矿地质背景分别不同程度地受岩石构造组合、变形构造和大地构造相单元控制。主要成矿成因类型有火山热液型金矿、火山热液型铅锌(金)矿、斑岩型钼矿、热液型萤石矿等(图 6-3)。

**北淮阳成矿亚带**

晋宁运动后造山带折返使大别微陆块南、北两侧开始裂解，北淮阳地区处于北秦岭海槽的东部尾端，南缘磨子潭深断裂开始形成。早期可能在洋壳的基础上，形成裂谷槽盆相火山-沉积建造组合(庐镇关岩群)和各类钙碱性片麻岩体侵入，北淮阳地区前南华阶段类似造山期后弧后盆地沉积环境。加里东期华北、大别两大陆块重新汇聚对接，结束了北淮阳构造带由裂谷演化成弧后盆-陆间海的历史，此后一直处于隆起剥蚀阶段。直到中三叠世，随着扬子陆块基底持续向北俯冲而陆-陆碰撞，近东西—北西西向构造十分活跃，地壳运动以陆相盆、山构造、逆冲推覆构造、伸展滑覆构造、断块构造和强烈的岩浆活动为特色，总体以伸展构造占主导地位。燕山期(晚侏罗世—早白垩世早期)，随着大别造山带不断隆升，以磨子潭深断裂为根部发生大规模伸展滑覆，伴随强烈的断裂活动，构造成矿带内发育一系列构造岩片叠瓦状向北推覆，后缘拉张而导致大规模的岩浆活动。以强烈的陆相火山喷发和中酸性—酸性—碱性岩浆侵入为特色，出现了本区岩浆活动的高峰期，奠定了本成矿带区域构造背景。

北淮阳成矿亚带主体为北淮阳构造岩浆岩带，总体处于陆缘后造山火山-岩浆岩带，属秦祁昆成矿域北秦岭加里东、燕山成矿带的东延部分，是加里东期华北陆块与大别微陆块对接碰撞、中生代板内强烈活动的构造-岩浆-成矿带。成矿作用主要受岩石构造组合和断褶构造等地质因素控制。主要赋矿、含矿建造有新元古代庐镇关岩群陆缘裂谷型变质火山-沉积岩、大理岩建造，早古生代佛子岭岩群浅变质复理石建造，石炭纪含煤碎屑岩建造及晚侏罗世—白垩纪陆相火山-沉积岩建造。燕山期侵入岩建造主要为花岗闪长(斑)岩-二长花岗岩-正长花岗岩-石英正长斑岩-碱性正长岩组合，与区内火山岩建造具有同源演化特点。北淮阳成矿亚带断裂构造、褶皱构造、推-滑覆构造及构造岩片十分发育。火山盆地变质基底佛子岭岩群褶皱构造以走向北西—近东西向诸佛庵-佛子岭复向斜为主体构造面貌，具深层塑性流变与浅层韧脆性变形叠加褶皱特征，中生代火山盆地褶皱多为近地表条件下的开阔等厚褶皱，局

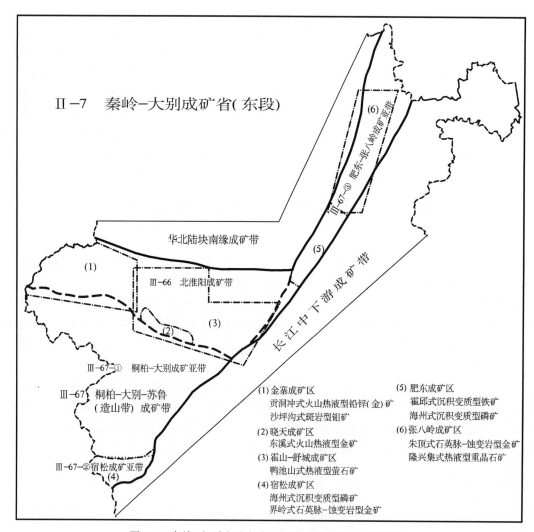

图 6-3 秦岭-大别成矿省成矿区块及典型矿床成因类型

部表现为强烈的脆性破裂。控制区内构造-成矿作用的主要断裂有磨子潭断裂、金寨-龙河口断裂等,其中磨子潭深断裂是控盆、控矿主干断裂,是中生代滑脱-推覆体系的主剥离断层之一,也是盆地深部重要的导岩和导矿构造。下面以火山热液型金矿、铅锌(银)矿、斑岩型钼矿、热液型萤石矿为例概述其区域成矿规律。

成矿亚带火山热液型金矿导矿、控矿建造与前寒武纪基底变质基性火山岩建造密切相关,它们经历了多期变质和混合岩化作用以及晚侏罗世—白垩纪的构造岩浆作用,导致金元素多次活化、迁移和富集,形成本区主要原生矿源层,基底富金岩系是控制后期火山成矿作用的重要条件。晓天盆地东溪式火山热液型金矿主要赋矿建造为毛坦厂组火山岩及火山碎屑岩建造,由于成矿作用具有继承性和脉动性,中生代火山岩既是成矿的母岩又是赋矿围岩。毛坦厂组陆相火山、火山碎屑岩建造为造山后陆缘火山弧,岩石构造组合为石英安山岩-英安岩-流纹岩-石英粗面岩及其火山碎屑岩组合,粗面玄武岩-安山岩-粗安岩-粗面岩及其火山碎屑岩组合。磨子潭基底断裂燕山中期重新复活,本亚带金矿床(点)几乎都分布于它的北侧,表明它既是一条重要的导矿构造,也是岩浆上涌的浅部通道。其余一系列北西—北西西向次级断裂和裂隙以及它们与北北东—北东向次级断裂交叉部位常成为本带的容矿与导矿构造。受区域北西向断裂构造控制的火山构造洼地火山机构发育,由破火山、火山锥、穹状火山及层状火山机构组成,其放射状和环状断裂系统成为本区重要的岩浆通道和容矿与布矿构造。在火山盆地安山质熔岩及碎屑岩中发育浅成闪长玢岩脉,为火山热液型金矿主要控矿、赋矿建造。典型矿床汞洞冲式铅锌矿和银水寺式铅锌矿受佛子岭岩群和晚侏罗世钙碱性火山-次火山活动形成的爆发角砾岩控制,对矿化富集具有重要作用,所发现的大部分铅锌矿床、矿点均产于角砾岩体。佛子岭岩群大理岩、千枚岩与侵入岩接触带,次火山岩与围岩接触带或大理岩中见有矽卡岩型、浸染型和脉状铅锌矿（化）体,成矿时代为晚侏罗世—早白垩世。因此晚侏罗世—早白垩世钙碱性火山-侵入岩组合是形成金、银、铅、锌多金属矿（化）的主要地质环境。

北淮阳金寨沙坪沟式斑岩型钼矿主成矿期为燕山期（早白垩世）,主要控矿侵入岩建造是后造山陆壳改造型石英闪长岩、花岗闪长岩、石英二长岩、二长花岗岩、花岗斑岩、正长花岗岩组合,为壳幔混合型钙碱性岩石系列。含矿岩体主体为花岗斑岩,具明显的低钠、低钙、富钾偏酸性钙碱性岩特点。赋矿杂岩体在平面上和垂向上呈环带状分布,大致以隐伏斑岩体为中心,围岩蚀变空间上具分带性,显示斑岩型钼矿的蚀变特征。矿体赋存于隐伏花岗斑岩体上部及与正长岩接触带中,由浅入深,在黄铁绢英化带或弱钾长石化带为低品位矿体,强硅化-钾长石化带内为工业矿体。与钼矿关系密切的主要是磨子潭断裂、金寨断裂及其派生的多组次级断裂,矿化岩体主要受区域构造派生断层、节理,与岩体主动侵位有关的挤压面理、断层和岩体原生节理控制。成矿规律可归纳为在伸展拉张环境下（后造山环境）,花岗斑岩尤其是晚期偏碱性花岗斑岩沿构造裂隙侵位、定位且有良好的结晶冷却环境,含矿流体在环带状杂岩体中富集成矿。

北淮阳成矿亚带中低温热液充填型萤石矿主要分布在磨子潭断裂带以北霍山—舒城一带燕山期火山-火山碎屑岩盆地中。主要赋矿地层为晚侏罗世—早白垩世毛坦厂组火山、火山碎屑岩建造,早白垩世黑石渡组火山质碎屑岩建造。岩石组合为石英安山岩-粗安岩-英安岩-流纹岩-石英粗面岩-粗面玄武岩-粗面岩及其火山碎屑岩组合,岩石普遍硅化、高岭土化、绢云母化、绿泥石化。低温热液型萤石矿成矿作用主要与燕山期碱性火山-侵入岩建造关系密切,两者具有同源演化特点。中低温热液充填脉状萤石矿床为岩浆期后热液成矿,因此受区域断裂构造、火山构造（破火山、火山锥、穹状火山及层状火山）控制,火山机构中放射状和环状断裂裂隙系统为热液充填型萤石矿重要的岩浆通道和容矿与布矿构造。与火山盆地构造关系密切的主要是磨子潭断裂、龙门冲断裂、南港断裂及其派生的多组次级断裂。桐城-太湖断裂带（郯庐断裂带中段）与磨子潭断裂带交切,成为本区中生代中-酸性熔岩流及岩浆侵入的强烈活动区,对火山盆地构造、深部导岩和导矿构造起着重要的主导控制作用。区域性火山盆地褶皱构造、断裂破碎带、原生层状破碎带、构造裂隙带、角砾岩化带对萤石矿控制作用也十分明显,热液型充填型脉状萤石矿体多呈脉状、条带状产于其中。成矿规律可归纳为在伸展拉张环境下（后造山环境）,中生代断陷盆地火山岩建造、火山构造、晚期偏碱性花岗岩和断裂裂隙构造等复合控制因素是本区热液型萤石矿成矿作用的基本条件,主成矿期为燕山中、晚期（晚侏罗世—早白垩世）。

## 第四节　桐柏-大别-苏鲁成矿带成矿构造环境

秦岭-大别成矿省桐柏-大别-苏鲁成矿带主体为中央造山带东段,夹持于磨子潭-晓天断裂带、襄樊-广济断裂带、桐城-太湖断裂带之间,向北东延伸为郯庐断裂带,在安徽省包括大别成矿亚带、宿松成矿亚带和肥东-张八岭成矿亚带（见图6-3）。桐柏-大别-苏鲁成矿带大地构造环境为秦祁昆造山系大别-苏鲁结合带大相、弧盆系大相,大别陆壳残片相、岩浆弧相、高压-超高压变质相、宿松-肥东弧前盆地相和张八岭陆缘裂谷相。控矿岩石建造组合主要有中深变质火山-沉积-镁铁质杂岩建造组合、高压-超高压榴辉岩-蓝片岩变质建造组合、同碰撞-后碰撞花岗质片麻岩组合、后造山钙碱性-碱性岩组合、变质火山-沉积含磷建造组合、变质海相火山-碎屑岩-细碧岩建造组合,及少量浅变质火山碎屑岩组合（港河）和后造山中酸性火山岩建造组合（岳西桃园寨）等。总体处于多期复合造山带构造环境,控制了成矿带金、银、铜、铅锌、钼、铁等多金属矿产,及磷、金红石、萤石、珍珠岩等非金属矿产。

新太古代—古元古代时期为大洋环境，大别山地区沉积了大别岩群和阚集岩群，古元古代末的大别运动使洋盆沉积普遍发生褶皱隆起，地背、向斜山岭和海槽、多岛洋盆格局初步形成，陆壳迅速增长。中元古代在其东南边缘的海盆中，广泛沉积了一套浅海台地相火山-沉积建造（宿松岩群、肥东岩群），晋宁运动使宿松-肥东弧前增生楔拼贴于大别古陆。中元古代末，大别微陆块南、北两侧开始裂解，早期可能在洋壳的基础上，张八岭-宿松地区发育一套以细碧角斑岩为特征的海相火山-沉积岩系（张八岭岩群），具有活动大陆边缘特征。820Ma左右晋宁运动使扬子古陆块、大别微陆块向华北古陆块俯冲碰撞（或残留局部海盆），大别微陆块基底（大别岩群）有可能被挤入巨大地幔深度而发生高压、超高压变质，随后折返与宿松岩群并置。造山期后拆沉阶段，下地壳和上地幔开始部分熔融、分异结晶出各类钙碱性片麻岩体，在密度倒置引起的浮力作用下，同构造剪切回流至中、下地壳，与各类中、低压岩石共存，并经受角闪岩相变质作用改造。构造深熔岩浆（混熔岩浆）在回流过程中对区域变质岩进行强烈的混合岩化改造。加里东期，华北、大别两大陆块再次汇聚对接，对造山带改造也较为深刻。自南华纪至三叠纪，造山带总体处于暴露剥蚀阶段，直至中三叠世末印支运动才表现为强烈的造山运动，区域上扬子陆块向大别微陆块俯冲碰撞形成印支期高压-超高压榴辉岩-蓝片岩变质带，南、北大陆再次聚合。晚三叠世以后，造山带进入隆升折返阶段，已形成的高压、超高压变质带分别在不同的抬升高度发生退化变质（中压）和混合岩化、花岗岩化作用，多期复合造山带形成。此后进入大别造山带造山期后陆内调整阶段，总体以伸展构造占主导地位，不同构造岩石单位间都以韧性剪切带为界，发生近水平方向上伸展拆离，自内向外"逐层"剥离滑脱，以地壳减薄再次实现高压、超高压岩石折返。两侧北西西向边界断裂的配套关系显示造山带隆起总体向东挤出、向造山带边缘超覆的特点。边缘盖层与基底滑脱，向南逆冲形成前陆褶断带及前陆磨拉石沉积。俯冲至地幔深度的陆壳岩石与下伏岩石圈拆离（山根拆沉），快速回返至与之密度相当的地壳深度构造并置。本期调整阶段很少形成印支期花岗岩，但大多数老片麻岩岩体及榴辉岩都有该期变质年龄记录。燕山期受环太平洋构造影响，造山带被郯庐断裂带左行错移至苏鲁地区。因造山带山根垮塌，下地壳和上地幔发生部分熔融，引起广泛的碱钙性侵入岩浆活动，形成北西向、北东向构造岩浆活动带，从而导致造山带横向伸展及变质岩石进一步隆升，燕山晚期断裂活动控制了造山带构造格局。省内除大别成矿亚带内生金属矿产贫化外，主要成矿成因类型有沉积变质型铁矿、沉积变质型磷矿、石英脉-蚀变岩型金矿、热液型重晶石矿等，成矿作用均受大地构造相单元、岩石建造组合、变形构造控制。

## 一、宿松成矿亚带

宿松金、磷成矿亚带区域上沿桐柏-大别山的西南缘呈弧形展布，北以缺月岭-太湖韧性剪切带叠覆于南大别超高压变质岩带之上，南以襄樊-广济断裂、东以黄（栗树）破（凉亭）断裂与扬子陆块北缘前陆褶冲带、前陆盆地为邻，区域上呈北西向展布，为印支期扬子板块向北俯冲、碰撞增生杂岩带，属弧盆系构造岩浆岩带控矿。大地构造相属秦祁昆造山系、秦岭大别造山带结合带-弧盆系大相，俯冲增生杂岩相，高压变质亚相＋深成同碰撞岩浆弧亚相，含矿岩石构造组合主要为宿松变质火山-沉积岩建造、晋宁期片麻状花岗岩建造及燕山期后造山花岗岩建造。安徽省内主要成矿类型有沉积变质型磷矿、石英脉-蚀变岩型金矿等。成矿地质背景严格受沉积-变质建造组合和韧性剪切带变形构造控制。

宿松成矿亚带宿松岩群主体由一套被动陆缘海槽-浅海台地相沉积建造与以酸性火山岩为主的双峰式火山岩建造组成，沉积变质型含磷复理石建造主要赋存在碎屑岩向碳酸盐岩过渡的部位，组成"碎屑岩-磷块岩-大理岩"沉积建造组合，岩石普遍遭受高压榴辉岩相-中压低角闪岩相变质及高绿片岩相退变质作用。据区域地质及同位素年龄资料，成矿时代为新元古代，据含磷沉积建造组合、变质程度差异、时代归属及造山带后期伸展滑覆构造特点等，推断宿松岩群各岩组之间已构造倒置（周存亭等，2005），含磷岩系和变质火山岩建造分属不同的构造层和构造环境产物。

含磷岩系大新层组为浅海台地相碳酸盐岩-碎屑岩沉积,岩石组合为白云质大理岩、白云石英片岩、含磷白云石大理岩建造。柳坪岩组为浅海台地相碎屑岩-碳酸盐岩建造,岩石组合为含磷白云石英片岩、石英岩、浅粒岩、磷块岩、含磷白云石大理岩夹锰土层建造组合。主含磷层位于含磷层上部大理岩与下部含磷片岩之间,与相邻岩组韧性断层接触。区域上西与湖北大悟冷棚、黄麦岭磷矿,四方山、团山沟磷矿,蕲春马垄、茅山磷矿,松阳桥磷矿,向北东与庐江浮祥山磷矿,肥东双山磷矿,苏北锦屏磷矿等断续相连,且总与厚层大理岩相伴出露。

本亚带侵入岩建造主要为晋宁期片麻状花岗闪长岩-斜长(奥长)花岗岩-二长花岗岩-花岗岩组合。以同造山期花岗岩为主,属钙碱性 S 型花岗岩。岩石在空间上紧密伴生,时间上密切相关,片麻状斜长(奥长)花岗岩为变形变质侵入岩主体,片麻状花岗岩主要呈枝脉状、岩株状产出。各类片麻岩体均经受了深层剪切流变和角闪岩相变质,含大量变质表壳岩包体,拉伸线理、剪切褶皱十分发育,总体平行造山带呈北西西向展布,与沉积变质型磷矿成因联系不明显。燕山期侵入岩不发育,以派生的花岗斑岩、石英脉、闪长玢岩及煌斑岩脉多见,它们与金及多金属等接触交代型内生矿产有成因联系,岩浆含矿热液沿断裂带或构造裂隙充填聚集成矿。

破碎带蚀变岩型金矿主要受区域性韧、脆性边界断裂带控制,并与燕山期岩浆活动存在密切联系,已知金矿床(点)呈北西向南延至南冲、界岭一线,大体沿韧脆性构造变形带展布。典型矿床有黑龙潭金矿、花桥金矿、界岭金矿等。强烈的构造变形使区内北北东向韧性剪切带成为非常明显的绿片岩相动力退化变形带,韧性剪切带提供了深层次岩浆活动的通道。本亚带以绿片岩-角闪岩相变质为主的酸偏碱性-基偏碱性变质火山岩建造含金丰度较高,受长期韧脆性变形改造,有利于金元素的活化、迁移和富集,加之构造活动导致的岩浆侵入,更加有利于成矿。如界岭式金矿,就是受变质含矿建造、韧性剪切带、界岭花岗岩体及重要的脉岩、石英脉矿化蚀变(硅化、黄铁矿化等)带控制。界岭金矿赋矿围岩是界岭花岗岩体,呈近东西向舌状体展布,东部被界岭断裂破坏,岩体普遍碎裂岩化及糜棱岩化,并受多期构造变形及热液交代作用而遭受强烈蚀变。据董法先等(1993)资料,界岭岩体成岩期是新元古代晚期(897.9~648.9Ma),成矿期是燕山期(146.84~138.75Ma)。界岭式金矿严格受区域性构造破碎蚀变岩带所制约,呈规模不等的似层状、脉状、透镜状分布于矿化蚀变带中,常见动力变质岩岩石类型有碎裂岩、构造角砾岩、糜棱岩、千糜岩等。构造角砾岩、碎裂岩多沿北北东向断裂分布,与金矿化有关的蚀变主要为硅化、绢云母化、黄(褐)铁矿化等。成矿模式为金元素活化分异—导矿—储矿三位一体的控制作用,为区域金矿预测提供了典型范例。

沉积变质型磷矿遭受区域低温动力变质作用,以高压角闪岩相叠加高绿片岩相-低绿片岩相退变质为主。在区域动力-热流变质作用影响下,含矿建造经过结晶或重结晶作用,除原岩结构发生变化外,磷质基本上无转移富化或消失等现象。磷块岩中的隐晶质胶磷矿(部分可能为细晶磷灰石)在变质作用中发生了重结晶,在原生层理的基础上形成条带状或片状结构。区域控矿变形构造以中深层次韧性变形、北东向—北北东向—北西向断裂构造为主体,以构造岩片叠置和片内无根剪切褶皱为特色,控制着矿化体的空间展布。经受了多期韧脆性构造变形,形成非常复杂的构造格局。早期变形以塑性固态流变为特征,发育顺层韧性剪切带、塑性流变褶皱、无根钩状褶皱等。在石英云母片岩、大理岩、石墨片岩、含磷岩系中,早期发育顺层连续劈理带和糜棱岩条带。多期构造变形的叠加,形成岩层包络面总体呈北西西到近东西向,倾向南的"单斜"构造面貌。燕山期大别造山带强烈隆升,主要表现为韧脆性伸展拆离作用。宿松变质岩片内部,发育一系列次级岩片,在先期韧性剪切带(构造强化带)的基础上,向南滑覆。与之相伴的晚期褶皱构造均为开阔的近东西向褶皱和露头尺度的微褶曲及膝折构造。已知磷矿床(点)集中分布在北起自高尖、经廖河、柳坪、塔畈,南延至南冲、界岭一线,大体沿该期韧脆性构造变形带展布。

## 二、肥东-张八岭成矿亚带

肥东-张八岭金、铁、铜、磷、重晶石成矿亚带位于大别造山带的北东段,主要由肥东构造岩片和张八岭高压构造岩片组成。区域上成矿亚带夹持于郯庐断裂带之间并呈狭长楔状变质体沿北北东向展布,与扬子陆块北缘前陆褶冲带、前陆盆地紧邻,为印支期扬子板块向北俯冲、碰撞结合带。大地构造相属秦岭大别造山带结合带-弧盆系大相,肥东变质基底残块相,同碰撞深成岩浆弧亚相,张八岭陆缘裂陷槽盆相弧间裂谷盆地亚相、高压变质亚相。含矿岩石构造组合主要为变质基底含铁建造、变质大理岩-碎屑岩含磷建造、变质海相火山-沉积岩建造、晋宁期片麻状花岗岩建造及燕山期后造山花岗岩建造组合。主要成矿类型有沉积变质型铁矿、沉积变质型磷矿、石英脉-蚀变岩型金矿、热液充填型重晶石矿等。成矿作用受沉积-变质建造组合、构造岩浆活动和韧性剪切带变形构造控制,燕山期强烈的构造岩浆活动为本区金、铜等多金属矿提供了有利的成矿地质背景。

肥东沉积变质型铁矿含矿变质建造主要为新太古代—古元古代阚集岩群变粒岩、浅粒岩、斜长角闪岩、角闪岩、磁铁石英岩、磁铁角闪石英岩变质建造组合,原岩建造为一套基性火山-磷块岩-含铁镁质碳酸盐岩沉积建造。含铁建造沉积于海槽环境,成矿物质来源于火山活动和陆源碎屑沉积,变质作用为低角闪岩相。成矿后经氧化淋滤,在合适的自然条件中,条带状磁铁石英岩在浅部形成由假象赤铁矿矿石构成的次生氧化带,局部形成富矿体。沉积变质型磷矿变质建造主要为肥东岩群桥头集岩组酸性火山岩建造和双山岩组含磷白云石英片岩、石英岩、浅粒岩、磷块岩、含磷白云石大理岩建造组合。变质含磷复理石建造主要赋存在碎屑岩向碳酸盐岩过渡的部位,组成"碎屑岩-磷块岩-大理岩"沉积建造组合。岩石普遍遭受中压低角闪岩相变质及高绿片岩相退变质作用和强烈构造片理化改造,呈似层状产出。含磷岩系在区域动力-热流变质作用影响下,含矿建造经过早期以变质改造"再活化"为主,晚期则具有混合岩化交代重结晶的特征,磷矿质发生脱水和二氧化碳逸出,矿石进一步富化,同时伴随变质热液活动,使元素活化转移,磷质明显富集。

成矿亚带沉积变质型铁矿、磷矿与侵入岩建造关系不明显,主要侵入岩建造为晋宁期片麻状闪长岩-石英闪长岩-花岗闪长岩-二长花岗岩组合和糜棱岩化片麻状二长花岗岩-花岗岩-碱长花岗岩组合,具钙碱性同源演化趋势,属同碰撞Ⅰ型花岗岩。各类片麻岩体均经受了深层剪切流变和角闪岩相变质,含大量变质表壳岩包体。拉伸线理、剪切褶皱十分发育,总体平行造山带、断裂带呈北西向、北北东向展布。燕山期侵入岩建造为花岗闪长岩-二长花岗岩-正长花岗岩组合和似斑状闪长岩-细粒闪长岩-似斑状花岗闪长岩组合,属壳幔混合型钾质钙碱性系列,与造山晚期的火山弧有关。大部分明显地沿断层和北东向、北西向构造裂隙侵入或顺层贯入,在与含磷岩段或矿层紧邻部位,常出现矿层全部或部分被吞蚀,使矿体的连续性和矿体厚度都受到影响,具一定的破坏作用。

肥东成矿区因受区域性郯庐断裂带左行错移而与造山带分离,长期受郯庐断裂带活动制约,呈夹持于清水涧韧性剪切带与西山驿韧性剪切带之间的一个狭长的豆状变质体,区域上呈北北东向展布。北北东向基底断裂构造控制了变质建造的展布,且被北西向—近东西向断层错移或滑断,构造变形强烈,以中深层次韧性变形、北东向—北北东向—北西向断裂构造为主体,以构造岩片叠置和片内无根剪切褶皱为特色,控制着矿化体的空间展布。晚期郯庐北北东向韧性剪切带和向南东逆冲推覆构造发育,变质岩层经受了多期强烈变形改造,深部有可能出现重复或冲断现象,直接影响了含矿建造的厚度和延伸深度。区域褶皱构造以阚集-大康集复背斜为主体,两翼均发育次级宽缓褶皱,枢纽波状起伏,形态极不完整。大横山磷矿处于其东翼倾没转折部位,因断层破坏及岩浆侵入,含矿地层均遭到严重破坏。区内韧、脆性断裂十分发育,北东向、北西向各组断层纵横交错。纵断层一般规模巨大,多由北西向南东推覆,断层性质以压扭性平移逆断层为主,带内糜棱岩、角砾岩、碎裂岩及构造透镜体发育。

张八岭成矿区主要由张八岭高压构造岩片组成,主要赋矿变质建造为西冷变质海相碎屑岩、火山细碧角斑岩建造和北将军碎屑岩、碳酸盐岩建造组合。强烈的印支运动使该区作为高压构造岩片强烈卷入大别造山带，从扬子地块基底解体而成为大别造山带一员。受郯庐断裂带控制呈北北东向展布，构造变形以强片理化带、韧性剪切带为特征。燕山期强烈的构造岩浆活动为本区金、铜等多金属矿提供了有利的成矿地质背景。

石英脉-蚀变岩型金矿、热液充填型重晶石矿主要围岩及控矿层位为西冷岩组，岩石组合为一套变质陆缘海槽（沟）相碳酸盐岩-细碧角斑岩建造，含矿建造为细碧岩-石英角斑岩、变凝灰质泥岩、粉砂岩建造组合。岩石成分具富钠、贫钙双峰式特点，形成于陆缘裂陷（谷）带海相环境。石英角斑岩属钙碱性火山岩系，细碧岩主要分布于大陆拉斑玄武岩和深海沟、岛弧拉斑玄武岩区。岩石经受多期变质变形，形成片理化程度不同的各类千枚岩、千糜状片岩，局部出现蓝闪石片岩。

张八岭成矿区岩浆建造主要包括晋宁期海相细碧角斑岩建造、燕山期侵入岩建造和火山岩建造。燕山期侵入岩建造主要为壳源混合型石英闪长岩-花岗闪长岩-二长花岗岩-正长花岗岩-石英正长斑岩等花岗岩组合，闪长质脉岩（闪长玢岩、微晶闪长岩、石英闪长玢岩）普遍发育，属钙碱性岩系、钾质-钠质类型。一般呈脉状、岩枝状、岩墙状，沿区域性构造带成群出现。在空间上与破碎石英脉-蚀变岩型金矿化带互相平行，紧密伴生，揭示了成矿热液与闪长质脉岩在成因上的联系。燕山晚期中、酸性钙碱性侵入岩建造严格受控于郯庐断裂带，呈北北东向展布，岩体内外接触带对金矿的控制作用明显。如管店岩体内外接触带对金矿的控制作用，受郯庐断裂带的控制，岩相呈不对称北北东向分布，可分为3个相带：边缘相为细粒石英闪长岩，过渡相为似斑状花岗闪长岩，内部相为中粗粒二长花岗岩。岩体的北东和东南接触带剥蚀较浅，已知矿床（点）的规模较大，品位较高。热液型重晶石矿成矿作用与岩浆侵入期后残余热液相关，主要与闪长玢岩脉、石英正长斑岩、二长斑岩小岩脉关系密切。区内普遍发育的闪长质脉岩，一般呈脉状、岩枝状、岩墙状，沿区域性构造带成群出现。在空间上与破碎石英脉-蚀变岩型金矿化带互相平行，紧密伴生，反映了成矿热液与闪长质脉岩在成因上的联系。

成矿区构造变形以强片理化带、韧性剪切带为特征。片理产状基本是倾向南南东，倾角20°左右。是发生在中深构造层次大型顺层伸展滑覆型韧性剪切带。早期构造变形以强烈挤压、韧、脆性走滑和高压蓝片岩相变质作用叠加为特征，由强变形糜棱岩带、片理化带组成，层间褶皱、小褶曲发育，褶轴与片理走向一致，表现为岩片堆叠式"单斜"构造特征。蓝闪石片岩 K-Ar、$^{40}$Ar-$^{39}$Ar 和 Rb-Sr 年龄 245～211Ma（李曙光等，1993），表明形成于印支期。晚期变形形成折劈理和皱纹线理，以 $S_2$ 为轴面，由 $S_1$ 形成斜歪至较开阔褶皱，向北东倒覆，并伴有一系列冲断作用，断面倾向北东、北西。两期片理构成复杂的褶皱形态：由 $S_1$ 构成复背、向形构造，轴向北北东，轴迹稍有弯曲，向南倾没；叠加了由 $S_2$ 构成的北西（或北北西）向、东西向、北东向的次级褶曲。韧脆性剪切带和构造破碎带是区内金矿、重晶石矿主要的控矿容矿构造。区内主要发育北北东向、北西向和北北西向多组韧脆性剪切断裂，主断面两侧发育近平行的密集破劈理带、构造破碎带、构造角砾岩带及构造透镜体，同时见有石英脉贯入。燕山期闪长玢岩、石英二长岩、花岗闪长岩、二长花岗岩等岩体，多沿韧脆性剪切带分布，提供了深部岩浆及热液活动的构造场所。主要金矿均分布于断裂带内，如管店谢岭金矿点、郭大洼金矿点、小庙山金矿等。多期次、多级别、多方向、不同变形特征的断裂网络控矿、容矿作用形成不同类型或复合型金矿，成矿区内金矿床可划分为含金石英脉型和构造破碎带蚀变岩型两大类。含金石英脉型金矿以含金硫化物石英脉产出，主要分布于深熔花岗岩体内和岩体接触带附近，矿体与闪长质脉岩密切共生，受韧脆性剪切断裂控制。破碎带蚀变岩型金矿产于构造破碎带中，交代蚀变成矿作用使金矿（化）点矿体由构造碎裂岩石经含金热液交代蚀变达到金的工业品位的蚀变岩石构成。主要发育于应力最集中、断裂破碎最强烈的主断裂面附近，与闪长质脉岩密切相关。矿脉两侧蚀变呈现不对称带状分布，如小庙山、草庙王等金矿脉。郯庐断裂带内北西向裂隙构造是重晶石矿脉充填和矿液聚集、沉淀的空间，北西（或北北西）向、东西向、北东向的次级褶曲是热液型重晶石矿就位的有利构造部位，其中广泛发育的一组北北西—北西（320°～350°）向呈羽状排列的张性、张扭性裂隙（节理）带中矿脉十分发育。区域重晶石成矿主要受海相火山碎屑岩建造、燕山期侵入岩建造和构造裂隙控制。

## 第五节 长江中下游成矿带成矿构造环境

安徽省长江中下游铜、铁、硫多金属成矿带隶属下扬子成矿省，大地构造位置为下扬子前陆盆地范围，夹持于郯庐断裂带东界黄破断裂带与高坦断裂带、周王断裂带之间，呈北东向喇叭口状展布（图 6-4）。包括庐江-滁州铜、金、铁、钼、铅、锌、银、硫成矿亚带，沿江铜、铁、硫、金、多金属成矿亚带和宣城铜、钼、金、银、铅、锌成矿亚带。成矿作用属扬子式铜（硫、铁、金、钼）、铁（硫、铜）成矿系列，是安徽省重要的多金属成矿矿集区和成矿远景区。

图 6-4 长江中下游成矿带成矿区块及典型矿床成因类型

长江中下游成矿带大地构造背景为扬子陆块区相系下扬子陆块大相，下扬子碳酸盐岩台地相、前陆盆地相、陆内盆地相，控矿岩石构造组合主要有台地相碎屑岩、碳酸盐岩建造构造组合，陆表海碎屑岩、碳酸盐岩建造构造组合,河湖相杂色复陆屑建造构造组合,燕山期沿江高钾钙碱性-碱性火山岩构造组合和中酸性钙碱性-碱性侵入岩构造组合等。构造演化经历了陆缘盖层发展阶段和滨太平洋陆内盆、山发展阶段,总体处于稳定陆块沉积环境。

长江中下游成矿带是南华纪以来的前陆坳陷区,下扬子海底构造背景比较复杂,隆坳起伏,出现较多的次稳定型或非稳定型沉积。岩相-建造在纵、横方向上变化较大,而且厚度也相差悬殊,显示了很大的活动性。扬子期期间,安徽下扬子海海水较深,形成了一套杂陆屑和硅质页岩为主的建造组合,下降幅度由北西往南东加大。加里东期开始,下扬子区基本上继承了震旦纪的构造和地理格局,属非补偿海盆,为较稳定的地台型海相沉积。志留纪末(410Ma左右)加里东运动,下扬子区主要表现为早古生代地层整体抬升,全面隆起,长期剥蚀夷平,缺失中志留世晚期至中泥盆世沉积,岩浆活动不明显,基底发育成走向北东的"两坳一隆"的基本构造格局。华力西-印支期全为典型的稳定型盖层沉积,以台地相碳酸盐建造为主,整体表现为一个完整的海进—海退序列。中三叠世末,区域上扬子陆块向大别微陆块俯冲碰撞,下扬子地区成为前陆盆地,两侧掀斜隆升向中部收缩,形成区域性的对冲格局,表现为沉积盖层全面褶皱,断裂构造十分强烈,呈北东向、北北东向展布。晚侏罗世—早白垩世早期,是构造体制转折的重要时期,以强烈的陆相火山喷发和中酸性-酸性岩浆侵入为特色,达到了安徽前陆盆地岩浆活动的高峰期。大规模高钾钙碱性、橄榄安粗岩系列岩浆-成矿活动,形成一系列近东西向、北东东向的构造岩浆带,在北东东向与北东向构造交会处形成大规模岩浆-成矿活动中心,长江中下游铜、铁、硫多金属成矿带许多重要的铁、铜、铅、锌、金、银等多金属矿床(点)和非金属矿产大多受此构造-岩浆活动控制。燕山晚期,随着太平洋板块向欧亚地块不断俯冲,地壳水平挤压活动强烈,进一步形成了一系列北北东向、北西向、近东西向断裂和推覆构造。燕山期陆内造山过程一直持续到白垩纪末,主导构造以逆冲推覆、左行平移、新生断陷盆地和断块运动为本期特色,经历了伸展(岩浆底劈穹隆)→挤压(逆冲推覆)→伸展(断陷)演化过程。成矿地质作用均不同程度地受沉积建造、火山建造、侵入岩建造、变形构造和大地构造相等地质条件控制,成矿规律可总结为:燕山期构造-岩浆活动控矿、成矿为主导,多位多因成矿为主体。

## 一、庐江-滁州成矿亚带

庐江-滁州成矿亚带构造位置在下扬子地块滁州断褶带内,紧邻郯庐断裂带东南侧,南以滁河断裂带为界与沿江褶断带相接,是下扬子前陆带西北边缘变形最为强烈的一个地带。大地构造为下扬子陆块大相、下扬子碳酸盐岩台地相,以碳酸盐岩台地亚相白云岩、白云质灰岩、灰岩建造、碎屑岩建造构造组合(Z—O)为主体。内生金属矿产以金、铜、铁、钼为主。矿床(点)形成基本与震旦纪—古生代沉积建造以及燕山期中酸性侵入体有关。金矿成因类型主要为低温热液型、接触交代型以及机械沉积型,相应形成的主要矿床类型为微细浸染型(似卡林型)金矿,石英脉型金铜矿,矽卡岩型金铜矿,矽卡岩型铜、金、钼矿以及砂金矿,其中主要类型为低温热液型(微细浸染型)金矿,矽卡岩型金、铜、铁多金属矿和斑岩型铜金矿。

区域上,成矿亚带内震旦纪陆棚相钙质页岩-微晶灰岩建造、泥晶灰岩-泥灰岩建造、台地相白云岩建造、含沥青碳酸盐岩建造、寒武纪—奥陶纪硅质页岩-硅质岩建造、微晶灰岩-泥灰岩建造等发育,层控性强,具有利的成矿背景。

带内岩浆岩活动主要发生于晚侏罗世—早白垩世,以安山质-粗安质熔岩-火山碎屑岩建造和花岗质侵入岩建造及一系列中-中酸性脉岩建造为主。侵入岩建造为辉长闪长岩-闪长玢岩-石英闪长岩-二长岩-石英二长斑岩组合及其专属性脉岩组合,包括浅成相同源次火山岩相英安玢岩脉、安山玢岩脉和隐爆角砾岩。属壳幔混合同熔型富碱高钾钙碱性岩系,与热液型、矽卡岩型金、铜等成矿关系密切。代表性侵入岩自南向北有大马厂、东孙、滁州、黄道山、屯仓等岩体,呈岩株、岩瘤、岩枝、岩脉状产出,总体向北东延伸，岩浆侵入活动在南部侵位较浅，向北逐渐变深存在着隐伏岩体。金矿成矿作用与岩体及岩脉侵位成岩作用具有同步性和继承性，表现在成矿成岩时代的相似性和继后性，表明区内岩浆活动与控岩控矿构造及矿化作用基本同属燕山期的产物。

区内构造变形强烈，南华系—震旦系、古生界至中三叠统均卷入强烈的褶皱和冲断变形中，褶皱呈一系列轴面向北西倾，向南斜歪、倒转、平卧甚至翻卷的紧闭或叠加褶皱。断裂构造以低角度—中等角度逆冲断层为主，横断层次之，表现为一系列北西倾的叠瓦状推覆断层，形成典型的冲褶断带。北东—北北东向韧脆性剪切构造带为区域控岩控矿断裂。沿张八岭岩群西冷岩组与南华纪周岗组接触带出现两条强糜棱岩带，总体呈北北东向展布，为伸展型韧性剪切带。伴随北东向、北北东向紧闭线形褶皱发育的轴向断裂和层间滑动面是重要的构造薄弱带，为含矿构造带的形成及成矿热液的运移、富集提供了有利的储矿构造。主要控矿构造类型有层间挤压破碎带、缓倾斜的逆冲断层、褶皱转折端的虚脱部位以及晚期的陡倾斜的脆性断层及破碎带，此外岩石中的层理面及不同构造期形成的劈理面对金矿的形成也有一定的制约作用。围岩蚀变是热液活动的具体表现，热液活动是成矿物物质迁移、运移、富集与最终形成矿体的关键。

构造变形对成矿控制作用明显。据不完全统计，本区目前已发现金矿点、矿化点20余处，主要沿玉屏山—燕子山—大庙山—杨梅山—花山洼一带分布，形成北东—北北东向金矿化带。矿化类型有两种：一是接触交代型，产于石英闪长岩、闪长玢岩脉与其围岩接触带，出现矽卡岩化、大理岩化等围岩蚀变；二是微细浸染型，产于黄(栗树)-马(厂)断裂带的次级断裂破碎带内，矿(化)体主要受控于与主干断裂相平行或呈小角度斜交的低级别复合型断裂、角砾岩带或层间破碎带。带内岩石出现绢云母化、硅化、黄铁矿化、碳酸盐化蚀变。以黄栗树-马厂金(铜)成矿带为例，从南西到北东依次分布有南部东孙中-高温(石英-碳酸盐相)矽卡岩型铜(金)矿床、石英脉型金(铜)矿点(合洼)和矿化点(铜井山)；中部和北部的大庙山-龙王尖、范水洼、增洼、黄泥河等多处微细浸染型小型金矿床及花山洼等金矿点。这些不同类型的金(铜)矿床及矿(化)点，在空间上总体受侵入岩、脉岩建造和断裂带的控制，反映出成矿作用与地质背景的有机联系性。成矿远景区块主要分布在沿江隆起带和隆、坳过渡带的边缘。现以成矿亚带内几种典型矿床为例进行成矿规律分述。

**1. 低温热液型金矿**

低温热液型金矿以大庙山、范水洼金矿为典型矿床进行研究。大庙山金矿区主要成矿层位为晚震旦世灯影组上段(第二岩性层)硅化白云质灰岩、白云岩，及呈互层状产出的泥灰岩、页岩建造，主要矿化体的空间分布均集中其内，显示了成矿具有较好的层控性。震旦纪灯影组上段金含量的高背景值为金矿化的发生提供了物质的可能。该套地层中软硬相间的碳酸盐岩、薄层状泥灰岩和页岩沉积层序为构造薄弱带，是构造及成矿热液发生及运移的有利地方。主要容矿碳酸盐岩建造化学活动性较强，透水性高，有利于成矿热液的渗透交代及金的沉淀，而其下伏地层为不同成分的砂岩、粉砂岩，上覆地层皮园村组硅质岩，均为致密、透水性差、化学性质较稳定的隔挡层，为成矿提供了良好的地球化学屏障。

范水洼金矿(似卡林型)主要赋矿层位为晚寒武世琅琊山组下段中厚层微晶灰岩、含泥质或粉砂质微晶灰岩建造，其特征是泥质条带状灰岩中碳质含量很高。岩石中泥质、碳质含量越高，金矿化也就越强。由于在沉积过程中可能就已形成金的预富集层，同时在热液成矿作用阶段泥质和碳质对金起到了吸附作用，使金矿化得到了进一步地富集，是早期的层控矿源层。其后构造作用是控制金矿形成最主要的地质因素，构造作用愈强烈，构造角砾岩愈发育，金矿化愈强烈。

**2. 矽卡岩型铜(金)矿**

本成矿亚带中矽卡岩型铜(金)矿成矿构造地质背景、岩石建造、构造变形等控矿因素与热液型金矿基本相似，典型矿床为滁州琅琊山式接触交代矽卡岩型铜矿，主要成矿期为燕山早期。

琅琊山式矽卡岩型铜矿主要控矿地层为晚寒武世琅琊山组上段网纹状或条带状结晶灰岩建造，矿体分布在石英闪长玢岩与琅琊山组上段灰岩的接触带及其前缘。与成矿关系密切的为燕山早期侵入的石英闪长玢岩体,成矿物质来源于燕山早期中酸性岩浆活动,成矿流体由石英闪长玢岩体形成过程中分异出的岩浆期后热液组成。成矿岩体沿北东向滁(州)-洪(镇)脆韧性剪切构造带的软弱破碎处上侵于琅琊山组灰岩内,并对围岩进行吞蚀、剥离、破坏,在岩体内产生诸多捕虏体、残留体,同时形成了东、西及底部接触带,这些部位都是矿床良好的成矿空间,孕育了矽卡岩型富铜矿床,矿体环绕接触带分布,呈"U"字形和"多"字形排列。区域构造由一系列褶皱和压扭性断裂组成。滁(州)-洪(镇)脆韧性剪切构造带及由滑劈理拉伸形成的"S"形褶皱是主要控岩控矿构造。成矿热源和成矿物质主要来源于燕山早期中酸性岩浆活动,琅琊山接触交代矽卡岩型铜(钼)矿床位于滁州复式倒转向斜南东翼的次级褶皱醉翁山紧闭不对称向斜的核部。脆韧性剪切带、褶皱核部的虚脱空间、接触带构造、裂隙构造、捕虏体构造是主要控矿构造及矿体的赋存空间。矿石类型主要为含铜矽卡岩、含铜闪长玢岩、含铜磁铁矿和含铜灰岩、含钼矽卡岩、含钼闪长玢岩等。

**3. 斑岩型铜金矿**

庐江沙溪式斑岩型铜金矿位于下扬子地块滁州断褶带庐江复背向斜带内,紧邻郯庐断裂带东南侧,北东—北北东向韧脆性剪切构造带为区域控岩控矿断裂,郯庐断裂带近侧燕山期闪长岩岩体是铜矿主要找矿方向。本区高钾钙碱性石英闪长玢岩建造,属壳幔混合源同熔型钙碱性岩系。岩石化学成分具富碱高钾特点,与矽卡岩型铜、铁、金等成矿关系密切。沙溪地区燕山早期斑岩型铜矿床(点)侵入岩建造组合为石英闪长玢岩、黑云母石英闪长玢岩组合,含矿建造为碎屑岩-闪长玢岩建造,控矿构造为北东向、北北东向和近东西向3组构造交会部位及隆、坳过渡带的边缘。

庐江沙溪铜泉山斑岩型铜矿床为典型矿床。矿区位于巢湖-潜山断陷盆地内之次级断块隆起,盛桥-菖蒲山北东向复背斜的南西端。断块隆起由早、中志留世砂页岩组成,两侧被早、中侏罗世石英砂岩、砂页岩和泥质粉砂岩覆盖。成矿时代属燕山期(早白垩世)。测得含矿岩体(石英闪长玢岩)全岩Rb-Sr等时线年龄为$127.9\pm1.6Ma$,Ar-Ar法坪年龄为$126.8\sim123.6Ma$,其重要特征是侵位年龄与成矿年龄接近。斑岩型铜矿控矿地层为钟山组、罗岭组砂页岩,它们一方面表现为对成矿热液的隔挡屏蔽作用,另一方面表现为具有良好孔隙度的砂页岩地层可以成为矿液储存的条件。与成矿有关的燕山期石英闪长玢岩属碱钙-钙碱系列同源不同阶段的中酸性杂岩体,为火山喷发末期或间歇期的侵入岩建造,是次火山环境的产物,与火山岩浆同源,矿化系统位于火山环境与侵入环境之间。成矿物质来源于上地幔或地壳深部,含矿热液是在岩体冷凝结晶过程中通过挥发性组分的蒸馏和气化作用分异出来的次火山热液,成矿作用受断裂及岩体的原生裂隙控制。当中酸性岩浆上升侵入到地壳浅部时,由于温度、压力的骤然降低,岩浆迅速冷却成斑状岩石,在次火山热液作用下,随即发生热液蚀变作用,形成钾化、石英-绢云母化等蚀变现象。有用组分通过交代岩体本身(或附近围岩)而成矿。由于热液的脉动性,造成热液蚀变的多期叠加及矿化的多期性。

控矿构造为隆起和坳陷带的边缘,深断裂旁侧的次一级断裂。矿区次级背斜的轴部、北东向压扭性和压性与北西向张扭性和张性断裂的交会处,是矿床和矿体最有利的赋存部位。岩石裂隙的发育程度是矿化富集的重要条件,岩浆在结晶后如发生严重碎裂,靠近岩体的砂页岩节理裂隙发育有利于矿液充填,常常形成富矿。

成矿规律可归纳为在隆起和坳陷带的边缘,深断裂旁侧的次一级断裂,断裂交会处等部位,中酸性岩浆,钟山组、罗岭组等具有良好孔隙度的砂页岩地层等复合因素是本区斑岩型铜矿成矿作用的基本条件。

**4. 矽卡岩型铁矿**

本成矿亚带矽卡岩型铁矿位于扬子陆块北缘、下扬子前陆盆地滁州断褶带内,郯庐断裂带东侧天长地区。金属矿产以铁矿为主,伴生硼、镁、硫等。大冶式矽卡岩型多金属矿可以进一步划分为以铁为主的矽卡岩型硼、镁、铁多金属矿床(冶山式)、高中温热液型铁矿床(老山式),矽卡岩型铁矿为本亚带典型矿床。

天长冶山式矽卡岩型铁矿主要与震旦纪(黄墟组、灯影组)白云岩建造有关,燕山期侵入岩建造为闪长玢岩-石英闪长岩组合,属壳幔混合源同熔型钙碱性岩系,岩石化学成分具富碱高钾特点,与矽卡岩型铜、铁、金等成矿关系密切。

天长成矿区基底构造受北东向滁河断裂带隐伏构造控制,褶皱、断裂及隐伏岩体均呈北东向展布,且被北西向断层错移或滑断。褶皱构造主体呈北东向单斜褶皱构造,对含矿建造、矿床和地化异常的分布有重要影响。且深部有可能出现重复或冲断现象,直接影响了含矿建造的厚度和延伸深度。矿区构造主要受隆-坳两类构造背景控制。燕山期,次级隆起、坳陷更加复杂化,陆壳基底相对减薄,岩石圈和大规模地幔物质注入陆壳内部,是控制这种壳幔混合源岩浆及亲幔元素矿产(Fe、Cu、Au、S)形成的关键因素和成矿前提。

区内构造主要有北北西向断裂破碎带及北东向、北北东向断裂。矿区即是由西、北、东三面被花岗闪长岩所围的白云岩与大理岩构成的单斜构造。褶皱构造控矿作用在本地区主要是表现为褶皱构造赋矿,矿体一般产出在背斜与断裂复合部位,背斜褶皱构造对本区矽卡岩型铁矿床具有比较重要的控制作用。

## 二、沿江成矿亚带

沿江成矿亚带构造位置在郯庐断裂带东南侧、下扬子前陆盆地沿江隆凹褶断带内,北以滁河断裂带为界与滁州成矿亚带相接,南部大致以高坦断裂带与江南隆起东段成矿带毗邻,是长江中下游铜、铁、硫多金属成矿带主体部分。下扬子前陆带沿江铁、铜多金属构造-岩浆成矿带大地构造属扬子陆块大相下扬子地块前陆盆地相,以台地相泥质碳酸盐岩建造、单陆屑岩建造、滨浅海碳酸盐岩建造、单陆屑砂质沉积建造及台地斜坡相碳酸盐岩建造、陆源砂质碎屑岩建造为主体,全为典型的稳定型盖层沉积,燕山期上叠中生代陆相火山盆地建造。印支运动使其褶皱、断裂构造十分强烈,总体有自北西向南东逐步减弱之势。侏罗纪以来强烈的燕山运动使前陆带构造进一步复杂化,其最显著特点是受大别造山带推挤,形成一系列向南东冲断的褶皱鳞片构造、逆掩和推覆构造。总体构成北东向断褶束,制约了含矿建造的展布。印支期成为扬子陆块缩短带,褶皱组合为紧闭相间背、向斜同等发育。基底断裂构造主要表现为北东向、近东西向、北西向3组,多为导矿或容矿构造,尤其是北东东向和北西西向两组断裂构造交会处为重要的控矿构造。燕山期岩浆活动强烈,岩浆多次侵入,并伴随有大规模火山活动,以高钾钙碱性、高钠碱钙性中酸性岩侵入岩建造和大陆碱钙性-碱性中酸性火山岩建造为特色,是省内内生金属矿产最富集的地带。主要矿床成因类型有陆相火山岩型、矽卡岩型、层控叠改型、接触交代热液型铁矿,矽卡岩型铜(铁、钼)矿,热液型铜(金)矿,层控叠改型铜(金)矿,斑岩型铜(金)矿,矽卡岩型、热液型金矿,热液型银矿,热液型、矽卡岩型、斑岩型铅锌矿,热液型锑金矿,矽卡岩型钼矿,陆相火山岩型、热液叠改型硫铁矿,热液型重晶石矿及沉积风化型锰矿。现分别按矿种和成因类型进行成矿地质背景分析总结。

(一)铁矿

**1. 陆相火山岩型铁矿**

陆相火山岩型铁矿区庐枞、宁芜中生代火山盆地,构造位置处于郯庐断裂带的东侧扬子陆块北缘的长江中下游断陷带内。形成演化受中生代板块碰撞、陆内造山、挤压-剪切-拉张作用长期控制,为在中三叠世—早、中侏罗世沉积盆地基础上形成的上叠继承式火山盆地。火山岩型铁矿常见于火山热液矿床和潜火山热液矿床,庐枞地区是以潜火山气液型和层控-热液叠加改造型两类为主,宁芜地区铁矿成矿作用主要与火山-次火山作用有关。

中生代火山盆地基本上沿长江深断裂带分布,与地幔隆起带(幔脊)相对应,岩性复杂。火山建造包括橄榄安粗岩系和高钾碱性火山岩两类岩石组合,总的趋势是由中基性向中酸性和偏碱性演化。橄榄安粗岩系的岩石具低硅、富碱、高钾特征,主体属碱钙性岩系。碱性火山岩主要发育于宁芜火山盆地娘娘山旋回,出现大量副长石类和碱性暗色矿物(霓辉石),庐枞盆地的双庙组上部、浮山组接近碱性火山岩组合的特点。在庐枞火山继承性盆地内已发现有大量的铜、铁、硫、铅、锌等矿床(点),在其火山构造盆地外围亦见有众多的矿床(点),铁矿床(点)的形成基本与岩浆作用有关,罗河式铁矿直接赋矿围岩是砖桥组火山岩及次火山岩——辉石粗安玢岩,龙桥式沉积-热液叠加改造型铁矿最主要的成矿物质来源及赋矿层位均是中三叠世周冲村组膏溶角砾岩,受岩浆期后热液的影响,铁矿体进一步富集。宁芜火山性盆地火山建造同样由橄榄安粗岩系列演变成碱性岩系列,为一套造山后陆内伸展离散环境下壳幔混合源型火山岩组合。铁矿床的成矿作用主要与火山-次火山作用有关,表现为往往围绕着一个火山-次火山岩的侵入活动中心,出现一组不同类型的矿化。主要岩石类型有高钠碱钙性中基性岩辉长闪长(玢)岩和闪长(玢)岩组合,与铁矿成矿关系密切,其中辉长闪长(玢)岩是铁矿主要的成矿母岩。赋矿围岩是龙王山组上段紫红色凝灰质含铁粉砂岩建造和大王山组上段安山质角砾凝灰岩、凝灰岩夹铁碧玉质沉积凝灰质粉砂岩、泥岩建造。

火山盆地构造主要受控于郯庐断裂带(系)和长江深断裂带(系)的发生发展。安徽境内的郯庐断裂带是一条长期发展的岩石圈深断裂,燕山早期表现为大规模左行平移,压扭-张剪-拉分是盆地形成的区域背景,壳、幔混合源型火山岩、花岗岩强烈喷发和侵位。长江深断裂是控制下扬子坳陷岩浆活动与成矿作用的岩石圈深断裂(江北和江南型两类基底的变异带)。印支运动后,盆地基底褶皱、断裂构造十分发育,次级隆起、坳陷更加复杂化,沿江地区处于拉张构造环境,陆相火山岩、侵入岩活动强烈。沿江中生代火山-沉积盆地区总体处于地幔隆起区,对应地壳较薄的位置,是导致幔源物质参与的深部构造根源,也是控制长江中下游铁、铜等内生金属成矿带的主要构造因素。如庐枞火山盆地就是叠加在印支期向斜构造基础上的一个北东向卵形向斜火山盆地。盆地断裂构造十分发育,北东向、北北东向、南北向、东西向、北西向、北北西向与环状、弧状、放射状断裂纵横交错,北东向断裂为主控构造。几条规模较大的断裂带控制了火山盆地的发育,对火山喷发、火山机体的空间展布、侵入岩时空演化、控矿构造等都有十分重要的控制作用。

深部基底一系列近东西、北东东向构造带,在与北东向构造交会处形成大规模岩浆-成矿活动中心,早白垩世碱性系列火山岩及具有 A 型花岗岩岩性质岩浆活动预示着加厚岩石圈大规模的伸展塌陷,形成"拉分"盆地,隆起与坳陷呈北东向相间排列,控制着盆地构造的空间展布和幔源物质的贯入,如庐枞地区具有"两隆两坳"的构造格局。

盆地火山活动具明显的阶段性和间断性,不同喷发时期的火山活动有不同的活动方式与类型,岩浆火山活动与侵入活动表现出同源性、异相性和整体性,构成一个完整的喷出-侵入系列(火山岩—潜火山岩—侵入岩呈规律性的演变)。各喷发旋回、火山构造(洼中隆)和其间的沉积间断具明显的成矿专属性(如砖桥旋回是主要铁、铜成矿旋回)。火山岩与铁(铜)成矿作用关系十分密切,主要有玢岩型(罗河式)和围岩蚀变型(龙桥式)两类。层控热液叠改型铁矿主要与沉火山碎屑岩和白云质膏溶角砾岩有关。气液型、热液型铁(硫铁)矿主要与潜火山岩相、浅成侵入相闪长玢岩、石英闪长玢岩相关。

**2. 矽卡岩型铁矿**

矽卡岩型铁矿主要见于安庆-贵池地区(大冶式矽卡岩型、层控叠改型)和铜陵-繁昌地区(狮子山式层控叠改型、金龙式接触交代热液型),构造位置处于扬子陆块北缘的长江中下游前陆褶冲带。矽卡岩型铁矿主要与古生代—三叠纪地层、燕山期岩浆活动及褶皱断裂构造有关。赋矿围岩主要为前陆盆地台地相-滨浅海泥质碳酸盐岩建造组合,如大冶式矽卡岩型铁矿主要与二叠纪栖霞组灰岩、晚石炭世黄龙组白云岩-灰岩和船山组灰岩及其他碳酸盐岩地层有关，铜陵狮子山式矽卡岩型铁矿主要含矿层位是晚石炭世黄龙组白云岩、灰岩和船山组灰岩，早三叠世南陵湖组、和龙山组灰岩等碳酸盐岩建造。

安庆-贵池-铜陵地区燕山期侵入岩建造主要有闪长玢岩-闪长岩组合，花岗闪长斑岩-花岗闪长岩-石英闪长玢岩组合和闪长岩-石英闪长岩-闪长玢岩-花岗闪长岩组合，尤其是高钾钠、低硅火成岩是铁质的主要来源。铜陵地区燕山期侵入岩组合具长江中下游构造岩浆岩带扬子型与江南型过渡带特征，形成时代集中于晚侏罗世—早白垩世（同位素年龄147～137Ma）。从早到晚，壳源物质逐渐增多，属壳幔混合型侵入岩建造，为类似于火山弧背景下形成的产物，与燕山期区域大地构造环境相适应。

沿江安庆-贵池-铜陵铁、铜成矿区构造位于大别造山带南缘下扬子前陆反冲构造带，夹持于郯庐断裂带与高坦断裂带之间，总体构成北东向断褶束，制约了含矿建造的展布。印支期成为扬子陆块缩短带，褶皱组合为紧闭相间背、向斜，同等发育。断裂表现为面理倾向北西的逆冲变形构造，岩石呈叠瓦状构造岩片产出，发育一系列逆冲断面，构成自北北西向南南东的反向逆冲推覆构造系统。安庆地区受董岭岩群底劈（变质核杂岩）构造影响，褶皱、断裂及闪长岩体均呈弧形展布。

(二) 铜矿

安徽省沿江成矿亚带铜矿床主要有矽卡岩型（包括层控热液叠改型、接触交代热液型）、斑岩型、火山岩型（包括火山热液型）等，严格受沉积建造、火山建造、侵入岩建造和变形构造等地质背景控制。

**1. 矽卡岩型铜（铁、金、钼）矿**

本成矿亚带层控内生矽卡岩型铜矿主要赋矿地层在沿江安庆、贵池、繁昌、铜陵地区，主要为晚石炭世黄龙组、船山组，中晚二叠世栖霞组、大隆组，早三叠世殷坑组、和龙山组、南陵湖组及中三叠世周冲村组等碳酸盐岩-碎屑岩建造组合。以铜山银山岭矽卡岩型铜矿床为典型矿床，主要受石英闪长玢岩与中二叠世栖霞组硅质碳酸盐岩建造-灰岩接触带控制。

长江中下游沿江地区控矿侵入岩建造主要为燕山中、晚期高钾钙碱性岩组合、高钠碱钙性侵入岩组合。包括辉石二长闪长岩、富钠石英闪长岩、石英二长闪长岩、花岗闪长岩、花岗闪长斑岩、黑云母花岗闪长岩及石英闪长玢岩、二长花岗岩等中酸性侵入岩类，侵入活动具有多期次的特点，为一套由造山前挤压向造山后陆内伸展转换构造环境下壳、幔混合源型侵入岩建造组合。侵入岩组合具长江中下游构造岩浆岩带扬子型与江南型过渡带特征，属壳幔混合型侵入岩建造，为类似于火山弧背景下形成的产物。与成矿关系密切的侵入岩同位素年龄为147Ma，成矿时代属燕山期。燕山期花岗岩沿东西向周王断裂带与北东向江南断裂带交会部位侵位，铜山银山岭、铜山、奎坑等铜矿体多分布在黑云母花岗闪长斑岩、黑云母花岗闪长岩、石英闪长玢岩、花岗闪长岩等侵入岩接触带内，其中花岗闪长斑岩的铜锌含量较正常的中酸性侵入岩的平均含量高1倍左右，为主要成矿母岩。成矿流体沿岩浆岩与碳酸盐岩地层的接触面、层间滑动带流动，于接触带处通过接触交代作用（以双交代作用为主），形成矽卡岩及矿化。由于栖霞组薄层—中层硅质条带状灰岩与厚层状灰岩之间存在物性差异，褶皱变形时两者的接触面易形成顺层滑移和虚脱构造，为矿液的运移及富集提供了有利的条件，与接触带同为主控矿构造。

长江中下游沿江矽卡岩铜、铁成矿亚带主要受隆-坳两类构造背景控制，燕山期，次级隆起、坳陷更加复杂化，陆壳基底相对减薄、岩石圈和大规模地幔物质注入陆壳内部，是控制这种壳幔混合源岩浆及亲幔元素矿产（铁、铜、金、硫）形成的关键因素和成矿的前提。印支期成为扬子陆块缩短带，褶皱组合为紧闭相间背、向斜，并同等发育。总体构成北东向断褶束，制约了含矿建造的展布。基底断裂构造主要表现为北东向、近东西向、北西向3组，多为导矿或容矿构造，尤其是北东东和北西西向两组断裂构造交会处为重要的控矿构造。

**2. 火山岩型铜(金)矿**

与陆相火山岩有关的铜矿主要有庐枞、宁芜、繁昌3个中生代火山盆地及安庆、铜陵地区,隶属长江中下游岩浆岩成矿亚带,是铁、铜、硫、金等矿产集中分布区,基本上沿长江深断裂带分布,与地幔隆起带(幔脊)相对应,岩性复杂。形成演化受中生代板块碰撞、陆内造山、挤压-剪切-拉张作用长期控制,在中三叠世—早、中侏罗世沉积盆地的基础上形成上叠继承式火山盆地。常见矿床类型有火山热液矿床和潜火山热液矿床及角砾岩筒式矽卡岩型矿床,以前两者最重要。

火山盆地基底由中三叠世周冲村组、黄马青组,晚三叠世范家塘组,早侏罗世钟山组,中侏罗世罗岭组组成,其中黄马青组为一套海陆交互相的含铜碎屑岩建造,中侏罗世罗岭组为陆相含煤碎屑岩建造,是本区铜矿形成的重要物质来源之一。

成矿亚带内中生代火山岩建造包括橄榄安粗岩系和高钾碱性火山岩两类岩石组合,总的趋势是由中基性向中酸性和偏碱性演化。橄榄安粗岩系的岩石具低硅、富碱、高钾特征,主体属碱钙性岩系。碱性火山岩主要发育于宁芜火山盆地娘娘山旋回,庐枞盆地的双庙组上部和浮山组接近碱性火山岩组合的特点。

庐枞火山盆地火山建造由橄榄安粗岩系列演变成碱性岩系列,为一套造山后陆内伸展离散环境下壳幔混合源型火山岩组合,由龙门院、砖桥、双庙、浮山4个火山喷发旋回和多个喷发韵律组成。火山建造由玄武粗安岩建造→辉石粗安岩、粗面岩建造→玄武粗安岩、粗面玄武岩建造→粗面岩建造变化,其间夹含铁质粉砂质泥岩、凝灰质粉砂岩。火山、火山碎屑岩建造为铜矿化主要赋矿层。

宁芜火山盆地与庐枞火山盆地处于相同的大地构造环境,火山建造同样由橄榄安粗岩系列演变成碱性岩系列,为一套造山后陆内伸展离散环境下壳幔混合源型火山岩组合,由龙王山、大王山、姑山、娘娘山4个火山喷发旋回和多个喷发韵律组成。火山建造自下而上为安山岩、粗安岩、角闪粗面岩建造→安山岩、辉石安山岩、辉闪安山岩建造→石英安山岩、英安岩、碱性粗面岩建造→碱性粗面岩、黝方石响岩建造,喷发旋回间夹凝灰质砂岩、含铁粉砂岩、泥岩及铁碧玉质沉积铁矿层,是天头山式火山热液型铜金矿主要赋矿层位。

繁昌火山盆地与庐枞、宁芜火山盆地同处于沿江岩浆亚带,介于两者之间,具相同的构造背景,火山建造具有介于高钾钙碱性系列和橄榄安粗岩系列的特点,为一套造山后陆内伸展离散环境下壳幔混合源型火山岩组合,由中分村、赤沙、蝌蚪山3个火山喷发旋回和多个喷发韵律组成。3个火山喷发旋回的火山岩系列、组合、成岩物源和构造背景不同:中分村旋回为高钾钙碱性系列岩石组合,与铜陵地区浅成侵入岩对应,形成于岩石圈挤压加厚的构造环境;赤沙旋回为橄榄安粗岩系列岩石组合,与庐枞盆地火山岩对应,是挤压岩石圈加厚、玄武质岩浆底侵的产物;蝌蚪山旋回具双峰式特点,形成于典型的陆内伸展拉张环境。火山建造自下而上为流纹岩、安山岩、英安岩、流纹斑岩建造→英安岩、安山岩、粗面安山岩建造→玄武岩、安山岩、流纹岩、粗面岩及其碎屑岩建造,多见石灰质砾岩、砂岩、沉凝灰岩、粉砂岩、泥质-钙质粉砂岩、岩屑砂岩、页岩等沉积建造。火山-沉积建造是天头山式火山热液型铜金矿主要赋矿层位。

火山岩型铜矿侵入岩建造由基性岩到酸性岩均有发育,侵位时间较火山岩滞后,与火山岩具有同源演化特点。包括高钾钙碱性中酸性岩组合、高钠碱钙性侵入岩组合及碱性侵入岩组合。岩浆活动主要集中在燕山期,既有大量的火山岩,也有超浅成-浅成的次火山岩以及不同规模的侵入岩。侵入活动具有多期次的特点。岩石类型较多,主要为闪长岩-二长岩-斑岩系列。为一套造山后陆内伸展离散环境下壳、幔混合源型侵入岩组合。与热液型铜、金矿床密切相关。

庐枞-繁昌-宁芜火山盆地是在中三叠世—中侏罗世沉积盆地基底上发展形成的,印支运动后,火山盆地构造主要受区域性断裂和基底深部构造控制。对气液型、热液型铜、(铁、硫铁)矿,及潜火山岩相、浅成侵入相闪长玢岩、石英闪长玢岩控岩、控矿作用明显。

### 3. 斑岩型铜（金）矿

本带斑岩型铜矿主要分布在铜陵、贵池等地区，成矿要素主要与燕山期中基性、中酸性富碱高钾闪长岩、花岗闪长岩类岩体及近围岩沉积建造、基底变形构造（见前文）有关，并受相应地区区域构造控制。如铜陵地区侵入岩含矿建造为辉石二长闪长岩、花岗闪长岩、石英闪长岩建造，构造破碎带、接触带是控制矿体形态和赋存空间的主要控矿构造；贵池地区马石式斑岩型铜矿侵入岩含矿建造为花岗闪长斑岩建造及泥质碎屑岩-花岗闪长斑岩建造，区域性断裂和褶皱带以及北东向断裂构造、层间断裂构造为重要的导岩、导矿构造，隐爆角砾岩筒和岩体内裂隙构造控制矿体的形态产状及赋存空间。

## （三）金矿

本亚带金矿多与铁铜矿共、伴生，主要包括矽卡岩型、斑岩型、（火山）热液型等。热液型金矿是金矿床（点）主要成因类型，低温热液型、矽卡岩型、斑岩型金矿属层控内生型，受沉积建造、侵入岩建造和变形构造等多重地质因素控制。主要分布在沿江贵池和铜陵地区，现分别简述。

### 1. 池州地区

依据金矿床的物质来源、成矿环境、成矿作用及成矿方式等因素，将池州地区金（铜）矿成因类型划分为复控式（接触交代＋层控）矽卡岩型、接触交代（矽卡岩）型、热液型、风化淋滤型、斑岩型和沉积叠改型等，总体为层控内生型。

本亚带内对内生金属矿产有利的沉积建造主要为台地相-浅海相碳酸盐岩建造、滨浅海相（含硅质岩）碳酸盐岩建造及海湾潟湖相-含膏盐建造等，尤其是泥盆纪硅铝质碎屑岩建造与石炭纪—二叠纪碳酸盐岩建造之间界面及奥陶纪碳酸盐岩建造和志留纪硅铝质碎屑岩建造间构造面，透水性、孔隙性发生变化过渡带部位是矿体定位的主要场所，为本区重要的沉积建造控矿因素。

贵池地区侵入岩浆活动强烈，岩体多沿不同方向构造的复合部位侵位。以燕山期为主（165～137Ma），岩石组合为中偏基性-中酸性-酸性岩浆岩，属钙碱性岩浆系列，呈中深成-浅成-超浅成相产出，具多期次、多阶段侵入特征。燕山期侵入岩建造与热液型金矿关系最为密切，为主要的控矿要素。主要成矿作用包括接触交代作用、热液交代-充填作用、热液叠加改造作用及风化淋滤作用等。其中以燕山早期北东向构造岩浆带最为重要，其与金、铜、铅、锌等内生金属矿产的形成关系最密切。岩浆成因类型不同，所形成的侵入岩建造不同。区内壳、幔同熔型侵入岩包括辉石闪长岩、石英二长闪长岩、花岗闪长岩、二长花岗岩建造。深源分异型侵入岩包括正长花岗岩、花岗岩、石英正长岩、正长斑岩、石英二长岩建造，陆壳改造型侵入岩包括花岗岩-正长花岗岩建造。

本区成矿时间主要集中于燕山早期，成矿作用往往出现在相应成矿岩体侵入活动的晚期阶段，金矿一般稍晚伴随钨、钼、铜、铁之后生成。不同的构造岩浆岩带，不同成因类型侵入岩建造，控制着不同的矿床类型和矿产组合。其中燕山早期北东向东流-贵池构造岩浆岩带是区内重要控矿构造岩浆岩带，主要矿产有铜、硫（金）、铁、铅锌、钼、锑（银）等，多为中小型矿床，矿床类型以矽卡岩型为主，亦有斑岩型和热液脉型。从岩体到外围，矿化类型由浸染型→矽卡岩型→层控热液型。受岩浆侵入活动影响，区内广泛发育热变质作用、接触交代作用和热液蚀变作用。蚀变类型包括硅化、角岩化、黄铁矿化、大理岩化、矽卡岩化、高岭土化等，具明显的分带现象，自岩体向外依次表现为：未蚀变岩体→矽卡岩化岩体→内、外矽卡岩→矽卡岩化大理岩→大理岩、角岩。矿化与热液蚀变关系密切，当硅化、黄铁矿化、高岭石化等叠加于石榴石矽卡岩之上时，利于成矿物质的富集。与侵入岩建造相关的内生矿床可分为两个成矿亚系列，其一为与燕山早期壳幔同熔型钙碱性闪长岩类岩体有关的铜、铁、硫、铅、锌、钨、钼、（金、银）成矿亚系列，成矿与钙碱性闪长岩-花岗闪长（斑、玢）岩成岩系列的小岩体有关，矿床类型主要有接触交代矽卡岩型、斑岩型、沉积叠改型、热液型以及它们组成的复合型（如复控式矽卡岩型矿床）。成矿时间为

140Ma或稍晚，代表性矿床有安子山铜山铜矿床、铜钼矿床，东湖铜矿床，朱家冲—低岭一带铜金铁矿点等。其二为与燕山晚期陆壳改造型富硅富碱花岗岩有关的银、铜、铁、铅、锌多金属成矿亚系列，产于北北东向断裂带上，成矿与燕山晚期深熔改造型花岗岩及其期后热液有关。矿床类型有矽卡岩型、高中温热液型，成矿时间为120Ma之后。

在区域构造背景下，基底断裂构造主要表现为北东向、近东西向、北西向3组，多为导矿或容矿构造，基底深大断裂具多期活动性，北东向断裂长期活动对区域构造有明显的控制作用，尤以北东向深断裂和东西向深断裂，它们直接决定着成岩成矿带的分布，在其应力集中的地段，特别是北东向深断裂系与东西向深断裂系交会部位，往往是中酸性小岩体和矿床生成的重要构造位置。在不同方向断裂交切处或与中酸性岩体接触带复合时，应力集中使岩石破碎，裂隙发育，孔隙度加大，有利于矿液运移和矿质沉淀富集。如长江深断裂带、高坦深断裂、周王深断裂等。

褶皱构造以池州背、向斜带为代表，由晚古生代及其以后地层组成，呈线形展布，褶皱紧闭，大部分为倒转褶皱，次级褶皱较发育。褶皱倒转翼逆掩断层多见，层间滑动构造也较明显，为地层侧向压缩量较大的断陷区（幔隆区）。其南为七都复背斜的北翼，为相对的断隆区（幔凹区）。背斜倾伏端应力集中，不同岩性层过渡部位易发生层间滑脱、岩石破碎，是岩体侵位和蚀变、矿化发生的有利部位。因此，与区内成矿作用相关的变形构造主要为断裂、褶皱构造，包括背斜倾伏端、接触带-断裂复合构造、接触-圈闭构造、穹隆构造、密集裂隙构造、角砾岩筒、层间构造及不同方向不同性质构造的交会处。

**2. 铜陵地区**

铜陵地区金矿工业类型划分为矽卡岩型、热液块状硫化物型、角砾岩型、斑岩型、风化淋滤型5类。主要成矿作用、控矿因素等与成矿区沉积建造、侵入岩建造及变形构造密切相关。

铜陵地层属下扬子地层分区石台-芜湖地层小区，区内地层从志留系至第四系均有出露。志留系为陆源碎屑砂质复理石建造，上泥盆统至上石炭统为河湖相-三角洲浅滩相-台地相滨浅海碎屑岩-碳酸盐岩建造（砂页岩-白云岩-灰岩组合），二叠系为台地相-缓坡相-盆地相碳酸盐-碎屑岩建造（硅质、沥青质、白云质灰岩-粉砂岩-硅质页岩-硅质岩组合），下三叠统为陆棚相-台地相碎屑岩-碳酸盐岩建造（钙质页岩-条带状灰岩组合）。当化学性质活泼的碳酸盐岩建造与上、下隔挡层砂页岩建造组合时极利于富集成矿，如区内主要铜、金矿床受晚石炭世黄龙组和船山组控制明显，天马山、黄狮涝、新桥等大型硫、金、银矿床均赋存于中石炭统与晚泥盆世五通群的层间破碎带内，对成矿作用有重要影响。碳酸盐岩+泥质岩（硅质岩）建造为铜陵地区主要的含矿和控矿建造，前者代表易被交代岩石，而后者代表不易交代和不透水性岩石，在成矿中起封闭遮挡作用。两者组合则构成有利成矿层位。碳酸盐岩建造对金成矿影响作用一方面提供部分金、硫成矿物质，尤其是同生矿胚（源）层的层位。另一方面不同岩性层间的层间滑动构造带作为金矿的赋矿场所，在泥质页岩、碳质、硅质页岩等不透水层屏蔽作用下改变热液性质，促进矿液沉淀成矿作用。铜陵成矿区铁、铜、金矿床主要赋存在3个层位建造中，分别为晚石炭世碳酸盐岩建造（铜官山沉积改造型铁、金、硫矿床）、二叠纪碳酸盐岩-碎屑岩建造（老鸦岭层控矽卡岩型铜、金、硫、铅、锌、钼矿床）和早三叠世碎屑岩-碳酸盐岩建造（西狮子山、大团山层控矽卡岩型铜、金矿床等）。

铜陵成矿区燕山期（晚侏罗世—早白垩世）构造-岩浆活动强烈，以热液型为主。复合内生型金矿主要控矿侵入岩建造是燕山期闪长岩、石英闪长岩、花岗闪长岩、花岗斑岩等高碱富钾中酸性侵入岩建造，属壳幔混合同熔型钙碱性岩系，以橄榄玄武质和高钾钙碱性侵入岩为主。早期钙碱性系列岩石（石英二长闪长岩、花岗闪长岩）与铜、金、铁、银、硫、铅、锌等矿化有关，晚期碱性岩系列（辉石二长闪长岩、石英二长闪长岩）与金、银等矿化密切相关，如鸡冠山、朝山、东狮子山、焦冲、新桥头、雨山等（碱性）辉长闪长岩、碱性辉长岩、黑云辉石二长岩、黑云母辉石闪长岩等，均属偏碱性-钙碱性辉长岩-闪长岩建造组合。成矿作用分热液叠加改造阶段和气成热液阶段，在不同的围岩条件下形成层控矽卡岩型、矽卡岩型、斑岩型、裂隙石英脉型矿体等。区内岩浆热液向富钾、硅的流体演化，产生含矿流体，因而侵入岩建造就成为控制金、铜、铁等矿化的主导因素。当两种系列的含矿岩石共生而成杂岩体时,则矿化强度增大,成矿条件更好。铜陵地区侵入岩建造控矿主导作用具体表现为直接提供成矿物质及成矿流体,提供热源驱动有用组分活化转移,富集沉淀,多期次复式岩体造成多期次成矿作用发生,岩浆喷流-沉积作用形成的黄铁矿矿胚层经过热液叠加改造及控制矿体的赋存空间或直接作为矿体等形式。

铜陵成矿区夹持于长江断裂带和周王断裂带之间,贵池-繁昌凹断褶束的东段。印支运动使本区盖层受到强烈侧向挤压,形成弧形褶皱系统。燕山期板内变形阶段构造、岩浆活动十分强烈。近东西向、近南北向基底断裂,北东向印支期褶皱和燕山期断裂构造复合控制了本区的成矿作用,制约了含矿建造的展布。

褶皱构造以北东向为主体,被断裂错断破坏,以短轴背、向斜褶皱出露,形态宽缓、紧闭,如铜官山、青山、永村桥-舒家店褶皱等。受东西向褶皱叠加,在断裂扭转复合变形控制下,往往在背斜核部发生层间滑脱,形成虚脱空间、层间裂隙,岩浆热液沿虚脱空间运移,选择有利岩性交代成矿,因而褶皱构造控制了层状矿床形成规模,对成矿有利部位主要是背斜倾伏端及翼部、向斜扬起端、倒转背斜等。

近东西向基底断裂、北东向断裂构造是铜陵地区主要控矿构造,盖层北西向、近南北向张性、张扭性断层次之。断裂构造控矿作用主要表现在以下几个方面:基底深断裂长期演变,控制了成矿区带基底结构、盖层构造和岩浆作用,如长江深断裂、周王断裂带控制了岩浆岩的发育和盆山构造格局,同时也是主要的岩浆热液通道,区域控矿作用明显。北北东向断层主要活动在燕山期,具一定的继承性,力学性质以压扭性为主,具多次活动迹象,控岩、控矿特征显著。主要表现在断裂、褶皱复合控矿,断裂接触带控矿,侵入岩与断裂构造复合控矿,不同层次多组方向交叉复合控矿,变形构造与层间滑脱-层间滑动构造复合控矿,挤压构造与张性构造带复合控矿,破碎带、裂隙构造控矿等,在平面上,矿床受不同构造复合交叉结点的控制。在剖面上,受复合构造控制,形成"多层楼"矿床分布模式,如冬瓜山、新桥、老鸦岭等成矿模式。本区主要多金属成矿带受隆-坳两类基底构造背景控制,燕山期,次级隆起、坳陷更加复杂化,陆壳基底相对减薄,岩石圈和大规模地幔物质注入陆壳内部,是控制这种壳幔混合源岩浆及亲幔元素矿产形成的关键因素和成矿的前提。

### (四)银矿

本亚带银矿以共、伴生为主,主要成因类型有热液型、矽卡岩型、斑岩型。下面以池州地区许桥式矽卡岩-热液型银矿为例,简述其控矿地质条件。

池州地区许桥式矽卡岩-热液型银矿赋矿地层主要为早中奥陶世仑山组、红花园组、大湾组、东至组、牯牛潭组等台地相碳酸盐岩建造地层。早中奥陶世碳酸盐岩地层中银、锌、铅、铜等成矿物质含量较高,为成矿提供部分物源,当含矿热液流经碳酸盐岩地层时,使碳酸盐岩地层中的有用矿物活化转移,在构造有利部位富集成矿。因此早中奥陶世碳酸盐建造是本区银矿主要控矿要素。

池州地区主要控矿侵入岩建造是燕山早期石英闪长玢岩、花岗闪长斑岩组合,燕山晚期花岗岩、石英闪长玢岩建造组合,呈岩基、岩枝状产出,属壳幔混合同熔型钙碱性岩系。同位素年龄为150～120Ma。与成矿有关的为燕山晚期石英闪长岩组合,该侵入岩建造银、铅、锌、铜、金含量较高,可成为许桥式银矿床的成矿母岩(如区内牛背脊式斑岩型银矿)。受有利的构造(褶皱、断裂、裂隙等)及岩性条件(钙质、钙镁质碳酸盐岩沉积建造)控制,产生矽卡岩化、热液交代-充填作用,形成热液型银矿床。

区内北东向压扭性断裂构造为主要控矿构造,北西向张性、张扭性断层次之。北北东向断层主要活动在燕山期,具一定的继承性,力学性质以压扭性为主,具多次活动迹象,控岩、控矿特征显著。断裂构造控矿作用主要表现在以下几个方面:

(1)深断裂的区域控矿作用。深断裂长期演变,控制了成矿区带基底结构、盖层构造和岩浆作用,如长江深断裂南东侧主要为与江南式同熔型岩浆岩系列及壳源重熔型花岗岩系列有关的钨钼铅锌银多金属成矿区,同时也是主要岩浆热液通道。

(2)复合断裂控矿作用。区内断层纵横交错,以近东西向和北东向构造-岩浆岩带为主体,具多期次(印支期—燕山期)活动的特点,联合控制岩浆岩的侵入及分布,为含矿热液的运移提供了通道,构成"多方向控矿、结点富集"的特点。如抛刀岭-许桥矿化带多受两组区域性近东西向和北西向基底断裂的交叉控制,北西向断裂为矿体的控矿和容矿构造,北东向纵向断裂带为主要导矿构造,两者交会部位出现矿化叠加,富集成矿,矽卡岩矿化带与断裂分布一致。

(3)破碎带、裂隙构造控矿作用。主干断裂构造派生的构造裂隙、破碎带、共轭断裂等是接触交代、热液蚀变等复控内生矽卡岩型矿床的主要赋矿、成矿场所。这种控矿作用常表现为与断裂带多期活动相适应的频繁脉动而使矿化富集,多形成品位较富的含金、银硫化物矿体,与主干断裂平行,与地层产状斜交,如永红、乌溪银矿点。

(4)层间构造、断裂接触带控矿作用。区域上多数岩体的控矿接触带均与断裂构造复合,有利于矿化。不同岩性层之间存在物理、化学性质的差异,在各种构造应力的作用下,普遍产生褶皱构造虚脱空间和不协调层间拆离或滑动破碎带,为矿体的控矿和容矿构造。

(5)断裂、褶皱等复合构造控矿作用。如不同方向多期活动断裂复合控矿,北北东向断裂构造与褶皱构造复合控矿,变形构造与层间滑脱-层间滑动构造复合控矿,挤压构造与张性构造带复合控矿等。在平面上,矿床受不同构造复合交叉结点的控制。在剖面上,受复合构造控制,形成"多层楼"矿床分布模式。

褶皱构造也是本区重要的控矿构造,对成矿有利部位主要是背斜倾伏端及翼部、向斜扬起端、倒转背斜等。已有资料表明,受印支运动的影响,地层被挤压形成北东向的准线状褶皱,在背斜核部区域性纵向断裂发育,成矿区段呈带状展布,明显受区域北东向构造-岩浆岩带控制。如区内沿云山背斜核部有众多中酸性小岩体侵位,且伴有多处银、铅、锌、铜、钼、金等矿化。

## (五)铅、锌矿

沿江成矿亚带铅、锌矿主要成因类型有矽卡岩型、热液型、火山-热液型、斑岩型等,属复控内生型矿床,严格受沉积建造、火山建造、侵入岩建造和变形构造等地质背景控制,主成矿期为燕山期。代表性典型矿床有安庆银珠山式热液型铅锌矿、庐枞岳山式斑岩型铅锌矿、池州黄山岭式矽卡岩型铅锌钼矿、铜陵姚家岭式热液型铅锌矿、繁昌张家冲式热液型锌矿等。

沿江复控内生型铅锌矿赋矿地层为早中奥陶世台地相碳酸盐岩建造地层,碳酸盐岩地层中银、锌、铅、铜等成矿物质含量较高,为成矿提供部分物源,当含矿热液流经碳酸盐岩地层时,使碳酸盐岩地层中的有用矿物活化转移,在构造有利部位富集成矿。因此早中奥陶世碳酸盐岩建造是本区铅、锌、银矿的主要控矿要素。

本区复合内生型铅锌矿主要控矿侵入岩建造是燕山早期石英闪长玢岩、花岗闪长斑岩组合,燕山晚期花岗岩、石英闪长玢岩组合,属壳幔混合同熔型钙碱性岩系。受有利的构造(褶皱、断裂、裂隙等)及岩性条件(钙质、钙镁质碳酸盐和硅质、硅铝质岩沉积建造)控制,产生接触交代作用、热液交代-充填作用、热液叠加改造作用等,形成接触交代铅锌矿床、热液型铅锌矿床或热液脉型铅锌矿床,燕山中、晚期侵入岩建造(包括浅成相次火山岩)是复合内生矽卡岩型铅锌矿的主控要素。

铜陵地区主要控矿侵入岩建造是燕山期闪长岩、石英闪长岩、石英闪长岩-花岗闪长岩、花岗斑岩等高碱富钾中酸性侵入岩建造,属壳幔混合同熔型钙碱性岩系。早期钙碱性系列岩石(石英二长闪长岩、花岗闪长岩)与铜、金、铁、银、硫、铅、锌等矿化有关,晚期碱性岩系列(辉石二长闪长岩、石英二长闪长岩)与金、银、铅、锌、硫等矿化有关。当两种系列的含矿岩石共生而成杂岩体时,则矿化强度增大,成矿条件更好。在岩体内凹、外凸等部位且与碳酸盐岩+泥质岩(硅质岩)建造接触处均有利于接触交代作用,形成中低温热液充填交代型铅锌矿床和接触交代矽卡岩型铅锌矿床。

北东向断裂构造是本成矿区主要控矿构造,北西向张性、张扭性断层次之。北北东向断层主要活动在燕山期,具一定的继承性,力学性质以压扭性为主,具多次活动迹象,控岩、控矿特征显著。断裂构造控矿作用特别是复合断裂构造、破碎带、裂隙构造、断裂、褶皱等复合构造对控矿作用十分明显,一方面是岩浆热液、矿汁通道,另一方面也是铅锌矿主要赋矿、成矿场所。褶皱构造对成矿有利部位主要是背斜倾伏端及翼部、向斜扬起端、倒转背斜等,基底构造受隆-坳两类构造背景控制。

庐枞地区岳山式斑岩(热液)型铅锌矿与陆相火山岩盆地基底有关,尤其是范家塘组和钟山组下段的砂岩建造是铅锌矿体主要赋存部位,黄马青组($T_2h$)、罗岭组($J_2l$)是本区铜铅锌矿形成的重要物质来源。庐枞地区火山-潜火山岩建造、侵入岩建造与铅锌矿成矿关系密切,常见矿床类型有斑岩型(岳山银铅锌矿)、层控-热液叠加改造型(马鞭山铁-铅锌矿)、中低温热液充填交代型(打银山铅锌矿)。主要斑岩型、热液型铅锌矿矿床均与基底褶皱隆起构造、基底断隆构造、岩侵型穹隆构造和火山机构(环形构造、破火山口、火山穹隆、爆发角砾岩筒、火山通道、岩侵环等)相关。

### (六)锑(金)矿

沿江成矿亚带锑金矿主要成因类型为热液型锑金矿,属层控内生型,以池州地区花山式锑金矿为典型矿床,主要受沉积建造、侵入岩建造和变形构造控制。

本亚带与层控内生热液型花山式锑金矿有关的主要沉积建造为寒武纪碳质硅质页岩、页岩、钙泥质岩建造,奥陶纪碳酸盐岩建造及早志留世碎屑岩建造。含矿流体易于在岩层界面、构造裂隙及化学性质活泼的碳酸盐岩地层中沉淀富集成矿。主要赋矿地层黄柏岭组为陆棚相沉积,硅质岩-钙质页岩-页岩建造,大陈岭组为陆棚缓坡相沉积,条带微晶灰岩建造,杨柳岗组为陆棚相碳酸盐岩沉积,泥晶灰岩建造,团山组为台地边缘斜坡相沉积,条带微晶灰岩+砾屑灰岩建造,青坑组为开阔台地相生物屑泥晶灰岩建造;仑山组为局限台地相白云质灰岩-白云岩建造,红花园组为开阔台地相生物屑亮晶灰岩建造,东至组为台凹相泥质瘤状灰岩建造,牯牛潭组为台地缓坡相生物屑泥晶灰岩建造,宝塔组为台凹相瘤状灰岩建造,汤头组为台凹相泥质瘤状灰岩建造;高家边组为盆地相-陆棚相砂岩、粉砂岩、页岩建造-粉砂质页岩夹粉砂岩建造-黑色页岩建造,坟头组为陆棚相→海滩相粉砂岩夹石英砂岩建造-砂岩、粉砂岩建造。

中生代燕山中、晚期侵入岩建造是热液型锑矿主控要素。岩石组合为花岗斑岩、花岗闪长斑岩、石英闪长斑岩,属壳幔混合型侵入岩建造,钙碱性酸性花岗岩系列。侵入体的长轴走向多与构造线一致,呈近东西向或北西西-南东东向展布,呈小岩墙状、脉状、岩枝状、透镜状产出,含矿岩体均已蚀变。岩浆含矿热液的上升、运移为锑矿成矿提供热液及成矿物质来源。

本成矿区断裂、褶皱构造较为发育,北东向高坦断裂带、长江破碎带控制了全区成矿构造环境。印支运动以来,在北西-南东向的挤压下,形成北东向的褶断带,制约了含矿建造的展布。区内褶皱构造大多为紧闭线性褶皱,呈北东—东西向展布,以张溪-青阳复向斜、三岗尖背斜为代表,构成北东向断褶束,在背斜、向斜的轴部及它们的转折端部位和层间滑脱带均有利成矿。北东向断裂构造是区内主要控矿构造,北西向、东西向张性和张扭性断层次之。断层性质以压扭性纵断层为主,伴、派生张扭性横断层较次。以东至花山锑(金)矿为例,花山-七都东西向隐伏断裂带为主要控岩和导矿构造,断裂硅化破碎带及其北东东—北西西向羽状裂隙带有利于矿液的充填富集,为主要控矿、成矿构造。

### (七)钼矿

沿江成矿亚带钼矿主要成因类型为矽卡岩型钼矿,矽卡岩型是钼矿床(点)主要成因类型之一,属复合内生型,以池州地区铜矿里式钼矿为典型矿床,主要受沉积建造、侵入岩建造和变形构造控制。

复合内生矽卡岩型铜矿里式钼矿主要赋矿地层在池州地区为中寒武世杨柳岗组上部,晚寒武世团山组、青坑组,奥陶纪仑山组白云质碳酸盐岩建造和汤头组、五峰组,早志留世高家边组碎屑岩建造。其中杨柳岗组为陆棚相泥晶灰岩建造,团山组、青坑组为盆地边缘相碳酸盐岩建造,仑山组为开阔台地相白云岩建造,具蚀变大理岩化、角岩化、矽卡岩化者为成矿区重要的赋矿层位。

汤头组浅海盆地相陆源碎屑岩建造,五峰组深海盆地相碎屑岩建造,高家边组半深海-陆棚相陆源碎屑岩建造,五峰组—高家边组碎屑岩建造中钼、铜、铅、锌(特别是钼)等成矿元素含量往往高于维氏值数倍,形成良好的原始"矿胚层"。硅质页岩作为矿体的顶、底板,其岩性孔隙度小、塑性强,裂隙不发育,渗透性差,又形成了良好的屏蔽层。

池州成矿区侵入岩建造属长江中下游构造岩浆岩亚带贵池构造岩浆,中生代燕山中、晚期侵入岩建造是矽卡岩型钼矿主控要素。池州铜矿里式矽卡岩型钼矿主要控矿侵入岩建造是燕山中、晚期(早白垩世)石英闪长玢岩(或闪长玢岩)、花岗斑岩、正长斑岩、正长岩、辉绿玢岩组合,主要以岩(席)脉和岩基两种形态产出,其中花岗斑岩与石英闪长玢岩与钼矿化关系密切。主要围岩蚀变有大理岩化、矽卡岩化、磁铁矿化、角岩化、碳酸盐化、绿泥石化、绿帘石化、绢云母化等。花岗斑岩(脉)中成矿元素高出丰度值数倍至数十倍,为成矿提供了大量的热源和矿质来源,与含矿碳酸盐岩交代形成接触矽卡岩型钼矿床。磁性岩体石英闪长玢岩具良好的地磁异常,成为深部成矿岩体、矽卡岩化带重要控矿要素。

池州成矿区构造处于下扬子前陆盆地南缘与皖南褶冲带毗邻,区内断裂构造较为发育,北东向高坦断裂控制了全区构造格局。北东向断裂构造是区内主要控矿构造,北西向张性、张扭性断层次之。发育一系列顺层低角度的逆冲-滑覆断裂、高角度纵向(北东向)逆断层、高角度斜向(以近东西向为主)扭动断裂、高角度横向断裂和低角度层间断裂破碎带。构成自北北西向南南东的反向逆冲推覆构造系统,断裂交会处为重要的导矿、容矿构造。褶皱构造以青阳复向斜、黄柏岭背斜为代表,总体构成北东向断褶束,制约了含矿建造的展布。对成矿有利部位主要是背斜倾伏端及翼部、向斜扬起端、倒转背斜等。次级褶皱、层间破碎带和层间滑脱带是矿液的运移通道和成矿物质沉积的有利场所。其中近南北向断裂、次级纵向断裂及背斜构造是控岩控矿的主要构造。如池州铜矿里式钼矿矽卡岩型钼矿床位于北东向清泉岭紧闭背斜南东翼及其层间裂隙带中。

### (八)硫铁矿

沿江成矿亚带硫铁矿主要成因类型有陆相火山岩型、热液叠改型(层控热液叠改型)硫铁矿,典型矿床有安庆地区银珠山式热液型硫铁矿、庐枞地区大鲍庄式陆相火山岩型硫铁矿、铜陵地区峙门口式层控热液叠改型硫铁矿、马芜地区向山式陆相火山岩型硫铁矿,成矿作用受沉积建造、火山建造、侵入岩建造和变形构造等地质背景控制。

**1. 火山岩型硫铁矿**

庐枞、宁芜中生代火山盆地陆相火山岩型硫铁矿与火山岩型铁矿建造构造特征相似,如前文所述,基底周冲村组为一套海陆交互相碎屑岩夹碳酸盐岩沉积建造,该组为重要的膏盐含矿层位,是该区铁、硫、铅锌、银的主要赋矿和含矿层位。陆相火山岩型硫铁矿以火山热液矿床常见。

火山活动具明显的阶段性和间断性,不同喷发时期的火山活动有不同的活动方式与类型,岩浆火山活动与侵入活动表现出同源性、异相性和整体性,构成一个完整的喷出-侵入系列(火山岩—潜火山岩—侵入岩呈规律性的演变)。各喷发旋回、火山建造、火山构造(洼中隆)和其间的沉积间断具明显的成矿专属性,如龙门院-砖桥火山旋回、龙王山-大王山火山旋回与硫铁矿成矿作用关系十分密切,形成大鲍庄式、向山式陆相火山岩型硫铁矿。

侵入岩建造主要为闪长岩-二长岩-斑岩组合,为一套造山后陆内伸展离散环境下壳、幔混合源型侵入岩组合,其中石英闪长岩与铜、铁成矿关系密切。硫铁矿主要产于次火山岩体外接触带或离岩体不远的地层中,少部分产在紧靠接触带的次火山岩中。硫铁矿体一般位于岩体相对隆起顶部及两侧。

同样,盆地断裂构造、基底深部构造对成矿作用控制十分明显,北东向、北北东向、南北向、东西向、北西向、北北西向与环状、弧状、放射状断裂纵横交错,北东向断裂为主控构造。几条规模较大的断裂带控制了火山盆地的发育,对火山喷发、火山机体的空间展布、侵入岩时空演化、控矿构造等都有十分重要的控制作用。基底断裂与火山构造复合带是重要的成矿区段;不同方向主干断裂交会处是岩浆活动和矿液上升的有利通道及赋存场所;岩侵型火山穹隆构造是成矿的重要条件。地幔上隆带、断裂交会处、火山机构和不同的火山建造接触界面是成矿有利部位。宁芜火山盆地中火山穹隆、爆发角砾岩筒、断裂裂隙构造等火山构造控矿作用十分显著。

**2. 热液叠改型硫铁矿**

热液型硫铁矿以安庆银珠山式热液型硫铁矿为例,主要与中、晚二叠世—早三叠世地层、燕山期岩浆活动及褶皱、断裂构造有关。

银珠山式热液型硫铁矿主要沉积建造以中晚二叠世孤峰组、龙潭组、大隆组和早三叠世殷坑组为主要含矿地层。含矿建造主要为碳质、硅质、泥质页岩夹灰岩透镜体组合,其中以殷坑组泥质页岩夹灰岩建造成矿条件最好。控矿侵入岩建造主要为燕山期闪长玢岩-闪长岩组合、石英二长岩组合和二长花岗岩-正长花岗岩组合。成矿热液主要源自燕山期中酸性岩体及少数闪长岩、煌斑岩岩脉、岩墙等,深部壳幔混合源岩浆是亲幔元素(铁、铜、金、硫)成矿的关键因素,岩浆热液是含矿流体主要来源。区内北东向断褶束,制约了含矿建造的展布,受董岭岩群底劈(变质核杂岩)构造影响,褶皱、断裂及闪长岩体均呈弧形展布。如银珠山硫铁矿区受北东向、南北向、东西向、北西向基底断裂和董岭岩群底劈体系控制,伴随褶皱运动,形成多级舒缓背、向斜,成为含矿流体活化转移和矿体赋存的有利部位。

层控热液叠改型硫铁矿以铜陵峙门口式层控热液叠改型硫铁矿为例,成矿地质构造背景如前文所述,其主要控矿沉积建造为晚泥盆世五通群、晚石炭世黄龙组、船山组,含矿建造主要为砂页岩-白云岩-灰岩建造组合,其中以五通群上段砂页岩建造和黄龙组白云质灰岩建造成矿条件最好,为主要含矿地层。主要侵入岩建造为燕山期辉石闪长岩-闪长(玢)岩-石英闪长(玢)岩-二长岩组合,花岗闪长(斑)岩-花岗岩组合和花岗斑岩-正长斑岩组合,尤其是高钾钠、低硅火成岩是含矿热流体的主要来源。层控热液叠改型硫铁矿热源提供及部分矿物质来源于深部燕山期花岗闪长岩,次为闪长岩、石英闪长岩。北东向铜陵断褶束制约了含矿建造的空间展布,含矿建造岩层构成北东向向斜核部,矿化蚀变强烈,多被断层错移或滑断,变化较大。赋矿岩层处于相变的过渡部位,是构造的薄弱区段,成为岩浆与含矿热液(流体)运移的通道和有利交代及储矿的场所。基底断裂构造主要表现为北东向、近东西向、北西向3组,多为导矿或容矿构造,尤其是北东东向和北西西向两组断裂构造交会处为重要的控矿构造。

**(九)重晶石矿**

沿江成矿亚带重晶石矿主要成因类型为热液型,典型矿床以安庆地区韩下屋式热液型重晶石矿为例,属复合内生型,主要受沉积建造、侵入岩建造和变形构造等地质背景控制。

安庆地区燕山晚期热液充填型重晶石矿主要赋存于汪公庙组粉砂岩、砂岩、砾岩建造中。汪公庙组沉积建造为安山质火山角砾岩、含砾粉砂质砂岩、含砾砂岩夹凝灰质粉砂岩建造和粗粒长石石英砂岩、粉砂岩、钙质粉砂岩、钙质粉砂质页岩建造组成韵律或旋回,热液充填型重晶石矿主要与粉砂岩、砂岩、砾岩建造关系密切。

本区燕山期侵入岩建造主要有闪长岩-石英闪长岩-闪长玢岩-花岗闪长岩组合,属壳幔混合型钙碱性侵入岩建造。韩下屋式热液充填型重晶石矿成矿作用主要与燕山晚期中、酸性闪长岩侵入岩建造有关,岩浆侵入期后热液成矿作用明显,围岩具硅化、黄铁矿化、绢英岩化等蚀变现象。

成矿区北东向断褶束制约了含矿建造的展布,燕山期主要受隆-坳两类构造背景控制,以洪镇变质核杂岩构造为特征,发育不同级次的伸展滑覆构造。陆壳基底相对减薄,岩石圈和大规模地幔物质注入陆壳内部,是控制热液型重晶石矿形成的主要因素。断裂构造主要表现为北东向、近东西向、北西向3组,多为导矿或容矿构造,尤其是北西西—北西向构造裂隙是重晶石矿的主要控矿容矿构造,同时制约了汪公庙组砂岩建造的空间分布。

（十）锰矿

沿江成矿亚带锰矿成因类型主要为沉积风化型，典型矿床为池州、铜陵成矿区洪村式、大通式沉积风化型锰矿，沉积型锰矿主要受沉积建造、岩相地理环境和变形构造控制。

沉积型锰矿在贵池、铜陵成矿区主要赋矿地层为中二叠世孤峰组硅质岩、硅质-泥质页岩、含锰灰岩、含锰页岩建造。孤峰组依据岩性可分为上、下两个部分，下部为深灰色、灰褐色薄层硅质岩，硅质页岩，夹紫灰色、灰黄色、棕黑色页岩，钙质页岩，碳质页岩，含锰灰岩，含锰页岩及粉砂岩建造，局部夹灰岩透镜体，底部夹磷、锰结核、锰土层；上部为深灰褐黄色硅质岩夹灰色、土黄色硅质页岩建造，夹泥质粉砂岩、钙质页岩，厚度一般20m左右，与下伏栖霞组为平行不整合接触。孤峰组沉积相与沉积环境为台地前缘斜坡相-缺氧的盆地相-水循环较差的陆棚相沉积。深水陆棚相以硅质岩、硅质泥岩、泥岩、含锰泥岩、含磷泥岩建造为特征，在相对次级凹陷的海湾或海槽环境中利于含锰泥岩沉积。斜坡相在长江以南贵池、铜陵地区为浅水斜坡相硅质岩、硅质页岩夹含锰页岩、锰土层沉积建造，孤峰组上部盆地相由硅质岩、硅质页岩、放射虫硅质岩建造组成。中二叠世晚期，沉积盆地发生分异，岩性岩相复杂，在皖南贵池、泾县一带，见有含锰页岩，反映海平面上升较快。凝缩层全由孤峰组上部薄层硅质岩夹硅质泥岩组成，有时夹黑色页岩。总体显示自下而上逐渐变深的退积型碎屑岩建造。

如前所述，贵池-铜陵成矿区含锰沉积建造及含矿建造的展布受区域北东向断褶束变形构造制约，印支期本区成为扬子陆块缩短带，褶皱组合为紧闭相间背、向斜，同等发育。断裂表现为面理倾向北西的逆冲变形构造，岩石呈叠瓦状构造岩片产出，发育一系列逆冲断面，构成自北北西向南南东的反向逆冲推覆构造系统，基底断裂构造主要表现为北东向、近东西向、北西向3组。其中近东西向贵池-青阳断裂、铜山-潘桥断裂和北东向的香隅-梅街断裂和高坦断裂及复背斜、复向斜（如大通复向斜、长山背斜）控制了区内主要含锰层位，二叠纪孤峰组中顺层断裂和次级裂隙带是锰矿最有利的富集部位。燕山期基底隆-坳构造背景控制了含锰沉积建造和成矿岩相古地理环境，使盆地构造更加复杂化。

## 三、宣城成矿亚带

宣城成矿亚带位于江南断裂带北东段东部与周王断裂带之间，构造位置为扬子陆块江南地块皖南褶断带北东部，宣城-广德凹褶断束。包括宣城成矿区和广德成矿区，是下扬子前陆盆地东部隆坳褶断带组成部分。大地构造相为下扬子陆块被动陆缘相、前陆盆地相，盆地亚相-陆表海亚相，以盆地亚相复陆屑砂泥质岩建造，河湖亚相含砾石英砂泥质粉砂岩建造，陆表海亚相碎屑岩、碳酸盐岩建造构造组合为主体，为稳定型盖层沉积。成矿亚带受隆、坳两类构造背景控制。燕山期，次级隆起、坳陷更加复杂化，陆壳基底相对减薄，岩石圈和大规模地幔物质注入陆壳内部，是控制这种壳幔混合源岩浆及亲幔元素矿产（铜、金、钼）形成的关键因素和成矿的前提。印支期后区内断裂、褶皱构造十分发育，北东—北北东向、北西向两组近等距相间断裂构造控制了本区构造格局，近东西向周王断裂带是区域性控盆控矿边界断裂。断裂北侧为下降盘，褶皱以短轴宽缓褶皱多见，且被第四系覆盖而出露不全。北北东向绩溪断裂带、宁国墩断裂带（虎-月断裂）对本亚带构造岩浆活动影响明显，断裂带具长期多期次强烈活动的特点，不仅对花岗岩的形成、侵位和空间分布具有明显的制约作用，而且其次级断裂对多金属成矿提供了就位空间。断层破碎带内及断裂交会处硅化、绢云母化、绿泥石化、绿帘石化及矿化蚀变现象普遍，矿体一般分布在大断裂附近，矿化往往沿一定构造带展布，硅化角砾岩带及裂隙越发育部位，微细石英脉越发育，为岩浆热液活动提供了蚀变热源。断层破碎带及断裂交会处是区内主要导矿、容矿构造。主要矿床成因类型有接触交代矽卡岩型、热液型铜（钼）矿，热液型金矿、热液型萤石矿及沉积风化型锰矿等。

现分别以典型矿床为例概述其成矿构造特征。

成矿亚带内铜（钼）矿以麻姑山式矽卡岩型铜钼矿为典型矿床，控矿沉积建造主要为石炭纪—二叠纪碎屑岩、碳酸盐岩建造组合，其中黄龙组、船山组、栖霞组碳酸盐岩岩性活泼，易被矿液交代成矿，高骊山组、孤峰组碎屑岩岩性不活泼而作为对含矿热液的屏蔽隔挡层，尤其是高骊山组与上石炭统、孤峰组与栖霞组之间的假整合面是主要的成矿层位。控矿侵入岩建造为燕山晚期早白垩世中酸性浅成花岗闪长斑岩体，与成矿同期的中酸性岩浆活动和成矿作用具有时、空、物、源上的联系。花岗闪长斑岩铜、钼含量较正常的中酸性侵入岩的平均含量高1倍左右，经分异作用形成富含成矿物质的岩浆期后热液，为成矿提供了主要的物质来源。含矿岩体近接触带部位具明显的矽卡岩化、钾长石化、蛇纹石化、滑石化等近矿围岩蚀变。印支期后，断、褶构造是区内主要控矿、赋矿变形构造，北东向褶皱、断裂构造及断裂破碎带、断裂裂隙、层间滑脱面、假整合面、褶曲转折端构造等为导矿和容矿构造，为铜硫矿床提供了聚矿空间。如敬亭山-狸桥复背斜、长山复背斜组成北东向至北北东向褶皱束，其次级连续褶皱麻姑山倒转背、向斜和铜山-荞麦山倒转背斜控制着矿体分布。断裂构造有北东向、北北西向两组断裂，北北西向断裂为压扭性断裂，北东向则既有张性断裂，亦有压性断裂。北东东向逆断层控制区内花岗闪长斑岩的侵入，并为成矿热液的运移提供了通道。岩体沿北东向纵断裂侵位于黄龙组、船山组和栖霞组碳酸盐岩及砂、页岩建造中，发生热变质作用而大理岩化、硅化和角岩化。由岩浆分异作用形成的中高温含矿热液与成岩熔浆分离，并沿层间构造带及其伴生裂隙与早期蚀变大理岩发生充填交代作用，形成矽卡岩（化）铜硫矿床。

本成矿亚带热液型金矿（吕山式）总体为层控内生型。含矿建造主要有志留纪陆源碎屑砂质复理石建造，晚泥盆世至晚石炭世河湖相-三角洲浅滩相-台地相滨浅海碎屑岩-碳酸盐岩建造（砂页岩-白云岩-灰岩组合），二叠纪为台地相-缓坡相-盆地相碳酸盐岩-碎屑岩建造（硅质、沥青质、白云质灰岩-粉砂岩-硅质页岩-硅质岩组合），早三叠世为陆棚相-台地相碎屑岩-碳酸盐岩建造（钙质页岩-条带状灰岩组合）。化学性质活泼的碳酸盐岩建造与上、下隔挡层砂页岩建造组合极利于富集成矿。本区主要铜、金矿床受晚石炭世黄龙组、船山组控制，黄龙组、船山组为重要的控矿沉积建造。碳酸盐岩＋泥质岩（硅质岩）建造为主要的含矿和控矿建造，前者代表易被交代岩，而后者代表不易交代和不透水性岩石，在成矿中起封闭遮挡作用，两者组合则构成有利成矿层位。碳酸盐岩建造对金成矿影响作用表现在一方面提供部分金、硫成矿物质，另一方面不同岩性层间的层间破碎带、层间滑动构造带作为金矿的赋矿场所。泥质页岩，碳质、硅质页岩等不透水层屏蔽作用可改变热液性质，促进矿液沉淀成矿作用。控矿侵入岩建造为燕山晚期浅成中酸性花岗闪长斑岩和石英斑岩组合，当含矿岩浆侵入到区内碳酸盐岩地层中时，含矿热液在接触带附近聚集，形成接触交代矿床，或者在远离接触带部位的裂隙较发育地层中形成热液型矿床。围岩蚀变主要有硅化、绢云母化、黄铁矿化，可统称为黄铁绢英硅化带，除岩体自身发生的黄铁绢英岩化外，沿此硅化带的碎粒岩也同样发生了黄铁绢英岩化现象。近东西向周王断裂带是区域性控盆控矿边界断裂，北东向和北北西向两组断裂构造不仅对花岗岩的形成、侵位和空间分布具有明显的制约作用，而且其次级断裂对多金属成矿提供了就位空间。断层破碎带内及断裂交会处硅化、绢云母化及矿化蚀变现象普遍，含矿岩体一般分布在大断裂附近，金矿化往往沿一定构造带展布，硅化角砾岩带及裂隙发育部位为岩浆热液活动提供了蚀变热源，是热液型金矿导矿、容矿构造。

宣城成矿亚带热液型萤石矿典型矿床为广德成矿区白茅岭式热液型萤石矿，属复合内生型矿产，控矿因素主要为沉积建造、燕山期侵入岩建造、褶皱、断裂和蚀变矿化带等。白茅岭式中低温热液型萤石矿赋矿地层为早石炭世高骊山组，中二叠世栖霞组、孤峰组。高骊山组为河口湾相钙质粉砂质泥岩、含钙质泥岩、泥岩、泥灰岩、钙质碳质泥岩、石英砂岩、赤铁矿层建造组合，栖霞组为三角洲平原-开阔台地相黑色碳质页岩、沥青质生物屑灰岩、硅质岩、硅质页岩、燧石结核生物屑微晶灰岩、块状微晶灰岩建造组合，孤峰组为开阔台地相硅质岩、硅质页岩夹含锰页岩建造。广德成矿区燕山期（早白垩世）岩浆活动较强烈，白茅岭萤石矿床主要与花岗闪长斑岩-花岗岩-花岗斑岩侵入岩建造组合关系密切，岩石组合属壳幔混合型侵入岩建造，钙碱性花岗岩系列。矿床围岩蚀变主要为硅化、绢云母化、高岭土化、伊利石化和绿泥石化组合,燕山期中酸性岩浆的侵入活动为成矿提供了热源,是热液型萤石矿主要矿源体。广德成矿区位于下扬子前陆盆地沿江隆凹褶断带内,区内断裂、褶皱构造十分发育。如广德白茅岭萤石矿区就位于宣郎坳陷与广德坳陷的交接部位,北东向东亭-庙西-白茅岭隆起带南西端。褶皱构造主要为白茅岭向斜、长山岭背斜和黄牛山背斜,白茅岭矿床位于黄牛山背斜南翼。断裂构造主要发育北东向、北西向、东西向3组断裂,多为高角度陡倾斜断层,断层破碎带、劈理、节理构造发育,多见硅化、萤石矿脉充填等蚀变矿化现象。因此区内褶皱、断裂构造是热液型萤石矿主要控矿要素。区域上北北东向、北西向两组近等距相间断裂构造控制了本区构造格局。近东西向周王断裂带是区域性控盆控矿边界断裂,断裂带具长期多期次强烈活动的特点。北侧下降盘褶皱以短轴宽缓褶皱多见,且被第四系覆盖而出露不全。断裂构造带不仅对花岗岩的形成、侵位和空间分布具有明显的制约作用,而且其次级断裂对热液型萤石矿成矿提供了就位空间,是热液型萤石矿导矿、容矿构造。断层破碎带内及断裂交会处硅化、绢云母化、绿泥石化、绿帘石化及矿化蚀变现象普遍,含矿岩体一般分布在大断裂附近,硅化角砾岩带及裂隙越发育部位,微细石英脉越发育,为岩浆热液活动提供了蚀变热源。北东向断裂构造为萤石矿的储矿构造。该组断裂早期表现为压扭性,晚期表现为张性。萤石主要产于北东向断裂及近东西向和北西向断裂硅化破碎带中,尤其是花岗岩体内的断裂、裂隙构造发育或存在同向花岗斑岩脉时,对成矿更为有利。矿体产状与断裂产状一致,明显受断裂控制。

本成矿亚带锰矿成因类型主要为沉积风化型,典型矿床为宣城地区塔山式沉积风化型锰矿,沉积型锰矿主要受沉积建造、岩相古地理环境和变形构造控制。沉积型锰矿主要赋矿地层在本区为早石炭世高骊山组含锰砂页岩、粉砂岩建造,及晚石炭世黄龙组灰岩、白云岩等碳酸盐岩建造。高骊山组为杂色砂岩-粉砂岩-页岩建造,杂色钙质粉砂质泥岩、泥岩等碎屑岩建造,夹泥灰岩、钙质碳质泥岩及数层赤铁矿。上部为灰紫色、杂色黏土质含锰砂页岩,粉砂岩建造,顶部为灰白色中薄层石英砂岩建造及赤褐色豆状赤铁矿。下部泥岩段主要以潟湖-潮坪相灰至灰绿色钙质泥岩、粉砂质泥岩为主,夹碳质泥岩,底部夹透镜状的赤铁矿层。早石炭世古地理环境为开阔海湾相,以陆源碎屑与碳酸盐杂沉积为特色,形成碳酸盐与碎屑岩混合沉积建造。在宣城—广德一带,高骊山组底部为薄层的粉砂岩夹页岩和煤线建造,反映近岸的沼泽或河流相环境。中部为开阔海湾相富碳酸盐岩段,以薄层碳酸盐岩或钙质结核砾岩、含钙质结核泥砾岩为主,夹泥岩。上部为滨岸滩坝相砂岩段,为灰白色石英砂岩建造。黄龙组下部巨晶灰岩段由浅灰白色厚层粗晶灰岩、白云岩建造组成,上部灰岩段由浅灰白色、浅肉红色厚层生物屑微晶灰岩夹微晶灰岩建造组成,顶部往往出现喀斯特风化剥蚀面。晚石炭世古地理环境转为开阔台地相,为稳定的碳酸盐岩沉积建造。在靠近盆地边缘的宁国—广德一带,底部为含砾砂岩及白云质细砾岩沉积。海侵体系域主要由黄龙组下部的粗晶灰岩和中部的生物碎屑灰岩组成。脉动式海侵过程中,黄龙组底部的粗晶灰岩夹灰绿色泥岩,是多个海侵-暴露层序的叠加,由生物屑砂屑灰岩-生物屑灰岩-泥晶灰岩组成,总体向上,泥晶灰岩厚度逐渐增大。沉积相为台内滩亚相—台内坪亚相—台内盆地亚相,水体逐渐变深,多属潮下浅海环境。燕山期基底隆-坳构造背景控制了含锰沉积建造和成矿岩相古地理环境,使盆地构造更加复杂化。区内断裂、褶皱变形构造十分发育,北北东向、北西向两组近等距相间断裂构造控制了本区构造格局。区域性褶皱构造控制了区内主要含锰层位,其中顺层断裂和次级裂隙带是锰矿最有利的富集部位。

## 第六节 江南隆起东段成矿带成矿构造环境

江南隆起东段金、银、铅锌、钨、钼、萤石成矿带隶属下扬子成矿省,安徽省内包括彭山-九华金、银、铅锌、钨、钼、锰、钒、萤石成矿亚带和九岭-鄣公山隆起铜、铅锌、钨、锡、金、锑成矿亚带(图6-5)。大地构造位置为江南地块鄣公山隆起古岛弧带、皖南褶冲带范围,省内大致被高坦断裂带、周王断裂带、绩溪断裂带、五城断裂带围限。成矿作用属江南型钨钼铅锌铁锡多金属成矿系列,是安徽省重要的多金属成矿矿集区和成矿远景区。

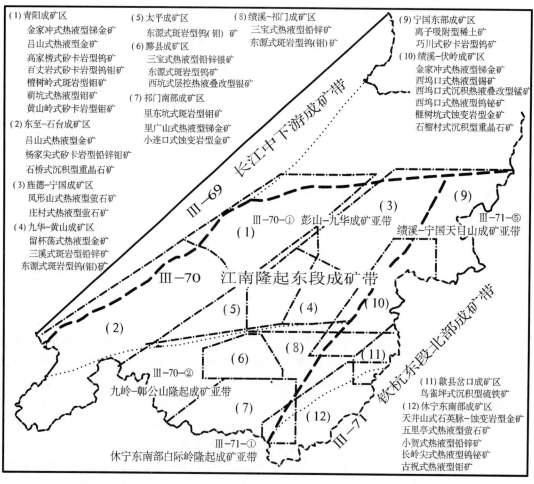

图6-5　江南隆起东段-钦杭东段北部成矿带成矿区块及典型矿床成因类型

江南隆起东段成矿带大地构造背景为扬子陆块区相系下扬子陆块大相,江南古弧盆相江南浅变质基底(深海盆地)亚相、岛弧亚相、夭折裂谷亚相,皖南被动陆缘相陆棚斜坡-盆地亚相及陆内盆地相,控矿岩石构造组合主要有浅变质杂陆屑凝灰质粉砂岩、泥岩复理石建造构造组合,辉橄岩、辉长辉绿岩、闪长岩构造组合,中、基性火山岩-碎屑岩构造组合,陆棚斜坡-盆地相碎屑岩、碳酸盐岩建造组合,燕山期后造山江南高钾钙碱性-碱性岩构造组合,裂谷相杂陆屑含砾-冰碛碎屑岩建造组合及山间盆地河湖相杂色复陆屑建造组合等。构造演化经历了陆块基底形成阶段、陆缘盖层发展阶段和滨太平洋陆内盆、山发展阶段,总体处于次稳定陆缘沉积环境。

扬子陆块江南古陆范围新元古代初期处于大洋环境(大洋化盆地),被动大陆边缘接受了巨厚的溪口岩群弧后盆地沉积——浊流相、陆棚相、滨岸相陆源碎屑沉积复理石建造,火山碎屑岩、细碧角斑岩建造。820Ma左右的晋宁运动,表现为大陆边缘俯冲碰撞造山环境,皖南溪口岩群发生强烈褶皱形成近东西向的郭公山隆起,浙西地块与其碰撞形成伏川蛇绿岩混杂岩带,成为江南地块和浙西地块的汇聚边界。此后晋宁晚期皖南南部由原来的强烈挤压逐渐转换为拉张环境,以历口群葛公镇组、镇头组弧后滨浅海火山-沉积岩建造为代表,进入大陆裂解阶段,形成大陆拉张-裂谷或裂陷槽火山沉积建造组合,构成扬子陆块双层结构褶皱变质基底而隆起。自南华纪起,在下扬子古陆块北缘,由于地壳升降运动的不均衡性,引起隆、坳变迁,构造线呈北东向展布,下扬子陆块区进入盖层发展时期,大别和江南古陆成为陆源碎屑的补给区。扬子期期间,下扬子处在不太稳定的构造环境中,形成了一套以杂陆屑和硅质页岩为主的建造组合。

加里东期,江南断裂两侧出现两个不同的沉积相带,扬子区为碳酸盐岩台地,江南区为硅泥质陆棚-浅海盆地,之间出现沉积相变带(斜坡相沉积),显示江南深断裂对古构造和古地理面貌的主导控制作用。志留纪末(410Ma左右)加里东运动,江南褶断带表现为强烈的北东向隆起和断、褶造山运动,其强度自北而南逐渐增强,反映了构造过渡区造陆、造山双重性。主要表现为早古生代地层整体抬升,长期剥蚀夷平,缺失中志留世晚期至中泥盆世沉积。皖南加里东褶皱具"厚皮构造"特征。该期岩浆活动不明显。加里东运动平息之后,本成矿带基本处于古陆环境,成为下扬子前陆盆地陆表海物源供给区。中三叠世末印支运动,带内发育一系列双向逆冲推覆构造,从而进入大陆边缘活动带构造演化阶段,地壳运动以陆相盆、山构造、逆冲推覆构造、断块构造和强烈的岩浆活动为特色。在近东西向、北东东向与北东向构造交会处形成大规模岩浆-成矿活动中心,成矿带内许多重要的钨、钼、铜、铅、锌、金、银等多金属矿床(点)和非金属矿产大多受此构造-岩浆活动控制。

## 一、彭山-九华成矿亚带

该成矿亚带构造位置主体在江南地块皖南褶冲带黟县-宣城褶断带内,包括部分东至-石台褶断带(江南过渡带),北部大致以高坦断裂带、周王断裂带与沿江成矿亚带毗邻,东以绩溪断裂带与钦杭成矿带东段北部相接,南侧大致以南华系底界与鄣公山隆起成矿亚带相邻,是安徽省皖南北部地区钨、钼、铅锌、金等多金属矿产主要结集带。该多金属构造-岩浆成矿亚带大地构造属扬子陆块大相皖南被动陆缘相,以陆棚碎屑岩亚相($Z_2\epsilon_1$、$O_{2-3}$)硅质岩、硅质碳质页岩、泥岩建造构造组合,棚陆斜坡亚相($O_1$)钙质页岩、泥岩、粉砂质泥岩建造构造组合,碳酸盐岩盆地亚相($Z_1$、$\epsilon_{2-3}$)泥灰岩、灰岩建造构造组合,及前渊盆地亚相(S)砂岩、细砂岩、粉砂岩、粉砂质泥岩建造构造组合为特色,为被动陆缘次稳定型-非稳定型盖层沉积。志留纪末整体抬升,长期剥蚀夷平,印支运动使其全面褶皱、断裂的构造运动十分强烈,江南断裂带控制了全区构造格局。褶皱构造以张溪-青阳复向斜、太平复向斜、七都复背斜、黄柏岭背斜为代表,总体构成北东向断褶束,制约了含矿建造的展布。晚侏罗世—早白垩世早期,大规模的岩浆活动以高钾钙碱性花岗岩建造为主体,以花岗岩岩基侵入为特色,在构造交会处形成大规模岩浆-成矿活动中心,本亚带许多重要的钨、钼、铅锌、金、银等多金属矿床(点)和非金属矿产大多受此构造-岩浆活动控制。主要矿床成因类型有热液型金矿,热液型锑金矿,矽卡岩型、斑岩型铅锌钼矿,矽卡岩型、斑岩型钨(钼)矿,热液型、矽卡岩型、斑岩型钼矿及热液型萤石矿和沉积型重晶石矿,现分别按矿种和成因类型进行成矿地质背景概述。

### 1. 金矿

本成矿亚带金矿以热液型金矿为主要成因类型,包括热液型、低温热液型、矽卡岩型、斑岩型金矿,属层控内生型,以东至-石台-青阳地区马头式热液型金矿、吕山式热液型金矿为例,二者均受沉积建造、侵入岩建造和变形构造等多重地质因素控制。

燕山期热液型金矿主要赋矿层位为晚奥陶世汤头组碳酸盐岩、五峰组硅质碎屑岩建造与早志留世高家边组页岩接触部位及晚泥盆世五通群石英砂岩-泥质粉砂岩建造与石炭系、二叠纪黄龙组、船山组灰岩构造接触部位。碳酸盐岩建造易于热液进行物质交换而蚀变形成矿化体,碎屑岩建造主要起化学屏蔽作用,尤其是靠近构造破碎带的边缘往往形成矿(化)体,如马头金矿床即产于此构造面。沉积建造对区内内生金属矿产具有明显的控制作用,既有同生成矿作用矿产,也有为后期热液成矿作用成矿提供物源或成为主要的赋矿围岩地层。如区内构造蚀变岩型金矿产于南华纪休宁组、雷公坞组中;"黑色页岩型"层控低温热液矿床主要产于早寒武世荷塘组、黄柏岭组中;"层间破碎带控制的热液型"金矿主要产于早奥陶世东至组、红花园组;斑岩型-热液型金银多金属矿化主要产于志留纪地层分布区。

燕山期侵入岩建造属北东向东流-池州构造岩浆带，热液型（微细浸染型）金矿岩石组合为花岗闪长斑岩＋碳酸盐岩＋硅质页岩建造。燕山早期侵入岩建造是石英闪长玢岩、花岗闪长斑岩组合和花岗闪长岩-二长花岗岩-花岗岩组合，燕山晚期为花岗岩、石英闪长玢岩组合，呈岩基、岩株、岩枝（脉）状产出。主要包括九华岩体、青阳岩体、茅坦岩体、包村岩体、牛背脊岩体、安子山岩体、甲山吴岩体、谭山岩体等，并在其周围有同源小岩株、岩脉较发育，呈岩基、岩株、岩枝（脉）状产出，属壳幔混合同熔型钙碱性岩系。受有利的构造（褶皱、断裂、裂隙等）及岩性条件（钙质、钙镁质碳酸盐岩和硅质、硅铝质岩沉积建造）控制，产生热液交代-充填作用、热液叠加改造作用等，形成热液型或微细浸染型金矿床（化）。中酸性岩浆的侵入活动为成矿提供了含金成矿热液来源。

本成矿亚带构造-岩浆活动强烈，具有沿江与皖南地区岩浆岩混合类型的过渡特征，并有向偏碱性岩石演化趋势。沿周王、高坦断裂带分布的一系列超浅成相石英（辉石）闪长玢岩-花岗闪长斑岩侵入体组合，构成了江南斑岩带，并有中酸性闪长玢岩、石英闪长玢岩脉侵入，这些小型侵入体及脉岩普遍具有铜、金、银多金属矿化，成矿优势显著。带内岩浆活动主要受近东西向隐伏深断裂带和北东—北北东向、近南北向深大断裂（带）的联合控制，导致中酸性岩体略呈带状分布，分段集中。中酸性小侵入体除受两组以上断裂交会地带控制外，还常受层间破碎带或拆离构造带的控制，侵入岩建造为热液型金矿及内生多金属成矿提供了有利条件。已发现的矿化类型较多，包括层控矽卡岩型、岩浆热液型、斑岩型、层控低温热液型等。

区域上印支-燕山期构造运动形成盖层褶皱带，以大型紧闭的复式背、向斜为特征。总体构成北东向断褶束，制约了含矿建造的展布。同时产生一系列的断裂构造。其中以近东西向、北东向、北西向和近南北向断裂为主，大多具基底断裂性质，其次北东向和北西向层间滑脱断裂、低缓、冲断层亦较发育。江南断裂呈北东向斜穿全区，构成了过渡带的分界线。北东向高坦断裂、江南断裂带控制了全区构造格局并制约了含矿建造的展布，断裂带产状波状变化，带内出现的构造岩包括糜棱片岩、糜棱岩和糜棱岩化岩石、碎裂岩、磨砾岩、构造角砾岩等。褶皱构造大多为紧闭线性褶皱，呈北东—东西向展布，构成北东向断褶束，在背斜、向斜的轴部及它们的转折端部位和层间滑脱带均有利成矿。以江南断裂为界，两侧褶皱形态明显不同，北西侧七都复背斜以紧闭褶皱为主，南东侧太平复向斜以舒缓褶皱为主。对成矿有利的褶皱构造部位主要是背斜倾伏端及翼部、向斜扬起端、倒转背斜等。北北东向断层主要活动在燕山期，具一定的继承性，具多次活动迹象，控岩、控矿特征显著。北西向断层以张性断层或张扭性断层为主。区内主要矿化受断裂构造控制，在不同方向断裂交会、复合处多是矿化集中区域，或矿床（点）出现的部位，而一些基底断裂和大型盖层断裂带不仅控制了岩浆岩的分布，也控制了一些矿化集中区的出现位置。在矿化集中区内，具有控矿作用的断裂既有顺层低角度的逆冲-滑覆断裂系统，也有高角度纵向（北东向）逆断层、高角度斜向（以近东西向为主）扭动断裂、高角度横向断裂和低角度层间断裂破碎带。如区内黄柏岭背斜内部，断裂构造以北东向纵断层为主体，并有一系列规模较小的北西向横断层、东西向及北北东向斜断层，并出现一系列北东向断裂破碎带、层间断裂及裂隙构造，直接控制了区内的金银多金属矿化，如泾县管岭金矿赋存于断裂破碎带中。另外，由于岩性差异，如汤头组灰岩与五峰组碳质硅质页岩之间或五峰组与高家边组砂页岩之间形成了层间滑动或虚脱，为岩浆及含矿热液的贯入提供了通道。

**2. 锑（金）矿**

本成矿亚带锑（金）矿控矿、成矿区域地质特征与上一节金矿基本相同，下面以金家冲式热液型锑金矿为代表，简述其沉积建造、侵入岩建造和变形构造等多重地质控矿因素。

本亚带锑（金）矿控矿地层横跨下扬子、江南两个地层分区（江南过渡带），层控内生热液型金家冲式锑矿均发育在寒武纪碎屑岩-碳酸盐岩沉积建造中，其中黄柏岭组碳质硅质页岩、页岩、钙泥质岩建造为主要赋矿建造，含矿流体易在其北东向构造裂隙中沉淀富集成矿。金家冲银锑矿主要与燕山中、晚期（晚侏罗世—早白垩世）花岗岩岩株和岩脉有关，矿化出现于岩株、岩脉的外接触带部位，岩石组合主要为壳幔混合型钙碱性花岗闪长(斑)岩-二长花岗岩-正长花岗岩建造。金家冲锑(金)矿和高家塝白钨矿与区内青阳岩体关系密切。

北东向褶断带制约了含矿建造的展布。区内褶皱构造大多为紧闭线性褶皱，呈北东—东西向展布，构成北东向断褶束，在背斜、向斜的轴部及它们的转折端部位和层间滑脱带均有利成矿。以黄柏岭复背斜为代表，褶皱轴向自西向东由近东西向渐变为北东向，并向北东侧伏，为直立对称褶皱。地层倾角在30°左右。该背斜向北东形态有所变化，并有次级褶皱相伴。复背斜中段和北东段分别被谭山、青阳岩体侵蚀。锑矿体(化)分布于黄柏岭复背斜轴部及近轴部的北西翼，其展布受北东向构造破碎带控制。顺层低角度逆冲-滑覆断层、高角度北东向纵向逆断层、高角度近东西向斜向扭动断层及横向断层十分发育，北东向断裂构造是区内主要控矿构造，锑矿脉即发育于走向50°的压扭性断层破碎带中。北西向和东西向张性、张扭性断层次之。在北东向强变形劈理化带内或旁侧，金家冲、陈家冲、格里湖、百丈岩、宋冲等一系列钨钼、铅锌、锑金、锑银矿点呈带状、雁行状展布其中。断裂构造对矿化控制明显，在不同方向断裂交会、复合处多是矿化集中区或矿床(点)出现的部位，基底断裂和区域断裂带不仅控制了岩浆岩的分布，也控制了矿化集中区的出现位置。锑矿化严格受北东向构造破碎带控制，矿化强度、规模与构造破碎带发育程度呈正相关，尤其是在波状弯曲的部位，往往形成较大较富的矿体。

**3. 铅锌(钼)矿**

热液型、接触交代型、层控矽卡岩型、斑岩型铅锌矿是彭山-九华成矿亚带铅锌矿床(点)主要成因类型，属复控内生型，主要受沉积建造、侵入岩建造和变形构造控制。以东至-石台地区杨家尖式矽卡岩型铅锌钼矿和旌德地区三溪式斑岩型铅锌矿为例，简述其控矿特征。

复控内生型铅锌矿主要赋矿地层为早震旦世蓝田组，早寒武世黄柏岭组，奥陶纪仑山组、汤头组及五峰组白云岩、灰岩等碳酸盐岩-硅质碎屑岩建造，晚泥盆世五通群(上段)—石炭纪碎屑岩-碳酸盐岩建造，中二叠世栖霞组—早三叠世和龙山组、南陵湖组及中三叠世周冲村组等灰岩、泥质灰岩、白云质灰岩碳酸盐岩-碎屑岩建造组合。其中，蓝田组台地斜坡相碳酸盐岩-碎屑岩建造经热液交代-接触充填交代作用叠加改造对成矿极为有利。黄柏岭组陆棚相钙质页岩、页岩等碎屑岩建造对热液型铅锌矿也十分有利。

中生代燕山中、晚期侵入岩建造(包括浅成相次火山岩)是复合内生矽卡岩型铅锌矿的主控要素。燕山早期石英闪长玢岩、花岗闪长斑岩组合，燕山晚期花岗岩、石英闪长玢岩组合，主要包括青阳岩体、牛背脊岩体、安子山岩体、甲山吴岩体、九华山岩体、谭山岩体等，属壳幔混合同熔型钙碱性岩系。受有利的构造(褶皱、断裂、裂隙等)及岩性条件(钙质、钙镁质碳酸盐岩和硅质、硅铝质岩沉积建造)控制，产生接触交代作用、热液交代-充填作用、热液叠加改造作用等，形成接触交代型铅锌矿床、热液型铅锌矿床或热液脉型铅锌矿床。

北东向断裂构造是东至-石台成矿区主要控矿构造，北西向张性、张扭性断层次之。北北东向断层主要活动在燕山期，具一定的继承性，力学性质以压扭性为主，具多次活动迹象，控岩、控矿特征显著。褶皱构造以太平复向斜、七都复背斜为代表，对成矿有利部位主要是背斜倾伏端及翼部、向斜扬起端、倒转背斜等。断裂构造控矿作用特别是复合断裂构造、破碎带、裂隙构造、断裂、褶皱等复合构造的控矿作用十分明显，一方面是岩浆热液、矿汁通道，另一方面也是铅锌矿主要赋矿、成矿场所。如不同方向多期活动断裂复合控矿、北北东向断裂构造与褶皱构造复合控矿、变形构造与层间滑脱-层间滑动构造复合控矿、挤压构造与张性构造带复合控矿等。在平面上，矿床受不同构造复合交叉结点的控制。在剖面上，受复合构造控制，形成"多层楼"矿床分布模式。

旌德成矿区斑岩(热液)型铅锌矿主要的赋矿层位为寒武纪杨柳岗组和震旦纪蓝田组，其次寒武纪大陈岭组、南华纪南沱组。地层中成矿元素浓集程度相对较高，可以作为矿源层为后期成矿提供物质来源。

侵入岩建造主要为燕山早、中期壳幔混合型花岗闪长(斑)岩-二长花岗岩钙碱性-弱碱性岩石组合，包括旌德、榔桥等大型岩基及周边出露的小岩株（如姚家塔岩体），燕山中期花岗闪长（斑）岩与铅锌矿化关系密切。如榔桥复式岩体内部相主要岩性为中粒角闪二长花岗岩、中粒黑云母花岗岩和中粒花岗闪长（斑）岩；边缘相主要岩性为细粒黑云母花岗（斑）岩、花岗闪长（斑）岩和二长花岗（斑）岩。铅锌矿床大多位于榔桥岩体内部，为单一的花岗闪长（斑）岩。成矿作用以热液交代充填作用为主，接触交代作用为辅，热液充填作用主要控矿、容矿构造为岩体内部密集的裂隙带或节理及岩体与围岩的接触带部位，形成热液交代充填型铅锌、钨（钼）矿。如旌德县三溪式铅锌矿床为与燕山期硅酸过饱和弱碱性岩石花岗闪长（斑）岩有关的热液（斑岩）型铅锌成矿亚系列。

旌德铅锌成矿区位于江南地块皖南褶断带南部，区内褶皱、断裂发育，其中北东向断裂、褶皱构造带为主要的变形构造格架。横跨北东向太平复向斜、七都复背斜形成一系列北西向次级背、向斜，褶皱叠加形成旌德等多个穹隆构造，构成本区主要控岩控矿构造。如百川向斜枢纽呈北北东向，为一紧密同斜褶皱。其核部由寒武纪大陈岭组、杨柳岗组组成，两翼由寒武纪荷塘组，震旦纪皮园村组、蓝田组及南华纪南沱组组成。西侧背斜转折端为区内最有利的成矿部位，6个矽卡岩型铅锌多金属矿床（点）均与此背斜相关。同样区内北东向、北东东向及北西西向3组断裂裂隙构造与成矿关系密切，如旌德县三溪铅锌矿、芳川石壁山铅锌矿均产于北西向断裂带内或与北西向裂隙相关。

**4. 钨（钼）矿**

矽卡岩型、热液型钨矿是本亚带钨矿床（点）主要成因类型，均属层控内生型，主要受沉积建造、侵入岩建造和变形构造控制。

层控内生矽卡岩型钨矿主要赋矿地层在皖南东至、石台、青阳、泾县、太平、旌德地区为南华纪休宁组、南沱组，震旦纪蓝田组，中寒武世杨柳岗组及奥陶纪印渚埠组、砚瓦山组。其中休宁组为被动陆缘滨岸相沉积，为一套砾岩-砂岩-凝灰质砂岩-粉砂岩-粉砂质泥岩建造组合，具有 W、Ag、Au、Bi 元素高丰度值，是重要的矿源层。蓝田组主体为台地斜坡相碳酸盐岩-碎屑岩建造，其碳酸盐岩建造多蚀变为透闪石岩，是区内重要的赋矿层位，该赋矿建造经热液交代-接触充填交代作用叠加改造对成矿极为有利。杨柳岗组为陆棚相泥晶灰岩建造，具蚀变大理岩化、角岩化、矽卡岩化者为重要的赋矿层位。印渚埠组和砚瓦山组泥质灰岩、钙质泥岩建造是兰花岭式热液型钨矿主要含矿建造。尤其是印渚埠组半深海斜坡扇相钙质泥岩、页岩、泥质灰岩建造，中、上部及顶部为最主要的矽卡岩型钨、钼矿化体赋存层位，具多层矿体。这类岩层具薄层、岩石成分复杂、力学强度低的特点，在变形过程中易破碎形成岩层间破碎带（或滑覆构造），热液活动过程中形成不同的地球化学场，有利于成矿物质不断从含矿热液中沉淀并形成矿化分带，与成矿关系密切。

带内中生代燕山中、晚期侵入岩建造是矽卡岩型钨矿主控要素。青阳百丈岩式矽卡岩型钨矿主要控矿侵入岩建造是燕山期（早白垩世）闪长岩、闪长玢岩、正长花岗斑岩、石英正长斑岩、辉斜煌斑岩等组合，属钙碱性酸性花岗岩系列。岩体多呈岩舌状、脉状沿蓝田组碳酸盐岩建造贯入，矿体产于外接触带蓝田组中，侵入岩建造为成矿提供物质来源及热源，是矽卡岩型钨钼矿床主要控矿要素。

青阳高家塝式矽卡岩型钨矿主要控矿侵入岩建造是燕山早期细粒花岗闪长（玢）岩和细粒花岗岩（边缘相）-花岗闪长（斑）岩（过渡相）-二长花岗岩（中心相）组合，属富钾钙碱性岩系。青阳岩体呈岩枝、岩舌沿层间侵入杨柳岗组岩层中，边缘相花岗闪长玢岩对成矿有明显的控制作用，岩体接触带岩石具不同程度的矽卡岩化、绿泥石化、高岭土化、黄铁矿化等蚀变及铜、钼、钨矿化。侵入岩建造不仅作为成矿母岩，也提供了热源及含矿热液，矽卡岩化带直接控制矿化强度及规模。

旌德地区巧川式矽卡岩型钨矿主要控矿侵入岩建造是燕山期花岗闪长岩-花岗斑岩-二长花岗岩-似斑状二长花岗岩组合，属富钾钙碱性岩系。旌德复式岩体内粒度分带明显，中细—中粒—中粗粒结构。岩体接触带岩石具不同程度的矽卡岩化、绿泥石化、黄铁矿化等蚀变及钨、钼矿化，矽卡岩型钨矿矿化强度及规模受此控制。

太平、旌德地区兰花岭式热液型钨矿主要控矿侵入岩建造是燕山期中酸性花岗闪长岩-二长花岗岩组合,属钙碱性岩系列。代表性岩体有太平岩体、黄山岩体、椰桥岩体、茂林岩体、兰花岭岩体等,受区域基底断裂控制,燕山期侵入岩多呈北东向、近东西向展布。兰花岭式热液型钨钼矿床的成矿物质主要来源于高度分异的钙碱性花岗质岩浆岩,区域上与矿化有关的岩浆岩主要为燕山中期侵入的角闪(黑云)花岗闪长岩、角闪黑云石英闪长岩,晚期侵入的中—细粒黑云母花岗岩、中粗粒花岗岩、细粒斑状花岗岩、斑状黑云母花岗岩、细粒花岗岩等。热液型钨矿成矿作用以热液交代充填作用为主,接触交代作用为辅,热液充填作用主要控矿、容矿构造为岩体内部密集的裂隙带或节理及岩体与围岩的接触带部位,形成热液交代充填型钨(钼)矿。如旌德兰花岭式热液型钨矿与燕山期硅酸过饱和弱碱性花岗闪长(斑)岩有关。

本成矿亚带断裂构造发育,北东向江南断裂带控制了全区构造格局。北东向断裂构造是区内主要控矿构造,北西向张性、张扭性断层次之。发育一系列顺层低角度的逆冲-滑覆断裂、高角度纵向(北东向)逆断层、高角度斜向(以近东西向为主)扭动断裂、高角度横向断裂和低角度层间断裂破碎带,构成自北北西向南南东的反向逆冲推覆构造系统,断裂交会处为重要的导矿、容矿构造。褶皱构造以张溪-青阳复向斜、太平复向斜、七都复背斜、黄柏岭背斜为代表,总体构成北东向断褶束,制约了含矿建造的展布。对成矿有利部位主要是背斜倾伏端及翼部、向斜扬起端、倒转背斜等。次级褶皱、层间破碎带和层间滑脱带是矿液的运移通道及成矿物质沉积的有利场所。其中近南北向断裂、次级纵向断裂及背斜构造是控岩控矿的主要构造。如岩体沿七都复背斜核部侵入,核部地层控制了热液型钨钼矿体,构成本区主要控岩控矿构造。晚期北西向断裂为重要的控岩控矿断裂系统,如七都-高路亭北西向横断层群,不同方向断裂交会、复合处是矿化集中区或矿(床)点出现位置。

**5. 钼矿**

钼矿主要分布在鄣公山隆起北部东至—石台—九华—黄山—旌德一带古生代地层出露区,热液型、矽卡岩型、斑岩型钼矿是本亚带内钼矿(化)主要成因类型,属复合内生型和侵入岩型。以九华-黄山地区萌坑式热液型钼矿、黄山岭式矽卡岩型钼矿、檀树岭式斑岩型钼矿为典型矿床,概述成矿建造构造特征。

黄山岭式矽卡岩型钼矿主要赋矿地层为中寒武世杨柳岗组上部,晚寒武世团山组、青坑组,奥陶纪仑山组白云质碳酸盐岩建造,及汤头组、五峰组和早志留世高家边组碎屑岩建造。其中杨柳岗组为陆棚相泥晶灰岩建造,团山组、青坑组为盆地边缘相碳酸盐岩建造,仑山组为开阔台地相白云岩建造,具蚀变大理岩化、角岩化、矽卡岩化者为重要的赋矿层位。五峰组—高家边组碎屑岩建造中 Mo、Cu、Pb、Zn(特别是 Mo)等成矿元素含量往往高于维氏值数倍,形成良好的原始"矿胚层"。硅质页岩作为矿体的顶、底板,其岩性孔隙度小、塑性强、裂隙不发育,渗透性差,又形成了良好的屏蔽层。萌坑式热液型钼矿主要赋存于太平复向斜内,由晚寒武世西阳山组为核的次级褶皱浮丘坦背斜,区域上出露地层为志留纪河沥溪组、康山组及唐家坞组的一套碎屑岩沉积建造,热液型钼矿化受地层控制不明显。泾县檀树岭式斑岩型钼矿围岩多被第四系覆盖,可能受下伏晚古生代盖层控制或影响。

黄山岭式矽卡岩型钼矿主要控矿侵入岩建造是燕山中晚期(早白垩世)石英闪长玢岩(或闪长玢岩)、花岗斑岩、正长斑岩、正长岩、辉绿玢岩组合,主要以岩(席)脉和岩基两种形态产出,其中花岗斑岩和石英闪长玢岩与钼矿化关系密切。主要围岩蚀变有大理岩化、矽卡岩化、磁铁矿化、角岩化、碳酸盐化、绿泥石化、绿帘石化、绢云母化等。花岗斑岩(脉)中成矿元素高出钼元素丰度值数倍至数十倍,为成矿提供了大量的热源和矿质来源,与含矿碳酸盐岩交代形成接触矽卡岩型钼矿床。磁性岩体石英闪长玢岩具良好的地磁异常,成为深部成矿岩体、矽卡岩化带重要控制因素。如青阳岩体呈岩枝、岩舌沿层间侵入杨柳岗组、团山组和青坑组碳酸盐岩岩层中。边缘相花岗闪长玢岩对成矿有明显的控制作用,岩体接触带岩石具不同程度的矽卡岩化、绿泥石化、高岭土化、黄铁矿化等蚀变,及铜、钼、钨矿化。侵入岩建造不仅作为成矿母岩,也提供了热源及含矿热液。

太平萌坑式热液型钼矿主要控矿侵入岩建造是燕山期(早白垩世)中酸性花岗闪长岩-二长花岗岩

组合，属富钾钙碱性岩系。热液型钼矿床的成矿物质主要来源于高度分异的钙碱性花岗质岩浆岩，其中花岗闪长岩与成矿关系较密切。如乌石垄岩体为一复式侵入体，主期岩性为花岗闪长岩，补充期为二长花岗岩。对成矿有明显的控制作用，岩体具不同程度的云英岩化、硅化，钼矿体赋存于蚀变矿化的花岗闪长岩中。侵入岩建造不仅作为成矿母岩，也提供了热源及含矿热液，热液蚀变矿化带直接控制矿化强度及规模。

泾县檀树岭式斑岩型钼矿主要控矿的侵入岩建造是燕山期（早白垩世）中酸性花岗闪长岩组合，属富钾钙碱性岩系。斑岩型钼矿床的成矿物质主要来源于高度分异的钙碱性花岗质岩浆岩，赋矿岩体为岩株状花岗闪长斑岩，岩体普遍矿化。成矿岩体具不同程度的硅化、绢云母化、钾长石化等，钼矿体赋存于蚀变矿化的花岗闪长岩中。侵入岩建造不仅作为成矿母岩，也直接控制着矿化强度及规模。

钼矿成矿区带构造处于下扬子前陆盆地与皖南褶冲带交会部位，即江南过渡带，属东至-石台褶断带。钼矿成矿作用主要与近东西向江南构造岩浆岩带成矿关系密切，深熔型花岗岩组合对不同成因的钼矿空间分布具有明显的制约作用。区内断裂构造发育，北东向高坦断裂、江南断裂带控制了全区构造格局。北东向断裂构造是区内主要控矿构造，北西向张性、张扭性断层次之。区内发育一系列顺层低角度的逆冲-滑覆断裂、高角度纵向（北东向）逆断层、高角度斜向（以近东西向为主）扭动断裂、高角度横向断裂和低角度层间断裂破碎带，构成自北北西向南南东的反向逆冲推覆构造系统，断裂交会处为重要的导矿、容矿构造。褶皱构造以青阳复向斜、太平复向斜、七都复背斜、黄柏岭背斜为代表，总体构成北东向断褶束，制约了含矿建造的展布。对成矿有利部位主要是背斜倾伏端及翼部、向斜扬起端、倒转背斜等。次级褶皱、层间破碎带和层间滑脱带是矿液的运移通道与成矿物质沉积的有利场所。其中近南北向断裂、次级纵向断裂及背斜构造是控岩控矿的主要构造。如黄山岭式矽卡岩型钼矿构造位于北东向黄山岭背斜倾伏端南东翼，脆韧性变形带及层间滑脱裂隙带中。区内以北东向江南断裂带为主干断裂构造，分隔太平复向斜、七都复背斜，构成了江南过渡带的分界。断裂带发育一系列逆冲断面，韧性、脆-韧性、脆性等多期构造岩发育，沿断裂带岩石普遍碎裂岩化、角砾岩化及硅化、绢云母化等。韧性变形剪切指向为面向南东—南南东的逆冲推覆构造，使太平褶断带和江南隆起向江南过渡带挤压推覆，岩石呈叠瓦状构造岩片产出，发育一系列逆冲断面。断裂带控制着燕山期岩浆岩和花岗闪长岩、花岗斑岩、闪长玢岩等岩脉的产出。断裂带对燕山期侵入岩建造、内生金属矿产的控制作用比较明显。如太平萌坑钼矿产于燕山期大型复式侵入体乌石垄岩体内部，成矿岩体侵位受太平复向斜次级褶皱控制，热液型钨钼矿体紧邻江南断裂，受北东向江南断裂影响，江南断裂为区内的主控矿构造。斑岩型钼矿主要受走向近南北向、近东西向、北东向、北西向4组断裂裂隙控制，裂隙多被硅质脉、黄铁矿化石英细脉、含辉钼矿石英脉充填。含矿岩体近地表具辉钼矿化的"液裂角砾岩"构造，角砾状石英脉产于斑岩体内部，为斑岩体上侵过程中，深部流体与地表流体混合发生"沸腾爆破"形成的角砾岩构造。

### 6. 萤石矿

热液型萤石矿为本成矿亚带主要成因类型，属复合内生型矿产。带内热液型萤石矿主要与侵入岩建造、沉积建造、断裂构造和蚀变矿化带等控矿因素有关，其中主要控矿地质条件为深部断裂、裂隙构造，燕山期后造山岩浆期后热液充填成矿。以旌德地区凤形山式热液型萤石矿为例述之。

旌德凤形山式中低温热液型萤石矿主要赋矿地层为早志留世霞乡组（多为花岗闪长岩体残留顶盖）陆棚相砂岩、碳质页岩建造。控矿侵入岩建造为燕山期壳幔混合型花岗闪长（斑）岩-二长花岗岩钙碱性-弱碱性岩石组合，包括旌德、榔桥等大型岩基及周边出露的小岩株。其中凤形山萤石矿主要与旌德中粗粒似斑状黑云母花岗闪长岩岩体及细晶岩脉有关。成矿作用以热液充填作用为主，主要控矿、容矿构造为岩体内部密集的裂隙带或节理带及岩体与围岩的接触带部位，形成热液充填型萤石矿。

旌德成矿区内断裂构造十分发育，北北东向旌德断裂带、绩溪断裂带斜贯穿全区，是区内重要的控岩控矿构造。断裂带具长期多期次强烈活动的特点，一系列冲断层或斜冲断层叠瓦式构造带不仅对花岗岩的形成、侵位和空间分布具有明显的制约作用，而且其次级断裂、裂隙带为热液充填型萤石矿成作用提供了就位空间。断层破碎带内及断裂交会处硅化、绢云母化、绿泥石化及矿化蚀变现象普遍，区域性动力变质作用和北北东向韧脆性剪切破碎带为热液型萤石矿提供了良好的成矿条件。褶皱构造发育，枢纽呈北东—南北向展布，以斜歪倒转背、向斜为主。在复背、向斜及一系列与之平行的逆断层和与之直交的张性断裂构造带中，多有花岗斑岩体侵入，是热液型萤石矿主要容矿构造和热源、矿源体。

**7. 重晶石矿**

重晶石矿主要分布在鄣公山隆起北部东至—石台一带早古生代地层出露区，沉积型重晶石矿是本成矿亚带重晶石矿床（点）主要成因类型，主成矿期为早古生代，主要受沉积建造、岩相古地理环境和变形构造控制。以东至-石台成矿区石桥式沉积型重晶石矿为例简述。

沉积型重晶石矿主要赋矿地层在东至-石台地区为早寒武世荷塘组，岩石建造组合下段为灰黑色、黑色薄层碳质硅质页岩夹碳质页岩建造，底部夹透镜状石煤；中段为黄绿色钙质页岩、页岩建造；上段为灰黑色、黑色中—薄层碳质页岩，页岩，碳质泥岩，及碳质硅质页岩、碳质硅质岩夹薄层灰岩建造。沉积型重晶石矿含矿建造主要为其中段底部、上段黏土页岩-粉砂质黏土页岩建造。沉积建造受古地理环境控制。东至-石台地层小区早寒武世早期基本继承了震旦纪古地理格局，在高坦断裂东南侧区内，海平面开始上升，水体加深（盆地区水深推测在200m以下），岩相上产生了分异，横向上沿台地向南出现含灰岩硅质岩组合，含硅质、碳质页岩组合，硅质岩组合。其沉降中心位于石台—青阳一带，厚度达100m以上。纵向上从早到晚岩相由浅海盆地相→陆棚相→台地缓坡相（上段）演变，江南断裂成为台地边缘相区与盆地相区的分界线，控制着台坡带的展布，使这一带多处出现碎屑流、浊流、颗粒流等不同类型的深水重力流沉积。边缘过渡带位于沿江断裂与江南断裂之间，早寒武世早期广泛发育薄层硅质岩、硅质页岩、黑色碳质页岩、石煤层及薄层灰岩的被动边缘盆地黑色页岩建造，成为沉积型层控重晶石矿主要赋矿层位。

东至-石台重晶石成矿区区域构造上位于下扬子地块皖南褶冲带西北江南过渡带，北东向断裂构造是区内主要控岩控矿构造，北西向张性、张扭性断层次之，对地层、矿体和褶皱起破坏作用。北北东向断层主要活动在燕山期，具一定的继承性，力学性质以压扭性为主，具多期活动迹象。基底断裂构造主要表现为北东向、近东西向、北西向3组，控制了含矿沉积建造的发育及其深度。褶皱构造以七都复背斜为代表，总体构成北东向断褶束，制约了含矿沉积建造的展布。印支期成为扬子陆块缩短带，褶皱组合为紧闭相间背、向斜，同等发育。断裂表现为面理倾向北西的逆冲变形构造，岩石呈叠瓦状构造岩片产出，发育一系列逆冲断面，构成双向对冲推覆构造。燕山期，次级褶皱、复活断裂构造更加复杂化，破坏了早期沉积建造的展布格局。因此本成矿亚带沉积型重晶石矿主要受早寒武世地层限制，江南过渡带早寒武世台坡带荷塘组、黄柏岭组粉砂质黏土页岩建造发育区是沉积型重晶石矿主要岩相古地理环境。

## 二、九岭-鄣公山隆起成矿亚带

安徽省内该成矿亚带构造位置处于江南古岛弧带鄣公山隆起，北以南华系底界与彭山-九华成矿亚带相邻，东部为伏川蛇绿混杂岩带（绩溪-五成段）所围限，以金、银、钨、钼、锑、铜、铅锌为主要矿种。该多金属构造-岩浆成矿亚带大地构造相属扬子陆块大相江南古弧盆相，以浅变质基底（深海盆地）亚相（$Qb_1$）杂陆屑凝灰质粉砂岩、泥岩复理石建造构造组合、陆缘裂谷亚相（$Qb_2$）碎屑岩＋中、基性火山岩构造组合及被动陆缘夭折裂谷（拗拉谷）亚相（Nh）碎屑岩建造组合、陆棚陆-盆地亚相（Z—∈）碎屑岩、碳酸盐岩建造组合为主要赋矿建造。晋宁运动发生强烈褶皱形成近东西向的鄣公山隆起，构成扬子陆块褶皱变质基底，作为古陆长期隆起剥蚀。燕山期断褶构造岩浆活动控制着本亚带许多重要的钨、钼、铅锌、锑金、金、银、锡等多金属矿床（点）和非金属矿产。成矿作用受沉积建造、侵入岩建造和变形构造等多重地质因素控制。

本亚带主要控矿侵入岩建造为燕山期花岗岩，祁门-潜口断裂带以北为花岗闪长斑岩、黑云母二长花岗岩、花岗斑岩脉、石英闪长岩脉组合和黑云母花岗闪长岩、黑云母花岗闪长斑岩组合等侵入岩建造，主要由东源岩体、西源岩体、江家岩体、黟县岩体、三宝岩体、岑山岩体、留杯荡岩体等，及一些小岩体、隐伏岩体组成，受北东向构造控制，为后造山壳源深熔型-同熔型钙碱性花岗岩系列。在岩体接触带热接触变质作用广泛发育，形成矽卡岩化、角岩化和大理岩化，为复合内生型钨钼铅锌银矿主要控矿要素。断裂带以南主要为黑云母花岗闪长斑岩、黑云母二长花岗岩组合。由冯村、漳前、里东坑和郭坑等岩体组成近东西向构造岩浆活动带，沿断裂带多呈串珠状小岩珠出现。属高钾钙碱性岩石组合，具有低 Nd、较高 Sr 初始比值，反映与壳源的关系密切，可能为下地壳部分熔融的产物，成岩物质源区混有一定的幔源物质。燕山期构造岩浆作用为成矿提供热源、热动力和成矿物质，陆壳改造型二云母花岗岩是区内重要的金、钨、钼化探、重砂异常和矿化的集中区。

九岭-鄣公山隆起成矿亚带成矿作用主要受近东西向和北东向断裂与褶皱复合构造的控制。祁门-潜口断裂带是带内重要的控岩控矿构造，具有长期多次强烈活动的特点，它不仅对深熔型花岗岩类的形成、侵位和空间分布具有明显的制约作用，而且其次级断裂对多金属成矿提供了就位空间。鄣公山隆起东段褶皱构造以鄣公山复背斜为主体，由新元古代溪口岩群和历口群组成复式褶皱。褶皱以近乎平卧式倒转背、向斜为主，轴向呈近东西—北东东向延伸，分别向两端倾伏，多被断层破坏，总体呈近东西向展布。北翼发育一系列规模不等的次级背、向斜构造，以走向近东西、轴面多向南倾斜的紧闭同斜倒转背、向斜为特征。晋宁运动使溪口岩群遭受区域低温动力变质和强烈韧性构造变形，原始层理被构造置换多已消失，构造变形表现为分层剪切流变、透入性劈理、片间紧闭褶皱等。加里东运动使造山带隆起，又形成一系列规模不等的伸展滑覆断褶构造，表现为相间分布的褶皱劈理化岩片和剪切片理化带。晋宁造山运动及其后的加里东隆升使区内震旦系以上盖层由南向北滑覆，形成了诸如蓝田、临溪残留向斜盆地。印支-燕山期陆内造山运动不仅活化了区内近东西向基底断裂，而且北东向断裂十分发育，由近东西向祁门断裂带及彼此平行的北东向和北东东向韧、脆性剪切带，及北西向、北北西向断层组成，控制了区内中生代成矿作用。北东向韧、脆性剪切带具多期活动特征。早期为挤压型，断裂规模大、延伸远，一系列共、伴生互相平行的逆断层、逆掩断层、挤压片理带和直交正断层发育。晚期为张性、张扭性断层。主断裂带内断层泥、构造角砾岩、碎裂岩发育。成矿作用主要受近东西向和北东向断裂与褶皱复合构造的控制，主要矿化矿体与褶皱同步，多产在倒转向、背斜的轴部、近轴部的两翼地层中。不同方向的断裂交会处易形成矿体，断裂构造是成矿热液的运移通道和主要容矿场所。带内逆冲推覆构造主要表现为由南东向北西的逆冲推覆作用，叠瓦式逆冲断层带、变质岩系逆冲于侏罗纪断陷盆地之上，倾向南东的挤压片理发育。以里东坑-高岭脚断裂、用功城断裂、右龙-杨村断裂、汪村断裂、漳前断裂等为代表，控制着侏罗纪断陷盆地和晚侏罗世—早白垩世侵入岩岩株及岩脉的分布，含矿热液上升充填于破碎-裂隙带内，富集成矿。由物探异常推断，在大型构造带的交会部位，深部有较大规模的隐伏花岗岩体发育，为本亚带提供有利的多金属成矿、找矿背景。主要矿床成因类型有热液型铅锌银矿、层控热液叠改型银矿、斑岩型钨矿、斑岩型钼矿、热液型锑金矿和蚀变岩型金矿。现分别按矿种和成因类型进行成矿地质背景综述。

**1. 金矿**

本成矿亚带金矿以石英脉-蚀变岩型金矿为主要成因类型，属复合内生型。以休宁汪村小连口式蚀变岩型金矿为例，成矿作用受沉积变质建造、侵入岩建造和变形构造等多重地质因素控制。

皖南南部祁门汪村地区石英脉-蚀变岩型金矿主要赋矿地层为新元古代溪口岩群漳前岩组、板桥岩组和木坑岩组，为一套浅变质杂陆屑复理石浊积岩相建造。金（锑）矿体分布于蚀变岩层的构造破碎带或裂隙中。控矿燕山期侵入岩建造主要为黑云母花岗闪长斑岩、黑云母二长花岗岩组合。由冯村、漳前、里东坑和郭坑等岩体组成近东西向构造岩浆活动带，多沿断裂带呈串珠状小岩珠出现。构造岩浆作用为成矿提供热源、热动力和成矿物质，矿化、矿床点多数发育在岩体的内外接触带上，高孔裂隙度、渗透率的接触构造带,极有利于矿液的迁移和聚集,如木坑岩组。板桥岩组中含碳泥质夹层具有较强的吸附作用,对金矿形成有利。控矿变形构造为近东西向鄣公山复背斜及北东向断裂构造、褶皱劈理化岩片和剪切片理化带。含矿热液上升充填于构造破碎-裂隙带内,富集成矿。其中用功城断裂(大丘田金矿)、右龙-杨村断裂(小连口金矿)是金矿化主要的控岩控矿构造。晚期断裂活化并发育次级断裂、构造裂隙及劈理化带,带内构造角砾岩岩石破碎,硅化、绿泥石化、绿帘石化,且出现中酸性石英闪长玢岩、闪长玢岩脉、石英脉充填,为带内石英脉-蚀变岩型金矿提供了有利的控矿条件。目前区域上已发现3条很好的韧、脆性剪切带型(石英脉型和构造蚀变岩型)金矿化带,第一条是北东向景德镇-祁门断裂构造带(大背坞、金家坞金矿床为代表),第二条是近东西向鄣公山韧性构造变形带(璜茅-天井山-九亩丘金矿化带),第三条是浙赣边界璜尖-大麦坞-鼓楼金矿化带(古楼、璜尖金矿点)。尤其是高孔隙度、低孔隙压力围岩及火山岩与碎屑岩的构造界面附近更有利于含金变质流体的集中富集。

**2. 锑(金)矿**

热液型锑矿是皖南南部锑矿床(化)主要成因类型,属复合内生型,以休宁汪村里广山式热液型锑矿为例,成矿作用受沉积变质建造、侵入岩建造和变形构造等控制。

热液型锑矿赋矿地层为新元古代溪口岩群,为一套陆棚相浅变质杂陆屑复理石浊积岩建造,锑矿(化)体均分布于建造岩层的构造破碎带或裂隙中。其中锑矿体即形成于板桥岩组、木坑岩组绢云千枚岩、绢云粉砂质千枚岩断层破碎带中或裂隙中。粉砂质板岩、砂质千枚岩组合为主要赋矿层位,其构造破碎带或裂隙为锑矿矿(化)体主要赋矿围岩。

侵入岩建造除新元古代中细粒花岗岩、花岗斑岩、正长花岗岩外,主要发育燕山期黑云母花岗闪长斑岩、黑云母二长花岗岩组合。属高钾钙碱性岩石组合,具有低Nd、较高Sr初始比值,反映与壳源的关系密切,可能为下地壳部分熔融的产物,成岩物质来源区混有一定的幔源物质。近东西向构造岩浆岩带主要由冯村、漳前、里东坑和郭坑岩体组成,多沿断裂带呈小岩珠及串珠状出现。锑矿(化)体的形成大多与燕山期花岗斑岩脉、石英斑岩脉、辉绿玢岩脉及闪长玢岩脉有关,岩浆活动有利于深部含矿热液富集。

该亚带锑矿与金矿同处鄣公山隆起构造环境,如前所述褶皱、断裂、推滑覆、韧脆性变形构造十分发育,以里东坑-高岭脚断裂、用功城断裂、右龙-杨村断裂、汪村断裂、漳前断裂等为代表,控制着晚侏罗世—早白垩世侵入岩岩株及脉的分布,其中右龙-杨村断裂是锑矿化主要的控岩控矿构造。晚期断裂活化并发育次级断裂、构造裂隙及劈理化带,带内岩石破碎,硅化、绿泥石化、绿帘石化,且出现中酸性岩脉充填,为区内热液充填型锑矿提供了有利的控矿、容矿构造条件。锑矿(化)体主要赋存于北东向和北北东向断层、裂隙及脉岩附近,且岩层发生较强的硅化蚀变,矿化受构造热液作用控制。

**3. 钨矿**

斑岩型钨(钼)矿是本亚带主要成因类型之一,典型矿床如祁门东源式斑岩型钨(钼)矿。赋矿沉积-变质建造主要有新元古代木坑岩组和牛屋岩组,青白口纪邓家组,南华纪休宁组,震旦纪蓝田组等。其中,牛屋岩组下段粉砂岩-千枚岩建造及震旦纪蓝田组海相碳酸盐岩沉积建造和寒武纪硅、泥质黑色岩系建造与成矿较密切,为东源式斑岩型钨矿的主要矿化围岩。主要控矿侵入岩建造为燕山期花岗闪长斑岩、黑云母二长花岗岩、花岗斑岩脉、石英闪长岩脉组合(东源岩体、西源岩体和江家岩体等)。花岗闪长斑岩中较高丰度的钨是形成斑岩型钨矿床的首要条件,如东源岩体为一个全岩矿化的岩体。与矿化关系密切的围岩蚀变主要有硅化、黄铁矿化和绿泥石化。成矿作用主要受近东西向和北东向断裂与褶皱复合构造的控制,主要矿化类型的钨矿体与褶皱同步,多产在倒转向、背斜的轴部和近轴部的两翼地层中。不同方向的断裂交会处易形成钨矿体,断裂构造是成矿热液的运移通道和容矿主要场所。

#### 4. 钼矿

本亚带斑岩型钼矿是钼矿床(点)主要成因类型之一,以休宁南部里东坑式斑岩型钼矿床为例,成矿作用主要受侵入岩建造、沉积变质建造和变形构造控制。赋矿沉积变质建造主要为前南华纪溪口岩群木坑岩组和牛屋岩组下部,其中木坑岩组千枚状含砂粉砂岩、粉砂质千枚岩、千枚岩、粉砂质板岩建造与成矿关系较密切。主要控矿侵入岩建造是燕山期壳源重熔型似斑状斜长花岗斑岩、花岗闪长斑岩、闪长(玢)岩等后造山花岗岩组合,属高钾富碱钙碱性岩系列。成矿岩体呈小岩株、岩瘤状侵入于木坑岩组之中。花岗闪长斑岩岩石硅化、角岩化、绢云母化蚀变强烈,钨、钼矿化多发育在其内外接触带,控矿侵入岩体是成矿母体和矿液的来源,在岩浆岩沿构造通道侵入冷凝的过程中,含较多挥发组分的矿液从岩体中分离逸出沿构造裂隙充填成矿。控矿变形构造为由牛屋岩组、木坑岩组组成的复式褶皱及东西向、北东向断裂构造。成矿作用主要受近东西向和北东向断裂与褶皱复合构造的控制,不同方向的断裂交会处易于含矿岩体就位,断裂构造是区内主要的控矿、容矿构造。印支-燕山期陆内造山运动不仅活化了区内近东西向基底断裂,而且北北东向、北东向和北西向次级断裂十分发育,带内出现岩石破碎,断层角砾岩普遍出现硅化、绿泥石化、绿帘石化,为区内斑岩型钼矿形成提供了有利条件,里东坑钼矿就发育在北东向流口断裂带与近东西向外东坑张性硅化破碎带交会部位。本亚带斑岩型钼(钨)矿主控成矿条件一是燕山期花岗斑岩-花岗闪长斑岩组合,二是断裂硅化破碎带构造。

#### 5. 铅锌(银)矿

本亚带热液型铅锌矿是层控内生型铅锌矿床(点)主要成因类型之一,典型矿床如祁门地区三宝式层控内生型铅锌矿。赋矿地层主要为早震旦世蓝田组台地斜坡相碳酸盐岩-碎屑岩建造和早寒武世陆棚相荷塘组硅碳泥质黑色岩系建造。层控赋矿建造经热液交代-接触充填交代作用对热液型铅锌矿成矿极为有利。燕山早期侵入岩建造(黟县岩体、三宝岩体、岑山岩体、留杯荡岩体等)对本区层控内生型铅锌矿控矿作用明显。在岩体接触带,热接触变质作用广泛发育,并伴有矽卡岩化、铅锌矿化。接触交代作用主要发生在燕山期侵入体与早震旦世蓝田组硅质灰岩地层的接触带位置,接触交代矽卡岩主要见有透辉石-石榴石矽卡岩,呈不规则状断续分布,并形成矽卡岩铅锌矿,如黟县西坑银铅锌矿床、黟县三姑尖铅锌矿点等。热液型铅锌矿床成矿作用主要受近东西向和北东向断裂与褶皱复合构造的控制,其次级断裂对多金属成矿提供了就位空间。成矿作用以热液交代充填作用为主,接触交代作用次之。热液交代充填作用主要发生在近东西向断裂及断裂次生裂隙中,受构造-岩浆活动影响较大,如祁门三宝铅锌银矿床、黟县西坑银铅锌矿床等;不同层次和不同方向的基底断裂、隐伏断裂、表壳断裂交会部位、一系列冲断层或叠瓦式斜冲断层构造带及与岩体接触带和隐爆角砾岩筒构造等是本区主要控矿构造要素。

#### 6. 银矿

本成矿亚带银矿与铅锌矿共伴生,控矿地质环境基本相同,以黟县地区西坑式层控叠改型银矿为典型矿床,其赋矿地层主要为早震旦世蓝田组碳酸盐岩建造和早寒武世荷塘组硅碳泥质黑色岩系建造。蓝田组中上部的条带状含锰微晶灰岩与白云质灰岩建造为主要容矿岩层,银多金属矿化层主要赋存于该层的上、下部及其顶底板的碳酸盐岩—黑色碳硅质泥岩的过渡岩性层内。该赋矿建造经热液交代-接触充填交代作用对成矿有利。层控热液叠改型银矿主要受黟县岩体控矿。黟县花岗闪长岩基大面积出露,可分为中心相和边缘相,受北东向构造控制,岩体呈椭球形岩株状产出,接触交代作用主要发生在黟县岩体与早震旦世蓝田组硅质灰岩地层的接触带位置,角岩化和大理岩化广泛发育,热液交代作用形成的矽卡岩化伴有铅锌、银矿化,呈不规则状断续分布,并形成矽卡岩铅锌银矿。深部隐伏岩体为成矿元素迁移提供了热源,在热流上升过程中,可萃取蓝田组中的银、铅、锌、铜等元素,向构造裂隙、断层面、层间滑脱面、褶皱转折端等部位迁移,当遇到有利岩层(碳酸盐岩-碎屑岩建造)即进行交代、产生围岩蚀变或沉淀富集成矿。黟县西坑式银矿构造位于祁门-潜口断裂带的北侧,蓝田向斜的北翼,黟县花岗岩体东南侧接触带的外带,北东向断层与近东西向褶皱的交切部位。铅锌银成矿作用主要受近东西向和北东向断裂与褶皱复合构造的控制,近东西向祁门-许村断裂与北东向鹅湖-蓝田断裂在此交会,与蓝田向斜褶皱构造复合,叠加中生代岩体接触带构造,形成了多位一体的复合控矿构造。在北东向断裂与褶皱交会部位,成矿热液进入层间破碎带,在碱性较高的岩层部位交代反应使矿质沉积富集。热液交代充填作用主要发生在近东西向断裂及断裂次生裂隙中,受构造-岩浆活动影响较大,多层次、多方向断裂构造与岩体接触带是主要控矿地质要素。

## 第七节 钦杭东段北部成矿带成矿构造环境

安徽省钦杭东段北部成矿带主体位于浙西地块白际岭隆起、天目山褶冲带,即皖南东南部构造-岩浆岩带,大致以绩溪-五城断裂带、周王断裂带为界与江南隆起东段成矿带相邻,包括休宁东南部铜、铅、锌、金、银、钴、钨、锡、钼、锑成矿亚带,绩溪-宁国钨、钼、铅、锌、萤石成矿亚带(见图6-5),是安徽省重要的多金属成矿矿集区和成矿远景区之一。

钦杭东段北部成矿带大地构造相分属下扬子陆块大相江南古弧盆相($Qb—Nh$)、被动陆缘相($Z—S_2$),中低级变质基底杂岩(深海盆地)亚相($Qb_1$)、蛇绿岩亚相($Qb_1$)、岛弧亚相($Qb$)、浙西陆棚-盆地亚相($Z—\in$)。由变质杂陆屑复理石建造,火山碎屑岩、细碧角斑岩建造和岛弧型双峰式火山岩及火山碎屑岩建造,伏川蛇绿混杂岩建造,同碰撞+后碰撞片麻状花岗岩建造,被动陆缘碎屑岩-碳酸盐岩建造组成。前南华纪中低级变质基底及强烈的火山-侵入活动形成江南古岛弧,陆(弧)-陆碰撞以伏川蛇绿混杂岩带为主要变形构造域,控制了区域性成矿地质背景。构造演化基本与江南隆起东段成矿带相同,经历了陆块基底形成阶段,陆缘盖层发展阶段和滨太平洋陆内盆、山发展阶段,盖层沉积总体处于次稳定被动陆缘沉积环境。

扬子陆块江南古陆范围前新元古代初期处于大洋环境(大洋化盆地),被动大陆边缘接受了巨厚的溪口岩群、西村岩组、昌前岩组弧后盆地沉积——浊流相、陆棚相、滨岸相陆源碎屑沉积复理石建造,火山碎屑岩、细碧角斑岩建造。820Ma左右的晋宁运动,表现为大陆边缘俯冲碰撞造山构造环境,形成伏川蛇绿岩混杂岩带,成为江南地块和浙西地块的汇聚边界。东侧西村岩组洋盆火山碎屑岩建造发生强烈变形和构造片理化,形成北东向构造杂岩片,组成白际岭隆起。随后许村、休宁、歙县等同造山期花岗岩体同构造侵入,江南古陆壳加厚。此后晋宁晚期由原来的强烈挤压逐渐转换为拉张环境,伏川蛇绿岩混杂岩带以东由井潭组双峰式陆源火山岩和同期后碰撞岛弧型五城深成花岗岩组合构成白际岭岩浆弧。代表了新元古代早期离散环境,是大陆拉张-裂谷或裂陷槽火山沉积建造组合,构成本成矿带双层结构褶皱变质基底。青白口纪末周家村组(含火山)细碎屑沉积岩建造的形成,表明火山活动结束和裂陷盆地主体形成。

浙西地块天目山褶冲带南华纪—早古生代为被动陆缘次稳定型盖层沉积,形成了一套杂陆屑和硅质页岩为主的建造组合。进入早志留世末期,大规模海退使海水变浅,白际岭隆起古陆上缺失沉积,宁国东部坳陷带内为滨浅海环境,堆积了以唐家坞组为代表的类磨拉石建造。强烈的加里东造山、造陆运动使早古生代地层强烈褶皱,愈往南东(浙西地块)造山作用愈强,整体抬升,缺失中志留世晚期至中泥盆世沉积,并形成一系列伸展滑覆构造。印支-燕山期,构造进一步复杂化,由于古太平洋板块对欧亚大陆的俯冲碰撞,应力场发生了变化,形成一系列向北西冲断的褶皱断片构造、逆掩和推覆构造。岩浆多次侵入,并伴随有火山活动,形成大规模岩浆-成矿活动中心,主要以陆壳改造型花岗岩建造和大陆钙性-钙碱性火山岩建造为特色。早白垩世晚期至晚白垩世早期,随着太平洋板块向欧亚地块不断俯冲,地壳水平挤压活动强烈,进一步形成了一系列北北东向、北西向、近东西向断裂和推覆构造,如绩溪断裂带表现为强烈逆冲推覆。燕山期断褶构造岩浆活动控制着本带许多重要的多金属矿床(点)和非金属矿产。

## 一、休宁东南部成矿亚带

安徽省内该成矿亚带构造位置处于江南古岛弧带浙西地块白际岭隆起,分布于伏川蛇绿岩混杂岩带南东地区,包括歙县-天目山褶冲带,以金、钼、钨铋、铅锌、萤石及硫铁矿等为主要矿种。该多金属构造-岩浆成矿亚带大地构造相属扬子陆块大相江南古弧盆相,以浅变质基底(深海盆地)亚相($Qb_1$)杂陆屑凝灰质粉砂岩、泥岩复理石建造构造组合,酸性-基性火山岩-火山碎屑岩构造组合及被动陆缘夭折裂谷亚相(Nh)碎屑岩建造组合,陆棚陆-盆地亚相(Z—∈)碎屑岩、碳酸盐岩建造组合为主要赋矿建造。晋宁期同碰撞-后碰撞岛弧型深成花岗岩、双峰式大陆边缘火山岩组合,燕山期造山后花岗岩组合及强烈的断褶构造活动控制着本亚带多金属和非金属矿产。

本成矿亚带主要控矿变质基底建造为新元古代青白口纪西村岩组、昌前岩组、井潭组和周家村组。西村岩组、昌前岩组为弧后盆地沉积-浊流相、陆棚相、滨岸相陆源碎屑沉积复理石建造,火山碎屑岩、细碧角斑岩建造。井潭组、周家村组为一套岛弧型高钾钙碱性玄武岩+安山岩+英安岩+流纹斑岩双峰式火山岩系列,和(含火山)细碎屑沉积岩建造组合,构成本亚带中低级变质基底。主要赋矿沉积建造为南华纪休宁组、南沱组,震旦纪蓝田组及奥陶纪印渚埠组、砚瓦山组,为一套被动陆缘裂谷-陆棚-盆地相碎屑岩、碳酸盐岩建造组合。其中井潭组与休宁组同为长岭尖式热液型钨矿含矿建造。

休宁东南部成矿亚带控矿侵入岩浆活动时期主要包括晋宁期和燕山期。晋宁早期以歙县等同碰撞花岗岩建造为代表,晋宁晚期侵入岩建造为壳幔混合同熔型花岗闪长斑岩-花岗岩(正长花岗岩、黑云二长花岗岩、黑云花岗岩)-花岗斑岩及花岗细晶岩等后碰撞片麻状花岗岩组合,包括灵山、莲花山(753Ma)、白际(766Ma)、五里亭等岩体。晋宁晚期侵入岩建造中花岗闪长斑岩、花岗斑岩岩枝、岩脉与区内金、银、铅锌矿化关系密切,以热液型为主,其次为矽卡岩型。燕山期岩浆活动受皖浙赣构造-岩浆岩带控制,呈北东向和北北东向产出,侵入岩建造为壳源重熔型似斑状黑云母花岗闪长岩-似斑状黑云母二长花岗岩等造山后花岗岩组合,包括灵山、莲花山、五里亭、白际、长陔、古祝、早山、石门、大岭脚、青山等主要岩体,侵入于新元古代青白口纪井潭组之中,呈小岩株、岩瘤、岩枝、岩脉状产出。该岩带侵入岩建造岩石硅化、钾化、绢云母化蚀变强烈,与带内金、铅锌、钨、铋、钼等矿种成矿关系密切。

本成矿亚带构造位于伏川蛇绿岩混杂岩带(伏川-五城带)以东地区,变形构造复杂,经历了多期次的构造运动。晋宁期斜向碰撞造山运动,基底断裂构造以伏川蛇绿混杂剪切岩带(即赣东北构造混杂岩带及江湾-五城构造混杂岩带)主体斜穿全区,表现为一系列平行的北东—北北东走向的走滑剪切带,如三阳坑韧脆性剪切带、白际-长陔-巨川剪切带、江湾-街口剪切带、璜茅-五城剪切带等。印支期陆内造山形成了北东走向叠瓦状逆冲推覆构造和十分发育的褶皱带,大致平行的逆冲推覆断裂带从南东向北西依次有街口-杨柏坪冲断层、长陔-青山冲断层、绍廉-岭南冲断层、周家村-漳潭-璜茅冲断层等,由韧、脆性千糜岩,糜棱岩,碎裂岩等构造岩组成,并伴、派生一系列平卧褶皱、同斜褶皱和晚期开阔褶皱,构造形式表现为相间分布的褶皱劈理化岩片和剪切片理化带。花岗岩体被剪切成北北东向长条状糜棱岩带,变质岩层、变火山岩(井潭组)被构造挤压,破碎带、膝褶、石香肠等构造发育,剪切带由千枚岩、千枚状砂岩、片麻状花岗岩及流纹质糜棱岩等组成。与矿化相关的变形构造为北东向韧、脆性剪切带,断裂、褶皱构造及硅化破碎蚀变带,尤其是燕山期发育的北北东向、北东向和北西向次级断裂破碎裂隙带,为区内热液充填型矿产形成提供了有利条件,成为区内主要的控矿、容矿构造。尤其是晚期断裂活化并发育北北东向、北东向和北西向次级断裂,为区内主要控矿构造。

休宁东南部成矿亚带主要矿床成因类型有石英脉-蚀变岩型金矿、热液型钨铋矿、热液型钼矿、热液型铅锌(银)矿、热液型萤石矿和沉积型硫铁矿。成矿作用受成矿亚带变质基底建造、沉积建造、火山岩建造、侵入岩建造和变形构造等多重地质因素控制。现以典型矿床成矿作用为例分别进行成矿地质背景综述。

**1. 石英脉-蚀变岩型金矿**

休宁天井山式石英脉-蚀变岩型金矿属复合内生型矿产,受沉积变质建造、侵入岩建造和变形构造等多重地质因素控制。天井山式金矿主要赋矿地层在本亚带为青白口纪井潭组,为一套岛弧型双峰式火山岩建造,其中含金火山碎屑岩为主要矿源层。控矿侵入岩建造主要为晋宁晚期壳幔混合同熔型花岗闪长斑岩-花岗岩-花岗斑岩,及花岗细晶岩等后碰撞片麻状花岗岩组合和燕山期壳源重熔型似斑状黑云母花岗闪长岩-似斑状黑云母二长花岗岩等造山后花岗岩组合。受皖浙赣构造-岩浆岩带控制,呈北东向和北北东向产出。其中晋宁晚期灵山岩体和莲花山岩体与金矿成矿关系密切,燕山期古祝、早山花岗闪长斑岩、花岗斑岩岩枝、岩脉等岩石硅化、钾化、绢云母化蚀变强烈,与天井山金矿床矿化关系密切。控矿变形构造主要为北东走向平行展布的韧、脆性剪切带,及其千糜岩、糜棱岩、碎裂岩等构造岩和发育的褶皱劈理化岩片及剪切片理化带。一系列逆冲推覆、走滑剪切带和褶皱构造对金矿(化)有明显的控制作用。韧、脆性剪切带是主要的控岩容矿构造,含矿岩浆及成矿热液来自于地壳深部或上地幔并明显受到壳源同化混染。早期区域性韧-脆性剪切强变形动力变质作用为石英脉的形成提供了空间,成矿热液沿着裂隙贯入,形成石英脉型金矿。后期强烈的剪破作用和构造角砾岩化为金主成矿阶段的发育提供了条件,成矿热液沿破劈理面贯入,形成微脉状含金硫化物矿化和蚀变岩型金矿。

**2. 热液型钨铋矿**

代表性休宁长岭尖式热液型钨铋矿属复合内生型矿产,受沉积变质建造、侵入岩建造和变形构造等多重地质因素控制。长岭尖式热液型钨铋矿主要赋矿地层在本亚带为青白口纪井潭组,南华纪休宁组、南沱组,震旦纪蓝田组。其中井潭组为一套玄武岩+安山岩+英安岩+流纹斑岩建造组合,岛弧型高钾钙碱性双峰式火山岩系列,与休宁组同为长岭尖式热液型钨矿含矿建造。休宁组、南沱组为夭折裂谷亚相含砾砂质千枚岩、砂岩、凝灰质砂岩、粉砂岩、冰碛含砾粉砂岩、含砾泥岩、含锰灰岩建造构造组合,蓝田组为一套被动陆缘陆棚陆-盆地相碎屑岩、碳酸盐岩建造组合。这类赋矿岩层在变形过程中易破碎形成层间破碎带(或滑覆构造),热液活动过程中形成不同的地球化学场,有利于成矿物质不断从含矿热液中沉淀并形成矿化分带,与钨铋矿成矿关系密切。主要控矿侵入岩建造是燕山期壳源重熔型似斑状花岗闪长岩-似斑状黑云母二长花岗岩等造山后花岗岩组合,高钾富碱。包括长陔、邓家坞、姚家坞、古祝、早山、石门、大岭脚、青山等主要岩体,呈北东向侵入于新元古代青白口纪井潭组之中,呈小岩株、岩瘤产出。属邦彦-青山-长陔北东向花岗岩带,其早期花岗闪长斑岩硅化、钾化、绢云母化蚀变强烈,钨、铋(锡)矿化多产在其外侧及其接触带附近,岩浆岩是成矿母液的来源,在岩浆岩沿构造通道侵入冷凝的过程中,含较多挥发组分的矿液从岩体中分离逸出沿构造裂隙充填成矿。控矿变形构造主要为北东走向平行展布的韧、脆性剪切带及其千糜岩、糜棱岩、碎裂岩等构造岩和发育的褶皱劈理化岩片及剪切片理化带。在南华纪休宁组与下伏青白口纪井潭组的火山熔岩之间,发育的白际-长陔-巨川剪切带宽可达数百米,总体走向 NE20°～40°,由街口-杨柏坪冲断层、长陔-青山冲断层、绍廉-岭南冲断层、周家村-漳潭-璜茅冲断层等近平行的韧、脆性逆冲断裂带组成,并伴、派生一系列平卧褶皱、同斜褶皱和晚期开阔褶皱。带内岩石破碎,断层角砾岩发育,普遍出现硅化、绿泥石化、绿帘石化,部分地段出现酸性和基性岩脉充填,北东向断裂及次级裂隙构造为区内热液充填型矿产形成提供了有利条件。已发现的清坑、营川两地的钨(锡)矿化带均位于北东向断裂附近,成为区内主要的控矿、容矿构造。

**3. 热液型钼矿**

典型的歙县古祝式热液型钼矿属复合内生型,主要受沉积建造、侵入岩建造和变形构造控制。主要赋矿地层为青白口纪井潭组和南华纪休宁组,同为古祝式热液型钼矿含矿建造。其中井潭组第二岩性段变质流纹凝灰岩建造是钼矿化赋存的主要部位和岩体的主要围岩。休宁组为砾岩-砂岩-凝灰质砂岩-粉砂岩-粉砂质泥岩建造组合。其上部凝灰质或钙质细砂岩、粉砂岩、透镜状灰岩建造有矽卡岩化蚀变现象,具有 W、Mo、Ag、Au、Bi 元素高丰度值,是重要的矿源层。主要控矿侵入岩建造是燕山期壳源重熔型似斑状花岗闪长岩-似斑状黑云母二长花岗岩等后造山花岗岩组合,属高钾富碱钙碱性岩系列,呈小岩株、岩瘤状侵入于新元古代青白口纪井潭组和南华纪休宁组之中,呈北东向带状展布,属邦彦-青山-长陔北东向花岗岩带。脉岩建造常见花岗斑岩脉、闪长岩脉、闪长玢岩脉及辉石闪长(玢)岩脉组合。其中早期发育的花岗闪长斑岩硅化、钾化、绢云母化蚀变强烈,钨、钼矿化多产在其外侧及其接触带附近,尤其是岩体侵入部位较高的顶部突起及翼部,岩浆岩是成矿母液的来源,在岩浆岩沿构造通道侵入冷凝的过程中,含较多挥发组分的矿液从岩体中分离逸出沿构造裂隙充填成矿。控矿变形构造为白际-长陔-巨川韧性剪切带,由街口-杨柏坪冲断层、长陔-青山冲断层、绍廉-岭南冲断层、周家村-漳潭-璜茅冲断层等近平行的韧、脆性逆冲断裂带组成,并伴、派生一系列平卧褶皱、同斜褶皱和晚期开阔褶皱。带内岩石破碎,断层角砾岩发育,普遍出现硅化、绿泥石化、绿帘石化,部分地段出现酸性和基性岩脉充填,北东向断裂及次级裂隙构造为区内热液充填型矿产形成提供了有利条件。已发现的歙县古祝式钼矿矿化带均位于北东向断裂附近的小岩体内,成为区内主要的控矿、容矿构造。

**4. 热液型铅锌矿**

休宁东南部地区小贺式热液型铅锌矿属复控内生型,主要受沉积建造、侵入岩建造和变形构造控制。主要成矿、容矿建造为青白口纪井潭组,次为新元古代青白口纪西村岩组、昌前岩组。西村岩组、昌前岩组为弧后盆地沉积——浊流相、陆棚相、滨岸相陆源碎屑沉积复理石建造,火山碎屑岩、细碧角斑岩建造。井潭组为一套岛弧双峰式火山岩系列,喷发、溢流相流纹岩-安山岩、英安岩-流纹岩建造组合,是带内热液型铅锌矿最重要的赋、容矿地层单位。控矿侵入岩建造一是晋宁晚期花岗闪长斑岩、花岗斑岩组合,其岩枝、岩脉与区内金、银、铅锌矿化关系密切,铅锌矿化主要以热液型为主,其次为矽卡岩型。二是燕山期壳源重熔型似斑状黑云母花岗闪长岩-似斑状黑云母二长花岗岩等造山后花岗岩组合,呈小岩株、岩瘤状侵入于青白口纪井潭组之中,岩石硅化、钾化、绢云母化蚀变强烈,与铅锌、铜、钨、铋、钼等矿种成矿关系密切。同样白际-长陔-巨川韧性剪切带及其伴、派生北东向断裂及次级裂隙构造和剪切片理化带为热液型铅锌矿主要的控矿、容矿构造。

**5. 热液型萤石矿**

休宁东南部五里亭式低温热液充填型脉状萤石矿属复合内生型,受晋宁期、燕山期侵入岩建造、火山岩建造和褶皱、断裂等变形构造控制。带内赋矿火山岩建造为晋宁期井潭组陆相火山岩-火山碎屑岩建造组合,属大陆伸展后碰撞构造环境岛弧型钙性-钙碱性火山岩系列。岩石蚀变主要有绿泥石化、绢云母化、碳酸盐化、硅化、钾长石化、次生石英岩化,及萤石矿化、黄铁矿化。主要控矿侵入岩建造一是晋宁期后碰撞伸展环境五城片麻状花斑岩、花岗斑岩、正长花岗岩组合。其中正长花岗岩为主要控矿要素,呈北东向展布,为莲花山岩体的一部分,萤石矿体就产于五里亭片麻状正长花岗岩中,成为萤石矿床的围岩。二是燕山期侵入岩建造,为壳源重熔型似斑状花岗闪长岩-似斑状黑云母二长花岗岩-正长花岗斑岩等造山后花岗岩组合和辉绿(玢)岩组合,高钾富碱。侵入于新元古代青白口纪井潭组之中,呈北东向带状分布,小岩株、岩瘤状产出,属邦彦-青山-长陔北东向花岗岩带。该岩带正长花岗斑岩岩石硅化、钾化、绢云母化蚀变强烈,岩浆岩是成矿母液的来源,在岩浆岩沿构造通道侵入冷凝的过程中,含较多挥发组分的矿液从岩体中分离逸出沿构造裂隙充填成矿。如前所述,与矿化相关的变形构造为北东向韧、脆性剪切带和断裂、褶皱构造及硅化破碎蚀变带,尤其是燕山期发育的北北东向、北东向和北西向次级断裂裂隙带,为区内热液充填型矿产形成提供了有利条件,成为区内主要的控矿、容矿构造。已发现的五里亭萤石矿体就发育在北北东向五里亭断裂带中,矿液沿断裂带贯入、富集沉淀形成萤石矿体。受断裂控制,硅化角砾岩、次生石英岩、石英脉及萤石矿化发育,矿体两侧围岩具明显的蚀变现象,五里亭断裂带为五里亭萤石矿床的主要控矿构造。

**6. 沉积型硫铁矿**

歙县岔口鸟雀坪式沉积型硫铁矿处于三阳坑断裂带以南地区，皖浙赣构造-岩浆岩带呈北北东向贯穿区内。含矿建造在本亚带主要为震旦纪蓝田组、皮园村组及早寒武世荷塘组碳质板岩建造，其中蓝田组为主要赋矿地层，可分为4个建造组合段：一段为白云岩、含砂白云岩建造；二段为泥质板岩、砂质板岩、碳硅质板岩夹钙质板岩、白云质灰岩建造，该段是沉积型硫铁矿主要含矿层位；三段为含锰白云岩、灰岩、含白云质灰岩夹碳硅质板岩、钙质板岩建造；四段为钙质板岩建造，夹碳硅质板岩及白云质灰岩透镜体、硅质条带。成矿作用主要受古地理沉积环境和构造控制。蓝田组主体为台地斜坡相碳酸盐岩-碎屑岩建造，其碳酸盐岩建造多蚀变为透闪石岩，是重要的赋矿层位。皮园村组为浅灰色、灰色厚层具黑白相间的水平纹层硅质岩、薄层碳质硅质岩夹碳质硅质页岩建造，荷塘组为灰黑色、黑色薄层碳质硅质页岩夹碳质页岩建造，底部夹透镜状石煤，其中碳质硅质页岩（板岩）建造为主要成矿要素。从早震旦世开始，蓝田组为陆棚-浅海盆地沉积。由于气候转暖，造成大规模的海侵，环境较为闭塞，海水能量较低，以碳酸盐和黏土沉积为主。晚震旦世沉积一套皮园村组泥岩、碳酸盐岩、硅质岩沉积建造。早寒武世继承了晚震旦世末的格局，海水加深，广泛发育薄层硅质岩、硅质页岩、黑色碳质页岩、石煤层及薄层灰岩等被动边缘盆地次稳定型黑色页岩建造。早震旦世、早寒武世构造岩相古地理环境是本区沉积型硫铁矿主要控制因素。歙县三阳坑成矿区地质构造复杂，印支期陆内造山形成了北东走向叠瓦状逆冲推覆构造和十分发育的褶皱带。逆冲推覆断裂带由韧、脆性变形构造岩（千糜岩、糜棱岩、碎裂岩等）组成，并伴、派生一系列平卧褶皱、同斜褶皱（早期褶皱轴面大致平行糜棱面理）和晚期开阔褶皱，构造形式表现为相间分布的褶皱劈理化岩片和剪切片理化带，晚期断裂活化并发育北北东向、北东向和北西向次级断裂，带内出现岩石破碎和断层角砾岩，普遍出现硅化，部分地段出现酸性和基性岩脉充填。北东向断裂及次级裂隙构造为成矿提供了有利赋存条件。如已发现的歙县茶园坪硫铁矿矿构造处于长春坞-西山倒转复向斜的北西翼，产状倾向北西。硫铁矿受褶皱影响，随岩层的产状、形态变化而集中。

## 二、绩溪-宁国成矿亚带

绩溪-宁国天目山成矿亚带构造位置主体在江南地块皖南褶冲带黟县-宣城褶断带中段内，北部以周王断裂带与沿江成矿亚带毗邻，西以绩溪断裂带与九华成矿亚带相连，南侧以伏川蛇绿混杂岩带与休宁东南部成矿亚带相邻，是安徽省皖南东部地区金、铅锌银、钨（铋）、锑金、锡矿等多金属矿产，及重晶石、锰、稀土矿主要富集带。该多金属构造-岩浆成矿亚带大地构造属扬子陆块大相皖南被动陆缘相，以陆棚碎屑岩亚相（$Z_2 \in_1$，$O_{2-3}$）硅质岩、硅质碳质页岩、泥石建造组合，棚陆斜坡亚相（$O_1$）钙质页岩、泥岩、粉砂质泥岩建造组合，碳酸盐盆地亚相（$Z_1$、$\in_{2-3}$）泥灰岩、灰岩建造组合及前渊盆地亚相（S）砂岩、细砂岩、粉砂岩、粉砂质泥岩建造组合等构造岩石组合为特色，为被动陆缘次稳定型-非稳定型盖层沉积。印支运动使其全面褶皱、断裂活动十分强烈，绩溪断裂带、宁国墩（虎月）断裂带、周王断裂带控制了全区构造格局。褶皱构造以宁国-绩溪复背斜、油坑口-坎头复向斜为代表，总体构成北东—北北东向褶断束，制约了含矿建造的展布。晚侏罗世—早白垩世早期，大规模的岩浆活动以陆壳改造型高钾钙碱性花岗岩建造为主体，在构造交会处形成大规模构造岩浆-成矿活动中心，燕山期断褶构造岩浆活动控制着本带许多重要的多金属矿床（点）和非金属矿产。主要矿床成因类型有石英脉-蚀变岩型金矿，矽卡岩型钨矿，热液型钨铋矿、锑金矿、锡矿和热液型萤石矿、沉积热液叠改型锰矿、沉积型重晶石矿、离子吸附型稀土矿等。成矿作用受成矿亚带变质基底建造、沉积建造、侵入岩建造和变形构造等多重地质因素控制。

本成矿亚带主要赋矿沉积建造为南华纪休宁组、南沱组，震旦纪蓝田组、皮园村组，早寒武世荷塘组、黄柏岭组、大陈岭组,中寒武世杨柳岗组,晚寒武世华严寺组、西阳山组和奥陶纪印渚埠组、砚瓦山组等岩石构造组合。休宁组为被动陆缘滨岸相沉积,为一套砾岩-砂岩-凝灰质砂岩-粉砂岩-粉砂质泥岩建造组合,具有 W、Ag、Au、Bi 元素高丰度值,是重要的矿源层;南沱组为一套冰川相含砾泥硅质-碳酸盐岩沉积建造。蓝田组主体为台地斜坡相碳酸盐岩-碎屑岩建造,其透闪石化蚀变碳酸盐岩建造为重要的赋矿层位;皮园村组为陆棚-盆地相硅质岩-硅质页岩建造。荷塘组为盆地相硅质、碳质泥岩建造;黄柏岭组为陆棚相硅质岩-钙质页岩-页岩建造;大陈岭组为陆棚缓坡相条带微晶灰岩沉积建造。杨柳岗组为陆棚相碳酸盐岩沉积、泥晶灰岩建造;华严寺组为台地边缘斜坡相条带状微晶灰岩建造;西阳山组为开阔台地相生物屑泥晶灰岩建造。印渚埠组为半深海斜坡扇相钙质泥岩、页岩、泥质灰岩建造;砚瓦山组为泥质灰岩、钙质泥岩建造等,总体为被动陆缘次稳定型-非稳定型沉积建造组合。

该成矿亚带控矿侵入岩浆活动受北东向皖浙赣断裂带控制,绩溪西坞口成矿区侵入岩建造主要为燕山期(早白垩世)黑云母二长花岗岩+细粒花岗岩+花岗斑岩(脉)组合,属地壳重熔型花岗岩组合(有人认为是造山期后 A 型花岗岩)。具有从中酸性—酸性的完整演化序列。呈大型花岗岩基产出的主要有伏岭岩体、杨溪岩体,受近东西向逍遥复背斜控制的小型岩株状花岗闪长岩体,主要有靠背尖岩体、逍遥岩体及受次级断裂控制的岩枝、岩脉状花岗闪长斑岩体及石英闪长玢岩脉、花岗斑岩脉等。宁国东部成矿区侵入岩建造主要为燕山中、晚期(晚侏罗世—早白垩世)花岗闪长(斑)岩-二长花岗(斑)岩-正长花岗(斑)岩建造。属壳幔混合型侵入岩建造,钙碱性酸性花岗岩系列。多为花岗岩复式岩体,主要有仙霞岩体、刘村岩体、姚家塔岩体、北岑山岩体等,大多属深成或中深成相。

该成矿亚带断裂、褶皱构造十分发育,北北东向绩溪断裂带、宁国墩断裂带(虎-月断裂)及北西向黄果树-刘村(沙埠-夏林)断裂带斜贯全区,是区内重要的控岩控矿构造,近东西向周王断裂带是区域性控盆控矿边界断裂。断裂带具长期多期次强烈活动的特点,一系列冲断层或斜冲断层叠瓦式构造带不仅对花岗岩的形成、侵位和空间分布具有明显的制约作用,而且其次级断裂及断层构造角砾硅化破碎带为多金属成矿提供了就位储矿空间。褶皱构造以宁国-绩溪复背斜、油坑口-坎头复向斜及沙埠宽缓复向斜为主体,以平卧、斜歪倒转背、向斜为主。褶皱紧密,地层倒转,次级背斜紧闭、向斜开阔。枢纽呈北东—近南北向展布,倾向南东,倾角 $35°\sim55°$。周王断裂带南侧以长轴紧闭褶皱为主,且被断裂构造破坏切断而不完整。在复背、向斜及一系列与之平行的逆断层和与之直交的张性断裂构造带中,沿核部多有花岗岩体侵入,多金属矿化明显受此控制。

现以典型矿床成矿作用为例分别进行本成矿亚带成矿地质背景分述。

**1. 石英脉-蚀变岩型金矿**

绩溪西坞口榧树坑式石英脉-蚀变岩型金矿受沉积建造、侵入岩建造和变形构造等地质因素控制。主要赋矿岩层为晚南华世南沱组冰川相含砾泥硅质-碳酸盐岩沉积建造。控矿侵入岩建造受北东向皖浙赣断裂带控制,为燕山期(早白垩世)地壳重熔型黑云母二长花岗岩+细粒花岗岩+花岗斑岩(脉)组合,其中岩枝状超浅成花岗闪长斑岩、斜长花岗斑岩、花岗斑岩与金矿化关系密切。花岗斑岩脉与其接触处围岩具强烈角岩化、硅化、矽卡岩化(钙硅质角岩)等蚀变,脉岩接触带及石英脉带中金含量明显增高,直接与金矿化相关。如受近东西向逍遥复背斜控制的靠背尖岩体、逍遥岩体等小型岩株状花岗闪长岩体及受次级断裂控制的北东向岩枝、岩脉状花岗闪长斑岩体和石英闪长玢岩脉。断褶变形构造对多金属成矿具有明显的制约作用,主要矿化、矿体与褶皱同步,多产在倒转背、向斜的轴部和近轴部的两翼地层中。在复背、向斜及一系列与之平行的逆断层和与之直交的张性断裂构造带中,沿核部多有花岗岩体侵入,金矿化明显受此控制。北西向断裂及密集石英脉发育地段,石英脉中即含有较丰富的白钨矿和金属硫化物等。断层破碎带内及断裂交会处硅化、绢云母化、绿泥石化、绿帘石化及矿化蚀变现象普遍,氧化铁、重晶石、萤石、白钨矿、金属硫化物、钨(银)矿化(体)多发育于此,是含矿热液运移、沉淀、成矿主要部位。区域性动力变质作用和北北东向韧、脆性剪切破碎带(皖浙赣基底断裂带)为石英脉-蚀变岩型金矿提供了良好的成矿条件,尤其是顺层剪切破碎带是常见的储矿部位。

**2. 矽卡岩型、热液型钨(铋)矿**

绩溪-宁国成矿区矽卡岩型、热液型钨(铋)矿属复合内生型矿产,受沉积建造、侵入岩建造和变形构造等多重地质因素控制。主要赋矿地层为南华纪休宁组、南沱组,震旦纪蓝田组,中寒武世杨柳岗组及奥陶纪印渚埠组、砚瓦山组。其中休宁组为被动陆缘滨岸相沉积,为一套砾岩-砂岩-凝灰质砂岩-粉砂岩-粉砂质泥岩建造组合,具有 W、Ag、Au、Bi 元素高丰度值,是重要的矿源层。蓝田组主体为台地斜坡相碳酸盐岩-碎屑岩建造,其蚀变透闪石化碳酸盐岩建造是重要的赋矿层位,经热液交代-接触充填交代作用叠加改造对成矿极为有利。杨柳岗组为陆棚相泥晶灰岩建造,具蚀变大理岩化、角岩化、矽卡岩化者为区内重要的赋矿层位。印渚埠组为半深海斜坡扇相钙质泥岩、页岩、泥质灰岩建造,中、上部及顶部为本成矿区最主要的矽卡岩型钨、钼矿化体赋存层位,具多层矿体。印渚埠组和砚瓦山组泥质灰岩、钙质泥岩建造是热液型钨矿主要含矿建造,这类岩层在变形过程中易破碎形成层间破碎带(或滑覆构造),热液活动过程中形成不同的地球化学场,有利于成矿物质不断从含矿热液中沉淀并形成矿化分带,与成矿关系密切。本成矿亚带西坞口式、巧川式矽卡岩型、热液型钨矿主要控矿侵入岩建造是燕山期(早白垩世)地壳重熔型黑云母二长花岗岩+细粒花岗岩+花岗斑岩(脉)组合。伏岭花岗岩体、杨溪似斑状黑云母二长花岗岩、栗树坑花岗斑岩脉与其接触处围岩具角岩化、硅化、矽卡岩化等蚀变现象。花岗斑岩(脉)中成矿元素高出钨元素丰度值数倍至数十倍,为成矿提供了大量的热源和矿质来源。成矿作用以热液交代充填作用为主,接触交代作用为辅,热液充填作用主要控矿、容矿构造为岩体内部密集的裂隙带或节理及岩体与围岩的接触带部位,形成热液交代充填型钨(铋)矿。与本亚带金矿成矿构造环境相同,北北东向绩溪断裂带、宁国墩断裂带(虎-月断裂)斜贯穿全区,是区内重要的控岩控矿构造。其次级断裂对多金属成矿提供了就位空间,一系列北西向断裂及密集石英脉发育地段,石英脉中即含有较丰富的白钨矿和金属硫化物等。在复背、向斜及一系列与之平行的逆断层和与之直交的张性断裂构造带中,沿核部多有花岗岩体侵入,是热液型钨铋矿主要热源和矿源体。主要矿化类型的钨(银)矿体与褶皱同步,多产在倒转背、向斜的轴部和近轴部的两翼地层中。断层破碎带内及断裂交会处硅化、绢云母化、绿泥石化、绿帘石化及矿化蚀变现象普遍,氧化铁、重晶石、萤石、白钨矿、金属硫化物、钨(银)矿化(体)发育,是含矿热液运移、沉淀和成矿主要部位。

**3. 热液型锑金矿**

宁国金家冲式热液型锑金矿为层控内生型矿产,主要受沉积建造、侵入岩建造和变形构造控制。锑矿均发育在寒武纪碎屑岩-碳酸盐岩沉积建造中,沉积建造主要有皮园村组陆棚-盆地相硅质岩-硅质页岩建造,荷塘组盆地相硅质、碳质泥岩建造,黄柏岭组陆棚相沉积、硅质岩-钙质页岩-页岩建造,大陈岭组陆棚缓坡相条带状微晶灰岩建造,杨柳岗组陆棚相碳酸盐岩沉积、泥晶灰岩建造,华严寺组台地边缘斜坡相条带微晶灰岩建造,西阳山组开阔台地相生物屑泥晶灰岩建造。其中西阳山组生物屑泥晶灰岩建造为主要赋矿建造,含矿流体易在其北西向构造破碎带及裂隙中沉淀富集成矿。控矿侵入岩建造为燕山中、晚期(晚侏罗世—早白垩世)壳幔混合型钙碱性花岗闪长(斑)岩-二长花岗(斑)岩-正长花岗(斑)岩建造组合。大多形成花岗岩复式岩体,主要有深成或中深成相仙霞岩体、刘村岩体、伏岭岩体等。侵入体沿北东向宁国墩(虎-月)断裂带、北西向黄果树-刘村(沙埠-夏林)断裂带分布。如刘村锑矿点分布在北西向断层破碎带中,与深部隐伏岩体热液活动有关。控矿变形构造主要为北北东向绩溪断裂带、北东向宁国墩(虎-月)断裂带和北西向黄果树-刘村(沙埠-夏林)断裂带,在区域北西西-南东东向的挤压力下,形成北东东向的褶皱带,北东向沙埠宽缓复向斜叠加了晚期北西向次级短轴状小褶皱,制约了含矿建造的展布。刘村锑矿点即处于沙埠复向斜南东翼,其展布受北西向构造破碎带控制。北西向黄果树-刘村断层斜切北东向断层和不同时代地层,造成地层缺失和挤压断片。断层带构造角砾岩发育,硅化破碎,硅质、钙质、铁质胶结,是重要的运矿和储矿构造。

### 4. 热液型锡矿

绩溪伏岭西坞口式热液型锡矿成因类型属复合内生型矿产，受晚南华世南沱组、早震旦世蓝田组沉积建造，燕山期花岗斑岩建造和变形构造等地质背景因素控制。赋矿地层晚南华世南沱组为冰川相含砾泥硅质-碳酸盐岩建造，中部矽卡岩化灰岩及底部含砾钙质砂岩或钙质砂砾岩建造是主要赋矿层位。早震旦世蓝田组主体为台地斜坡相碳酸盐岩-碎屑岩建造，下段为深灰色、灰黑色含碳质泥（页）岩，底部为灰褐色含锰白云岩；上段为浅灰色薄层条带状微晶灰岩、含泥质微晶灰岩夹灰黄色钙质泥岩，顶部为深灰色薄层钙质泥岩建造。经热液交代-接触充填交代作用叠加改造后对成矿极为有利，蚀变透闪石化碳酸盐岩建造是重要的赋矿层位。热液型锡矿主要控矿侵入岩建造是燕山期（早白垩世）地壳重熔型黑云母二长花岗岩＋细粒花岗岩＋花岗斑岩（脉）组合，侵入岩建造为成矿提供了大量的热源和矿质来源，其中花岗斑岩（脉）多绢云母化蚀变，与其接触处围岩具角岩化、硅化、矽卡岩化等蚀变现象。花岗斑岩（脉）中成矿元素高出锡元素丰度值数倍至数十倍，局部富集可形成锡矿床。断褶构造是热液型锡矿重要的控岩控矿构造，断裂构造带不仅对花岗岩的形成、侵位和空间分布具有明显的制约作用，而且其次级断裂为多金属成矿提供了就位空间。热液型钨锡矿、石英脉型钨锡矿受此控制，在北东向、北西向断裂及密集石英脉发育地段，石英脉中即含有较丰富的钨锡矿和金属硫化物等。断层破碎带内及断裂交会处硅化、绢云母化、绿泥石化、绿帘石化及矿化蚀变现象普遍，氧化铁、重晶石、萤石、白钨矿、金属硫化物、钨锡、钨（银）矿化（体）发育，是含矿热液运移、沉淀、成矿的主要部位。主要钨锡矿化矿体与褶皱同步，多产在倒转背、向斜的轴部和近轴部的两翼地层中。在复背、向斜及一系列与之平行的逆断层和与之直交的张性断裂构造带中，沿核部多有花岗斑岩体侵入，是热液型锡矿主要热源和矿源体。

### 5. 沉积热液叠改型锰矿

绩溪伏岭西坞口式沉积热液叠改型锰矿属复合内生沉积型矿产，本成矿亚带具有工业价值的铁锰矿层（体）均赋存于蓝田组与南沱组的接触面上，沉积热液叠改型锰矿受晚南华世南沱组、早震旦世蓝田组沉积建造、岩相古地理环境、燕山期花岗斑岩和变形构造等地质背景因素控制。主要含矿沉积建造晚南华世南沱组—早震旦世蓝田组为盆地相及盆地边缘斜坡相沉积-含锰碳酸盐岩建造。南沱组冰川相含砾泥硅质-碳酸盐岩建造中部矽卡岩化灰岩及底部含砾钙质砂岩或钙质砂砾岩建造是主要赋矿层位，其中段（间冰期）中厚层粉砂质泥岩、含锰白云质灰岩（厚2～18m）为主要富矿层。蓝田组主体为台地斜坡相碳酸盐岩-碎屑岩建造，其蚀变透闪石岩碳酸盐岩建造是重要的赋矿层位，下段为深灰色、灰黑色含碳质泥（页）岩，底部为灰褐色含锰白云岩；上段为浅灰色薄层条带状微晶灰岩、含泥质微晶灰岩夹灰黄色钙质泥岩，顶部为深灰色薄层钙质泥岩。该赋矿建造经热液交代-接触充填交代作用叠加改造后对成矿极为有利。南沱组—蓝田组沉积相从晚南华世开始由浅海盆地→陆棚相沉积环境。南沱组为冰川相沉积，出现冰碛含砾泥岩、含砾泥质砂岩建造组合，间冰期出现含锰岩系沉积。从早震旦世开始，蓝田组为陆棚-浅海盆地沉积。由于气候转暖，造成大规模的海侵，环境较为闭塞，海水能量较低，以碳酸盐岩和黏土沉积为主。随着海平面上升，可将盆地内部的锰质带到台地边缘，沉积一套含锰碳酸盐岩建造。随着海平面上升逐渐转向海平面下降的早期，沉积一套蓝田组含碎屑碳酸盐岩-硅质岩建造和皮园村组泥岩、碳酸盐岩、硅质岩沉积建造，岩石建造组合以灰岩、泥岩、页岩、泥质白云岩为主。早寒武世继承了晚震旦世末的格局，海水加深，广泛发育薄层硅质岩、硅质页岩、黑色碳质页岩、石煤层及薄层灰岩的被动边缘盆地次稳定型黑色页岩建造，为有利的成矿古地理环境。控矿侵入岩建造以燕山中、晚期地壳重熔型花岗斑岩脉、石英闪长玢岩脉为主，为热液叠改型锰矿成矿提供了大量的热源，其中花岗斑岩（脉）多绢云母化蚀变，与其接触处围岩具角岩化、硅化、矽卡岩化等蚀变现象。热液叠改型锰矿受亚带内断、褶构造控制，西坞口铁锰矿体均赋存在宁国-绩溪复背斜构造的翼部。在背、向斜及一系列与之平行的逆断层和与之直交的张性断裂构造带中，多有花岗斑岩体侵入，对岩体、岩脉有明显的制约作用。

#### 6. 中低温热液型萤石矿

宁国庄村式中低温热液型萤石矿属复合内生型矿产，受南华纪休宁组、南沱组沉积建造，燕山期侵入岩建造和褶皱、断裂等变形构造控制。庄村式萤石矿床(点)赋矿地层为南华纪休宁组、南沱组。早南华世休宁组为一套被动陆缘滨岸相沉积，砾岩-砂岩-凝灰质砂岩-粉砂岩-粉砂质泥岩建造组合。晚南华世南沱组为浅海盆地冰川相含砾泥硅质-碳酸盐岩建造。主要控矿侵入岩建造为燕山期(早白垩世)黑云母二长花岗岩＋细粒花岗岩＋花岗斑岩(脉)组合，属地壳重熔型花岗岩组合，包括伏岭花岗岩体、杨溪似斑状黑云母二长花岗岩、栗树坑花岗斑岩等。庄村热液型萤石矿脉主要与花岗斑岩脉、花岗岩、石英闪长玢岩脉关系密切，与围岩接触处具硅化、绿泥石化，含矿石英脉旁具云英岩化等蚀变现象。花岗斑岩(脉)中成矿元素高出 Ca、F 元素丰度值数倍至数十倍，为成矿提供了大量的热源和矿质来源。主要控矿、容矿构造为岩体内部密集的裂隙带或节理带及岩体与围岩的接触带部位，形成热液充填型萤石矿。岩浆活动受北东向皖浙赣断裂带、北北东向绩溪断裂带控制，是区内重要的控岩控矿构造。断裂带具长期多期次强烈活动的特点，一系列冲断层或斜冲断层叠瓦式构造带不仅对花岗岩的形成、侵位和空间分布具有明显的制约作用，而且其次级断裂、裂隙带为热液充填型萤石矿成矿作用提供了就位空间。断层破碎带内及断裂交会处硅化、绢云母化、绿泥石化及矿化蚀变现象普遍，区域性动力变质作用和北北东向韧、脆性剪切破碎带(皖浙赣基底断裂带)为热液型萤石矿提供了良好的成矿条件。褶皱构造呈北东—近南北向展布，以平卧、斜歪倒转背、向斜为主。庄村萤石矿体就赋存在绩溪复背斜核部的次一级浪荡坞背斜的北东段南东翼次级褶皱中(西坞口倒转向斜和龙塘-山窑棚倒转背斜)。在复背、向斜及一系列与之平行的逆断层和与之直交的张性断裂构造带中，多有花岗斑岩体侵入，是热液型萤石矿主要容矿构造和热源、矿源体。

另外，区内姚家塔式热液型萤石矿赋矿地层为姚村岩体内的早中志留世霞乡组、河沥溪组、康山组、唐家坞组捕房体或其残留顶盖，控矿侵入岩建造主要为二长花岗(斑)岩-似斑状正长花岗岩-正长花岗(斑)岩组合，属壳幔混合型钙碱性花岗岩系列，如刘村、姚家塔、北岑山等复式杂岩体。郎溪县姚家塔萤石矿床主要与姚村花岗岩-粗粒似斑状花岗岩-细粒花岗岩复式杂岩体相关，矿床围岩蚀变主要为硅化、绢云母化、高岭土化、伊利石化和绿泥石化组合。燕山期中酸性岩浆的侵入活动为成矿提供了热源，同时也是热液型萤石矿主要矿源体。萤石矿主要产于北东向断裂及近东西向和北西向断裂硅化破碎带中，尤其是花岗岩体内发育断裂、裂隙构造或存在同向花岗斑岩脉时，成矿更为有利。如姚家塔萤石矿床构造位置处于虾子岭-柏垫褶皱断裂隆起带的北部边缘，北东向断裂构造为萤石矿的储矿构造，矿体产状与断裂产状一致，明显受其控制。

#### 7. 沉积型重晶石矿

本成矿亚带内沉积型重晶石矿主要受沉积建造、岩相古地理环境和变形构造控制。绩溪石榴村式沉积型重晶石矿主要赋矿地层为早寒武世荷塘组，岩石建造组合下段为灰黑色、黑色薄层碳质硅质页岩夹碳质页岩建造，底部夹透镜状石煤；中段为黄绿色钙质页岩、页岩建造；上段为灰黑色、黑色中—薄层碳质页岩，页岩，碳质泥岩及碳质硅质页岩，碳质硅质岩夹薄层灰岩建造。其中段底部、上段黏土页岩-粉砂质黏土页岩建造是沉积型重晶石矿主要赋矿层位。本亚带早寒武世荷塘组属江南-浙西地层分区，早寒武世早期基本继承了震旦纪古地理格局，在江南断裂东南侧，海平面开始上升，盆地区水体加深，岩相上产生了分异，横向上沿台地向南出现含灰岩硅质岩组合、含硅质岩碳质页岩组合、硅质岩组合。纵向上从早到晚岩相由浅海盆地相→陆棚相→台地缓坡相(上段)演变，出现碎屑流、浊流、颗粒流等不同类型的深水重力流沉积。早寒武世早期被动边缘盆地广泛发育的薄层硅质岩、硅质页岩、黑色碳质岩、石煤层及薄层灰岩组合黑色页岩建造环境为沉积型重晶石矿主要成矿古地理环境。断褶构造是带内重要的控岩控矿构造，宁国-绩溪复背斜、油坑口-坎头复向斜及一系列冲断层或斜冲断层叠瓦式构造带对含矿沉积建造的空间展布具有明显的制约作用。褶皱紧密，以平卧、斜歪倒转背、向斜为主，呈北东向—近南北向展布,倾向南东,倾角35°~55°,与沉积型石榴村式重晶石矿体空间展布、赋矿规模密切相关。

### 8. 离子吸附型稀土矿

绩溪-宁国成矿亚带离子吸附型稀土矿主要受地貌类型、风化壳结构及基底沉积建造、侵入岩建造和变形构造等地质背景因素控制。基岩沉积建造主要为江南地层分区的晚寒武世西阳山组开阔台地相生物屑泥晶灰岩、碳质钙质页岩建造,晚奥陶世长坞组盆地相陆源碎屑岩建造及早志留世霞乡组盆地相→陆棚相陆源碎屑浊积岩建造、粉砂质页岩夹粉砂岩建造。带内早白垩世岩浆活动较强烈,侵入岩沿北东向宁国墩(虎-月)断裂带、绩溪断裂带侵入,形成刘村、姚家塔、北岑山等复式杂岩体,成为带内风化壳型稀土矿成矿母岩体。侵入岩建造主要为壳幔混合型钙碱性二长花岗(斑)岩-似斑状正长花岗岩-正长花岗(斑)岩建造组合,以刘村似斑状二长花岗岩为主体,晚期有不同侵入序次的正长花岗(斑)岩沿岩体原生节理、裂隙贯入,呈岩株、岩瘤、岩滴、岩枝、岩脉状侵入。如刘村岩体岩石具中细—中粗粒不等粒结构和中细—粗中粒似斑状结构,浅成相的花岗斑岩及深成相的斑状花岗岩较易风化,使其中呈类质同象的稀土离子易于析出,粗粒结构的岩石较细粒结构的岩石易于风化。造岩矿物中石英含量较高者,对成矿较为不利。矿石主要是全风化花岗岩矿石,矿石矿物成分为风化残留的石英及由长石转化的黏土矿物,以及独居石、磷钇矿、褐帘石等。侵入岩建造对离子吸附型稀土矿床控制作用(内生成矿条件)主要是基岩稀土丰度、基岩中稀土赋存状态、副矿物组合与岩石结构构造等。花岗岩基岩在易于风化、保存的表生作用下,富含稀土元素原岩中的矿物相、类质同象相的稀土转换为离子相稀土而富集成矿。稀土元素在矿物中主要以两类赋存状态出现,一类是以稀土元素为主要成分的稀土矿物,如独居石、褐帘石、磷钇矿。另一类是以类质同象存在于造岩矿物与副矿物中。稀土三价离子可以与许多金属阳离子广泛交换,分散在长石、云母、萤石、锆石中。本亚带燕山期花岗岩岩体中独立矿物少见,但含稀土副矿物与造岩矿物在岩石中稀土配分值高,其中锆石、曲晶石、萤石、黑云母等对Y配分值有较大的影响,而榍石、长石类对岩石Eu配分值有较大的影响,造成不同岩体的稀土配分变化可能与含不同类型的含稀土副矿物有关,风化壳型花岗岩为稀土矿成矿提供了必要的物质条件。断裂、褶皱构造控制了本亚带地质、地貌格局。北东向皖浙赣断裂带、北北东向绩溪断裂带和近东西向周王断裂带是区域地貌单元的重要控制构造,对花岗岩的形成、侵位和空间分布具有明显的制约作用。稀土矿化往往沿一定构造带展布,微裂隙越发育,稀土的次生富集程度越高。

本成矿区地貌上可划分为中山区、低山区、丘陵区和河流阶地4个地貌单元。成矿地貌环境主要为较平缓的低山丘陵地带,小型山间盆地的边缘部位,以圆形山顶、开阔盆地和缓坡山脊为主。其中丘陵区地貌单元包括高丘(100~200m)、中丘(50~100m)与低山(200~300m)为矿化富集主要地貌类型。低山丘陵区花岗岩风化壳在山顶、山坡部位发育,厚度可达6~18m。在花岗岩残丘(中丘)中,风化壳较厚,以低起伏高丘与低起伏低山最有利于风化壳发育,该地貌类型为稀土矿化主要单元。本亚带花岗岩风化壳具有完整的层状结构,标高+100~+180m。分表土层(A)、全风化层(B)、半风化层(C)和微风化层(D)。矿体主要分布于花岗岩风化壳B层下部与半风化壳C层顶部。如新岭稀土矿床全部为隐伏式,呈似层状、透镜状沿花岗岩全风化层呈层状分布。在风化壳厚度较大,层状结构发育,风化壳中以多水高岭石为主的黏土含量较高,粒度较细(0.07mm左右)地段,稀土矿化较好,矿床主要位于全风化层下部。

区域上江南隆起古近纪以来的新构造运动,控制了新生代断陷盆地发育及差异性升降引起的地貌变迁。皖南构造-岩浆岩带是安徽省内由内生作用控制的风化壳型稀土矿富集的构造单元。古近纪以来,地壳隆起以间歇式为主,普遍发育夷平面,并受到剥蚀作用,一般低山丘陵地区上升幅度较小,其地质上升速率略大于剥蚀速率,对离子吸附型稀土矿成矿的形成有利。

综上所述,安徽省成矿区带跨华北陆块成矿省、秦岭-大别成矿省和下扬子成矿省3个Ⅱ级成矿省,7个成矿带,细分15个成矿亚带,涉及铁、铜、铅、锌、金、钨、锑、磷、稀土、银、钼、锡、锰、硫、重晶石、菱镁矿、萤石17种矿产,成矿地质作用均不同程度地受沉积建造、火山建造、侵入岩建造、变质建造、变形构造和大地构造相等地质条件控制,成矿规律可简要归纳为:"背景控矿,构造为主;多因成矿,岩浆为主;多期成矿,燕山期为主;多位成矿,浅表为主。"

# 第七章 关键地质问题的讨论

安徽省"两块夹一带"格局是全省大地构造、构造相及构造单元划分的基础,也是本书的特色和立足点。但是人们对于客观规律的认识是不断发展和深化的,有许多长期未能解决的重大地质问题尚需要进一步探索研究。为了避免在使用时出现偏颇和争议,书中一些倾向性的观点及处理方法尚需说明。

## 一、关于江南隆起-江南造山带

20世纪80年代以来,位于扬子陆块上的三级构造单元江南隆起-江南造山带的研究引起地学界的关注,随着大量区域地质调查和科研成果的发表,逐渐对江南造山带的构造属性、基底结构、构造演化、变形特征、造山模式及造山时代等重大基础地质问题有了新的认识。

江南隆起带由于变质基底的广泛出露,曾称之为"江南古陆"(黄汲清,1945),对其构造属性存在不同的认识:主要有元古宙古岛弧褶皱带(郭令智,1980),加里东期以来多期次陆内造山带(丘元禧等,1998),印支期大陆岩石圈内部拆离推覆体(朱夏,1980),来自华夏地块的阿尔卑斯式远程推覆体(许靖华等,1987),元古宙碰撞造山带(李继亮,1991;马长信,1992),元古宙及早古生代多期碰撞造山带(徐备,1992),中生代陆内造山带(朱光等,2000)等,笔者认为江南隆起是新元古代Rodinia超大陆聚合、裂解的产物,是经历了加里东、印支、燕山等多期构造改造的产物,构造相、构造单元的划分及构造演化均以此为基础。

### 1. 江南造山带结构

江南隆起占据了皖南大部分地区,大致以江南断裂带(有人采用高坦-周王-南漪湖追踪断裂带)与下扬子地块分隔,省际与浙、赣江南隆起相连。据基底、边缘盖层所反映的配套的多期变形构造格局,自北而南可划分为皖南褶断带(北)、鄣公山隆起(早)、伏川蛇绿混杂岩带、白际岭隆起(晚)和浙西褶断带(南)5个次级构造单元。鄣公山隆起、白际岭隆起经过晋宁期基底造山阶段拼合,共同组成江南造山带变质基底,并经受后期构造深刻改造。构造演化长期受北西-南东向主压应力控制,动力来源于华南陆块向扬子陆块的持续俯冲。伏川蛇绿混杂岩带向南西进入江西境内与德兴蛇绿混杂岩带相连,向北东延伸隐伏于清凉峰燕山期火山岩和南华系以上盖层之下。为晋宁期形成的区域性基底汇聚边界断裂带。

### 2. 主要热-构造事件

江南造山带热-构造事件确定年龄对深入研究格林威尔期Rodinia超大陆聚合-裂解及扬子陆块构造演化具有十分重要的意义。从目前同位素年龄资料来看,已基本可以粗略地建立江南隆起早期(晋宁运动前后)年龄格架。近年来陆续报道的有关江南造山带同位素年龄主要有:

(1) 变质基底建造事件(中、新元古代):木坑组Sm-Nd等时线年龄2183Ma(谢窦克,1996);溪口岩群变砂岩碎屑锆石协和年龄集中在2500~1800~800Ma,酸性凝灰岩协和年龄832.0±9.5Ma,火山岩夹层中15组SHRIMP及LA-ICP-MS锆石U-Pb年龄850~820Ma(张彦杰,2006);双溪坞群中英安岩的颗粒锆石$^{207}$Pb-$^{206}$Pb年龄904～875Ma(程海,1993)。

(2)蛇绿混杂岩聚合事件(1040～930Ma):伏川蛇绿岩中辉长岩Sm-Nd等时线年龄为1024±30Ma(周新民,1989)、935±10Ma(邢凤鸣,1992),变基性火山岩全岩Sm-Nd等时线年龄为1038.3±27.5Ma(徐备,1992);伏川蛇绿岩伟晶辉长岩及其上覆岩系英安质凝灰岩SHRIMP锆石U-Pb年龄844±11Ma和837±10Ma(林寿发,2007),鄣源蚀变枕状玄武岩LA-ICP-MS锆石U-Pb年龄804±6.6Ma(张彦杰,2006)。赣东北蛇绿岩全岩Sm-Nd等时线年龄为930±34Ma(徐备,1989)、1034±24Ma(陈江峰,1991)、929±26Ma(赵建新等,1995)、1160±39Ma(周国庆等,1991)、1040±260Ma(Chen et al,1991)。赣东北蛇绿岩的17个Sm-Nd数据进行等时线回归年龄为956±48Ma(赵建新等,1995),在误差范围内与离子探针锆石U-Pb年龄一致。锆石U-Pb年龄968±23Ma(李曙光,1993),锆石U-Pb SHRIMP年龄(968±23Ma(李献华等,1994)。

(3)聚合侵入岩浆热事件(991～913Ma):许村岩体黑云母K-Ar年龄为913Ma(徐备,1992)、SHRIMP锆石U-Pb年龄823±8Ma(Li et al,2003),休宁岩体Rb-Sr全岩等时线年龄963Ma(周新民等,1983)、歙县岩体锆石U-Pb年龄928Ma(徐备,1992)、991～930Ma(邢凤鸣,1989)、824±6Ma(Wu et al,2006),白际岩体(早期)锆石$^{207}$Pb-$^{206}$Pb年龄977Ma(邢凤鸣,1992),九岭岩体黑云母$^{40}$Ar-$^{39}$Ar年龄937Ma(胡世玲等,1985)。

(4)离散侵入岩浆热事件(779～753Ma):灵山、莲花山、白际及石耳山等岩体同位素年龄为766～753Ma,石耳山花岗岩同位素年龄为777±9Ma(吴荣新等,2005)和779±11Ma(Li et al,2003)等。

(5)火山岩浆热事件:铺岭组玄武岩Sm-Nd全岩年龄1084Ma(谢窦克,1996),井潭组浅变质酸性-中酸性火山岩Sm-Nd全岩等时线年龄为1023Ma(谢窦克,1996),井潭组火山岩Sm-Nd等时线年龄828.7±35.9Ma(徐备等,1992),井潭组顶部变流纹岩Rb-Sr等时线年龄817±83Ma(舒良树,1994)、下部变玄武岩Rb-Sr等时线年龄916Ma(邢凤鸣,1992),井潭组火山岩早期SHRIMP锆石U-Pb年龄820±16Ma、晚期776±10Ma(吴荣新等,2007)等。

(6)动力变质热事件:被南华系覆盖的歙县等岩体的糜棱岩(面理形成时代)Rb-Sr全岩等时线年龄768.5Ma(李应运,1989)、白云母$^{40}$Ar-$^{39}$Ar年龄767.9±9Ma(周新民,1990)、黑云母K-Ar年龄768.9Ma(徐备,1990),高压变质矿物蓝闪石$^{40}$Ar-$^{39}$Ar年龄为799.3±9.3Ma(周新民,1990),糜棱岩化堇青石花岗闪长岩白云母$^{40}$Ar-$^{39}$Ar平均年龄768Ma±29.8Ma(胡世玲等,1993)等。

从以上构造热事件年龄数据可以看出,利用多元同位素定年,尽管存在部分矛盾,但总体可以看出江南造山带晋宁期从聚合到离散两期热构造过程(大致以820Ma为限),尤其是利用锆石CL分析和微区定年高精度测试方法,更加精细地反映了在浙西北—皖南—赣东北一带,广泛存在两期岛弧型岩浆岩,991～913Ma岩浆活动与扬子板块和华夏板块之间的洋壳消减、板块汇聚有关,对应于Grenville期洋壳俯冲,蛇绿混杂岩带代表了各微地块汇聚边界。晚期820～776Ma岩浆活动则对应于Rodinia超大陆裂解,晋宁期陆-弧-陆碰撞造山作用以前陆磨拉石盆地和陆相双峰式火山岩的形成而告终。

## 二、关于大别造山带组成、归属、边界及高压超高压变质带

长期以来,人们认为大别变质表壳岩建造、张八岭岩群作为扬子板块基底组成部分,北淮阳陆缘槽盆地火山-沉积建造归属华北板块,因而将磨子潭-桐城断裂带作为华北-扬子板块"缝合线"。仅从造山系相系(结合带大相、弧盆系大相)、陆块区相系(陆块大相)两大相划分理论考虑,显然不合适。秦祁昆山系东延至安徽境内北淮阳构造带作为加里东对接带,大洋俯冲消减带洋壳残块相建造组合已在造山带折返过程中被"淹没"。因此本书以六安断裂带、郯庐断裂带、襄樊-广济断裂带为界,将大别造山系相系独立为微陆块。同样大别高压、超高压变质带的形成时代存在着印支期、加里东期、晋宁期多期变质作用,因此本书将大别造山带作为中国中央造山带东段多期碰撞、增生复合造山带进行构造单元划分和编图。

## 三、关于部分地岩层层序及时代归属的处理

**1. 宿松岩群、肥东岩群**

前人资料(《安徽省区域地质志》,1987)将含磷变质岩系宿松岩群自下而上分为大新层组、柳坪组、虎踏石组和蒲河组,将肥东岩群自下而上分为双山组和桥头集组,时代归属古、中元古代,仅反映了构造地层的上、下叠覆关系。1:25万太湖幅(2002)将柳坪组、大新屋岩组划归震旦系。1:50万大别-苏鲁造山带地质图及全国1:250万地质图(2002)均置柳坪含磷片岩系于新元古代,与虎踏石组和蒲河组呈构造倒置层序(折返)。据野外观察,宿松岩群经历了强烈构造片理化改造而呈似层状产出,组内岩性变化无序,组间韧性断层接触,上、下关系简单化,已将不同时代、不同属性的构造岩片叠置在一起。本书通过综合分析和区域对比,将宿松岩群、肥东岩群时代归属中元古代—新元古代,其中含磷片岩系及白云质大理岩等浅变质岩片为混合岩化火山-沉积岩系上覆地层,归属新元古代,两者变形变质程度有明显差异,为两套不同构造层次的岩石组合,目前对其层序及时代归属仍有争论。

**2. 中生代火山岩及火山地层时代归属**

安徽省沿江怀宁、庐枞、繁昌、宁芜等火山盆地火山地层时代归属变化较大,1:5万图幅置龙门院、砖桥、龙王山、大王山火山旋回于晚侏罗世,安徽省地质志与岩石地层均将龙门院、砖桥、双庙旋回归属晚侏罗世。近年来由于火山岩同位素年龄数据主要集中于早白垩世,主流意见将该期定为沿江火山盆地重要成盆期,各盆地火山地层时代均归属早白垩世。本书文、图将早期龙门院、龙王山、中分村喷发旋回火山活动始于晚侏罗世,置毛坦厂、黄石坝、石岭喷发旋回为晚侏罗世—早白垩世,余者均归属早白垩世,主要考虑如下因素,一是滨太平洋构造域岩浆活动有自东向西、愈向大陆有渐早的趋势;二是安徽省内火山岩与侵入岩基本为同源演化体系,且火山岩稍早于侵入岩,另外侵入岩(特别是早期闪长玢岩)与火山岩无直接的地质穿切和年龄耦合关系(未见同一露头两者接触及配套对比同位素年龄);三是晚侏罗世—早白垩世之间并无大的构造界面及部分生物依据支持晚侏罗世,因此暂保留部分火山地层归属晚侏罗世。

## 四、关于古陆块基底大地构造相划分讨论

地壳演化构造旋回总体为开(伸展)→合(挤压,碰)→开(伸展)过程,即存在陆块→造山系→陆块演化过程,从大地构造相研究中不难发现,安徽境内蚌埠隆起和江南隆起在太古宙—新元古代时均可识别和建立弧盆系板块体制。在变质基底杂岩相中明显地都存在同碰撞→后碰撞火山岩浆弧,即在不同构造期其构造相是变化的,尚需探索其划分方案和原则。本书采用"优势相"划分原则将它们全部划归陆块区相系、陆块大相显然不尽合理或具有构造相双重性。因此按其构造发展旋回分阶段划分构造相较客观,但目前缺乏相关资料支持。

另外,安徽省存在许多尚未解决的问题,如徐淮地区新元古代地层层序及时代归属,伏川蛇绿混杂岩带两侧溪口岩群—西村岩组层序、构造形态、区域对比、时代归属,佛子岭岩群顶、底时限以及与晋宁期变质侵入岩关系,中志留统上部、上志留统,及早、中泥盆世"假五通石英岩"存在与否,有无印支期花岗岩,长江断裂带、高坦断裂和江南断裂的分划性构造意义,蚌埠运动、皖南地区加里东运动、印支运动表现和深部构造、基底属性与成矿作用等重要研究课题。本书仅采用主流意见进行处理,新资料的发现是解决分歧的唯一途径。上述问题的提出和今后试图解决也是提升安徽省基础地质研究水平的方向。

# 结 语

矿产资源潜力评价项目是一项多学科聚焦服务于成矿地质背景及成矿预测的整体性工作。《安徽省大地构造相与成矿地质背景研究》是运用大地构造相分析方法,重新认识安徽大地构造基本格架,研究大地构造相环境与成矿构造体系及成矿类型的关系。研究成矿作用过程中特定成矿类型反映的大地构造相环境的时空专属性,研究各级大地构造相单元与成矿构造(矿田构造)体系及成矿类型的关系,建立区域大地构造相与成矿作用关系的时、空模型。总结安徽省主要矿种成矿地质条件和控矿、成矿规律,建立大地构造相控矿构造体系。

## 一、主要创新点

(1)成矿地质背景研究从原始基础地质资料着手,利用了近 50 年来所有区域地质调查和科研成果的最新资料,采用了最新的地质年代划分方案,以 GIS 技术为平台,以成矿预测为目的系列图件编制手段,以板块构造(大陆动力学理论)成矿理论为指导,研究岩石建造构造组合和大地构造相,最大限度地深入分析区域地质构造的成矿信息和成矿规律,全面运用地质、物探、化探、遥感、自然重砂的综合信息找矿技术,为安徽省资源潜力评价和成矿预测提供地质背景基础资料。

(2)运用大地构造相方法理论体系开展安徽省重要矿产资源潜力评价成矿地质背景研究,通过沉积岩、火山岩、侵入岩、变质岩、大型变形构造和大地构造相的综合研究,系统编制全省大地构造相沉积、火山、侵入、变质、大型变形构造五要素图和大地构造相图,在此基础上厘定和划分大地构造单元,首编全省陆块区、造山系大陆板块结构的大地构造图,并系统总结安徽省各类地质建造、构造属性及其成矿、控矿作用与形成演化规律,探索大地构造相控矿理论体系的科学性与实用性。

(3)系列大地构造(相)图编图指导思想是以板块构造理论和大陆动力学思维为指导,以多岛弧盆系观点为切入点,运用大地构造相分析方法,研究安徽大陆形成演化过程中地壳块体离散、汇聚、碰撞、造山等过程的大地构造环境及其与成矿的时空关系,从洋陆转换过程中的大地构造环境探讨大地构造形成演化的基本特征,探讨各类大地构造(相)单元发育的岩石构造组合形成的构造环境,为成矿地质背景、成矿地质条件、成矿规律与矿产预测和资源预测勘查评价提供成矿大地构造环境及构造演化的宏观背景。

## 二、主要成果和认识

(1)系统地划分了安徽省地层区、地层分区,建立了全省各地层区岩石地层格架。划分和总结了各岩石地层单位的建造类型及岩石构造组合,通过沉积相和岩相古地理研究,合理地划分了沉积岩石构造组合与大地构造相单元(包括亚相、相划分和大相归属)和沉积相单元时、空演化模型,建立沉积岩石构造组合、相单元与成矿关系。

(2) 以大地构造分区为基础,将安徽省自北而南划分为华北南缘岩浆岩带、北淮阳岩浆岩带、大别岩浆岩带、下扬子岩浆岩带、皖南岩浆岩带和浙西岩浆岩带六大构造岩浆岩带。在确定各构造岩浆岩带火山岩、侵入岩岩石构造组合的成因、大地构造相构造属性的基础上进行岩浆岩带五级单元划分和建立时空结构模型。归纳了不同大地构造环境形成的岩石系列、岩石构造组合及其与成矿作用的关系。

安徽省岩浆活动和演化序列主要经历了两大演化阶段及构造岩浆巨旋回,早期前南华纪构造岩浆巨旋回(主要包括蚌埠期、晋宁期两期岩浆活动)以同碰撞-后碰撞花岗片麻岩建造组合和陆缘岛弧火山岩建造组合在各主要构造岩浆带发育。晚期中生代构造岩浆巨旋回以燕山期(白垩纪)侵入岩浆活动为主,为滨太平洋大陆边缘活动带燕山—喜马拉雅构造岩浆旋回,以陆内后造山伸展环境火山岩、侵入岩建造组合为特色,燕山构造岩浆旋回与安徽省重要多金属矿产成矿作用关系十分密切。

(3) 以大地构造分区为基础,划分了全省变质单元、变质相和相系,以及变质建造构造组合及其所代表的大地构造相,特别是有关大别造山带高压、超高压变质相和江南造山带晋宁期聚合、裂解事件的新认识,对安徽造山系结合带、弧盆系大相的确立、构造相时空格架建立和大地构造演化的研究起着重要的作用。

(4) 进行安徽省大型变形构造识别研究,建立了全省大型变形构造和断裂构造系统,从而确定了主要构造单元、大地构造相的边界及相单元内部变形构造。着重分析了大型变形构造对成矿区(带)成矿作用的控制作用。进一步明确了六安断裂带、郯庐断裂带、黄破断裂带为华北陆块、大别造山带和下扬子陆块间的构造边界。系统地阐述了省内主要断裂构造及其构造属性,确定由六安断裂带、郯庐断裂带、滁河断裂带、长江断裂带、江南断裂带、周王断裂带、水吼岭韧性剪切带和伏川蛇绿混杂岩带等构成安徽基本构造格架,控制了沉积建造和岩浆活动,具多期活动性。

(5) 通过安徽省沉积岩、火山岩、侵入岩、变质岩岩石构造组合和大型变形构造的区域大地构造相综合分析研究,以陆块区、造山系(相系、大相)、地块、构造带(相)、构造亚带(亚相)和岩石构造组合五级相单元划分为基础,采用优势大地构造相、构造相、亚相的鉴别和厘定,以时空演化为主线,合理地建立了全省大地构造相单元系统及其时空演化模式,深入研究构造相单元主要构造热事件,从而揭示安徽省陆壳结构组成及其演变发展规律,建立全省大地构造相时空演化与大陆动力学板块构造的耦合关系。以大地构造系统论、构造演化过程论和构造体制转换论的理念,按造山系-陆块区系统划分了全省大地构造分区和大地构造单元。

通过大地构造相、大地构造单元厘定和划分,揭示了安徽"两块夹一带"的地壳结构组成及其演变和发展规律。陆块、造山带的形成均经历了早期洋陆转换、碰撞聚合增生、裂解伸展过程。据此将安徽大地构造演化分为前南华纪陆块基底形成阶段、南华纪至三叠纪陆缘盖层发展阶段和侏罗纪以来陆内盆山演化发展阶段,并总结了3个阶段各类建造构造环境、构造古地理单元、大型变形构造、构造相带特征,合理地建立了全省大地构造时空演化模式,为成矿大地构造环境提供宏观构造背景。

(6) 将安徽大地构造格局划分为华北陆块、扬子陆块、秦岭-大别造山带三大构造单元及地块(构造带)、褶断(断褶)-隆起带、构造亚带等二级、三级构造单元,特别是浙西地块的厘定具有重要的区域对比和板块构造意义。将北淮阳构造带、张八岭构造带统归秦岭-大别造山带,从而确立大别造山带是横亘华北陆块与扬子陆块间巨型复合造山带,具多次开合、多旋回长期发展的造山史。强调了晋宁运动、印支运动和燕山运动在构造发展演化过程中具有划时代意义,并据此划分相应的构造期和构造层,确认加里东运动在本省具有造陆-造山运动性质的重要性。晋宁运动使扬子陆块东部分别与华北、大别、华夏古陆块汇聚成Rodinia超大陆组成部分,铸就了安徽古陆基底构造。印支运动形成了安徽省统一大陆,结束了海相地层发育史而进入滨太平洋大陆边缘活动带新纪元。燕山运动期是安徽省陆内造山强烈阶段,奠定了安徽省现代板块构造格局。

(7) 成矿作用过程及其特定成矿类型反映了大地构造相环境的时空专属性,因此研究各级大地构造相单元与成矿区带成矿作用的关系,强调不同的大地构造相控制着不同成矿作用和成矿类型,建立大地构造(相)控矿构造体系和控矿、成矿时、空模型。安徽省主要七大成矿区带成矿地质背景均严格受沉积建造、火山建造、侵入岩建造、变质岩建造等岩石构造组合和变形构造、大地构造相环境控制,不同的构造体制和大地构造格局控制了不同的区域成矿作用。系统总结了全省铁、铜、铅、锌、金、钨、锑、磷、稀土、银、钼、锡、锰、硫、重晶石、菱镁矿、萤石17种矿产的成矿地质条件、成矿规律和矿产资源环境，为服务于安徽省后续矿产资源预测评价和勘查部署提供了详细地质背景资料。

（8）按照《全国矿产资源潜力评价大地构造相编图技术要求》和全国统一制定的省级大地构造相数据模型建立了全省第一代1∶50万大地构造（相）图（包括沉积岩区、火山岩区、侵入岩区、变质岩区、大型变形构造五要素工作底图）矢量图形库、空间数据库以及属性数据库，全面应用GIS技术对安徽省矿产资源潜力评价成矿地质背景研究成果进行综合反映，具有内容丰富、数据量大、资料新、理论方法新的特点，反映了目前安徽省信息化数据集成综合研究水平，为安徽省成矿地质背景、成矿预测提供了重要的研究平台。

《安徽省大地构造相与成矿地质背景研究》专著是在《安徽省大地构造（相）图说明书》《安徽省单矿种地质背景专题报告》《安徽省成矿地质背景研究成果报告》等专著基础上综合提升编著的，全面反映了安徽省矿产资源潜力评价成矿地质背景研究成果，系统总结了全省各类地质建造、构造（相）的成矿、控矿作用与形成演化规律，是安徽成矿地质背景研究的重要参考文献。

# 主要参考文献

安徽省地层表编写组.华东地区地层表·安徽省分册[M].北京:地质出版社,1978.
安徽省地质调查院.大别-苏鲁造山带地质图说明书[M].北京:地质出版社,2002.
安徽省地质矿产局.安徽省区域地质志[M].北京:地质出版社,1987.
安徽省地质矿产局.安徽省岩石地层[M].武汉:中国地质大学出版社,1996.
安徽省地质矿产局311地质队.大别山东南麓宿松岩群的划分与对比[J].安徽地质科技,1982(2).
安徽省地质矿产局区域地质调查队.安徽地层志·志留系分册[M].合肥:安徽科学技术出版社,1989b.
安徽省地质矿产局区域地质调查队.安徽地层志(第四系分册)[M].合肥:安徽科学技术出版社,1989.
安徽省地质矿产局区域地质调查队.安徽地层志·奥陶系分册[M].合肥:安徽科学技术出版社,1989a.
安徽省地质矿产局区域地质调查队.安徽地层志·白垩系分册[M].合肥:安徽科学技术出版社,1988c.
安徽省地质矿产局区域地质调查队.安徽地层志·第三系分册[M].合肥:安徽科学技术出版社,1988d.
安徽省地质矿产局区域地质调查队.安徽地层志·二叠系分册[M].合肥:安徽科学技术出版社,1989d.
安徽省地质矿产局区域地质调查队.安徽地层志·寒武系分册[M].合肥:安徽科学技术出版社,1988a.
安徽省地质矿产局区域地质调查队.安徽地层志·泥盆系分册[M].合肥:安徽科学技术出版社,1989c.
安徽省地质矿产局区域地质调查队.安徽地层志·前寒武系分册[M].合肥:安徽科学技术出版社,1985.
安徽省地质矿产局区域地质调查队.安徽地层志·三叠系分册[M].合肥:安徽科学技术出版社,1987.
安徽省地质矿产局区域地质调查队.安徽地层志·石炭系分册[M].合肥:安徽科学技术出版社,1989c.
安徽省地质矿产局区域地质调查队.安徽地层志·侏罗系分册[M].合肥:安徽科学技术出版社,1988b.
安徽省地质矿产局区域地质调查队.安徽省变质地质研究[M].合肥:安徽科学技术出版社,1987.
安太庠,丁连生.安徽和县奥陶纪牙形石生物地层的研究[J].地质论评,1985,31(1):1-12
安太庠,丁连生.宁镇山脉地区奥陶系牙形石的初步研究及对比[J].石油学报,1982,3(4):107-116.
安太庠.中国南部早古生代牙形石[M].北京:北京大学出版社,1987.
白文吉,甘启高,杨经绥,等.江南古陆东南缘蛇绿岩完整层序剖面的发现和基本特征[J].岩石矿物学杂志,1986,(4):289-299.
毕治国,王贤方.皖南震旦系[M]//地层古生物论文集(19).北京:地质出版社,1988.
曹瑞骥.我国中新元古代地层研究中的若干问题的探讨[J].地层学杂志,2000,24(1):1-7.
常印佛,刘学圭.关于层控式矽卡岩型矿床——以安徽省内下扬子坳陷中一些矿床为例[J].矿床地质,1983,2(1):13-22
常印佛,董树文,黄德志.论中—下扬子"一盖多底"格局与演化[J].华东地质,1996(1):1-15.
常印佛,刘湘培,吴言昌.长江中下游铜铁成矿带[M].北京:地质出版社,1991.
陈宏明,吴祥和,李耀西,等.中国南方石炭纪岩相古地理与成矿作用[M].北京:科学出版社,1994.
陈洪德,彭军,田景春,等.上扬子克拉通南缘中泥盆统—石炭系高频层序及复合海平面变化[J].沉积学报,2000,18(2):181-189.
陈华成,吴其切.长江中下游地层志(寒武系—第四系)[M].合肥:安徽科学技术出版社,1989.
陈江峰,江博明.Nd,Sr,Pb同位素示踪和中国东南大陆地壳演化[J].地球化学,1999,28(2):127-140.
陈江峰,谢智,张巽,等.安徽的地壳演化:Sr-Nd同位素证据[J].安徽地质,2001,11(2):123-130.
陈江峰,喻钢,杨刚,等.安徽沿江江南晚中生代岩浆—成矿年代学格架[J].安徽地质,2005,15(3):161-169
陈敏娟,张建华.皖南石台地区奥陶系牙形刺[J].微体古生物学报,1989,6(3):213-228.

陈丕基,黎文本,陈金华,等.中国侏罗、白垩纪化石群序列[J].中国科学(B辑),1982(6):558-565.
陈丕基.中国陆相侏罗、白垩系划分对比述评[J].地层学杂志,2000,24(2):114-119.
陈世悦,刘焕杰.华北石炭—二叠纪层序地层学研究的特点[J].岩相古地理,1994,14(5):11-20.
陈世悦,刘焕杰.华北石炭—二叠纪层序地层格架及其特征[J].沉积学报,1999,17(1):632-701.
陈旭,戎嘉余,汪啸风.中国奥陶纪生物地层研究的新进展[J].地层学杂志,1993,17(2):89-99.
陈旭,张元动,王志浩.中国达瑞威尔阶及全球层型剖面及点(Gssp)在中国的确立[J].古生物学报,1993,39(4):423-431.
陈旭,戎家余,张元动,等.奥陶纪年代地层学研究述评[J].地层学杂志,2000,24(1):18-26.
陈毓川,裴荣富,王登红.三论成矿系列问题[J].地质学报,2006,80(10):1051-1058.
陈哲,胡杰,周传明,等.皖南早寒武世荷塘组海绵动物群[J].科学通报,2004,49(14):1399-1402.
陈中强,张海春,李建国.南京附近宁镇山脉早石炭世层序地层特征[J].岩相古地理,1996,16(5):38-46.
程光华,汪应庚.江南东段构造格架[J].安徽地质,2000,10(1):1-8.
程裕淇,陈硫川,赵一鸣,等.初论矿床的成矿系列问题[J].中国地质科学院院报,1979,1(1):32-58.
程裕淇,刘敦一,Williams I S,等.大别山碧溪岭深色榴辉岩和片麻状花岗质岩石SHRIMP分析—晋宁期高压-超高压变质作用的同位素年龄依据[J].地质学报,2000,74(3):65-193.
程裕淇.中国区域地质概论[M].北京:地质出版社,1994.
仇洪安,应中锷,杜森官,等.安徽泾县北贡—贵池华庙口一带晚寒武世地层[J].地层学杂志,1985,9(1):4-12.
邓晋福,戴圣潜,赵海玲,等.铜陵Cu-Au(Ag)成矿区岩浆-流体-成矿系统和亚系统的识别[J].矿床地质,2002,21(4):317-322.
邓晋福,莫宣学,赵海玲,等.中国东部燕山期岩石圈—软流圈系统大灾变与成矿环境[J].矿床地质,1999,18(4):309-315.
邓晋福,吴宗絮.下扬子克拉通岩石圈减薄事件与长江中下游Cu,Fe成矿带[J].安徽地质,2001,11(2):86-91.
邓晋福,叶德隆,赵海玲,等.下扬子地区火山作用深部过程与盆地形成[M].武汉:中国地质大学出版社,1992(Z1):195.
董树文,邱瑞龙.安庆月山地区构造作用与岩浆活动[M].北京:地质出版社,1993.
都润,张永康.东南区区域地层[M].武汉:中国地质大学出版社,1998.
杜森官,齐敦伦.安徽宿松地区的奥陶系[J].地层学杂志,1984,8(2):66-70.
杜森官,王莉莉.安徽石台、六都地区的奥陶系[J].地层学杂志,1980,4(2):42-50.
杜森官.安徽宿松、巢县一带寒武系的发现[J].地层学杂志,1981,5(3):20-25.
杜森官.安徽中南部震旦纪—三叠纪二级层序的划分[J].安徽地质,1999,9(1):14-20.
杜小弟,黄志诚,陈智娜,等.下扬子区二叠系层序地层格架[J].地层学杂志,1999,23(2):152-160.
杜旭东,漆家福,张一伟,等.中国东部晚侏罗世—早白垩世盆地火山岩系的确认及成盆构造背景分析[J].石油大学学报,2000,24(1):1-5.
杜杨松,李顺庭,曹毅,等.安徽铜陵铜官山矿区中生代侵入岩的形成过程——岩浆底侵、同化混染和分离结晶[J].现代地质,2007,21(1):71-75.
杜杨松,秦新龙,田世洪,等.安徽铜陵铜官山矿区中生代岩浆-热液过程:来自岩石包体及其寄主岩的证据[J].岩石学报,2004,20(2):339-350.
范德廉.锰矿床地质地球化学研究[M].北京:气象出版社,1994.
范裕,周涛发,袁峰,等.安徽庐江—枞阳地区A型花岗岩的LA-ICP-MS定年及其地质意义[J].岩石学报,2008,24(8):1715-1724.
方一亭,边立曾,孔庆友.皖北宿县夹沟地区寒武系层序地层初析[J].南京大学学报(地球科学),1993,5(3):330-335.
方一亭,等.安徽宁国县胡乐司地区的胡乐组[J].地层学杂志,1989,13(4):269-278.
房立民,等.变质岩区1:5万区域地质填图方法指南[M].武汉:中国地质大学出版社,1991.
冯增昭,彭勇民,金振奎,等.中国南方寒武纪岩相古地理[J].古地理学报,2001,3(1):1-14.
冯增昭,何幼斌,吴胜和.中下扬子地区二叠纪岩相古地理[M].北京:地质出版社,1991.
冯增昭,彭勇民,金振奎,等.中国晚奥陶世岩相古地理[J].古地理学报,2004,6(2):127-129.
冯增昭,彭勇民,金振奎,等.中国晚寒武世岩相古地理[J].古地理学报,2002,4(3):1-5.
冯增昭,彭勇民,金振奎,等.中国早奥陶世岩相古地理[J].古地理学报,2003,6(1):1-16.

冯增昭,彭勇民,金振奎,等.中国早寒武世岩相古地理[J].古地理学报 2002,4(1):1-12.

冯增昭,彭勇民,金振奎,等.中国中寒武世岩相古地理[J].古地理学报,2002,4(2):1-11.

冯增昭,杨玉卿,鲍志东,等.中国南方石炭纪岩相古地理[M].北京:地质出版社,1998.

冯增昭.下扬子地区中早三叠世青龙群岩相古地理研究[M].昆明:云南科技出版社,1987.

傅昭仁.变质核杂岩及剥离断层的控矿构造解析[M].武汉:中国地质大学出版社,1992.

高秉璋,洪大卫,方宗斌.花岗岩类区1:5万区域地质填图方法指南[M].武汉:中国地质大学出版社,1991.

高林志,张传恒,刘鹏举,等.华北—江南地区中、新元古代地层格架的再认识[J].地球学报,2009,30(4):433-446.

高天山,李惠民,汤加富,等.大别山岳西碧溪岭地区片麻状斜长花岗岩锆石U-Pb年龄[J].安徽地质,2002,10(3):205-208.

高天山,李惠民,汤加富,等.大别造山带南缘浅粒岩的锆石U-Pb年龄及其地质意义[J].中国地质,2002,29(3):301-304.

顾连兴.长江中下游初期裂谷及其找矿[J].江苏地质,1990(2):9-14.

关成国,万斌,陈哲,等.皖南新元古代冰期地层再认识[J].地层学杂志,2012,36(3):611-619.

郭文魁,常印佛,黄崇轲.我国主要铜矿类型成矿和分布的某些问题[J].地质学报,1978,52(3):3-15.

郭文魁.谈花岗岩类与金属成矿作用[J].地质通报,1982(2):21-36.

河南省地质矿产局.河南省区域地质志[M].北京:地质出版社,1986.

河南省地质矿产厅.河南省岩石地层[M].武汉:中国地质大学出版社,1997.

侯鸿飞,王士涛.中国的泥盆系·中国地层(7)[M].北京:地质出版社,1988.

侯明金,汤加富,高天山,等.重新认识宿松群[J].安徽地质,1995,5(3):41-49.

胡光华,胡世玲,王松山,等.根据同位素年龄讨论侏罗纪、白垩纪火山岩系地层的时代[J].地质学报,1982,56(4):25-33.

胡杰,陈哲,薛耀松,等.皖南早寒武世荷塘组海绵骨针化石[J].微体古生物学报,2002,19(1):53-62.

胡世忠.关于龙潭组下界及东吴运动位置等问题的商榷[J].地层学杂志,1979,3(4):21-27.

胡世忠.论东吴运动构造事件与二叠系分统界线问题[J].地层学杂志,1994,18(4):309-315.

胡世忠.苏皖南部二叠系的划分及其海水进退规程问题[J].华东地质,地层古生物专辑,1978(1).

胡受奚,等.华北与华南古板块拼合带地质和成矿[M].南京:南京大学出版社,1988.

湖北省地质矿产局.湖北省区域地质志[M].北京:地质出版社,1987.

湖北省地质矿产局.湖北省岩石地层[M].武汉:中国地质大学出版社,1998.

华仁民,毛景文.试论中国东部中生代成矿大爆发[J].矿床地质,1999,18(4):300-308.

黄汲清,任纪舜,等.中国大地构造及其演化[M].北京:科学出版社,1980.

黄其胜.安徽沿江一带早侏罗世象山植物群[J].地球科学——武汉地质学院学报,1983(2):27-178.

黄其胜.长江中下游早侏罗世植物化石垂直分异及其意义[J].地质论评,1988,34(3):.193-202.

黄其胜.论安徽怀宁地区拉犁尖组时代归属问题[J].地质论评,1988,34(3):193-202.

黄许陈,储国正.铜陵狮子山矿田多位一体(多层楼)模式[J].矿床地质,1993,12(3):221-230.

简平,杨巍然.大别山东部含柯石英榴辉岩锆石U-Pb测年—多期超高压变质作用的证据[J].华南地质与矿产,1996(4):14-21.

江来利,得树桐,吴维平,等.大别山东段超高压变质岩带蓝晶石石英岩中的白片岩组合[J].科学通报,1998,43(14):1540-1544.

江纳言,贾蓉芬,王子玉,等.下扬子区二叠纪古地理和地球化学环境[M].北京:石油工业出版社,1994.

江苏省地质矿产局.江苏省区域地质志[M].北京:地质出版社,1984.

姜月华,岳文浙,业治铮.中国南方寒武纪—奥陶纪大陆斜坡的特征、演化和有关矿产[J].火山地质与矿产,1993(3):29-45.

金权,吴绍君.安徽淮北地区石炭纪、二叠纪地层划分[M]//地层古生物论文集(20).北京:地质出版社,1988.

金玉干,王向东,尚庆华,等.中国二叠纪年代地层划分和对比[J].地质学报,1999,73(2):99-108.

金玉玕,尚庆华,曹长群.二叠纪地层研究述评[J].地层学杂志,2000,24(2):99-109.

孔庆玉,龚与觐.苏皖地区早二叠世放射虫硅质岩形成环境探讨[J].石油与天然气地质,1987,8(1):86-89.

李昌文,何建平,叶何青.安徽贵池早寒武世盘虫类三叶虫的发现[J].地层学杂志,1990,14(2):35-159.

李曙光.长江中下游中生代岩浆岩及铜铁成矿带的深部构造背景[J].安徽地质,2001,11(2):118-121.

李双应,洪天球,金福全,等.巢县二叠系栖霞组臭灰岩段异地成因碳酸盐岩[J].地层学杂志,2001,25(1):69-74.

李祥辉,王成善.中国南方二叠纪层序地层时空格架及充填特征[J].沉积学报,1999,17(4):521-527.
李星学,蔡重阳.中国泥盆纪植物群[J].地层学杂志,1979,3(2):90-95.
李星学,姚兆奇.中国南部二叠纪含煤地层[J].地层学杂志,1980,4(4):241-255.
李勇,曾允孚.陆相岩石地层结构及其构成单元[J].中国区域地质(总50期),1994(3):225-226.
林宝玉,郭殿珩,汪啸风,等.中国地层(6),中国的志留系[M].北京:地质出版社,1984.
林畅松,张海燕,刘景彦,等.高精度层序地层学和储层预测[J].地学前缘,2000(3):111-110.
凌其聪,程惠兰,陈邦国.铜陵东狮子山铜矿床地质特征及成岩成矿机理研究[J].矿床地质,1998,17(2):158-164.
刘宝珺,许效松,潘杏南,等.中国南方古大陆沉积地壳演化与成矿[M].北京:科学出版社,1993.
刘宝珺,曾允孚.岩相古地理基础和工作方法[M].北京:地质出版社,1985.
刘宝珺,张锦泉.沉积成岩作用[M].北京:地质出版社,1992.
刘宝珺.沉积岩石学[M].北京:地质出版社,1980.
刘洪,邱检生,罗清华,等.安徽庐枞中生代富钾火山岩成因的地球化学制约[J].地球化学,2002,31(2):129-140.
刘鸿允,等.中国震旦系[M].北京:科学出版社,1991.
刘树臣.盆地分析与动力学[M].武汉:中国地质大学出版社,1993.
刘湘培,常印佛,吴言昌.论长江中下游地区成矿条件和成矿规律[J].地质学报,1987,62(2):74-84.
刘湘培.长江中下游地区矿床系列与成矿模式[J].地质论评,1989,35(5):398-408.
刘巽峰,王庆生,高兴基,等.贵州锰矿地质[M].贵阳:贵州人民出版社,1989.
刘贻灿,金福全.下扬子地区二叠纪硅质岩成因[J].合肥工业大学学报(自然科学版),1992,15(1):106-113.
楼亚儿,杜杨松.安徽繁昌中生代侵入岩的特征和锆石SHEIMP测年[J].地球科学,2006,35(4):395-366.
陆建军,郭维民,陈卫锋,等.安徽铜陵冬瓜山铜(金)矿床成矿模式[J].岩石学报,2008,24(8):1857-1864.
陆伍云,李玉发,周光新,等.安徽巢湖地区的侏罗系[J].地层学杂志,1985,9(3):23-28.
陆彦邦,等.安徽省奥陶纪岩相古地理及含矿性研究[M].北京:地震出版社,1994.
陆彦邦,周永祥,王栋,等.华东地区二叠纪岩相古地理及沉积矿产[M].合肥:安徽科学技术出版社,1991.
吕庆田,侯增谦,杨竹森,等.长江中下游地区的底侵作用及动力学演化模式:来自地球物理资料的约束[J].中国科学(D辑),2004,34(9):783-794.
马芳,蒋少涌,姜耀锋,等.宁芜地区玢岩铁矿Pb同位素研究[J].地质学报,2006,80(2):279-286.
马荣生,王爱国.皖南新元古代碰撞造山带的构造轮廓[J].安徽地质,1994(21):14-22.
马荣生,余心起,程光华.论皖南邓家组、铺岭组[J].安徽地质,2000,11(2):95-103.
马荣生,余心起,程光华.皖南洽舍—寨西剖面前震旦纪岩石地层宏观特征[J].安徽地质,1999,9(1):1-13.
马荣生.皖南前南华纪岩石地层[J].资源调查与环境,2002,23(2):94-98.
马维俊.论盆地的地层格架[J].岩相古地理,1988(6):15-20.
马文璞,刘文灿,王果胜.梅山群的再定位、区域对比和构造含义[J].现代地质·中国地质大学研究生院学报,1997,11(1):95-101.
马杏垣,刘和甫,王维襄,等.中国东部中、新生代裂陷作用和伸展构造[J].地质学报,1983,57(1):24-34.
马振东,单光祥.长江中下游地区多位一体大型、超大型铜形成机制的地质、地球化学研究[J].矿床地质,1997,16(3):225-242.
毛建仁,苏郁香,陈三元.长江中下游中酸性侵入岩与成矿[M].北京:地质出版社,1990.
毛景文,Holly S,杜安道,等.长江中下游地区铜金(钼)矿Re-Os年龄测定及其对成矿作用的指示[J].地质学报,2004,78(1):121-131.
孟祥化.沉积盆地与建造层序[M].北京:地质出版社,1993.
孟祥化.沉积建造及其共生矿床分析[M].北京:地质出版社,1979.
穆恩之,葛梅钰,陈旭,等.安徽南部奥陶纪地层新观察[J].地层学杂志,1980,4(2):3-8.
南京地质古生物研究所.中国地层研究二十年——奥陶系[M].合肥:中国科学技术大学出版社,2000a.
南京古生物所.浙皖中生代火山沉积岩地层的划分与对比[M].北京:科学出版社,1980.
宁芜项目编写小组.宁芜玢岩铁矿[M].北京:地质出版社,1978.
牛漫兰,朱光,谢成龙,等.郯庐断裂带张八岭隆起南段花岗岩LA-ICP-MS锆石U-Pb年龄及其构造意义[J].岩石学报,2008,24(8):1869-1847.
彭善池,周志毅,林天瑞,等.寒武纪年代地层的研究现状和研究方向[J].地层学杂志,2000,24(1):8-17.
蒲心纯,周浩达,王熙林,等.中国南方寒武纪岩相古地理与成矿作用[M].北京:地质出版社,1993.

戚建中,刘红樱.中国东部燕山期俯冲走滑体制及其对成矿定位的控制[J].火山地质与矿产,2000,21(4):244-265.

齐敦伦,杜森官.安徽宿松地区的奥陶系[J].地层学杂志,1981,8(2):66-70.

钱丽君.中国南方中生代含煤地层[M].北京:科学出版社,1987.

秦克章,汪东波,王之田,等.中国东部铜矿床类型、成矿环境、成矿集中区与成矿系统[J].矿床地质,1999,18(4):359-371.

邱家骧,王人镜,王方正,等.长江下游中生代火山岩岩石化学特征及成因分析[J].地球科学,1981(1):174-186.

邱瑞龙.贵池黄山岭层控矽卡岩及铅锌矿床成因[J].安徽地质,1994,4(3):10-18.

全国地层委员会.中国地层指南及中国地层指南说明书(修订版)[M].北京:地质出版社,2001.

全国地层委员会.中国区域年代地层(地质年代)表说明书[M].北京:地质出版社,2002.

戎嘉余,陈旭.论华南志留系对比的若干问题[J].地层学杂志,1990,14(3):161-177.

任启江,徐兆文,刘孝善,等.安徽庐枞地区中生代火山岩系的时代及其意义[J].地层学杂志,1993,17(1):46-51.

任润生,汪贵翔,袁可瑞,等.安徽怀宁地区早石炭世地层的发现[J].地层学杂志,2015(3):69-72.

尚彦军,夏邦栋,杜延军,等.下扬子区侏罗纪—早白垩世盆地沉积构造特征及其演化[J].沉积学报,1999,17(2):188-191.

史晓颖,陈建强,梅仕龙.华北地台东部寒武系层序地层年代格架[J].1997,4(4):161-173.

史晓颖.中朝地台寒武系层序地层对比及寒武系—奥陶系最佳自然界线[J].现代地质,1999(2):198-201.

孙乘云,褚进海,耿晓光,等.安徽东至地区晋宁运动[J].安徽地质,2000,10(1):19-23.

孙乘云.皖南东至地区寒武纪地层新知[J].中国区域地质,1993(1):85-93.

孙乘云.皖南前震旦纪小安里组的建立和铺岭组玄武岩的发现[J].地层学杂志,1993,17(4):50-91.

汤加富,侯明全.安徽宿松群的甄别及时代归属[J].前寒武纪地质研究进展,2000,23(1):1-10.

汤加富,侯明全,石乾华.北淮阳地区变质地层序列与构造变形特征[J].安徽地质,1995,5(3):50-59.

汤加富,侯明全,高天山,等.大别山及邻区变质地层研究新进展[J].现代地质,1999,13(2):258-259.

汤加富,等.大别山及邻区地质构造特征与形成演化[M].北京:地质出版社,2003.

汤加富,李惠民,钱存超,等.大别山—苏鲁地区榴辉岩形成时代的地质与年代依据[J].安徽地质,2000,10(3):179-186.

汤加富,侯明全,高天山,等.宿松群、红安群、海州群的时代归属与讨论[J].地质通报,2002,21(3):166-171.

唐永成.安徽沿江地区铜金多金属矿床地质[M].北京:地质出版社,1998.

陶奎元,王建仁.中国东南部中生代岩石构造组合和复合动力学过程的记录[J].地学前缘,1998,5(4):183-191.

童金南.二叠系—三叠系界线层型及重大事件[J].地球科学—中国地质大学学报,2001(5):446-448.

涂荫玖,杨晓勇,刘德良.皖东黄栗树-破凉亭断裂带北段构造岩显微—超显微变形特征及地质意义[J].地质论评,1999,45(6):621-627.

汪贵翔,张世恩.苏皖北部上前寒武系研究[M].合肥:安徽科学技术出版社,1984.

汪贵翔.安徽海相三叠系[M].合肥:安徽科学技术出版社,1984.

汪洋,邓晋福,姬广义.长江中下游地区早白垩世埃达克质岩的大地构造背景及其成矿意义[J].岩石学报,2004,20(2):297-314.

王德滋,任启江.中国东部橄榄安粗岩省的火山岩特征及其成矿作用[J].地质学报,1996,70(1):24-34.

王立亭,陆彦邦,赵时久,等.中国南方二叠纪岩相古地理与成矿作用[M].北京:地质出版社,1994.

王贤方,毕治国.皖南震旦纪冰碛层[M]//中国晚前寒武纪冰成岩论文集.北京:地质出版社,1983.

王增吉,等.中国地层(8)中国的石炭系[M].北京:地质出版社,1990.

王治平,全秋琦.中国石炭纪—二叠纪古气候及其对板块构造的验证[J].地层学杂志,1992,16(1):1-11.

魏家庸.沉积岩区1:5万区域地质填图方法指南[M].武汉:中国地质大学出版社,1991.

吴才来,陈松永,史仁灯,等.铜陵中生代中酸性侵入岩特征及成因[J].地球学报,2003,24(1):41-48.

吴福元,葛文春,孙德有,等.中国东部岩石圈减薄研究中的几个问题[J].地学前缘,2003,10(3):51-60.

吴基文,李东平.皖南地区二叠纪层序地层研究[J].地层学杂志,2001(1):18-23.

吴利仁,齐进英,王昕渡,等.中国东部中生代火山岩[J].地质学报,1982,56(3):39-50.

吴利仁,齐进英.长江下游中生代火山岩[M]//岩石学研究(第5辑).北京:科学出版社,1985.

吴巧生,王华,吴冲龙.沉积盆地构造应力场研究综述[J].地质科技情报,1998(3):8-12.

吴荣昌,詹仁斌,李贵鹏,等.安徽石台奥陶纪弗洛期—大坪期牙形刺多样性的演变[J].古生物学报,2008,47(4):444-453.

吴瑞棠,张守信.现代地层学[M].武汉:中国地质大学出版社,1989.

吴言昌,王迎春,梁善荣,等.长江中下游富钠闪长岩类与铁矿床系列的成因联系[J].矿床地质,1988,7(1):16-26.

吴言昌.安徽省沿江地区矽卡岩型金矿初步研究[M]//金矿地质论文选集(1).北京:地质出版社,1990.

吴言昌.安徽省沿江地区矽卡岩金矿成矿条件和成矿规律[M].北京:地质出版社,1994.

吴跃东,杜森官.皖南地区晚震旦世陡山沱期岩相古地理[J].安徽地质,1999,9(1):21-25.

吴跃东.皖南东至地区寒武系层序地层[J].古地理学报,2001,3(3):56-62.

吴跃东,中华明.皖南地区奥陶系层序地层学分析[J].现代地质,2002,16(1):45-52.

吴跃东.皖南东至地区震旦纪沉积相及层序地层分析[J].安徽地质,1996,6(4):23-33.

吴跃东.皖南东至地区寒武纪沉积相及其时空演化[J].安徽地质,1997,7(3):34-39.

夏文杰.中国南方震旦纪岩相古地理与成矿作用[M].北京:地质出版社,1994.

肖新建,顾连兴,倪培.安徽铜陵狮子山铜-金矿床流体多次沸腾及其与成矿的关系[J].中国科学(D辑),2002,32(3):199-206.

谢成龙,朱光,牛漫兰,等.滁州中生代火山岩LA-ICP-MS锆石U-Pb年龄及其构造地质学意义[J].地质论评,2007,53(5):642-655.

谢成龙,朱光,牛漫兰,等.郯庐断裂带巢湖—庐江段晚中生代火山岩地球化学特征与岩石圈减薄过程[J].岩石学报,2008,24(8):1823-1838.

谢智,李全忠,陈江峰,等.庐枞早白垩世火山岩的地球化学特征及其源区意义[J].高校地质学报,2007,13(2):235-249.

邢凤鸣,徐祥.安徽扬子岩浆岩带与成矿[M].合肥:安徽人民出版社,1999.

邢凤鸣,徐祥,李志昌.长江中下游古元古代基底的发现及意义[J].科学通报,1993,38(20):1883-1886.

邢凤鸣,徐祥.皖南中生代中酸性侵入岩中黑云母的类型和构造意义[J].矿物岩石,1991,11(1):29-36.

邢凤鸣,徐祥.安徽两条A型花岗岩带[J].岩石学报,1994,10(4):357-369.

邢凤鸣.皖南晋宁早期初生陆壳改造型花岗岩类[J].中国科学(B卷),1990,1(11):1185-1195.

戎家余,陈旭.中国志留纪年代地层学述评[J].地层学杂志,2000,24(1):27-35.

徐克勤.论中国东南部几个断裂坳陷带中某些铁铜矿床的成因问题[D].国际交流地质学术论文集.北京:地质出版社,1980.

徐树桐,等.安徽省主要构造要素的变形和演化[M].北京:海洋出版社,1987.

徐树桐,苏文,刘贻灿,等.安徽大别山含金刚石高压变质岩及其矿物共生组合和变质条件[J].岩石学报,1991(1):3-18.

徐祥,邢凤鸣.宁芜地区三个辉长岩的全岩-矿物Rb-Sr等时线年龄[J].地质科学,1994(3):309-312.

徐晓春,陆三明,谢巧勤,等.安徽铜陵狮子山矿田岩浆岩锆石SHRIMP定年及其成因意义[J].地质学报,2008a,82(4):500-509.

许卫,岳书仓,杜建国,等.安徽省贵池唐田锰矿床地质特征[J].地质找矿论丛,2002,4:240-245.

许效松,徐强.盆山转换和当代盆地分析中的新问题[J].岩相古地理,1996(2):24-33.

许效松.层序地层学研究进展[J].岩相古地理,1994(1):34-39.

许志琴.扬子板块北缘的大型深层滑脱构造及动力学分析[J].中国区域地质,1987(4):3-14.

薛怀民,陶奎元.宁芜地区中生代火山岩系列的新认识及其地质意义[J].江苏地质,1989(4):9-14.

杨清和,等.苏皖北部震旦亚界的划分和对比中国震旦亚界[M].天津:天津科学技术出版社,1980.

杨清和,陆彦邦,王栋,等.安徽长江沿岸地区红花园组生物地层特征[J].安徽地质,1996,6(3):30-36.

殷鸿福,杨遵仪,童金南.国际三叠系研究现状[J].地层学杂志,2000,24(2):109-113.

俞昌民.华南泥盆系研究中的几个地层问题[J].地层学杂志,2000,24(2):87-88.

俞国华,方炳兴,等.浙江省岩石地层[M].武汉:中国地质大学出版社,1996.

袁峰,周涛发,范裕,等.庐枞盆地中生代火山岩的起源、演化及形成背景[J].岩石学报,2008,24(8):1691-1702.

岳文浙,等.长江中游威宁期沉积地质与块状硫化物矿床[M].北京:地质出版社,1993.

翟裕生,姚书振,林新多.长江中下游地区铁铜矿床[M].北京:地质出版社,1992.

翟裕生,等.长江中下游地区铁铜(金)成矿规律[M].北京:地质出版社,1992.

翟裕生,姚书振,林新多,等.长江中下游地区铜铁矿床的类型、形成条件和成矿演化[J].武汉地质学院学报,1983(4):101-112.

翟裕生,姚书振,林新多,等.长江中下游内生铁矿床成因类型及成矿系列的探讨[J].地质与勘探,1980(3):11-16.

张德全,孙桂英.对混合花岗岩的质疑——论中国大别山地区天堂寨片麻状花岗岩的成因[J].中国地质科学院院报,1991,22(1):147-158.

张克信,刘金华,何卫红,等.中下扬子区二叠系露头层序地层研究[J].地球科学——中国地质大学学报,2002(4):357-365.

张旗,简平,刘敦一.宁芜火山岩的锆石SHRIMP定年及其意义[J].中国科学(D辑),2003,33(4):309-314.

张旗,王焰,钱青,等.中国东部燕山期埃达克岩的特征及其构造—成矿意义[J].岩石学报,2001,17(2):236-244.

张守信.理论地层学[M].北京:科学出版社,1989.

张瑛,李耀西,陈宏明,等.中国东南部石炭纪沉积地质及矿产[M].北京:地质出版社,1993.

张正伟,张中山.华北古大陆南缘构造格架与成矿[J].矿物岩石地球化学通报,2008,27(3):276-288.

赵宏,夏军.华北板块南缘安徽青白口纪—早奥陶世层序地层与格架[J].安徽地质,2010,20(4):244-250.

赵亮东,郭荣涛.层序级别划分的两种途径:具有重要科学意义的难题[J].西北地质,2011,44(2):8-14.

赵玉琛.宁芜玢岩铁硫矿床成矿规律和找矿预测研究[J].矿床地质,1990,9(1):1-12.

赵宗举,杨树锋.河南商城—固始地区石炭系沉积环境及其构造意义[J].地质论评,2000,46(4):407-416.

浙江省地质矿产局.浙江省区域地质志[M].北京:地质出版社,1990.

浙江省地质矿产局.浙江省岩石地层[M].武汉:中国地质大学出版社,1996.

中国地质科学院地质研究所.中国及邻区大地构造图(1:5 000 000)说明书[M].北京:地质出版社,1992.

中国科学院贵阳地球化学研究所.宁芜型铁矿形成机理[M].北京:科学出版社,1987.

周存亭,高天山,汤加富,等.安徽大别山北部榴辉岩的分布及主要特征[J].中国区域地质,2000,19(3):253-257.

周存亭,汤加富,高天山,等.大别山地区片麻岩套的建立与成岩时代讨论[J].安徽地质,1995(3):29-40.

周存亭,胡玉琴,等.大别山东段晋宁期变质侵入岩特征及其构造演化[J].安徽地质,2001,11(3):161-169.

周存亭,高天山,沈荷生,等.大别山腹地桃园寨中生代火山机构的厘定及其地质意义[J].中国区域地质,1998,17(3):236-240.

周泰禧,陈江峰,李学明.安徽省印支期岩浆活动质疑[J].岩石学报,1988(3):385-389.

周泰禧,陈江峰,张巽,等.北淮阳花岗岩-正长岩带地球化学特征及其大地构造意义[J].地质评论,1995,41(2):144-151.

周涛发,岳书仓.长江中下游铜金矿床成矿流体系统的形成条件及演化机理[J].北京大学学报(自然科学版),2000,36(5):697-707.

朱光,刘国生,牛漫兰,等.郯庐断裂带的平移运动与成因[J].地质通报,2003,22(3):200-207.

朱光,徐嘉炜,等.下扬子地区沿江前陆盆地形成的构造控制[J].地质论评,1998,44(2):120-129.

朱如凯,许怀先,邓胜徽,等.中国北方地区石炭纪岩相古地理[J].古地理学报,2007,9(1):13-24.

## 主要参考资料

安徽省地质局321地质队.1:5万铜陵幅区域地质调查报告,1962.

安徽省地矿局326地质队.1:5万洪镇幅普查-测量报告,1962.

安徽省地质局317地质队.1:20万安庆幅区域地质测量报告,1963.

安徽省地质局317地质队.1:20万旌德幅区域地质矿产调查报告,1963.

浙江省地矿局区域地质调查队.1:20万临安幅区域地质矿产调查报告,1964.

安徽省地质局324地质队.1:5万殷汇幅区域地质调查报告,1964.

安徽省地质局317地质队.1:20万铜陵幅区域地质调查报告,1965.

安徽省冶金地质局311地质队区测分队.1:20万太湖县幅区域地质矿产调查报告,1966.

安徽省冶金地质局332地质队区测分队.1:20万祁门幅、屯溪幅区域地质矿产调查报告,1966.

江苏省地质局区域地质调查队.1:20万马鞍山幅区域地质调查报告,1969.

安徽省地质局区域地质调查队.1:20万宣城、广德幅区域地质矿产调查报告,1970.

安徽省地质局区域地质调查队.1:20万六安幅、岳西幅区域地质调查报告,1970.

安徽省地质局区域地质调查队.1:20万南京幅区域地质调查报告,1973.

安徽省地质局区域地质调查队.1:20万合肥幅、定远幅区域地质调查报告,1974.

安徽省地质局区域地质调查队.1:20万宿县、砀山、灵璧幅联测区域地质调查报告,1974.

河南省区域地质调查队.1:20万商城幅区域地质矿产调查报告,1975.

安徽省地质矿产局区域地质调查队.1∶5万矾山、将军庙幅区域地质调查报告,1976.
卢衍豪,等.中国奥陶纪的生物地层和古动物地理.中国科学院南京地质古生物所集刊(第七号),1976.
安徽省地质局322地质队.1∶5万慈湖、小丹阳幅区域地质调查报告,1977.
安徽省地质局区域地质调查队.1∶20万蚌埠幅区域地质调查报告,1977.
安徽省地质矿产局区域地质调查队.1∶5万巢县幅区域地质调查报告,1978.
安徽省地质局区域地质调查队.1∶20万亳县、阜阳、蒙诚、固始、寿县幅联测区域地质调查报告,1978.
安徽省地矿局326地质队.1∶5万怀宁幅区域地质调查报告,1979.
安徽省地质局321地质队.1∶5万戴家汇幅区域地质调查报告,1980.
安徽省地质矿产局324地质队.1∶5万姚街幅、陵阳镇幅西部区域地质调查报告,1981.
安徽省地质矿产局区域地质调查队.1∶5万义津桥、枞阳县、汤沟镇幅区域地质调查报告,1981.
翁世吉,等.长江中下游构造作用与岩浆活动.南京地矿所所刊,1981(第2卷),第2号.
安徽省地质矿产局311地质队.1∶5万破凉亭(北)、张家榜(东)、太湖、枫香办幅区域地质调查报告,1982.
安徽省地矿局332地质队.1∶5万旌德幅、绩溪幅、岛石坞西半幅、顺溪幅西半幅区域地质调查报告,1983.
焦世鼎.安徽黔县宏潭奥陶纪笔石地层.中国地质科学院南京地质矿产研究所所刊,1983(第4卷),第3号.
安徽省地质矿产局321地质队.1∶5万横山桥、芜湖市、繁昌县、黄墓渡幅4幅区域地质调查报告,1984.
安徽省地质矿产局326地质队.1∶5万安庆市幅区域地质调查报告,1984.
安徽省地质矿产局区域地质调查队.1∶5万盛桥幅、槐林咀幅、石涧埠幅、庐江幅、开城桥幅区域地质调查报告,1984.
李汉民,等.安徽铜陵地区中石炭统黄龙组白云岩段之下碎屑岩的时代及其植物化石.中国地质科学院南京地质矿产研究所所刊,1984,5卷1号.
李积金.皖南晚奥陶世地层及与国内外的对比.中国科学院南京地质古生物研究所集刊,1984,第20号.
安徽省地质矿产局区域地质调查队.1∶5万合肥、大蜀山、肥西、撮镇四幅区域地质调查报告,1985.
安徽省地质矿产局337地质队.1∶5万三河尖、润河集、桥沟、高塘、蒋集、刘集幅区域地质调查报告,1986.
安徽省地质矿产局313地质队.1∶5万六安县、椿树岗幅区域地质调查报告,1987.
安徽省地质局322地质队.1∶5万裕溪口、芜湖市幅区域地质调查报告,1987.
安徽省地质矿产局324地质队区调分队.1∶5万贵池市、马衙桥幅区域地质调查报告,1987.
安徽省地质局325地质队.1∶5万萧县、淮北市等11幅区域地质调查报告,1987.
安徽省地质矿产局337地质队.1∶5万蚌埠幅区域地质调查报告,1987.
安徽省地质矿产局327地质队.1∶5万寿县、古沟集、上窑、淮南幅区域地质调查报告,1987.
陈宏明.下扬子盆地石炭系沉积地质及有关矿产.中国地质科学院南京地质矿产研究所所刊增刊1987,第4号.
安徽省地质矿产局区域地质调查队.1∶5万乔木湾、包村幅区域地质调查报告,1988.
安徽省地质矿产局区域地质调查队.1∶5万香隅坂、张溪镇、东至县幅区域地质调查报告,1988.
安徽省地质矿产局区域地质调查队.1∶5万响洪甸、诸佛庵、油店、青山四幅区域地质调查报告,1989.
安徽省地质矿产局313地质队.1∶5万磨子潭、晓天幅区域地质调查报告,1990.
安徽省地质局321地质队.1∶5万大通、木镀幅区域地质调查报告,1991.
安徽省地质矿产局324地质队区调分队.1∶5万章家村幅区域地质调查报告,1991.
安徽省地质局332地质队.1∶5万歙县、大阜、王阜、七都幅区域地质调查报告,1991.
安徽省地质矿产局区域地质调查所.1∶5万牛埠、周潭幅区域地质调查报告,1991.
安徽省地质矿产局区域地质调查所.1∶5万施家集、东王集幅区域地质调查报告,1991.
安徽省地质矿产局区域地质调查所.1∶5万燕子河、漫水河、上河街、来榜幅区域地质调查报告,1991.
安徽省地质矿产局区域地质调查所.1∶5万陵阳、青阳幅区域地质调查报告,1991.
南京大学地球科学系.1∶5万桃山集、夹沟幅区域地质调查报告,1991.
中国地质大学(武汉)皖南区调队.1∶5万丁香幅区域地质调查报告,1991.
阎永奎,等.浙赣皖南地区震旦系研究.南京地质矿产研究所所刊,1992(增刊),12.
阎永奎,蒋传仁,张世恩,等.浙、赣、皖南地区震旦系研究.南京地矿所所刊,增刊,第12号,1992.
中国地质大学(北京).1∶5万金寨、苏仙石幅区域地质调查报告,1992.
安徽省地质矿产局313地质队.1∶5万桐城、大关、孔城、河棚4幅区域地质调查报告,1992.
安徽省区域地质调查所.1∶5万霍山、毛坦厂幅区域地质调查报告,1992.
安徽省地矿局区域地质调查所.1∶5万宁国墩、河沥溪幅区域地质调查报告,1992.
南京地矿所.1∶5万珠龙、张八岭幅区域地质调查报告,1992.

马荣生,等.安徽江南古陆金矿成矿地质条件和找矿方向研究报告[R].安徽地矿局332地质队,1993.
安徽省地矿局326地质队.1:5万高河埠幅地质图说明书,1993.
安徽省地矿局区域地质调查所.1:5万店前、牛凸岭幅区域地质调查报告,1993.
安徽省地矿局311地质队.1:5万小池、水吼岭、源潭铺幅区域地质调查报告,1993.
安徽省地质矿产局332地质队.1:5万太平、汤口幅区域地质调查报告,1993.
安徽省地质矿产局332地质队.1:5万屯溪、休宁、兰田幅区域地质调查报告,1993.
安徽省地质矿产局区域地质调查所.1:5万夏阁、古河、含山等六幅区域地质调查报告,1993.
北京大学地质系.1:5万官庄、双塘埂幅区域地质调查报告,1993.
安徽省地质矿产局区域地质调查所.1:5万管家坝、藕塘、池河、界牌集四幅区域地质调查报告,1994.
徐树桐,等.大别山区特征构造-岩石单位分带及其形成和演化,1995.
安徽省地矿局313地质队.1:5万南溪、七邻幅区域地质调查报告,1996.
安徽省地质调查院.1:5万岳西、主薄幅区域地质调查报告,1996.
安徽省地质调查院.1:5万花园里、官港、沼潭幅区域地质调查报告,1996.
安徽省地质调查院.1:5万梁园镇等三幅区域地质调查报告,1996.
安徽省地质矿产局332地质队.1:5万五城、大汊口幅区域地质调查报告,1996.
姜月华,等.皖赣鄂寒武纪、奥陶纪古斜坡沉积学和比较沉积学研究.南京地质矿产研究所所刊,1996,增刊,第17号.
中国地质大学(武汉)皖南区调队.1:5万丁香幅区域地质调查报告,1996.
安徽省地质调查院.1:5万明光、石坝幅区域地质调查报告,1997.
安徽省地质调查院.1:5万武店、总铺、永康、定远幅区域地质调查报告,1997.
安徽省地质调查院.1:5万青草塥幅地质图说明书,1997.
安徽省地矿局311地质队.1:5万潜山县幅地质图说明书,1997.
江来利,等.大别山超高压变质岩的变形历史及其构造演化(科研报告),1998.
安徽省地质调查院.蚌埠地区花岗岩及金控矿因素与找矿预测研究,1999.
安徽省地质调查院大别山地区.1:5万区调片区总结报告,1999.
安徽省地质调查院.1:25万太湖幅区域地质调查报告,2002.
安徽省地质调查院.浙赣皖相邻区综合找矿预测,2002.
安徽省地质调查院.1:5万杨柳镇、弥陀寺幅区域地质调查报告,2002.
安徽省地质调查院.1:25万安庆市、宜州市幅区域地质调查报告,2004.
安徽省地质调查院.1:25万合肥市、六安市、蚌埠市幅区域地质调查报告,2006.
安徽省地质调查院1:5万平里、江潭、虹关、瑶里幅区域矿产地质调查报告,2006.
安徽省地质调查院安徽省.1:50万系列地质图说明书,2006.
刘彬彬.华北东部晚古生代层序古地理研究.山东科技大学硕士学位论文,2010.
时国.南华北地区奥陶系层序地层与层序格架内古岩溶研究.成都理工大学理学博士学位论文,2010.